Anlagenmechanik

für Sanitär-, Heizungs- und Klimatechnik

Tabellenbuch

Wolfgang Miller
Otmar Patzel
Hans Joachim Bäck
Helmut Wagner

Unter Mitarbeit von
Prof. Dr. Hubertus Richter
und der Verlagsredaktion.

westermann

Druck 2, Herstellungsjahr 2011

© Bildungshaus Schulbuchverlage
Westermann Schroedel Diesterweg Schöningh Winklers GmbH,
Braunschweig
www.westermann.de

Redaktion: Wolfgang Rund
Umschlaggestaltung: Boje5 Grafik & Werbung, Braunschweig
Satz und Layout: deckermedia GbR, Vechelde
Druck und Bindung: westermann druck GmbH, Braunschweig

ISBN 978-3-14-23 5039-4

Verzeichnis der verwendeten Normen und Vorschriften
index of standards and regulations used

Verzeichnis der verwendeten Normen und Vorschriften
index of standards and regulations used

Inhaltsverzeichnis

Inhaltsverzeichnis
content

Inhaltsverzeichnis
content

5 Trinkwasserinstallation

Inhaltsverzeichnis
content

Inhaltsverzeichnis
content

SI-Basisgrößen und Einheiten

DIN 1304-1: 1994-03; -2: 1989-09; -3: 1989-03

SI-Basisgröße	Formelzeichen DIN 1304	SI-Basiseinheit	SI-Einheiten-zeichen	Ausgewählte Teile und Vielfache der SI-Basiseinheit
Länge	l	Meter	m	nm; µm; mm; cm; dm; km
Masse	m	Kilogramm	kg	µg; mg; g; Mg
Zeit	t	Sekunde	s	ns; µs; ms; ks
elektrische Stromstärke	I	Ampere	A	pA; nA; µA; mA; kA; MA
thermodynamische Temperatur	T	Kelvin	K	mK
Stoffmenge	n	Mol	mol	µmol; mmol; kmol
Lichtstärke	I	Candela	cd	

Vorsätze für dezimale Teile und Vielfache von Einheiten

DIN 1301-1: 1993-12

	Vorsatz	Vorsatzzeichen	Faktor	Vielfaches bzw. Teil	Beispiel
0	Piko	p	10^{-12}	Billionstel	1 Pikometer = 1 pm = 0,000 000 000 001 m
	Nano	n	10^{-9}	Milliardstel	1 Nanometer = 1 nm = 0,000 000 001 m
	Mikro	µ	10^{-6}	Millionstel	1 Mikrometer = 1 µm = 0,000 001 m
	Milli	m	10^{-3}	Tausendstel	1 Millimeter = 1 mm = 0,001 m
	Zenti	c	10^{-2}	Hundertstel	1 Zentimeter = 1 cm = 0,01 m
	Dezi	d	10^{-1}	Zehntel	1 Dezimeter = 1 dm = 0,1 m
1			$10^{0} = 1$	EINS	1 Meter = 1 m = 1 m
	Deka	da	10^{1}	Zehnfaches	1 Dekameter = 1 dam = 10 m
	Hekto	h	10^{2}	Hundertfaches	1 Hektometer = 1 hm = 100 m
	Kilo	k	10^{3}	Tausendfaches	1 Kilometer = 1 km = 1 000 m
	Mega	M	10^{6}	Millionenfaches	1 Megameter = 1 Mm = 1 000 000 m
	Giga	G	10^{9}	Milliardenfaches	1 Gigameter = 1 Gm = 1 000 000 000 m
∞	Tera	T	10^{12}	Billionenfaches	1 Terameter = 1 Tm = 1 000 000 000 000 m

Größen, Formelzeichen, Einheiten

DIN 1304-1: 1994-03

Physikalische Größe	Formelzeichen	SI-Einheitenzeichen	Einheitenname	Bemerkungen
Längen, Flächen, Volumen, Winkel				
Länge	l	m	Meter	1 inch (Zoll) = 25,4 mm
Breite	b	m		1 Seemeile = 1852 m
Höhe, Tiefe	h	m		
Radius, Halbmesser	r	m		
Durchmesser	$d; D$	m		
Durchbiegung, Durchhang	f	m		
Weglänge, Kurvenlänge	s	m		
Wellenlänge	λ	m		
Fläche, Flächeninhalt, Oberfläche	$A; S$	m^2	Quadratmeter	1 a = 100 m²
Querschnitt, Querschnittsfläche	$S; q$	m^2		1 ha = 10 000 m²
Volumen, Rauminhalt	V	m^3	Kubikmeter	1 l = 0,001 m³ = 1 dm³
ebener Winkel	$\alpha; \beta; \gamma \ldots$	rad	Radiant	1 rad = 1 m/m = 1
				360° = $2 \cdot \pi \cdot$ rad
	°		Grad	1° = $(\pi/180)$rad
	′		Minute	1′ = (1/60)° = 60″
	″		Sekunde	1″ = (1/60)′ = (1/3600)°

Größen, Formelzeichen, Einheiten

DIN 1304-1: 1994-03

Allgemeine Grundlagen

Physikalische Größe	Formel-zeichen	SI-Einheiten-zeichen	Einheitenname	Bemerkungen
Mechanik				
Masse, Gewicht als Wägeergebnis	m	kg	Kilogramm	1 kg = 1000 g 1 t = 1000 kg
längenbezogene Masse	m'	kg/m		1 kg/m = 1 g/mm
flächenbezogene Masse	m''	kg/m²		1 kg/m² = 0,1 g/cm²
Dichte	ϱ	kg/m³		1000 kg/m³ = 1 t/m³ = 1 kg/dm³ = 1 g/cm³
Kraft	F	N	Newton	1 N = 1 (kg · m)/s²
Gewichtskraft	F_G	N		
Kraftmoment, Drehmoment	M	N · m		
Biegemoment	M_b	N · m		
Torsionsmoment	M_t	N · m		
Druck	p	Pa bar	Pascal Bar	1 Pa = 1 N/m² 1 bar = 100000 Pa = 10^5 Pa = 10 N/cm²
absoluter Druck	p_{abs}	Pa		
umgebender Atmosphärendruck	p_{amb}	Pa		
Überdruck (atmosphärische Druckdifferenz)	p_e	Pa		
Normalspannung, Zugspannung, Druckspannung	σ	N/m²		auch N/mm²
Schubspannung (Scherspannung)	τ	N/m²		auch N/mm²
Arbeit	W	J	Joule	1 J = 1 N · m = 1 W · s
Energie	E	J		
Leistung	P	W	Watt	1 W = 1 N · m/s = 1 J/s
Widerstandsmoment	W	m³		
Flächenmoment 2. Grades	I	m⁴		
Elastizitätsmodul	E	N/m²		
Reibungszahl	μ	–		
Wirkungsgrad	η	–		
Zeit und Raum				
Zeit, Zeitspanne, Dauer	t	s	Sekunde	min, h (Stunde), d (Tag), a (Jahr)
Frequenz	f	Hz	Hertz	1 Hz = 1 c^{-1}
Umdrehungsfrequenz	n	s^{-1}		s^{-1} = 1/s = 60 min^{-1} = 60/min
Winkelgeschwindigkeit	ω	rad/s		
Geschwindigkeit	v	m/s		1 m/s = 60 m/min = 3,6 km/h
Beschleunigung	a	m/s²		
Fallbeschleunigung	g	m/s²		g ≈ 9,81 m/s²
Elektrizität, Magnetismus				
elektrische Stromstärke	I	A	Ampère	
elektrische Ladung	Q	C	Coulomb	1 C = 1 A · s
elektrische Spannung	U	V	Volt	1 V = 1 W/1 A = 1 J/C
elektrischer Widerstand	R	Ω	Ohm	1 Ω = 1 V/1 A
spezifischer elektrischer Widerstand	ϱ	Ω · m		1 Ω · m = 1 Ω · m²/m
elektrische Kapazität	C	F	Farad	1 F = 1 C/V
Frequenz	f	Hz	Hertz	1 Hz = 1 s^{-1}
Energie, Arbeit	W	J	Joule	
Wirkleistung	P	W	Watt	1 W = 1 V · 1 A = 1 J/s = 1 N · m/s
Scheinleistung	S	W, (VA)	Watt, Voltampère	
Leistungsfaktor	cos φ	–		cos φ = P/S
Windungszahl	N	–		

Allgemeine Grundlagen

Größen, Formelzeichen, Einheiten

DIN 1304-1: 1994-03

Physikalische Größe	Formelzeichen	SI-Einheitenzeichen	Einheitenname	Bemerkungen
Thermodynamik, Wärmeübertragung				
thermodynamische Temperatur	T	K	Kelvin	$T = 0\,K = -273{,}15\ °C$
Celsius – Temperatur	ϑ	°C	Grad Celsius	$0\ °C = 273{,}15\ K$
Temperaturdifferenz	$\Delta T;\ \Delta\vartheta$	K	Kelvin	
Längenausdehnungszahl	α	1/K		$1/K = 1\ m/(m \cdot K)$
Volumenausdehnungszahl	γ	1/K		$1/K = 1\ m^3/(m^3 \cdot K)$
Wärme, Wärmemenge	Q	J	Joule	$1\ J = 1\ N \cdot m = 1\ W \cdot s$
spezifische Wärmekapazität	c	Wh/(kg · K)		auch kJ/(kg · K)
spezifischer Brennwert	H_s	kWh/kg; kWh/m³		auch MJ/kg; MJ/m³,
spezifischer Heizwert	H_i	kWh/kg; kWh/m³		$3{,}6\ MJ = 1\ kWh$
Wärmestrom	$\dot{Q},\ \phi$	W	Watt	
Wärmeleitfähigkeit	λ	W/(m · K)		
Wärmeübergangszahl	α	W/(m² · K)		
Wärmedurchgangszahl	k, U	W/(m² · K)		

Verwendete Indizes: Zur Unterteilung von Oberbegriffen und zur Kennzeichnung besonderer Zustände können Formelzeichen mit Indizes (Einzahl: Index = Tiefzeichen rechts vom Grundzeichen) versehen werden.

Index	Bedeutung	Index	Bedeutung	Index	Bedeutung
0	null; leerer Raum; Leerlauf	geo	geodätisch	R	Reibung
1	eins; primär; Eingang; Anfangszustand	ges	gesamt	rad	radial
2	zwei; sekundär; Endzustand	i	unterer (frz.: inférieur); innen	rel	relativ
a	außen	ing	Eingang	s	oberer (frz. supérieur)
ab	abgegeben	int	innen	st	statisch
abs	absolut	kin	kinetisch	tan	tangential
amb	umgebend (ambient)	max	maximal	v	Verlust
Ap	Apparat	mec	mechanisch	verf	verfügbar
ax	axial	med	mittel	Z	Zusatz
b	Biegung	mes	gemessen	zu	zugeführt
e	überschreitend (extens)	min	minimal	zul	zulässig
exi	Ausgang	N	Normal	Δ	Differenz
G	Gewicht	pot	potenziell	Σ	Summe

Griechisches Alphabet
greek alphabet

DIN ISO 3098-3: 2000-11

α	A	Alpha	ε	E	Epsilon	i	I	Jota	ν	N	Ny	ϱ	P	Rho	φ	Φ	Phi
β	B	Beta	ζ	Z	Zeta	$\varkappa$	K	Kappa	ξ	Ξ	Ksi	σ	Σ	Sigma	χ	X	Chi
γ	Γ	Gamma	η	H	Eta	λ	Λ	Lambda	o	O	Omnikron	τ	T	Tau	y	Ψ	Psi
δ	Δ	Delta	ϑ	Θ	Theta	μ	M	My	π	Π	Pi	υ	Y	Ypsilon	ω	Ω	Omega

Mathematische Zeichen
mathematical symbols

DIN 1302: 1999-12

Zeichen	Bedeutung	Zeichen	Bedeutung	Zeichen	Bedeutung	Zeichen	Bedeutung
$\approx$	ungefähr gleich	$\geq$	größer oder gleich	n!	n Fakultät	sin	Sinus
$\triangleq$	entspricht	+	plus	∞	unendlich	cos	Kosinus
...	und so weiter bis	–	minus	$\overline{AB}$	Strecke AB	tan	Tangens
=	gleich	$\cdot,\ (x)^{1)}$	multipliziert mit (mal)	$\overset{\frown}{AB}$	Bogen AB	cot	Kotangens
$\neq$	ungleich	:, /, –	durch	$\sphericalangle$	Winkel	Δx	Delta x (Differenz der
$\sim$	proportional	Σ	Summe	lg	dekadischer		Werte x_1; x_2)
$\cong$	kongruent	π	Pi		Logarithmus	%	Prozent
$<$	kleiner als	x^n	x hoch n	ln	natürlicher		
$\leq$	kleiner oder gleich	$\sqrt{\ }$	Quadratwurzel aus		Logarithmus	1) nur bei Flächen- und
$>$	größer als	$\sqrt[n]{\ }$	n-te Wurzel aus	lb	binärer Logarithmus		Raummaßen

Römische Zahlzeichen
roman numerals

I = 1	II = 2	III = 3	IV = 4	V = 5	VI = 6	VII = 7	VIII = 8	IX = 9	X = 10
X = 10	XX = 20	XXX = 30	XL = 40	L = 50	LX = 60	LXX = 70	LXXX = 80	XC = 90	C = 100
C = 100	CC = 200	CCC = 300	CD = 400	D = 500	DC = 600	DCC = 700	DCCC = 800	CM = 900	M = 1000
MC = 1100	MCC = 1200	MCCC = 1300	MCD = 1400	MD = 1500	MDC = 1600	MDCC = 1700	MDCCC = 1800	MCM = 1900	MM = 2000

Beispiel: MCMXCIX = 1999

Vorzeichenregeln

1. Werden zwei Größen mit gleichem Vorzeichen multipliziert oder dividiert, so wird das Ergebnis positiv.

algebraische Beispiele		Zahlenbeispiele	
$a \cdot b = ab;$	$(-a) \cdot (-b) = ab$	$2 \cdot 3 = 6;$	$(-2) \cdot (-3) = 6$
$a/b = a/b;$	$(-a)/(-b) = a/b$	$2/3 = 2/3;$	$(-2)/(-3) = 2/3$

2. Werden zwei Größen mit verschiedenem Vorzeichen multipliziert oder dividiert, so wird das Ergebnis negativ.

algebraische Beispiele		Zahlenbeispiele	
$c \cdot (-d) = -cd;$	$(-c) \cdot d = -cd$	$4 \cdot (-5) = -20;$	$(-4) \cdot 5 = -20$
$c/(-d) = -c/d;$	$-c/d = -c/d$	$4/(-5) = -(4/5);$	$(-4)/5 = -(4/5)$

3. Haben Größen gleiche Vor- und Rechenzeichen, so sind sie positiv.
   Bei unterschiedlichen Vor- und Rechenzeichen sind sie negativ.

algebraische Beispiele		Zahlenbeispiele	
$+(+b) = +b;$	$-(-b) = +b$	$+(+3) = +3;$	$-(-3) = +3$
$+(-b) = -b;$	$-(+b) = -b$	$+(-5) = -5;$	$-(+5) = -5$

4. Punktrechnungen müssen **vor** Strichrechnungen ausgeführt werden.

algebraisches Beispiel	Zahlenbeispiel
$a \cdot b + c \cdot d = ab + cd$	$4 \cdot 3 + 2 \cdot 5 = 12 + 10 = 22$

Bruchrechnen
fractical arithmetic

Rechenart	Regeln	Beispiele
Erweitern bzw. **Kürzen**	Brüche werden erweitert bzw. gekürzt, indem man Zähler und Nenner mit derselben Zahl multipliziert bzw. durch dieselbe Zahl dividiert. Der Wert des Bruches wird dabei nicht verändert.	$\dfrac{2}{3} = \dfrac{2 \cdot 4}{3 \cdot 4} = \dfrac{8}{12}$ $\dfrac{8}{12} = \dfrac{8 : 4}{12 : 4} = \dfrac{2}{3}$
Addition bzw. **Subtraktion**	Gleichnamige Brüche werden addiert bzw. subtrahiert, indem man die Zähler addiert bzw. subtrahiert und den Nenner nicht verändert. Ungleichnamige Brüche müssen zuerst gleichnamig gemacht werden. Dazu müssen sie so erweitert werden, dass für alle Brüche der gleiche Nenner entsteht. Dann werden sie wie gleichnamige Brüche behandelt.	$\dfrac{2}{8} + \dfrac{4}{8} - \dfrac{3}{8} = \dfrac{2 + 4 - 3}{8} = \dfrac{3}{8}$ $\dfrac{2}{3} + \dfrac{1}{5} = \dfrac{2 \cdot 5}{3 \cdot 5} + \dfrac{1 \cdot 3}{5 \cdot 3} = \dfrac{10 + 3}{15} = \dfrac{13}{15}$
Multiplikation	Brüche werden miteinander multipliziert, indem man die Zähler und die Nenner jeweils miteinander multipliziert. Ganze Zahlen werden dabei wie Scheinbrüche (Nenner = 1) behandelt.	$\dfrac{1}{4} \cdot \dfrac{3}{8} = \dfrac{1 \cdot 3}{4 \cdot 8} = \dfrac{3}{32}$ $4 \cdot \dfrac{2}{3} = \dfrac{4}{1} \cdot \dfrac{2}{3} = \dfrac{4 \cdot 2}{1 \cdot 3} = \dfrac{8}{3}$
Division	Brüche werden dividiert, indem man den ersten Bruch mit dem Kehrwert des zweiten Bruches multipliziert. Ganze Zahlen werden dabei wie Scheinbrüche (Nenner = 1) behandelt.	$\dfrac{5}{6} : \dfrac{1}{4} = \dfrac{5}{6} \cdot \dfrac{4}{1} = \dfrac{5 \cdot 4}{6 \cdot 1} = \dfrac{20}{6} = \dfrac{10}{3}$ $\dfrac{5}{6} : 3 = \dfrac{5}{6} : \dfrac{3}{1} = \dfrac{5}{6} \cdot \dfrac{1}{3} = \dfrac{5 \cdot 1}{6 \cdot 3} = \dfrac{5}{18}$

Klammerrechnen
parenthetical arithmetic

Rechenart	Regeln	Beispiele
Addition von Klammerausdrücken	Steht vor einer Klammer ein Plus-Zeichen, so bleiben bei Auflösung der Klammer alle Vorzeichen dieses Klammerausdrucks unverändert.	$25 + (8 + 6) = 25 + 8 + 6$ $47 + (9 - 7) = 47 + 9 - 7$ $d + (e - f) = d + e - f$
Subtraktion von Klammerausdrücken	Steht vor einer Klammer ein Minus-Zeichen, so ändern sich bei Auflösung der Klammer alle Vorzeichen des Klammerausdrucks.	$47 - (9 - 7) = 47 - 9 + 7$ $d - (e - f) = d - e + f$
Multiplikation von Klammerausdrücken	Summen oder Differenzen werden mit einem Faktor multipliziert, indem jedes Glied des Klammerausdrucks mit dem Faktor multipliziert wird.	$3 \cdot (25 + 7) = 3 \cdot 25 + 3 \cdot 7$ $5 \cdot (13 - 9) = 5 \cdot 13 - 5 \cdot 9$ $d \cdot (e - f) = de - df$
	Summen oder Differenzen werden mit Summen oder Differenzen multipliziert, indem jedes Glied der ersten Klammer mit jedem Glied der zweiten Klammer multipliziert wird.	$(8 + 5) \cdot (7 + 4) = 8 \cdot 7 + 8 \cdot 4$ $\qquad\qquad\qquad + 5 \cdot 7 + 5 \cdot 4$
Division von Klammerausdrücken	Summen oder Differenzen werden durch einen Divisor dividiert, indem jedes Glied des Klammerausdrucks durch den Divisor dividiert wird.	$(36 + 10) : 4 = \dfrac{36}{4} + \dfrac{10}{4}$ $(a - b) : c = \dfrac{a}{c} - \dfrac{b}{c}$
	Summen oder Differenzen werden durch Summen oder Differenzen dividiert, indem jedes Glied der ersten Klammer durch den Ausdruck der zweiten Klammer dividiert wird.	$(36 + 10) : (9 - 5) = \dfrac{36}{9 - 5} + \dfrac{10}{9 - 5}$ $(a - b) : (c + d) = \dfrac{a}{c + d} - \dfrac{b}{c + d}$
Ausklammern	Ein gemeinsamer Faktor oder Divisor innerhalb von Summen oder Differenzen kann ausgeklammert werden.	$6 \cdot 5 + 6 \cdot 3 = 6 \cdot (5 + 3)$ $\dfrac{a + b}{c} - \dfrac{d - e}{c} = \dfrac{1}{c}(a + b - d + e)$

Potenzen
powers

Rechenart	Regeln	Beispiele
$a^n = b$ a: Basis n: Exponent b: Potenzwert	Ein Produkt aus gleichen Faktoren kann in verkürzter Schreibweise als Potenz (Stufenzahl) geschrieben werden. Ein Faktor ist die Basis (Grundzahl). Der Exponent (Hochzahl) gibt an, wie oft die Basis als Faktor gesetzt wird. Der Potenzwert ist positiv, wenn die Basis positiv ist oder wenn der Exponent geradzahlig ist. Der Potenzwert ist negativ, wenn die Basis negativ und der Exponent ungerade ist.	$5 \cdot 5 \cdot 5 \cdot 5 = 5^4 = 625$ $10 \cdot 10 \cdot 10 = 10^3 = 1000$ $a \cdot a = a^2 \qquad\qquad 4 \cdot x \cdot x \cdot x = 4x^3$ $(+a)^n = +a^n \qquad (+a)^{2n} = +a^{2n}$ $\qquad\qquad\qquad\quad (-a)^{2n} = +a^{2n}$ $(-a)^{2n-1} = -a^{2n-1}$
Addition; Subtraktion	Nur Potenzen mit gleicher Basis und gleichem Exponenten können addiert bzw. subtrahiert werden.	$9x^3 + 12x^3 - 5x^3 = 16x^3$
Multiplikation; Division	Potenzen mit gleicher Basis werden multipliziert bzw. dividiert, indem man die Exponenten addiert bzw. subtrahiert und die Basis beibehält.	$3^3 \cdot 3^2 = 3^{3+2} = 3^5 \qquad a^m \cdot a^n = a^{m+n}$ $7^3 : 7^2 = 7^{3-2} = 7^1 \qquad a^m : a^n = a^{m-n}$
Potenzieren	Potenzen werden potenziert, indem man die Exponenten multipliziert und die Basis beibehält.	$(2^3)^4 = 2^{3 \cdot 4} = 2^{12} \qquad (a^m)^n = a^{m \cdot n}$
Potenzieren von Summen und Differenzen	Summen oder Differenzen werden potenziert, indem man Potenzen in Produkte umwandelt und nach den Regeln des Klammerrechnens multipliziert.	$(a + b)^2 = (a + b) \cdot (a + b)$ $= a^2 + ab + ab + b^2 = a^2 + 2ab + b^2$ $(a - b)^2 = (a - b) \cdot (a - b)$ $= a^2 - ab - ab + b^2 = a^2 - 2ab + b^2$
Potenzen mit dem Exponenten Null	Alle Potenzen mit dem Exponenten Null haben den Potenzwert 1 (Basis = 0) Ausnahme: $0^0 = 0$	$5^0 = 1; \qquad a^0 = 1; \qquad (a + b)^0 = 1$
Potenzen mit gebrochenem Exponenten	Potenzen mit einem Bruch als Exponent (gebrochener Exponent) können als Wurzel geschrieben werden.	$8^{\frac{1}{3}} = \sqrt[3]{8} = 2 \qquad a^{\frac{m}{n}} = \sqrt[n]{a^m}$
Potenzen mit negativem Exponenten	Potenzen mit negativem Exponenten können als Kehrwert der Potenzen mit positivem Exponenten geschrieben werden.	$3^{-2} = \dfrac{1}{3^2} = \dfrac{1}{9} \qquad a^{-m} = \dfrac{1}{a^m}$
Zehnerpotenzen	Zahlen können als ein Vielfaches von Zehnerpotenzen geschrieben werden. Zahlen > 1 haben positive Exponenten. Zahlen < 1 haben negative Exponenten.	$25\,300 = 2{,}53 \cdot 10\,000 = 2{,}53 \cdot 10^4$ $0{,}005 = 5 : 1000 = 5 \cdot 10^{-3}$

Wurzeln
roots

Rechenart	Regeln	Beispiele
$\sqrt[n]{a} = b$ n: Wurzelexponent a: Radikand b: Wurzelwert	Wurzelrechnung ist die Umkehrung der Potenzrechnung. Hierbei wird eine Zahl (Radikand) in eine Anzahl n (Wurzelexponent) gleicher Faktoren zerlegt. Der Wurzelexponent 2 wird meist nicht geschrieben. Der Wurzelwert ist positiv oder negativ, wenn der Wurzelexponent gerade und der Radikand positiv ist. Der Wurzelwert hat das Vorzeichen des Radikanden, wenn der Wurzelexponent ungerade ist.	$\sqrt[2]{16} = \sqrt{16} = \sqrt{4 \cdot 4} = 4$ $\sqrt[3]{125} = \sqrt[3]{5 \cdot 5 \cdot 5} = 5$ $\sqrt{25} = \pm 5 \qquad \sqrt[2n]{a} = \pm a$ $\sqrt[3]{27} = +3 \qquad \sqrt[3]{-27} = -3$ $\sqrt[2n-1]{a} = +b \qquad \sqrt[2n-1]{-a} = -b$

Logarithmen
logarithms

Rechenart	Regeln	Beispiele
$a^n = b$ $n = \log_a b$ n: Logarithmus a: Basis b: Numerus lg: dekadischer Logarithmus ln: natürlicher Logarithmus lb: binärer Logarithmus	Logarithmieren ist die 2. Umkehrung der Potenzrechnung. Hierbei wird der Potenzexponent (Logarithmus) gesucht, mit dem eine Basis potenziert werden muss, um einen bestimmten Potenzwert (Numerus) zu erhalten. Als Basis kann jede Zahl (außer 0 oder 1) genommen werden. Logarithmen zur Basis 10 heißen dekadische Logarithmen (lg). Logarithmen zur Basis e (e = 2,718281 …) heißen natürliche Logarithmen (ln). Logarithmen zur Basis 2 heißen binäre Logarithmen (lb).	$\log_2 32 = 5 \qquad 2^5 = 32$ $\log_{10} 100 = 2 \qquad 10^2 = 100$ $\log_{10} 1000 = 3 \qquad 10^3 = 1000$ $\log_{10} x = \lg x$ $\log_e x = \ln x$ $\log_2 x = \operatorname{lb} x$

Gleichungen
equations

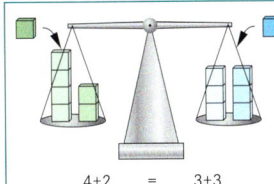

$4+2 = 3+3$

Eine Gleichung kann mit einer Waage verglichen werden. Wenn der Wert auf der einen Seite des Gleichheitszeichens verändert wird, so muss er auf der anderen Seite des Gleichheitszeichens in gleicher Weise verändert werden, damit das Gleichgewicht erhalten bleibt.

Regeln für das Umstellen von Gleichungen

Soll eine unbekannte Größe einer Gleichung ermittelt werden, so muss diese Größe allein auf einer Seite stehen und positiv sein. Dazu müssen alle anderen Größen auf dieser Seite beseitigt und auf die andere Seite gebracht werden, gemäß den folgenden Regeln:

Fall	Regeln	Beispiele	
Seitentausch	Die Seiten einer Gleichung können vertauscht werden.	$A_1 \cdot v_1 = A_2 \cdot v_2$ $A_2 \cdot v_2 = A_1 \cdot v_1$	$4 \cdot 3 = 2 \cdot 6$ $2 \cdot 6 = 4 \cdot 3$
Summen- bzw. Differenzgleichung	Einen Summanden beseitigt man durch Subtraktion, einen Subtrahenden durch Addition auf beiden Seiten der Gleichung. Beim Seitenwechsel wird aus „+" „–" und aus „–" wird „+".	$a + b = c \qquad \vert -b$ $a + b - b = c - b$ $\underline{a = c - b}$ $a - b = c \qquad \vert +b$ $a - b + b = c + b$ $\underline{a = c + b}$	$a + 2 = 5 \qquad \vert -2$ $a + 2 - 2 = 5 - 2$ $\underline{a = 3}$ $a - 2 = 1 \qquad \vert +2$ $a - 2 + 2 = 1 + 2$ $\underline{a = 3}$
Produkt- bzw. Quotientgleichung	Einen Faktor beseitigt man durch Division, einen Divisor durch Multiplikation auf beiden Seiten der Gleichung. Beim Seitenwechsel wird aus „·" „:" und aus „:" wird „·".	$F \cdot s = P \cdot t \qquad \vert : s$ $\dfrac{F \cdot s}{s} = \dfrac{P \cdot t}{s}$ $F = \dfrac{P \cdot t}{s}$ $v = \dfrac{s}{t} \qquad \vert \cdot t$ $v \cdot t = \dfrac{s \cdot t}{t}$ $v \cdot t = s \rightarrow \underline{s = v \cdot t}$	$F \cdot 2 = 4 \cdot 4 \qquad \vert : 2$ $\dfrac{F \cdot 2}{2} = \dfrac{4 \cdot 4}{2}$ $F = \dfrac{4 \cdot 4}{2} = 8$ $3 = \dfrac{s}{2} \qquad \vert \cdot 2$ $3 \cdot 2 = \dfrac{s \cdot 2}{2}$ $3 \cdot 2 = \underline{s = 6}$

Regeln für das Umstellen von Gleichungen

Fall	Regeln	Beispiele	
Potenz- bzw. Wurzelgleichung	Eine Wurzel wird durch Potenzieren, eine Potenz durch Wurzelziehen auf beiden Seiten der Gleichung beseitigt. Der Wurzelwert ist positiv oder negativ, wenn der Wurzelexponent gerade ist.	$x^2 = a \quad \mid \sqrt{\ }$ $\sqrt{x^2} = \pm\sqrt{a}$ $\underline{x = \pm\sqrt{a}}$ $\sqrt{x} = b$ $(\sqrt{x})^2 = b^2$ $\underline{x = b^2}$	$x^2 = 64 \quad \mid \sqrt{\ }$ $\sqrt{x^2} = \pm\sqrt{64}$ $\underline{x = \pm 8}$ $\sqrt{x} = 3 \quad \mid{}^2$ $(\sqrt{x})^2 = 3^2$ $\underline{x = 9}$

Prozent-, Promille-, Zinsrechnung
percentage and mil calculation, calculation of interest

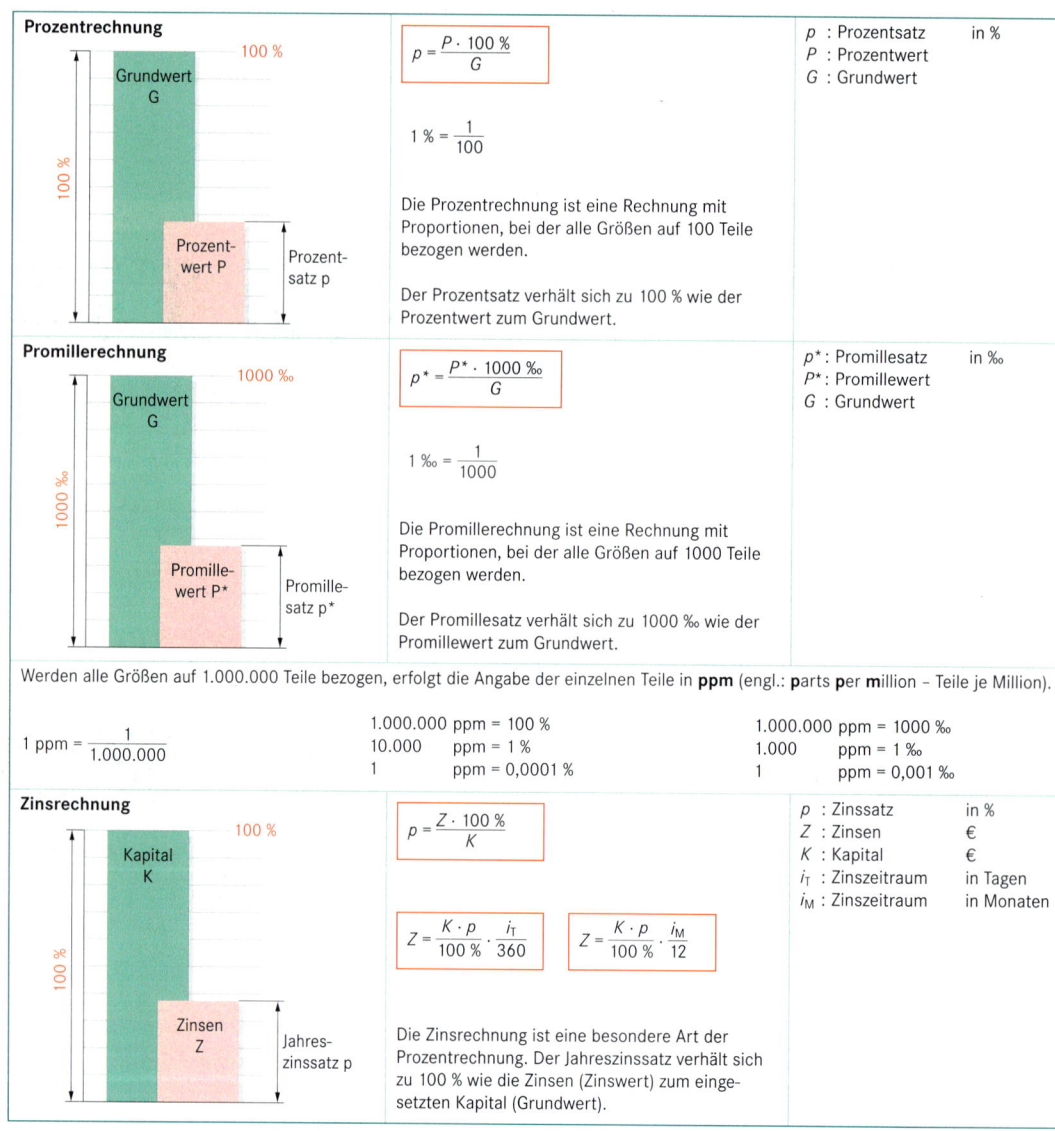

Prozentrechnung

100 %

Grundwert G

100 %

Prozentwert P

Prozentsatz p

$$p = \frac{P \cdot 100\ \%}{G}$$

$$1\ \% = \frac{1}{100}$$

Die Prozentrechnung ist eine Rechnung mit Proportionen, bei der alle Größen auf 100 Teile bezogen werden.

Der Prozentsatz verhält sich zu 100 % wie der Prozentwert zum Grundwert.

p : Prozentsatz   in %
P : Prozentwert
G : Grundwert

Promillerechnung

1000 ‰

Grundwert G

1000 ‰

Promillewert P*

Promillesatz p*

$$p^* = \frac{P^* \cdot 1000\ ‰}{G}$$

$$1\ ‰ = \frac{1}{1000}$$

Die Promillerechnung ist eine Rechnung mit Proportionen, bei der alle Größen auf 1000 Teile bezogen werden.

Der Promillesatz verhält sich zu 1000 ‰ wie der Promillewert zum Grundwert.

p^*: Promillesatz   in ‰
P^*: Promillewert
G : Grundwert

Werden alle Größen auf 1.000.000 Teile bezogen, erfolgt die Angabe der einzelnen Teile in **ppm** (engl.: **p**arts **p**er **m**illion – Teile je Million).

$$1\ \text{ppm} = \frac{1}{1.000.000}$$

1.000.000 ppm = 100 %		1.000.000 ppm = 1000 ‰
10.000 ppm = 1 %		1.000 ppm = 1 ‰
1 ppm = 0,0001 %		1 ppm = 0,001 ‰

Zinsrechnung

100 %

Kapital K

100 %

Zinsen Z

Jahreszinssatz p

$$p = \frac{Z \cdot 100\ \%}{K}$$

$$Z = \frac{K \cdot p}{100\ \%} \cdot \frac{i_T}{360}$$ $$Z = \frac{K \cdot p}{100\ \%} \cdot \frac{i_M}{12}$$

Die Zinsrechnung ist eine besondere Art der Prozentrechnung. Der Jahreszinssatz verhält sich zu 100 % wie die Zinsen (Zinswert) zum eingesetzten Kapital (Grundwert).

p : Zinssatz   in %
Z : Zinsen   €
K : Kapital   €
i_T : Zinszeitraum   in Tagen
i_M : Zinszeitraum   in Monaten

Dreisatzrechnung
proportions

Gleiches Verhältnis (direkte Proportionalität)

Beispiel: 3 m Rohr haben eine Masse von 4,74 kg. Wie groß ist die Masse von 5 m Rohr?

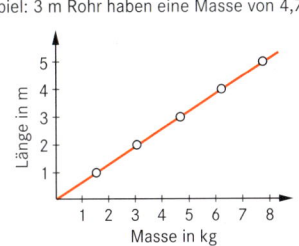

1. Behauptungssatz (Was ist gegeben?)
   3 m Rohr haben eine Masse von 4,74 kg.

2. Zwischensatz (Schluss auf **eine** Einheit durch Division)

   1 m Rohr wiegt $\dfrac{4{,}74\ kg}{3\ m} = 1{,}58\ \dfrac{kg}{m}$.

3. Schlusssatz (Schluss auf die neue Mehrheit durch Multiplikation)

   5 m Rohr wiegen $\dfrac{4{,}74\ kg}{3\ m} \cdot 5\ m = 7{,}9\ kg$.

Umgekehrtes Verhältnis (indirekte Proportionalität)

Beispiel: Zwei Pumpen füllen einen Behälter in 1,5 h. Wie lange dauert das Füllen des Behälters mit 3 Pumpen?

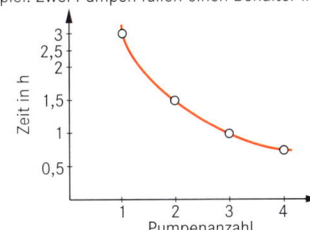

1. Behauptungssatz (Was ist gegeben?)
   Zwei Pumpen füllen einen Behälter in 1,5 h.

2. Zwischensatz (Schluss auf **eine** Einheit durch Multiplikation)
   Eine Pumpe füllt den Behälter in 1,5 h · 2 = 3 h.

3. Schlusssatz (Schluss auf die neue Mehrheit durch Division)

   3 Pumpen füllen den Behälter in $\dfrac{1{,}5\ h \cdot 2}{3} = 1\ h$.

Gefälleberechnung
gradient calculation

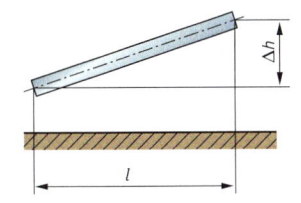

Beispiel: l = 100 cm, Δh = 3 cm
I_r = 0,03
$I_{\%}$ = 3 %
I_N = 1 : 33,3

$$I_r = \frac{\Delta h}{l}$$

$$I_{\%} = \frac{\Delta h}{l} \cdot 100\ \%$$

$$n = \frac{l}{\Delta h}$$

$$I_N = 1 : n$$

$$I_N = 1 : \frac{l}{\Delta h}$$

I_r : Relativgefälle
$I_{\%}$: Prozentuales Gefälle   in %
l : Grundlänge   in m
Δh: Höhenunterschied   in m

Das Gefälle kann auch als Neigungsverhältnis angegeben werden. Dabei wird nur die Verhältniszahl n berechnet. Die Angabe erfolgt dann als 1 : n.

n : Verhältniszahl
I_N : Neigungsverhältnis

Lehrsatz des Pythagoras
the theorem of Pythagoras

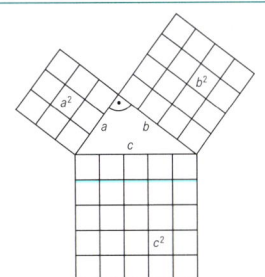

$$a^2 + b^2 = c^2$$

$$c = \sqrt{a^2 + b^2}$$

$$b = \sqrt{c^2 - a^2}$$

$$a = \sqrt{c^2 - b^2}$$

Im rechtwinkligen Dreieck ist das aus der Hypotenuse gebildete Quadrat flächengleich mit der Summe der beiden Quadrate, die aus den Katheten gebildet werden.

a: Kathete   in m
b: Kathete   in m
c: Hypotenuse   in m

Winkelfunktionen am rechtwinkligen Dreieck

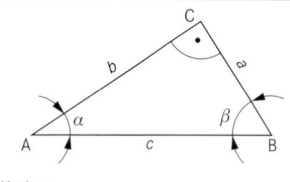

a: Kathete
 Gegenkathete   zum Winkel α
 Ankathete   zum Winkel β

b: Kathete
 Ankathete   zum Winkel α
 Gegenkathete   zum Winkel β

c: Hypotenuse
 Rechter Winkel

		Winkel α	Winkel β
Sinus	$= \dfrac{\text{Gegenkathete}}{\text{Hypotenuse}}$	$\sin\alpha = \dfrac{a}{c}$	$\sin\beta = \dfrac{b}{c}$
Kosinus	$= \dfrac{\text{Ankathete}}{\text{Hypotenuse}}$	$\cos\alpha = \dfrac{b}{c}$	$\cos\beta = \dfrac{a}{c}$
Tangens	$= \dfrac{\text{Gegenkathete}}{\text{Ankathete}}$	$\tan\alpha = \dfrac{a}{b}$	$\tan\beta = \dfrac{b}{a}$
Kotangens	$= \dfrac{\text{Ankathete}}{\text{Gegenkathete}}$	$\cot\alpha = \dfrac{b}{a}$	$\cot\beta = \dfrac{a}{b}$

Seite	Beziehung			
a	$b \cdot \tan\alpha$	$b \cdot \cot\beta$	$c \cdot \sin\alpha$	$c \cdot \cos\beta$
b	$\dfrac{a}{\tan\alpha}$	$a \cdot \cot\alpha$	$c \cdot \sin\beta$	$c \cdot \cos\alpha$
c	$\dfrac{a}{\sin\alpha}$	$\dfrac{a}{\cos\beta}$	$\dfrac{b}{\cos\alpha}$	$\dfrac{b}{\sin\beta}$

Winkelfunktionen am schiefwinkligen Dreieck

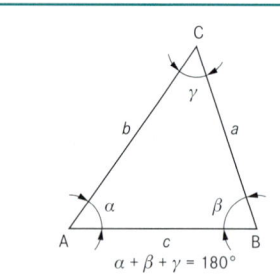

$\alpha + \beta + \gamma = 180°$

Sinussatz	Kosinussatz
$\dfrac{a}{\sin\alpha} = \dfrac{b}{\sin\beta} = \dfrac{c}{\sin\gamma}$	$a^2 = b^2 + c^2 - 2bc \cdot \cos\alpha$ $b^2 = a^2 + c^2 - 2ac \cdot \cos\beta$ $c^2 = a^2 + b^2 - 2ab \cdot \cos\gamma$
$a : b : c = \sin\alpha : \sin\beta : \sin\gamma$	$\cos\alpha = \dfrac{b^2 + c^2 - a^2}{2bc}$
$\dfrac{a}{\sin\alpha} = \dfrac{b}{\sin\beta}$; $\dfrac{b}{\sin\beta} = \dfrac{c}{\sin\gamma}$	$\cos\beta = \dfrac{a^2 + c^2 - b^2}{2ac}$
$\dfrac{a}{b} = \dfrac{\sin\alpha}{\sin\beta}$; $\dfrac{b}{c} = \dfrac{\sin\beta}{\sin\gamma}$	$\cos\gamma = \dfrac{a^2 + b^2 - c^2}{2ab}$

Längen
lengths

Umrechnung von Längeneinheiten: Es gilt die Umrechnungszahl 10 von Einheit zu Einheit.
Einheit soll kleiner werden: · **10**
Beispiele: 1 m = 10 dm; 1 dm = 10 cm

Einheit soll größer werden: : **10**
10 cm = 1 dm; 10 dm = 1 m

Kreisteilung

$$\widehat{p} = \frac{d \cdot \pi}{n}$$

$\widehat{p}$: Teilung (Bogenmaß)   in mm
d : Teilkreisdurchmesser   in mm
n : Anzahl der Bohrungen,
     Sägeschnitte, Anreißlinien

Teilung von Geraden
Randabstände = Teilung ($l_1 = l_2 = P$)

$z = n + 1$
$l = z \cdot P$
$l = (n + 1) \cdot P$

$$P = \frac{l}{n + 1}$$

P : Teilung   in mm
z : Anzahl der Teilungen
n : Anzahl der Bohrungen,
     Sägeschnitte, Anreißlinien
l : Gesamtlänge   in mm
l_1: Randabstand 1   in mm
l_2: Randabstand 2   in mm

Randabstände ≠ Teilung ($l_1 = l_2$ oder $l_1 \neq l_2$)

$z = n - 1$
$l = (l_1 + l_2) + z \cdot P$
$l = (l_1 + l_2) + (n - 1) \cdot P$

$$P = \frac{l - (l_1 + l_2)}{n - 1}$$

Gestreckte Längen

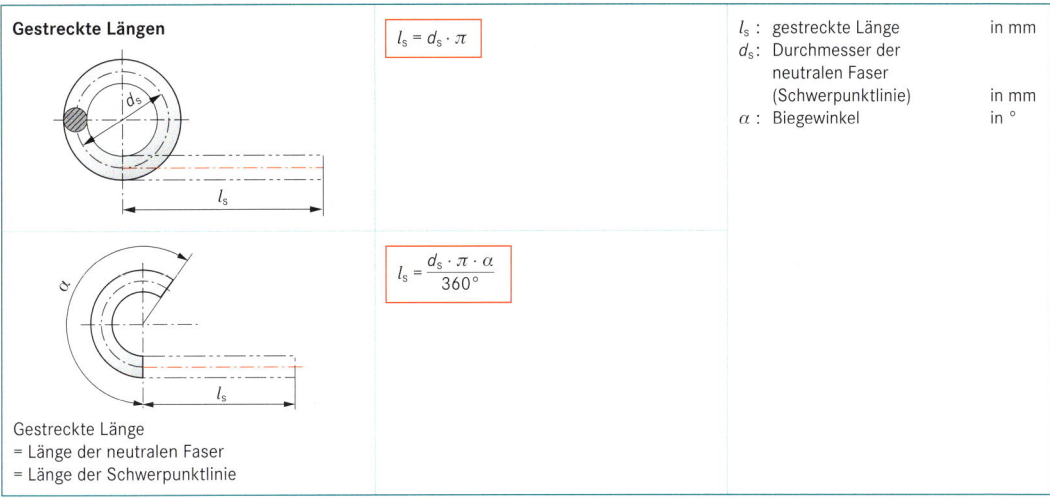

$$l_s = d_s \cdot \pi$$

l_s : gestreckte Länge — in mm
d_s : Durchmesser der neutralen Faser (Schwerpunktlinie) — in mm
α : Biegewinkel — in °

$$l_s = \frac{d_s \cdot \pi \cdot \alpha}{360°}$$

Gestreckte Länge
= Länge der neutralen Faser
= Länge der Schwerpunktlinie

Flächen
areas

Umrechnung von Flächeneinheiten: Es gilt die Umrechnungszahl 100 von Einheit zu Einheit.
Einheit soll kleiner werden: · **100**   Einheit soll größer werden: **: 100**
Beispiele: 1 m² = 100 dm²; 1 dm² = 100 cm²   100 cm² = 1 dm²; 100 dm² = 1 m²

Quadrat

$$A = l \cdot l$$

$$U = 4 \cdot l$$

$l = \sqrt{A}$

$A = l^2$

$e = l \cdot \sqrt{2}$

A : Fläche — in mm²
l : Länge — in mm
U : Umfang — in mm
e : Eckenmaß — in mm

Rhombus

$$A = l \cdot b$$

$$U = 4 \cdot l$$

A : Fläche — in mm²
l : Länge — in mm
b : Breite — in mm
U : Umfang — in mm

Rechteck

$$A = l \cdot b$$

$$U = 2 \cdot (l + b)$$

$e = \sqrt{l^2 + b^2}$

A : Fläche — in mm²
l : Länge — in mm
b : Breite — in mm
U : Umfang — in mm
e : Eckenmaß — in mm

Parallelogramm

$$A = l \cdot b$$

$$U = 2 \cdot (l + l_1)$$

$l_1 = \sqrt{a^2 + b^2}$

A : Fläche — in mm²
l : Länge — in mm
l_1 : Seitenlänge — in mm
a : Versatz — in mm
b : Breite — in mm
U : Umfang — in mm

Dreieck

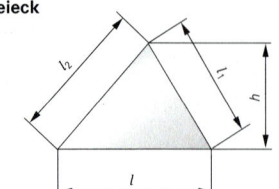

$$A = \frac{l \cdot h}{2}$$

$$U = l + l_1 + l_2$$

A :	Fläche	in mm²
l :	Länge	in mm
l_1 :	Dreieckseite	in mm
l_2 :	Dreieckseite	in mm
h :	Höhe	in mm
U :	Umfang	in mm

Trapez

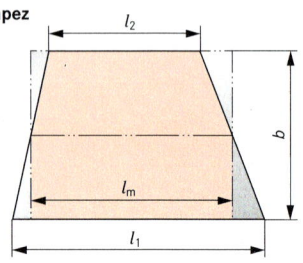

$$A = \frac{l_1 + l_2}{2} \cdot b$$

$$A = l_m \cdot b$$

$$l_m = \frac{l_1 + l_2}{2}$$

A :	Fläche	in mm²
l_1 :	große Seitenlänge	in mm
l_2 :	kleine Seitenlänge	in mm
l_m :	mittlere Seitenlänge	in mm
b :	Breite	in mm

Regelmäßiges Vieleck

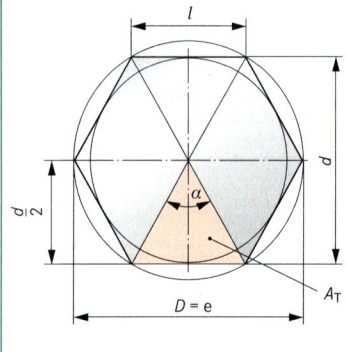

$$A = A_T \cdot n \qquad U = n \cdot l$$

$$A = \frac{l \cdot d \cdot n}{4} \qquad \alpha = \frac{360}{n}$$

$$d = \sqrt{D^2 - l^2} \qquad l = D \cdot sin\left(\frac{180°}{n}\right)$$

A :	Fläche	in mm²
A_T :	Teilfläche	in mm²
n :	Eckenzahl	
l :	Seitenlänge	in mm
e :	Eckenmaß	in mm
U :	Umfang	in mm
d :	Inkreisdurchmesser	in mm
α :	Mittelpunktswinkel	in °

Tab. 18.1: Regelmäßige Vielecke

Eckenzahl n	Seitenlänge l	Inkreis-Ø d	Eckenmaß e		Fläche A
3	$0,867 \cdot D$	$0,500 \cdot e$	$2,000 \cdot d$	$0,325 \cdot D^2$	$1,299 \cdot d^2$
4	$0,707 \cdot D$	$0,707 \cdot e$	$1,414 \cdot d$	$0,500 \cdot D^2$	$1,000 \cdot d^2$
5	$0,588 \cdot D$	$0,809 \cdot e$	$1,236 \cdot d$	$0,595 \cdot D^2$	$0,908 \cdot d^2$
6	$0,500 \cdot D$	$0,866 \cdot e$	$1,155 \cdot d$	$0,649 \cdot D^2$	$0,866 \cdot d^2$
8	$0,383 \cdot D$	$0,924 \cdot e$	$1,082 \cdot d$	$0,707 \cdot D^2$	$0,828 \cdot d^2$
10	$0,309 \cdot D$	$0,951 \cdot e$	$1,052 \cdot d$	$0,735 \cdot D^2$	$0,812 \cdot d^2$
12	$0,259 \cdot D$	$0,966 \cdot e$	$1,035 \cdot d$	$0,750 \cdot D^2$	$0,804 \cdot d^2$

Unregelmäßiges Vieleck

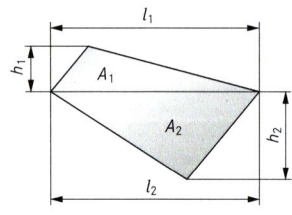

$$A = A_1 + A_2 + \ldots + A_n$$

$$A = \frac{1}{2}(l_1 \cdot h_1 + l_2 \cdot h_2 + \ldots + l_n \cdot h_n)$$

A:	Fläche	in mm²
$A_1, A_2, \ldots$:	Teilflächen	in mm²
$l_1, l_2, \ldots$:	Längen der Teilflächen	in mm
$h_1, h_2, \ldots$:	Höhen der Teilflächen	in mm

Kreis

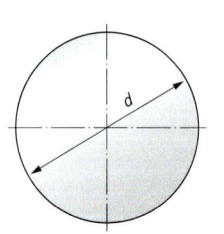

$$A = \frac{d^2 \cdot \pi}{4} \qquad U = d \cdot \pi$$

$$d = \sqrt{\frac{4A}{\pi}}$$

Näherungsformel:

$$A \approx 0,785 \cdot d^2$$

A :	Kreisfläche	in mm²
d :	Durchmesser	in mm
U :	Umfang	in mm
π :	Kreiszahl (π = 3,14159 ...)	

Kreisausschnitt (Kreissegment)

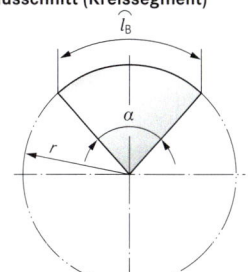

$$A = \frac{\pi \cdot r^2 \cdot \alpha}{360°}$$

$$A = \frac{\pi \cdot d^2 \cdot \alpha}{4 \cdot 360°}$$

$$A = \frac{\widehat{l_B} \cdot r}{2}$$

$$\widehat{l_B} = \frac{2r \cdot \pi \cdot \alpha}{360°}$$

$$d = 2 \cdot r$$

A :	Fläche	in mm^2
r :	Radius	in mm
α :	Zentriwinkel	in °
$\widehat{l_B}$:	Bogenlänge	in mm
d :	Durchmesser	in mm

Kreisabschnitt

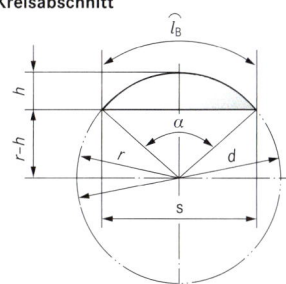

$$A = \frac{\widehat{l_B} \cdot r - s\,(r - h)}{2}$$

Näherungsformel:

$$A \approx \frac{2}{3} \cdot s \cdot h$$

$$\widehat{l_B} = \frac{d \cdot \pi \cdot \alpha}{360°}$$

$$s = 2 \cdot \sqrt{r^2 - (r - h)^2}$$

A :	Fläche	in mm^2
d :	Durchmesser	in mm
α :	Zentriwinkel	in °
$\widehat{l_B}$:	Bogenlänge	in mm
s :	Sehnenlänge	in mm
h :	Bogenhöhe	in mm
r :	Radius	in mm

Kreisring

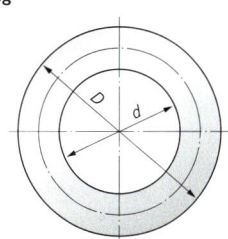

$$A = \frac{D^2 \cdot \pi}{4} - \frac{d^2 \cdot \pi}{4}$$

$$A = (D^2 - d^2) \cdot \frac{\pi}{4}$$

A :	Fläche	in mm^2
D :	Außendurchmesser	in mm
d :	Innendurchmesser	in mm

Kreisringausschnitt

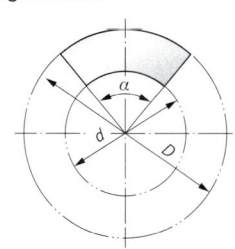

$$A = \left(\frac{D^2 \cdot \pi}{4} - \frac{d^2 \cdot \pi}{4} \right) \cdot \frac{\alpha}{360°}$$

$$A = (D^2 - d^2) \cdot \frac{\pi}{4} \cdot \frac{\alpha}{360°}$$

A :	Fläche	in mm^2
D :	Außendurchmesser	in mm
d :	Innendurchmesser	in mm
α :	Zentriwinkel	in °

Ellipse

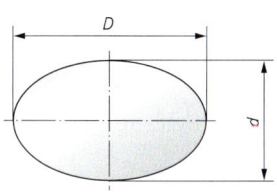

$$A = \frac{D \cdot d \cdot \pi}{4}$$

$$U = \pi \cdot \sqrt{\frac{D^2 + d^2}{2}}$$

Näherungsformel:

$$U \approx \frac{D + d}{2} \cdot \pi$$

A :	Fläche	in mm^2
D :	große Achse	in mm
d :	kleine Achse	in mm
U :	Umfang	in mm

Umrechnung von Volumeneinheiten: Es gilt die Umrechnungszahl 1000 von Einheit zu Einheit.
Einheit soll kleiner werden: · **1000**   Einheit soll größer werden: **: 1000**
Beispiele: 1 m³ = 1000 dm³; 1 dm³ = 1000 cm³   1000 cm³ = 1 dm³; 1000 dm³ = 1 m³

Würfel

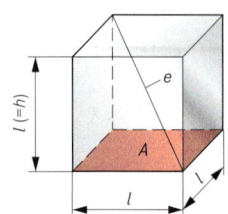

$$V = A \cdot h \qquad V = l^3 \qquad l = \sqrt[3]{V}$$

$$A_O = 6 \cdot l^2 \qquad l = \sqrt{\frac{A_O}{6}}$$

$$e = l \cdot \sqrt{3}$$

V	: Volumen	in mm³
A	: Grundfläche	in mm²
l	: Kantenlänge	in mm
h	: Höhe (= l)	in mm
A_O	: Oberfläche	in mm²
e	: Raumdiagonale	in mm

Prisma

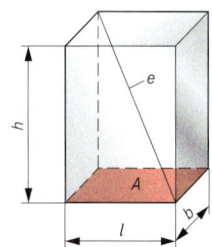

$$V = A \cdot h$$

$$h = \frac{V}{l \cdot b}$$

$$V = l \cdot b \cdot h$$

$$A_M = 2 \cdot (l \cdot h + b \cdot h)$$

$$A_O = 2 \cdot (l \cdot h + b \cdot h + l \cdot b)$$

$$e = \sqrt{l^2 + b^2 + h^2}$$

V	: Volumen	in mm³
A	: Grundfläche	in mm²
l	: Länge	in mm
b	: Breite	in mm
h	: Höhe	in mm
A_M	: Mantelfläche	in mm²
A_O	: Oberfläche	in mm²
e	: Raumdiagonale	in mm

Zylinder

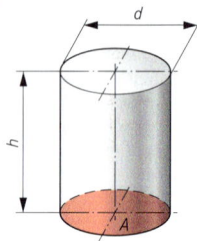

$$V = A \cdot h$$

$$V = \frac{d^2 \cdot \pi}{4} \cdot h \qquad d = \sqrt{\frac{4 \cdot V}{\pi \cdot h}}$$

$$A_M = d \cdot \pi \cdot h$$

$$A_O = d \cdot \pi \cdot h + 2 \cdot \frac{d^2 \cdot \pi}{4}$$

V	: Volumen	in mm³
A	: Grundfläche	in mm²
h	: Höhe	in mm
d	: Durchmesser	in mm
A_M	: Mantelfläche	in mm²
A_O	: Oberfläche	in mm²

Hohlzylinder

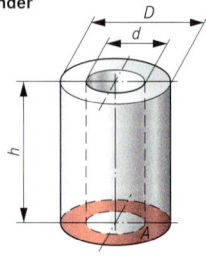

$$V = A \cdot h$$

$$V = (D^2 - d^2) \cdot \frac{\pi \cdot h}{4}$$

$$A_M = D \cdot \pi \cdot h$$

V	: Volumen	in mm³
A	: Grundfläche	in mm²
D	: Außendurchmesser	in mm
d	: Innendurchmesser	in mm
h	: Höhe	in mm
A_M	: Mantelfläche	in mm²

Pyramide

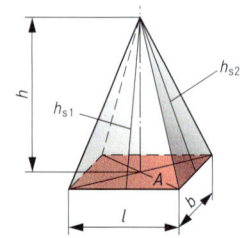

$$V = \frac{A \cdot h}{3} \qquad V = \frac{l \cdot b \cdot h}{3}$$

$$h_{s1} = \sqrt{h^2 + \frac{b^2}{4}} \qquad h_{s2} = \sqrt{h^2 + \frac{l^2}{4}}$$

$$A_M = l \cdot h_{S1} + b \cdot h_{S2}$$

$$A_O = l \cdot h_{S1} + b \cdot h_{S2} + l \cdot b$$

V	: Volumen	in mm³
A	: Grundfläche	in mm²
l	: Länge	in mm
b	: Breite	in mm
h_{S1}	: Seitenhöhe 1	in mm
h_{S2}	: Seitenhöhe 2	in mm
h	: Höhe	in mm
A_M	: Mantelfläche	in mm²
A_O	: Oberfläche	in mm²

Pyramidenstumpf

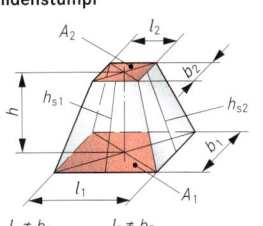

$$V = \frac{h}{3} \cdot \left(A_1 + A_2 + \sqrt{A_1 \cdot A_2}\right)$$

$$A_M = (l_1 + l_2) \cdot h_{s1} + (b_1 + b_2) \cdot h_{s2}$$

$$h_{S1} = \sqrt{\frac{(b_1 - b_2)^2}{4} + h^2}$$

$$h_{S2} = \sqrt{\frac{(l_1 - l_2)^2}{4} + h^2}$$

V	: Volumen	in mm³
A_1	: Grundfläche	in mm²
A_2	: Deckfläche	in mm²
h	: Höhe	in mm
l_1	: untere Länge	in mm
l_2	: obere Länge	in mm
b_1	: untere Breite	in mm
b_2	: obere Breite	in mm
h_{S1}	: Seitenhöhe 1	in mm
h_{S2}	: Seitenhöhe 2	in mm
A_M	: Mantelfläche	in mm²

Kegel

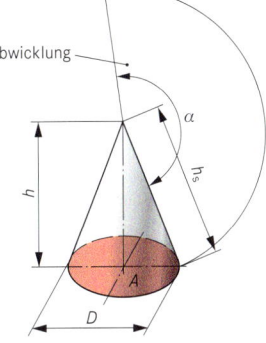

$$V = \frac{A \cdot h}{3}$$

$$V = \frac{D^2 \cdot \pi \cdot h}{4 \cdot 3}$$

$$A_M = \frac{D \cdot \pi}{2} \cdot h_s$$

$$h_s = \sqrt{h^2 + \frac{D^2}{4}}$$

$$A_O = \frac{D \cdot \pi}{2} \cdot h_s + \frac{D^2 \cdot \pi}{4}$$

$$D = \sqrt{\frac{12 \cdot V}{\pi \cdot h}} \qquad h = \frac{12 \cdot V}{\pi \cdot D}$$

$$\alpha = \frac{D \cdot 180°}{h_s}$$

V	: Volumen	in mm³
A	: Grundfläche	in mm²
h	: Höhe (= l)	in mm
D	: Durchmesser	in mm
h_S	: Seitenhöhe	in mm
A_M	: Mantelfläche	in mm²
A_O	: Oberfläche	in mm²
α	: Winkel der Abwicklung	

Kegelstumpf

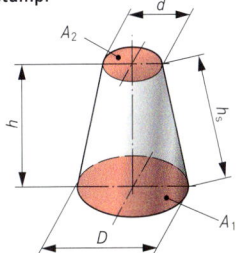

$$V = \frac{h \cdot \pi}{12} \cdot (D^2 + d^2 + D \cdot d)$$

Näherungsformel: $\quad V \approx \frac{A_1 + A_2}{2} \cdot h$

$$h_s = \sqrt{\frac{(D - d)^2}{4} + h^2}$$

$$A_M = \frac{(D + d)}{2} \cdot \pi \cdot h_s$$

V	: Volumen	in mm³
h	: Höhe	in mm
D	: unterer Durchmesser	in mm
d:	oberer Durchmesser	in mm
A_1	: Grundfläche	in mm²
A_2	: Deckfläche	in mm²
h_S	: Seitenhöhe	in mm
A_M	: Mantelfläche	in mm²

Kugel

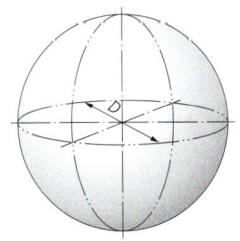

$$V = \frac{D^3 \cdot \pi}{6}$$

$$A_O = D^2 \cdot \pi$$

$$D = \sqrt[3]{\frac{6 \cdot V}{\pi}} \qquad D = \sqrt{\frac{A_O}{\pi}}$$

V	: Volumen	in mm³
D	: Durchmesser	in mm
A_O	: Oberfläche	in mm²

Kugelabschnitt (Kalotte)

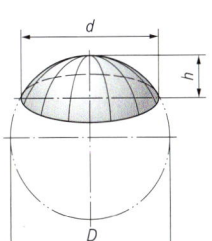

$$V = h^2 \cdot \pi \cdot \left(\frac{D}{2} - \frac{h}{3}\right)$$

$$A_M = D \cdot \pi \cdot h$$

$$A_O = D \cdot \pi \cdot h + \frac{d^2 \cdot \pi}{4}$$

V	: Volumen	in mm³
D	: Kugeldurchmesser	in mm
d	: Kalottendurchmesser	in mm
h	: Kalottenhöhe	in mm
A_M	: Mantelfläche	in mm²
A_O	: Oberfläche	in mm²

Massenberechnung nach der Dichte

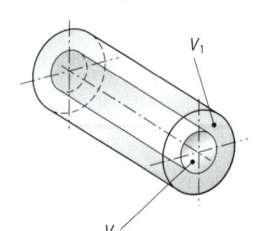

$$m = V \cdot \varrho \qquad \varrho = \frac{m}{V} \qquad V = \frac{m}{\varrho}$$

$$m = (V_1 - V_2) \cdot \varrho$$

m : Masse
V : Volumen
V_1 : Teilvolumen
ϱ : Dichte
($\rightarrow$ Tab. S. 44–51)

Einheiten für die Berechnung

V in	cm^3	dm^3	m^3
ϱ in	$\dfrac{g}{cm^3}$	$\dfrac{kg}{dm^3}$	$\dfrac{t}{m^3}$
m in	g	kg	t

Massenberechnung nach der Länge

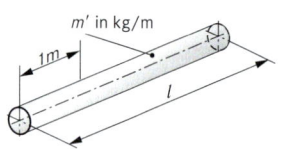

m' in kg/m

1 m

$$m = m' \cdot l \qquad m' = \frac{m}{l}$$

$$l = \frac{m}{m'}$$

m : Masse $\qquad$ in kg
l : Länge $\qquad$ in m
m' : längenbezogene Masse $\quad$ in kg/m
($\rightarrow$ S. 148 ff.)

Massenberechnung nach der Fläche

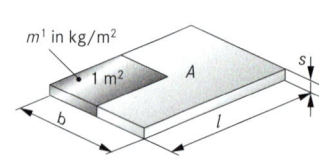

m^1 in kg/m^2

1 m^2

$$m = m^1 \cdot A \qquad m^1 = \frac{m}{A}$$

$$A = \frac{m}{m''}$$

m : Masse $\qquad$ in kg
A : Fläche $\qquad$ in m^2
m^1 : flächenbezogene Masse $\quad$ in kg/m^2
($\rightarrow$ S. 195)

Bewegung
movement

Umrechnung von Zeiteinheiten: Für die Einheiten Sekunde, Minute und Stunde gilt die Umrechnungszahl 60 von Einheit zu Einheit.

Einheit soll kleiner werden: $\cdot$ **60**
Beispiele: 1 h = 60 min; 1 min = 60 s

Einheit soll größer werden: **: 60**
60 s = 1 min; 60 min = 1 h

gleichförmig – geradlinig

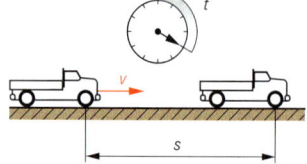

$$v = \frac{s}{t}$$

$$s = v \cdot t$$

$$t = \frac{s}{v}$$

v : Geschwindigkeit $\quad$ in m/s
s : Weg $\qquad$ in m
t : Zeit $\qquad$ in s

gleichförmig – kreisförmig

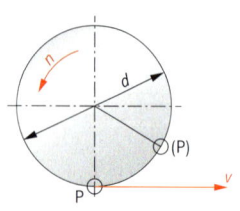

P: betrachteter Punkt

$$v = d \cdot \pi \cdot n \qquad d = \frac{v}{\pi \cdot n}$$

$$n = \frac{v}{d \cdot \pi}$$

v : Umfangsgeschwindigkeit $\quad$ in m/s
d : Durchmesser $\qquad$ in m
n : Umdrehungsfrequenz
$\quad$ (Drehzahl) $\qquad$ in 1/s

$$v = \frac{d \cdot \pi \cdot n}{1000 \cdot 60}$$

v : Umfangsgeschwindigkeit $\quad$ in m/s
d : Durchmesser $\qquad$ in mm
n : Umdrehungsfrequenz
$\quad$ (Drehzahl) $\qquad$ in 1/min
1000: Umrechnungszahl $\qquad$ in mm/m
$\quad$ 60: Umrechnungszahl $\qquad$ in s/min

Gleichmäßig beschleunigte bzw. verzögerte Bewegung

Eine Bewegung ist gleichmäßig beschleunigt bzw. verzögert, wenn die Geschwindigkeit in gleichen Zeiten um gleiche Beträge zu- bzw. abnimmt.

gleichmäßig beschleunigt
ohne Anfangsgeschwindigkeit

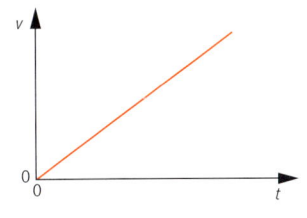

Beschleunigung:

$$a = \frac{v}{t}$$

Zeit:

$$t = \frac{v}{a}$$

Geschwindigkeit:

$$v = a \cdot t$$

Weg:

$$s = \frac{a}{2} \cdot t^2$$

a : Beschleunigung — in m/s²
v : Geschwindigkeit — in m/s
t : Zeit — in s
s : Weg — in m

gleichmäßig beschleunigt
mit Anfangsgeschwindigkeit

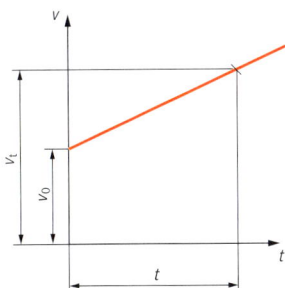

Beschleunigung:

$$a = \frac{v_t - v_0}{t}$$

Geschwindigkeit nach der Zeit t:

$$v_t = a \cdot t + v_0$$

Weg nach der Zeit t:

$$s_t = \frac{a}{2} \cdot t^2 + v_0 \cdot t + s_0$$

a : Beschleunigung — in m/s²
v_0 : Anfangsgeschwindigkeit — in m/s
v_t : Geschwindigkeit nach der Zeit t — in m/s
s_t : Weg nach der Zeit t — in m
s_0 : Anfangsweg — in m
t : Zeit — in s

gleichmäßig verzögert

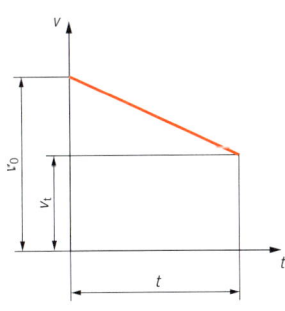

Beschleunigung mit negativem Wert (Verzögerung):

$$a = \frac{v_t - v_0}{t}$$

Geschwindigkeit nach der Zeit t:

$$v_t = a \cdot t + v_0$$

Weg nach der Zeit t:

$$s_t = \frac{a}{2} \cdot t^2 + v_0 \cdot t + s_0$$

a : Beschleunigung (negativer Wert) — in m/s²
v_0 : Anfangsgeschwindigkeit — in m/s
v_t : Geschwindigkeit nach der Zeit t — in m/s
s_t : Weg nach der Zeit t — in m
s_0 : Anfangsweg — in m
t : Zeit — in s

Freier Fall
(ohne Berücksichtigung des Luftwiderstandes, d. h. Fall im Vakuum)

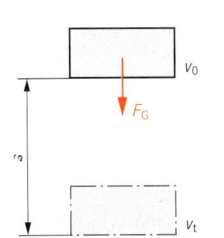

$$v_t = g \cdot t$$

$$s = \frac{g}{2} \cdot t^2$$

$$t = \sqrt{\frac{2s}{g}} \qquad v_s = \sqrt{2g \cdot s}$$

v_t : Geschwindigkeit nach der Zeit t — in m/s
g : Fallbeschleunigung — in m/s²
s : zurückgelegter Weg — in m
t : Fallzeit — in s
v_s : Geschwindigkeit nach dem Fallweg s — in m/s

Fallbeschleunigung auf der Erdoberfläche: $g = 9,01$ m/s²

Darstellung von Kräften

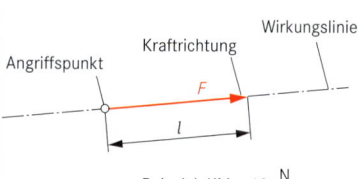

Wirkungslinie
Kraftrichtung
Angriffspunkt
F
l
Beispiel: KM = 10 $\frac{N}{cm}$

$$F = l \cdot KM$$

$$l = \frac{F}{KM}$$

$$KM = \frac{F}{l}$$

F	: Kraft	in N
l	: Pfeillänge	in cm
KM	: Kräftemaßstab	in N/cm

Kräfteparallelogramm

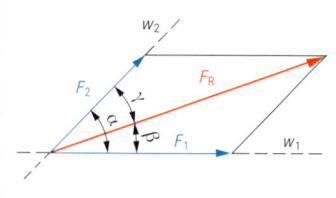

Zusammenfassen der Teilkräfte F_1 und F_2 zur Resultierenden F_R.

Zerlegen der Resultierenden F_R in die Teilkräfte F_1 und F_2 bei vorgegebenen Wirkungslinien w_1 und w_2.

$$F_R = \sqrt{F_1^2 + F_2^2 + 2\,F_1 \cdot F_2 \cdot \cos \alpha}$$

$$\sin \beta = \frac{F_2}{F_R} \cdot \sin \alpha \qquad \sin \gamma = \frac{F_1}{F_R} \cdot \sin \alpha$$

F_1	: Teilkraft 1	in N
F_2	: Teilkraft 2	in N
F_R	: Resultierende (Ersatzkraft)	in N
w_1	: Wirkungslinie der Teilkraft 1	
w_2	: Wirkungslinie der Teilkraft 2	
α, β, γ	: Winkel zur Richtungsbeschreibung	in °

Kräftepolygon (Krafteck)

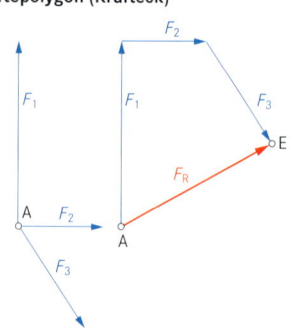

Die Teilkräfte F_1, $F_2 \dots F_n$ werden maßstabgerecht in beliebiger Reihenfolge aneinander gereiht.

Die Resultierende F_R ist die Verbindung vom Kraftangriffspunkt A der zuerst gezeichneten Kraft zum Endpunkt E der zuletzt gezeichneten Kraft.

$F_1, F_2 \dots$	: Teilkräfte	in N
F_R	: Resultierende (Ersatzkraft)	in N
A	: Kraftangriffspunkt	
E	: Endpunkt des Kraftecks	

Kraft und Beschleunigung

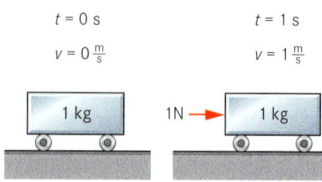

$t = 0$ s $\qquad$ $t = 1$ s
$v = 0\,\frac{m}{s}$ $\qquad$ $v = 1\,\frac{m}{s}$

1N

$$F = m \cdot a \qquad m = \frac{F}{a} \qquad a = \frac{F}{m}$$

Eine Kraft hat die Größe von 1 N, wenn sie eine Masse von 1 kg in 1 s auf eine Geschwindigkeit von 1 m/s beschleunigt.

$$1\,N = 1\,kg \cdot \frac{1\frac{m}{s}}{s} = 1\,\frac{kg \cdot m}{s^2}$$

F	: Kraft	in N
m	: Masse	in kg
a	: Beschleunigung	in m/s²

Gewichtskraft

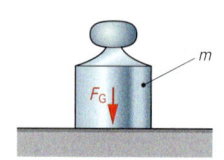

m
F_G

$$F_G = m \cdot g$$

$$m = \frac{F_G}{g}$$

$$g = \frac{F_G}{m}$$

F_G	: Gewichtskraft	in N
m	: Masse	in kg
g	: Fallbeschleunigung ($g = 9{,}81$ m/s²)	in m/s²

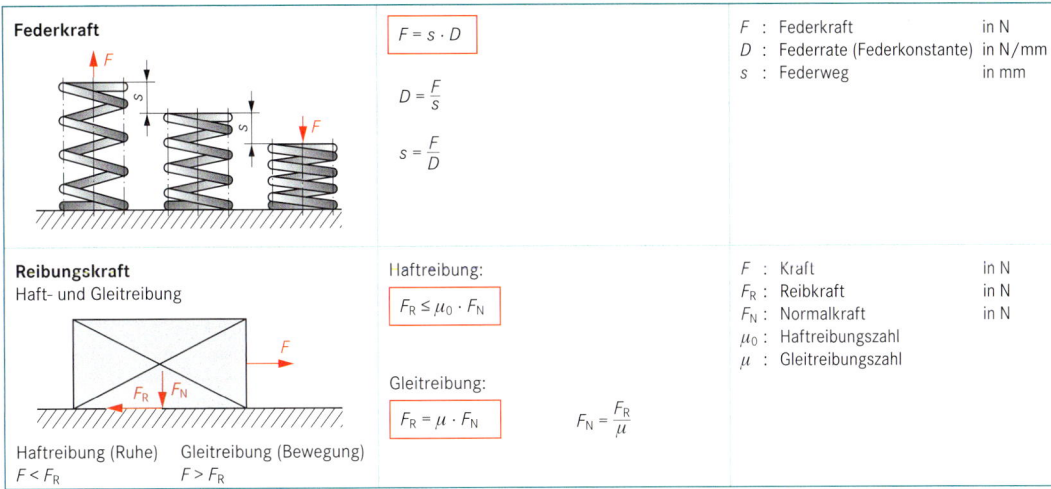

Federkraft

$$F = s \cdot D$$

$$D = \frac{F}{s}$$

$$s = \frac{F}{D}$$

F : Federkraft	in N
D : Federrate (Federkonstante)	in N/mm
s : Federweg	in mm

Reibungskraft
Haft- und Gleitreibung

Haftreibung:

$$F_R \leq \mu_0 \cdot F_N$$

Gleitreibung:

$$F_R = \mu \cdot F_N \qquad F_N = \frac{F_R}{\mu}$$

F : Kraft	in N
F_R : Reibkraft	in N
F_N : Normalkraft	in N
μ_0 : Haftreibungszahl	
μ : Gleitreibungszahl	

Haftreibung (Ruhe)   Gleitreibung (Bewegung)
$F < F_R$ $F > F_R$

Tab. 25.1: Reibungszahlen für Haft- und Gleitreibung

Werkstoffpaarung	Haftreibung μ_0		Gleitreibung μ	
	trocken	geschmiert	trocken	geschmiert
Stahl auf Stahl	0,15–0,30	0,10–0,12	0,10–0,12	0,04–0,10
Stahl auf Gusseisen	0,18–0,24	0,10–0,20	0,15–0,24	0,05–0,20
Stahl auf Cu-Sn-Legierung	0,18–0,20	0,10–0,20	0,10–0,20	0,04–0,10
Stahl auf Polyamid	0,30–0,40	0,10–0,20	0,32–0,45	0,05–0,10
Gusseisen auf Cu-Sn-Legierung	0,3	0,2	0,2	0,08
Gusseisen auf Stahl	0,33	–	0,22	0,11
Gusseisen auf Cu-Zn-Legierung	–	0,18	0,18–0,20	0,15–0,18
Reifen auf griffigem Asphalt	–	–	0,60–0,80	–
Reifen auf nassem Asphalt	–	–	–	0,20–0,30[1]
Bremsbelag auf Stahl	–	–	0,50–0,60	0,30–0,50

[1] nur bei Wasser und Asphalt

Reibungskraft
Rollreibung

$$F > F_R$$

$$F_R \cdot r_m = F_N \cdot f$$

$$F_R = F_N \cdot \frac{f}{r_m}$$

$$F_R = F_N \cdot \mu_r \qquad \frac{f}{r_m} = \mu_r$$

F : Kraft	in N
F_R : Rollreibkraft	in N
F_N : Normalkraft	in N
r_m : Wirkradius	in cm
f : Hebelarm der Rollreibung	in cm
μ_r : Rollreibungszahl	

Tab. 25.2: Rollreibungszahlen

Werkstoffpaarung	Hebelarm der Rollreibung f in cm	Wirkradius r_m in cm		Rollreibungszahl μ_r
Stahl auf Stahl, weich	0,05	0,5		0,1
		1,0		0,05
		5,0		0,01
		10,0		0,005
Stahl auf Stahl, hart	0,001	0,5		0,002
		1,0		0,001
		5,0		0,0002
		10,0		0,0001
Reifen auf Asphalt	0,42	28,0	(14")	0,015
	0,439	29,27	(15")	0,015

Kraftmoment (Drehmoment)

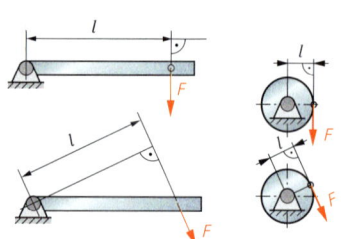

$$M = F \cdot l \qquad F = \frac{M}{l} \qquad l = \frac{M}{F}$$

Die wirksame Hebelarmlänge ist der im rechten Winkel zur Kraftwirkungslinie gemessene Abstand zwischen der Kraftwirkungslinie und dem Drehpunkt.

M	: Kraftmoment	in Nm
F	: Kraft	in N
l	: wirksame Hebelarmlänge	in m

Hebelgesetz

Einseitiger Hebel   Zweiseitiger Hebel

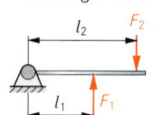 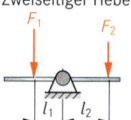

Mehrseitiger Hebel

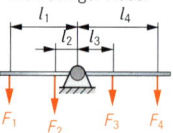

$$M_l = M_r$$

$$F_1 \cdot l_1 = F_2 \cdot l_2$$

$$F_1 = \frac{F_2 \cdot l_2}{l_1} \qquad l_1 = \frac{F_2 \cdot l_2}{F_1}$$

$$F_2 = \frac{F_1 \cdot l_1}{l_2} \qquad l_2 = \frac{F_1 \cdot l_1}{F_2}$$

$$\Sigma M_l = \Sigma M_r$$

$$F_1 \cdot l_1 + F_2 \cdot l_2 = F_3 \cdot l_3 + F_4 \cdot l_4$$

M_l	: linksdrehendes Kraftmoment	in Nm
M_r	: rechtsdrehendes Kraftmoment	in Nm
F_1, F_2	: Kräfte	in N
l_1, l_2	: wirksame Hebelarmlängen	in m
ΣM	: Summe der Kraftmomente	in Nm

Auflagerkräfte

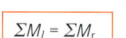

Lager A

$$F_A + F_B = F_1 + F_2 + \ldots + F_n$$

$$\Sigma M_l = \Sigma M_r$$

Drehung um Lager A:

$$\Sigma M_l = \Sigma M_r$$

$$M_B = M_1 + M_2$$

$$F_B \cdot l = F_1 \cdot l_1 + F_2 \cdot l_2$$

$$F_B = \frac{F_1 \cdot l_1 + F_2 \cdot l_2}{l}$$

Drehung um Lager B:

$$\Sigma M_l = \Sigma M_r$$

$$M_1 + M_2 = M_A$$

$$F_1 \cdot (l - l_1) + F_2 \cdot (l - l_2) = F_A \cdot l$$

$$F_A = \frac{F_1 \cdot (l - l_1) + F_2 \cdot (l - l_2)}{l}$$

Lager B

F_A	: Auflagerkraft im Lager A	in N
F_B	: Auflagerkraft im Lager B	in N
F_1, F_2	: Belegungskräfte	in N
ΣM_l	: Summe aller linksdrehenden Kraftmomente	in Nm
ΣM_r	: Summe aller rechtsdrehenden Kraftmomente	in Nm
l	: Abstand der Lager	in m
l_1, l_2	: wirksame Hebelarmlängen	in m

$(l - l_1),$		
$(l - l_2)$	: wirksame Hebelarmlängen	in m

Feste Rolle

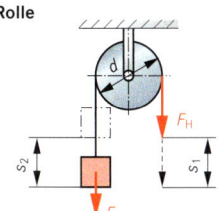

$$F_H = F_G$$

Bei Berücksichtigung
der Reibungsverluste:

$$F_H = \frac{F_G}{\eta} \qquad F_G = F_H \cdot \eta \qquad \eta = \frac{F_G}{F_H}$$

$$s_1 = s_2$$

F_H: Handkraft	in N
F_G: Gewichtskraft	in N
s_1: Kraftweg	in m
s_2: Lastweg	in m
η : Wirkungsgrad	

Lose Rolle

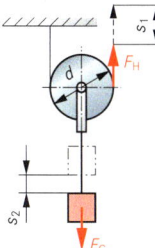

$$F_H = \frac{F_G}{2} \qquad F_G = 2 \cdot F_H$$

Bei Berücksichtigung
der Reibungsverluste:

$$F_H = \frac{F_G}{2 \cdot \eta} \qquad F_G = 2 \cdot F_H \cdot \eta \qquad \eta = \frac{F_G}{2 \cdot F_H}$$

$$s_1 = 2 \cdot s_2$$

F_H: Handkraft	in N
F_G: Gewichtskraft	in N
s_1: Kraftweg	in m
s_2: Lastweg	in m
η : Wirkungsgrad	

Rollen-flaschenzug

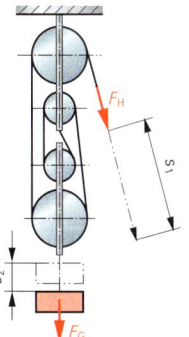

$$F_H = \frac{F_G}{n} \qquad F_G = n \cdot F_H$$

Bei Berücksichtigung
der Reibungsverluste:

$$F_H = \frac{F_G}{n \cdot \eta} \qquad F_G = F_H \cdot \eta \cdot n$$

$$s_1 = n \cdot s_2 \qquad n = \frac{F_G}{F_H \cdot \eta}$$

$$\eta = \frac{F_G}{F_H \cdot n}$$

F_H: Handkraft	in N
F_G: Gewichtskraft	in N
n : Anzahl der Rollen	
s_1: Kraftweg	in m
s_2: Lastweg	in m
η : Wirkungsgrad	

Schiefe Ebene

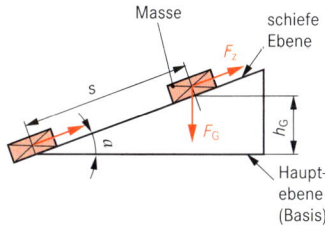

$$F_z \cdot s = F_G \cdot h_G \qquad F_z = \frac{F_G \cdot h_G}{s}$$

Bei Berücksichtigung
der Reibungsverluste:

$$F_z \cdot s \cdot \eta = F_G \cdot h_G \qquad F_z = \frac{F_G \cdot h_G}{s \cdot \eta}$$

$$F_z = \frac{F_G \cdot \sin \alpha}{\eta}$$

F_z : Kraft parallel zur schiefen Ebene	in N
s : zurückgelegter Weg	in m
F_G: Gewichtskraft	in N
h_G: Hubhöhe der Masse	in m
η : Wirkungsgrad	
α : Winkel zwischen Hauptebene und schiefer Ebene	in °

Schraube

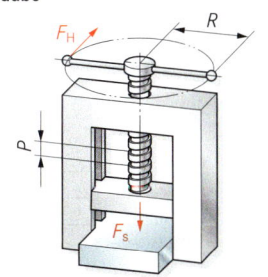

$$F_H \cdot 2 \cdot R \cdot \pi \cdot \eta = F_s \cdot P$$

$$F_H = \frac{F_s \cdot P}{2 \cdot R \cdot \pi \cdot \eta}$$

$$F_s = \frac{F_H \cdot 2 \cdot R \cdot \pi \cdot \eta}{P}$$

F_H: Handkraft	
F_s : Kraft in Richtung der Schraubenachse	
R : wirksamer Hebelarm	
P : Gewindesteigung	
η : Wirkungsgrad	

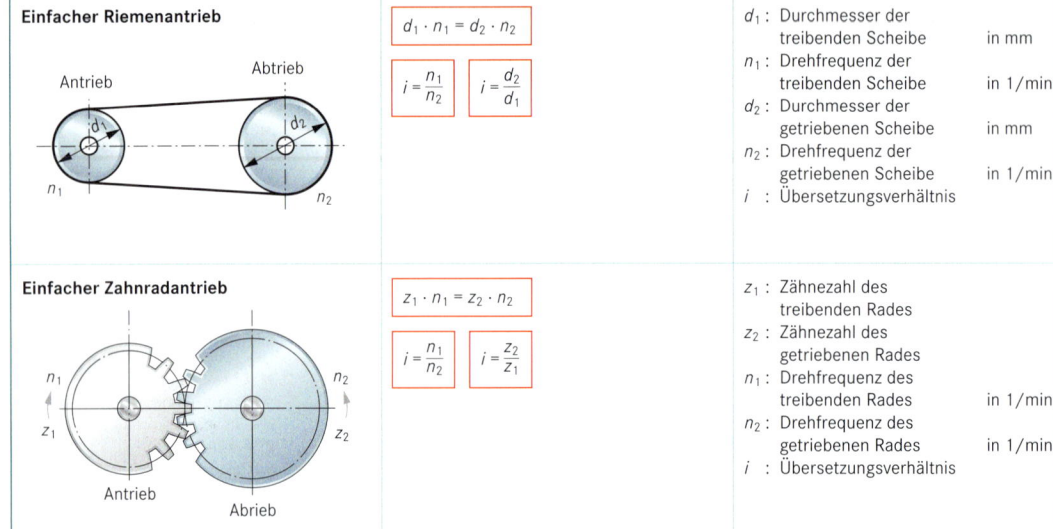

Einfacher Riemenantrieb

Antrieb — Abtrieb

$$d_1 \cdot n_1 = d_2 \cdot n_2$$

$$i = \frac{n_1}{n_2} \qquad i = \frac{d_2}{d_1}$$

d_1 : Durchmesser der treibenden Scheibe — in mm
n_1 : Drehfrequenz der treibenden Scheibe — in 1/min
d_2 : Durchmesser der getriebenen Scheibe — in mm
n_2 : Drehfrequenz der getriebenen Scheibe — in 1/min
i : Übersetzungsverhältnis

Einfacher Zahnradantrieb

$$z_1 \cdot n_1 = z_2 \cdot n_2$$

$$i = \frac{n_1}{n_2} \qquad i = \frac{z_2}{z_1}$$

Antrieb — Abrieb

z_1 : Zähnezahl des treibenden Rades
z_2 : Zähnezahl des getriebenen Rades
n_1 : Drehfrequenz des treibenden Rades — in 1/min
n_2 : Drehfrequenz des getriebenen Rades — in 1/min
i : Übersetzungsverhältnis

Arbeit, Energie, Leistung
work, energy, power

Arbeit, Energie (allgemein)

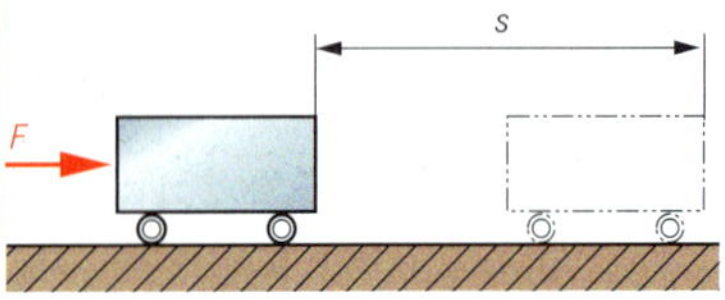

$$W = F \cdot s$$

$$E = F \cdot s$$

Die Energie E ist die Fähigkeit, Arbeit zu verrichten.

W : Arbeit — in Nm
E : Energie — in Nm
F : Kraft — in N
s : Weg — in m

$1\ \text{Nm} = 1\ \text{J} = 1\ \text{Ws}$

Potenzielle Energie (Lageenergie)

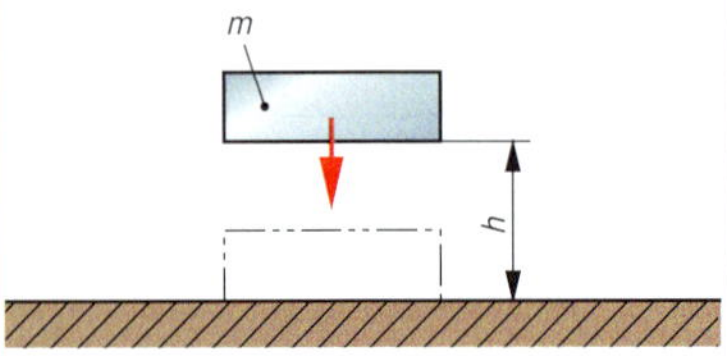

$$E_{pot} = m \cdot g \cdot h$$

E_{pot} : potenzielle Energie — in Nm, J
m : Masse — in kg
h : Höhe — in m
g : Fallbeschleunigung $(g = 9{,}81\ \text{m/s}^2)$ — in m/s^2
F_G : Gewichtskraft — in N

Kinetische Energie (Bewegungsenergie)

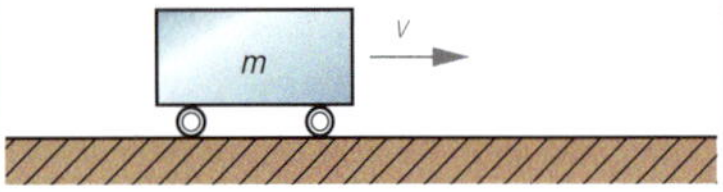

$$E_{kin} = \frac{m \cdot v^2}{2}$$

$$m = \frac{2 \cdot E_{kin}}{v^2}$$

$$v = \sqrt{\frac{2 \cdot E_{kin}}{m}}$$

E_{kin} : kinetische Energie — in Nm, J
m : Masse — in kg
v : Geschwindigkeit — in m/s

Arbeit, Energie, Leistung
work, energy, power

Mechanische Leistung

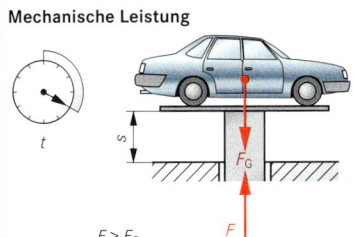

$F > F_G$

$$P = \frac{W}{t} \qquad F = \frac{P \cdot t}{s}$$

$$P = \frac{F \cdot s}{t} \qquad s = \frac{P \cdot t}{F}$$

$$P = F \cdot v \qquad t = \frac{F \cdot s}{P}$$

Einheiten: $1\,\dfrac{N \cdot m}{s} = 1\,\dfrac{W \cdot s}{s} = 1\,W$

P	: Leistung	in J/s, Nm/s, W
W	: Arbeit	in Nm
s	: Weg	in m
t	: Zeit	in s
v	: Geschwindigkeit	in m/s
F	: Kraft	in N
F_G	: Gewichtskraft	in N

Wirkungsgrad

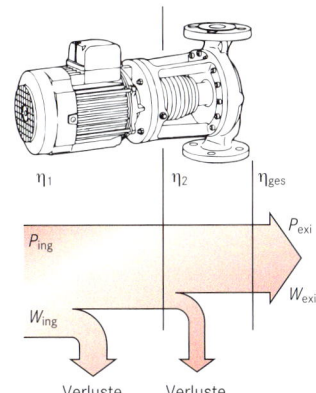

$\eta_1 \qquad \eta_2 \qquad \eta_{ges}$

P_{ing}

W_{ing}

P_{exi}

W_{exi}

Verluste Bauteil 1   Verluste Bauteil 2

$$\eta = \frac{P_{exi}}{P_{ing}} < 1 \qquad P_{exi} = \eta \cdot P_{ing}$$

oder $\qquad P_{ing} = \dfrac{P_{exi}}{\eta}$

$$\eta = \frac{W_{exi}}{W_{ing}} < 1$$

$$\eta_{ges} = \eta_1 \cdot \eta_2 \cdot \ldots$$

P_{exi}	: abgegebene Leistung	in W
P_{ing}	: zugeführte Leistung	in W
η	: Wirkungsgrad	
W_{exi}	: abgegebene Arbeit	in Nm
W_{ing}	: zugeführte Arbeit	in Nm
η_1	: Teilwirkungsgrad	
η_2	: Teilwirkungsgrad	
η_{ges}	: Gesamtwirkungsgrad	

Festigkeitslehre
science of strength of materials

Normalspannung

(Kraftverlauf senkrecht zur Querschnittsfläche)

Schnitt

Stabachse

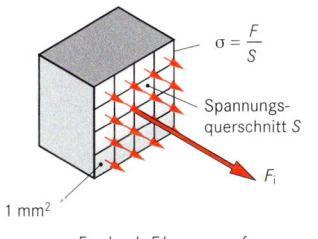

$\sigma = \dfrac{F}{S}$

Spannungsquerschnitt S

$1\,mm^2$

F_i : durch F hervorgerufene innere Kraft

$$\sigma = \frac{F}{S}$$

$$F = S \cdot \sigma$$

$$S = \frac{F}{\sigma}$$

Zulässige Spannung:

$$\sigma_{zul} = \frac{\sigma_{max}}{\nu}$$

σ	: Normalspannung	in $\frac{N}{mm^2}$
F	: Normalkraft	in N
S	: Spannungsquerschnitt	in mm^2
σ_{zul}	: zulässige Normalspannung	in $\frac{N}{mm^2}$
σ_{max}	: maximale Normalspannung	in $\frac{N}{mm^2}$
ν	: Sicherheitszahl ($\to$ Tab. 30.1)	
F_{zul}	: zulässige Normalkraft	in N

Tab. 27.1: Berechnung zulässiger Normalspannungen und zul. Kräfte

Auslegung des Bauteils gegen		
Zerstörung	plastische Verformung	
wenn: $\sigma_{max} = R_m$	$\sigma_{max} = R_e$	$\sigma_{max} = R_{p\,0,2}$
dann: $\sigma_{zul} = \dfrac{R_m}{\nu}$	$\sigma_{zul} = \dfrac{R_e}{\nu}$	$\sigma_{zul} = \dfrac{R_{p\,0,2}}{\nu}$
wobei: $F_{zul} = \sigma_{zul} \cdot S$	$F_{zul} = \sigma_{zul} \cdot S$	$F_{zul} = \sigma_{zul} \cdot S$
$F_{zul} = \dfrac{R_m}{\nu} \cdot S$	$F_{zul} = \dfrac{R_e}{\nu} \cdot S$	$F_{zul} = \dfrac{R_{p\,0,2}}{\nu} \cdot S$

Scherspannung

(Kraftverlauf parallel zur Querschnittsfläche)

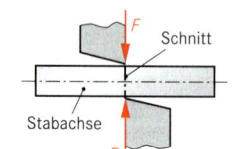

Schnitt

Stabachse

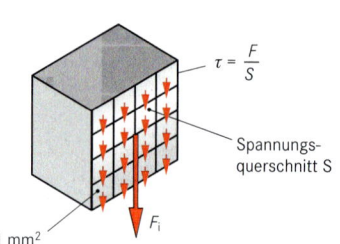
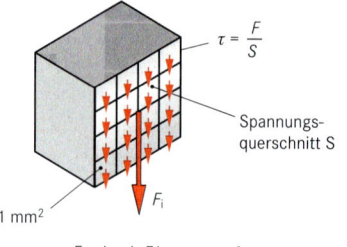

$\tau = \dfrac{F}{S}$

Spannungsquerschnitt S

1 mm²

F_i

F_i : durch F hervorgerufene innere Kraft

$\boxed{\tau = \dfrac{F}{S}}$

$F = S \cdot \tau$

$S = \dfrac{F}{\tau}$

Zulässige Spannung:

$\boxed{\tau_{zul} = \dfrac{\tau_{max}}{\nu}}$

τ	: Scherspannung in $\dfrac{N}{mm^2}$
F	: Querkraft in N
S	: Spannungsquerschnitt in mm²
τ_{zul}	: zulässige Scherspannung in $\dfrac{N}{mm^2}$
τ_{max}	: maximale Scherspannung in $\dfrac{N}{mm^2}$
ν	: Sicherheitszahl (→ Tab. 30.1)

Aus Sicherheitsgründen darf ein Bauteil nur mit einem Bruchteil der zur plastischen Verformung bzw. zum Bruch führenden Spannung belastet werden. Dies wird durch die Sicherheitszahl ν berücksichtigt.

Tab. 30.1: Sicherheitszahlen ν (Anhaltswerte)

Werkstoffe	Lastfall I ruhende Last	Lastfall II schwellende Last[1]	Lastfall III wechselnde Last[1]
zähe Werkstoffe z. B. Stahl	1,2 … 1,8	1,8 … 2,4	3 … 4
spröde Werkstoffe z. B. Grauguss, Temperguss	2 … 4	3 … 4	5 … 6

[1] Abhängig von Lastwechselzahl

Beanspruchung auf Zug

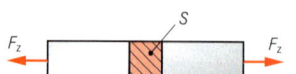

F_z — S — F_z

$\boxed{\sigma_z = \dfrac{F_z}{S}}$

$\boxed{\sigma_{z\,max} = \sigma_{z\,zul} \cdot \nu}$

$\boxed{S_{erf} = \dfrac{F_{z\,max}}{\sigma_{z\,zul}}}$

$F_{z\,max} = \sigma_{z\,zul} \cdot S$

Je nach Auslegungsfall (→ S. 29) kann σ_{zmax} gleich R_m, R_e oder $R_{p0,2}$ sein.

R_m	: Zugfestigkeit	in N/mm²
R_e	: Streckgrenze	in N/mm²
$R_{p0,2}$	: 0,2 %-Dehngrenze	in N/mm²

σ_z	: Zugspannung	in N/mm²
F_z	: Zugkraft	in N
$F_{z\,max}$	: maximale Zugkraft	in N
S	: Spannungsquerschnitt	in mm²
S_{erf}	: erforderlicher Spannungsquerschnitt	in mm²
$\sigma_{z\,zul}$	: zulässige Zugspannung	in N/mm² (→ Tab. 32.1)
$\sigma_{z\,max}$	: maximale Zugspannung	in N/mm²
ν	: Sicherheitszahl (→ Tab. 30.1)	

Beanspruchung auf Druck

F_d — S — F_d

$\boxed{\sigma_d = \dfrac{F_d}{S}}$

$\boxed{\sigma_{d\,max} = \sigma_{d\,zul} \cdot \nu}$

$\boxed{S_{erf} = \dfrac{F_{d\,max}}{\sigma_{d\,zul}}}$

$F_{d\,max} = \sigma_{d\,zul} \cdot S$

Je nach Auslegungsfall (→ S. 29) kann σ_{dmax} gleich σ_{dB}, σ_{dF} oder $\sigma_{d0,2}$ sein.

σ_{dB}	: Druckfestigkeit	in N/mm²
σ_{dF}	: Quetschgrenze	in N/mm²
$\sigma_{d0,2}$	: 0,2 %-Stauchgrenze	in N/mm²

σ_d	: Druckspannung	in N/mm²
F_d	: Druckkraft	in N
$F_{d\,max}$	: maximale Druckkraft	in N
S	: Spannungsquerschnitt	in mm²
S_{erf}	: erforderlicher Spannungsquerschnitt	in mm²
$\sigma_{d\,zul}$	: zulässige Druckspannung	in N/mm² (→ Tab. 32.1)
$\sigma_{d\,max}$	: maximale Druckspannung	in N/mm²
ν	: Sicherheitszahl (→ Tab. 30.1)	

Beanspruchung auf Scherung

(Auslegung gegen Abscherung)

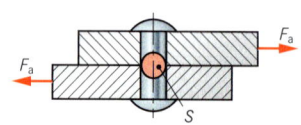

F_a — F_a — S

$\boxed{\tau_{a\,zul} = \dfrac{F_a}{S}}$

$\boxed{\tau_{aB} = \tau_{a\,zul} \cdot \nu}$

$\boxed{S_{erf} = \dfrac{F_{a\,max}}{\tau_{a\,zul} \cdot n}}$

$F_{a\,max} = \tau_{a\,zul} \cdot S \cdot n$

Näherungsformel:

$\tau_{aB} \approx 0,8 \cdot R_m$

τ_a	: Scherspannung	in N/mm²
F_a	: Scherkraft	in N
$F_{a\,max}$	: maximale Scherkraft	in N
S	: Scherquerschnitt	in mm²
S_{erf}	: erforderlicher Scherquerschnitt	in mm²
$\tau_{a\,zul}$	: zulässige Scherspannung	in N/mm²
τ_{aB}	: Scherfestigkeit	in N/mm²
ν	: Sicherheitszahl (→ Tab. 30.1)	
n	: Anzahl der Scherquerschnitte	

Beanspruchung auf Biegung

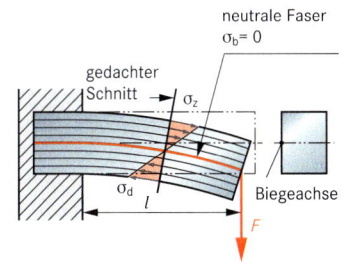

neutrale Faser $\sigma_b = 0$

gedachter Schnitt

σ_z

σ_d

l

F

Biegeachse

$$\sigma_b = \frac{M_b}{W}$$

$$\sigma_{b\,max} = \sigma_{b\,zul} \cdot \nu$$

$$W_{erf} = \frac{M_b}{\sigma_{b\,zul}}$$

$$M_b = F \cdot l$$

Je nach Auslegungsfall ($\rightarrow$ S. 29) kann σ_{bmax} gleich σ_{bB}, oder σ_{bF} sein.

σ_{bB}: Biegefestigkeit   in N/mm²
σ_{bF}: Biegefließgrenze   in N/mm²

σ_b	: Biegespannung	in N/mm²
M_b	: Biegemoment	in Nmm
W	: axiales Widerstands-moment	in mm³
F	: Kraft	in N
l	: Hebelarmlänge	in mm
W_{erf}	: erforderliches axiales Widerstands-moment	in mm³
$\sigma_{b\,zul}$	: zulässige Biegespannung ($\rightarrow$ Tab. 32.1)	in N/mm²
σ_{bmax}	: maximale Biegespannung	in N/mm²
ν	: Sicherheitszahl ($\rightarrow$ Tab. 30.1)	

Beanspruchung auf Verdrehung (Torsion)

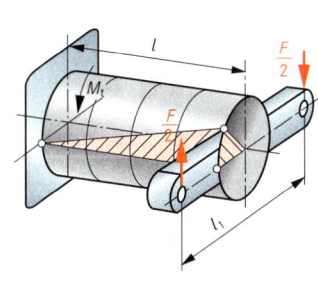

l

$\frac{F}{2}$

M_t

F

l_1

$$\tau_t = \frac{M_t}{W_p}$$

$$\tau_{t\,max} = \tau_{t\,zul} \cdot \nu$$

$$W_{perf} = \frac{M_t}{\tau_{t\,zul}}$$

$$M_t = \frac{F \cdot l_1}{2}$$

Je nach Auslegungsfall ($\rightarrow$ S. 29) kann τ_{tmax} gleich τ_{tB}, oder τ_{tF} sein.

τ_{tB}: Torsionsfestigkeit   in N/mm²
τ_{tF}: Torsionsfließgrenze   in N/mm²

τ_t	: Torsionsspannung	in N/mm²
M_t	: Torsionsmoment	in Nmm
W_p	: polares Widerstands-moment	in mm³
F	: Kraft	in N
l	: Hebelarmlänge	in mm
W_{perf}	: erforderliches polares Widerstands-moment	in mm³
$\tau_{t\,zul}$	: zulässige Torsions-spannung ($\rightarrow$ Tab. 32.1)	in N/mm²
τ_{tmax}	: maximale Torsions-spannung	in N/mm²
ν	: Sicherheitszahl ($\rightarrow$ Tab. 30.1)	

Tab. 31.1: Axiale und polare Widerstandsmomente

Querschnitt	axiales Widerstandsmoment		polares Widerstandsmoment
Quadrat (Seite a)	$W_y = W_z = \dfrac{a^3}{6}$		$W_p - 0{,}208 \cdot a^3$
Rechteck ($a \times b$)	$W_y = \dfrac{a \cdot b^2}{6}$	$W_z = \dfrac{b \cdot a^2}{6}$	–
Kreis (Durchmesser d)	$W_y = W_z = \dfrac{d^3 \cdot \pi}{32}$		$W_p = \dfrac{d^3 \cdot \pi}{16}$
Kreisring (D, d)	$W_y = W_z = \dfrac{(D^4 - d^4) \cdot \pi}{32 \cdot D}$		$W_p = \dfrac{(D^4 - d^4) \cdot \pi}{16 \cdot D}$
Dreieck (a, h)	$W_y = \dfrac{a \cdot h^2}{24}$	$W_z = \dfrac{h \cdot a^2}{24}$	$W_p = \dfrac{a^3}{20}$
Hohlkasten (A, B, a, b)	$W_y = \dfrac{A \cdot B^3 - a \cdot b^3}{6 \cdot B}$	$W_z = \dfrac{B \cdot A^3 - b \cdot a^3}{6 \cdot A}$	$W_p = \dfrac{t \cdot (A + a) \cdot (B + b)}{2}$

Allgemeine
Grundlagen

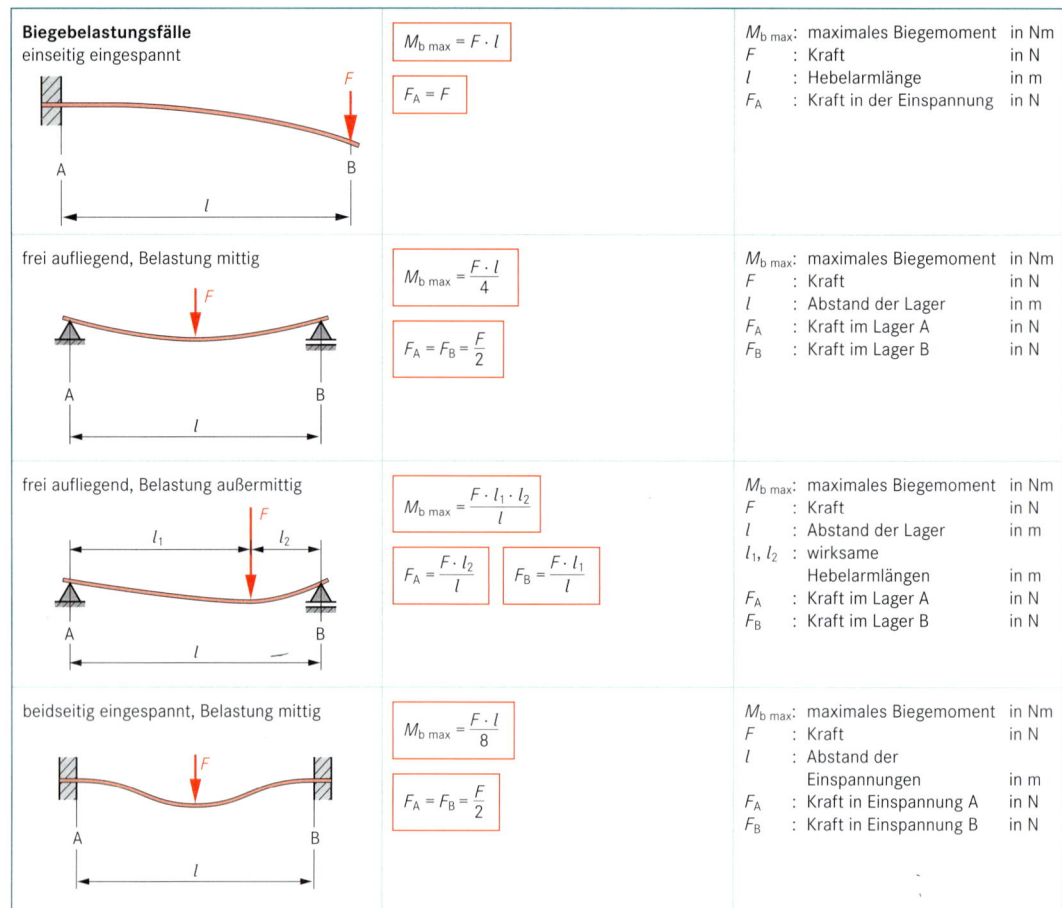

Biegebelastungsfälle

einseitig eingespannt

$$M_{b\,max} = F \cdot l$$

$$F_A = F$$

$M_{b\,max}$: maximales Biegemoment in Nm
F : Kraft in N
l : Hebelarmlänge in m
F_A : Kraft in der Einspannung in N

frei aufliegend, Belastung mittig

$$M_{b\,max} = \frac{F \cdot l}{4}$$

$$F_A = F_B = \frac{F}{2}$$

$M_{b\,max}$: maximales Biegemoment in Nm
F : Kraft in N
l : Abstand der Lager in m
F_A : Kraft im Lager A in N
F_B : Kraft im Lager B in N

frei aufliegend, Belastung außermittig

$$M_{b\,max} = \frac{F \cdot l_1 \cdot l_2}{l}$$

$$F_A = \frac{F \cdot l_2}{l} \qquad F_B = \frac{F \cdot l_1}{l}$$

$M_{b\,max}$: maximales Biegemoment in Nm
F : Kraft in N
l : Abstand der Lager in m
l_1, l_2 : wirksame Hebelarmlängen in m
F_A : Kraft im Lager A in N
F_B : Kraft im Lager B in N

beidseitig eingespannt, Belastung mittig

$$M_{b\,max} = \frac{F \cdot l}{8}$$

$$F_A = F_B = \frac{F}{2}$$

$M_{b\,max}$: maximales Biegemoment in Nm
F : Kraft in N
l : Abstand der Einspannungen in m
F_A : Kraft in Einspannung A in N
F_B : Kraft in Einspannung B in N

Tab. 32.1: Zulässige Spannungen in N/mm² des glatten, polierten Probestabs (Ø 16 mm, Sicherheitszahl v = 1)

Werkstoff	Belastungsart/Lastfall (→ Tab. 30.1)								
	Zug, Druck			Biegung			Verdrehung		
	I	II	III	I	II	III	I	II	III
S 235 JR	235	235	150	260	260	170	140	140	120
E 295	295	295	210	420	420	260	210	210	180
E 360	360	360	300	520	520	340	260	260	240
C 22; C 22 E	340	340	220	500	480	280	250	250	190
C 45; C 45 E	490	490	340	660	620	365	330	330	250
46 Cr 2	650	630	370	910	670	390	460	460	270
C 10; C 10 E	390	390	310	540	540	330	270	270	200
C 15; C 15 E	440	440	330	580	580	370	310	310	220
16 Mn Cr 5	635	635	430	860	840	440	430	430	270
GS-38	200	200	160	260	260	150	120	120	90
GS-45	230	230	180	300	300	180	140	140	100
GS-52	260	260	210	340	340	210	150	150	120
EN-GJS-400-15	250	240	140	350	340	220	200	195	115
EN-GJS-500-7	300	270	150	420	380	240	240	225	130
EN-GJS-600-3	360	300	190	500	470	270	290	275	160
EN AC-Al Si 12	100	70	50	120	70	50	80	50	30
EN AW-Al Cu 4 Mg Si	350	160	120	380	160	120	210	120	70
Cu Zn 40 Mn 1	300	210	150	350	240	240	200	140	140

Mechanik der Flüssigkeiten und Gase (Fluidtechnik)
properties of fluids and gases

Umrechnung von Druckeinheiten:
$1 \text{ N/m}^2 = 1 \text{ Pa}$; $10 \text{ N/cm}^2 = 1 \text{ bar}$; $1 \text{ bar} = 100.000 \text{ Pa}$; $1 \text{ mbar} = 100 \text{ Pa} = 1 \text{ hPa}$
Beispiele: $20.000 \text{ N/m}^2 = 20.000 \text{ Pa}$; $2 \text{ N/cm}^2 = 0,2 \text{ bar}$; $0,2 \text{ bar} = 200 \text{ mbar} = 20.000 \text{ Pa} = 200 \text{ hPa}$

Druck

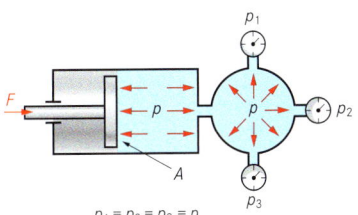

$p_1 = p_2 = p_3 = p$

$$p = \frac{F}{A} \qquad F = p \cdot A$$

$$A = \frac{F}{p}$$

p	: Druck	in Pa
F	: Kraft	in N
A	: wirksame Kolbenfläche	in m^2

Absoluter Druck, Luftdruck, Überdruck

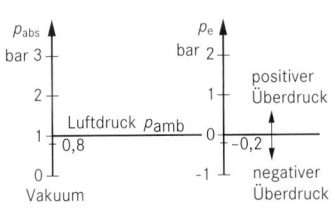

$$p_{abs} = p_{amb} + p_e$$

$$p_e = p_{abs} - p_{amb}$$

p_{abs}	: absoluter Druck	in Pa, bar
p_{amb}	: Umgebungsdruck (ambienter Druck) bei NN:	in Pa, bar
	$p_{amb} = 1,013 \text{ bar} \approx 1 \text{ bar}$	
p_e	: Überdruck	in Pa, bar

Hydrostatischer Druck

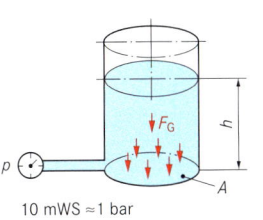

10 mWS ≈ 1 bar

$$p = \frac{F_G}{A}$$

$$p = \varrho \cdot g \cdot h$$

$$h = \frac{p}{\varrho \cdot g}$$

$$\varrho = \frac{p}{h \cdot g}$$

p	: hydrostatischer Druck	in Pa
F_G	: Gewichtskraft	in N
A	: Fläche	in m^2
ϱ	: Dichte der Flüssigkeit	in kg/m^3
g	: Fallbeschleunigung	in m/s^2
	$(g = 9,81 \text{ m/s}^2)$	
h	: Höhe der Flüssigkeitssäule	in m

Hydraulische Kraftübersetzung

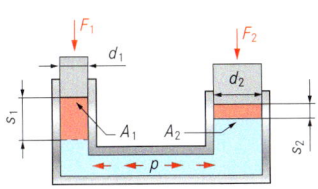

$$\frac{F_1}{F_2} = \frac{A_1}{A_2}$$

$$\frac{F_1}{F_2} = \frac{d_1^2}{d_2^2}$$

$$\frac{F_1}{F_2} = \frac{s_2}{s_1}$$

$$i = \frac{F_1}{F_2} = \frac{A_1}{A_2} = \frac{s_2}{s_1} = \frac{d_1^2}{d_2^2}$$

F_1	: Kolbenkraft 1	in N
A_1	: Kolbenfläche 1	in m^2
d_1	: Kolbendurchmesser 1	in m
s_1	: Kolbenweg 1	in m
F_2	: Kolbenkraft 2	in N
A_2	: Kolbenfläche 2	in m^2
d_2	: Kolbendurchmesser 2	in m
s_2	: Kolbenweg 2	in m
i	: Übersetzungsverhältnis	

Auftrieb

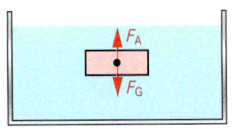

$F_A > F_G$	Körper steigt
$F_A = F_G$	Körper schwebt
$F_A < F_G$	Körper sinkt

$$F_A = V \cdot \varrho \cdot g$$

F_A	: Auftriebskraft	in N
F_G	: Gewichtskraft	in N
V	: eingetauchtes Volumen	in m^3
ϱ	: Dichte der Flüssigkeit	in kg/m^3
g	: Fallbeschleunigung	in m/s^2
	$(g = 9,81 \text{ m/s}^2)$	

Allgemeine Grundlagen

Allgemeine Grundlagen

Volumenstrom

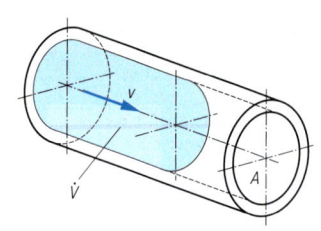

$$\dot{V} = A \cdot v \qquad A = \frac{\dot{V}}{v}$$

$$v = \frac{\dot{V}}{A}$$

$\dot{V}$	: Volumenstrom	in m³/s
A	: Strömungsquerschnitt	in m²
v	: Strömungs- geschwindigkeit	in m/s

$$\dot{V} = A \cdot v \cdot 3600$$

$\dot{V}$	: Volumenstrom	in m³/h
A	: Strömungsquerschnitt	in m²
v	: Strömungs- geschwindigkeit	in m/s
3600	: Umrechnungszahl	in s/h

Kontinuitätsgesetz

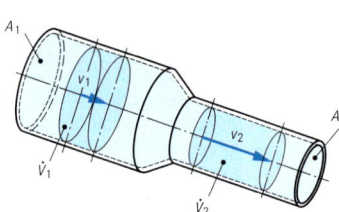

$$\dot{V}_1 = \dot{V}_2$$

$$A_1 \cdot v_1 = A_2 \cdot v_2$$

$$\frac{A_1}{A_2} = \frac{v_2}{v_1}$$

$$v_2 = \frac{A_1}{A_2} \cdot v_1$$

$$v_1 = \frac{A_2}{A_1} \cdot v_2$$

$\dot{V}_1$	: Volumenstrom 1	in m³/s
$\dot{V}_2$	: Volumenstrom 2	in m³/s
A_1	: Strömungsquerschnitt 1	in m²
v_1	: Strömungs- geschwindigkeit 1	in m/s
A_2	: Strömungsquerschnitt 2	in m²
v_2	: Strömungs- geschwindigkeit 2	in m/s

Ausflussvolumen

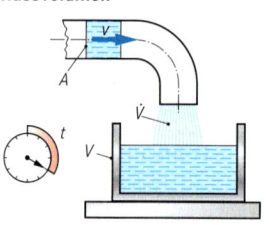

$$V = A \cdot v \cdot t$$

$$V = \dot{V} \cdot t$$

$$\dot{V} = \frac{V}{t}$$

$$t = \frac{V}{\dot{V}}$$

V	: Ausflussvolumen	in m³
$\dot{V}$	: Volumenstrom	in m³/s
t	: Zeit	in s
A	: Strömungsquerschnitt	in m²
v	: Strömungs- geschwindigkeit	in m/s

Dynamischer Druck, Gesamtdruck

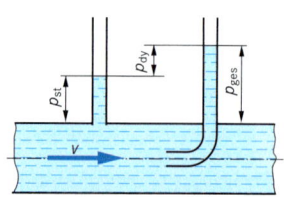

$$p_{ges} = p_{st} + p_{dy}$$

$$p_{dy} = \frac{\varrho \cdot v^2}{2}$$

$$v = \sqrt{\frac{2 \cdot p_{dy}}{\varrho}}$$

p_{dy}	: dynamischer Druck	in Pa
ϱ	: Dichte des strömenden Mediums	in kg/m³
v	: Strömungs- geschwindigkeit	in m/s
p_{st}	: statischer Druck	in Pa
p_{ges}	: Gesamtdruck	in Pa

Gesetz von Bernoulli

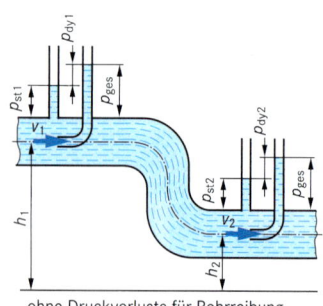

ohne Druckverluste für Rohrreibung

$$p_{st} + p_{dy} + \varrho \cdot g \cdot h = konstant$$

$$p_{st1} + p_{dy1} + \varrho \cdot g \cdot h_1 = p_{st2} + p_{dy2} + \varrho \cdot g \cdot h_2$$

$$p_{st1} + \frac{\varrho \cdot v_1^2}{2} + \varrho \cdot g \cdot h_1 = p_{st2} + \frac{\varrho \cdot v_2^2}{2} + \varrho \cdot g \cdot h_2$$

p_{st}	: statischer Druck	in Pa
p_{dy}	: dynamischer Druck	in Pa
ϱ	: Dichte des strömenden Mediums	in kg/m³
g	: Fallbeschleunigung (g = 9,81 m/s²)	in m/s²
h	: geodätische Höhe	in m
p_{st1}	: statischer Druck 1	in Pa
v_1	: Strömungsgeschwindigkeit 1	in m/s
h_1	: geodätische Höhe 1	in m
p_{st2}	: statischer Druck 2	in Pa
v_2	: Strömungsgeschwindigkeit 2	in m/s
h_2	: geodätische Höhe 2	in m

Druckverlust in geraden Rohrstrecken

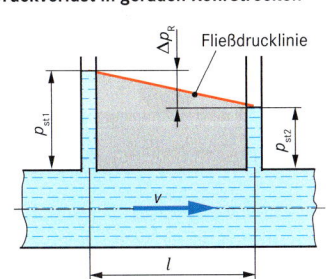

$$\Delta p_R = R \cdot l$$

Δp_R	: Druckverlust	in Pa
R	: Druckgefälle	in Pa/m
l	: Länge zwischen den Messpunkten	in m
p_{st1}	: statischer Druck Messpunkt 1	in Pa
p_{st2}	: statischer Druck Messpunkt 2	in Pa

Druckverluste durch Einzelwiderstände

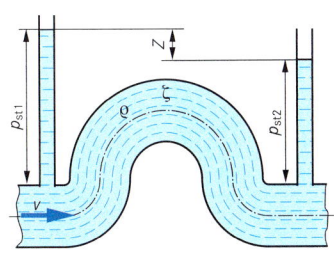

$$Z = \Sigma \zeta \cdot \frac{\varrho \cdot v^2}{2}$$

$$Z = \Sigma \zeta \cdot p_{dy}$$

$$Z = \Sigma \zeta \cdot z$$

Z	: Druckverlust durch Einzelwiderstände	in Pa
$\Sigma \zeta$	: Summe der Widerstandsbeiwerte	
p_{dy}	: dynamischer Druck	in Pa
v	: Strömungsgeschwindigkeit	in m/s
ϱ	: Dichte des strömenden Mediums	in kg/m³
z	: Druckverluste für $\zeta = 1$	in Pa
p_{st1}	: statischer Druck Messpunkt 1	in Pa
p_{st2}	: statischer Druck Messpunkt 2	in Pa

Gesamtdruckverluste

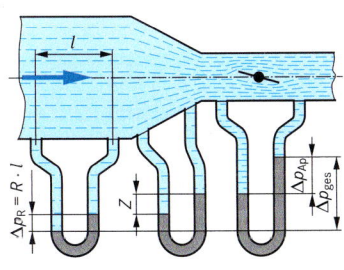

$$\Delta p_{ges} = R \cdot l + Z + \Delta p_{Ap}$$

Δp_{ges}	: Gesamtdruckverlust	in Pa
R	: Druckgefälle	in Pa/m
l	: Rohrlänge	in m
Z	: Druckverlust durch Einzelwiderstände	in Pa
Δp_{Ap}	: Druckverlust durch Apparate	in Pa

Pumpenförderdruck

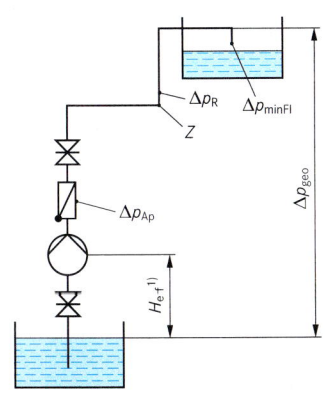

$$\Delta p_P = (\Delta p_{geo} + \Delta p_R + Z + \Delta p_{Ap} + \Delta p_{minFl}) \cdot v$$

$$H = \frac{\Delta p_P}{\varrho \cdot g}$$

Δp_P	: Pumpenförderdruck	in Pa
Δp_{geo}	: Druckverlust aus geodätischem Höhenunterschied	in Pa
Δp_R	: Druckverlust durch Rohrreibung	in Pa
Z	: Druckverlust durch Einzelwiderstände	in Pa
Δp_{Ap}	: Druckverlust durch Apparate	in Pa
Δp_{minFl}	: Mindestfließdruck an der Entnahmestelle (→ Tab. 218.1)	in Pa
H	: Förderhöhe der Pumpe	in m
ϱ	: Dichte der Flüssigkeit	in kg/m³
g	: Fallbeschleunigung (g = 9,81 m/s²)	in m/s²
v	: Sicherheitsfaktor (1 bis 1,2)	

[1] Die maximal zulässige Saughöhe darf nicht überschritten bzw. die Mindestzulaufhöhe darf nicht unterschritten werden (→ S. 36)

Mindestzulaufhöhe bzw. maximal zulässige Saughöhe

Im Eintrittsquerschnitt (Saugstutzen) der Pumpe darf der Zulaufdruck abzüglich dem Dampfdruck einen bestimmten Mindestwert nicht unterschreiten, da sonst Kavitation auftritt. Dieser Mindestwert wird als **NPSH$_{erf}$** (**N**et **p**ositive **s**uction **h**ead) bezeichnet. Er ist vom Pumpenfabrikat und vom Förderstrom abhängig (siehe Herstellerangaben). Um Kavitation zu vermeiden, muss daher eine Mindestzulaufhöhe sichergestellt werden. Dieser Wert kann auch negativ sein. In diesem Fall spricht man von der **maximal zulässigen Saughöhe**.

Mindestzulaufhöhe bzw. maximal zulässige Saughöhe

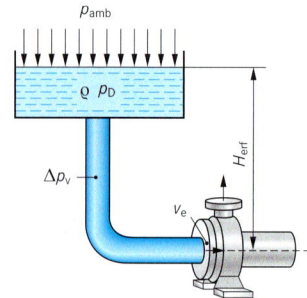

$$H_{erf} = NPSH_{erf} + \frac{p_D}{\varrho \cdot g} + \frac{\Delta p_v}{\varrho \cdot g} - \frac{p_{amb}}{\varrho \cdot g} - \frac{v_e^2}{2 \cdot g} + 0{,}5$$

H_{erf}	: Mindestzulaufhöhe, wenn positiver Wert bzw. maximal zulässige Saughöhe, wenn negativer Wert in m
$NPSH_{erf}$	: erforderliche NPSH-Wert der Pumpe (siehe Herstellerunterlagen) in m
p_D	: Dampfdruck des Wassers in Pa ($\rightarrow$ Tab. 36.1)
Δp_v	: Druckverlust in der Saugleitung in Pa
p_{amb}	: örtlicher, minimaler Luftdruck in Pa
ϱ	: Dichte der Flüssigkeit in kg/m^3
g	: Fallbeschleunigung ($g = 9{,}81$ m/s^2) in m/s^2
v_e	: Strömungsgeschwindigkeit am Eintrittsstutzen in m/s
$0{,}5$	: Sicherheitszuschlag in m

Tab. 36.1: Dampfdruck des Wassers

ϑ_w in °C	5	8	12	15	18	21	25	30
p_D in Pa	872	1072	1401	1704	2062	2485	3166	4241

Zugeführte Pumpenleistung

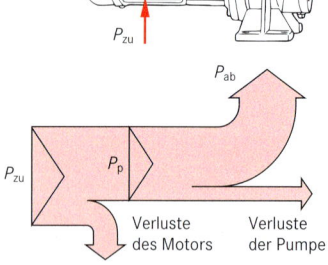

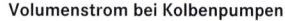

$$P_{zu} = \frac{\dot{V} \cdot \Delta_p}{3600 \cdot \eta_{ges}}$$

$$P_{ab} = \frac{\dot{V} \cdot \Delta_p}{3600}$$

$$P_P = \frac{P_{ab}}{\eta_P}$$

$$\eta_{ges} = \eta_M \cdot \eta_P$$

$$\eta_{ges} = \frac{P_{ab}}{P_{zu}}$$

P_{zu}	: Leistungsaufnahme des Motors in W
$\dot{V}$	: Volumenstrom in m^3/h
Δ_p	: Förderdruck in Pa
3600	: Umrechnungszahl in s/h
η_{ges}	: Gesamtwirkungsgrad
P_{ab}	: hydraulische Leistung in W
P_P	: Leistungsbedarf an der Welle in W
η_P	: Wirkungsgrad der Pumpe
η_M	: Wirkungsgrad des Motors

Tab. 36.2: Wirkungsgrade von Pumpen

Pumpenart	Gesamtwirkungsgrad η
Kreiselpumpen (Trockenläufer)	50 ... 83 % (83 % nur bei sehr geringem Druck)
Kreiselpumpen (Nassläufer)	15 ... 55 % (bis 100 W)
Verdrängerpumpen	85 ... 94 % (bei hohen Drücken)

Volumenstrom bei Kolbenpumpen

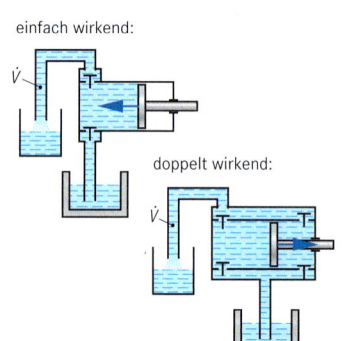

einfach wirkend:

$$\dot{V} = D^2 \cdot \frac{\pi}{4} \cdot s \cdot n \cdot \lambda_L$$

doppelt wirkend:

$$\dot{V} = \frac{\pi}{4} \cdot (2D^2 - d^2)\, s \cdot n \cdot \lambda_L$$

$\dot{V}$	: Volumenstrom in m^3/min
D	: Kolbendurchmesser in m
s	: Kolbenhub in m
n	: Drehfrequenz der Kurbelwelle in 1/min
λ_L	: Liefergrad (0,95–0,98)
d	: Durchmesser der Kolbenstange in m

Gasdichte im Normzustand

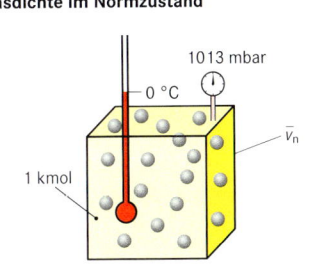

1013 mbar

0 °C

$\bar{v}_n$

1 kmol

$$\varrho_n = \frac{M}{\bar{v}_n} = \frac{\text{(Mol-)Masse}}{\text{(Mol-)Volumen}}$$

$$\bar{v}_n = 22{,}4 \; \frac{m^3}{kmol}$$

ϱ_n : Dichte des Gases im Normzustand (Normdichte)   in kg/m_n^3

M : Molmasse des Gases   in $kg/kmol$

$\bar{v}_n$: Molvolumen des Gases im Normzustand (gilt näherungsweise für alle Gase)   in $m^3/kmol$

Tab. 37.1: Bestimmung der Normdichte von Gasen aus der atomaren Zusammensetzung

Gas	relative Atommasse (→ Tab. 41.1)	relative Molmasse	Molmasse M (Masse für 1 kmol)	Molvolumen $\bar{v}_n$ (Volumen für 1 kmol)	Dichte ϱ_n
CO	C = 12 O = 16	12 + 16 = 28	28 kg/kmol	22,4 m_n^3/kmol	$\dfrac{28 \; kg \cdot kmol}{22{,}4 \; kmol \cdot m_n^3} = 1{,}25 \; \dfrac{kg}{m_n^3}$
SO_2	S = 32 O_2 = 2 · 16	32 + 2 · 16 = 64	64 kg/kmol	22,4 m_n^3/kmol	$\dfrac{64 \; kg \cdot kmol}{22{,}4 \; kmol \cdot m_n^3} = 2{,}86 \; \dfrac{kg}{m_n^3}$

Allgemeine Gasgleichung

Zustand 1   Zustand 2

p_{abs1}
V_1
T_1

p_{abs2}
V_2
T_2

$$\frac{p_{abs1} \cdot V_1}{T_1} = \frac{p_{abs2} \cdot V_2}{T_2}$$

$$\frac{p_{abs} \cdot V}{T} = \text{konstant}$$

$$\frac{p_{abs} \cdot V}{T} = \bar{R}$$

$$\bar{R} = 8{,}314 \; \frac{kJ}{kmol \cdot K}$$

bezogen auf die Molmasse:

$$R = \frac{\bar{R}}{M}$$

$$\frac{p_{abs} \cdot V}{T} = m \cdot R$$

p_{abs1} : absoluter Gasdruck im Zustand 1   in Pa

V_1 : Gasvolumen im Zustand 1   in m^3

T_1 : absolute Temperatur im Zustand 1   in K

p_{abs2} : absoluter Gasdruck im Zustand 2   in Pa

V_2 : Gasvolumen im Zustand 2   in m^3

T_2 : absolute Temperatur im Zustand 2   in K

n : Stoffmenge   in kmol

$\bar{R}$: allgemeine Gaskonstante   in $\dfrac{kJ}{kmol \cdot K}$

M : Molmasse des Gases   in $\dfrac{kg}{kmol}$

R : spezifische Gaskonstante (→ Tab. 51.1)   in $\dfrac{kJ}{kg \cdot K}$

m : Masse des Gases   in kg

Gasgleichung bei konstantem Druck
(Isobare Zustandsänderung, Gesetz von Gay-Lussac)

Zustand 1   Zustand 2

$V_1 = 1 \; m^3$
$T_1 = 273 \; K$

$V_2 = 2 \; m^3$
$T_2 = 546 \; K$

p_{abs1} = p_{abs2}

$$\frac{V_1}{T_1} = \frac{V_2}{T_2}$$

$$V_1 = \frac{T_1}{T_2} \cdot V_2$$

$$V_2 = \frac{T_2}{T_1} \cdot V_1$$

$$T_1 = \frac{V_1}{V_2} \cdot T_2$$

$$T_2 = \frac{V_2}{V_1} \cdot T_1$$

V_1 : Gasvolumen im Zustand 1   in m^3

T_1 : absolute Temperatur im Zustand 1   in K

V_2 : Gasvolumen im Zustand 2   in m^3

T_2 : absolute Temperatur im Zustand 2   in K

Allgemeine Grundlagen

Gasgleichung bei konstantem Volumen
(Isochore Zustandsänderung)

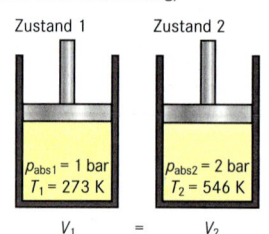

Zustand 1   Zustand 2

$p_{abs1} = 1$ bar $p_{abs2} = 2$ bar
$T_1 = 273$ K $T_2 = 546$ K

$V_1 \quad = \quad V_2$

$$\boxed{\frac{p_{abs1}}{T_1} = \frac{p_{abs2}}{T_2}}$$

$$p_{abs1} = \frac{T_1}{T_2} \cdot p_{abs2}$$

$$p_{abs2} = \frac{T_2}{T_1} \cdot p_{abs1}$$

$$T_1 = \frac{p_{abs1}}{p_{abs2}} \cdot T_2$$

$$T_2 = \frac{p_{abs2}}{p_{abs1}} \cdot T_1$$

p_{abs1}: absoluter Gasdruck im Zustand 1   in bar
T_1 : absolute Temperatur im Zustand 1   in K
p_{abs2}: absoluter Gasdruck im Zustand 2   in bar
T_2 : absolute Temperatur im Zustand 2   in K

Gasgleichung bei konstanter Temperatur
(Isotherme Zustandsänderung, Gesetz von Boyle-Mariotte)

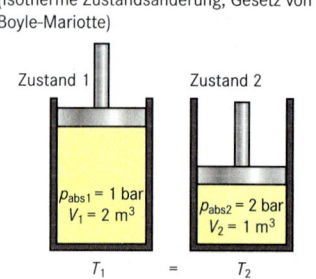

Zustand 1   Zustand 2

$p_{abs1} = 1$ bar $p_{abs2} = 2$ bar
$V_1 = 2$ m³ $V_2 = 1$ m³

$T_1 \quad = \quad T_2$

$$\boxed{p_{abs1} \cdot V_1 = p_{abs2} \cdot V_2}$$

$$p_{abs1} = \frac{V_2}{V_1} \cdot p_{abs2}$$

$$p_{abs2} = \frac{V_1}{V_2} \cdot p_{abs1}$$

$$V_1 = \frac{p_{abs2}}{p_{abs1}} \cdot V_2$$

$$V_2 = \frac{p_{abs1}}{p_{abs2}} \cdot V_1$$

p_{abs1}: absoluter Gasdruck im Zustand 1   in bar
V_1 : Gasvolumen im Zustand 1   in m³
p_{abs2}: absoluter Gasdruck im Zustand 2   in bar
V_2 : Gasvolumen im Zustand 2   in m³

Wärmetechnik
work, energy, power

Temperaturskalen

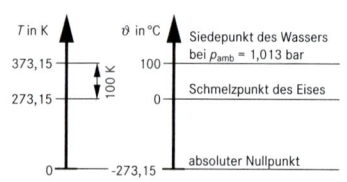

T in K ϑ in °C   Siedepunkt des Wassers bei $p_{amb} = 1{,}013$ bar
373,15   100
    100 K
273,15   0   Schmelzpunkt des Eises
0   −273,15   absoluter Nullpunkt

$$\boxed{T = \vartheta + 273{,}15 \text{ K}}$$

$$\boxed{\vartheta = T - 273{,}15 \text{ K}}$$

$$\Delta T = T_2 - T_1$$

$$\Delta \vartheta = \vartheta_2 - \vartheta_1$$

$$\Delta T = \Delta \vartheta$$

T : thermodynamische Temperatur (absolute Temperatur)   in K
ϑ : Celsius-Temperatur   in °C
$\Delta T, \Delta \vartheta$: Temperaturdifferenz   in K

Längenausdehnung von Körpern

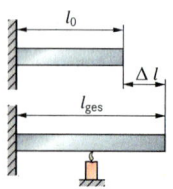

$$\boxed{\Delta l = l_0 \cdot \alpha \cdot \Delta \vartheta}$$

$$\Delta \vartheta = \frac{\Delta l}{l_0 \cdot \alpha}$$

Δl : Längenänderung   in m
l_0 : Ausgangslänge   in m
α : Längenausdehnungszahl   in 1/K ($\rightarrow$ Tab. 44.1, 50.2, 73.1, S. 210 ff.)
$\Delta \vartheta$: Temperaturdifferenz   in K
l_{ges} : Gesamtlänge   in m

Volumenänderung fester und flüssiger Stoffe

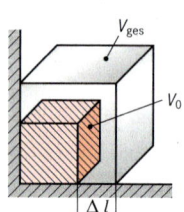

$$\boxed{\Delta V = V_0 \cdot \gamma \cdot \Delta \vartheta}$$

$$\boxed{V_{ges} = V_0 + \Delta V}$$

für feste Stoffe:
$\gamma \approx 3 \cdot \alpha$

Ausnahme:
Volumenänderung des Wassers (Anomalie des Wassers) Tab. 45.2

ΔV : Volumenänderung   in m³
V_0 : Ausgangsvolumen   in m³
γ : Volumenausdehnungszahl   in 1/K ($\rightarrow$ Tab. 49.2)
$\Delta \vartheta$: Temperaturdifferenz   in K
V_{ges} : Gesamtvolumen   in m³
α : Längenausdehnungszahl   in 1/K ($\rightarrow$ Tab. 44.1, 50.2, S. 210 ff.)

Volumenänderung des Wassers

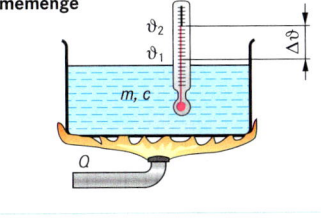

$$\Delta V = m \cdot \Delta v$$

$$\Delta v = v_2 - v_1$$

$$v = \frac{1}{\varrho}$$

ΔV : Volumenänderung in dm³
m : Wassermasse in kg
Δv : spezifische
　　Volumendifferenz in dm³/kg
v_1 : spezifisches Volumen
　　vor Erwärmung in dm³/kg
　　($\rightarrow$ Tab. 45.2)
v_2 : spezifisches Volumen
　　nach Erwärmung in dm³/kg
　　($\rightarrow$ Tab. 45.2)
ϱ : Dichte in kg/dm³
　　($\rightarrow$ Tab. 45.2)

Wärmemenge

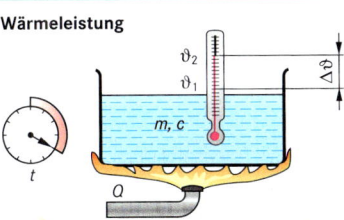

$$Q = m \cdot c \cdot \Delta\vartheta$$

$$3,6 \text{ kJ} = 1 \text{ Wh}$$

$$m = \frac{Q}{c \cdot \Delta\vartheta}$$

$$\Delta\vartheta = \frac{Q}{m \cdot c}$$

Q : Wärmemenge in kJ; Wh
m : Masse in kg
c : spezifische
　　Wärmekapazität in kJ/(kg K);
　　($\rightarrow$ Tab. 44.1, 49.1, Wh/(kg K)
　　49.2, 50.2)
$\Delta\vartheta$: Temperaturdifferenz in K

Wärmeleistung

$$\dot Q = \frac{Q}{t} \qquad \dot Q = \frac{m \cdot c \cdot \Delta\vartheta}{t}$$

$$1 \text{ kJ/s} = 1000 \text{ W}$$

$\dot Q$: Wärmeleistung in kJ/s; W
Q : Wärmemenge in kJ; Wh
c : spezifische
　　Wärmekapazität in kJ/(kg K);
　　($\rightarrow$ Tab. 44.1, 49.1, Wh/(kg K)
　　49.2, 50.2)
$\Delta\vartheta$: Temperaturdifferenz in K
t : Zeit in s; h

Schmelzen und Verdampfen

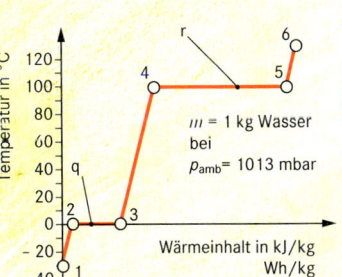

$$Q_s = m \cdot q$$

$$Q_v = m \cdot r$$

Q_s : Schmelzwärme in kJ; Wh
m : Masse in kg
q : spezifische
　　Schmelzwärme in kJ/kg;
　　($\rightarrow$ Tab. 44.1) Wh/kg
Q_v : Verdampfungswärme in kJ; Wh
r : spezifische
　　Verdampfungswärme in kJ/kg;
　　Wh/kg
　　($\rightarrow$ Tab. 39.1, 50.1)

Tab. 39.1: Zustand und spezifische Wärmewerte des Wassers

Bereich	Zustand des Wassers	Spezifische Wärme	
1–2	fest (Eis)	c_{Eis} = 2,05 kJ/(kgK)	= 0,57 Wh/(kgK)
2–3	fest – flüssig	q = 332 kJ/kg	= 92,2 Wh/kg
3–4	flüssig	c_{Wasser} = 4,2 kJ/(kgK)	= 1,163 Wh/(kgK)
4–5	flüssig – gasförmig	r = 2258 kJ/kg	= 627,2 Wh/kg
5–6	gasförmig (Dampf)	c_{Dampf} = 2,05 kJ/(kgK)	= 0,57 Wh/(kgK)

Wärmeleitung

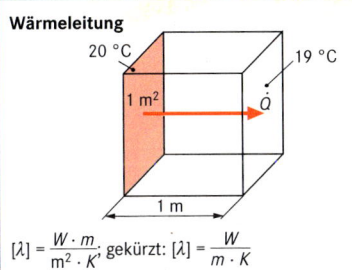
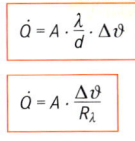

$$\dot Q = A \cdot \frac{\lambda}{d} \cdot \Delta\vartheta$$

$$\dot Q = A \cdot \frac{\Delta\vartheta}{R_\lambda}$$

$$R_\lambda = \frac{d}{\lambda}$$

$\dot Q$: Wärmestrom in W
A : Fläche in m²
λ : Wärmeleitfähigkeit in W/(m · K)
　　($\rightarrow$ Tab. 44.1, 49.1, 49.2,
　　383.1)
$\Delta\vartheta$: Temperaturdifferenz in K
d : Bauteildicke in m
R_λ : Wärmeleitwiderstand in m² K/W

$$[\lambda] = \frac{W \cdot m}{m^2 \cdot K}; \text{ gekürzt: } [\lambda] = \frac{W}{m \cdot K}$$

Wärmeabstrahlung

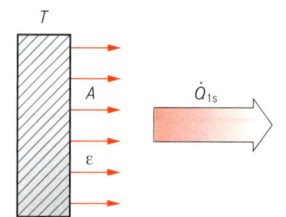

$$\dot{Q}_{1s} = \varepsilon \cdot C_s \cdot A \cdot \left(\frac{T}{100}\right)^4$$

$$\left(C_s = 5{,}67 \, \frac{W}{m^2 \cdot K^4}\right)$$

$\dot{Q}_{1s}$: abgestrahlter Wärmestrom — in W
ε : Emissionszahl des Strahlers ($\rightarrow$ Tab. 51.2)
C_s : Strahlungskonstante — in W/m²K⁴
A : abstrahlende Oberfläche — in m²
T : absolute Temperatur — in K

Wärmeübergang durch Strahlung (Strahlungsaustausch)

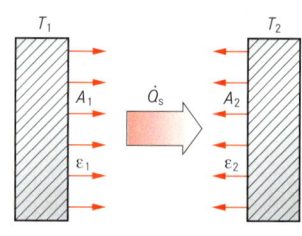

$$\dot{Q}_s = A \cdot \alpha_s \cdot \Delta\vartheta$$

$$\Delta T = T_1 - T_2$$

$$\Delta T = \Delta\vartheta$$

$$\alpha_s = C_{1,2} \cdot \frac{\left(\frac{T_1}{100}\right)^4 - \left(\frac{T_2}{100}\right)^4}{T_1 - T_2}$$

für parallele Flächen gilt:

$$C_{1,2} = \frac{C_s}{\frac{1}{\varepsilon_1} + \frac{1}{\varepsilon_2} - 1}$$

$\dot{Q}_s$: Wärmestrom — in W
A : Fläche — in m²
α_s : Wärmeübergangszahl durch Strahlung — in W/(m²K)
$\Delta\vartheta$: Temperaturdifferenz — in K
T_1, T_2 : absolute Temperaturen — in K
$C_{1,2}$: Strahlungsaustauschzahl — in W/(m²K⁴)
C_s : Strahlungskonstante — in W/(m²K⁴)
$\left(C_s = 5{,}67 \, \frac{W}{m^2 \cdot K^4}\right)$
$\varepsilon_1, \varepsilon_2$: Emissionszahlen ($\rightarrow$ Tab. 51.2)

Wärmeübergang durch Konvektion

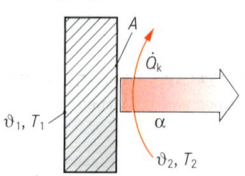

$$\dot{Q}_k = A \cdot \alpha \cdot \Delta\vartheta$$

$$\Delta\vartheta = \vartheta_1 - \vartheta_2$$

$$R_\alpha = \frac{1}{\alpha}$$

$\dot{Q}_K$: Wärmestrom — in W
A : Fläche — in m²
α_s : Wärmeübergangszahl — in W/(m²K) ($\rightarrow$ Tab. 51.3, 51.4, S. 500)
$\Delta\vartheta$: Temperaturdifferenz — in K
R_α : Wärmeübergangswiderstand — in m²K/W

Mischtemperatur

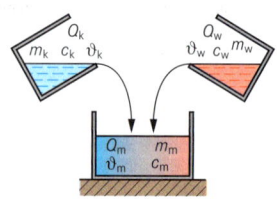

allgemein:

$$Q_m = Q_k + Q_w \quad \text{oder} \quad Q_{auf} = Q_{ab}$$

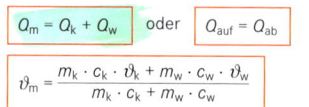

$$\vartheta_m = \frac{m_k \cdot c_k \cdot \vartheta_k + m_w \cdot c_w \cdot \vartheta_w}{m_k \cdot c_k + m_w \cdot c_w}$$

$$m_k \cdot c_k \, (\vartheta_k - \vartheta_m) = m_w \cdot c_w \, (\vartheta_m - \vartheta_w)$$

bei Mischung gleicher Stoffe:

$$\vartheta_m = \frac{m_k \cdot \vartheta_k + m_w \cdot \vartheta_w}{m_k + m_w}$$

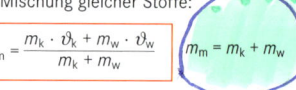

$$\vartheta_w = \frac{m_m \cdot \vartheta_m - m_k \cdot \vartheta_k}{m_w}$$

$$m_w = m_k \cdot \frac{\vartheta_m - \vartheta_k}{\vartheta_w - \vartheta_m}$$

$$m_w = m_m \cdot \frac{\vartheta_m - \vartheta_k}{\vartheta_w - \vartheta_k}$$

$$\vartheta_k = \frac{m_m \cdot \vartheta_m - m_w \cdot \vartheta_w}{m_k}$$

$$m_k = m_w \cdot \frac{\vartheta_w - \vartheta_m}{\vartheta_m - \vartheta_k}$$

$$m_k = m_m \cdot \frac{\vartheta_w - \vartheta_m}{\vartheta_w - \vartheta_k}$$

Q_{auf} : Wärmeaufnahme — in Wh
Q_{ab} : Wärmeabgabe — in Wh
Q_m : Wärmemenge der Mischung — in Wh
Q_k : Wärmemenge kalter Stoff — in Wh
Q_w : Wärmemenge warmer Stoff — in Wh
ϑ_m : Mischtemperatur — in °C
m_m : Mischungsmasse — in kg
c_m : spezifische Wärmekapazität der Mischung — in Wh/(kg · K)
ϑ_k : Temperatur kalter Stoff — in °C
m_k : Masse kalter Stoff — in kg
c_k : spezifische Wärmekapazität kalter Stoff — in Wh/(kg · K)
ϑ_w : Temperatur warmer Stoff — in °C
m_w : Masse warmer Stoff — in kg
c_w : spezifische Wärmekapazität warmer Stoff — in Wh/(kg · K) ($\rightarrow$ Tab. 44.1, 49.2)

Mischungskreuz

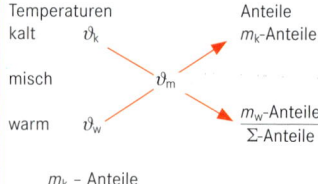

Temperaturen — Anteile
kalt ϑ_k — m_k-Anteile
misch ϑ_m
warm ϑ_w — $\frac{m_w\text{-Anteile}}{\Sigma\text{-Anteile}}$

$$m_k = \frac{m_k - \text{Anteile}}{\Sigma - \text{Anteile}} \cdot m_m$$

$$m_w = \frac{m_w - \text{Anteile}}{\Sigma - \text{Anteile}} \cdot m_m$$

Schallgeschwindigkeit

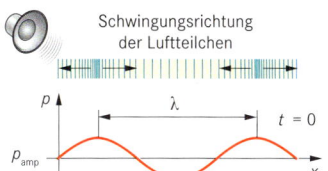

Schwingungsrichtung
der Luftteilchen

$t = 0$

λ

p_{amp}

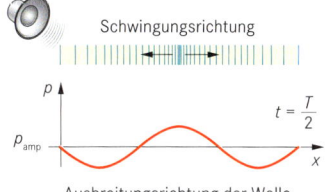

Schwingungsrichtung

$t = \dfrac{T}{2}$

p_{amp}

Ausbreitungsrichtung der Welle

$$c = \lambda \cdot f \qquad f = \frac{1}{T}$$

$$\lambda = c \cdot T \qquad T = \frac{1}{f}$$

Die Schallgeschwindigkeit ist abhängig vom Stoff, dessen Aggregatzustand und Temperatur.

Für trockene Luft gilt:

$$c = (331{,}6 + 0{,}6 \cdot \vartheta)\, \frac{m}{s}$$

c	:	Schallgeschwindigkeit	in m/s
λ	:	Wellenlänge	in m
f	:	Frequenz	in Hz
		= 1/s	
T	:	Schwingungsdauer	in s
p_{amb}	:	Atmosphärendruck	in Pa
ϑ	:	Lufttemperatur	in °C

Schallwellen sind Wellen in elastischen Medien. Nach dem Medium, in dem sich der Schall ausbreitet, unterscheidet man folgende Schallarten:

Schallart	Schallgeschwindigkeit
Luftschall	343 m/s (bei 19 °C)
Wasserschall	1400 ... 1480 m/s
Körperschall	
■ Mauerwerk	3000 ... 4000 m/s
■ Holz	3400 ... 4100 m/s
■ Kupfer	3500 m/s
■ Stahl	5000 m/s
■ Glas	5200 m/s

Schalldruck und Schalldruckpegel

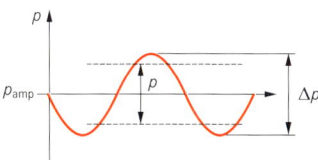

p

p_{amp}

Δp

Ein Schalldruckpegel L_p in dB ohne Angabe der Messentfernung zur Schallquelle ist nutzlos.

$$p = \frac{\Delta p}{\sqrt{2}} \qquad p = p_0 \cdot 10^{0{,}05 \cdot L_p}$$

$$L_p = 20 \cdot \lg \frac{p}{p_0}$$

mit: $p_0 = 0{,}00002$ Pa
$= 2 \cdot 10^{-5}$ Pa

p	:	effektiver Schalldruck	in Pa
Δp	:	Schallwechseldruck	in Pa
L_p	:	Schalldruckpegel	in dB
p_0	:	Bezugsschalldruck für Luft (Hörschwelle)	in Pa

Der Bezug für $L_p = 0$ dB ist die Hörschwelle mit $p_0 = 2 \cdot 10^{-5}$ Pa.

Der Schalldruck wird vom Trommelfell oder Mikrophon wahrgenommen.

Schallleistung und Schallleistungspegel

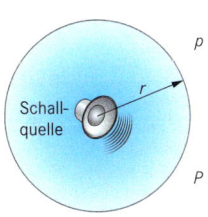

p

r

Schall-quelle

P

$$P = p_2 \cdot \frac{A_0}{Z} \qquad A_0 = 4\,\pi\,r^2$$

$$L_P = 10 \cdot \lg \frac{P}{P_0}$$

mit: $P_0 = 1$ pW $= 10^{-12}$ W

P	:	Schallleistung	in W
p	:	effektiver Schalldruck	in Pa
A_0	:	Kugeloberfläche	in m²
r	:	Abstand von der Schallquelle	in m
Z	:	Schallwellenwiderstand in der Luft	in N · s/m³
		Z (t = 20 °C) = 413 N · s/m³	
L_P	:	Schallleistungspegel	in dB
P_0	:	Bezugsschallleistung für Luft	in W

Abstandsdämpfung

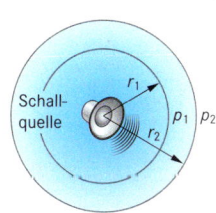

r_1

Schall-quelle

p_1 p_2

r_2

Kugelförmige Schallausbreitung im akustischen Freifeld.

$$\Delta L = 20 \cdot \lg \frac{r_2}{r_1}$$

$$L_P(r_2) = L_P(r_1) - \Delta L$$

Der von einer Punktschallquelle stammende Schall fällt mit 6 dB pro Abstandverdopplung ab.

ΔL	:	Schallpegeländerung	in dB
r_1	:	Abstand bei Schalldruck p_1	in m
r_2	:	Abstand bei Schalldruck p_2	in m
$L_P(r_1)$	:	Schallpegel im Abstand r_1	in dB
$L_P(r_2)$	:	Schallpegel im Abstand r_2	in dB

Allgemeine Grundlagen

Schallpegelzunahme ΔL bei n gleich lauten Schallquellen

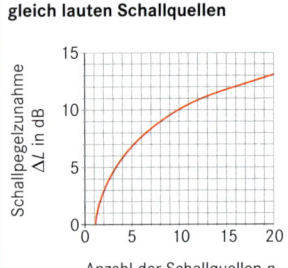

Schallpegelzunahme ΔL in dB / Anzahl der Schallquellen n

Anzahl n gleich lauter Schallquellen	Schallpegel ΔL in dB
1	0
2	3,0
3	4,8
4	6,0
5	7,0
6	7,8
7	8,5
8	9,0
9	9,5
10	10,0

Schallquellenarten

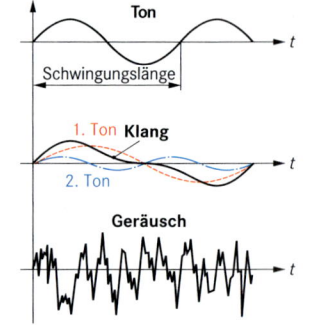

Ton

Schwingungslänge

1. Ton Klang
2. Ton

Geräusch

Lärm: störende Töne, Klänge und Geräusche

Summenschallpegel bei Schallquellen ungleicher Intensität

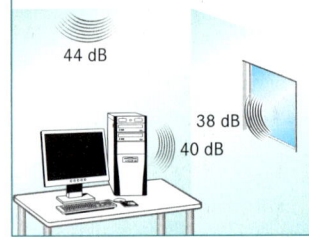

44 dB

38 dB
40 dB

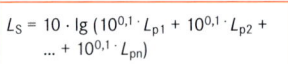

$$L_S = 10 \cdot \lg (10^{0,1 \cdot L_{p1}} + 10^{0,1 \cdot L_{p2}} + ... + 10^{0,1 \cdot L_{pn}})$$

Beispiel für 3 Schallquellen:

$$L_S = 10 \cdot \lg (10^{0,1 \cdot 40} + 10^{0,1 \cdot 44} + 10^{0,1 \cdot 38})$$
$$= 46,2 \text{ dB}$$

L_S : Summenschallpegel in dB
$L_{p1}, L_{p2}...$: Schallpegel der einzelnen Schallquellen in dB
n : Anzahl der Schallquellen

Schallbereiche:
Infraschall 0 Hz ... 16 Hz
Normalschall 16 Hz ... 16 kHz
Ultraschall 16 kHz ... 1 MHz

Kurven gleicher Lautstärke

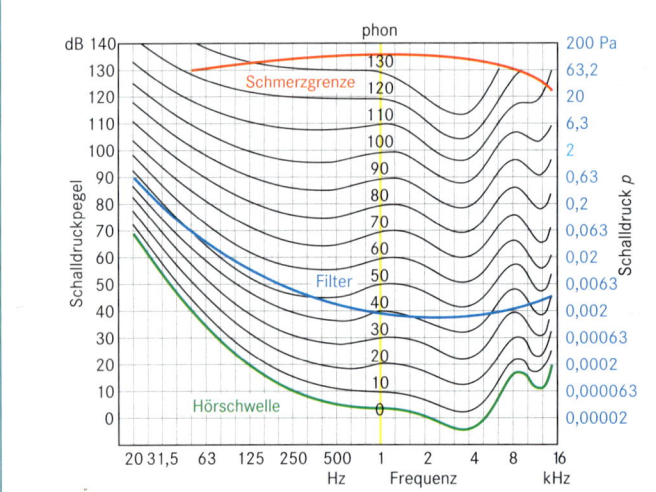

Schalldruckpegel / Schalldruck p / phon / Schmerzgrenze / Filter / Hörschwelle / Frequenz

Schallstärke und Lautheit

Töne mit gleichem Schallpegel aber unterschiedlicher Frequenz werden als unterschiedlich laut wahrgenommen. Neben dem **Schalldruck** als physikalisch messbare Größe wurde daher auch eine rein subjektive Größe, die Lautstärke definiert. Die **Lautstärke** wird in [phon] angegeben. Ihre Definition beruht auf dem subjektiven Vergleich zweier Töne. Für den Vergleich wird der 1 kHz Ton als Referenzton verwendet.

Um die Messungen von Schall unserem Gehör anzupassen, wurden Filter entwickelt. Der **A-Filter** entspricht etwa der Empfindlichkeit des menschlichen Ohres. Daher hat ein A-bewertetes Messergebnis einen ähnlichen Verlauf wie eine phon-Kurve. Messergebnisse werden zumeist in dB(A) angegeben.

Einfügungsdämpfungsmaß für Schalldämpfer

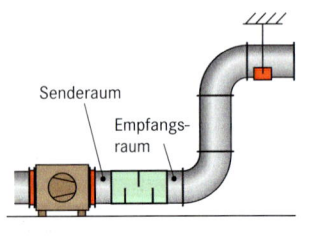

Senderaum / Empfangsraum

Schalldämpfung (= Schallenergie wird überwiegend absorbiert d. h. verschluckt)

$$D_E = L_2 - L_1$$

Der D_E-Wert ist frequenzabhängig. Er wird in den Oktavbändern 63, 125, 250, 500, 1000, 2000, 4000, 8000 Hz angegeben. (→ Schallschutz)

Schalldämmung (= Schallenergie wird überwiegend reflektiert) hierzu dienen Segeltuchstutzen, elastische Lagerungen und Schalldämmeinlagen.

D_E : Einfügungsdämpfungsmaß in dB
L_2 : Schallpegel im Empfangsraum ohne Einbau des Schalldämpfers in dB
L_1 : Schallpegel im Empfangsraum mit Einbau des Schalldämpfers in dB (→ Tab. S. 488)

Schalldämmung (Gummipuffer)
Anhaltswerte Schalldämpfung Segeltuchstutzen S. 488

Legende

- * IUPAC-Empfehlung
- herkömmliche Gruppenbezeichnung
- k.A.: keine Angabe

Elementsymbol / Ordnungszahl / Elementname / Schmelzpunkt (feste Elemente) / Siedepunkt (flüssige / gasförmige Elemente) / Dichte: feste/flüssige Elemente in kg/dm^3, gasförmige Elemente in kg/m^3

Beispiel:

29 Cu	Kupfer	1083,5	8,96

Element-Zustände:
- Fe festes Element
- Hg flüssiges Element
- O gasförmiges Element
- U natürliches, radioaktives Element
- Rf künstliches, radioaktives Element

Gruppierung:
- Nichtmetall / Leichtmetall / Edelmetall
- Halbmetall / Schwermetall / Edelgas

Haupttabelle (Gruppe [IUPAC]; Elementsymbol; Name; Schmelz-/Siedepunkt; Dichte)

Gr.	El.	Name	Smp./Sdp.	Dichte
1 (Ia)	1 H	Wasserstoff	-252,9	0,0899
18 (VIIIa)	2 He	Helium	-268,9	0,1785
1 (Ia)	3 Li	Lithium	180,5	0,534
2 (IIa)	4 Be	Beryllium	1278	1,848
13 (IIIa)	5 B	Bor	2300	2,46
14 (IVa)	6 C	Kohlenstoff	3550	3,51
15 (Va)	7 N	Stickstoff	-195,8	1,25006
16 (VIa)	8 O	Sauerstoff	-182,96	1,429
17 (VIIa)	9 F	Fluor	-188,1	1,696
18 (VIIIa)	10 Ne	Neon	-246,1	0,899
1 (Ia)	11 Na	Natrium	97,8	0,971
2 (IIa)	12 Mg	Magnesium	648,8	1,738
13 (IIIa)	13 Al	Aluminium	660,5	2,699
14 (IVa)	14 Si	Silicium	1410	2,33
15 (Va)	15 P	Phosphor	44	1,82
16 (VIa)	16 S	Schwefel	113	2,07
17 (VIIa)	17 Cl	Chlor	-34,6	3,214
18 (VIIIa)	18 Ar	Argon	-189,4	1,784
1 (Ia)	19 K	Kalium	63,7	0,862
2 (IIa)	20 Ca	Calcium	839	1,55
3 (IIIb)	21 Sc	Scandium	1539	2,989
4 (IVb)	22 Ti	Titan	1660	4,51
5 (Vb)	23 V	Vanadium	1890	6,09
6 (VIb)	24 Cr	Chrom	1857	7,19
7 (VIIb)	25 Mn	Mangan	1246	7,21
8 (VIII)	26 Fe	Eisen	1535	7,86
9 (VIII)	27 Co	Cobalt	1495	8,89
10 (VIII)	28 Ni	Nickel	1453	8,902
11 (Ib)	29 Cu	Kupfer	1083,5	8,96
12 (IIb)	30 Zn	Zink	419,6	7,14
13 (IIIa)	31 Ga	Gallium	29,8	5,904
14 (IVa)	32 Ge	Germanium	937,4	5,323
15 (Va)	33 As	Arsen	613	5,72
16 (VIa)	34 Se	Selen	217	4,82
17 (VIIa)	35 Br	Brom	58,8	3,14
18 (VIIIa)	36 Kr	Krypton	-152,3	3,749
1 (Ia)	37 Rb	Rubidium	39	1,532
2 (IIa)	38 Sr	Strontium	769	2,63
3 (IIIb)	39 Y	Yttrium	1523	4,469
4 (IVb)	40 Zr	Zirconium	1855	6,506
5 (Vb)	41 Nb	Niob	2468	8,57
6 (VIb)	42 Mo	Molybdän	2617	10,28
7 (VIIb)	43 Tc	Technetium	2172	11,5
8 (VIII)	44 Ru	Ruthenium	2310	12,45
9 (VIII)	45 Rh	Rhodium	1966	12,41
10 (VIII)	46 Pd	Palladium	1552	12,02
11 (Ib)	47 Ag	Silber	961,9	10,5
12 (IIb)	48 Cd	Cadmium	321	8,642
13 (IIIa)	49 In	Indium	156,6	7,31
14 (IVa)	50 Sn	Zinn	232	7,29
15 (Va)	51 Sb	Antimon	630,7	6,691
16 (VIa)	52 Te	Tellur	449,6	6,24
17 (VIIa)	53 I	Iod	113,5	4,93
18 (VIIIa)	54 Xe	Xenon	-107	5,897
1 (Ia)	55 Cs	Cäsium	28,4	1,873
2 (IIa)	56 Ba	Barium	725	3,65
3 (IIIb)	57...71	Lanthanoide		
4 (IVb)	72 Hf	Hafnium	2150	13,31
5 (Vb)	73 Ta	Tantal	2996	16,654
6 (VIb)	74 W	Wolfram	3407	19,26
7 (VIIb)	75 Re	Rhenium	3180	21,20
8 (VIII)	76 Os	Osmium	3045	22,61
9 (VIII)	77 Ir	Iridium	2410	22,65
10 (VIII)	78 Pt	Platin	1772	21,45
11 (Ib)	79 Au	Gold	1064,4	19,32
12 (IIb)	80 Hg	Quecksilber	356,6	13,546
13 (IIIa)	81 Tl	Thallium	1457	11,85
14 (IVa)	82 Pb	Blei	327,5	11,34
15 (Va)	83 Bi	Bismut	271,4	9,80
16 (VIa)	84 Po	Polonium	254	9,20
17 (VIIa)	85 At	Astat	302	k.A.
18 (VIIIa)	86 Rn	Radon	-61,8	9,73
1 (Ia)	87 Fr	Francium	27	k.A.
2 (IIa)	88 Ra	Radium	700	5,50
3 (IIIb)	89...103	Actinoide		
4 (IVb)	104 Rf	Rutherfordium	261,109	k.A.
5 (Vb)	105 Db	Dubnium	262,114	k.A.
6 (VIb)	106 Sg	Seaborgium	263,114	k.A.
7 (VIIb)	107 Bh	Bohrium	262,123	k.A.
8 (VIII)	108 Hs	Hassium	265	k.A.
9 (VIII)	109 Mt	Meitnerium	266	k.A.
10 (VIII)	110 Ds	Darmstadtium	269	k.A.
11 (Ib)	111 Rg	Roentgenium	272	k.A.
12 (IIb)	112 Uub*	Unubium	285	k.A.
13 (IIIa)	113 Uut*	Ununtrium	284	k.A.
14 (IVa)	114 Uuq*	Ununquadium	289	k.A.
15 (Va)	115 Uup*	Ununpentium	288	k.A.
16 (VIa)	116 Uuh*	Ununhexium	292	k.A.
17 (VIIa)	117 Uus*	Ununseptium	k.A.	k.A.
18 (VIIIa)	118 Uuo*	Ununoctium	k.A.	k.A.

Lanthanoide (Periode 6 / Schale P)

El.	Name	Smp.	Dichte
57 La	Lanthan	920	6,145
58 Ce	Cer	798	6,77
59 Pr	Praseodym	931	6,773
60 Nd	Neodym	1010	7,008
61 Pm	Promethium	080	7,264
62 Sm	Samarium	1072	7,52
63 Eu	Europium	822	5,26
64 Gd	Gadolinium	1311	7,89
65 Tb	Terbium	1360	8,23
66 Dy	Dysprosium	1409	8,56
67 Ho	Holmium	1470	8,795
68 Er	Erbium	1522	9,066
69 Tm	Thulium	1545	9,321
70 Yb	Ytterbium	824	6,966
71 Lu	Lutetium	1656	9,841

Actinoide (Periode 7 / Schale Q)

El.	Name	Smp.	Dichte
89 Ac	Actinium	1047	10,07
90 Th	Thorium	1750	11,72
91 Pa	Protactinium	1554	15,37
92 U	Uran	1132,4	18,9 5
93 Np	Neptunium	640	20,45
94 Pu	Plutonium	641	19,84
95 Am	Americium	994	13,67
96 Cm	Curium	1340	13,51
97 Bk	Berkelium	986	13,25
98 Cf	Californium	900	15,10
99 Es	Einsteinium	860	k.A.
100 Fm	Fermium	1526	k.A.
101 Md	Mendelevium	827	k.A.
102 No	Nobelium	827	k.A.
103 Lr	Lawrencium	1627	k.A.

Gruppe* / Periode (Schale): 1 (K), 2 (L), 3 (M), 4 (N), 5 (O), 6 (P), 7 (Q)

Allgemeine Grundlagen

Allgemeine Grundlagen

Tab. 44.1: Stoffwerte chemischer Elemente

Element	Symbol	Ordnungszahl	Stoffart bei Normalbedingungen [1]	relative Atommasse [2]	Dichte fest/flüssig ϱ in kg/dm³ bei 20 °C [2]	Dichte gasförmig ϱ in kg/m³ bei 0 °C, 1,013 bar, trocken [2]	Schmelzpunkt ϑ_{FL} in °C [2]	Siedepunkt ϑ_{G} in °C bei 1,013 bar [2]	spezif. Schmelzwärme q in Wh/kg bei 1,013 bar	spezif. Wärmekapazität c in Wh/(kg K) bei 20 °C [2]	spezif. elektr. Widerstand ϱ_{20} in Ω mm²/m bei 20 °C	Wärmeleitfähigkeit λ in W/(m K) bei 25 °C [2]	Längenausdehnungszahl α in $1/(K \cdot 10^6)$ bei 0 °C [2]
Aluminium	Al	13	M	26,982	2,7	–	660,37	2467	110,555	0,2488	0,028	237	23,9
Antimon	Sb	51	HM	121,750	6,69	–	630,74	1750	45,277	0,0538	0,39	24,4	10,5
Argon	Ar	18	G	39,948	–	1,783	–189,33	–185,7	8,138	0,1441	–	0,017	–
Arsen	As	33	HM	74,922	5,72	–	9173)	6134)	–	0,0953	–	50,2	4,7
Barium	Ba	56	M	137,330	3,5	–	725	1640	15,555	0,0533	–	18,4	19,0
Beryllium	Be	4	M	9,012	1,85	–	1278	2970	386,111	0,4416	0,04	201	10,6
Bismut	Bi	83	M	208,980	9,8	–	271,44	1560	14,444	0,0344	1,25	7,92	13,3
Blei	Pb	82	M	207,200	11,34	–	327,50	1740	6,666	0,0358	0,208	35,3	29,3
Bor	B	5	NM	10,811	2,34	–	2300	2550	–	0,2897	–	27,4	8,3
Cadmium	Cd	48	EM	112,410	8,65	–	321,11	765	15,000	0,0641	0,077	96,9	29,8
Calcium	Ca	20	M	40,078	1,55	–	840	1484	60,000	0,1816	–	201	22,3
Cer	Ce	58	M	140,120	6,7	–	799	3257	25,555	0,0569	–	11,3	8,0
Chlor	Cl	17	G	35,453	–	1,56	–100,97	–34,45	25,111	0,1350	–	0,0081	–
Chrom	Cr	24	M	51,996	6,9	–	1863	2672	87,222	0,1222	0,13	93,9	6,2
Eisen	Fe	26	M	55,847	7,87	–	1536	2750	76,666	0,1250	0,13	75,4	11,7
Fluor	F	9	G	18,998	–	1,698	–219,67	–188,15	10,472	0,2288	–	0,024	–
Gold	Au	79	EM	196,967	19,29	–	1064,43	2600	18,611	0,0358	0,022	318	14,2
Helium	He	2	G	4,003	–	0,1784	–272,2	–268,93	0,977	1,4419	–	0,146	–
Iod	I	53	NM	126,905	4,93	–	113,6	184,35	17,222	0,1188	–	449	93,0
Iridium	Ir	77	EM	192,220	22,42	–	2447	4130	37,500	0,0361	0,053	147	6,6
Kalium	K	19	M	39,098	0,86	–	63,2	760	16,111	0,2083	–	100,5	83,0
Kobalt	Co	27	M	58,933	8,9	–	1494	2870	67,500	0,1172	0,062	100	12,3
Kohlenstoff	C	6	NM	12,011	2,24	–	3836	4827	–	0,2000	–	23,9	–
Kupfer	Cu	29	M	63,546	8,92	–	1084,5	2567	56,944	0,1063	0,0179	401	16,5
Lanthan	La	57	M	138,906	6,15	–	920	3454	22,583	0,0511	–	13,4	–
Magnesium	Mg	12	M	24,305	1,74	–	649	1090	103,611	0,2825	0,044	156	24,5
Mangan	Mn	25	M	54,938	7,2	–	1246	1962	73,333	0,1322	0,39	78,1	22,0
Molybdän	Mo	42	M	95,940	10,21	–	2623	4612	75,833	0,0697	0,054	138	2,7
Natrium	Na	11	M	22,990	0,97	–	97,8	882,9	31,388	0,3388	0,04	102,5	72,0
Nickel	Ni	28	M	58,690	8,9	–	1455	2732	83,611	0,1244	0,095	90,0	13,3
Niob	Nb	41	M	92,906	8,55	–	2471	4927	80,000	0,0744	0,217	53,7	7,1
Phosphor	P	15	NM	30,974	1,82	–	44,15	280	5,833	0,2083	–	0,2	–
Platin	Pt	78	EM	195,080	21,45	–	1772	3827	27,777	0,0369	0,0980	71,6	9,0
Quecksilber	Hg	80	M	200,590	13,55	–	–38,86	356,58	3,138	0,0383	–	83	–
Rhodium	Rh	45	M	102,906	12,4	–	1963	3727	58,611	0,0688	–	150	8,3
Sauerstoff	O	8	G	15,999	–	1,429	–218,6	–182,96	3,838	0,2544	–	0,026	–
Schwefel	S	16	NM	32,066	1,96	–	115,21	444,67	10,555	0,2036	–	0,2	64,0
Selen	Se	34	HM	78,960	4,82	–	221	684,9	23,055	0,0888	–	0,5	37,0
Silber	Ag	47	EM	107,868	10,5	–	961,93	2212	29,166	0,0652	0,015	429	19,7
Silicium	Si	14	HM	28,086	2,42	–	1410	2355	39,444	0,1952	–	149	–
Stickstoff	N	7	G	14,007	–	1,251	–209,86	–195,8	7,153	0,2872	–	0,026	–
Tantal	Ta	73	M	180,948	16,6	–	2996	5425	47,777	0,0383	0,124	57,5	6,6
Thorium	Th	90	M	232,038	11,2	–	1750	4790	18,722	0,0327	–	54	11,0
Titan	Ti	22	M	47,880	4,52	–	1672	3287	24,444	0,1444	0,08	21,9	8,4
Uran	U	92	M	238,029	18,7	–	1133	3818	98,888	0,0319	–	27,5	–
Vanadium	V	23	M	50,942	5,96	–	1890	3380	95,277	0,1361	0,2	31	8,3
Wasserstoff	H	1	G	1,008	–	0,0899	–259,35	–252,35	16,277	4,0125	–	0,181	–
Wolfram	W	74	M	183,850	19,3	–	3387	5660	53,611	0,0372	0,055	173	4,6
Zink	Zn	30	M	65,390	7,13	–	419,58	907	27,777	0,1069	0,06	116	29
Zinn	Sn	50	M	118,710	7,38	–	231,97	2270	16,388	0,0630	0,114	66,8	23,0
Zirkonium	Zr	40	M	91,224	6,4	–	1852	4377	70,000	0,0763	–	22,7	5,8

[1] EM: Edelmetall; G: Gas; HM: Halbmetall; M: Metall; NM: Nichtmetall
[2] nach Jahrbuch Stahl 1996, Band 1, Verlag Stahleisen mbH, Düsseldorf
[3] bei 28 bar
[4] Sublimationspunkt

Allgemeine Grundlagen

Tab. 45.1: Wichtige chemische Verbindungen

Technische Bezeichnung	Chemische Bezeichnung	Chemische Formel	Technische Bezeichnung	Chemische Bezeichnung	Chemische Formel
Aceton	Propanon	$(CH_3)_2CO$	Lötwasser	Zinkchlorid	$ZnCl_2$
Acetylen	Ethin	C_2H_2	Magnesiumkarbonat	Magnesiumkarbonat	$MgCO_3$
Borax	Natriumtetraborat	$Na_2B_4O_7 \cdot 10H_2O$	Magnesiumhydro-genkarbonat	Magnesiumhydro-genkarbonat	$Mg(HCO_3)_2$
Butan	Butan	C_4H_{10}	Magnesiumsulfat	Magnesiumsulfat	$MgSO_4$
Eisenrost	Eisenoxidhydrat	$FeO \cdot Fe_2O_3 \cdot H_2O$	Methan	Methan	CH_4
Ethan	Ethan	C_2H_6	Natriumacetat	Natriumacetat	CH_3COONa
Gips	Calciumsulfat	$CaSO_4 \cdot 2H_2O$	Patina Kupfer	basisches Kupferkarbonat	$CuCO_3 \cdot Cu(OH)_2$
Grünspan	basisches Kupferacetat	$Cu(OH)_2 \cdot (CH_3COO)_2Cu$	Blei	basisches Bleikarbonat	$PbCO_3 \cdot Pb(OH)_2$
Kalk gebrannt gelöscht	Calciumoxid Calciumhydroxid	CaO $Ca(OH)_2$	Zink	basisches Zinkkarbonat	$ZnCO_3 \cdot Zn(OH)_2$
Kalkstein	Calciumkarbonat	$CaCO_3$	Propan	Propan	C_3H_8
Calciumhydrogen-karbonat	Calciumhydrogen-karbonat	$Ca(HCO_3)_2$	Salzsäure	Salzsäure	HCl
Calciumsulfat	Calciumsulfat	$CaSO_4$	Schwefeldioxid	Schwefeldioxid	SO_2
Kochsalz	Natriumchlorid	NaCl	Schwefelsäure	Schwefelsäure	H_2SO_4
Kohlensäure	Kohlensäure	H_2CO_3	Schweflige Säure	Schweflige Säure	H_2SO_3
Kohlenstoffdioxid	Kohlenstoffdioxid	CO_2	Stickstoffdioxid	Stickstoffdioxid	NO_2
Kohlenstoffmonoxid	Kohlenstoffmonoxid	CO	Teflon	Polytetrafluorethen	$(F_2C\text{-}CF_2)_n$
			Wasser	Wasser	H_2O

Tab. 45.2: Wassertemperatur ϑ, Dichte ϱ und spezifisches Volumen v

ϑ in °C	ϱ in kg/dm³	v in dm³/kg	ϑ in °C	ϱ in kg/dm³	v in dm³/kg	ϑ in °C	ϱ in kg/dm³	v in dm³/kg
–50 Eis	0,8900	1,1236	34	0,9944	1,0056	70	0,9777	1,0228
0 Eis	0,9167	1,0906	35	0,9940	1,0060	71	0,9770	1,0235
0 Wasser	0,9998	1,0002	36	0,9937	1,0063	72	0,9765	1,0241
1	0,9999	1,0001	37	0,9933	1,0067	73	0,9759	1,0247
2	0,9999	1,001	38	0,9930	1,0070	74	0,9753	1,0253
3	0,9999	1,0001	39	0,9927	1,0074	75	0,9748	1,0259
4	**1,0000**	**1,0000**	40	0,9923	1,0078	76	0,9741	1,0266
5	1,0000	1,0000	41	0,9919	1,0082	77	0,9735	1,0272
6	1,0000	1,0000	42	0,9915	1,0086	78	0,9729	1,0279
7	0,9999	1,0001	43	0,9911	1,0090	79	0,9723	1,0285
8	0,9999	1,0001	44	0,9907	1,0094	80	0,9716	1,0292
9	0,9998	1,0002	45	0,9902	1,0099	82	0,9704	1,0305
10	0,9997	1,0003	46	0,9899	1,0103	84	0,9691	1,0319
11	0,9997	1,0003	47	0,9894	1,0107	86	0,9678	1,0333
12	0,9996	1,0004	48	0,9889	1,0112	88	0,9665	1,0347
13	0,9994	1,0006	49	0,9884	1,0117	90	0,9652	1,0361
14	0,9993	1,0007	50	0,9880	1,0121	92	0,9638	1,0376
15	0,9992	1,0008	51	0,9876	1,0126	94	0,9624	1,0391
16	0,9990	1,0010	52	0,9871	1,0131	96	0,9610	1,0406
17	0,9988	1,0012	53	0,9866	1,0136	98	0,9596	1,0421
18	0,9987	1,0013	54	0,9862	1,0140	100	0,9581	1,0437
19	0,9985	1,0015	55	0,9857	1,0145	105	0,9545	1,0477
20	0,9983	1,0017	56	0,9852	1,0150	110	0,9507	1,0519
21	0,9981	1,0019	57	0,9846	1,0156	115	0,9468	1,0562
22	0,9976	1,0022	58	0,9842	1,0161	120	0,9429	1,0606
23	0,9975	1,0024	59	0,9837	1,0166	130	0,9346	1,0700
24	0,9974	1,0026	60	0,9832	1,0171	150	0,9168	1,0908
25	0,9971	1,0029	61	0,9826	1,0177	170	0,8973	1,1145
26	0,9968	1,0032	62	0,9821	1,0182	190	0,8760	1,1415
27	0,9966	1,0034	63	0,9815	1,0188	200	0,8647	1,1565
28	0,9963	1,0037	64	0,9810	1,0193	220	0,8403	1,1900
29	0,9960	1,0040	65	0,9805	1,0199	250	0,7992	1,2513
30	09957	1,0043	66	0,9799	1,0205	300	0,7122	1,4041
31	0,9954	1,0046	67	0,9792	1,0211	325	0,6541	1,5289
32	0,9951	1,0049	68	0,9788	1,0217	350	0,5743	1,7411
33	0,9947	1,0053	69	0,9782	1,0223	374,15	0,3154	3,1700

Gase im Wasser

In jedem natürlichen Wasser sind Luft oder andere Gase gelöst. Der Gasanteil ist abhängig vom Druck und von der Temperatur des Wassers.

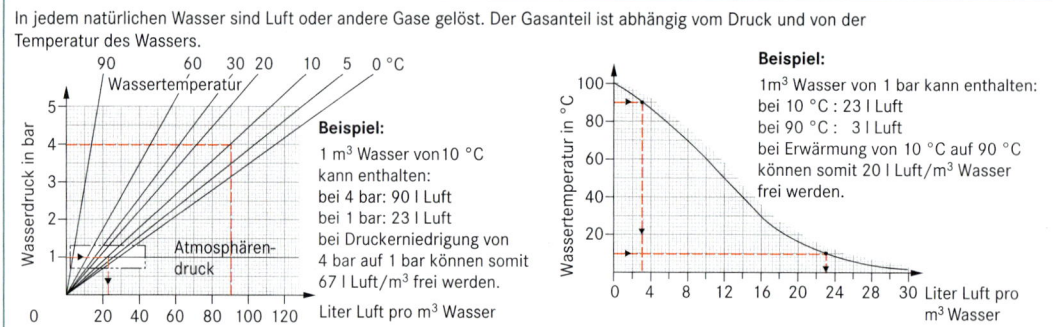

Beispiel:
1 m³ Wasser von 10 °C
kann enthalten:
bei 4 bar: 90 l Luft
bei 1 bar: 23 l Luft
bei Druckerniedrigung von
4 bar auf 1 bar können somit
67 l Luft/m³ frei werden.

Beispiel:
1m³ Wasser von 1 bar kann enthalten:
bei 10 °C : 23 l Luft
bei 90 °C : 3 l Luft
bei Erwärmung von 10 °C auf 90 °C
können somit 20 l Luft/m³ Wasser
frei werden.

pH-Werte verschiedener Flüssigkeiten

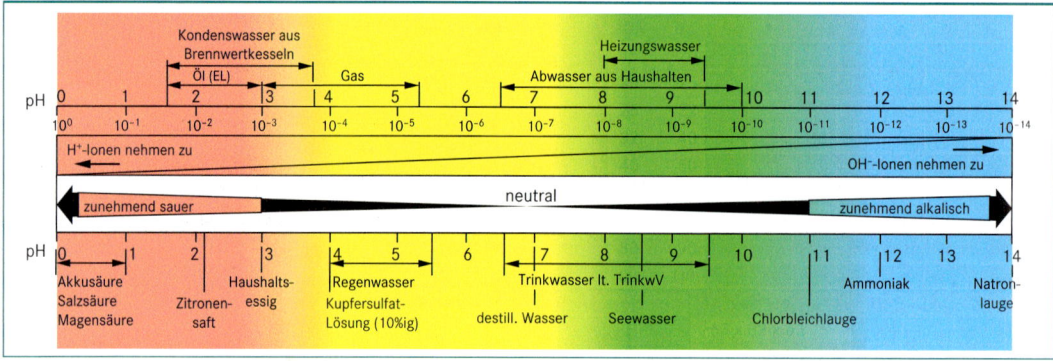

Wasserhärte

Die internationale Maßeinheit für die Härte des Wassers ist die Summe der Erdalkalien in mmol/l. Früher wurde die Härte des Wassers in Grad deutscher Härte (°dH) angegeben.

Für die Karbonathärte gilt:
Der Begriff „Gesamthärte" (GH) wurde durch die Bezeichnung „Summe der Erdalkalien" ersetzt. Die Gesamthärte setzte sich aus der Karbonathärte (KH) und der Nichtkarbonathärte (NKH) zusammen. Da die Karbonathärte (KH) ein Maß für die Säurekapazität des Wassers ist, wurde der Begriff „Karbonathärte" (KH) durch die Bezeichnung „Säurekapazität bis pH 4,3" ersetzt.

$$1 \text{ mmol/l} = 5,6 \text{ °dH} \rightarrow 0,178 \text{ mmol/l} = 1 \text{ °dH}$$

10 mg CaO/l = 0,178 mmol/l = 1 °dH
7,2 mg MgO/l = 0,178 mmol/l = 1 °dH

1 mmol/l Säurekapazität   bis pH 4,3 = 2,8 °dH (KH)
0,036 mmol/l Säurekapazität bis pH 4,3 = 1 °dH (KH)

Tab. 46.1: Gesamthärte *GH* und Karbonathärte *KH* in ausgewählten Städten[1]

Ort	Summe der Erdalkalien in mmol/l	Gesamthärte *GH* in °dH	Säurekapazität bis pH 4.3 in mmol/l	Karbonathärte *KH* in °dH	Ort	Summe der Erdalkalien in mmol/l	Gesamthärte *GH* in °dH	Säurekapazität bis pH 4.3 in mmol/l	Karbonathärte *KH* in °dH
Berlin	3,014	16,88	0,344	9,63	Leipzig	2,966	16,61	0,142	3,99
Braunschweig	0,836	4,68	0,073	2,04	Lübeck	2,873	16,09	0,551	15,42
Dresden	1,314	7,36	0,153	4,27	Ludwigshafen	3,284	18,39	0,627	17,56
Frankfurt/M.	2,105	11,79	0,334	9,35	Mainz	3,218	18,02	0,386	10,80
Freiburg	0,783	4,39	0,140	3,94	München	3,091	17,31	0,561	15,71
Hannover	2,248	12,59	0,191	5,33	Neuss	4,860	27,22	0,549	15,38
Karlsruhe	3,087	17,29	0,499	13,99	Regensburg	2,830	15,85	0,494	13,83
Kassel	2,320	12,99	0,332	9,29	Rostock	3,209	17,97	0,343	9,60
Köln	3,116	17,45	0,363	10,15	Tübingen	2,454	13,74	0,338	9,46
Landau/Pfalz	1,873	10,49	0,291	8,15	Viechtach	0,178	1,00	0,034	0,94

[1] Für einen Ort können je nach Lage des Brunnens mehrere Werte möglich sein. Diese müssen im zuständigen Wasserwerk erfragt werden.

Tab. 47.1: Härtebereiche nach Wasch- und Reinigungsmittelgesetz

2007-2

Härte-bereich	Beurteilung	Gesamthärte		Auswirkungen auf				
		in mmol/ l	in °dH	Wäsche	Herz/Kreislauf	Geschmack	Küche	Körperpflege
1	weich	0 ... 1,5	0 ... 8,4	++	–	+	++	++
2	mittel	> 1,5 ... 2,5	> 8,4 ... 14	+	++	++	+	+
3	hart	> 2,5	> 14	o	++	–	o	–

++ = sehr günstig;   + = geeignet;   o = ungünstig;   – = nicht empfehlenswert

Wirkung von Kohlendioxid im Wasser

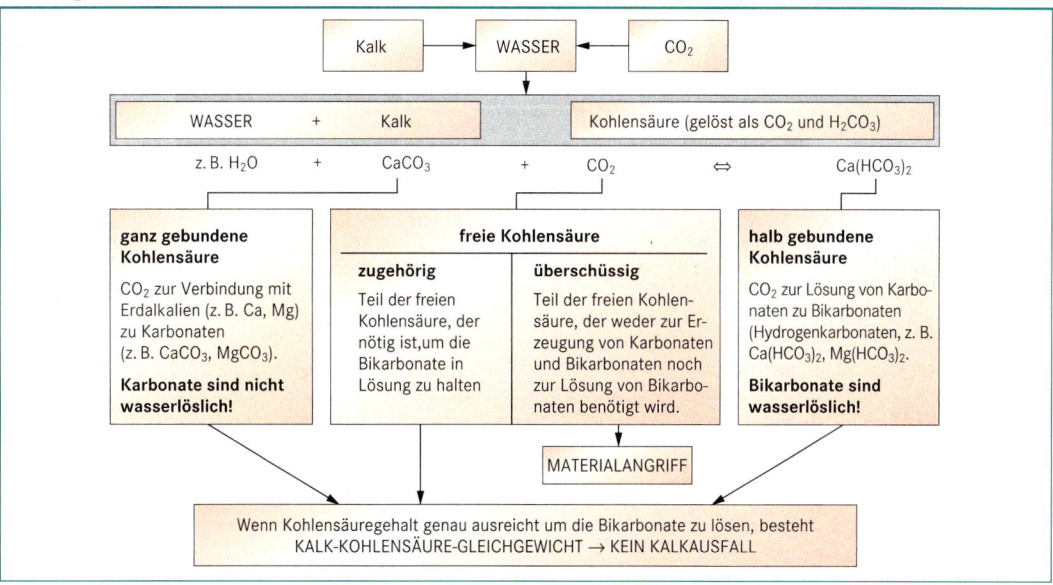

Kalksteinbildung bei Wassererwärmung (beginnt verstärkt ab ca. 55 °C)

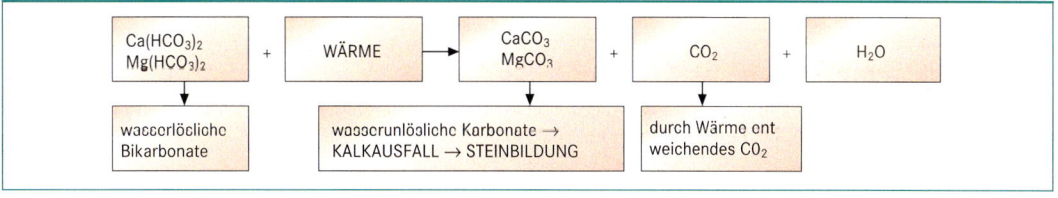

pH-Wert für Kalk-Kohlensäure-Gleichgewicht für Wasser von 20 °C

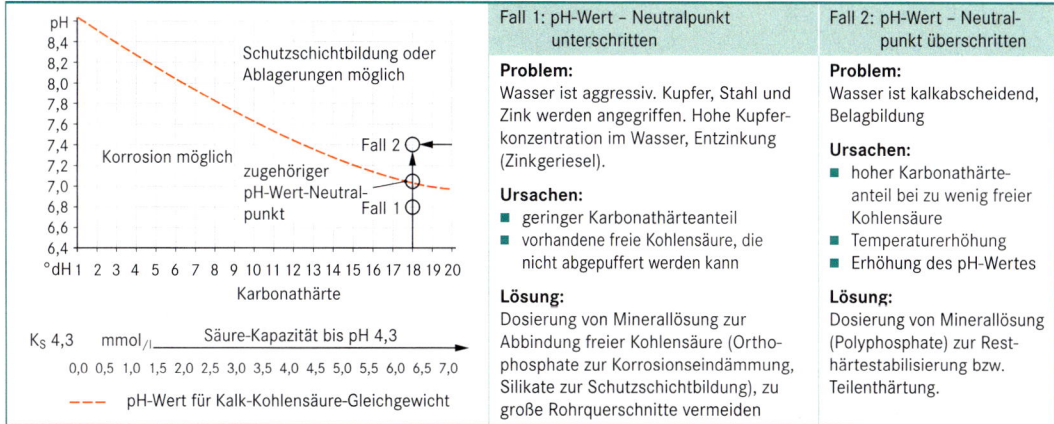

Fall 1: pH-Wert – Neutralpunkt unterschritten

Problem:
Wasser ist aggressiv. Kupfer, Stahl und Zink werden angegriffen. Hohe Kupferkonzentration im Wasser, Entzinkung (Zinkgriesel).

Ursachen:
- geringer Karbonathärteanteil
- vorhandene freie Kohlensäure, die nicht abgepuffert werden kann

Lösung:
Dosierung von Minerallösung zur Abbindung freier Kohlensäure (Orthophosphate zur Korrosionseindämmung, Silikate zur Schutzschichtbildung), zu große Rohrquerschnitte vermeiden

Fall 2: pH-Wert – Neutralpunkt überschritten

Problem:
Wasser ist kalkabscheidend, Belagbildung

Ursachen:
- hoher Karbonathärteanteil bei zu wenig freier Kohlensäure
- Temperaturerhöhung
- Erhöhung des pH-Wertes

Lösung:
Dosierung von Minerallösung (Polyphosphate) zur Resthärtestabilisierung bzw. Teilenthärtung.

Tab. 48.1: Zustandsgrößen von Wasser und Dampf bei Sättigung in Abhängigkeit vom Druck (Dampfdrucktabelle)

p_{abs} in bar	p_e in bar	ϑ_s in °C	v' in dm³/kg	v'' in dm³/kg	ϱ'' kg/m³	h' kJ/kg	Wh/kg	h'' kJ/kg	Wh/kg	r Wh/kg
0,01	−0,99	6,98	1,0001	129200	0,00774	29,340	8,1500	2514,4	698,444	690,278
0,05	−0,95	32,9	1,0052	28190	0,03547	137,77	38,269	2561,6	711,555	673,278
0,1	−0,9	45,8	1,0102	14670	0,06814	191,83	53,286	2584,8	718,000	664,694
0,2	−0,8	60,1	1,0172	7650	0,1307	251,45	69,847	2609,9	724,972	655,111
0,3	−0,7	69,1	1,0223	5229	0,1912	289,30	80,361	2625,4	729,278	648,917
0,5	−0,5	81,3	1,0301	3240	0,3086	340,56	94,600	2646,0	735,000	640,389
0,7	−0,3	90,0	1,0361	2365	0,4229	376,77	104,658	2660,1	738,917	634,250
0,9	−0,1	96,7	1,0412	1869	0,5350	405,21	112,558	2670,9	741,917	629,333
1,0	0	99,6	1,0434	1694	0,5904	417,51	115,975	2675,4	743,167	627,194
1,013	**0,013**	**100**	**1,0437**	**1673**	**0,5977**	**419,06**	**116,405**	**2676,0**	**743,333**	**626,928**
1,1	0,1	102,3	1,0455	1549	0,6455	426,43	118,454	2678,3	743,959	625,470
1,2	0,2	104,8	1,0476	1428	0,7002	436,94	121,373	2682,0	745,006	623,609
1,3	0,3	107,1	1,0495	1325	0,7547	446,74	124,094	2685,8	746,052	621,981
1,4	0,4	109,3	1,0513	1236	0,8088	455,95	126,652	2688,7	746,866	620,237
1,5	0,5	111,4	1,0530	1159	0,8628	467,13	129,758	2693,4	748,167	618,389
1,6	0,6	113,3	1,0547	1091	0,9165	472,82	131,338	2694,9	748,611	617,214
1,7	0,7	115,2	1,0562	1013	0,9700	480,60	133,501	2697,9	749,424	615,935
1,8	0,8	116,9	1,0579	977	1,0230	488,09	135,582	2700,4	750,122	614,539
1,9	0,9	118,6	1,0597	929	1,076	495,21	137,559	2702,9	750,819	613,261
2,0	1,0	120,2	1,0608	885,4	1,129	504,70	140,194	2706,3	751,750	611,556
2,5	1,5	127,4	1,0675	718,4	1,392	535,34	148,705	2716,4	754,555	605,833
3,0	2,0	133,5	1,0735	605,6	1,651	561,43	155,952	2724,7	756,861	600,889
3,5	2,5	138,9	1,0789	524	1,908	584,27	162,297	2731,6	758,778	596,500
4,0	3,0	143,6	1,0839	462,2	2,163	604,67	167,963	2737,6	760,444	592,500
4,5	3,5	147,9	1,0885	413,8	2,417	623,16	173,100	2742,9	761,916	588,805
5,0	4,0	151,8	1,0928	374,7	2,669	640,12	177,811	2747,5	763,194	585,389
6,0	5,0	158,8	1,1009	315,5	3,170	670,42	186,227	2755,5	765,416	579,167
7,0	6,0	165,0	1,1082	272,7	3,667	697,06	193,627	2762,0	767,222	573,583
8,0	7,0	170,4	1,1150	240,3	4,162	720,94	200,261	2767,5	768,750	568,472
9,0	8,0	175,4	1,1213	214,8	4,655	742,64	206,288	2772,1	770,027	563,750
10,0	9,0	179,9	1,1274	194,3	5,147	762,61	211,836	2776,2	771,166	559,333
11,0	10,0	184,1	1,1331	177,4	5,637	781,13	216,980	2779,7	772,139	555,139
12,0	11,0	188,0	1,1386	163,2	6,127	798,43	221,786	2782,7	772,972	551,194
13,0	12,0	191,6	1,1438	151,1	6,617	814,70	226,305	2785,4	773,722	547,417
14,0	13,0	195,0	1,1489	140,7	7,106	830,08	230,577	2787,8	774,389	543,805
15,0	14,0	198,3	1,1539	131,7	7,596	844,67	234,630	2789,9	774,972	540,333
16,0	15,0	201,4	1,1586	123,7	8,085	858,56	238,488	2791,7	775,472	537,000
17,0	16,0	204,3	1,1633	116,6	8,575	871,84	242,177	2793,4	775,944	533,750
18,0	17,0	207,1	1,1678	110,3	9,065	884,58	245,716	2794,8	776,333	530,639
19,0	18,0	209,8	1,1723	104,7	9,555	896,81	249,113	2796,1	776,694	527,583
20,0	19,0	212,4	1,1766	99,54	10,05	908,59	252,386	2792,2	775,611	524,611
25,0	24,0	223,9	1,1972	79,91	12,51	961,96	267,211	2800,9	778,028	510,833
30,0	29,0	233,8	1,2163	66,63	15,01	1008,4	280,111	2802,3	778,416	498,305
40,0	39,0	250,3	1,2521	49,75	20,10	1087,4	302,055	2800,3	777,861	475,805
50,0	49,0	263,9	1,2858	39,43	25,36	1154,5	320,694	2794,2	776,166	455,472
60,0	59,0	275,6	1,3187	32,44	30,83	1213,7	337,139	2785,0	773,611	436,472
80,0	79,0	295,0	1,3842	23,53	42,51	1317,1	365,861	2759,9	766,639	400,778
100,0	99,0	311,0	1,4526	18,04	55,43	1408,0	391,111	2727,7	757,694	366,583
150,0	149,0	342,1	1,6579	10,34	96,71	1611,0	447,500	2615,0	726,389	278,889
200,0	199,0	365,7	2,0370	5,88	170,2	1826,5	507,361	2418,4	671,778	164,417
221,2	220,2	374,2	3,17	3,17	315,5	2107,4	585,389	2107,4	585,389	0

p_{abs}: absoluter Druck	in bar	ϱ'': Dichte des Dampfes — in kg/m³
p_e: Überdruck	in bar	h': Wärmeenthalpie (Wärmeinhalt)
ϑ_s: Siedetemperatur des Wassers	in °C	des Wassers — in kJ/kg; Wh/kg
v': spezifisches Volumen des Wassers	in dm³/kg	h'': Wärmeenthalpie des Dampfes — in kJ/kg; Wh/kg
v'': spezifisches Volumen des Dampfes	in dm³/kg	r: Verdampfungswärme — in Wh/kg

Tab. 49.1: Stoffwerte gasförmiger Stoffe (ϑ = 0 °C; p_{abs} = 1,013 bar) ($\rightarrow$ Tab. 44.1)

Stoff	chemische Formel	Dichte ϱ_n in $\frac{kg}{m^3}$	relative Dichte d	Siede-temperatur ϑ_G in °C	spezifische Wärmekapazität (p konstant) c_p in $\frac{Wh}{kgK}$	(V konstant) c_v in $\frac{Wh}{kgK}$	Wärmeleit-fähigkeit λ in $\frac{W}{mK}$
Acetylen	C_2H_2	1,17	0,91	–84	0,4198	0,3372	0,019
Argon	Ar	1,78	1,38	–185,7	0,1454	0,0884	0,017
Helium	He	0,18	0,14	–268,93	1,4538	0,8780	0,143
Kohlenstoffdioxid	CO_2	1,98	1,53	–78,5	0,2279	0,1744	0,015
Kohlenstoff-monoxid	CO	1,250	0,97	–191,55	0,2896	0,2070	0,023
Luft (trocken)	–	1,293	**1,00**	–191,4	0,2791	0,1989	0,024
Methan	CH_4	0,72	0,56	–161,5	0,6001	0,4547	0,030
Sauerstoff	O_2	1,429	1,11	–182,9	0,2547	0,1826	0,024
Schwefeldioxid	SO_2	2,93	2,28	–10	0,1686	0,1326	0,086
Stickstoff	N_2	1,251	0,97	–195,8	0,2884	0,2059	0,024
Wasserstoff	H_2	0,0899	0,07	–252,8	3,9542	2,8086	0,171

Tab. 49.2: Stoffwerte flüssiger Stoffe (ϑ = 20 °C; p_{abs} = 1,013 bar) ($\rightarrow$ Tab. 44.1)

Stoff	chemische Formel	Dichte ϱ in $k\frac{g}{m^3}$	Schmelz-temperatur ϑ_F in °C	Siedetem-peratur ϑ_G in °C	Zündtem-peratur ϑ_Z in °C	spezifische Wärme-kapazität c in $\frac{Wh}{kgK}$	Volumen-ausdeh-nungszahl γ in $\frac{1}{K}$	Wärmeleit-fähigkeit λ in $\frac{W}{mK}$
Aceton	C_3H_6O	0,80	–94,3	56,1	450	0,599	0,00149	0,160
Alkohl (Ethanol)	C_2H_5OH	0,79	–114	78	–	0,65	0,0011	0,173
Dieselkraft-stoff/Heizöl EL	–	0,8 ... 0,85	< –30	150 ... 350	220	0,57	0,00095	0,15
Maschinenöl	–	0,91	–20	380 ... 400	400	0,58	0,00093	0,14
Petroleum	–	0,81	–70	150 ... 300	550	0,597	0,0010	0,13
Schwefelsäure (100 %)	H_2SO_4	1,84	–	325	–	0,384	0,00057	0,544
Spiritus (95 %)	C_2H_5OH	0,82	–114	78	520	0,675	0,0011	0,17
Wasser (destilliert)	H_2O	1,00[1]	0	100		1,161	–	0,60

[1] bei 4 °C

Tab. 49.3: Frostschutzmittelkonzentrate

Handelsname	Basis	Dichte ϱ_n in $\frac{kg}{dm^3}$	Erstar-rungspunkt ϑ_F in °C	Siedetem-peratur ϑ_G in °C	Dauertempera-turbeständigkeit in °C	pH-Wert (Konzentrat)	Einsatz/Eigenschaften
Glythermin®	Ethylen-glykol	1,120 ... 1,125	< –15	> 165	ca. 140[1][2]	7 ... 8	Heizungsanlagen/schwach riechende Flüssigkeit
Tyfocor® L	1,2 Propy-lenglykol	1,055	< –50	> 150	ca. 150[3]	6,5 ... 8,5	Solaranlagen/farb- und geruchlose Flüssigkeit

[1] Flüssigkeit mit bis zu 58 Vol.-% Glythermin® NF. Es weren höhere Temperaturen vertragen, diese führen aber zu einer vorzeitigen Alterung der Wärmeträgerflüssigkeit.

[2] Im Heizungsbau übliche Dichtungsmassen und Kunststoffe sind gegen Glythermin® NF beständig.
Vor Einsatz des Mittels in Anlagen mit Membrandruckausdehnungsgefäßen empfiehlt sich eine Eignungsprüfung.

[3] bei p_e = 4 bar

Tab. 50.1: Kältemittel

Stoff	chemische Formel	Molmasse kg/kmol	Gefrierpunkt °C	normaler Siedepunkt			kritischer Siedepunkt			Verwendung/ Hinweis
				ϑ °C (flüssig)	ϱ kg/m³	r kJ/kg	ϑ_c °C	p_c MPa	ϱ_c kg/m³	
R 123	$CHCl_2–CF_3$	152,92	–107	27,6	1455	170	183,8	3,67	550	Ersatz für R 11
R 134a	$CH_2F–CF_3$	102,03	–101	–26,1	1378	217	101,1	4,06	512	Kfz-Klimaanlagen, zulässig bis 2011
R 152a	$C_2H_4F_2$	66,05	–117	–24,7	1011	325	113,5	4,49	365	Ersatz für R 134a, hochentzündlich
R 290 (Propan)	C_3H_8	44,1	–188	–42	582	430	96,7	4,25	220	brennbar, Einsatz nicht unter Erdgleiche
R 717 (Ammoniak)	NH_3	17,03	–77,7	–33,3	682	1369	132,3	11,34	234	giftig, stechender Geruch
R 718 (Wasser)	H_2O	18,02	0,0	100	985,3	2258	374,2	22,12	314	
R 744 (Kohlenstoff-dioxid)	CO_2	44,01	–56,6	–78,5[1]	1563[1]	573,1[1]	31,05	7,38	465	

[1] sublimiert (direkter Wechsel vom gasförmigen in den festen Zustand und umgekehrt)

Tab. 50.2: Stoffwerte fester Stoffe ($\vartheta = 20 °C$; $p_{abs} = 1,013$ bar) (→ Tab. 73.1)

Stoff	Dichte	Schmelztemperatur	Siedetemperatur	spezifische Schmelzwärme	spezifische Wärmekapazität	Längenausdehnungszahl	Wärmeleitfähigkeit
	ϱ_n in $\frac{kg}{dm^3}$	ϑ_F in °C	ϑ_G in °C	q in $\frac{Wh}{kg}$	c in $\frac{Wh}{kgK}$	α in $\frac{1}{K}$	λ in $\frac{W}{mK}$
Messing CuZn30 CuZn39Pb3	8,4 … 8,7 8,46	≈ 950 880 … 895	≈ 2300	46,4	0,108	0,0000185 0,0000214	105 113
Eis	0,88 … 0,92	0	–	92,2	0,57	–	2,3
Granit	2,3 … 3,0	–	–	–	0,21	0,000008 … 0,0000118	3,5
Graphit	2,25	≈ 3800	≈ 4200	–	0,198	0,000008	168
Gusseisen EN-GJL-150	≈ 7,25	1150 … 1250	≈ 2500	34,7	0,15	0,0000105	50
Hartmetall (P20)	11,9	> 2000	≈ 4000	–	0,22	0,00006	81
Kesselstein	2,4 … 2,6	–	–	–	0,35	–	0,08 … 2,0
Konstantan	8,9	1280	≈ 2600	–	0,114	0,000014	23
Kunststoffe	siehe Tab. 73.1 und Tab. 74.1						
Marmor	2,5 … 2,8	–	–	–	0,22	0,000002 … 0,00002	2,5 … 3,5
Porzellan	2,3 … 2,5	1600	–	–	0,244	0,000004	1,6
Quarz	2,1 … 2,6	1480	2230	–	0,21	0,000008	9,9
Rotguss G-CuSn5ZnPb GC-CuSn7ZnPb	8,8 8,9	850	–	–	–	0,0000183 0,0000185	71 63
Sandstein	2,2 … 2,7	–	–	–	0,19	0,000005 … 0,000012	1,63 … 2,1
Schamottestein	1,7 … 2,1	–	–	–	0,23	–	0,5 … 1,3
Schneidkeramik, Korund (Al_2O_3)	4,0	2050	2700	73	0,21	0,0000065	12 … 23
Stahl: C22 37MnSi5	7,85 7,85	1510 1490	≈ 2500 ≈ 2500	56,94 53,33	0,136 0,127	0,000 011 0,000 0111	48 … 58 25

Allgemeine Grundlagen

Tab. 51.1: Molmasse M, Normdichte ϱ_n und spezifische Gaskonstante R verschiedener Gase

Gas	Chemische Formel	Molmasse M in $\frac{kg}{kmol}$	Normdichte $p_{abs} = 1{,}013$ bar, $\vartheta = 0\,°C$ ϱ_n in $\frac{kg}{m^3_n}$	Spezifische Gaskonstante R in $\frac{kJ}{kg \cdot K}$
Argon	Ar	39,948	1,7834	0,2081
Butan	C_4H_{10}	58,124	2,5948	0,1430
Ethan	C_2H_6	30,07	1,3424	0,2765
Helium	He	4,003	0,1784	2,0769
Kohlenstoffdioxid	CO_2	44,011	1,9647	0,1889
Kohlenstoffmonoxid	CO	28,01	1,25	0,2969
Luft, trocken	–	28,965	1,293	0,2871
Methan	CH_4	16,043	0,716	0,5182
Propan	C_3H_8	44,097	1,9686	0,1885
Sauerstoff	O_2	31,998	1,4284	0,2598
Schwefeldioxid	SO_2	64	2,86	0,1299
Stickstoff	N_2	28,014	1,2506	0,2967
Wasserdampf	H_2O	18,015	0,8042	0,4615
Wasserstoff	H_2	2,016	0,0899	4,1240

Tab. 51.2: Emissionszahl ε verschiedener Stoffe

Stoff	Oberflächen-beschaffen-heit	Temperatur des Stoffes ϑ in °C	Emissions-zahl ε	Stoff	Oberflächen-beschaffen-heit	Temperatur des Stoffes ϑ in °C	Emissions-zahl ε
absolut schwarzer Körper	–	–	**1**	Kupfer	oxidiert	130	0,73
					schwarz	20	0,78
Aluminium	walzblank	170	0,049	Marmor	hellgr., poliert	22	0,93
	nicht oxidiert	25	0,022	menschliche Haut	–	37	0,81
Aluminiumbronze	als Anstrich	100	0,2 ... 0,4	Messing	oxidiert	200	0,61
Beton	rauh	0 ... 93	0,94		nicht oxidiert	100	0,035
Chrom	poliert	150	0,071	Ölfarbe	weiß	93	0,94
Dachpappe	–	20	0,93		schwarz	93	0,92
Eichenholz	gehobelt	21	0,89	Porzellan	glasiert	22	0,92
Emaille, Lack	–	20	0,85 ... 0,95	Ruß	glatt	–	0,93
Eisen und	rot angerostet	20	0,61	Schamottesteine	glasiert	1000	0,74
Stahl	stark verrostet	20	0,85	Silber	–	20	0,02
Fliesen	weiß	–	0,87	Tinox	als Be-schichtung	100	≤ 0,05
Gips	–	20	0,82				
Glas	glatt	22	0,93	Ton	gebrannt	70	0,86
Gold	poliert	130	0,018	Wasser, Eis	glatt	0	0,966
Gusseisen	abgedreht	22	0,44	Ziegelstein, Mörtel, Putz	–	20	0,93
	Gusshaut	100	0,8				
Heizkörperfläche	–	100	0,925	Zink	als Be-schichtung	28	0,93
Kupfer	poliert	20	0,03				
	leicht angelaufen	20	0,037		grau oxidiert	20	0,23 ... 0,28
					poliert	230	0,045

Tab. 51.3: Wärmeübergangszahlen α für vertikale ebene Wände

Luftgeschwindigkeit ≤ 5 m/s										
v	0,1	0,5	1,0	1,5	2,0	2,5	3,0	3,5	4,0	4,5
α	6,6	8,3	10,4	12,5	14,6	16,7	18,8	20,9	23	25,1

Luftgeschwindigkeit > 5 m/s										
v	6	7	8	9	10	12	14	16	18	20
α	31,9	38	40,1	44,1	48	55,5	62,8	69,8	76,7	83,5

v: Luftgeschwindigkeit   in m/s
α: Wärmeübergangszahl   in W/(m²K)

Tab. 51.4: Wärmeübergangszahlen α für vertikale Heizplatten in unbeeinflusster Umgebungsluft

ϑ_L ϑ_H	15	18	20	22	24	28
75	6,19	5,64	5,56	5,48	5,39	5,23
70	5,59	5,47	5,38	5,30	5,21	5,03
65	5,41	5,28	5,19	5,11	5,02	4,83
60	5,23	5,09	4,99	4,90	4,80	4,60
55	5,03	4,88	4,78	4,68	4,57	4,34
50	4,81	4,65	4,54	4,43	4,31	4,06

ϑ_L: Lufttemperatur   in °C
ϑ_H: Heizplattentemperatur   in °C
α: Wärmeübergangszahl   in W/(m²K)

Betriebliche Grundlagen

Marktsituation und unternehmerisches Handeln

Der Unternehmer im SHK-Handwerk muss sich in der Regel sehr um mögliche Kunden bemühen.

(Angebot > Nachfrage)

Die Unternehmenspolitik im SHK-Handwerk muss daher an den Kunden und deren Wünschen ausgerichtet werden.
(Marketing)

Kundentypen
- Abenteurer
- Performer
- Disziplinierter
- Bewahrer
- Toleranter
- Hedonist (Genießer)

Kundenwünsche
- freundliche Behandlung
- rücksichtsvoller Umgang
- Qualität hinsichtlich Produkt, Mitarbeiter und Service
- gute Auftragserfüllung mit hohem Nutzen für den Kunden
- individuelle Problemlösung
- nachvollziehbare Rechnung
- angemessener Preis
- keine lange Wartezeit
- termingerechte Abwicklung

Anforderungen an die Mitarbeiter

Handlungskompetenz
- **Fachkompetenz**
  - Kenntnisse (Fachwissen)
  - Fertigkeiten (Lesen, Rechnen, Geschick)
  - = Durch üben erworbene praktische Fähigkeiten
- **Methodenkompetenz**
  - analytische Fähigkeiten
  - systematisches Denken und Handeln
  - Arbeitsweise (Fleiß, Ausdauer, Ordnungssinn, Genauigkeit)
- **Sozialkompetenz**
  - Gemeinsinn (Engagement)
  - Teamfähigkeit (Konfliktfähigkeit)
  - Kommunikationsfähigkeit
  - Kosten- und Umweltbewusstsein
  - Freundlichkeit (Fröhlichkeit)

Leistungs-, Informations- und Geldflüsse im betrieblichen Leistungsprozess

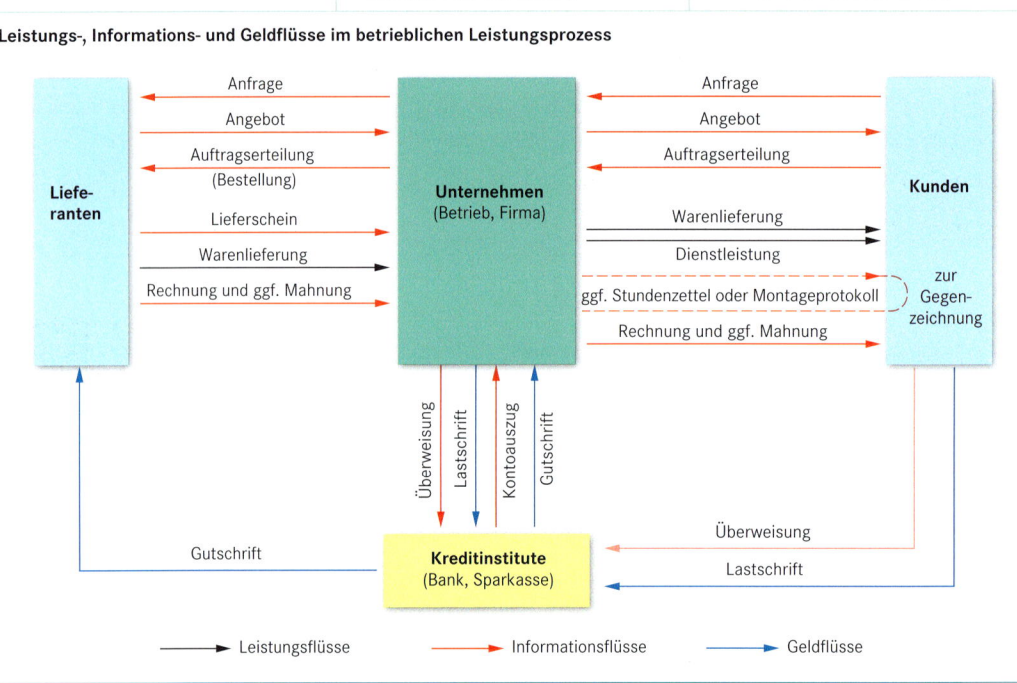

Innerbetriebliche Arbeitsteilung im SHK-Handwerk

Aufteilung nach Arbeitsbereichen (ggf. Abteilungsbildung)	Zerlegung der Arbeitsabläufe
Geschäftsleitung (Meister)	Aufträge beschaffen, Kundenkartei- und -kontaktpflege, Marketingstrategien entwickeln, Personalbedarf planen, über Investitionen entscheiden.
Technisches Büro	Aufträge analysieren und planen (z. B. Zeichnungen und Berechnungen erstellen).
Einkauf	Anfragen versenden, Angebote vergleichen, Waren bestellen, Wareneingang überwachen, Rechnungen prüfen.
Lager	Bereitstellung von Kleinteilen in erforderlichen Mengen zum günstigen Preis.
Fertigung	Auftragsdurchführung (Terminabsprache, Montage, Kontrolle, Inbetriebnahme).
Verkauf	Laufkundschaft beraten, Kleinteile verkaufen, Ladenkasse führen.
Finanzierung/ Rechnungswesen	Rechnungen ausstellen, Belege in Konten verbuchen, Löhne und Gehälter abrechnen, Liquidität überwachen, Kosten- und Leistungsrechnung erstellen, Jahresabschluss und Bilanz erstellen, Investitionsrechnung erstellen.

Betriebliche Grundlagen

Kundenorientierung

Kundenorientierung ist die Ausrichtung allen Denkens und Handelns auf
- den Kunden und seine Bedürfnisse sowie auf
- spezifische Bedingungen und Anforderungen des Marktes, in dem ein Unternehmen tätig ist.

Kundenorientierung gilt für alle im Unternehmen, von der Unternehmensleitung bis zum Auszubildenden.
Kundenorientierung stellt eine Verpflichtung für jeden Einzelnen dar.

Um als Ziel den zufriedenen Kunden zu erreichen, ist ein Umdenken notwendig.

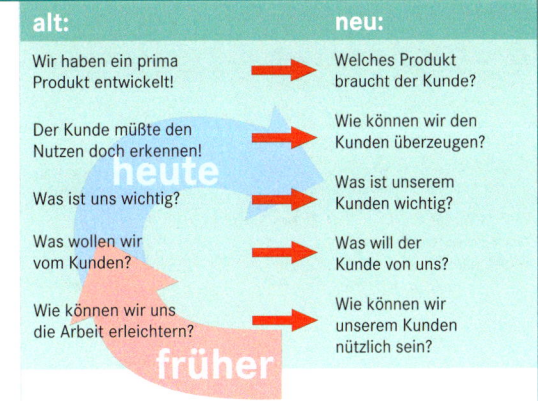

alt:	neu:
Wir haben ein prima Produkt entwickelt!	Welches Produkt braucht der Kunde?
Der Kunde müßte den Nutzen doch erkennen!	Wie können wir den Kunden überzeugen?
Was ist uns wichtig?	Was ist unserem Kunden wichtig?
Was wollen wir vom Kunden?	Was will der Kunde von uns?
Wie können wir uns die Arbeit erleichtern?	Wie können wir unserem Kunden nützlich sein?

heute / früher

Struktur eines Kundenauftrags

Erster Kontakt zwischen Kunde und Betrieb (Vorgespräch/Beratung)

Auftragsanalyse

- Gegebenheiten durch Ortstermin (Besichtigung) feststellen
- Vorgaben und Erwartungen klären
- Kundenberatung
- technische Voraussetzungen prüfen
- Kostenrahmen klären
- Festlegung der Produkt- und Systemauswahl/ggf. Alternativen anbieten
- Leistungsverzeichnis erstellen[1]
- Kalkulation erstellen
- Kapazitäten und Termine planen

Angebotserstellung

Auftragserstellung

Auftragsplanung

- technische Berechnungen durchführen
- Zeichnungen erstellen
- Erstellung eines Arbeitsablaufplanes
- Absprache mit anderen Gewerken (z. B. Termine)
- Personaleinsatz planen
- Material-, Geräte- und Werkzeugliste erstellen
- Materialien bestellen

Auftragsdurchführung

- Zusammenstellen aller notwendigen Materialien, Werkzeuge, Maschinen, Werk- und Hilfsstoffe
- Transport zur Baustelle
- Baustellenbesprechung
- Arbeitsablaufplan erstellen bzw. bei Änderungen durch Kundenwunsch anpassen
- Bearbeitung des Auftrags gemäß des Arbeitsablaufplanes
- Kontrolle der fach-, sach-, umwelt- und kundengerechten Ausführung
- Inbetriebnahme und Übergabe an den Kunden mit allen notwendigen Unterlagen
- ggf. Nachbesserung

Auftragsauswertung

- Aufmaß vornehmen
- Rechnung erstellen
- Gutschrift auf Kontoauszug überprüfen und ggf. Mahnung erstellen
- nachkalkulieren
- Kundenkartei aktualisieren/Kundenzufriedenheit erheben
- Wartungs- und Serviceangebote regelmäßig dem Kunden zusenden

[1] Bei größeren Aufträgen

Kundenaufträge im SHK-Handwerk

Modell der vollständigen Handlung	Auftragsarten
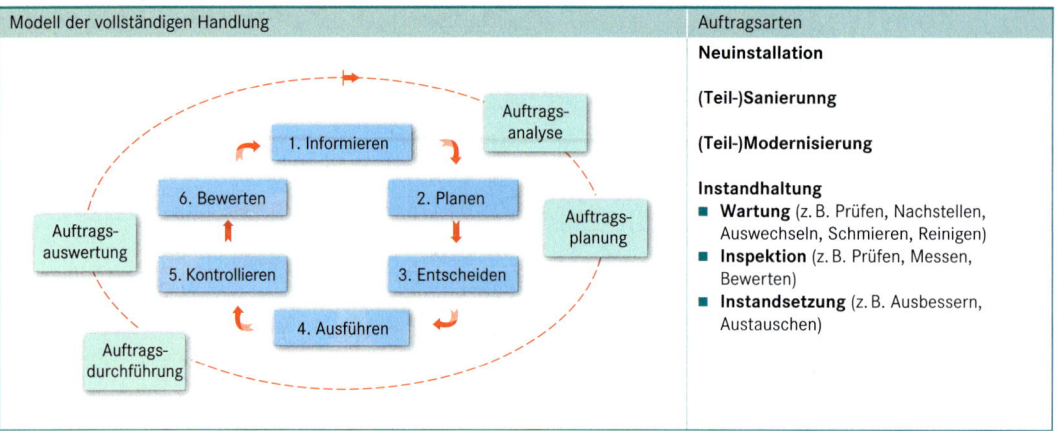	**Neuinstallation** **(Teil-)Sanierunng** **(Teil-)Modernisierung** **Instandhaltung** ■ **Wartung** (z. B. Prüfen, Nachstellen, Auswechseln, Schmieren, Reinigen) ■ **Inspektion** (z. B. Prüfen, Messen, Bewerten) ■ **Instandsetzung** (z. B. Ausbessern, Austauschen)

Zusammensetzung des Stundenverrechnungssatzes

Ausgangspunkt der Kalkulation im Handwerk ist der Stundenverrechnungssatz. Dieser wird wie folgt berechnet.

1. Alle im Unternehmen anfallenden Kosten (außer Materialkosten, die gesondert einzurechnen sind) werden zusammengerechnet.

Beispiel:

Kostenarten	€ pro Jahr
Personalkosten	170 000
Unternehmerlohn	70 000
Raumkosten mit Nebenkosten	32 000
Steuern	24 000
Versicherungsbeiträge	7 000
Kfz-Kosten	15 700
Werbekosten	6 000
Reisekosten	2 000
Reparaturen	3 800
Instandhaltung	2 000
Abschreibungen	10 000
Sonstige betriebliche Aufwendungen	5 500
Zinsen (auch für eingesetztes Eigenkapital)	4 000
Kosten im Unternehmen	**352 000**

2. Berechnung der Anwesenheitstage im Betrieb.

Berechnung der Arbeitstage im Jahr

Tage im Jahr	365
– Samstage und Sonntage	103
– Feiertage	10
– Urlaubstage	30
– Ausfalltage durch Krankheit	13
= Arbeits- bzw. Anwesenheitstage	**209**

3. Berechnung der fakturierfähigen[1] Stunden.

Arbeitstage 209 x 8 Stunden pro Tag

x 4,5 produktiv Beschäftigte

x 85 % Korrekturfaktor
(= Zeitverlust z. B. für Fahrten, Leerlaufzeiten, usw.)

fakturierfähige Stunden =   **6 395**

4. Berechnung des Stundenverrechnungssatzes (SVS).

$$SVS = \frac{Kosten}{fakturierfähige\ Stunden} = \textbf{55,04 €/Std.}$$

[1] fakturierfähig = abrechenbar

Angebotskalkulation im SHK-Handwerk

		Beispiel:	
Materialeinkaufspreis für den betreffenden Auftrag		Materialpreis	1 800,00 €
+ Materialgemeinkosten (ca. 10 %)[1]		+ 10 % MGK	180,00 €
= Materialkosten		= MK	1 980,00 €
+ Stundenverrechnungssatz x Zeiteinheiten		+ 55,04 €/Std. x 12,5 Std.	688,00 €
= Selbstkosten		= SEKO	2 668,00 €
+ Gewinnaufschlag (10 %)[2]		+ 10 % Gewinn	266,80 €
= Angebotspreis (netto)		= Nettopreis	2 934,80 €
+ 19 % Mehrwertsteuer		+ 19 % Mwst.	557,61 €
= Angebotspreis (brutto)		**= Bruttopreis**	**3 492,41 €**

[1] Die Materialgemeinkostenzuschläge sind meist deutlich höher, weil Händlerrabatte nicht weitergegeben werden.

[2] Der Gewinnaufschlag wird zumeist nicht ausgewiesen. Zur Verschleierung wird er üblicherweise schon vorher auf den Materialpreis und auf den Stundenverrechnungssatz aufgeschlagen.

Angebots- und Rechnungserstellung

Angebot

Rechtliche Bedeutung des Angebotes

Ein **vollständiges** Angebot enthält:
- Anschrift des anbietenden Unternehmens,
- Angaben über Art, Güte und Beschaffenheit der Ware (z. B. Armaturen nach DVGW) bzw. angebotene Leistung (z. B. Ausführung und Gewährleistung nach VOB),
- Preis und Menge sowie ggf. Rabatt oder Skonto
- Liefer- und Zahlungsbedingungen
- Erfüllungsort (Ortsangabe, an dem der Schuldner seine Leistung zu erfüllen hat)
- Gerichtsstand (Sitz des Gerichtes, das im Streitfall zuständig ist)

Ein Angebot ist grundsätzlich **verbindlich**. Wenn ein Lieferant sich nicht binden will, kann er das Angebot **zeitlich befristen** oder mit dem Vermerk „unverbindlich" bzw. „freibleibend" versehen.

Ein Abgebot kann auch **widerrufen** werden. Der Widerruf muss jedoch vor oder gleichzeitig mit dem Angebot eintreffen (z. B. E-Mail oder Fax).

Häufig wird im Angebot auf die **Allgemeinen Geschäftsbedingungen** (AGB) verwiesen. Sie regeln alles, was nicht ausdrücklich im Angebot steht. AGB sind nicht immer frei von unlauteren Klauseln.

Aufbau und Inhalt eines Angebots | Formulierungsvorschlag

1. Bezug auf Anfrage herstellen

Wir danken für Ihre Anfrage vom ... und bieten Ihnen für das Objekt: Musterstraße 4, 20409 Hamburg zum Termin: ... folgende Leistungen an:

2. Beschreibung der Artikel und ggf. der Leistung wie z. B. Montage, Entsorgung

Lieferung und Montage von:

Menge	Beschreibung	Einzelpreis	Gesamtpreis
		Netto-Summe	
		MwSt.	
		Endbetrag	_____

3. Nennen der Angebotsbedingungen (Preise, Liefer- und Zahlungsbedingungen, Erfüllungsort, Gerichtsstand)

Die Arbeiten werden nach neuestem Stand der Technik ausgeführt. Die Gewährleistung erfolgt nach VOB. Der Endbetrag ohne Abzug ist zahlbar bis 30 Tage nach Zugang der Rechnung.

4. Freundlicher Abschlusssatz

Wir hoffen Ihren Auftrag zu erhalten.

Betriebliche Grundlagen

Rechnung

Rechnungen müssen für den Kunden nachvollziehbar sein (Übersichtlichkeit). Sie sollten unmittelbar nach Abnahme der Arbeiten gestellt werden.

Verjährungsfrist bei Handwerkerleistung (BGB)

	Kunde ist	
	Privatperson	Geschäftsmann
Verjährungsfrist nach Abnahme	2 Jahre	4 Jahre

Liegt der Rechnung kein Angebot zugrunde, so empfiehlt es sich, bei der Auftragsdurchführung einen Montagebericht anzufertigen und diesen vom Auftraggeber prüfen und abzeichnen zu lassen. Im Montagebericht werden die installierten Komponenten, verbrauchtes Material, ausgeführte Arbeiten, Arbeitszeit und Entsorgungskosten erfasst.

Der Rechnung sollte eine Kopie des Montageberichtes beigefügt werden.
Bei Neukunden, deren Zahlungswillen noch nicht als sicher gelten, sollte der Montagebericht z. B. durch Fotos dokumentiert werden.

Aufbau und Inhalt einer Rechnung

1. Rechnungsdaten

2. Ansprechpartner

3. Bezug zum Auftrag herstellen

4. Beschreibung der Artikel und ggf. der Leistungen wie z. B. Montage, Entsorgung

5. Nennen des Endbetrages[1] und der Zahlungsbedingungen

6. Freundlicher Abschluss

7. Bankverbindung

[1] Die vereinbarte Vergütung entspricht dem Endbetrag des Angebotes. Höherer Aufwand rechtfertigt keine höhere Vergütung es sei denn, sie wurden dem Auftraggeber gemeldet und von ihm genehmigt.

Formulierungsvorschlag

+++ RECHNUNG +++
Rechnungsnummer: ....
Kundennummer: ....
Datum: ....
Auftragsnummer: ....
Bei Zahlung bitte angeben

Kundenberater: .... Tel.: ....

Wir danken für Ihren Auftrag und berechnen wie folgt:

Lieferung und Montage gemäß Montagebericht vom ... :

Menge	Beschreibung	Einzelpreis	Gesamtpreis
		Netto-Summe	
		MwSt.	
		Endbetrag	

Der Endbetrag ohne Abzug ist zahlbar bis 30 Tage nach Zugang der Rechnung.

Mit freundlichem Gruß

Kontonummer: ....
Bankleitzahl: ....
Kreditinstitut: ....

Rechnungsprüfung

Die Rechnungsprüfung umfasst die:

Rechnerische Prüfung
Überprüfung der rechnerischen Daten (z. B. Listenpreis, Rabatt, Montagezeit)

Sachliche Prüfung
Überprüfung von Art und Menge der aufgeführten Artikel anhand des Angebotes und des Montageberichtes.

Die Güte der Leistungen wird zuvor bei der Abnahme überprüft. Sie umfasst die Vollständigkeits- und die Funktionsprüfung.

Geldschulden

Geldschulden sind Bring- oder Schickschulden (§ 270, BGB). Wo der Schuldner zu zahlen hat, richtet sich nach dem Erfüllungsort.

Wenn, wie üblich, als vertraglicher Erfüllungsort der Geschäftssitz des Verkäufers vereinbart ist, muss der Käufer:
- darauf achten, dass das Geld rechtzeitig auf dem Konto des Verkäufers eingeht.
- die Überweisungskosten übernehmen.
- das Transportrisiko für das Geld tragen.

Gilt nur der gesetzliche Erfüllungsort, reicht die rechtzeitige Absendung des Geldbetrages aus.

Grundlagen und Begriffe

Das erfolgreiche Führen und Betreiben einer Organisation, z. B. eines Betriebes, erfordert, dass sie in systematischer und klarer Weise geleitet und gelenkt wird. Ein Weg zum Erfolg kann die Einführung und Aufrechterhaltung eines Managementsystems sein, das auf ständige Leistungsverbesserung ausgerichtet ist. Dabei werden die Erfordernisse aller interessierten Parteien, z. B. Lieferant und Kunde, berücksichtigt.

> Qualitätsmanagementsysteme können Organisationen beim Erhöhen der Kundenzufriedenheit unterstützen.

Kunden verlangen Produkte oder Dienstleistungen, die ihre Erfordernisse und Erwartungen erfüllen. Diese Erfordernisse und Erwartungen werden in Produktspezifikationen oder Kundenanforderungen ausgedrückt.
Kundenanforderungen können vom Kunden vertraglich festgelegt werden oder von der Organisation selber ermittelt werden. In beiden Fällen befindet der Kunde über die Annehmbarkeit des Produktes.

Die acht Grundsätze des Qualitätsmanagements (Was ist zu tun?)

- Kundenorientierung
- Führen mit klaren Zielen
- Einbeziehen der Mitarbeiter
- Prozessorientierung
- Systemorientiertes Management (Prozesse systematisch erkennen, verstehen und steuern)
- Entscheidungsfindung basierend auf Daten
- Lieferantenbeziehungen zum gegenseitigen Nutzen
- Kontinuierliche Verbesserung aller Leistungen

Anforderungen

Die Kundenzufriedenheit wird durch die Erfüllung der Kundenanforderungen erhöht. Dieses erreicht man durch einen prozessorientierten Ansatz für die Entwicklung, Verwirklichung und Verbesserung der Wirksamkeit eines Qualitätsmanagementsystems.

Prozessorientierung bedeutet, es sind für alle Funktionen:

- die zu erreichenden Ziele klar zu benennen,
- die Verantwortung und Zuständigkeit sowie die Schnittstellen zu definieren,
- die zu ihrer Erfüllung erforderlichen Mittel (Resssourcen) bereitzustellen,
- die Durchführung der Prozesse zu überwachen und bezüglich des Erfolgs zu bewerten und
- die Verbesserungsmöglichkeiten systematisch zu identifizieren und umsetzen.

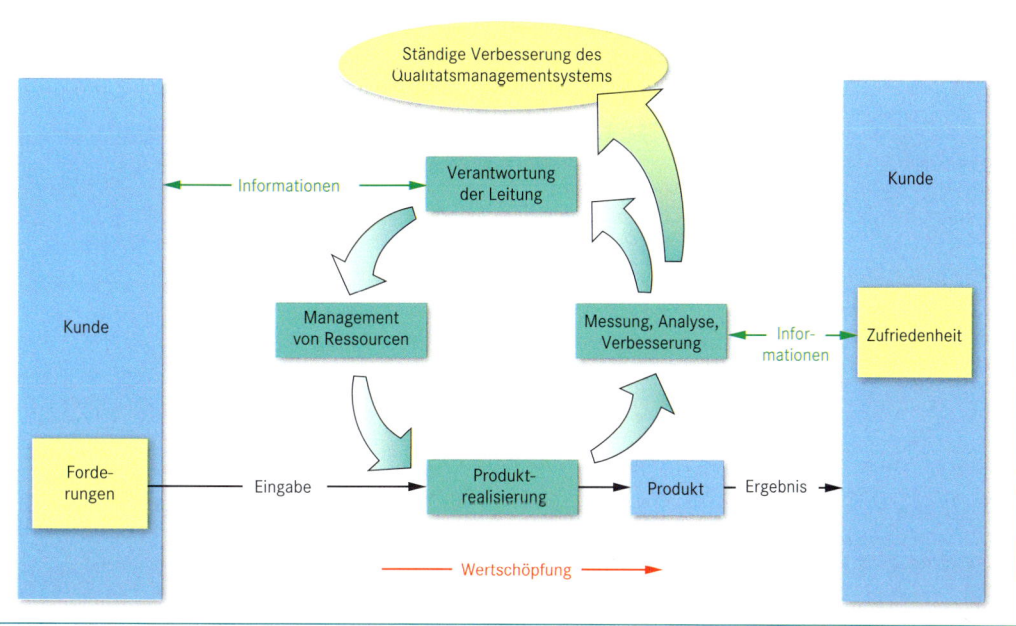

Leitfaden zur Leistungsverbesserung

DIN EN ISO 9004: 2000-12

Grundsätze des Qualitätsmanagements	
Kundenorientierung	Gegenwärtige und zukünftige Erwartung der Kunden verstehen, deren Anforderungen erfüllen und danach streben, die Erwartungen zu übertreffen.
Führung	Internes Umfeld schaffen und erhalten, in dem sich Personen voll und ganz für die Erreichung der Ziele einsetzen können.
Einbeziehung der Personen	Personen der Organisation (z. B. Betrieb) vollstänig einbeziehen, um ihre Fähigkeiten zu nutzen.
Prozessorientierter Ansatz	Tätigkeiten und dazugehöriger Ressourcen als Prozess leiten und lenken.
Systemorientierter Managementansatz	In Wechselbeziehung stehende Prozesse als System erkennen, verstehen, leiten und lenken.
Ständige Verbesserung	Permanentes Ziel der Organisation ist die ständige Verbesserung der Gesamtleistung.
Sachbezogener Ansatz zur Entscheidungsfindung	Notwendige Entscheidungen auf der Grundlage der Analyse der Daten und Informationen treffen. Gesetzliche und behördliche Auflagen berücksichtigen und erfüllen.
Lieferantenbeziehungen zum gegenseitigen Nutzen	Organisation und Lieferanten sind voneinander abhängig. Beziehungen zum gegenseitigen Nutzen erhöhen die Wertschöpfungsfähigkeit auf beiden Seiten.
Verantwortung der Leitung	
Erfordernisse und Erwartungen interessierter Parteien	Die Erfordernisse und Erwartungen interessierter Parteien (Kunden, Personen der Organisation, Lieferanten u. a.) sind zu verstehen und zu erfüllen.
Qualitätspolitik	Die Qualitätspolitik umfasst u. a. die Art künftiger Verbesserungen, den gewünschten Grad der Kundenzufriedenheit, die Weiterentwicklung der Personen, die benötigten Ressourcen.
Planung	Die Qualitätsziele, die zur Verbesserung der Leistung führen, sind festzulegen. Die Ziele sollen messbar und beurteilbar und bekannt gemacht sein. Die Qualitätsplanung übernimmt die Leitung.
Verantwortung, Befugnis, Kommunikation	Die Verantwortungen und Befugnisse sind festzulegen, auf Personen in der Organisation zu übertragen und bekannt zu machen. Qualitätspolitik, Qualitätsziele und Ergebnisse sind zu veröffentlichen.
Managementbewertung	Das QM-System ist in Abständen auf Eignung, Angemessenheit und Wirksamkeit zu überprüfen und zu bewerten. Die Ergebnisse sollen zu Verbesserungen führen.
Management von Ressourcen	
Personen	Das Personal muss auf Grund der Ausbildung, Kompetenz, Fertigkeiten und Erfahrungen befähigt sein.
Infrastruktur	Die Organisation muss die Infrastruktur, z. B. Gebäude, Prozessausrüstung, Dienstleistungen ermitteln, bereitstellen und aufrechterhalten.
Arbeitsumgebung	Die Organisation muss die Arbeitsumgebung, z. B. Arbeitsmethoden, Sicherheitsbestimmungen, Ergonomie, ermitteln, bereitstellen und aufrechterhalten.
Informationen	Die Organisation muss den Informationsbedarf ermitteln, interne und externe Informationsquellen nutzen, Informationen in nützliches Wissen umwandeln.
Lieferanten und Partnerschaften	Die Organisation muss eine Wertsteigerung durch Zusammenarbeit mit Lieferanten und Partnern, z. B. durch Einrichtung eines Informationsaustausches oder durch Einbeziehung der Lieferanten in die Entwicklungstätigkeiten, erzielen.
Finanzielle Ressourcen	Finanzielle Ressourcen sind zum Erreichen der Qualitätsziele zu planen, bereitzustellen und zu lenken.
Produktrealisierung	
Planung der Prozessrealisierung	Die Organisation muss die Prozesse planen und entwickeln, die für die Prozessrealisierung notwendig sind, z. B. Festlegung der Qualitätsziele, Erstellen einer Dokumentation.
Prozesse bezüglich interessierter Parteien	Die Organisation muss die Kundenanforderungen in Bezug auf das Produkt ermitteln, die Bewertung der Anforderungen vornehmen und die Kommunikation mit dem Kunden aufrechterhalten.
Entwicklung	Die Organisation muss die Entwicklung eines Produktes planen und lenken. Es sind die Entwicklungsphasen, die Bewertung und Validierung (Gültigkeitsüberprüfung) und die Verantwortung festzulegen.
Beschaffung	Die Organisation muss sicherstellen, dass die beschafften Produkte die Beschaffungsanforderungen, z. B. Anforderungen an Qualität und Qualifikation des Personals, erfüllen.
Produktion und Dienstleistungserbringung	Die Organisation muss die Prozesse lenken, validieren, Kennzeichnung und Rückverfolgbarkeit sicherstellen, das Eigentum des Kunden schützen, die Konformität des Produktes erhalten.
Lenkung von Überwachungs- und Messmitteln	Die Organisation muss zum Nachweis der Konformität Überwachungs- und Messmittel festlegen und einsetzen. Messergebnisse sind zu bewerten und aufzuzeichnen.
Messung, Analyse und Verbesserung	
Messung und Überwachung	Die Organisation muss die Konformität des Produktes und die Kundenzufriedenheit messen und überwachen. Methoden zum Erlangen und zum Gebrauch dieser Informationen sind festzulegen.
Lenkung von Fehlern	Die Organisation muss sicherstellen, dass ein fehlerhaftes Produkt gekennzeichnet und gelenkt wird, um seinen unbeabsichtigten Gebrauch zu verhindern.
Datenanalyse	Die Organisation muss geeignete Daten ermitteln, erfassen und analysieren, um die Eignung und Wirksamkeit des Qualitätsmanagementsystems darzulegen und zu beurteilen.
Verbesserung	Die Organisation muss die Wirksamkeit des Qualitätsmanagementsystems durch Einsatz der Qualitätspolitik, Qualitätsziele, Auditerkenntnisse, Datenanalyse, Korrektur- und Vorbeugemaßnahmen sowie Managementbewertung ständig verbessern.

Einteilung der Werkstoffe

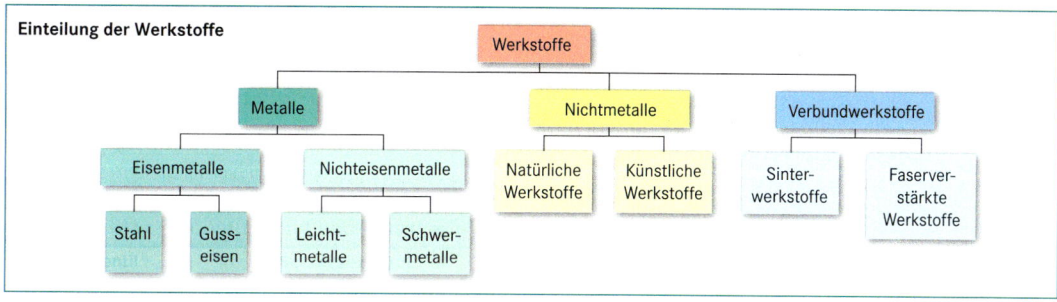

Eisenwerkstoffe – Stahl
ferrous metals – steel

Einteilung der Stähle

DIN EN 10 020: 2000-07

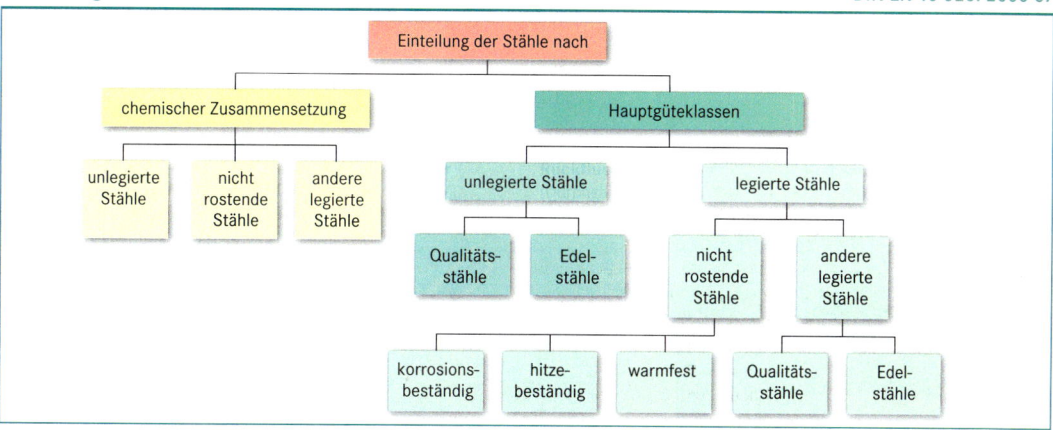

Tab. 59.1: Grenzgehalte für die Unterscheidung unlegierter und legierter Stähle

DIN EN 10 020: 2000-07

Element	Al	B	Bi	Co	Cr	Cu	La	Mn	Mo	Nb
Massenanteil in %	0,30	0,0008	0,10	0,30	0,30	0,40	0,1	1,65	0,08	0,06
Element	Ni	Pb	Se	Si	Te	Ti	V	W	Zr	sonstige[1]
Massenanteil in %	0,30	0,40	0,10	0,60	0,10	0,05	0,10	0,30	0,05	je 0,1

[1] mit Ausnahme von C, P, S, N
Unlegierte Stähle sind Stahlsorten, bei denen keiner der Grenzwerte nach Tab. 59.1 erreicht wird.

Hauptgüteklassen der unlegierten Stähle

DIN EN 10 020: 2000-07

Unlegierte Qualitätsstähle	Unlegierte Edelstähle
<ul><li>unlegierte Stähle, welche andere Eigenschaften besitzen als die unlegierten Edelstähle</li><li>Stahlsorten, für die im Allgemeinen festgelegte Anforderungen wie z. B. an die Zähigkeit, Korngröße und/oder Umformbarkeit bestehen</li></ul>	<ul><li>für Vergüten oder Oberflächenhärten bestimmt</li><li>Kerbschlagarbeit im vergüteten Zustand $W_{kerb} > 27$ J bei $\vartheta = -50$ °C</li><li>festgelegte Einhärtungstiefe oder Oberflächenhärte im gehärteten, vergüteten oder oberflächengehärteten Zustand</li><li>festgelegter maximaler P- und S-Gehalt für Schmelzanalyse ≤ 0,020 % für Stückanalyse ≤ 0,025 %</li><li>festgelegte elektrische Leitfähigkeit $> 9 \frac{S \cdot m}{mm^2}$</li></ul>
Beispiele:	**Beispiele:**
<ul><li>Stähle für den Stahl- und Druckbehälterbau</li><li>Stähle für Flacherzeugnisse zum Ziehen und Tiefziehen</li><li>schweißbare Feinkornbaustähle</li><li>Automatenstähle</li><li>Einsatzstähle</li><li>Vergütungsstähle</li><li>Federstähle</li><li>Stähle für Feinst- und Weißblech</li></ul>	<ul><li>Stähle für den Stahl- und Reaktorbau</li><li>Einsatzstähle</li><li>Vergütungsstähle</li><li>Federstähle</li><li>Werkzeugstähle</li><li>Schweißzusätze</li></ul>

Technische Grundlagen

Hauptgüteklassen der legierten Stähle

DIN EN 10 020: 2000-07

Nichtrostende Stähle
Nichtrostende Stähle sind Stähle mit einem Masseanteil von Chrom ≥ 10,5 % und ≤ 1,2 % Kohlenstoff.

Legierte Qualitätsstähle	Legierte Edelstähle
■ im Allgemeinen nicht zum Vergüten oder Oberflächenhärten bestimmt ■ schweißgeeignete Feinkornbaustähle mit besonderen Anforderungen $\quad W_{kerb} \le 27$ J bei $\vartheta = -50$ °C $\qquad\qquad\qquad R_e < 380$ N/mm² **Beispiele:** ■ Stähle für den Stahl-, Rohrleitungs- und Druckbehälterbau ■ legierte Stähle für Schienen, Spundbohlen und Grubenausbau ■ Stähle für Flacherzeugnisse für schwierige Kaltumformarbeiten	■ alle legierten Stähle außer nichtrostenden Stählen und legierten Qualitätsstählen **Beispiele:** ■ legierte Maschinenbaustähle ■ legierte Stähle für Druckbehälter ■ Wälzlagerstähle ■ Werkzeugstähle ■ Schnellarbeitsstähle ■ Stähle mit kontrolliertem Ausdehnungskoeffizienten ■ Stähle mit besonderem elektrischem Widerstand

Tab. 60.1: Grenzgehalte für die Einteilung der legierten schweißbaren Feinkornbaustähle in Qualitäts- und Edelstähle

DIN EN 10 020: 2000-07

Element	Cr	Cu	Mn	Mo	Nb	Ni	Ti	V	Zr	nicht erwähnte Elemente (→ Tab. 59.1)
Massenanteil in %	0,5	0,5	1,8	0,1	0,08	0,5	0,12	0,12	0,12	

Ein Feinkornbaustahl gilt als Qualitätsstahl, wenn die maßgebenden Gehalte unter den angegebenen Grenzwerten liegen. Liegen die maßgebenden Gehalte darüber, ist es ein Edelstahl.

Tab. 60.2: Einfluss der Legierungselemente auf die Stahleigenschaften

beeinflusste Eigenschaften	Legierungselement												
	C	Si	S	P	Al	Co	Cr	Cu	Mn[1]	Mo	Ni[1]	V	W
Zugfestigkeit	+	+	0	+	0	+	+	+	+	+	+	+	+
Streckgrenze	+	+	0	+	0	+	+	+	+/–	+	+/–	+	+
Bruchdehnung	–	–	–	–	0	–	–	0	0/+	–	0/++	0	–
Kerbschlagarbeit	–	–	–	– –	–	–	–	0	0	+	0/++	+	0
Warmfestigkeit	+	+	0	0	0	+	+	+	0	+	+/++	+	++
Warmumformbarkeit	–	–	– –	–	–	–	–	– –	+/– –	–	–/– –	+	–
Zerspanbarkeit	–	–	++	+	0	0	0	0	–/– –	–	–/– –	0	–
Härte	–	+	0	+	0	+	+	+	+/– –	+	+/–	+	+
Nitrierbarkeit	/	–	0	0	++	0	+	0	0	+	0	+	+
Korrosionsbeständigkeit	0	0	–	0	0	0	++	+	0	0	0/+	+	0
Verschleißfestigkeit	/	– –	0	0	0	++	+	0	–/0	+	0	+	++

++ = starke Erhöhung; + = Erhöhung; 0 = gleich bleibend oder ohne Bedeutung; – = Verminderung;
– – = starke Verminderung; / = ohne Angabe; [1] Angaben für ferritische/austenitische Stähle

Kurznamen von Stählen mit Hinweisen auf Verwendung und Stahleigenschaften

DIN EN 10 027-1: 2005-10

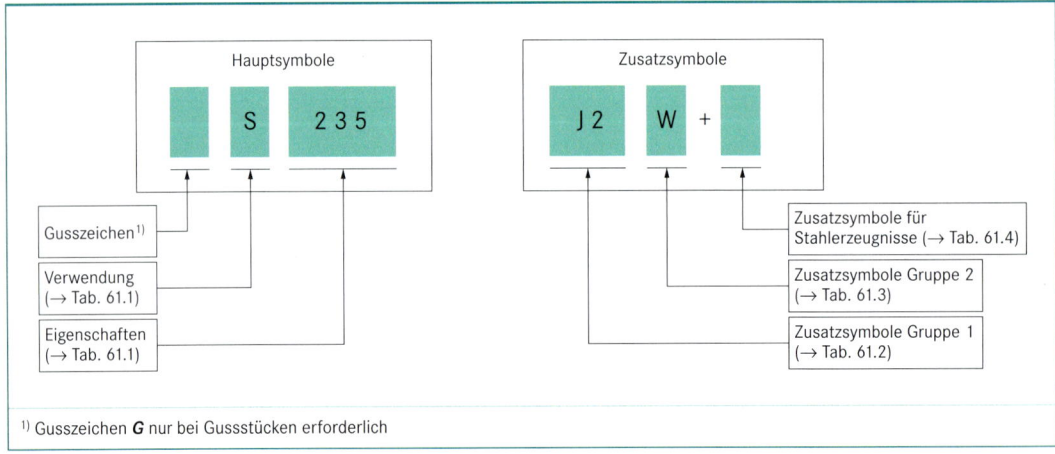

[1] Gusszeichen **G** nur bei Gussstücken erforderlich

Tab. 61.1: Haupt- und Zusatzsymbole für Stähle

DIN EN 10 027-1: 2005-10

mögliche Hauptsymbole			mögliche Zusatzsymbole für Stähle	
	Verwendung	Eigenschaften	Gruppe 1	Gruppe 2
S, GS[1]	allgemeiner Stahlbau	Kennzahl: Mindest-streckgrenze R_e in N/mm^2 für die geringste Erzeugnisdicke	Kerbschlagarbeit ($\rightarrow$ Tab. 61.2), A, G, H bei Feinkornbaustählen: M, N, Q	C, D, E, F, H, L, M, N, Q, T, W
P	Druckbehälterbau		G, S, B, T, bei Feinkornbaustählen: M, N, Q	H, L, R, X
E	Maschinenbau		G	C
L	Rohrleitungen		G, bei Feinkornbaustählen: M, N, Q	A, B
DC	Flacherzeugnisse kaltgewalzt	zweistellige Kennzahl	D, EK, ED, H, T, G	–
DD	Flacherzeugnisse warm gewalzt			
DX	Flacherzeugnisse warm oder kaltgewalzt			
[1] Gusszeichen **G** nur bei Gussstücken erforderlich				

Tab. 61.2: Zusatzsymbole für Stähle, Gruppe 1

DIN EN 10 027-1: 2005-10

Kerbschlagarbeit W_{kerb} in Joule			Prüftemperatur ϑ in °C		
				A	ausscheidungshärtend
				B	für Gasflaschen
				D	für Schmelztauchüberzüge
				ED	für direkte Emaillierung
				EK	für konventionelle Emaillierung
27	40	60		G	andere Güte, evtl. mit Ziffern ($\rightarrow$ DIN EN 10 025)
JR	KR	LR	+20	H	für Hohlprofile
J0	K0	L0	0	M	thermomechanisch gewalzt
J2	K2	L2	–20	N	normal geglüht oder normalisierend gewalzt
J4	K4	L4	–40	Q	vergütet
J5	K5	L5	–50	S	für einfache Druckbehälter
J6	K6	L6	–60	T	für Rohre

Tab. 61.3: Zusatzsymbole für Stähle, Gruppe 2 (nur in Verbindung mit Symbolen der Gruppe 1) DIN EN 10 027-1: 2005-10

C	besondere Kaltumformbarkeit	Q	vergütet
D	für Schmelztauchüberzüge	R	für Raumtemperatur
E	für Emaillierung	T	für Rohre
F	zum Schmieden	W	wetterfest
H	für Hohlprofile	X	für Hoch- und Tieftemperatur
H	bei Verwendung P für hohe Temperaturen	A	Anforderungsklasse: Grundqualität, ohne besondere Eigenschaften
L	für tiefere Temperaturen		
M	thermomechanisch gewalzt	B	Anforderungsklasse: über Grundqualität hinausgehende Eigenschaften (z. B. besondere Zähigkeit)
N	normal geglüht oder normalisierend gewalzt		

Tab. 61.4: Zusatzsymbole für Stahlerzeugnisse

DIN EN 10 027-1: 2005-10

Behandlungszustand			
+ A	weichgeglüht	+ M	thermomechanisch gewalzt
+ C	kaltverfestigt	+ N	normal geglüht oder normalisierend gewalzt
+ Cxxx	kaltverfestigt auf R_m = xxx N/mm^2	+ QA	luftgehärtet
+ CR	kaltgewalzt	+ QT	vergütet
+ LC	leicht kalt nachgezogen bzw. leicht kalt nachgewalzt	+ QW	wassergehärtet
		+ T	angelassen
Art des Überzugs			
+ AZ	mit Al-Zn-Legierung überzogen	+ T	schmelztauchveredelt mit Pb-Sn-Legierung
+ CE	elektrolytisch verchromt	+ TE	elektrolytisch mit Pb-Sn-Legierung überzogen
+ CU	Cu-Überzug	+ Z	feuerverzinkt
+ IC	anorganisch beschichtet	+ ZA	mit Zn-Al-Legierung überzogen
+ OC	organisch beschichtet	+ ZE	elektrolytisch verzinkt
+ S	feuerverzinnt	+ ZF	diffusionsgeglühter Zinküberzug (mit diffundiertem Fe)
+ SE	elektrolytisch verzinnt	+ ZN	Zn-Ni-Überzug
Besondere Anforderungen			
+ H	mit Härtbarkeit		
+ Z xx	Mindestbrucheinschnürung senkrecht zur Oberfläche von xx %		
Mehrere Zusatzsymbole für Stahlerzeugnisse müssen jeweils durch ein Pluszeichen (+) voneinander getrennt werden!			

Kurznamen von Stählen mit Hinweisen auf die chemische Zusammensetzung   DIN EN 10 027-1: 2005-10

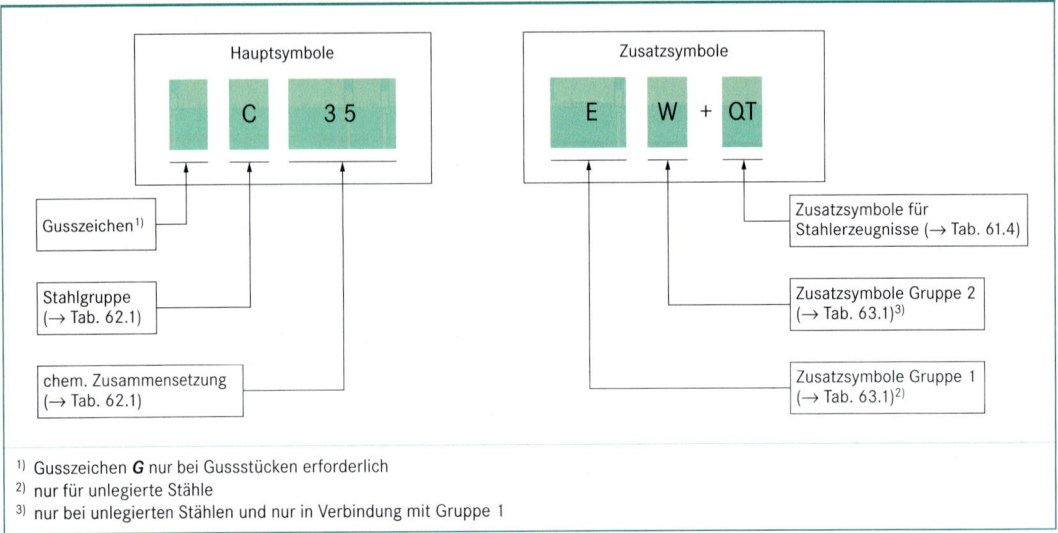

1) Gusszeichen **G** nur bei Gussstücken erforderlich
2) nur für unlegierte Stähle
3) nur bei unlegierten Stählen und nur in Verbindung mit Gruppe 1

Tab. 62.1: Stahlgruppen und chemische Zusammensetzung für Stähle

Stahlgruppen		chemische Zusammensetzung	
		Kohlenstoffgehalt	Legierungselemente
C, GC[1]	Unlegierter Stahl, Mn-Gehalt < 1 %		–
ohne Symbol, G[1]	Legierter Stahl, Gehalt jedes einzelnen Legierungselementes < 5 %	Kohlenstoffkennzahl $\dfrac{Kennzahl}{100}$ = C-Gehalt in %	chemische Symbole für die charakteristischen Legierungselemente, geordnet nach abnehmendem Gehalt, Kennzahlen zur Ermittlung des prozentualen Gehaltes der Elemente $\dfrac{Kennzahl}{Teiler\ des\ Elementes}$ = Gehalt in % (→ Tab. 62.2), mehrere Kennzahlen durch Bindestriche getrennt, Anordnung in der Reihenfolge der Elemente
X, GX[1]	Legierter Stahl, Gehalt mindestens eines Legierungselementes ≥ 5 %		chemische Symbole für die charakteristischen Legierungselemente, geordnet nach abnehmendem Gehalt, prozentualer Gehalt der Elemente, mehrere Kennzahlen durch Bindestriche getrennt, Anordnung in der Reihenfolge der Elemente
HS	Schnellarbeitsstähle	Angabe des prozentualen Gehalts der Legierungselemente, durch Bindestriche getrennt Reihenfolge: W – Mo – V – Co	

1) Gusszeichen **G** nur bei Gussstücken erforderlich

Tab. 62.2: Teiler (Multiplikatoren) für Legierungselemente

chemisches Symbol	Name	Teiler	chemisches Symbol	Name	Teiler
Cr	Chrom		Nb	Niob	
Co	Cobalt		Ta	Tantal	
Mn	Mangan	4	Ti	Titan	10
Ni	Nickel		V	Vanadium	
Si	Silizium		Zr	Zirkonium	
W	Wolfram		Ce	Cer	
Al	Aluminium		P	Phosphor	
Be	Beryllium		S	Schwefel	100
Pb	Blei	10	N	Stickstoff	
Cu	Kupfer		C	Kohlenstoff	
Mo	Molybdän		B	Bor	1000

Tab. 63.1: Zusatzsymbole für Stähle

DIN EN 10 027-1: 2005-10

Gruppe 1	E	vorgeschriebener maximaler S-Gehalt	R	vorgeschriebener Bereich des S-Gehaltes
	C	mit besonderer Kaltumformbarkeit	D	zum Drahtziehen
	S	für Federn	U	für Werkzeuge
	W	für Schweißdraht	G	andere Güten, evtl. mit Ziffern ($\rightarrow$ DIN EN 10 025)
Gruppe 2	zusätzliche Elemente	Angabe von zusätzlichen Elementen mit Symbol und Kennzahl (Teiler anwenden $\rightarrow$ Tab. 62.2)		

Tab. 63.2: Beispiele für die Anwendung des Kurznamensystems

DIN EN 10 027-1: 2005-10

Stähle mit Hinweisen auf Verwendung und Stahleigenschaften ($\rightarrow$ Tab. 61.1)	S 235 JR	Stahlbaustahl, Mindeststreckgrenze R_e = 235 N/mm^2, Kerbschlagarbeit W_{kerb} = 27 J bei 20 °C
	P 235G1TH	Druckbehälterstahl, Mindeststreckgrenze R_e = 235 N/mm^2, Güte 1, für Rohre, für hohe Temperaturen
	E 295GC	Maschinenbaustahl, Mindeststreckgrenze R_e = 295 N/mm^2, andere Gütegruppe, besondere Kaltumformbarkeit
Stähle mit Hinweisen auf die chemische Zusammensetzung ($\rightarrow$ Tab. 62.1)	C 35E	Unlegierter Stahl, Mn-Gehalt < 1 %, 35/100 = 0,35 % C, vorgeschriebener maximaler S-Gehalt
	25 CrMo4	legierter Stahl, Gehalt jedes einzelnen Legierungselements < 5 %, 25/100 = 0,25 % C, 4/4 = 1 % Cr, etwas Mo
	X 12 CrNiS 17-7	legierter Stahl, Gehalt mindestens eines Legierungselements ≥ 5 %, 12/100 = 0,12 % C, 17 % Cr, 7 % Ni, etwas S
	HS 10-4-3-10	Schnellarbeitsstahl mit 10 % W, 4 % Mo, 3 % V, 10 % Co

Nummernsystem zur Bezeichnung von Stählen

DIN EN 10 027-2: 2005-10

Die Bezeichnung erfolgt durch siebenstellige Zahlen, die in 3 Gruppen unterteilt sind. Die 3. Gruppe (Zählnummer) enthält derzeit 2 Ziffern, eine Erweiterung um 2 Stellen wird aber für die Zukunft in Betracht gezogen.

Werkstoffhauptgruppennummer Stahl   Stahlgruppennummer   Zählnummer (vergeben durch die Europäische Stahlregistratur) (z. Zt. nur 2 Stellen vorgesehen)

Tab. 63.3: Stahlgruppennummern

DIN EN 10 027-2: 2005-10

00, 90	**Grundstähle**
Qualitätsstähle:	
01, 91	Allgemeine Baustähle, R_m < 500 N/mm^2
02, 92	Sonstige, nicht für Wärmebehandlung vorgesehene Baustähle, R_m < 500 N/mm^2
03, 93	Stähle mit < 0,12 % C, R_m < 400 N/mm^2
04, 94	Stähle mit 0,12 % ≤ C < 0,25 % oder 400 N/mm^2 ≤ R_m < 500 N/mm^2
05, 95	Stähle mit 0,25 % ≤ C < 0,55 % oder 500 N/mm^2 ≤ R_m > 700 N/mm^2
06, 96	Stähle mit ≥ 0,55 % C, R_m ≥ 700 N/mm^2
07, 97	Stähle mit höherem P- oder S-Gehalt
Edelstähle:	
10	Stähle mit besonderen physikalischen Eigenschaften
11	Bau-, Maschinenbau- u. Behälterstähle mit C < 0,50 %
12	Maschinenbaustähle mit C ≥ 0,50 %
13	Bau-, Maschinenbau- und Behälterstähle mit besonderen Anforderungen
14	frei
15 ... 18	Werkzeugstähle
19	frei

(unlegierte Stähle)

Qualitätsstähle:	
08, 98	Stähle mit besonderen physikalischen Eigenschaften
09, 99	Stähle für verschiedene Anwendungsbereiche
Edelstähle:	
20 ... 28	Werkzeugstähle
29	frei
30, 31	frei
32	Schnellarbeitsstähle mit Kobalt
33	Schnellarbeitsstähle ohne Kobalt
34	frei
35	Wälzlagerstähle
36, 37	Stähle mit besonderen magnetischen Eigenschaften
38, 39	Stähle mit besonderen physikalischen Eigenschaften
40 ... 45	nichtrostende Stähle
46	chemisch beständige und hoch warmfeste Ni-Legierungen
47, 48	wärmebeständige Stähle
49	hoch warmfeste Werkstoffe
50 ... 84	Bau-, Maschinenbau- und Behälterstähle geordnet nach Legierungselementen
85	Nitrierstähle
86	frei
87 ... 89	nicht für Wärmebehandlung bestimmte Stähle, hochfeste schweißgeeignete Stähle

(legierte Stähle)

Technische Grundlagen

Nummernsystem zur Bezeichnung von Werkstoffen

DIN EN 10 027-2: 1992-09

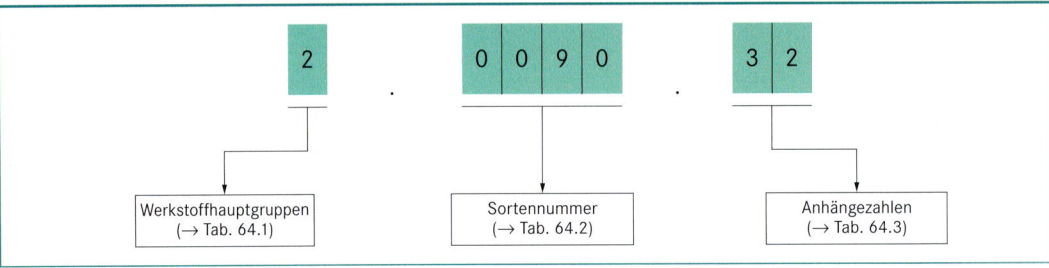

Tab. 64.1: Werkstoffhauptgruppen

0	Roheisen und Ferrolegierungen
1	Stahl, Stahlguss
2	NE-Schwermetalle
3	NE-Leichtmetalle
4 ... 8	nichtmetallische Werkstoffe
9	frei für interne Benutzung

Tab. 64.2: Sortennummern der Werkstoffhauptgruppe 2

0000–0199	Reinkupfer
0200–0449	Cu-Zn-Legierung (Messing)
0450–0599	Sondermessing
2000–2499	Zin, Cadmium und deren Legierungen
3400–3449	Weichlote auf Bleibasis
3610–3699	Sn-Pb-Weichlote

Tab. 64.3: Anhängezahlen der Werkstoffhauptgruppen 2 und 3

Gruppe		Beispiele aus den Gruppen	
0	unbehandelt	10	weich, ohne Korngrößenangabe
1	weich	20	gewalzt/gezogen ohne vorgeschriebene Festigkeit
2	kaltverfestigt (Zwischenhärten)	21	gewalzt/entspannt, gezogen/entspannt
3	kaltverfestigt (hart und darüber)	22	achtelhart
6	warmausgehärtet ohne mech. Nacharbeit	30	hart
7	warmausgehärtet, kalt nachbearbeitet	32	federhart
8	entspannt, ohne vorherige Kaltverfestigung	34	doppelfederhart
9	Sonderbehandlung	35	entspannt

Tab. 64.4: Frühere Normbezeichnungen von Eisenwerkstoffen

DIN 17 006: 1949-10[1]

Gusszeichen		Angabe der chemischen Zusammensetzung	
G -	gegossen	C	für unlegierte Stähle,
GG -	Gusseisen mit Lamellengraphit (auch GGL -)		$\dfrac{Kennzahl}{100}$ = C-Gehalt in %
GGG -	Gusseisen mit Kugelgraphit		
GS -	Stahlguss		
GTS -	Temperguss, schwarz	Ck	unlegierter Edelstahl mit geringem P- oder S-Gehalt
GTW -	Temperguss, weiß		
Besondere Eigenschaften durch Erschmelzung bedingt		Cm	unlegierter Edelstahl mit unterer und oberer Begrenzung des S-Gehaltes
A	alterungsbeständig	chem. Symbol + Kenn- zahl	für niedrig- und hochlegierte Stähle, Angabe der Legierungselemente + der Kennzahl der Massenanteile in der Reihenfolge der Legierungselemente niedriglegierte Stähle (Masseanteile der Legierungs- elemente < 5 %): Kennzahl durch Teiler teilen (→ Tab. 62.2)
R	beruhigter und halbberuhigter Stahl		
Ro	zum Herstellen geschweißter Rohre		
RR	besonders beruhigter Stahl		
S	besonders zum Schmelzschweißen geeignet		
U	unberuhigter Stahl		
Angabe der Gebrauchseigenschaften			
St	allgemeine Baustähle, die nach ihrer Zugfestigkeit benannt werden. *Kennzahl · 10 = Mindestzugfestigkeit* in N/mm^2	X	Kennbuchstabe für hochlegierte Stähle (Masseanteil der Legierungselemente > 5 %): Kennzahl = Masseanteil in %
StE	Baustahl mit Angabe der Streckgrenze		
Angaben zum Behandlungszustand			
A	angelassen	H	gehärtet
E	einsatzgehärtet	N	normal geglüht
G	weichgeglüht	NT	nitriert
S	spannungsarm geglüht	U	unbehandelt
V	vergütet	Z	feuerverzinkt

[1] Die DIN 17 006 ist durch die DIN EN 10 027 und die DIN EN 1560 ersetzt worden. In Einzelnormen wird das System nach DIN 17 006 noch verwendet.

Tab. 65.1: Übliche Stähle

Werkstoff-nummer	Kurzname nach DIN EN 10 027	DIN 17 006 *alt*	R_m in N/mm² [1]	R_{eH} in N/mm² [2]	A in % [3]	Verwendung
1.0035	S185	St 33	290…510	185	18	allgem. Baustähle, geschweißte Rohre ohne besondere Anforderungen DIN EN 10 025
1.0036	S235JRG1	USt 37-2	340…470	235	26	
1.0037	S235JR	St 37-2	340…470	235	26	
1.0038	S235JRG2	RSt 37-2	340…470	235	26	
1.0319	L210GA	RRStE 210.7	335…475	210	25 [8]	Rohre für brennbare Medien, Anforderungsklasse A DIN EN 10 208-1
1.0458	L235GA	–	370…510	235	23 [8]	
1.0483	L290GA	–	415…555	290	21 [8]	
1.0499	L360GA	–	460…620	360	20 [8]	
1.0457	L245NB	StE 240.7	415	245…440	22 [8]	Rohre für brennbare Medien, Anforderungsklasse B DIN EN 10 208-2
1.0578	L360MB	StE 360.7 TM	460	360…510	20 [8]	
1.8955	L485QB	–	570	485…605	18 [8]	
1.0305	P235G1TH	St 35.8	360…480	235	23	warmfeste Stahlrohre
1.0315	P235G2TH	St 37.8	360…480	235	23	
1.0405	P255G1TH	St 45.8	410…530	255	19	
1.0498	P255G2TH	St 42.8	410…530	255	19	
1.0242	S250GD	StE 250-Z	330…470	250	19	verzinktes Blech zum Kaltumformen, DIN EN 10 147; 10 142
1.0226	DX51D+Z	St 02 Z	500	–	22	
1.0350	DX52D+Z	St 03 Z	420	300	26	
1.0482	P310GH	19 Mn 5	137 [4]	314 [5]	–	Kesselbau, Flansche bis 530 °C
1.0211	S215GSiT	St 30 Si	290…420 [6]	215 [6]	30 [6]	Präzisionsstahlrohre DIN EN 10 305-1 (DIN 2391-2)
1.0212	S215GAlT	St 30 Al	290…420 [6]	215 [6]	30 [6]	
1.0345	P235GH	H I	360…480	235	25	warmfeste Bleche DIN EN 10 028
1.0425	P265GH	H II	410…530	265	23	
1.4021	X20Cr13	X20Cr13	650…800 [7]	450 [7]	14 [7]	rost- und säurebeständige Stähle, Rohre, Armaturen, chirurgische Instrumente, Haushaltsgeräte
1.4301	X5CrNi18-10	X 5 CrNi 18 10	500…700	195	45	
1.4541	X6CrNiTi18-10	X6CrNiTi18 10	500…730	205	40	
1.4401	X5CrNiMo17-12-2	X5CrNiMo17 12 2	510…710	205	40	Präzisionsstahlrohre für Trinkwasser-installation, Pressfittingsystem
1.4571	X6CrNiMoTi17-12-2	X6CrNiMoTi17 12 2	500…730	215	35	
1.7210	25CrMo4	25CrMo4	800…950	700	14	Rohre und Formstücke bis 200 °C

R_m: Zugfestigkeit in N/mm²
R_{eH}: Streckgrenze in N/mm²
A: Bruchdehnung in %

[1] Werte für Erzeugnisdicken 3 mm ≤ s ≤ 100 mm
[2] Werte für Erzeugnisdicke s ≤ 16 mm
[3] Werte für Längsproben 3 mm ≤ s ≤ 40 mm
[4] Wert für 10.000 h bei ϑ = 450 °C (Zeitstandsfestigkeit)
[5] $R_{p0,2}$ bei ϑ = 200 °C
[6] für Lieferzustand normal geglüht
[7] Werte für vergüteten Zustand
[8] Werte für Querproben vom Rohrkörper

Technische Grundlagen

Eisenwerkstoffe – Gusseisen
ferrous metals – cast iron

Kurznamen von Gusseisen mit Hinweisen auf mechanische Eigenschaften   DIN EN 1560: 1997-08

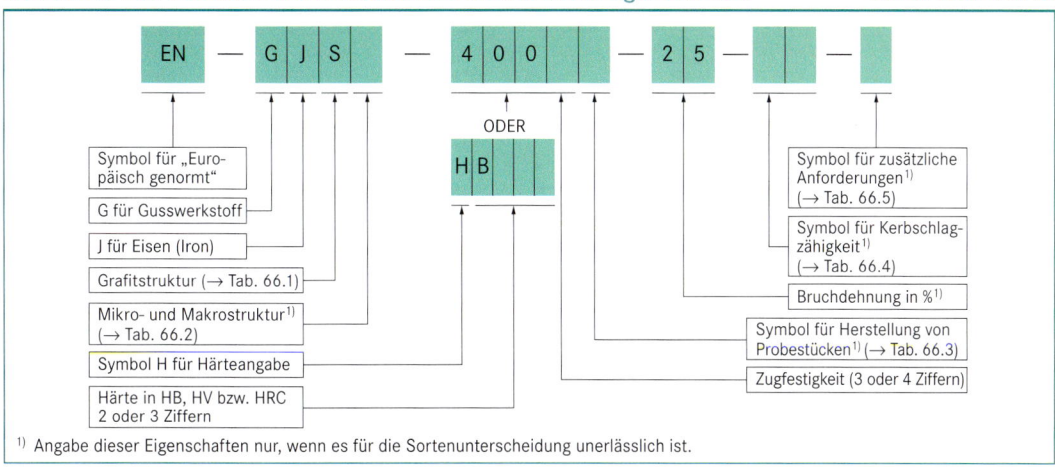

[1] Angabe dieser Eigenschaften nur, wenn es für die Sortenunterscheidung unerlässlich ist.

Technische Grundlagen

Kurznamen für Gusseisen mit Hinweisen auf die chemische Zusammensetzung   DIN EN 1560: 1997-08

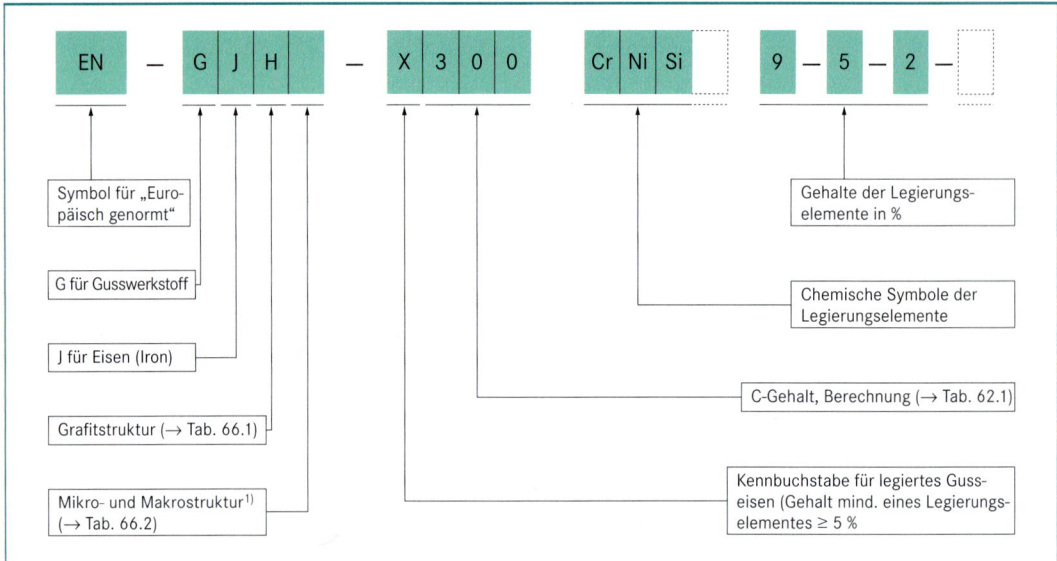

Tab. 66.1: Symbole für Grafitstruktur

L	lamellar
S	kugelig
M	Temperkohle
N	grafitfrei (Hartguss), ledeburitisch
Y	Sonderstruktur lt. spezieller Werkstoffnorm

Tab. 66.3: Symbole für die Herstellung der Probestücke

U	angegossenes Probestück
C	Probestück vom Gussstück entnommen
S	getrennt gegossenes Probestück

Tab. 66.4: Symbole für Kerbschlagzähigkeit

RT	für Raumtemperatur
LT	für niedrige Temperatur

Tab. 66.2: Symbole für Mikro- und Makrostruktur

A	Austenit
F	Ferrit
M	Martensit
P	Perlit
L	Ledeburit
T	vergütet
Q	abgeschreckt
W	weiß (nur bei Temperguss)
B	schwarz (nur bei Temperguss)

Tab. 66.5: Symbole für zusätzliche Anforderungen

D	Rohgussstück
H	wärmebehandeltes Gussstück
W	Schweißbarkeit für Verbindungsschweißen
Z	zusätzliche Anforderungen lt. Bestellung

Tab. 66.6: Übliche Gusseisenwerkstoffe

Werkstoff-nummer	Kurzname nach DIN EN 1560	alt	R_m in N/mm² [1]	$R_{p0,2}$ in N/mm² [1]	σ_{dB} in N/mm² [1]	A in % [1]	HB 30
Gusseisen mit Lamellengrafit nach DIN EN 1561: 1997-08							
0.6015	EN-GJL-150	GG-15	150…250	–	600	0,3…0,8	205[1]
0.6020	EN-GJL-200	GG-20	200…300	–	720	0,3…0,8	235[1]
0.6025	EN-GJL-250	GG-25	250…350	–	840	0,3…0,8	250[1]
Gusseisen mit Kugelgrafit nach DIN EN 1563: 1997-08							
0.7050	EN-GJS-500-7	GGG-50	500	320	800	7	–
0.7060	EN-GJS-600-3	GGG-60	600	370	870	3	–
0.7043	EN-GJS-400-18-LT	GGG-40.3	400	240	–	18	–
Temperguss nicht entkohlend geglüht (schwarz), entkohlend geglüht (weiß) nach DIN EN 1562: 1997-08[2]							
0.8135	EN-GJMB-350-10	GTS-35-10	350	200	–	0	≤ 150
0.8130	EN-GJMB-300-6	GTS-30-06	300	–	–	6	≤ 150
0.8040	EN-GJMW-400-5	GTW-40-05	400	220	–	5	≤ 220
0.8035	EN-GJMW-350-4	GTW-35-04	350	–	–	4	≤ 230

R_m: Zugfestigkeit in N/mm²   *A*:   Bruchdehnung in %   [1] Werte für getrennt gegossene Probe d = 30 mm
$R_{p0,2}$: 0,2 %-Dehngrenze in N/mm²   HB 30: Brinellhärte   [2] R_m, R_e und A für Probendurchmesser 12 mm
σ_{dB}: Druckfestigkeit in N/mm²

Durch Wärmebehandlung werden Stählen Gebrauchseigenschaften gegeben, die dem jeweiligen Verwendungszweck entsprechen.

Tab. 67.1: Begriffe und Verfahren der Wärmebehandlung   DIN EN 10 052: 1994-01

Begriff bzw. Verfahren	Ziel	Vorgang
Abschrecken	Erreichen von Gefügespannungen (Härte)	Abkühlen eines Werkstückes mit größerer Geschwindigkeit als an ruhender Luft, z. B. mit Wasser
Anlassen	Verringern der Härte auf Gebrauchsfähigkeit	Nach dem Härten Erwärmen auf 200 … 340 °C, nachfolgend langsames Abkühlen
Härten	Steigerung der Härte des Werkstoffes	Erwärmen und Halten auf einer Temperatur oberhalb der GSK-Linie mit anschließendem Abschrecken
Normalglühen	Ausgleich des Werkstoffgefüges z. B. nach dem Schweißen oder Schmieden	Erwärmen auf Temperatur oberhalb der GSK-Linie, Halten der Temperatur mit anschließendem Abkühlen in ruhender Luft
Rekristallisations-glühen	Kornneubildung in kalt umgeformten Werkstücken, Verringerung der Kaltverfestigung	Glühen über mehrere Stunden bei 450 … 550 °C
Spannungsarm-glühen	Herabsetzung der Eigenspannungen z. B. nach dem Schweißen	Glühen bei 550 … 650 °C, Halten der Temperatur, langsames Abkühlen im Ofen
Vergüten	Erhöhung der Streckgrenze bei guter Zähigkeit	Härten und Anlassen bei höherer Temperatur (Anlasstemperatur 540 … 680 °C)
Weichglühen	Verminderung der Härte	Glühen bei 680 … 750 °C (je nach C-Gehalt) mit langsamem Abkühlen

Eisen-Kohlenstoff-Diagramm (EKD)

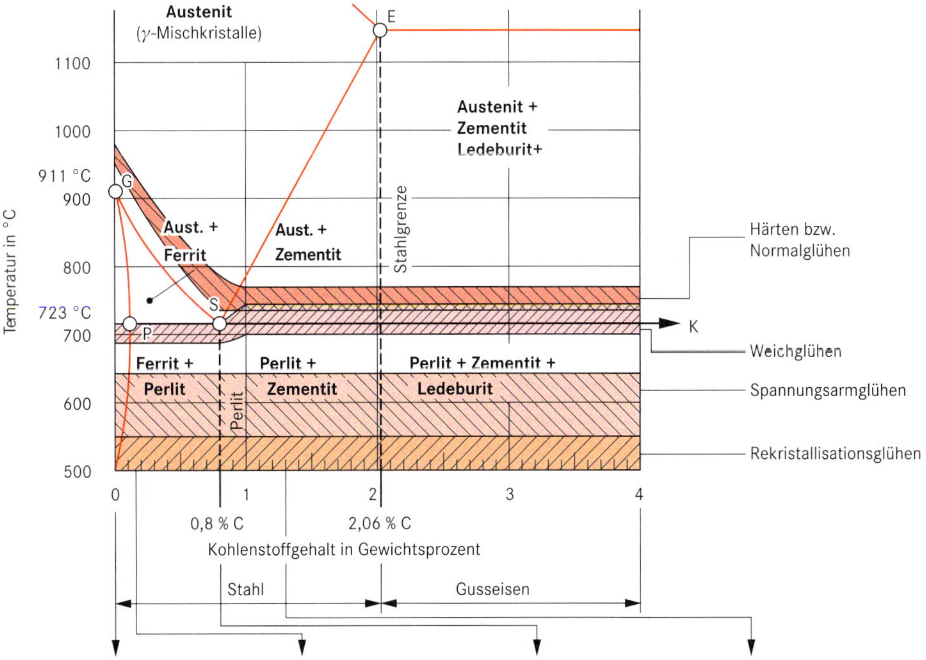

Reineisen
Ferrit
100x 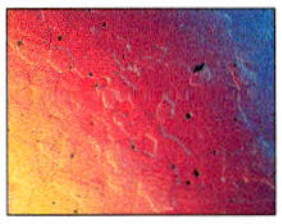

Stahl mit 0,13 % C
untereutektoidisch
Ferrit und Perlit 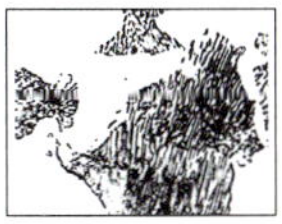
500x

Stahl mit 0,8 % C
eutektoidisch
Perlit 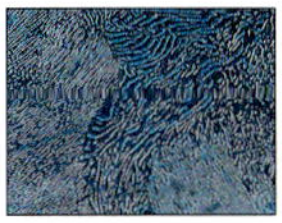
800x

Stahl mit 1,3 % C
übereutektoidisch
Zementit und Perlit 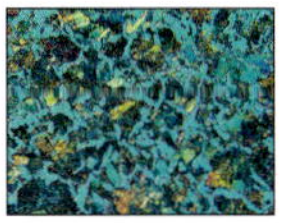
500x

Glühfarben für Stähle

Anlassfarben für unlegierten Werkzeugstahl

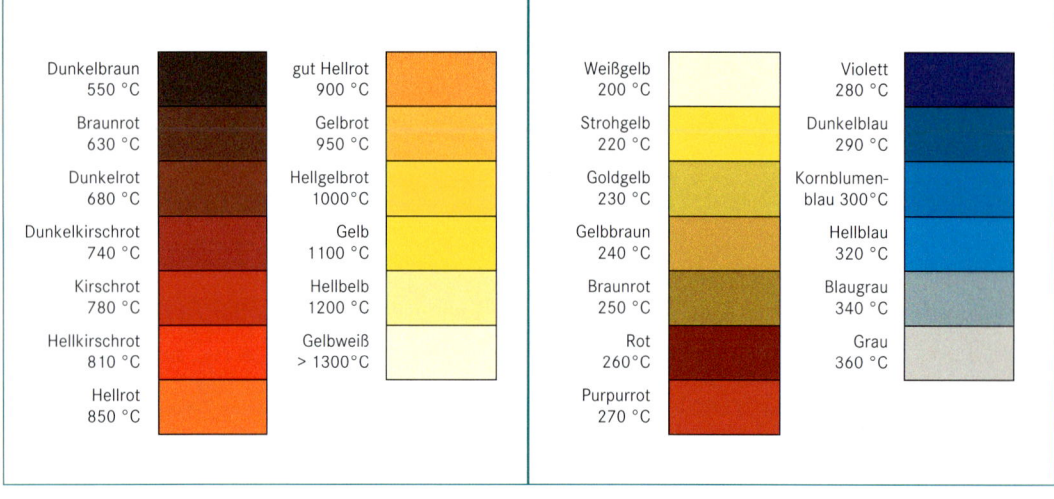

Glühfarben für Stähle			
Dunkelbraun 550 °C		gut Hellrot 900 °C	
Braunrot 630 °C		Gelbrot 950 °C	
Dunkelrot 680 °C		Hellgelbrot 1000°C	
Dunkelkirschrot 740 °C		Gelb 1100 °C	
Kirschrot 780 °C		Hellbelb 1200 °C	
Hellkirschrot 810 °C		Gelbweiß > 1300°C	
Hellrot 850 °C			

Anlassfarben für unlegierten Werkzeugstahl			
Weißgelb 200 °C		Violett 280 °C	
Strohgelb 220 °C		Dunkelblau 290 °C	
Goldgelb 230 °C		Kornblumenblau 300°C	
Gelbbraun 240 °C		Hellblau 320 °C	
Braunrot 250 °C		Blaugrau 340 °C	
Rot 260°C		Grau 360 °C	
Purpurrot 270 °C			

Tab. 68.1: Wärmebehandlung von Stählen für Flamm- und Induktionshärten

Werkstoff-nummer	Kurzname	Warmform-gebung bei °C	Normal-glühen bei °C	Härten bei Abschrecken in		Anlassen bei °C	Oberflächen-härten bei °C	Oberflächen-härte HRC[1]
				Wasser bei °C	Öl bei °C			
1.1183	Cf35	1100…850	860…890	840…870	850…880	550…660	860…890	51…57
1.1193	Cf45	1100…850	840…870	820…850	830…860	550…660	820…850	55…61
1.1249	Cf70	1000…800	820…850	790…820	–	550…660	780…810	60…64
1.7005	45Cr2	1100…850	840…870	820…850	830…860	550…660	820…850	55…61
1.7045	42Cr4	1050…850	840…880	820…850	830…860	540…680	820…850	54…60
1.7223	41CrMo4	1050…850	840…880	820…850	830…860	540…680	820…850	54…60
1.8161	58CrV4	1050…850	850…880	–	820…850	480…650	820…850	60…65

[1] erreichbare Härtewerte nach dem Vergüten und Oberflächenhärten

Tab. 68.2: Wärmebehandlung von Vergütungsstählen

Werkstoff-nummer	Kurzname	Warmform-gebung bei °C	Weichglühen bei °C	Brinell Härte weichge-glüht HB 30	Normal-glühen bei °C	Härten bei Abschrecken in		Anlassen bei °C
						Wasser bei °C	Öl bei °C	
1.0406	C25	1100…850	650…700	156	880…920	860…900	–	550…660
1.0503	C45	1100…850	650…700	207	840…880	820…860	820…860	550…660
1.1170	28Mn6	1100…850	650…700	223	850…890	830…870	830…870	540…680
1.6580	30CrNiMo8	1050…850	650…700	248	850…880	–	830…860	540…680
1.7006	46Cr2	1100…850	650…700	223	840…870	820…860	820…860	540…680
1.7034	37Cr4	1050…850	680…720	235	845…885	825…865	825…865	540…680
1.7218	25CrMo4	1050…850	680…720	212	860…900	840…880	840…880	540…680
1.7225	42CrMo4	1050…850	680…720	241	840…880	820…860	820…860	540…680

Tab. 68.3: Wärmebehandlung rost- und säurebeständiger Stähle

Werkstoff-nummer	Kurzname	Weichglühen bei °C	Abkühlungsart			Härten bei °C	Abschrecken in			Anlassen bei °C
			Luft	Ofen	Wasser		Luft[2]	Öl	Wasser	
1.4000	X6Cr13	750…800	x	x	–	950…1000	x	x	–	750…650
1.4021	X20Cr13	730…780	x	x	–	980…1030	x	x	–	750…650
1.4120	X20CrMo13	750…850	–	x	–	950…1000	–	x	–	750…650
1.4301	X5CrNi18-10	–	–	–	–	1000…1080	x	–	x[3]	–
1.4512	X6CrTi12	750…850	x	–	–	–	–	–	–	–
1.4541	X6CrNiTi18-10	–	–	–	–	1020…1100	x	–	x[3]	–

[2] Abkühlung ausreichend schnell   [3] bei Materialstärke s > 2 mm

Kurzzeichen für Nichteisenmetalle (alt, teilweise ersetzt)[1]

DIN 17 007-4: 1963-07

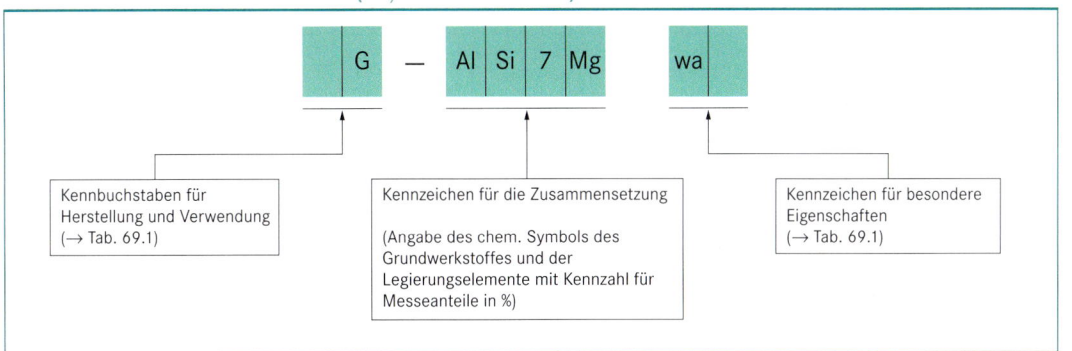

| G | — | Al | Si | 7 | Mg | | wa | |

Kennbuchstaben für Herstellung und Verwendung (→ Tab. 69.1)

Kennzeichen für die Zusammensetzung (Angabe des chem. Symbols des Grundwerkstoffes und der Legierungselemente mit Kennzahl für Messeanteile in %)

Kennzeichen für besondere Eigenschaften (→ Tab. 69.1)

Technische Grundlagen

Tab. 69.1: Kennbuchstaben für Herstellung und Verwendung/Kennzeichen für besondere Eigenschaften

Kennbuchstaben für Herstellung und Verwendung		Kennzeichen für besondere Eigenschaften	
E-	Werkstoff für die Elektronik	EQ	Eloxalqualität
G-	Guss, Masseln	F	Mindestwert der Zugfestigkeit
GC-	Strangguss (C = Continuous)	H	Hüttenlegierung
GD-	Druckguss	R	Reinstlegierung
GK-	Kokillenguss	a	ausgehärtet
GL-	Gleitmetall (Lagermetall)	g	geglüht und abgeschreckt
GZ-	Schleuderguss (Zentrifugalguss)	ka	kaltausgehärtet
L-	Lot	p	gepresst
Lg	Lagermetall	pl	plattiert
R	Reduktionslegierung	ta	teilausgehärtet
S-	Schweißzusatzwerkstoff	wa	warmausgehärtet
V-	Vorlegierung	wh	gewalzt (walzhart)
VR-	Vorlegierung höheren Reinheitsgrades	zh	gezogen (ziehhart)

Beispiel: GK – CuZn37Pb F28: Kokillenguss – Grundmetall Cu, Massenanteil 61 %, Legierungsmetall Zn, Massenanteil 37 %, Legierungsmetall Blei, Massenanteil ohne Angabe, Mindestwert der Zugfestigkeit 28 · 10 = 280 N/mm^2

Bezeichnungssysteme für Kupferwerkstoffe

Kupferwerkstoffe können durch ein Kurzzeichen und/oder durch eine Werkstoffnummer (→ S. 70) bezeichnet werden. Kurzzeichen und deren Erläuterungen finden sich in den jeweiligen Produktnormen und sind an das System der ISO 1190-1 bzw. der DIN 1700 angelehnt. Es gibt jedoch kein einheitliches, genormtes Kurzzeichensystem für Kupferwerkstoffe.

Tab. 69.2: Übersicht über Produktnormen für Kupferwerkstoffe (Stand 2006-02)

Norm: Ausgabedatum	Titel	Norm: Ausgabedatum	Titel
DIN 1787[1]: 1973-01	Kupfer: Halbzeug	DIN EN 1254-1: 1998-03	Fittings – Teil 1: Kapillarlötfittings für Kupferrohre
DIN 17 660[1]: 1983-12	Kupfer-Zink-Legierungen (Messing), (Sondermessing): Zusammensetzung	DIN EN 1254-2: 1998-03	Fittings – Teil 2: Klemmverbindungen für Kupferrohre
DIN EN 1057: 2006-08	Nahtlose Rundrohre aus Kupfer für Wasser- und Gasleitungen für Sanitärinstallationen und Heizungsanlagen	DIN EN 1254-3: 1998-03	Fittings – Teil 3: Klemmverbindungen für Kunststoffrohre
DIN EN 1652: 1998-03	Platten, Bleche, Bänder, Streifen und Ronden zur allgemeinen Verwendung	DIN EN 12 449: 1999-10	Nahtlose Rundrohre zur allgemeinen Verwendung
DIN EN 1653: 2000-11	Platten, Bleche und Ronden für Kessel, Druckbehälter und Warmwasserspeicheranlagen	DIN EN 12 451: 1999-10	Nahtlose Rundrohre für Wärmeaustauscher
DIN EN 1976: 1998-05	Gegossene Rohformen aus Kupfer	DIN EN 12 452: 1999-10	Nahtlose, gewalzte Rippenrohre für Wärmeaustauscher
DIN EN 1982: 1998-12	Blockmetalle und Gussstücke	DIN CEN/ TS 13 388: 2004-09	Europäische Werkstoffe, Übersicht über Zusammensetzungen und Produkte

[1] Die Zusammensetzung der Werkstoffe ist in den europäischen Normen in der jeweiligen Produktnorm enthalten. Zur Werkstoffumschlüsselung siehe DIN CEN/TS 13 388 oder nationales Vorwort der zutreffenden europäischen Produktnorm.

Kurznamen von Kupfer-Gusslegierungen

DIN EN 1982: 2008-08

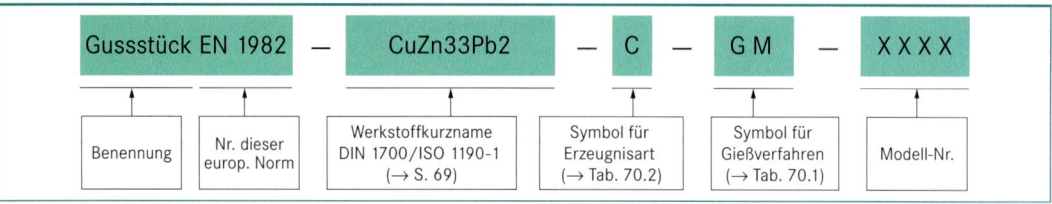

Gussstück EN 1982	—	CuZn33Pb2	—	C	—	G M	—	X X X X

| Benennung | Nr. dieser europ. Norm | Werkstoffkurzname DIN 1700/ISO 1190-1 (→ S. 69) | Symbol für Erzeugnisart (→ Tab. 70.2) | Symbol für Gießverfahren (→ Tab. 70.1) | Modell-Nr. |

Tab. 70.1: Bezeichnung der Gießverfahren von Kupfer-Gusswerkstoffen

ISO 1190-1, DIN EN 1982: 2008-09

Symbol	Gießverfahren	Symbol	Gießverfahren
GM	Kokillenguss	GS	Sandguss
GP	Druckguss	GC	Strangguss
GZ	Schleuderguss		

Werkstoffbezeichnung für Kupferwerkstoffe nach dem europäischen Werkstoffnummernsystem

DIN EN 1412: 1995-12;
DIN EN 1173: 2008-08

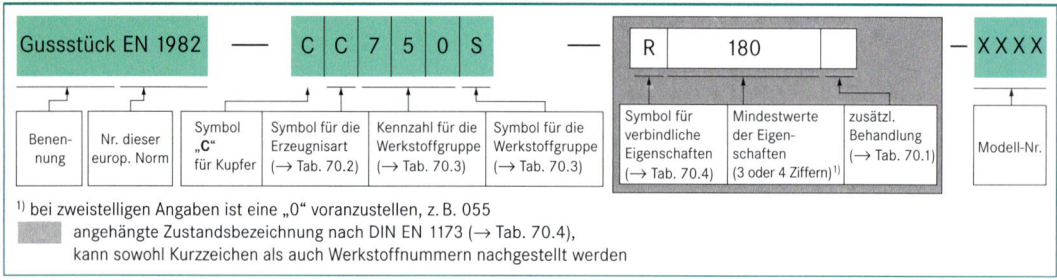

Gussstück EN 1982	—	C	C	7	5	0	S	—	R	180	— X X X X

| Benennung | Nr. dieser europ. Norm | Symbol „C" für Kupfer | Symbol für die Erzeugnisart (→ Tab. 70.2) | Kennzahl für die Werkstoffgruppe (→ Tab. 70.3) | Symbol für die Werkstoffgruppe (→ Tab. 70.3) | Symbol für verbindliche Eigenschaften (→ Tab. 70.4) | Mindestwerte der Eigenschaften (3 oder 4 Ziffern)[1] | zusätzl. Behandlung (→ Tab. 70.1) | Modell-Nr. |

[1] bei zweistelligen Angaben ist eine „0" voranzustellen, z. B. 055

angehängte Zustandsbezeichnung nach DIN EN 1173 (→ Tab. 70.4), kann sowohl Kurzzeichen als auch Werkstoffnummern nachgestellt werden

Tab. 70.2: Symbole für die Erzeugnisarten

B	Werkstoffe in Blockform	R	raffiniertes Kupfer in Rohformen
C	Gusserzeugnisse	S	Werkstoffe in Form von Schrott
F	Schweißzusatzwerkstoffe und Hartlote	W	Knetwerkstoffe
M	Vorlegierungen	X	nicht genormte Werkstoffe

Tab. 70.3: Kennzahlen und Symbole für die Werkstoffgruppen

DIN EN 1412: 1995-12

Kennzahl	Werkstoffgruppe	Symbole für die Werkstoffgruppe
000…999	Kupfer	A oder B
	Niedriglegierte Cu-Legierungen (Legierungselemente < 5 %)	C oder D
	Kupfersonderlegierungen (Legierungselemente ≥ 5 %)	E oder F
(000…799:	Kupfer-Aluminium-Legierungen	G
genormte	Kupfer-Nickel-Legierungen	H
Cu-Werkstoffe	Kupfer-Nickel-Zink-Legierungen	J
800…999:	Kupfer-Zinn-Legierungen	K
nicht genormte	Kupfer-Zink-Legierungen (Zweistofflegierungen)	L oder M
Cu-Werkstoffe)	Kupfer-Zink-Blei-Legierungen	N oder P
	Kupfer-Zink-Legierungen (Mehrstofflegierungen)	R oder S

Tab. 70.4: Symbole für verbindliche Eigenschaften und zusätzliche Behandlungen

DIN EN 1173: 2008-08

Symbol	verbindliche Eigenschaft	Bsp. für Zustandsbezeichnung
A	Bruchdehnung in %	… – A007 …[1]
B	Federbiegegrenze in N/mm^2	… – B410 …[1]
D	gezogen, ohne vorgeschriebene mechanische Eigenschaften	… – D …[1]
G	Korngröße	… – G020 …[1]
H	Härte (HB oder HV)	… – H150 …[1]
M	wie hergestellt, ohne vorgeschriebene mechanische Eigenschaften	… – M …[1]
R	Zugfestigkeit in N/mm^2	… – R500 …[1]
Y	0,2 %-Dehngrenze in N/mm^2	… – Y460 …[1]
	zusätzliche Behandlungen	
S	Spannungsarmbehandlung	… – R340S…[1]
[1] Weitere Ergänzungen nach entsprechender Produktnorm.		

Tab. 71.1: Übliche Kupferwerkstoffe (Reines Kupfer, Zusammensetzung nach DIN EN ISO 1190-1)

Werkstoff-nummer DIN 17 007	Kurzname nach ISO 1190-1 – DIN EN 1173	Kurzname nach DIN 1700 *alt*	R_m in N/mm²	$R_{p0,2}$ in N/mm²	A in %	HB 30	Eigenschaften/ Verwendung
2.0090.10	Cu – DHP – *R220*	SF – Cu F22	220 … 270	≤ 140	40	55	
2.0090.26	Cu – DHP – *R250*	SF – Cu F25	250 … 300	≥ 150	20	80	Kupferrohre
2.0090.30	Cu – DHP – *R290*	SF – Cu F29	≥ 290	≥ 250	6	95	

Tab. 71.2: Übliche Kupferwerkstoffe (Kupferlegierungen)   DIN EN 1982: 2008-08[1]

Kupfer-Gusslegierungen							
2.1052.01	CC483K – GS	G – CuSn12	260	140	7	80	meerwasserbeständig,
2.1060.01	CC484K – GS	G – CuSn12Ni	280	160	12	85	verschleißfest/Arma-
2.1096.01	CC491K – GS	G – CuSn5ZnPb	200	90	13	60	turen, Pumpengehäuse

[1] Festigkeitswerte für Sandguss (GS)

Kupfer-Knetlegierungen   DIN EN 12 163: 2009-05; DIN EN 12 167: 1998-04; DIN EN 1652: 1998-03

Kennzeichen	Werkstoff-nummer	Zu-stand	Härte HB	Zugfestigkeit R_m in N/mm²	Dehngrenze $R_{p0,2}$ in N/mm²	Bruch-dehnung A_5 in %	Bemerkung und Verwendung
CuAl10Fe3Mn2	CW 306 G	R 650	–	650	450	5	hohe Festigkeit, korrosionsbe-
		H 160	160	–	–	–	ständig, hochbelastete Lagerteile,
		R 550	–	550	250	10	Getriebe- und Schneckenräder,
		H 130	130	–	–	–	Ventilsitze
CuNi10Fe1Mn	CW 352 H	R 280	–	280	≥ 90	30	ausgezeichneter Widerstand gegen
		H 070	70	–	–	–	Erosion, Kavitation und Korrosion,
		R 350	–	350	≥ 150	10	gut schweißbar, Wärmetauscher,
		H 100	100	–	–	–	Apparatebau, Bremsleitungen
CuZn40Pb2	CW 617 N	R 430	–	430	220	8	sehr gut spanbar, gut warm-
		H 110	110	–	–	–	formbar; Legierung für spanende
		R 500	–	500	350	–	Bearbeitung; Armaturenmessing
		H 135	135	–	–	–	

Bezeichnungen von Zinklegierungen und Zinkgussstücken durch Werkstoffnummern   DIN EN 1774: 1997-11; DIN EN 12 844: 1999-01

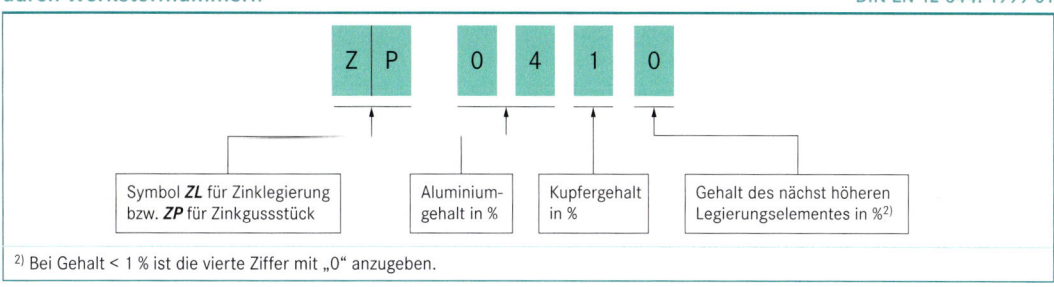

Symbol **ZL** für Zinklegierung bzw. **ZP** für Zinkgussstück		Aluminium-gehalt in %	Kupfergehalt in %	Gehalt des nächst höheren Legierungselementes in %[2]

[2] Bei Gehalt < 1 % ist die vierte Ziffer mit „0" anzugeben.

Tab. 71.3: Chemische Zusammensetzung von Titanzink   DIN EN 988: 1996-08

Chemische Zusammensetzung von Titanzink			
Cu	Ti	Al	Zn[3]
0,08 … 1,0	0,06 … 0,2	0,00 … 0,015	Rest

[3] Zinksorte Z1 nach DIN EN 1179: 1996-03 (Primärzink, Zn-Gehalt = 99,995 %)

Tab. 71.4: Eigenschaften von Druckgussstücken aus Zinklegierungen   DIN EN 12 844: 1999-01

Werkstoffnummer DIN 17 007	Werkstoffnummer DIN EN 1774	Kurzname DIN EN 12 844	Kurzname ISO 1190-1	R_m in N/mm²	$R_{p0,2}$ in N/mm²	A in %	HB 30
2.2140.05	ZP0400	ZP3	CD ZnAl4	280	200	10	83
2.2141.05	ZP0410	ZP5	GD – ZnAl4Cu1	330	250	5	92
2.2143.01	ZP0430	ZP2	G – ZnAl4Cu3	335	270	5	102
2.2143.02			GK – ZnAl4Cu3				
–	ZP2720	ZP27	–	425	370	2,5	120

Einteilung der Kunststoffe

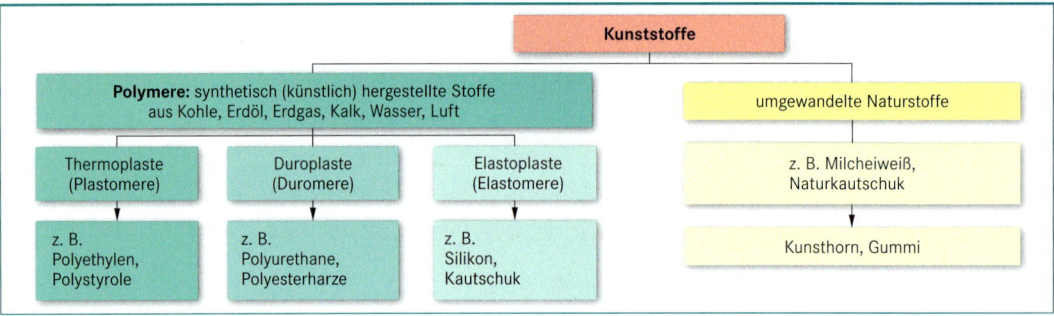

Bezeichnung von Polymeren   DIN EN ISO 1043-1: 2002-06

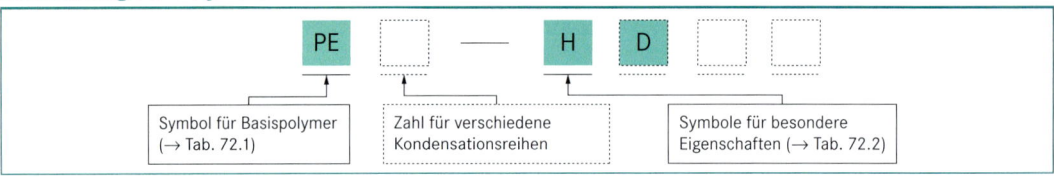

Tab. 72.1: Symbole für Kunststoffe (Polymere)   DIN EN ISO 1043-1: 2009-01

Symbol	Kunststoff	Kunst-stoffart[1]	Symbol	Kunststoff	Kunst-stoffart[1]
ABS	Acrylnitril-Butadien-Styrol	T	PE	Polyethylen	T
AMMA	Acrylnitril-Methylmethacrylat	T	PIB	Polyisobuten	T
ASA	Acrylnitril-Styrol-Acrylat	T	PMMA	Polymethylmethacrylat	T
CA	Celluloseacetat	N	PP	Polypropylen	T
IIR	Butylkautschuk (Isobutylen-Isopren-Kautschuk)	E	PS	Polystyrol	T
			PTFE	Polytetrafluorethylen	T
EP	Epoxid	D	PUR	Polyurethan	D, T
EPDM	Ethylen-Propylen-Dien-Kautschuk	E	PVAC	Polyvinylacetat	T
FKM	Fluorkautschuk	E	PVC	Polyvinylchlorid	T
MC	Metylcellulose	D	PVDF	Polyvinylidenfluorid	T
MF	Melamin-Formaldehyd	D	SAN	Styrol-Acrylnitril	T
PA	Polyamid	T	SI	Silikon	E
PAN	Polyacrylnitril	T	SP	Polyester, gesättigt	D
PB	Polybuten	T	UF	Urea-Formaldehyd-Harz	D
PC	Polycarbonat	T	UP	Polyester, ungesättigt	D

[1] T = Thermoplast; E = Elastomer; D = Duroplast; N = Naturstoffverbindung

Tab. 72.2: Symbole für besondere Eigenschaften   DIN EN ISO 1043-1: 2009-01

Symbol	Eigenschaft	Symbol	Eigenschaft	Symbol	Eigenschaft
C	chloriert	I	schlagzäh	R	erhöht
D	Dichte	L	linear, niedrig	U	ultra, weichmacherfrei
E	verschäumt, verschäumbar	M	Masse, mittel, molekular	V	sehr
F	flexibel, flüssig	N	normal	W	Gewicht
H	hoch	P	weichmacherhaltig	X	vernetzt, vernetzbar

Klassifikation thermoplastischer Kunststoff-Werkstoffe für Rohrleitungssysteme DIN EN ISO 12 162: 1996-04

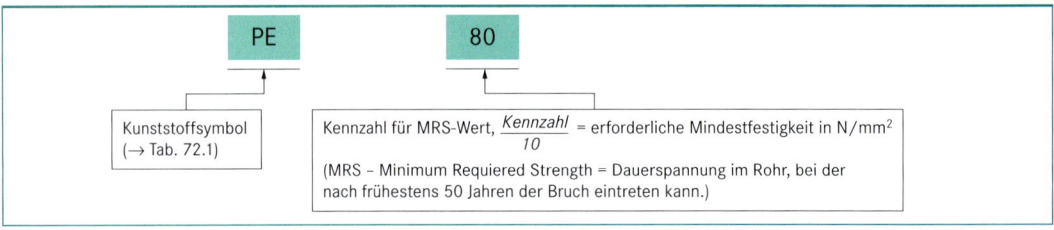

Tab. 73.1: Eigenschaften und Verwendung von Kunststoffen

Kurz-zeichen	chemische Bezeichnung	Dichte ϱ in kg/dm^3	Festigkeit[1] in N/mm^2	Längenausdehnungszahl α in $\frac{1}{K}$	Wärmeleitzahl[2] λ in $\frac{W}{m \cdot K}$	obere Gebrauchstemperatur ϑ_{zul} in °C	Lösungsverhalten[3] gegenüber Mineralöl	Benzin	Säuren, verdünnt	Laugen, verdünnt	Verwendung
ABS	Acrylnitril-Butadien-Styrol	1,03 ... 1,06	30 ... 55	0,00007 ... 0,00011	0,15 ... 0,17	80 ... 105	b	bb	b	b	HT-Abwasserrohr
ASA	Acrylnitril-Styrol-Acrylester	1,06	45 ... 60	0,00008 ... 0,00011	0,17	85 ... 100	bb	bb	bb	bb	
EP	Epoxid	1,2	80 ... 140	0,000025	0,21	−50 ... 130	b	b	b	b	Bindemittel, Klebstoff
FMK	Fluor-kautschuk	1,85	2 ... 15	–	–	190	b	b	b	b	Dichtungen
PA	Polyamid	1,12 ... 1,16	55 ... 130	0,00007 ... 0,00011	0,21 ... 0,23	80 ... 100	b	b	bb	b	Rohr, Textilfaser
PB	Polybutylen	0,93	17	0,00013	0,21	95	bb	bb	b	b	Rohre für Heizung, TW
PE – HD	Polyethylen	0,955	20 ... 30				b	bb	b	b	Rohre für Gas, Wasser, Abwasser, Öltanks, Folien
PE – LD		0,92	8 ... 10	0,00020	0,295 ... 0,51	70 ... 100	b	bb	b	b	
PE – X		0,94	18	0,00018	0,43	95	b	bb	b	b	Rohre für Heizung, TWW
PMMA	Polymethylmethacrylat	1,16 ... 1,19	52 ... 80	0,00007 ... 0,00008	0,18 ... 0,19	65 ... 95	b	b	bb	bb	Verglasung (Plexiglas)
PP	Polypropylen	0,9 ... 0,93	12 ... 18	0,00015	0,2 ... 0,22	90 ... 110	bb	u	b	b	Verpackungen, Rohre für Abwasser, TW
PS	Polystyrol	1,05 ... 1,06	40 ... 60	0,00007 ... 0,00008	0,145 ... 0,17	60 ... 80	b	u	b	b	Verglasung, Verpackung, Gehäuse
PS – E	Polystyrol-Schaum	0,015 ... 0,05	0,1 ... 0,5	–	0,030 ... 0,040	70 ... 80	b	u	b	b	Schaumstoff, Wärmedämmung, Montageschaum
PTFE	Polytetrafluorethylen	2,15 ... 2,19	20 ... 40	0,00012 ... 0,00016	0,25	155 ... 175	b	b	b	b	Dichtungen, Gleitlager
PUR	Polyurethan-Schaum	0,02 ... 0,1	0,2 ... 1,1	–	0,020 ... 0,040	80	u	b	bb	bb	Wärmedämmung, Dichtungen
PVC – C		1,4	50	0,00007	0,2	95	b	b	b	b	Rohre für TW- und TWW, HT-Abwasserrohr
PVC – P	Polyvinylchlorid	1,2 ... 1,35	15 ... 28	0,00015 ... 0,00021	0,12 ... 0,15	50 ... 60	b	b	b	bb	Folien, Schläuche
PVC – U		1,32 ... 1,4	35 ... 80	0,00008	0,14 ... 0,16	80 ... 90	b	b	b	b	Dachrinnen, Behälter, KG-Abwasserrohr
PVDF	Polyvinylidenfluorid	1,78	54	0,00015	0,19	150	b	b	b	b	Rohrleitungen, Armaturen

[1] kann sowohl Zugfestigkeit, Streckgrenze, Rissfestigkeit, Bruchfestigkeit u. ä. sein

[2] → Tab. 383.1

[3] b = beständig; bb = bedingt beständig; u = unbeständig

Technische Grundlagen

Tab. 74.1: Erkennungsmerkmale von Kunststoffen

Kurzzeichen	schwimmt auf Wasser	Brennverhalten		Geruch der Schwaden
		Entflammbarkeit[1]	Art und Farbe der Flamme	
ABS	nein	2	stark rußend	Styrol, schwach nach Salzsäure
PA	nein	2	knistert, tropft ab	bläulich, gelber Rand	nach verbranntem Horn
PE	ja	2	tropft brennend ab	leuchtend gelb mit blauem Kern	nach Paraffin
PMMA	nein	2	knistert	leuchtend gelb mit blauem Rand	fruchtig, süßlich
PP	ja	2	tropft brennend ab	leuchtend gelb mit blauem Kern	nach Paraffin
PS	nein	2	stark rußend	gelb leuchtend, flackernd	unangenehm süßlich
PTFE	nein	0	verkohlt	–	–
PUR	ja	2	schäumt	leuchtend gelb	stechend
PVC – U[2]	nein	1	rußend	gelb mit grünem Rand	stechend nach Salzsäure
PVC – P		1/2			
PVC – C					
UF – Schaum	ja	0/1	verkohlt	gelb mit bläulichem Rand, erlischt	Harnstoff, Ammoniak, fischartig
UP – Harz	nein	2	rußend	leuchtend gelb und rot	scharf, nach verbranntem Fett

[1] 0: kaum entzündbar; 1: brennt in der Flamme, erlischt außerhalb; 2: brennt nach Anzünden weiter; 3: brennt heftig und verpufft
[2] Bei der Verbrennung von PVC wird giftiges Chlorgas frei, welches sich mit Wasserstoff zu Salzsäure verbinden kann!

Tab. 74.2: Eigenschaften, Verwendung und Verbindungsverfahren für einige Kunststoffe

	Kurzzeichen	Eigenschaften	Verwendung/Verbindungsverfahren
schweißbare Kunststoffe	PE – HD	geringes Gewicht, gute Zähigkeit auch bei niedrigen Temperaturen, gute chemische Widerstandsfähigkeit, relativ geringe Festigkeit, spannungskorrosionsfest, nicht klebbar, gut schweißbar	erdverlegte Gas- und Wasserleitungen, Druckluftleitungen, Fittings/Elektroschweißen, Heizelement-Muffenschweißen, Heizelement-Stumpfschweißen
	PP	formsteif, gutes Wärme- und Kälteverhalten, nicht UV-beständig, hohe chemische Widerstandsfähigkeit, hohe Temperaturbelastbarkeit, nicht klebbar, gut schweißbar	für Druckleitungen, Fittings, Armaturen/Heizelement-Muffenschweißen, Heizelement-Stumpfschweißen, Infrarot-Schweißen
	PVDF	hohe thermische Stabilität, großer Druck- und Temperaturbereich, sehr gute Zeitstandeigenschaften bei Druckbeanspruchung, UV-resistent, Einsatzfähigkeit von –40 bis +140 °C, gute chemische Beständigkeit	Rohre, Fittings/Heizelement-Muffenschweißen, Heizelement-Stumpfschweißen, Klemmverschraubungen
klebbare Kunststoffe	PVC – U	fest, steif, hart, kerbempfindlich, gut kleb- und schweißbar, beständig gegen die meisten Säuren und Laugen, witterungsbeständig, bedingt UV-beständig	Fittings, Armaturen, Trinkwasserleitungen, Entsorgungsleitungen/Kleben, Heißluftschweißen
	PVC – C	gegenüber PVC – U höhere Temperaturbeanspruchbarkeit bei gleichzeitig hohen Festigkeitseigenschaften, gute chemische Widerstandsfähigkeit	Druckrohrleitungen in korrosiver Umgebung, Pumpenbauteile, Ventile/Kleben
	ABS	zäh auch bei tiefen Temperaturen, hart und steif, schlag- und kerbschlagfest, gute Schalldämpfung, hohe Spannungsrissbeständigkeit, nicht beständig gegen organische Lösungsmittel und Öle, entflammbar, Selbstentzündung bei über 400 °C	Rohre, Fittings, Armaturen/Kleben, Verschrauben

Tab. 74.3: Kunststoffe und deren übliche Handelsnamen

Kurzzeichen	Handelsnamen	Kurzzeichen	Handelsnamen
ABS	Novodur, Terluran	PP	Hostalen PP, Novolen, Vestolen P
CA	Cellidor A, -U, -S	PS	Hostyren N, Polystyrol, Vestyrol
PA	Durethan, Ultramid, Vestamid, Nylon, Degamid	PS – E	Exporit, Styropor
		PTFE	Teflon, Hostaflon TF, Fluorflex
PB	Duraflex, Vestolen BT	PUR	Desmopan, Vulkollan, Urepan, Moltopren, Contipren, Perlon U
PC	Makrolon		
PE	Baylon, Hostalen, Lupolen, Vestolen	PVC	Hostalit, Vinoflex, Vestolit, Tivolen
PIB	Oppanol, Rhepanol	SAN	Luran, Vestoran
PMMA	Degulan, Deglas, Plexiglas, Resarit, Resatglas, Paraglas	UF	Iso-Schaum, Albamit, Bechamin
		UP	Palatal, Vestopal

Definitionen von Korrosion

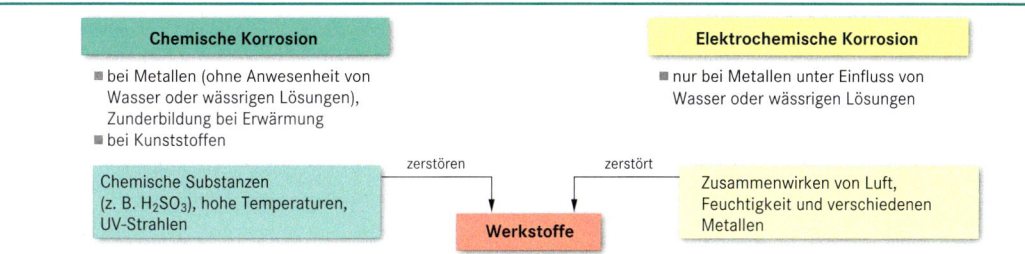

Chemische Korrosion	Elektrochemische Korrosion
■ bei Metallen (ohne Anwesenheit von Wasser oder wässrigen Lösungen), Zunderbildung bei Erwärmung ■ bei Kunststoffen	■ nur bei Metallen unter Einfluss von Wasser oder wässrigen Lösungen

Chemische Substanzen (z. B. H_2SO_3), hohe Temperaturen, UV-Strahlen — zerstören → **Werkstoffe** ← zerstört — Zusammenwirken von Luft, Feuchtigkeit und verschiedenen Metallen

Arten von Korrosion

DIN EN ISO 8044: 1999-11

Korrosionsart	Vorgang und Folgen
gleichmäßige Flächenkorrosion Oxidschicht Werkstoffgefüge	gleichmäßiger Angriff der Metalloberfläche durch trockene Gase (chem. Korrosion) oder durch Feuchtigkeit (elektrochem. Korrosion) ■ bei Eisenmetallen Bildung poröser Schichten (Rost) ■ bei NE-Metallen dichte Oxidschichten
Lochkorrosion Oxid Schutzschicht	Bildung eines örtlich begrenzten Korrosionselements durch Fremdkörper (Sägespäne, Flussmittelreste, Oxidschuppen vom Hartlöten), ■ bei Cu-Rohr lokale Störung der Schutzschicht, Typ I bei Kaltwasserleitungen, Typ II bei Trinkwarmwasserleitungen, ■ starke, tiefe und teilweise unterhöhlende Vertiefungen
Bimetallkorrosion[1] Oxid Wasser (Elektrolyt) Al-Niet Cu-Blech	Bildung eines Potenzialunterschiedes bei unterschiedlichen Metallen bei Anwesenheit eines Elektrolyten oder bei Gefügeunregelmäßigkeiten eines Metalles ohne Elektrolyt ■ Auflösen des unedleren Metalls bzw. Potenzialausgleich mit Werkstoffzerstörung [1] früher Kontaktkorrosion
Selektive Korrosion Entzinkung	Potenzialunterschiede an den Korngrenzen bzw. in den Körnern führen zur Zerstörung der Kornstruktur ■ Entzinkung = Auflösen des unedleren Zink in Cu-Zn-Legierungen ■ Korrosion entlang der Korngrenzen = interkristalline Korrosion ■ Korrosion durch die Körner hindurch = transkristalline Korrosion
Erosionskorrosion Strahl Kathode Kathode Grundwerkstoff Anode	Zerstörung der Schutzschichten von Werkstoffen durch Medien, die Festkörper enthalten (z. B. Wasser mit Sand, Luft mit Filterstäuben) vor allem bei hoher Strömungsgeschwindigkeit, ■ Abtragung von Werkstoffteilchen ■ Korrosion an den zerstörten Stellen
Kavitationskorrosion	implodierende (zusammenfallende) Gasblasen üben bei hoher Strömungsgeschwindigkeit hohe Druckstöße auf Werkstoffe aus, z. B. bei Pumpen-Laufrädern, Ventilen ■ Zerstörung von Schutzschichten und Auswaschung der Werkstoffe ■ Bildung von Hohlräumen und kraterförmigen Korrosionsstellen
Säurekondensatkorrosion (Taupunktkorrosion)[2] Kondensat	saures Kondensat aus Feuerstätten führt zum Angriff von Feuerungsteilen und Abgaswegen, wenn Abgase unter den Taupunkt abgekühlt werden ■ Zerstörung von Wärmeerzeugern ■ Zerstörung von Abgasleitungen und Schornsteinen (Versottung) [2] Korrosionsart nur in DIN 50 900-1 genormt
Verzunderung[3] Luft ca. 1200 °C Zunder Metall	Korrosion von Metallen in Gasen bei hohen Temperaturen [3] Verzunderung in DIN EN ISO 8044 keine eigene Korrosionsart, Zunder lediglich Korrosionsprodukt

Elektrochemische Spannungsreihe der Elemente

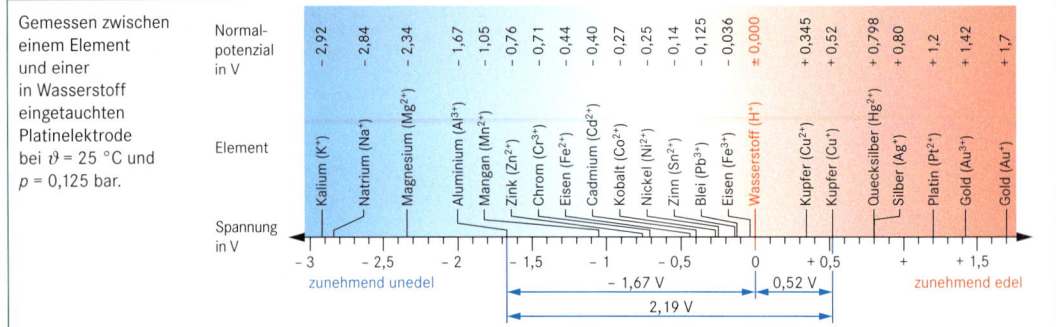

Gemessen zwischen einem Element und einer in Wasserstoff eingetauchten Platinelektrode bei $\vartheta = 25\ °C$ und $p = 0,125$ bar.

Korrosionsschutz

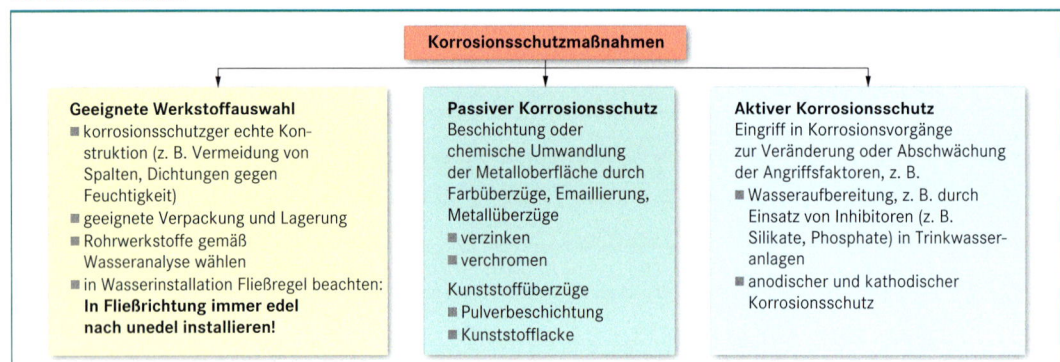

Tab. 76.1: Werkstoffauswahl zum Schutz des Trinkwassers
Korrosionsbedingte Beeinflussung der Trinkwasserbeschaffenheit
DIN 50 930-6: 2005-08

Sollwerte	Beispiel (→ Tab. 215.2)	
	Istwerte lt. Wasseranalyse	Beurteilung
Kupfer pH ≥ 7,4 oder 7,0 ≤ pH < 7,4 **und** TOC ≤ 1,5 g/m³	pH = 8,3	Einsatz vertretbar
Innenverzinntes Kupfer Keine Einschränkung		Einsatz vertretbar
Schmelztauchverzinkte Eisenwerkstoffe Anforderungen an das Wasser: $K_{B8,2}$ ≤ 0,5 mol/m³ und $K_{S4,3}$ ≥ 1,0 mol/m³ Anforderungen an die Zusammensetzung des Zinküberzuges in Massen-%: Sb ≤ 0,01 %, As ≤ 0,02 %, Bb ≤ 0,25 %, Cd ≤ 0,01 %, Bi ≤ 0,01 %	$K_{B8,2}$ = 0,03 mol/m³ $K_{S4,3}$ = 1,65 mol/m³	Einsatz vertretbar, wenn Anforderungen an die Zusammensetzung des Zinküberzuges erfüllt.
Nichtrostender Stahl Keine Einschränkung		Einsatz vertretbar
Unlegierte und niedriglegierte Eisenwerkstoffe Anforderungen an das Wasser: $c(O_2)$ > 3 g/m³, pH > 7, $K_{S4,3}$ ≥ 2,0 mol/m³, $c(Ca^{2+})$ > 0,5 mol/m³ Anforderungen an die Strömungsverhältnisse: ständiger Durchfluss und v ≥ 1,0 m/s	$c(O_2)$ = 9,1 g/m³ pH = 8,3 $K_{S4,3}$ = 1,65 mol/m³ $c(Ca^{2+})$ = 0,73 mol/m³	Einsatz nicht vertretbar, da $K_{S4,3}$ zu klein und ständiger Durchfluss sowie v ≥ 1,0 m/s in der Trinkwasserhausinstallation nicht gegeben.
Kupfer-Zink-Legierungen (Messing) und Kupfer-Zinn-Zink-Legierungen (Rotguss) Anforderungen an die Legierungselemente in Massen-%: Messing: As ≤ 0,15 %, Pb ≤ 3,5 %, Al ≤ 0,8 %, Fe ≤ 0,3 %, Mn ≤ 0,1 %, Ni ≤ 0,2 %, Zn ≤ 0,3 %, Sonstige (jeweils) ≤ 0,02 %, Sonstige (insgesamt) ≤ 0,25 % Rotguss: Pb ≤ 3,0 %, Ni ≤ 0,6 %, As ≤ 0,03 %, Sb ≤ 0,1 %, Fe ≤ 0,3 %, P ≤ 0,04 %, S ≤ 0,04 %, Sonstige (jeweils) ≤ 0,02 %, Sonstige (insgesamt) ≤ 0,25 %		Einsatz vertretbar, wenn Anforderungen an die Legierungselemente erfüllt.
Blei Ist in der Trinkwasserinstallation verboten		Bei Altanlagen austauschen.

Herstellung und Bearbeitung von			
Bohrungen	zylindrischen und kegeligen Werkstücken	ebenen Flächen, Absätzen, Nuten	ebenen oder gekrümmten Flächen mit hoher Maßgenauigkeit und Oberflächengüte
Bohren, Senken, Reiben, Gewinde-schneiden	Drehen, Gewindeschneiden	Fräsen, Hobeln, Stoßen, Sägen	Schleifen, Hohnen, Läppen

Schnittgeschwindigkeit

Vorschub-bewegung

Schnitt-bewegung

V_c

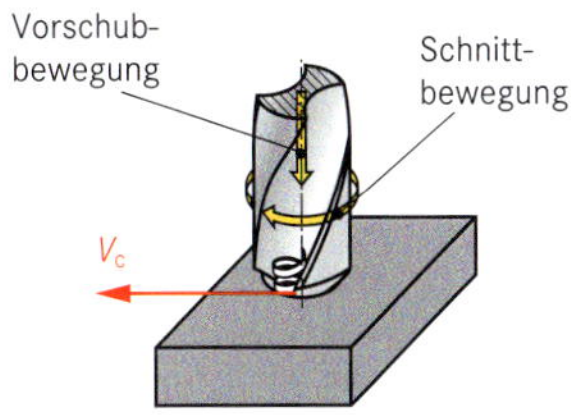

$$v_c = \frac{d \cdot \pi \cdot n}{1000}$$

$$n = \frac{v_c \cdot 1000}{d \cdot \pi}$$

($\rightarrow$ Diagr. 77.1)

v_c	: Schnittgeschwindigkeit	in m/min
d	: Durchmesser	in mm
n	: Umdrehungsfrequenz (Drehzahl)	in 1/min
1000	: Umrechnungszahl	in mm/m

Richtwerte für v_c $\rightarrow$ S. 78 ff.

Hauptnutzungszeit beim Bohren ins Volle

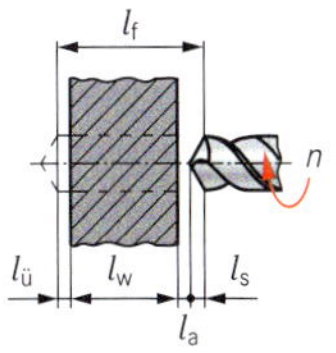

l_f

$l_ü$ l_w l_s

l_a

n

Richtwerte für Spitzenlängen l_s

$$t_h = \frac{l_f \cdot i}{f \cdot n}$$

$$l_f = l_a + l_s + l_w + l_ü$$

t_h	: Hauptnutzungszeit	in min
l_f	: Vorschubweg	in mm
i	: Anzahl der Bohrungen	
f	: Vorschub	in mm
n	: Umdrehungsfrequenz (Drehzahl)	in 1/min
l_a	: Anschnittlänge	in mm
l_s	: Spitzenlänge des Bohrers	in mm
l_w	: Werkstücklänge	in mm
$l_ü$	: Überlauflänge	in mm
σ	: Spitzenwinkel	in °
	($\rightarrow$ Tab. 78.1)	

σ in °	118	130	80
l_s in mm	0,3 d	0,23 d	0,6 d

Diagr. 77.1: Drehfrequenzdiagramm

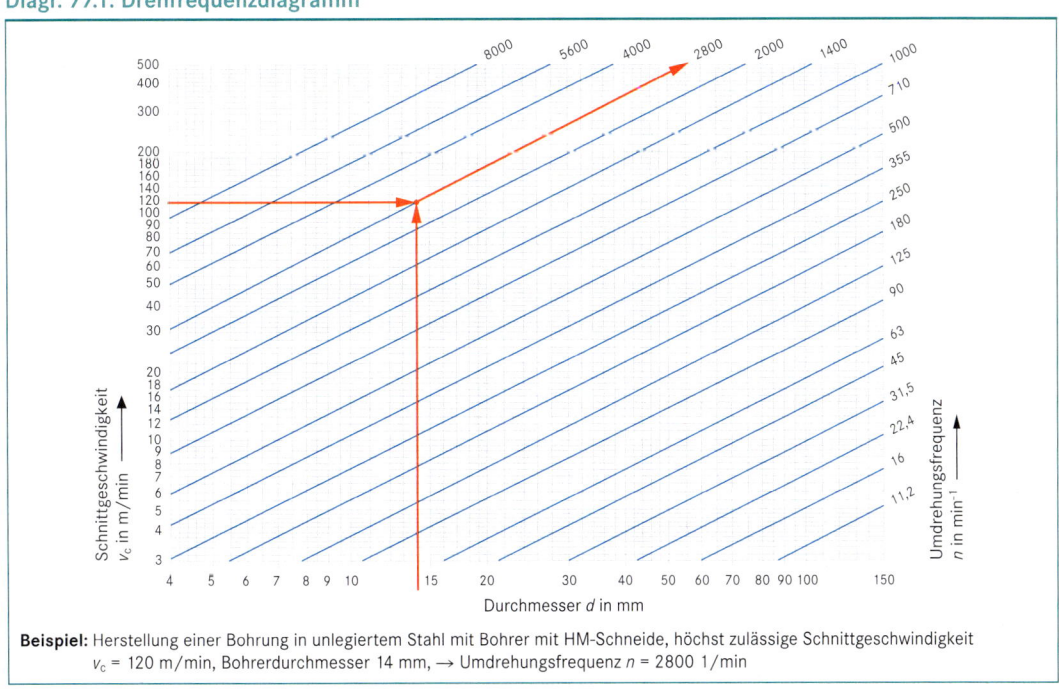

Beispiel: Herstellung einer Bohrung in unlegiertem Stahl mit Bohrer mit HM-Schneide, höchst zulässige Schnittgeschwindigkeit v_c = 120 m/min, Bohrerdurchmesser 14 mm, $\rightarrow$ Umdrehungsfrequenz n = 2800 1/min

Tab. 78.1: Bohrertypen und ihre Einsatzbereiche nach Werkzeug-Anwendungsgruppen   DIN 1836: 1984-01

Bohrertyp	W (weich)	N (normal)		H (hart)		
Seitenfreiwinkel α_f in °		6 ... 8				
Seitenspanwinkel γ_f in °	27 ... 45	19 ... 40		10 ... 19		
Schneidkeil	schlank	mittel		stabil		
Spitzenwinkel σ in °	130	118	130	80	118	130
Verwendung	weiche und zähe oder langspanende Werkstoffe	Werkstoffe mit mittlerer Härte und Festigkeit		harte und zähharte oder kurzspanende Werkstoffe		
Werkstoffbeispiele	Kupfer und Kupferlegierungen geringer Festigkeit, Blei, Zinn, Aluminium und Aluminiumlegierungen	unlegierte Stähle, Stähle mit Gehalt jedes einzelnen Legierungselementes < 5 %, Gusseisen	Kupferlegierungen hoher Festigkeit	Thermoplaste	Stähle mit einem Gehalt mind. eines Legierungselementes ≥ 5 %	Hartguss

Tab. 78.2: Schnittgeschwindigkeit v_c und Vorschub f für das Bohren mit Spiralbohrern aus HSS[1]

Werkstoff	Zugfestigkeit bzw. Härte, R_m in N/mm² HB; HRC	Schnittgeschwindigkeit v_c in m/min	Vorschubgeschwindigkeit f in mm/Bohrerumdrehung für Bohrerdurchmesser d in mm			
			6	10	16	25
Stahl, unlegiert	500	30 ... 40	0,10	0,16	0,20	0,30
	600	25 ... 30	0,12	0,20	0,25	0,30
	800	20 ... 30	0,08	0,12	0,16	0,25
Stahl, legiert	800	15 ... 25	0,08	0,12	0,16	0,25
	900	15 ... 20	0,05	0,08	0,10	0,16
	1000	10 ... 20	0,05	0,08	0,10	0,16
Stahl, rost-, säure-, hitzebeständig	500	8 ... 12	0,05	0,08	0,12	0,16
Stahl, gehärtet	48 ... 64 HRC	3 ... 5	0,05	0,08	0,10	0,16
Gusseisen, Temperguss	200 ... 220 HB	15 ... 22	0,12	0,20	0,25	0,40
	220 ... 250 HB	12 ... 18	0,10	0,16	0,20	0,30
	250 ... 320 HB	5 ... 15	0,08	0,12	0,16	0,25
Kupfer	–	40 ... 60	0,12	0,20	0,25	0,40
Cu-Zn-Legierungen	–	40 ... 100	0,10	0,16	0,20	0,30
Duroplaste, GFK	–	16 ... 20	0,12	0,20	0,25	0,40
Thermoplaste	–	20 ... 40	0,12	0,20	0,25	0,40

Tab. 78.3: Schnittgeschwindigkeit v_c und Vorschub f für das Bohren mit Spiralbohrern mit HM-Schneide[2]

Werkstoff	Zugfestigkeit bzw. Härte, R_m in N/mm² HB; HRC	Schnittgeschwindigkeit v_c in m/min	Vorschubgeschwindigkeit f in mm/Bohrerumdrehung für Bohrerdurchmesser d in mm		
			6	10	16
Stahl, unlegiert	500 ... 800	100 ... 150	0,04	0,08	0,16
	800	80 ... 130	0,04	0,08	0,12
Stahl, legiert	700 ... 800	80 ... 130	0,04	0,08	0,12
	900	70 ... 120	0,04	0,08	0,12
	1000	60 ... 100	0,04	0,08	0,12
Stahl, rost-, säure-, hitzebeständig	600	60 ... 120	0,03	0,06	0,10
Stahl, gehärtet	48 ... 64 HRC	10 ... 30	0,02	0,04	0,08
Gusseisen, Temperguss	200 ... 220 HB	80 ... 100	0,06	0,12	0,20
	220 ... 250 HB	60 ... 80	0,06	0,12	0,20
	250 ... 320 HB	40 ... 70	0,04	0,08	0,16
Kupfer	–	100 ... 180	0,02	0,04	0,08
Cu-Zn-Legierungen	–	60 ... 150	0,05	0,08	0,16

[1] Schnellarbeitsstahl   [2] Hartmetall

Winkel am Drehmeißel

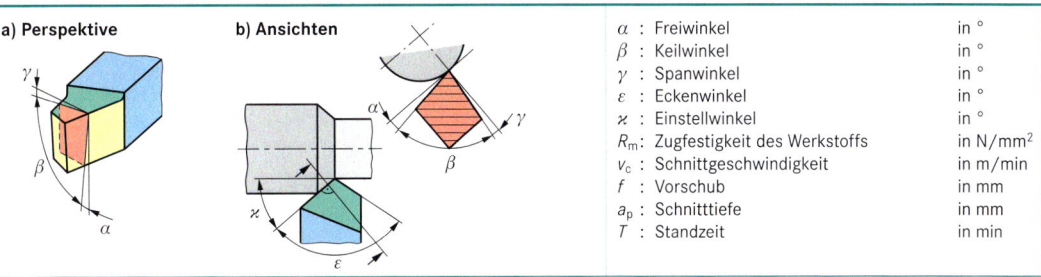

a) Perspektive **b) Ansichten**

α : Freiwinkel	in °
β : Keilwinkel	in °
γ : Spanwinkel	in °
ε : Eckenwinkel	in °
$\varkappa$: Einstellwinkel	in °
R_m : Zugfestigkeit des Werkstoffs	in N/mm²
v_c : Schnittgeschwindigkeit	in m/min
f : Vorschub	in mm
a_p : Schnitttiefe	in mm
T : Standzeit	in min

Tab. 79.1: Schnittgeschwindigkeit v_c, Vorschub f und Schnitttiefe a_p für das Drehen mit Schneidstoffen aus HSS[1]

Werkstoff	R_m in N/mm²	Schneidstoff	v_c in m/min	f in mm	a_p in mm	α in °	γ in °	T in min
Allgem. Baustähle, Einsatzstähle, Vergütungsstähle Werkzeugstähle	≤ 500	S 10-4-3-10	75 … 60	0,1	0,5	8	18	60
		S 18-1-2-10	50 … 35	1,0	6			
	500 … 700	S 10-4-3-10	70 … 50	0,1	0,5		14	
	700 … 900	S 18-1-2-10	22 … 18	1,0	6			
Automatenstähle	≤ 700	S 10-4-3-10	90 … 60	0,1	0,5	8	≤ 20	240
	> 700	S 18-1-2-10	40 … 20	0,5	6			
Stahlguss unlegiert, niedriglegierter Vergütungsstahlguss, warmfester Stahlguss	≤ 500	S 10-4-3-10	70 … 50	0,1	0,5	8	18	60
			50 … 30	0,5	3			
			35 … 25	1,0	6			
	500 … 700	S 10-4-3-10	50 … 30	0,1	0,5	8	14	60
		S 18-1-2-10	22 … 15	1,0	6			
Stahlguss, rost-, säure-, hitzebeständig	perlitisch, martensitisches Gefüge	S 10-4-3-10	25 … 20	0,1	0,5	8	14–18	60
			20 … 15	0,5	3			
			15 … 10	1,0	6			
Gusseisen	≤ 250	S 12-1-4-5	40 … 32	0,1	0,5	8	0–6	60
			32 … 23	0,3	3			
Temperguss	≤ 220	S 12-1-4-5	60 … 40	0,3	3	8	10	60
Kupfer, Kupferlegierungen	–	S 10-4-3-10	120 … 80	0,6	6	10	18–30	120
			150 … 100	0,3	3			
Kunststoffe (ohne Füllstoffe)	–	S 14-1-4-5	250 … 150	0,2	3	10	0	480
			400 … 200					

Tab. 79.2: Schnittgeschwindigkeit v_c, Vorschub f und Schnitttiefe a_p für das Drehen mit Schneidstoffen aus HM[2] (Standzeit T = 15 min)

Werkstoff	R_m in N/mm²	Hartmetall-sorte	v_c in m/min	f in mm	a_p in mm
Stahl und Stahlguss unlegiert und legiert	< 500	P 10	220 … 280	0,25	3
			180 … 230	0,5	5
	500 … 900	P 10	120 … 250	0,25	3
			90 … 200	0,5	5
	900 … 1200	P 10	100 … 150	0,25	3
			70 … 105	0,5	5
Stahl und Stahlguss hochlegiert, nichtrostend	< 900	P 25	90 … 140	0,25	3
			85 … 130		5
	> 900	P 25	60 … 90	0,25	3
			55 … 85		5
Gusseisen, Temperguss	< 700	K 10	140 … 190	0,25	3
			135 … 180		5
	> 700	K 10	100 … 120	0,25	3
			90 … 115		5
Kupfer und Kupferlegierungen	–	K 10	350 … 600	0,1	1
			300 … 500	0,25	3

[1] Schnellarbeitsstahl [2] Hartmetall

Winkel und Eingriffsgrößen am Fräser

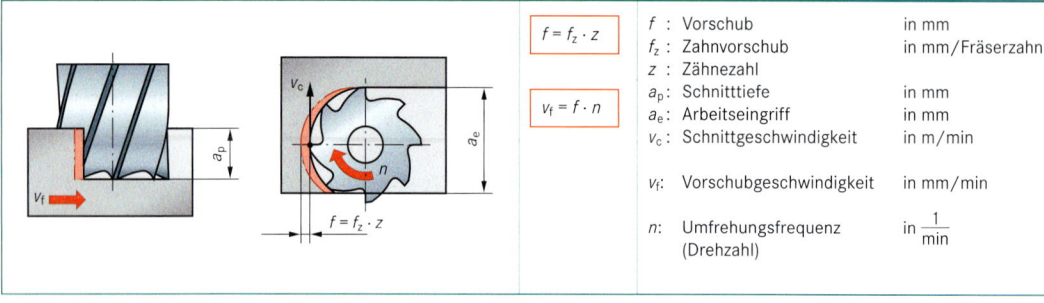

$$f = f_z \cdot z$$

$$v_f = f \cdot n$$

f : Vorschub	in mm
f_z : Zahnvorschub	in mm/Fräserzahn
z : Zähnezahl	
a_p: Schnitttiefe	in mm
a_e: Arbeitseingriff	in mm
v_c: Schnittgeschwindigkeit	in m/min
v_f: Vorschubgeschwindigkeit	in mm/min
n: Umdrehungsfrequenz (Drehzahl)	in $\frac{1}{\text{min}}$

Tab. 80.1: Schnittgeschwindigkeit v_c, Zahnvorschub f_z und Schnitttiefe a_p für das Fräsen mit HSS[1]
(Standzeit L = 15 min)

Werkstoff	R_m in N/mm²	Walzenfräser			Walzenstirnfräser			Schaftfräser		
		v_c in m/min	f_z[2] in mm	a_p in mm	v_c in m/min	f_z[2] in mm	a_p in mm	v_c in m/min	f_z[2] in mm	d in mm
Allgemeine Baustähle, Einsatzstähle, Vergütungs- stähle	< 500	33	0,22	1	30	0,22	1	28	0,1	≤ 20
		24		8	20		8	24		> 20
	500...800	33	0,18	1	30	0,18	1	24	0,08	≤ 20
		20		8	18		8	20		> 20
	850...1000	25	0,12	1	18	0,12	1	20	0,08	≤ 20
		10		8	9		8	16		> 20
Stahlguss	450...520	16	0,18	1	14	0,12	1	20	0,08	≤ 20
		12		8	10		8	18		> 20
Gusseisen	100...300	25	0,22	1	22	0,22	1	20	0,08	≤ 20
		15		8	13		8	18		> 20
	250...400	18	0,22	1	16	0,18	1	18	0,07	≤ 20
		10		8	9		8	14		> 20
Kupfer, Kupferlegierungen	–	200	0,12	1	180	0,12	1	240	0,06	≤ 20
		80		8	70		8	200		> 20

[1] Schnellarbeitsstahl
[2] Werte für Schruppbearbeitung; für Schlichtbearbeitung 0,5 f_z ... 0,6 f_z

Tab. 80.2: Schnittgeschwindigkeit v_c, Zahnvorschub f_z und Schnitttiefe a_p für das Fräsen mit HM[1]

Werkstoff	R_m in N/mm², HB	Hartmetall- sorte	v_c in m/min	f_z in mm	a_p in mm
Unlegierte Stähle (C ≤ 0,35 %)	< 500	P 25	205	0,20	1
			190		3
Unlegierte Stähle (C > 0,35 %), Legierte Stähle	500...900	P 25	125 ... 165	0,20	1
			120 ... 150		3
Legierte Stähle	< 1400	P 25	110	0,20	1
			105		3
Rost- und säurebeständige Stähle	< 600	P 25	110	0,20	1
			95		3
Gusseisen, Temperguss	190 ... 260 HB	K 10	120	0,20	1
			115		3
Kupfer und Kupferlegierungen	–	K 10	200	0,22	1
			80		8

R_m: Zugfestigkeit des Werkstoffs in N/mm²; v_c: Schnittgeschwindigkeit in m/min;
f_z : Zahnvorschub in mm/Fräserzahn; a_p: Schnitttiefe in mm;

[1] Hartmetall

Tab. 81.1: Schleifmittel   DIN ISO 525: 2000-08; DIN 848-1: 1988-03

Name	Chemische Zusammensetzung	Kurz-zeichen[1]	Mohs-Härte	Anwendung
Normalkorund	Al_2O_3 + Beimengungen	A	9	zähe Werkstoffe, ungehärteter Stahl, Stahlguss, Temperguss
Edelkorund	Al_2O_3 in kristalliner Form		9,3	harte Werkstoffe (legierter, gehärteter Stahl, Titan, Glas)
Siliziumkarbid	SiC in kristalliner Form	C	9,5	weiche Werkstoffe (Cu, Al, Kunststoffe), harte Werkstoffe (Gusseisen, Hartguss, Hartmetall, Gestein, Glas)
Bornitrid	BN in kristalliner Form	CBN	–	Werkzeugstahl, Schnellarbeitsstahl
Diamant	C in kristalliner Form	D	10	Hartmetall, Glas, Gusseisen, Abrichten von Schleifscheiben

[1] Kurzzeichen den Herstellern freigestellt

Tab. 81.2: Körnung, Härtegrad und Gefüge von Schleifkörpern   DIN ISO 525: 2000-08; DIN 848-1: 1988-03

Körnung	Körnungsnummern	Anwendung	Härtegrad	Bezeichnung	Anwendung
grob	4, 5, 6, 7, 8, 10, 12, 14, 16, 20, 22, 24	Schruppschleifen	äußerst weich	A, B, C, D	sehr harte Werkstoffe, z. B. gehärteter Stahl, Hart-metall, Gusseisen, Glas
mittel	30, 36, 40, 46, 54, 60		sehr weich	E, F, G, –	
fein	70, 80, 90, 100, 120, 150, 180, 220	Feinschleifen, ab 400 Feinstschleifen	weich	H, I, J, K	alle Metalle normaler Härte
sehr fein	230, 240, 280, 320, 400, 500, 600, 800, 1000, 12000		mittel	L, M, N, O	
Gefüge			hart	P, Q, R, S	für weiche Werkstoffe
Kennziffer	0 1 2 3 4 5 6 7 8 9 10 11 12 – 30		sehr hart	T, U, V, W	
	geschlossen (dicht) offen (porös)		äußerst hart	X, Y, Z	

Tab. 81.3: Bindungsarten von Schleifkörpern   DIN EN 12 413: 1999-06; DIN ISO 525: 2000-08

Bindungsart	Kurzzeichen	Anwendung
keramische Bindung	V	maschinelle Schleifverfahren, für alle Werkstoffe
Kunstharzbindung	B	dünne Schleifscheiben, auch Diamant- und Bornitritscheiben
Kunstharzbindung faserverstärkt	BF	für Trennschleifscheiben
Metallbindung	M	zum Schleifen von Hartmetall, Diamant- und Bornitritscheiben

Tab. 81.4: Kennzeichnung zulässiger Arbeitshöchstgeschwindigkeiten v_s DIN EN 12 413: 1999-06

Farbstreifen	1 × blau	1 × gelb	**1 × rot**	1 × grün	1 × blau + 1 × gelb	1 × blau + 1 × rot	1 × blau + 1 × grün
$v_{s\,max}$ in m/s	50	63	**80**	100	125	140	160

Tab. 81.5: Trennschleifscheiben für Winkelschleifer   DIN ISO 603-14; -16: 2000-05

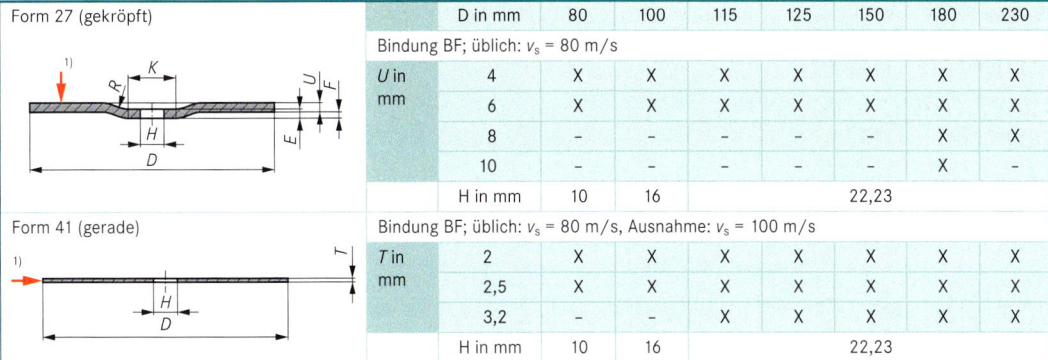

Form 27 (gekröpft)	D in mm	80	100	115	125	150	180	230
	Bindung BF; üblich: v_s = 80 m/s							
	U in mm 4	X	X	X	X	X	X	X
	6	X	X	X	X	X	X	X
	8	–	–	–	–	–	X	X
	10	–	–	–	–	–	X	–
	H in mm	10	16		22,23			
Form 41 (gerade)	Bindung BF; üblich: v_s = 80 m/s, Ausnahme: v_s = 100 m/s							
	T in mm 2	X	X	X	X	X	X	X
	2,5	X	X	X	X	X	X	X
	3,2	–	–	X	X	X	X	X
	H in mm	10	16		22,23			

Bezeichnung einer gekröpften Trennschleifscheibe Form 27, D = 125 mm, U = 4 mm, H = 22,23 mm, Schleifmittel A, Korngröße 36, Härtegrad S (hart), Gefüge 4 (dicht), Kunstharzbindung faserverstärkt BF, Arbeitshöchstgeschwindigkeit 80 m/s:
Gekröpfte Trennschleifscheibe ISO 603-14 27 – 125 x 4 x 22,23   A 36 S 4 BF – 80

[1] Belastungsrichtung

Thermisches Trennen

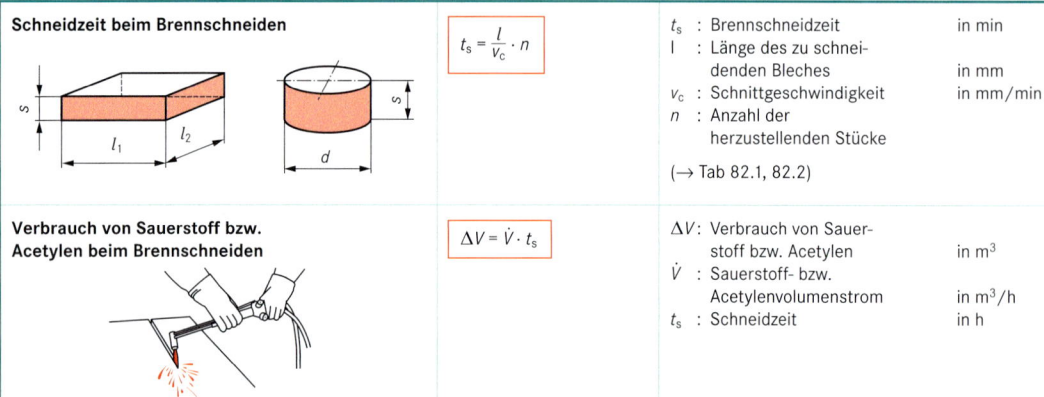

Schneidzeit beim Brennschneiden

$$t_s = \frac{l}{v_c} \cdot n$$

t_s : Brennschneidzeit — in min
l : Länge des zu schneidenden Bleches — in mm
v_c : Schnittgeschwindigkeit — in mm/min
n : Anzahl der herzustellenden Stücke

($\rightarrow$ Tab 82.1, 82.2)

Verbrauch von Sauerstoff bzw. Acetylen beim Brennschneiden

$$\Delta V = \dot{V} \cdot t_s$$

ΔV: Verbrauch von Sauerstoff bzw. Acetylen — in m^3
$\dot{V}$: Sauerstoff- bzw. Acetylenvolumenstrom — in m^3/h
t_s : Schneidzeit — in h

Tab. 82.1: Richtwerte für das Brennschneiden mit Acetylen-Sauerstoffflamme

Werkstück-dicke s in mm	Schneid-düse in mm	Sauerstoffdruck p_e in bar Heizen	Sauerstoffdruck p_e in bar Schneiden	Acetylen-druck p_e in bar	Gesamt-sauerstoff-volumenstrom $\dot{V}$ in m^3/h	Acetylen-volumen-strom $\dot{V}$ in m^3/h	Schnitt-fugen-breite b in mm	Schneidgeschwindig-keit v_c in mm/min Konstruk-tionsschnitt	Schneidgeschwindig-keit v_c in mm/min Trenn schnitt
3			2,0		1,64	0,24		730	870
5			2,0		1,67	0,27		690	840
8	3...10	2,0	2,5		1,92	0,32	1,5	640	780
10			3,0		2,14	0,34		600	740
10			2,5		2,46	0,36		620	750
15			3,0		2,67	0,37		520	690
20	10...25		3,5	0,2	2,98	0,38	1,8	450	640
25			4,0		3,20	0,40		410	600
25		2,5	4,0		3,20	0,40		410	600
30			4,3		3,42	0,42		380	570
35	25...40		4,5		3,54	0,44	2,0	360	550
40			5,0		3,85	0,45		340	530

Tab. 82.2: Richtwerte für das Plasmaschneiden

Blechdicke s in mm	Stromstärke I in A	Spannung U in V	Brenner-abstand in mm	Düsendurch-messer in mm	Schneidgasvolumenstrom $\dot{V}$ in l/min Ar	Schneidgasvolumenstrom $\dot{V}$ in l/min H$_2$	Schneidgasvolumenstrom $\dot{V}$ in l/min N$_2$	Schneidge-schwindigkeit v_c in mm/min
Werkstoff: hochlegierter Stahl (X 6 CrNiTi 18-10)								
2		95	4		10		14	2300
6	120	100		1,4	15	–	15	1200
10		110	6		20	4	–	850
20	200	120	8	2,0	25	6		680
Werkstoff: Aluminiumlegierung (EN AW-5754 [AlMg 3])								
2		100	5					2800
6	120			1,4	15	10		1600
10		110	6				–	1400
20	200	120	8	2,0	20	8		900

Tab. 82.3: Richtwerte für das Laserstrahlschneiden mit CO$_2$-Laser

Werkstoff	Werkstückdicke s in mm	Leistung P_{exi} in W	Laserstrahldurchmesser in mm	Schneidgeschwindigkeit v_c in m/min	Schneidgas
Stahl, unlegiert	1	200	0,1	30	O$_2$
	3		0,2	6	
Stahl, nichtrostend	1	200	0,1	15	O$_2$
	3	850	0,3	25	
	5			12	
PVC-U	3,2	200	0,5	12	N$_2$

Metrisches ISO-Gewinde DIN 13-1; -19: 1999-11

Bezeichnungen am Gewinde

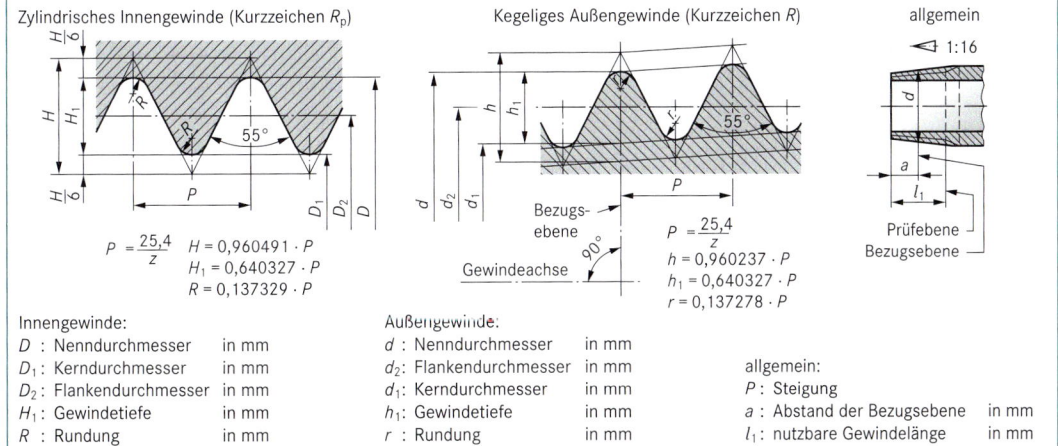

Muttergewinde (Innengewinde)

P

Durchmesser des Muttergewindes

Bolzengewinde (Außengewinde)

Durchmesser des Bolzengewindes

$d = D$

$h_3 = 0,613435 \cdot P$
$H_1 = 0,541266 \cdot P$
$R = 0,144338 \cdot P$
$d_2 = D_2 = d - 0,649519 \cdot P$
$d_3 = d - 1,226869 \cdot P$
$D_1 = d - 2 \cdot H_1$
$D_1 = d - 1,082532 \cdot P$
$S = 0,785 \cdot (d - 0,9382 \cdot P)^2$

allgemein:
P	: Steigung	in mm
R	: Rundung	in mm
S	: Spannungsquerschnitt	in mm²
SW	: Sechskantschlüsselweite	in mm

Bolzengewinde:
d	: Nenndurchmesser	in mm
d_2	: Flankendurchmesser	in mm
d_3	: Kerndurchmesser	in mm
h_3	: Gewindetiefe	in mm

Muttergewinde:
D	: Nenndurchmesser	in mm
D_1	: Kerndurchmesser	in mm
D_2	: Flankendurchmesser	in mm
H_1	: Gewindetiefe	in mm

Technische Grundlagen

Tab. 83.1: Metrische ISO-Gewinde, Regelgewinde DIN 13-1: 1999-11

Nenndurch-messer $d = D$ in mm	Steigung P in mm	Flanken-durchmesser $d_2 = D_2$ in mm	Kerndurchmesser		Gewindetiefe		Durchmesser Kernloch-bohrer in mm	Spannungs-querschnitt S in mm²	Sechskant-schlüssel-weite[1] SW in mm
			Bolzen d_3 in mm	Mutter D_1 in mm	Bolzen h_3 in mm	Mutter H_1 in mm			
M 6	1	5,350	4,773	4,917	0,613	0,541	5	20,1	10
M 8	1,25	7,188	6,466	6,647	0,767	0,677	6,8	36,6	13
M 10	1,5	9,026	8,160	8,376	0,920	0,812	8,5	58,0	16
M 12	1,75	10,863	9,853	10,106	1,074	0,947	10,2	84,3	18
M 16	2	14,701	13,546	13,835	1,227	1,083	14	157	24
M 20	2,5	18,376	16,933	17,294	1,534	1,353	17,5	245	30
M 24	3	22,051	20,319	20,752	1,840	1,624	21	353	36
M 30	3,5	27,727	25,706	26,211	2,147	1,894	26,5	561	46

[1] für Sechskantschrauben und -muttern nach DIN EN ISO 4014, 6017 bzw. 4032, 4033

Tab. 83.2: Metrische ISO-Gewinde, Feingewinde DIN 13-4; -5; -6; -7; 1999-11

Bezeichnung $d \times P$	Flankendurch-messer $d_2 = D_2$ in mm	Kerndurchmesser		Bezeichnung $d \times P$	Flankendurch-messer $d_2 = D_2$ in mm	Kerndurchmesser	
		Bolzen d_3 in mm	Mutter D_1 in mm			Bolzen d_3 in mm	Mutter D_1 in mm
M 6 × 0,75	5,513	5,080	5,188	M 16 × 1,5	15,026	14,160	14,376
M 8 × 1	7,350	6,773	6,917	M 20 × 1,5	19,026	18,160	18,376
M 10 × 0,75	9,513	9,080	9,188	M 24 × 1,5	23,026	22,160	22,376
M 12 × 1	11,350	10,773	10,917	M 24 × 2	22,701	21,546	21,835
M 14 × 1,5	13,026	12,160	12,376	M 30 × 1,5	29,026	28,160	28,376
M 16 × 1	15,350	14,773	14,917	M 30 × 2	28,701	27,546	27,835

Whitworth-Rohrgewinde für Gewinderohre und Fittings DIN EN 10 226: 2004-10

Zylindrisches Innengewinde (Kurzzeichen R_p)

Kegeliges Außengewinde (Kurzzeichen R)

allgemein

1:16

55°

55°

$P = \dfrac{25,4}{z}$
$H = 0,960491 \cdot P$
$H_1 = 0,640327 \cdot P$
$R = 0,137329 \cdot P$

Bezugs-ebene

Gewindeachse

90°

$P = \dfrac{25,4}{z}$
$h = 0,960237 \cdot P$
$h_1 = 0,640327 \cdot P$
$r = 0,137278 \cdot P$

Prüfebene
Bezugsebene

Innengewinde:
D	: Nenndurchmesser	in mm
D_1	: Kerndurchmesser	in mm
D_2	: Flankendurchmesser	in mm
H_1	: Gewindetiefe	in mm
R	: Rundung	in mm

Außengewinde:
d	: Nenndurchmesser	in mm
d_2	: Flankendurchmesser	in mm
d_1	: Kerndurchmesser	in mm
h_1	: Gewindetiefe	in mm
r	: Rundung	in mm

allgemein:
P	: Steigung	
a	: Abstand der Bezugsebene	in mm
l_1	: nutzbare Gewindelänge	in mm

Tab. 84.1: Whitworth-Rohrgewinde

DIN ISO 228-1: 2003-05; DIN EN 10 226: 2004-10

Gewindebezeichnung DIN ISO 228-1 Außen- und Innengewinde	DIN EN 10 226-1 Außengewinde	DIN EN 10 226-1 Innengewinde	Außendurchmesser $d = D$	Flankendurchmesser $d_2 = D_2$	Kerndurchmesser $d_1 = D_1$	Steigung P	Anzahl der Teilungen auf 25,4 mm Z	Profilhöhe $h = h_1 = H_1$	Nutzbare Länge des Außengewindes ≥
G 1/16	R 1/16	Rp 1/16	7,72	7,14	6,56	0,91	28	0,58	6,5
G 1/8	R 1/8	Rp 1/8	9,73	9,15	8,57	0,91	28	0,58	6,5
G 1/4	R 1/4	Rp 1/4	13,16	12,30	11,45	1,34	19	0,86	9,7
G 3/8	R 3/8	Rp 3/8	16,66	15,81	14,95	1,34	19	0,86	10,1
G 1/2	R 1/2	Rp 1/2	20,96	19,79	18,63	1,81	14	1,16	13,2
G 3/4	R 3/4	Rp 3/4	26,44	25,28	24,12	1,81	14	1,16	14,5
G 1	R 1	Rp 1	33,25	31,77	30,29	2,31	11	1,48	16,8
G 1 1/4	R 1 1/4	Rp 1 1/4	41,91	40,43	38,95	2,31	11	1,48	19,1
G 1 1/2	R 1 1/2	Rp 1 1/2	47,80	46,32	44,85	2,31	11	1,48	19,1
G 2	R 2	Rp 2	59,61	58,14	56,66	2,31	11	1,48	23,4
G 2 1/2	R 2 1/2	Rp 2 1/2	75,18	73,71	72,23	2,31	11	1,48	26,7
G 3	R 3	Rp 3	87,88	86,41	84,93	2,31	11	1,48	29,8
G 4	R 4	Rp 4	113,03	111,55	110,07	2,31	11	1,48	35,8
G 5	R 5	Rp 5	138,43	136,95	135,37	2,31	11	1,48	40,1
G 6	R 6	Rp 6	163,83	162,35	160,87	2,31	11	1,48	40,1

Mechanische Eigenschaften von Schrauben

DIN EN ISO 898-1: 2009-08; DIN EN ISO 3506-1: 1998-03

Beispiele: Unlegierte und legierte Stähle
DIN EN ISO 898-1

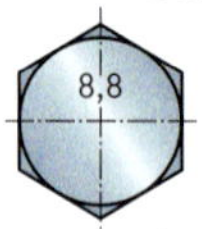

erste Ziffer · **100** = Zugfestigkeit R_m in N/mm²

erste Ziffer · zweite Ziffer · **10** = Streckgrenze R_e bzw. 0,2 % – Dehngrenze in N/mm²

Nichtrostende Stähle
DIN EN ISO 3506-1

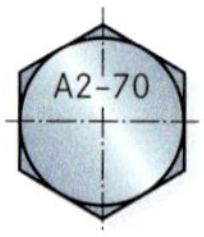

Stahlgefüge: **A** = austenitisch, **C** = martinsitisch
Stahlgruppe: **2** oder **3** = legiert mit Cr, Ni
4 oder **5** = legiert mit Cr, Ni, Mo
Zugfestigkeit: R_m = **70** · **10** = 700 N/mm²

Tab. 84.2: Mechanische Eigenschaften von Schrauben (Festigkeitsklassen)

Werkstoffkennwerte	Festigkeitsklassen für Schrauben aus unlegierten und legierten Stählen							nichtrostenden Stählen			
	4.6	5.6	6.8	8.8	9.8	10.9	12.9	A2-50	A4-50	A2-70	C3-80
Zugfestigkeit R_m in N/mm²	400	500	600	800	900	1000	1200	500	500	700	800
Streckgrenze R_e in N/mm²	240	300	480	640[1)]	720[1)]	900[1)]	1080[1)]	210[1)]	210[1)]	450[1)]	640[1)]
Bruchdehnung A in %	22	20	–	12	10	9	8	20	20	13	12

[1)] 0,2 %-Dehngrenze in N/mm²

Tab. 84.3: Mechanische Eigenschaften von Muttern mit Regelgewinde und zugehörige Schrauben

DIN EN ISO 3506-2: 1998-03;
DIN EN 20 898-2: 1994-02

Mutterhöhe		$m \geq 0{,}8\,d$									
Festigkeitsklasse		A2-50	A4-70	4	5		6	8	9	10	12
Prüfspannung in N/mm²		500	700	510	520 … 630		600 … 720	800 … 920	900 … 950	1040 … 1060	1140 … 1200
Gewindebereich		≤ M 39	≤ M 39	> M 16	≤ M 16	≤ M 39			≤ M 16[1)]	≤ M 39	≤ M 16
zugehörige Schraube	Festigkeitsklasse	A2-50	A4-70	3.6 4.6 4.8	3.6 4.6 4.8	5.6 5.8	6.8	8.8	9.8	10.9	12.9
	Gewindebereich	≤ M 39	≤ M 39	> M 16	≤ M 16	≤ M 39	≤ M 39	≤ M 39	≤ M 16	≤ M 39	≤ M 39

[1)] nur Mutter Typ 2 (Typ 2 etwa 10 % höher als Typ 1)

Tab. 84.4: Durchgangsbohrungen für Schrauben

DIN EN 20 273: 1992-02

Gewindenenndurchmesser		M 6	M 8	M 10	M 12	M 16	M 20	M 24	M 30
Durchgangsbohrungsdurchmesser bei Toleranzklasse	fein	6,4	8,4	10,5	13,0	17,0	21,0	25,0	31,0
	mittel	6,6	9,0	11,0	13,5	17,5	22,0	26,0	33,0
	grob	7,0	10,0	12,0	14,5	18,5	24,0	28,0	35,0

Tab. 85.1: Sechskantschrauben mit metrischem Regelgewinde
mit Schaft: DIN EN ISO 4014: 2001-03   mit Gewinde bis Kopf: DIN EN ISO 4017: 2001-03

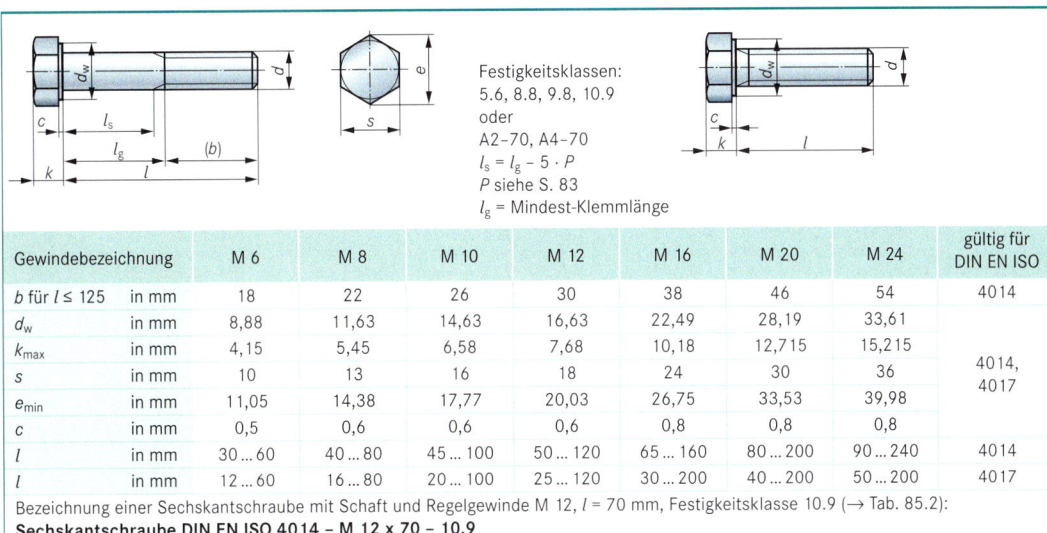

Festigkeitsklassen:
5.6, 8.8, 9.8, 10.9
oder
A2–70, A4–70
$l_s = l_g - 5 \cdot P$
P siehe S. 83
l_g = Mindest-Klemmlänge

Technische
Grundlagen

Gewindebezeichnung		M 6	M 8	M 10	M 12	M 16	M 20	M 24	gültig für DIN EN ISO
b für $l \leq 125$	in mm	18	22	26	30	38	46	54	4014
d_w	in mm	8,88	11,63	14,63	16,63	22,49	28,19	33,61	
k_{max}	in mm	4,15	5,45	6,58	7,68	10,18	12,715	15,215	
s	in mm	10	13	16	18	24	30	36	4014, 4017
e_{min}	in mm	11,05	14,38	17,77	20,03	26,75	33,53	39,98	
c	in mm	0,5	0,6	0,6	0,6	0,8	0,8	0,8	
l	in mm	30 … 60	40 … 80	45 … 100	50 … 120	65 … 160	80 … 200	90 … 240	4014
l	in mm	12 … 60	16 … 80	20 … 100	25 … 120	30 … 200	40 … 200	50 … 200	4017

Bezeichnung einer Sechskantschraube mit Schaft und Regelgewinde M 12, l = 70 mm, Festigkeitsklasse 10.9 (→ Tab. 85.2):
Sechskantschraube DIN EN ISO 4014 – M 12 x 70 – 10.9

Tab. 85.2: Sechskantmuttern mit metrischem Regelgewinde

Typ 1: DIN EN ISO 4032: 2001-03   **Typ 2: DIN EN ISO 4033: 2001-03**

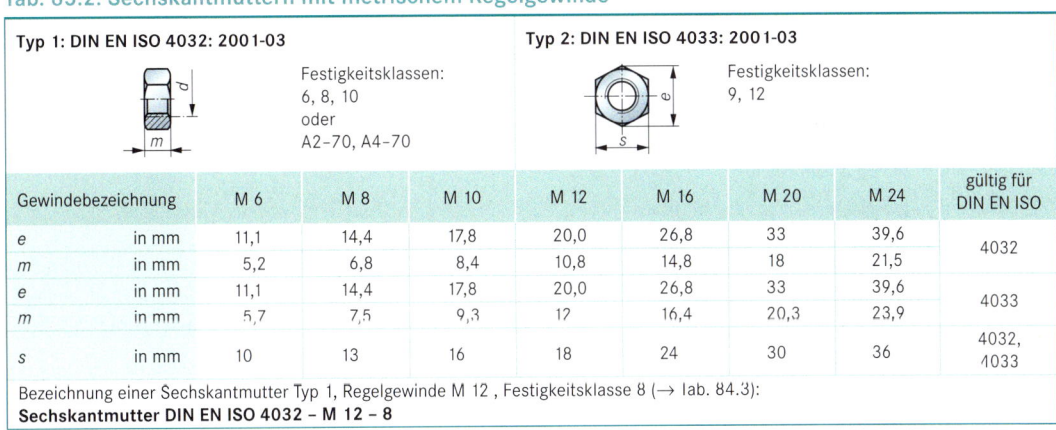

Festigkeitsklassen:
6, 8, 10
oder
A2–70, A4–70

Festigkeitsklassen:
9, 12

Gewindebezeichnung		M 6	M 8	M 10	M 12	M 16	M 20	M 24	gültig für DIN EN ISO
e	in mm	11,1	14,4	17,8	20,0	26,8	33	39,6	4032
m	in mm	5,2	6,8	8,4	10,8	14,8	18	21,5	
e	in mm	11,1	14,4	17,8	20,0	26,8	33	39,6	4033
m	in mm	5,7	7,5	9,3	12	16,4	20,3	23,9	
s	in mm	10	13	16	18	24	30	36	4032, 4033

Bezeichnung einer Sechskantmutter Typ 1, Regelgewinde M 12 , Festigkeitsklasse 8 (→ Tab. 84.3):
Sechskantmutter DIN EN ISO 4032 – M 12 – 8

Tab. 85.3: Flache Scheiben mit Fase, normale Reihe, Produktklasse A   DIN EN ISO 7090: 2000-11

Nenngröße	5	6	8	10	12	16	20
Gewindenenn-Ø	M5	M6	M8	M10	M12	M16	M20
d_{1min} (Nennmaß)	5,3	6,4	8,4	10,5	13,0	17,0	21,0
d_{2max} (Nennmaß)	10,0	12,0	16,0	20,0	24,0	30,0	37,0
h	0,9–1,1	1,4–1,8	1,4–1,8	1,8–2,2	2,3–2,7	2,7–3,3	2,7–3,3
Nenngröße	24	30	36	42	48	56	64
Gewindenenn-Ø	M24	M30	M36	M42	M48	M56	M64
d_{1min} (Nennmaß)	25,0	31,0	37,0	45,0	52,0	62,0	70,0
d_{2max} (Nennmaß)	44,0	56,0	66,0	78,0	92	105,0	115,0
h	3,7–4,3	3,7–4,3	4,4–5,6	7–9	7–9	9–11	9–11
Werkstoffe[1]	Stahl			nichtrostender Stahl			
Stahlsorte	–			A2, A4, F1, C1, C4 (ISO 3506-1)			
Härteklasse	200 HV	300 HV (vergütet)		200 HV			

Anwendungsbereiche für
Härteklasse 200 HV:
- Sechskantschrauben mit Festigkeitsklassen ≤ 8.8
- Sechskantmuttern mit Festigkeitsklassen ≤ 8
- Sechskantschrauben und -muttern aus nichtrostendem Stahl

Härteklasse 300 HV:
- Sechskantschrauben mit Festigkeitsklassen ≤ 10.9
- Sechskantmuttern mit Festigkeitsklassen ≤ 10

Bezeichnung einer flachen Scheibe mit Fase, Produktklasse A, mit der Nenngröße 10 aus nichtrostendem Stahl der Stahlsorte A4, Härteklasse 200 HV: **Scheibe DIN EN ISO 7090 – 10 – 200 HV – A 4**
[1] andere Metalle nach Vereinbarung

Tab. 86.1: Scheiben vierkant, keilförmig

für U-Träger: DIN 434: 2000-04

für I-Träger: DIN 435: 2000-01

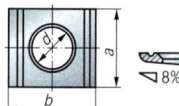
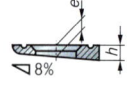
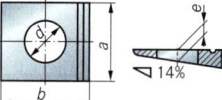

Scheiben für Schraubenverbindungen
bis Festigkeitsklasse 5.6

| 8 % | $e = h - 0,04 \cdot b$ |
| 14 % | $e = h - 0,07 \cdot b$ |

zwei eingewalzte Rillen: Neigung = 8 % (+/− 0,5 %)

eine eingewalzte Rille: Neigung = 14 % (+/− 0,5 %)

für Gewinde		M 8	M 10	M 12	M 16	M 20	M 22	M 24	M 27	M 30	gültig für DIN
d	in mm	9	11	13,5	17,5	22	24	26	30	30	434
a	in mm	22	22	26	32	40	44	56	56	56	und
b	in mm	22	22	30	36	44	50	56	56	56	435
h	in mm	3,8	3,8	4,9	5,9	7	8	8,5	8,5	8,5	434
e	in mm	2,9	2,9	3,7	4,45	5,25	6	6,26	6,26	6,26	
h	in mm	4,6	4,6	6,2	7,5	9,2	10	10,8	10,8	10,8	435
e	in mm	3,05	3,05	4,1	5	6,1	6,5	6,9	6,9	6,9	

Bezeichnung einer Scheibe für U-Träger mit d = 22 mm: **U-Scheibe DIN 434-22**

Tab. 86.2: Senk- und Linsensenk-Blechschrauben mit Kreuzschlitz

DIN EN ISO 7050, 7051: 1990-08

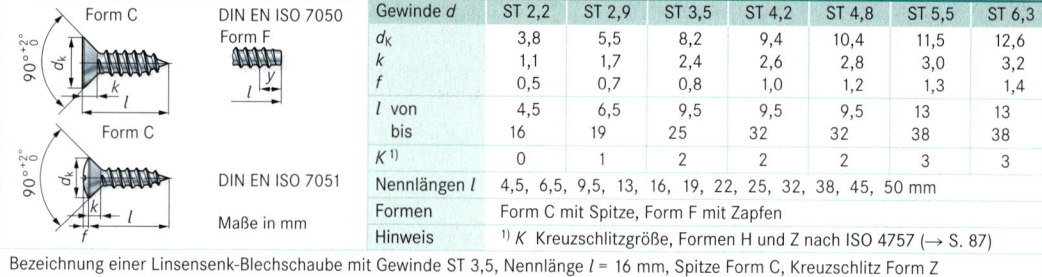

DIN EN ISO 7050
Form F

DIN EN ISO 7051

Maße in mm

Gewinde d	ST 2,2	ST 2,9	ST 3,5	ST 4,2	ST 4,8	ST 5,5	ST 6,3
d_K	3,8	5,5	8,2	9,4	10,4	11,5	12,6
k	1,1	1,7	2,4	2,6	2,8	3,0	3,2
f	0,5	0,7	0,8	1,0	1,2	1,3	1,4
l von	4,5	6,5	9,5	9,5	9,5	13	13
bis	16	19	25	32	32	38	38
K [1]	0	1	2	2	2	3	3
Nennlängen l	4,5, 6,5, 9,5, 13, 16, 19, 22, 25, 32, 38, 45, 50 mm						
Formen	Form C mit Spitze, Form F mit Zapfen						
Hinweis	[1] K Kreuzschlitzgröße, Formen H und Z nach ISO 4757 (→ S. 87)						

Bezeichnung einer Linsensenk-Blechschaube mit Gewinde ST 3,5, Nennlänge l = 16 mm, Spitze Form C, Kreuzschlitz Form Z

Werkstoff: Stahl nach ISO 2702

Blechschraube ISO 7051 – ST 3,5 x 16 – C - Z

Tab. 86.3: Linsen-Blechschrauben mit Kreuzschlitz

DIN EN ISO 7049: 1990-08

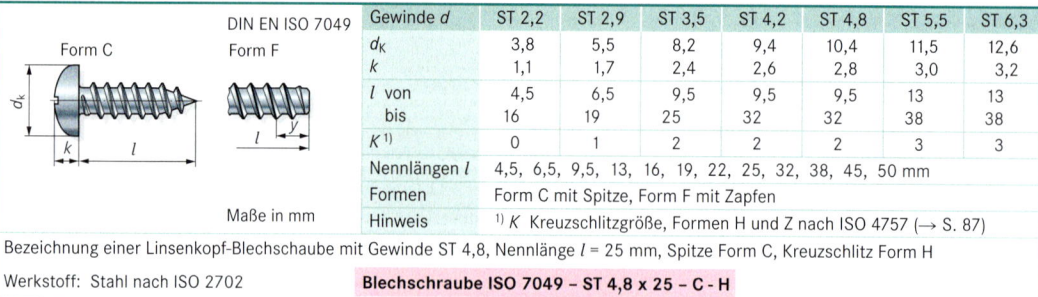

DIN EN ISO 7049
Form F

Maße in mm

Gewinde d	ST 2,2	ST 2,9	ST 3,5	ST 4,2	ST 4,8	ST 5,5	ST 6,3
d_K	3,8	5,5	8,2	9,4	10,4	11,5	12,6
k	1,1	1,7	2,4	2,6	2,8	3,0	3,2
l von	4,5	6,5	9,5	9,5	9,5	13	13
bis	16	19	25	32	32	38	38
K [1]	0	1	2	2	2	3	3
Nennlängen l	4,5, 6,5, 9,5, 13, 16, 19, 22, 25, 32, 38, 45, 50 mm						
Formen	Form C mit Spitze, Form F mit Zapfen						
Hinweis	[1] K Kreuzschlitzgröße, Formen H und Z nach ISO 4757 (→ S. 87)						

Bezeichnung einer Linsenkopf-Blechschaube mit Gewinde ST 4,8, Nennlänge l = 25 mm, Spitze Form C, Kreuzschlitz Form H

Werkstoff: Stahl nach ISO 2702

Blechschraube ISO 7049 – ST 4,8 x 25 – C - H

Tab. 86.4: Kernlochdurchmesser für Blechschrauben (Auszug)

Blechdicke s in mm		Kernlochdurchmesser d für Blechschraubengewinde in mm						
Von	bis	ST 2,2	ST 2,9	ST 3,5	ST 4,2	ST 4,8	ST 5,5	ST 6,3
0 ... 0,5		1,6	2,2	2,6	–	–	–	–
0,6 ... 0,8		1,7	2,3	2,7	3,2	3,7	–	–
0,9 ... 1,1		1,8	2,4	2,8	3,2	3,7	4,9	6,4
1,2 ... 1,4		1,8	2,4	2,8	3,3	3,9	4,9	6,4
1,5 ... 1,7		–	2,5	2,9	3,5	3,9	5,0	6,5
1,8 ... 2,0		–	2,6	3,0	3,5	4,0	5,2	6,7
2,0 ... 2,5		–	–	3,0	3,5	4,0	5,3	6,8
2,6 ... 3,0		–	–	3,0	3,8	4,1	5,3	6,8
3,1 ... 3,5		–	–	–	3,9	4,3	5,8	7,2

Tab. 87.1: Kombi-Blechschrauben mit flachen Scheiben — DIN EN ISO 10 510: 1999-12

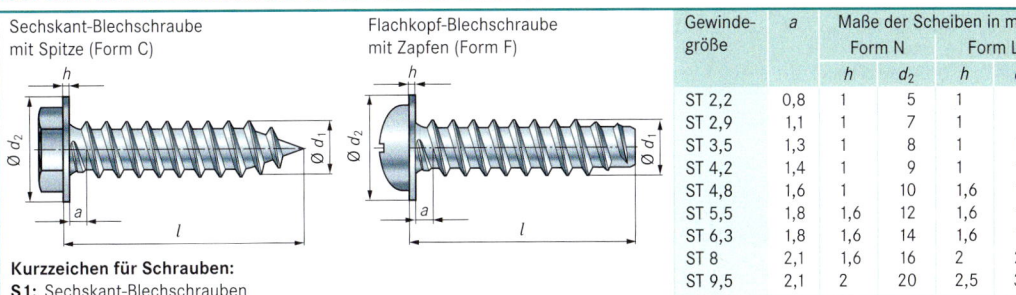

Sechskant-Blechschraube mit Spitze (Form C)

Flachkopf-Blechschraube mit Zapfen (Form F)

Gewinde-größe	a	Maße der Scheiben in mm			
		Form N		Form L	
		h	d_2	h	d_2
ST 2,2	0,8	1	5	1	7
ST 2,9	1,1	1	7	1	9
ST 3,5	1,3	1	8	1	11
ST 4,2	1,4	1	9	1	12
ST 4,8	1,6	1	10	1,6	15
ST 5,5	1,8	1,6	12	1,6	15
ST 6,3	1,8	1,6	14	1,6	18
ST 8	2,1	1,6	16	2	24
ST 9,5	2,1	2	20	2,5	30

Kurzzeichen für Schrauben:
S1: Sechskant-Blechschrauben
S2: Linsenkopf-Blechschrauben mit Kreuzschlitz
S3: Flachkopf-Blechschrauben mit Schlitz

Kurzzeichen für Scheiben:
Form N: Außendurchmesser, normal
Form L: Außendurchmesser, groß
Nennlängen l: 4,5, 6,5, 9,5, 13, 16, 19, 22, 25, 32, 38, 45

Bezeichnung einer Kombi-Blechschraube mit Sechskantkopf (S1), Gewindegröße ST 4,2, Nennlänge l = 16 mm mit Spitze (C) und einer flachen Scheibe normale Reihe (N)

Kombi-Blechschraube ISO 10 510 – ST 4,2 x 16 – C - S1 – N

Tab. 87.2: Bohrschrauben mit Blechschraubengewinde — DIN EN ISO 15 480 … 15 483: 2000-02

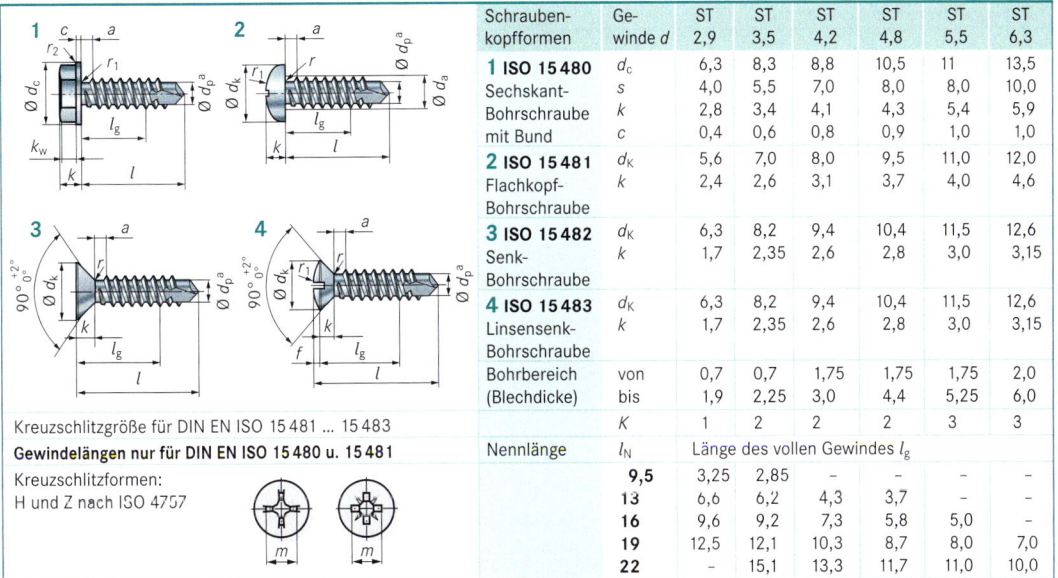

Schrauben-kopfformen	Ge-winde d	ST 2,9	ST 3,5	ST 4,2	ST 4,8	ST 5,5	ST 6,3
1 ISO 15 480	d_c	6,3	8,3	8,8	10,5	11	13,5
Sechskant-	s	4,0	5,5	7,0	8,0	8,0	10,0
Bohrschraube	k	2,8	3,4	4,1	4,3	5,4	5,9
mit Bund	c	0,4	0,6	0,8	0,9	1,0	1,0
2 ISO 15 481	d_k	5,6	7,0	8,0	9,5	11,0	12,0
Flachkopf-Bohrschraube	k	2,4	2,6	3,1	3,7	4,0	4,6
3 ISO 15 482	d_K	6,3	8,2	9,4	10,4	11,5	12,6
Senk-Bohrschraube	k	1,7	2,35	2,6	2,8	3,0	3,15
4 ISO 15 483	d_K	6,3	8,2	9,4	10,4	11,5	12,6
Linsensenk-Bohrschraube	k	1,7	2,35	2,6	2,8	3,0	3,15
Bohrbereich	von	0,7	0,7	1,75	1,75	1,75	2,0
(Blechdicke)	bis	1,9	2,25	3,0	4,4	5,25	6,0

Kreuzschlitzgröße für DIN EN ISO 15 481 … 15 483

	K	1	2	2	2	3	3

Gewindelängen nur für DIN EN ISO 15 480 u. 15 481

Kreuzschlitzformen:
H und Z nach ISO 4757

Nennlänge	l_N	Länge des vollen Gewindes l_g					
	9,5	3,25	2,85	–	–	–	–
	13	6,6	6,2	4,3	3,7	–	–
	16	9,6	9,2	7,3	5,8	5,0	–
	19	12,5	12,1	10,3	8,7	8,0	7,0
	22	–	15,1	13,3	11,7	11,0	10,0

Nennlängen l_N: 9,5, 13, 16, 19, 22, 25, 32, 38, 45, 50
Schraubenwerkstoff: Stahl nach ISO 10 666

Bezeichnung einer Linsensenk-Bohrschraube mit Gewinde ST 3,5, Nennlänge l = 22 mm und Kreuzschlitz Form Z

Bohrschraube ISO 15 483 – ST 3,5 x 22 – Z

Tab. 87.3: Blindniete mit Sollbruchdorn — DIN 7337: 1991-08

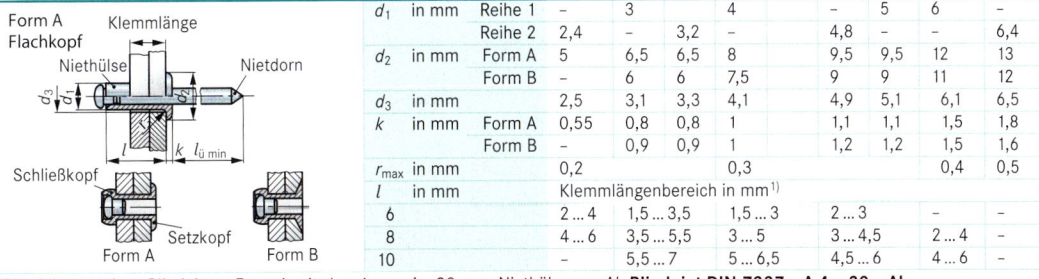

Form A Flachkopf
Klemmlänge
Niethülse
Nietdorn
Schließkopf
Setzkopf
Form A   Form B

d_1	in mm	Reihe 1	–	3		4	–	5	6	–
		Reihe 2	2,4	–	3,2	–	4,8	–	–	6,4
d_2	in mm	Form A	5	6,5	6,5	8	9,5	9,5	12	13
		Form B	–	6	6	7,5	9	9	11	12
d_3	in mm		2,5	3,1	3,3	4,1	4,9	5,1	6,1	6,5
k	in mm	Form A	0,55	0,8	0,8	1	1,1	1,1	1,5	1,8
		Form B	–	0,9	0,9	1	1,2	1,2	1,5	1,6
r_{max}	in mm		0,2			0,3			0,4	0,5
l	in mm		Klemmlängenbereich in mm [1]							
	6		2 … 4	1,5 … 3,5	1,5 … 3		2 … 3		–	–
	8		4 … 6	3,5 … 5,5	3 … 5		3 … 4,5		2 … 4	–
	10		–	5,5 … 7	5 … 6,5		4,5 … 6		4 … 6	–

Bezeichnung eines Blindnietes Form A mit d_1 = 4 mm, l = 20 mm, Niethülse aus Al: **Blindniet DIN 7337 – A 4 x 20 – Al**
[1] Niethülse aus Al, Nietdorn aus Stahl

Technische Grundlagen

Tab. 88.1: Übersicht über die Lötverfahren

DIN EN ISO 4063: 2000-04

Kennzahl	Verfahren	Kennzeichen[1]	Kennzahl	Verfahren	Kennzeichen[1]
91	**Hartlöten**	HL	94	**Weichlöten**	WL
912	Flamm**hart**löten	HL – FL	942	Flamm**weich**löten	WL – FL
916	Induktions**hart**löten	HL – IL	948	Widerstands**weich**löten	WL – WD
918	Widerstands**hart**löten	HL – WD	952	Kolben**weich**löten	WL – KO

[1] nach DIN 8505-3　　　[2] Ofenlöten mit Flussmittel

Tab. 88.2: Flussmittel zum Weichlöten – Bezeichnungsstruktur

DIN EN 29 454-1: 1994-02

Flussmitteltyp		Flussmittelbasis			Flussmittelaktivator			Flussmittelart	
1	Harz	1	Kolofonium (Harz)		1	ohne Aktivator			
		2	ohne Kolofonium (Harz)		2	mit Halogenen aktiviert			
2	organisch	1	wasserlöslich		3	ohne Halogene aktiviert		A	flüssig
		2	nicht wasserlöslich						
3	anorganisch	1	Salze		1	mit Ammoniumchlorid		B	fest
					2	ohne Ammoniumchlorid			
		2	Säuren		1	Phosphorsäure		C	Paste
					2	andere Säuren			
		3	alkalisch		1	Amine und/oder Ammoniak			

Bezeichnung für ein nicht wasserlösliches, organisches, ohne Halogene aktiviertes Flussmittel als Paste:
Flussmittel DIN EN 29 454 – 2.2.3.C

Tab. 88.3: Flussmittel zum Weichlöten

DIN EN 29 454-1: 1994-02

Kurzzeichen nach		Rückstände wirken	Verwendung
DIN EN 29 454 (neu)	DIN 8511-2 (alt)		
3.2.2...	F – SW11	stark korrosiv	Löten von Titanzink, Bauklempnerei
3.1.1...	F – SW12		Löten von Kupfer
3.2.1...	F – SW13		Löten von Kupfer und Kupferlegierungen
3.1.1...	F – SW21	bedingt korrosiv	Kupferrohrinstallation, Klempnerei
3.1.2...	F – SW22		Kupferrohrinstallation
2.1.2...	F – SW25		
1.1.1...	F – SW31	nicht korrosiv	Bleilötungen, Bauklempnerei

Tab. 88.4: Weichlote für Installations- und Klempnerarbeiten

DIN EN ISO 9453: 2006-12

Kurzzeichen[1]	Leg. Nr. nach ISO 9453	Schmelztemperatur ϑ_{Fl} in °C	Verwendung
S – Sn99Cu1	401	227	Kupferrohrinstallation
S – Sn97Cu3	402	227 ... 310	Kupferrohrinstallation, Klempnerarbeiten
S – Sn96Ag4	701	221 ... 228	Kupferrohrinstallation, Kältetechnik
S – Sn97Ag3	702	221 ... 224	
S – Pb70Sn30	116	183 ... 255	Blech- und Klempnerarbeiten
S – Pb60Sn40	114	183 ... 238	

[1] Vorsatz „S": solder (engl.) = Lot nach ISO 3677　　[2] Legierung annähernd mit der neuen Legierung vergleichbar

Tab. 88.5: Flussmittel zum Hartlöten

DIN EN 1045: 1997-08

Typ nach DIN		Wirktempera-turbereich	Bemerkung und Verwendung	Entfernung der Rückstände
EN 1045	8511-1			
für Leichtmetalle (Aluminium und Aluminiumlegierungen)				
FL 10	F – LH 1	400 ... 700	auf Basis hygroskopischer Chloride und Fluoride	abwaschen oder abbeizen
FL 20	F – LH 2	400 ... 700	auf Basis nichthygroskopischer Chloride und Fluoride	allgemein nicht, Lötstelle vor Wasser schützen
für Schwermetalle (Stähle, Kupfer und Kupferlegierungen, Nickel und Nickellegierungen, Edelmetalle)				
FH 10	F – SH 1	550 ... 800	Vielzweckflussmittel	abwaschen oder abbeizen
FH 11	F – SH 1a		Löten von Cu-Al-Legierungen	
FH 12	–	550 ... 850	Löten von rostfreien Stählen und Hartmetallen	
FH 20	–	700 ... 1000	Vielzweckflussmittel	allgemein nicht, mechanisch oder abbeizen
FH 21	F – SH 2	750 ... 1100		
FH 30	F – SH 3	> 1000	bei Kupfer- und Nickelloten	
FH 40	F – SH 4	600 ... 1000	wenn andere FH-Flussmittel wegen Borhaltigkeit nicht erlaubt sind	abwaschen oder abbeizen

Tab. 89.1: Hartlote[1]

DIN EN 1044: 1999-07

Kurzzeichen nach DIN		Werkstoff-nummer	Solidus-temperatur ϑ_S in °C	Liquidus-temperatur ϑ_L in °C	verwendbare Grundwerkstoffe	Form der Lötstelle	Art der Lotzufuhr
EN 1044	8513						
CU – 301	L – CuZn40	2.0367	875	895	Stahl, Temperguss, Cu und Cu-Legierungen (ϑ_{Fl} > 950 °C), Ni und Ni-Legierungen	Spalt, Fuge	angesetzt oder eingelegt
CP – 203	L – CuP6	2.1462	710	760...890[2]	Cu, Cu-Zn und Cu-Sn-Legierungen, Bauklempnerei		
CP – 105	L – Ag2P	2.1467	645	740...825[2]			
AG – 104	L – Ag45Sn	2.5158	640	680	Stahl, Temperguss, Cu und Cu-Legierungen, Ni und Ni-Legierungen	Spalt	
AG – 203	L – Ag44	2.5147	675	735			
AG – 106	L – Ag34Sn	2.5157	630	730			
AG – 306	L – Ag30Cd	2.5145	600	690			
AG – 304	L – Ag40Cd	2.5141	595	630			

[1] In der Trinkwasserinstallation ist das Hartlöten von Kupferrohren bis zur Dimension 28 × 1,5 verboten!
[2] minimale Hartlöttemperatur

Tab. 89.2: Typische Lötverbindungen in der Versorgungstechnik

zu verbinden			Lötver-fahren	Lot	Flussmittel	Arbeits-temperatur ϑ_a in °C	Entfernung der Flussmittel-rückstände
Werkstoff 1	mit	Werkstoff 2					
Kupfer	Kupfer		HL – FL	CP – 203	ohne	730	–
				AG – 203	FH 10, FH 11		abwaschen
	Kupfer		WL – FL	S-Sn97Cu3	3.1.1.	227...310	
				Weichlotpaste S-Sn97Cu3	ohne		–
	Kupfer		WL – KO	S-Sn97Cu3	3.1.2., 2.1.2.	227...310	
	Cu-Zn-Legierung, Cu-Zn-Sn-Legierung		HL – FL	CP – 105	FH 10, FH 11	710	abwaschen
	Cu-Zu-Legierung, Cu-Zn-Sn-Legierung		WL – FL	S-Sn97Ag3	3.1.2., 2.1.2.	221...224	
				Weichlotpaste S-Sn97Cu3	ohne	230...224	–
Stahl	Stahl, Kupfer		HL – FL	AG – 306	FH 10, FH 11	680	abwaschen
	Cu-Zn-Legierung, Cu-Zn-Sn-Legierung		HL – FL	AG – 304		610	
Zink, verzinktes Stahlblech	Zink, verzinktes Stahlblech		WL – KO	S-Pb60Sn40	3.2.2.	183...238	
Blei	Blei		WL – KO	S-Pb70Sn30	1.1.1.	186...255	nicht nötig

Tab. 89.3: Übersicht über die Schweißverfahren zum Metallschweißen

DIN EN ISO 4063: 2000-04

Kennzahl	Verfahren	Kennzeichen	Kennzahl	Verfahren	Kennzeichen
111	Lichtbogenhandschweißen	E[1]	151	Plasma-Metall-Schutzgasschweißen	MSGP[2]
131	Metall-Inertgasschweißen	MIG[2]	–	Plasmastrahlschweißen	WPS[2]
135	Metall-Aktivgasschweißen	MAG[2]	311	Gasschweißen, Acetylen-Sauerstoff-Flamme	G[1]
141	Wolfram-Inertgasschweißen	WIG[2]	312	Gasschweißen, Propan-Sauerstoff-Flamme	
15	Plasmaschweißen	WP[2]	313	Gasschweißen, Wasserstoff-Sauerstoff-Flamme	
12	Unterpulverschweißen	UP[2]	21	Widerstandspunktschweißen	–
			52	Laserstrahlschweißen	–

[1] nach DIN 1910-2: 1977-08   [2] nach DIN 1910-4: 1991-04

Technische Grundlagen

Tab. 90.1: Arbeitspositionen beim Schweißen

DIN EN ISO 6947: 1997-05

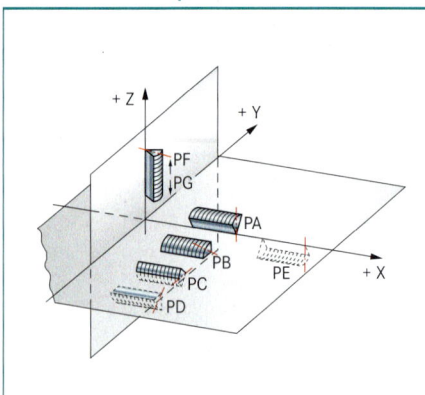

Benennung	Kurzzeichen nach		Beschreibung
	DIN EN ISO	bisher	
Wannen-position	PA	w	waagerechtes Arbeiten, Nahtmittellinie senkrecht, Decklage oben
Horizontal-position	PB	h	horizontales Arbeiten, Decklage nach oben
Steigposition	PF	s	steigendes Arbeiten
Fallposition	PG	f	fallendes Arbeiten
Querposition	PC	q	waagerechtes Arbeiten, Nahtmittellinie horizontal
Überkopf-position	PE	ü	waagerechtes Arbeiten, Überkopf, Nahtmittellinie senkrecht, Decklage unten
Horizontale Überkopfposition	PD	hü	horizontales Arbeiten, Überkopf, Decklage nach unten

Tab. 90.2: Allgemeine Kennzeichnung für Gase und Gasgemische

DIN EN 1089-3: 2004-06

Eigenschaften	giftig und/oder korrosiv (z. B. Kohlenmonoxid)	brennbar (z. B. Methan, Propan)	oxidierend (z. B. Lachgas)	inert (z B. Krypton)
Kennfarbe der Fl.-Schulter	gelb	rot	hellblau	leuchtendes Grün

Tab. 90.3: Spezielle Kennzeichnung für gebräuchliche Gase

DIN EN 1089-3: 2004-06

Gasart	Kennfarbe[1]		Ventilanschluss DIN 477-1	Volumen V_{Fl} in l	Druck $p_{e\,max}$ in bar	Füll-menge[2]
	Fl.-schulter	alt				
Sauerstoff	weiß	blau	G 3/4	10 / 40 / 50	200 / 150 / 200	2000 l / 6000 l / 10 000 l
Acetylen	kastanien-braun	gelb	Spannbügel	40 / 50	18 / 19	6,3 kg / 10 kg
Wasserstoff	rot	rot	W 21,80 × 1/14[3] – LH[4]	10 / 50	200	1800 l / 8900 l
Stickstoff	schwarz	grün	W 24,32 × 1/14[3]	40 / 50	150 / 200	6000 l / 10 000 l
Kohlendioxid	grau			13,4 / 40	57,29	10 kg / 30 kg
Argon	dunkelgrün	grau	W 21,80 × 1/14[3]	10 / 50	200	2000 l / 10 000 l
Helium	braun					
Argon-Kohlen-dioxid-Gemisch	leuchtend-grün	grau	W 21,80 × 1/14	20 / 50	200	4000 l / 10 000 l
Formiergas (Stickstoff/Wasserstoff)	rot	rot	W 21,80 × 1/14 – LH[4]	50	200	10 000 l

[1] Der Flaschenkörper und die Ventilschutzeinrichtung dürfen auch Farben für andere Zwecke aufweisen. Farben, die eine Missdeutung der Gefahr erlauben, sollten vermieden werden.
[2] bei p_{amb} = 1,013 bar, ϑ = 0 °C

[3] Whitworth-Gewinde (Nenn-Durchmesser × Steigung)
[4] LH = Linksgewinde

Sauerstoff-Flascheninhalt

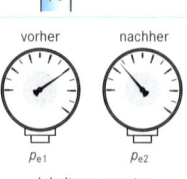

$$V = p_e \cdot \frac{V_{Fl}}{p_{amb}}$$

V	: nutzbares Sauerstoffvolumen	in l; dm³
p_e	: Flaschendruck	in bar
p_{amb}	: Luftdruck	in bar
V_{Fl}	: Flaschenvolumen	in l; dm³

Sauerstoff-verbrauch

vorher   nachher

$$\Delta V = \frac{V_{Fl} \cdot (p_{e1} - p_{e2})}{p_{amb}}$$

p_{e1} p_{e2}

Inhaltsmanometer

ΔV	: Sauerstoffverbrauch	in l; dm³
V_{Fl}	: Flaschenvolumen	in l; dm³
p_{e1}	: Flaschendruck vor der Entnahme	in bar
p_{e2}	: Flaschendruck nach der Entnahme	in bar
p_{amb}	: Luftdruck	in bar

Acetylen-verbrauch		ΔV:	Acetylenverbrauch	in l; dm³

$$\Delta V = \frac{V_F \cdot (p_{e1} - p_{e2})}{p_F}$$

1 Liter Aceton löst bei 1 bar 25 Liter Acetylen.

$$V_F = 25 \cdot V_A \cdot p_F$$

poröse Masse und Acetonfüllung

ΔV: Acetylenverbrauch — in l; dm³
V_F: Füllvolumen — in l; dm³
p_{e1}: Flaschendruck vor der Entnahme — in bar
p_{e2}: Flaschendruck nach der Entnahme — in bar
p_F: Fülldruck — in bar (p_F = 18 bis 19 bar)
V_A: Acetoninhalt — in l; dm³ (V_A = 13 bis 16 l)
25 : Umrechnungszahl — in 1/bar

Schweißzeit beim Gasschweißen

$$t_h = L \cdot t_s$$

$$t_h = \frac{L}{v_s}$$

t_h : Hauptzeit beim Schweißen — in min
L : Länge der Schweißnaht — in m
t_s : Schweißzeit — in min/m
v_s : Schweißgeschwindigkeit — in m/min; m/h

Tab. 91.1: Richtwerte für das Gasschweißen[1]

Werk-stück-dicke s in mm [2]	Schweiß-einsatz	Naht-art	Betriebsdruck p_e in bar — Sauer-stoff	Betriebsdruck p_e in bar — Ace-tylen	Schweiß-stabdurch-messer d in mm	Verbrauchswerte[3] — Sauer-stoff $\dot{V}$ in l/h	Verbrauchswerte[3] — Acetylen $\dot{V}$ in l/h	Verbrauchswerte[3] — Schweiß-gut m' in g/m	Schweiß-zeit t_s in min/m	Schweiß-geschwin-digkeit v_s in m/h
0,5	0,5 … 1	Bördel			ohne	80	80	–	4	15
1	0,5 … 1	Bördel			ohne	80	80	–	9	6,7
1	1 … 2	I	2,5	0,03 … 0,8	1	160	160	12	10	6
1,5	1 … 2	Bördel	2,5	0,03 … 0,8	ohne	160	160	–	10	6
2	1 … 2	I	2,5	0,03 … 0,8	2	160	160	35	11	5,5
3	2 … 4	I	2,5	0,03 … 0,8	2	315	315	65	12	5
4	2 … 4	V	2,5	0,03 … 0,8	3	315	315	115	15	4
6	4 … 6	V	2,5	0,03 … 0,8	4	500	500	250	22	2,7

[1] Grundwerkstoff: unlegierter Baustahl, Schweißposition PA
[2] bis 3 mm Nachlinksschweißen, > 3 mm Nachrechtsschweißen
[3] bei normaler (neutraler) Flamme

Tab. 91.2: Schweißstäbe für das Gasschweißen – Verwendung und Zuordnung   DIN EN 12 536: 2000-08

Grundwerkstoffe		geeignete Schweißstabklasse					
Stahlart	Stahlsorten	O I	O II	O III	O IV	O V	O VI
Allgemeine Baustähle DIN EN 10 025	S 185	X	X	X	X		
	S 235 JR, S 235 JRG1, S 275 JR		X	X	X		
	S 275 JO, S 355 JO			X	X		
Kesselbleche nach DIN 17 155, Stähle nach DIN EN 10 028	P235GH, P265GH,			X	X		
	17 Mn 4, 16 Mo 3				X		
	13 CrMo 4-5,					X	
	10 CrMo 9-10						X
Rohrstähle nach DIN 17 175, 17 177	P235G1TH, P235G2TH			X	X		
Rohrstähle nach DIN 1626, 1628, 1629, 1630	S 235, S 275	X	X	X	X		
	S 355			X	X		

Tab. 91.3: Schweißstäbe für das Gasschweißen – Kennzeichnung und Schweißverhalten   DIN EN 12 536: 2000-08

Eigenschaften		Schweißstabklasse					
		O I	O II	O III	O IV	O V	O VI
Schweiß-verhalten	Fließverhalten	dünn fließend	weniger dünn fließend		zäh fließend		
	Spritzer	viele	wenig		keine		
	Porenneigung	ja			nein		
Kenn-zeichnung	Einprägung	I	II	III	IV	V	VI
	Farbkennzeichnung	keine	grau	gold	rot	gelb	grün

Umhüllte Stabelektroden zum Lichtbogenhandschweißen von unlegierten Stählen und Feinkornbaustählen

DIN EN ISO 2560: 2006-03

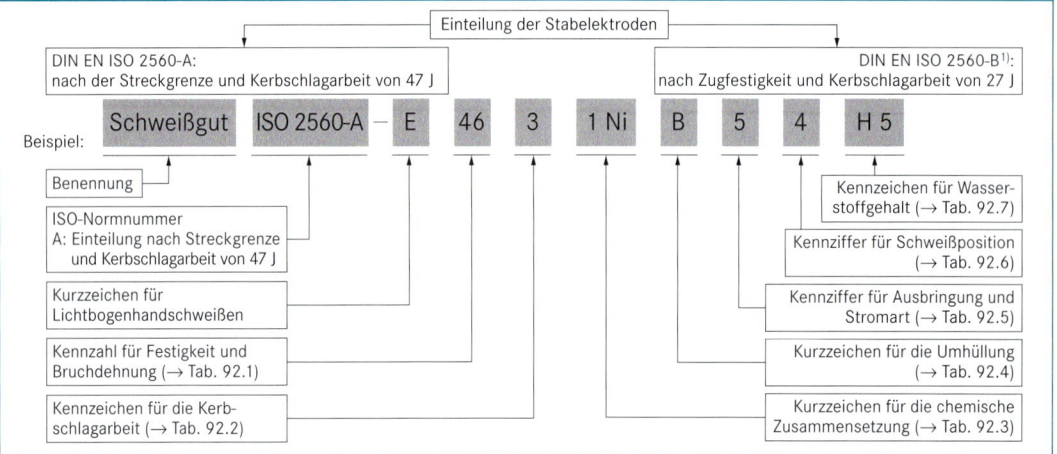

Tab. 92.1: Kennzahlen für Festigkeit und Bruchdehnung

Kennzahl	Mindeststreck- grenze $R_{el.}/R_{p0,2}$ in N/mm²	Zugfestigkeit R_m in N/mm²	Mindestbruch- dehnung A_5 in %
35	355	440 … 570	22
38	380	470 … 600	
42	420	500 … 640	20
46	460	530 … 680	
50	500	560 … 720	18

Tab. 92.2: Kennzeichen für die Kerbschlagarbeit

Kennzeichen	Mindestkerbschlagarbeit W_{kerb} = 47 J bei ϑ in °C
Z	keine Anforderungen
A	+20
0	0
2	–20
3	–30
4	–40
5	–50
6	–60

Tab. 92.3: Kurzzeichen für die chemische Zusammensetzung

Kurzzeichen	Chemische Zusammensetzung in %		
	Mn	Mo	N
kein Kurzzeichen	< 2,0	–	–
Mo	< 1,4	0,3 … 0,6	–
MnMo	> 1,4 … 2,0	0,3 … 0,6	–
1 Ni	–	–	0,6 … 1,2
2 Ni	< 1,4	–	1,8 … 2,6
3 Ni	–	–	> 2,6 … 3,8
Mn 1 Ni	> 1,4 … 2,0	–	0,6 … 1,2
1NiMo	< 1,4	0,3 … 0,6	0,6 … 1,2
Z	andere vereinbarte Zusammensetzung		

Tab. 92.4: Kurzzeichen für die Umhüllung
($\rightarrow$ Tab. 93.1)

A	sauer umhüllt	RR	dick rutilumhüllt
B	basisch umhüllt	RA	rutilsauer umhüllt
C	zelluloseumhüllt	RB	rutilbasisch umhüllt
R	rutilumhüllt	RC	rutilzellulose umhüllt

Tab. 92.5: Kennziffer für die Ausbringung und Stromart

Kennziffer	Ausbringung in %	Stromart
1	≤ 150	Wechsel- und Gleichstrom
2		Gleichstrom
3	> 105 … ≤ 125	Wechsel- und Gleichstrom
4		Gleichstrom
5	> 125 … ≤ 160	Wechsel- und Gleichstrom
6		Gleichstrom
7	> 160	Wechsel- und Gleichstrom
8		Gleichstrom

Tab. 92.6: Kennziffer für Schweißposition
($\rightarrow$ Tab. 90.1)

Kennziffer	Schweißposition
1	alle Positionen
2	alle Positionen außer PG
3	Stumpfnaht: PA; Kehlnaht: PA, PB
4	Stumpfnaht: PA; Kehlnaht: PA
5	wie 3 und PG

Tab. 92.7: Kennzeichen für den max. Wasserstoffgehalt

Kennzeichen	in ml/100 g Schweißgut
H 5	5
H 10	10
H 15	15

[1] Stabelektron-Einteilung nach DIN EN ISO 2560-B

Beispiel: ISO 2560 – B – E5518 – N2

B: Kerbschlagarbeit 27 J, **E**: Lichtbogenhandschweißen, **55**: Zugfestigkeit 550 N/mm², **18**: basisch-umhüllt mit Eisenpulver, **N2**: Nickel Hauptlegierungselement

Tab. 93.1: Auswahl der Umhüllungstypen bei Stabelektroden

Kurz-zeichen	Umhüllungstyp	Bemerkung/Anwendung	Kurz-zeichen	Umhüllungstyp	Bemerkung/Anwendung
A	sauer umhüllt	sehr feine Tropfenübergänge, flache glatte Schweißnähte/begrenzte Anwendbarkeit in Zwangslagen	RR	dick rutilumhüllt	feinschuppige, gleichmäßige Naht/außer Fallposition alle Schweißpositionen geeignet
B	basisch umhüllt	gute mechanische Eigenschaften des Schweißgutes/für Fallposition Zusätze erforderlich	RA	rutilsauer umhüllt	sehr feine Tropfenübergänge, flache glatte Schweißnähte/außer Fallposition alle Schweißpositionen geeignet
C	zellulose-umhüllt	intensiver Lichtbogen/Fallnähte	RB	rutilbasisch umhüllt	/außer Fallposition alle Schweißpositionen geeignet
R	rutil-umhüllt	grober Tropfenübergang/Schweißen dünner Bleche, außer Fallposition alle Schweißpositionen geeignet	RC	rutilzellulose-umhüllt	grober Tropfenübergang/Schweißen dünner Bleche, auch Fallposition

Elektrodenbedarf für das Lichtbogenhandschweißen

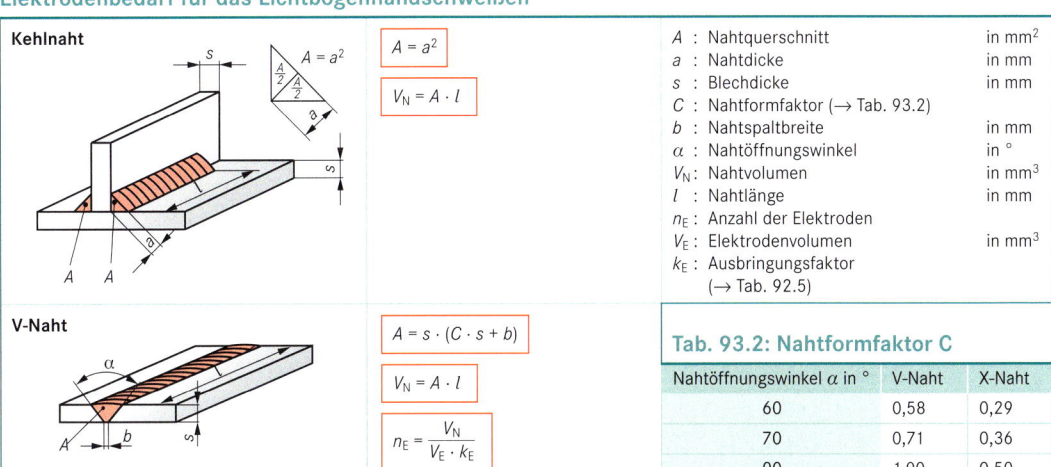

Kehlnaht

$$A = a^2$$

$$V_N = A \cdot l$$

V-Naht

$$A = s \cdot (C \cdot s + b)$$

$$V_N = A \cdot l$$

$$n_E = \frac{V_N}{V_E \cdot k_E}$$

A : Nahtquerschnitt — in mm²
a : Nahtdicke — in mm
s : Blechdicke — in mm
C : Nahtformfaktor ($\rightarrow$ Tab. 93.2)
b : Nahtspaltbreite — in mm
α : Nahtöffnungswinkel — in °
V_N : Nahtvolumen — in mm³
l : Nahtlänge — in mm
n_E : Anzahl der Elektroden
V_E : Elektrodenvolumen — in mm³
k_E : Ausbringungsfaktor ($\rightarrow$ Tab. 92.5)

Tab. 93.2: Nahtformfaktor C

Nahtöffnungswinkel α in °	V-Naht	X-Naht
60	0,58	0,29
70	0,71	0,36
90	1,00	0,50

Tab. 93.3: Richtwerte für das Lichtbogenhandschweißen – Kehlnähte[1]

Nahtdicke a in mm	Elektroden-abmessungen $d \times l$ in mm	Stromstärke I in A	Leistungswerte		
			Schweißgutverbrauch m' in g/m	Abschmelzzeit der Elektrode t in s	Elektroden-verbrauch n_E in 1/m
2	2,5 × 350	85	48	58	4
4			155		3
6	4,0 × 450	180	325	89	4
8			575		4
10			905		4

[1] Werkstoff: unlegierter Baustahl; Schweißposition: PB; Schweißgut: DIN EN ISO 2560-A-E 42 0 RR 12

Tab. 93.4: Richtwerte für das Lichtbogenhandschweißen – Stumpfnähte (V-Nähte)[1]

Werkstück-dicke s in mm	Nahtöffnungs-winkel α in °	Nahtspalt-breite b in mm	Elektroden-abmessungen $d \times l$ in mm	Stromstärke I in A	Schweißgut-verbrauch m' in g/m	Abschmelzzeit der Elektrode t in s	Elektroden-verbrauch n_E in 1/m
4	60	1,0	2,5 × 350	75	103	58	8,5
6					209		
8		1,5	3,25 × 450	140	382	79	
10					608		4,0
15		2,0	4,0 × 450	180	1250	98	
20					2125		

[1] Werkstoff: unlegierter Baustahl; Schweißposition: PA; Schweißgut: DIN EN ISO 2560-A-E 38 2 RA 12

Technische Grundlagen

Technische Grundlagen

Tab. 94.1: Einteilung der Schutzgase
DIN EN 439: 1995-05

Gruppe	Kenn-zeich-nung	Anteile in Vol.-%						Schweißverfahren/Werkstoffe
		reduzie-rend	reaktions-träge	inert		oxidierend		
		H_2	N_2	$Ar^{1)}$	He	CO_2	O_2	
Reduk-tionsgase	R 1	> 0 ... 15		Rest				WIG, WP, Plasmaschneiden, Wurzelschutz/für hochlegierte Stähle, Ni und Ni-Legierungen
	R 2	> 15 ... 35	–	Rest	–	–	–	
inerte Gase	I 1			100	–			WIG, MIG, WP, Wurzelschutz/ für Cu- und Al-Legierungen
	I 2	–	–		100	–	–	
	I 3			Rest	> 0 ... 95			
Misch-gase	M 11	> 0 ... 5		Rest		> 0 ... 5	–	MAG/für rost- und säurebeständige Stähle
	M 12	–		Rest	–	> 0 ... 5	–	
	M 13	–		Rest		–	> 0 ... 3	
	M 14	–		Rest		> 0 ... 5	> 0 ... 3	
	M 21			Rest		> 5 ... 25	–	MAG/ für mittel- bis niedriglegierte Stähle
	M 22	–	–	Rest	–	–	> 3 ... 10	
	M 23			Rest		> 0 ... 5	> 3 ... 10	
	M 24			Rest		> 5 ... 25	> 0 ... 8	
	M 31			Rest		> 25 ... 50	–	MAG/ für niedrig- bis unlegierte Stähle
	M 32	–	–	Rest	–	–	> 10 ... 15	
	M 33			Rest		> 5 ... 50	> 8 ... 15	
Kohlen-dioxid	C 1	–	–	–	–	100	–	MAG/für unlegierte Stähle
	C 2					Rest	> 0 ... 30	
Formier-gase	F 1	–	100	–	–	–	–	P-Schneiden, Wurzelschutz/ für austenitische CrNi-Stähle
	F 2	> 0 ... 50	Rest					

[1] kann bis zu 95 % durch He ersetzt werden, außer bei I 1, Kennzeichnung des He-Anteils durch Kennzahlen:
(1): He ≤ 33 %; (2): He > 33–66 %; (3): > 66–95 %
Bezeichnung eines Schutzgases M 21, Ar bis zu 33 % durch He ersetzt: **Schutzgas EN 439 – M 21 (1)**

Tab. 94.2: Drahtelektroden und Schweißgut zum Metall-Schutzgasschweißen von unlegierten Stählen und Feinkornstählen – Kennzeichnung und chemische Zusammensetzung
DIN EN 440: 1994-11

Kurz-zeichen	chemische Zusammensetzung in Masse-%									
	C	Si	Mn	P	S	Ni	Mo	Al	Ti	Zr
G2Si1	0,06 ... 0,14	0,5 ... 0,8	0,9 ... 1,3	0,025		0,15		0,02	0,15	
G3Si1		0,7 ... 1,0	1,3 ... 1,6							
G4Si1		0,8 ... 1,2	1,6 ... 1,9							
G3Si2		1,0 ... 1,3	1,3 ... 1,6							
G2Ti	0,04 ... 0,14	0,4 ... 0,8	0,9 ... 1,4					0,005 ... 0,2	0,05 ... 0,25	
G3Ni1	0,06 ... 0,14	0,5 ... 0,9	1,0 ... 1,6	0,02		0,8 ... 1,5	0,15	0,02	0,15	
G2Ni2		0,4 ... 0,8	0,8 ... 1,4			2,1 ... 2,7				
G2Mo	0,08 ... 0,12	0,3 ... 0,7	0,9 ... 1,3			0,15	0,04 ... 0,6			
G4Mo	0,06 ... 0,14	0,5 ... 0,8	1,7 ... 2,1	0,025		0,15	0,4 ... 0,6			
G2Al	0,08 ... 0,14	0,3 ... 0,5	0,9 ... 1,3				0,15	0,35 ... 0,75		
G0	jede andere vereinbarte Zusammensetzung									

Bezeichnung eines Schweißgutes: **Schweißgut EN 440-G463MG3Si1**   DIN EN 440: Normnummer;
G: Drahtelektrode für das Metall-Schutzgasschweißen;   46: Festigkeit und Bruchdehnung (→ Tab. 92.1);
3: Kerbschlagarbeit (→ Tab. 92.2);   M: Schutzgas (→ Tab. 94.1);   G3Si1: chemische Zusammensetzung (→ Tab. 94.2)

Tab. 94.3: Richtwerte für das MAG-Schweißen – Kehlnähte[1]

Naht-dicke a in mm	Elektro-dendurch-messer d in mm	Einstellwerte				Lagen-zahl	Leistungswerte		
		Spannung U in V	Strom-stärke I in A	Draht-vorschub v_f in m/min	Schutzgas-entnahme $\dot{V}$ in l/min		Schweißgut-verbrauch m' in g/m	Schutzgas-verbrauch V' in l/m	Abschmelz-zeit t' in min/m
2	0,8	20,0	105	7,3	10	1	44	15	1,5
4	1,0	23,0	220	10,7			140	21	2,1
6	1,2	29,5	300	9,5	15		300	53	3,5
8						3	545	97	6,4
10						6	805	143	9,5

[1] Werkstoff: unlegierter Baustahl; Schweißposition: PB; Schweißgut: EN 440-G42ZMG3Si1; Schutzgas: EN 439-M21

Technische
Grundlagen

Tab. 95.1: Richtwerte für das MAG-Schweißen – Stumpfnähte (V-Nähte)[1]

Werkstück-dicke	Nahtspalt-breite	Einstellwerte				Lagen-zahl	Leistungswerte		
		Spannung	Strom-stärke	Draht-vorschub	Schutzgas-entnahme		Schweißgut-verbrauch	Schutzgas-verbrauch	Abschmelz-zeit
s in mm	b in mm	U in V	I in A	v_f in m/min	$\dot{V}$ in l/min		m' in g/m	V' in l/m	t' in min/m
6	2,0	21,0	205	8,3	12	2	249	78	6,5
8		27,5	270	8,1		3	374	100	8,3
10	2,5	28,0	290	9,0	10…15	4	591	134	10,6
12							791	168	12,7
15	3,0	28,5	300	9,2		5	1275	263	19,5
20		29,0	310	9,5		12	2085	400	29,0

[1] Werkstoff: unlegierter Baustahl; Schweißposition: PB; Schweißgut: EN 440-G42ZMG3Si1; Schutzgas: EN 439-M21

Tab. 95.2: Wolframelektroden für Wolfram-Schutzgasschweißen, Plasmaschneiden und Plasmaschweißen – Kennzeichnung und Zusammensetzung   DIN EN 26 848: 1991-10

Kurzzeichen	WP	WT 4	WT 10	WT 20	WT 30	WT 40	WZ 3	WZ 8	WL 10	WC 20
Oxidzusatz in Masse-%	0	0,35…0,55	0,8…1,2	1,7…2,2	2,8…3,2	3,8…4,2	0,15…0,5	0,7…0,9	0,9…1,2	0,8…2,2
Art	–	ThO_2					ZrO_2		LaO_2	CeO_2
Verunreinigungen in Masse-%	≤ 0,20									
Kennfarbe	grün	blau	gelb	rot	violett	orange	braun	weiß	schwarz	grau
Durchmesserabstufungen in mm:	0,5 – 1,0 – 1,6 – 2,0 – 2,5 – 3,2 – 4,0 – 5,0 – 6,3 – 8,0 – 10,0									
Längenabstufungen in mm:	50 – 75 – 150 – 175									

Tab. 95.3: Wolframelektroden für Wolfram-Schutzgasschweißen, Plasmaschneiden und Plasmaschweißen – Eignung der Stromart   DIN EN 26 848: 1991-10

zu schweißender Werkstoff	Gleichstrom		Wechselstrom
	Elektrode negativ	Elektrode positiv	
Al ($s \leq 2,5$ mm)	gut geeignet	gut geeignet	sehr gut geeignet
Al-Legierungen ($s > 2,5$ mm)		nicht geeignet	
Mg und Mg-Legierungen	nicht geeignet	gut geeignet	
Kohlenstoffstähle und niedriglegierte Stähle	sehr gut geeignet	nicht geeignet	nicht geeignet
nichtrostende Stähle			
Cu			
Cu-Sn-Legierungen		nicht geeignet	gut geeignet
Al Bronze	gut geeignet		sehr gut geeignet
Si-Bronze			nicht geeignet
Ni und Ni-Legierungen	sehr gut geeignet		gut geeignet
Ti			

Tab. 95.4: Wolframelektroden für Wolfram-Schutzgasschweißen, Plasmaschneiden und Plasmaschweißen – Empfohlene Stromstärkebelastung bei Argonschutz   DIN EN 26 848: 1991-10

Elektroden-durchmesser d in mm	Gleichstrom I in A			Wechselstrom I in A	
	Elektrode negativ		Elektrode positiv	reines Wolfram	Wolfram mit Oxidzusätzen
	reines Wolfram	Wolfram mit Oxidzusätzen	reines Wolfram oder mit Oxidzusätzen		
0,5	2 … 20	2 … 20	–	2 … 15	2 … 15
1,0	10 … 75	10 … 75	–	15 … 55	15 … 70
1,6	40 … 130	60 … 150	10 … 20	45 … 90	60 … 125
2,0	75 … 180	100 … 200	15 … 25	65 … 125	85 … 160
2,5	130 … 230	170 … 250	17 … 30	80 … 140	120 … 210
3,2	160 … 310	225 … 330	20 … 35	150 … 190	150 … 250
4,0	275 … 450	350 … 480	35 … 50	180 … 260	240 … 350
5,0	400 … 625	500 … 675	50 … 70	240 … 350	330 … 460
6,3	550 … 875	650 … 950	65 … 100	300 … 450	430 … 575
8,0	–	–	–	–	650 … 830

Tab. 96.1: Schweißnahtvorbereitung für Stahl DIN EN ISO 9692-1: 2004-05

Benennung Symbol	Materialdicke t in mm	Nahtdarstellung	Maße			Empfohlenes Schweißverfahren	Bemerkungen
			Winkel α, β in °	Spalt b in mm	Steghöhe h in mm		
Bördelnaht	$t \leq 2$		–	–	–	311 (G) 111 (E) 141 (WIG)	ohne Zusatzwerkstoffe
I-Naht	$t \leq 4$		–	$b \approx t$	–	311 (G) 111 (E) 141 (WIG)	keine Nahtvorbereitung
	$3 < t \leq 8$		–	$6 \leq b \leq 8$		131 (MIG) 135 (MAG) 141 (WIG)	
	$t \leq 8$		–	$b = \dfrac{t}{2}$	–	111 (E) 141 (WIG) 135 (MAG)	beidseitig geschweißt
V-Naht	$3 \leq t \leq 10$ $3 \leq t \leq 40$ mit Gegenlage		$40° \leq \alpha \leq 60°$ $\alpha \approx 60°$	$b \leq 4$ $b \leq 3$	$c \leq 2$	311 (G) 131 (MIG) 135 (MAG) 111 (E) 141 (WIG)	ein- oder mehrlagig geschweißt, bei dynamischer Beanspruchung Wurzel gegengeschweißt
Y-Naht	$5 \leq t \leq 40$		$\alpha \approx 60°$	$1 \leq b \leq 4$	$2 \leq c \leq 4$	131 (MIG) 135 (MAG) 111 (E) 141 (WIG)	beidseitig geschweißt
HV-Naht	$3 < t \leq 10$		$35° \leq \beta \leq 60°$	$2 \leq b \leq 4$	$1 \leq c \leq 2$	131 (MIG) 135 (MAG) 111 (E) 141 (WIG)	einseitig oder beidseitig geschweißt
Doppel-V-Naht	$t > 10$		$40° \leq \alpha \leq 60°$ $\alpha \approx 60°$	$1 \leq b \leq 3$	$c \leq 2$	131 (MIG) 135 (MAG) 111 (E) 141 (WIG)	$h = \dfrac{s}{2}$ beidseitig geschweißt
Doppel-HV-Naht	$t > 10$		$35° \leq \beta \leq 60°$	$1 \leq b \leq 4$	$c \leq 2$	131 (MIG) 135 (MAG) 111 (E) 141 (WIG)	$h = \dfrac{s}{2}$ beidseitig geschweißt
Kehlnaht	$t_1 > 2$ $t_2 > 2$		$70° \leq \alpha \leq 100°$	$b \leq 2$	–	311 (G) 111 (E) 131 (MIG) 135 (MAG) 141 (WIG)	–
Doppel-Kehlnaht	$2 \leq t_1 \leq 4$ $2 \leq t_2 \leq 4$ $t_1 > 2$ $t_2 > 2$		–	$b \leq 2$ –	–	311 (G) 111 (E) 131 (MIG) 135 (MAG) 141 (WIG)	–

Tab. 97.1: Kleben von Kunststoffrohren aus ABS und PVC (Herstellerangaben)

	ABS	PVC-U	PVC-C
offene Zeit bei Verarbeitungstemperatur			
+25 °C	3 Minuten	4 Minuten	1 Minute
+40 °C	2 Minuten	2 Minuten	
empfohlene Verarbeitungstemperatur	20 bis 30 °C, bei Temperaturen ≤ 5 °C Teile auf 20 bis 30 °C temperieren, 10 Minuten temperiert halten, vor direkter Sonneneinstrahlung schützen		
Trocknungszeit bei Prüfdruck			
15 bar	> 15 h		
21 bar	> 24 h bzw. 1 h je bar Betriebsdruck		
Prüfbedingungen bei Prüfung durch			
flüssige Medien	PN 10: ≤ 15 bar PN 16: ≤ 21 bar		
gasförmige Medien	Prüfdruck ≤ Betriebsdruck + 2 bar		

Technische Grundlagen

Tab. 97.2: Fasenmaße zum Kleben von Kunststoffrohren (Herstellerangaben)

Fasen an Rohrenden ca. 15° b (Übergang gerundet) R

Rohraußendurch-messer in mm	ABS	PVC-U	PVC-C
6 … 16	–	1 … 2	–
> 16 … 50	2 … 4	2 … 4	2 … 4
> 50	4 … 6	4 … 6	4 … 6

Tab. 97.3: Richtwerte für den Verbrauch an Reiniger und Klebstoff beim Kleben von PVC-U (Tangit, Herstellerangaben)

Rohraußen-durchmesser in mm	Verbrauch für 100 Verbindungen		Anzahl der herzustellenden Verbindungen bei Klebstoff-Dosengröße		
	Reiniger in kg	Klebstoff in kg	0,25 kg	0,5 kg	1 kg
16	0,09	0,15	167	333	667
20	0,18	0,20	125	250	500
25	0,30	0,25	100	200	400
32	0,50	0,40	63	125	250
40	0,70	0,55	45	91	182
50	0,90	0,85	29	59	118
63	1,10	1,30	19	38	77
75	1,30	1,00	15	29	59
90	1,40	2,40	10	21	42
110	1,70	3,50	7	14	29

Tab. 97.4: Kennwerte und Benutzungshinweise für Klebstoff aus PVC-C (Herstellerangaben)

Basis	Lösung von chloriertem PVC in einem Lösemittelgemisch	AGW-Werte (→ S. 459)	Tetrahydrofuran:	50 ppm = 150 mg/m^3
			Cyclohexanon:	20 ppm = 80 mg/m^3
Farbe/Zustand	orange/flüssig	Gefahr-stoffklassen	F (leicht entzündlich), Xi (reizend)	
Geruch	nach Ketonen	S-Sätze	S 2	Darf nicht in die Hände von Kindern gelangen!
Viskosität	bei 20 °C ca. 1500 mPa/s		S 16	Von Zündquellen fernhalten – Nicht rauchen!
Siedebereich	ab ca. 67 °C		S 23	Dampf nicht einatmen!
Flammpunkt	16 °C		S 25	Berührung mit den Augen vermeiden!
Dicht bei 20 °C	0,97 kg/dm^3		S 29	Nicht in die Kanalisation gelangen lassen!
Löslichkeit in Wasser	nicht löslich		S 51	Nur in gut gelüfteten Bereichen verwenden!
Zündtemperatur	260 °C	Wasser-gefährdung	WGK 1	schwach wassergefährdend
Explosionsgrenzen	untere: 1,1 % obere: 12,0 %	Entsorgung	Nicht ausgehärtete Klebstoffreste sind Sonderabfälle.	
Zersetzungsprodukte	Bei Brand entsteht Salzsäure!	Ökologie	flüchtige Bestandteile biologisch abbaubar	

Technische Grundlagen

Bedeutung der Technischen Kommunikation

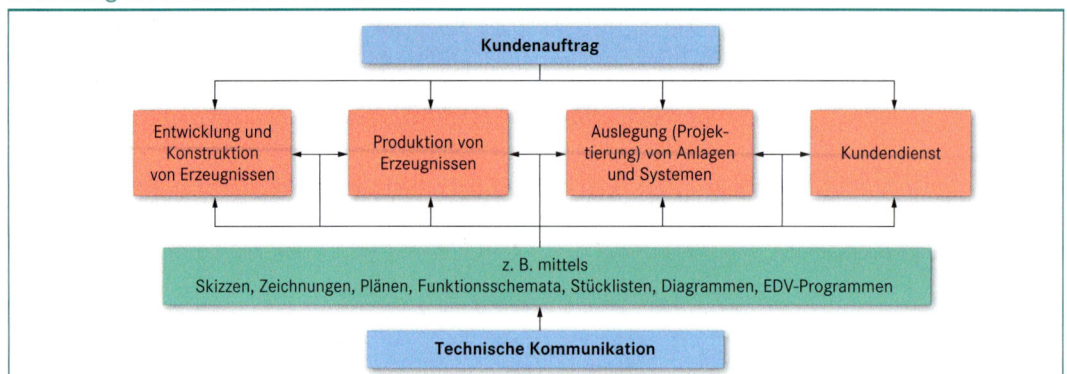

Papier-Endformate
DIN EN ISO 216: 2002-03

Tab. 98.1: Papier-Endformate

Benennung	Maße in mm
A 0	841 x 1189
A 1	594 x 841
A 2	420 x 594
A 3	297 x 420
A 4	210 x 297
A 5	148 x 210
A 6	105 x 148

Entstehung der Seitenlängen

Die Fläche des Ausgangsformates A 0 beträgt 1 m^2.

$A = x \cdot y = 1\ m^2$

Die Seiten x und y verhalten sich zueinander wie die Seiten eines Quadrates zu dessen Diagonale.

$$\frac{x}{y} = \frac{1}{\sqrt{2}} \qquad y = x \cdot \sqrt{2}$$

Kleinere Blattformate lassen sich durch fortgesetztes Halbieren ermitteln.

Faltung von Zeichnungen
DIN 824: 1981-03

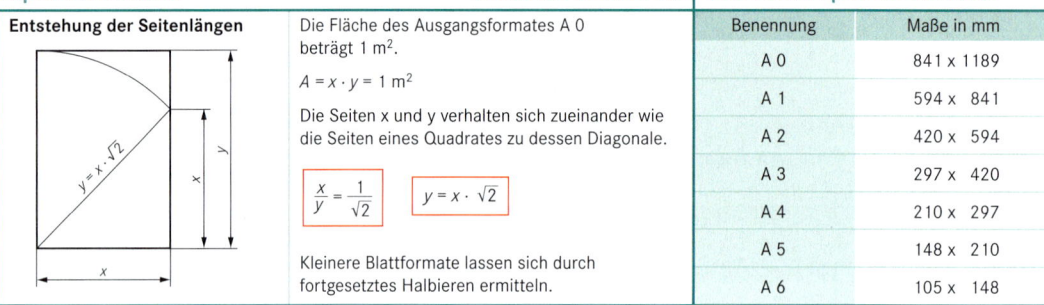

Faltung entsprechend Form A mit ausgefaltetem Heftrand

A 2
420 x 594

A 3
297 x 420

Weitere Faltarten:
Form B: Faltung mit zusätzlich angebrachtem Heftrand
Form C: Faltung ohne Heftrand

Lage des Schriftfeldes:
Das Schriftfeld muss auf der Deckseite in Leserichtung und in der unteren rechten Ecke liegen.

Maßstäbe
DIN ISO 5455: 1979-12

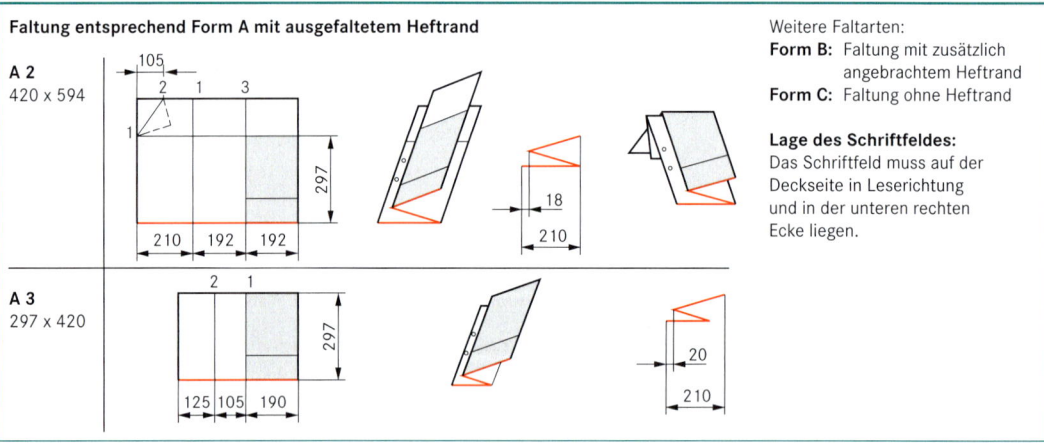

Natürlicher Maßstab	Vergrößerungsmaßstab			Verkleinerungsmaßstab		
Maßstab mit dem Verhältnis **1 : 1**.	Maßstab, bei dem das Verhältnis **größer als 1** ist.			Maßstab, bei dem das Verhältnis **kleiner als 1** ist.		
1 : 1	50 : 1	20 : 1	10 : 1	1 : 2	1 : 5	1 : 10
	5 : 1	2 : 1		1 : 20	1 : 50	1 : 100

Der verwendete Maßstab ist in das Schriftfeld einzutragen. Werden mehrere Maßstäbe in einer Zeichnung verwendet, soll der Hauptmaßstab in das Schriftfeld (z. B. **1 : 1**) und alle anderen Maßstäbe in der Nähe der Positionsnummern oder der Kennbuchstaben der Einzelheit (z. B. **X 10 : 1**) eingetragen werden. Die Bemaßung der Gegenstände in der Zeichnung erfolgt immer mit den natürlichen Maßen.

Tab. 99.1: Linien

DIN ISO 128-24: 1999-12

Linienarten		Anwendung		Breite für Liniengruppe		
Nr.	Benennung, Darstellung	Kennzahl	für	0,35	0,5	0,7
01.1	Volllinie, schmal	.1	Lichtkanten bei Durchdringungen			
		.2	Maßlinien			
		.3	Maßhilfslinien			
		.4	Hinweis- und Bezugslinien			
		.5	Schraffuren			
		.6	Umrisse eingeklappter Schnitte			
		.7	Kurze Mittelllinien			
		.8	Gewindegründe			
		.9	Ursprungskreise und Maßlinienbegrenzungen			
		.10	Diagonalkreuze zur Kennzeichnung ebener Flächen			
		.11	Biegelinien an Roh- und bearbeiteten Teilen			
		.12	Umrahmungen von Einzelheiten	0,18	0,25	0,35
		.13	Kennzeichnung sich wiederholender Einzelheiten			
		.14	Zuordnungslinien an konischen Formelementen			
		.15	Lagerichtung von Schichtungen			
		.16	Projektionslinien			
		.17	Rasterlinien			
01.1	Freihandlinie, schmal	.18	Vorzugsweise manuell dargestellte Begrenzung von Teil- oder unterbrochenen Ansichten und Schnitten, wenn die Begrenzung keine Mittellinie ist			
01.1	Zickzacklinie, schmal	.19	Vorzugsweise mit Zeichenautomaten dargestellte Begrenzung von Teil- oder unterbrochenen Ansichten und Schnitten, wenn die Begrenzung keine Mittellinie ist			
01.2	Volllinie, breit	.1	Sichtbare Kanten			
		.2	Sichtbare Umrisse			
		.3	Gewindespitzen			
		.4	Grenze der nutzbaren Gewindelänge			
		.5	Hauptdarstellungen in Diagrammen, Karten, Fließbildern	0,35	0,5	0,7
		.6	Systemlinien (Stahlbau)			
		.7	Formteilungslinien in Ansichten			
		.8	Schnittpfeillinien			
02.1	Strichlinie, schmal	.1	Verdeckte Kanten			
		.2	Verdeckte Umrisse	0,18	0,25	0,35
02.2	Strichlinie, breit	.1	Bereiche mit zulässiger Oberflächenbehandlung	0,35	0,5	0,7
04.1	Strich-Punktlinie (langer Strich), schmal	.1	Mittellinien			
		.2	Symmetrielinien	0,18	0,25	0,35
		.3	Teilkreise bei Verzahnungen			
		.4	Lochkreise			
04.2	Strich-Punktlinie (langer Strich), breit	.1	Bereiche mit geforderter Oberflächenbehandlung			
		.2	Kennzeichnungen von Schnittebenen	0,35	0,5	0,7
05.1	Strich-Zweipunktlinie (langer Strich), schmal	.1	Umrisse benachbarter Teile			
		.2	Endstellungen beweglicher Teile			
		.3	Schwerlinien			
		.4	Umrisse vor der Formgebung			
		.5	Teile vor der Schnittebene	0,18	0,25	0,35
		.6	Umrisse alternativer Ausführungen			
		.7	Umrisse von Fertigteilen in Rohteilen			
		.8	Umrahmung besonderer Bereiche oder Felder			
		.9	Projizierte Toleranzzone			

Technische Grundlagen

99

Beispiele für die Anwendung der Linienarten
DIN ISO 128-24: 1999-12

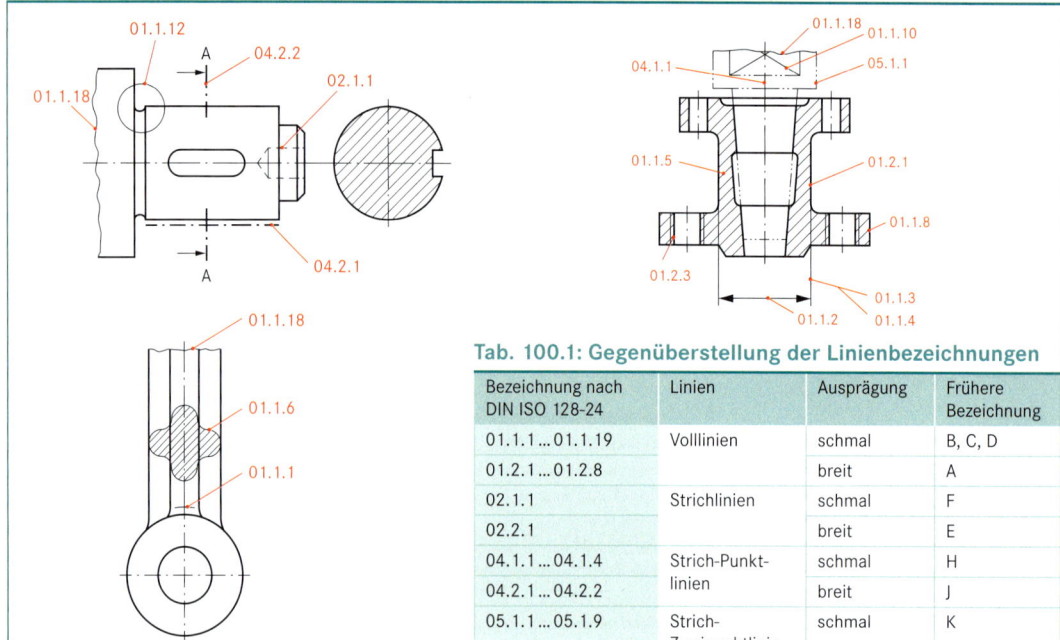

Tab. 100.1: Gegenüberstellung der Linienbezeichnungen

Bezeichnung nach DIN ISO 128-24	Linien	Ausprägung	Frühere Bezeichnung
01.1.1…01.1.19	Volllinien	schmal	B, C, D
01.2.1…01.2.8		breit	A
02.1.1	Strichlinien	schmal	F
02.2.1		breit	E
04.1.1…04.1.4	Strich-Punkt-linien	schmal	H
04.2.1…04.2.2		breit	J
05.1.1…05.1.9	Strich-Zweipunktlinie	schmal	K

Beschriftung
DIN EN ISO 3098-0: 1998-04

Schriftform B, vertikal, lateinisches Alphabet

1) In Deutschland sind die Zeichen a, ä, ?? zu bevorzugen.

Tab. 100.2: Schriftfestlegungen und Maße

Maß		Verhältnis bei Schriftform		Maße in mm bei Liniengruppe					
		A	B	0,35		0,5		0,7	
				A	B	A	B	A	B
Linienbreite (d mittel)	d	(1/14) h	(1/10) h	0,25		0,35		0,5	
Höhe der Großbuchstaben	h	14 d	10 d	3,5	2,5	5	3,5	7	5
Höhe der Kleinbuchstaben	c	(10/14) h	(7/10) h	2,5	1,8	3,5	2,5	5	3,5
Mindestabstand zwischen Schriftzeichen	a	(2/14) h	(2/10) h	0,5		0,7		1	
Mindestabstand zwischen Grundlinien	b	(20/14) h	(14/10) h	5	3,5	7	5	10	7
Mindestabstand zwischen Wörtern	e	(6/14) h	(6/10) h	1,5		2,1		3	

Geometrische Grundkonstruktionen

Parallele zu Strecke $\overline{AB}$ durch den Punkt C konstruieren 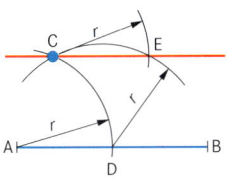	■ Kreisbogen um A ziehen, Radius $r = \overline{AD}$, ergibt D ■ Kreisbogen um D mit $r = \overline{AD}$ ergibt C ■ Kreisbogen um C mit $r = \overline{AD}$ schlagen ■ Kreisbogen um D mit $r = \overline{AD}$ ergibt E ■ Gerade durch C und E ist parallel zur Strecke $\overline{AB}$
Strecke $\overline{AB}$ in n gleiche Teile teilen 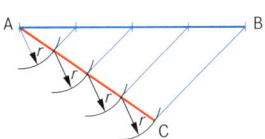	■ von A aus Hilfsgerade in beliebigem Winkel zeichnen ■ von A aus auf der Hilfsgeraden einen beliebigen Radius n-mal abtragen, ergibt C ■ C mit B verbinden ■ $\overline{CB}$ parallel in Streckenteile auf der Hilfsgeraden verschieben
Mittelsenkrechte auf $\overline{AB}$ errichten 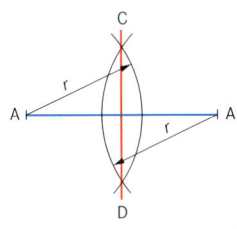	■ Kreisbögen um A und B mit $\frac{1}{2}\,\overline{AB} < r < \overline{AB}$ ziehen ergibt C und D ■ $\overline{CD}$ ist die Mittelsenkrechte auf $\overline{AB}$
Senkrechte im Endpunkt B auf $\overline{AB}$ errichten 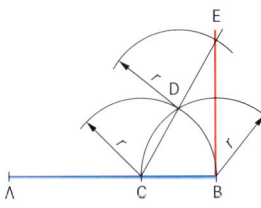	■ Kreisbogen um B mit Radius $r < \overline{AB}$, ergibt C ■ Kreisbogen um C mit Radius r, ergibt D ■ Kreisbogen um D mit Radius r schneidet die Verlängerung von $\overline{CD}$ in E ■ $\overline{BE}$ ist die Senkrechte in B auf $\overline{AB}$
Lot von einem Punkt P auf die Gerade g fällen 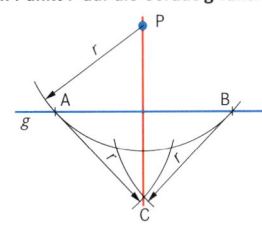	■ P festlegen, mit beliebigem Radius r die Gerade g schneiden, ergibt A und B ■ von A und B aus jeweils einen Kreisbogen mit r, ergibt C ■ $\overline{PC}$ ist das Lot auf die Gerade g
Winkel halbieren 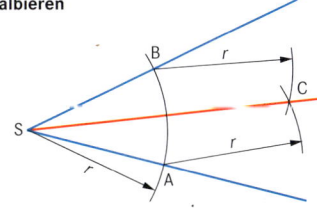	■ Kreisbogen mit beliebigem Radius r um S ergibt A und B ■ Kreisbögen um A und B mit Radius r ergibt C ■ Gerade durch S und C ist die Winkelhalbierende

Geometrische Grundkonstruktionen

<table>
<tr>
<td>

Rechten Winkel ASB in 3 gleiche Teile teilen

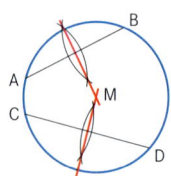

</td>
<td>

- Kreisbogen mit beliebigem Radius r um S ergibt A und B
- Kreisbogen mit r um A ergibt D
- Kreisbogen mit r um B ergibt C
- Winkel ASC = Winkel CSD = Winkel DSB

</td>
</tr>
<tr>
<td>

Kreismittelpunkt bestimmen

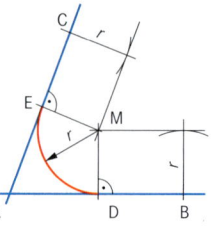

</td>
<td>

- Sehnen $\overline{AB}$ und $\overline{CD}$ beliebig in den Kreis zeichnen (nicht parallel zueinander)
- Jeweils die Mittelsenkrechten konstruieren ($\rightarrow$ S. 101) ergibt Schnittpunkt M = Mittelpunkt des Kreises

</td>
</tr>
<tr>
<td>

Kreisanschluss an einen Winkel konstruieren (Ecken runden)

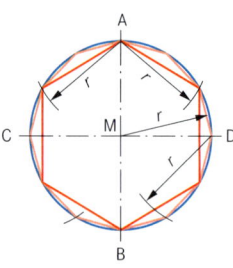

</td>
<td>

- Parallele zu $\overline{AB}$ im Abstand r konstruieren ($\rightarrow$ S. 101)
- Parallele zu $\overline{AC}$ im Abstand r konstruieren
- Schnittpunkt der Parallelen = Mittelpunkt M des gesuchten Kreisbogens
- von M aus mit Radius r Kreisbogen zeichnen (Übergang an D und E)

</td>
</tr>
<tr>
<td>

Sechseck bzw. Zwölfeck konstruieren

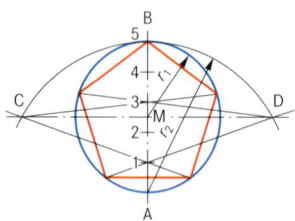

</td>
<td>

- Mittelpunkt M festlegen
- Kreis mit Radius r um M ziehen
- Mittellinienkreuz einzeichnen, ergibt A, B, C, D
- Kreisbögen um A und B mit r ziehen, ergeben Eckpunkte des Sechsecks
- Kreisbögen um C und D mit r ziehen, ergeben Eckpunkte des Zwölfecks

</td>
</tr>
<tr>
<td>

Regelmäßiges Vieleck (hier Fünfeck) konstruieren

</td>
<td>

- Mittelpunkt M festlegen
- Kreis mit Radius r_1 um M zeichnen
- Mittellinienkreuz einzeichnen, senkrechte Mittellinie ergibt A und B
- $\overline{AB}$ in n gleiche Teile teilen ($\rightarrow$ S. 101)
- Schnittpunkte im Kreis nummerieren
- um A Kreisbogen mit Radius $r_2 = \overline{AB}$ zeichnen, ergibt mit waagerechter Mittellinie C und D
- C und D mit den ungeraden Zahlen der senkrechten Mittellinie verbinden
- Verlängerungen ergeben auf dem Kreis Eckpunkte des Vielecks
- Eckpunkte verbinden

</td>
</tr>
</table>

Axonometrische Projektionen

Dimetrische Projektion

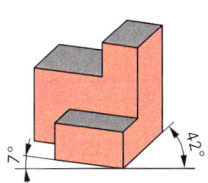

Seitenverhältnis
$a : b : c = 1 : 1 : \frac{1}{2}$

Breite a
Höhe b
Tiefe c

- Die dimetrische Projektion wird angewendet, wenn in einer Ansicht Wesentliches gezeigt werden soll.
- Die drei Hauptflächen werden verzerrt dargestellt.
- Senkrechte Kanten verlaufen in der Projektion ebenfalls senkrecht.
- Waagerechte Kanten verlaufen in der Projektion in einem Winkel von 7° und 42° zur Waagerechten.
- Senkrechte und die unter 7° verlaufenden Kanten werden in maßstabgerechter Länge (Verhältnis 1 : 1) dargestellt.
- Die unter 42° verlaufenden Kanten werden um die Hälfte gekürzt (Verhältnis 1 : 2).

Isometrische Projektion

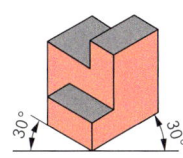

Seitenverhältnis
$a : b : c = 1 : 1 : 1$

Breite a
Höhe b
Tiefe c

- Die isometrische Projektion wird angewendet, wenn in drei Ansichten Wesentliches gezeigt werden soll.
- Die drei Hauptflächen werden verzerrt dargestellt.
- Senkrechte Kanten verlaufen in der Projektion ebenfalls senkrecht.
- Waagerechte Kanten verlaufen in der Projektion in einem Winkel von 30° zur Waagerechten.
- Alle Seiten (Länge, Breite und Höhe) werden in ihrer maßstabgerechten Länge im Verhältnis 1 : 1 : 1 dargestellt.

Anwendung der isometrischen Projektion bei Rohrleitungssystemen

Da bei der isometrischen Projektionsmethode keine Kanten gekürzt werden, bietet sie sich auch zur Darstellung von Rohrleitungssystemen an.

Dafür werden Raumschemablätter mit isometrischem Raster nach DIN 2428 verwendet.

Darstellung als Rohrleitungsschema

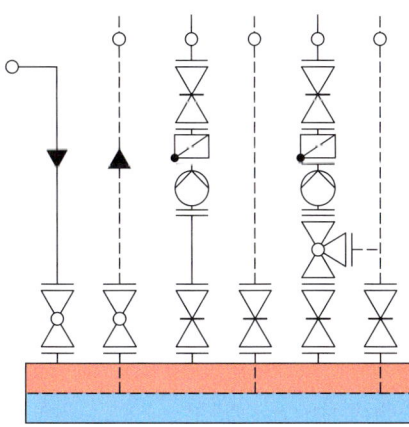

Isometrische Darstellung des Rohrleitungsschemas

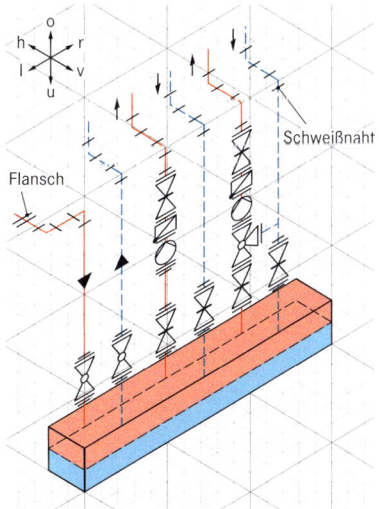

Beispiel mit Stückliste → S. 147

Regeln für die isometrische Darstellung:
- Senkrechte Leitungen werden senkrecht gezeichnet.
- Waagerechte Leitungen werden unter 30° fallend nach links bzw. 30° steigend nach rechts gezeichnet.
- Symbole von Armaturen oder anderen Einbauten werden ebenfalls unter 30° gezeichnet.
- Steigung oder Gefälle von Leitungen wird nicht berücksichtigt.
- An jedem Rohrende, bei Anschlüssen von Winkeln oder anderen Formstücken ist ein Querstrich unter 30° oder senkrecht zu zeichnen.

Darstellungen in der Normalprojektion

DIN ISO 5456-2: 1998-04

Projektionsmethode 1

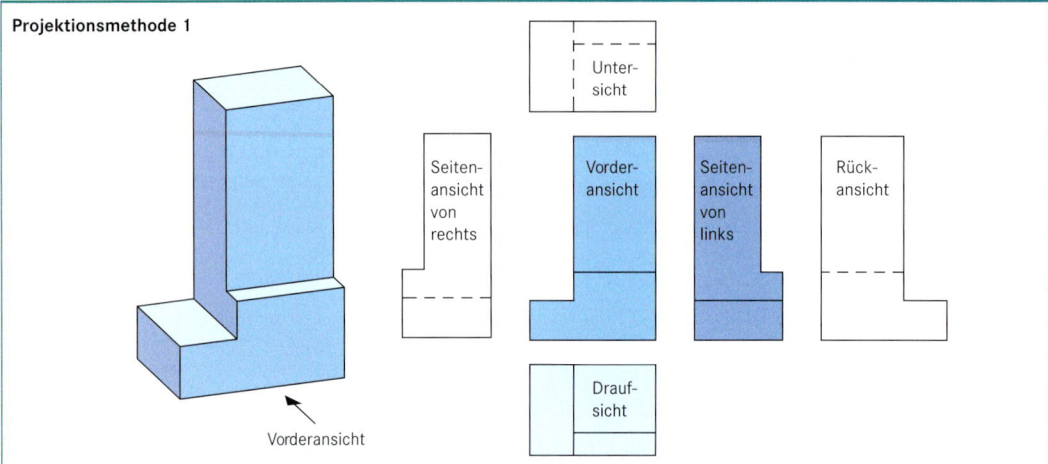

Unter-sicht

Seiten-ansicht von rechts

Vorder-ansicht

Seiten-ansicht von links

Rück-ansicht

Drauf-sicht

Vorderansicht

Bei der Projektionsmethode 1 (ISO-Methode E) liegt der Gegenstand in Betrachtungs-richtung vor der Bildebene. Damit ergeben sich die dargestellten Ansichten und deren Anordnung.
Diese Projektionsmethode wird im deutschsprachigen Raum bevorzugt angewendet.

Symbol zur Kennzeichnung:

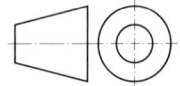

Bei der Projektionsmethode 3[1] (ISO-Methode A) liegt der Gegenstand in Betrachtungs-richtung **hinter** der Bildebene. Damit verändert sich die Anordnung der Ansichten bezogen auf die Vorderansicht wie folgt:

Seitenansicht von links: links	Seitenansicht von rechts: rechts
Draufsicht: oben	Untersicht: unten

Die Rückansicht bleibt an ihrer Position.

Symbol zur Kennzeichnung:

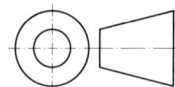

[1] Anwendung vorwiegend in USA und Großbritannien

- In Gesamtzeichnungen und Gruppenzeichnungen werden die Gegenstände in der Regel in der Gebrauchslage, in Teilezeichnungen in der Fertigungslage dargestellt.
- Es sind nur so viele Ansichten des Gegenstandes zu zeichnen, wie zum eindeutigen Erkennen und Bemaßen erforderlich sind.
- Die aussagefähigste Ansicht ist als Hauptansicht – Vorderansicht – zu wählen.
- Verdeckte Kanten werden nur eingezeichnet, wenn die Darstellung dadurch deutlicher wird oder zusätzliche Ansichten ohne Verlust der Deutlichkeit eingespart werden können.

Pfeilmethode

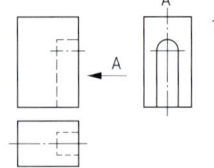

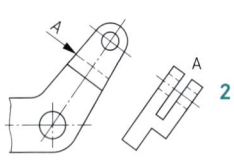

Anwendung:
- bei Platzmangel
- zur Vermeidung ungünstiger Projektionen, z.B. von Verkürzungen **2**

Die Ansichten können beliebig angeordnet werden **1**.
In Blickrichtung ist ein Pfeil mit beliebigem Großbuchstaben rechts oder oberhalb anzubringen.
Die Ansicht erhält den gleichen Großbuchstaben oberhalb.

Symmetrische Gegenstände

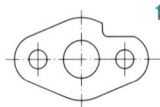

Symmetrische Gegenstände werden durch Symmetrielinien nach (04.1.2) gekennzeichnet, auch wenn die symmetrische Grundform einseitig verändert ist **1**.

Unterbrochene Darstellungen

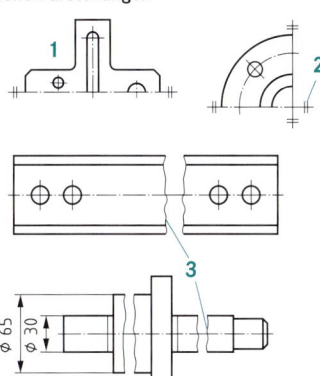

Bei symmetrischen Werkstücken kann an Stelle einer Gesamtansicht eine halbe oder eine Viertelansicht dargestellt werden **1**. Die Symmetrielinie wird durch zwei kurze, parallele Striche gekennzeichnet **2**.

Gegenstände können zur Platzersparnis abgebrochen oder unterbrochen dargestellt werden. Die Bruchkanten werden auch bei rotationssymmetrischen Körpern durch eine Zickzacklinie (01.1.19) oder eine Freihandlinie (01.1.18) dargestellt **3**.

Ebene Flächen/Einzelheiten

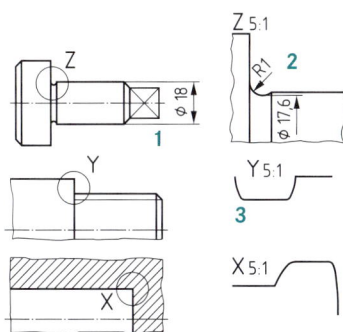

Bei fehlender Seitenansicht oder Draufsicht müssen ebene Flächen durch ein Diagonalkreuz (01.1.10) gekennzeichnet werden **1**.

Wenn sich Bereiche eines Gegenstandes nicht deutlich zeichnen, bemaßen oder kennzeichnen lassen, werden sie als Einzelheit gesondert dargestellt.
Der als Einzelheit bezeichnete Bereich wird in der Gesamtdarstellung mit einer schmalen Volllinie (01.1.12) eingerahmt und mit einem Großbuchstaben gekennzeichnet. Mögliche Formen: Kreis, Ellipse, Rechteck. Die Einzelheit wird dann möglichst in der Nähe vergrößert dargestellt und mit dem gleichen Großbuchstaben und dem Maßstab gekennzeichnet **2**.

Auf umlaufende Kanten, Bruchlinien und Schraffuren darf verzichtet werden **3**.

Ursprüngliche Formen

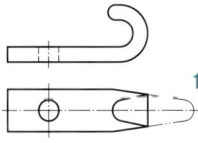

Ursprüngliche Formen werden durch eine Strich-Zweipunkt-Linie (05.1.4) dargestellt **1**.

Biegelinien

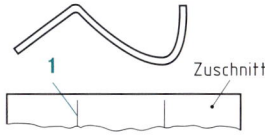

Biegelinien werden als schmale Volllinien (01.1.11) dargestellt **1**.

Durchdringungen

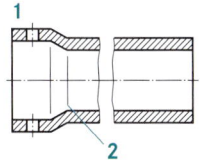

Durchdringungslinien bei der Durchdringung von Zylindern, deren Durchmesser sich wesentlich unterscheiden, können gerade ausgeführt werden **1**.

Gerundete Übergänge von Durchdringungen können durch schmale Volllinien (01.1.1) dargestellt werden, wenn das Bild dadurch anschaulicher wird **2**.

Darstellungen in der Normalprojektion – Schnitte   DIN ISO 128-40: 2002-05, DIN ISO 128-44: 2002-05, DIN ISO 128-50: 2002-05

Ein Schnitt ist das gedachte Zerlegen eines Teiles durch eine oder mehrere Ebenen. Es werden hauptsächlich Hohlkörper im Schnitt dargestellt, um deren innere Form klar erkennen und ggf. bemaßen zu können.

Man unterscheidet:

Vollschnitt	Halbschnitt	Teilschnitt (Ausbruch)

Schnittflächen werden mit schmalen Volllinien (01.1.5) möglichst unter 45° zur Achse schraffiert.
Der Abstand der Schraffurlinien ist der Größe der Schnittfläche anzupassen.
Für Maßzahlen, Beschriftungen und Oberflächenangaben wird die Schraffur unterbrochen.

Anordnung der Halbschnitte/benachbarte Teile

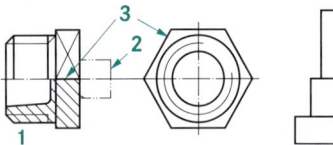

Halbschnitte werden bei waagerechter Mittellinie vorzugsweise unterhalb, bei senkrechter Mittellinie vorzugsweise rechts von dieser angeordnet **1**.

Benachbarte Teile werden durch eine Strich-Zweipunkt-Linie (05.1.1) dargestellt **2**.

Fällt bei einem Schnitt eine Körperkante auf die Mittellinie, so ist die Körperkante als breite Volllinie (01.2.1) zu zeichnen **3**.

Schnitte durch verschiedene Teile

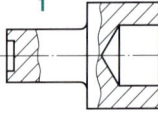 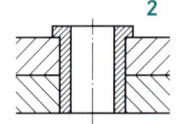

Alle Schnittflächen und Ausbrüche desselben Teiles in einer oder mehreren Ansichten werden in gleicher Art schraffiert **1**.

Aneinander grenzende Schnittflächen verschiedener Teile werden unterschiedlich schraffiert:
- durch verschiedene Schraffurrichtungen
- durch verschiedene Abstände der Schraffurlinien **2**

Normteile in der Schnittebene

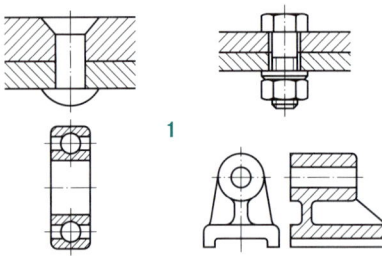

Liegen Normteile oder volle Werkstücke in der Schnittebene, werden sie in Längsrichtung nicht im Schnitt dargestellt **1**.

Dazu zählen z. B.: Niete, Stifte, Schrauben, Muttern, Scheiben, Wellen, Keile, Federn, Rollen oder Kugeln von Wälzlagern, Rippen, Speichen und Griffe von Gussstücken.

Darstellung von Flanschlöchern

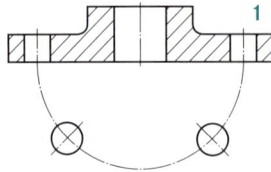

Zur Darstellung von Flanschlöchern, die nicht in der Schnittebene liegen, können diese in die Schnittebene gedreht werden **1**.

In der Vorderansicht entspricht der Mittenabstand der Bohrungen dem Lochkreisdurchmesser.
Die tatsächliche Lage der Bohrungen ist immer dem Lochkreis zu entnehmen.

Kennzeichnung des Schnittverlaufs 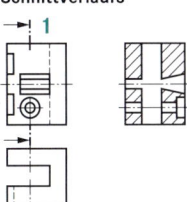	Wird aus einer Darstellung der Schnittverlauf nicht eindeutig ersichtlich, muss er durch eine breite Strich-Punkt-Linie (04.2.2) gekennzeichnet werden **1**. Die Blickrichtung auf den Schnitt wird durch Pfeile (Maßpfeile → S. 109) angedeutet.
Schnittebenen im Winkel 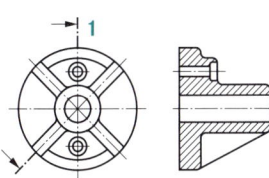	Stehen zwei Schnittebenen in einem Winkel zueinander, wird der Schnitt so gezeichnet, als lägen die Schnittflächen in einer Ebene **1**.
Schräg versetzte Schnittebenen 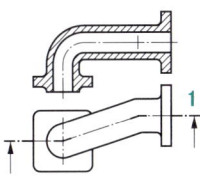	Ein Gegenstand, der in zwei parallelen und in einer schräg zu diesen liegenden Verbindungsebene geschnitten ist, wird so dargestellt, dass das Bild aus der schräg liegenden Ebene in der Projektion erscheint **1**.
Mehrere Schnittebenen durch ein Werkstück 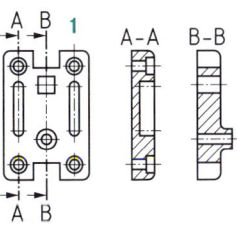	Verlaufen durch ein Werkstück mehrere Schnittebenen, muss jeder Schnittverlauf gekennzeichnet werden. Die Kennzeichnung der Schnittebenen erfolgt durch Großbuchstaben, die ggf. durch Ziffern ergänzt werden können **1**.
Schnittlinie/Schnitt durch mehrere Schnittebenen 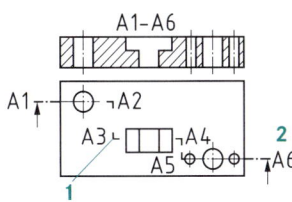	Ist der Verlauf der Schnittebene in einem Werkstück nicht eindeutig erkennbar, wird er durch eine Schnittlinie (01.1.4) gekennzeichnet **1**. Führt eine Schnittlinie durch mehrere Schnittebenen, so muss die Kennzeichnung am Anfang und am Ende und ggf. an den Knickstellen erfolgen. Die Kennzeichnung erfolgt durch Großbuchstaben, die ggf. durch Ziffern ergänzt werden können **2**.
Positionierung der Schnitte 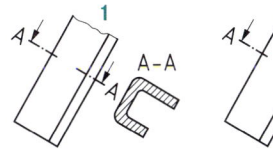 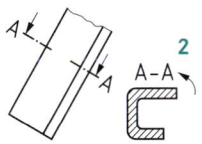	Der Schnitt an einem Werkstück kann in jeder beliebigen Lage angebracht werden. Er sollte jedoch möglichst projektionsgerecht erfolgen **1**. Wird der Schnitt in einer anderen Lage angebracht, so ist an den Großbuchstaben ein Symbol für die Drehung in der entsprechenden Richtung anzubringen **2**.

Maßeintragung – Systeme

Anordnung der Halbschnitte/ benachbarte Teile

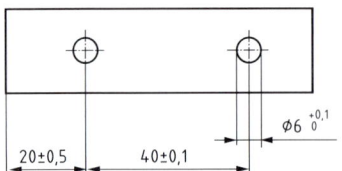

Die funktionsbezogene Maßeintragung wird verwendet, wenn die Auswahl, Eintragung und Tolerierung (→ S. 112) der Maße ausschließlich nach konstruktiven Erfordernissen eines Erzeugnisses erfolgen soll.
Die Fertigungs- und Prüfbedingungen werden nicht berücksichtigt.

Schnitte durch verschiedene Teile

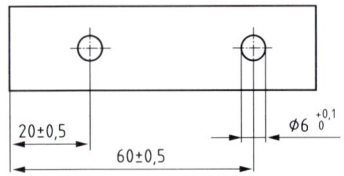

Die fertigungsbezogene Maßeintragung wird verwendet, wenn nur die für die Fertigung des Erzeugnisses unmittelbar benötigten Maße in die Zeichnung eingetragen und fertigungsgerecht toleriert werden. Diese Maßeintragung hängt vom Fertigungsverfahren ab.

Normteile in der Schnittebene

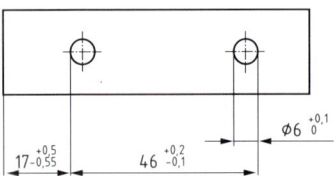

Die prüfbezogene Maßeintragung wird verwendet, wenn die Maße und Maßtoleranzen entsprechend dem vorgesehenen Prüfverfahren in die Zeichnung eingetragen werden.

Maßeintragung – Elemente und Anwendungsregeln

Maßlinien

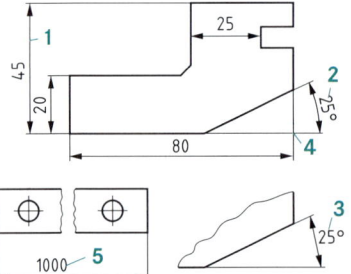

Maßlinien werden bei Längenmaßen parallel zu der zu bemaßenden Länge **1**, bei Kreisbögen und Winkeln als Kreisbogen um den Mittel- bzw. Scheitelpunkt eingetragen **2**.

Winkelmaße bis 30° dürfen mit gerader Maßlinie senkrecht zur Winkelhalbierenden eingetragen werden **3**.
Maßlinien sollen sich untereinander und mit anderen Linien nicht schneiden. Ist dieses nicht zu vermeiden, werden sie ohne Unterbrechung gezeichnet **4**.

Maßlinien werden nicht unterbrochen.
Bei unterbrochen dargestellten Formelementen wird die Maßlinie durchgezogen **5**.

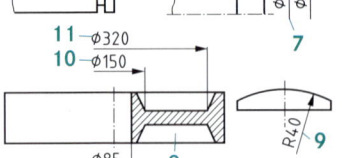

Maßlinien dürfen abgebrochen werden, wenn
- Durchmessermaße eingetragen werden **6**
- nur eine Hälfte eines symmetrischen Teiles in Ansicht oder Schnitt dargestellt wird **7**
- ein Gegenstand im Halbschnitt dargestellt wird **8**
- sich Bezugspunkte der Bemaßung nicht in der Zeichenfläche befinden **9**.

Maßlinien werden als schmale Volllinie (01.1.2) gezeichnet.
Die erste Maßlinie ist ca. 10 mm von der Körperkante entfernt **10**, alle weiteren haben einen Abstand von 10 mm **11** zueinander.

Maßhilfslinien

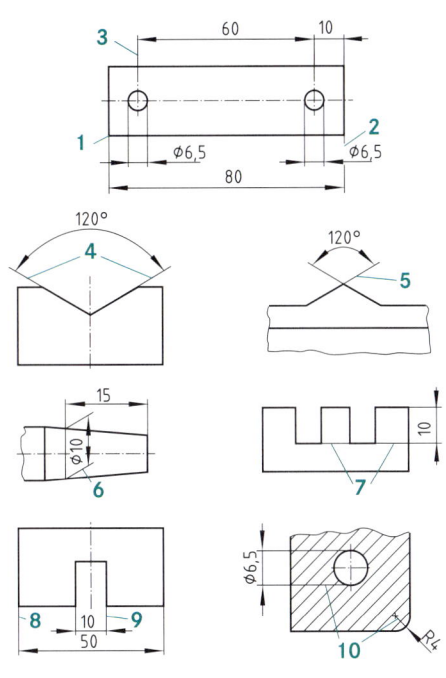

Maßhilfslinien werden rechtwinklig zu der zu bemaßenden Länge eingetragen **1**.

Maßhilfslinien dürfen unterbrochen werden, wenn ihr weiterer Verlauf eindeutig erkennbar ist **2**.

Mittellinien können als Maßhilfslinien verwendet werden. Außerhalb der Körperkanten werden sie als schmale Volllinien (01.1.3) gezeichnet **3**.

Bei Winkelmaßen bilden die Verlängerungen der Schenkel des Winkels die Maßhilfslinien **4**. Es kann auch der Scheitelwinkel eingetragen werden **5**.

Maßhilfslinien dürfen unter einem Winkel von ca. 60° zur Maßlinie, jedoch parallel gezeichnet werden, wenn dadurch die Bemaßung deutlicher wird **6**.

Auseinander liegende gleiche Teile mit gleichen Maßen und Toleranzen können durch eine gemeinsame Maßhilfslinie verbunden werden **7**.

Werden besonders große Linienbreiten angewendet, werden die Maßhilfslinien für Außenmaße am äußeren Rand **8**, für Innenmaße am inneren Rand der Umrisslinie eingetragen **9**.

Maßhilfslinien dürfen nicht parallel zu Schraffurlinien gezeichnet werden **10**.

Sie dürfen nicht von einer Ansicht zur anderen durchgezogen werden.

Maßhilfslinien werden als schmale Volllinien (01.1.3) gezeichnet.

Maßlinienbegrenzungen

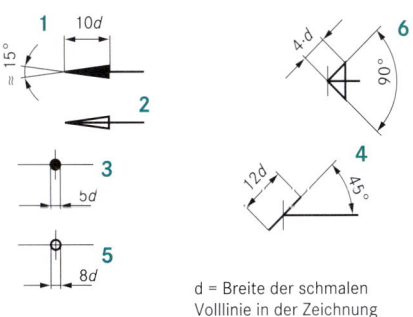

d = Breite der schmalen Volllinie in der Zeichnung

Mögliche Maßlinienbegrenzungen sind:
- ein geschwärzter 15°-Pfeil (Regelfall) **1**
- ein offener Pfeil bei rechnerunterstützt angefertigten Zeichnungen **2**
- ein Punkt bei Platzmangel **3**
- ein Schrägstrich **4**
- ein Kreis für die Ursprungsangabe **5**
- ein 90°-Pfeil **6**.

Folgende Kombinationen sind in einer Zeichnung zulässig:
- 15°-Pfeil, Punkt, Ursprungskreis oder
- 90°-Pfeil, Schrägstrich, Ursprungskreis (nur bei fachbezogenen Zeichnungen, z. B. Bauzeichnungen).

Maßzahlen

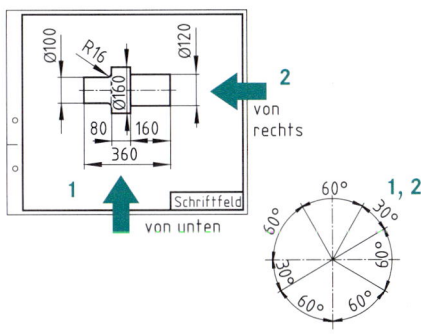

Maßzahlen werden in der Schriftform DIN ISO 3098 vertikal eingetragen.

Alle Maße, grafischen Symbole und Wortangaben sind so einzutragen, dass sie in Leselage der Zeichnung von unten **1** oder von rechts **2** gelesen werden können.

Die Leselage der Zeichnung entspricht der Leselage des Schriftfeldes.

Alle Maße einer Zeichnung werden in der gleichen Einheit, vorzugsweise in mm angegeben. Die Einheit wird nicht angegeben. Bei Abweichung von dieser Regel muss die Maßeinheit jedoch angegeben werden. Die Maßzahlen sind vorzugsweise in der Mitte der Maßlinie und deutlich darüber anzuordnen.

Hinweislinien

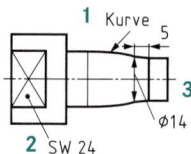

Hinweislinien sind schräg aus der Zeichnung herauszuziehen. Die Begrenzung erfolgt:

- an der Körperkante mit einem Pfeil **1**
- in einer Fläche mit einem Punkt **2**
- an allen anderen Linien ohne Begrenzungszeichen **3**

Angabe der Werkstückdicke

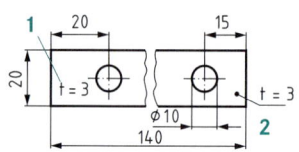

Die Werkstückdicke darf bei flachen Teilen in der Darstellung **1** oder auf einer abgeknickten Hinweislinie neben der Darstellung **2** angegeben werden. Sie wird mit dem Buchstaben t (engl.: thickness) gekennzeichnet.

Anordnung der Maße

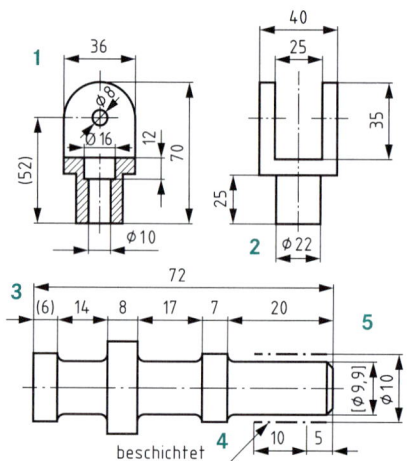

In einer Zeichnung ist jedes Maß nur einmal in der Ansicht einzutragen, in der die Zuordnung von Darstellung und Maß deutlich erkennbar ist **1**.
Zusammenhängende Maße sind möglichst zusammenhängend einzutragen **2**.
Maße, die sich durch die Fertigung von selbst ergeben, werden nicht eingetragen.
Maßlinien und Maßhilfslinien werden an Volllinien angesetzt. Das Ansetzen an Strichlinien (verdeckten Kanten) ist zu vermeiden.
Die Eintragung aller Maße als Maßkette ist zulässig, wenn ein Maß als Hilfsmaß eingetragen wird **3**. Ein Hilfsmaß wird mit dem Symbol ( ) gekennzeichnet.

Ein Bereich, für den besondere Bedingungen gelten, wird durch eine breite Strich-Punkt-Linie (04.2.1) gekennzeichnet und bemaßt **4**. Für beschichtete Oberflächen dürfen Maße vor und nach der Behandlung angegeben werden. Das Vorbereitungsmaß wird dann in eckige Klammern gesetzt **5**.

Durchmesser und Radien

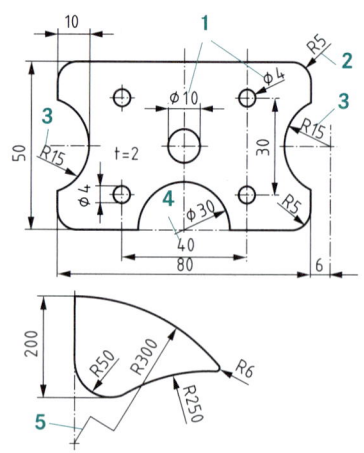

Das grafische Symbol Ø für den Durchmesser ist immer vor die Maßzahl zu setzen.
Bei Platzmangel dürfen Durchmessermaße von außen angesetzt werden **1**.

Radien werden durch den vor die Maßzahl zu setzenden Großbuchstaben R gekennzeichnet **2**. Die Maßlinien sind von Mittelpunkt des Radius oder aus dessen Richtung mit einem Maßpfeil innen oder außen an den Kreisbogen zu setzen **3**.

Bei Durchmesserzeichen wird die Maßlinie über den Mittelpunkt gezogen **4**.

Bei großen Radien, bei denen der Mittelpunkt außerhalb der Zeichnung liegt, darf die Maßlinie rechtwinklig abgeknickt und verkürzt gezeichnet werden **5**.

Bögen

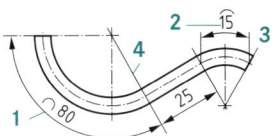

Zur Kennzeichnung von Bögen wird das grafische Symbol ∩ vor die Maßzahl gesetzt **1**.
Bei manuell gefertigten Zeichnungen darf es über die Maßzahl gesetzt werden **2**.
Bei Zentriwinkeln ≤ 90° werden die Maßhilfslinien parallel zur Winkelhalbierenden **3**,
bei Zentriwinkeln ≥ 90° werden sie zum Bogenmittelpunkt hin gezeichnet **4**.

Neigungen und Verjüngungen

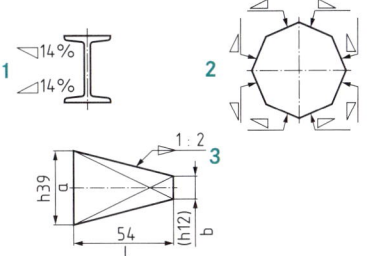

Zur Kennzeichnung von Neigungen wird das grafische Symbol ◁ vor die Maßzahl gesetzt **1**.
Die Maßzahl ist eine Verhältnis- oder Prozentangabe und ist vorzugsweise auf einer abgeknickten Hinweislinie einzutragen **2**.
Das grafische Symbol ▷ kennzeichnet die Verjüngung und wird vor die Maßzahl auf eine abgeknickte Hinweislinie gesetzt **3**.

$$Verjüngung = \frac{a - b}{l}$$

Quadrate, Schlüsselweiten und Rechtecke

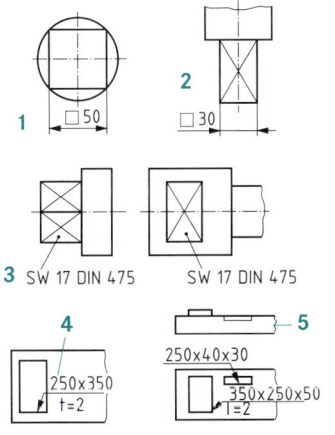

Das grafische Symbol □ kennzeichnet das Quadrat und wird vor die Maßzahl gesetzt **1**.
Es wird nur einmal die Seitenlänge des Quadrates angegeben. Das Diagonalkreuz kennzeichnet eine ebene Fläche **2**.

Die Großbuchstaben SW kennzeichnen die Schlüsselweite. Sie werden vor die Maßzahl gesetzt **3**.

Die Seitenlängen eines Rechtecks dürfen auf einer abgewinkelten Hinweislinie angegeben werden. Das Maß der Seitenlänge, an der die Hinweislinie eingetragen ist, steht zuerst **4**.

Werden drei Maße kombiniert (Seitenlänge x Seitenlänge x Dicke/Tiefe) muss eine zweite Ansicht oder ein Schnitt gezeichnet werden **5**.

Abwicklungen

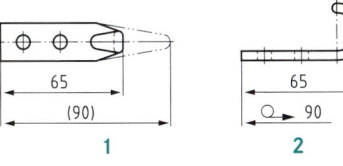

Abwicklungen werden durch Hilfsmaße bemaßt **1**.
Wird die Abwicklung nicht dargestellt, erfolgt die Bemaßung durch Voranstellen des Symbols ⌒► für die gestreckte Länge **2**.

Gewinde

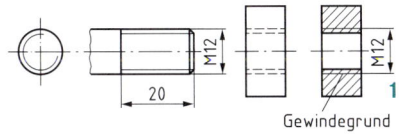

Für genormte Gewinde werden die Kurzbezeichnungen nach DIN 13 und DIN EN 226 angewendet **1**.
Der Nenndurchmesser eines Außengewindes bezieht sich auf die Gewindespitzen, der eines Innengewindes auf den Gewindegrund.

Tab. 112.1: Allgemeintoleranzen für Längenmaße

DIN ISO 2768-1, -2: 1991-06

Toleranz-klasse	Grenzabmaße in mm für Nennmaßbereiche in mm							
	0,5 bis 3	> 3 bis 6	> 6 bis 30	> 30 bis 120	> 120 bis 400	> 400 bis 1000	> 1000 bis 2000	> 2000 bis 4000
f (fein)	± 0,05	± 0,05	± 0,1	± 0,15	± 0,2	± 0,3	± 0,5	–
m (mittel)	± 0,1	± 0,1	± 0,2	± 0,3	± 0,5	± 0,8	± 1,2	± 2
c (grob)	± 0,2	± 0,3	± 0,5	± 0,8	± 1,2	± 2	± 3	± 4
v (sehr grob)	–	± 0,5	± 1	± 1,5	± 2,5	± 4	± 6	± 8

Tab. 112.2: Allgemeintoleranzen für Winkelmaße

DIN ISO 2768-1, -2: 1991-06

Toleranz-klasse	Grenzabmaße in Winkeleinheiten für Nennmaßbereiche des kürzeren Schenkels in mm				
	bis 10	> 10 bis 50	> 50 bis 120	> 120 bis 400	> 400
f (fein)	± 1	± 0° 30′	± 0° 20′	± 0° 10′	± 0° 5′
m (mittel)					
c (grob)	± 1° 30′	± 1°	± 0° 30′	± 0° 15′	± 0° 10′
v (sehr grob)	± 3°	± 2°	± 1°	± 0° 30′	± 0° 20′

Passungssystem Einheitsbohrung
DIN ISO 286-1: 1990-11

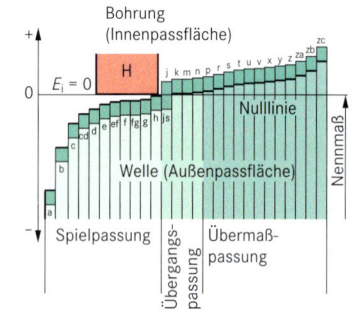

Nennmaß:	Maß, von dem die Grenzmaße abgeleitet werden
E_i:	unteres Abmaß der Bohrung
Spielpassung:	Mindestmaß der Bohrung ≥ Höchstmaß der Welle
Übergangspassung:	Spiel oder Übermaß, die Toleranzfelder von Bohrung und Welle überdecken sich vollständig oder teilweise
Übermaßpassung:	Höchstmaß der Bohrung ≤ Mindestmaß der Welle

Beispiel für ein toleriertes Maß:

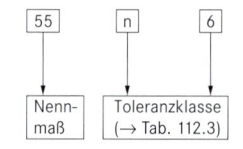

Beispiel für eine Passung:

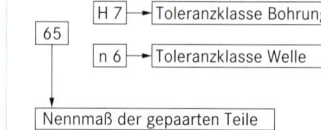

Tab. 112.3: ISO-Passungen System Einheitsbohrung

DIN ISO 286-2: 1990-11

Nennmaß-bereich in mm	Boh-rung H 7	Welle							Boh-rung H 8	Welle			
		f 7	g 6	h 6	j 6	k 6	n 6	r 6	s 6		d 9	f 7	h 9	s 8
von 1 bis 3	+10 0	−6 −16	−2 −8	0 −6	+4 −2	+6 0	+10 +4	+16 +10	+20 +14	+14 0	−20 −45	−6 −16	0 −25	+28 +14
über 3 bis 6	+12 0	−10 −22	−4 −12	0 −8	+6 −2	+9 +1	+16 +8	+23 +15	+27 +19	+18 0	−30 −60	−10 −22	0 −30	+37 +19
über 6 bis 10	+15 0	−13 −28	−5 −14	0 −9	+7 −2	+10 +1	+19 +10	+28 +19	+32 +23	+22 0	−40 −76	−13 −28	0 −36	+45 +23
über 10 bis 14	+18 0	−16 −34	−6 −17	0 −11	+8 −3	+12 +1	+23 +12	+34 +23	+39 +28	+27 0	−50 −93	−16 −34	0 −43	+55 +28
über 14 bis 18														
über 18 bis 24	+21 0	−20 −41	−7 −20	0 −13	+9 −4	+15 +2	+28 +15	+41 +28	+48 +35	+33 0	−65 −117	−20 −41	0 −52	+68 +35
über 24 bis 30														
über 30 bis 40	+25 0	−25 −50	−9 −25	0 −16	+11 −5	+18 +2	+33 +17	+50 +34	+59 +43	+39 0	−80 −142	−25 −50	0 −62	+82 +43
über 40 bis 50														
über 50 bis 65	+30 0	−30 −60	−10 −29	0 −19	+12 −7	+21 +2	+39 +20	+60 +41 +62 +43	+72 +53 +78 +59	+46 0	−100 −174	−30 −60	0 −74	+99 +53 +105 +59
über 65 bis 80														
über 80 bis 100	+35 0	−36 −71	−12 −34	0 −22	+13 −9	+25 +3	+45 +23	+73 +51	+93 +71	+54 0	−120 −207	−36 −71	0 −87	+125 +71

Tab. 113.1: Zeichnungsarten und Maßstäbe im Bauwesen   DIN 1356-1: 1995-02

Zeichnungsart	Maßstäbe	Zeichnungsart	Maßstäbe
Vorentwurfszeichnung	1 : 500 bzw. 1 : 200	Werkzeichnung	1 : 50, ggf. 1 : 20
Entwurfszeichnung	1 : 100, ggf. 1 : 200	Detailzeichnung	1 : 20, 1 : 10, 1 : 5, 1 : 1
Bauvorlagezeichnung	nach Landesverordnung	Fertigteilzeichnung	1 : 25, 1 : 20

Tab. 113.2: Zeichnungsarten und Maßstäbe im Bauwesen   DIN 1356-1: 1995-02

Linienart	Anwendungsbereich	Liniengruppe	
		II	III
		Zuordnung zu Maßstab	
		≤ 1 : 100	≥ 1 : 50
Vollinie	Begrenzung von Schnittflächen	0,5	1,0
	Sichtbare Kanten und Umrisse von Bauteilen, Begrenzung von Schnittflächen von schmalen oder kleinen Bauteilen	0,35	0,5
	Maßlinien, Maßhilfslinien, Hinweislinien, Lauflinien, Begrenzung von Ausschnittdarstellungen, vereinfachte Darstellungen	0,25	0,35
Strichlinie	Verdeckte Kanten und Umrisse von Bauteilen	0,35	0,5
Strich – Punkt – Linie	Kennzeichnung der Lage der Schnittebenen	0,5	1,0
	Achsen	0,25	0,35
Punktlinie	Bauteile vor bzw. über die Schnittebene	0,35	0,5
Maßzahlen	Schriftgröße	3,5	5,0

Darstellung von Gebäuden – Bemaßung

Elemente der Bemaßung

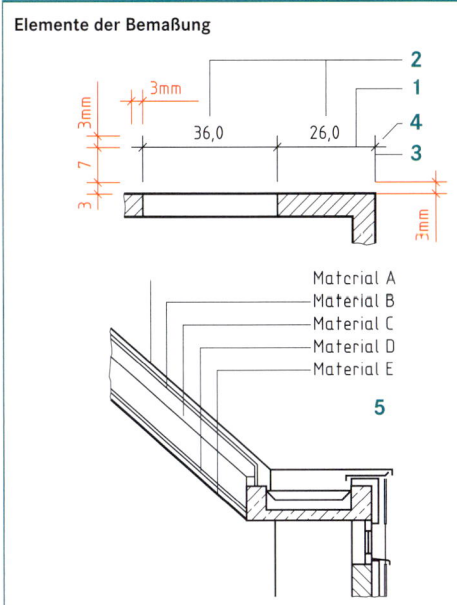

Maßlinien werden als Vollinien gezeichnet. Sie sind parallel zu den zu bemaßenden Strecken anzuordnen **1**.

Die Maßzahlen sind über der Maßlinie so anzuordnen, dass sie in der Gebrauchslage der Zeichnung von unten bzw. von rechts lesbar sind **2**.

Die Wahl der Maßeinheit richtet sich nach der Bauart und Art des Bauteils (→ Tab. 113.3). Die Maßeinheit ist mit dem Maßstab im Schriftfeld anzugeben.

Maßhilfslinien sind 3 mm vor der zugehörigen Körperkante anzusetzen **3**.

Als Maßlinienbegrenzungen werden Schrägstriche oder Punkte verwendet **4**.

Hinweise sind in Blockform anzuordnen. Hinweislinien sind aus der Darstellung herauszuziehen **5**.
Bei Platzmangel dürfen sie auch für Maße verwendet werden.

Hinweislinien sind senkrecht anzuordnen und sollen höchstens einmal abgewinkelt werden.

Tab. 113.3: Beispiele für Maßeinheiten

Das schräge Herausziehen von Hinweislinien unter 45° sollte nur verwendet werden, wenn es der Verdeutlichung dient.

Bemaßung in	unter 1 m		über 1 m
cm	24	88,5[1]	388,5[1]
m und cm	24	88[5]	3,88[5]
mm	240	885	3885
[1] Anstelle des Kommas ist auch ein Punkt erlaubt.			

Grundriss

Winkelstahl mit Bohrung

Schnittrichtung (Schnittebene): **waagerecht**

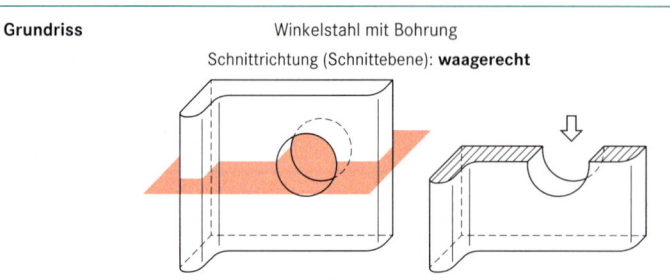

Der Grundriss (Typ A) ist die Draufsicht auf den unteren Teil eines horizontal geschnittenen Bauobjektes.

Schnitt

Schnittrichtung (Schnittebene): **senkrecht**

Der Schnitt ist die Ansicht des hinteren Teils eines vertikal geschnittenen Bauobjektes.
Die Schnittebene liegt – auch verspringend – so im Bauwerk oder Bauteil, dass die wesentlichen Einzelheiten, z. B. Wände, Decken, Treppen, Öffnungen wie Fenster und Türen geschnitten werden. Die Lage der Schnittebene ist im Grundriss anzugeben.

Maßanordnung

Grundriss

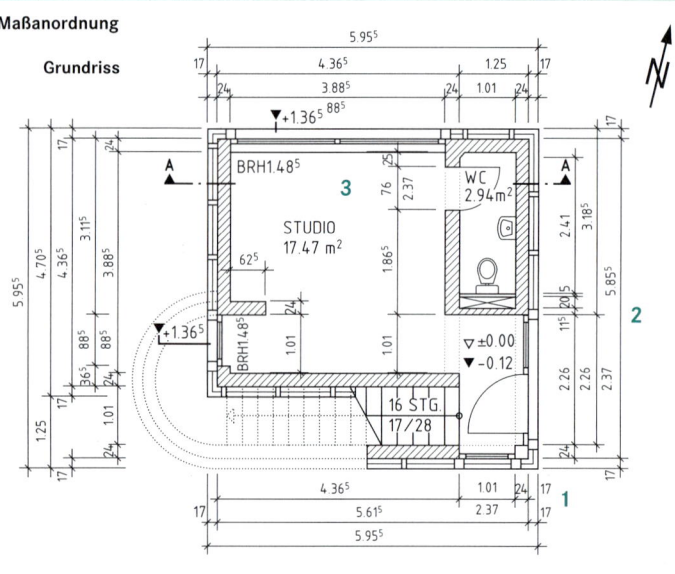

Die Maßanordnung erfolgt im Allgemeinen unter bzw. rechts der Darstellung **1**.
Bei mehreren parallelen Maßketten sind diese entsprechend der Lage der zu bemaßenden Bauteile von innen nach außen in ≥ 7 mm Abstand anzuordnen **2**.
Die Flächen in der Raummitte sollen möglichst frei bleiben.

Bei Fenstern und Türen ist die Breite über die Maßlinie, die Höhe direkt unter die Maßlinie zu schreiben **3**.

Rechteckquerschnitte dürfen zur Vereinfachung auch durch Angabe ihrer Seitenlängen in Bruchform bemaßt werden, z. B. 8/12 (Breite/Höhe) **4**.

Runde Querschnitte erhalten vor der Maßzahl das Durchmesserzeichen Ø.

Radien sind vor der Maßzahl mit dem Großbuchstaben R zu kennzeichnen.

Schnitt A

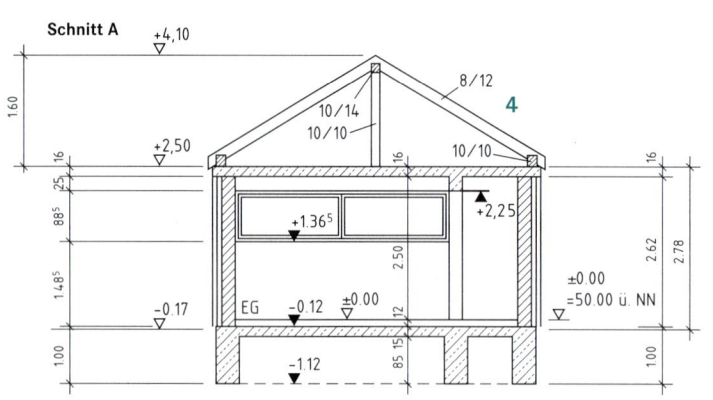

Tab. 115.1: Kennzeichnung von Schnittflächen in Bauzeichnungen DIN 1356-1: 1995-02; DIN ISO 128-50: 2002-05

Boden (gewachsen)		Beton (wasser-undurchlässig)		Holzwerkstoff	
Kies		Mauerwerk (künstl. Steine)		Gipsplatte	
Sand		Mauerwerk (Leichtziegel)		Mörtel, Putz	
Beton (unbewehrt)		Mauerwerk (Bimsbaustoffe)		Dämmstoffe	
Beton (bewehrt)		Holz, Schnittrichtung quer zur Faser		Abdichtung (Sperrschicht)	
Leichtbeton		Holz, Schnittrichtung längs zur Faser		Baustahl	

Tab. 115.2: Allgemeine Zeichen in Bauzeichnungen — DIN 1356-1: 1995-02

Höhenangabe Unterfläche	■ Rohkonstruktion ■ Fertigkonstruktion	Richtung	
Höhenangabe Oberfläche	■ Fertigkonstruktion ■ Rohkonstruktion	Angabe der Schnittführung in Blickrichtung	

Abkürzungen:	RR Rohbau-Richtmaß	FF fertiger Fußboden z. B.	OFF Oberfläche fertiger Fußboden

Tab. 115.3: Kennzeichnung von Treppen im Grundriss[1] — DIN 1356-1: 1995-02

Einläufige Treppe (hier mit Zwischenpodest)		Treppenlauf, horizontal geschnitten, mit darunterliegendem Lauf	
Zweiläufige Treppe		Treppenlauf, horizontal geschnitten, mit Darstellung des Laufes oberhalb der Schnittebene	
Spindeltreppe (Wendeltreppe)		Rampe	

[1] Pfeil zeigt aufwärts

Tab. 115.4: Öffnungsarten von Türen im Grundriss — DIN 1356-1: 1995-02

Drehflügel, einflügelig	DIN – rechts	Hebe-Drehflügel	DIN – links
Drehflügel, zweiflügelig		Drehtür	
Drehflügel, zweiflügelig, gegeneinander schlagend		Schiebeflügel	
Pendelflügel, einflügelig		Hebe-Schiebeflügel	
Pendelflügel, zweiflügelig		Falttür, Faltwand	

Technische Grundlagen

Tab. 116.1: Öffnungsarten von Türen und Fenstern in der Ansicht DIN 1356-1: 1995-02

Drehflügel	Scharniere ◄── ──► Öffnung	Wendeflügel	
Kippflügel		Schiebeflügel, vertikal	↑
Klappflügel		Schiebeflügel, horizontal	→
Dreh-Kippflügel		Hebe-Schiebeflügel	→
Hebe-Drehflügel	↑	Festverglasung	
Schwingflügel			

Tab. 116.2: Kennzeichnung abgehängter Decken DIN 1356-1: 1995-02

abgeh. Decke
△ +2.50

Abgehängte Decken werden im Grundriss mit einer Strichlinie gekennzeichnet, welche die Deckenfläche diagonal durchquert.
Diese Linie bekommt die Kennzeichnung „abgeh. Decke" sowie die Höhenangabe für die Unterfläche der Decke.

Tab. 116.3: Darstellung von Aussparungen DIN 1356-1: 1995-02

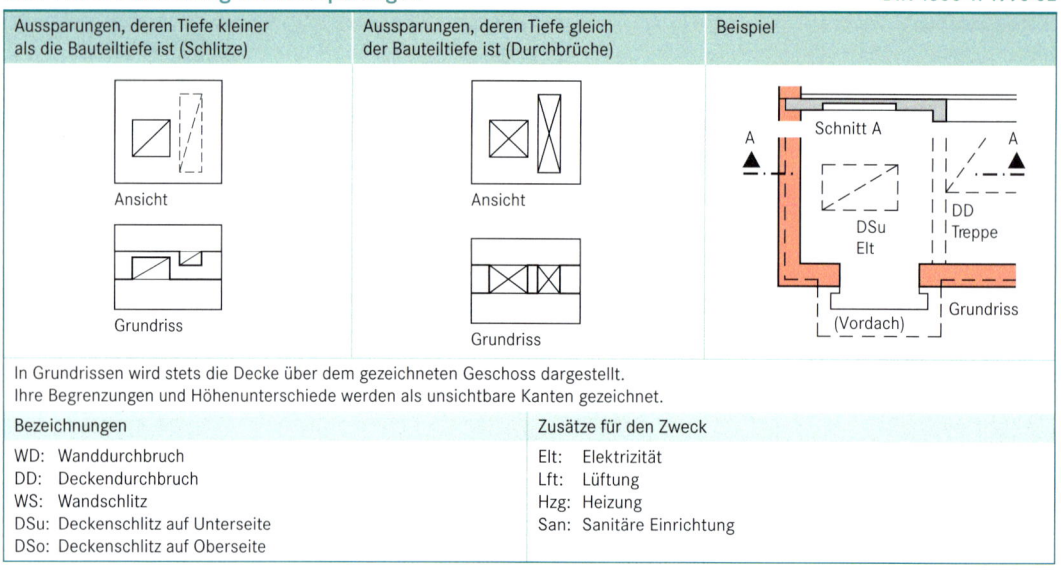

Aussparungen, deren Tiefe kleiner als die Bauteiltiefe ist (Schlitze)	Aussparungen, deren Tiefe gleich der Bauteiltiefe ist (Durchbrüche)	Beispiel
Ansicht	Ansicht	Schnitt A
Grundriss	Grundriss	(Vordach) Grundriss

In Grundrissen wird stets die Decke über dem gezeichneten Geschoss dargestellt.
Ihre Begrenzungen und Höhenunterschiede werden als unsichtbare Kanten gezeichnet.

Bezeichnungen	Zusätze für den Zweck
WD: Wanddurchbruch	Elt: Elektrizität
DD: Deckendurchbruch	Lft: Lüftung
WS: Wandschlitz	Hzg: Heizung
DSu: Deckenschlitz auf Unterseite	San: Sanitäre Einrichtung
DSo: Deckenschlitz auf Oberseite	

Tab. 116.4: Mindest-Schlitzmaße in mm (→ Tab. 200.1)

Breite × Tiefe in mm
d = Mindest-Rohrwanddicke, $t = d + 20$ mm

Hierbei ist die DIN 1053-1 zu beachten
(→ S. 200)

DN in mm	Muffenlose Rohre				Rohre mit Muffen			
	d	b_1	b_2	b_3	d	b_1	b_2	b_3
50	65	90	150	210	92	115	175	235
70	85	110	170	230	116	140	200	260
100	115	140	200	260	150	170	230	290
125	140	165	225	285	177	200	260	320
150	170	190	250	310	206	225	285	345
200	220	240	300	360	266	275	335	395

Hausanschlussraum

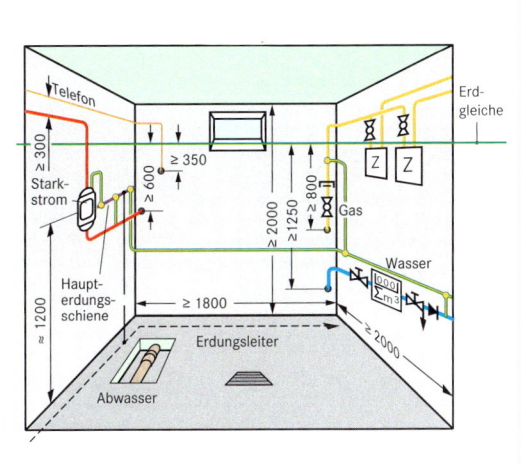

Tab. 117.1: Möglichkeiten der Unterbringung der Hausanschlüsse

Gebäudeart	Hausanschlüsse in
nicht unterkellert EFH	Hausanschlussnische
Gebäude ≤ 4 WE	Hausanschlusswand, HAR
Gebäude ≥ 4 WE	HAR

Anforderungen an den Hausanschlussraum

- Zugang über allgemein zugängliche Räume oder direkt von außen.
- Anschlüsse für Strom, Telefon, Wasser, Gas und Fernwärme an gemeinsamer Wand möglich.
- Tür so groß, dass die Anschlusseinrichtungen eingebracht werden können.
- Entwässerungsmöglichkeit vorsehen.
- ausreichende Be- und Entlüftung sicherstellen.
- beim Starkstromanschluss Haupterdungsschiene mit Anschlussfahne für den Erdungsleiter anordnen.
- Durchgangshöhe unter den Leitungen h ≥ 1,80 m.
- Beleuchtung mit Schalter an der Tür, Schutzkontaktsteckdose vorsehen.

Technische Grundlagen

Tab. 117.2: Lage der Versorgungsleitungen

Art der Versorgungsleitung	Tiefe unter der Geländeoberfläche in m	Art der Versorgungsleitung	Tiefe unter der Geländeoberfläche in m
Wasser	1,2 bis 1,5	Gas	0,5 bis 1,0
Starkstrom	0,6 bis 0,8	Fernwärme	0,6 bis 1,0
Telefon	0,35 bis 0,6		

Tab. 117.3: Sinnbilder für die Trinkwasserinstallation

Wasserleitungen

Wasserleitung	★ 1)	Übergang in der Nennweite z. B. von DN 50 auf DN 40	50 ● 40	Dehnungsbogen	
Trinkwasserleitung kalt, z. B. DN 80	PWC 80	Übergang im Werkstoff z. B. von Stahl auf Kupfer	St ● Cu	Stopfbuchsenkompensator	
Trinkwasserleitung warm, DN 50, Wärmedämmung	PWH 50-TI	Rohrleitung in Grundrissdarstellung	○	Leitungsfestpunkt	
Trinkwasserleitung warm, Zirkulation, DN 40	PWH-C40	Rohrleitung aufwärts verlaufend	+	Leitungsbefestigung mit Gleitführung	
Leitungskreuz		Rohrleitung abwärts verlaufend	–	Wand- oder Deckendurchführung mit Schutzrohr	
Abzweig, einseitig		Fließrichtung nach oben	+	Wand- oder Deckendurchführung mit Schutzrohr und Abdichtung	
Abzweig, beidseitig		Elektrische Trennung, Isolierstück		Leitungsabschluss	
Schlauchleitung		Schutzpotenzialausgleich, Erdung		Leitungsgefälle nach links, 5 %	5%

1) Der Stern wird ersetzt durch:
   PW potable water (engl.) – Trinkwasser
   PWC potable water cold – Trinkwasser, kalt
   PWH potable water hot – Trinkwasser, warm
   PWH-C circulation – Zirkulation
   PWH-TI thermal insulation – Wärmedämmung

Tab. 118.1: Richtungshinweise für Grundrissdarstellung
DIN EN 806-1: 2001-12

Rohrleitung in Grundrissdarstellung	○	Leitung aufwärts verlaufend	+	Leitung abwärts verlaufend	−
hindurchgehend	+ −	Fließrichtung nach oben	+	Fließrichtung nach unten	−

Tab. 118.2: Rohrverbindungen
DIN EN 806-1: 2001-12

Rohrverbindung	*	Flansch-verbindung		Geschweißte oder gelötete Rohrverbindung	*
Gewinde-verbindung		Klemmflansch-verbindung		Schnellkupplung	

Tab. 118.3: Absperr- und Drosselarmaturen
DIN EN 806-1: 2001-12

Absperrarmatur (allgemein)		Geradsitzventil		Absperrklappe	
Eckventil		Kugelhahn		Druckminderer	P
Dreiwegeventil		Kolbenschieber, -ventil		Anschluss-vorrichtung	
Vierwegeventil		Freistromventil, Schieber		Ventilanbohr-schelle	

Tab. 118.4: Entnahmestellen und Zubehörteile
DIN EN 806-1: 2001-12

Auslaufventil		Standmisch-batterie		Schlauchbrause	
Standauslaufventil		Wandmisch-batterie		Druckspüler mit Rohrunterbrecher	FV
Wandauslaufventil		Selbstschluss-armatur	SC	Spülkasten	FC
Mischbatterie		Brause		Auslaufventil mit Schnellkupplung an Schlauch	

Tab. 118.5: Sicherungsarmaturen
DIN EN 806-1: 2001-12

Sicherungsarmatur, allgemein	* 1)	Rohrbelüfter in Durchgangsform		Rohrtrenner	
Freier Auslauf		Rohrentlüfter		Rohrbruch- bzw. Schlauchbruch-sicherung	
Rohrunterbrecher		Rückflussver-hinderer (RV)		Sicherheitsventil, federbelastet	
Rohrbelüfter		Absperrventil mit integriertem RV		Sicherheitsventil, Temperaturablass-ventil	

1) Der Stern wird ersetzt durch zwei Buchstaben z. B. AA: Freier Auslauf (→ S. 240 ff.)

Tab. 119.1: Wasserbehandlungsanlagen — DIN EN 806-1: 2001-12

Dosiergerät	CHD	Umkehr-osmoseanlage	RO
Aktivkohlefilter	ACF		
Enthärtungsanlage	SOF	Desinfektions-anlage mit UV	UV
Mechanischer Filter			

Tab. 119.2: Einrichtungen mit rotierenden Teilen — DIN EN 806-1: 2001-12

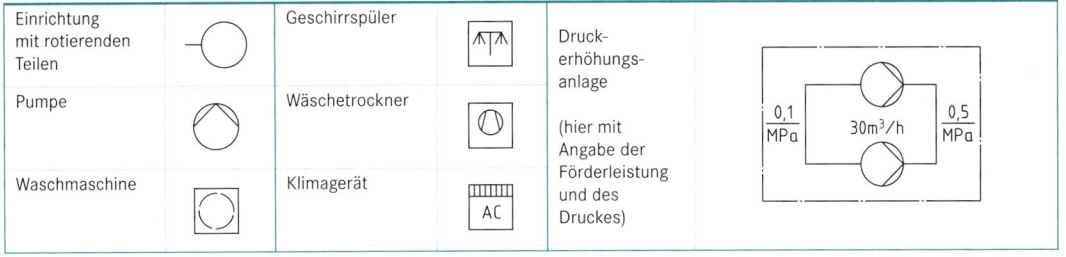

	Geschirrspüler	
Einrichtung mit rotierenden Teilen	Wäschetrockner	Druck-erhöhungs-anlage (hier mit Angabe der Förderleistung und des Druckes)
Pumpe	Klimagerät AC	0,1 MPa 30m³/h 0,5 MPa
Waschmaschine		

Tab. 119.3: Einrichtungen ohne rotierende Teile und andere Sinnbilder — DIN EN 806-1: 2001-12

Einrichtung ohne rotierende Teile	Trichter	Sicherheits-gruppe

Tab. 119.4: Mess- und Regeleinrichtungen — DIN EN 806-1: 2001-12

Messgerät mit Anzeige	Registriergerät z. B. Schreiber	Messgerät
Thermometer °C	Durchfluss-schreiber m³/s	Wasserzähler m³
Durchfluss-messgerät m³/s	Steuerleitung	Anschlussstelle für Mess- oder Regeleinrichtung

Tab. 119.5: Antriebe für Armaturen — DIN EN 806-1: 2001-12

Hydraulischer Antrieb	Antrieb durch Schwimmer	Antrieb durch Hand
Antrieb durch Membrane	Antrieb durch Gewichts-belastung	Antrieb durch Elektromotor M
Antrieb durch Fluide	Antrieb durch Federbelastung	Antrieb durch Elektromagnet

Tab. 119.6: Behälter und Trinkwassererwärmer — DIN EN 806-1: 2001-12

Trinkwasser-behälter	Speichertrink-wassererwärmer, direkt beheizt O Öl befeuert G Gas " C Feststoff "	Durchlauferhitzer, direkt beheizt O Öl befeuert G Gas " C Feststoff " D Fernwärme
Membrandruck-gefäß, -behälter	Speichertrink-wassererwärmer, indirekt beheizt HW Heizwasser HW-S "-Zulauf HW-R "-Rücklauf	solar beheizt elektrisch beheizt

Tab. 120.1: Hinweisschilder — DIN 4066: 1997-07; DIN 4067: 1975-11; DIN 4069: 1974-01

Hinweisschild		Hydrant	sonstige Wasser-versorgung	Orts-Gasverteilung	H : Hydrant S : Schieber A : Absperrung AV : Absperrventil AH : Absperrhahn SA : Straßenablauf E : Entleerung K : Absperrklappe L : Lüftung LV : Lüftungsventil
		H100 T12,7 6,4	S 100 T1,3 12,5	AH 70 T163 174	
Farbkenn-zeichnung	Hintergrund	weiß	blau	gelb	Weitere Abkürzungen bei Gas-Fernleitungen: EV : Entlüftungsventil D : Dehnungsmuffe MK: Messkontakt usw.
	Schrift	schwarz	weiß	schwarz	
	Rand	rot	ohne	ohne	
Zahl auf dem T		Anschlusswertangabe (Nennweite DN)			
Zahl links, rechts oder unter dem T		Entfernung zum Anschluss in m nach links (linke Zahl), nach rechts (rechte Zahl) und/oder vom Hinweisschild weg (bzw. nach vorne) (untere Zahl)			

Tab. 120.2: Weitere grafische Symbole und Darstellungen — DIN EN 806-1: 2001-12

Trichter		Abgrenzung für Armatureneinheit, Armaturenkombination	
Wasserstrahlpumpe		Besondere Anforderungen an die Installation	

Tab. 120.3: Sinnbilder für Abwasser- und Lüftungsleitungen — DIN 1986-100: 2002-03

Schmutzwasserleitung, DS: Druckleitung	—DS—	beginnend und abwärts verlaufend		Fallleitung	
Regenwasserleitung, DR: Druckleitung	– – –DR– – –	von oben kommend und endend		Werkstoffwechsel	
Mischwasserleitung	– · – · –	beginnend und aufwärts verlaufend		Reinigungsverschluss	
Lüftungsleitung	=====	Lüftungsleitung mit Richtungshinweis		Rohrendverschluss	
Richtungshinweis: hindurchgehend		Reinigungsrohr mit runder oder rechteckiger Öffnung		Geruchsverschluss[1]	
Belüftungsventil		[1] Darstellung im Aufriss			

Tab. 120.4: Sinnbilder für Abläufe, Abscheider, Abwasserhebeanlagen, Schächte — DIN 1986-100: 2002-03

Benennung	Grundriss	Aufriss	Benennung	Grundriss	Aufriss
Ablauf oder Entwässerungsrinne ohne Geruchsverschluss			Heizölsperre	H SP	H SP
Ablauf oder Entwässerungsrinne mit Geruchsverschluss			Heizölsperre mit Rückstauverschluss	H SP	H SP
Ablauf mit Rückstauverschluss für fäkalienfreies Abwasser			Rückstauverschluss für fäkalienfreies Abwasser		
Schlammfang	S	S	Rückstauverschluss für fäkalienhaltiges Abwasser		
Fettabscheider	F	F	Kellerentwässerungspumpe		
Stärkeabscheider	St	St	Fäkalienhebeanlage		
Benzinabscheider, Leichtflüssigkeitsabscheider	B	B	Schacht mit offenem Durchfluss		
Heizölabscheider, Leichtflüssigkeitsabscheider	H	H	Schacht mit geschlossenem Durchfluss		

Tab. 121.1: Sinnbilder für Sanitär-Ausstattungsgegenstände

DIN 1986-100: 2002-03

Benennung	Grundriss	Aufriss	Benennung	Grundriss	Aufriss
Badewanne			Urinalbecken mit automatischer Spülung		
Duschwanne			Klosettbecken		
Waschtisch, Handwaschbecken			Ausgussbecken		
Sitzwaschbecken (Bidet)			Spülbecken, einfach		
Urinalbecken			Spülbecken, doppelt		

Tab. 121.2: Sinnbilder für Gasanlagen

DVGW – TRGI 2008

Benennung		Benennung		Benennung		Benennung	
Wanddurchführung mit Schutzrohr und Abdichtung		Absperreinrichtung AE		Vorratswasserheizer VWH		Druckmessgerät	
Isolierstück		Gasströmungswächter GS		Kombiwasserheizer KWH		Heizkessel HK	
Leitung offen bzw. verdeckt liegend		Gas-Druckregelgerät GR		Gas-Warmlufterzeuger WLE		Gaszähler G... (Einstutzen)	
Änderung der Nennweite		Gasdruckregler mit kombiniertem GS		Gas-Wärmepumpe WP		Gaszähler G... (Zweistutzen)	
Leitungsabschluss		Gasherd H		Gas-Wäschetrockner WT		Thermische Absperreinrichtung TAE	
Sicherheits-Gassteckdose GSD		Gasheizherd HH (4-flammig)		Brennstoffzellenheizgerät BZ		GS Typ K mit TAE kombiniert GS-T	
Sicherheits-Gasschlauchleitung		Durchlaufwasserheizer DWH		Gas-Blockheizkraftwerk BHKW		Absperreinrichtung mit TAE kombiniert	
Lösbare Verbindung, flachdichtend		Gas-Heizstrahler HS		Gas-Raumheizer RH		Absperreinrichtung AE in Eckform	

Tab. 121.3: Ergänzende Sinnbilder für Heizungsanlagen

DIN 2429: 2003-12, VDI 2068: 1974-11

Benennung		Benennung		Benennung		Benennung	
Heizkessel		Umwälzpumpe		Kondensatableiter		Offenes Ausdehnungsgefäß	
Vorlauf Rücklauf		Heizkörper		Heizungsverteiler		Sicherheitsventil, gewichtsbelastet[1]	
Wärmeverbraucher		Konvektor		Luftheizgerät		Sicherheitsventil, federbelastet[1]	
Wärmetauscher		Rohrregister		Brenner		Manueller Stellantrieb, gesichert	
Gegenstromapparat		Dampfkessel		Membrandruckausdehnungsgefäß		Schmutzfänger	

[1] breiter Querstrich auf der Austrittsseite

Tab. 122.1: Sinnbilder für Lüftungs- und Klimatechnik

DIN EN 12 792: 2004-01						DIN 1946-1[1]	
Luftleitungen (starr)		**Klappen mit Gehäuse**		**Mischkammern**		Wärmetauscher ohne Stoffkreuzung	
oval	oval	allgemein		mit konstantem Luftvolumenstrom			
rund	Ø					Wärmepumpe	
rechteckig	a · b	luftdicht		mit geregeltem Luftvolumenstrom			
Luftleitungen (starr) mit Wärmedämmung		Drosselklappe		Luftbefeuchter		Kältemittelverdichter	
außen	xxxx					Wärmerückgewinner (Kreuzstrom)	
innen	xxxx	Aufteil-, Umschaltklappe		Ventilatorkonvektor		Lufterwärmer/ Kühler mit Wärmerückgew.	
Luftleitungen (starr) mit Schalldämmung		Rückschlagklappe		Induktionsgerät		Abscheider allgemein	
außen							
innen		Überströmklappe		Ventilator (allgemein)		Tropfenabscheider	
Luftleitungen (flexibel)		Rauchschutzklappe		Radialventilator		Kanaltemperaturfühler	
Bogen				Axialventilator		Kanaldifferenzdruckfühler	
Abzweig		Brandschutzklappe		Jalousieklappe (gleichläufig)		Kanalfühler für relative Feuchte	
Übergänge		Rauch- und Brandschutzklappe		Jalousieklappe (gegenläufig)		Kanalvolumenfühler	
plötzlich		Volumenstromregler (konstant)		Wetterschutzgitter		Raumtemperaturfühler	
gleichmäßig		Volumenstromregler (variabel)		Strömungsgleichrichter		Raumfühler für relative Feuchte	
Filter allgemein		Beipassklappe		Stellantrieb		Außentemperaturfühler	
Filter mit Klassifizierung	F7	Zuluftdurchlass		Messfühler		Pumpe allgemein	
Schalldämpfer		Fortluftdurchlass		Regler		Pumpe mit Rohrleitung	
Lufterwärmer							
Luftkühler							
Luftmischkammer							

[1] Wurde 2004 teilweise durch DIN EN 12 792 ersetzt.

Technische Grundlagen

Tab. 123.1: Sinnbilder für Mess-, Steuerungs- und Regeleinrichtungen — DIN 1988-1: 1988-12; DIN 19 227-2: 1991-02

Bezeichnung	Symbol	Bezeichnung	Symbol	Bezeichnung	Symbol	Bezeichnung	Symbol
Anschluss für Messgerät		Wärmemengen-zähler		Venturidüse		Anzeige digital	
Temperatur-messgerät		Schreiber, Registriergerät[2]		Impulszähler		Speicher allgemein	
Widerstands-thermometer		Steuerleitung		Betriebsstun-denzähler		Regler allgemein	
Thermoelement		Steuergerät		Messumformer, therm./elektr.		PID-Regler	
Temperatur-begrenzer		Sollwert-einsteller		Signal-Messumformer		Zeitrelais	
Temperatur-wächter		Zeitschaltuhr		Verstärker		Thermorelais	
Druckmess-gerät[1]		Messwerk allgemein		Anzeige-vorrichtung		Brandmelder, Rauchmelder	
Volumenstrom-messgerät, Durch-flussmessgerät		Aufnehmer bzw. Fühler allgemein		Bildschirm		Gerät mit automatischer Steuerung[3]	
Volumenzähler, Wasserzähler		Messblende		Lampe, Leuchtmelder		Schaltgerät	

[1] zusätzliche Kennzeichnung: Δp: Differenzdruckmessgerät; p_i: Druckimpulsgeber
[2] Kennzeichnung der Art des Gerätes: $\dot{V}$: Volumenstrom; V: Volumen; T: Temperatur; Δp: Differenzdruck
[3] Antriebsarten → Tab. 199.5

Tab. 123.2: Sinnbilder der Elektrotechnik — DIN EN 60 617-3, -4, -6, -7, -9, -11: 1997-08

Bezeichnung	Symbol	Bezeichnung	Symbol	Bezeichnung	Symbol	Bezeichnung	Symbol
Gleichstrom		Erde		Wechselrichter		Wechsler	
Wechselstrom 50 Hz	50 Hz	Schutzerde		Gleichrichter		Zweiwege-schließer	
Gleich- oder Wechselstrom		Masse		Maschine allgemein[1] C: Umformer G: Generator M: Motor MS: Synchronmotor		Halbleiterdiode allgemein	
Reihenschaltung		Neutralleiter (N), Mittelleiter (M)				Fotowiderstand	
Parallelschaltung		Schutzleiter (PE)				Heizwiderstand	
Sternschaltung		drei Leiter, ein Neutralleiter, ein Schutzleiter		Drehstrom – Asyn-chronmotor mit Käfigläufer		Heißwasser-speicher	
Dreieckschaltung		ideale Stromquelle/ Spannungsquelle		Transformator mit zwei Wicklungen		Durchlauferhitzer	
Leitung, Leiter, Kabel, Stromweg		Primärzelle, Akkumulator		Anzeige allgemein		Heißwassergerät	
Kennzeichnung der Leiterzahl		Widerstand allgemein		Spannungs-messgerät		Speicherheizgerät	
Leiter bewegbar		Widerstand, veränderbar		Strommessgerät		Abzweigdose allgemein[2]	
Abzweig von Leitern		Widerstand temperaturabh.[3]		Leistungs-messgerät		Schutzkontakt-dose vierfach[2]	
Doppelabzweig von Leitern		Induktivität, Spule, Wicklung		Wattstunden-zähler		Schalter allgemein[2]	
Steckverbindung		Kondensator allgemein		Schließer, Schal-ter allgemein		Serien- bzw. Wechselschalter[2]	
Leitung auf/im/ unter Putz		Sicherung allgemein		Öffner		Lampe allgemein[2]	

[1] Der Stern muss durch eines der folgenden Kennzeichen ersetzt werden.
[2] Sinnbilder der Elektroinstallation
[3] Zusatz ↑↓ = NTC
Zusatz ↑↑ = PTC

Symbolhafte Darstellung von Schweiß- und Lötnähten (→ S. 96)   DIN EN 22 553: 1997-03

Bezeichnung einer Schweiß- oder Lötnaht

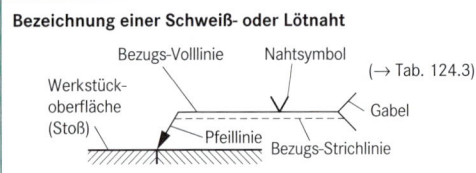

Bezugs-Volllinie   Nahtsymbol   (→ Tab. 124.3)

Werkstück-oberfläche (Stoß)

Gabel

Pfeillinie   Bezugs-Strichlinie

Die Stellung des Symbols zur Bezugslinie gibt die Lage der Naht am Stoß an. Die Pfeillinie zeigt auf die Pfeilseite, die andere Seite ist die Gegenseite. Wird das Symbol auf die Seite der Bezugs-Volllinie gesetzt, befindet sich die Naht auf der Pfeilseite. Wird das Symbol auf die Seite der Bezugs-Strichlinie gesetzt, befindet sich die Naht auf der Gegenseite. Die Bezugs-Strichlinie kann unter oder über der Bezugs-Volllinie gezeichnet werden.

Tab. 124.1: Sinnbilder für Schweiß- und Lötnähte   DIN EN 22 553: 1997-03

Nahtart		Erläuternde Darstellung	Nahtart		Erläuternde Darstellung
Bördelnaht	〦		HU-Naht	Ⴒ	
I-Naht	‖		Kehlnaht	◿	
V-Naht	⋁		Punktnaht	○	
HV-Naht	⋁		Steilflankennaht	Ⴑ	
Y-Naht	Y		Halb-Steilflankennaht	ⱶ	
HY-Naht	ⱱ		Stirnflachnaht	‖‖	
			Flächennaht	=	
U-Naht	Y		Falznaht	⊋	

Tab. 124.2: Kombination von Grundsymbolen   DIN EN 22 553: 1997-03

Nahtart		Erläuternde Darstellung	Nahtart		Erläuternde Darstellung
I-Naht, geschweißt von beiden Seiten	‖		Doppel-Y-Naht	Ⴟ	
V-Naht mit Gegenlage	⋎		Doppel-U-Naht	Ⴟ	
Doppel-V-Naht (X-Naht)	X		V-U-Naht	Ⴟ	
Doppel-HV-Naht (K-Naht)	K		Doppel-Kehlnaht	▷	

Tab. 124.3: Zusatzsymbole – Ergänzende Angaben   DIN EN 22 553: 1997-03

Zusatzsymbole für die Form der Oberfläche bzw. Naht		Ergänzende Angaben für charakteristische Merkmale der Naht	
Oberflächenform/Nahtform	Symbol	Merkmal	Symbol
hohl (konkav)	⌣	Ringsum-Naht, Kehlnaht	⌐
flach (eben)	—	Baustellennaht	⌐
gewölbt (konvex)	⌢	Schweißverfahren (→ Tab. 89.3)	z. B. ◁111
Nahtübergänge kerbfrei	⌣	Bezugzeichen	z. B. ◁A1

Ohmsches Gesetz

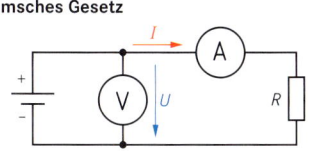

$$R = \frac{U}{I}$$

Gilt nur für metallische Leiter.

$$U = R \cdot I \qquad I = \frac{U}{R}$$

I	: elektrische Stromstärke	in A
U	: elektrische Spannung	in V
R	: elektrischer Widerstand	in Ω

Widerstand von Leitern

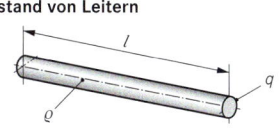

$$R_k = \frac{\varrho \cdot l}{q}$$

$$R = R_k \cdot (1 + \alpha \cdot \Delta\vartheta)$$

R	: el. Widerstand	in Ω
R_k	: Leiterwiderstand bei 20 °C	in Ω
α	: Temperaturbeiwert	in $\frac{1}{K}$
$\Delta\vartheta$	: Temperaturdifferenz gegenüber 20 °C	in K
ϱ	: spezifischer elektrischer Widerstand ($\rightarrow$ Tab. 44.1)	in $\frac{\Omega \cdot mm^2}{m}$
l	: Leiterlänge	in m
q	: Leiterquerschnitt	in mm²

Tab. 125.1: Kennwerte von Leiterwerkstoffen bei 20 °C

Leiterwerkstoff	Aluminium	Kupfer	Silber	Eisen	Konstantan
ϱ in $\frac{\Omega \cdot mm^2}{m}$	0,028	0,0179	0,015	0,13	0,5
α in $\frac{1}{K}$	0,0038	0,0039	0,004	0,0045	0,004

Reihenschaltung von Widerständen

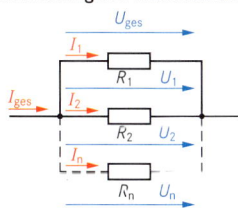

$$U_{ges} = U_1 + U_2 + \ldots + U_n$$

$$R_{ges} = R_1 + R_2 + \ldots + R_n$$

$$I_{ges} = I_1 = I_2 = \ldots = I_n$$

$$\frac{U_1}{U_n} = \frac{R_1}{R_n} \qquad \frac{U_1}{U_{ges}} = \frac{R_1}{R_{ges}}$$

U_{ges}	: Gesamtspannung	in V
$U_1, U_2 \ldots$	: Einzelspannungen	in V
R_{ges}	: Gesamtwiderstand	in Ω
$R_1, R_2 \ldots$	: Einzelwiderstände	in Ω
I_{ges}	: Gesamtstrom	in A
$I_1, I_2 \ldots$	: Einzelströme	in A

Durch alle Widerstände fließt derselbe Strom I.

Parallelschaltung von Widerständen

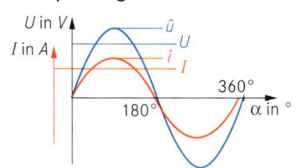

$$I_{ges} = I_1 + I_2 + \ldots + I_n$$

$$U_{ges} = U_1 = U_2 = \ldots = U_n$$

$$\frac{1}{R_{ges}} = \frac{1}{R_1} + \frac{1}{R_2} + \ldots + \frac{1}{R_n}$$

I_{ges}	: Gesamtstrom	in A
$I_1, I_2 \ldots$	: Einzelströme	in A
U_{ges}	: Gesamtspannung	in V
$U_1, U_2 \ldots$	: Einzelspannungen	in V
R_{ges}	: Gesamtwiderstand	in Ω
$R_1, R_2 \ldots$	: Einzelwiderstände	in Ω

An allen Widerständen liegt dieselbe Spannung U an.

Wechselspannung

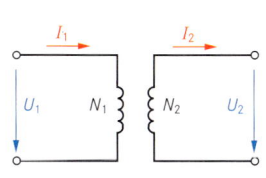

$$I = \frac{\hat{\imath}}{\sqrt{2}}$$

$$U = \frac{\hat{u}}{\sqrt{2}}$$

I	: Effektivwert der Stromstärke	in A
$\hat{\imath}$	: Scheitelwert der Stromstärke	in A
U	: Effektivwert der Spannung	in V
$\hat{u}$	: Scheitelwert der Spannung	in V

Transformator

$$\frac{U_1}{U_2} = \frac{N_1}{N_2} = \ddot{u}$$

$$\frac{I_2}{I_1} = \frac{N_1}{N_2} = \ddot{u}$$

$$S = U \cdot I$$

$$P = U \cdot I \cdot \cos\varphi$$

U_1	: Primärspannung	in V
U_2	: Sekundärspannung	in V
I_1	: Primärstromstärke	in A
I_2	: Sekundärstromstärke	in A
N_1	: Primär-Windungszahl	
N_2	: Sekundär-Windungszahl	
$\ddot{u}$	: Übersetzungsverhältnis	
S	: Scheinleistung	in VA
P	: Wirkleistung	in W
$\cos\varphi$	: Leistungsfaktor	

Elektrische Arbeit

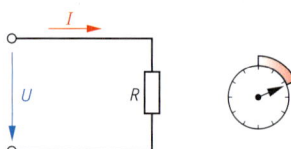

$$W = P \cdot t$$

$$W = U \cdot I \cdot t$$

$$W = \frac{P \cdot t}{3600}$$

W	:	elektrische Arbeit	in Ws
U	:	Spannung	in V
I	:	Stromstärke	in A
t	:	Zeit	in s, h
P	:	elektrische Leistung	in W
W	:	elektrische Arbeit	in Wh
3600	:	Umrechnungszahl	in $\frac{s}{h}$

Elektrische Leistung bei ohmscher Belastung

Gleich- oder Wechselstrom

Für Gleich- oder Wechselstrom

$$P = U \cdot I$$

$$P = \frac{U^2}{R} \qquad P = I^2 \cdot R$$

P	:	elektrische Leistung	in W
U	:	Spannung	in V
I	:	Stromstärke	in A

Drehstrom

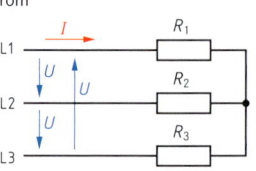

Für Drehstrom

$$P = \sqrt{3} \cdot U \cdot I$$

$\sqrt{3}$: Verkettungsfaktor bei Drehstrom

Elektrische Leistung bei induktiver Belastung

Wechselstrom

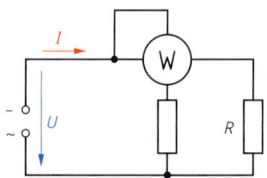

$$S = U \cdot I$$

Für Wechselstrom

$$P = U \cdot I \cdot \cos\varphi$$

$$\cos\varphi = \frac{P}{S}$$

$$Q = U \cdot I \cdot \sin\varphi$$

S	:	Scheinleistung	in VA
U	:	Spannung (Effektivwert)	in V
I	:	Stromstärke (Effektivwert)	in A
P	:	Wirkleistung	in W
U_{Str}	:	Strangspannung	in V
I_{str}	:	Strangstromstärke	in A
$\cos\varphi$	:	Leistungsfaktor (Wirkleistungsfaktor)	
Q	:	Blindleistung	in var
$\sin\varphi$	:	Blindleistungsfaktor	

Drehstrom (Sternschaltung)

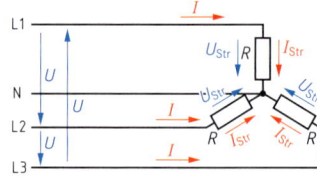

Für Drehstrom (Sternschaltung)

$$P = \sqrt{3} \cdot U \cdot I \cdot \cos\varphi$$

$$S = \sqrt{3} \cdot U \cdot I \qquad \cos\varphi = \frac{P}{S}$$

$$I = I_{Str} \qquad U = \sqrt{3} \cdot U_{Str}$$

$\sqrt{3}$: Verkettungsfaktor bei Drehstrom

Drehstrom (Dreieckschaltung)

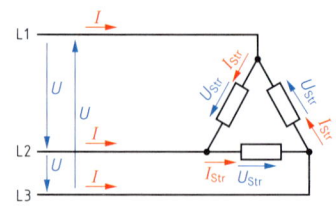

Für Drehstrom (Dreieckschaltung)

$$P = \sqrt{3} \cdot U \cdot I \cdot \cos\varphi$$

$$S = \sqrt{3} \cdot U \cdot I \qquad \cos\varphi = \frac{P}{S}$$

$$I = \sqrt{3} \cdot I_{Str} \qquad U = U_{Str}$$

Freigabe der Anlage zur Arbeit
durch die verantwortliche Aufsichtsperson nach Befolgen
aller 5 Sicherheitsregeln

Die 5 Sicherheitsregeln vor Beginn der Arbeiten:
1. Freischalten
2. Gegen Wiedereinschalten sichern
3. Spannungsfreiheit feststellen
4. Erden und kurzschließen
5. Benachbarte, unter Spannung stehende Teile abdecken
   oder abschranken

Erste Hilfe bei Stromunfällen
- Strom sofort unterbrechen

- Verunglückten aus Gefahrenbereich bringen

- Kontrollieren des Bewusstseins, der Atmung und des Pulses

- Notruf veranlassen (Tel.: 110)

- Bei bewusstlosen und atmenden Verunglückten, in stabile
  Seitenlage bringen

- Bei Atemstillstand aber vorhandenem Puls, mit Beatmung
  beginnen (10 mal, Puls prüfen, wenn Zustand unverändert,
  Beatmung fortsetzen)

- Bei Kreislaufstillstand, Patient in Rückenlage bringen, Brustkorb
  freimachen und neben Beatmung auch mit Herzmassage
  beginnen

- Bei Atem- und Kreislaufstillstand, großen Verbrennungen
  oder Ohnmacht, schnellen Transport ins Krankenhaus
  veranlassen

Tab. 127.1: Sicherheitsschilder

Darstellung	Bedeutung
	**Verbotsschild** Nicht berühren, Gehäuse unter Spannung P9
	**Verbotsschild** Nicht schalten P10
	**Warnschild** Warnung vor gefährlicher elektrischer Spannung W8
	**Warnschild** Warnung vor Laserstrahl W10
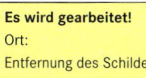	**Warnschild** Warnung vor Gefahren durch Batterien W20
Es wird gearbeitet! Ort: Entfernung des Schildes nur durch:	**Zusatzschild** ZS 1
Hochspannung Lebensgefahr	**Zusatzschild** ZS 2
	**Gebotsschild** Vor Öffnen Netzstecker ziehen M13

Tab. 127.2: Kennfarben von Leitern

Für feste Verlegung und flexible Leitungen									Farbkurzzeichen nach DIN 47 002	
Aderzahl	Leitungen mit Schutzleiter				Leitungen ohne Schutzleiter				Deutsch	Englisch
2	–	–			bl	br			schwarz (sw)	black (BK)
									braun (br)	brown (BN)
3	gnge	bl	br			br	sw	gr	blau (bl)	blue (BU)
4	gnge	–	br	sw	gr	bl	br	sw	gr	grau (gr)	grey (GR)
									gelb (ge)	yellow (YE)
5	gnge	bl	br	sw	gr	bl	br	sw	gr	sw	grün (gn)	green (GN)

Tab. 128.1: Isolierte und blanke Leiter

Leiterbezeichnung		Zeichen	Farbe	Leiterbezeichnung	Zeichen	Bildzeichen	Farbe
Wechselstrom	Außenleiter	L1; L2; L3	[1]	Schutzleiter	PE	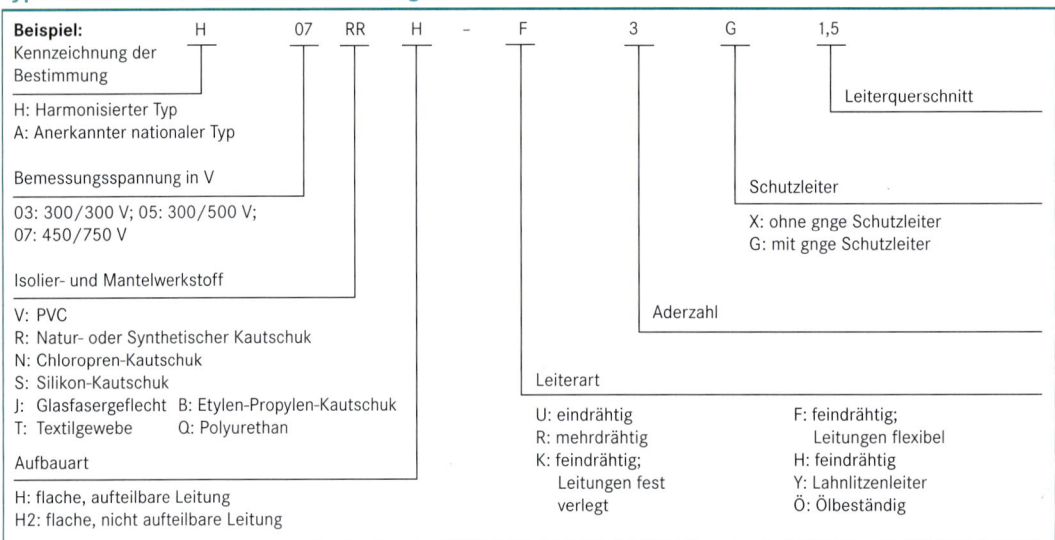	grüngelb
	Neutralleiter	N	bl	PEN-Leiter (Neutralleiter mit Schutzfunktion)	PEN		grüngelb
Gleichstrom	positiv	L+	[1]	Erde	E		[1]
	negativ	L–	[1]	[1] Farbe nicht festgelegt			
	Mittelleiter	M	bl				

Typkurzzeichen für harmonisierte Leitungen

Beispiel: H   07   RR   H   –   F   3   G   1,5

Kennzeichnung der Bestimmung

H: Harmonisierter Typ
A: Anerkannter nationaler Typ

Bemessungsspannung in V

03: 300/300 V; 05: 300/500 V;
07: 450/750 V

Isolier- und Mantelwerkstoff

V: PVC
R: Natur- oder Synthetischer Kautschuk
N: Chloropren-Kautschuk
S: Silikon-Kautschuk
J: Glasfasergeflecht   B: Etylen-Propylen-Kautschuk
T: Textilgewebe   Q: Polyurethan

Aufbauart

H: flache, aufteilbare Leitung
H2: flache, nicht aufteilbare Leitung

Leiterart

U: eindrähtig   F: feindrähtig;
R: mehrdrähtig   Leitungen flexibel
K: feindrähtig;   H: feindrähtig
  Leitungen fest   Y: Lahnlitzenleiter
  verlegt   Ö: Ölbeständig

Aderzahl

Schutzleiter

X: ohne gnge Schutzleiter
G: mit gnge Schutzleiter

Leiterquerschnitt

Tab. 128.2: Isolierte Leitungen für feste Verlegung

Bezeichnung	Abbildung	Kurzzeichen	Aderzahl	Verwendung
PVC-Einzeladern		H05V-U/K H07V-U/K	1 1	Leitung für innere Verdrahtung von Geräten; geschützte Verlegung in und an Leuchten
PVC-Mantelleitung		NYM	1 ... 7	Industrie- und Hausinstallationen im Innen- und Außenbereich; Schutz vor direkter Sonneneinstahlung
Stegleitung		NYIF	3 ... 5	Installationsleitung nur in trockenen Räumen und unter Putz
Halogenfreie Mantelleitung		NHXMH	1 ... 7	Installationsleitung für Hotels, Schulen, Krankenhäuser. Es entstehen keine korrosiven Brandgase.

Buchstabenkennzeichnung für nicht harmonisierte Leitungen (Auswahl)

N	genormte Leitung	Y	Kunststoffisolierung, Kunststoffmantel	M	Mantelleitung
I	Stegleitung (Imputzleitung)	F	Flachleitung (Stegleitung)	J	mit Schutzleiter

Tab. 129.1: Isolierte, flexible Leitungen

Bezeichnung	Abbildung		Kurzzeichen	Aderzahl	Verwendung
Spiralleitung			H05BQ-F	2, 3	Elektrowerkzeuge; Handlinggeräte; Unterhaltungselektronik
PVC-Schlauch-leitung			H03VV-F	2 ... 7	Anschlussleitung bei geringer mechanischer Beanspruchung für Küchengeräte, Tisch- und Stehleuchten u. a.
Gummi-Schlauchlei-tung (leichte Ausführung)			H05RR-F H05RN-F	2 ... 5	Anschlussleitung bei geringer mechanischer Beanspruchung für Elektrogeräte in Haushalten und Büros; feste Verlegung in Möbeln, Stellwänden u. a.

Technische Grundlagen

Tab. 129.2: Strombelastbarkeit von Leitungen für übliche Verlegearten in Gebäuden   DIN VDE 0298-4

	Verlegearten					
	A1	**A2**	**B1**	**B2**	**C**	
	Umgebungstemperatur ϑ_u = 25 °C					
Erklärung	Verlegung in wärme-gedämmten Wänden im Elektro-Installationsrohr		Verlegung im Elektro-Installationsrohr auf der Wand		Verlegung auf und in der Wand	
	Aderleitung	Mehradrige Kabel- und Mantel-leitung	Aderleitung	Mehradrige Kabel- und Mantel-leitung	Mehradrige Kabel- und Mantel-leitung	

Die Bemessungsstromstärke I_n der vorgeschalteten Sicherung gegen Überstrom muss kleiner oder gleich der ermittelten Strombelastung I_z sein.

Beispiel:
Eine Mantelleitung (NYM-J) mit zwei belasteten Adern mit einem Querschnitt von 1,5 mm^2 wird unter Putz verlegt. Die Umgebungstemperatur beträgt 24 °C.

Installation unter Putz entspricht Verlegeart C. Bei zwei belasteten Adern von 1,5 mm^2 ergibt sich aus der Tabelle eine Strombelastbarkeit von
I_z = 21 A.

Bei Einbau einer Niederspannungssicherung nach S. 131 darf die Bemessungsstromstärke I_n höchstens 20 A betragen.

Diese Sicherung schützt jedoch nur die Leitung gegen Überstrom und nicht das anzuschlie-ßende Gerät. Wenn das Gerät geschützt werden muss, dann ist der Nennstrom der Sicherung entsprechend der Herstellerunterlagen zu senken.

Bei höheren Temperaturen vermindert sich die Strombelastbarkeit der Leitung wie folgt:

Umrechnungsfaktoren für ϑ_u > 25 °C				
ϑ_u in °C	30	40	50	60
Faktor	0,94	0,82	0,67	0,47

Beispiel: bei 60 °C
$$\rightarrow I_z = 21 \text{ A} \cdot 0,47 = 9,87 \text{ A}$$

q in mm^2	Zahl der belasteten Adern									
	2	**3**	**2**	**3**	**2**	**3**	**2**	**3**	**2**	**3**
	Strombelastbarkeit I_z in A									
1,5	16,5	14,5	16,5	14,0	18,5	16,5	17,5	16,0	(21)	18,5
2,5	21	19	19,5	18,5	25	22	24	21	29	25
4	28	25	27	24	34	30	32	29	38	34

Technische Grundlagen

Leitungsschutz

Kenngrößen

- **Betriebsstromstärke I_b** in der Leitung

- **Bemessungsstromstärke I_n** des Schutzorgans
  $I_n \geq I_b$

- **Auslösung** des Schutzorgans bei Überlast

- Auswahl des **Leiterquerschnitts**

- **Strombelastbarkeit I_z**
  $I_z \geq I_n$
  – Bedingung 1:
  $I_b \leq I_n \leq I_z$
  $I_a \leq I_f$
  – Bedingung 2:
  $I_a \leq 1,45 \cdot I_z$

Beispiel:

Bemessung der Leitung und der Schutzeinrichtung für den Anschluss eines E-Gerätes (Wechselstrom) mit 2 kW Anschlussleistung.

- **Betriebsstromstärke** der Leitung: $I_b = P_{el}/U = 2000 \, W/230 \, V = 8,7 \, A$

- **Bemessungsstromstärke** I_n des Schutzorgans (Schmelzsicherung oder Sicherheitsautomat):
  $I_n \geq I_b \to I_n = 10 \, A \, (\to S. \, 131)$

- **Auslösung** des Schutzorgans bei Überlast:
  Auslösestromstärke: $I_a = 1,45 \cdot I_n = 1,45 \cdot 10 \, A = 14,5 \, A$

- Auswahl des **Leiterquerschnitts**: (Verlegart C, Zahl der belasteten Adern = 2)
  $\to q = 1,5 \, mm^2 \, (\to Tab. \, 129.2)$

- **Strombelastbarkeit**: $I_z = 21 \, A$
  Bedingung 1: $I_b \leq I_n \leq I_z \to 8,7 \, A \leq 10 \, A \leq 21 \, A$ erfüllt
  Bedingung 2: $I_a \leq I_f$ mit $I_f = 1,45 \cdot I_z = 30,45 \, A$ (größter Prüfstrom)

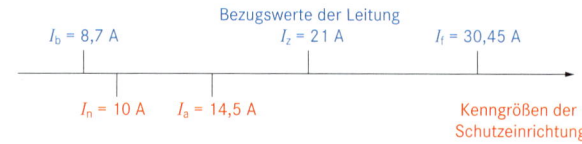

Bezugswerte der Leitung
$I_b = 8,7 \, A$ $I_z = 21 \, A$ $I_f = 30,45 \, A$

$I_n = 10 \, A$ $I_a = 14,5 \, A$ Kenngrößen der Schutzeinrichtung

Leitungsschutz-Schalter

Auslösecharakteristiken, Anwendungen

Z Verwendung für
- Überstromschutz von Leitungen
- Steuerstromkreise ohne Stromspitzen
- Messstromkreise mit Wandlern
- Halbleiterschutz

B und **C** Verwendung u. a. in Hausinstallationen
- direkte Zuordnung der LS-Schalter nach I_z der Leitungen möglich
- 2. Bedingung $I_2 = 1,45 \cdot I_z$ ist erfüllt

K Verwendung für
- Stromkreise mit hohen Stromspitzen durch Motoren, Transformatoren, Kondensatoren
- Vorteil: Elektromagnetischer Auslöser hält hohe Einschalt-stromspitzen aus.

Auslösebedingungen

Bei LS-Schalter laut DIN VDE 0100–430:

Bedingungen:

1. $I_b \leq I_n \leq I_z$

2. $I_2 \leq 1,45 \cdot I_z$

Nach der 2. Bedingung ist I_2 der Strom, bei dem spätestens nach einer Stunde der LS-Schalter abschalten muss. Er darf maximal das 1,45-fache der maximalen Strombelastbarkeit der Leitung bzw. des Kabels betragen.

Auslöseverhalten

Typ	Überstrom-schutz (thermisch)	Zeit	Kurzschluss-schutz (elektromag.)	Zeit
Z[1]	$1,05 \, I_n – 1,2 \, I_n$	< 2 h	$2 \, I_n – 3 \, I_n$	< 0,2 s
B[2]	$1,13 \, I_n – 1,45 \, I_n$	< 1 h	$3 \, I_n – 5 \, I_n$	< 0,1 s
C[2]	$1,13 \, I_n – 1,45 \, I_n$	< 1 h	$5 \, I_n – 10 \, I_n$	< 0,1 s
K[3]	$1,05 \, I_n – 1,2 \, I_n$	< 2 h	$8 \, I_n – 12 \, I_n$	< 0,2 s
K[4]	$1,05 \, I_n – 1,5 \, I_n$	< 2 min	$10 \, I_n – 14 \, I_n$	< 0,2 s

Gültig für Baureihen: [1] 0,5–63 A   [3] 0,2–8 A
                      [2] 6–40 A   [4] 10–63 A

Auslösekennlinien

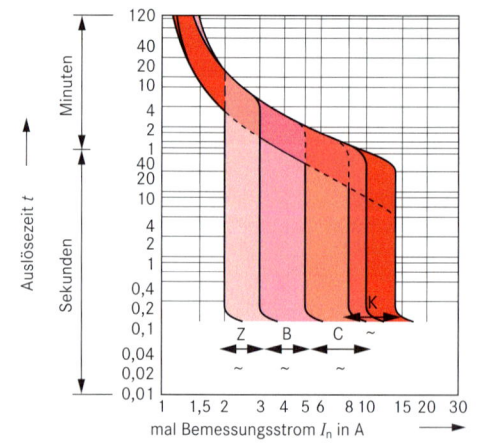

Technische Grundlagen

Niederspannungs-Sicherungen

D- und DO-Sicherungssystem					Darstellung
Sicherung und Passeinsatz		Sockel Bemessungsstrom in A	Gewindegröße der Schraubkappe		
Bemessungsstrom-stärke in A	Kennfarbe		Diazed	Neozed	
2	▨ rosa	25	D II (E 27)	DO 1 (E 14)	
4	▨ braun				
6	▨ grün				
10	▨ rot				
13	▨ schwarz				
16	▨ grau				
20	▨ blau			DO 2 (E 18)	
25	▨ gelb				
32/35/40	▨ schwarz	63	D III (E 33)		
50	☐ weiß				
62	▨ kupfer				

Darstellung:

Diazed-Sicherungssystem (D-System)

Neozed-Sicherungssystem (DO-System)

Geräteschutzsicherungen (Feinsicherungen)

G-Schmelzeinsatz 250 V~, 125 V ⎓, **verwechselbar**	G-Schmelzeinsatz 250 V~, 125 V ⎓, **unverwechselbar**
I_n: 0,032 ... 10 A (M) I_n: 0,08 ... 10 A (T) Größe: 5 · 20 mm	I_n: 0,035 ... 0,06 A Größe: 5 · 30 mm
	I_n: 0,08 ... 0,6 A Größe: 5 · 25 mm
	I_n: 0,8 ... 4 A Größe: 5 · 20 mm

Auslöseverhalten/Kennbuchstaben

FF: superflink	F: flink	M: mittelträge	T: träge	TT: superträge

[1] dem Schaltvermögen nach mögliche (virtuelle) Zeiten

Fehlerstrom-Schutzschalter (RCD – Residual-current protective device)   DIN VDE 0664-101

Funktion der RCD

Abschaltung bei gefährlichen Berührungsspannungen durch Isolationsfehler innerhalb von 0,2 s.

Abmessungen der RCDs

Bemessungsspannung U_n in V:
230 400 500 660 690
Bemessungsstromstärke I_n in A:
10 13 16 20 25 32 40 63
80 100 125 160 200 225 250

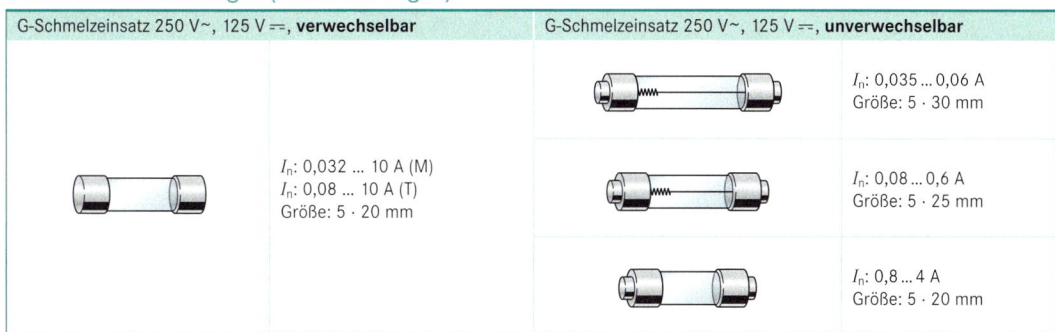

Baugrößen und maximaler Erdungswiderstand		
$I_{\Delta n}$	R_A in Ω bei max. Berührungsspannung	
	50 V	25 V
10 mA	5 000	2 500
30 mA	1 666	833
100 mA	500	250
300 mA	166	83
500 mA	100	50

RCD mit Kurzschlussvorsicherung							
I_n in A	16	25	40	63	100	125	160	224
I_k in kA	1,5	1,5	1,5	2	3,5	2	4	4

Maximale Kurzschlussvorsicherung in A							
NH (gL)	63	80	80	100	125	125	160	224
Neozed	63	80	80	100	–	–	–	–
Diazed (gL)	50	63	63	80	100	–	–	–

Installationszonen

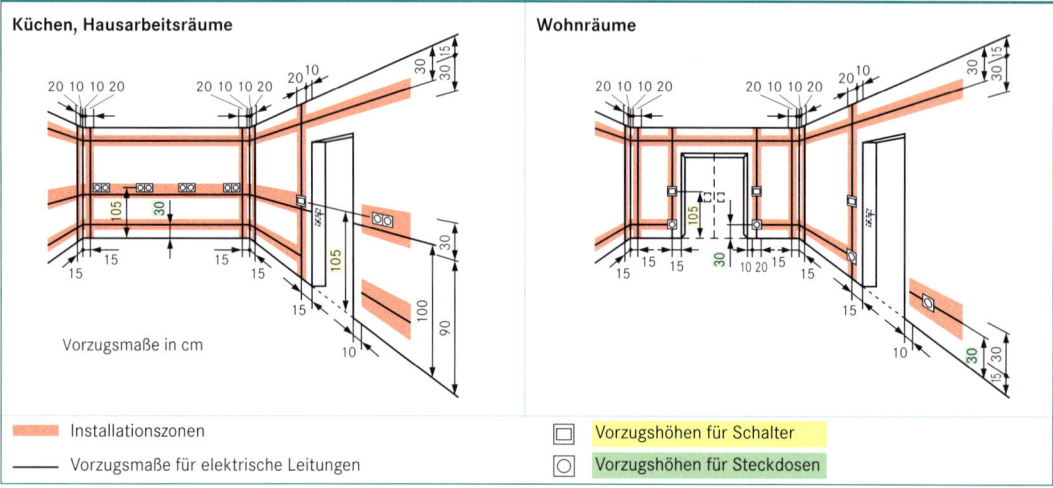

Küchen, Hausarbeitsräume

Wohnräume

Vorzugsmaße in cm

▬▬▬ Installationszonen

—— Vorzugsmaße für elektrische Leitungen

▢ Vorzugshöhen für Schalter

○ Vorzugshöhen für Steckdosen

Schaltungen mit Installationsschaltern (Sinnbilder → S. 123)

Stromlaufplan in zusammenhängender Darstellung	Übersichtsschaltplan
Ausschaltung	

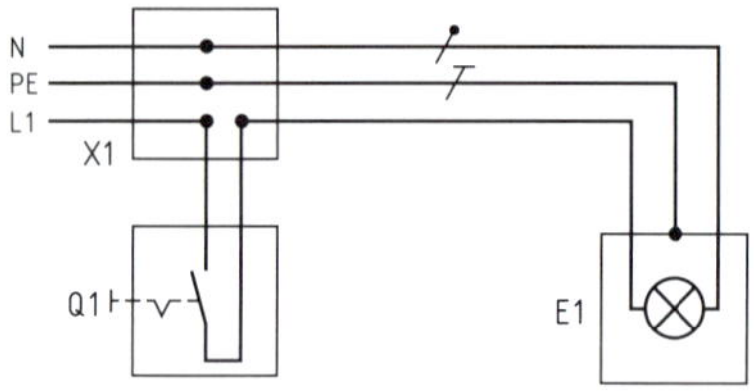

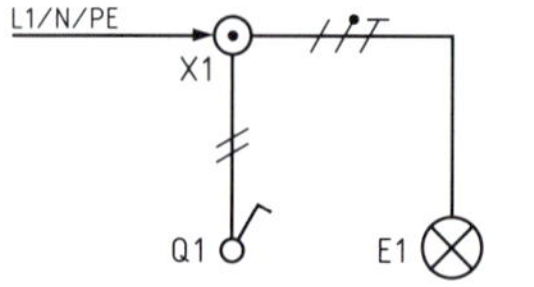

N
PE
L1
X1
Q1
E1

L1/N/PE
X1
Q1
E1

Ausschaltung mit Kontrolllampe

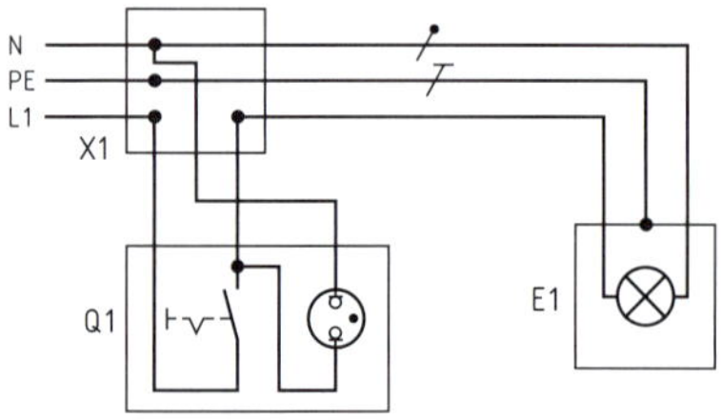

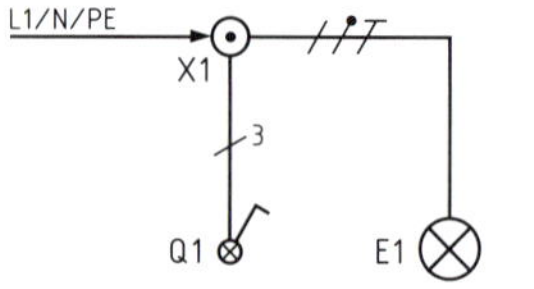

N
PE
L1
X1
Q1
E1

L1/N/PE
X1
3
Q1
E1

Serienschaltung

N
PE
L1
X1
Q1
E1

L1/N/PE
X1
3
Q1
E1 1+2

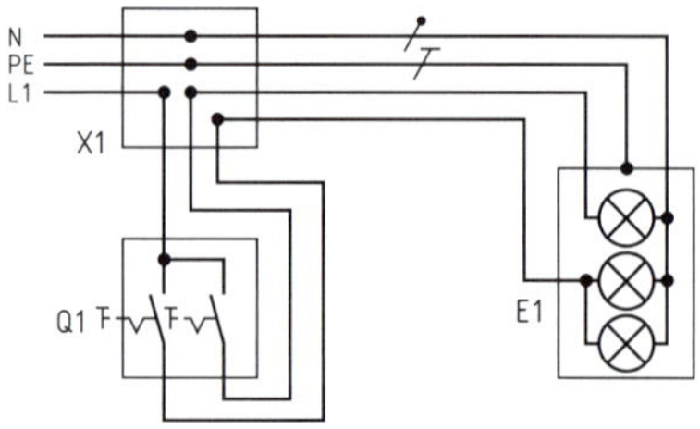

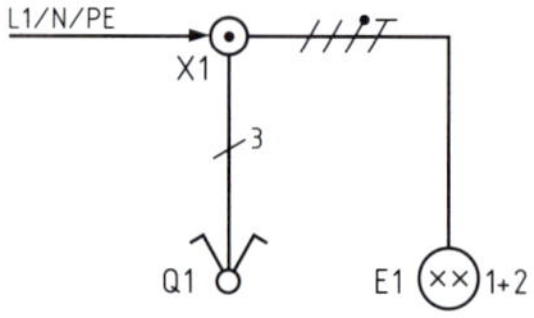

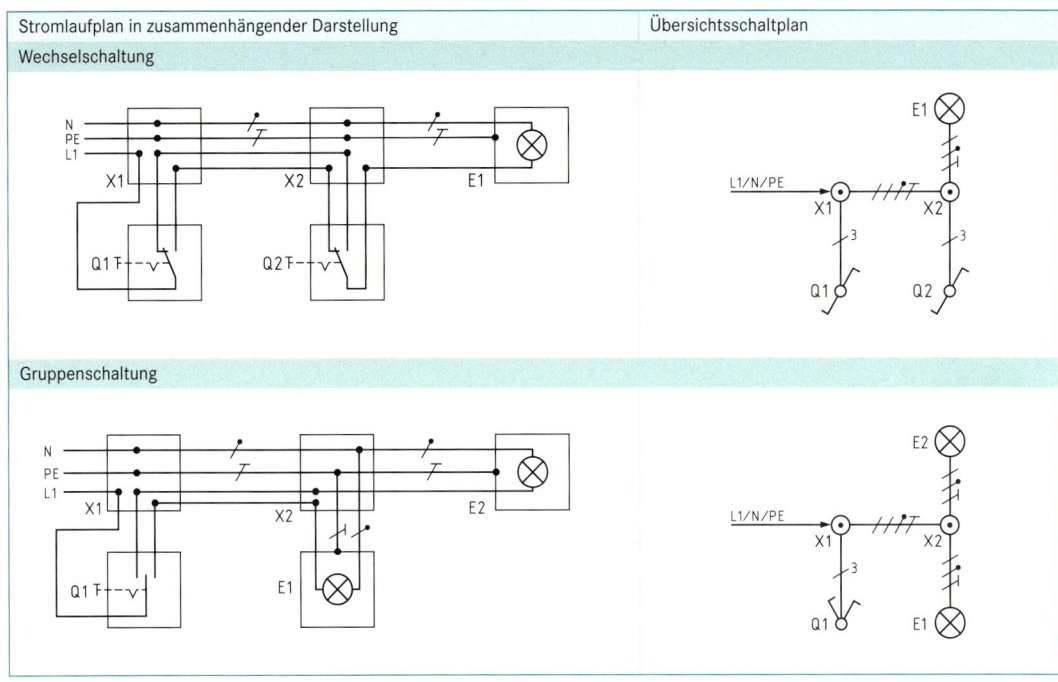

Stromlaufplan in zusammenhängender Darstellung	Übersichtsschaltplan

Wechselschaltung

Gruppenschaltung

Technische Grundlagen

Verteilungssysteme – Netzformen (Auswahl)

Kennzeichen von Verteilungssystemen:
- Art und Anzahl aktiver Leiter eines Systems
- Art der Verbindungen mit Erde im System

Bedeutung der Kurzzeichen für übliche Drehstromnetze

Beispiel: T N – C – S – System

Erdungen im Verteilungssystem

T: Direkte Erdung eines Punktes.

I: Trennung aller aktiven Teile von Erde oder Verbindung eines Punktes über eine Impedanz mit Erde.

Erdungen der Körper der elektrischen Anlage

T: Direkte Erdung der Körper, unabhängig von vorhandener Erdung eines Punktes im Versorgungssystem.

N: Direkte Verbindung eines Körpers mit geerdetem Punkt des Versorungssystems (bei Wechselstromnetzen der Sternpunkt oder bei fehlendem Sternpunkt ein Außenleiter).

Anordnung von Neutralleiter und Schutzleiter (TN-System)

S: Leiter (PE) mit Schutzfunktion, der vom Neutralleiter oder geerdetem Außenleiter getrennt ist.

C: Kombinierte Neutralleiterund Schutzleiterfunktion in einem Leiter (PEN).

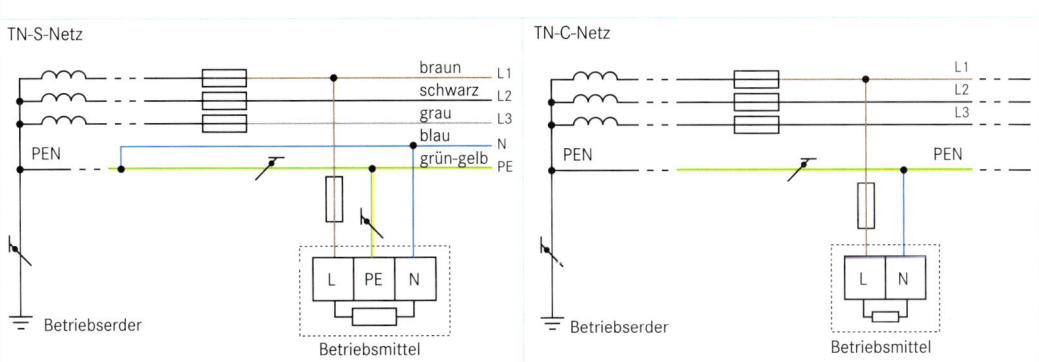

TN-S-Netz

braun L1
schwarz L2
grau L3
blau N
grün-gelb PE

PEN

Betriebserder

Betriebsmittel

TN-C-Netz

L1
L2
L3

PEN

PEN

Betriebserder

Betriebsmittel

Schutz gegen gefährliche Körperströme

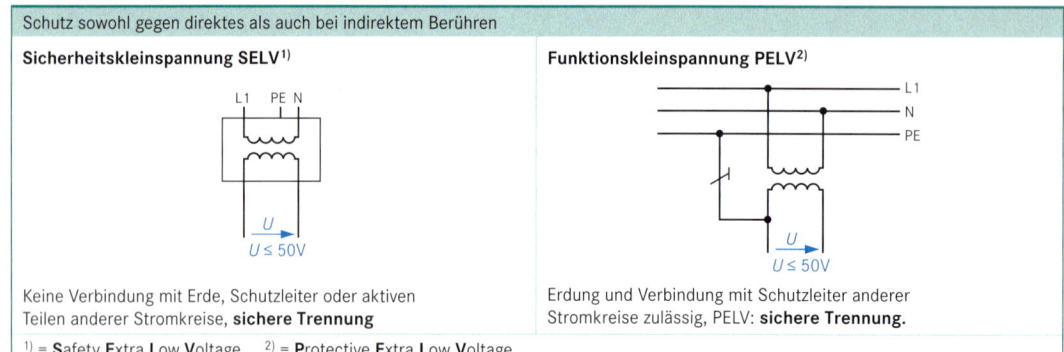

Schutz sowohl gegen direktes als auch bei indirektem Berühren

Sicherheitskleinspannung SELV[1]

L1 PE N

$U \leq 50V$

Funktionskleinspannung PELV[2]

L1
N
PE

$U \leq 50V$

Keine Verbindung mit Erde, Schutzleiter oder aktiven Teilen anderer Stromkreise, **sichere Trennung**

Erdung und Verbindung mit Schutzleiter anderer Stromkreise zulässig, PELV: **sichere Trennung.**

[1] = **S**afety **E**xtra **L**ow **V**oltage   [2] = **P**rotective **E**xtra **L**ow **V**oltage

Schutz gegen direktes Berühren (Basisschutz)

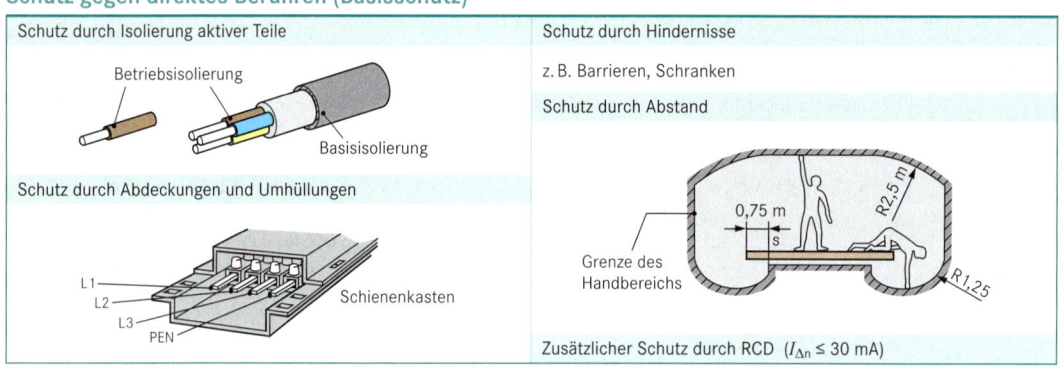

Schutz durch Isolierung aktiver Teile

Betriebsisolierung

Basisisolierung

Schutz durch Abdeckungen und Umhüllungen

L1
L2
L3
PEN

Schienenkasten

Schutz durch Hindernisse

z. B. Barrieren, Schranken

Schutz durch Abstand

0,75 m

$R\,2,5\,m$

s

Grenze des Handbereichs

$R\,1,25$

Zusätzlicher Schutz durch RCD ($I_{\Delta n} \leq 30$ mA)

Schutz bei indirektem Berühren (Fehlerschutz)

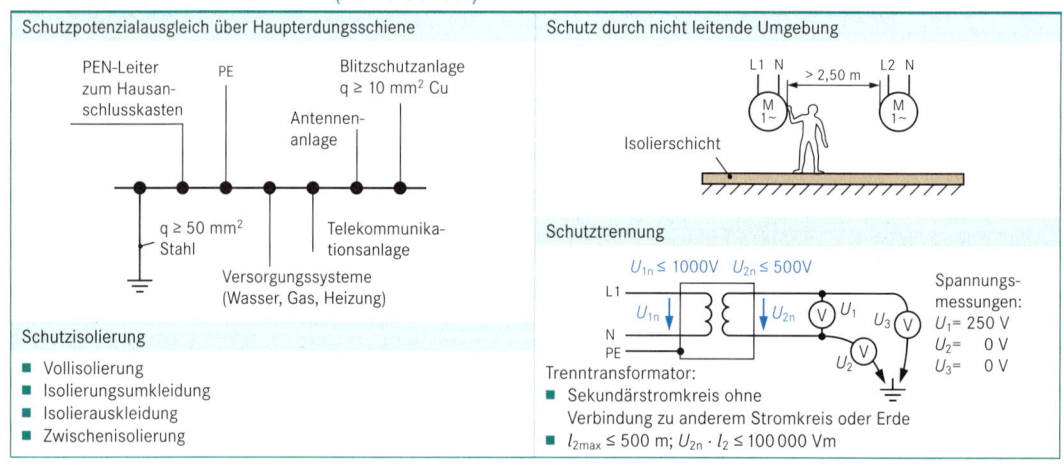

Schutzpotenzialausgleich über Haupterdungsschiene

PEN-Leiter zum Hausan-schlusskasten

PE

Blitzschutzanlage
$q \geq 10$ mm[2] Cu

Antennen-anlage

$q \geq 50$ mm[2]
Stahl

Versorgungssysteme
(Wasser, Gas, Heizung)

Telekommunika-tionsanlage

Schutzisolierung

- Vollisolierung
- Isolierungsumkleidung
- Isolierauskleidung
- Zwischenisolierung

Schutz durch nicht leitende Umgebung

L1 N   > 2,50 m   L2 N

M
1~

M
1~

Isolierschicht

Schutztrennung

$U_{1n} \leq 1000V$ $U_{2n} \leq 500V$

L1
U_{1n}
N
PE

U_{2n}

U_1
U_3
U_2

Spannungs-messungen:
$U_1 = 250$ V
$U_2 =$ 0 V
$U_3 =$ 0 V

Trenntransformator:

- Sekundärstromkreis ohne Verbindung zu anderem Stromkreis oder Erde
- $l_{2max} \leq 500$ m; $U_{2n} \cdot l_2 \leq 100\,000$ Vm

Schutz elektrischer Betriebsmittel

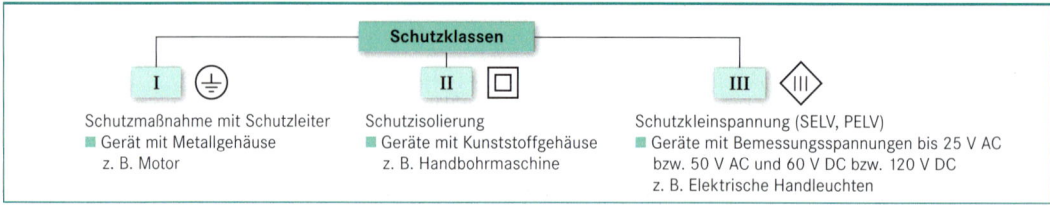

Schutzklassen

I	II	III

I

Schutzmaßnahme mit Schutzleiter
- Gerät mit Metallgehäuse
  z. B. Motor

II

Schutzisolierung
- Geräte mit Kunststoffgehäuse
  z. B. Handbohrmaschine

III

Schutzkleinspannung (SELV, PELV)
- Geräte mit Bemessungsspannungen bis 25 V AC
  bzw. 50 V AC und 60 V DC bzw. 120 V DC
  z. B. Elektrische Handleuchten

Kennzeichnung elektrischer Betriebsmittel und Maschinen

Tab. 135.1: IP-Schutzarten für elektrische Betriebsmittel

DIN 40 050-9: 1993-05

			1. Kennziffer		2. Kennziffer	
			Schutz gegen Berührung und Fremdkörper		Schutz gegen Wasser	
IP	X	5	0	kein Schutz	0	kein Schutz
			1	große Fremdkörper > 50 mm	1	Tropfwasser senkrecht
			2	mittelgroße Fremdkörper > 12 mm	2	Tropfwasser schräg
					3	Sprühwasser
international protection (internationale Sicherheit)	Platzhalter für 1. Kennziffer: Schutz gegen Berühren	2. Kennziffer: Wasserschutz	3	kleine Fremdkörper > 2,5 mm	4	Spritzwasser
					5	Strahlwasser
			4	korngroße Fremdkörper > 1 mm	6	schwere See
					7	Eintauchen
			5	Staub	8	dauerhaftes Untertauchen
			6	staubdicht		

Tab. 135.2: Bildzeichen für Schutzarten

DIN EN 60 529: 2000-09 (VDE 0470-1: 1992-11)

Bildzeichen	Schutzumfang	Bildzeichen	Schutzumfang
	staubgeschützt (etwa IP 5X)		spritzwassergeschützt (etwa IP X4)
	staubdicht (etwa IP 6X)		strahlwassergeschützt (etwa IP X5)
	tropfwassergeschützt (etwa IP X1)		wasserdicht, Schutz gegen Eindringen von Wasser ohne Druck (etwa IP X7)
	schrägwassergeschützt, regengeschützt (etwa IP X2, IP X3)	...bar	druckwasserdicht, Schutz gegen Eindringen von Wasser unter Druck (etwa IP X8)

Tab. 135.3: Leistungsschilder für elektrische Maschinen

DIN 42 961: 1980-06

Feld-Nr.	Inhalt
7	Nennspannung
8	Nennstromstärke
9	Nennleistung in kW bzw. kVA[1]
10	Einheit der Leistung, z. B. kW
11	Nennbetriebsart
12	Leistungsfaktor
13	Drehrichtung
14	Nenn-Umdrehungsfrequenz in 1/min
15	Nennfrequenz
16	Erregung bei Gleichstrom- und Synchronmaschinen, Läufer bei Asynchronmaschinen
17	Schaltart der Läuferwicklung (→ Feld 6)
18	Nennerreger- bzw. Läuferstillstandsspannung
19	Nennerregerstrom bzw. Läufernennstrom
20	Isolierstoffklasse
21	Schutzart nach DIN 40 050
22	Masse in kg bzw. t
23	Bezeichnung der zugrunde gelegten VDE-Bestimmung

Feld-Nr.	Inhalt
1	Hersteller, Firmenzeichen
2	Typ, Modellbezeichnung oder Listennummer
3	Stromart (Gleich-, Wechsel- bzw. Drehstrom)
4	Art der Maschine, z. B. Generator; Motor; usw.
5	Fertigungs- oder Reihennummer
6	Schaltart der Ständerwicklung (Stern- bzw. Dreieckschaltung)

[1] bei Motoren, Gleichstrom- und Induktionsgeneratoren in kW, bei Synchrongeneratoren Scheinleistung in kVA

Leistungsschild-Felder:

1	
Typ 2	

3	4	**Nr.** 5

6	7 **V**	8 **A**

9	10 **S**	11 **cos** φ 12

13	14 /min	15 **Hz**

16	17	18 **V**	19 **A**

Isol.-Kl. 20	**IP** 21	22 **kg**

23

Elektrische Schutzbereiche in Räumen mit Badewanne oder Dusche

Anforderungen
Zusätzlicher Schutzpotenzialausgleich zwischen Heizungsrohren, Abfluss- und Zulaufrohr:

- Mindestquerschnitt 4 mm^2 Cu (Farbe der Leiterisolation: grün/gelb)

Schutzpotenzialausgleich nicht gefordert bei Kunststoffwannen, Kunststoffablaufrohren, Metallablaufventilen und metallenen Wannen.

Wanddicke auf der Rückseite der Wände, die die Bereiche 1 und 2 begrenzen, zwischen Kabel oder Leitung und Wandoberfläche mindestens 6 cm.

- Leitungsart: NYM, H07V-U
- RCD: $I_{\Delta n} \leq 30$ mA (FI-Schutzschalter)

Bereich	Kabel und Leitung (bis 6 cm unter Putz)	Schalter und Steckdosen	Elektrische Betriebsmittel	
0	nein	nein	nein	
1	nein 1)	nein 2) 3)	nein 4)	5)
2	nein	nein	nein	

Ausnahmen:

1) Senkrechte Leitungsführung zu Verbrauchern und Leitungseinführung von der Verbraucher-Rückseite zur Versorgung der Betriebsmittel in diesem Raum.

2) Schalter in Verbrauchern, Steckdosen nur außerhalb der Bereiche 0, 1 und 2 mit Schutz durch RCD: $I_{\Delta n} \leq 30$ mA.

3) Laut Hersteller nur für Bereich 0 zugelassene Betriebsmittel die fest angeschlossen sind, auch Geräte mit Schutzkleinspannung bis AC 12 V oder DC 30 V.

4) Installationsgeräte (z. B. Schalter, Steckdosen) mit SELV- oder PELV-Stromkreisen bis AC 25 V oder DC 60 V und Rasiersteckdosen mit Trenntransformator.

5) Alle Betriebsmittel mit Schutz gegen direktes Berühren.

Bereichsgrenzen in Raum mit Badewanne und Dusche	Bereichsgrenzen in Raum mit Dusche ohne Wanne	Bereichsgrenzen in Raum ohne Dusche mit Wanne

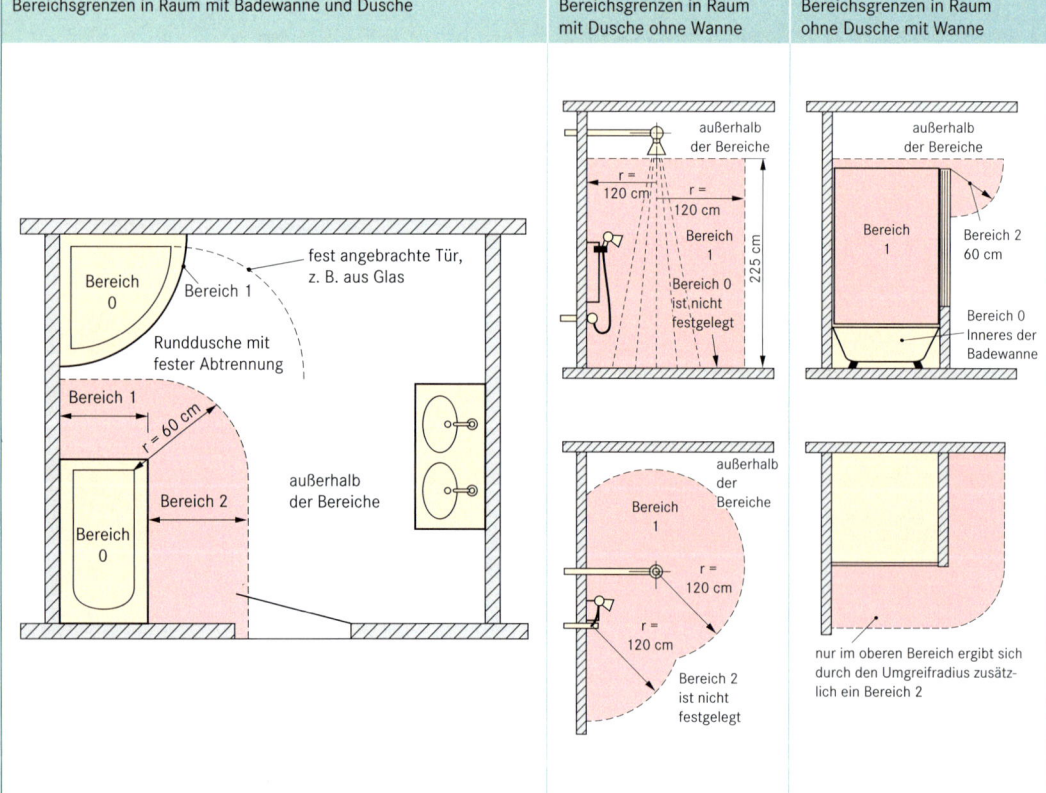

Reparatur elektrischer Geräte

- Reparaturen nur von Elektrofachkraft oder unter dessen Verantwortung durchführen lassen.
- Zur Sicherheit beitragende Teile müssen geeignet und unbeschädigt sein.
- Prüfungen in der genormten Reihenfolge durchführen mit Messgeräten nach DIN VDE 0404.

- Eingebaute Einzelteile, Bauelemente, Baugruppen und Software müssen für die Anforderungen geeignet sein.
- Bestandene Prüfung dokumentieren
- Nicht sichere Geräte kennzeichnen (Prüfprotokoll)

Prüfungen

1. Besichtigung
Kontrollieren, ob Geräteteile, die zur Sicherheit beitragen, ungeeignet oder beschädigt sind.
Untersucht werden müssen:
- Gehäuse, Schutzabdeckungen,
- Anschluss- und andere äußere Leitungen,
- Zustand der Isolierungen,
- Zugentlastung, Knickschutz u. ä.,
- Gerätesicherungshalter und Gerätesicherungen,
- Kühlöffnungen, Luftfilter, Überdruckventile,
- Befestigungen der Leiter und anderer Teile,
- Kennzeichnungen, die der Sicherheit dienen.

2. Schutzleiterprüfung (Abb. 1)
- Kontrolle des Schutzleiters auf mechanische Schäden durch Sicht- und Handprobe.
- Messung des Schutzleiterwiderstandes.

$R \leq 0,3\ \Omega$, für $l \leq 5$ m
$+ 0,1\ \Omega$ je weitere 7,5 m
$R_{max} \leq 1\ \Omega$
DC 4 V $< U_0 <$ 24 V, $I > 0,2$ A

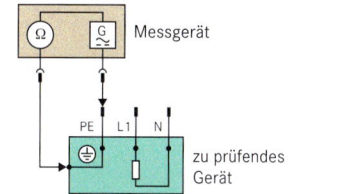

Abb. 1: Messung des Schutzleiterwiderstandes

3. Isolationswiderstandsmessung (Abb. 2)
- Messung des Widerstandes zwischen aktiven und berührbaren leitfähigen Teilen.
- Schutzklasse I $\quad P \leq 3,5$ kW $\quad R_{iso} > 1$ MΩ
$\qquad\qquad\quad P \geq 3,5$ kW $\quad R_{iso} > 0,3$ MΩ
$\qquad\qquad\quad$ sonst Schutzleiterstrommessung
Schutzklasse II $\quad R_{iso} > 2$ MΩ
Schutzklasse III $\quad R_{iso} > 0,25$ MΩ
$\qquad\qquad\quad U > 500$ V, $R_{Last} = 0,5$ MΩ
- Gerät vom Netz trennen. Sonst Messung des Schutzleiter- bzw. Berührungsstromes.

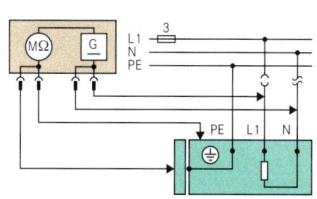

Abb. 2: Messung des Isolationswiderstandes

4. a) Messung des Schutzleiterstromes (Abb. 3)
- Gerät an Netzspannung legen.
- Messung nach dem direkten oder Differenzstromverfahren.
$I_{Schutzleiter} \leq 3,5$ mA

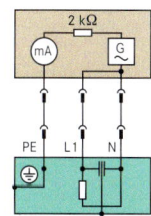

Abb. 3: Messen des Schutzleiterstromes

4. b) Messung des Berührungsstromes (Abb. 4)
- Messung bei Geräten der Schutzklasse I nach Anlegen der Netzspannung an allen leitfähigen Teilen mit direkten oder indirekten Verfahren.
- Bei Netzspannung $I_b \leq 0,5$ mA

4. c) Messung des Ersatzableiterstromes (Abb. 5)
Alternatives Messverfahren zur Schutzleiterstrom bzw. Berührungsstrommessung.
Gerät vom Netz trennen.
Schutzklasse I $\qquad P \leq 3,5$ kW $\qquad I \leq 3,5$ mA
$\qquad\qquad\qquad P > 3,5$ kW $\qquad I = 1$ mA/kW
Schutzklasse II $\qquad\qquad\qquad\quad I \leq 0,5$ mA

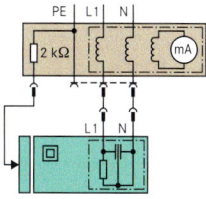

Abb. 4: Messen des Berührungsstromes

5. Funktionsprüfung
Zum Schluss die Funktion des Gerätes prüfen.

6. Prüfen der Aufschriften
Vorhandensein der Aufschriften kontrollieren und gegebenenfalls ersetzen.

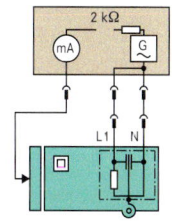

Abb. 5: Ersatzableiterstrommessung

Technische
Grundlagen

Tab. 138.1: Prüfung von elektrischen Geräten (Übersicht)

DIN VDE 0701-1

Geräteschutzklasse Kennzeichen	Schutzklasse I	Schutzklasse II	Schutzklasse III
Geräteschutz durch:	Schutzleiter	Schutzisolierung	Kleinspannung SELV
1. Besichtigung	Gehäuse, Schutzabdeckungen, usw.		
2. Schutzleiterprüfung	bis 5 m Anschlusslänge 0,3 Ω, zuzüglich 0,1 Ω je weitere 7,5 m bis zum Maximalwert 1,0 Ω	entfällt	
3. Isolationswiderstandsmessung – bei Heizgeräten[1] bis 3,5 kW – bei nicht an den PE angeschlossen, berührbaren, leitfähigen Geräteteilen	> 1,0 MΩ > 0,3 MΩ > 2,0 MΩ	> 2 MΩ	> 0,25 MΩ
4. a) Messung des Schutzleiterstromes	≤ 3,5 mA ≤ 1 mA/kW	entfällt	
4. b) Messung des Berührungsstromes	≤ 0,5 mA bei Netzspannung	entfällt	
4. c) Messung des Ersatzableiterstromes	bis 3,5 kW: ≤ 3,5 mA ab 3,5 kW: ≤ 1 mA/kW	entfällt	

[1] Bei Heizgeräten mit einer Leistung über 3,5 kW: Messen des Schutzleiterstromes.

Prüfprotokoll, Prüfzeichen und Wiederholungsprüfungen

Geräteart / el. Anlage von:				
Typenbezeichnung:		Hersteller:		
Fabr. Nr.:	Baujahr:	Nennspannung: V	Leistung: W	

Besichtigung:	i.O. n.i.O.		i.O. n.i.O.		i.O. n.i.O.
Isolierteile	☐ ☐	Gehäuse	☐ ☐	Anschlussleitung	☐ ☐
Schutzleiter	☐ ☐	sonstige Teile	☐ ☐		

Messungen:

elektrische Einrichtung (Gerät)	Schutzklasse	Schutzleiterwiderstand [Ω]	Isolationswiderstand [MΩ]	Ersatzableitstrom [mA]	Schutzleiterstrom [mA]	Spannung [V]	Stromaufnahme [A]	Messwerte i.O.	n.i.O.
								☐	☐

- Verlängerungs- und Geräteanschlussleitungen mit zwei Steckvorrichtungen sind **halbjährlich** auf ordnungsgemäßen Zustand zu überprüfen.

- Fest installierte Anschlussleitungen mit Stecker sowie bewegliche Leitungen mit Stecker und Festanschluss sind in Fertigungs- und Werkstätten **jährlich** auf ordnungsgemäßen Zustand zu überprüfen.

Brandschutz
fire precautions

Tab. 138.2: Baustoffklassen (Brandklassen → S. 261)

DIN EN 13 501: 2007-05

Baustoffe sind	nicht brennbar		brennbar		
Baustoffklasse nach DIN EN 13501	A1	A2 – s1, d0	B [1] – s1, d2 C [2] – s3, d0 C – s3, d2	D – s3, d2 E – s2, d1	F
Baustoffklasse nach DIN 4102	A1	A2	B1	B2	B3
Brandverhalten	nicht brennbar	nicht brennbar mit Anteilen brennbarer Stoffe	schwer entflammbar	normal	leicht
Zusatzanforderungen bzw. Brand-Parallelerscheinung	kein Rauch	je nach Kennzeichnung für s (smoke) 1 = keine Sichtbehinderung durch Rauchentwicklung; 2 = mittlere; 3 = starke			unbestimmt
	kein brennendes Abtropfen	je nach Kennzeichnung für d (droplets) 0 = kein brennendes Abtropfen oder Abfallen; 1 = brennendes Abtropfen oder Abfallen max. 10 s; 2 = länger 10 s			unbestimmt

[1] Flash over (Flammenüberschlag) wird nicht ausgelöst   [2] Flash over wird ausgelöst

Tab. 139.1: Feuerwiderstandsklassen von Bauteilen

DIN EN 13 501-2 u. 3

Anforderungen (Bauaufsichtliche Benennung)		Feuerschutz-abschlüsse ohne Rauchschutz	Feuerschutz-abschlüsse mit Rauchschutz	Rauchschutz (DIN 18095)	Kabel-abschottungen	Rohr-abschottungen
feuer-hemmend	30 min	EI_230-C	EI_230-CS_{200}		EI 30	EI 30
	60 min	EI_260-C			EI 60	EI 60
feuer-beständig	90 min	EI_290-C	EI_290-CS_{200}		EI 90	EI 90
	120 min	–	–		–	–
rauchdicht und selbstschließend				CS_{200}		

E	Raumabschluss – Bauteil muss einer Brandbeanspruchung von nur einer Seite widerstehen
I	Isolation – Hitzebarriere/Wärmedämmung unter Brandeinfluss
C	Selbstschließend (Closing) – Bauteil verschließt Öffnungen automatisch beim Auftreten von Feuer oder Rauch
S	Rauchschutz (Smoke) – Begrenzung der Rauchdurchlässigkeit, Dichtheit, und Leckrate eines Bauteils (z. B. S_{200} für Rauchschutz bei einer Prüftemperatur von 200 °C)
30 min, …	Bauteil erfüllt bei einem Normbrand mindestens 30 min seine Funktion

Tab. 139.2: Feuerwiderstandsklassen von Bauteilen

DIN 4102: 1998-05 (alt)

Anforderungen		Allgemein	Türen	Türen mit Rauchschutz	Kabelab-schottungen	Rohrab-schottungen	Leitungen
feuer-hemmend	30 min	F 30	T 30	T 30 RS	S 30	R 30	L 30
	60 min	F 60	T 60	T 60 RS	S 60	R 60	L 60
feuer-beständig	90 min	F 90	T 90	T 90 RS	S 90	R 90	L 90
	120 min	F 120	T 120	T 120 RS	S 120	R 120	–
	180 min	F 180	T 180		S 180		–

Feuerwiderstandsklassen können mit Baustoffklassen kombiniert werden.

z. B. F 30 A2	z. B. F 60 B1	z. B. F 60 B2
Feuerwiderstand 30 Minuten, Bauteil besteht aus nicht brennbaren Baustoffen.	Feuerwiderstand 60 Minuten, Bauteil besteht aus schwer entflammbaren Baustoffen.	Feuerwiderstand 60 Minuten, Bauteil besteht aus normal entflammbaren Baustoffen.

Tab. 139.3: Feuerlöscheinrichtungen

(Feuerlöschtechnik → S. 261, 262)

Arten und Füllmengen	Löscher-bauart	Brandklassen DIN EN 2: 2003-04			
		A	B	C	D
		Eignung für zu löschende Stoffe			
		feste glutbildende Stoffe	flüssige Stoffe	gasförmige Stoffe auch unter Druck	brennbare Metalle
Pulverlöscher mit ABC-Löschpulver (6 kg und 12 kg)	PG 6, G 12	JA	IA	JA	NEIN
Pulverlöscher mit BC-Löschpulver (6 kg und 12 kg)	P 6, P 12	NEIN	JA	JA	NEIN
Pulverlöscher mit Metallbrand-Löschpulver (12 kg)	PM 12	NEIN	NEIN	NEIN	JA
Kohlensäureschnee- und -nebellöscher (6 kg)	K 6	NEIN	JA	NEIN	NEIN
Kohlensäuregaslöscher (6 kg)	K 6	NEIN	NEIN	JA	NEIN
Wasserlöscher (10 l)	W 10	JA	NEIN	NEIN	NEIN

Tab. 139.4: Schallpegel bekannter Geräusche

Geräusch	Schallpegel L_p in dB(A)	Entfernung/ Bemerkung	Geräusch	Schallpegel L_p in dB(A)	Entfernung/ Bemerkung
Verständliches Flüstern	15 … 30	1 m	Lautes Rufen oder Schreien	70 … 90	[1]
Leises Sprechen	30 … 50	1 m	Kindergeschrei	80	
Normales Sprechen	50 … 65	1 m	Sehr starker Straßenverkehr	80 … 95	[1]
Lautes Sprechen bzw. Musik	60 … 70	1 m	Presslufthammer	90 … 100	10 m/[1]
Lautes Büro, Kaufhaus	60 … 65	–	Laute Diskothek	100 … 110	[1]
Starker Straßenverkehr	70 … 80	–	startendes Düsenflugzeug	100 … 120	100 m/[1]

[1] Wird das menschliche Ohr ungeschützt einem Schallpegel von mehr als 85 dB(A) ausgesetzt, kann dies zu dauerhaften, irreparablen Hörschäden führen!

Tab. 140.1: Zulässige Schalldruckpegel in dB(A) in schutzbedürftigen Räumen

DIN 4109/A1: 2001-01

Geräuschquelle	Wohn- und Schlafräume	Unterrichts- und Arbeitsräume	Geräuschquelle	Wohn- und Schlafräume	Unterrichts- und Arbeitsräume
Wasser- und Abwasserinstallation	≤ 30[a), b]	≤ 35[a]	Betriebe tagsüber (6 … 22 Uhr)	≤ 35	≤ 35[c]
Andere haustechnische Anlagen	≤ 30[c]	≤ 35[c]	Betriebe nachts (22 … 6 Uhr)	≤ 25	≤ 35[c]

[a] Einzelne kurzzeitige Spritzen, die beim Betätigen der Armaturen und Geräte entstehen, sind nicht zu berücksichtigen.
[b] Ausführungsunterlagen müssen die Anforderungen des Schallschutzes berücksichtigen, d. h. u. a. zu Bauteilen müssen erforderliche Schallschutznachweise vorliegen. Verantwortliche Bauleitung ist zu benennen und hinzuzuziehen.
[c] Bei lüftungstechnischen Anlagen sind um 5 dB(A) höhere Werte zulässig, sofern Dauergeräusch ohne auffällige Einzeltöne.

Tab. 140.2: Zulässige Schallpegel in der Nachbarschaft von Wohngebäuden

TA-Lärm: 1998-08

Immissions-Richtwerte **Außen** (Lärm wirkt von außen auf Wohngebäude)					
Art des Gebietes	Zulässiger Schallpegel $L_{p\,zul}$ in dB(A)		Art des Gebietes	Zulässiger Schallpegel $L_{p\,zul}$ in dB(A)	
	tagsüber	nachts		tagsüber	nachts
Industriegebiet, nur gewerbliche Anlagen	≤ 70	≤ 70	Allgemeines Wohngebiet, überwiegend Wohnungen	≤ 55	≤ 40
Gewerbegebiet, überwiegend gewerbliche Anlagen	≤ 65	≤ 50	Reines Wohngebiet, nur Wohnungen	≤ 50	≤ 35
Mischgebiet	≤ 60	≤ 45	Kurgebiet, Krankenhäuser, Pflegeanstalten	≤ 45	≤ 35
Zulässige kurzzeitige Spitzenwerte tagsüber ≤ +30 dB(A), nachts ≤ +20 dB(A)					
Zulässiger Verkehrslärm vor Gebäuden (Bei Überschreitung besteht Anspruch auf Lärmschutzmaßnahmen)				16. BImSchG: 1990-06	
Krankenhäuser, Schulen, Kur- und Altenheime	≤ 57	≤ 47	Kerngebiete, Dorfgebiete, Mischgebiete	≤ 64	≤ 54
Reine und allgemeine Wohngebiete, Kleinsiedlungsgebiete	≤ 59	≤ 49	Gewerbegebiete	≤ 69	≤ 59

Gefahrstoffverordnung-Kennzeichnungsschilder für gefährliche Stoffe

GefStoffV: 2008

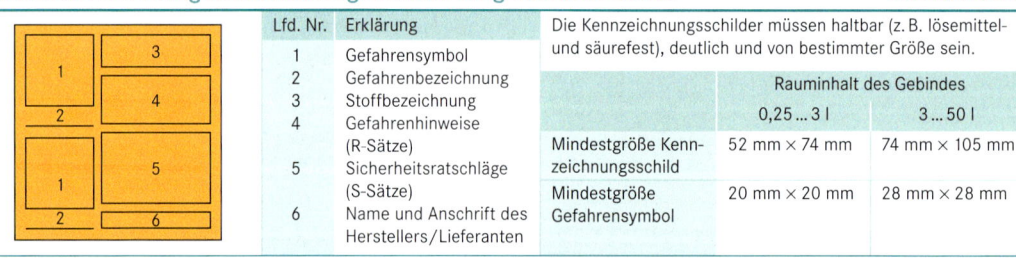

Lfd. Nr.	Erklärung
1	Gefahrensymbol
2	Gefahrenbezeichnung
3	Stoffbezeichnung
4	Gefahrenhinweise (R-Sätze)
5	Sicherheitsratschläge (S-Sätze)
6	Name und Anschrift des Herstellers/Lieferanten

Die Kennzeichnungsschilder müssen haltbar (z. B. lösemittel- und säurefest), deutlich und von bestimmter Größe sein.

	Rauminhalt des Gebindes	
	0,25 … 3 l	3 … 50 l
Mindestgröße Kennzeichnungsschild	52 mm × 74 mm	74 mm × 105 mm
Mindestgröße Gefahrensymbol	20 mm × 20 mm	28 mm × 28 mm

Tab. 140.4: Beseitigungsratschläge nach Gefahrstoffverordnung (E-Sätze, E-Entsorgung)

Satz-Nr.	Bedeutung	Satz-Nr.	Bedeutung
E1	verdünnen, in den Ausguss geben	E10	in gekennzeichneten Glasbehältern „Organische Abfälle" sammeln, dann E8
E2	neutralisieren, in den Ausguss geben		
E3	in den Hausmüll geben, ggf. in Kunststoffbeutel	E 11	als Hydroxid fällen (pH 8), Niederschlag nach E8
E4	als Sulfid fällen	E 13	aus der Lösung mit unedlerem Metall (z. B. Eisen) als Metall abscheiden
E5	mit Calcium-Ionen fällen, dann E1 oder E2		
E6	nicht in den Hausmüll geben	E14	Recycling-geeignet (Recyclingunternehmen zuführen)
E7	nicht in den Müll geben, der in einer Verbrennungsanlage verbrannt wird, nach E8 verfahren	E15	Mit Wasser vorsichtig umsetzen, evtl. freiwerdende Gase verbrennen oder absorbieren oder stark verdünnt ableiten
E8	der Sondermüllbeseitigung zuführen		
E9	in kleinsten Portionen im Freien verbrennen	E16	entsprechend den „Beseitigungsratschlägen für besondere Stoffe" beseitigen

Tab. 141.1: Sicherheitsratschläge nach Gefahrstoffverordnung (S-Sätze, S-Sicherheit), Auswahl

Satz-Nr.	Bedeutung	Satz-Nr.	Bedeutung
S1	Unter Verschluss aufbewahren	S30	Niemals Wasser hinzugießen
S2	Darf nicht in die Hände von Kindern gelangen	S33	Maßnahmen gegen elektrostatische Aufladungen treffen
S3	Kühl aufbewahren	S35	Abfälle und Behälter müssen in gesicherter Weise beseitigt werden
S9	Behälter an einem gut gelüfteten Ort aufbewahren		
S12	Behälter gasdicht verschließen		
S14	Von … fernhalten (inkompatible Substanzen sind vom Hersteller anzugeben)	S37	Geeignete Schutzhandschuhe tragen
		S38	Bei unzureichender Belüftung Atemschutzgerät anlegen
S15	Vor Hitze schützen	S39	Schutzbrille/Gesichtsschutz tragen
S16	Von Zündquellen fernhalten – Nicht rauchen	S43	Zum Löschen … (vom Hersteller anzugeben) verwenden. (Wenn Wasser die Gefahr erhöht anfügen: „Kein Wasser verwenden")
S17	Von brennbaren Stoffen fernhalten		
S18	Behälter mit Vorsicht öffnen und handhaben		
S20	Bei der Arbeit nicht essen und trinken		
S21	Bei der Arbeit nicht rauchen	S44	Bei Unwohlsein ärztlichen Rat einholen (wenn möglich, dieses Etikett vorzeigen)
S22	Staub nicht einatmen	S45	Bei Unfall oder Unwohlsein sofort Arzt zuziehen (wenn möglich, dieses Etikett vorzeigen)
S23	Gas/Rauch/Dampf/Aerosol nicht einatmen (geeignete Bezeichnung[en] vom Hersteller anzugeben)		
		S46	Bei Verschlucken sofort ärztlichen Rat einholen und Verpackung oder Etikett vorzeigen
S24	Berührung mit der Haut vermeiden		
S25	Berührung mit den Augen vermeiden	S47	Nicht bei Temperatur über … °C aufbewahren (vom Hersteller anzugeben)
S26	Bei Berührung mit den Augen gründlich mit Wasser abspülen und Arzt konsultieren		
		S51	Nur in gut belüfteten Bereichen verwenden
S27	Beschmutzte, getränkte Kleidung sofort ausziehen	S53	Exposition vermeiden – vor Gebrauch besondere Anweisungen einholen
S28	Bei Berührung mit der Haut sofort abwaschen mit viel … (vom Hersteller anzugeben)		
		S56	Diesen Stoff und seinen Behälter der Problem-abfallentsorgung zuführen
S29	Nicht in die Kanalisation gelangen lassen		

Hinweise auf besondere Gefahren nach Gefahrstoffverordnung (R-Sätze, R-Risiko) → hinterer Umschlag

Technische Grundlagen

Steuerungs- und Regelungstechnik
control systems

Darstellung von Aufgaben der Prozessleittechnik   DIN EN 62 424: 2010-01

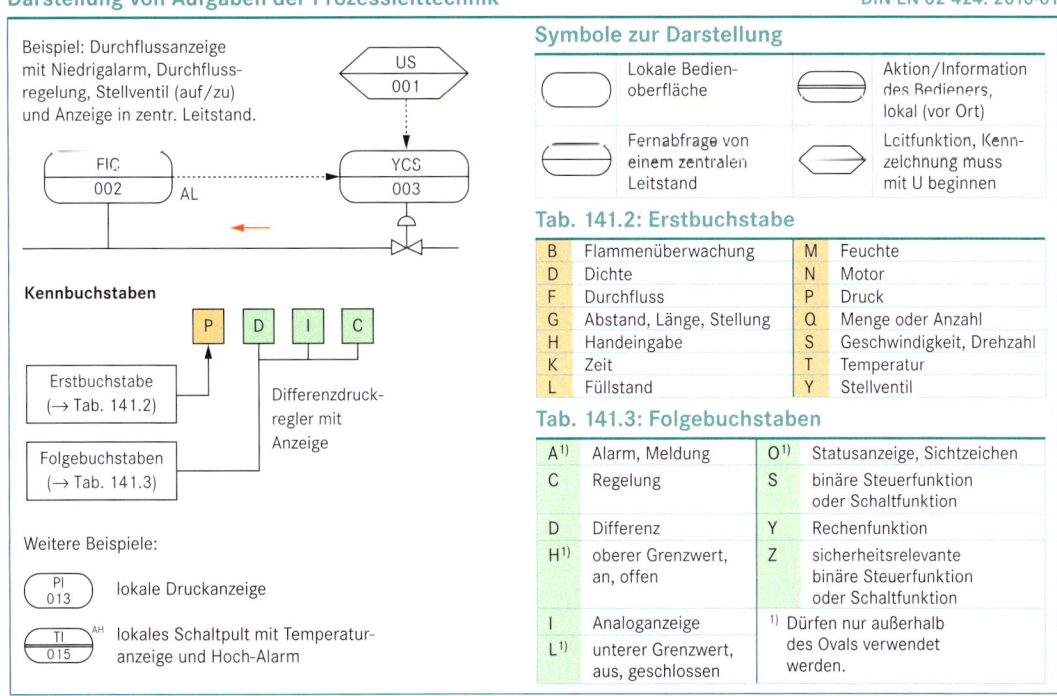

Symbole zur Darstellung

Lokale Bedien-oberfläche		Aktion/Information des Bedieners, lokal (vor Ort)	
Fernabfrage von einem zentralen Leitstand		Leitfunktion, Kennzeichnung muss mit U beginnen	

Tab. 141.2: Erstbuchstabe

B	Flammenüberwachung	M	Feuchte
D	Dichte	N	Motor
F	Durchfluss	P	Druck
G	Abstand, Länge, Stellung	Q	Menge oder Anzahl
H	Handeingabe	S	Geschwindigkeit, Drehzahl
K	Zeit	T	Temperatur
L	Füllstand	Y	Stellventil

Tab. 141.3: Folgebuchstaben

A[1]	Alarm, Meldung	O[1]	Statusanzeige, Sichtzeichen
C	Regelung	S	binäre Steuerfunktion oder Schaltfunktion
D	Differenz	Y	Rechenfunktion
H[1]	oberer Grenzwert, an, offen	Z	sicherheitsrelevante binäre Steuerfunktion oder Schaltfunktion
I	Analoganzeige	[1]	Dürfen nur außerhalb des Ovals verwendet werden.
L[1]	unterer Grenzwert, aus, geschlossen		

Technische
Grundlagen

Tab. 142.1: Grundbegriffe der Steuerungs- und Regelungstechnik

DIN 19 226-4: 1994-02

Begriff	Formelzeichen	Bedeutung
Regler		Funktionseinheit, wird aus Vergleichsglied und Regelglied gebildet
Vergleichsglied		Funktionseinheit, bildet die Regeldifferenz aus Führungs- und Rückführgröße
Regelglied		Funktionseinheit, führt im Regelkreis die Regelgröße der Führungsgröße so schnell und genau wie möglich nach, auch wenn Störgrößen auftreten
Steuer-/ Regeleinrichtung		Teil des Wirkungsweges, der die aufgabengemäße Beeinflussung der Strecke bewirkt
Eingangsgröße	u	Größe, die auf ein System einwirkt, ohne selbst von ihm beeinflusst zu werden
Ausgangsgröße	v	Größe eines Systems, die nur von ihm und seinen Eingangsgrößen beeinflusst wird
Führungsgröße	w	Größe die, von außen zugeführt, von der Steuerung oder Regelung nicht beeinflusst werden kann und der die Ausgangsgröße in vorgegebener Abhängigkeit folgen soll
Reglerausgangsgröße	y_R	Eingangsgröße der Stelleinrichtung
Stellgröße	y	Ausgangsgröße der Steuer- bzw. Regeleinrichtung = Eingangsgröße der Strecke
Steller		Funktionseinheit, bildet aus der Reglerausgangsgröße die erforderliche Stellgröße
Stellglied		Funktionseinheit, Teil und Anfang der Regelstrecke, greift in den Energie- oder Stofffluss ein
Stelleinrichtung		Funktionseinheit, besteht aus Steller und Stellglied
Stellort		Angriffspunkt der Stellgröße
Strecke		Teil des Systems, der aufgabengemäß zu beeinflussen ist
Störgröße	z	von außen wirkende Größe, welche die Ausgangs- oder Regelgröße unerwünscht beeinflusst
Regelgröße	x	Größe der Regelstrecke, die zum Zwecke des Regelns erfasst und über die Messeinrichtung der Regeleinrichtung zugeführt wird. Sie ist die Ausgangsgröße der Regelstrecke und die Eingangsgröße der Messeinrichtung
Regelbereich	X_h	Bereich, innerhalb dessen die Regelgröße eingestellt werden kann, ohne die festgelegte größte Sollwertabweichung zu überschreiten
Messeinrichtung		Gesamtheit aller Funktionseinheiten, die Messgrößen aufnehmen, weitergeben, anpassen und ausgeben
Rückführgröße	r	Größe, die aus der Messung der Regelgröße hervorgeht und zum Vergleichsglied zurückgeführt wird
Regeldifferenz	e	Differenz zwischen Führungs- und Rückführgröße: $e = w - r$

Steuern, Steuerung

DIN 19 226-4: 1994-02

- Eine oder mehrere Eingangsgrößen beeinflussen aufgrund einer systemeigenen Gesetzmäßigkeit eine Ausgangsgröße, wobei keine Rückwirkung vorliegt.
- Es besteht ein **offener** Wirkungsweg (Steuerkette).
- Die Steuerkette ist eine Anordnung von Systemen, die in Reihenstruktur aufeinander wirken.

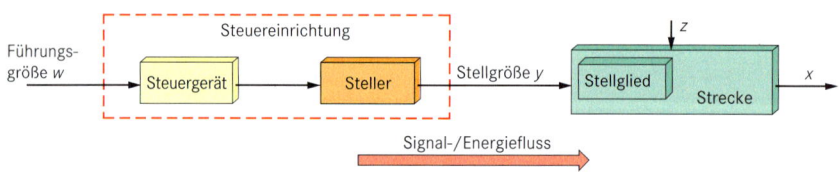

Regeln, Regelung

DIN 19 226-4: 1994-02

- Die Regelgröße wird fortlaufend erfasst und mit der Führungsgröße verglichen.
- Bei einer Regeldifferenz erfolgt eine Angleichung der Rückführgröße an die Führungsgröße.
- Es besteht ein **geschlossener** Wirkungsablauf (Regelkreis).

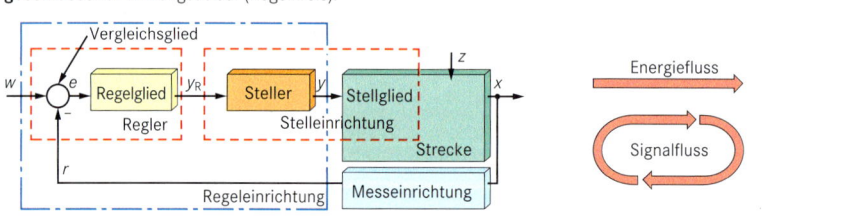

Tab. 143.1: Verhalten stetiger Regler DIN 19 226-2: 1994-02

Reglertyp	Eingangssprung/ Sprungantwort	Blockdarstellung	Bemerkungen
P-Regler (Proportional-regler)			Die Stellgröße y ist der Regeldifferenz e direkt proportional. Bei vorhandener Störgröße kann der Regler die Regelgröße nicht vollständig dem Sollwert anpassen (bleibende Regel- bzw. Sollwertabweichung).
I-Regler (Integralregler)			Die Geschwindigkeitsänderung der Stellgröße y ist der Regeldifferenz e direkt proportional. Je größer die Regeldifferenz e, desto schneller verändert sich die Stellgröße. Keine bleibende Regel- bzw. Sollwertabweichung, jedoch langsame Anpassung des Istwertes an den Sollwert.
D-Regler (Differentialregler)			Die Stellgröße y ist abhängig von der Änderungsgeschwindigkeit der Regeldifferenz e. Bei gleich bleibender Regeldifferenz e ist die Stellgröße $y = 0$. Bei großen Änderungsgeschwindigkeiten der Regeldifferenz e neigt der Regler zum Überschwingen. Reine D-Regler kommen in der Praxis nicht vor.
PI-Regler (Proportional-Integralregler)			Beim PI-Regler hat eine Änderung der Regeldifferenz e eine proportionale Änderung der Stellgröße y zur Folge (P-Anteil). Danach wird die Stellgröße y mit einer der Regeldifferenz e entsprechenden Verstellgeschwindigkeit angepasst (I-Anteil) und damit eine bleibende Regel- bzw. Sollwertabweichung verhindert.
PD-Regler			Der PD-Regler reagiert sofort bei Änderung einer Regeldifferenz e (D-Anteil). Wenn die Regeldifferenz sich nicht mehr ändert, reagiert der Regler auf die neue Regeldifferenz, indem die Stellgröße y proportional eingestellt wird (P-Anteil). Es kommt zu einer bleibenden Regelabweichung. Der PD-Regler greift sehr schnell in einen Regelungsvorgang ein.
PID-Regler (Proportional-Integral-Differential-Regler)			Der PID-Regler sorgt aufgrund des PD-Anteils für eine schnelle Reaktion des Reglers. Der I-Anteil verhindert eine bleibende Regel- bzw. Sollwertabweichung.

Tab. 143.2: Verhalten unstetiger Regler DIN 19 226-2: 1994-02

Zweipunkt-Regler		Bei einem Zweipunkt-Regler kann die Stellgröße y nur zwei Zustände annehmen, entweder EIN oder AUS. Zwischenzustände gibt es nicht. Bei Temperaturregelungen führt dies zu Temperaturschwankungen um den Sollwert.
Dreipunkt-Regler		Bei einem Dreipunkt-Regler kann die Stellgröße y drei Zustände annehmen, NULL, STUFE 1 und STUFE 2.

Technische Grundlagen

- Speicherprogrammierbare Steuerungen sind elektrische Steuerungen, die binäre Signale verarbeiten.
- Über die Ausgangssignale werden Abläufe gesteuert (Ablaufsteuerungen) oder es werden Prozesse überwacht (Verknüpfungssteuerungen).

Systematik einer SPS

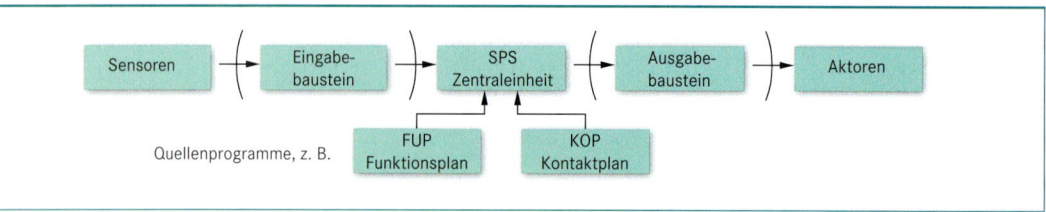

Quellenprogramme, z. B.

Kontaktplanprogrammierung

Symbole	Bedeutung
Eingänge	
⊣ ⊢	Betätigter Schließer oder unbetätigter Öffner; Eingang, der das Eingangssignal nicht umkehrt
⊣/⊢	Betätigter Öffner oder unbetätigter Schließer; Eingang, der das Eingangssignal umkehrt
Ausgänge	
—( )—	Kontaktsymbol, allgemein
—(/)—	negierter Ausgang
—(s)—	Ausgang setzen (Starten)
—(r)—	Ausgang rücksetzen

Darstellung des Stromweges

⊣ ⊢—( )—
E1   A1

Beispiel:
Setzen bzw. Löschen eines Ausgangs durch einen Schließer

- Eingänge werden mit dem Buchstaben E, Ausgänge mit dem Buchstaben A bezeichnet.
- Die angehängte Ordnungszahl bestimmt den Eingang bzw. den Ausgang.
- Ausgänge stehen an der rechten Seite des Kontaktplans und beenden den Signalweg.

Verknüpfungen

Symbole	Bedeutung
E0.0 E0.1 A1.0 ⊣ ⊢—⊣ ⊢—( )—	UND (Reihenschaltung)
E0.0 A1.0 ⊣ ⊢—( )— E0.1 ⊣ ⊢	ODER (Parallelschaltung)

Ablaufsteuerung

- Der Steuerungsablauf erfolgt in einer zwangsgebundenen Schrittkette (Ablaufkette).
- Die Schrittfunktionen werden in einer vorgegebenen Reihenfolge hintereinander „abgearbeitet".

Grundfunktionen der Signalverarbeitung

Operation	Funktionsplan (FUP)	Kontaktplan (KOP)
UND	E0.1, E0.2 → & → A1.0	E0.1 E0.2 A1.0 ⊣ ⊢—⊣ ⊢—( )—
ODER	E0.1, E0.2 → ≥1 → A1.0	E0.1 A1.0 ⊣ ⊢—( )— E0.2 ⊣ ⊢
NICHT	E0.1 ○→ 1 → A1.0	E0.1 A1.0 ⊣/⊢-----( )—
Setzen	S → A2.0	A2.0 --(s)—
Rücksetzen	R → A2.0	A2.0 --(r)—
Selbsthaltung	E0.1, E0.2 → ≥1, & → A1.0	E0.1 E0.2 A1.0 ⊣ ⊢—⊣/⊢—( )— A1.0 ⊣ ⊢
Schalt- verzögerung	* Verzögerungszeit: Angabe erfolgt steuerungsspezifisch T1* E0.1 → 0 t → A1.0	E0.1 T1 ⊣ ⊢—( )— T1 A1.0 ⊣ ⊢—( )—
Wechsel- schaltung	E0.1, E0.2 → &, & → ≥1 → A1.0	E0.1 E0.2 A1.0 ⊣ ⊢—⊣/⊢—( )— E0.1 E0.2 ⊣/⊢—⊣ ⊢
Setzen von Merkern (Hilfsrelais)	E0.1, E0.2 ○ → & → M2	E0.1 E0.2 M2 ⊣ ⊢—⊣/⊢—( )—

```
                              ┌─────────────┐
                              │  Stahlrohre │
                              └─────────────┘
```

Gewinde-rohre[1)iv]	Nahtlose Stahlrohre	Geschweißte Stahlrohre	Präzisions-stahlrohre	Stahlrohre für Gasleitungen	Nichtrostende Stahlrohre
DIN EN 10 255	DIN EN 10 220	DIN EN 10 220	DIN EN 10 305-1	DIN 2470-1	DIN EN ISO 1127
DIN 2442	DIN EN 10 216	DIN EN 10 217	DIN EN 10 305-2	DIN EN 10 208	DIN EN 10 312
			DIN EN 10 305-3		

```
                              ┌─────────────┐
                              │  Kupferrohre│
                              └─────────────┘
                                DIN EN 1057

                              ┌──────────────────┐
                              │  Kunststoffrohre  │
                              └──────────────────┘
```

Rohre aus PVC-U[2)] Reihe 4 und 5	Rohre aus PE-80 Reihe 4 und 5	Rohre aus PVC-U[2)]	Rohre aus PB Reihe 3 und 5
DIN EN 1452 (DIN 8061/62)	DIN EN 1555	DIN EN 1452 (DIN 8061/62)	EN ISO 15 876 (DIN 16969)
Rohre aus PE-80/100[2)] Reihe 5	Rohre aus PVC-U	Rohre aus PVC-C	Rohre aus PE-X
DIN EN 12201	DIN EN 1452	EN ISO 15 877 (DIN 8079/80)	EN ISO 15 875 (DIN 16893)
		Rohre aus PE-X	Rohre aus PE-MDX
		EN ISO 15 875 (DIN 16893)	DIN 16 895/94
		Rohre aus PB	Rohre aus PP
		EN ISO 15 876 (DIN 16969)	EN ISO 15 874 (DIN 8077)
		Rohre aus PP	Metallverbundrohre
		EN ISO 15 874 (DIN 8077)	EN ISO 21003
		Metallverbundrohre	
		EN ISO 21003	

für Trinkwasserver-sorgung – erdverlegt	für Gasversorgung – erdverlegt	für Trinkwasser – Hausinstallation	für Fußboden-Heizungen

Rohre für **Abwasserleitungen** ($\rightarrow$ Kap. 6)
[1)] In nahtloser und geschweißter Herstellung lieferbar   [2)] Nur für Kaltwasser zugelassen

Nennweiten von Rohrleitungen

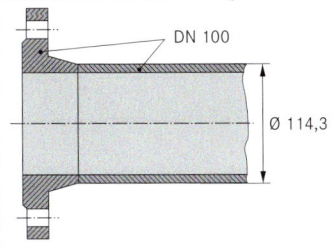

DN 100
Ø 114,3

z. B. Rohr 114,3 x 3,6, DIN EN 10 220
(d_i = 107,1 mm)
Vorschweißflansch mit Rohr

Die Nennweite von Rohren, Rohrverbindungen, Armaturen und Formstücken ist eine Kenngröße des Teiles mit den Kennbuchstaben **DN** und dem nachgestellten Zahlenwert. Die Nennweite wird ohne Einheit geschrieben und gibt annähernd den Innendurchmesser, z. B. von Rohrleitungen, in mm an.

Tab. 145.1: DN (Nennweiten)-Stufen   DIN EN ISO 6708: 1995-09

6[1)]	12[1)]	20	40	65	100	200	350	500	800	1100	1500	2000[2)]
8[1)]	15	25	50	70[3)]	125	250	400	600	900	1200	1600	...
10	16[1)]	32	60	80	150	300	450	700	1000	1400	1800	4000

[1)] Für kleinere Abstufung bei Rohrverschraubungen und Fittings
[2)] Bis DN 4000 in Stufensprüngen von 200
[3)] Für drucklose Abflussrohre

Erforderlicher Innendurchmesser

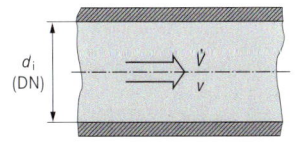

d_i
(DN)

$$d_i = 1000 \sqrt{\frac{4 \cdot \dot{V}}{v \cdot \pi \cdot 3600}}$$

d_i	:	erforderlicher Innendurchmesser	in mm
$\dot{V}$	:	Volumenstrom	in m³/h
v	:	Strömunge geschwindigkeit	in m/s
1000	:	Umrechnungszahl	in mm/m
3600	:	Umrechnungszahl	in s/h

Rohrleitungs- und Verbindungstechnik

Begriffe und Symbole

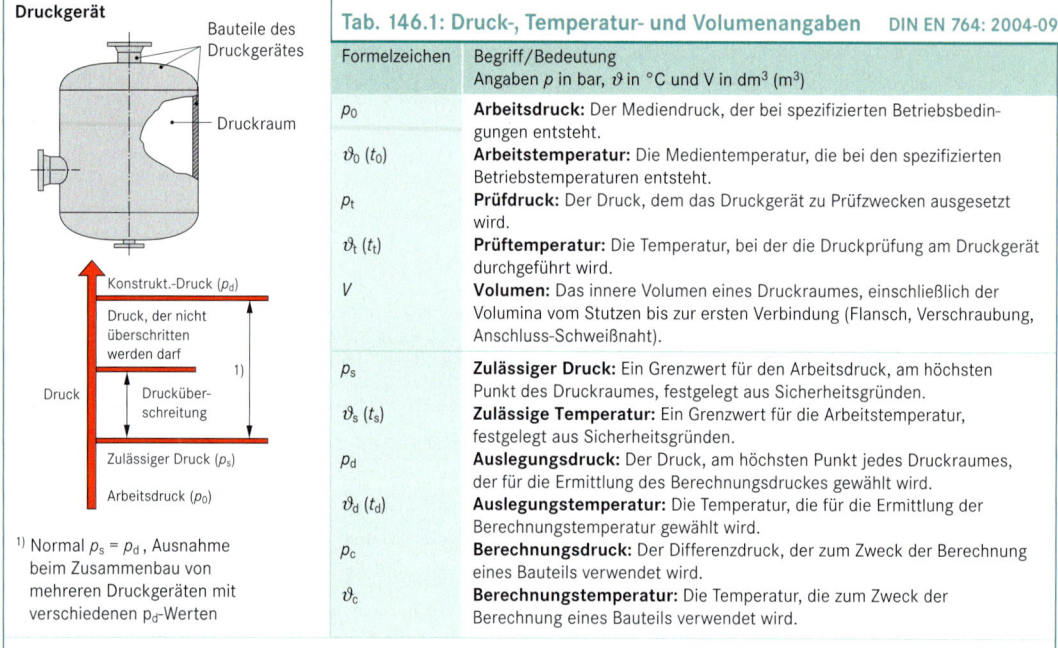

Druckgerät

Bauteile des Druckgerätes

Druckraum

Konstrukt.-Druck (p_d)

Druck, der nicht überschritten werden darf

1)

Druck | Drucküberschreitung

Zulässiger Druck (p_s)

Arbeitsdruck (p_0)

[1] Normal $p_s = p_d$, Ausnahme beim Zusammenbau von mehreren Druckgeräten mit verschiedenen p_d-Werten

Tab. 146.1: Druck-, Temperatur- und Volumenangaben — DIN EN 764: 2004-09

Formelzeichen	Begriff/Bedeutung Angaben p in bar, ϑ in °C und V in dm³ (m³)
p_0	**Arbeitsdruck:** Der Mediendruck, der bei spezifizierten Betriebsbedingungen entsteht.
ϑ_0 (t_0)	**Arbeitstemperatur:** Die Medientemperatur, die bei den spezifizierten Betriebstemperaturen entsteht.
p_t	**Prüfdruck:** Der Druck, dem das Druckgerät zu Prüfzwecken ausgesetzt wird.
ϑ_t (t_t)	**Prüftemperatur:** Die Temperatur, bei der die Druckprüfung am Druckgerät durchgeführt wird.
V	**Volumen:** Das innere Volumen eines Druckraumes, einschließlich der Volumina vom Stutzen bis zur ersten Verbindung (Flansch, Verschraubung, Anschluss-Schweißnaht).
p_s	**Zulässiger Druck:** Ein Grenzwert für den Arbeitsdruck, am höchsten Punkt des Druckraumes, festgelegt aus Sicherheitsgründen.
ϑ_s (t_s)	**Zulässige Temperatur:** Ein Grenzwert für die Arbeitstemperatur, festgelegt aus Sicherheitsgründen.
p_d	**Auslegungsdruck:** Der Druck, am höchsten Punkt jedes Druckraumes, der für die Ermittlung des Berechnungsdruckes gewählt wird.
ϑ_d (t_d)	**Auslegungstemperatur:** Die Temperatur, die für die Ermittlung der Berechnungstemperatur gewählt wird.
p_c	**Berechnungsdruck:** Der Differenzdruck, der zum Zweck der Berechnung eines Bauteils verwendet wird.
ϑ_c	**Berechnungstemperatur:** Die Temperatur, die zum Zweck der Berechnung eines Bauteils verwendet wird.

Die Mediendrücke, ausgenommen p_c, sind Überdrücke gegenüber der Atmosphäre.

Auswahl der PN-Stufen
Tab. 146.2: PN-Stufen

PN	2,5	6	10	16	25	40	63	100

Nach DIN EN 1333 ist „PN" eine alphanumerische Kenngröße für Zuordnungszwecke. Sie bezieht sich auf eine Kombination von mechanischen und maßlichen Eigenschaften eines Bauteils einzelner Rohrleitungsteile. Hinter den Buchstaben PN folgt eine dimensionslose Zahl, die bei Berechnungen nicht verwendet werden sollte.

ACHTUNG: Der Begriff „**Nenndruck**" wurde zugunsten von „**PN**" aus der Definition herausgenommen. Der zulässige Druck eines Rohrleitungsteiles hängt von der PN-Stufe, dem Werkstoff und der Auslegung des Bauteils, der zulässigen Temperatur usw. ab und ist in den Tabellen in den entsprechenden Normen zu finden.

Bestellung von Rohren

z. B. 500 m nahtloses Stahlrohr nach DIN EN 10 208-1 mit Prüfbescheinigung

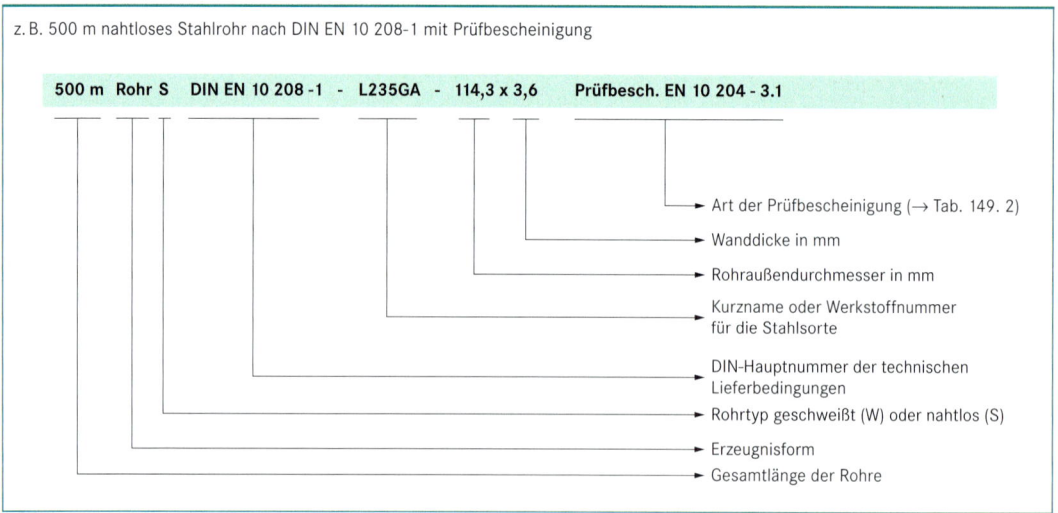

500 m   Rohr S   DIN EN 10 208 -1   -   L235GA   -   114,3 x 3,6   Prüfbesch. EN 10 204 - 3.1

→ Art der Prüfbescheinigung (→ Tab. 149. 2)

→ Wanddicke in mm

→ Rohraußendurchmesser in mm

→ Kurzname oder Werkstoffnummer für die Stahlsorte

→ DIN-Hauptnummer der technischen Lieferbedingungen

→ Rohrtyp geschweißt (W) oder nahtlos (S)

→ Erzeugnisform

→ Gesamtlänge der Rohre

Planung von Rohrleitungsanlagen

Rohrlängen nach der z-Maß-Methode

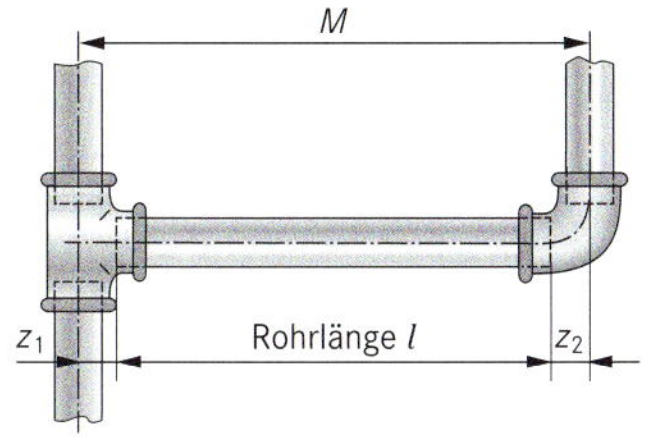

$$l = M - (z_1 + z_2)$$

M

Rohrlänge l

z_1 z_2

l	:	Rohrlänge in mm
M	:	Maß von Mitte bis Mitte in mm
z_1; z_2	:	Konstruktionsmaße
		aus Fittingtabellen in mm

($\rightarrow$ Stahlrohrfittings S. 151 ... 156)
($\rightarrow$ Kupferfittings S. 162 ... 166)
($\rightarrow$ Kunststofffittings S. 172 ... 179)

Rohrpläne mit Stückliste für ein Umschalt-T-Stück (Beispiel)

Rohrleitungsplan

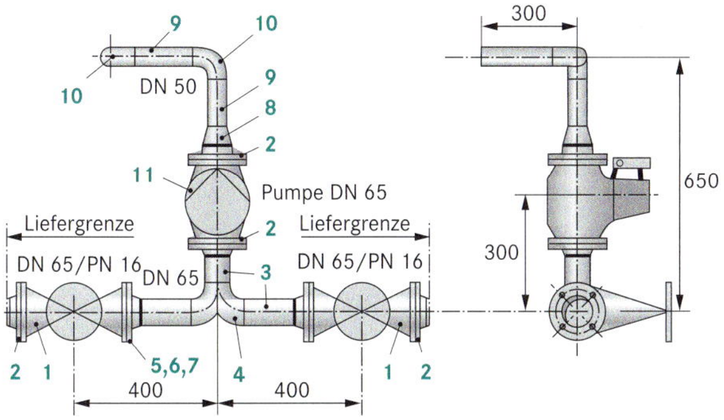

9   10

10   DN 50

9
8
2

11

Pumpe DN 65

Liefergrenze   2   Liefergrenze

DN 65/PN 16   DN 65   DN 65/PN 16

3

2   1   5,6,7   4   1   2
400   400

Vorderansicht   Seitenansicht

300

650

300

Rohrleitungs-Isometrie

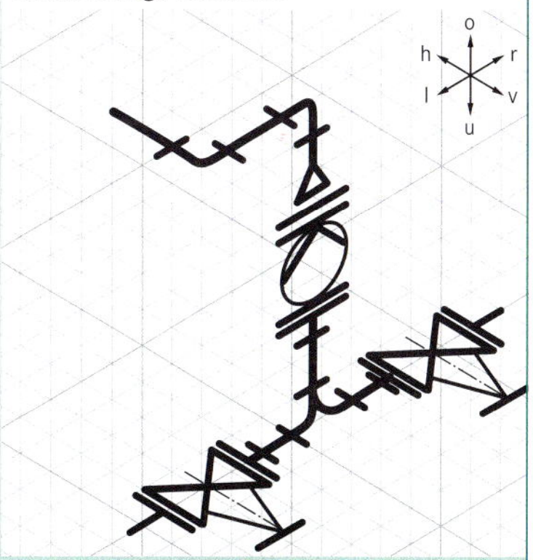

o
h   r
l   v
u

Stückliste (Bereitstellungsliste)

Pos.-Nr.	Stück	Benennung	Normblatt	Werkstoff	Bemerkung	Hinweis
11	1	Umwälzpumpe DN 65	Wilo	–	Stratos 65/1-12	S. 180
10	2	Bogen 90-3 60,3 x 2,9	DIN 2605-1	S235JRG1	nahtlos	S. 157
9	1	nahtloses Stahlrohr 60,3 x 2,9	EN 10 220	L210GA	l = 0,8 m	S. 149
8	1	Reduzierstück K 76,1 x 60,3 x 2,9 S	DIN 2616-1	S235JRG1	(S = nahtlos)	S. 157
7	24	Sechskantmutter M 16	ISO 4032	5		S. 85/159
6	24	Sechskantschraube M 16 x 60	ISO 4014	5.6		S. 85/159
5	6	Flachdichtung DN 65, PN 16	EN 1514-1	AFP	Form IBC 127 x 77 x 2	S. 160
4	2	Bogen 90-3 76,1 x 2,9	DIN 2605-1	S235JRG1	nahtlos	S. 157
3	1	nahtloses Stahlrohr 76,1 x 2,9	EN 10 220	L210GA	l = 0,5 m	S. 149
2	6	Flansch Typ 11-B1/DN 65/PN 16	EN 1092-1	S235JRG2	d_1 = 76,1	S. 159
1	2	Flanschen-Absperrventil DN 65, PN 16	EN 558-1/1	EN- GJL-250	Baulänge l = 290 mm	S. 182

Bezeichnung: Umschalt-T-Stück   Projekt: An der Heide   Sachbearbeiter: Westermann

Anwärmlänge beim Warmbiegen

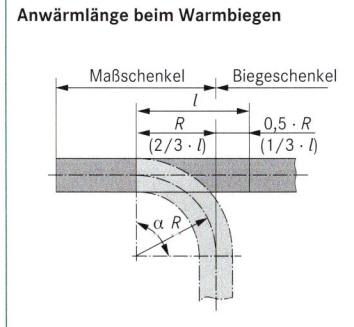

Maßschenkel   Biegeschenkel

l

R 0,5 · R
$(2/3 · l)$ $(1/3 · l)$

α R

$$l = \frac{2 \cdot R \cdot \pi \cdot \alpha}{360}$$

Näherungsformel für α = 90°

$$l \approx 1{,}5 \cdot R$$

l	:	Anwärmlänge in mm
R	:	Biegeradius in mm
π	:	Kreiszahl (π = 3,14 ...)
α	:	Biegewinkel in °
d_a	:	Rohraußendurchmesser in mm

Tab. 147.1: Biegeradien R beim Rohrbiegen in mm

Stahlrohr		R > 3 bis 5 · d_a
Kupferrohr	mit Werkzeug	R ≥ 4 bis 6 · d_a
Kunststoffrohre	PB und PE-X	R ≥ 5 · d_a
	PP	R ≥ 6 · d_a

Rohrleitungs- und Verbindungstechnik

Rohrleitungs- und
Verbindungstechnik

Rohre aus unlegiertem Stahl zum Schweißen und Gewindeschneiden

Gewinderohr-Maße

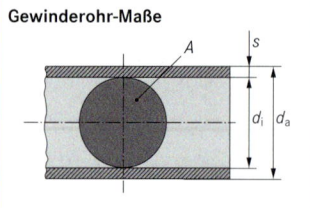

Rohrabmessungen:

d_a : Außendurchmesser in mm
d_i : Innendurchmesser in mm
A : lichter Querschnitt in cm²

A_0' : längenb. Rohroberfläche in m²/m
m' : längenb. Rohrmasse in kg/m
v' : längenb. Rohrinhalt in dm³/m
R : **Whitworth-Rohrgewinde**

Fertigungsverfahren: nahtlos **S** oder geschweißt **W**,
Lieferart: in Standardlänge (meist l = 6 oder 6,4 m)
Rohr-Reihe: mittlere Reihe (M), schwere Reihe (H)
Farbkennzeichnung: mittlere Reihe (M) blau; schwere Reihe (H) rot
Gewinde: Whitworth-Rohrgewinde DIN EN 10 266 (ISO 7-1), (→ Tab. 84.1).
Werkstoff: S 195T nach DIN EN 10 027-1.

Optionen: Rohrenden   -1 : konischem Außengewinde   -2 : je einer Muffe
                                 -4 : Endverschluss/Kappe, Stopfen   -5 : Gewindeschutz
Eignung zum: -6 : Schmelztauchverzinken mit Überzugsqualität A.2, A.3
                              -7 : Schmelztauchverzinken mit Überzugsqualität A.1
Überzüge: -9 : Oberfläche verzinkt nach DIN EN 10 240 (ISO 1461)
                            -12 : temporärer Oberflächenschutz

Schmelztauchverzinkte Rohre für Gas- und Wasserleitungen DIN EN 10 240

Trinkwasser-qualität	Überzugs-qualität	Schichtdicke der Innen-verzinkung s in µm	Beschichtungsgrenzwerte nach DIN 50 930-6	
$K_{B\,8,2} \leq 0,5\ \text{mol/m}^3$	A.1	≥ 55	Sb ≤ 0,01 %	Cd ≤ 0,01 %
$K_{S\,4,3} \leq 1,0\ \text{mol/m}^3$	A.2	≥ 55	As ≤ 0,02 %	Bi ≤ 0,01 %
	A.3	≥ 45	Pb ≤ 0,25 %	

Tab. 148.1: Rohre aus unlegiertem Stahl zum Schweißen und Gewindeschneiden DIN EN 10 255: 2007-07

Mittlere und schwere Rohrreihe				Mittlere Rohrreihe (M) (früher DIN 2440)					Schwere Rohrreihe (H) (früher DIN 2441)				
DN	R	d_a mm	A_0' m²/m	s mm	d_i mm	A cm²	v' dm³/m	m' kg/m	s mm	d_i mm	A cm²	v' dm³/m	m' kg/m
10	R ³/₈	17,2	0,054	2,3	12,6	1,25	0,12	0,84	2,90	11,4	1,02	0,10	1,02
15	R ½	21,3	0,067	2,6	16,1	2,03	0,20	1,21	3,20	14,9	1,74	0,17	1,44
20	R ¾	26,9	0,085	2,6	21,7	3,70	0,37	1,56	3,20	20,5	3,30	0,33	1,87
25	R 1	33,7	0,106	3,2	27,3	5,85	0,58	2,41	4,00	25,7	5,18	0,52	2,93
32	R 1 ¼	42,4	0,133	3,2	36,0	10,18	1,02	3,10	4,00	34,4	9,29	0,93	3,79
40	R 1 ½	48,3	0,152	3,2	41,9	13,79	1,37	3,56	4,00	40,3	12,76	1,28	4,37
50	R 2	60,3	0,189	3,6	53,1	22,15	2,21	5,03	4,50	51,3	20,67	2,07	6,19
65	R 2 ½	76,1	0,239	3,6	68,9	37,28	3,73	6,42	4,50	67,1	35,36	3,54	7,93
80	R 3	88,9	0,279	4,0	80,9	51,40	5,14	8,36	5,00	78,9	49,89	4,89	10,30
100	R 4	114,3	0,359	4,50	105,3	87,09	8,71	12,20	5,40	103,5	84,13	8,41	14,50
125	R 5	139,7	0,439	5,00	129,7	132,12	13,21	16,60	5,40	128,9	130,5	13,05	17,90
150	R 6	165,1	0,519	5,00	155,1	188,93	18,89	19,80	5,40	154,3	187,0	18,70	21,30

Bezeichnung des Rohres Reihe (M), nahtlos, d_a = 33,7 mm, s = 3,2 mm, DIN EN 10 255, mit konischem A-Gewinde,
Überzugsqualität A.1 (verzinkt), aus Baustahl S 195T

Rohr	–	Maße (M)	–	DIN...	–	Optionen und Überzugsqualität	Werkstoff
S-Rohr	–	33,7 x 3,2	–	DIN EN 10 255	–	Optionen 1 und 9: A.1	S 195T

Tab. 148.2: Gewinderohre mit Gütevorschrift DIN 2442: 1963-08

Werkstoff: P235TR1 DIN EN 10 025, Rohrqualität nach DIN EN 10 216-1 (nahtl. Rohre)/DIN EN 10 217-1 (geschw. Rohre)

	PN 100												PN 50		PN 80		
DN[1]	10	15	20	25	32	40	50	65	80	100	125	150	125	150	100	125	150
s in mm	2,9	3,2	3,2	4,0	4,0	4,0	4,5	4,5	5,0	6,3	8,0	8,8	5,6	5,6	5,6	7,1	8,0
m' in kg/m	1,02	1,44	1,87	2,98	3,79	4,37	6,19	7,93	10,30	16,8	25,9	33,8	18,5	23,9	15,0	23,3	30,9

[1] Gewinde- und Rohr-Außendurchmesser d_a entsprechen DIN EN 10 255, Reihe H

Stahlrohre

Stahlrohr-Maße

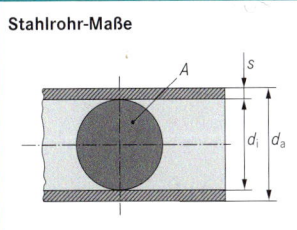

Rohrabmessungen:

d_a : Außendurchmesser in mm A : lichter Querschnitt in cm^2

s : Wanddicke in mm v' : längenbezogener Rohrinhalt in dm^3/m

d_i : Innendurchmesser in mm m' : längenbezogene Rohrmasse in kg/m

A'_0 : längenbezogene Rohroberfläche in m^2/m

Ausführung: schwarz, oder nach Vereinbarung (z. B. verzinkt);
nahtlose **(S)**-Rohre oder **geschweißte (W)**-Rohre

Lieferlänge: Hersteller- oder Genaulängen mit Toleranzen
für $l \leq 6$ m (+10 mm), für $l \geq 6$ m bis $l \leq 12$ m (+15 mm),
bei $l > 12$ m nach Vereinbarung

Tab. 149.1: Nahtlose und geschweißte Stahlrohre   DIN EN 10 220: 2003-03

			Nahtlose Stahlrohre Maße nach DIN EN 10 220 (DIN 2448) Technische Lieferbedingungen nach DIN EN 10 208-1 oder DIN EN 10 216-1					Geschweißte Stahlrohre Maße nach DIN EN 10 220 (DIN 2458) Technische Lieferbedingungen nach DIN EN 10 208-1 oder DIN EN 10 217-1				
DN	d_a[1] mm	A'_0 m^2/m	s mm	d_i mm	A cm^2	v' dm^3/m	m' kg/m	s mm	d_i mm	A cm^2	v' dm^3/m	m' kg/m
25	30	0,094	2,6	24,8	4,83	0,48	1,76	2,0	26,0	5,30	0,53	1,38
	33,7	0,106	2,6	28,5	6,38	0,64	1,99	2,0	29,7	6,63	0,66	1,56
32	38	0,119	2,6	32,8	8,45	0,85	2,27	2,3	33,4	8,76	0,88	2,02
	42,4	0,133	2,6	37,2	10,87	1,09	2,55	2,3	37,8	11,22	1,12	2,27
40	44,5	0,140	2,6	39,3	12,13	1,21	2,69	2,3	39,9	12,50	1,25	2,39
	48,3	0,152	2,6	43,1	14,59	1,46	2,93	2,3	43,7	15,00	1,50	2,61
50	57	0,179	2,9	51,2	20,59	2,06	3,87	2,3	52,4	21,60	2,16	3,10
	60,3	0,189	2,9	54,5	23,33	2,33	4,11	2,3	55,7	24,37	2,44	3,29
65	**76,1**	0,239	2,9	70,3	38,82	3,88	5,24	2,6	70,9	39,48	3,95	4,71
80	**88,9**	0,280	3,2	82,5	53,46	5,35	6,76	2,9	83,1	54,24	5,42	6,15
100	108	0,339	3,6	108,8	79,80	7,98	9,27	2,9	102,2	82,03	8,20	7,52
	114,3	0,359	3,6	107,1	90,10	9,01	9,83	3,2	107,9	91,44	9,14	8,77
125	133	0,418	4,0	125,0	122,72	12,27	12,70	3,6	125,8	124,29	12,43	11,5
	139,7	0,439	4,0	131,7	136,23	13,60	13,40	3,6	132,5	137,89	13,79	12,1
150	159	0,499	4,5	150,0	176,71	17,67	17,10	4,0	151,0	179,10	17,91	15,3
	168,3	0,529	4,5	159,3	199,31	19,93	18,20	4,0	160,3	201,82	20,18	16,2
200	**219,1**	0,688	6,3	206,5	334,91	33,49	33,10	4,5	210,1	346,69	34,67	23,8
250	**273**	0,050	6,3	260,4	532,56	53,26	41,40	5,0	263,0	543,25	54,33	33,0
300	**323,9**	1,018	7,1	309,7	753,31	75,33	55,50	5,6	312,7	767,97	76,80	44,0

Bezeichnung eines nahtlosen Stahlrohres mit d_a = 168,5 mm und s = 4,5 mm aus L210GA

Bezeichnung DIN EN 10 220	Rohr	DIN EN ...	–	d_a x s	Techn. Lieferbed.[2][3]	–	Werkstoff[3]
	Rohr-nahtlos	DIN EN 10 220	–	168,3 x 4,5	DIN EN 10 208-1	–	L210GA

[1] Die fettgedruckten **Rohr-Außendurchmesser** sollen für Neukonstruktionen vorgesehen werden.

[2] **Technische Lieferbedingungen** für Stahlrohre für **brennbare Medien** nach EN 10 208-1.

[3] **Weitere technische Lieferbedingungen** für Stahlrohre für **Druckbeanspruchungen**; **geschweißte** Stahlrohre nach EN 10 217-1 oder **nahtlose** Stahlrohre nach EN 10 216-1: Rohre mit entsprechenden Prüfbescheinigungen, z.B. 3.1 (→ Tab. 149.2).

Tab. 149.2: Arten von Prüfbescheinigungen   DIN EN 10 204: 2005-01

Art der Bescheinigung	Ersteller der Bescheinigung	Prüfung	Inhalt der Bescheinigung
2.1 Werksbescheinigung	Hersteller, Prüfer dürfen der	nicht spezifisch[1]	Übereinstimmung mit Bestellung
2.2 Werkszeugnis	Fertigungsabteilung angehören	spezifisch[2]	Übereinstimmung mit Bestellung
3.1 Abnahmeprüfzeugnis (ersetzt früheres 3.1.B)	von Fertigung unabhängiger Abnahme-beauftragter (AB) des Herstellers	spezifisch[2]	Übereinstimmung mit Bestellung Ergebnisse der spez. Prüfung
3.2 Abnahmeprüfzeugnis (ersetzt früheres 3.1.A, 3.1.C und 3.2)	von Fertigung unabhängiger AB des Herstellers und des Bestellers oder von einem geprüften Sachverständigen	spezifisch[2]	Übereinstimmung mit Bestellung und Ergebnisse der spezifischen Prüfung
[1] Prüfung legt der Hersteller fest	[2] Prüfung nach den Vorgaben der Bestellung oder amtlich festgelegten Anforderungen		

Präzisionsstahlrohre

Maße

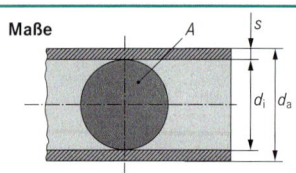

Rohrabmessungen:

d_a : Außendurchmesser in mm
s : Wanddicke in mm
d_i : Innendurchmesser in mm
A_0' : längenbezogene Rohroberfläche in m^2/m

A : lichter Querschnitt in cm^2
v' : längenbezogener Rohrinhalt in dm^3/m
m': längenbezogene Rohrmasse in kg/m

Tab. 150.1: Präzisionsstahlrohre nahtlos, kaltgezogen
Präzisionsstahlrohre geschweißt, kaltgezogen

DIN EN 10 305-1: 2010-05
DIN EN 10 305-2: 2010-05

d_a x s mm	d_i mm	A cm^2	v' dm^3/m	m' kg/m	A_0' m^2/m
8 x 1,5	5	0,196	0,020	0,240	0,0251
8 x 1	6	0,283	0,028	0,173	0,0251
10 x 1,5	7	0,385	0,039	0,314	0,0314
10 x 1	8	0,503	0,050	0,222	0,0314
12 x 1,5	9	0,636	0,064	0,388	0,0377
15 x 1,5	12	1,131	0,113	0,537	0,0471
18 x 1,5	15	1,767	0,177	0,610	0,0565
20 x 1,5	17	2,269	0,227	0,684	0,0628
22 x 2	18	2,545	0,254	0,986	0,0691
28 x 2	24	4,524	0,452	1,282	0,0880
30 x 2	26	5,309	0,531	1,380	0,0942
35 x 2	31	7,548	0,755	1,628	0,1100

Lieferbedingungen:
DIN EN 10 305-1 bzw. DIN EN 10 305-2

Lieferzustand:
+C   zugblank/hart,   +A geglüht
+LC zugblank/weich   +N normalgeglüht
+SR zugblank und spannungsarmgeglüht

Werkstoffe:
Stähle nach **DIN EN 10 305-1**: E215, E235, E355
Weitere Stahlsorten, z. B. E410, C45E, 26Mn5, 25CrMo4
Stähle nach **DIN EN 10 305-2**: E155, E195, E235, E275, E355

Prüfbescheinigungen nach DIN EN 10 204 ($\rightarrow$ S. 149):
■ ohne Vorgabe mit Werkzeugnis 2.2,
■ je nach Vorgaben mit Abnahmeprüfzeugnis nach 3.1 oder 3.2

Lieferlängen: Herstellerlängen 3–8 m

Oberflächenschutz: Rohr blank oder verzinkt

Bezeichnung: 76 m nahtloses, kaltgezogenes Präzisionsstahlrohr nach DIN EN 10 305-1 mit d_a = 28 mm und s = 2 mm aus E235 mit Lieferzustand normalgeglüht +N

Länge	Bezeichnung	–	d_a x s	–	Norm	Werkstoff + Lieferzustand	
76 m	Rohr	–	28 x 2	–	DIN EN 10 305-1	E235 +	N

Tab. 150.2: Präzisionsstahlrohre, geschweißt, maßgewalzt

DIN EN 10 305-3: 2010-05

DN	d_a x s mm	d_i mm	A cm^2	v' dm^3/m	m' kg/m	A_0' m^2/m
–	10 x 1,0	8	0,503	0,050	0,222	0,0314
10	12 x 1,2	9,6	0,723	0,072	0,320	0,0377
12	15 x 1,2	12,6	1,246	0,125	0,408	0,0471
15	18 x 1,2	15,6	1,911	0,192	0,497	0,0565
–	20 x 1,5	17	2,269	0,269	0,684	0,0628
20	22 x 1,5	19	2,835	0,284	0,758	0,0691
–	25 x 1,5	22	3,801	0,380	0,869	0,0785
25	28 x 1,5	25	4,910	0,491	0,980	0,0880
–	35 x 1,5	32	8,042	0,804	1,240	0,1100
32	42 x 1,5	39	11,95	1,195	1,500	0,1319
40	48,3 x 2,0	44,3	15,41	1,541	2,280	0,1392
50	60 x 2,0	56	24,63	2,463	2,860	0,1884
65	76 x 2,5	71	39,59	3,959	4,530	0,2387

Lieferbedingungen: DIN EN 10 305-3

Lieferzustand:
+CR1 geschweißt und maßgewalzt
      (zum Glühen geeignet)
+CR2 geschweißt und maßgewalzt
      (keine Wärmebehandlung vorgesehen)
+A   geglüht   +N normalgeglüht

Werkstoffe: E155, E190, E220, E235, E260, E275, E320, E355, E370, E420

Prüfbescheinigungen nach DIN EN 10 204 ($\rightarrow$ S. 149):
■ ohne Vorgabe mit Werkzeugnis 2.2,
■ je nach Vorgaben mit Abnahmeprüfzeugnis nach 3.1 oder 3.2

Lieferlängen: Herstellerlängen 3–8 m

Oberflächenschutz: S1: rohschwarz, S2: gebeizt
S3: kaltgewalzt, S4: mit Überzug nach Vereinbarung

Bezeichnung: 132 m geschweißtes, maßgewalztes Präzisionsstahlrohr mit d_a = 18 mm und s = 1,2 mm nach DIN EN 10 305-3 aus der Stahlsorte E235 im normalgeglühten Zustand, gebeizt, geliefert in Standardlängen mit einem Abnahmeprüfzeugnis 3.1 nach EN 10 204:

Länge	Bezeichnung	–	d_a x s	–	Norm	Werkstoff + Lieferzustand		–	gebeizt	Zeugnis
132 m	Rohr	–	18 x 1,2	–	DIN EN 10 305-3	E235 +	N	–	S2	3.1

Weiterer Oberflächenschutz: Kunststoffbeschichtung außen aus Polypropylen (PP), Dicke s = 1 mm, (Rohr für Heizungsanlagen zur Verbindung mit Pressfittings)

Bearbeitbarkeit: bis Stahlsorte E235 Biegeradius $r > 3,5 \cdot d_a$, bis –10 °C biegbar

Tab. 151.1: Präzisionsstahlrohre für das Pressfitting-System
(Trinkwasser-, Gas-, Solarinstallation)

DIN EN ISO 1127; DIN EN 10 305

DN	d_a x s mm	d_i mm	A cm²	v' l/m	m' kg/m	DN	d_a x s mm	d_i mm	A cm²	v' l/m	m' kg/m
12	15,0 x 1,0	13,0	1,327	0,133	0,333	40	42,0 x 1,5	39,0	11,95	1,194	1,503
15	18,0 x 1,0	16,0	2,01	0,201	0,410	50	54,0 x 1,5	51,0	20,43	2,042	1,972
20	22,0 x 1,2	19,6	3,017	0,302	0,624	65	76,1 x 2,0	72,1	40,83	4,08	3,55
25	28,0 x 1,2	25,6	5,147	0,514	0,790	80	88,9 x 2,0	84,9	56,61	5,66	4,15
32	35,0 x 1,5	32,0	8,042	0,804	1,24	100	108,0 x 2,0	104,0	84,95	8,49	5,05

[1] Für Trinkwasserinstallation ist auch die Stahlsorte X6CrNiMoTi 17-12-2 (Werkstoff-Nr. 1.4571) zugelassen.

Bezeichnung: Geschweißtes (W) oder nahtloses (S) Präzisionsstahlrohr nach DIN EN ISO mit d_a = 18 mm und
s = 1,0 mm aus hochlegiertem, austenitischem, nichtrostendem Stahl nach DIN EN 10 088.

Rohr DIN EN ISO 1127 – 18 x 1,0 – S – X5CrNiMo 17-12-2 (Werkstoff-Nr. 1.4401)[1]

Oberfläche: Außen- und Innenoberfläche ist im Lieferzustand metallisch blank. **Lieferlänge:** Stangen *l* = 6 m
Verwendung: Trinkwasserinstallation gemäß DIN 1988, das Rohr entspricht dem DVGW-Arbeitsblatt W 541

Stahlrohr-Verbindungsteile
steel pipe fittings

Gewindefittings

Anwendungsbereich: p_s = 25 bar bei ϑ_s = 120 °C oder p_s = 20 bar bei ϑ_s = 300 °C
Größenbezeichnung: Gewindeanschlüsse des Fittings entsprechend der Gewindegröße nach DIN EN 10 226 (ISO 7-1)
Design-Symbol[1] A: Werkstoffsorte[2] ... **W400-05** oder ... **B350-10** Außengewinde **R**, Innengewinde **Rp**
B: Werkstoffsorte[2] ... **W350-04** oder ... **B300-06** Außengewinde **R**, Innengewinde **Rp**
Gewinde: Anschlussgewinde nach **DIN EN 10 226 (ISO 7-1)**; Befestigungsgewinde nach **DIN EN ISO 228-1**
Oberflächenbeschaffenheit: schwarz (Kurzzeichen **Fe**) oder **feuerverzinkt** (Kurzzeichen **Zn**)

Bezeichnung: Winkel mit Innen- und Außengewinde der Größe ¾, Ausführung verzinkt, Design-Symbol A

Typ	–	DIN	–	Kurzzeichen	–	Größe	–	Oberfläche	–	Design-Symbol
Winkel	–	EN 10 242	–	A4	–	¾	–	Zn	–	A

[1] Nach DVGW/TRGI sind nur Fittings mit dem Design-Symbol „A" zugelassen.
[2] Werkstoffbezeichnung nach DIN EN 1560, z. B. EN GJMW 400-05 (→ S. 66), W = weißer Temperguss, B = schwarzer Temperguss.

Tab. 151.2: Gewindefittings aus Temperguss

DIN EN 10 242: 2003-06 (Maße in mm)

Typ	Winkel 90°	T- und Kreuz		Winkel 45°			Kurzer Bogen 90°		Bogen-T	
Kurz-zei-chen	A1 A4	T B1 Kreuz-C1		A1/45° A4/45°			D I D4		Bogen-T E1 Zweibogen-T E2	

R, R_p	a	b	z	a	b	z	a = b	c	z	z_3
⅜	25	32	15	20	25	10	30	19	26	9
½	28	37	15	22	28	9	45	24	32	11
¾	33	43	18	25	32	10	50	28	35	13
1	38	52	21	28	37	11	63	33	46	16
1 ¼	45	60	26	33	43	14	76	40	57	21
1 ½	50	65	31	36	46	17	85	43	66	24
2	58	74	34	43	55	19	102	53	78	29
2 ½	69	88	42	48[1]	54[1]	21[1]	115[1]	–	88[1]	–
3	78	98	48	54[1]	61[1]	24[1]	127[1]	–	97[1]	–
4	96	118	60	–	–	–	165[1]	–	129[1]	–

[1] Herstellerangaben

Tab. 152.1: Gewindefittings aus Temperguss DIN EN 10 242: 2003-06 (Fortsetzung, Maße in mm)

Typ	Lange Bögen			Lange Bögen 45°			Muffe		Doppelnippel	Verschraubung			
Kurzzeichen	G1 … G4			G1/45° … G4/45°			M2, M2 R-L[1]		N8, N8 R-L[1]	U1, U11[2] … U2, U12[2]			
R, R_p	a	b	z	a	b	z	a	z_1	a	a	b	z_1	z_2
3/8	48	42	38	30	24	20	30	10	38[3]	45	58	25	48
1/2	45	48	42	36	30	23	36	10	44	48	66	22	53
3/4	69	60	54	43	36	28	39	9	47	52	72	22	57
1	85	75	68	51	42	34	45	11	53	58	80	24	63
1 1/4	105	95	86	64	54	45	50	12	57[3]	65	90	27	71
1 1/2	116	105	97	68	58	49	55	17	59[3]	70	95	32	76
2	140	130	116	81	70	57	65	17	68[3]	78	106	30	82
2 1/2	176	165	149	99	86	72	74[3]	20[3]	75[3]	85	118	31	91
3	205	190	175	113	100	83	80[3]	20[3]	83[3]	95	130	35	100
4	260	245	224	141	130	100	94[3]	22[3]	95[3]	110	150[5]	38	114[5]

Typ	Winkelverschraubung					Gegenmutter		Winkelverteiler		Winkel reduziert					
Kurzzeichen	UA1, UA11[2] … UA2, UA12[2]					P4		Za1		A1 … A4					
R, R_p	a	b	c	z_1	z_2	a	s[4]	a	z	R, R_p	a	b	c	z_1	z_2
3/8	52	65	25	11	38	7	27	25	15	1/2 x 3/8	26	26	33	13	16
1/2	58	76	28	15	45	8	32	28	15	3/4 x 1/2	30	31	40	15	18
3/4	62	82	33	18	47	9	36	33	18	1 x 1/2	32	34	–	15	21
1	72	94	38	21	55	10	46	38	52	1 x 3/4	35	36	46	18	21
1 1/4	82	107	45	26	63	11	55	–	–	1 1/4 x 3/4	36	41	–	17	26
1 1/4	90	115	50	31	71	12	60	–	–	1 1/4 x 1	40	42	56	21	25
2	100	128	58	34	76	13	75	–	–	1 1/2 x 1	42	46	–	23	29
2 1/2	130[5]	128[5]	72[5]	45[5]	103[5]	16	95	–	–	1 1/2 x 1 1/4	46	48	–	27	29
3	134[5]	164[5]	78[5]	48[5]	104[5]	19	105	–	–	2 x 1 1/2	52	55	–	28	36
4	–	–	–	–	–	–	–	–	–	2 1/2 x 2	61	66	–	34	42

[1] R-L: Rechts- und Linksgewinde; Verschraubungen, konisch dichtend; [2] U1 (UA1) und U2 (UA2) Verschraubungen, flach dichtend; U11 (UA11) und U12 (UA12) [3] nur Rechtsgewinde; [4] Anhaltswert, legt der Hersteller fest; [5] Herstellerangaben

Typ	Muffe, reduziert — M2 / Reduziernippel — N4, Form I und II	R, R_p	a	z_2	b	z	R, R_p	a	z_2	b	z
		1/2 x 3/8	36	13	24	14	1 1/2 x 1	55	19	31	14
		3/4 x 3/8	39	14	26	16	1 1/2 x 1 1/4	55	17	31	12
		3/4 x 1/2	39	11	26	13	2 x 1	65	24	35	18
		1 x 3/8	45	18	29	19	2 x 1 1/4	65	22	35	16
		1 x 1/2	45	15	29	16	2 x 1 1/2	65	22	35	16
		1 x 3/4	45	13	29	14	2 1/2 x 1 1/2	74	28	40	21
		1 1/4 x 1/2	50	18	31	18	2 1/2 x 2	74	23	40	16
		1 1/4 x 3/4	50	16	31	16	3 x 2	80	26	44	20
		1 1/4 x 1	50	14	31	14	3 x 2 1/2	80	23	44	17
		1 1/4 x 1/2	55	23	31	18	4 x 2 1/2	94	31	–	–
		1 1/4 x 3/4	55	21	31	16	4 x 3	94	28	51	21

Rohrleitungs- und Verbindungstechnik

Tab. 153.1: Gewindefittings aus Temperguss DIN EN 10 242: 2003-06 (Fortsetzung, Maße in mm)

Typ	Reduziernippel	R, R_p	a	b	z	R, R_p	a	b	z
Kurzzeichen: N4	Form III	2 x ½	35	48	35	3 x 1¼	44	59	40
		2 x ¾	35	48	33	3 x 1½	44	59	40
		2½ x 1	40	54	37	4 x 2	51	69	45
		2½ x 1¼	40	54	35	4 x 2½	51	69	42
		3 x 1	44	59	42	–	–	–	–

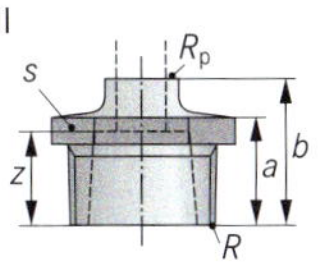

Typ	Doppelnippel, reduziert	R	a	R	a	R	a	R	a
Kurzzeichen: N8		⅜ x ¼	38	1 x ½	53	1½ x ¾	59	2 x 1½	68
		½ x ¼	44	1 x ¾	53	1½ x 1	59	2½ x 2	75
		½ x ⅜	44	1¼ x ½	57	1½ x 1¼	59	3 x 2	83
		¾ x ⅜	47	1¼ x ¾	57	2 x 1	68	3 x 2½	83
		¾ x ½	47	1¼ x 1	57	2 x 1¼	68	–	–

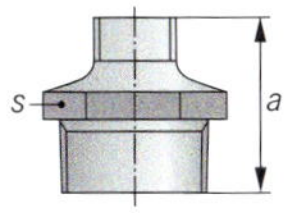

Typ	T, Abzweig reduziert	T, Durchgang reduziert, Abzweig reduziert	T, Durchgang reduziert, Abzweig egal
Kurzzeichen: B1			
	Anschluss 1 x Anschluss 2	Anschluss 1 x Anschluss 2 x Anschluss 3	Anschluss 1 x Anschluss 2 x Anschluss 3

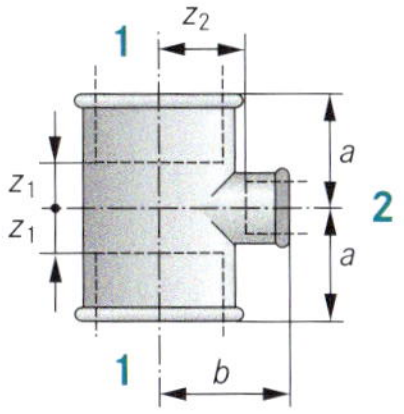

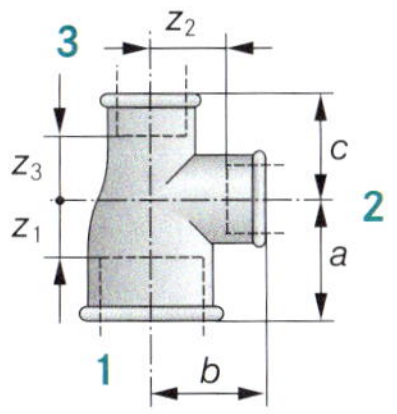

R_p	a	b	z_1	z_2
½ x ⅜	26	26	13	16
¾ x ¼	26	27	11	17
¾ x ⅜	28	28	13	18
¾ x ½	30	31	15	18
1 x ¼	28	31	11	21
1 x ⅜	30	32	13	22
1 x ½	32	34	15	21
1 x ¾	35	36	18	21
1¼ x ⅜	32	36	13	26
1¼ x ½	34	38	15	25
1¼ x ¾	36	41	17	26
1¼ x 1	40	42	21	25
1½ x ½	36	42	17	29
1½ x ¾	38	44	19	29
1½ x 1	42	46	23	29
1½ x 1¼	46	48	27	29
2 x ½	38	48	14	35
2 x ¾	40	50	16	35
2 x 1	44	52	20	35
2 x 1¼	48	54	24	35
2 x 1½	52	55	28	36
2½ x 1	47	60	20	43
2½ x 1¼	52	62	25	43
2½ x 1½	55	63	28	44
2½ x 2	61	66	34	42
3 x 1	51	67	21	50
3 x 1¼	55	70	25	51
3 x 1½	58	71	28	52
3 x 2	64	73	34	49
3 x 2½	72	76	42	49
4 x 2	70	86	34	62
4 x 3	84	92	48	62

R_p	a	b	c	z_1	z_2	z_3
½ x ⅜ x ⅜	26	26	25	13	16	15
¾ x ⅜ x ½	28	28	26	13	18	13
¾ x ½ x ⅜	30	31	26	15	18	16
¾ x ½ x ½	30	31	28	15	18	15
1 x ½ x ½	32	34	28	15	21	15
1 x ½ x ¾	32	34	39	15	21	15
1 x ¾ x ½	35	36	31	18	21	18
1 x ¾ x ¾	35	36	33	18	21	18
1¼ x ½ x 1	34	38	32	15	25	15
1¼ x ¾ x ¾	36	41	33	17	26	18
1¼ x ¾ x 1	36	41	35	17	26	18
1¼ x 1 x ¾	40	42	36	21	25	21
1¼ x 1 x 1	40	42	38	21	25	21
1½ x ½ x 1¼	36	42	34	17	29	15
1½ x ¾ x 1¼	38	44	36	19	29	17
1½ x 1 x 1	42	46	38	23	29	21
1½ x 1 x 1¼	42	46	40	23	29	21
1½ x 1¼ x 1¼	46	48	45	27	29	26
2 x 1 x 1½	40	50	38	16	35	19
2 x 1 x 1½	44	52	42	20	35	23
2 x 1¼ x 1¼	48	54	45	24	35	26
2 x 1¼ x 1½	48	54	46	24	35	27
2 x 1½ x 1¼	52	55	48	28	36	29
2 x 1½ x 1½	52	55	50	28	36	31

Typ T, Abzweig, vergrößert

Kurzzeichen: B1

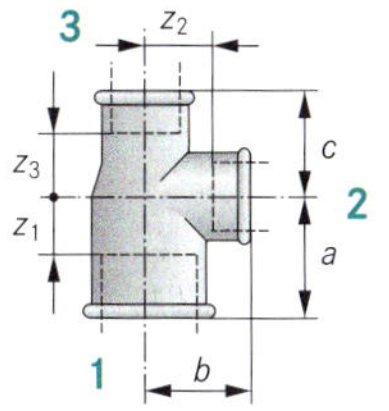

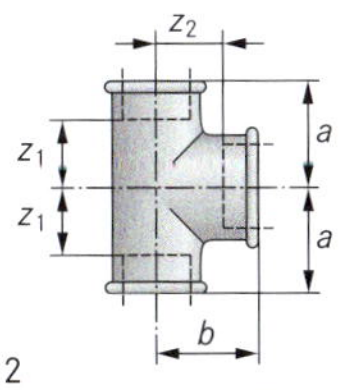

Anschluss 1 x Anschluss 2

R_p	a	b	c	z_1	z_2	z_3
½ x ½ x ⅜	28	28	26	15	15	16
¾ x ¾ x ⅜	33	33	28	18	18	18
¾ x ¾ x ½	33	33	31	18	18	18
1 x 1 x ⅜	38	38	32	21	21	22
1 x 1 x ½	38	38	34	21	21	21
1 x 1 x ¾	38	38	36	21	21	21
1¼ x 1¼ x ½	45	45	38	26	26	26
1¼ x 1¼ x ¾	45	45	41	26	26	26
1¼ x 1¼ x 1	45	45	42	26	26	25
1½ x 1½ x ½	50	50	42	31	31	29
1½ x 1½ x ¾	50	50	44	31	31	29
1½ x 1½ x 1	50	50	46	31	31	29
1½ x 1½ x 1¼	50	50	48	31	31	29
2 x 2 x ¾	58	58	50	34	34	35
2 x 2 x 1	58	58	52	34	34	35
2 x 2 x 1¼	58	58	54	34	34	35
2 x 2 x 1½	58	58	55	34	34	36

R_p	a	b	z_1	z_2
⅜ x ½	26	26	16	13
½ x ¾	31	30	18	15
½ x 1	34	32	21	15
¾ x 1	36	35	21	18
¾ x 1¼	41	36	26	17
1 x 1¼	42	40	25	21
1 x 1½	46	42	29	23
1¼ x 1½	48	46	29	27
1½ x 2	54	48	35	24
1½ x 2	55	52	36	28

Rohrleitungs- und Verbindungstechnik

Pressfittings für Stahl und CrNiMo-Stahlleitungen

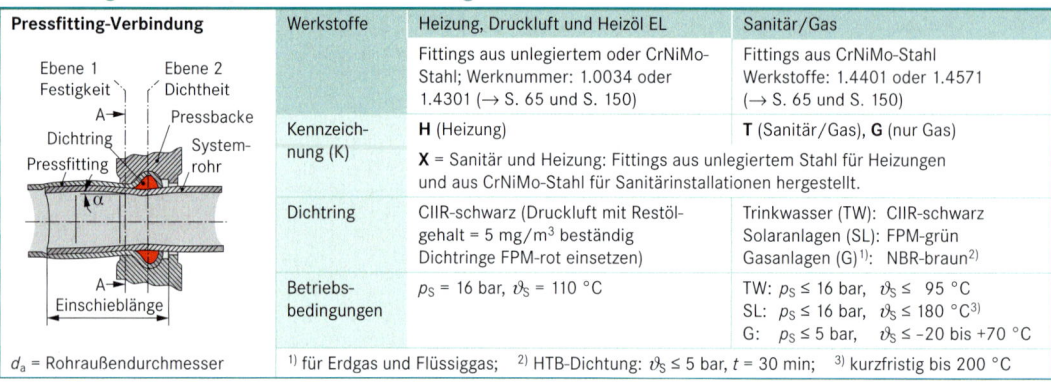

Pressfitting-Verbindung	Werkstoffe	Heizung, Druckluft und Heizöl EL	Sanitär/Gas
Ebene 1 Festigkeit / Ebene 2 Dichtheit — A / Dichtring / Pressbacke / Pressfitting / System-rohr / α / A — Einschieblänge — d_a = Rohraußendurchmesser		Fittings aus unlegiertem oder CrNiMo-Stahl; Werknummer: 1.0034 oder 1.4301 (→ S. 65 und S. 150)	Fittings aus CrNiMo-Stahl Werkstoffe: 1.4401 oder 1.4571 (→ S. 65 und S. 150)
	Kennzeichnung (K)	**H** (Heizung)	**T** (Sanitär/Gas), **G** (nur Gas)
		X = Sanitär und Heizung: Fittings aus unlegiertem Stahl für Heizungen und aus CrNiMo-Stahl für Sanitärinstallationen hergestellt.	
	Dichtring	CIIR-schwarz (Druckluft mit Restölgehalt = 5 mg/m³ beständig Dichtringe FPM-rot einsetzen)	Trinkwasser (TW): CIIR-schwarz Solaranlagen (SL): FPM-grün Gasanlagen (G)[1]: NBR-braun[2]
	Betriebsbedingungen	p_S = 16 bar, ϑ_S = 110 °C	TW: $p_S \le$ 16 bar, $\vartheta_S \le$ 95 °C SL: $p_S \le$ 16 bar, $\vartheta_S \le$ 180 °C[3] G: $p_S \le$ 5 bar, $\vartheta_S \le$ −20 bis +70 °C

[1] für Erdgas und Flüssiggas; [2] HTB-Dichtung: $\vartheta_S \le$ 5 bar, t = 30 min; [3] kurzfristig bis 200 °C

Tab. 154.1: Pressfittings (Sanitär) aus nichtrostendem Stahl und Pressfittings (Heizung) aus unlegiertem Stahl

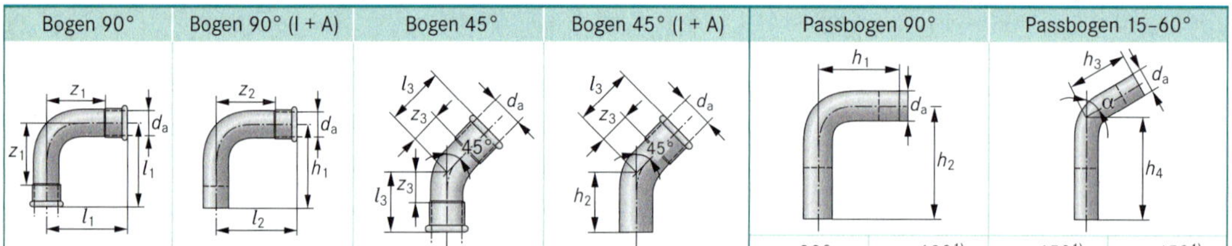

			Bogen 90°		Bogen 90° (I + A)			Bogen 45°			Bogen 45° (I + A)			Passbogen 90°		Passbogen 15–60°				
														α = 90°		α = 60°[1]		α = 45°[1]		α = 15°[1]
DN	d_a	K	l_1	z_1	l_2	h_1	z_2	l_3	z_3	h_2	h_1	h_2	h_3	h_4	h_3	h_4	h_3	h_4		
10	12	H	42	25	42	48	25	–	–	–	70	120	–	–	–	–	–	–		
12	15	X	49	29	49	55	29	36	16	41	70	120	–	–	–	–	–	–		
15	18	X	53	33	53	59	33	37	17	42	70	120	–	–	–	–	–	–		
20	22	X	61	40	61	67	40	42	21	48	70	120	–	–	–	–	–	–		
25	28	X	72	49	72	78	49	48	25	54	80	120	63	121	51	130	45	134		
32	35	X	122	96	122	130	96	72	46	81	120	200	97	203	80	214	73	222		
40	42	X	166	136	166	176	136	89	59	99	150	250	120	256	99	272	89	280		
50	54	X	200	165	200	211	165	115	80	127	200	300	162	306	134	326	122	337		
65	76,1	T	235	182	235	247	182	180	127	188	–	–	215	215	201	201	228	228		
80	88,9	T	277	217	277	292	217	211	153	225	–	–	256	256	241	241	240	240		
100	108	T	341	266	341	358	266	258	183	275	–	–	292	292	263	263	249	249		

[1] Passbogen α = 15–60 °C werden nur aus CrNiMo-Stahl hergestellt.

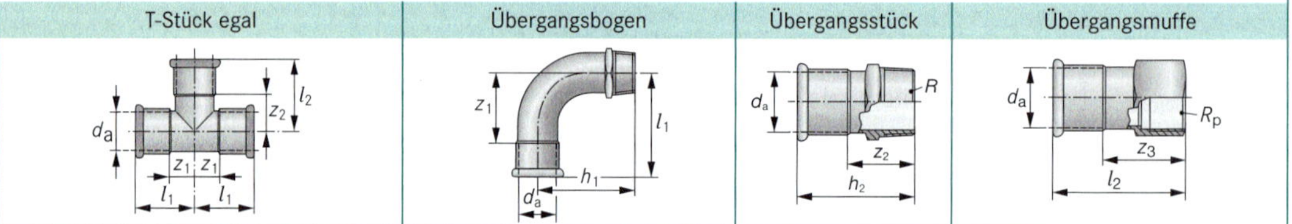

			T-Stück egal				Übergangsbogen				Übergangsstück			Übergangsmuffe		
DN	d_a	K	l_1	l_2	z_1	z_2	$d_a \times R$	K	l_1	h_1	z_1	K	h_2[1]	z_2[1]	$d_a \times R_p$	K	l_2[1]	z_3[1]
10	12	H	28	33	11	16	12 × ⅜	H	42	36	25	H	38	21	12 × ½	H	47/–	17/–
12	15	X	32	36	12	16	15 × ⅜	H	49	42	29	H	42	22	15 × ½	X	51/59	18/26
15	18	X	34	39	14	19	15 × ½	X	49	50	29	X	45/53	25/33	18 × ½	X	51/59	18/26
20	22	X	37	42	16	21	18 × ½	H	49	50	29	X	45/53	25/33	18 × ¾	X	53/62	19/28
25	28	X	42	48	19	25	18 × ¾	–	–	–	–	X	48/57	28/37	22 × ½	T	–/60	–/22
32	35	X	50	56	24	30	22 × ¾	H	61	63	40	X	49/58	28/37	22 × ¾	X	54/63	19/28
40	42	X	57	63	27	33	28 × 1	H	72	77	49	X	55/64	32/41	28 × ½	H	53/–	17/–
50	54	X	69	75	34	40	35 × 1¼	X	86	93	60	X	61/72	35/46	28 × 1	X	60/69	20/29
65	76,1	T	115	106	62	53	42 × 1½	H	112	114	82	X	66/77	36/47	35 × 1¼	T	–/75	–/30
80	88,9	T	130	123	70	63	54 × 2	X	138	141	103	X	77/89	42/54	42 × 1½	T	–/79	–/30
100	108	T	155	146	80	71	76,1 × 2½	–	–	–	–	T	–/123	–/70	54 × 2	T	–/97	–/39

[1] z. B. 45/53, erster Wert Heizungsfitting aus unlegiertem Stahl; zweiter Wert Sanitärfitting aus CrNiMo-Stahl

Tab. 155.1: Pressfittings (Sanitär) aus nichtrostendem Stahl und Pressfittings (Heizung) aus unlegiertem Stahl

T-Stück — Abgang reduziert oder erweitert

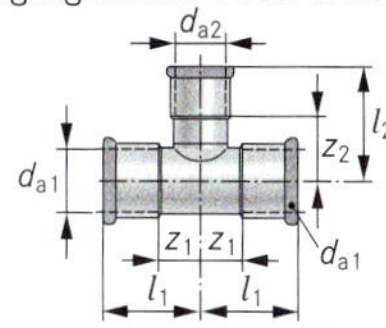

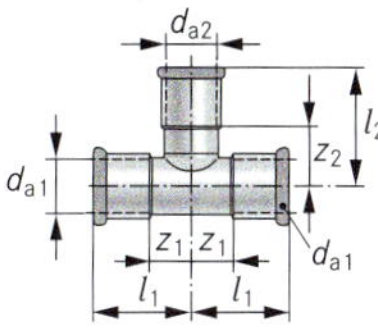

$d_{a1} \times d_{a2}$	K	l_1	l_2	z_1	z_2
15 x 12	H	32	35	12	18
18 x 12	H	34	41	14	20
18 x 15	X	34	41	14	21
22 x 15	H	37	43	16	23
22 x 18	H	37	55	16	23
28 x 15	X	42	45	19	25
28 x 18	X	42	45	19	25
28 x 22	X	42	47	19	26
35 x 15	X	50	49	24	29
35 x 18	X	50	50	24	30
35 x 22	X	50	51	24	30
35 x 28	X	50	52	24	29
42 x 22	X	57	53	27	32
42 x 28	X	57	56	27	33
42 x 35	X	57	61	27	35
54 x 28	X	69	61	34	38
54 x 35	X	69	67	34	41
54 x 42	X	69	70	34	40
76,1 x 28	T	115	73	62	50
76,1 x 42	T	115	80	62	50

$d_{a1} \times d_{a2}$	K	l_1	l_2	z_1	z_2
76,1 x 42	T	115	80	62	50
76,1 x 54	T	115	85	62	50
88,9 x 22	T	130	83	70	62
88,9 x 28	T	130	81	70	58
88,9 x 35	T	130	84	70	58
88,9 x 42	T	130	88	70	58
88,9 x 54	T	130	91	70	56
88,9 x 76,1	T	130	110	70	57
108 x 28	T	155	102	80	79
108 x 35	T	155	105	80	79
108 x 42	T	155	105	80	75
108 x 54	T	155	105	80	70
108 x 76,1	T	155	123	80	70
108 x 88,9	T	155	134	80	70

Abgang, erweitert

$d_{a1} \times d_{a2}$	K	l_1	l_2	z_1	z_2
12 x 15	H	28	35	11	15
15 x 18	H	32	36	12	16
15 x 22	H	32	42	12	21
18 x 22	H	34	41	14	20
22 x 28	H	37	45	16	22

T-Stück — Abgang mit Innengewinde

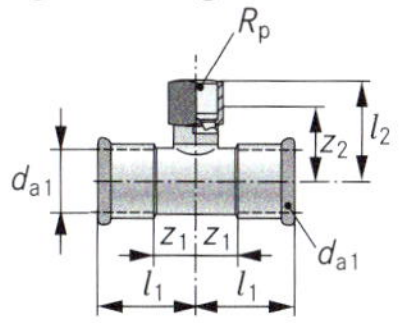

$d_{a1} \times R_p$	K	l_1	l_2	z_1	z_2
12 x ½	H	28	36	11	21
15 x ½	X	32	36	12	21
18 x ½	X	34	41	14	26
18 x ¾	T	34	44	14	28
22 x ½	X	37	40	16	25
22 x ¾	T	37	46	16	30
28 x ½	X	42	42	19	27
28 x ¾	T	42	50	19	34
35 x ½	X	50	48	24	33
35 x ¾	X	50	54	24	38
42 x ½	X	57	52	27	37
42 x ¾	X	57	57	27	41
54 x ½	X	69	57	34	42
54 x ¾	X	69	64	34	48
76,1 x ¾	T	115	77	62	61
76,1 x 2	T	115	90	62	64
88,9 x ¾	T	130	86	70	70
88,9 x 2	T	130	95	70	69
108 x ¾	T	155	103	80	87
108 x 2	T	155	112	80	86

Reduzierstück

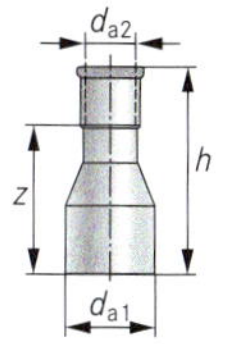

$d_{a1} \times d_{a2}$	K	h	z
15 x 12	H	51	34
18 x 15	X	55	35
22 x 15	X	59	39
22 x 18	X	58	38
28 x 15	X	66	46
28 x 18	X	64	44
28 x 22	X	61	40
35 x 22	X	73	52
35 x 28	X	68	45
42 x 28	T	79	56
42 x 35	X	72	46
54 x 28	X	95	72
54 x 35	T	95	69
54 x 42	X	89	59
76,1 x 54	T	147	112
88,9 x 54	T	163	128
88,9 x 76,1	T	160	107
108 x 54	T	172	137
108 x 76,1	T	184	131
108 x 88,9	T	204	144

Muffe / **Schiebemuffe**

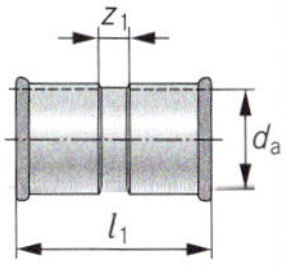

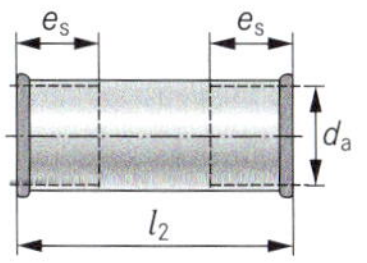

d_a	K	l_1	z_1	l_2	e_s [1]
12	H	42	8	67	5
15	X	48	8	80	25
18	X	48	8	80	25
22	X	50	8	84	25
28	X	54	8	91	30
35	X	54	8	102	30
42	X	71	11	120	40
54	X	83	13	140	40
76,1	T	141	35	230	60
88,9	T	162	42	260	70
108	T	194	44	310	80

Absatzmuffe — mit Innengewinde

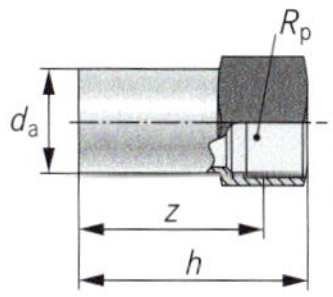

$d_a \times R_p$	K	h	z
12 x ½	H	58	45
15 x ½	H	61	48
18 x ½	H	61	48
18 x ¾	H	64	50
22 x ½	H	62	49
22 x ¾	H	65	51
–	–	–	–

Übergangswinkel 90° — mit Innengewinde

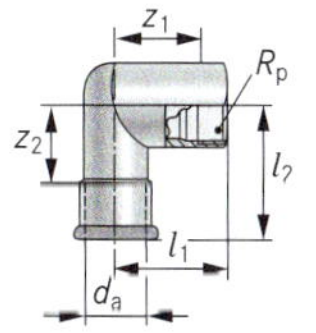

$d_a \times R_p$	K	l_1	l_2	z_1	z_2
15 x ½	T	37	57	24	44
18 x ½	T	39	57	26	44
22 x ¾	T	46	60	32	46
28 x 1	T	54	67	37	50
35 x 1¼	T	63	75	44	56
–	–	–	–	–	–
–	–	–	–	–	–

mit Außengewinde

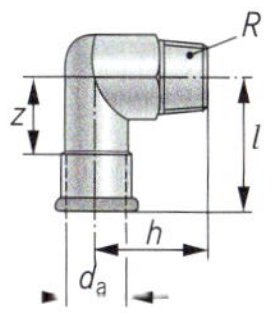

$d_a \times R$	K	l	h	z
15 x ½	T	57	37	37
18 x ½	T	57	39	37
22 x ¾	T	60	46	39
28 x 1	T	67	54	44
35 x 1¼	T	75	63	49
42 x 1½	T	84	67	54
50 x 2	T	95	78	60

Übergangsflansch [2]

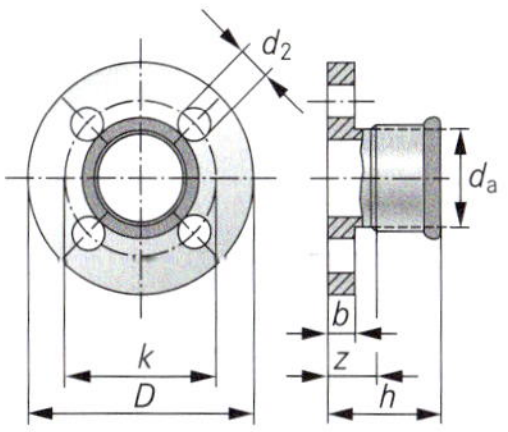

DN x d_a	K	D	k	b	d_2	h	n	z
12 x 15	T	95	65	11	14	56	4	36
15 x 18	T	95	65	11	14	57	4	37
20 x 22	T	105	75	12	14	59	4	38
25 x 28	T	115	85	14	14	65	4	42
32 x 35	T	140	100	15	18	69	4	43
40 x 42	T	150	110	16	18	77	4	47
50 x 54	T	165	125	18	18	87	4	52
65 x 76,1	T	185	145	18	18	126	4	73
80 x 88,9	T	200	160	20	18	143	8	83
100 x 108	T	220	180	20	18	168	8	93

[1] e_s = Mindest-Einstecktiefe des Systemrohres in die Schiebemuffe

[2] Flanschabmessungen nach DIN EN 1092, Nenndruck PN 10/16, passend für handelsübliche genormte Gegenflansche

Tab. 156.1: Pressfittings (Sanitär) aus nichtrostendem Stahl und Pressfittings (Heizung) aus unlegiertem Stahl (Fortsetz.)

Sprungbogen für Parallelleitungen					Kombirohr mit Anschweißenden				Pressnippel-Verschraubung entsprechend DIN 2353					

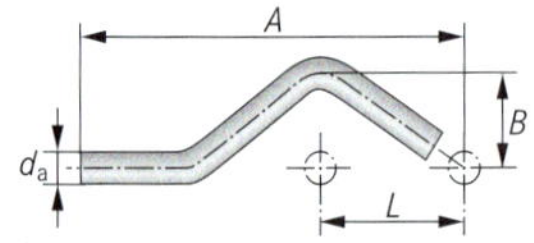

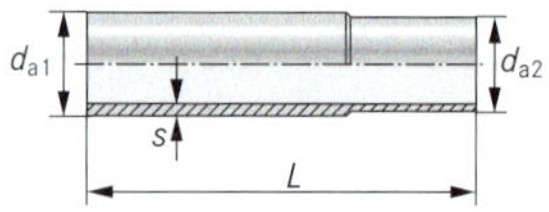

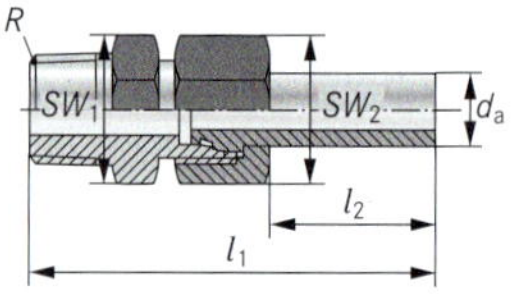

DN	d_a	K	A	B	L	d_{a1} x d_{a2}	K	l	s	d_a x R	K	l_1	l_2	SW_1	SW_2
10	12	H	154	35	55	15 x 12	H	120	2,5	–	–	–	–	–	–
12	15	X	158	37	57	17 x 15	H	120	2,5	15 x ½	X	76	35	24	27
15	18	X	165	40	60	20 x 18	H	120	2,5	18 x ½	T	79	35	24	27
20	22	X	178	44	65	24 x 22	H	120	2,5	22 x ¾	X	83,5	35	32	36
25	28	X	210	50	74	31 x 28	H	120	3,0	28 x 1	X	92	40	41	41
32	–	–	–	–	–	38 x 35	H	120	3,0	35 x 1¼	X	98	40	46	50
40	–	–	–	–	–	44,5 x 42	H	120	2,9	42 x 1½	X	102	60	55	60
50	–	–	–	–	–	57 x 54	H	120	3,6	54 x 2	X	135	61	70	75

Verschlussstopfen zum dauerhaften Verschluss				Anschlussverschraubung mit Pressmuffe und Flachdichtung				Deckenwinkel 90° mit Innengewinde								

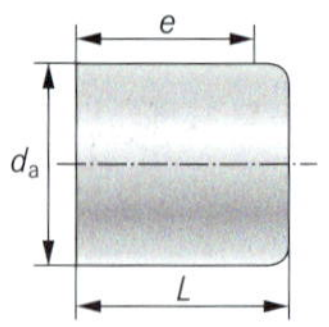

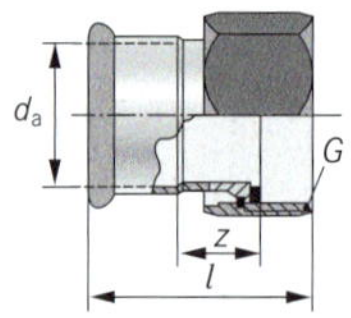

Deckenwinkel 90° mit Innengewinde und zwei Anschlüssen

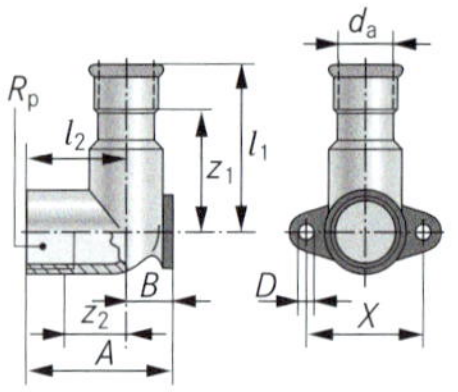

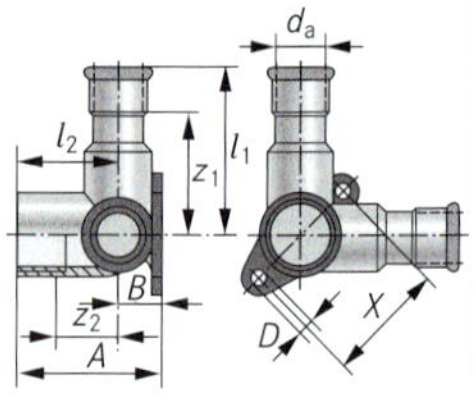

DN	d_a	K	L	$e^{1)}$	d_a x $G^{2)}$	K	l	z	d_a x R_p	K	A	B	l_1	l_2	D	x	z_1	z_2
10	12	H	34	17	–	–	–	–	–	–	–	–	–	–	–	–	–	–
12	15	X	37	20	15 x ¾	T	48,5	22	15 x ½	T	45	13	50	30	5	34	30	17
15	18	X	38	20	18 x ¾	T	49,5	23	18 x ½	T	45	13	50	30	5	34	30	17
20	22	X	39	21	22 x 1	T	51,5	24	22 x ¾	T	55	17	54	34	6	40	33	20
25	28	X	42	23	28 x 1¼	T	56	24	Maße für Deckenwinkel 90° mit Innengewinde und zwei Anschlüssen									
32	35	X	47	26	35 x 1½	T	62,5	27										
40	42	X	53	30	42 x 1¾	T	69	28										
50	54	X	60	35	54 x 2⅜	T	76,5	29	d_a x R_p x d_a	K	A	B	l_1	l_2	D	x	z_1	z_2
65	76,1	T	72	53					15 x ½ x 15	T	45	13	60	30	5	39	40	17
80	88,9	T	79	60														
100	108	T	94	75														

1) Einschieblänge in den Pressfitting
2) Zylindrisches Innengewinde nach DIN EN ISO 228 (nicht im Gewinde dichtend)

Formstücke zum Einschweißen
Tab. 156.4: Kappen zum Einschweißen (Korbbogenform)   DIN 2617: 1991-02 (DIN EN 10 253-1: 1999-11)

Form der Schweißfuge nach DIN 2559

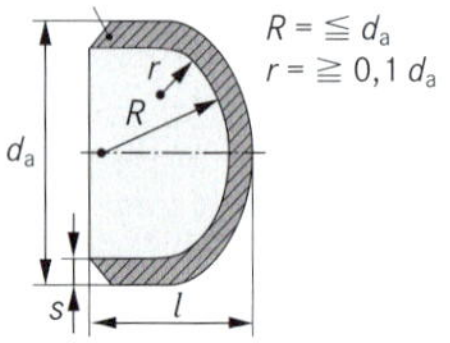

$R = \leqq d_a$
$r = \geqq 0,1\, d_a$

DN	d_a	s	l	DN	d_a	s	l	DN	d_a	s	l
25	33,7	2,6	25	65	76,1	2,9	38	125	139,7	4	76
32	42,4	2,6	25	80	88,9	3,2	51	150	159¹⁾	4,5	89
40	48,3	2,6	38	100	108¹⁾	3,6	64	150	168,3	4,5	89
50	57¹⁾	2,9	38	100	114,3	3,6	64	200	219,1	5,9	102
50	60,3	2,9	38	125	133¹⁾	4	76	250	273	6,3	127

Bezeichnung einer Kappe nach DIN 2617, d_a = 60,3 mm und s = 2,9 mm aus unlegiertem Stahl nach DIN 10 027:

Kappe   **DIN 2617 – 60,3 x 2,9 – S235JRG2**

1) Rohr-Außendurchmesser abweichend von ISO 4200 Reihe 1, bei Neukonstruktionen nicht mehr verwenden.

Formstücke zum Einschweißen

Rohrbogen (Bauart 3, $r \approx 1,5 \cdot d_i$)

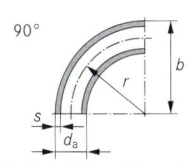

d_a : Außendurchmesser in mm					r : Biegeradius in mm	
s : Wanddicke in mm					d_i : Innendurchmesser in mm	
Werkstoffe: Stähle nach DIN EN 10 027 ($\rightarrow$ S. 65)						
Bauarten	2	3	5	10	20	
r	$\approx 1,0 \cdot d_i$	$\approx 1,5 \cdot d_i$	$\approx 2,5 \cdot d_i$	$\approx 5,0 \cdot d_i$	$\approx 10,0 \cdot d_i$	

Rohrbogen (Bauart 5, $r \approx 2,5 \cdot d_i$)

Tab. 157.1: Rohrbögen   DIN 2605-1: 1991-02 (DIN EN 10 253-1: 1999-11)

Rohrbogen		Bauart 3 ($r \approx 1,5 \cdot d_i$)		90°- Bogen	Bauart 5 ($r \approx 2,5 \cdot d_i$)		90°- Bogen
DN	d_a[1] x s[2]	r	b	m in kg	r	b	m in kg
20	26,9 x 2,3	29	43	0,07	57,5	71	0,13
25	33,7 x 2,6	38	56	0,12	72,5	88	0,25
32	42,4 x 2,6	48	70	0,19	92,5	114	0,4
40	48,3 x 2,6	57	83	0,27	107,5	132	0,5
50	60,3 x 2,9	76	106	0,49	135	165	0,88
65	76,1 x 2,9	95	132	0,79	175	213	1,45
80	88,9 x 3,2	114	159	1,22	205	250	2,23
100[3]	108 x 3,6	142,5	196	2,08	253	306	3,67
100	114,3 x 3,6	152	210	2,37	270	327	4,00
125	139,7 x 4,0	190	262	4,04	330	400	7,2
150[3]	159 x 4,5	216	295	5,8	375	454	10,2
150	168,3 x 4,5	229	313	6,5	390	474	11,2
200	219,1 x 6,3	305	414	14,9	510	620	24,8

Bezeichnung eines Rohrbogens nach DIN 2605-1, Bauform 90°, Bauart 3, d_a = 60,3 mm und s = 2,9 mm, nahtlos (S), aus unlegiertem Stahl S235JRG1

Formstück	DIN ...	–	Bauform	–	Bauart	–	d_a x s	–	Ausführung	–	Werkstoff
Bogen	DIN 2605-1	–	90	–	3	–	60,3 x 2,9	–	S	–	S235JRG1

[1] Rohr-Außendurchmesser d_a nach ISO 4200 Reihe 1.
[2] Wanddicke nach S. 149
[3] Rohrbögen dieser Abmessungen sollen für Neukonstruktionen nicht mehr verwendet werden.

Tab. 157.2: Reduzierstücke zum Einschweißen   DIN 2616-1: 1991-02 (DIN EN 10 253-1: 1999-11)

Reduzierstück

konzentrische Form (K)

exzentrische Form (E)

d_{a1} x d_{a2}	s_1	s_2	l	d_{a1} x d_{a2}	s_1	s_2	l
42,4 x 33,7	2,6	2,6	51	88,9 x 42,4	3,2	2,6	89
42,4 x 26,9	2,6	2,3	51	114,3 x 88,9	3,6	3,2	102
48,3 x 33,7	2,6	2,6	64	114,3 x 76,1	3,6	2,9	102
48,3 x 26,9	2,6	2,3	64	114,3 x 60,3	3,6	2,9	102
60,3 x 48,3	2,9	2,6	76	139,7 x 114,3	4	3,6	127
60,3 x 42,4	2,9	2,6	76	139,7 x 88,9	4	3,2	127
60,3 x 33,7	2,9	2,6	76	139,7 x 76,1	4	2,9	127
76,1 x 60,3	2,9	2,9	86	168,3 x 139,7	4,5	4	140
76,1 x 48,3	2,9	2,6	88	168,3 x 114,3	4,5	3,6	140
76,1 x 42,4	2,9	2,6	89	219,1 x 168,3	5,9	4,5	152
88,9 x 60,3	3,2	2,9	89	219,1 x 139,7	5,9	4,0	152
88,9 x 48,3	3,2	2,6	89	219,1 x 114,3	5,9	3,6	152

Bezeichnung eines Reduzierstück nach DIN 2616-1, Ausführung konzentrisch (K), d_{a1} = 60,3 mm, s_1 = 2,9 mm und d_{a2} = 42,4 mm, s_2 = 2,6 mm, geschweißt (W), aus unlegiertem Stahl nach DIN EN 10 027:

Reduzierstück DIN 2616-1 – K 60,3 x 2,9 – 42,4 x 2,6 - W - – S235JRG1

Tab. 157.3: T-Stück zum Einschweißen   DIN 2615-1: 1992-05 (DIN EN 10 253-1: 1999-11)

T-Stück

Mit gleichem Abzweig   Mit reduziertem Abzweig

Form der Schweißfugen siehe DIN 2559

d_{a1} x d_{a2}	s_1	s_2	a	b	d_{a1} x d_{a2}	s_1	s_2	a	b
60,3 x 60,3	2,9	2,9	64	64	114,3 x 76,1	3,6	2,9	105	95
60,3 x 48,3	2,9	2,6	64	60	139,7 x 139,7	4	4	124	124
76,1 x 76,1	2,9	2,9	76	76	139,7 x 114,3	4	3,6	124	117
76,1 x 60,3	2,9	2,9	76	70	139,7 x 88,9	4	3,2	124	111
88,9 x 88,9	3,2	3,2	86	86	168,3 x 168,3	4,5	4,5	143	143
88,9 x 60,3	3,2	2,9	86	76	168,3 x 139,7	4,3	4	143	137
114,3 x 114,3	3,6	3,6	105	105	168,3 x 114,3	4,5	3,6	143	130
114,3 x 88,9	3,6	3,2	105	98	219,1 x 168,3	5,9	4,5	178	168

Bezeichnung eines T-Stückes nach DIN 2615-1, d_{a1} = 88,9 mm, s_1 = 3,2 mm und d_{a2} = 60,3 mm, s_2 = 2,9 mm nahtlos (S) aus unlegiertem Stahl:

T-Stück   DIN 2615-1 – 88,9 x 3,2 – 60,3 x 2,9 - S - – S235JRG1

Rohrleitungs- und Verbindungstechnik

Flansche

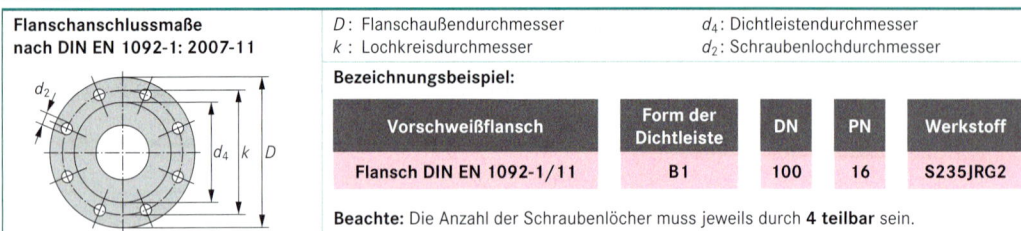

Flanschanschlussmaße nach DIN EN 1092-1: 2007-11

D : Flanschaußendurchmesser
k : Lochkreisdurchmesser
d_4 : Dichtleistendurchmesser
d_2 : Schraubenlochdurchmesser

Bezeichnungsbeispiel:

Vorschweißflansch	Form der Dichtleiste	DN	PN	Werkstoff
Flansch DIN EN 1092-1/11	B1	100	16	S235JRG2

Beachte: Die Anzahl der Schraubenlöcher muss jeweils durch **4 teilbar** sein.
Die Löcher liegen **symmetrisch** zu den Hauptachsen, aber niemals auf den Hauptachsen.

Rohrleitungs- und
Verbindungstechnik

Tab. 158.1: Flanscharten-Übersicht   DIN EN 1092-1: 2007-11

Flanschart/DIN	DN	PN	Bild/Typ	Flanschart/DIN	DN	PN	Bild/Typ
Vorschweißflansch DIN EN 1092-1	10 bis 1000	1,0 bis 100	Typ 11	Gewindeflansch glatt/oval (DIN 2558)	10 bis 100	6 bis 16	ohne Ansatz — mit Ansatz
Glatter Flansch zum Löten oder Schweißen DIN EN 1092-1	10 bis 2000	2,5 bis 100	Typ 01	Gewindeflansch oval/mit Ansatz (DIN 2561)	6 bis 40	10 bis 16	
Loser Flansch für Vorschweißbördel Typ 33 (DIN EN 1092-1)	10 bis 600	6 bis 10	Typ 02 / Typ 33	Gewindeflansch rund/mit Ansatz (DIN EN 1092-1)	10 bis 2000	6 bis 100	Typ 13
für glatten Bund, Typ 32 (DIN EN 1092-1)	10 bis 600	6 bis 40	Typ 02 / Typ 32	Schweißflansch (Überschiebflansch mit Ansatz) (DIN EN 1092-1)	10 bis 1000	6 bis 100	Typ 12
für Vorschweißbund, Typ 34 (DIN EN 1092-1)	10 bis 600	10 bis 40	Typ 04 / Typ 34	Integralflansch (z. B. Gusseisenfl.) (DIN EN 1092-1)	10 bis 2000	6 bis 100	Typ 21
				Blindflansch (DIN EN 1092-1)	10 bis 2000	2,5 bis 100	Typ 05

Tab. 158.2: Formen der Dichtflächen   DIN EN 1092-1: 2007-11

Form der Dichtfläche	Kurz-zeichen	Dichtung nach DIN	Nenn-druck	Form der Dichtfläche	Kurz-zeichen	Dichtung nach DIN	Nenn-druck
ohne Dichtleiste	A	EN 1514 Form **FF**		mit O-Ring-Vorsprung	G	–	63 bis 400
mit Dichtleiste	B1 / B2	EN 1514 Form **IBC**	2,5 bis 40 / 63 bis 100	mit O-Ring-Rücksprung	H	–	63 bis 400
mit Feder	C	EN 1514 Form **TG**	10 bis 100	mit Vorsprung	E	EN 1514 Form **SR**	10 bis 100
mit Nut	D			mit Rücksprung	F		

Oberflächenbeschaffenheit der Flanschdichtflächen nach DIN EN 1092-1:
Dichtflächenformen: A, B1, E, F hergestellt mit Drehen, Oberflächenrauheit Ra = 3,2 bis 12,5 µm (Rz = 12,5 bis 50 µm)
B2, C, D, G, H hergestellt mit Drehen, Oberflächenrauheit Ra = 0,8 bis 3,2 µm (Rz = 3,2 bis 12,5 µm)

Flansche

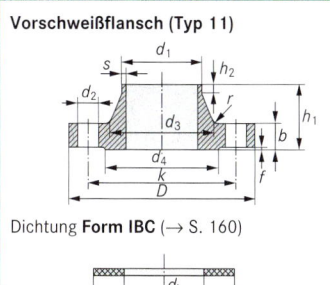

Vorschweißflansch (Typ 11)

Dichtung **Form IBC** (→ S. 160)

Werkstoffe: S235JRG2, andere Werkstoffe z. B. P295GH, 14CrMo4-4, X2CrNiTi18-10, Werkstoffwahl nach DIN EN 1092-1

Dichtung: Flachdichtung nach DIN EN 1514-1 für PN 6/PN 16 für die Dichtleiste Form B1 nach DIN EN 1092-1 (→ Tab. 158.2)

Dichtungsmaße: Flachdichtungen (→ Tab. 160.3/4)

Druck: Bei oben genannten Werkstoffen kann bei ϑ_S = – 10 bis 50 °C der zulässige Druck p_S gleich dem Nenndruck gewählt werden.

Flanschmaße in mm:
d_1 : Rohranschluss-Außenmaß s : Wanddicke b : Flanschdicke
D : Flansch-Außen-Ø k : Lochkreis-Ø d_2: Loch-Ø
d_4 : Dichtleisten-Ø h_1: Flanschhöhe n : Anzahl der Schrauben
f, r, d_3, h_2: weitere Flanschmaße

Tab. 159.1: Vorschweißflansche mit Schraubenabmessungen   DIN EN 1092-1: 2007-11

Vorschweißflansche (Typ 11) – PN 6 (Auszug)   DIN EN 1092-1 (Maße in mm)

DN	d_1[1] Reihe 1	d_1[1] Reihe 2	D	b	k	h_1	d_3 Reihe 1	d_3 Reihe 2	s	r	h_2 ≈	Dichtleiste d_4	Dichtleiste f	Schrauben n	Schrauben Gewinde	Schrauben Länge[3]	d_2	Masse m in kg
10	17,2	14	75	12	50	28	26	22	1,8	4	6	35	2	4	M 10	40	11	0,335
15	21,3	20	80	12	55	30	30	28	2	4	6	40	2	4	M 10	40	11	0,392
20	26,9	25	90	14	65	32	38	35	2,3	4	6	50	2	4	M 10	40	11	0,592
25	33,7	30	100	14	75	35	42	40	2,6	4	6	60	2	4	M 10	40	11	0,747
32	42,4	38	120	14	90	35	55	50	2,6	6	6	70	2	4	M 12	45	14	1,05
40	48,3	44,5	130	14	100	38	62	58	2,6	6	7	80	3	4	M 12	45	14	1,18
50	60,3	57	140	14	110	38	74	70	2,9	6	8	90	3	4	M 12	45	14	1,34
65	76,1	–	160	14	130	38	88	–	2,9	6	9	110	3	4	M 12	45	14	1,67
80	88,9	–	190	16	150	42	102	–	3,2	8	10	128	3	4	M 16	55	18	2,71
100	114,3	108	210	16	170	45	130	122	3,6	8	10	148	3	4	M 16	55	18	3,24
125	139,7	133	240	18	200	48	155	148	4	8	10	178	3	8	M 16	60	18	4,49
150	168,3	159	265	18	225	48	184	172	4,5	10	12	202	3	8	M 16	60	18	5,15
200	219,1	–	320	20	280	55	236	–	5,9	10	15	258	3	8	M 16	60	18	7,78

Vorschweißflansche (Typ 11) – PN 16[2] (Auszug)   DIN EN 1092-1 (Maße in mm)

DN	d_1 Reihe 1	d_1 Reihe 2	D	b	k	h_1	d_3 Reihe 1	d_3 Reihe 2	s	r	h_2 ≈	Dichtleiste d_4	Dichtleiste f	Schrauben n	Schrauben Gewinde	Schrauben Länge[3]	d_2	Masse m in kg
10	17,2	14	90	14	60	35	28	25	1,8	4	6	40	2	4	M 12	45	14	0,580
15	21,3	20	95	14	65	35	32	30	2	4	6	45	2	4	M 12	45	14	0,648
20	26,9	25	105	16	75	38	40	38	2,3	4	6	58	2	4	M 12	50	14	0,952
25	33,7	30	115	16	85	38	45	42	2,6	4	6	68	2	4	M 12	50	14	1,14
32	42,4	38	140	16	100	40	56	52	2,6	6	6	78	2	4	M 16	55	18	1,69
40	48,3	44,5	150	16	110	42	64	60	2,6	6	7	88	3	4	M 16	55	18	1,86
50	60,3	57	165	18	125	45	75	72	2,9	6	8	102	3	4	M 16	60	18	2,53
65	76,1	–	185	18	145	45	90	–	2,9	6	10	122	3	4	M 16	60	18	3,06
80	88,9	–	200	20	160	50	105	–	3,2	8	10	138	3	8	M 16	60	18	3,70
100	114,3	108	220	20	180	52	131	125	3,6	8	12	158	3	8	M 16	65	18	4,62
125	139,7	133	250	22	210	55	156	150	4	8	12	188	3	8	M 16	70	18	6,30
150	168,3	159	285	22	240	55	184	175	4,5	10	12	212	3	8	M 20	70	22	7,75
200	219,1	–	340	24	295	60	235	–	5,9	10	16	268	3	12[4]	M 20	80	22	11,9

Bezeichnung eines Vorschweißflansches (Flanschtyp 11) nach DIN EN 1092-1 mit der Dichtflächenbezeichnung Form B1 (→ S. 158), DN 100 mit d_1 = 114,3 mm, PN 16 aus S235JRG2

Bezeichnung	Dichtleiste-Form		Nennweite x d_1		Nenndruck	Werkstoff
Flansch DIN EN 1092-1/11	B1	/	DN 100 x 114,3	/	PN 16	S235JRG2

[1] Die Rohr-Außendurchmesser der Reihe 1 sind international nach ISO 4200 genormt, die der Reihe 2 werden in Deutschland noch angewendet.

[2] Bis DN 150 gelten die Abmessungen auch für Flansche mit PN 10.

[3] Die Schraubenlängen gelten für Vorschweiß-, Gewinde-, Blind- und Armaturenflansch-Verbindungen mit einer 2 mm dicken Flachdichtung und dem Schraubenüberstand ca. 3 · P (P = Gewindesteigung).

[4] Flansche DN 200 und PN 10 haben nur 8 Schrauben.

Tab. 160.1: Dichtungsarten-Übersicht

Dichtungsart	Dichtungsform	Benennung/DIN	Werkstoff	Verwendung
Weichstoff-dichtung		Flachdichtung nach EN 1514-1	Gummi mit/ohne Gewebe-, Draht-gewebe- oder Metalleinlage; Kunst-stoffe; expandierter Graphit mit Einlage; Pressfaser mit Bindemittel (AFP)[1]; Pflanzenfaser auf Basis Kork	allgemeiner Apparatebau, Flansche für Wasser-, Dampf-, Gas-, Kühlmittelleitungen und Lüftungs-kanäle ohne überhöhte Ansprüche
		Weichstoffdichtung mit PTFE-Mantel nach EN 1514-3		
Metall-Weichstoff-dichtung		Spiraldichtung EN 1514-2	Stahl, CrNi-Stahl; Füllstoff: AFP[1], PTFE oder Graphit	Apparatebau für Raffinerie- und Chemieanlagen
		Blechummantelte Dichtung EN 1514-7	Al, Cu, Cu-Leg., Stahl, CrNi-Stahl mit AFP[1] oder Graphitfüllung	Motorenbau, chemische Anlagen, Apparatebau, Auspuffanlagen
		Gewellte Dichtung EN 1514-4	Wellring aus Metall mit Graphit-PTFE- oder AFP-Füllstoff	Chemische Industrie-anlagen und Apparatebau
Metall-dichtung		Metall-Flachdichtung EN 1514-4	Al, Cu, Ag, Ni, Weicheisen, CrNi-Stahl	allgemeiner Apparate- und Rohrleitungsbau
		Linsendichtung nach DIN 2696	Stahl und CrNi-Stahl	Hochdrucktechnik, petrochemische Anlagen
		Kammprofilierte Dichtung EN 1514-6	Al, Cu, Weicheisen	Apparate- und Rohrleitungsbau in Chemieanlagen und Kraftwerken
		Membranschweiß-dichtung DIN 2695	Stahl	Rohrleitungsanlagen für giftige und besonders gefährliche Medien

[1] AFP = elastomergebundene asbestfreie Faserstoffplatte (Asbesthaltige Werkstoffe sind in Deutschland verboten!)

Tab. 160.2: Flachdichtformen   DIN EN 1514-1: 1997-08

Form IBC	Form FF	Form SR	Form TG
Flanschdichtfläche Form **B**	Flanschdichtfläche Form **A**	Flanschdichtfläche Form **E/F**	Flanschdichtfläche Form **C/D**

Tab. 160.3: Maße für Flachdichtungen für Flansche PN 6   DIN EN 1514-1: 1997-08

Flachdichtungen — Form: IBC, SR, TG — Form: FF

DN	d_i in mm	Form IBC d_a in mm	Form FF d_a in mm	Schraubenlöcher Anzahl n	d_2 in mm	Lochkreis-Ø k in mm
15	22	44	80	4	11	55
20	27	54	90	4	11	65
25	34	64	100	4	11	75
32	43	76	120	4	14	90
40	49	86	130	4	14	100
50	61	96	140	4	14	110
65	77	116	160	4	14	130
80	89	132	190	4	18	150
100	115	152	210	4	18	170
125	141	182	240	8	18	200
150	169	207	265	8	18	225
200	220	262	320	8	18	280

Tab. 160.4: Maße für Flachdichtungen für Flansche PN 16   DIN EN 1514-1: 1997-08

DN	(d_i ausgenommen Form TG) d_i in mm	Form IBC d_a in mm	Form FF d_a in mm	Schraubenlöcher Anzahl n	d_2 in mm	Lochkreis-Ø k in mm	Form SR d_a in mm	Form TG d_i in mm	Form TG d_a in mm
15	22	51	95	4	14	65	39	29	39
20	27	61	105	4	14	75	50	36	50
25	34	71	115	4	14	85	57	43	57
32	43	82	140	4	18	100	65	51	65
40	49	92	150	4	18	110	75	61	75
50	61	107	165	4	18	125	87	73	87
65	77	127	185	8	18	145	109	95	109
80	89	142	200	8	18	160	120	106	120
100	115	162	220	8	18	180	149	129	149
125	141	192	250	8	18	210	175	155	175
150	169	218	285	8	22	240	203	183	203
200	220	273	340	12	22	295	259	239	250

Rohrleitungs- und Verbindungstechnik

Kupferrohre für Sanitärinstallation und Heizungsanlagen

Kupferrohr-Maße

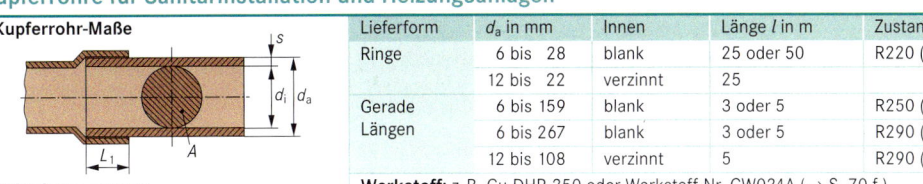

Lieferform	d_a in mm	Innen	Länge l in m	Zustand[1]
Ringe	6 bis 28	blank	25 oder 50	R220 (weich)
	12 bis 22	verzinnt	25	
Gerade Längen	6 bis 159	blank	3 oder 5	R250 (halbhart)
	6 bis 267	blank	3 oder 5	R290 (hart)
	12 bis 108	verzinnt	5	R290 (hart)

Rohrabmessungen:

Werkstoff: z. B. Cu-DHP-250 oder Werkstoff-Nr. CW024A (→ S. 70 f.)

d_a: Außendurchmesser in mm s : Wanddicke in mm d_i : Innendurchmesser in mm

A : lichter Querschnitt in cm^2 L_1: Mindestlötlänge in mm m': längenbezogene Rohrmasse in kg/m

v': längenbezogener Rohrinhalt in dm^3/m A_0': längenbezogene Rohroberfläche in m^2/m

Tab. 161.1: Nahtloses Rundrohr aus Kupfer für Wasser-, Heizungs- und Gasleitungen   DIN EN 1057: 2010-06

	Kupferrohre für Gas- und Wasserleitungen[4]							Kupferrohre für Heizungsleitungen[3][5]				
DN	d_a x s mm	d_i mm	A cm^2	V' dm^3/m	m' kg/m	A_0' m^2/m	L_1[2] mm	d_a x s mm	d_i mm	A cm^2	V' dm^3/m	m' kg/m
4	6 x 1	4	0,13	0,013	0,140	0,019	5,8	6 x 0,6	4,8	0,18	0,018	0,091
6	8 x 1	6	0,28	0,028	0,196	0,025	6,8	8 x 0,6	6,8	0,36	0,036	0,124
8	10 x 1	8	0,50	0,050	0,252	0,031	7,8	10 x 0,6	8,8	0,61	0,061	0,158
10	12 x 1	10	0,79	0,079	0,308	0,038	8,6	12 x 0,7	10,4	0,85	0,085	0,274
12	15 x 1	13	1,33	0,133	0,391	0,047	10,6	15 x 0,8	13,4	1,41	0,141	0,314
15	18 x 1	16	2,01	0,201	0,475	0,057	12,6	18 x 0,8	16,4	2,11	0,211	0,385
20	22 x 1	20	3,14	0,314	0,587	0,069	15,4	22 x 0,9	20,2	3,20	0,320	0,531
25	28 x 1,5	25	4,91	0,491	1,111	0,088	18,4	28 x 1,0	26,0	5,31	0,531	0,755
32	35 x 1,5	32	8,04	0,804	1,405	0,110	23	35 x 1,0	33,0	8,55	0,855	0,951
40	42 x 1,5	39	11,95	1,195	1,699	0,132	27	42 x 1,0	40,0	12,57	1,257	1,146
50	54 x 2	50	19,63	1,963	2,908	0,170	32	54 x 1,2	51,6	20,91	2,091	1,768
–	64 x 2	60	28,27	2,827	3,467	0,201	32,5	–	–	–	–	–
65	76,1 x 2	72,1	40,83	4,083	4,144	0,239	33,5	76,1 x 1,5	73,1	41,97	4,197	3,124
80	88,9 x 2	84,9	56,61	5,661	4,859	0,279	37,5	–	–	–	–	–
100	108 x 2,5	103	83,32	8,332	7,374	0,339	47,5	–	–	–	–	–

[1] Zustandsbezeichnung (→ Tab. 70.4 und Tab. 71.1)
[2] Mindestwerte für Innenlötlängen L_1 beim Einsatz von Kapillarlötfittings nach DIN EN 1254-1.
[3] Heizungsrohre dürfen nicht in der Trinkwasser-, Gas- und Flüssiggasinstallation eingesetzt werden.
[4] Schutzmantel für innen verzinnte Rohre → lichtgrau, B2 nach DIN 4102.
[5] Schutzmantel für Fußbodenheizungsrohre → gelb-orange, B2 nach DIN 4102.

Bezeichnung: Kupferrohr nach DIN EN 1057, Zustandsbezeichnung R220, d_a = 15 mm und s = 1 mm, 50 m Ring.

Rohr	DIN ...	Zustandsbezeichnung	Nennmaß	Lieferform	Herstellerdatum und DVGW-Zeichen
Kupferrohr	EN 1057	R220	15 x 1	50 m Ringe	

Wärmeisolierte Kuperrohre

Cu-Rohr   Wärmedämmung

d_a : Rohraußendurchmesser in mm

s, d_i, A, v', m' (→ Tab. 161.1)

D_s : Stegmantel-Außen-Ø in mm

D_{50}[2] : Außendurchmesser mit Isolierung in mm

D_{100}[3] : Außendurchmesser mit Isolierung in mm

l_{ab} : Länge der Isolierungs-Abmantelung in mm

Stegmantel

Tab. 161.2: Abmessungen der Wärmedämmung[1] und Abmantelungslängen l_{ab} in mm

	Ring		Stange				Ring		Stange		
d_a mm	D_s mm	D_{50}[2] mm	D_s mm	D_{100}[3] mm	l_{ab} mm	d_a mm	D_s mm	D_{50}[2] mm	D_{100}[3] mm	l_{ab} mm	
6	10[4]	–	–	–	120	22	27[4]	26	46	120	
8	12[4]	–	–	–	120	28	–	33	64	160	
10	14	24[5]	14[1]	–	120	35	–	40[6]	72	160	
12	16	26	16	33	120	42	–	48[6]	91	200	
15	19	29	19	37	150	54	–	60[6]	116	200	
18	22	32	23	41	180	–	–	–	–	–	

[1] Rohre bis d_a = 54 mm werden außer blank auch mit Stegmantel oder geschäumtem Mantel geliefert: Zulässige Temperatur ϑ_s = 100 °C und Brandverhalten für den Isoliermantel nach DIN 4102-B2.
[2] Wärmedämmung = 50 % nach der EnEV (→ Tab. 395.1)
[3] Wärmedämmung = 100 % nach der EnEV (→ Tab. 395.1)
[4] nur für Sanitärrohr
[5] nur für Heizungsrohr
[6] nur für Sanitärrohr mit 100 % Wärmedämmung

Rohrleitungs- und Verbindungstechnik

Lötfitting

Cu-Rohr
DIN EN 1057

d_a = Rohraußendurchmesser in mm

Tab. 162.1: Werkstoff-Beispiele

DIN EN 1254.1: 1998-03

Werkstoffbezeichnung					
Kurzzeichen	Nummer	Norm	Kurzzeichen	Nummer	Norm
Cu-DHP	CW024A	EN 12 449	CuZn39 Pb3	CW614N	EN 12 164
CuSn5Zn5Pb5-C	CC491K	EN 1982	CuZn33Pb2-C	CC750S	EN 1982
CuZn36Pb2As	CW602N	EN 12 164	CuZn15As-C	CC760S	EN 1982

Tab. 162.2: Max. zul. Temperaturen und Drücke der Rohrleitungs-Lötstellen[1]

Weichlote [2]	ϑ_s in °C	p_S in bar			Hartlote [2]	ϑ_s in °C	p_S in bar		
		d_a = 6 bis 34 mm	$d_a >$ 34 bis 54 mm	$d_a >$ 54 bis 108 mm			d_a = 6 bis 34 mm	$d_a >$ 34 bis 54 mm	$d_a >$ 54 bis 108 mm
S-Sn97Cu3 oder	30	25	25	16	CP-203 oder	30	25	25	16
	65	25	16	16		65	25	16	16
S-Sn95Ag5	110	16	10	10	CP-105	110	16	10	10

[1] Werte gelten nur bei Verwendung von Lötfittings nach DIN EN 1254-1
[2] Normbezeichnungen der Weich- und Hartlote (→ S. 88/89)

Tab. 162.3: Kapillar-Lötfittings für Kupferrohre[1]

DIN EN 1254-1: 1998-03

Typ Nr.	Bogen 90° 5002 a (I + I)	Bogen 90° 5001 a (I + A)	Bogen 45° 5041 (I + I)	Bogen 45° 5040 (I + A)	Bogen 180° 5060	U-Bogen 5870

Δl: Dehnungsaufnahme

d_a	l_1	z_1	l_2	l_3	z_2	l_4	d_a	l_1	z_1	l_2	l_3	z_2	l_4	d_a	l_1	l_2	z_1	l_3	Δl	z_2
8							35	65	42	67	37	14	39	12	34	31	17	91	5	68
10	20	12	22	12	4	14	42	77	50	79	42	15	44	15	44	40	22	111	7	88
12	23	14	25	14	5	16	54	97	65	99	52	20	54	18	52	47	26	133	8	104
15	29	18	31	17	6	19	64	109	77	–	60	27	–	22	65	59	32	163	10	130
18	34	22	36	20	7	22	76,1	125	91	–	66	32	–	28	82	73	41	207	12	164
22	42	26	44	25	9	27	88,9	144	107	–	75	37	–	35	104	92	52	262	12	209
28	52	34	54	29	10	31	108	177	130	–	108	60	–	42	126	111	63	314	12	253

Typ Nr.	T-Stück 5130, gleiche-Ø	reduziert oder erweitert	mehrfach reduziert	Reduziernippel 5243	Reduziermuffe 5240

d_a	l_1	z_1	$d_{a1} \times d_{a2}$	l_2	z_2	l_3	z_3	$d_{a1} \times d_{a2} \times d_{a3}$	l_4	z_4	l_5	z_5	l_6	z_6	$d_{a1} \times d_{a2}$	l_1	z_1	l_2	z_2	$d_{a1} \times d_{a2}$	l_1	z_1	l_2	z_6
10	14	6	12 x 10	15	6	15	7	15 x 12 x 12	18	7	18	9	18	9	8 x 6	14	7	15	2	35 x 18	47	34	56	17
12	16	7	12 x 15	18	9	18	7	15 x 15 x 12	19	8	19	8	19	10	10 x 8	16	9	17	3	35 x 22	48	32	54	14
15	19	8	15 x 10	17	6	17	9	18 x 15 x 15	22	9	21	10	22	11	12 x 8	20	13	19	3	35 x 28	49	30	47	5
18	23	10	15 x 10	18	7	18	9	18 x 18 x 12	23	10	23	10	21	12	12 x 10	19	11	20	3	42 x 22	56	40	67	22
22	28	12	15 x 18	21	10	22	9	18 x 18 x 15	23	10	23	10	23	14	15 x 10	23	15	23	4	42 x 28	56	37	62	14
28	34	15	18 x 12	21	8	19	10	22 x 15 x 14	25	9	23	12	24	13	15 x 12	24	15	23	3	42 x 35	57	34	56	6
35	42	19	18 x 15	21	8	21	10	22 x 15 x 18	25	9	24	12	25	12	18 x 12	27	18	30	6	54 x 28	67	48	80	25
42	50	23	22 x 12	23	7	21	12	22 x 18 x 18	27	11	25	12	26	13	18 x 15	29	18	27	3	54 x 35	68	45	77	18
54	61	29	22 x 15	25	9	23	12	22 x 22 x 15	28	12	28	12	25	14	22 x 15	34	23	32	5	54 x 42	69	42	70	11
64	73	40	22 x 18	27	11	25	12	22 x 22 x 18	28	12	28	12	27	14	22 x 18	35	22	31	3	64 x 54	75	43	75	10
76,1	80	46	22 x 28	32	16	32	13	28 x 28 x 22	34	15	34	15	35	19	28 x 18	39	26	38	7	76 x 54	82	50	82	17
89,9	92	54	28 x 15	28	9	26	15	35 x 22 x 24	37	14	36	16	47	31	28 x 22	42	26	39	5	89 x 76	84	50	83	12
108	112	64	28 x 18	29	10	28	15	35 x 22 x 28	37	14	36	16	42	33	35 x 15	54	43	–	–	108 x 89	100	62	100	15

[1] Bestellnummern und Abmessungen der Lötfittings nach Herstellerunterlagen.
Teilweise haben die Fittings je nach Hersteller geringfügige Maßabweichungen, alle Maße in mm.

Tab. 163.1: Kapillar-Lötfittings für Kupferrohre nach DIN EN 1254-1: 1998-03 (Fortsetzung)[1]

Typ	Übergangsnippel					Übergangsmuffe					Übergangsstück				Winkel-R_p				Winkel-R		
Nr.:	4243 g[2]					4270 g					4246 g[2]-R oder R_p				4090 g				4092 g		
d_a x R / d_a x R_p	l_1	z_1	l_2	z_2	d_a x R / d_a x R_p	l_1	z_1	l_2	z_2		d_a x R / d_a x R_p	l_1	l_2	z_1	l_1	z_1	l_2	z_2	l_3	z_3	l_4
10 x ⅜	19	11	21	4	28 x ¾	32	14	33	2	12 x ⅜	25	24	16	18	9	16	7	16	7	21
12 x ⅜	19	10	21	4	28 x 1	33	15	40	6	12 x ½	28	28	17	20	11	19	8	17	8	25
12 x ½	22	14	25	5	28 x 1¼	33	15	42	7	15 x ½	30	31	19	22	11	21	10	19	8	25
15 x ⅜	21	11	23	3	35 x ¾	–	–	37	2	18 x ½	31	32	20	24	11	22	11	21	8	27
15 x ½	22	12	28	5	35 x 1	40	17	39	1	18 x ¾	–	34	21	27	14	24	11	24	11	30
15 x ¾	26	15	29	6	35 x 1¼	35	12	46	6	22 x ½	35	31	19	27	11	24	13	25	10	32
18 x ½	25	12	28	4	35 x 1½	35	12	–	–	22 x ¾	40	38	23	30	14	26	13	27	11	31
18 x ¾	25	12	31	5	42 x 1¼	44	17	45	1	28 x 1	42	43	28	37	17	32	20	34	15	38
22 x ½	28	13	28	1	42 x 1½	44	17	52	6	35 x 1¼	49	50	32	49	26	40	26	42	19	51
22 x ¾	28	13	35	5	54 x 1½	50	18	–	–	42 x 1½	53	56	36	53	25	45	31	49	22	56
22 x 1	29	14	37	7	54 x 2	52	20	59	6	54 x 2	66	64	42	63	30	53	36	–	–	–

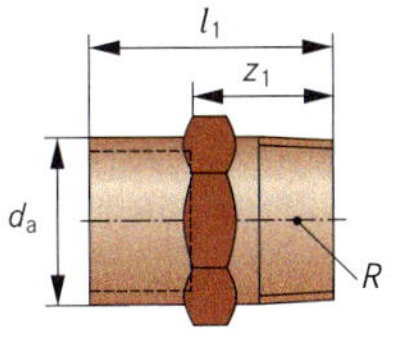

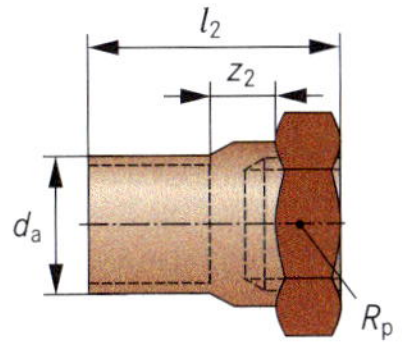

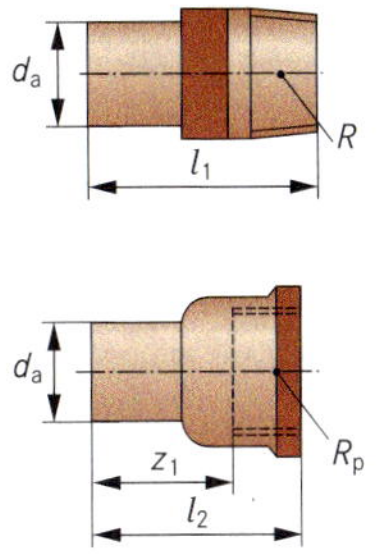

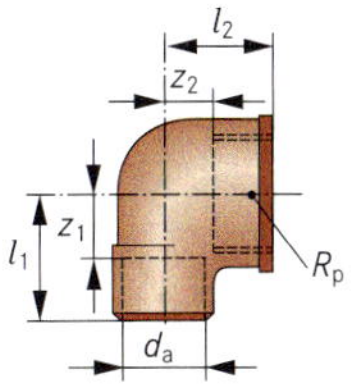

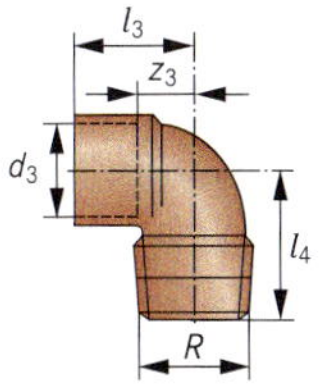

Typ	Verschraubung																		
	Durchgangsform		Winkelform				Durchgangsform-R		Durchgangsform-R_p			Winkelform 90°-R		Winkelform 90°-R_p					
Nr.:	4240 g[2]		4096 g				4341 g[2]		4340 g[2]			4096 g		4098 g					
d_a	l_1	z_1	l_2	z_2	l_3	z_3	d_a x R / d_a x R_p	l_1	z_1	l_2	z_2	l_1	z_1	l_2	z_2	l_3	z_3	l_4
10	35	19	37	28	17	9	12 x ⅜	41	32	36	18	40	30	23	16	17	7	42
12	37	19	36	26	17	7	12 x ½	43	34	42	22	44	35	28	18	17	7	47
15	39	17	39	28	21	9	15 x ½	45	34	43	21	44	33	28	18	19	8	53
18	41	15	41	27	22	8	18 x ½	46	33	36	12	45	31	28	18	22	8	49
22	45	13	48	32	28	12	22 x ⅜	51	35	45	16	49	33	34	23	28	12	62
28	48	10	51	32	35	16	28 x 1	55	36	49	16	56	37	41	29	35	16	72
35	58	12	–	–	–	–	35 x 1¼	62	39	56	15	72	49	38	21	43	20	81
42	67	13	–	–	–	–	42 x 1½	67	40	60	15	82	55	41	24	51	24	89
54	77	13	–	–	–	–	54 x 2	75	43	68	14	97	65	51	30	–	–	–

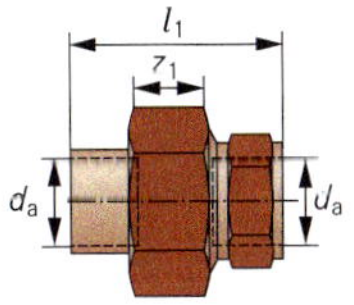

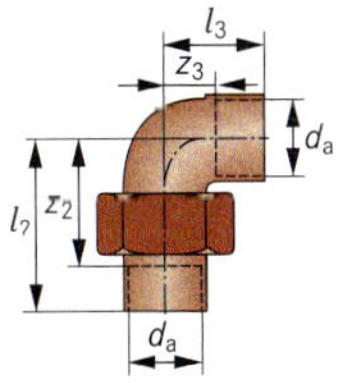

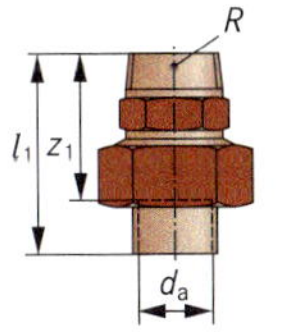

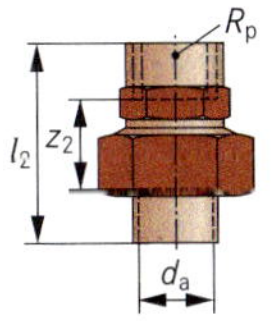

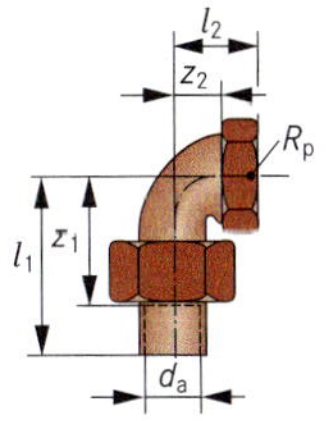

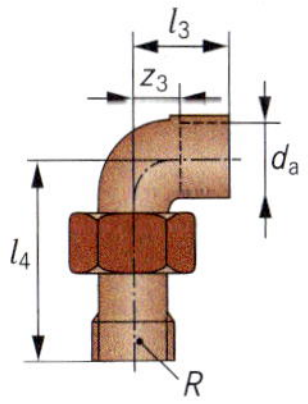

[1] Bestellnummer und Abmessungen der Lötfittings nach Herstellerangaben. Teilweise können je nach Hersteller geringfügige Maßabweichungen auftreten.
[2] Diese Fittings sind in der Werkstoffqualität CuSn5Zn5Pb5-C (früher Rotguss) mit geringen Maßabweichungen erhältlich.

Rohrleitungs- und Verbindungstechnik

Tab. 164.1: Kapillar-Lötfittings für Kupferrohre nach DIN EN 1254-1: 1998-03 (Fortsetzung)[1]

Typ	Lötmuffe		Überbogen			Lötflansch			T-Abgang-R_p				Deckenwinkel-R_p					
Nr.:	5270		5085			7552			4130 g[2]				4472 g					

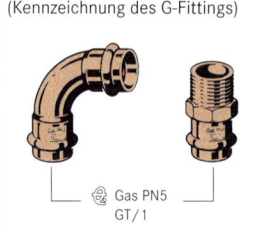

d_a	l	z	d_a	l	z	d_a	l_1	c	z_1	d_a	D	b	z	$d_a \times R_p$	l_1	z_1	l_2	z_2	l_1	z_1	l_2	z_2	l_3	k
8	15	1	42	56	1,5	15	115	20	91	10	90	12	9	$12 \times ^3/_8$	19	9	17	10	18	9	26	17	17	34
10	17	1	54	66	1,5	18	126	20	100	15	95	12	8	$12 \times ½$	21	11	19	9	20	11	28	17	19	40
12	19	1,5	64	67	2	22	143	22	112	20	105	14	6	$15 \times ½$	22	11	21	10	22	11	31	20	21	40
15	23	1,5	76,1	69	2	D	l_2	e	z_2	25	115	14	5	$18 \times ½$	24	11	22	11	24	11	34	23	22	40
18	27	1,5	88,9	77	2	12	82	33	73	32	140	14	5	$18 \times ¾$	28	14	24	13	27	14	36	25	24	50
22	32	1,5	108	97	2	15	93	36	82	40	150	14	5	$22 \times ½$	27	11	24	13	27	11	38	28	24	50
28	38	1,5	–	–	–	18	101	40	88	50	165	16	4	$22 \times ¾$	30	14	26	13	30	14	40	27	26	50
35	48	1,5	–	–	–	22	116	44	100	65	185	16	4	28×1	37	18	32	17	36	17	50	38	32	60

[1] Bestellnummern und Abmessungen der Lötfittings nach Herstellerangaben. Je nach Hersteller können geringfügige Maßabweichungen auftreten.

[2] Diese Fitting sind auch in der Werkstoffqualität CuSn5Zn5Pb5-C (früher Rotguss) mit geringen Maßabweichungen erhältlich.

Bezeichnung eines Bogens 90° nach DIN EN 1254-1 mit der Katalog-Nr. 5002 a mit beidseitigem Lötmuffen-Anschluss für Kupferrohr d_a = 18 mm, aus Reinkupfer nach DIN EN 12 449

Lötfitting	–	DIN ...	–	Katalog-Nr.	–	Rohranschluss	–	Werkstoff
Bogen 90°	–	EN 1254-1	–	5002 a (l + l)	–	18	–	Cu-DHP

Pressfittings für Kupferrohre (Herstellerangaben)

Pressfitting-Verbindung
(Kennzeichnung des G-Fittings)

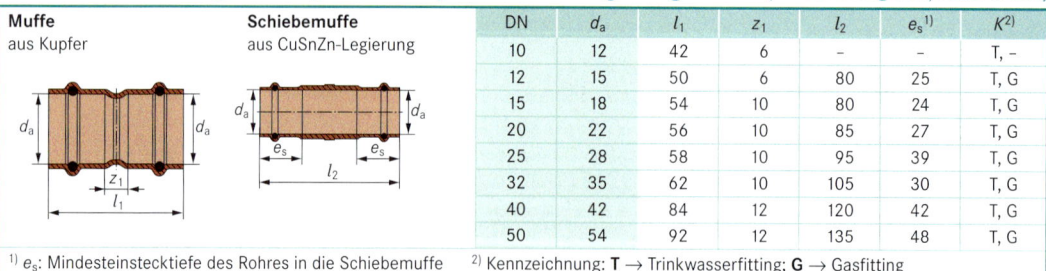

Gas PN5
GT/1

Werkstoffe: Cu-DHP oder CuSn5Zn5Pb5-C (früher Rotguss Rg 5)
Verwendung: Zur Verbindung von Kupferrohren in Trinkwasser-, Heizungs-, Solar-, Regenwasser-, Druckluft-, Sprinkler-, Gas-, Flüssiggas- und Ölleitungen
Dichtungsarten:

Medium	Dichtelement	zul. Temperatur ϑ_s / zul. Druck p_s
Trinkwasser	EPDM[1] – schwarz	ϑ_s = 85 °C, p_s = 10 bar (Prüfdruck p_t = 16 bar)
WW-Heizung	EPDM[1] – schwarz	ϑ_s = 110 °C, p_s = 6 bar
Solar	FPM – grün	kurzzeitig ϑ_s = 200 °C, p_s = 6 bar (bei 50 % Glykol)
Gas, Flüssiggas	HNBR[2] – gelb-braun	PN5 (p_s = 5 bar), GT/1[3]
Öl	HNBR[2] – gelb-braun	PN10 (p_s = 10 bar)

[1] Ethylen-Propylen-Dien-Kautschuk
[2] Acrylnitril-Butadien-Kautschuk
[3] GT/1: Höhere thermische Belastung von 650 °C, mind. 30 min, p_s = 1 bar

Tab. 164.2: Geeignete Kupferrohr-Abmessungen nach DIN EN 1057 für Pressfitting-Verbindungen

Trinkwasser/Gas/Öl	d_a x s in mm	12 x 1	15 x 1	18 x 1	22 x 1	28 x 1,5	35 x 1,5	42 x 1,5	54 x 2
Heizung/Fernheizung	d_a x s in mm	12 x 0,7	15 x 0,8	18 x 0,8	22 x 0,9	28 x 1,0	35 x 1,2	42 x 1,2	54 x 1,5

Tab. 164.3: Pressfittings aus Kupfer bzw. Kupfer-Zinn-Zink-Legierung (Herstellerangaben, Maße in mm)

Muffe
aus Kupfer

Schiebemuffe
aus CuSnZn-Legierung

DN	d_a	l_1	z_1	l_2	e_s[1]	K[2]
10	12	42	6	–	–	T, –
12	15	50	6	80	25	T, G
15	18	54	10	80	24	T, G
20	22	56	10	85	27	T, G
25	28	58	10	95	39	T, G
32	35	62	10	105	30	T, G
40	42	84	12	120	42	T, G
50	54	92	12	135	48	T, G

[1] e_s: Mindesteinstecktiefe des Rohres in die Schiebemuffe
[2] Kennzeichnung: **T** → Trinkwasserfitting; **G** → Gasfitting

Tab. 165.1: Pressfittings aus Kupfer- bzw. Kupfer-Zinn-Zink-Legierung (Herstellerangaben, Maße in mm)

Übergangsstück mit Außengewinde (R) aus CuSnZn-Legierung

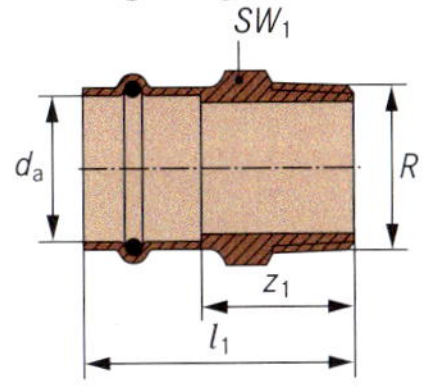

Übergangsstück mit Innengewinde (Rp) aus CuSnZn-Legierung

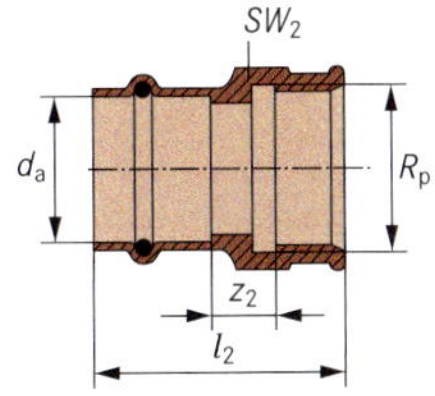

mit Außengewinde (R)					mit Innengewinde (Rp)				
d_a x R	l_1	z_1	SW_1	K	d_a x R_p	l_2	z_2	SW_2	K
12 x ⅜	34	16	17	T, –	12 x ⅜	32	4	21	T, –
12 x ½	38	20	22	T, –	12 x ½	39	8	26	T, –
15 x ⅜	39	15	19	T, –	15 x ⅜	37	4	21	T, –
15 x ½	44	20	22	T, G	15 x ½	44	7	26	T, G
15 x ¾	50	26	28	T, G	15 x ¾	45	7	31	T, G
18 x ½	44	20	22	T, G	18 x ½	44	7	26	T, G
18 x ¾	47	23	28	T, G	18 x ¾	45	7	31	T, G
22 x ½	45	21	27	T, G	22 x ½	44	7	26	T, G
22 x ¾	50	26	28	T, G	22 x ¾	47	9	31	T, G
22 x 1	55	31	36	T, G	22 x 1	52	11	38	T, –
28 x ¾	52	28	33	T, G	28 x ¾	47	9	33	T, –
28 x 1	55	31	36	T, G	28 x 1	52	11	38	T, G
28 x 1¼	62	38	42	T, G	28 x 1¼	56	13	47	T, –
35 x 1	53	27	40	T, G	35 x 1	48	5	39	T, –
35 x 1¼	62	36	43	T, G	35 x 1¼	54	9	47	T, G
35 x 1½	62	36	50	T, G	35 x 1½	–	–	–	–, –
42 x 1¼	70	39	48	T, G	42 x 1¼	65	5	47	T, –
42 x 1½	77	36	50	T, G	42 x 1½	74	14	53	T, G
54 x 1½	78	32	68	T, G	54 x 1½	–	–	–	–, –
54 x 2	80	34	68	T, G	54 x 2	80	11	70	T, G

Bogen 90° (aus Kupfer)   **Bogen 90° – I x A** (aus Kupfer) 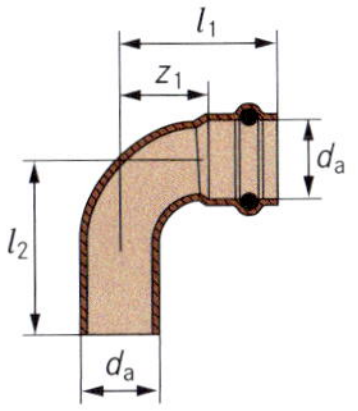   **Bogen 45°** (aus Kupfer) 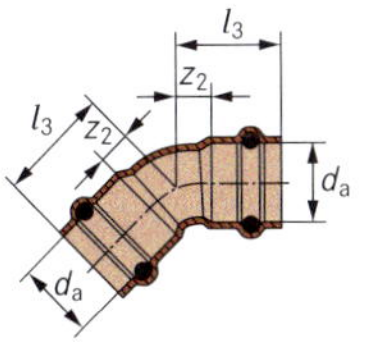   **Bogen 45° – I x A** (aus Kupfer)

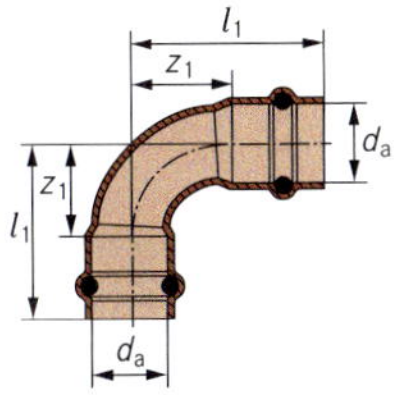

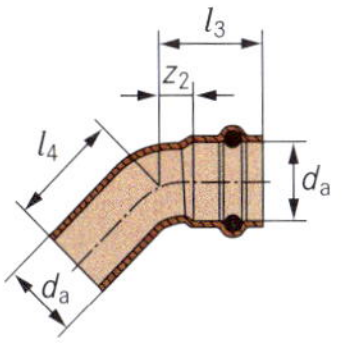

d_a	l_1	l_2	z_1	l_3	l_4	z_2	K	d_a	l_1	l_2	z_1	l_3	l_4	z_2	K
12	33	35	15	24	26	6	T, –	28	58	60	34	38	40	14	T, G
15	40	42	18	30	32	8	T, G	35	68	70	42	44	46	18	T, G
18	44	46	22	31	33	9	T, G	42	87	89	51	57	63	21	T, G
22	50	52	27	34	36	11	T, G	54	105	107	65	67	74	27	T, G

Übergangsbogen 90° aus CuSnZn-Legierung

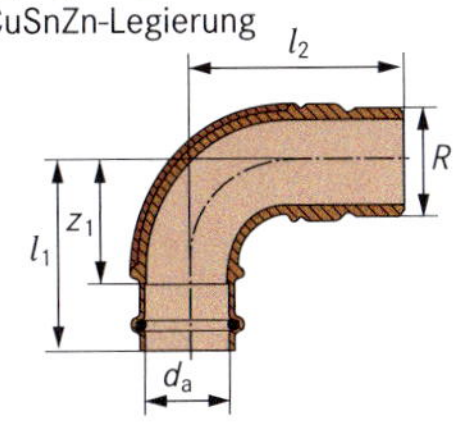

Übergangswinkel 90° aus CuSnZn-Legierung

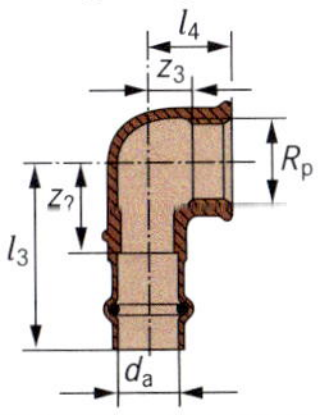

mit Außengewinde (R)					mit Innengewinde (Rp)					
d_a x R	l_1	l_2	z_1	K	d_a x R_p	l_3	l_4	z_2	z_3	K
12 x ⅜	37	40	19	T, –	12 x ⅜	38	17	20	9	T, –
12 x ½	37	44	19	T, –	12 x ½	40	20	22	10	T, –
15 x ⅜	45	47	21	T, –	15 x ⅜	46	18	22	11	T, –
15 x ½	45	47	21	T, G	15 x ½	46	22	22	12	T, G
15 x ¾	–	–	–	–, –	15 x ¾	50	25	26	13	T, G
18 x ½	46	50	22	T, –	18 x ½	46	23	22	12	T, G
18 x ¾	46	55	22	T, G	18 x ¾	50	24	26	13	T, G
22 x ½	–	–	–	–, –	22 x ½	52	24	25	16	T, G
22 x ¾	51	59	27	T, G	22 x ¾	52	26	28	11	T, G
22 x 1	–	–	–	–, –	22 x 1	59	29	35	16	T, G
28 x 1	58	72	34	T, G	28 x 1	59	33	35	20	T, G
35 x 1¼	74	88	48	T, G	35 x 1¼	66	39	40	24	T, G
42 x 1½	92	98	51	T, G	42 x 1½	77	43	36	28	T, G
54 x 2	110	120	64	T, G	54 x 2	97	55	51	37	T, G

[1] **Kennzeichnung: T** → Trinkwasser-, Heizungs-, Solarleitungsfitting
G → Gas-, Flüssiggas- und Heizölleitungsfitting
(einsetzbar für Gase nach DVGW-Arbeitsblatt G 260/I und 260/II, geeignet für UP- und AP-Installationen nach DVGW-TRGI 2008 und TRF 1996)

Rohrleitungs- und Verbindungstechnik

Tab. 166.1: Pressfittings aus Kupfer bzw. Kupfer-Zinn-Zink-Legierungen (Herstellerangaben, Maße in mm)

T-Stück aus Kupfer

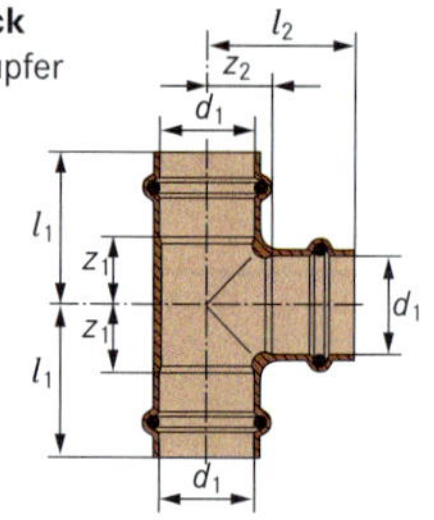

T-Stück aus CuSnZn-Leg. mit Außengewinde

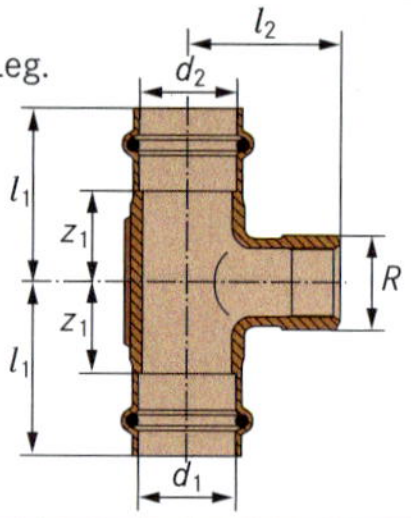

T-Stück aus CuSnZn-Leg. mit Innengewinde

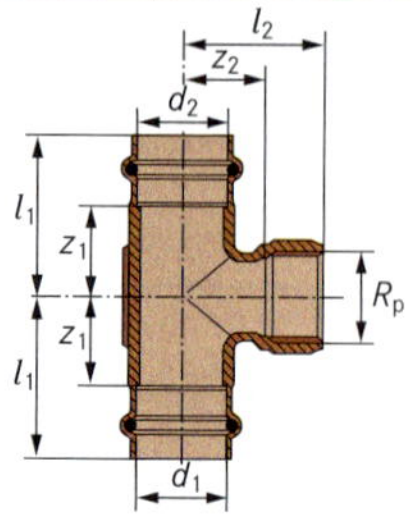

d_1	l_1	l_2	z_1	z_2	$K^{1)}$	d_1 x R x d_2	l_1	l_2	z_1	$K^{1)}$	d_1 x R_p x d_2	l_1	l_2	z_1	z_2	$K^{1)}$
12	36	28	18	10	T, –	18 x ¾ x 18	45	40	21	T	12 x ½ x 12	40	35	22	22	T, –
15	41	33	19	11	T, G	22 x ¾ x 22	50	42	26	T	15 x ½ x 15	54	21	21	8	T, G
18	42	35	20	13	T, G	28 x ¾ x 28	50	45	26	T	18 x ½ x 18	45	40	21	23	T, G
22	45	38	22	15	T, G	35 x ¾ x 35	50	45	24	T	22 x ½ x 22	49	43	25	27	T, G
28	48	43	24	19	T, G	42 x ¾ x 42	55	50	14	T	22 x ¾ x 22	49	45	25	29	T, G
35	52	48	26	22	T, G	54 x ¾ x 54	66	55	20	T	28 x ½ x 28	49	46	25	31	T, G
42	65	65	29	29	T, G	54 x 1 x 54	69	63	24	T	28 x ¾ x 28	53	50	29	34	T, G
54	75	75	35	35	T, G	54 x 1¼ x 54	72	66	32	T	35 x ½ x 35	49	49	23	34	T, G
											35 x 1 x 35	60	55	35	36	T, G
											42 x ½ x 42	55	50	14	35	T, G
											42 x 1 x 42	65	59	25	40	T, G
											54 x ½ x 54	66	55	20	40	T, G
											54 x 1 x 54	70	66	25	47	T, G

$^{1)}$ **Kennzeichnung:** T → Trinkwasser-, Heizungs-, Solarleitungsfitting
G → Gas-, Flüssiggas- und Ölleitungsfitting
(nach DVGW-TRGI 2008 und TRF 1996)

T-Stück aus Kupfer, reduziert

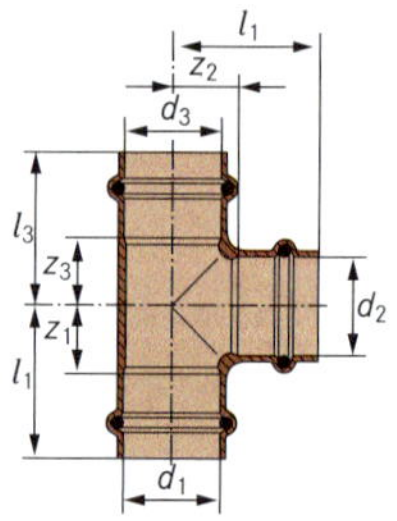

d_1 x d_2 x d_2	l_1	l_2	l_3	z_1	z_2	z_3	$K^{1)}$	d_1 x d_2 x d_2	l_1	l_2	l_3	z_1	z_2	z_3	$K^{1)}$
12 x 15 x 12	38	32	38	20	10	20	T, –	28 x 15 x 28	41	41	41	17	19	17	T, G
15 x 12 x 12	39	30	39	17	12	21	T, –	28 x 18 x 22	42	41	47	18	19	24	T, –
15 x 12 x 15	39	30	39	17	12	17	T, –	28 x 18 x 28	42	41	42	18	19	18	T, –
15 x 15 x 12	41	33	41	19	11	23	T, –	28 x 22 x 22	45	42	50	21	19	27	T, –
15 x 18 x 15	42	35	42	20	13	20	T, –	28 x 22 x 28	45	42	45	21	19	21	T, G
15 x 22 x 15	45	38	45	23	15	23	T, –	28 x 28 x 22	48	43	53	24	19	30	T, –
18 x 12 x 18	39	31	39	17	13	17	T, –	35 x 15 x 35	44	44	44	18	22	18	T, –
18 x 15 x 18	41	35	41	19	13	17	T, G	35 x 18 x 35	44	44	44	18	22	18	T, –
18 x 18 x 15	42	35	47	20	13	25	T, –	35 x 22 x 35	46	45	46	20	22	20	T, G
18 x 22 x 18	45	36	45	23	13	23	T, –	35 x 28 x 28	49	46	55	23	22	31	T, –
22 x 15 x 15	41	37	47	18	15	25	T, G	35 x 28 x 35	49	46	49	23	22	23	T, G
22 x 15 x 18	41	37	44	18	15	22	T, –	42 x 25 x 42	53	52	53	17	29	17	T, –
22 x 15 x 22	41	37	41	18	15	18	T, G	42 x 28 x 42	55	53	55	19	29	19	T, G
22 x 18 x 18	42	37	47	19	15	25	T, –	42 x 35 x 42	58	55	58	22	29	22	T, G
22 x 18 x 22	42	37	42	19	15	19	T, G	54 x 22 x 54	60	58	60	20	35	20	T, –
22 x 22 x 15	45	38	51	22	15	29	T, G	54 x 28 x 54	63	59	63	23	35	23	T, –
22 x 22 x 18	45	38	51	22	15	29	T, –	54 x 35 x 54	68	61	68	28	35	28	T, –
28 x 15 x 22	41	41	45	17	19	22	T, –	54 x 42 x 54	69	71	69	29	35	29	T, G

Verschraubung aus CuSnZn-Leg. flachdichtend mit Innengewinde (R_p)

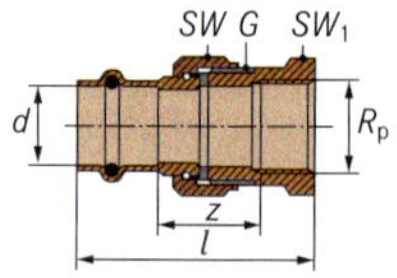

Verschraubung aus CuSnZn-Leg. flachdichtend mit Außengewinde (R)

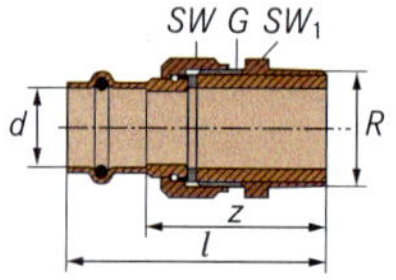

Winkelverschraubung aus CuSnZn-Leg., flachdichtend

Wandscheibe aus CuSnZn-Leg.

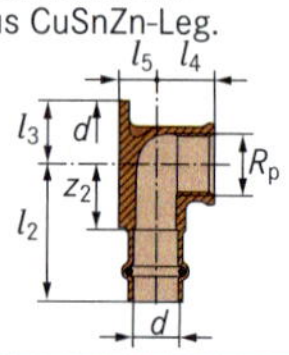

d x R_p	l	z	G	SW	SW_1	d x R	l	z	G	SW	SW_1	d x R_p	l	l_1	z	z_1	G	SW	l_2	l_3	l_4	l_5	z_2	d
12 x ½	56	24	¾	30	27	12 x ½	59	41	¾	30	27	12 x ½	54	28	36	17	¾	30	40	27	20	12	22	55
15 x ½	64	25	¾	30	27	15 x ½	66	42	¾	30	27	15 x ½	61	28	37	17	¾	30	46	20	20	14	22	55
15 x ¾	67	28	¾	30	31	15 x ¾	67	43	¾	30	28	15 x ¾	–	–	–	–	–	–	–	–	–	–	–	–
18 x ½	64	25	¾	30	27	18 x ½	66	42	¾	30	27	18 x ½	61	28	37	17	¾	30	46	27	22	14	22	55
18 x ¾	67	30	¾	30	31	18 x ¾	67	43	¾	30	38	18 x ¾	65	39	42	20	1	36	50	28	24	15	26	62
22 x ¾	72	32	1	37	34	22 x ¾	74	50	1	37	34	22 x ¾	71	33	47	20	1	37	52	30	28	21	28	62
22 x 1	81	38	1	37	40	22 x 1	70	46	1	37	34	22 x 1	74	44	50	25	1	37	–	–	–	–	–	–
28 x 1	78	35	1¼	46	44	28 x 1	78	56	1¼	46	44	28 x 1	83	47	59	26	1¼	46	–	–	–	–	–	–
35 x 1¼	83	36	1½	59	56	35 x 1¼	89	63	1½	52	50	35 x 1¼	85	57	59	32	1½	52	–	–	–	–	–	–
42 x 1½	94	32	1¾	59	56	42 x 1½	100	59	1¾	59	55	42 x 1½	108	59	65	36	1¾	59	–	–	–	–	–	–
54 x 2	95	34	2⅜	75	68	54 x 2	116	86	2⅜	75	72	54 x 2	123	69	76	43	2⅜	75	–	–	–	–	–	–

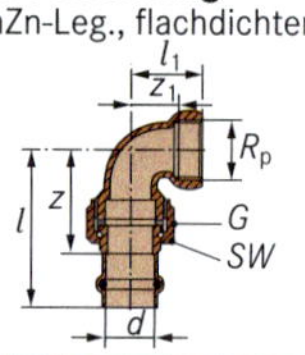

Rohrleitungs- und Verbindungstechnik

Einsatzgrenzen der Kunststoffrohre

Tab. 167.1: Zulässige Betriebsdrücke p_s in bar[1] von Kunststoffrohren für Trinkwasser und Gasanlagen

	Gas- und Wasserversorgungsleitungen						Trinkwasserinstallation nach W 544											
Werkstoff	PVC-U		PE 80		PE 100		PVC-C			PE-X		PP-R			PB			
Güteanforderung DIN	EN 1452 (8061)		EN 1555-1 EN 12 201-1				EN ISO 15 877-1			EN ISO 15 875-1		EN ISO 15 874-1			EN ISO 15 876-1			
Rohrmaße nach DIN	EN 1452 (8062)[2]		EN 1555-2 [3] EN 12 202-2				EN ISO 15 877-2			EN ISO 15 875-2[4]		EN ISO 15 874-2[3]			EN ISO 15 876-2[4]			
Rohrserienzahl	S10	S6,3	S5	S3,2	S8	S6,3	S10	S6,3	S4	S5	S3,2	S5	S2,5	S2	S8	S5	S4	
p_s bei 20 °C	10,0	16,0	12,5	20,0	8,0	10,0	10,0	16,0	25	12,5	20,0	12,9	25,7	32,4	11,4	18,1	22,8	
p_s bei 60 °C	–	–	–	–	–	–	4,5	7,0	11,4	8,1	12,8	6,4	12,7	16,0	7,5	11,9	15,0	

[1] Bei einer Betriebsfähigkeit von 50 Jahren;
[2] Sicherheitsfaktor c = 2,5;
[3] Sicherheitsfaktor c = 1,25 (Wasser);
[4] Sicherheitsfaktor c = 1,5

Vollständige Kennzeichnung der Kunststoffrohre nach DIN EN 1452-2 und DVGW-Arbeitsblätter

Herstellerzeichen	DVGW-Prüfzeichen mit Registriernummer	Rohrtyp Werkstoff	DIN-Nummer	Rohrserie[1] (S oder SDR)	d_a x s	Herstelldatum	Maschinennummer

[1] Abkürzungen S oder SDR siehe nachfolgende Wandstärkenberechnung

Wandstärke bei Kunststoffrohren nach ISO 4065

$s = d_a/(2 \cdot S + 1)$

$S = (d_a - s)/2s$

$SDR = 2S + 1 \approx d_a/s$

s : Wanddicke in mm
d_a : Rohr-Außendurchmesser in mm
S : nominelle Rohrserienzahl nach ISO 4065 (aus jeweiliger Kunststoff-Rohrnorm)
SDR: Durchmesser/Wanddicken-Verhältnis (Standard Dimension Ratio)

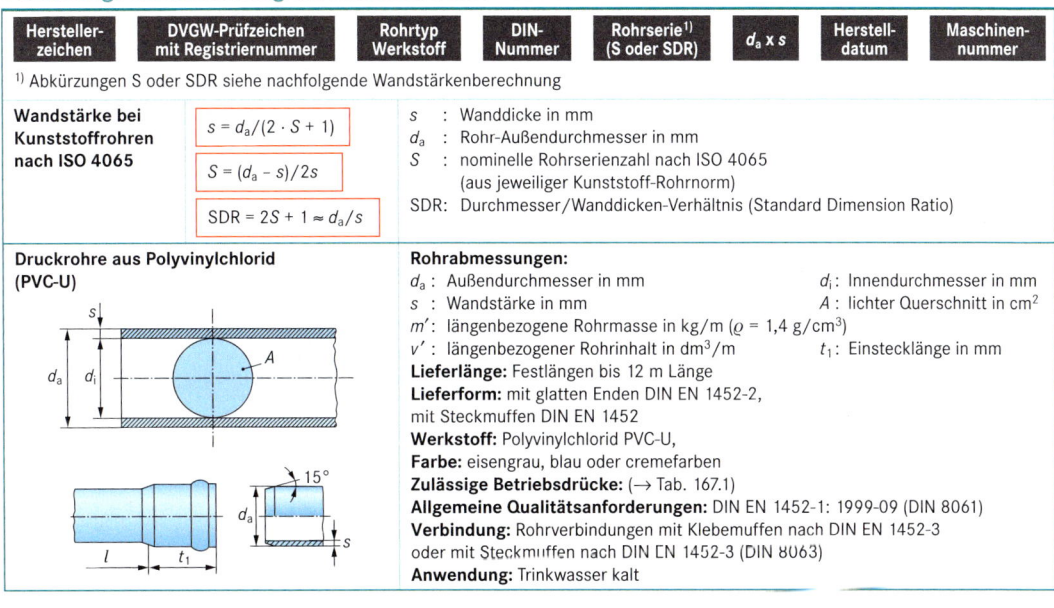

Druckrohre aus Polyvinylchlorid (PVC-U)

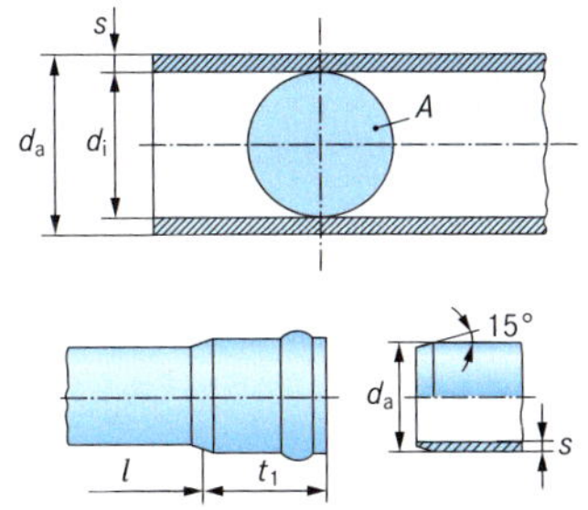

Rohrabmessungen:
d_a : Außendurchmesser in mm
d_i : Innendurchmesser in mm
s : Wandstärke in mm
A : lichter Querschnitt in cm²
m': längenbezogene Rohrmasse in kg/m (ϱ = 1,4 g/cm³)
v' : längenbezogener Rohrinhalt in dm³/m
t_1: Einstecklänge in mm

Lieferlänge: Festlängen bis 12 m Länge
Lieferform: mit glatten Enden DIN EN 1452-2, mit Steckmuffen DIN EN 1452
Werkstoff: Polyvinylchlorid PVC-U,
Farbe: eisengrau, blau oder cremefarben
Zulässige Betriebsdrücke: (→ Tab. 167.1)
Allgemeine Qualitätsanforderungen: DIN EN 1452-1: 1999-09 (DIN 8061)
Verbindung: Rohrverbindungen mit Klebemuffen nach DIN EN 1452-3 oder mit Steckmuffen nach DIN EN 1452-3 (DIN 8063)
Anwendung: Trinkwasser kalt

Tab. 167.2: Druckrohre aus weichmacherfreiem Polyvinylchlorid nach DIN EN 1452-2: 1999-09 (DIN 8062)

PN 10, Rohrserienzahl S10 DIN EN 1452-2 (C = 2,5)								PN 16, Rohrserienzahl S6,3 DIN EN 1452-2 (C = 2,5)						
DN	d_a mm	s mm	d_i mm	A cm²	v' dm³/m	m' kg/m	t_1 mm	d_a mm	s mm	d_i mm	A cm²	v' dm³/m	m' kg/m	t_1 mm
15	–	–	–	–	–	–	–	20	1,5	17,0	2,27	0,23	0,137	–
20	25	1,5	22	3,80	0,38	0,174	–	25	1,9	21,2	3,53	0,35	0,212	–
25	32	1,6	28,6	6,51	0,65	0,241	82	32	2,4	27,2	5,81	0,58	0,342	82
32	40	1,9	36,2	10,29	1,03	0,350	83	40	3	34	9,08	0,91	0,525	83
40	50	2,4	45,2	16,05	1,61	0,525	86	50	3,7	42,6	14,25	1,43	0,809	86
50	63	3	57	25,52	2,55	0,854	90	63	4,7	53,6	22,56	2,26	1,29	90
65	75	3,6	67,8	36,10	3,61	1,220	94	75	5,6	63,8	31,97	3,20	1,82	94
80	90	4,3	81,4	52,04	5,20	1,75	97	90	6,7	76,6	46,08	4,61	2,61	97
PN 10, Rohrserienzahl S12,5 für d > 90 (C = 2)								PN 16, Rohrserienzahl S8 für d > 90 (C = 2)						
100	110	4,2	101,6	81,1	8,11	2,09	104	110	6,6	96,8	73,6	7,36	3,14	104
125	140	5,4	129,2	131,1	13,11	3,43	112	140	8,3	123,4	119,6	11,96	4,81	112
150	160	6,2	147,6	171,1	17,11	4,47	119	160	9,5	141	156,2	15,62	6,29	119
200	225	8,6	207,8	339,1	33,91	8,66	136	225	13,4	198,2	308,5	30,85	12,94	136

Bezeichnung eines Druckrohres aus PVC-U nach DIN EN 1452, Rohrserienzahl S10 (SDR 21), d_a = 90 mm, s = 4,3 mm

Rohr	Werkstoff	–	DIN ...	–	Rohrserienzahl (d_a/s-Verhältnis)		–	d_a x s
Rohr	PVC-U	–	DIN EN 1452	–	S10	(SDR 21)	–	90 x 4,3

Druckrohre aus Polyvinylchlorid (PVC-C)

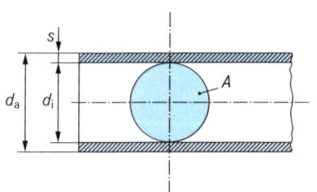

Rohrabmessungen:
d_a : Außendurchmesser in mm
d_i : Innendurchmesser in mm
s : Wandstärke in mm
A : lichter Querschnitt in cm^2
m': längenbezogene Rohrmasse in kg/m (ϱ = 1,55 g/cm^3)
v' : längenbezogener Rohrinhalt in dm^3/m
Werkstoff: chloriertes Polyvinylchlorid PVC-C 250 (MRS = 25 N/mm^2)
Allgemeine Qualitätsanforderungen: DIN EN ISO 15 877-1
Anwendung: Trinkwasserhausinstallation bis 70 °C
Lieferart: Festlängen von 3 bis 5 m Länge und Ringbunde

Tab. 168.1: Rohre aus chloriertem Polyvinylchlorid (PVC-C)   DIN EN ISO 15 877-2: 2009-03

Rohr		Rohrserienzahl S10 (PN 10)					Rohrserienzahl S6,3 (PN 16)					Rohrserienzahl S4 (PN 25)				
DN	d_a mm	s mm	d_i mm	A cm^2	v' dm^3/m	m' kg/m	s mm	d_i mm	A cm^2	v' dm^3/m	m' kg/m	s mm	d_i mm	A cm^2	v' dm^3/m	m' kg/m
12	16	–	–	–	–	–	1,2	13,6	1,45	0,15	0,099	1,8	12,4	1,21	0,12	0,136
15	20	–	–	–	–	–	1,5	22,0	3,80	0,38	0,151	2,3	15,4	1,86	0,19	0,217
20	25	1,5	22	3,80	0,38	0,193	1,9	21,2	3,53	0,35	0,234	2,8	19,4	2,96	0,30	0,326
25	32	1,5	29	6,61	0,66	0,251	2,4	27,2	5,81	0,58	0,379	3,6	24,8	4,83	0,48	0,533
32	40	1,9	36,2	10,29	1,03	0,387	3,0	34,0	9,08	0,91	0,589	4,5	31	7,55	0,76	0,83
40	50	2,4	45,2	16,05	1,61	0,611	3,7	42,6	14,25	1,43	0,896	5,6	38,8	11,80	1,18	1,28
50	63	3,0	57	25,52	2,55	0,945	4,7	53,6	22,56	2,26	1,42	7,1	48,8	18,70	1,87	2,05
65	75	3,5	68	36,32	3,63	1,32	5,6	63,8	31,97	3,30	2,01	8,4	58,2	26,60	2,66	2,88
80	90	4,3	81,4	52,04	5,20	1,93	6,7	76,6	46,08	4,61	2,88	10,1	69,8	38,26	3,83	4,15
100	110	5,3	99,4	77,60	7,76	2,89	8,1	93,8	69,19	6,91	4,27	12,3	85,4	57,30	5,73	6,16

Bezeichnung eines Druckrohres aus PVC-C nach DIN EN ISO 15 877, Rohrserienzahl S4 (SDR9), d_a = 40 mm, s = 4,5 mm

Rohr	Werkstoff	–	DIN ...	–	Rohrserienzahl	–	d_a x s	Herstellerdatum
Rohr	PVC-C 250	–	EN ISO 15 877	–	S4 (SDR9)	–	40 x 4,5	231004

Druckrohre aus Polybuten (PB)

Rohrabmessungen: siehe oben (Dichte ϱ = 0,92 g/cm^3)

Werkstoff: Polybuten PB 125

Allgemeine Qualitätsanforderungen: DIN EN ISO 15 876-1 (DIN 16 968)

Anwendung: Trinkwasser-Hausinstallation bis 70 °C und Heizungsanlagen nach DIN EN ISO 15 876 (→ Tab. 172.1)

Lieferart: in geraden Festlängen bis 6 m und in Ringbunden

Zulässige Betriebsdrücke: (→ Tab. 167.1)

Tab. 168.2: Rohre aus Polybuten (PB 125)   DIN EN ISO 15 876: 2003-12 (DIN 16 969: 1997-12)

Rohr	Rohrserienzahl S8 (PN 10)					Rohrserienzahl S5 (PN 16)					Rohrserienzahl S4 (PN 25)				
d_a mm	s mm	d_i mm	A cm^2	v' dm^3/m	m' kg/m	s mm	d_i mm	A cm^2	v' dm^3/m	m' kg/m	s mm	d_i mm	A cm^2	v' dm^3/m	m' kg/m
12	1,3	9,4	0,69	0,069	0,045	1,3	9,4	0,69	0,069	0,045	1,4	9,2	0,66	0,066	0,056
16	1,3	13,4	1,41	0,14	0,062	1,5	13,0	1,33	0,13	0,070	1,8	12,4	1,21	0,12	0,095
20	1,3	17,4	2,39	0,24	0,090	1,9	16,2	2,06	0,21	0,109	2,3	15,4	1,86	0,19	0,128
25	1,5	22,0	3,80	0,38	0,114	2,3	20,4	3,29	0,33	0,165	2,8	19,4	2,96	0,30	0,194
32	1,9	28,2	6,25	0,63	0,183	2,9	26,2	5,39	0,54	0,264	3,6	24,8	4,83	0,48	0,317
40	2,4	35,2	9,73	0,97	0,285	3,7	32,6	8,36	0,84	0,417	4,5	31,0	7,55	0,76	0,492
50	3,0	44,0	15,20	1,52	0,442	4,6	40,8	13,07	1,31	0,645	5,6	38,8	11,82	1,18	0,763
63	3,8	55,4	24,10	2,41	0,700	5,8	51,4	20,74	2,07	1,02	7,1	48,8	18,70	1,87	1,21
75	4,5	66,0	34,21	3,42	0,982	6,8	61,4	29,61	2,96	1,42	8,4	58,2	26,60	2,66	1,71
90	5,4	79,2	49,27	4,93	1,41	8,2	73,6	42,54	4,25	2,05	10,1	69,8	38,26	3,83	2,46
110	6,6	96,8	73,59	7,36	2,10	10,0	90,0	63,62	6,36	3,05	12,3	85,4	57,28	5,29	3,65
125	7,4	110,6	95,38	9,54	2,67	11,4	102,2	82,03	8,20	3,95	14,0	97,0	73,90	7,39	4,72

Bezeichnung eines Druckrohres aus PB 125 nach DIN EN ISO 15 876, Rohrserienzahl S4 (SDR9), d_a = 50 mm, s = 5,6 mm

Rohr	Werkstoff	–	DIN EN ISO ...	–	Rohrserienzahl	–	d_a x s	Herstellerdatum
Rohr	PB 125	–	DIN EN ISO 15 876	–	S4 (SDR9)	–	50 x 5,6	231004

Druckrohre aus Polyethylen (PE)

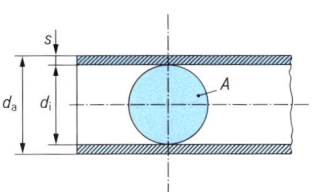

Rohrabmessungen:
d_a : Außendurchmesser in mm
d_i : Innendurchmesser in mm
s : Wandstärke in mm
A : lichter Querschnitt in cm²
m': längenbezogene Rohrmasse in kg/m (ϱ = 0,95 g/cm³)
V': längenbezogener Rohrinhalt in dm³/m
Lieferformen: Gerade Festlängen bis 12 m, Ringbunde in Längen bis 100 m
Farbkennzeichnung: schwarz mit hellblauen Streifen oder blau
Werkstoffe: Polyethylen (PE 80), PE 100 (MRS = 8/10 N/mm²).
PE-HD (Werkstoff PE-HD geeignet für drucklose Rohre u. Kabelschutzrohre)
Zulässige Betriebsdrücke: (→ Tab. 167.1)
Allgemeine Qualitätsanforderungen: DIN EN 12 201-1: 2003-06

Tab. 169.1: Druckrohre aus Polyethylen (PE 100) für die Trinkwasserinstallation   DIN EN 12 201-2: 2003-06

Rohr			Rohrserienzahl S5 (SDR11) PN 16				Rohrserienzahl S8 (SDR17) PN 10				
DN	d_a	s	d_i	A	V'	m'	s	d_i	A	V'	m'
	mm	mm	mm	cm²	dm³/m	kg/m	mm	mm	cm²	dm³/m	kg/m
10	16	–	–	–	–	–	–	–	–	–	–
15	20	1,9	16,2	2,06	0,21	0,112	–	–	–	–	–
20	25	2,3	20,4	3,27	0,33	0,171	1,8	21,4	3,60	0,36	0,14
25	32	2,9	26,2	5,39	0,54	0,272	1,9	28,2	6,25	0,62	0,19
32	40	3,7	32,8	8,45	0,85	0,430	2,4	35,2	9,73	0,97	0,30
40	50	4,6	40,8	13,07	1,31	0,666	3,0	44	15,21	1,52	0,45
50	63	5,8	51,4	20,75	2,08	1,05	3,8	55,4	24,11	2,41	0,72
65	75	6,8	61,4	29,61	2,96	1,47	4,5	66	34,21	3,42	1,02
80	90	8,2	73,6	42,54	4,25	2,12	5,4	79,2	49,27	4,93	1,46
100	125	11,4	102,2	82,03	8,30	4,08	7,4	110,2	95,38	9,54	2,76
125	160	14,6	130,8	134,37	13,44	6,67	9,5	141	156,1	15,61	4,52
150	180	16,4	147,2	170,18	17,02	8,42	10,7	158,6	197,6	19,76	5,71
200	250	22,7	204,6	328,78	32,88	16,20	14,8	220,4	381,5	38,15	11

Druckrohre aus Polyethylen (PE)

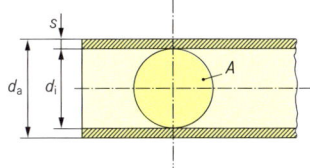

Rohrabmessungen: siehe oben
Farbkennzeichnung: Gasrohre gelb oder schwarz mit gelben Streifen,
Formstücke schwarz
Lieferformen: bis DN 125 in Ringbunden von l = 100 m;
ab DN 32 auch in geraden Längen von 6 und 12 m
Werkstoffe: Polyethylen PE 80, (PE 100) mit MRS = 8 (10) N/mm²
Allgemeine Anforderungen: DIN EN 1555-1: 2003-04
Zulässiger Betriebsdruck bei C = 2: S8,3 → p = 1 bar; S5 → p = 4 bar

Tab. 169.2: Druckrohre aus Polyethylen (PE 80) für die Gasversorgung DVGW G 477   G472 DIN EN 1555-2: 2003-04

Rohr			Rohrserienzahl S8,3 (SDR17,6) PN 6				Rohrserienzahl S5 (SDR11) PN 10				
DN	d_a	s	d_i	A	V'	m'	s	d_i	A	V'	m'
	mm	mm	mm	cm²	dm³/m	kg/m	mm	mm	cm²	dm³/m	kg/m
20	25	2,3	20,4	3,27	0,33	0,171	3,0	19	2,83	0,28	0,152
25	32	2,3	27,4	5,90	0,59	0,204	3,0	26	5,31	0,53	0,260
32	40	2,3	35,4	9,84	0,98	0,29	3,7	32,6	8,35	0,83	0,430
40	50	2,9	44,2	15,3	1,53	0,44	4,6	40,8	13,07	1,31	0,666
50	63	3,6	55,8	24,5	2,45	0,69	5,8	51,4	20,75	2,08	1,05
65	75	4,3	66,4	34,63	3,46	0,98	6,8	61,4	29,61	2,96	1,47
80	90	5,1	79,8	50,01	5	1,39	8,2	73,6	42,54	4,25	2,12
–	110	6,3	97,4	74,51	7,45	2,08	10,0	90	63,62	6,36	3,14
100	125	7,1	110,8	96,42	9,64	2,66	11,4	102,2	82,03	8,20	4,08
125	160	9,1	141,8	157,92	15,79	4,35	14,6	130,8	134,37	13,44	6,67
150	180	10,2	159,6	200,06	20,01	5,48	16,4	147,2	170,18	17,02	8,42
200	250	14,8	220,4	381,52	38,15	10,60	22,7	204,6	328,78	32,88	16,20

Bezeichnung eines Rohres aus PE 80 nach DIN EN 1555, d_a = 110 mm, s = 10,0 mm, Rohrserie S5 (SDR11)

Rohr	Werkstoff	–	DIN EN …	–	Rohrserienzahl (d_a/s-Verhältnis)[1]	–	d_a x s[1]
Rohr	PE 80	–	DIN EN 1555	–	S5 (SDR11)	–	110 x 10,0

[1] Bei der Bestellung des Rohres reicht entweder die Angabe des Außendurchmessers in Verbindung mit der Rohrserienzahl
o. des Durchmesser/Wanddicken-Verhältnisses oder nur die Außendurchmesser- und Wanddickenangabe.

Druckrohre aus vernetztem Polyethylen (PE-X)

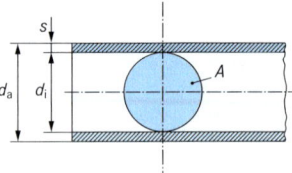

Rohrabmessungen nach DIN EN ISO 15 875-2 (Abmessungsklasse A):
d_a : Außendurchmesser in mm A : lichter Querschnitt in cm^2
d_i : Innendurchmesser in mm m': längenbezogene Rohrmasse in kg/m
s : Wandstärke in mm v' : längenbezogener Rohrinhalt in dm^3/m
Anwendung: Trinkwasser-Hausinstallation bis 70 °C und für Heizungsanlagen (Reihe S5) nach DIN 4726 mit Sauerstoffsperrschicht (→ Tab. 172.1)
Lieferformen: Gerade Festlängen bis 6 m; Ringbunde bis d_a = 32 mm, abgewickelte Längen von 25 bis 100 m (je nach Durchmesser und Hersteller)
Werkstoff: Vernetztes Polyethylen (PE-X), früher mit VPE abgekürzt
Zulässige Betriebsdrücke: (→ Tab. 167.1)
Allgemeine Qualitätsanforderungen: EN ISO 15 875-1: 2004-03

Tab. 170.1: Rohre aus Polyethylen (PE-X)
EN ISO 15 875-2: 2004-03

Rohr		Rohrserienzahl S5 (SDR11) (PN 12,5)					Rohrserienzahl S3,2 (SDR7,4[1]) (PN 20)				
DN	d_a	s	d_i	A	V'	m'	s	d_i	A	V'	m'
	mm	mm	mm	cm^2	dm^3/m	kg/m	mm	mm	cm^2	dm^3/m	kg/m
–	10	1,3	7,4	0,43	0,043	0,038	1,4	7,2	0,41	0,041	0,040
8	12	1,3	9,4	0,69	0,069	0,047	1,7	8,6	0,58	0,058	0,057
12	16	1,5	13	1,33	0,13	0,072	2,2[2]	11,6	1,06	0,11	0,098
15	20	1,9	16,2	2,06	0,21	0,111	2,8[2]	14,4	1,63	0,16	0,153
20	25	2,3	20,4	3,27	0,33	0,167	3,5	18	2,54	0,25	0,238
25	32	2,9	26,2	5,39	0,54	0,269	4,4	23,2	4,23	0,42	0,382
32	40	3,7	32,6	8,35	0,84	0,425	5,5	29	6,61	0,66	0,594
40	50	4,6	40,8	13,07	1,31	0,658	6,9	36,2	10,29	1,03	0,926
50	63	5,8	51,4	20,75	2,08	1,040	8,6	45,8	16,47	1,65	1,45

[1] Für Trinkwasser sind nach DVGW-Arbeitsblatt W531 nur Rohre mit der Rohrserienzahl S3,2 zugelassen.
[2] Diese Abmessungen sind mit PE-Schutzrohr oder mit PE-Wärmedämmung lieferbar.

Tab. 170.2: Vernetzungsart und Mindestvernetzungsgrad (EN ISO 15 875)

Buchstabe	Vernetzungsart der Rohre	Grad der Vernetzung
a	peroxidvernetzt	75 %
b	silanvernetzt	65 %
c	elektronenstrahlenvernetzt	60 %
d	azovernetzt	60 %

Mittlere Dichte von PE-X:
ϱ = 0,94 g/cm^3

Bezeichnung eines Druckrohres für Trinkwasser-Installation aus PE-X peroxidvernetzt nach DIN EN 15 875, d_a = 20 mm, s = 2,8 mm, Rohrserienzahl S3,2 oder Durchmesser/Wanddicken-Verhältnis SDR 7,4 als Zusatzangabe

Rohr	Werkstoff	–	DIN ...	–	d_a x s	–	Rohrserienzahl (d_a/s-Verhältnis)
Rohr	PE-Xa	–	DIN EN ISO 15 875	–	20 x 2,8	–	S3,2 (SDR7,4)

Druckrohre aus Polypropylen (PP)

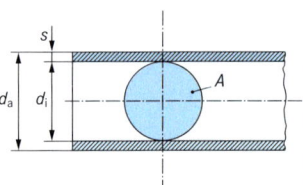

Rohrabmessungen: siehe oben; **Zulässige Betriebsdrücke:** (→ Tab. 167.1)
Anwendung: **PP-B** für Trinkwasser (TW) und Fußbodenheizung (→ Tab. 172.1)
PP-R (ab Reihe S2,5) für Trinkwasser TW, TWW und Heizungsanlagen nach DIN 4726 (→ Tab. 172.1)
Lieferformen: Gerade Festlängen bis 4 m, Ringbunde bis 100 m Länge
Werkstoff: Polypropylen PP-H 100 (Homopolymer mit MRS = 10 N/mm^2), PP-B 80 (Blockpolymer), PP-R 80 (Randompolymer mit MRS = 8 N/mm^2)
Allgemeine Qualitätsanforderungen: EN ISO 15 874-1: 2004-03

Tab. 170.3: Rohre aus Polypropylen (PP-B 80/PP-R 80)
DIN EN ISO 15 874-2: 2004-03

Rohr	Rohrserienzahl S5 (PN 10)[1]					Rohrserienzahl S2,5 (PN 20)					Rohrserienzahl S2 (PN 25)				
d_a	s	d_i	A	V'	m'[2]	s	d_i	A	V'	m'[2]	s	d_i	A	V'	m'[2]
mm	mm	mm	cm^2	dm^3/m	kg/m	mm	mm	cm^2	dm^3/m	kg/m	mm	mm	cm^2	dm^3/m	kg/m
12	1,8	8,4	0,55	0,055	0,052	2,0	8	0,50	0,050	0,062	2,4	7,2	0,41	0,041	0,071
16	1,8	12,4	1,21	0,12	0,073	2,7	10,6	0,88	0,088	0,110	3,3	9,6	0,73	0,073	0,128
20	1,9	16,2	2,06	0,21	0,107	3,4	13,2	1,37	0,14	0,172	4,1	11,8	1,09	0,11	0,198
25	2,3	20,4	3,27	0,33	0,164	4,2	16,6	2,11	0,21	0,266	5,1	14,8	1,72	0,17	0,307
32	2,9	26,2	5,39	0,54	0,261	5,4	21,2	3,53	0,35	0,434	6,5	19	2,84	0,28	0,498
40	3,7	32,6	8,35	0,84	0,412	6,7	26,6	5,56	0,56	0,671	8,1	23,8	4,45	0,45	0,775
50	4,6	40,8	13,07	1,31	0,638	8,3	33,4	8,76	0,88	1,04	10,1	29,8	6,97	0,70	1,21
63	5,8	51,4	20,75	2,07	1,01	10,5	42	13,85	1,38	1,65	12,7	40,4	12,82	1,28	1,91
75	6,8	61,4	29,61	2,96	1,41	12,5	50	19,63	1,96	2,34	15,1	44,8	15,76	1,58	2,70
90	8,2	73,6	42,54	4,25	2,03	15,0	60	28,27	2,83	3,36	18,1	53,8	22,73	2,27	3,88
125	11,4	102,2	82,03	8,20	3,91	20,8	83,4	54,63	5,46	6,47	25,1	74,8	43,94	4,39	7,46

[1] Rohrserie ist nur für Trinkwasser (TW) und Regenwasser geeignet
[2] mittlere Dichte ϱ = 0,91 g/cm^3

Bezeichnung	Rohr	PP-R 80	–	DIN EN ISO 15 874	–	25 x 4,2	–	S2,5 (SDR6)

Druckrohre aus vernetztem Polyethylen (PE-MDX)

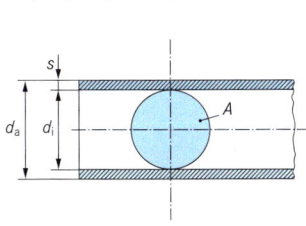

Rohrabmessungen:
d_a: Außendurchmesser in mm A : lichter Querschnitt in cm²
d_i : Innendurchmesser in mm m': längenbezogene Rohrmasse in kg/m
s : Wandstärke in mm V': längenbezogener Rohrinhalt in dm³/m
Anwendung: Trinkwasser-Hausinstallation bis 70 °C und für Heizungsanlagen (Reihe S4) nach DIN 4726 mit Sauerstoffsperrschicht (→ Tab. 172.1)
Lieferformen: Gerade Festlängen bis 6 m; Ringbunde bis d_a = 32 mm, abgewickelte Längen von 25 bis 100 m (je nach Durchmesser und Hersteller)
Werkstoff: Vernetztes Polyethylen mittlerer Dichte (PE-MDX), ϱ = 0,93 g/cm³
Zulässige Betriebsdrücke:
(Betriebsdauer 50 Jahre)
Allgemeine Qualitätsanforderungen: DIN 16 894: 1997-01

	Rohrserienzahl	S4	S2,5
p_s bei 20 °C		12,5 bar	20 bar
p_s bei 60 °C		7,5 bar	12,1 bar

Tab. 171.1: Rohre aus vernetztem Polyethylen mittlerer Dichte   DIN 16 895: 1996-06

Rohr		Rohrserienzahl S4 (PN 12,5)					Rohrserienzahl S2,5 (PN 20)				
DN	d_a mm	s mm	d_i mm	A cm²	V' dm³/m	m' kg/m	s mm	d_i mm	A cm²	V' dm³/m	m' kg/m
–	10	–	–	–	–	–	1,8	6,4	0,32	0,032	0,047
–	12	1,8	8,4	0,55	0,055	0,058	2	8	0,50	0,050	0,063
10	16	1,8	12,4	1,21	0,121	0,082	2,7	10,6	0,88	0,088	0,112
15	20	2,3	15,4	1,86	0,186	0,130	3,4	13,2	1,37	0,137	0,176
20	25	2,8	19,4	2,96	0,296	0,196	4,2	16,6	2,16	0,216	0,272
25	32	3,6	24,8	4,83	0,483	0,320	5,4	21,6	3,66	0,366	0,444
32	40	4,5	31	7,55	0,755	0,498	6,7	26,6	5,56	0,556	0,686
40	50	5,6	38,8	11,82	1,182	0,771	8,4	33,2	8,66	0,866	1,070
50	63	7	49	18,86	1,886	1,210	10,5	42	13,85	1,385	1,690
65	75	8,4	58,2	26,60	2,660	1,730	12,5	50	19,63	1,963	2,390
80	90	10	70	38,48	3,848	2,770	15,0	60	28,27	2,827	3,430
–	110	12,3	75,4	44,65	4,465	3,700	18,4	73,2	42,08	4,208	5,150
100	125	13,9	97,2	74,20	7,420	4,740	20,9	83,2	54,37	5,437	6,600
–	140	15,6	108,8	92,97	9,297	5,950	23,4	93,2	73,20	7,320	8,320
125	160	17,8	124,4	121,54	12,154	7,760	26,7	106,6	89,25	8,925	10,840

Bezeichnung eines Druckrohres aus PE-MDXc nach DIN 16 895, Rohrserienzahl S4 (SDR9), d_a = 20 mm, s = 2,3 mm

Rohr	Werkstoff	–	DIN ...	–	Rohrserienzahl (d_a/s-Verhältnis)	–	d_a x s
Rohr	PE-MDXc	–	DIN 16 895	–	S4 (SDR9)	–	20 x 2,3

Druckrohre aus Verbundmaterial (Kunststoff/Metall/Kunststoff)

Außenrohr (PP/PE)
Alurohr
Innenrohr (PP/PF)

Rohrabmessungen:
d_a : Außendurchmesser in mm
d_i : Innendurchmesser in mm
s : Wandstärke in mm
A : lichter Querschnitt in cm²
m': längenbezogene Rohrmasse in kg/m
V' : längenbezogener Rohrinhalt in dm³/m
Anwendung: Trinkwasser-Hausinstallation bis 70 °C (nur mit DVGW-Zulassung) und für Heizungsanlagen (→ Tab. 172.1)
Allgemeine Qualitätsanforderung: DIN EN 21 003-1

Tab. 171.2: Verbundrohre für Trinkwasserinstallation und Heizungsanlagen[2]   DIN EN ISO 21 003-2

Lieferform	PP/Al/PP						PE-X/Al/PE-X						PE-X/Al/PE					
Ringbund	l = 100 m, d_a = 16 mm						l = 100–50 m, d_a = 16–25 mm						l = 50 m, d_a = 16–26 mm					
Stange	l = 4 m, d_a = 16–110 mm						l = 5 m, d_a = 25–40 mm						l = 5 m, d_a = 16–63 mm					
	Rohr PP/Al/PP (PN 25)						Rohr PE-X/Al/PE-X (PN 10)						Rohr PE-X/Al/PE (PN 10)					
d_a[1] mm	s mm	d_i mm	A cm²	V' dm³/m	m' kg/m	d_a[1] mm	s mm	d_i mm	A cm²	V' dm³/m	m' kg/m	d_a[1] mm	s mm	d_i mm	A cm²	V' dm³/m	m' kg/m
16	2,7	10,6	0,85	0,085	0,185	16	2	12	1,13	0,113	0,13	16	2	12	1,13	0,11	0,13
20	3,4	13,2	1,37	0,137	0,212	20	2,3	15,4	1,86	0,186	0,18	20	2,5	15	1,76	0,18	0,19
25	4,2	16,6	2,16	0,216	0,326	25	2,8	19,4	2,96	0,296	0,27	26	3	20	3,14	0,31	0,30
32	5,4	21,2	3,53	0,353	0,506	32	3,6	24,8	4,83	0,483	0,49	32	3	26	5,31	0,53	0,42
40	6,7	26,6	5,56	0,556	0,759	40	4,5	31	7,55	0,755	0,75	40	3,5	33	8,55	0,86	0,60
50	8,4	33,2	8,66	0,866	1,148	–	–	–	–	–	–	50	4	42	13,9	1,39	0,84
63	10,5	42	13,85	1,385	1,752	–	–	–	–	–	–	63	4,5	54	22,9	2,29	1,20
75	12,5	50	19,63	1,963	2,487	–	–	–	–	–	–	–	–	–	–	–	–

[1] Die Rohre werden bis d_a = 110 mm ausgeliefert. [2] Maße nach Herstellerangabe

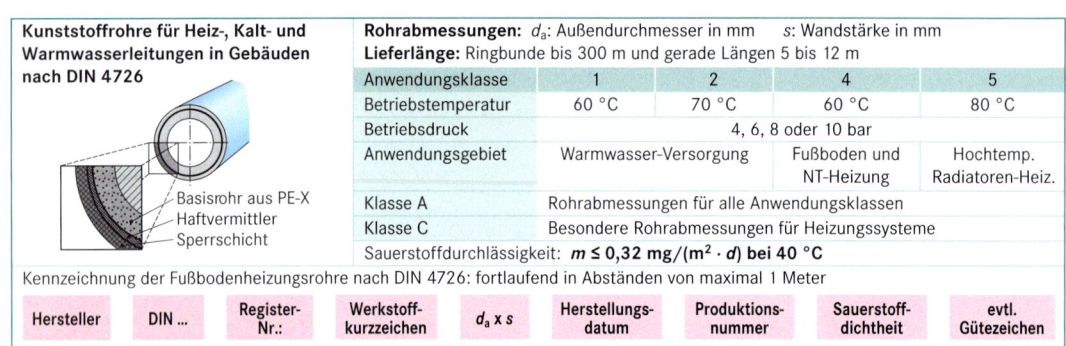

Kunststoffrohre für Heiz-, Kalt- und Warmwasserleitungen in Gebäuden nach DIN 4726	**Rohrabmessungen:** d_a: Außendurchmesser in mm s: Wandstärke in mm			
	Lieferlänge: Ringbunde bis 300 m und gerade Längen 5 bis 12 m			

Basisrohr aus PE-X
Haftvermittler
Sperrschicht

Anwendungsklasse	1	2	4	5
Betriebstemperatur	60 °C	70 °C	60 °C	80 °C
Betriebsdruck	4, 6, 8 oder 10 bar			
Anwendungsgebiet	Warmwasser-Versorgung		Fußboden und NT-Heizung	Hochtemp. Radiatoren-Heiz.
Klasse A	Rohrabmessungen für alle Anwendungsklassen			
Klasse C	Besondere Rohrabmessungen für Heizungssysteme			

Sauerstoffdurchlässigkeit: $m \leq 0{,}32$ mg/(m² · d) bei 40 °C

Kennzeichnung der Fußbodenheizungsrohre nach DIN 4726: fortlaufend in Abständen von maximal 1 Meter

Hersteller	DIN ...	Register-Nr.:	Werkstoff-kurzzeichen	d_a x s	Herstellungs-datum	Produktions-nummer	Sauerstoff-dichtheit	evtl. Gütezeichen

Tab. 172.1: Rohre für Fußbodenheizungssysteme
DIN 4726: 2008-10

Werkstoff		PB125	PP-R	PE-X	PE-MDX[4]	Verbundrohr
Anforderungen		EN ISO 15 876	EN ISO 15 874	EN ISO 15 875	(DIN 16 894)	–
Rohr-maße	Klasse A	(DIN 16 969)	(DIN 8077)	(DIN 16 893)	(DIN 16 895)	DIN EN ISO 21 003 (nach Hersteller)
	Klasse C	EN ISO 15 876	EN ISO 15 874	EN ISO 15 875		
Rohrmaße[1]		12 x 1,8 mm oder	16 x 2,0 mm oder	20 x 2,0 mm		
Verbindung		nur mit Muffenschweißen		mit Klemmringverschraubung oder Pressfitting		
Biegeradius		R ≥ 5 x d_a	R ≥ 6 x d_a	R ≥ 5 x d_a		Herstellerangaben

Bezeichnung eines Fußbodenheizrohres nach DIN 4726 mit d_a = 12 mm und s = 1,8 mm aus PE-Xa

Rohr	DIN ...	–	d_a x s	–	Werkstoff	Maßnorm EN ISO ...
Fußbodenheizung	DIN 4726	–	12 x 1,8	–	PE-Xa[2]	DIN EN ISO 15 875[3]

[1] Rohrabmessungen der Basisrohre   [2] Rohrwerkstoff mit Angabe der Vernetzungsart ($\rightarrow$ Tab. 170.1)   [3] Rohrabmessungen   [4] veraltet

---

Kunststoffrohr-Verbindungsteile
plastic pipes fittings

Rohrverbindungen und Formstücke mit Steckmuffen für Druckleitungen aus PVC-U   DIN EN 1452-3 (DIN 8063)

Normative Hinweise:

Tab. 172.2: Rohrverbindungen und Formstücke mit Steckmuffen für Druckleitungen aus PVC-U   DIN 8063

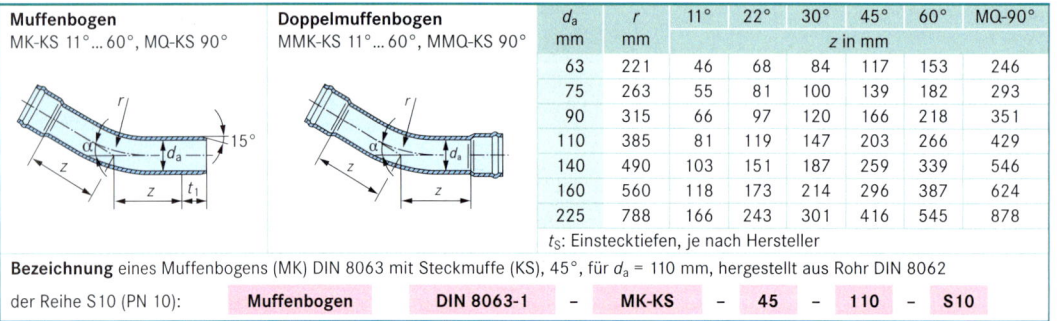

Muffenbogen
MK-KS 11°...60°, MQ-KS 90°

Doppelmuffenbogen
MMK-KS 11°...60°, MMQ-KS 90°

d_a mm	r mm	11°	22°	30°	45°	60°	MQ-90°
				z in mm			
63	221	46	68	84	117	153	246
75	263	55	81	100	139	182	293
90	315	66	97	120	166	218	351
110	385	81	119	147	203	266	429
140	490	103	151	187	259	339	546
160	560	118	173	214	296	387	624
225	788	166	243	301	416	545	878

t_S: Einstecktiefen, je nach Hersteller

Bezeichnung eines Muffenbogens (MK) DIN 8063 mit Steckmuffe (KS), 45°, für d_a = 110 mm, hergestellt aus Rohr DIN 8062 der Reihe S 10 (PN 10):

Muffenbogen	DIN 8063-1	–	MK-KS	–	45	–	110	–	S 10

Tab. 173.1: Rohrverbindungen und Formstücke mit Steckmuffen für Druckleitungen aus PVC-U   DIN 8063[1] (DIN EN 1452-2)

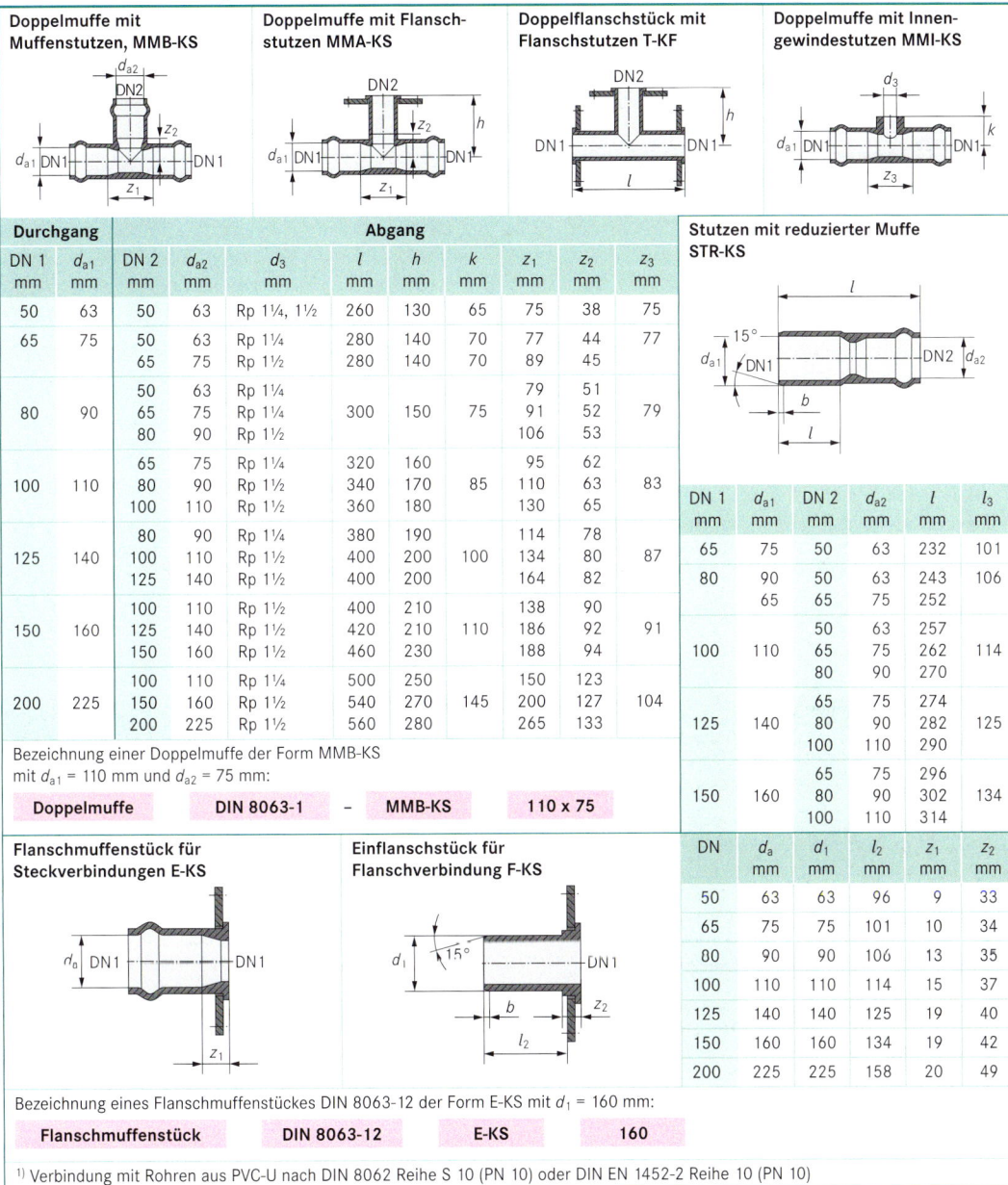

Doppelmuffe mit Muffenstutzen, MMB-KS	Doppelmuffe mit Flanschstutzen MMA-KS	Doppelflanschstück mit Flanschstutzen T-KF	Doppelmuffe mit Innengewindestutzen MMI-KS

Durchgang / **Abgang**

DN 1 mm	d_{a1} mm	DN 2 mm	d_{a2} mm	d_3 mm	l mm	h mm	k mm	z_1 mm	z_2 mm	z_3 mm
50	63	50	63	Rp 1¼, 1½	260	130	65	75	38	75
65	75	50	63	Rp 1¼	280	140	70	77	44	77
		65	75	Rp 1½	280	140	70	89	45	
80	90	50	63	Rp 1¼				79	51	
		65	75	Rp 1¼	300	150	75	91	52	79
		80	90	Rp 1½				106	53	
100	110	65	75	Rp 1¼	320	160		95	62	
		80	90	Rp 1½	340	170	85	110	63	83
		100	110	Rp 1½	360	180		130	65	
125	140	80	90	Rp 1¼	380	190		114	78	
		100	110	Rp 1½	400	200	100	134	80	87
		125	140	Rp 1½	400	200		164	82	
150	160	100	110	Rp 1½	400	210		138	90	
		125	140	Rp 1½	420	210	110	186	92	91
		150	160	Rp 1½	460	230		188	94	
200	225	100	110	Rp 1¼	500	250		150	123	
		150	160	Rp 1½	540	270	145	200	127	104
		200	225	Rp 1½	560	280		265	133	

Bezeichnung einer Doppelmuffe der Form MMB-KS mit d_{a1} = 110 mm und d_{a2} = 75 mm:

Doppelmuffe	DIN 8063-1	–	MMB-KS	110 x 75

Stutzen mit reduzierter Muffe STR-KS

DN 1 mm	d_{a1} mm	DN 2 mm	d_{a2} mm	l mm	l_3 mm
65	75	50	63	232	101
80	90	50	63	243	106
		65	65	252	
100	110	50	63	257	
		65	75	262	114
		80	90	270	
125	140	65	75	274	
		80	90	282	125
		100	110	290	
150	160	65	75	296	
		80	90	302	134
		100	110	314	

DN	d_a mm	d_1 mm	l_2 mm	z_1 mm	z_2 mm
50	63	63	96	9	33
65	75	75	101	10	34
80	90	90	106	13	35
100	110	110	114	15	37
125	140	140	125	19	40
150	160	160	134	19	42
200	225	225	158	20	49

Flanschmuffenstück für Steckverbindungen E-KS	Einflanschstück für Flanschverbindung F-KS

Bezeichnung eines Flanschmuffenstückes DIN 8063-12 der Form E-KS mit d_1 = 160 mm:

Flanschmuffenstück	DIN 8063-12	E-KS	160

[1] Verbindung mit Rohren aus PVC-U nach DIN 8062 Reihe S 10 (PN 10) oder DIN EN 1452-2 Reihe 10 (PN 10)

Tab. 173.2: PVC-Schieber   (Herstellerangaben)

Steckmuffenschieber	Bundschieber

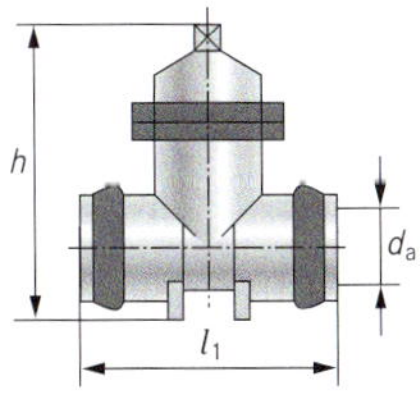

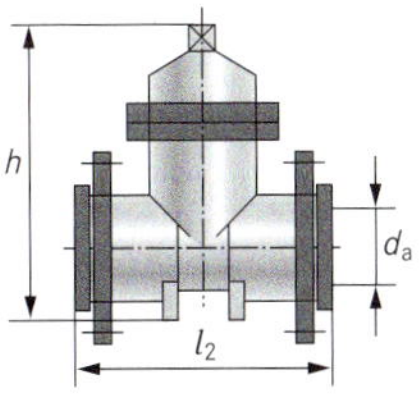

DN	d_a mm	l_1 mm	l_2 mm	h mm	m_s[1] kg
50	63	274	250	312	3,1
65	75	300	270	314	3,3
80	90	340	280	370	5,6
100	110	368	300	426	8,1
150	160	460	350	552	16,4

[1] m_s: Masse für Steckmuffenschieber in kg

Tab. 174.1: Rohrverbindungen und Formstücke mit Klebemuffen für Druckleitungen aus PVC-U, DIN 8063[1] (DIN EN 1452-3)

Muffenbogen MK-KK 11°…60°; MQ-90°
Doppelmuffenbogen MMK-KK 11°…60°; MMQ-90°

t_1: Klebelänge

DN	d_a mm	r mm	t_1 mm	11°	22°	30°	45°	60°	MQ-90°
						z in mm			
50	63	221	63	46	68	84	117	153	246
65	75	263	70	55	81	100	139	182	293
80	90	315	79	66	97	120	166	218	351
100	110	385	91	81	119	147	203	266	429
125	140	490	109	103	151	187	259	339	546
150	160	560	121	118	173	214	296	387	624
200	225	788	160	166	243	301	416	545	878

Bezeichnung eines Doppelmuffenbogens (MMK), mit Klebemuffe (KK), 60°, für d_a = 90 mm, hergestellt aus Rohr DIN 8062, S10 (PN 10): **Doppelmuffenbogen** DIN 8063-1 – **MMK-KK** – **60** – **90** – **S10**

Winkel 90° W1 **Winkel 45° W2** **Winkel 90° W1 G** (einseitiges Innengewinde)

t_1: Klebelänge

DN	d_a	t_1	d_2	t_2	z_1 W1/W1 G	z_1 W2	z_2 W1 G
	mm				mm		
10	16	14	Rp 3/8	11,4	9	4,5	13
15	20	16	Rp 1/2	15	11	5	17
20	25	19	Rp 3/4	16,3	13,5	6	17
25	32	22	Rp 1	19,1	17	7,5	22
32	40	26	Rp 1 1/4	21,4	21	9,5	28
40	50	31	Rp 1 1/2	21,4	26	11,5	38
50	63	38	Rp 2	25,7	32,5	14	47
65	75	44	–	–	38,5	16,5	–
80	90	51	–	–	46	19,5	–
100	110	61	–	–	56	23,5	–

Bezeichnung eines Winkel 90° Form W1 für Rohr d_a = 25 mm: **Winkel** DIN 8063-6 – **W1** – **25**

T-Stück T **T-Stück TG** (mit Innengewinde) **Kreuzstück TT** **Abzweig 45° A**

DN	d_a	d_2	t_1	t_2	z_1 T, TG	z_2 TT	z_2 TG	z_3	z_4
	mm				mm				
10	16	Rp 3/8	14	11,4	9	9	13	–	–
15	20	Rp 1/2	16	15	11	11	14	27	6
20	25	Rp 3/4	19	16,3	13,5	13,5	17	33	7
25	32	Rp 1	22	19,1	17	17	22	42	8
32	40	Rp 1 1/4	26	21,4	21	21	28	52	10
40	50	Rp 1 1/2	31	21,4	26	26	38	64	12
50	63	Rp 2	38	25,7	32,5	32,5	47	80	14
65	75	–	44	–	38,5	38,5	–	95	17
80	90	–	51	–	46	46	–	113	20
100	110	–	61	–	56	56	–	138	14

(T-Stücke: z_1 T, TG | z_2 TT | z_2 TG; Abzweig: z_3 | z_4)

Bezeichnung eines Abzweiges Form A für d_a = 25 mm, α = 45°: **Abzweig** DIN 8063-7 – **A 25** – **45**

Muffe M **Muffe MGI** **Nippel NGA**

DN		10	15	20	25	32	40	50	65	80	100
d_a	mm	16	20	25	32	40	50	63	75	90	110
z_1	mm	3	3	3	3	3	3	3	4	5	6
t_1	mm	14	16	19	22	26	31	38	44	51	61
t_2	mm	11,4	15	16,3	19,1	21,4	21,4	25,7	–	–	–
z_2	mm	5	5	5	5	5	7	7	–	–	–
d_2	mm	R 3/8	R 1/2	R 3/4	R 1	R 1 1/4	R 1 1/4	R 2	–	–	–
z_3	mm	35	42	47	54	60	66	78	–	–	–

Bezeichnung einer Muffe Form M für d_a = 63 mm: **Muffe** DIN 8063-8 – **M 63**

[1] Geltungsbereich: Spritzguss-Klebefittings, die mit Rohren nach DIN EN 1452-2, Reihe S 10 (PN 10) verklebt werden. Die Formstücke müssen den allgemeinen Qualitätsanforderungen nach DIN 8063-5 entsprechen.

Tab. 175.1: Rohrverbindungen und Formstücke mit Klebemuffen für Druckleitungen aus PVC-U, DIN 8063[1]

(Maße in mm)

Reduzierstück R 1

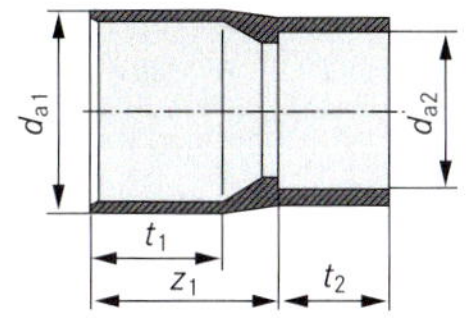

Reduziermuffe R 2

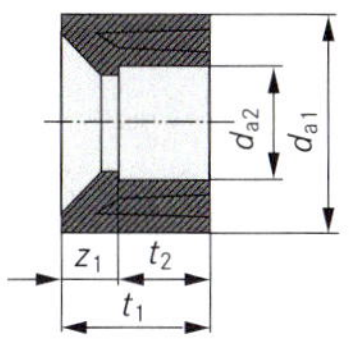

Form	d_{a1}	d_{a2}	t_1	t_2	z_1	z_2	Form	d_{a1}	d_{a2}	t_1	t_2	z_1	z_2
R1, R2	20	16	16	14	21	2	R1	63	25	38	19	54	–
R1, R2	25	16	19	14	25	4,5		63	32	38	22	54	15,5
	25	20	19	16	25	2,5	R1, R2	63	40	38	26	54	11,5
	32	16	22	14	30	8		63	50	38	31	54	6,5
R1, R2	32	20	22	16	30	6	R1	75	32	44	22	62	–
	32	25	22	19	30	3,5		75	40	44	25	62	–
R1	40	16	26	14	36	–	R1, R2	75	50	44	31	62	12,5
	40	20	26	16	36	10		75	63	44	38	62	8
R1, R2	40	25	26	19	36	7,5		90	50	51	31	74	20
	40	32	26	22	36	4	R1, R2	90	63	51	38	74	13,5
R1	50	20	31	16	44	–		90	75	51	44	74	7,5
	50	25	31	19	44	–		110	63	61	38	88	23,5
R1, R2	50	32	31	22	44	9	R1, R2	110	75	61	44	88	17,5
	50	40	31	26	44	5		110	90	61	51	88	10

Bezeichnung eines Reduzierstückes R1 von d_{a1} = 63 mm auf d_{a2} = 40 mm:

Reduzierstück	DIN 8063-9	R1	63 x 40

Muffe, reduziert MRGA
mit einseitigem Außengewinde

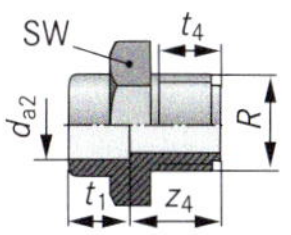

Reduzierstück, MGRI
mit einseitigem Gewindeanschluss

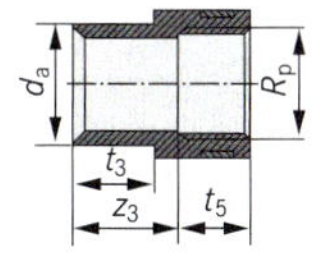

Wandscheibe S

Muffe MAG
aus CuZn40Pb2

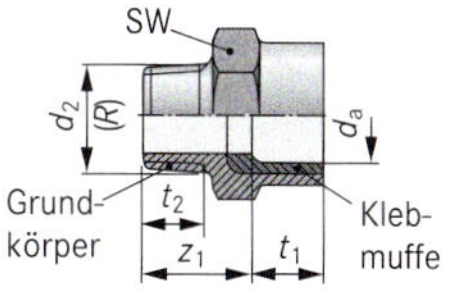

d_a x R	t_1	t_4	z_4
20 x R ¾	16	16,3	22
25 x R 1	19	19,1	27
32 x R 1¼	22	21,4	29
40 x R 1½	26	21,4	29
50 x R 2	31	25,7	34

d_a x R_p	t_3	t_5	z_3
20 x Rp ⅜	16	11,4	24
25 x Rp ½	19	15	27
32 x Rp ¾	22	16,3	32
40 x Rp 1	26	19,1	38
50 x Rp 1¼	31	21,4	46

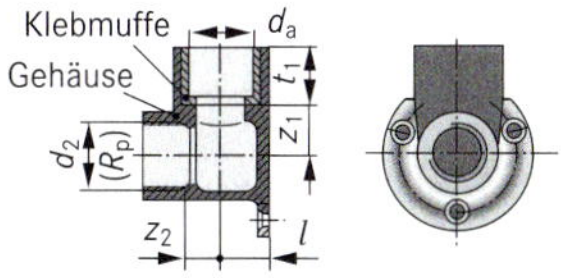

d_a	d_2	l	t_1	z_1	z_2
16	Rp ⅜	14	14	16	9
20	Rp ½	16	16	18	9
25	Rp ¾	17	19	20	12

d_a x R	t_1	t_2	z_1
16 x R ½	14	11,4	20
20 x R ½	16	15	24
25 x R ¾	19	16,3	25,5
32 x R 1	22	19,1	28,5
40 x R 1¼	26	21,4	31,5
50 x R 1½	31	21,4	32
63 x R 2	38	25,7	37

Bezeichnung eines Reduzierstückes MRGA für d_a = 25 mm:

Reduzierstück	DIN 8063-9	–	MRGA 25

Grundkörper (Gehäuse) aus CuZn40Pb2, Klebemuffe aus PVC hart nach DIN 8063-5

Verschraubung V1
für Klebung mit Flachdichtung

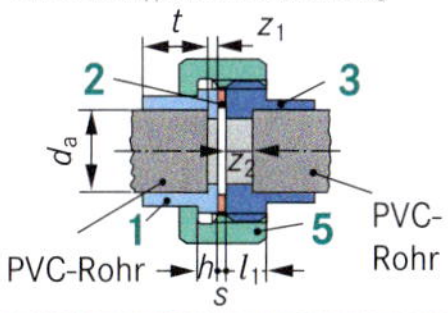

Verschraubung V1I
Innengewinde und Flachdichtung

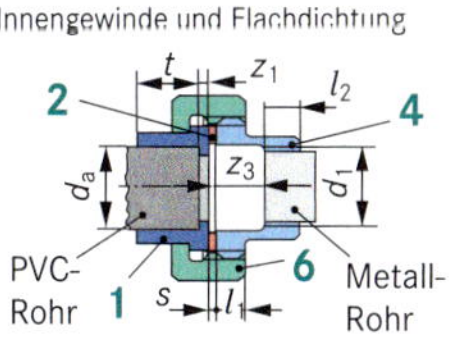

Verschraubung V1A
Außengewinde und Flachdichtung

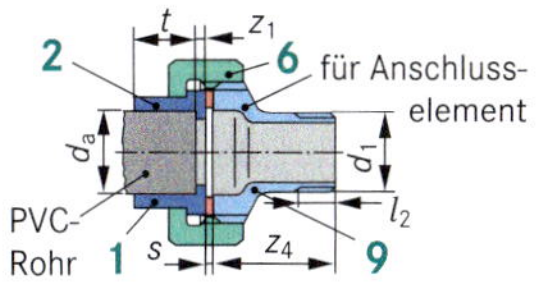

Verschraubung V2
für Klebung mit Runddichtung

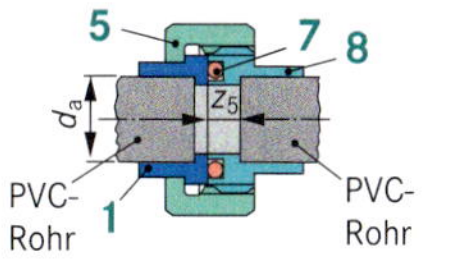

DN	d_a	d_1	h	l_1	l_2	s	t	z_1	z_2	z_3	z_4	z_5
10	16	R ⅜	5	9	10,1	2	14	3	8	7	29	10
15	20	R ½	5	10	13,2	2	16	3	8	7	32	10
20	25	R ¾	6	11	14,5	2	19	3	8	9	49	10
25	32	R 1	6	12	16,8	2	22	3	8	9	53	10
32	40	R 1¼	7	14	19,1	2	26	3	10	9	54	12
40	50	R 1½	7	16	19,1	2	31	3	12	10	62	14
50	63	R 2	8	18	23,4	3	38	3	15	10	69	18
65	75	R 2½	9	18	26,7	3	44	3	–	11	74	–
80	90	R 3	10	18	29,8	3	51	3	–	11	83	–

Einzelteile: 1. Bundbuchse, **2.** Flachdichtung,
3. Gewindebuchse-PVC, **4.** Gewindebuchse-Metall,
5. Überwurfmutter-PVC, **6.** Überwurfmutter-Metall,
7. Runddichtung, **8.** Gewindebuchse für Runddichtung,
9. Gewindestutzen für Rohrverschraubung

Werkstoffe:
- Teile 1, 3, 5, 8 aus PVC-hart
- Teile 4, 6, 9 wahlweise aus EN-GJMW-450, CuZn40Pb2 oder G-CuSn5ZnPb
- Teile 2, 7 (→ Tab. 160.1)

Bezeichnung einer Rohrverschraubung mit Flachdichtung für Klebung Form V1, d_a = 25 mm aus PVC:

Rohrverschraubung	DIN 8063-3	–	V1	–	25	–	PVC

[1] Verbindung mit Rohren aus PVC-U nach DIN 8062 Reihe S10 (PN 10) oder DIN EN 1452-2 Reihe S10 (PN 10)

Rohrverbindungen und Formstücke mit Klebemuffen aus PVC-C

(Herstellerangaben)

Anwendungsbereich: Trinkwasser-Hausinstallation bis 70 °C (→ Tab. 167.1), Verbindung mit Rohren aus PVC-C nach EN ISO 15 877-2 (DIN 8079), Mindest-Rohrserienzahl S 10 (PN 10) (→ Tab. 168.1)

Tab. 176.1: Klebefittings aus PVC-C

EN ISO 15 897-3

Bogen 90° ($r = 2d_a$) · **Winkel 90°** · **Winkel 45°**

DN	d_a	l_1	z_1	l_2	z_2	l_3	z_3	D_1	D_2
15	20	58	40	27	11	21	5	25	27
20	25	71	50	33	14	25	6	31	35
25	32	88	64	39	17	30	8	38	38
32	40	109	80	49	23	36	10	47	54
40	50	131	100	57	26	43	12	59	61
50	63	163	126	71	33	52	14	73	76
65	75	194	150	84	40	61	17	87	90
80	90	231	180	97	46	72	21	109	113
100	110	284	220	122	61	89	28	137	137

T 90° · **T 45°** · **Muffe**

DN	d_a	l_1	z_1	l_2	l_3	z_2	z_3	l_4	z_4
15	20	27	11	68	46	30	6	35	3
20	25	33	14	83	55	36	9	41	3
25	32	39	17	99	67	45	10	47	3
32	40	49	23	118	82	56	10	55	3
40	50	57	26	140	97	66	12	65	3
50	63	73	33	175	123	74	14	79	3
65	75	84	41	207	145	101	18	95	8
80	90	97	46	245	173	122	20	107	5
100	110	122	61	298	210	149	27	132	5

T 90°, reduziert

d_{a1} x d_{a2} x d_{a1}	l_1	l_2	z_1	z_2	d_{a1} x d_{a2} x d_{a1}	l_1	l_2	z_1	z_2
25 x 20 x 25	33	30	14	14	63 x 32 x 63	71	56	33	34
32 x 25 x 32	39	36	17	17	63 x 50 x 63	71	65	33	34
40 x 25 x 40	49	42	23	23	75 x 63 x 75	84	–	41	–
40 x 32 x 40	49	45	23	23	90 x 32 x 90	97	–	46	–
50 x 25 x 50	57	47	26	28	90 x 63 x 90	97	–	46	–
50 x 32 x 50	57	50	26	28	110 x 32 x 110	117	–	56	–
63 x 25 x 63	71	53	33	34	110 x 90 x 110	122	–	61	–

Reduzierstück, kurz

d_{a1}/d_{a2}: Anschlussrohr-Außen-Ø

d_{a1}	d_{a2}	l	z	d_{a1}	d_{a2}	l	z
25	20	19	3	63	32	38	16
32	25	22	4	63	50	38	6
40	20	26	10	75	50	44	13
40	25	26	7	75	63	44	6
40	32	26	4	90	50	51	20
50	20	31	15	90	63	51	14
50	25	31	12	90	75	51	8
50	32	31	9	110	63	61	24
50	40	31	5	110	90	61	10

Reduzierstück, kurz mit Klebestutzen und Klebemuffe

d_{a1}	d_{a2}	l	z
32	20	46	30
40	25	55	36
50	25	63	44
63	32	76	54
75	40	88	62
90	63	112	74
–	–	–	–
–	–	–	–
–	–	–	–

Muffe

d_a	d_2 (Rp)	l	z
20	Rp ½	35	4
25	Rp ¾	64	3
32	Rp 1	45	3
40	Rp 1¼	51	5
50	Rp 1½	59	7
63	Rp 2	69	7

Übergangs-Muffennippel

d_a	d_2 (R)	l	z
16	R ½	42	28
20	R ¾	47	31
25	R 1	54	35
32	R 1¼	60	38
40	R 1½	66	40
50	R 2	78	47

Klebeverschraubung

Dichtring

d_a	l_1	l_2	z_1	z_2	d_a	l_1	l_2	z_1	z_2
16	19	24	3	8	50	33	40	3	10
20	21	26	3	9	63	40	46	3	10
25	24	29	3	9	75	47	62	3	18
32	27	32	3	9	90	56	69	5	18
40	32	38	3	10	110	66	72	5	11

Dichtung: O-Ring aus EPDM oder FPM

Rohrleitungs- und Verbindungstechnik

Rohrverbindungen und Formstücke für Druckleitungen aus PE nach DIN 16 963 und PP nach DIN 16 962

Werkstoffe: Polyethylen (PE) PE 63, PE 80, PE 100 oder **Polypropylen (PP)** PP-H 100, PP-B 80, PP-R 80

Normative Hinweise	PE: DIN 16 963	PP: DIN 16 962
■ In Segmentbauweise hergestellte Rohrbogen für Stumpfschweißung; Maße	Teil 1: 1980-08	Teil 1: 1980-08
■ In Segmentbauweise hergestellt T-Stücke und Abzweige für Stumpfschweißung; Maße	Teil 2: 1983-02	Teil 2: 1983-02
■ Aus Rohr geformte Rohrbogen für Stumpfschweißung; Maße	Teil 3: 1980-08	Teil 3: 1980-08
■ Bunde für Heizelement-Stumpfschweißung, Flansche, Dichtungen; Maße	Teil 4: 1988-11	Teil 4: 1988-11
■ Allgemeine Qualitätsanforderungen, Prüfung	Teil 5: 1999-10	Teil 5: 2000-04
■ Fittings aus Spritzguss für Stumpfschweißung; Maße	Teil 6: 1989-10	Teil 10: 1989-10
■ Heizwendel-Schweißfittings; Maße	Teil 7: 1989-10	–
■ Winkel aus Spritzguss für Muffenschweißung; Maße	Teil 8: 1980-08	Teil 6: 1980-08
■ T-Stücke aus Spritzguss für Muffenschweißung; Maße	Teil 9: 1980-08	Teil 7: 1980-08
■ Muffen und Kappen aus Spritzguss für Muffenschweißung; Maße	Teil 10: 1980-08	Teil 8: 1980-08
■ Bunde, Flansche, Dichtringe für Muffenschweißung; Maße	Teil 11: 1999-10	Teil 12: 1999-10
■ Gedrehte und gepresste Reduzierstücke für Stumpfschweißung; Maße	Teil 13: 1980-08	Teil 11: 1980-08
■ Reduzierstücke und Nippel aus Spritzguss für Muffenschweißung; Maße	Teil 14: 1983-06	Teil 9: 1983-06
■ Rohrverschraubungen; Maße	Teil 15: 1987-06	Teil 13: 1987-06

Tab. 177.1: Heizwendelschweißfittings aus PE $\quad$ DIN 16 963-7; DIN EN 12 201-3 (Maße in mm)

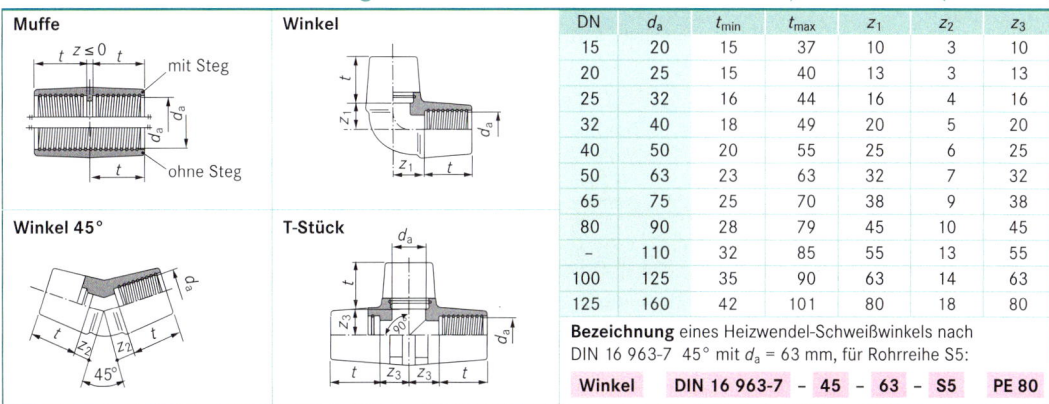

DN	d_a	t_{min}	t_{max}	z_1	z_2	z_3
15	20	15	37	10	3	10
20	25	15	40	13	3	13
25	32	16	44	16	4	16
32	40	18	49	20	5	20
40	50	20	55	25	6	25
50	63	23	63	32	7	32
65	75	25	70	38	9	38
80	90	28	79	45	10	45
–	110	32	85	55	13	55
100	125	35	90	63	14	63
125	160	42	101	80	18	80

Bezeichnung eines Heizwendel-Schweißwinkels nach DIN 16 963-7 45° mit d_a = 63 mm, für Rohrreihe S5:

Winkel	DIN 16 963-7	–	45	–	63	–	S5	PE 80

Tab. 177.2: Fittings aus Spritzguss für Stumpfschweißung aus PE, DIN 16 963-6 und PP, DIN 16 962-10, DIN EN 12 201-3 $\quad$ (Maße in mm)

Winkel 90° Winkel 45° Bogen 90° Typ A Bogen 90° Typ B T-Stück Kappe

DN	d_a[2]	l_1	l_2	z_1	z_2	z_3	z_4	DN	d_a	l_1	l_2	z_1	z_2	z_3	z_4
15	20	5	2	20	14	21	19	80	90	22	6	90	57	93	87
20	25	6	3	25	17	26	23	–	110	28	8	110	70	115	107
25	32	8	4	32	22	34	30	100	125	32	8	125	79	130	122
32	40	10	5	40	26	43	38	125	160	40	8	145	95	165	157
40	50	12	5	50	33	53	48	150	180	45	8	155	100	184	176
50	63	16	5	63	41	66	61	200[3]	225	55	10	220	140	231	–
65	75	19	6	75	49	78	72	200[3]	250	60	10	220	156	256	–

Bezeichnung eines Bogens nach DIN 16 963-6 90° Typ A mit d_a = 63 mm für Rohrreihe S5 aus PE 80:

Bogen	DIN 16 963-6	–	90A	–	63	–	S5	–	PE 80

[1] Wanddicke s nach Rohrreihe S8,3 (PN6), S5 (PN 10) oder S5 (PN 16) nach EN 1555-2 oder EN ISO 15 874-2
[2] Entspricht dem Außendurchmesser nach DIN 8074 (→ Tab. 169.1) oder nach EN ISO 15 874-2 (→ Tab. 170.3)
[3] Für DN 200 gilt nach G 477 d_a = 225 mm und nach DIN EN 12 201-3 d_a = 250 mm

Tab. 178.1: Fittings aus Spritzguss für Stumpfschweißung aus PE (DIN 16 963) **und PP** (DIN 16 962)

Reduzierstück

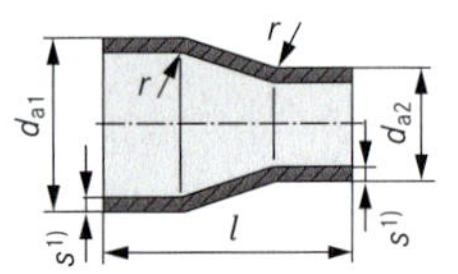

d_{a1}[2])	25	32	32	40	40	40	50	50	50	63	63	63	75	75	75
d_{a2}[2])	20	20	25	20	25	32	25	32	40	32	40	50	40	50	63
l	30	30	30	40	40	40	50	50	50	60	60	60	65	65	65
d_{a1}[2])	90	90	90	110	110	110	125	125	125	160	160	180	180	200	200
d_{a2}[2])	50	63	75	63	75	90	75	90	110	110	125	125	160	160	180
l	75	75	75	90	90	90	100	100	100	120	120	130	130	135	135

Bezeichnung eines Reduzierstückes nach DIN 16 962-10, d_{a1} = 63 mm auf d_{a2} = 50 mm für Rohrreihe S5 aus PP-H 100:

Reduzierstück	DIN 16 962-10	–	63 x 50	–	S5	PP-H 100

Rohrverschraubung V1 Stumpfschweißanschluss 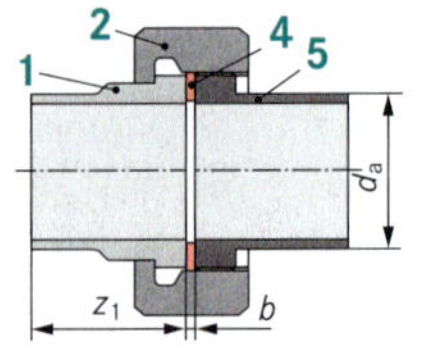
Rohrverschraubung V1I Innengewindeanschluss

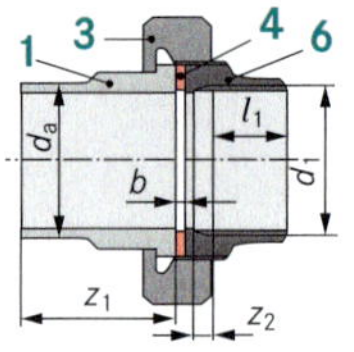

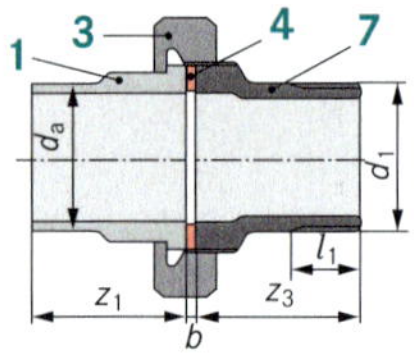

DN	d_a[2])	d_1	d_2	d_3	l_1	b	z_1	z_2	z_3
15	20	R ½	20,2	3,5	13,2	2	53	7	32
20	25	R ¾	28,2	3,5	14,5	2	56	8	49
25	32	R 1	32,9	3,5	16,8	2	59	9	53
32	40	R 1¼	40,6	5,3	19,1	2	62	9	54
40	50	R 1½	47	5,3	19,1	2	65	10	62
50	63	R 2	59,7	5,3	23,4	3	68	10	69
65	75	R 2½	–	–	26,7	3	71	11	74
80	90	R 3	–	–	29,8	3	74	11	83

Rohrverschraubung V2 Stumpfschweißanschluss
Rohrverschraubung V1A Außengewindeanschluss

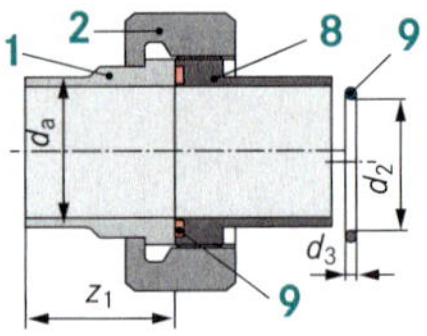

Einzelteile: 1. Bundbuchse, **2.** und **3.** Überwurfmutter, **4.** Flachdichtung, **5.** und **6.** Gewindebuchse, **7.** Gewindestutzen, **8.** Gewindebuchse für Runddichtung, **9.** Runddichtring
Werkstoffe: Teile **1, 2, 5** und **8** aus PE bzw PP, Teile **3, 6** und **7** wahlweise aus EN-GJMW-450, CuZn40Pb2 oder G-CuSn5ZnPb; Teile **4, 9** aus EPDN
Bezeichnung einer Rohrverschraubung mit Flachdichtung Form V1, d_a = 25 mm, Rohrreihe S5 aus PE 80:

Rohrverschr.	DIN 16 963-15	– V1	– 25	– S5	PE 80

Tab. 178.2: Fittings aus Spritzguss für Muffenschweißung aus PE (DIN 16 963) **und PP** (DIN 16 962)(Maße in mm)

PE: Winkel 90°	W 3	PE: Winkel 45°	W 4	PE: Winkel 90°	W 3 GI	PE: T-Stück	T 3
PP: Winkel 90°	W 1	PP: Winkel 45°	W 2	PP: Winkel 90°	W 1 GI	PP: T-Stück	T 2

PE: T-Stück	T 3 G	PE: Muffe	M 1	PE: Muffe	MGI	PE: Kappe	K 1
PP: T-Stück	T 2 G	PP: Muffe	M 1	PP: Muffe	MGI	PP: Kappe	K 1

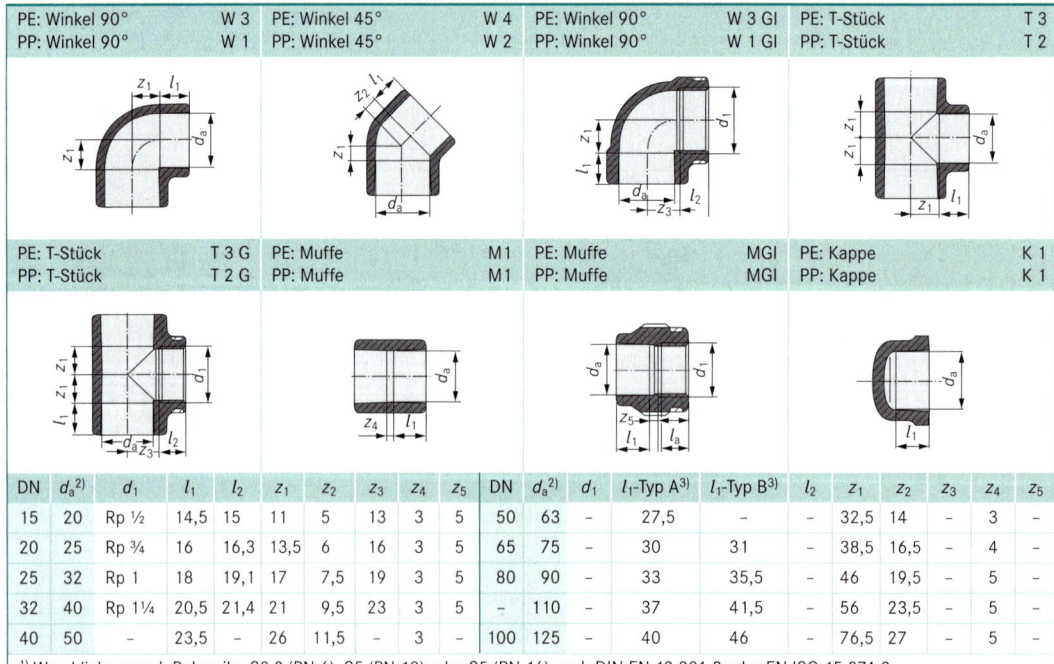

DN	d_a[2])	d_1	l_1	l_2	z_1	z_2	z_3	z_4	z_5	DN	d_a[2])	d_1	l_1-Typ A[3])	l_1-Typ B[3])	l_2	z_1	z_2	z_3	z_4	z_5
15	20	Rp ½	14,5	15	11	5	13	3	5	50	63	–	27,5	–	–	32,5	14	–	3	–
20	25	Rp ¾	16	16,3	13,5	6	16	3	5	65	75	–	30	31	–	38,5	16,5	–	4	–
25	32	Rp 1	18	19,1	17	7,5	19	3	5	80	90	–	33	35,5	–	46	19,5	–	5	–
32	40	Rp 1¼	20,5	21,4	21	9,5	23	3	5	–	110	–	37	41,5	–	56	23,5	–	5	–
40	50	–	23,5	–	26	11,5	–	3	–	100	125	–	40	46	–	76,5	27	–	5	–

[1]) Wanddicke s nach Rohrreihe S8,3 (PN 6), S5 (PN 10) oder S5 (PN 16) nach DIN EN 12 201-2 oder EN ISO 15 874-2
[2]) Entspricht dem Außendurchmesser nach DIN EN 12 201-2 (→ Tab. 169.1) oder nach EN ISO 15 874-2 (→ Tab. 170.3)
[3]) Typ A für ungeschälte Rohrenden und Typ B für geschälte Rohrenden (bis d_a = 63 mm nur Typ A)

Rohrverbinder und Formstücke für Heizelement-Muffenschweißung aus Polybuten (PB)

Anwendungsbereich: Trinkwasser-Hausinstallation bis 60 °C (→ Tab. 167.1),
Verbindung mit Rohren aus PB nach DIN EN ISO 15 876, Mindest-Rohrserienzahl S5 (PN 16) (→ Tab. 168.2)

Tab. 179.1: Fittings für Heizelement-Muffenschweißung aus PB (EN ISO 15 876-3) (Herstellerangaben, Maße in mm)

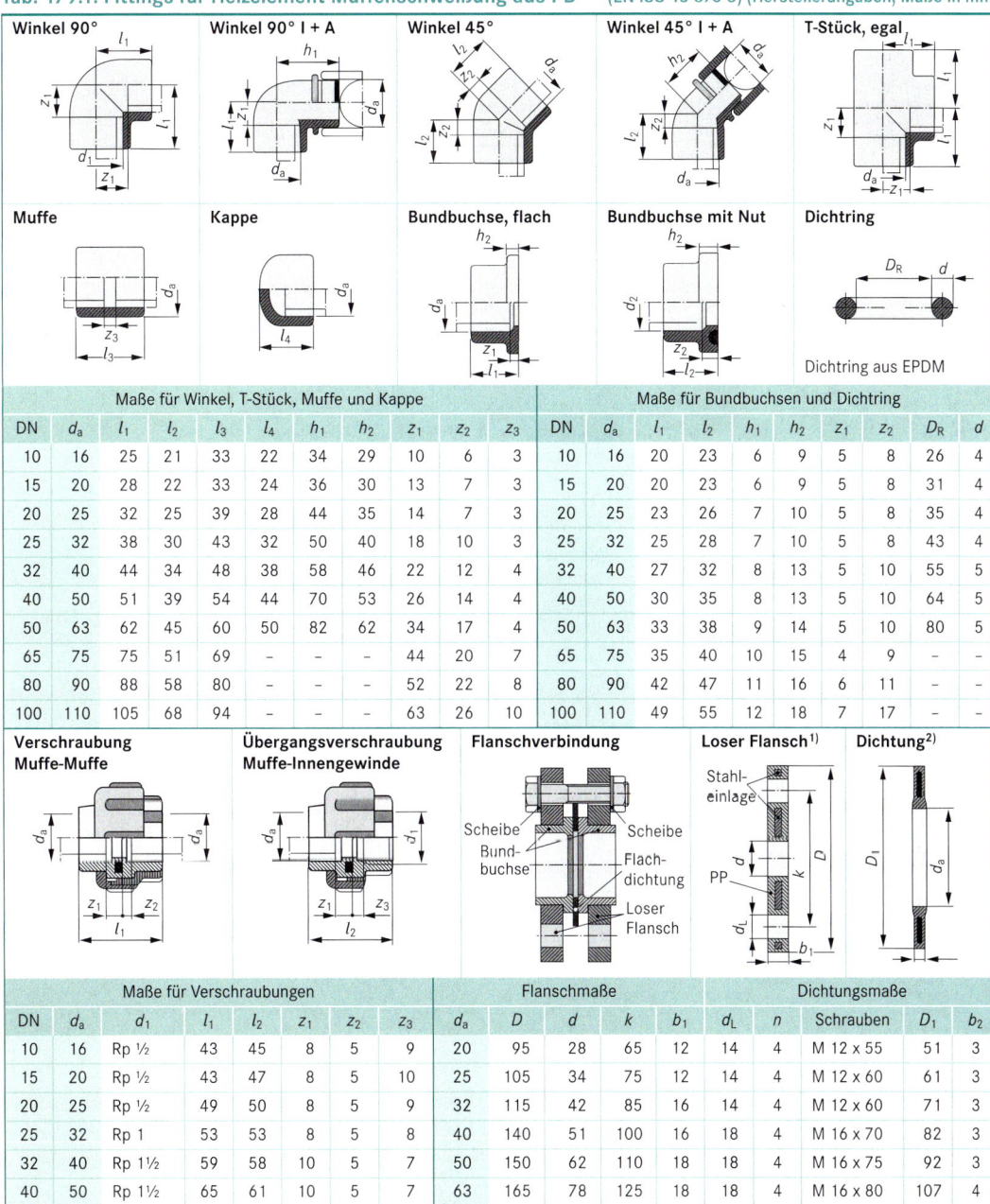

Rohrleitungs- und Verbindungstechnik

Dichtring aus EPDM

	Maße für Winkel, T-Stück, Muffe und Kappe										Maße für Bundbuchsen und Dichtring								
DN	d_a	l_1	l_2	l_3	l_4	h_1	h_2	z_1	z_2	z_3	DN	d_a	l_1	l_2	h_1	h_2	z_1	z_2	D_R	d
10	16	25	21	33	22	34	29	10	6	3	10	16	20	23	6	9	5	8	26	4
15	20	28	22	33	24	36	30	13	7	3	15	20	20	23	6	9	5	8	31	4
20	25	32	25	39	28	44	35	14	7	3	20	25	23	26	7	10	5	8	35	4
25	32	38	30	43	32	50	40	18	10	3	25	32	25	28	7	10	5	8	43	4
32	40	44	34	48	38	58	46	22	12	4	32	40	27	32	8	13	5	10	55	5
40	50	51	39	54	44	70	53	26	14	4	40	50	30	35	8	13	5	10	64	5
50	63	62	45	60	50	82	62	34	17	4	50	63	33	38	9	14	5	10	80	5
65	75	75	51	69	–	–	–	44	20	7	65	75	35	40	10	15	4	9	–	–
80	90	88	58	80	–	–	–	52	22	8	80	90	42	47	11	16	6	11	–	–
100	110	105	68	94	–	–	–	63	26	10	100	110	49	55	12	18	7	17	–	–

	Maße für Verschraubungen							Flanschmaße						Dichtungsmaße			
DN	d_a	d_1	l_1	l_2	z_1	z_2	z_3	d_a	D	d	k	b_1	d_L	n	Schrauben	D_1	b_2
10	16	Rp ½	43	45	8	5	9	20	95	28	65	12	14	4	M 12 x 55	51	3
15	20	Rp ½	43	47	8	5	10	25	105	34	75	12	14	4	M 12 x 60	61	3
20	25	Rp ½	49	50	8	5	9	32	115	42	85	16	14	4	M 12 x 60	71	3
25	32	Rp 1	53	53	8	5	8	40	140	51	100	16	18	4	M 16 x 70	82	3
32	40	Rp 1½	59	58	10	5	7	50	150	62	110	18	18	4	M 16 x 75	92	3
40	50	Rp 1½	65	61	10	5	7	63	165	78	125	18	18	4	M 16 x 80	107	4
50	63	Rp 2	71	66	10	5	5	75	185	92	145	20	18	4	M 16 x 85	127	4
	Verschraubungen mit Dichtungsring aus EPDM,							90	200	110	160	20	18	8	M 16 x 90	142	4
	wasserführende Metallteile sind vernickelt							110	220	133	180	20	18	8	M 16 x 95	162	5

[1] Loser Flansch aus Polypropylen mit Stahleinlage passend zu den Bundbuchsen. Bei der Herstellung der Flanschverbindung generell Unterlegscheiben verwenden und auf Drehmomentangaben des Herstellers achten.
[2] Flanschdichtung aus EPDM mit Stahleinlage nur für Übergang von Metall auf Kunststoff.

Rohrleitungs- und
Verbindungstechnik

Umwälzpumpe (Nassläuferpumpe) mit Verschraubungs- und Flanschanschluss

Abmessungen: STAR-RS Pumpen

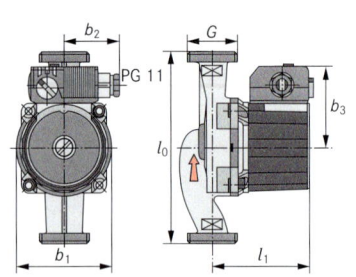

Bezeichnungen und technische Daten: (Herstellerangaben)

Star RS 25/4: RS: Standard-Rohrverschraubungspumpe,
25/: Anschlussnennweite, **4:** Nennförderhöhe in m bei $\dot{V}$ = 0 m³/h

Fördermedien: Heizungswasser nach VDI 2035, Wasser-Glykol-Gemisch im Verh. max. 1:1 (ab 20 % Beimischung Förderdaten überprüfen)

Leistung: n = 1100–2200 1/min, **3 Drehzahlstufen einstellbar,**
zul. Temp-Bereich ϑ_s = –10 °C bis +110 °C, max. Druck p_s = 10 bar,
Netzanschluss 1~ 230 V, 50 Hz (Pumpenkennlinie → S. 421),
max. Umgebungstemperatur ϑ_L = +40 °C

Tab. 180.1: Einbaumaße von Verschraubungspumpen

Pumpentyp	DN	G	l_0	l_1	b_1	b_2	b_3	Masse
			in mm					m in kg
Star RS 25/2 (/4/6)[1]	25	1½	180	97	92,5	54	73	2,4
Star RS 30/2 (/4/6)[1]	32	2	180	97	92,5	54	73	2,6

Abmessungen: STRATOS-ECO Pumpen (Hocheffizienzpumpen)

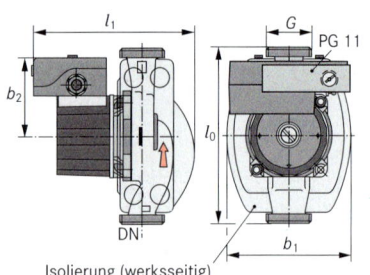

Isolierung (werksseitig)

Bezeichnung und technische Daten: (Herstellerangaben)

STRATOS ECO 25/1–5: Verschraubungspumpe **elektronisch geregelt,**
25/: Anschlussnennweite, **1–5:** Nennförderhöhenbereich in m

Fördermedien: → Star RS-Pumpenreihe

Leistung: Drehzahlbereich n = 1400–3500 1/min, zul. Temp.-Bereich
ϑ_s = 15 °C bis +110 °C, max. Druck p_s = 10 bar,
Netzanschluss 1~ 230 V, 50 Hz (Pumpenkennlinie → S. 421),
max. Umgebungstemperatur ϑ_L = +40 °C

Tab. 180.2: Einbaumaße von Verschraubungspumpen

Pumpentyp	DN	G	l_0	l_1	b_1	b_2	Masse
			in mm				m in kg
Stratos ECO 25/1–3	25	1½	180	206	133	73	2,5
Stratos ECO 25/1–5	25	1½	180	206	133	73	2,6
Stratos ECO 30/1–3	32	2	180	206	133	73	2,7
Stratos ECO 30/1–5	32	2	180	206	133	73	2,7

Abmessungen: STRATOS Pumpen (Hocheffizienzpumpen)

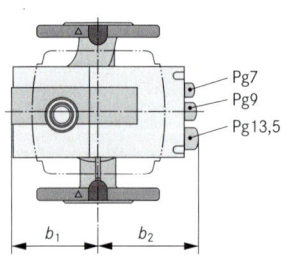

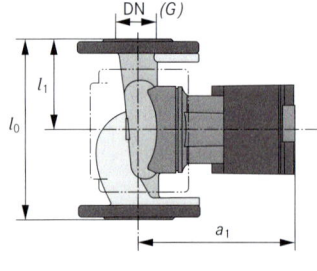

Bezeichnung und technische Daten: (Herstellerangaben)

Stratos 25/1–6: Verschraubungs- und Flanschpumpe elektronisch geregelt, **25/:** Anschlussnennweite, **1–6:** Nennförderhöhenbereich in m

Fördermedien: → Star RS-Pumpenreihe

Leistung: Drehzahlbereich n = 1400–4800 1/min, zul. Temp.-Bereich
ϑ_s = –10 °C bis +110 °C, max. Druck p_s = 6 bar bzw. 10 bar,
Netzanschluss 1~ 230 V, 50 Hz (Pumpenkennlinie → S. 422),
max. Umgebungstemperatur ϑ_L = +40 °C

Tab. 180.3: Einbaumaße von Verschraubungs- und Flanschpumpen

Pumpentyp	DN	G	l_0	a_1	l_1	b_1	b_2	Flansch PN		Masse
			in mm					K6/10	16	m in kg
Stratos 25/1–6	25	1½	180	181	90	90	125	–	–	4
Stratos 30/1–6	32	2	180	181	90	90	125	–	–	4
Stratos 30/1–12	32	2	180	200	90	106	127	–	–	5,5
Stratos 40/1–4	40	–	220	176	110	90	125	X[2]	–	5
Stratos 40/1–12	40	–	250	252	125	119	142	X[2]	–	14,0
Stratos 50/1–8	50	–	240	207	120	106	127	X[2]	–	11,5
Stratos 50/1–9	50	–	280	256	120	119	142	X[2]	–	15,5
Stratos 50/1–12	50	–	280	256	140	119	142	X[2]	–	15,5
Stratos 65/1–12	65	–	340	325	170	155	170	X[2]	–	27
Stratos 80/1–12	80	–	360	328	180	155	170	–	X[3]	31,5
Stratos 100/1–12	100	–	360	338	180	155	170	–	X[3]	34

[1] Nennförderhöhe H = 2 oder 4 oder 6 m;
[2] Pumpen mit Kombi-Flanschanschluss (K) PN6/10 nach EN 1092-1;
[3] Flansch PN 16 nach EN 1092-1

Tab. 181.1: Grundbauarten von Leitungsarmaturen

Grundbauart und Ausführungsbeispiel	Schieber (–⋈–)	Ventil (–⋈–)	Hahn (–⋈–)	Klappe (–⊘–)
	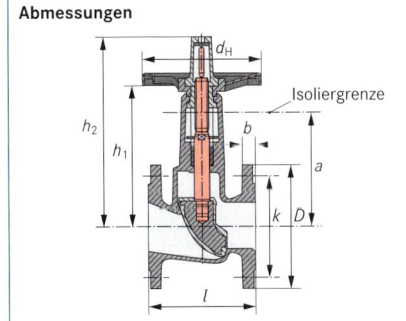			
Arbeitsbewegung des Abschlusskörpers	geradlinig		drehend um Achse quer zur Strömung	
Strömung im Abschlussbereich	quer zur Bewegung des Abschlusskörpers	längs zur Bewegung des Abschlusskörpers	durch den Abschlusskörper	um den Abschlusskörper
Form der Abschlusskörper	Kolben, Membran, Keil	Platte, Zylinder, Membran, Kegel, Kugel usw.	Kugel, Kegel, Zylinder	Scheibe
Vergleich der Verlustbeiwerte ς für DN 25 nach DIN 1988 T3	Keilschieber: 0,5	Geradsitzventil: 7,0 Membranventil: 7,0 Schrägsitzventil: 2,0	Kugelhahn: 0,5	Ringabsperrklappe: 0,5
Vergleich von Baulängen und Massen für DN 100/PN 16	190 mm 22,5 kg	350 mm 32,0 kg	190 mm 22,4 kg	52 mm 5,6 kg

Rohrleitungs- und Verbindungstechnik

Flanschen-Armaturen
flanges-fittings

Flanschen-Absperrventil, Kompaktbauweise

Abmessungen

Bezeichnung: weichdichtendes Flanschen-Absperrventil, einteiliges Gehäuse aus EN-GJL-250 (GG-25), **Kurzbaulänge DIN EN 558-1/14**, wartungsfrei, Durchgangsform in Schrägsitzausführung mit geradem Oberteil, voll isolierbar nach EnEV, nichtdrehende Spindel und nichtsteigendes Handrad, Drosselkegel mit EPDM-Ummantelung, wartungsfreie Spindelabdichtung mit vierfach O-Ring-Buchse, asbest-, FCKW- und PCB-frei, Armaturenkennzeichnung nach DIN EN 19.

Einsatzgebiete: Warmwasser-Heizungsanlagen bis 120 °C nach DIN EN 12 828 und Klimaanlagen, nicht für Dampf und mineralhaltige Medien.

Zulässige Temperaturen: ϑ_s = − 10 bis +120 °C.

Sonderausführung: mit Kappe zum Plombieren gegen unbefugtes Schließen.

Einbauhinweis: auf Strömungsrichtung achten, wechselnde Strömungsrichtung ist zulässig.

Tab. 181.2: Flanschen-Absperrventil, Kompaktbauweise   (Herstellerangaben)

DN	Maße für PN 6 und PN 16				PN 6					PN 16				
	l mm	d_H mm	h_1 mm	h_2 mm	D mm	k mm	b mm	a mm	m_V kg	D mm	k mm	b mm	a mm	m_V kg
15	115	100	119	153	80	55	12	74	2,6	95	65	14	74	2,9
20	120	100	119	153	90	65	14	74	3,0	105	75	16	74	3,6
25	125	100	119	153	100	75	14	74	3,2	115	85	16	74	3,9
32	130	100	162	203	120	90	16	117	4,6	140	100	18	117	5,7
40	140	100	162	203	130	100	16	117	4,9	150	110	18	117	6,1
50	150	125	179	233	140	110	16	132	6,0	165	125	20	132	8,0
65	170	125	207	261	160	130	16	160	8,0	185	145	20	160	10,6
80	180	200	234	309	190	150	18	182	12,4	200	160	22	182	14,1
100	190	200	243	318	210	170	18	191	15,8	220	180	24	191	18,8
125	200	250	325	439	240	200	20	269	28,2	250	210	26	269	32,1
150	210	250	338	447	265	225	20	282	33,6	285	240	26	282	38,3
200	230	315	423	575	320	280	30	353	60,0	340	295	30	353	68,0

Flanschen-Absperrventil – Normalausführung

Abmessungen

a) weich dichtendes Absperrventil

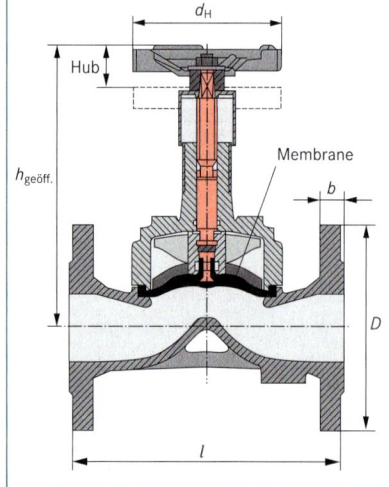

b) metallisch dichtendes Absperrventil

Bezeichnung:
a) weichdichtendes Flanschen-Absperrventil, Drosselkegel EPDM-ummantelt, Spindelabdichtung mit Profilring asbest-, FCKW-, und PCB-frei, zulässige Temperatur ϑ_s = – 10 bis +120 °C
b) metallisch dichtendes Flanschen-Absperrventil mit Faltenbalg, Spindelabdichtung mit Faltenbalg aus X6CrNiTi 18-10 mit Sicherheitsstopfbuchse asbest-, FCKW- und PCB-frei, zulässige Temperaturen ϑ_s = – 10 bis +300 °C
Werkstoff und Verwendung: Gehäuse und Deckel aus EN-GJL-250 (GG-25), Baulänge DIN EN 558-1/1, wartungsfrei, für Heizungsanlagen nach DIN EN 12 828, Wärmeübertragungsanlagen nach DIN 4754 und Dampfkesselanlagen nach TRD 108/110;
Durchgangsform in Geradsitzausführung, voll isolierbar nach HeizAnlV

Zulässige Drücke bei	ϑ_s	120 °C	200 °C	250 °C	300 °C
Ausführung PN 16:	p_s	16 bar	12,8 bar	11,2 bar	9,6 bar

Sonderausführungen: mit Drosselkegel und Stellungsanzeige, mit Kappe zum Plombieren gegen unbefugtes Schließen

Einbauhinweis: auf Strömungsrichtung achten, wechselnde Strömungsrichtung ist zulässig

Tab. 182.1: Flanschen-Absperrventil   (Herstellerangaben)

DN	PN 6/16	a) weichdichtendes Flanschen-Absperrventil										b) metallisch dichtendes Flanschen-Absperrventil mit Faltenbalg							
		PN 6					PN 16					PN 16					PN 16 Eckform		
	l	D	b	d_H	h_1	m_V	D	b	d_H	h_1	m_V	D	b	d_H	h_2	m_V	l_1	h_3	m_V
	mm	mm	mm	mm	mm	kg	mm	mm	mm	mm	mm	mm	mm	mm	mm	mm	mm	mm	kg
15	130	80	12	100	155	2,5	95	14	100	155	3	95	14	100	160	3,1	90	135	3,3
20	150	90	14	100	160	3	105	16	100	160	3,5	105	15	100	162	4,9	95	136	4,4
25	160	100	14	100	165	4	115	16	100	165	5	115	16	100	168	4,7	100	134	4,8
32	180	120	16	100	180	5	140	18	100	180	6	140	18	100	188	6,5	105	153	7,5
40	200	130	16	125	195	7,5	150	18	125	195	8,5	150	18	100	193	7,7	115	155	9
50	230	140	16	125	205	8,5	165	20	125	205	10,5	165	20	160	225	10,2	125	188	11
65	290	160	16	125	240	12	185	20	125	240	15	185	20	160	236	17	145	188	16
80	310	190	18	160	305	18	200	22	160	305	20	200	22	200	282	22	155	226	21,5
100	350	210	18	160	340	25	220	24	160	340	27,5	220	24	200	304	32	175	244	31
125	400	240	20	160	380	32,5	250	26	200	395	37,5	250	26	250	390	54	200	327	49
150	480	265	20	200	435	54	285	26	315	465	63	285	26	250	408	70,5	225	320	65,5
200	600	320	22	250	545	92	340	30	315	545	99	340	30	400	570	142	275	468	114,2
250	730	–	–	–	–	–	–	–	–	–	–	400	32	400	606	229	325	481	180,5

Flanschen-Absperrventil mit Membranabdichtung

Bezeichnung: Membranventil in Durchgangsform, Baulänge DIN EN 558-1/1, wartungsfrei, mit DVGW-Zulassung für Trinkwasser, Gehäuse und Haube aus EN-GJL-250 mit Innenbeschichtung aus PA, Membrane aus EPDM, für Trinkwasser bis max. 90 °C, gekennzeichnet nach DIN EN 19

Tab. 182.2: Absperrventil mit Membranabdichtung, PN 16 (Herstellerang.)

DN	l	D	b	$h_{geöff.}$	Hub	d_H	m_V
	mm	mm	mm	mm	mm	mm	kg
15	130	95	14	150	13	80	3,0
20	150	105	16	150	13	80	3,5
25	160	115	16	150	13	80	4,0
32	180	140	18	192	22	100	7,0
40	200	150	18	192	22	100	7,5
50	230	165	20	231	30	125	11,0
65	290	185	20	322	45	200	20,5
80	310	200	22	322	45	200	23,0
100	350	220	24	388	60	250	36,5
125	400	250	26	388	60	250	44,0
150	480	285	26	512	80	400	80,0
200	600	340	26	512	80	400	95,0

Flanschenschieber

Abmessungen (PN 6)

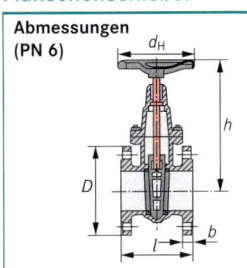

Bezeichnung:
Flanschenschieber, metallisch dichtend nach DIN 3352-2, Baulänge nach DIN EN 558-1/14(15), Gehäuse und Haube aus EN-GJL-250, Dichtflächen und innen liegende Spindel aus nichtrostendem Stahl, für Brauchwasser und Industrieanlagen

Zulässige Drücke und Temperaturen:
Ausführung **PN 6**: Baulänge EN 558-1/14
zul. Temp. ϑ_S = 120 °C, zul. Druck p_S = 6 bar
Ausführung **PN 16**: Baulänge EN 558-1/15
zul. Temp. ϑ_S = 120 °C, zul. Druck p_S = 16 bar
zul. Temp. ϑ_S = 200 °C, zul. Druck p_S = 13 bar

Abmessungen (PN 16)

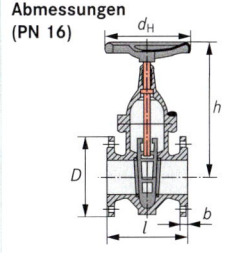

Tab. 183.1: Flanschenschieber, metallisch dichtend (Herstellerangaben)

DN	PN 6						PN 16					
	l	h	D	b	d_H	m_S	l	h	D	b	d_H	m_S
	mm	mm	mm	mm	mm	kg	mm	mm	mm	mm	mm	kg
40	140	235	130	16	160	9	240	250	150	18	200	16
50	150	250	140	16	160	10,5	250	255	165	20	200	19
65	170	275	160	16	160	14,5	270	320	185	20	250	29
80	180	300	190	18	160	17,5	280	325	200	21	250	32
100	190	330	210	18	200	22,5	300	380	220	22	315	43
125	200	390	240	20	250	34	325	420	250	24	315	63
150	210	430	265	20	250	43	350	455	285	24	315	72
200	230	505	320	22	250	67	400	625	340	28	400	117
250	250	620	375	24	315	102	450	735	400	30	500	184
300	–	–	–	–	–	–	500	820	455	30	500	255

Flanschen-Kugelhahn

Abmessungen

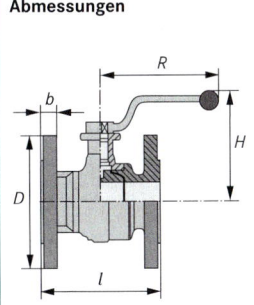

Bezeichnung:
Flanschen-Kugelhahn, DVGW-Zulassung für Gas, Nenndruckstufe PN 16, zul. Temperatur ϑ_S = – 10 °C bis +70 °C, Gehäuse und Flansch aus EN-GJS-250, geschliffene Kugel aus Kupfer-Zink-Legierung (hartverchromt), Spindel aus nichtrostendem Stahl, Spindelabdichtung durch doppelten O-Ring, Kugeldichtung aus PTFE, Baulänge nach DIN EN 558-1/14

Tab. 183.2: Flanschen-Kugelhahn, PN 16 (Herstellerangaben)

DN	l	D	b	H	R	m_H	DN	l	D	b	H	R	m_H
	mm	mm	mm	mm	mm	kg		mm	mm	mm	mm	mm	kg
25	125	115	14	114	165	3,3	80	180	200	20	185	360	15,4
32	130	140	16	125	165	4,9	100	190	220	20	202	360	22,4
40	140	150	16	135	185	6,1	125	200	250	22	223	360	24,2
50	150	165	18	142	185	7,6	150	210	285	22	230	625	32,2
65	170	185	18	158	230	12							

Schmutzfänger

Abmessungen

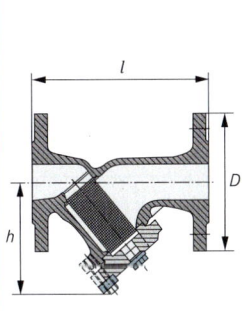

Bezeichnung:
Schmutzfänger in Schrägsitzform, Gehäuse aus EN-GJL-250, Sieb aus X6CrNiTi 18-10 Drahtgeflecht, Baulänge nach DIN EN 558-1/1
Einsatzgebiete:
Warm- und Heißwasser, Dampf, mineralölhaltige Medien und organische Wärmeträger, Druckbereich p_S < 6 bzw. 16 bar, Temperaturbereich ϑ_S = – 10 °C bis +120 °C, Armaturenkennzeichnung nach DIN EN 19

Tab. 183.3: Flanschen-Schmutzfänger (Herstellerangaben)

DN	PN 6				PN 16		DN	PN 6				PN 16	
	l	h	D	m	D	m		l	h	D	m	D	m
	mm	mm	mm	kg	mm	kg		mm	mm	mm	kg	mm	kg
25	160	115	100	4,5	115	5	00	310	215	190	19	200	21
32	180	125	120	5,5	140	7	100	350	235	210	26	220	30
40	200	150	130	7	150	9	125	400	275	240	38	250	43
50	230	160	140	9	165	12	150	480	305	265	54	285	61
65	290	180	160	13	185	16	200	600	390	320	110	340	121

Rohrleitungs- und Verbindungstechnik

183

Absperrklappe (Herstellerangaben)

DIN EN 593: 2004-05

Abmessungen

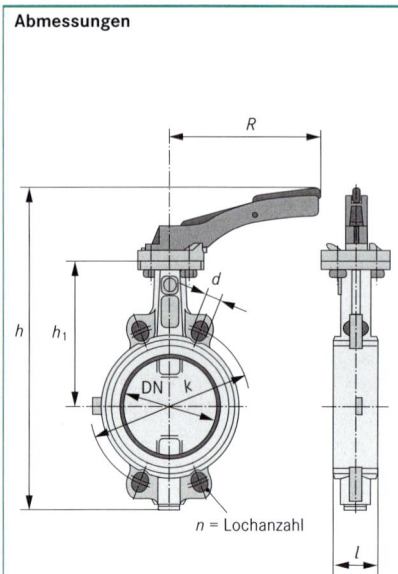

n = Lochanzahl

Bezeichnung:
weichdichtende, wartungsfreie Absperrklappe mit zentrisch gelagerter Klappe, Gehäuse zum Einklemmen ohne Flansch aus EN-GJL-250

Heizungsanlagen: Manschette aus EPDM (ab DN 50 auswechselbar)
Gas- und Trinkwasseranlagen: Manschette aus NBR (ab DN 50 auswechselbar)

Betätigung:
Rastenhandhebel, ab DN 250 mit Getriebe und Handrad

Einbau:
zwischen Flansche nach PN 6/10/16, Baulänge nach DIN EN 558-1/K20, zulässiger Druck p_{smax} = 16 bar, zulässige Temperatur ϑ_{smax} = +130 °C

Tab. 184.1: Absperrklappen, PN 6 bis PN 16 (Herstellerangaben)

DN	l mm	h mm	R mm	h_1 mm	PN 6 k mm	PN 6 d mm	n	PN 16 k mm	PN 16 d mm	n
25	33	226	165	104	75	11	4	85	14	4
32	33	231	165	104	90	14	4	100	18	4
40	33	256	165	113	100	14	4	110	18	4
50	43	287	165	126	110	14	4	125	18	4
65	46	304	165	134	130	14	4	145	18	4
80	46	356	195	157	150	18	4	160	18	8
100	52	377	195	167	170	18	4	180	18	8
125	56	402	195	180	200	18	8	210	18	8
150	56	458	276	203	225	18	8	240	22	8
200	60	509	276	228	280	18	8	295	22	12

Einbauhinweis:
Vier Flanschbohrungen für Gegenflansche nach PN 6/10/16 gewährleisten die einfache Zentrierung bei der Montage.

Einseitiges Abflanschen ist möglich.

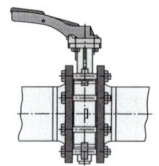
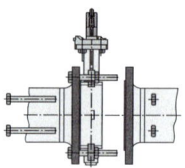

Einklemm-Rückschlagventil

(Herstellerangaben)

Abmessungen

DN 15-100

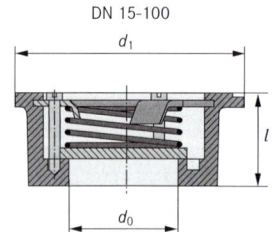

DN 125-200

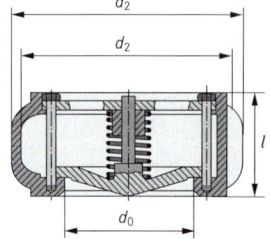

Bezeichnung:
Einklemm-Rückschlagventil, kurze Baulänge DIN EN 558-1/49
Ausführung PN 6:   DN 15 bis 100 Gehäuse aus CuZn39Pb3
                    DN 125 bis 200 Gehäuse aus EN-GJL-250
                    Platte bzw. Kegel zur Geräuschminderung aus Kunststoff
Ausführung PN 16: DN 15 bis 100 Gehäuse aus CuZn39Pb3,
                    Platte aus X5CrNi18-10
                    DN 125 bis 200 Gehäuse und Kegel aus EN-GJL-250

Einsatzgebiete:
Industrie- und Heizungsanlagen, Flüssigkeiten, Gase und Dämpfe

Zulässige Drücke und Temperaturen:	zul. Druck p_s in bar bei ϑ_s in °C 50 °C	80 °C	100 °C	120 °C	250 °C
PN 6	6	4	2	–	–
PN 16	16	16	16	16	13

Tab. 184.2: Einklemm-Rückschlagventile PN 6/10/16 (Herstellerang.)

DN	l mm	d_1 mm	d_2 mm	d_0 mm	m kg	DN	l mm	d_1 mm	d_2 mm	d_0 mm	m kg
15	17	51	–	15	0,15	65	46	127	–	63	1,2
20	20	61	–	20	0,25	80	51	142	–	77	2
25	23	71	–	25	0,3	100	61	162	–	96	2,8
32	28	82	–	32	0,5	125	90	192	210	118	10
40	31,5	92	–	40	0,65	150	106	218	250	138	13
50	40	108	–	48,5	0,9	200	140	273	273	194	22

Absperrarmaturen für Trinkwasserinstallation

Anwendungsbereich:
Trinkwasserinstallation bis DN 100 mit DIN DVGW-Reg. Nr., zul. Temp.: $\vartheta_S \leq 90$ °C,
zul. Druck $p_S \leq 10$ bar (PN 10), Schallschutz nach DIN 52 218: Armaturengruppe I

Werkstoff: Gehäuse aus CuZn37Pb0,5; Dichtscheibe aus EPDM; O-Ringe aus NBR

Allgemeine Anforderungen und Prüfungen: Mindestvolumenstrom $\dot{V}_A$ und $\dot{V}_B$ ($\rightarrow$ Tab. 185.2)

Tab. 185.1: Absperrventile und Rückflussverhinderer mit Muffenanschluss (Herstellerangaben, Maße in mm)

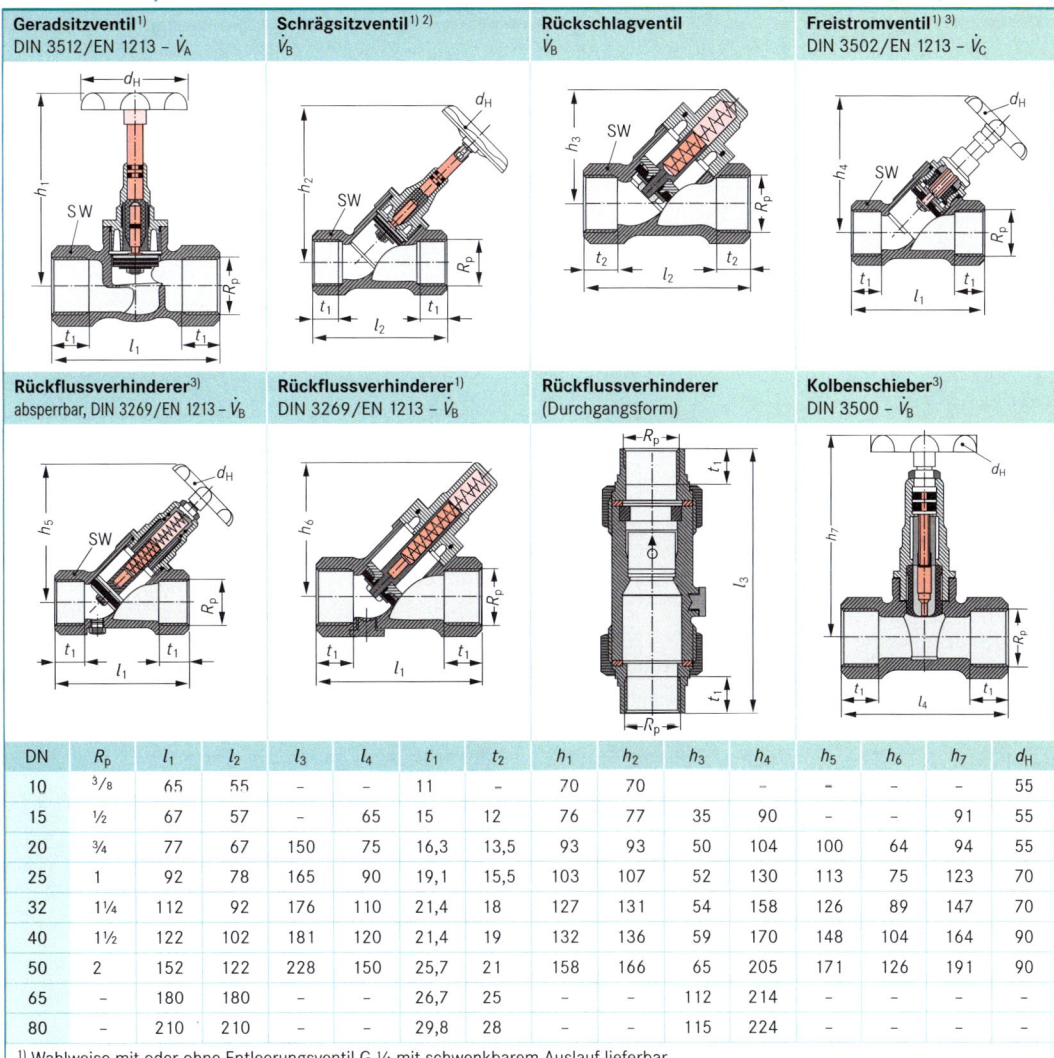

Geradsitzventil[1] DIN 3512/EN 1213 – $\dot{V}_A$
Schrägsitzventil[1] [2] $\dot{V}_B$
Rückschlagventil $\dot{V}_B$
Freistromventil[1] [3] DIN 3502/EN 1213 – $\dot{V}_C$

Rückflussverhinderer[3] absperrbar, DIN 3269/EN 1213 – $\dot{V}_B$
Rückflussverhinderer[1] DIN 3269/EN 1213 – $\dot{V}_B$
Rückflussverhinderer (Durchgangsform)
Kolbenschieber[3] DIN 3500 – $\dot{V}_B$

DN	R_p	l_1	l_2	l_3	l_4	t_1	t_2	h_1	h_2	h_3	h_4	h_5	h_6	h_7	d_H
10	$^3/_8$	65	55	–	–	11	–	70	70			–	–	–	–	55
15	$^1/_2$	67	57	–	65	15	12	76	77	35	90	–	–	91	55
20	$^3/_4$	77	67	150	75	16,3	13,5	93	93	50	104	100	64	94	55
25	1	92	78	165	90	19,1	15,5	103	107	52	130	113	75	123	70
32	1¼	112	92	176	110	21,4	18	127	131	54	158	126	89	147	70
40	1½	122	102	181	120	21,4	19	132	136	59	170	148	104	164	90
50	2	152	122	228	150	25,7	21	158	166	65	205	171	126	191	90
65	–	180	180	–	–	26,7	25	–	–	112	214	–	–	–	–
80	–	210	210	–	–	29,8	28	–	–	115	224	–	–	–	–

[1] Wahlweise mit oder ohne Entleerungsventil G ¼ mit schwenkbarem Auslauf lieferbar
[2] Armatur mit steigender Ventilspindel
[3] Armatur mit nichtsteigender Ventilspindel

Tab. 185.2: Anforderungen an den Volumenstrom bei Absperrarmaturen

Armatur	DN	Mindestvolumenstrom[1] $\dot{V}$ in l/s bei DN									

Armatur	DN	10	15	20	25	32	40	50	65	80	100
Geradsitzventil (Eck-, Durchgang)	Klasse $\dot{V}_A$	0,10	0,20	0,40	0,70	1,20	1,60	2,70	4,5	6,7	8,5
Schrägsitzventil, allgemein	Klasse $\dot{V}_B$	0,25	0,50	1	1,75	3	4	6,75	11,0	16	22,0

[1] Mindestvolumenstrom $\dot{V}$ in l/s bei einem Druckverlust von $\Delta p = 0,1$ bar

Absperrarmaturen für Trinkwasserinstallation

Anwendungsbereich:
Trinkwasserinstallation bis DN 100 mit DIN DVGW-Reg. Nr., zul. Temp.: $\vartheta_S \leq 90\ °C$,
zul. Druck $p_S \leq 10$ bar (PN 10)

Werkstoff: Gehäuse aus CuZn37Pb0,5; Dichtscheibe aus EPDM; O-Ringe aus NBR

Allgemeine Anforderungen und Prüfungen: Mindestvolumenstrom $\dot{V}_A$ und $\dot{V}_B$ ($\rightarrow$ Tab. 185.2)

Tab. 186.1: Absperrventile und Rückflussverhinderer mit Lötmuffen   (Herstellerangaben, Maße in mm)

Schrägsitzventil[1]	Schrägsitzventil[1] [2]	Rückschlagventil	Freistromventil[1] [3]
Lötmuffe/Lötmuffe	Lötmuffe/Verschraubung	Lötmuffe/Verschraubung	Lötmuffe/Verschraubung mit Entleerungsventil
$\dot{V}_B$	$\dot{V}_B$	$\dot{V}_B$	DIN 3269/EN 1213 – $\dot{V}_B$

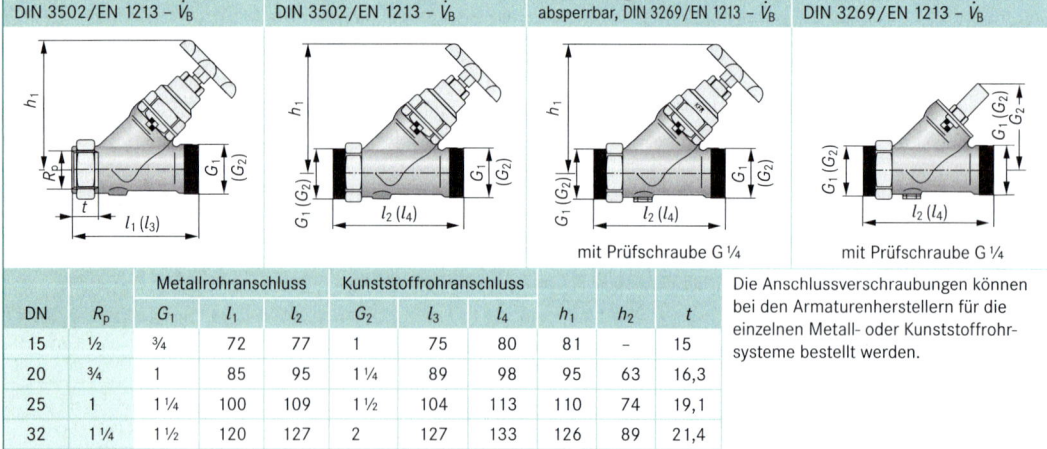

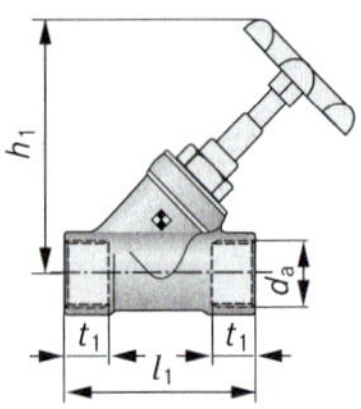

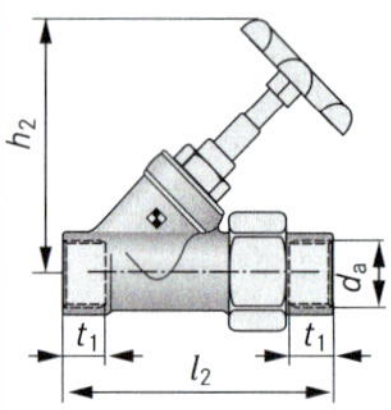

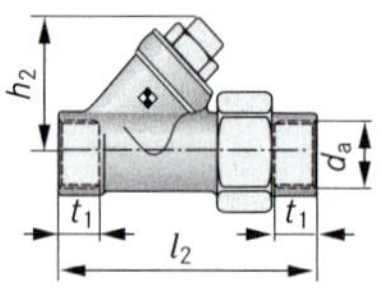

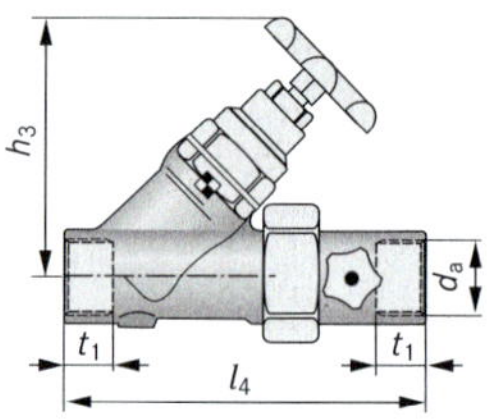

DN	d_a	t_1	l_1	l_2	l_3	l_4[4]	h_1	h_2	h_3	h_4	
10	12	9	–	71	–	–	77	–	–	–	**Rückschlagventil**[3], absperrbar
12	15	11	55	81	85	115	76	35	83	–	Lötmuffe/Verschraubung DIN 3269 – $\dot{V}_B$
15	18	13	63	86	99	120	95	50	97	–	
20	22	15,5	77	101	111	139	95	50	97	95	
25	28	18,5	93	120	131	163	117	56	113	110	
32	35	23,5	–	139	160	192	138	54	127	126	
40	42	27	–	155	177	210	150	59	150	149	
50	54	35	–	182	215	244	168	65	172	172	mit Prüfschraube G ¼

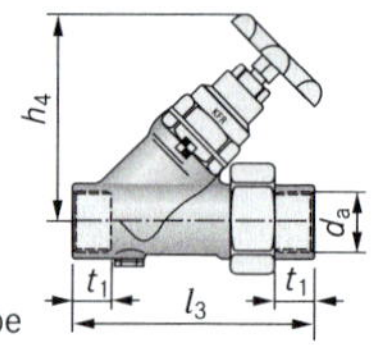

Tab. 186.2: Absperrventile und Rückflussverhinderer mit Außengewinde nach DIN ISO 228 G
für Metall- und Kunststoff-Rohrverschraubung   (Herstellerangaben, Maße in mm)

Freistromventil[1] [3]	Freistromventil[1] [3]	Rückschlagventil[1] [3]	Rückflussverhinderer
DIN 3502/EN 1213 – $\dot{V}_B$	DIN 3502/EN 1213 – $\dot{V}_B$	absperrbar, DIN 3269/EN 1213 – $\dot{V}_B$	DIN 3269/EN 1213 – $\dot{V}_B$
		mit Prüfschraube G ¼	mit Prüfschraube G ¼

DN	R_p	Metallrohranschluss			Kunststoffrohranschluss			h_1	h_2	t	
		G_1	l_1	l_2	G_2	l_3	l_4				
15	½	¾	72	77	1	75	80	81	–	15	Die Anschlussverschraubungen können bei den Armaturenherstellern für die einzelnen Metall- oder Kunststoffrohrsysteme bestellt werden.
20	¾	1	85	95	1 ¼	89	98	95	63	16,3	
25	1	1 ¼	100	109	1 ½	104	113	110	74	19,1	
32	1 ¼	1 ½	120	127	2	127	133	126	89	21,4	
40	1 ½	1 ¾	132	138	2 ¼	136	142	149	105	21,4	
50	2	2 ⅜	155	165	2 ¾	165	174	172	125	25,7	

[1] Wahlweise mit oder ohne Entleerungsventil G ¼ mit schwenkbarem Auslauf lieferbar
[2] Armatur mit steigender Ventilspindel
[3] Armatur mit nichtsteigender Ventilspindel
[4] Armaturenlänge einschließlich Verschraubungsteil mit Entleerungsventil G ¼ mit schwenkbarem Auslauf

Rohrleitungs- und
Verbindungstechnik

Absperrarmaturen für Trinkwasserinstallation

Anwendungsbereich:
Trinkwasserinstallation bis DN 100 mit DIN DVGW-Reg. Nr., zul. Temp.: $\vartheta_S \leq 90\ °C$, zul. Druck $p_S \leq 16$ bar (PN 16), Schallschutz nach DIN 52 218: Armaturengruppe I

Werkstoff: Gehäuse aus CuZn37Pb0,5; Dichtscheibe aus EPDM; O-Ringe aus NBR/EPDM

Allgemeine Anforderungen: Mindestvolumenstrom $\dot{V}_A$ und $\dot{V}_B$ ($\rightarrow$ Tab. 185.2)

Tab. 187.1: Absperrventile und Rückflussverhinderer mit Pressverbinder (Herstellerangaben, Maße in mm)

Freistromventil[1][2]
DIN 3502/EN 1213 – $\dot{V}_B$

Kolbenschieber[1][2]
DIN 3500 – $\dot{V}_B$

Rückflussverhinderer[1][2]
absperrbar, DIN 3269/EN 1213 – $\dot{V}_B$
Prüfschraube G 1/4

Rückflussverhinderer[1]
DIN 3269/EN 1213 – $\dot{V}_B$
Entleerung

DN	d_a	l_1	l_2	l_3	t	h_1	h_2	h_3
12	15	125	114	–	36	81	97	–
15	18	144	120	144	39	95	100	63
20	22	144	120	144	39	95	100	63
25	28	151	128	151	39	110	124	74
32	35	168	–	168	41	126	–	89
40	42	218	–	218	60	149	–	98

Anschlussrohre: Für CrNiMo-Stahlrohre nach nach DVGW Arbeitsblatt W 541 und Kupferrohre nach DVGW Arbeitsblatt GW 392.

Montagehinweise: Rohr rechtwinklig ablängen, innen und außen sorgfältig entgraten, Rohr bis zum Anschlag einstecken und kennzeichnen und über jeder O-Ring-Kammer verpressen.

[1] Wahlweise mit oder ohne Entleerungsventil G 1/4 mit schwenkbarem Auslauf lieferbar
[2] Armatur mit nichtsteigender Ventilspindel

Absperrarmaturen für Gasinstallation

Anwendungsbereich:
Gasinstallation bis DN 50 für alle Gase nach DVGW-Arbeitsblatt G 260, zul. Temperatur: $\vartheta_S \leq 650\ °C/30$ min, (HTB-Ausführung), zul. Druck: CuZn37Pb0,5-Ausführung $p_S \leq 1$ bar (PN 1), Stahlausführung $p_S \leq 4$ bar (PN 4),

Werkstoff: Gehäuse aus CuZn37Pb0,5 oder S 355 JO; Dichtungen aus NBR; Isolierung aus PA 6/Glimmer

Allgemeine Anforderungen und Prüfungen: DIN 3537-1, mit Isolierstück DIN 3538-1 und DIN 3389

Tab. 187.2: Gaskugelhähne in Durchgangsform (Herstellerangaben, Maße in mm)

Gaskugelhahn (CuZn-Leg.)
mit Innengewinde, beiderseits

Gaskugelhahn (CuZn-Leg.)
mit Isolierstück und Innengewinde

Gaskugelhahn (Stahl.)[1]
mit Innengewinde, beiderseits

Gaskugelhahn (Stahl)[1]
mit Isolierstück und Innengewinde
Brandschutzgriff H_2

DN	R_p	l_1	l_2	l_3	t_1	t_2	t_3	h_1	H_1	h_2	H_2
15	1/2	75	–	–	15	–	–	44	90	–	–
20	3/4	80	–	–	16,3	–	–	47	90	–	–
25	1	90	106,5	98	19,1	20	19,5	61	135	73	106
32	1 1/4	110	126	117,5	21,4	24,5	22	65	135	88	135
40	1 1/2	120	134	126	21,4	24,5	22	86	180	92,5	135
50	2	140	158	148,5	25,7	29	26	92	180	101,5	135

Anmerkung:
Skizzen und Einbaumaße für Isolierstücke, Gasfilter, thermisch auslösende Absperreinrichtungen (TAE), Gassteckdosen und Gaseck-Kugelhähne ($\rightarrow$ S. 358)

[1] Kugelhähne aus Stahl sind mit einfachem Griff oder mit einem Brandschutzgriff lieferbar

Rohrleitungs- und Verbindungstechnik

Tab. 188.1: Kunststoffarmaturen aus PVC/PP

(Herstellerangaben, Maße in mm)

Armaturen mit den Hauptabmessungen nach DIN 3441 aus PVC-U, PVC-C oder PP-H, Baulänge nach EN 558-1,
Anschlussmöglichkeiten: mit Klebemuffe aus PVC, mit Klebestutzen aus PVC, mit Gewindemuffen ISO/DIN aus PVC/PP,
mit Schweißmuffe aus PP/PE, mit Schweißstutzen aus PP/PE oder mit Stumpfschweiß-Stutzen aus PP/PE.

PVC-Kugelhahn
mit Klebemuffen aus PVC

PVC-Kugelhahn
mit Klebestutzen aus PVC

PVC-Kugelhahn
mit Gewindemuffen aus PVC

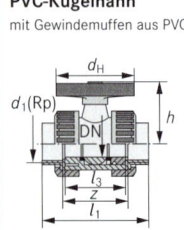
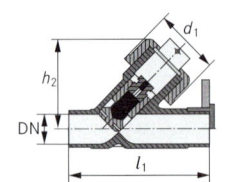
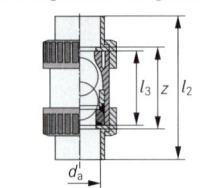

DN	d_a	d_1	l_1	l_2	l_3	d_H	h	z
10	16	Rp $^3/_8$	99	114	63	78	50	71
15	20	Rp $^1/_2$	102	124	63	78	50	71
20	25	Rp $^3/_4$	120	144	75	92	60	82
25	32	Rp 1	131	154	79	100	70	87
32	40	Rp 1¼	150	174	89	110	80	98
40	50	Rp 1½	163	194	95	120	92	101
50	63	Rp 2	197	224	115	146	110	121

Kugeldichtung aus PTFE

PVC-Schrägsitzventil[1]   **PVC-Rückschlagventil**[2]   **PVC-Kugelrückschlagventil**[3]   **PVC-Schmutzfänger**[4]

loser Flansch
Rundscheibe

DN	d_a	l_1	l_2	l_3	l_4	d_H	d_1	h_1	h_2	h_3	z
10	16	114	99	63	–	50	39	105	58	–	71
15	20	124	102	63	124	63	43	126	65	65	71
20	25	144	120	75	144	63	47	140	75	76	82
25	32	154	131	79	154	80	56	166	90	90	87
32	40	174	150	89	174	80	64	191	102	104	98
40	50	194	163	95	194	100	82	233	123	124	101
50	63	224	197	115	224	100	95	264	144	148	121
65	75	284	–	–	284	160	92	335	186	188	–
80	90	300	–	–	300	200	104	390	204	205	–

[1] Ventilkegel aus PTFE oder PE

[2] Ventilkegel aus EPDM oder FPM für horizontalen und vertikalen Einbau geeignet, dicht ab 2 mWS

[3] Dichtungskugel aus EPDM oder FPM, dicht ab 1 mWS

[4] Siebrohr mit Lochdurchmesser d = 0,5; 0,8; 1,4; 2,2 mm lieferbar

PP-H-Dreiwege-Kugelhahn
mit Schweißmuffe

PP-H-Membranventil
mit Schweißmuffe

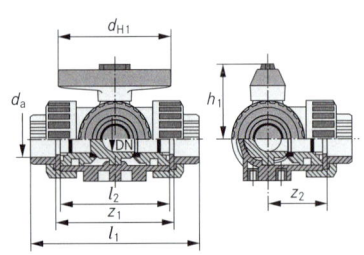
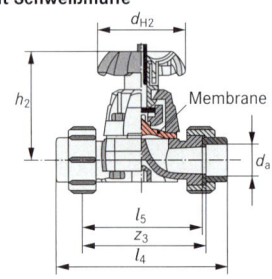

Membrane

Anschlussmöglichkeiten:
- mit Schweißmuffe aus PP/PE
- mit Schweißstutzen aus PP/PE
- mit Stumpf-Schweißstutzen aus PP/PE
- mit Gewindemuffe ISO/DIN aus PVC oder PP
- mit Klebemuffe aus PVC

Achtung!
Die Maße in unten stehender Tabelle weichen bei anderen Gehäusewerkstoffen und bei anderen Anschlussarten geringfügig ab
(Anschlussteile → S. 172 bis 179)

Ausführung mit L-Bohrung, radial ein- und ausbaubar, Kugeldichtung aus PTFE, Gehäuse aus PVC-U, PVC-C oder PP-H

Ausführung in Geradsitzform radial ein- und ausbaubar, Dichtmembrane aus EPDM, NBR oder FPM, Gehäuse aus PVC-U, PVC-C oder PP-H

DN	d_a	l_1	l_2	l_3	l_4	l_5	d_{H1}	d_{H2}	h_1	h_2	z_1	z_2	z_3
10	16	108	70	36	–	–	78	–	50	–	78	39	–
15	20	111	70	36	128	90	78	80	50	90	79	40	100
20	25	131	86	43	150	108	92	80	60	101	95	48	118
25	32	148	96	48	162	116	100	94	68	117	108	54	126
32	40	177	114	58	184	134	110	117	79	127	133	67	144
40	50	205	137	69	210	154	120	117	90	139	155	78	164
50	63	261	179	90	248	184	146	152	109	172	203	102	194

Kennzeichnung von Rohrleitungen nach dem Durchflussstoff

DIN 2403: 2007-05

Anwendungsgebiete:
Eine deutliche Kennzeichnung der Rohrleitung nach dem Durchflusswerkstoff ist im Interesse der **Sicherheit**, der sachgerechten **Instandsetzung** und der wirksamen **Brandbekämpfung** notwendig.
Die Kennzeichnung von Rohrleitungen nach dem Durchflussstoff erfolgt nach DIN. Sie muss beinhalten:
a) generelle Angaben:
   – die Gruppen- und Zusatzfarbe des Durchflussstoffes,
   – die Durchflussrichtung mittels Pfeil,
   – die Angabe des Durchflussstoffes durch Wortangabe, Kennzahl oder chemische Formel.
b) zusätzliche Angaben:
   – wenn es sich um Gefahrenstoffe nach dem Chemikaliengesetz handelt; die Gefahrensymbole
   – wenn es sich um einen radioaktiven Durchflussstoff handelt; das Warnzeichen nach DIN 4844-2
Die Kennzeichnung darf, z. B. durch Angaben des Druckes, der Temperatur mittels Formelzeichen nach DIN 1304 (S. 9) und durch Sicherheitszeichen nach DIN 4844-2 ergänzt werden.

Kennzeichnung durch Schilder:
Die Größen der Schilder sind nach DIN 825-1 genormt. Das spitze Ende der Schilder gibt die Durchflussrichtung an.
Für verschiedene Durchflussstoffe ergeben sich z. B. folgende Möglichkeiten:

Brüdendampf

Acetylen (hochentzündliches Gas)

Natronlauge als Band

Heißwasser 90 °C

Kennzeichnung durch Farben und Beschriftungen
Tab. 189.1: Zuordnung der Farben zu den Durchflussstoffen

Durchflussstoff	Gruppe	Gruppenfarbe	Kennfarben nach DIN 5381	Schriftfarbe	Kennfarbe
Wasser	1	Grün	RAL 6032	Weiß	RAL 9003
Wasserdampf	2	Rot	RAL 3001	Weiß	RAL 9003
Luft	3	Grau	RAL 7004	Schwarz	RAL 9004
Brennbare Gase	4	Gelb mit Zusatzfarbe Rot	RAL 1003 RAL 3001	Schwarz	RAL 9004
Nichtbrennbare Gase	5	Gelb mit Zusatzfarbe Schwarz	RAL 1003 RAL 9004	Schwarz	RAL 9004
Säuren	6	Orange	RAL 2010	Schwarz	RAL 9004
Laugen	7	Violett	RAL 4008	Weiß	RAL 9003
Brennbare Flüssigkeiten und Feststoffe	8	Braun mit Zusatzfarbe Rot	RAL 8002 RAL 3001	Weiß	RAL 9003
Nichtbrennbare Flüssigkeiten und Feststoffe	9	Braun mit Zusatzfarbe Schwarz	RAL 8002 RAL 9004	Weiß	RAL 9003
Sauerstoff	10	Blau	RAL 5005	Weiß	RAL 9003

Tab. 189.2: Kennzeichnung von Trinkwasser- und Nichttrinkwasserleitungen

Benennung	Kurzzeichen	Kurzzeichenfarbe	Beispiele für Trinkwasserleitungen:
Trinkwasserleitung	PW	Grün (RAL 6032)	
Trinkwasserleitung, kalt	PWC	Grün (RAL 6032)	PW — Trinkwasser
Trinkwasserleitung, warm	PWH	Rot (RAL 3001)	Trinkwasser kalt — Trinkwasser, kalt
Trinkwasserltg., warm (Zirk.)	PWH-C	Violett (RAL 4008)	
Nichttrinkwasserleitung	NPW	Weiß (RAL 9003)	

Brandschutz für Leitungsanlagen

LAR: 2000-03

Baurechtliche Einordnung

Nach Musterbauordnung (MBO) § 37 dürfen Leitungen durch Wände, Decken usw. nur dann hindurchgeführt werden, wenn eine Übertragung von Feuer und Rauch nicht zu befürchten ist oder Vorkehrungen hiergegen getroffen sind. Die notwendigen Abschottungs-maßnahmen von elektrischen Leitungen und Rohrleitungen in Decken und Wänden werden grundsätzlich unterschieden:

- Abschottungen gemäß der baurechtlich eingeführten Leitungs-Anlagen-Richtlinie (LAR/RbALei) auf der Basis der Muster-Leitungs-Anlagen-Richtlinie (MLAR).

- Abschottungen mit geprüften Systemen mit „allgemein bauaufsichtlicher Zulassung"

Leitungs-Anlagen-Richtlinie (**LAR/RbALei**)	→ Gilt für die Verlegung von Leitungsanlagen in notwendigen Treppenräumen, notwendigen Fluren und Ausgängen ins Freie.
	→ Gilt für die Führung von Leitungen durch bestimmte Wände und Decken (**Brandabschnitte**), mit Anforderungen an die Feuerwiderstandsdauer.
	→ Sichert den **Funktionserhalt** von elektrischen Leitungen im Brandfall.

RbALei = Richtlinie über brandschutztechnische Anforderungen bei Leitungsanlagen
- Die LAR/RbALei ist seit dem 1. Quartal 2002 in fast allen Bundesländer baurechtlich eingeführt.

- In der LAR sind die notwendigen Treppenräume, notwendigen Flure usw. als **Rettungswege** ausgewiesen.

- Leitungsanlagen sind Anlagen aus Leitungen, insbesondere aus elektrischen Leitungen und Rohrleitungen, sowie aus den zugehörigen Armaturen, Hausanschlussleitungen, Messeinrichtungen, Verteilern und Dämmstoffen für die Leitungen. Zu den Leitungen gehören deren Befestigungen und Beschichtungen.

Grundlagen

LAR/RbALei: 2000-03

Rettungswege	Durchführungen	Elektrischer Funktionserhalt
	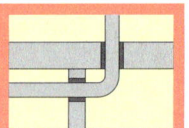	

Anforderungen an Rettungswege:
- Verlegung von brennbaren und nicht-brennbaren Installationsrohren
- Verlegung von elektrischen Leitungen
- Installationsschächte und -kanäle mit Bauteilnachweis

Erleichterungen:
- für Rettungswege geringer Nutzung
- verschiedene bei der Leitungsverlegung

Anforderungen an Leitungsdurchführungen:
- bei feuerbeständigen Bauteilen Rohrdurchführungen in R90-, Kabelabschottungen in S90-Qualität (→ Tab.-B. S. 139)

Erleichterungen:
- bei Leitungsführungen ohne brandschutztechnischen Nachweis

Anforderungen an den elektrischen Funktionserhalt:
- wichtige elektrische Einrichtungen müssen in ihren Funktion erhalten bleiben

Erleichterungen:
- unter besonderen Bedingungen

Tab. 190.1: Geltungsbereiche der LAR/RbALei

Hausgröße/Hausart	Vorschriften	
Ein- und Zweifamilienhaus	Keine Anforderungen	[1] Das genehmigte Brandschutzkonzept (BK) ist darüber hinaus unbedingt zu beachten.
Reihenhäuser	LAR/RbALei zwingend erforderlich	
Gebäude mit geringer Höhe ($h \leq 7$ m)	LAR/RbALei zwingend erforderlich	
Gebäude mit geringer Höhe ($h \geq 7$ m/ ≤ 13 m)	LAR/RbALei zwingend erforderlich	
Hochhäuser ($h \geq 13$ m/ ≤ 22 m)	LAR/RbALei und BK[1] zwingend erforderlich	
Sondergebäude, z. B. Hotels, Sportstätten, Schulen, Krankenhäuser, Kindergärten	LAR/RbALei und BK[1] zwingend erforderlich	

Brandschutz für Leitungsanlagen

Rohrleitungsanlagen in notwendigen Fluren und Ausgängen	LAR: 2000-03

Nichtbrennbare Rohrleitungen dürfen

… offen verlegt werden (Bedingungen siehe Bild),

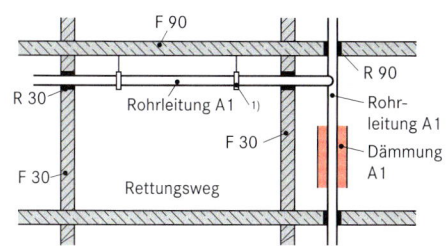

¹⁾ geringfügig brennbare Befestigungs- und Dichtmittel sind zulässig

… in Schlitzen verlegt werden, wenn nicht brennbare Dämmstoffe verwendet werden

– Abdeckung $s \geq 15$ mm Mineralputz oder $s \geq 15$ mm mineralische Bauplatte, z. B. Gipskartonplatte

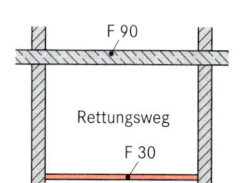

Brennbare Rohrleitungen dürfen nur verlegt werden

… in I-Schächten	… in I-Kanälen	… über Unterdecken	… über untere Hohlraumböden

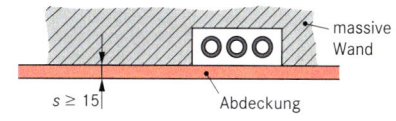

Leitungsanlagen in notwendigen Fluren mit offener Verlegung mit gekapselter Brandlast (ohne Unterdecke)

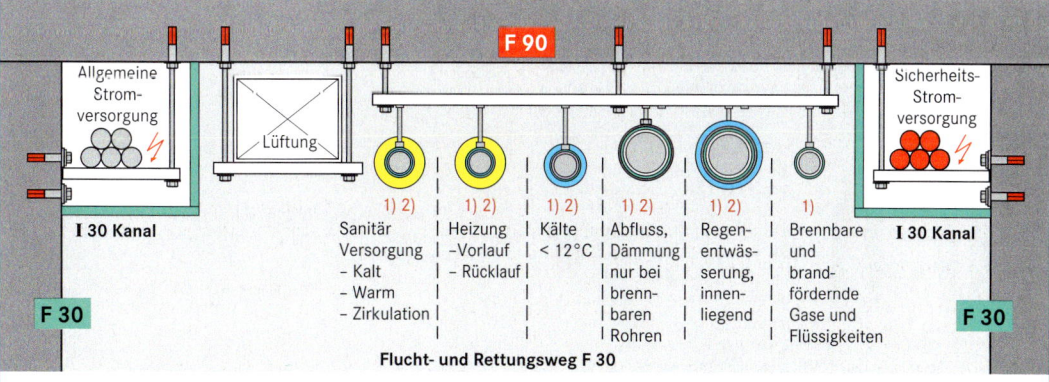

Hinweise:

 Nur zugelassene nichtbrennbare Aufhängungen (Dübel) nach DIN 4102-4 verwenden

 ¹⁾ nicht brennbare Rohre (A1)
²⁾ brennbare Rohre (B1/B2)

Wärme- und Tauwasserdämmung

 ¹⁾ mit A1/A2 nach DIN 4102, Dämmdicke nach EnEV oder
²⁾ mit Mineralwolle $\vartheta_s > 1000$ °C, $s_{min} \geq 30$ mm

 ¹⁾ Diffusionshemmende Dämmung mit A1 oder mit B1/B2 nach DIN 4102 mit brandschutztechnischer Kapselung mit Mineralwolle $\vartheta_s > 1000$ °C, $s_{min} \geq 30$ mm

Brandschutz für Leitungsanlagen
LAR: 2000-03

Leitungsanlagen in notwendigen Fluren und Ausgängen ins Freie mit F30-Unterdecke

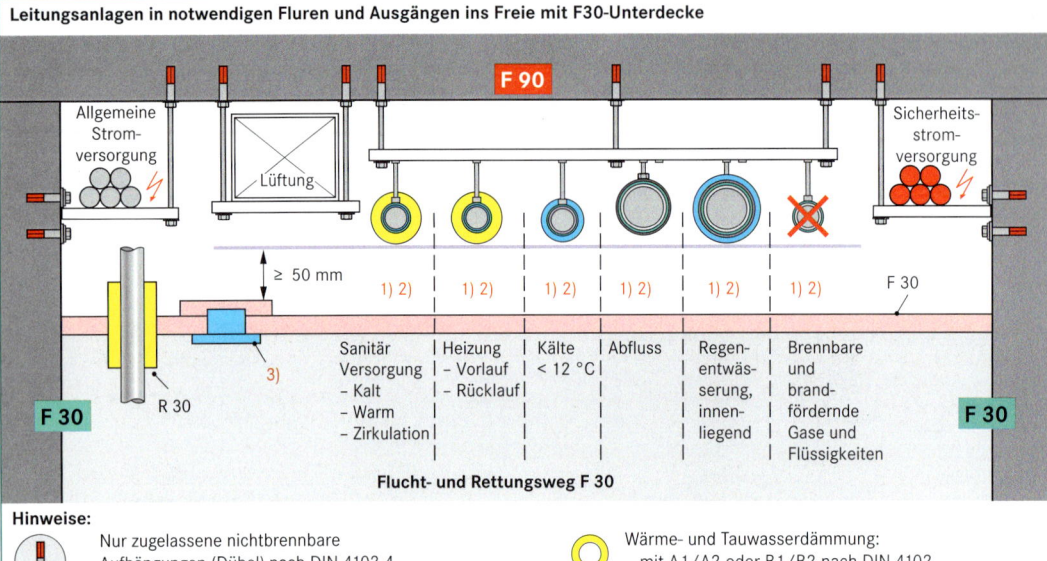

F 90

Allgemeine Stromversorgung

Lüftung

Sicherheitsstromversorgung

≥ 50 mm

1) 2) 1) 2) 1) 2) 1) 2) 1) 2) 1) 2)

F 30

F 30

R 30

| Sanitär Versorgung – Kalt – Warm – Zirkulation | Heizung – Vorlauf – Rücklauf | Kälte < 12 °C | Abfluss | Regenentwässerung, innenliegend | Brennbare und brandfördernde Gase und Flüssigkeiten |

Flucht- und Rettungsweg F 30

F 30

Hinweise:

Nur zugelassene nichtbrennbare Aufhängungen (Dübel) nach DIN 4102-4 verwenden

Wärme- und Tauwasserdämmung:
– mit A1/A2 oder B1/B2 nach DIN 4102 Dämmdicke nach EnEV oder DIN 1988 ($s \geq 30$ mm)

[1] nicht brennbare Rohre (A 1)
[2] brennbare Rohre (B1/B2)

Diffusionshemmende Dämmung (< 12 °C):
– mit A1/B1/B2 nach DIN 4102

F30-Unterdecke mit Allg. Bauaufsichtlichem Prüfzeugnis (ABP) oder Allg. Bauaufsichtlicher Zulassung (ABZ), mit nicht brennbarer Aufhängung (mit Prüfzeugnis) in F30-Qualität (Beflammung von unten und oben).

Achtung: Bei Brandlasten > 7 kWh/m^2 nach VDE 0108 Brandmeldeanlagen einbauen.

[3] Öffnungen, Lampen und Lautsprecher müssen der Qualität der Unterdecke entsprechen

Leitungsführung durch bestimmte Wände und Decken (Brandabschnitte)
LAR: 2000-03

Wand- und Deckendurchführungen mit Leitungsabschottung gemäß Nachweis ABZ[1]/ABP[2]

R 30 bis **R** 90
Conlit Pyrostat
Uni Abschottung
für A1/A2/B1/B2
Dämmstoffe (ABP)

R 30 bis **R** 120
Abschottung mit
Conlit Schale
150 U (ABP)

R 30 bis **R** 90
Abschottung
mit Brandschutzmanschette (ABZ)

S 30 bis **S** 90
Elektroabschottung
(ABZ)

[1] **ABZ** = Allg. Bauaufsichtliche Zulassung
[2] **ABP** = Allg. Bauaufsichtliches Prüfzeugnis

A1/A2
B1/B2

A1 A1/A2 A1 B1/ B1/ B1/
        B1/   B2 B2 B2
        B2
M   M   M K   M K M

F 30
F 60
F 90

BSM   BSM

a   a   a   a   a ≥ 50 mm

Schmelzpunkt >1000 °C

Bei Wanddurchführungen müssen die Brandschutzmanschetten (BSM) beidseitig angeordnet werden.

a: Mindestabstand zwischen zwei Abschottungen aus bauaufsichtlichen Zulassung (ABZ/ABP) entnehmen, fehlen entsprechende Festlegungen ist ein Abstand $a \geq 50$ mm erforderlich.

A1/A2 Baustoffklasse nichtbrennbar (→ S. 138) (Z. B. Isolierung mit einer Schmelztemperatur $\vartheta_s > 1000$ °C, z. B. verdichtete Mineralwolle in rauchdichter Ausführung)

B1/B2 Baustoffklasse brennbar oder A1/A2 nicht brennbar nach DIN 4102 (→ S. 138)

M: Mörtel
K: Körperschalldämmung

BSB: Brandschutzbänder mit Zulassung
BSM: Brandschutzmanschette mit Zulassung

Brandschutz für Leitungsanlagen

Erleichterungen für einzelne Leitungen nach LAR

Voraussetzungen:
1. alle **einzelnen** elektrischen Leitungen
2. Rohre aus **nichtbrennbaren** Werkstoffen, außer Alu oder Glas mit $d \leq 160$ mm, auch mit Beschichtung aus brennbaren Baustoffen (max. 2 mm)
3. Rohre aus **brennbaren** Werkstoffen, Alu oder Glas mit $d \leq 32$ mm für nichtbrennbare Flüssigkeiten und Gase

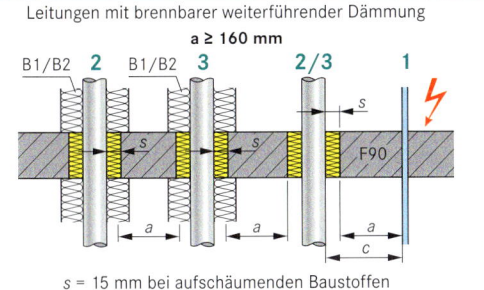

Leitungen mit brennbarer weiterführender Dämmung
$a \geq 160$ mm

s = 15 mm bei aufschäumenden Baustoffen

Leitungen mit nichtbrennbarer weiterführender Dämmung
$a \geq 50$ mm

s = 50 mm bei $\vartheta_s > 1000$ °C (Steinwolle)

Tab. 193.1: Abstand c bei ungedämmten Leitungen

1 zu **2**	$c \geq 1 \times d$ des größten Durchmessers	Bemerkungen: Die Abstände der Leitungen untereinander können gemäß LAR oftmals nicht eingehalten werden. Dann kommen **zugelassene Systeme** zum Einsatz. Diese zugelassenen Brandschutzprodukte (BS) müssen gemäß der Zulassung und Montageanleitung des Herstellers installiert und eingebaut werden.
1 zu **3**	$c \geq 5 \times d$ des Rohr-Ø von **3** bzw. $c \geq 1 \times d$ von **1**	

Geprüfte und zugelassene Durchführungssystemen mit allgemeinem bauaufsichtlichem Prüfzeugnis/Zulassung

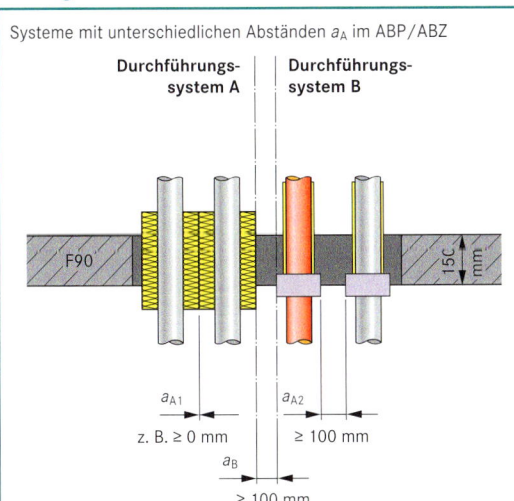

Systeme mit unterschiedlichen Abständen a_A im ABP/ABZ

Durchführungssystem A | Durchführungssystem B

a_{A1} z. B. ≥ 0 mm | a_{A2} ≥ 100 mm

a_B ≥ 100 mm

150 mm

Systeme ohne Abstandsregeln a_A im ABP/ABZ

Durchführungssystem A nach ABP/ABZ | Durchführungssystem B nach den Erleichterungen

a_A z. B. ≥ 100 m | a_C ≥ 50 mm

a_B ≥ 50 mm

WD (A1/A2)

150 mm

Abstandsregeln:
- Die Abstandsregeln gemäß ABP/APZ gelten für die Durchführungssysteme A und B.
- Wenn im ABP/APZ der Durchführungssysteme die Abstände a_A unterschiedlich sind, dann gilt für den Abstand a_B der größte Abstand a_A.

Weiterführende Dämmung:
- Nach der Baustoffklasse gemäß ABP/ABZ unter Beachtung der Mindestdämmlänge nach ABP/ABZ und der Mindestdämmdicke nach EnEV bzw. DIN 1988-2

Abstandsregeln:
- Die Abstandsregeln gemäß ABP/APZ gelten für die Durchführungssysteme A und B.
- Zusätzlich gilt für die Durchführung B die Abstands-Regel nach der Erleichterung der LAR/RbALei.
- Für den Abstand a_B gilt im Beispiel der größte Abstand aus a_C

a_C und a_A, aber mindestens > 50 mm gemäß den Anforderungen der LAR/RbALei.

Verteilerkonstruktion für Flanschenarmaturen PN 10/16

Abmessungen (Beispiel)[2]

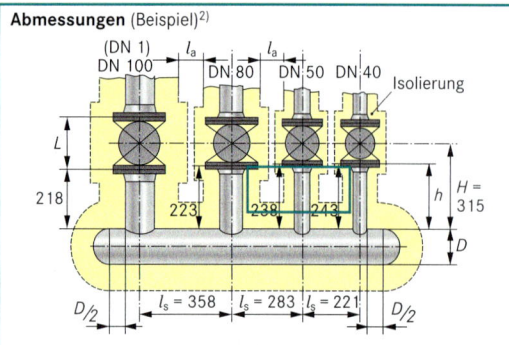

Verteiler mit Absperrventilen in Kompaktbauweise (→ Tab. 181.1)
Abstand der Wärmedämmung l_a = 80 mm (→ Tab. 194.2)

Berechnungsvorgaben:

Verteilerdurchmesser: $D \geq 1,2 \times DN\ 1$

D : Verteilerdurchmesser in mm
DN 1: größte Stutzennennweite
H : Höhe bis Spindelmitte in mm
h : Rohrstutzenhöhe in mm
l_s : Rohrstutzenabstand von Mitte bis Mitte in mm

Berechnungsgang (→ Tab. 194.1 oder Tab. 194.2):

1. Höhe bis Spindelmitte H für Stutzen mit größter DN festlegen (auf Armaturenart bzw. Armaturenbaulänge l in mm achten (→ S. 181 bis 184))
2. Rohrstutzenhöhe h der verschiedenen Anschlussstutzen festlegen
3. Rohrstutzenabstand l_S (Mitte-Mitte) entnehmen
4. Verteilerdurchmesser mit Formel berechnen

Tab. 194.1: Verteilermaße: Verteiler mit Wärmedämmung, Ventilbaulängen nach DIN EN 558-1/1
l_a: lichter Abstand der Außenkanten der Wärmedämmung, l_a = 100 mm

Rohrstutzenentfernung l_s in mm

DN	15	20	25	32	40	50	65	80	100	125	150	200
15	161											
20	164	167										
25	178	180	194									
32	182	185	198	202								
40	193	196	209	213	225							
50	209	212	225	230	241	257						
65	234	237	250	254	265	282	306					
80	255	258	271	276	287	303	328	349				
100	285	287	301	305	316	333	357	378	408			
125	297	300	313	318	329	345	370	391	421	433		
150	310	313	326	331	342	358	383	404	434	446	459	
200	340	343	356	361	372	388	413	434	464	476	489	519

Rohrstutzenhöhe h in mm

DN	200	150	125	100	80	65	50	40	32	25	20	15	H
200	223	283	323	348	368	378	408	423	433	443	448	458	525
150		218	258	283	303	313	343	358	368	378	383	393	460
125			218	243	263	273	303	318	328	338	343	353	420
100				218	238	248	278	293	303	313	318	328	395
80					208	218	248	263	273	283	288	298	365
65						198	228	243	253	263	268	278	345
50							193	208	218	228	233	243	310
40								183	193	203	208	218	285
32									178	188	193	203	270
25										178	183	193	260
20											173	183	250
15												173	240

(Schema: DN1 ↕ DN1 ≥ DN2 → DN2)

Tab. 194.1: Verteilermaße: Verteiler mit Wärmedämmung, Ventilbaulängen nach DIN EN 558-1/1
l_a: lichter Abstand der Außenkanten der Wärmedämmung, l_a = 100 mm

Rohrstutzenentfernung l_s in mm

DN	15	20	25	32	40	50	65	80	100	125	150	200
15	111											
20	144	147										
25	158	160	174									
32	162	165	178	182								
40	173	176	189	193	205							
50	189	192	205	210	221	237						
65	214	217	230	234	245	262	286					
80	235	238	251	256	267	283	308	329				
100	265	267	281	285	296	313	337	358	388			
125	277	280	293	298	309	325	350	371	401	413		
150	290	293	306	311	322	338	363	384	414	426	439	
200	320	323	336	341	352	368	393	414	444	456	469	499

Rohrstutzenhöhe h in mm

DN	200	150	125	100	80	65	50	40	32	25	20	15	H
200	223	233	238	243	248	253	263	268	273	276	278	281	340
150		223	228	233	238	243	253	258	263	266	268	271	330
125			218	223	228	233	243	248	253	256	258	261	320
100				218	223	228	238	243	248	251	253	256	315
80					208	213	223	228	233	236	238	241	300
65						198	208	213	218	221	223	226	285
50							193	198	203	206	208	211	270
40								183	188	191	193	196	255
32									178	181	183	186	245
25										181	183	186	245
20											173	176	235
15												171	230

(Schema: DN1 ↕ DN1 ≥ DN2 → DN2)

---

[1] Wärmedämmung nach Energieeinspar-Verordnung (EnEV → S. 395)
[2] Rechenwerte zum Beispiel (→ S. 194 oben)
 a) Verteilerdurchmesser $D \geq 1,2 \times DN\ 1 \geq 1,2 \times 100 \geq 120$ mm, gewählt DN 125
 b) Stutzenhöhe h und Stutzabstand l_S: (Werte aus Tab. 194.2)

H in mm	DN	100	80	50	40
315	h in mm	218	223	238	243
–	l_s in mm	358		283	221

$$h = H - \frac{L}{2} - s_D$$

s_D: Dichtungsdicke in mm (s_D in der Regel 2 mm)
L: Armaturenbaulänge in mm

Bleche und Bänder

Einteilung:

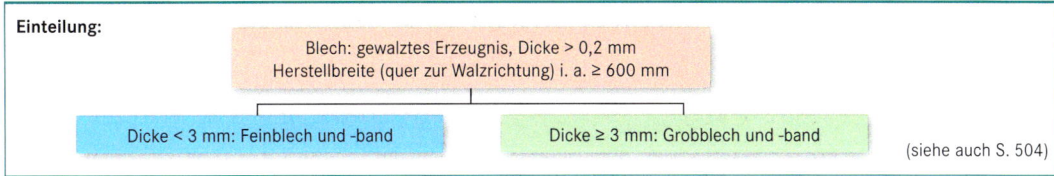

Blech: gewalztes Erzeugnis, Dicke > 0,2 mm
Herstellbreite (quer zur Walzrichtung) i. a. ≥ 600 mm

Dicke < 3 mm: Feinblech und -band

Dicke ≥ 3 mm: Grobblech und -band

(siehe auch S. 504)

Feinbleche
Tab. 195.1: Kontinuierlich schmelztauchveredeltes Blech und Band aus Stahl   DIN EN 10 327: 2004-09

Güte	Bezeich-nung[1]	Art des Schmelz-tauch-Überzugs[2]	+Z-Auflage in g/m² [3]	Oberfläche Art	Behandlung[4]	s mm	Masse m'' kg/m² [5]
Maschinenfalzgüte	DX51D	+Z, +ZF, +ZA, +AZ, +AS	100 … 350	A: üblich	C: chemisch	0,5	3,93
Ziehgüte	DX52D	+Z, +ZF, +ZA, +AZ, +AS	100 … 275	(Poren, Riefen)	passiviert	0,6	4,71
Tiefziehgüte	DX53D	+Z, +ZF, +ZA, +AZ, +AS	100 … 200	B: verbessert	O: geölt	0,7	5,50
Sondertiefziehgüte	DX54D	+Z, +ZF, +ZA, +AZ, +AS	100 … 200	(kleine Riefen)	CO: chem. pas-siviert u. geölt	0,8	6,28
Sondertiefziehgüte	DX55D	+AS	–		S: versiegelt	0,9	7,07
Spezialtiefziehgüte	DX56D	+Z, +ZF, +ZA, +AS	100 … 200	C: beste (fast fehlerfrei)	P: phosphatiert	1,0	7,85
Supertiefziehgüte	DX57D	+Z, +ZF, +ZA, +AS	100 … 200			1,2	9,42

[1] Stahlsorte nach DIN EN 10 020 (legierte Qualitätsstähle), Grenzabmaße der Bleche nach DIN EN 10 143
[2] **Z** = Schmelztauchverzinken → Ausführung: N = übliche Zinkblume; M = kleine Zinkblume
   ZF = Schmelztauchveredeln mit Zink-Eisen-Überzug, **ZA** = Schmelztauchveredeln mit Zink-Alu-Überzug
   AZ = Schmelztauchveredeln mit Alu-Zink-Überzug,   **AS** = Schmelztauchveredeln mit Alu-Silizium-Überzug
[3] Masse der beidseitigen Auflage mit Zink: Z. B. **Z140** → beidseitige Zinkauflage 140 g/m² entspricht einer Schichtdicke von ca. 10 μm je Seite, [4] zeitlich begrenzte Wirkung, [5] ohne Auflage mit ϱ_{Stahl} = 7,85 kg/dm³.

Werkstoff	Norm …	–	Güte	+	Überzug	Auflage-gewicht	–	Ausführung des Überzugs	Oberflächen-art	Oberflächen-schutz
Stahl	**EN 10 327**	–	**DX53D**	+	**Z**	**140**	–	**M**	**B**	**C**

Tab. 195.2: Bleche aus NRS (nichtrostendem Stahl DIN EN 10 028) für Bauklempnerei   DIN EN 502: 1999-11

Stahl-sorte	Bezeichnung (Auszug)	organische Beschichtung	s mm	m'' ohne Auflage kg/m²
ferri-tisch	X6Cr13	(→ Tab. 195.3)	0,5	3,95
	X6Cr17		0,6	4,74
	X6CrMo17-1	SP, SP-SI, PUR, PVDF, PVC (P)	0,7	5,53
auste-nitisch	X5CrNi18-10		0,8	6,32
	X5CrNiMo17-12-2		1,0	7,9

Breite: 450 … 1250 mm; Plattenlänge: … 2 m; Rollenlänge: … 30 m

Einsatzbereich	Norm …	–	Werkstoff	–	Dicke x Breite x Länge
Tafel für Dachdeckung	**EN 502**	–	**X6Cr17**	–	**0,6 x 1000 x 2000**

Tab. 195.3: organische/chemische Beschichtungen

Bezeichnung	Symbol
Alkyde	AK
Flüssig-Acryl	AY
Polyester	SP
Polyester modifiziertes PMD	SP-PA
Silikon-Polyester	SP-SI
Polyamid	PMD
Polyurethan	PUR
Polyvinylidenfluorid	PVDF
Polyvinylchlorid (Plastisol)	PVC (P)
Polyvinylfluorid-Folie	PVF (F)
chem. Vorbewitterung	PW

Tab. 195.4: Bleche aus NE-Metallen für Bauklempnerei

Werkstoff	Norm allgemein DIN …	Norm Klempner DIN …	Kurzzeichen	Flächenbezogene Masse m'' ohne Auflage in kg/m² bei Dicke s in mm 0,5	0,6	0,65	0,7	0,8	1,0
Titanzink[1]	EN 988	EN 501	Zn-Cu-Ti	–	4,3	4,7	5,0	5,8	7,2
Aluminium[2]	EN 485	EN 507	EN AW-Al 99,5[3]	1,4	1,6	1,8	1,9	2,2	2,7
Kupfer	EN 1172	EN 504	Cu-DHP[4]	4,5	5,3	5,8	6,2	7,1	8,9
Blei	EN 30 006	EN 503	Pb 99,94 Cu	5,7	6,8	–	7,9	9,1	11,3

Breiten: … 1250 mm; Plattenlängen: … 3000 mm; Rollenlängen: … 30000 mm

[1] organische Beschichtung (→ Tab. 195.3): AY, SP, SP-SI, PVDF, PVC (P), PW
[2] organische Beschichtung (→ Tab. 195.3): AY, SP, SP-SI, PVDF, PMD, AK, PVF (F)
[3] weitere Werkstoffe (Auszug): EN AW-Al Mn1Cu, EN AW-Al Mn1, EN AW-AlSi2Mn
[4] Zustand (nur bei Kupfer): R220, R240 (= Zugfestigkeit in N/mm²)

Einsatzbereich	Norm …	–	Werkstoff	–	Zustand	–	Dicke x Breite x Länge
Tafel für Dachdeckung	**EN 504**	–	**Cu-DHP**	–	**R240**	–	**0,6 x 1000 x 2000**

Rohrleitungs- und Verbindungstechnik

Warm gewalzte Stahlprofile – Übersicht

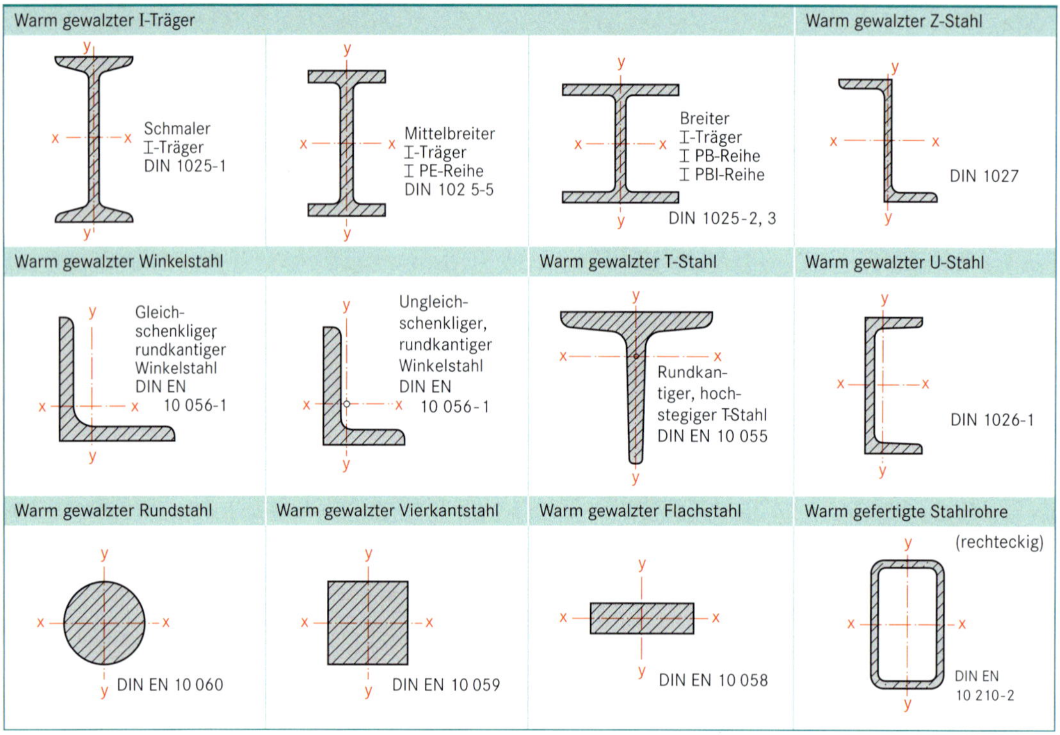

Warm gewalzter I-Träger			Warm gewalzter Z-Stahl
Schmaler I-Träger DIN 1025-1	Mittelbreiter I-Träger I PE-Reihe DIN 102 5-5	Breiter I-Träger I PB-Reihe I PBI-Reihe DIN 1025-2, 3	DIN 1027
Warm gewalzter Winkelstahl		**Warm gewalzter T-Stahl**	**Warm gewalzter U-Stahl**
Gleich-schenkliger rundkantiger Winkelstahl DIN EN 10 056-1	Ungleich-schenkliger, rundkantiger Winkelstahl DIN EN 10 056-1	Rundkan-tiger, hoch-stegiger T-Stahl DIN EN 10 055	DIN 1026-1
Warm gewalzter Rundstahl	**Warm gewalzter Vierkantstahl**	**Warm gewalzter Flachstahl**	**Warm gefertigte Stahlrohre** (rechteckig)
DIN EN 10 060	DIN EN 10 059	DIN EN 10 058	DIN EN 10 210-2

Warm gewalzter I-Träger, schmale I-Träger

DIN 1025-1: 2009-04

Abmessungen

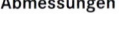

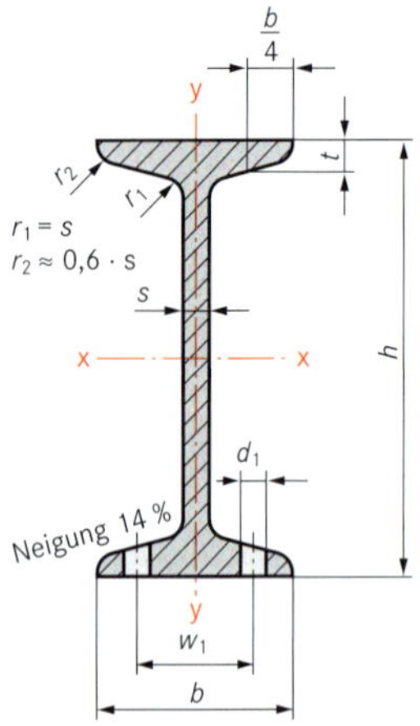

$r_1 = s$
$r_2 \approx 0{,}6 \cdot s$

Neigung 14 %

Tab. 197.1: Warm gewalzter I-Träger, schmale I-Träger

Kurz-zei-chen					Für die Biegeachse						Maße nach DIN 997: 1970-10	
					x – x		y – y					
I	h	b	s	t	I_x	W_x	I_y	W_y	A	m'	d_{1max}[1]	w_1
	mm	mm	mm	mm	cm⁴	cm³	cm⁴	cm³	cm²	kg/m	mm	mm
80	80	42	3,9	5,9	77,8	19,5	6,29	3,00	7,57	5,94	6,4	22
100	100	50	4,5	6,8	171	34,2	12,2	4,88	10,6	8,34	6,4	28
120	120	58	5,1	7,7	328	54,7	21,5	7,41	14,2	11,1	8,4	32
140	140	66	5,7	8,6	573	81,9	35,2	10,1	18,2	14,3	11	34
160	160	74	6,3	9,5	935	117	54,7	14,8	22,8	17,9	11	40
180	180	82	6,9	10,4	1450	161	81,3	19,8	27,9	21,9	13[2]	44
200	200	90	7,5	11,3	2140	214	117	26,0	33,4	26,2	13	48
220	220	98	8,1	12,2	3060	278	162	33,1	39,5	31,1	13	52
240	240	106	8,7	13,1	4250	354	221	41,7	46,1	36,2	17/13[3]	56
260	260	113	9,4	14,1	5740	442	288	51,0	53,3	41,9	17	60
280	280	119	10,1	15,2	7590	542	364	61,2	61,0	47,9	17	60
300	300	125	10,8	16,2	9800	653	451	72,2	69,0	54,2	21/17	64

Normallängen: $h < 300$ mm: $l = 8$ bis 16 m; $h \geq 300$ mm: $l = 8$ bis 18 m; Werkstoff: Stahl nach DIN EN 10 025

Bezeichnung eines warm gewalzten, schmalen I-Trägers nach DIN 1025-1, Höhe $h = 140$ mm aus S 235 JR:

I-Profil	DIN 1025-1	–	I 140	–	S 235 JR

[1] Haben Niete oder Schrauben einen kleineren als den hier angegebenen Durchmesser, können dennoch die gleichen Anreißmaße angewendet werden.

[2] Genormte Schrauben für HV-Verbindungen sind hier nicht anwendbar.

[3] Sind für d_1 zwei Werte angegeben, dann gilt der kleinere Wert für HV-Schrauben.

Warm gewalzter I-Träger, mittelbreite I-Träger, I PE-Reihe

DIN 1025-5: 1994-03

Abmessungen

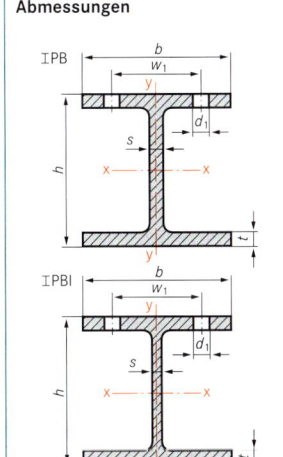

Tab. 198.1: Warm gewalzter I-Träger, schmale I-Träger

Kurz-zei-chen I PE	h mm	b mm	s mm	t mm	Für die Biegeachse				A cm^2	m' kg/m	Maße nach DIN 997: 1970-10	
					x – x		y – y				d_{1max}[1] mm	w_1 mm
					I_x cm^4	W_x cm^3	I_y cm^4	W_y cm^3				
100	100	55	4,1	5,7	171	34,2	15,9	5,79	10,3	8,10	8,4	30
120	120	64	4,4	6,3	318	53	27,7	8,65	13,2	10,4	8,4	36
140	140	73	4,7	6,9	541	77,3	44,9	12,3	16,4	12,9	11	40
160	160	82	5	7,4	869	109	68,3	16,7	20,1	15,8	13[2]	44
180	180	91	5,3	8	1320	146	101	22,2	23,9	18,8	13	50
200	200	100	5,6	8,5	1940	194	142	28,5	28,5	22,4	13	56
220	220	110	5,9	9,2	2770	252	205	37,3	33,4	26,2	17	60

Normallängen: h < 300 mm: l = 8 bis 16 m; h ≥ 300 mm: l = 8 bis 18 m; **Werkstoff:** Stahl nach DIN EN 10 025
Bezeichnung eines warm gewalzten, mittelbreiten I-Trägers nach DIN 1025-5, Höhe h = 160 mm aus S 235 JR:

I-Profil	DIN 1025-5	–	I PE 160	–	S 235 JR

Warm gewalzter breiter I-Träger, I PB-Reihe und I PBl-Reihe

DIN 1025-2: 1995-11; DIN 1025-03: 1994-03

Abmessungen

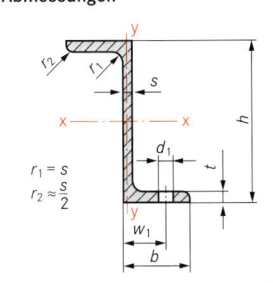

Tab. 198.2: Warm gewalzter I-Träger, schmale I-Träger

Kurz-zei-chen I PB (HE-B)	h mm	b mm	s mm	t mm	Für die Biegeachse				A cm^2	m' kg/m	Maße nach DIN 997: 1970-10	
					x – x		y – y				d_{1max}[1] mm	w_1 mm
					I_x cm^4	W_x cm^3	I_y cm^4	W_y cm^3				
100	100	100	6	10	450	89,9	167	33,5	26	20,4	13	56
120	120	120	6,5	11	864	144	318	52,9	34	26,7	17	66
140	140	140	7	12	1510	216	550	78,5	43	33,7	21	76
160	160	160	8	13	2490	311	889	111	54,3	42,6	23	86
180	180	180	8,5	14	3830	426	1360	151	65,3	51,2	25	100
200	200	200	9	15	5700	570	2000	200	78,1	61,3	25	110
220	220	220	9,5	16	8090	736	2840	258	91	71,5	25	120
I PBl (HE-A-Reihe) → Leichte Ausführung												
100	96	100	5	8	349	72,8	134	26,8	21,2	16,7	13	56
120	114	120	5	8	606	106	231	38,5	25,3	19,9	17	66
140	133	140	5,5	8,5	1030	155	389	55,6	31,4	24,7	21	76
160	152	160	6	9	1670	220	616	76,9	38,8	30,4	23	86
180	171	180	6	9,5	2510	294	925	103	45,3	35,5	25	100
200	190	200	6,5	10	3690	389	1340	134	53,8	42,3	25	110
220	210	220	7	11	5410	515	1950	178	64,3	50,5	25	120

Normallängen: l = 8 bis 16 m; **Werkstoff:** Stahl nach DIN 10 025; **Bezeichnung** eines breiten I-Trägers nach DIN 1025-2

mit parallelen Flanschflächen, Höhe h = 200 mm aus S 235 JR:

I-Profil	DIN 1025-2	–	I PB 200	–	S 235 JR

Warm gewalzter rundkantiger ⌐-Stahl

DIN 1027: 2004-04

Abmessungen

Tab. 198.3: Warm gewalzter rundkantiger ⌐-Stahl

Kurz-zei-chen ⌐	h mm	b mm	s mm	t mm	Für die Biegeachse				A cm^2	m' kg/m	Maße nach DIN 997: 1970-10	
					x – x		y – y				d_{1max}[1] mm	w_1 mm
					I_x cm^4	W_x cm^3	I_y cm^4	W_y cm^3				
30	30	38	4	4,5	5,96	3,97	13,7	3,80	4,32	3,39	11	20
40	40	40	4,5	5	13,5	6,75	17,6	4,66	5,43	4,26	11	22
50	50	43	5	5,5	26,3	10,5	23,8	5,88	6,77	5,31	11	25
60	60	45	5	6	44,7	14,9	30,1	7,09	7,91	6,21	13	25
80	80	50	6	7	109	27,3	47,4	10,1	11,1	8,71	13	30
100	100	55	6,5	8	222	44,4	72,5	14,0	14,5	11,4	17	30

Normallängen: l = 3 bis 15 m
Werkstoff: Stahl nach DIN 10 025

Bezeichnung eines warmgewalzten ⌐-Stahls nach DIN 1027, Höhe h = 80 mm aus S 235 JR:

⌐-Profil	DIN 1027	–	⌐ 80	–	S 235 JR

[1] Haben Niete oder Schrauben einen kleineren als den hier angegebenen Durchmesser, können dennoch die gleichen Anreißmaße angewendet werden.

Rohrleitungs- und Verbindungstechnik

Rohrleitungs- und
Verbindungstechnik

Tab. 198.1: Warm gewalzter gleichschenkliger rundkantiger Winkelstahl — DIN EN 10 056-1: 1998-10

Abmessungen

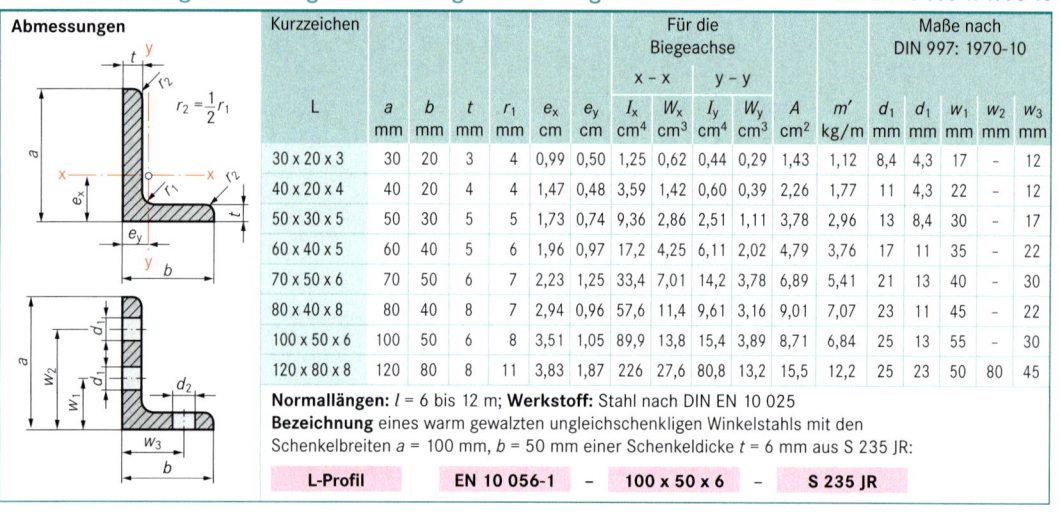

Kurzzeichen						Für die Biegeachse x – x und y – y				Maße nach DIN 997: 1970-10	
L	a mm	t mm	r_1 mm	e cm	$I_x = I_y$ cm^4	$W_x = W_y$ cm^3	A cm^2	m' kg/m	d_1 mm	w_1 mm
20 x 20 x 3	20	3	3,5	0,598	0,392	0,279	1,12	0,882	4,3	12
25 x 25 x 3	25	3	3,5	0,723	0,803	0,452	1,14	1,12	6,4	15
30 x 30 x 3	30	3	5	0,835	1,4	0,649	1,74	1,36	8,4	17
30 x 30 x 4	30	4	5	0,878	1,8	0,850	2,27	1,78	8,4	17
40 x 40 x 4	40	4	6	1,12	4,47	1,55	3,08	2,42	11	22
50 x 50 x 5	50	5	7	1,4	11,0	3,05	4,80	3,77	13	30
60 x 60 x 6	60	6	8	1,69	22,8	5,29	6,91	5,42	17	35
70 x 70 x 7	70	7	9	1,97	42,3	8,41	9,40	7,38	21	40
80 x 80 x 8	80	8	10	2,26	72,2	12,6	12,3	9,63	23	45
90 x 90 x 9	90	9	11	2,54	116	17,9	15,5	12,2	25	50
100 x 100 x 10	100	12	12	2,82	177	24,6	19,2	15,0	25	55

Normallängen: l = 6 bis 12 m; **Werkstoff:** Stahl nach DIN EN 10 025
Bezeichnung eines warm gewalzten gleichschenkligen Winkelstahls mit einer Schenkelbreite a = 60 mm, einer Schenkeldicke t = 6 mm
aus S 235 JR:

L-Profil	EN 10 056-1	–	60 x 60 x 6	–	S 235 JR

Tab. 198.2: Warm gewalzter ungleichschenkliger rundkantiger Winkelstahl — DIN EN 10 056-1: 1998-10

Abmessungen

Kurzzeichen							Für die Biegeachse					Maße nach DIN 997: 1970-10				
							x – x		y – y								
L	a mm	b mm	t mm	r_1 mm	e_x cm	e_y cm	I_x cm^4	W_x cm^3	I_y cm^4	W_y cm^3	A cm^2	m' kg/m	d_1 mm	d_1 mm	w_1 mm	w_2 mm	w_3 mm
30 x 20 x 3	30	20	3	4	0,99	0,50	1,25	0,62	0,44	0,29	1,43	1,12	8,4	4,3	17	–	12
40 x 20 x 4	40	20	4	4	1,47	0,48	3,59	1,42	0,60	0,39	2,26	1,77	11	4,3	22	–	12
50 x 30 x 5	50	30	5	5	1,73	0,74	9,36	2,86	2,51	1,11	3,78	2,96	13	8,4	30	–	17
60 x 40 x 5	60	40	5	6	1,96	0,97	17,2	4,25	6,11	2,02	4,79	3,76	17	11	35	–	22
70 x 50 x 6	70	50	6	7	2,23	1,25	33,4	7,01	14,2	3,78	6,89	5,41	21	13	40	–	30
80 x 40 x 8	80	40	8	7	2,94	0,96	57,6	11,4	9,61	3,16	9,01	7,07	23	11	45	–	22
100 x 50 x 6	100	50	6	8	3,51	1,05	89,9	13,8	15,4	3,89	8,71	6,84	25	13	55	–	30
120 x 80 x 8	120	80	8	11	3,83	1,87	226	27,6	80,8	13,2	15,5	12,2	25	23	50	80	45

Normallängen: l = 6 bis 12 m; **Werkstoff:** Stahl nach DIN EN 10 025
Bezeichnung eines warm gewalzten ungleichschenkligen Winkelstahls mit den
Schenkelbreiten a = 100 mm, b = 50 mm einer Schenkeldicke t = 6 mm aus S 235 JR:

L-Profil	EN 10 056-1	–	100 x 50 x 6	–	S 235 JR

Tab. 198.3: Warm gewalzter Flachstab — DIN EN 10 058: 2004-02

Abmessungen

Breite mm	Masse m' in kg/m für Dicke t in mm						Breite mm	Masse m' in kg/m für Dicke t in mm					
	5	6	8	10	12	15		5	6	8	10	12	15
10	0,393	–	–	–	–	–	45	1,77	2,12	2,83	3,53	4,24	5,30
12	0,471	0,565	–	–	–	–	50	1,96	2,36	3,14	3,93	4,71	5,50
14	0,550	0,659	0,88	–	–	–	55	2,16	2,59	3,45	4,32	5,18	6,48
16	0,628	0,754	1,00	1,26	–	–	60	2,36	2,83	3,77	4,71	5,65	6,12
20	0,785	0,942	1,26	1,75	1,88	2,36	65	2,55	3,06	4,08	5,10	6,12	7,65
25	0,981	1,18	1,57	1,96	2,36	2,59	70	2,75	3,30	4,40	5,50	6,59	8,24
30	1,18	1,41	1,88	2,36	2,83	3,53	80	3,14	3,77	5,02	6,28	7,54	9,42
35	1,37	1,65	2,20	2,75	3,30	4,12	90	3,53	4,24	5,65	7,07	8,48	10,60
40	1,57	1,88	2,51	3,14	3,77	4,71	100	3,93	4,71	6,28	7,85	9,42	11,80

Normallängen: l = 2 bis 12 m; **Werkstoffe:** DIN EN 10 025, DIN EN 10 083/84 (Dichte ϱ = 7,85 kg/dm^3)
Bezeichnung eines warm gewalzten Flachstabs nach DIN EN 10 058 mit b = 40 mm und t = 6 mm aus S 235 JR:

Flachstab	DIN EN 10 058	–	40 x 6	–	S 235 JR

Tab. 199.1: Warm gewalzter gleichschenkliger rundkantiger T-Stahl

DIN EN 10 055: 1995-12

Abmessungen

T	$h = b$ mm	$s = t$ mm	A cm²	m' kg/m	d cm	I_x cm⁴	W_x cm³	I_y cm⁴	W_y cm³	w_1 mm	w_2 mm	d_1 mm	e mm
			Quer-schnitt		Abstand der x-Achse	Für die Biegeachse x – x		y – y		Maße nach DIN 997: 1970-10			
30	30	4	2,26	1,77	0,85	1,72	0,80	0,87	0,58	17	17	4,3	21
35	35	4,5	2,97	2,33	0,99	3,10	1,23	1,57	0,90	19	19	4,3	25
40	40	5	3,77	2,96	1,12	5,28	1,84	2,58	1,29	21	22	6,4	29
50	50	6	5,66	4,44	1,39	12,1	3,36	6,06	2,42	30	30	6,4	37
60	60	7	7,94	6,23	1,66	23,8	5,48	12,2	4,07	34	35	8,4	45
70	70	8	10,6	8,23	1,94	44,5	8,79	22,1	6,32	38	40	11	53
80	80	9	13,6	10,7	2,22	73,7	12,8	37,0	9,25	45	45	11	61
100	100	11	20,9	16,4	2,74	179	24,6	88,3	17,7	60	60	13	77
120	120	13	29,6	23,2	3,28	366	42,0	178	29,7	70	70	17	93
140	140	15	39,9	31,3	3,80	660	64,7	330	47,2	80	75	21	109

Normallänge: l = 6 bis 12 m; **Werkstoff:** Stahl DIN EN 10 025
Bezeichnung eines warm gewalzten gleichschenkligen rundkantigen T-Stahls mit h = 50 mm aus S 235 JR:

T-Profil	EN 10 055	–	T50	–	S 235 JR

Tab. 199.2: Warm gewalzter rundkantiger U-Stahl

DIN 1026-1: 2009-09

Abmessungen

U	h mm	b mm	s mm	t mm	e_y cm	I_x cm⁴	W_x cm³	I_y cm⁴	W_y cm³	A cm²	m' kg/m	d_1 mm	w_1 mm
			Quer-schnitt		Abstand der x-Achse	Für die Biegeachse x – x		y – y				Maße nach DIN 997: 1970-10	
30	30	33	5	7	1,31	6,39	4,26	5,33	2,68	5,44	4,27	8,4	20
40	40	35	5	7	1,33	14,1	7,05	6,68	3,08	6,21	4,87	8,4	20
50	50	38	5	7	1,37	26,4	10,6	9,12	3,75	7,12	5,59	11	20
60	60	30	6	6	0,91	31,6	10,5	4,51	2,16	6,46	5,07	8,4	18
65	65	42	5,5	7,5	1,42	57,5	17,7	14,1	5,07	9,03	7,09	11	25
80	80	45	6	8	1,45	106	26,5	19,4	6,36	11,0	8,64	13[1]	25
100	100	50	6	8,5	1,55	206	41,2	29,3	8,49	13,5	10,6	13	30
120	120	55	7	9	1,60	364	60,7	43,2	11,1	17,0	13,4	17/13[2]	30
140	140	60	7	10	1,75	605	86,4	62,7	14,8	20,4	16,0	17	35
160	160	65	7,5	10,5	1,84	925	116	85,3	18,3	24,0	18,8	21/17[2]	35
180	180	70	8	11	1,92	1350	150	114	22,4	28,0	22,0	21	40
200	200	75	8,5	11,5	2,01	1910	191	148	27,0	32,2	25,3	23/21[2]	40

$r_1 = t$ und $r_2 \approx t/2$
$b_1 = b/2$ bei $h \leq 300$ mm
Neigung: bei $h \leq 300$ mm: 8 %

Normallängen: l = 8 bis 16 m; **Werkstoff:** Stahl nach DIN EN 10 025; Bezeichnung eines warm gewalzten rundkantigen U-Stahls mit h = 140 mm aus S 235 JR:

U-Profil	DIN 1026	–	U 140	–	S 235 JR

Tab. 199.3: Warm gewalzter Rundstab, warm gewalzter Vierkantstab

Rundstab: DIN EN 10 060: 2004-02
Vierkantstab: DIN EN 10 059: 2004-02

Abmessungen

Maße d bzw. a mm	Masse m'[3] in kg/m ◯	Masse m'[3] in kg/m ▢	Maße d bzw. a mm	Masse m'[3] in kg/m ◯	Masse m'[3] in kg/m ▢
8	0,395	0,502	22	2,98	3,80
10	0,617	0,785	24	3,55	4,52
12	0,888	1,13	27	4,49	–
16	1,58	2,01	30	5,55	7,07
18	2,00	2,54	32	6,31	8,04
20	2,47	3,14	40	9,86	12,60

Normallängen je nach Durchmesser oder Seitenlänge: l = 3 bis 12 m; Stahl nach DIN EN 10 025
Bezeichnung eines warm gewalzten Rundstabs, Nenndurchmesser d = 16 mm aus S 235 JR:

Rundstab	DIN EN 10 060	–	Ø 16	–	S 235 JR

[1] Genormte Schrauben für HV-Verbindungen sind hier nicht anwendbar.
[2] Sind für d_1 zwei Werte angegeben, dann gilt der kleinere Wert für HV-Schrauben.
[3] Errechnet mit einer Dichte ϱ = 7,85 kg/dm³.

Rohleitungs- und Verbindungstechnik

Rohrleitungs- und Verbindungstechnik

Anforderungen an die Leitungsbefestigung (Befestigungsregeln) und deren Einsatzbereiche

Rohraufhängung	Elemente	Anforderungen bzw. Einsatzbereiche
	1 Befestigungsort	■ Aufnahme der mechanischen Belastungen der Leitung (statisch, dynamisch) ■ Aufnahme von Kräften aus behinderter Wärmedehnung ■ flächenbezogene Masse ≥ 220 kg/m² bei einschaligen Wänden (zum Schallschutz nach DIN 4109 bei Armaturen, Trink- und Abwasserleitungen) ■ brandsicher (bei Gas- und Löschwasserleitungen)
	2 Montagesystem	■ Aufnahme und Weiterleitung der mechanischen Belastung der gefüllten und ggf. wärmegedämmten Leitung (Gewichtskraft, montagebedingte Spannungen, Druckstöße sowie beabsichtigte Vorspannung) ■ Aufnahme der durch Temperaturänderung bedingten Längenänderung möglichst so, dass diese nicht behindert wird, dass keine Leitungen auseinander gleiten, sich keine Verbindungen lösen und keine Leitung abgeschert wird ■ brandsicher (bei Gas- und Löschwasserleitungen) ■ Schalldämmung und Schalldämpfung ■ Vermeidung von Wärmeübertragung auf andere Bauteile ■ einfache und schnelle Montage ■ leichte Einstellung des Gefälles und Berücksichtigung der Wärmedämmung der Leitungen
	3 Leitungswerkstoff	fest, druckfest, biegefest, dicht, geringe Wärmedehnung, korrosionsbeständig, UV-beständig
	4 durchströmendes Medium	Trinkwasser, Trinkwarmwasser, Regenwasser, Abwasser, Heizungswasser, Wasserdampf, Kältemittel, gasförmige Brennstoffe, technische Gase, flüssige Brennstoffe, Luft usw.

Mauerwerk

DIN 1053-1: 1996-11

Tab. 200.1: Ohne Nachweis zulässige Schlitze und Aussparungen in tragenden Wänden

1	2	3	4	5	6	7	8	9	10
Wand-dicke	Horizontale und schräge Schlitze[1] nachträglich hergestellt		Vertikale Schlitze und Aussparungen, nachträglich hergestellt			Vertikale Schlitze und Aussparungen im gemauerten Verband			
	Länge		Tiefe[4]	Einzel-schlitz-breite	Abstand der Schlitze und Aussparungen von Öffnungen	Breite[5]	Rest-wand-dicke	Mindestabstand	
	unbeschränkt	≤ 1,25 m[2]						von Öffnungen	unter-einander
	Tiefe[3] cm	Tiefe cm	cm	cm[5]		cm	cm	cm	
≥ 11,5	–	–	≤ 1	≤ 10	≥ 11,5 cm	–	–	≥ 2-fache Schlitz-breite bzw. ≥ 24 cm	≥ Schitz-breite
≥ 17,5	0	≤ 2,5	≤ 3	≤ 10		≤ 26	≥ 11,5		
≥ 24	≤ 1,5	≤ 2,5	≤ 3	≤ 15		≤ 38,5	≥ 11,5		
≥ 30	≤ 2	≤ 3	≤ 3	≤ 20		≤ 38,5	≥ 17,5		
≥ 36,5	≤ 2	≤ 3	≤ 3	≤ 20		≤ 38,5	≥ 24		

[1] Horizontale und schräge Schlitze nur zulässig in einem Bereich ≤ 40 cm ober- oder unterhalb der Rohdecken sowie jeweils an einer Wandseite. Nicht zulässig bei Langlochziegeln.

[2] Mindestabstand in Längsrichtung von Öffnungen ≥ 49 cm, vom nächsten Horizontalschlitz die zweifache Schlitzlänge.

[3] Die Tiefe darf um 1 cm vergrößert werden, wenn Werkzeuge verwendet werden, mit denen die Tiefe genau eingehalten werden kann.
Damit dürfen auch in Wänden ≥ 24 cm gegenüberliegende je 1 cm tiefe Schlitze ausgeführt werden.

[4] Schlitze, die höchstens 1 m über den Fußboden reichen, dürfen bei Wanddicken ≥ 24 cm bis 8 cm tief und 12 cm breit sein.

[5] Die Gesamtbreite von Schlitzen nach Spalten 5 und 7 darf je 2 m Wandlänge die Maße der Spalte 7 nicht überschreiten. Bei geringeren Wandlängen als 2 m sind die Werte in Spalte 7 proportional zur Wandlänge zu verringern.

Vertikale Schlitze und Aussparungen sind auch dann ohne Nachweis zulässig, wenn die Querschnittsschwächung bezogen auf 1 m Wandlänge nicht mehr als 6 % beträgt und die Wand nicht 3- oder 4-seitig gehalten, gerechnet ist. Dabei müssen eine Restwanddicke nach Tab. 200.1, Spalte 8 und ein Mindestabstand nach Spalte 9 eingehalten werden. Alle übrigen Schlitze und Aussparungen sind bei der Bemessung zu berücksichtigen.

Dübelbefestigungen

Rechtliche Situation: Tragende Konstruktionen[1] erfordern bauaufsichtlich zugelassene Dübel.	Eine **tragende Konstruktion** liegt vor, wenn bei deren Versagen die öffentliche Sicherheit oder Ordnung, insbesondere Leben, Gesundheit oder die natürlichen Lebensgrundlagen gefährdet werden.	**Notwendige Maßnahmen:** Bauaufsichtliche Zulassung für den Einzelfall prüfen und Einbaubedingungen gemäß Zulassungsunterlagen einhalten oder Zustimmung der zuständigen Behörde einholen.

Tab. 201.1: Dübelauswahl und Bohrverfahren

Bohrverfahren

Drehbohren

Schlagbohren

Hammerbohren

Legende:
● = gut geeignet
■ = bedingt geeignet
▲ = mit bauaufsichtlicher Zulassung erhältlich

Verankerungsgrund und Bohrverfahren

	Beton/Hammerbohren	Naturstein/Hammerbohren	Vollziegel/Schlagbohren	Kalksandvollstein/Schlagbohren	Bims-Vollstein/Drehbohren	Gasbeton (Porenbeton)/Drehbohren	Vollgips-Platten/Drehbohren	Hochlochziegel/Drehbohren	Kalksand-Lochstein/Schlagbohren	Faserzement-Platten/Drehbohren	Gipskarton-Platten/Drehbohren	Dübelaußen-Ø in mm	Gebrauchslast-Richtwerte F_s in kN Lastwerte in der Betonzugzone[2]	Bauaufsichtliche Zulassung[1]
Allgemeine Befestigungen														
Nylon-Dübel S	●	●	●	●	●	●	●	●	■	■		4 … 20	0,1 … 2,7	
Allrounddübel UV	●	●	●	●	●	●	●	●	●	●	●	6 … 14		
Gasbetondübel GB						●						8 … 14	(0,2 – 0,9)	▲
Metallspreizdübel FMD	●	●	●	●	●	●	●	●	■	■		6 … 10		
Hohlraum-Befestigungen														
Hohlraumdübel NA										●	●	6 … 10		
Gipskartondübel GB											●	4		
Schwerlast-Befestigungen														
Kraftschlüssige Verbindung Hochleistungsanker FH	●	■										10 … 24	1,5 … 13	▲
Formschlüssige Verbindung Zykon-Einschlaganker (erfordert speziellen Bundbohrer für Hinterschnitt)	●	■	■	■								8 … 12	1,5	▲
Stoff-/Formschlüssige Verbindung Injektionsverankerung FIS V 150C (mit Ankerhülse auch geeignet für Lochsteine)	●	●	●	●	●				●	●		8 … 30	6 … 56	▲

[1] Ist keine tragende Konstruktion vorhanden, so ist auch keine bauaufsichtliche Zulassung erforderlich.
[2] Ein ungesäubertes Bohrloch reduziert die Haltewerte.

Tab. 201.2: Montage- und Dübelkennwerte für allgemeine Befestigungen

Dübeltyp	Nylondübel-S						Gasbetondübel GB		
	S 6	S 8	S 10	S 12	S 14	S 16	GB 8	GB 10	GB 14
zulässige Last (Zug, Querzug, Schrägzug) bei Schrauben-Ø in mm	5	6	8	10	12	12	5	7	10
$F_{s,zul}$ in kN (in Beton ≥ C 12/15)[1]	0,40	0,60	1,10	1,50	1,85	2,26	–	–	–
$F_{s,zul}$ in kN (in Vollziegel ≥ Mz 12)[1]	0,27	0,47	–	–	–	–	–	–	–
$F_{s,zul}$ in kN (in Kalksandvollstein ≥ KS 12)[1]	0,27	0,47	–	–	–	–	–	–	–
$F_{s,zul}$ in kN (in Porenbeton ≥ PB 2)[1]	0,03	0,05	0,11	0,2	0,28	–	0,2	0,25	0,4
Randabstand zu Bauteilrändern a_r in mm	60	80	100	120	150	160	85	165	250
Achsabstand zu Bauteilrändern a in mm	120	160	200	240	300	320	75	100	150

[1] Druckfestigkeit im Baustoff z. B. C 12/15 = Druckfestigkeit im Beton 12–15 N/mm²

Tab. 202.1: Montage- und Dübelkennwerte für Hohlraum-Befestigungen

Dübeltyp	Hohlraumdübel NA			Gipskartondübel GK
	NA 8 × 30	NA 8 × 40	NA 10 × 55	
zulässige Last (Zug, Querzug, Schrägzug) bei Schrauben-Ø in mm	4	4	5	4
$F_{s,zul}$ in kN (in 6 mm Sperrholz)	0,11	–	–	–
$F_{s,zul}$ in kN (in 10 mm Faserzement-Tafeln)	–	0,21	–	–
$F_{s,zul}$ in kN (in 10 mm Gipskarton)	–	0,10	–	0,07
$F_{s,zul}$ in kN (in 20 mm Gipskarton)	–	–	0,23	0,10

Tab. 202.2: Montage- und Dübelkennwerte für Schwerlast-Befestigungen

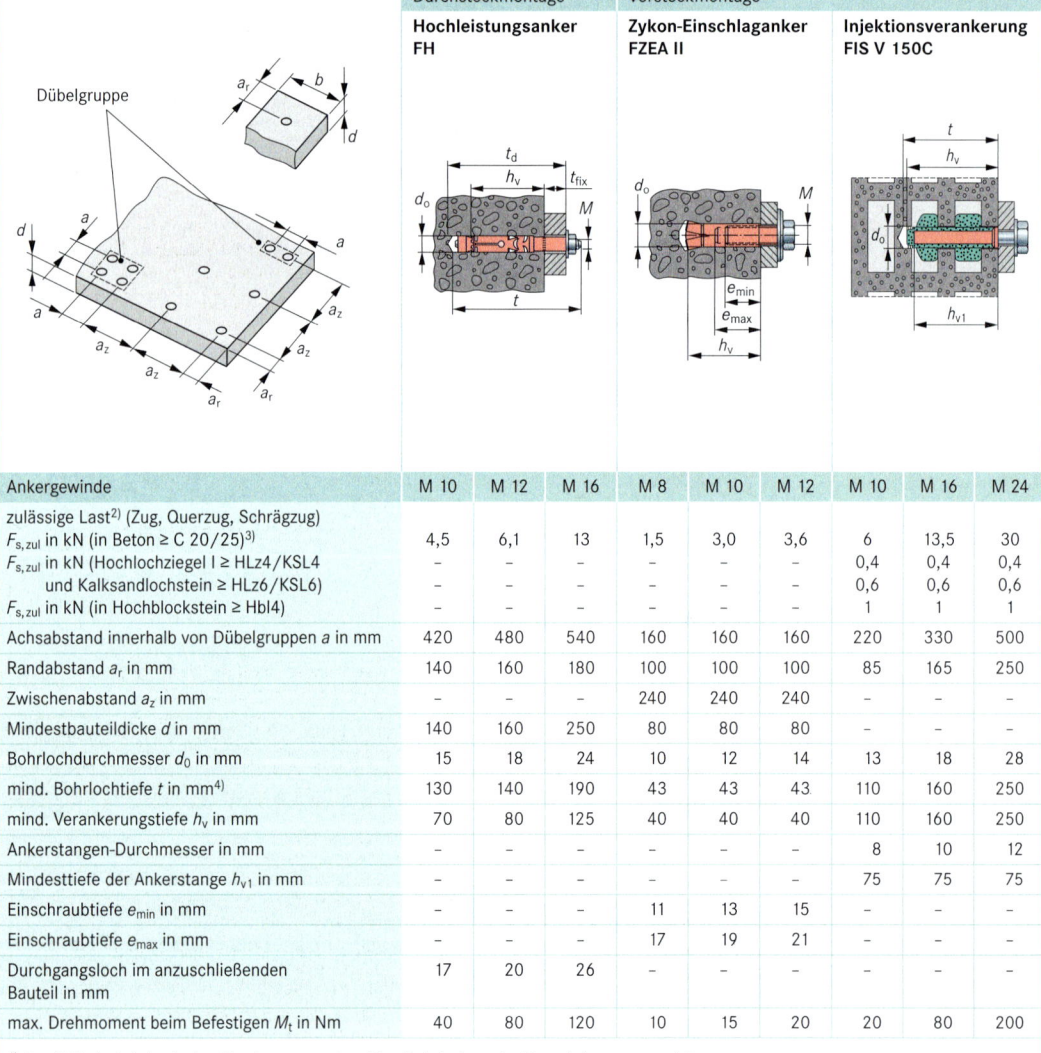

	Durchsteckmontage[1]			Vorsteckmontage					
	Hochleistungsanker FH			Zykon-Einschlaganker FZEA II			Injektionsverankerung FIS V 150C		
Ankergewinde	M 10	M 12	M 16	M 8	M 10	M 12	M 10	M 16	M 24
zulässige Last[2] (Zug, Querzug, Schrägzug) $F_{s,zul}$ in kN (in Beton ≥ C 20/25)[3]	4,5	6,1	13	1,5	3,0	3,6	6	13,5	30
$F_{s,zul}$ in kN (Hochlochziegel I ≥ HLz4/KSL4 und Kalksandlochstein ≥ HLz6/KSL6)	–	–	–	–	–	–	0,4	0,4	0,4
	–	–	–	–	–	–	0,6	0,6	0,6
$F_{s,zul}$ in kN (in Hochblockstein ≥ Hbl4)	–	–	–	–	–	–	1	1	1
Achsabstand innerhalb von Dübelgruppen a in mm	420	480	540	160	160	160	220	330	500
Randabstand a_r in mm	140	160	180	100	100	100	85	165	250
Zwischenabstand a_z in mm	–	–	–	240	240	240	–	–	–
Mindestbauteildicke d in mm	140	160	250	80	80	80	–	–	–
Bohrlochdurchmesser d_0 in mm	15	18	24	10	12	14	13	18	28
mind. Bohrlochtiefe t in mm[4]	130	140	190	43	43	43	110	160	250
mind. Verankerungstiefe h_v in mm	70	80	125	40	40	40	110	160	250
Ankerstangen-Durchmesser in mm	–	–	–	–	–	–	8	10	12
Mindesttiefe der Ankerstange h_{v1} in mm	–	–	–	–	–	–	75	75	75
Einschraubtiefe e_{min} in mm	–	–	–	11	13	15	–	–	–
Einschraubtiefe e_{max} in mm	–	–	–	17	19	21	–	–	–
Durchgangsloch im anzuschließenden Bauteil in mm	17	20	26	–	–	–	–	–	–
max. Drehmoment beim Befestigen M_t in Nm	40	80	120	10	15	20	20	80	200

[1] Der Dübel wird durch den Montagegegenstand ins Bohrloch gesteckt und dann verspreizt.

[2] Die zulässigen Lasten gelten für vorwiegend ruhende Beanspruchung. Hierfür beinhalten sie aber bereits entsprechende Sicherheitsbeiwerte. Die Angaben gelten jedoch nur, wenn die Zulassungsbedingungen eingehalten werden.

[3] Druckfestigkeit im Beton 25 N/mm² (die am häufigsten vorkommende Betonfestigkeit)

[4] Für FZEA exakte Bohrlochtiefe erforderlich – Spezialbohrer (FZUB) einsetzen.

Kräfte, die bei der Befestigung von Leitungssystemen zu beachten sind

Leitungsfestpunkt

Lager mit Gleitführung

Leitungssystem

geschlossen — Innendruck p_i — hydrostatischer Druck — zu

offen [1) — hydrostatischer Druck — auf

Kräfte durch	Kraftaufnahme	
Druck im Innern der Rohre $F \quad F$	*Längskräfte durch Innendruck, hydrostatischen Druck und Reibungsdruckverlust möglich.* mittels **Rohrwand** und z. B. **kraftschlüssige Verbindungen** wie Flansch oder Verschraubung **Hierdurch entsteht keine Lagerbelastung.**	*Wenn keine Querschnittsverengung erfolgt, sind Längskräfte nur durch hydrostatischen Druck und Reibungsdruckverlust möglich.* **Muffenverbindungen** reichen bei geraden Rohrleitungen zur Aufnahme der inneren axialen Kräfte meist aus. Bei großen Kräften in Längsrichtung sind einzelne Rohrleitungsstücke durch je einen Festpunkt und ein Führungslager zu sichern.
Gewicht (→ S. 204) 	mittels **Lager** (Loslager, Führungslager, Festpunkte)	
		Bei Loslager oder Führungslager und Muffenverbindung besteht Gefahr des Auseinandergleitens der Leitungen!
Umlenkung der Strömung an Bogen und Abzweig (**Umlenkungskräfte**) (→ S. 204) 	mittels **Lager** (Führungslager, Festpunkte)	
		Bei Führungslager und Muffenverbindung besteht Gefahr des Auseinandergleitens der Leitungen!
Rückstoß in Längsrichtung der Rohre (→ S. 204) 		mittels **Festpunkt** am Leitungsende
Längenausdehnung (→ S. 206) 	mittels **elastischer Rohrführung** **und Festpunkte**	mittel **elastischer Rohrführung** und **Festpunkte** oder **Kompensatoren**
		Bei Muffenverbindungen besteht Gefahr des Auseinandergleitens der Leitungen bei starker Abkühlung.
Reibung Rohrbewegung	mittels **Festpunkte**	
	Loslager und Führungslager sollten so ausgewählt und montiert werden, dass die Rohrbewegung in Längsrichtung infolge Wärmedehnung nur geringe Reibungskräfte verursacht.	
nicht spannungsfrei montierte Leitungsteile	mittels **Lager** (Führungslager und Festpunkte) und durch **elastische Rohrführung**	mittels **Lager** (Führungslager, Festpunkte)
		Bei Führungslager und Muffenverbindung besteht die Gefahr des Auseinandergleitens der Leitungen!
dynamische Vorgänge, z. B. Wasserschläge, Dampfschläge, stoßweise fördernde Strömungsmaschinen	mittels **Lager** (Führungslager, Festpunkte)	mittels **Lager** (Führungslager, Festpunkte)
		Bei Führungslager und Muffenverbindung besteht die Gefahr des Auseinandergleitens der Leitungen!

[1) bedeutet hierbei, dass das Innere der Leitung mit der Atmosphäre in Verbindung steht.

Rohrleitungs- und Verbindungstechnik

Auflagerkräfte (Auswahl)

Kraft durch Gewicht
a) waagerechte Leitungen

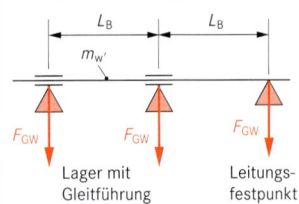

Lager mit
Gleitführung

Leitungs-
festpunkt

$$F_{Gw} = m'_w \cdot L_B \cdot g \cdot \nu$$

Ein Sicherheitsbeiwert ν von 1,5 bis 2,5 ist notwendig, weil nicht davon ausgegangen werden kann, dass alle Lager die Last gleichmäßig tragen.

b) senkrechte Leitungen

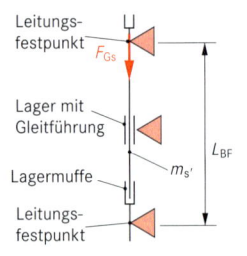

Leitungs-
festpunkt

Lager mit
Gleitführung

Lagermuffe

Leitungs-
festpunkt

$$F_{Gs} = m'_s \cdot L_{BF} \cdot g$$

F_{Gw} : Gewichtskraft auf Lager durch waagerechte Leitung in N
m'_w : längenbezogene Masse der Leitung ggf. mit Füllung und Isolierung in kg/m
L_B : Befestigungsabstand in m ($\rightarrow$ Tab. 181.1 und Tab. 181.2)
g : Fallbeschleunigung in m/s² (g = 9,81 m/s²)
ν : Sicherheitsbeiwert
F_{Gs} : Gewichtskraft auf Leitungsfestpunkt durch senkrechte Leitung in N
m'_s : längenbezogene Masse der Leitung ggf. mit Isolierung in kg/m

(Auch Füllung berücksichtigen, wenn die senkrechte Leitung mit dem Bogen am Fußende fest verbunden ist.)

L_{BF} : Befestigungsabstand der Leitungsfestpunkte bzw. Rohrmuffen ($\rightarrow$ Tab. 205.2) in m

Beispiel:
Geg.: waagerechte Leitung DN 50 (Rohr DIN EN 10 220-60,3 × 2,9)
Ges.: Kraft durch Gewicht auf die Lager bei einem Sicherheitsbeiwert von ν = 2.
Lös.: $F_{Gw} = m'_w \cdot L_B \cdot g \cdot \nu$ mit mw´ = 4,11 kg/m + 2,33 kg/m = 6,44 kg/m und L_B = 4,75 m ($\rightarrow$ Tab. 205.1)
$F_{Gw} = m' \cdot L_B \cdot g \cdot \nu$
F_{Gw} = 6,44 kg · 4,75 · 9,81m/s² · 2 = **600 N**

Kraft durch Strömungsumlenkung am Bogen und Abzweig

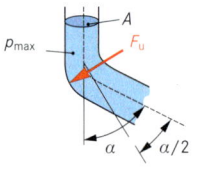

$$F_u = 2 \cdot A \cdot p_{max} \cdot \sin\left(\frac{\alpha}{2}\right)$$

F_u : Kraft auf Festpunkt durch Strömungsumlenkung in N
A : Strömungsquerschnitt in m²
p_{max} : maximaler Überdruck in Pa
α : Umlenkungswinkel in °

(Notwendigkeit längskraftschlüssiger Verbindungen nahe der Umlenkungsstelle $\rightarrow$ S. 290)

Beispiel:
Geg.: Leitung DN 50 (Rohr DIN EN 10 220-60,3 × 2,9); p_{max} = 4 bar = 400 000 Pa
Ges.: Kraft auf Festpunkt durch Strömungsumlenkung um 60°
Lös.: $F_u = 2 \cdot A \cdot p_{max} \cdot \sin\left(\frac{\alpha}{2}\right)$ mit $A = d_i^2 \cdot \frac{\pi}{4}$ = 2333 mm²

F_u = 2 · 0,002333 m² · 400 000 N/m² · sin 30° = **933 N**

Hinweis:
Rohrschellen zur Aufnahme der Kräfte durch Strömungsumlenkung sollten nicht im Bereich der Umlenkungszone angebracht werden, da dies zu erheblicher Lärmbelästigung führen kann.

Kraft durch Rückstoß

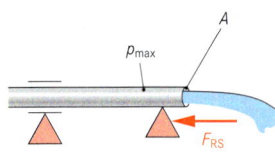

ungehinderter Ausfluss:

$$F_{RS} = A \cdot p_{max}$$

behinderter Ausfluss:

$$F_{RS} = 2 \cdot A \cdot p_{max}$$

(Wasserstrahl gegen Hindernis kann Rückstoß wie Strömungsumlenkung um 180° bewirken.)

F_{RS} : Kraft auf Festpunkt durch Rückstoß in N
A : Strömungsquerschnitt in m²
p_{max} : maximaler Überdruck in Pa

Auflagerkräfte

Tab. 205.1: Maximal zulässige Befestigungsabstände L_B in m nach DIN 1988-2, TRGI, TRF und Herstellerangaben

L_B	Die Rohrschellenabstände für Stahlrohr und Kupferrohr sind den TRGI und TRF entnommen. Für metallische Rohre gelten die Befestigungsabstände für $\vartheta \le 100\ °C$.

Nennweite DN	Werkstoff der Rohrleitung														
	Stahl	nichtrost. Stahl, Kupfer, Präzis. Stahl	Mehrschichtverbund	Kupfer mit Wärmedämmung	PVC-U		PE		PE-X	PVC-C		PP		PB	(PVDF)
					20 °C	40 °C	20 °C	60 °C	20 °C	20 °C	60 °C	20 °C	60 °C	60 °C	120 °C
10	2,25	1,25	1,00	1,00	0,80	0,50	0,70	0,50	1,20	0,85	0,70	0,75	0,65	0,25	0,60
12	–	1,25	–	1,10	–	–	–	–	–	–	–	–	–	–	–
15	2,75	1,50	1,00	1,30	0,90	0,60	0,75	0,60	1,20	0,95	0,85	0,80	0,65	0,30	0,65
20	3,00	2,00	1,50	1,30	0,95	0,65	0,80	0,65	1,20	1,05	0,95	0,85	0,75	0,35	0,75
25	3,50	2,25	2,00	1,50	1,05	0,70	0,90	0,75	1,20	1,20	1,10	1,00	0,85	0,40	0,80
32	3,75	2,75	2,00	1,60	1,20	0,90	1,00	0,85	1,50	1,35	1,30	1,10	0,95	0,50	0,90
40	4,25	3,00	2,00	1,70	1,40	1,10	1,15	0,95	1,50	1,50	1,45	1,25	1,05	0,60	1,00
50	4,75	3,50	–	2,00	1,50	1,20	1,30	1,05	1,50	1,70	1,65	1,40	1,20	0,75	1,05
65	5,50	4,25	–	–	1,65	1,35	1,40	1,15	–	1,80	1,70	1,55	1,30	–	1,15
80	6,00	4,75	–	–	1,80	1,50	1,55	1,30	–	2,00	1,85	1,65	1,45	–	1,25
100	6,00	5,00	–	–	2,00	1,70	1,70	1,40	–	–	–	1,85	1,60	–	1,40
125	6,00	5,00	–	–	2,25	1,95	1,95	1,55	–	–	–	2,10	1,80	–	1,60
150	6,00	5,00	–	–	2,40	2,10	2,10	1,70	–	–	–	2,25	1,90	–	1,70

Tab. 205.2: Maximal zulässige Befestigungsabstände in der Entwässerungstechnik

Art der Leitung	waagerechte (liegende) Leitungen			senkrechte (lotrechte) Leitungen	
Werkstoff der Rohrleitung	Rohrschellenabstand L_B	Festschelle (Leitungsfestpunkt)	Besonderheiten	Rohrschellenabstand L_B	Befestigungshinweise/Abstand der Festpunkte L_{BF}
SML	max. 2 m	nach 10 bis 15 m	keine Schelle weiter als 0,75 m von der nächsten Verbindung	alle 2 m; min. 2 Befestigungen je Geschoss	pro 5 Geschosse mindestens eine Fallrohrstütze
PE	10 × DN (PE unter DN 80: 0,8 m)	Festschelle mit Langmuffe nach max. 6 m	mit Langmuffe (ohne Biegeschenkel) oder Festschelle + Langmuffe nach max. 6 m		je Geschoss eine Festschelle mit Dehnungsmuffe und eine Gleitschelle
PVC-C, ABS/ASA/ PVC		stets bei Formstücken	Abgesehen von Festschellen grundsätzlich nichtlängskraftschlüssige Verbindungen verwenden		
PP		stets bei Formstücken, für jedes Rohr eine Festschelle	Rohrschellen grundsätzlich nicht im Bereich von Aufprallzonen	alle 1 bis 2 m (je nach DN)	Losschelle max. 2 m oberhalb der Festschelle; ab 3 Geschosse bei Fallleitungen > DN 100 eine Fallrohrstütze

Abbildungen und Hinweise

G · G G G G L F
L_B

F = Festschelle (Fixschelle)
L = Dehnungsmuffe (Langmuffe)
G = Lager mit Gleitführung (Gleitschelle)

Die Dehnungsmuffe (Langmuffe) kann maximal die Ausdehnung von 6 m Rohrlänge aufnehmen. Die Einstecktiefe bei der Montage hängt von der Montagetemperatur ab.

bei 20 °C 10,5 cm
bei 0 °C 8 cm
-20 °C 0 °C max. 6 m

Δl G — Abzweige vor Scherkräften schützen!
L F
Δl G
L F
L_B L_{BF}

Rohrleitungs- und
Verbindungstechnik

Auflagerkräfte (Fortsetzung der Auswahl)[1]

Kraft durch Längenausdehnung

Kraft auf Festpunkte durch elastische Verformung eines Axial-Dehnungsausgleichers ohne Vorspannung

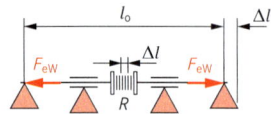

Kraft durch verhinderte Längenausdehnung

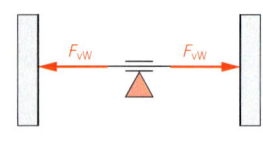

1. Durch ungehinderte Längenausdehnung entsteht keine Kraft.

2. Durch elastische Verformung von Axialkompensatoren entsteht eine Längskraft in der Leitung, die durch die Festpunkte aufgenommen werden muss.

$$F_{eW} = R \cdot \Delta l$$

$$\Delta l = l_0 \cdot \alpha \cdot \Delta\vartheta$$

$$\Delta\vartheta = \vartheta_2 - \vartheta_1$$

3. Bei verhinderter Längenausdehnung entsteht eine sehr große Längskraft in Rohrleitungen, durch die schwere Schäden entstehen können.

$$F_{vW} = A \cdot E \cdot \alpha \cdot \Delta\vartheta$$

F_{eW} : Kraft auf Festpunkt durch elastische Verformung in N (bei Biegeschenkel → Tab. 212.1)
R : Federrate des Axial-Dehnungsausgleichers (Kompensator), welcher die Verformung aufnimmt (→ Tab. 212.2 und Tab. 212.3) in N/mm
Δl : Längenänderung in mm
l_0 : Ausgangslänge in mm
α : Längenausdehnungszahl (→ Tab. 44.1, Tab. 50.2 und Tab. 73.1) in 1/K
$\Delta\vartheta$: Temperaturdifferenz in K
ϑ_1 : Anfangstemperatur in °C oder in K
ϑ_2 : Endtemperatur in °C oder in K
F_{vW} : Längskraft in einer Rohrleitung bei verhinderter Längenausdehnung in N
A : Querschnitt der Rohrwand in mm²
E : Elastizitätsmodul des Rohrwerkstoffes (→ Tab. 206.1) in N/mm²

Tab. 207.1: Elastizitätsmodul

Werkstoff	E in N/mm²
Stahl	210 000
EN-GJL-200	105 000 (GG 20)
Kupfer	130 000
Aluminium	67 500
PVC	3 000
PVDF	2 400
PE	900

Einbaulänge und Vorspannkraft

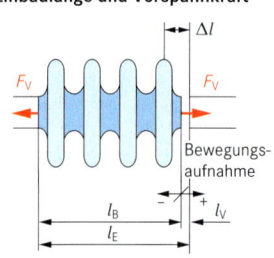

Bewegungs-aufnahme

$$l_E = l_B + \frac{\Delta l}{2} - \frac{\Delta l \cdot (\vartheta_E - \vartheta_{min})}{(\vartheta_{max} - \vartheta_{min})}$$

$$l_V = l_E - l_B$$

$$F_V = R \cdot l_V$$

l_E : Einbaulänge in mm
l_B : Baulänge in mm
Δl : Längenänderung in mm
ϑ_E : Einbautemperatur in °C
ϑ_{min} : Minimaltemperatur in °C
ϑ_{max} : Maximaltemperatur in °C
l_V : Vorspannlänge in mm
F_V : Vorspannkraft in N
R : Federrate des Axial-Dehnungsausgleichers (→ Tab. 212.2 und Tab. 212.3) in N/mm

Beispiele:

Geg.: Leitung DN 50 (Rohr DIN EN 10 220-60,3 × 2,9)
Ges.: Kraft auf Festpunkte bei verhinderter Längenausdehnung und einer Temperaturerhöhung um 40 K.
Lös.: $F_{vW} = A \cdot E \cdot \alpha \cdot \Delta\vartheta$
$A = (d_a^2 - d_i^2) \cdot \pi/4 = 523$ mm²
$E = 210\,000$ N/mm² (→ Tab. 182.1)
$\alpha = 11,0 \cdot 10^{-6}$ 1/K (→ Tab. 50.2)
$\Delta\vartheta = 40$ K
$F_{vW} = 523$ mm² $\cdot 210\,000$ N/mm² $\cdot 11,0 \cdot 10^{-6}$ 1/K $\cdot 40$ K
$F_{vW} = 48\,325$ N

Geg.: Gerade Stahlrohrleitung DN 50 mit $l_0 = 10$ m; $\alpha = 11,0 \cdot 10^{-6}$ 1/K; $\vartheta_{max} = 140$ °C; $\vartheta_{min} = 10$ °C; $\vartheta_E = 20$ °C und $p_{e,max} = 3$ bar
Ges.: Geeigneter Kompensator, dessen Einbaulänge und Vorspannkraft.
Lös.: $\Delta l = l_0 \cdot \alpha \cdot \Delta\vartheta$
$\Delta l = 10$ m $\cdot 11,0 \cdot 10^{-6}$ 1/K $\cdot 130$ K = 0,0143 m
Stahl-Kompensator Typ SF-11/PN 16 (→ Tab. 212.3)
$l_B = 205$ mm; Bewegungsaufnahme = ± 23 mm und $R = 78$ N/mm
$l_E = 205$ mm + 14,3 mm/2 − 14,3 mm · (20 − 10)K / (140 − 10) K = **211 mm**
$F_V = R \cdot (l_E - l_B) = 78$ N/mm $\cdot 6$ mm = **468 N**

[1] Auf die Leitungsbefestigung können darüber hinaus auch Kräfte durch Druck, Reibung, nicht spannungsfrei montierte Leitungsteile und dynamische Vorgänge wirken (→ S. 203)

Montageschienen und Konsolen
Tab. 207.1: Schienenauswahl für mittige Einzellast und Schienenmaße

Lastfall:	Maximal zulässige mittige Einzelkraft F in kN bei einer Spannweite (Befestigungsabstand) L =									Montageschiene	Maße in mm			
	0,5 m	1 m	1,5 m	2 m	2,5 m	3 m	4 m	5 m	6 m	(Breite/Höhe)	D	E/E'	Z	t
	1,0	0,4	0,2	0,15	–	–	–	–	–	40/22	40	22	22	1,7
	4,0	1,9	1,3	0,9	0,5	0,4	0,2	–	–	40/45	40	45	22	2,25
	10,0	4,0	2,8	2,0	1,5	0,9	0,5	0,2	–	40/62	40	62	22	3
	3,0	1,4	0,8	0,6	0,4	0,3	0,2	–	–	40/22 D[1]	40	44	22	1,7
	8,0	5,9	3,8	2,9	2,4	1,9	1,1	0,6	0,4	40/45 D[1]	40	90	22	2,25
	10,0	10,0	9,0	6,5	5,0	4,2	3,1	2,5	1,5	40/62 D[1]	40	124	22	3

[1] Doppelschiene

Ausgangssituation: Für die angegebenen Werte F (kN) wird die zulässige Spannung σ_{zui} = 160 N/mm² sowie eine Durchbiegung von $L/200$ nicht überschritten. Wirken **mehrere Lasten** auf eine Schiene, so können diese addiert und als mittige Einzellast betrachtet werden. Auf diese Weise liegt man auf der sicheren Seite und kann schnell auslegen.

Lochabstände:

Beispiele für die Schienenauswahl:

Geg.: Mittige Einzellast F = 1300 N
Ges.: Geeignete Montageschiene und dafür zulässige Spannweite bzw. Befestigungsabstand
Lös.: bei Montageschiene 40/45: L = 1,5 m
40/62: L = 2,5 m

Geg.: Benötigte Spannweite L = 3,0 m
Ges.: Maximal zulässige mittige Einzellast F
Lös.: bei Montageschiene 40/45: F = 0,4 kN
40/62: F = 0,9 kN
40/22D: F = 0,3 kN

Tab. 207.2: Konsolenauswahl nach Einzellast und Lastarm sowie Abmessungen der Konsolen und erforderliche Ankerlast der Befestigung $F_{s,erf}$

Lastfall:	zulässige Kraft F in kN bei Hebelarm L =					WBD-Halter[1]	Maße in mm						erforderliche Ankerkraft
	0,2 m	0,4 m	0,6 m	0,8 m	1 m	Typ ...	A	B	C	b	s	h	$F_{s,erf}$
	0,4	0,12	0,06	0,04	0,03	40/22	135	100	85	25	5	11	1,5 kN
	1,3	0,6	0,35	0,25	0,2	40/45	135	100	85	25	6	11	2,5 kN
	1,95	1	0,6	0,4	0,3	40/62	170	120	135	25	6	13	3,5 kN
	0,65	0,35	0,25	0,18	0,13	40/22 D	135	100	125	25	6	11	1,5 kN
	4,7	2	1,3	0,8	0,6	40/45 D	210	170	135	25	8	13	6 kN
	5,2	2,8	1,8	1,3	1	40/62 D	255	205	135	25	8	13	6 kN

[1] (**W**and-**B**oden-**D**ecken-**Halter**)

Ausgangssituation: Für die angegebenen Werte F (kN) wird die zulässige Spannung σ_{zui} = 160 N/mm² sowie eine Durchbiegung von $L/100$ nicht überschritten. Die Halter sind üblicherweise mit zwei gegenüberliegenden Schwerlastbefestigungen in Richtung des Kraftflusses zu befestigen. Die Befestigung an Decken erfordert die Durchsteckmontage ($\rightarrow$ Tab. 202.2).
Die zulässige Last in vertikaler Richtung mit Schrauben 8.8 in Betondecken beträgt dann 7 kN.

Wirken **mehrere Lasten** auf eine Konsole, so ist deren Kraftmoment zu ermitteln. Hieraus ergibt sich die zulässige Kraft bei einem Hebelarm von 1 m.

Rohrleitungs- und Verbindungstechnik

Tab. 208.1: Zulässige Druckkräfte einer Stützkonsole aus mittelschwerem Gewinderohr DIN EN 10 255

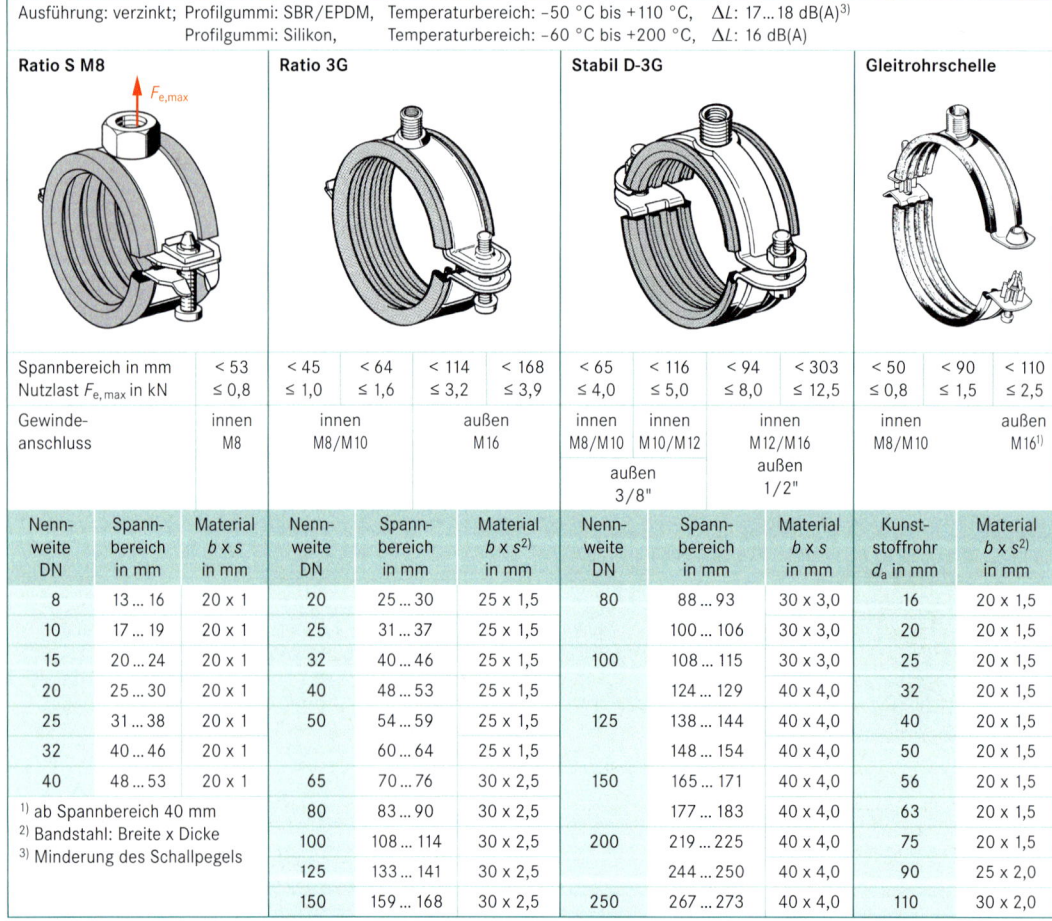

Lastfall:

Stützkonsole: Typ 45°

DN	Maximal zulässige Druckkraft $F_{D,zul}$ in kN bei einer Stützrohrlänge L_s =					
	0,3 m	0,5 m	0,75 m	1 m	1,25 m	1,5 m
15	9,0	7,0	4,8	3,0	1,8	1,2
20	10,5	8,3	5,7	3,8	2,5	1,8
25	13,5	10,8	7,7	5,0	3,2	2,1

Zur Ermittlung der Belastung der Konsole bzw. Ankerschrauben (auf Zug) und ihrer Stütze (auf Druck) ist eine Kräftezerlegung vorzunehmen. Die zulässige Druckkraft ist Tab. 208.1 zu entnehmen. Bei Überschreitung der zulässigen Stützkraft kann der Druckstab knicken.

Beispiel für die Konsolenauswahl:

Geg.: Einzellast F = 400 N bei einem Lastarm von L = 0,6 m

Ges.: Geeignete Konsole und erforderliche Ankerlast (Schwerlast-Befestigungen) ggf. mit Stützkonsole

Lös.: WBD-Halter 40/62 befestigt mit 2 Ankerschrauben $F_{s,erf}$ = 3,5 kN Verankerung z. B. in Beton ≥ B25 mit Hochleistungsanker FH-M 12 (→ Tab. 202.2). Bei weniger festem Verankerungsgrund ist eine Stützkonsole erforderlich.

Lös.: Stützkonsole 45° → F_K = F = 0,4 kN (deutlich geringere Wandbeanspruchung als ohne Stütze), F_D = $F \cdot \sqrt{2}$ = 0,57 kN und L_s = $L \cdot \sqrt{2}$ = 0,85 m Ein Gewinderohr DN 15 ist als Stützrohr ausreichend (→ Tab. 208.1).

Montageelemente für Rohr- und Kanalbefestigung
Tab. 208.2: Rohrschellenauswahl mit Lastwerten und technischen Daten   (Herstellerangaben)

Ausführung: verzinkt; Profilgummi: SBR/EPDM, Temperaturbereich: –50 °C bis +110 °C, ΔL: 17...18 dB(A)[3]
Profilgummi: Silikon, Temperaturbereich: –60 °C bis +200 °C, ΔL: 16 dB(A)

Ratio S M8		Ratio 3G				Stabil D-3G				Gleitrohrschelle	
Spannbereich in mm	< 53	< 45	< 64	< 114	< 168	< 65	< 116	< 94	< 303	< 50	< 90 / < 110
Nutzlast $F_{e,max}$ in kN	≤ 0,8	≤ 1,0	≤ 1,6	≤ 3,2	≤ 3,9	≤ 4,0	≤ 5,0	≤ 8,0	≤ 12,5	≤ 0,8	≤ 1,5 / ≤ 2,5
Gewindeanschluss	innen M8	innen M8/M10		außen M16		innen M8/M10 außen 3/8"	innen M10/M12	innen M12/M16 außen 1/2"		innen M8/M10	außen M16[1]

Nennweite DN	Spannbereich in mm	Material $b \times s$ in mm	Nennweite DN	Spannbereich in mm	Material $b \times s^{2)}$ in mm	Nennweite DN	Spannbereich in mm	Material $b \times s$ in mm	Kunststoffrohr d_a in mm	Material $b \times s^{2)}$ in mm
8	13...16	20 x 1	20	25...30	25 x 1,5	80	88...93	30 x 3,0	16	20 x 1,5
10	17...19	20 x 1	25	31...37	25 x 1,5		100...106	30 x 3,0	20	20 x 1,5
15	20...24	20 x 1	32	40...46	25 x 1,5	100	108...115	30 x 3,0	25	20 x 1,5
20	25...30	20 x 1	40	48...53	25 x 1,5		124...129	40 x 4,0	32	20 x 1,5
25	31...38	20 x 1	50	54...59	25 x 1,5	125	138...144	40 x 4,0	40	20 x 1,5
32	40...46	20 x 1		60...64	25 x 1,5		148...154	40 x 4,0	50	20 x 1,5
40	48...53	20 x 1	65	70...76	30 x 2,5	150	165...171	40 x 4,0	56	20 x 1,5
			80	83...90	30 x 2,5		177...183	40 x 4,0	63	20 x 1,5
			100	108...114	30 x 2,5	200	219...225	40 x 4,0	75	20 x 1,5
			125	133...141	30 x 2,5		244...250	40 x 4,0	90	25 x 2,0
			150	159...168	30 x 2,5	250	267...273	40 x 4,0	110	30 x 2,0

[1] ab Spannbereich 40 mm
[2] Bandstahl: Breite x Dicke
[3] Minderung des Schallpegels

Tab. 209.1: Montageelemente für Lüftungsrohre mit Lastwerten und technischen Daten (Herstellerangaben)

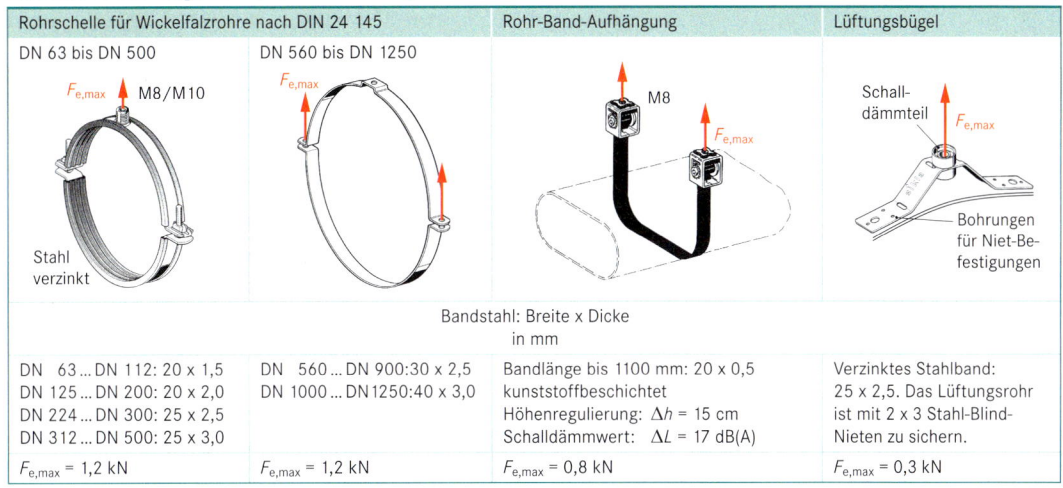

Rohrschelle für Wickelfalzrohre nach DIN 24 145		Rohr-Band-Aufhängung	Lüftungsbügel
DN 63 bis DN 500	DN 560 bis DN 1250	M8	Schall-dämmteil $F_{e,max}$
$F_{e,max}$ M8/M10 Stahl verzinkt	$F_{e,max}$	$F_{e,max}$	Bohrungen für Niet-Be-festigungen
Bandstahl: Breite x Dicke in mm			
DN 63...DN 112: 20 x 1,5 DN 125...DN 200: 20 x 2,0 DN 224...DN 300: 25 x 2,5 DN 312...DN 500: 25 x 3,0	DN 560...DN 900:30 x 2,5 DN 1000...DN 1250:40 x 3,0	Bandlänge bis 1100 mm: 20 x 0,5 kunststoffbeschichtet Höhenregulierung: Δh = 15 cm Schalldämmwert: ΔL = 17 dB(A)	Verzinktes Stahlband: 25 x 2,5. Das Lüftungsrohr ist mit 2 x 3 Stahl-Blind- Nieten zu sichern.
$F_{e,max}$ = 1,2 kN	$F_{e,max}$ = 1,2 kN	$F_{e,max}$ = 0,8 kN	$F_{e,max}$ = 0,3 kN

Tab. 209.2: Montageelemente für Lüftungskanäle mit Lastwerten und technischen Daten (Herstellerangaben)

Tab. 209.3: Gleitelemente mit Lastwerten und technischen Daten (Herstellerangaben)

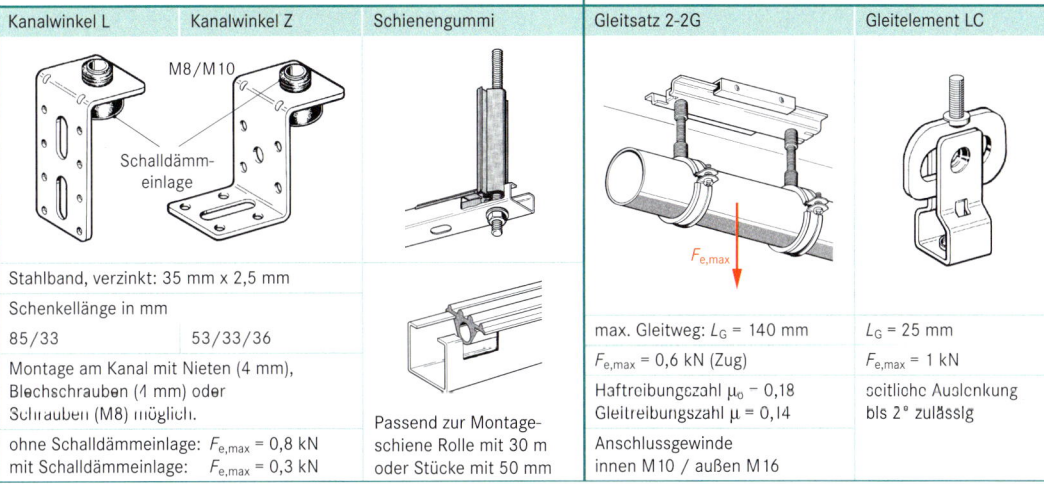

Kanalwinkel L	Kanalwinkel Z	Schienengummi	Gleitsatz 2-2G	Gleitelement LC
M8/M10 Schalldämm-einlage			$F_{e,max}$	
Stahlband, verzinkt: 35 mm x 2,5 mm			max. Gleitweg: L_G = 140 mm	L_G = 25 mm
Schenkellänge in mm			$F_{e,max}$ = 0,6 kN (Zug)	$F_{e,max}$ = 1 kN
85/33	53/33/36		Haftreibungszahl μ_0 – 0,18 Gleitreibungszahl μ = 0,14	seitliche Auslenkung bis 2° zulässig
Montage am Kanal mit Nieten (4 mm), Blechschrauben (4 mm) oder Schrauben (M8) möglich.		Passend zur Montage-schiene Rolle mit 30 m oder Stücke mit 50 mm	Anschlussgewinde innen M10 / außen M16	
ohne Schalldämmeinlage: $F_{e,max}$ = 0,8 kN mit Schalldämmeinlage: $F_{e,max}$ = 0,3 kN				

Tab. 209.4: Träger- und Trapezblechbefestigungen mit Lastwerten und technischen Daten (Herstellerangaben)

Trägerklammer	Spannpratze (zur zweiseitigen Befestigung)	Spannklaue mit Rohrbügel	Trapezhänger
h			
M8, h = 18, $F_{e,max}$ = 3,5 kN M10, h = 26, $F_{e,max}$ = 5,0 kN M12, h = 26, $F_{e,max}$ = 8,5 kN	M10: $F_{e,max}$ = 4 kN M12: $F_{e,max}$ = 5 kN M16: $F_{e,max}$ = 7 kN	Mit M8: $F_{e,max}$ = 3 kN Mit M10: $F_{e,max}$ = 5 kN Mit M12: $F_{e,max}$ = 6 kN	Stahlband 25 x 2,5 mm An Stahltrapezdecken dürfen Rohre nur bis DN 50 befestigt werden (DIN 1988, T2). $F_{e,max}$ = 0,8 kN

Rohrleitungs- und Verbindungstechnik

Rohrleitungs- und Verbindungstechnik

Längenänderung und Dehnungsaufnahme bei Rohrleitungen

Diagr. 210.1: Temperaturbedingte Längenänderung verschiedener Rohrleitungswerkstoffe
(nach Herstellerangaben, weitere Werkstoffe → Tab. 44.1, Tab. 50.2 und Tab. 73.1)

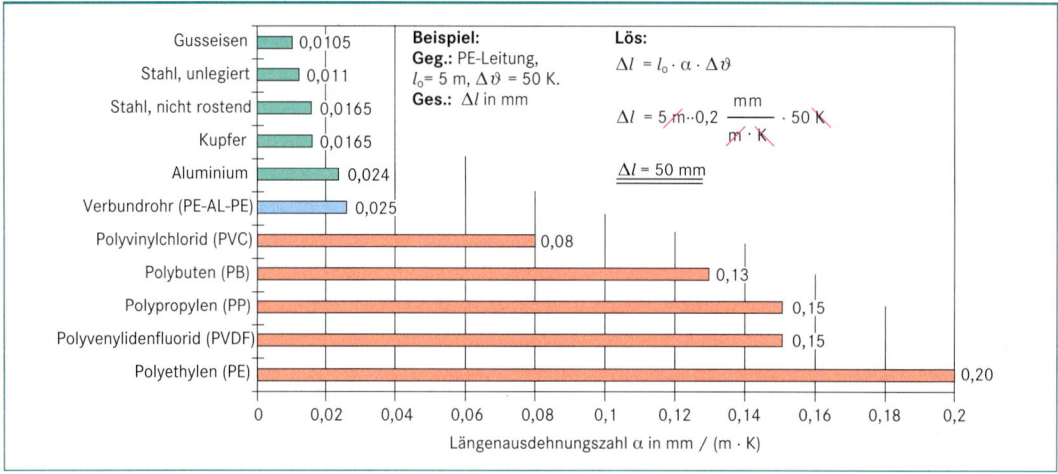

Beispiel:
Geg.: PE-Leitung, $l_0 = 5$ m, $\Delta\vartheta = 50$ K.
Ges.: Δl in mm

Lös:
$$\Delta l = l_0 \cdot \alpha \cdot \Delta\vartheta$$

$$\Delta l = 5\,m \cdot 0{,}2\,\frac{mm}{m \cdot K} \cdot 50\,K$$

$$\underline{\Delta l = 50\ mm}$$

Diagr. 210.2: Biegeschenkellänge a in Abhängigkeit von der Längenänderung Δl für Gewinderohr und Stahlrohr

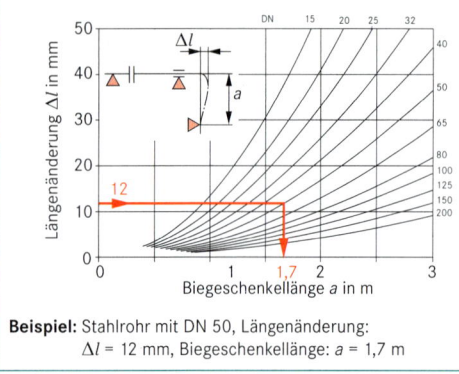

Beispiel: Stahlrohr mit DN 50, Längenänderung: $\Delta l = 12$ mm, Biegeschenkellänge: $a = 1{,}7$ m

Diagr. 210.3: Ausladung a in Abhängigkeit von der Längenänderung I für U-Rohrbogen aus Stahlrohr mit Vorspannung 50 % (sonst a ≅ 1,4-mal größer)

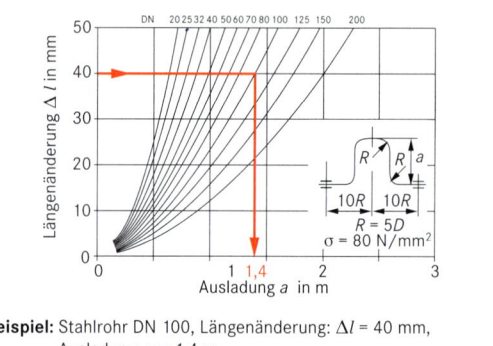

Beispiel: Stahlrohr DN 100, Längenänderung: $\Delta l = 40$ mm, Ausladung: $a = 1{,}4$ m

Diagr. 210.4: Biegeschenkellänge a in Abhängigkeit von der Längenänderung Δl für Kupferrohr[1]

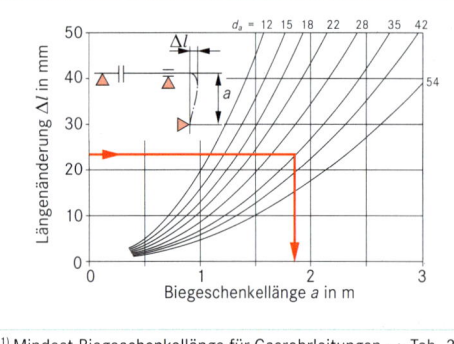

Diagr. 210.5: Ausladung a in Abhängigkeit von der Längenänderung Δl für U-Rohrbogen aus Kupferrohr ohne Vorspannung

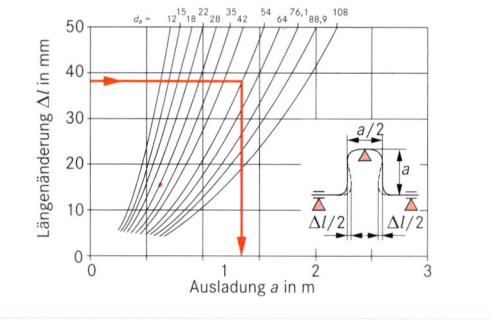

[1] Mindest-Biegeschenkellänge für Gasrohrleitungen → Tab. 360.2

Diagr. 211.1: Biegeschenkellänge *a* in Abhängigkeit von der Längenänderung Δl für Rohre aus PB

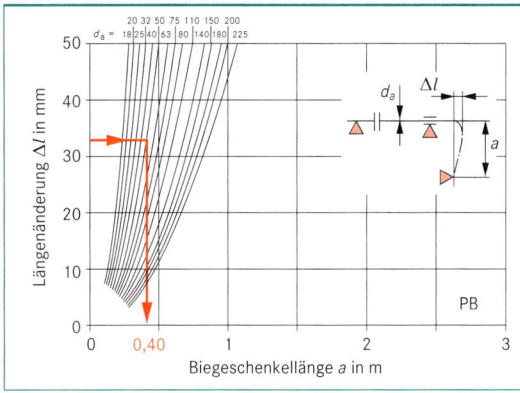

Diagr. 211.2: Biegeschenkellänge *a* in Abhängigkeit von der Längenänderung Δl für Rohre aus PVDF

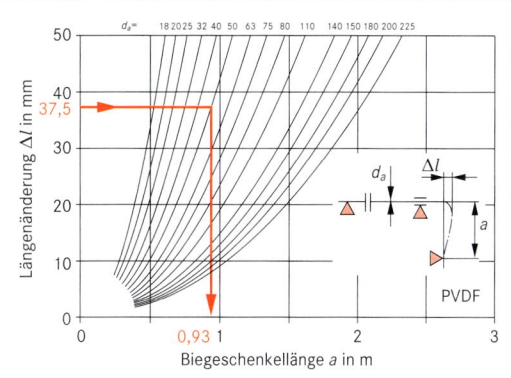

Diagr. 211.3: Biegeschenkellänge a in Abhängigkeit von der Längenänderung Δl für Rohre aus PE

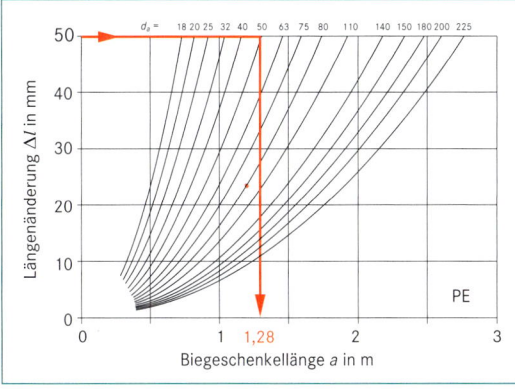

Diagr. 211.4: Biegeschenkellänge a in Abhängigkeit von der Längenänderung Δl für Rohre aus PP

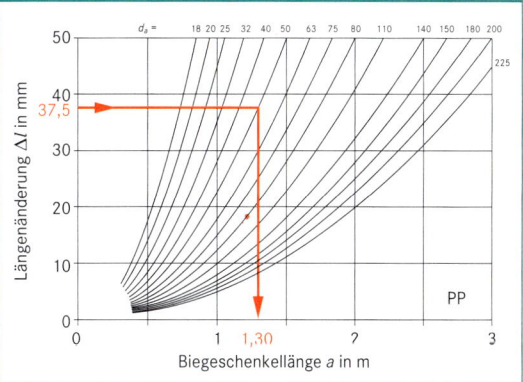

Diagr. 211.5: Biegeschenkellänge a in Abhängigkeit von der Längenänderung Δl für Rohre aus PVC

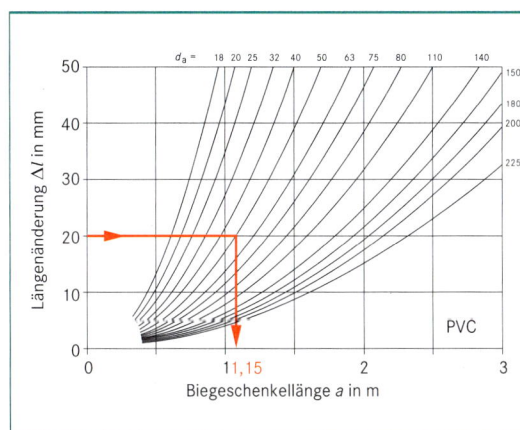

Beispiel:

Längenänderung Δl bei l_0 = 5 m und $\Delta \vartheta$ = 50 K sowie Biegeschenkellänge *a* für d_a = 50 mm und Rohre aus PB, PVDF, PE, PP sowie PVC.

Mit Diagr. 211.1 bis 5 folgt:

PB: Δl = 5 m · 0,13 mm/(m · K) · 50 K = 32,5 mm
a = 0,40 m ($\rightarrow$ Diagr. 211.1)

PVDF: Δl = 5 m · 0,15 mm/(m · K) · 50 K = 37,5 mm
a = 0,93 m ($\rightarrow$ Diagr. 211.2)

PE: Δl = 5 m · 0,20 mm/(m · K) · 50 K = 50,0 mm
a = 1,28 m ($\rightarrow$ Diagr. 211.3)

PP: Δl = 5 m · 0,15 mm/(m · K) · 50 K = 37,5 mm
a = 1,30 m ($\rightarrow$ Diagr. 211.4)

PVC: Δl = 5 m · 0,08 mm/(m · K) · 50 K = 20,0 mm
a = 1,15 m ($\rightarrow$ Diagr. 211.5)

Rohrleitungs- und Verbindungstechnik

Tab. 212.1: Festpunktkräfte F_{eW} in N am Ausgleichsschenkel bei Gewinderohr nach DIN EN 10 255 für L = 10 m und $\Delta\vartheta$ = 100 K (Überschlägige Bestimmung)

Anteil der Biegekräfte 65 %,
Anteil der Reibkräfte 35 %
(aus den Gleitlagern)

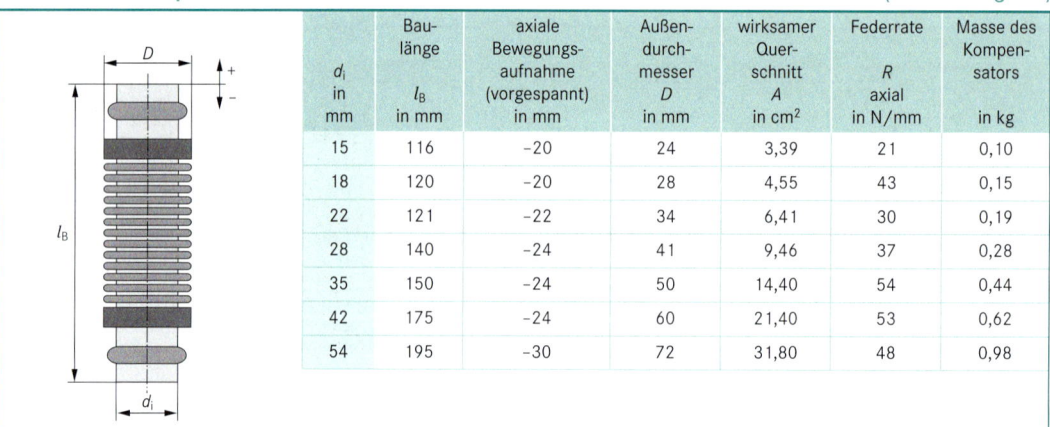

Nennweite	Biegeschenkellänge a in m						
DN in mm	0,50	1,00	1,50	2,00	2,50	3,00	3,50
15	(140)	71	46	35	28	23	20
20	(242)	(120)	80	60	47	40	34
25	(465)	(232)	153	117	94	77	66
32	(782)	(391)	257	195	156	131	112
40	(1045)	(523)	343	262	210	174	150
50	(1866)	(933)	(613)	467	374	311	266
65	(3080)	(1540)	(1016)	770	616	516	446

[1] Klammerwerte weisen auf zu kleine Biegeschenkel hin.

(Berechnung → S. 206)

Tab. 212.2: Axialkompensator, Edelstahlbalg mit Rotguss-Pressfitting-Verbinder für Kupferrohre (Herstellerangaben)

d_i in mm	Bau-länge l_B in mm	axiale Bewegungs-aufnahme (vorgespannt) in mm	Außen-durch-messer D in mm	wirksamer Quer-schnitt A in cm^2	Federrate R axial in N/mm	Masse des Kompen-sators in kg
15	116	–20	24	3,39	21	0,10
18	120	–20	28	4,55	43	0,15
22	121	–22	34	6,41	30	0,19
28	140	–24	41	9,46	37	0,28
35	150	–24	50	14,40	54	0,44
42	175	–24	60	21,40	53	0,62
54	195	–30	72	31,80	48	0,98

Tab. 212.3: Axialkompensator, Balg mit Festflanschen, Typ SF-11/PN 16
Werkstoff: Balg-1.4541/Flansche-C 22 + QT (Herstellerangaben)

DN	Bau-länge l_B mit Flansche in mm	Bewegungs-aufnahme		Balgaußen-durch-messer D_a in mm	wirksamer Querschnitt A in cm^2	Federrate R		Masse des Kompens. mit Flanschen in kg
		± axial in mm	± lateral in mm			axial in N/mm	lateral in N/mm	
32	160	15	12	50	15	76	45	3,2
40	175	15	12	60	22	74	49	3,6
50	205	23	11	75	34	78	50	5,2
65	210	23	11	90	50	85	55	6,4
80	225	23	10	110	75	95	110	7,8
100	235	23	10	133	111	108	136	9,3
125	250	23	8	157	159	150	347	13,4
150	270	33	8	190	236	180	365	17,0

Tab. 213.1: Wasservorräte der Erde

Zustand	Vorkommen	Anteil			
versalzen	in den Meeren	1 322 000 000 km³	97,2 %		
gebunden	im Polareis, im Gletschereis	25 390 000 km³ 3 800 000 km³	1,87 % 0,28 %	} 2, 15 %	Süßwasser 2,8 %
unerreichbar	im Boden in Grundwasserzonen, tiefer als 800 m	8 500 000 km³		0,627 %	
nicht nutzbar	in der Luft (Atmosphäre), in lebenden Organismen (Biosphäre)	13 400 km³ 600 km³	0,00096 % 0,00004 %	} 0,001 %	
nutzbar	als Grund- und Quellwasser, als Flüsse und Seen	66 000 km³ 230 000 km³	0,005 % 0,017 %	} 0,022 %	
	Hydrosphäre insgesamt	1 360 000 000 km³		100 %	

Kreislauf des Wassers in der Natur

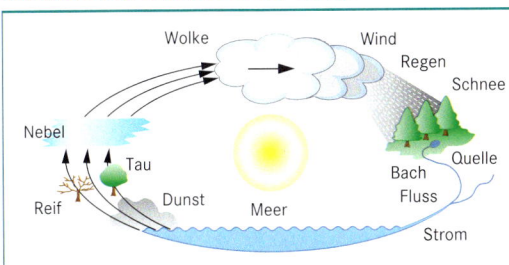

Wasser-Flussbild der öffentlichen Trinkwasserversorgung in der Bundesrepublik Deutschland in Mrd. m³/a

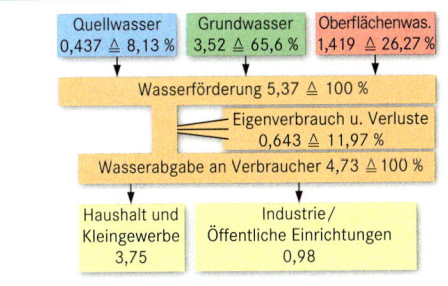

Tab. 213.2: Durchschnittlicher privater Wasserbedarf

Verwendungszweck	Wasserbedarf pro Person		
	je Tag		je Jahr
	in l	in %	in m³
Toilettenspülung[1]	38	29,69	13,87
Baden und Duschen	40	31,25	14,60
Wäsche waschen	14	10,94	5,11
Geschirr spülen	9	7,03	3,29
Körperpflege	8	6,25	2,92
Wohnungsreinigung	6	4,69	2,19
Trinken, Essenzubereitung	3	2,34	1,09
Sonstiges	10	7,81	3,65
Summe	128[2]	100,00	46,72

[1] 6 l Spülwasservolumen je Spülvorgang; (→ S. 327)
[2] 125 l; Stand 2009

Wasserherkunft der öffentlichen Trinkwasserversorgung in der Bundesrepublik Deutschland

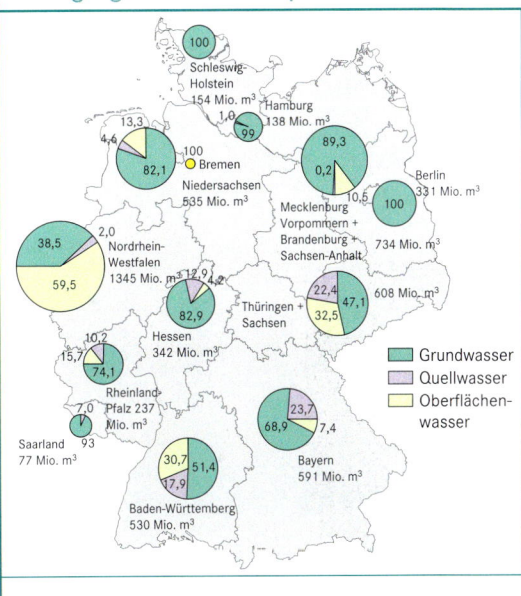

Diagr. 213.1: Entwicklung des Haushaltswasserbedarfs in Deutschland[1]

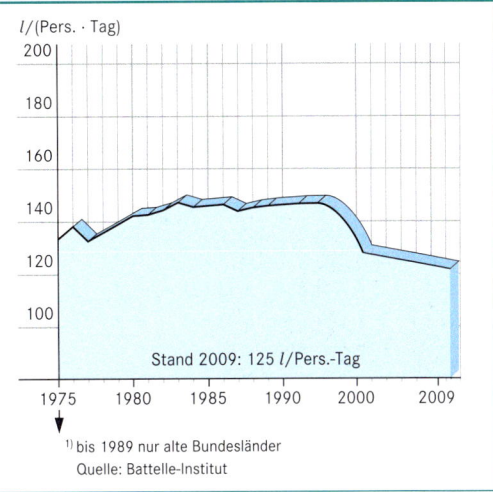

[1] bis 1989 nur alte Bundesländer
Quelle: Battelle-Institut

Tab. 214.1: Wasserbedarf in Liter (nach Feurich)[1]

ländliche Gemeinden, je Einwohner	40 ... 60/Tag	Wohnung ohne Bad, ohne WC, je Person	25 ...	40
Arbeiterwohngemeinden	50 ... 100/Tag	Wohnung ohne Bad mit WC, je Person	50 ...	100
Städte bis 100 000 Einwohner	100 ... 250/Tag	Wohnung mit Bad, WC, je Person	100 ...	220
Kur- und Badeorte	150 ... 200/Tag	Kühe, je Tier	45 ...	60
Großstädte über 100 000 Einwohner	150 ... 300/Tag	Pferde, je Tier	30 ...	50
Trinken, Kochen, Reinigen, je Person	20 ... 30/Tag	Schweine, Schafe, Ziegen, je Tier	2 ...	3
Wäsche, je Einwohner	10 ... 15/Tag	Rindergülle, je Tier	200 ...	250
1 Brausebad	40 ... 100/Nutzung	Pferdegülle, je Tier bei Verdünnung	150 ...	200
1 Bidetbenutzung	15 ... 20/Nutzung	Schweinegülle, je Tier auf 1 : 10	60 ...	80
1 Kleinkinderbad	30 ... 40/Nutzung	Gartenregner, je Stunde	1000 ...	3600
1 Klosettspülung	4,5 ... 10/Nutzung	Bewässerung von Erwerbsgärten, je m²	0,3 ...	3,0
1 Sitzbad	35 ... 50/Nutzung	Beregnung Fruchtwechsel, je ha	6000 ...	10000
1 Wannenbad	150 ... 400/Nutzung	Gemüse, Wein, je ha und Stunde	3000 ...	4000
1 Waschbeckenbenutzung	15 ... 30/Nutzung	Getreide mit Zwischenfrüchten, je ha	1000 ...	1500
1 Pkw waschen	200 ... 250/Nutzung	Obst mit Unterkulturen, Tabak, je ha	4000 ...	6000
1 Lkw waschen	75 ... 100/Nutzung	Hackfrüchte, je ha und Stunde	1500 ...	2500

Tab. 214.2: Wasserbedarf in Gewerbe und Industrie (nach Feurich)[1]

Bäckerei, je Beschäftigten	230 ... 750 l/Tag	Labor, chemisch, je Beschäftigten	220 l/Tag
Brauerei, je hl Bier (mit Kühlung)	1000 ... 2000 l	Labor, biologisch, je Beschäftigten	340 l/Tag
Chemische Industrie, je Beschäftigten	5000 l/Tag	Labor, medizinisch, je Beschäftigten	12 ... 13 l/Tag
Dampfkesselanlagen, je t Dampf	1100 l	Markthalle, je m²	3 ... 5 l/Tag
Metallindustrie, je Beschäftigten	100 l/Tag	Medizinische Bäder, je Bad	100 ... 220 l
Fleischerei, je Beschäftigten	250 ... 380 l/Tag	Medizinisches Überwärmungsbad	430 ... 630 l
Friseur, je Beschäftigten	20 ... 250 l/Tag	Saunabetrieb, je Person	130 ... 180 l
Gaststätte, je Sitzplatz	15 ... 40 l/Tag	Schlachthof, je Schlachtung	200 ... 400 l/Tag
Hotel, je Übernachtungsgast	40 ... 350 l/Tag	Papierfabrik, je kg Feinpapier	90 ... 110 l
Kaufhaus, je Beschäftigten	25 ... 50 l/Tag	Schwimmbad, je Besucher	50 ... 150 l
Krankenhaus 600 Betten, je Bett	300 ... 500 l/Tag	Unterwassermassage, je Behandlung	630 ... 830 l
Krankenhaus 1000 Betten, je Bett	400 ... 600 l/Tag	Wäscherei, je Beschäftigten	1900 ... 2600 l/Tag
Krankenhaus 2000 Betten, je Bett	500 ... 650 l/Tag	je 100 kg Trockenwäsche	4500 l

[1] Der erste Zahlenwert gibt den durchschnittlichen, der zweite den maximalen Wasserbedarf an.

Tab. 214.3: Wasserbedarfszahlen nach Gebäudearten

Gebäudeart		Spezifische Bedarfswerte		
		Minimum	im Mittel	Maximum
Wohnbauten		100	130	150
Öffentliche oder gewerbliche Einrichtungen		Angaben allgem. in l/(Person · Tag)		
Büro- und Verwaltungsgebäude	ohne Kantine, o. RLT-Anlage[1]	40	55	70
	mit Kantine, mit RLT-Anlage	120	145	170
Bildungseinrichtungen	Kindergärten	5	20	60
	Schulen[2]	3	10	40
	Hochschulen	–	60	–
Herbergen	Hotels[3]	100	300	1400
	Jugendherbergen	80	120	150
Altenheime	Alten- und Pflegeheime	60	100	150
Kasernen		100	150	250
Krankenhäuser		in l/(Bett · Tag)		
	Gesamtbedarf	130	500	1200
	Physikalische Therapie	50	100	200
Bäder		in l/Badegast		
	Frei- und Hallenbäder	150	180	200
weitere Zwecke		in l/Kunde		
	Friseurbetriebe	20	30	60
	Restaurants, Cafés	10	15	20
	Raststätten	5	10	15
	Flughäfen	20	50	70
	Bahnhöfe, je Fahrgast	0,5	1	1,5
	Sportplätze, je Sportler	10	30	60
	Markthallen, je m² und Tag	3	4	5

Grundanforderungen an Planung und Ausführung von Sanitärprojekten

Zielvorgabe:
Lebensqualität im sanitären Raum.

Dabei sind folgende Randbedingungen zu beachten und einzuhalten:
- Gesundheit und Hygiene
- Sicherheit
- Nutzung und Funktion
- Umweltqualität
- Wirtschaftlichkeit

Bemerkung:
Fakten bedingen sich gegenseitig, sie stellen keine Rangfolge dar.

[1] Raumlufttechnische Anlage

[2] Person = Schüler,
Lehrer,
sonstiges Personal

[3] Person = Hotelgast

Tab. 215.1: Wasseranalyse – Grenzwerte und Anforderungen zur Beurteilung der Beschaffenheit des Trinkwassers nach der TrinkwV: (→ Tab. 76.1)

Mikrobiologische Parameter

Parameter	Grenzwert (Anzahl/100 ml)
Escherichia coli (E. coli)	0
Enterokokken	0
Coliforme Bakterien	0

Indikatorparameter

Parameter	Grenzwert/ Anforderung
Aluminium	0,2 mg/l
Ammonium	0,5 mg/l
Chlorid	250 mg/l
Clostridium perfringens (einschließlich Sporen)	0 (Anzahl/ 100 ml)
Eisen	0,2 mg/l
Färbung (spektraler Absorptionskoeffizient Hg 436 nm)	0,5 m^{-1}
Geruchsschwellenwert	2 bei 12 °C 3 bei 25 °C
Geschmack	für den Verbraucher annehmbar und ohne anormale Veränderung
Koloniezahl bei 22 °C	ohne anormale Veränderung
Koloniezahl bei 36 °C	ohne anormale Veränderung
Elektrische Leitfähigkeit	2500 µS/cm bei 20 °C
Mangan	0,05 mg/l
Natrium	200 mg/l
Organisch gebundener Kohlenstoff (TOC)	ohne anormale Veränderung
Oxidierbarkeit	5 mg/l O$_2$
Sulfat	240 mg/l
Trübung	1,0 (nephelometrische Trübungseinheiten, NTU)
Wasserstoffionen-Konzentration	pH ≥ 6,5 und pH ≤ 9,5
Tritium	100 Bq/l
Gesamtrichtdosis	0,1 mSv/Jahr

Chemische Parameter

Parameter	Grenzwert mg/l
Acrylamid	0,0001
Benzol	0,001
Bor	1
Bromat	0,01
Chrom	0,05
Cyanid	0,05
1,2-Dichlorethan	0,003
Fluorid	1,5
Nitrat	50
Pflanzenschutzmittel und Biozidprodukte	0,0001
Pflanzenschutzmittel und Biozidprodukte insgesamt	0,0005
Quecksilber	0,001
Selen	0,01
Tetrachlorethan und Trichlorethan	0,01

Chemische Parameter, deren Konzentration im Verteilungsnetz ansteigen kann

Parameter	Grenzwert mg/l
Antimon	0,005
Arsen	0,01
Benzo-(a)-pyren	0,00001
Blei	0,01 [1]
Cadmium	0,005
Epichlorhydrin	0,0001
Kupfer	2
Nickel	0,02
Nitrit	0,5
Polyzyklische aromatische Kohlenwasserstoffe	0,0001
Trihalogenmethane	0,05
Vinylchlorid	0,0005

[1] Übergangsfrist: bis 30.11.2013 = 0,025 mg/l

Tab. 215.2: Wasseranalyse zur Einschätzung der Korrosionswahrscheinlichkeit nach DIN 50 930-6 (→ Tab. 76.1)

Bezeichnung der Probe:	Versorgungsgebiet 2
Ort der Probenahme:	Bremen
Datum der Probenahme:	2003-05

Parameter (Auszug)		Einheit	Zahlenwert (Beispiel)
Wassertemperatur		°C	12,0
pH-Wert			8,3
Spez. elektr. Leitfähigkeit		µS/cm	300
Säurekapazität	(K$_{S4,3}$)	mol/m^3	1,65
Basekapazität	(K$_{B8,2}$)	mol/m^3	0,03
Summe Erdalkalien	(GH)	mol/m^3	2,0
Calcium-Ionen	c(Ca^{2+})	mol/m^3	0,73
Magnesium-Ionen	c(Mg^{2+})	mol/m^3	0,16
Natrium-Ionen	c(Na$^+$)	mol/m^3	0,75
Kalium-Ionen	c(K$^+$)	mol/m^3	0,06
Chlorid-Ionen	c(Cl$^-$)	mol/m^3	0,71
Nitrat-Ionen	c(NO$_3^-$)	mol/m^3	0,04
Sulfat-Ionen	c(SO$_4^{2-}$)	mol/m^3	0,42
Phosphorverbindungen		g/m^3	0,07
Siliciumverbindungen		g/m^3	n.n.[2]
Organischer Kohlenstoff (TOC)		g/m^3	1,6
Aluminium		g/m^3	0,039
Sauerstoff	c(O$_2$)	g/m^3	9,1

[2] nicht nachweisbar

Trinkwasser-installation

Vorschriften für Gewinnung, Aufbereitung und Handel mit Wasser

- Verordnung über Trinkwasser und über Wasser für Lebensmittelbetriebe
  Trinkwasserverordnung – (TrinkwV: 2003-01)
- Richtlinie 2000/60/EG des Europäischen Parlaments und des Rates vom 23.10.2000 zur Schaffung eines Ordnungsrahmens für Maßnahmen der Gemeinschaft im Bereich der Wasserpolitik
- EU-Richtlinie 98/83/EG vom 03.11.1998 über die Qualität von Wasser für den menschlichen Gebrauch
- Verordnung über natürliches Mineralwasser, Quellwasser und Tafelwasser
  (Mineral- und Tafelwasser-Verordnung: 1984-08)
- Lebensmittel und Futtermittelgesetzbuch
  (LFGB: 2005-09)
  Zentrale Trinkwasserversorgung:
  DIN 2000: 2000-10
  Eigen- und Einzeltrinkwasserversorgung:
  DIN 2001: 2003-01

Tab. 215.3: Grenzwertvergleich der Wasserinhaltsstoffe in mg/l (Auszüge)

Inhaltsstoffe	Trinkwasser	Mineralwasser
Nitrat	50	ohne Angabe
Pestizide	0,0001	ohne Angabe
Arsen	0,01	0,05
Cadmium	0,005	0,005
Quecksilber	0,001	0,001
Blei	0,01 [1]	0,05
Sulfat	240	ohne Angabe
Magnesium	50	ohne Angabe
Natrium	200	ohne Angabe
Eisen	0,2	ohne Angabe

Technischer Kreislauf des Wassers

Wasserbedarf → Anlagengestaltung – Bewässerung

Wasserförderung und -speicherung

Wasseraufbereitung

Wasservorkommen und -gewinnung

vom Versorgungsträger

Kreislauf des Wassers in der Natur

zum Versorgungsträger

Bewässerung durch Versorgungsdruck

Schutzmaßnahmen

Berechnung und Bemessung der Bewässerungsanlagen

– Eigenwasserversorgungsanlagen
– Druckerhöhungsanlagen
– Löschwasseranlagen
– Warmwasseranlagen

Sonderanlagen

– Abscheider
– Abwasserhebeanlagen
– Kühlwassergruben
– Neutralisationsanlagen

Verteilung beim Bedarfsträger

Auslaufarmatur

Ausstattungsgegenstand mit Ablauf

Ableitung beim Bedarfsträger

Geltungsbereich:
**DIN 1988
DIN EN 806
DIN EN 1717**

Trinkwasseranlage (Anschluss-, Verteilungs-, Steig- und Stockwerksleitungen, Wasserzähler, Armaturen)

Entwässerungsanlage (Anschluss-, Fall-, und Grundleitung, Revisionseinrichtungen)

**DIN 1986-100
DIN EN 12056, 1–5
DIN EN 12 050, 1–4**

Abwasserableitung und -behandlung

Kleinkläranlagen

Entwässerung durch Ableiten mit freiem Gefälle

Berechnung und Bemessung der Entwässerungsanlagen

Anlagengestaltung – Entwässerung

Ablaufstellen, Revisions- und Sicherungseinrichtungen

Abwasseranfall, Schmutzwasser, Niederschlagswasser

Trinkwasserinstallation

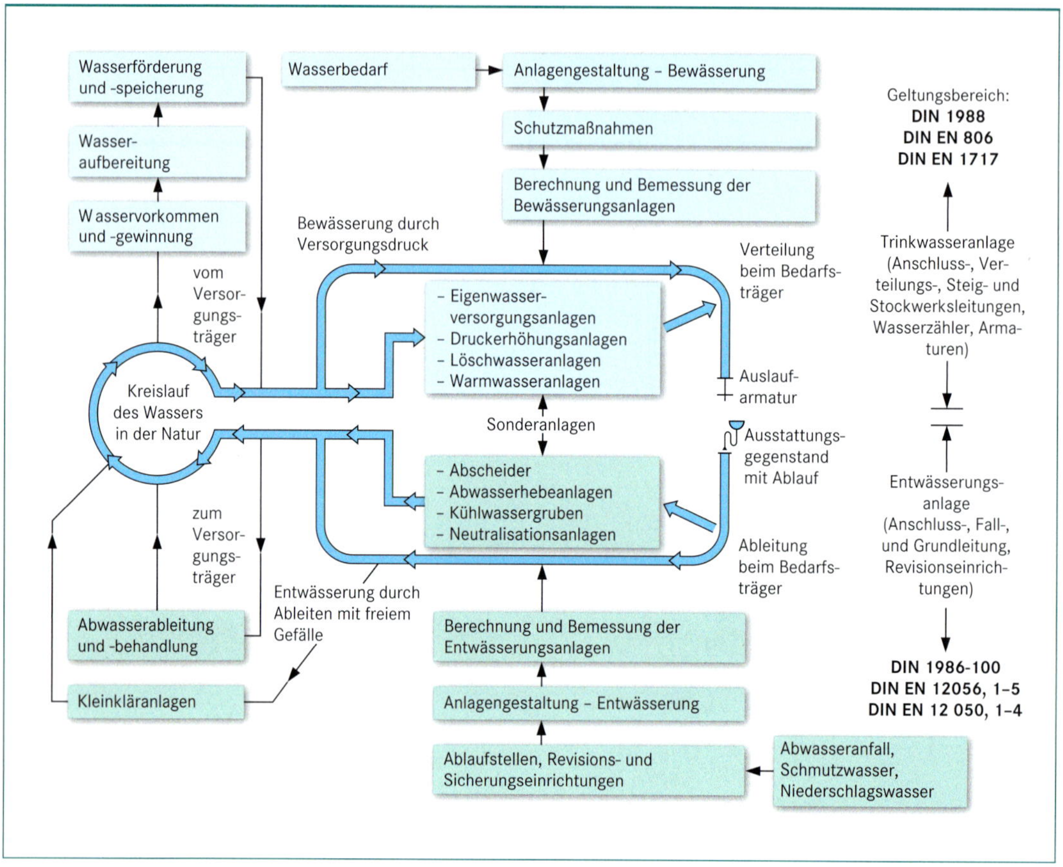

Leitungsabschnitte einer Trinkwasserversorgungsanlage

DIN EN 806-1: 2001-12

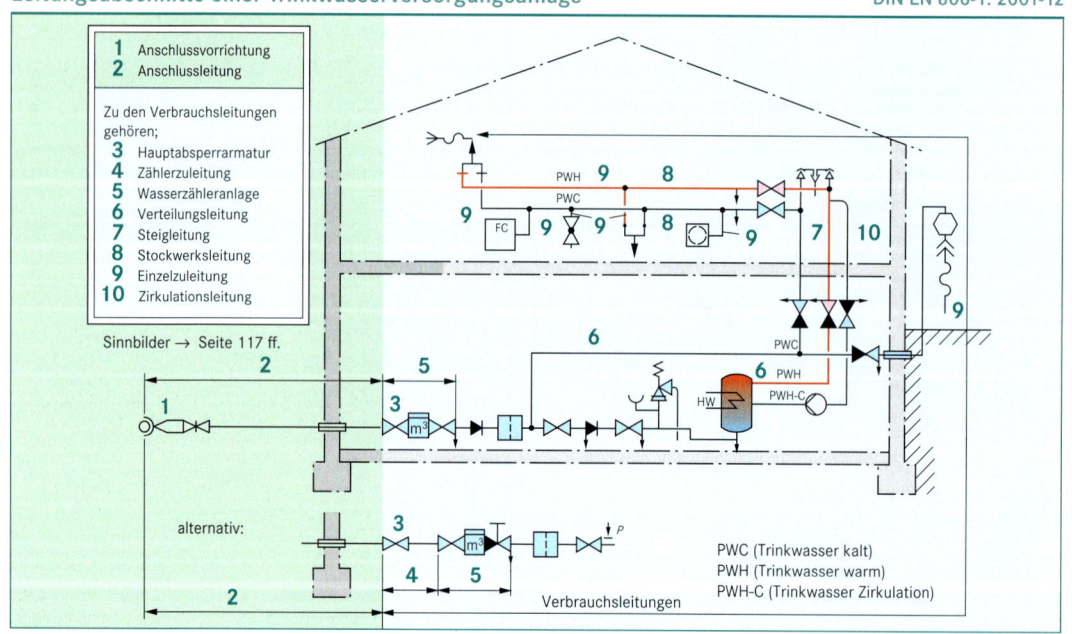

1 Anschlussvorrichtung
2 Anschlussleitung

Zu den Verbrauchsleitungen gehören;
3 Hauptabsperrarmatur
4 Zählerzuleitung
5 Wasserzähleranlage
6 Verteilungsleitung
7 Steigleitung
8 Stockwerksleitung
9 Einzelzuleitung
10 Zirkulationsleitung

Sinnbilder → Seite 117 ff.

alternativ:

PWC (Trinkwasser kalt)
PWH (Trinkwasser warm)
PWH-C (Trinkwasser Zirkulation)

Verbrauchsleitungen

Berechnungsschema zur Ermittlung der Rohrdurchmesser (Beispiel → S. 229)

DIN 1988-3: 1988-12

Trinkwasser-installation

| Berechnungsvolumenströme $\dot{V}_R$ der einzelnen Entnahmearmaturen ermitteln | → Tab. 218.1 |

| Summenvolumenströme $\Sigma \dot{V}_R$ ermitteln und den Teilstrecken zuordnen | → Tab. 218.1 / Tab. 218.2 |

| Spitzenvolumenstrom $\dot{V}_S$ aus dem Summen- volumenstrom $\Sigma \dot{V}_R$ ermitteln | → Tab. 219.1 / Diagr. 219.1 |

(A) | Ermittlung der Druckverluste in Apparaten (Wasserzähler, Filter, Enthärtungsanlagen, Dosieranlagen, Gruppentrinkwassererwärmer, sonstige Apparate) | → Tab. 220.3 / Tab. 220.4 / Tab. 220.5 |

(B) | Festlegung des Mindestfließdruckes und Ermittlung des Druckverlustes der Stockwerks- und Einzelzuleitungen mit Stockwerksverteilern | → Tab. 218.1 / Tab. 226.1 / Tab. 227.1 / Tab. 227.2 |

| Verfügbare Druckdifferenz Δp_{verf} für Rohrreibung und Einzelwiderstände ermitteln, d. h. vom Mindestversorgungsdruck p_{minV} sind Druckverluste aus A sowie Mindestfließdruck p_{minFl} aus B abzuziehen | → Tab. 220.6 |

| Geschätzten Anteil für Einzelwiderstände von verfügbarer Druckdifferenz abziehen und verfügbares Rohrreibungsdruckgefälle R_{verf} ermitteln (→ Tab. 229.1) | → | 40 ... 60 % von verfügbarem Druck annehmen. Kleinerer Wert für geradlinige, größerer Wert für verwinkelte Rohrnetze. |

| Rohrdurchmesser d unter Beachtung zulässiger Fließgeschwindigkeit v_{zul} und verfügbarem Rohrreibungsdruckgefälle R_{verf} ermitteln | → Tab. 230 – 235 / Tab. 220.1 |

Vereinfachter Berechnungsgang | **Differenzierter Berechnungsgang** | → Nur wenn vereinfachter Berechnungsgang nicht ausreichend ist.

| Summe der Druckverluste ($R \cdot l$) aus Rohrreibung aller Teilstrecken eines Stranges berechnen und mit der für Rohrreibung verfügbaren Druck- differenz Δp_{verf} vergleichen | Druckverluste aus Einzelwiderständen über Verlustbeiwerte ζ ermitteln | → Tab. 224.1 |

| Bedingung $\Sigma (R \cdot l)_{Str} < \Delta p_{verf}$ | Gesamtdruckverluste aus Rohrreibung und Einzelwiderständen berechnen und mit der verfügbaren Druckdifferenz vergleichen (→ Tab. 235.2) |

| Gegebenenfalls mit geändertem Rohr- durchmesser Rechengang wiederholen | Gegebenenfalls mit geändertem Rohr- durchmesser Rechengang wiederholen | → Tab. 230 – 235 / Tab. 220.1 |

- Grundsätzlich sind bei der Berechnung des Spitzen- volumenstromes alle Entnahmestellen mit dem zuzuordnenden Berechnungsvolumenstrom (→ Tab. 218.1) einzusetzen.

Ausnahmen: Bei zwei Waschbecken (WB) in einem Sanitärraum nur ein WB anrechnen. Bei Urinal und Bidet in einem Sanitärraum nur Bidet anrechnen. Bei Reihenanlagen von WB und Duschen sind Gleichzeitigkeitsbedingungen zu beachten (→ Tab. 218.2).

- Der Berechnungsvolumenstrom bei Dauerverbrauch wird zum ermittelten Spitzenvolumenstrom der anderen Entnahmestellen addiert. Als Dauerverbrauch werden Wasserentnahmen von mehr als 15 Minuten Dauer angenommen (→ Beispiel S. 223).

- Der Spitzenvolumenstrom kann nach DIN 1988-3 auch als Tabellenwert entnommen werden.

Tab. 218.1: Richtwerte für Mindestfließdruck $p_{min\,Fl}$ und Berechnungsvolumenstrom $\dot{V}_R$ gebräuchlicher Trinkwasserentnahmestellen in der Hausinstallation

Mindest-fließdruck $p_{min\,Fl}$ bar	Art der Trinkwasser-Entnahmestelle	Berechnungsvolumenstrom bei der Entnahme von		
		Mischwasser[1]		nur kaltem oder erwärmtem Trinkwasser
		$\dot{V}_R$ kalt l/s	$\dot{V}_R$ warm l/s	$\dot{V}_R$ l/s
0,5	Auslaufventile ohne Luftsprudler[2] . . . . DN 15	–	–	0,30
0,5	. . . . DN 20	–	–	0,50
0,5	. . . . DN 25	–	–	1,00
1,0	Auslaufventile mit Luftsprudler. . . . . DN 10	–	–	0,15
1,0	. . . . DN 15	–	–	0,15
1,0	Brauseköpfe für Reinigungsarbeiten. . . . . DN 15	0,10	0,10	0,20
1,2	Druckspüler nach DIN 3265 Teil 1 . . . . DN 15	–	–	0,70
1,2	Druckspüler nach DIN 3265 Teil 1 . . . . DN 20	–	–	1,00
0,4	Druckspüler nach DIN 3265 Teil 1 . . . . DN 25	–	–	1,00
1,0	Druckspüler für Urinalbecken. . . . . DN 15	–	–	0,30
1,0	Haushaltsgeschirrspülmaschine. . . . . DN 15	–	–	0,15
1,0	Haushaltswaschmaschine . . . . DN 15	–	–	0,25
1,0	Mischbatterie für Brausewannen . . . . DN 15	0,15	0,15	–
1,0	Mischbatterie für Badewannen. . . . . DN 15	0,15	0,15	–
1,0	Mischbatterie für Küchenspülen. . . . . DN 15	0,07	0,07	–
1,0	Mischbatterie für Waschtische . . . . DN 15	0,07	0,07	–
1,0	Mischbatterie für Sitzwaschbecken . . . . DN 15	0,07	0,07	–
1,0	Mischbatterie . . . . DN 20	0,30	0,30	–
0,5	WC-Spülkasten nach DIN 19 542 . . . . DN 15	–	–	0,13
1,0	Elektro-Kochendwassergerät . . . . DN 15	–	–	0,10[3]

[1] Dem Berechnungsvolumenstrom für Mischwasserentnahme liegen für kaltes Trinkwasser 15 °C und für erwärmtes Trinkwasser 60 °C zugrunde.

[2] Bei Auslaufventilen ohne Luftsprudler und mit Schlauchverschraubung wird der Druckverlust in der Schlauchleitung (bis 10 m Länge) und im angeschlossenen Apparat (z. B. Rasensprenger) pauschal über den Mindestfließdruck berücksichtigt. In diesem Fall erhöht sich der Mindestfließdruck um 1,0 bar auf 1,5 bar.

[3] Bei voll geöffneter Drosselschraube.

Anmerkung: In der Tabelle nicht erfasste Entnahmestellen und Apparate gleicher Art mit größeren Armaturendurchflüssen oder Mindestfließdrücken als angegeben sind stets nach Angaben der Hersteller bei der Ermittlung der Rohrdurchmesser zu berücksichtigen.

Tab. 218.2: Gleichzeitigkeitsfaktoren φ für Reihenanlagen

Art der Reihenanlage		Gleichzeitigkeitsfaktor φ
Waschanlagen	in Betrieben	0,7 … 0,8
Brauseanlagen	in Betrieben	0,8 … 1,0
	in Schwimmbädern	0,6 … 1,0
Klosettanlagen	mit Druckspüler	
	3 bis 5 Klosetts	0,5 … 0,3[1]
	6 bis 10 Klosetts	0,3 … 0,2[1]
	11 bis 20 Klosetts	0,2 … 0,15[1]
	> 20 Klosetts	0,15
Klosettanlagen	mit Spülkästen	
	3 bis 5 Klosetts	1,0 … 0,6[1]
	6 bis 10 Klosetts	0,6 … 0,4[1]
	11 bis 20 Klosetts	0,4 … 0,3[1]
	> 20 Klosetts	0,2
Urinalanlagen	mit Einzelspülung	
	3 bis 5 Becken oder Stände	0,5 … 0,3[1]
	6 bis 10 Becken oder Stände	0,3 … 0,2[1]
	11 bis 20 Becken oder Stände	0,2 … 0,15[1]
	> 20 Becken oder Stände	0,15

Berechnung des Summenvolumenstromes $\Sigma\dot{V}_R$ ($\rightarrow$ Tab. 218.1)

$$\Sigma\dot{V}_R = \dot{V}_{R1} + \dot{V}_{R2} + \ldots + \dot{V}_{Rn}$$

Ist keine gleichzeitige Benutzung zu erwarten, werden zusätzliche sanitäre Einrichtungen bei $\Sigma\dot{V}_R$ **nicht** berücksichtigt (z. B. 2. Waschbecken, Dusche bei vorhandener Badewanne, Urinal oder Bidet bei vorhandenem WC)

Berechnung des Spitzenvolumenstromes $\dot{V}_S$ ($\rightarrow$ Tab. 218.2)

$$\dot{V}_S = \Sigma\dot{V}_R \cdot \varphi$$

[1] Der größere Wert gilt für die kleinere Anzahl von Objekten

Trinkwasser-installation

Diagr. 219.1: Spitzenvolumenstrom $\dot{V}_S$ in l/s in Abhängigkeit vom Summenvolumenstrom $\Sigma \dot{V}_R$ in l/s DIN 1988-3

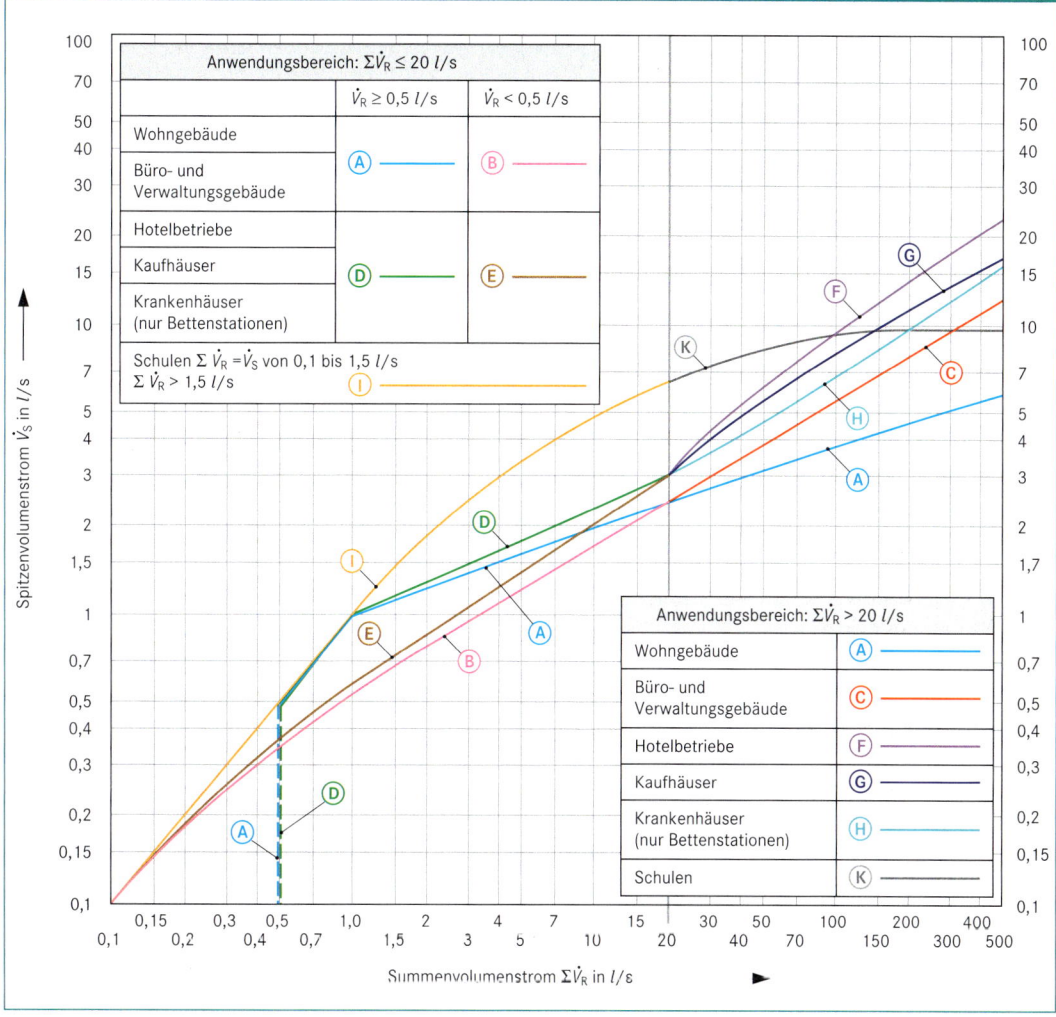

Tab. 219.1: Berechnungsgleichungen zur Ermittlung des Spitzenvolumenstromes $\dot{V}_S$ in l/s
aus dem Summenvolumenstrom $\Sigma \dot{V}_R$ in l/s DIN 1988-3: 1988-12

Gebäudeart	Angaben für Geltungsbereiche und Gleichungen in l/s		
Einzelvolumenstrom	$\dot{V}_R < 0{,}5\ l/s$	$\dot{V}_R \geq 0{,}5\ l/s$	$\Sigma \dot{V}_R > 20\ l/s$
Wohngebäude	Bereich: $0{,}07 < \Sigma \dot{V}_R \leq 20$	$\Sigma \dot{V}_R > 1{,}0$	$\dot{V}_S = 1{,}7 \cdot (\Sigma \dot{V}_R)^{0{,}21} - 0{,}7$
Büro- und Verwaltungs-gebäude	Gleichung: $\dot{V}_S = 0{,}682 \cdot (\Sigma \dot{V}_R)^{0{,}45} - 0{,}14$	$\dot{V}_S = 1{,}7 \cdot (\Sigma \dot{V}_R)^{0{,}21} - 0{,}7$	$\dot{V}_S = 0{,}4 \cdot (\Sigma \dot{V}_R)^{0{,}54} + 0{,}48$
Hotelbetriebe			$\dot{V}_S = 1{,}08 \cdot (\Sigma \dot{V}_R)^{0{,}5} - 1{,}83$
Kaufhäuser	Bereich: $0{,}1 < \Sigma \dot{V}_R \leq 20$	$1{,}0 < \Sigma \dot{V}_R \leq 20$	$\dot{V}_S = 4{,}3 \cdot (\Sigma \dot{V}_R)^{0{,}27} - 6{,}65$
	Gleichung: $\dot{V}_S = 0{,}698 \cdot (\Sigma \dot{V}_R)^{0{,}5} - 0{,}12$	$\dot{V}_S = (\Sigma \dot{V}_R)^{0{,}366}$	
Krankenhäuser			$\dot{V}_S = 0{,}25 \cdot (\Sigma \dot{V}_R)^{0{,}65} + 1{,}25$
Schulen	Bereich: $1{,}5 < \Sigma \dot{V}_R \leq 20$	$\Sigma \dot{V}_R \leq 1{,}5$	$\dot{V}_S = -22{,}5 \cdot (\Sigma \dot{V}_R)^{-0{,}5} + 11{,}5$
	Gleichung: $\dot{V}_S = 4{,}4 \cdot (\Sigma \dot{V}_R)^{0{,}27} - 3{,}41$	$\dot{V}_S = \Sigma \dot{V}_R$	

Tab. 220.1: Maximale rechnerische Fließgeschwindigkeit DIN 1988-3: 1988-12

Fließdauer in min	≤ 15	> 15
Leitungsabschnitt		v in m/s
Hausanschlussleitung HAL	2,0	2,0
Verbrauchsleitung bei Durchgangsarmaturen $\zeta \leq 2{,}5$[1]	5	2
Verbrauchsleitung bei Durchgangsarmaturen $\zeta > 2{,}5$[2]	2,5	2
Zirkulationsleitung	–	1,0

[1] z. B. Kolbenschieber nach DIN 3500

[2] z. B. Geradsitzventil nach DIN 3512

Tab. 220.2: Anschluss, Nennvolulmenstrom und maximaler Volumenstrom von Wasserzählern (WZ) DIN ISO 4064-1

Zählerart	Anschluss			
	Anschlussgewinde nach DIN ISO 228 Teil 1	Anschlussgröße (Nennweite des Anschlussflansches) DN	Nennvolumenstrom $\dot{V}_n$[1] m³/h	maximaler Volumensstrom $\dot{V}_{max}$ m³/h
Volumetrische Zähler und Flügelradzähler	G ½ B	–	0,6	1,2
	G ½ B	–	1	2
	G ¾ B	–	1,5	3
	G 1 B	–	2,5	5
	G 1¼ B	–	3,5	7
	G 1½ B	–	6	12
	G 2 B	–	10	20
Woltman-Zähler	–	50	15	30
	–	65	25	50
	–	80	40	80
	–	100	60	120
	–	150	150	300
	–	200	250	500

[1] Der Nennvolumenstrom dient zur Kennzeichnung des Zählers. Nach DIN ISO 4064 Teil 1 ist es zulässig, zu einem gegebenen Nennvolumenstrom Vn Anschlussgewinde der nächst höheren oder der nächst niedrigeren Stufe als die in der Tabelle jeweils zugeordneten Werte zu wählen.

Tab. 220.5: Richtwerte für Druckverluste in sanitärtechnischen Apparaten

Filter	$\Delta p_{Filter} = 200$ mbar
Enthärtungsanlage	$\Delta p_{EH} = 800$ mbar
Dosieranlage	$\Delta p_{DS} = 800$ mbar
Zentrale TWE	$\Delta p_{TWE} \approx 0$ bzw. berechnen

Wasserzählerdruckverlust Δp_{WZ}

$$\Delta p_{WZ} = \Delta p_{max} \cdot \left(\frac{\dot{V}_S}{\dot{V}_{max}}\right)^2 \quad \text{in mbar}$$

$\dot{V}_S$: Spitzenvolumenstrom in l/s; m³/h
$\dot{V}_{max}$: max. zul. Volumenstrom des gew. Zählers in m³/h
Δp_{max}: Druckverlust bei $\dot{V}_{max}$ in mbar

Tab. 220.3: Normwerte für Druckverluste in Wasserzählern[1] DIN ISO 4064-1

Zählerart	Nennvolumenstrom $\dot{V}_n$ m³/h	Druckverlust Δp_{max} bei $\dot{V}_{max}$ mbar
Flügelradzähler	< 15	1000
Woltman-Zähler senkrecht (WS)	≥ 15	600
Woltman-Zähler parallel (WP)	≥ 15	300

[1] Bestimmt das Wasserversorgungsunternehmen (WVU) die Wasserzählergröße, dann ist der vom WVU anzugebende Druckverlust des Wasserzählers bzw. der Wasserzähleranlage zu verwenden, bzw. zu berechnen.

Tab. 220.4: Richtwerte für Druckverluste Δp_{TWE} von Gruppen-Trinkwassererwärmern

Geräteart	Druckverlust Δp_{TWE}[1] mbar
Elektro-Durchfluss-Wassererwärmer thermisch geregelt	
	500
hydraulisch gesteuert[2]	1000
Elektro- bzw. Gas-Speicher Wassererwärmer Nennvolumen bis 80 l	200
Gas-Durchfluss-Wasserheizer und Gas-Kombi-Wasserheizer nach DIN 3368 Teil 2 und Teil 4	800

[1] In den Werten ist der Druckverlust für die Sicherheits- und Anschlussarmaturen nicht enthalten.

[2] Entspricht der erforderlichen Schaltdruckdifferenz

Tab. 220.6: Mindestversorgungsdruck am Hausanschluss (DIN 1988-5: 1988-12)

HAL	nur EG	EG + 1. OG	2. OG	3. OG	4. OG	5. OG
$p_{V\,min}$	2,0	2,35	2,70	3,05	3,40	3,75

Angaben in bar; je weiteres Geschoss + 0,35 bar

Trinkwasserinstallation

Tab. 221.1: Mehrstrahl-Flügelrad-Hauswasserzähler für Kaltwasser bis 40 °C   DIN ISO 4046-1: 1981-01

Leistungsdaten (Herstellerangaben):		G1B	G1½B	G2B
Nenngröße $\dot V_n$ (Größenkennzeichnung) in	m³/h	2,5	6	10
Größter Durchfluss $\dot V_{max}$	m³/h	5	12	20
Druckverlust bei $\dot V_{max}$	mbar	510	850	750
Durchfluss bei 1 bar Druckverlust	m³/h	7	13	23
Übergangsdurchfluss $\dot V_t$	l/h	120	280	600
Kleinster Durchfluss $\dot V_{min}$	l/h	20	25	30
Zulässige Höchstbelastung	beliebig entsprechend der Druckverhältnisse			

Die bei $\dot V_t$ und $\dot V_{min}$ genannten Werte sind Leistungsdaten, die die Anforderungen gemäß Eichordnung metrologische Klasse B[1] wesentlich übertreffen.

$\dot V_n$: Nennvolumen-strom ≙ Q_n in m³/h
$\dot V_{max}$: größter zulässiger Volumenstrom in m³/h
$\dot V_{min}$: kleinster Volumenstrom in l/h
$\dot V_t$: Übergangs-volumenstrom in l/h

[1] Klasse B: gebräuchlicher Fehler-Toleranz-Bereich
[2] Metrologie: Lehre von der Messkunde

Diagr. 221.1: Druckverlustkurven von Flügelrad-Wasserzählern (Herstellerangabe)

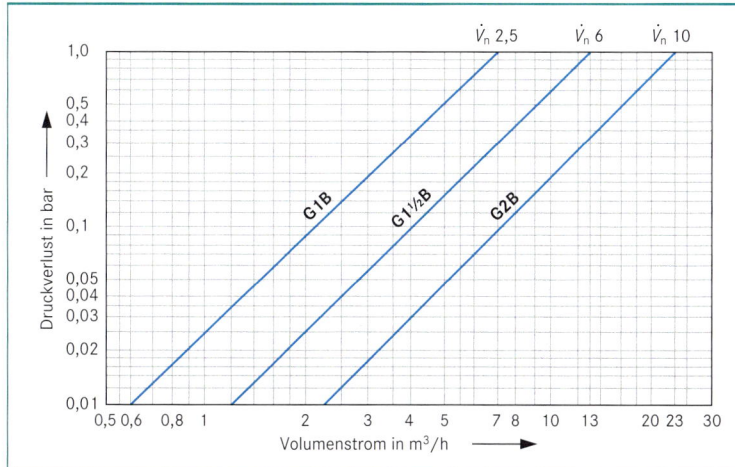

Optimaler Druckverlustbereich der WZ

Δp_{WZ} = 500 ± 200 mbar

Tab. 221.2: Eichpflicht von Wasserzählern

Art	Turnus
Kaltwasser-zähler	6 Jahre
Warmwasser-zähler bzw. Wärmemengen-zähler	5 Jahre

Belastungsbereich eines Wasserzählers

Bereich zwischen $\dot V_{max}$ und $\dot V_{min}$

Wohnungs-/Hauswasserzähler

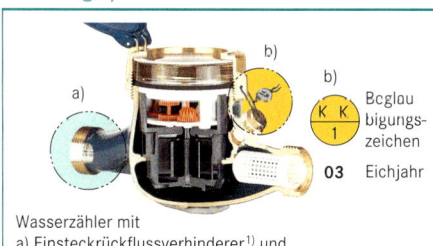

b) Beglaubigungszeichen
03 Eichjahr

Wasserzähler mit
a) Einsteckrückflussverhinderer[1] und
b) Hauptstempel

[1] nicht mehr zugelassen

Diagr. 221.2: Fehlerkurve und Messfehlerbereiche   (Herst.ang.)

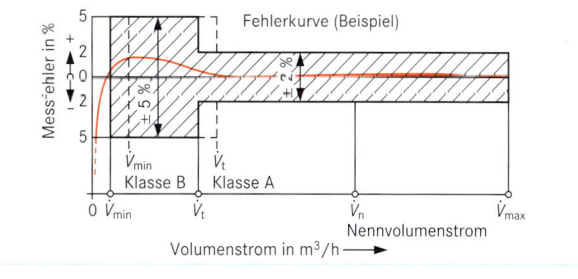

Flügelrad-Wasserzähler

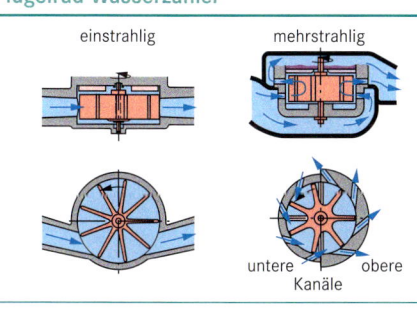

einstrahlig   mehrstrahlig

untere   obere
Kanäle

Diagr. 221.3: Metrologische Klassen   DIN 1988-08

V_n	Kalt	Warm	Kalt	Warm
	< 15 m³/h	< 15 m³/h	≥ 15 m³/h	≥ 15 m³/h
Klasse A				
Wert von $\dot V_{min}$	0,04 $\dot V_n$	0,04 $\dot V_n$	0,08 $\dot V_n$	0,08 $\dot V_n$
Wert von $\dot V_t$	0,10 $\dot V_n$	0,10 $\dot V_n$	0,30 $\dot V_n$	0,20 $\dot V_n$
Klasse B[1]				
Wert von $\dot V_{min}$	0,02 $\dot V_n$	0,02 $\dot V_n$	0,03 $\dot V_n$	0,04 $\dot V_n$
Wert von $\dot V_t$	0,08 $\dot V_n$	0,08 $\dot V_n$	0,20 $\dot V_n$	0,15 $\dot V_n$
Klasse C				
Wert von $\dot V_{min}$	0,01 $\dot V_n$	0,01 $\dot V_n$	0,006 $\dot V_n$	0,02 $\dot V_n$
Wert von $\dot V_t$	0,015 $\dot V_n$	0,06 $\dot V_n$	0,015 $\dot V_n$	0,10 $\dot V_n$

Trinkwasser-installation

Großwasserzähler

Verbundwasserzähler

Diagr. 222.1: Druckverlustkurven von Verbund-/Großwasserzählern (Herstellerangaben)

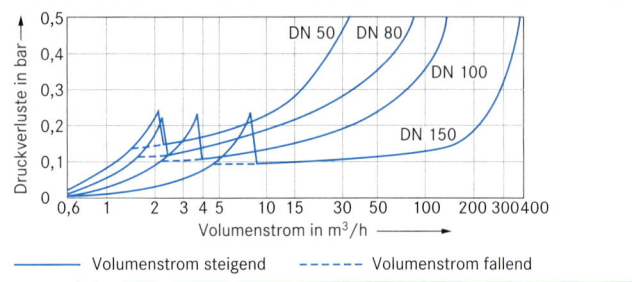

Druckverluste in bar — Volumenstrom in m³/h —

— Volumenstrom steigend   ----- Volumenstrom fallend

Diagr. 222.2: Fehlerkurve und Messfehlerbereiche (Herstellerangaben)

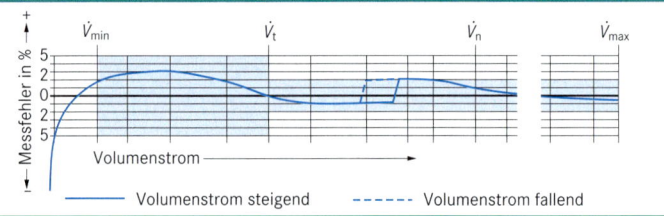

Messfehler in % — Volumenstrom —

— Volumenstrom steigend   ----- Volumenstrom fallend

Tab. 222.3: Verbundwasserzähler (Herstellerangaben)

Kenn- und Leistungsdaten: (Herstellerangaben):				Bauart WPV 3 = 1 KF FU		
Haupt-zähler	Nenndurchfluss (Nenngröße)	$\dot{V}_n$	m³/h	15	40	60
	Nennweite	DN		50	80	100
Nebenzähler-Nenndurchfluss		$\dot{V}_n$	m³/h	2,5	2,5	6
Zulässige Dauerbelastung		$\dot{V}_n$	m³/h	35	90	125
Größter Durchfluss (kurzzeitig zulässig)		$\dot{V}_{max}$	m³/h	70	150	250
Übergangsdurchfluss (Trenngrenze)		$\dot{V}_t$	l/h	37,5	37,5	90,0
Umschaltung	bei steigendem Durchfluss		m³/h	ca. 2,3	ca. 2,3	ca. 3,9
	bei fallendem Durchfluss		m³/h	ca. 1,2	ca. 1,4	ca. 2,3
untere Messbereichsgrenze bei Flügelrad-Nassläufer		$\dot{V}_{min}$	l/h	20	20	25

Einsatzgebiete:
- Gebäude mit Feuerlösch-einrichtungen
- Schwimmbäder
- Industriebetriebe

Werkstoffe der Wasserzähler
Gehäuse: Grauguss PN 16
Messeinsatz: Kunststoff
Flügelrad: Kunststoff
sowie Messing und
nichtrostender Stahl

Tab. 222.4: Zählergrößenauswahl von Hauswasserzählern

Gebäude-nutzungs-art	Maßgebende Bezugsgröße für Zähler-auswahl	Bezugsgrößenanzahl		Empfohlene Zählergröße $Q_n = \dot{V}_n$ in m³/h
Wohn-gebäude	Wohneinheit	Druckspüler bis 15	Spülkasten bis 30	2,5
		16–85	31–100	6
		86–200	101–210	10
Verwaltungs-gebäude	Angestellte	bis 400		2,5
		401–1500		6
		über 1500		10
Schulen	Schüler und Lehrer	bis 500		10
		501–2000		15 (DN 50)
		2001–4000		25 (DN 65)
Hotels	Zimmer	bis 50		10
		51–300		15 (DN 50)
Kranken-häuser	Betten	bis 100		15 (DN 50)
		101–200		25 (DN 65)
		201–400		40 (DN 80)
		401–800		60 (DN 100)

Tab. 222.5: Größenauswahl v. Druckminderern

DN	Baumaße in mm			Spitzendurch-fluss in l/s		k_{VS}-Wert
	L	H_{ges}	D	Wohn-bauten	Gewerbe	
15	140	147	54	0,5	0,5	2,4
20	160	147	54	0,8	0,9	3,1
25	180	175	61	1,3	1,5	7,6
32	200	175	61	2,0	2,4	9,1
40	225	299	82	2,3	3,8	12,6
Flanscharmaturen (F)						
50	230	388	165	3,6	5,9	28
65	290	441	185	6,3	9,7	47
80	310	510	200	8,8	15,3	70
100	350	601	220	12,5	23,1	110

Vordruck
bis 25 bar

Hinterdruck
1,5 bis 12 bar

Max.
Betriebs-
temperatur
70 °C

Trinkwasser-installation

Berechnungsbeispiel: Wasserzählerdimensionierung, Hausanschlussrohrleitung

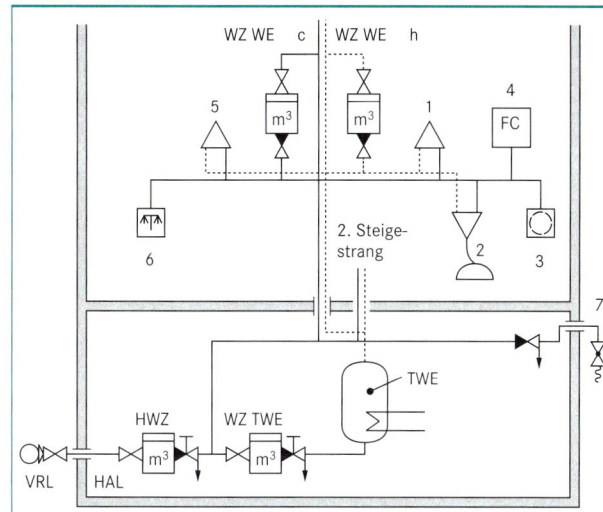

Geg.:
Wohngebäude, 5 Etagen mit jeweils 2 Wohnungen (WE)
sanitärtechnische Ausstattung entsprechend Skizze und
Tab. 223.1
Fließgeschwindigkeit: $v_{HAL} \leq 2{,}0$ m/s
Nr. 7 Gartenauslaufventil: $\dot{V}_S = 1{,}0$ l/s

(1 Stück DN 25, Entnahmedauer > 15 min)

Ges.:

1 Auswahl der Wasserzähler: Typ, Größe
- Wohnungswasserzähler kalt (cold) (WZ WEc)
- Wohnungswasserzähler warm (hot) (WZ WEh)
- Hauswasserzähler (HWZ)
- Wasserzähler Warmwasserbereitung
  und Berechnung des Druckverlustes
  der Wasserzähler (WZ TWE)

2 Bemessung der Hausanschlussleitung (HAL)
für $v \leq 2{,}0$ m/s

3 $\dot{V}_t$, $\dot{V}_{min}$ vom HWZ

Tab. 223.1: Sanitärtechnische Ausstattung der Wohnungen

Nr. in der Skizze	Bezeichnung	Nenn-weite	An-zahl	$\dot{V}_{R.KW}$ [l/s]	$\dot{V}_{R.WW}$ [l/s]	$\dot{V}_{R.KW+WW}$ [l/s]
1	Standbatterie Waschtisch	DN 15	1	0,07	0,07	0,14
2	Wandbatterie Badewanne	DN 20	1	0,30	0,30	0,60
3	Waschmaschine	DN 15	1	0,25	–	0,25
4	Spülkasten (FC)	DN 15	1	0,13	–	0,13
5	Standbatterie Spüle	DN 15	1	0,07	0,07	0,14
6	Geschirrspülmaschine	DN 15	1	0,15	–	0,15
Summenvolumenstrom $\Sigma \dot{V}_R$ [l/s]				0,97	0,44	1,41
Spitzenvolumenstrom[1] je Wohnung		$\dot{V}_S$ [l/s] [m³/h]		0,54 1,94	0,33 1,19	– –

Wasserzähler für zentr. TWE

$\Sigma \dot{V}_R = 0{,}44$ l/s WE · 10 WE = <u>4,4 l/s</u>

$\dot{V}_S = 1{,}19$ l/s ≙ 4,28 m³/h

G 1¼ B: $\dot{V}_n = 3{,}5$ m³/h $\dot{V}_{max} = 7{,}0$ m³/h

Δp_{WZ} = 374 mbar[3]

Hauswasserzähler (HWZ)

$\Sigma \dot{V}_{R\,PWC}$ = 0,97 l/s WE · 10 WE = 9,7 l/s

$\Sigma \dot{V}_{R\,PWH}$ = 0,44 l/s WE · 10 WE = 4,4 l/s

$\Sigma \dot{V}_R$ = 1,41 l/s WE · 10 WE = <u>14,1 l/s</u>

$\dot{V}_S$ = 2,1 l/s ≙ 7,56 m³/h

$+\dot{V}_{S\,Garten}$ = 1,0 l/s ≙ 3,60 m³/h

$\dot{V}_{S\,HWZ}$ = <u>3,1 l/s ≙ 11,16 m³/h</u>

1 Zählertyp, -größen Festlegung[2]: Flügelrad-Wasserzähler

PWC: G ¾ B: $\dot{V}_n$ = 1,5 m³/h $\dot{V}_{max}$ = 3,0 m³/h Δp_{WZ}[3] = 418 mbar
PWH: G ½ B: $\dot{V}_n$ = 1,0 m³/h $\dot{V}_{max}$ = 2,0 m³/h Δp_{WZ} = 354 mbar

[1] → Tab. 218.1 → Tab./Diagr. 219.1   [2] → Tab. 220.2 → Tab. 220.3
[3] → Tab. 220.3, S. 220 – 221

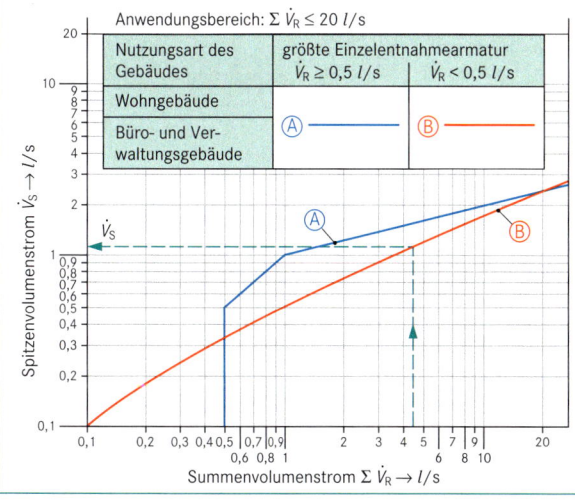

Anwendungsbereich: $\Sigma \dot{V}_R \leq 20$ l/s

Nutzungsart des Gebäudes	größte Einzelentnahmearmatur	
	$\dot{V}_R \geq 0{,}5$ l/s	$\dot{V}_R < 0{,}5$ l/s
Wohngebäude	Ⓐ	Ⓑ
Büro- und Verwaltungsgebäude		

Spitzenvolumenstrom $\dot{V}_S$ → l/s (vertical axis)
Summenvolumenstrom $\Sigma \dot{V}_R$ → l/s (horizontal axis)

Variante 1:

G 1½ B: $\dot{V}_n$ = 6 m³/h $\dot{V}_{max}$ = 12 m³/h

Δp_{HWZ} = <u>865 mbar</u> → zu hoch[3]

Variante 2:

G 2 B: $\dot{V}_n$ = 10 m³/h $\dot{V}_{max}$ = 20 m³/h

Δp_{HWZ} = <u>311 mbar</u> → optimal,[3]
Auswahl des HWZ nach
Rücksprache mit dem WVU

2 Dimensionierung Hausanschlussleitung

$d_i = \sqrt{\dfrac{\dot{V}_S}{v} \cdot \dfrac{4}{\pi}}$ = 44,42 mm; gewählt: DN 40

3 Bestimmung von $\dot{V}_t$ und $\dot{V}_{min}$ (→ Tab. 221.3)

$\dot{V}_t$ = 0,08 · $\dot{V}_n$ = 0,08 · 10 m³/h = 800 l/h = 0,2$\overline{2}$ l/s
$\dot{V}_{min}$ = 0,02 · $\dot{V}_n$ = 0,02 · 10 m³/h = 200 l/h = 0,05$\overline{5}$ l/s

Tab. 224.1: Druckverlustbeiwerte ζ von Einzelwiderständen für Rohre aus Stahl, Edelstahl, Kupfer, PVC-U, PB, PE-HD, PE-LD und PE-X, sowie Armturen

DIN EN 806-1: 2001-12

Trinkwasser-installation

Einzelwiderstand	Grafisches Symbol (vereinfacht)	Verlustbeiwert[1] ζ	Einzelwiderstand	DN	Grafisches Symbol (vereinfacht)	Verlustbeiwert[1] ζ
Abzweig Stromtrennung		1,3	Reduzierstück			0,4
			Erweiterung		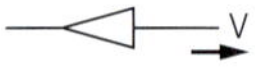	0,6
Abzweig Stromvereinigung		0,9	Dehnungsbogen			1,0
Abzweig Durchgang bei Stromtrennung		0,3	Kompensator			2,0
Abzweig Gegenlauf bei Stromverei-nigung		3,0	Geradsitzventile und Membranventile	15 20 25 32 40...100		10,0 8,5 7,0 6,0 5,0
Abzweig Gegenlauf bei Stromtrennung		1,5	Schrägsitzventile	15 20 25...50 65	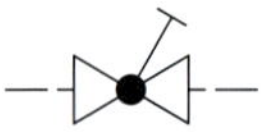	3,5 2,5 2,0 0,7
Abzweig Stromtrennung (bogenförmig)		0,9	Absperrschieber	10...15		1,0
			Kolbenschieber	20...25	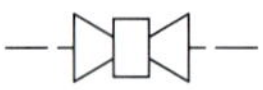	0,5
Abzweig Stromvereinigung (bogenförmig)		0,4	Kugelhähne	32...150		0,3
Abzweig Durchgang bei Stromtrennung (bogenförmig)		0,3	Eckventile	10 15 20...40 50...100		7,0 4,0 2,0 3,5
Abzweig Durchgang bei Stromvereinigung (bogenförmig)		0,2	Rückfluss-verhinderer	15...20 25...40 50 65...100	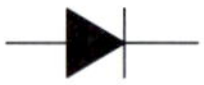	7,7 4,3 3,8 2,5
Verteileraustritt Behälteraustritt		0,5	Absperrventil mit integriertem Rückflussver-hinderer	20 25...50	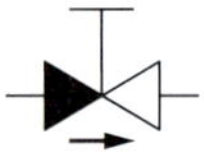	6,0 5,0
Sammlereintritt Behältereintritt		1,0	Ventilanbohr-schelle	25...80	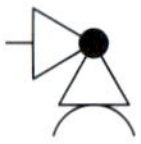	5,0
Richtungs-änderung durch Winkel oder Bogen		0,7	Rückschlagklappe	50 100 200		1,5 1,2 1,0
Druckminderer (voll geöffnet)		30,0	Rückschlagventil	15...20 25...50		15,0 13,0

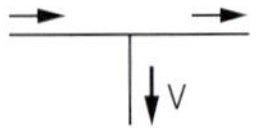

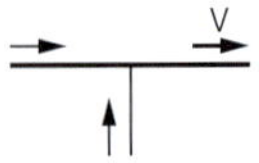

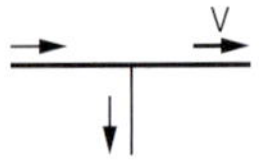

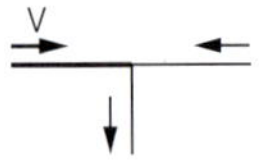

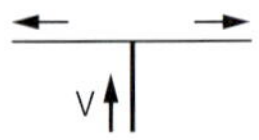

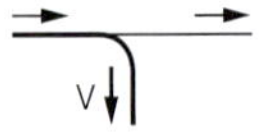

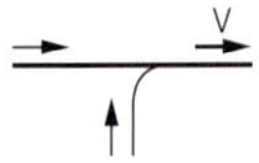

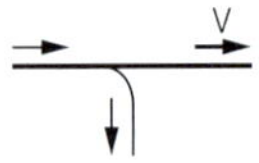

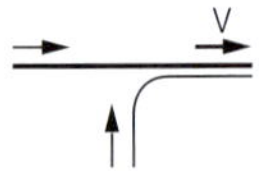

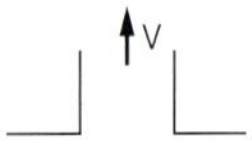

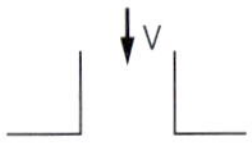

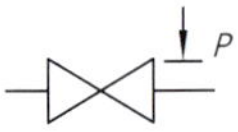

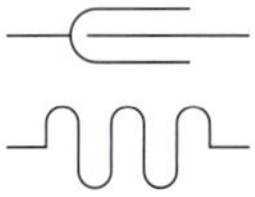

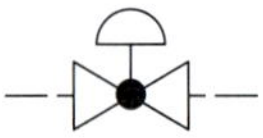

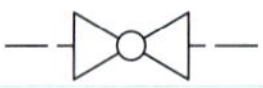

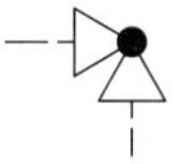

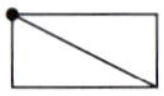

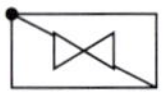

[1] Der Verlustbeiwert ist dem Teilstrom zugeordnet, der in der Symboldarstellung mit „V" gekennzeichnet ist.

Grundüberlegungen bei Reiheninstallation

- Anzahl der Versorgungsstellen
- Benutzungshäufigkeit einzelner Armaturen
- Dauer von Stagnationszeiten
- Entfernung der Versorgungsstellen vom Verteiler
- Kalt- und/oder Warmwasserbedarf
- Installation unter Putz, in Aussparungen, Schlitzen oder in Vorwandbauweise
- Anzahl der Verbindungsstelle

Vorteile bei Ringleitungssystemen→ Tab. 225.2, d

- geringe Druckverluste ermöglichen große Wasserentnahmen und mehr Entnahmestellen bei gleich großem Rohrquerschnitt
- geringer Platzbedarf für Stockwerks-verteiler, da nur je 2 Anschlüsse erforderlich
- gleichmäßige Druckverteilung bei PWC- und PWH-Rohrleitungen
- optimaler Wasseraustausch
- geringe Stagnationszeiten, da bei Nutzung einer Entnahmestelle bereits Austausch des Wasserinhaltes erfolgt
- aus hygienischer Sicht beste Leitungs-führung

Tab. 225.1: Rohrarten-Übersicht für Trinkwasserinstallationen

Rohrwerkstoff	Gängige Verbindungstech-niken	Technische Regeln	
		Rohre	Verweis
Schmelztauchverzinkte Eisenwerkstoffe (früher: Feuerverzinkter Stahl)	Gewindeverbindung, Klemmverbindung	DIN EN 10 255 DIN EN 10 240	→ Tab. 230.1
Nichtrostender Stahl	Pressverbindung, Steckverbindung	DVGW GW 541	→ Tab. 234.1
Kupfer	Lötverbindung, Pressver-bindung, Klemmverbin-dung, Steckverbindung	DIN EN 1057, DVGW GW 392	→ Tab. 231.1
Innenverzinntes Kupfer	Pressverbindung, Steckverbindung	DIN EN 1057, DVGW GW 392	→ Tab. 231.1
PE-X (vernetztes Polyethylen)	Klemmverbindung, Pressverbindung, Schiebe-hülsenverbindung, Steckverbindung	DIN EN ISO 15 874 DIN EN ISO 15 875 DVGW W 544	→ Tab. 170.1
PP (Polypropylen)	Schweißverbindung	DIN EN ISO 15 874 DVGW W 544	→ Tab. 170.3
PB (Polybuten)	Schweißverbindung, Klemmverbindung, Steckverbindung	DIN EN ISO 15 876 DVGW W 544	→ Tab. 168.2
PVC-C (chloriertes Polyvinylchlorid)	Klebverbindung	DIN EN ISO 15 877 DVGW W 544	→ Tab. 168.1
Verbundrohre PE-MDX PE-RT PE-RT PE-MDX PE-B AL PE-X PE-X PB PB PP PP	Pressverbindung, Klemm-verbindung, Steckverbin-dung, Schiebehülsenver-bindung	DVGW W 542	→ Tab. 171.2

Quelle: vgl. DVGW-Merkblatt; Dichtheitsprüfungen von Trinkwasserinstallationen 2004-10.

Tab. 225.2: Montagevarianten von Trinkwasserinstallationen

DIN 1988-3: 1988-12

a) **Konventionelles T-System**
   – klassische Installation
   Ermittlung der Druckverluste in Stockwerksleitungen und Einzelzuleitungen → S. 226
   Beispielrechnung → S. 229

b) **Einzelzuleitungssystem**
   Rohr-in-Rohr
   Ermittlung der Druckverluste in Stockwerksverteilern einschließlich Stockwerks-Absperrarmaturen sowie Einzelzuleitungen bei PE-X-Rohr DN 12; DN 15 → S. 227 f.

c) **Doppelanschlusssystem**
   Rohr-in-Rohr
   Ermittlung der Druckverluste in Stockwerksverteilern einschließlich Strangleitungen über Addition der Druckverluste sämtlich durchströmter Rohrleitungsabschnitte für PWC und PWH

d) **Ringleitungssystem**
   Rohr-in-Rohr
   wie c), jedoch durch Ringleitungssystem nur Anrechnung von 30 % der Druckverluste sämtlich durchströmter Rohrleitungsabschnitte für PWC und PWH

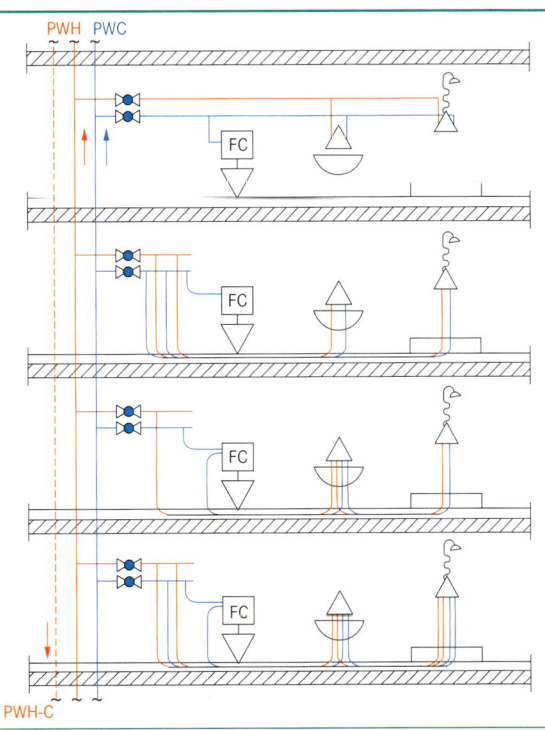

PWH   PWC

PWH-C

Darstellung des längsten Fließweges bei Stockwerksleitungen

Zentrale Trinkwassererwärmung

Gruppen-Trinkwassererwärmung

1 Steigleitung PWC oder PWH
2 Stockwerksleitung
3 Einzelzuleitung
4 von der Steigleitung entfernteste Entnahmearmatur

a Steigleitung PWC oder PWH
b, c Stockwerksleitung PWC und PWH
d Einzelzuleitung
e von der Steigleitung entfernteste Entnahmearmatur

Tab. 226.1: Richtwerte für Druckverluste in Stockwerksleitungen und Einzelzuleitungen (aus Stahl, nichtrostendem Stahl, Kupfer, PVC)   DIN 1988-3: 1988-12

Stockwerksleitung längster Fließweg l_{St} = 7 m		Einzelzuleitung längster Fließweg l_{EZ} = 3 m				**Druckverlust Δp_{St} [1]** bei 10 m hydraulisch ungünstigster Leitungslänge **in Klammern:** Abzugsfähige Druckdifferenz je m Leitungslänge $l_{St} + l_{EZ}$ < 10 m								
Berechnungs-volumen-strom der größten Entnahme-armatur						Bei zentraler Trinkwassererwärmung						Bei Gruppen-Trink-wassererwärmung PWC und PWH		
						PWC			PWH					
		Entnahme-armatur mit		Entnahme-armatur mit		Kolben-schie-ber	Schräg-sitz-ventil	Gerad-sitz-ventil	Kolben-schie-ber	Schräg-sitz-ventil	Gerad-sitz-ventil	Kolben-schie-ber	Schräg-sitz-ventil	Gerad-sitz-ventil
$\dot{V}_R$ l/s	DN	d mm	DN	d mm										
			$\dot{V}_R$ < 0,5 l/s		$\dot{V}_R \geq$ 0,5 l/s									
	DN	d mm	DN	d mm	DN	d mm	mbar (mbar/m)	mbar (mbar/m)	mbar (mbar/m)	mbar (mbar/m)	mbar (mbar/m)	mbar (mbar/m)	mbar (mbar/m)	mbar (mbar/m)
< 0,5	12	13	15[3]	13	–	–	1100 (90)	–	–	400 (30)	450 (30)	550 (30)	1200 (80)	–	–
			10	10	–	–	1500 (90)	–	–	500 (30)	550 (30)	650 (30)	1600 (80)	–	–
	15	16	15[3]	13	–	–	600 (40)	700 (40)	850 (40)	200 (15)	250 (15)	300 (15)	700 (30)	–	–
			10	10	–	–	950 (40)	1000 (40)	1200 (40)	350 (15)	400 (15)	450 (15)	1000 (30)	–	–
	20	20	15[3]	13	–	–	300 (20)	350 (20)	400 (20)	100 (5)	150 (5)	200 (5)	350 (15)	400 (15)	450 (15)
			10	10	–	–	600 (20)	650 (20)	700 (20)	200 (5)	250 (5)	300 (5)	700 (15)	750 (15)	850 (15)
≥ 0,5	20	20	15[3]	13	20	20	1100 (80)	1200 (80)	–	–	–	–	1200 (80)	1300 (80)	–
			10	10	20	20	1300 (80)	1400 (80)	–	–	–	–	1400 (80)	1500 (80)	–
	25[2]	25[2]	15[3]	13	25	25	400 (20)	450 (20)	600 (20)	–	–	–	450 (20)	**500 (20)**	650 (20)
			10	10	25	25	750 (20)	800 (20)	950 (20)	–	–	–	800 (20)	850 (20)	950 (20)

[1] Der Mindestfließdruck, Druckverluste in Trinkwassererwärmern und Wohnungswasserzählern sind in den Werten nicht enthalten.
[2] Teilstrecken bis zum Anschluss von Entnahmearmaturen mit $\dot{V}_R \geq$ 0,5 l/s. Daran anschließende Teilstrecke DN 20 oder d_1 = 20 mm.
[3] DN 15 für Rohre aus Stahl. DN 12 für Rohre aus nichtrostendem Stahl, Kupfer und PVC.

Berechnung der Stockwerksleitung (Beispiel → S. 229, Skizze und Tab. 229.1)

Absperrung: Schrägsitzventil Δp_{St} = 500 mbar – (10 m – 6,7 m) 20 $\dfrac{\text{mbar}}{\text{m}}$ = 434 mbar

Berechnung der Trinkwasserinstallation in Gebäuden
pipe sizing of hot and cold pipework in buildings

Stockwerksverteiler mit Einzelanbindung von Entnahmestellen

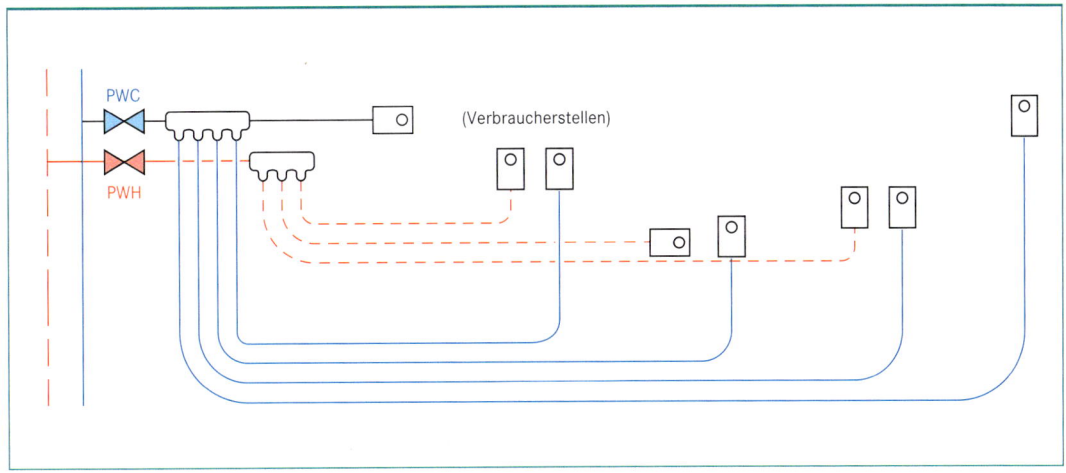

Tab. 227.1: Druckverluste in Stockwerksverteilern einschließlich Stockwerks-Absperrarmaturen bei Berechnungsvolumenstrom der größten Entnahmearmatur $\dot{V}_R < 0,5$ l/s (Einzelzuleitungen ab Stockwerksverteiler nach DIN 1988-3)

Absperr-armatur DN	Wasch-maschine	Druckverlust								
		bei zentraler Trinkwassererwärmung						bei Gruppen-Trinkwasser-erwärmung PWC und PWH		
		PWC			PWH					
		Kolben-schieber	Schräg-sitzventil	Gerad-sitzventil	Kolben-schieber	Schräg-sitzventil	Gerad-sitzventil	Kolben-schieber	Schräg-sitzventil	Gerad-sitzventil
		in mbar	in mbar	in mbar	in mbar	in mbar	in mbar	in mbar	in mbar	in mbar
20	mit	160	180	250	110	120	170	210	240	350
	ohne	60	80	120	40	50	70	90	110	170
25	mit	150	160	180	100	110	120	200	210	250
	ohne	60	70	80	30	40	50	90	100	120

Tab. 227.2: Richtwerte für Druckverluste in Einzelzuleitungen aus PE-X-Rohr, DN 12 (d_i = 11,6 mm) DN 12 einschließlich Richtungsänderungen und Anschlussfittings (nach DIN 1988-3)

Volumen-strom $\dot{V}_R$ [1] in l/s	Fließ-geschw. v [2] in m/s	Länge der Einzelzuleitung l_{EZ} in m										
		1	2	3	4	5	6	7	8	9	10	11
		Druckverlust der Einzelzuleitung ($l_{EZ} \cdot R + Z$) in mbar										
0,07	0,7	17	24	31	38	45	52	57	66	72	79	86
0,10	0,9	32	45	57	70	83	96	109	121	134	147	160
0,13	1,2	54	74	94	114	134	154	174	194	214	234	254
0,15	1,4	72	98	124	150	177	203	229	255	281	307	333
0,20	1,9	129	172	216	259	303	346	390	433	477	520	564
0,22	2,1	156	208	259	311	363	415	467	518	570	622	674
0,25	2,4	200	265	329	394	459	524	589	653	718	783	848
0,30	2,8	274	364	454	544	634	723	813	903	993	1083	1173
0,35	3,3	375	494	612	731	850	969	1088	1206	1325	1444	1563
0,40	3,8	490	642	793	944	1096	1247	1398	1549	1700	1852	2003
0,50	4,7	746	973	1200	1428	1655	1882	–	–	–	–	–

[1] Volumenstrom in den Einzelzuleitungen $\triangleq \dot{V}_S$
[2] Rechnerische Fließgeschwindigkeit in den Einzelzuleitungen

Trinkwasser-installation

Tab. 228.1: Richtwerte für Druckverluste in Einzelzuleitungen aus PE-X-Rohr, DN 15 (d_i = 14,4 mm) einschließlich Richtungsänderungen und Anschlussfittings (nach DIN 1988-3)

Volumen-strom $\dot{V}_R$[1] in l/s	Fließ-geschw. v[2] in m/s	Länge der Einzelzuleitung l_{EZ} in m										
		1	1,5	2	3	4	5	6	7	8	9	10	11
		Druckverlust der Einzelzuleitung ($l_{EZ} \cdot R + Z$) in mbar											
0,07	0,4	6	8	9	11	14	16	19	21	24	26	29	31
0,10	0,6	12	14	17	21	26	31	35	40	44	49	54	58
0,13	0,8	20	24	27	35	42	49	57	64	71	78	86	93
0,15	0,9	26	31	36	45	54	64	73	82	91	101	110	119
0,20	1,2	46	53	61	76	92	107	123	138	153	169	184	200
0,22	1,4	55	64	73	91	110	128	146	165	183	201	220	238
0,25	1,5	70	81	93	116	138	161	184	207	230	252	275	298
0,30	1,8	100	115	131	163	194	226	258	289	321	352	384	416
0,35	2,1	134	155	176	217	259	300	342	384	425	467	508	550
0,40	2,5	174	200	226	279	332	385	438	491	544	597	650	703
0,50	3,1	268	307	347	426	505	584	663	742	821	900	980	1059
0,60	3,7	384	439	494	604	714	824	934	1045	1155	1265	1375	1485
0,70	4,3	516	589	661	807	953	1099	1245	1391	1536	1682	1828	1974
0,80	4,9	666	759	852	1039	1225	1411	1597	1783	1969			

[1] Volumenstrom in den Einzelzuleitungen $\triangleq \dot{V}_S$
[2] Rechnerische Fließgeschwindigkeit in den Einzelzuleitungen

Druckfeste flexible Schlauchleitungen für Trinkwasserinstallationen   DVGW-W 543: 2005-05 u. Herstellerangaben

Schlauchleitungen; Allgemeine Einsatz-/Anwendungsbedingungen	
Gruppe I	für Anschluss von Sanitär-Armaturen und Apparaten für sichtbare oder zugängliche Installationen (Betriebszeit 20 Jahre) PWC, PWH
Gruppe II	für den Anschluss von Wasch-, Geschirrspülmaschinen und Trommeltrocknern (Betriebszeit 10 Jahre) PWC, PWH
Gruppe III	für unzugängliche Installationen und industrielle Anwendungen bei Betriebstemperaturen > 70 °C (Betriebszeit 50 Jahre)

Tab. 228.2: Innendurchmesser der Schlauchleitung (Material: PE-X)   (Herstellerangaben)

Nennweite DN	6	8	10	13	15	18	20	25	30	32
Innendurchmesser (mm) Gruppe I	5,5–6,5	7,5–8,5	9–11	12–14	15–17	18–20	20–22	25–27	30–32	32–35
kleinster Innendurchmesser (mm) Gruppe II	6,4	7,5	10	–	13	–	17	22	–	28

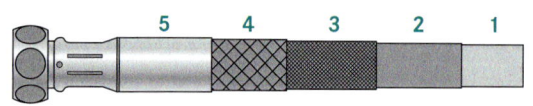

1 Innenschlauch aus PE-X

2 Thermoplastisches Elastomer

3 Polyamidgeflecht

4 Edelstahlgeflecht

5 Außenschlauch aus thermoplastischem Elastomer

Material

Innenschlauch	Elastomere, Kunststoffe, Metalle. EPDM für Trinkwasseranwendungen **nicht** zugelassen.
Umflechtung	nichtrostender Stahldraht oder andere geeignete Werkstoffe, optische Umflechtung aus anderen Werkstoffen möglich – dürfen jedoch Festigkeit nicht beeinträchtigen
Tüllen/Hülsen	nichtrostender Stahl oder andere korrosionsbeständige metallene Werkstoffe
wasserführende Fittings	verzinkte Eisenwerkstoffe, Kupferwerkstoffe, nichtrostender Stahl
Befestigungselemente	verzinkte Eisenwerkstoffe, Kupferwerkstoffe, nichtrostender Stahl

Berechnungsbeispiel: Hausinstallation mit PWH-Speicher

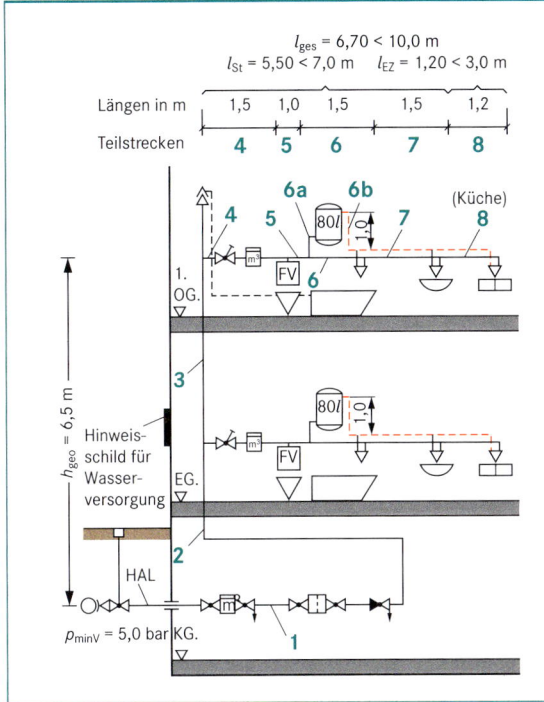

$l_{ges} = 6,70 < 10,0 \text{ m}$

$l_{St} = 5,50 < 7,0 \text{ m}$ $l_{EZ} = 1,20 < 3,0 \text{ m}$

Längen in m: 1,5 1,0 1,5 1,5 1,2

Teilstrecken: 4 5 6 7 8

6a 6b (Küche)

4 5 80l 7 8

1. OG.

3

80l

Hinweis-schild für Wasser-versorgung   EG.

$h_{geo} = 6,5 \text{ m}$

HAL

2

$p_{minV} = 5,0 \text{ bar}$ KG.

1

Tab. 229.1: Berechnung des verfügbaren Rohrreibungsdruckgefälles R_{verf} nach Formblatt 1   DIN 1988-3: 1988-12

1	Mindestversorgungsdruck p_{minV}	in mbar	5000
2	Druckverlust aus geodätischem Höhenunterschied Δp_{geo}	mbar	650
3	**Druckverlust in Apparaten:** ($\rightarrow$ S. 220) Haus-WZ G11/4B; Δp_{WZ}	mbar	567
	Wohnungs-WZ G1B; Δp_{WZ}	mbar	710
	Gruppen-Trinkwassererwärmer Δp_{TE}	mbar	200
	Filter	mbar	200
4	Mindestfließdruck $p_{min Fl}$	mbar	1200
5	Druckverlust der Stockwerks- und Einzelzuleitungen ($\rightarrow$ S. 226) Δp_{St}	mbar	**434**
6	Summe der Druckverluste (Nr. 2 bis 5) $\Sigma \Delta p_m$	mbar	3961
7	Verfügbar für Druckverlust aus Rohrreibung und Einzelwiderstände Nr. 1 minus Nr. 6 Δp_{verf}	mbar	1039
8	Geschätzter Anteil für Einzelwiderstände bei 40 % Annahme	mbar	416
9	Verfügbar für Druckverlust aus Rohrreibung (Nr. 7 minus Nr. 8) Δp_R	mbar	623
10	Leitungslänge l_{ges} (o. Stockwerksleistung) m		19,0
11	Verfügbares mittleres Rohrreibungsdruckgefälle $R_{verf} = \Delta p_R / l$	mbar/m	32,8

Tab. 229.2: Ermittlung der Rohrdurchmesser, Einzelwiderstände und Druckverluste nach Formblatt 2

TS	l m	$\Sigma \dot{V}_R$ l/s	$\dot{V}_S$ l/s	DN	v m/s	R mbar/m	$l \cdot R$	Einbauteil, Einzelwiderstände	St	ζ	$\Sigma \zeta$	Z mbar
8	1,20	0,07	0,07	15	0,35	1,50	1,80	Abzweig Durchgang Trennung Winkel 90°	1 / 2	0,30 / 0,70	1,70	1,00
7	1,50	0,14	0,14	20	0,45	1,70	2,60	Abzweig Durchgang Trennung	1	0,30	0,30	0,30
6 B	1,00	0,29	0,25	20	0,80	4,70	4,70	Behälteraustritt Winkel 90°	1 / 2	0,50 / 0,70	1,90	6,10
6 A	0,50	0,29	0,25	20	0,80	4,70	2,40	Behältereintritt Winkel Abzweig Stromtrennung	1 / 1 / 1	1,00 / 0,70 / 1,30	3,00	9,60
(6	1,50	0,29	0,25	20	0,80	4,70	7,10	Abzweig Durchgang Trennung Reduzierstück DN 25/DN 20	1 / 1	0,30 / 0,40	0,70	2,30)
5	1,00	0,58	0,58	25	1,18	7,10	7,10	Abzweig Durchgang Trennung	1	0,30	0,30	2,10
4	1,50	1,58	1,17	25	2,38	24,50	36,80	Abzweig Stromtrennung Bogen 90°	1 / 2	1,30 / 0,30	1,90	53,80
3	3,50	1,58	1,17	25	2,38	24,50	85,80	Abzweig Durchgang Trennung Reduzierstück DN 32/DN 25	1 / 1	0,30 / 0,40	0,70	19,80
2	6,00	3,16	1,47	32	1,83	11,30	67,80	Bogen 90° Rückflussverhinderer mit Absperrung Schrägsitzventil DN 32	3 / 1 / 1	0,30 / 5,00 / 2,00	7,90	132,30
1	3,50	3,16	1,47	32	1,83	11,30	39,60	Schrägsitzventil DN 32	2	2,00	4,00	67,00
HAL	6,00	3,16	1,47	32	1,45	9,10	54,60	Schrägsitzventil DN 32 Absperrschieber DN 32 Anbohrschelle	1 / 1 / 1	2,00 / 0,30 / 5,00	7,30	76,80

$\Sigma l = 25,70 \text{ m}$ $\Sigma l \cdot R = 303,2 \text{ mbar}$ $\Sigma Z = 368,8 \text{ mbar}$

$\Delta p = \Sigma (R \cdot l) + \Sigma Z = 303,2 \text{ mbar} + 368,8 \text{ mbar}$
$= 672,0 \text{ mbar} < 1039 \text{ mbar} (\Delta p_{verf}) \text{ (Rest: 367 mbar für Rohrreibung)}$

$Z = 5 \cdot \Sigma \zeta v^2$ in mbar ($\rightarrow$ S. 224, S. 235)

Tab. 230.1: Gewinderohr

Rohrreibungsdruckgefälle R und rechnerische Fließgeschwindigkeit v   DIN EN 10 255: 2007

d_i $\dot V_S$ in $\frac{l}{s}$	DN 10 12,5 mm R in $\frac{mbar}{m}$	v in $\frac{m}{s}$	DN 15 16,0 mm R in $\frac{mbar}{m}$	v in $\frac{m}{s}$	DN 20 21,6 mm R in $\frac{mbar}{m}$	v in $\frac{m}{s}$	DN 25 27,2 mm R in $\frac{mbar}{m}$	v in $\frac{m}{s}$	DN 32 35,9 mm R in $\frac{mbar}{m}$	v in $\frac{m}{s}$	DN 40 41,8 mm R in $\frac{mbar}{m}$	v in $\frac{m}{s}$	DN 50 53,0 mm R in $\frac{mbar}{m}$	v in $\frac{m}{s}$	DN 65 68,8 mm R in $\frac{mbar}{m}$	v in $\frac{m}{s}$	DN 80 80,8 mm R in $\frac{mbar}{m}$	v in $\frac{m}{s}$
0,07	6,3	0,6	1,8	0,3	0,4	0,2												
0,10	12,3	0,8	3,5	0,5	0,8	0,3												
0,15	26,6	1,2	7,5	0,7	1,6	0,4												
0,20	46,2	1,6	12,9	1,0	2,8	0,5	0,9	0,3	0,2	0,2	0,1	0,1						
0,30	101,6	2,4	28,0	1,5	6,0	0,8	1,9	0,5	0,5	0,3	0,2	0,2						
0,40	178,3	3,3	43,8	2,0	10,3	1,1	3,2	0,7	0,8	0,4	0,4	0,3						
0,50	276,5	4,1	75,4	2,5	15,8	1,4	4,8	0,9	1,2	0,5	0,6	0,4						
0,60	396,1	4,9	107,7	3,0	22,5	1,6	6,8	1,0	1,7	0,6	0,8	0,4						
0,70			145,7	3,5	30,3	1,9	9,2	1,2	2,2	0,7	1,0	0,5						
0,80			189,5	4,0	39,3	2,2	11,9	1,4	2,9	0,8	1,3	0,6						
0,90			239,0	4,5	49,4	2,5	14,9	1,5	3,6	0,9	1,7	0,7						
1,00			294,2	5,0	60,7	2,7	18,3	1,7	4,4	1,0	2,0	0,7	0,6	0,5	0,2	0,3	0,1	0,2
1,20					86,6	3,3	26,0	2,1	6,2	1,2	2,9	0,9	0,8	0,6	0,3	0,3	0,1	0,2
1,40					117,5	3,8	35,2	2,4	8,3	1,4	3,8	1,0	1,1	0,7	0,4	0,4	0,2	0,3
1,50					134,6	4,1	40,2	2,6	9,5	1,5	4,4	1,1	1,3	0,7	0,4	0,4	0,2	0,3
1,60					152,8	4,4	45,6	2,8	10,8	1,6	4,9	1,2	1,4	0,7	0,45	0,4	0,2	0,3
1,80					192,8	4,9	57,5	3,1	13,6	1,8	6,2	1,3	1,8	0,8	0,5	0,5	0,2	0,3
2,00					237,4	5,5	70,7	3,4	16,7	2,0	7,6	1,5	2,3	0,9	0,6	0,5	0,3	0,4
2,25							89,2	3,9	21,0	2,2	9,5	1,6	2,8	1,0	0,8	0,6	0,3	0,4
2,50	_DN 100 105,3 mm_		_DN 125 130 mm_		_DN 150 155,4 mm_		109,7	4,3	25,7	2,5	11,7	1,8	3,4	1,1	0,9	0,7	0,4	0,5
2,75							132,5	4,7	31,0	2,7	14,1	2,0	4,1	1,2	1,1	0,7	0,5	0,5
3,00	0,2	0,3	0,1	0,2	0,0	0,2	157,2	5,2	36,7	3,0	16,7	2,2	4,9	1,4	1,3	0,8	0,6	0,6
3,25									43,0	3,2	19,0	2,4	5,7	1,5	1,5	0,9	0,7	0,6
3,50									49,7	3,5	22,5	2,6	6,6	1,6	1,7	0,9	0,8	0,7
3,75									57,0	3,7	25,7	2,7	7,5	1,7	2,0	1,0	0,9	0,7
4,00	0,3	0,5	0,1	0,3	0,0	0,2			64,7	4,0	29,2	2,9	8,5	1,8	2,2	1,1	1,0	0,8
4,25									72,9	4,2	33,0	3,1	9,6	1,9	2,5	1,1	1,1	0,8
4,50									81,5	4,4	36,8	3,3	10,7	2,0	2,8	1,2	1,2	0,9
5,00	0,4	0,6	0,1	0,4	0,1	0,3			100,4	4,9	45,3	3,6	13,2	2,3	3,4	1,3	1,5	1,0
5,50											54,6	4,0	15,9	2,5	4,1	1,5	1,8	1,1
6,00	0,6	0,7	0,2	0,5	0,1	0,3					64,8	4,4	18,8	2,7	4,9	1,6	2,1	1,2
6,50											75,9	4,7	22,0	2,9	5,7	1,7	2,5	1,3
7,00	0,7	0,8	0,3	0,5	0,1	0,4					87,9	5,1	25,4	3,2	6,6	1,9	2,9	1,4
7,50													29,1	3,4	7,5	2,0	3,3	1,5
8,00	1,0	0,9	0,3	0,6	0,1	0,4							33,1	3,6	8,5	2,2	3,7	1,6
8,50													37,3	3,9	9,6	2,3	4,2	1,7
9,00	1,2	1,0	0,4	0,7	0,2	0,5							41,7	4,1	10,7	2,4	4,7	1,8
9,50													46,4	4,3	11,9	2,6	5,2	1,9
10,00	1,5	1,1	0,5	0,8	0,2	0,5							51,3	4,5	13,2	2,7	5,8	2,0
11,00	1,8	1,3	0,6	0,8	0,2	0,6							61,9	5,0	15,9	3,0	6,9	2,1
12,00	2,1	1,4	0,7	0,9	0,3	0,6									18,9	3,2	8,2	2,3
13,00	2,5	1,5	0,8	1,0	0,3	0,7									22,1	3,5	9,0	2,5
14,00	2,8	1,6	1,0	1,1	0,4	0,7									25,5	3,8	11,1	2,7
15,00	3,2	1,7	1,1	1,1	0,4	0,8									29,3	4,0	12,7	2,9
17,00	4,1	2,0	1,4	1,3	0,6	0,9									37,5	4,6	16,2	3,3
20,00	5,7	2,3	1,9	1,5	0,8	1,1											22,3	3,9
22,00	6,8	2,5	2,3	1,7	0,9	1,2											26,9	4,3
25,00	8,8	2,9	3,0	1,9	1,2	1,3											34,7	4,9
30,00	12,5	3,4	4,2	2,3	1,7	1,6												
35,00	17,0	4,0	5,7	2,6	2,3	1,8												
40,00	22,1	4,6	7,4	3,0	3,0	2,1												

(ab Zeile 3,00 gelten die ersten drei Spalten für DN 100 (105,3 mm), DN 125 (130 mm), DN 150 (155,4 mm))

Trinkwasser-installation

Tab. 231.1: Kupferrohr
Rohrreibungsdruckgefälle R und rechnerische Fließgeschwindigkeit v DIN EN 1057: 2010-06

d_i / $\dot{V}_S$ in l/s	DN 10 10,0 mm R in mbar/m	v in m/s	DN 12 13,0 mm R in mbar/m	v in m/s	DN 15 16,0 mm R in mbar/m	v in m/s	DN 20 20,0 mm R in mbar/m	v in m/s	DN 25 25,0 mm R in mbar/m	v in m/s	DN 32 32,0 mm R in mbar/m	v in m/s	DN 40 39,0 mm R in mbar/m	v in m/s	DN 50 50,0 mm R in mbar/m	v in m/s	keine Zuord. 60,0 mm R in mbar/m	v in m/s
0,05	7,7	0,6	2,2	0,4	0,8	0,2	0,3	0,1	0,1	0,1								
0,07	13,7	0,9	4,0	0,5	1,5	0,3	0,5	0,2	0,2	0,1								
0,10	25,4	1,3	7,3	0,8	2,7	0,5	1,0	0,3	0,3	0,2								
0,20	85,5	2,5	24,5	1,5	9,1	1,0	3,2	0,6	1,1	0,4								
0,30	175,2	3,8	49,9	2,3	18,5	1,5	6,4	1,0	2,2	0,6								
0,40	292,5	5,1	83,1	3,0	30,8	2,0	10,6	1,3	3,7	0,8								
0,50			123,6	3,8	45,7	2,5	15,7	1,6	5,4	1,0								
0,60			171,1	4,5	63,2	3,0	21,7	1,9	7,5	1,2	2,3	0,7	0,9	0,5	0,3	0,3	0,1	0,2
0,70			225,3	5,3	83,2	3,5	28,5	2,2	9,8	1,4								
0,80					105,6	4,0	36,2	2,5	12,4	1,6	3,8	1,0	1,5	0,7	0,5	0,4	0,2	0,3
0,90					130,3	4,5	44,6	2,9	15,3	1,8								
1,00					157,4	5,0	53,9	3,2	18,5	2,0	5,7	1,2	2,2	0,8	0,7	0,5	0,3	0,4
1,20							74,7	3,8	25,6	2,4	7,8	1,5	3,1	1,0	0,9	0,6	0,4	0,4
1,40							98,4	4,5	33,7	2,9	10,3	1,7	4,0	1,2	1,2	0,7	0,5	0,5
1,60							125,1	5,1	42,8	3,3	13,1	2,0	5,1	1,3	1,6	0,8	0,6	0,6
1,80									52,8	3,7	16,2	2,2	6,3	1,5	1,9	0,9	0,8	0,6
2,00									63,9	4,1	19,5	2,5	7,6	1,7	2,3	1,0	1,0	0,7
2,20									75,8	4,5	23,1	2,7	9,0	1,8	2,7	1,1	1,1	0,8
2,40									88,7	4,9	27,0	3,0	10,5	2,0	3,2	1,2	1,3	0,8

d_i / $\dot{V}_S$ in l/s	DN 65 72,1 mm R in mbar/m	v in m/s	DN 80 84,9 mm R in mbar/m	v in m/s	DN 100 103 mm R in mbar/m	v in m/s	DN 125 127 mm R in mbar/m	v in m/s	DN 150 153 mm R in mbar/m	v in m/s	DN 32 32,0 mm R in mbar/m	v in m/s	DN 40 39,0 mm R in mbar/m	v in m/s	DN 50 50,0 mm R in mbar/m	v in m/s	keine Zuord. 60,0 mm R in mbar/m	v in m/s
2,60											31,2	3,2	12,1	2,2	3,7	1,3	1,5	0,9
2,80											35,7	3,5	13,8	2,3	4,2	1,4	1,8	1,0
3,00	0,8	0,7	0,4	0,5	0,1	0,4	0,1	0,2	0,0	0,2	40,4	3,7	15,6	2,5	4,7	1,5	2,0	1,1
3,20											45,3	4,0	17,5	2,7	5,3	1,6	2,2	1,1
3,40											50,6	4,2	19,5	2,8	5,9	1,7	2,5	1,2
3,60											56,1	4,5	21,6	3,0	6,6	1,8	2,7	1,3
3,80	1,3	0,9	0,6	0,6	0,2	0,5	0,1	0,3	0,0	0,2	61,8	4,7	23,8	3,2	7,2	1,9	3,0	1,3
4,00	1,4	1,0	0,6	0,7	0,2	0,5	0,1	0,3	0,0	0,2	67,8	5,0	26,2	3,3	7,9	2,0	3,3	1,4
4,20											74,1	5,2	28,6	3,5	8,6	2,1	3,6	1,5
4,40	1,6	1,1	0,7	0,7	0,2	0,5	0,1	0,3	0,0	0,3			31,0	3,7	9,4	2,2	3,9	1,6
4,60													33,6	3,9	10,2	2,3	4,2	1,6
4,80	1,8	1,2	0,8	0,8	0,3	0,6	0,1	0,4	0,1	0,3			36,3	4,0	11,0	2,4	4,6	1,7
5,00													39,1	4,2	11,8	2,5	4,9	1,8
5,20	2,2	1,3	1,0	0,9	0,4	0,6	0,1	0,4	0,1	0,3			42,0	4,4	12,7	2,6	5,3	1,8
5,60	2,5	1,4	1,1	1,0	0,4	0,7	0,2	0,5	0,1	0,3			48,0	4,7	14,5	2,9	6,0	2,0
6,00	2,8	1,5	1,3	1,1	0,5	0,7	0,2	0,5	0,1	0,3			54,4	5,0	16,4	3,1	6,8	2,1
6,40	3,2	1,6	1,5	1,1	0,5	0,8	0,2	0,5	0,1	0,3					18,4	3,3	7,7	2,3
6,80	3,6	1,7	1,7	1,2	0,6	0,8	0,2	0,6	0,1	0,4					20,6	3,5	8,6	2,4
7,20	4,0	1,8	1,8	1,2	0,7	0,9	0,3	0,6	0,1	0,4					22,8	3,7	9,5	2,5
7,60	4,3	1,9	2,0	1,3	0,8	0,9	0,3	0,6	0,1	0,4					25,2	3,9	10,5	2,7
8,00	4,7	2,0	2,2	1,4	0,9	1,0	0,3	0,6	0,1	0,4					27,6	4,1	11,5	2,8
8,40	5,1	2,1	2,4	1,4	0,9	1,0	0,3	0,6	0,1	0,4					30,2	4,3	12,5	3,0
8,80	5,6	2,2	2,6	1,5	1,0	1,1	0,4	0,7	0,2	0,5					32,8	4,5	13,6	3,1
9,20	6,1	2,2	2,8	1,6	1,1	1,1	0,4	0,7	0,2	0,5					35,6	4,7	14,8	3,3
9,60	6,6	2,3	3,0	1,7	1,2	1,2	0,5	0,8	0,2	0,5					38,4	4,9	15,9	3,4
10,00	7,1	2,4	3,2	1,8	1,3	1,2	0,5	0,8	0,2	0,5					41,4	5,1	17,2	3,5
11,00	8,4	2,7	3,8	1,9	1,5	1,3	0,6	0,9	0,2	0,6							20,4	3,9
12,00	9,9	2,9	4,5	2,1	1,8	1,4	0,6	0,9	0,3	0,7							23,9	4,2
13,00	11,4	3,2	5,2	2,3	2,0	1,6	0,7	1,0	0,3	0,7							27,6	4,5
15,00	14,8	3,7	6,7	2,6	2,6	1,8	1,0	1,2	0,4	0,8								
17,00	18,5	4,2	8,4	3,0	3,3	2,0	1,2	1,3	0,5	0,9								
20,00	24,9	4,9	11,3	3,5	4,5	2,4	1,6	1,6	0,7	1,1								
25,00			17,0	4,4	6,7	3,0	2,4	2,0	1,0	1,4								
30,00					9,3	3,6	3,4	2,4	1,4	1,6								
35,00					12,3	4,2	4,5	2,8	1,8	1,9								
40,00					15,7	4,8	5,7	3,2	2,3	2,2								

Trinkwasser-installation

Tab. 232.1: PVC-U Rohr

Rohrreibungsdruckgefälle *R* und rechnerische Fließgeschwindigkeit *v* PN 16   DIN EN 1452: 1999-07

$\dot{V}_S$ in $\frac{l}{s}$	DN 10 13,6 mm R in $\frac{mbar}{m}$	v in $\frac{m}{s}$	DN 15 17,0 mm R in $\frac{mbar}{m}$	v in $\frac{m}{s}$	DN 20 21,2 mm R in $\frac{mbar}{m}$	v in $\frac{m}{s}$	DN 25 27,2 mm R in $\frac{mbar}{m}$	v in $\frac{m}{s}$	DN 32 34,0 mm R in $\frac{mbar}{m}$	v in $\frac{m}{s}$	DN 40 42,6 mm R in $\frac{mbar}{m}$	v in $\frac{m}{s}$	DN 50 53,6 mm R in $\frac{mbar}{m}$	v in $\frac{m}{s}$	DN 65 63,8 mm R in $\frac{mbar}{m}$	v in $\frac{m}{s}$	DN 80 76,6 mm R in $\frac{mbar}{m}$	v in $\frac{m}{s}$
0,05	1,8	0,3	0,6	0,2	0,2	0,1												
0,10	6,0	0,7	2,1	0,4	0,7	0,3	0,2	0,2	0,4	0,1	0,0	0,1						
0,15	12,2	1,0	4,2	0,7	1,5	0,4												
0,20	20,2	1,4	7,0	0,9	2,4	0,6	0,7	0,3	0,3	0,2	0,1	0,1						
0,30	41,6	2,1	14,2	1,3	4,9	0,8	1,5	0,5	0,5	0,3	0,2	0,2						
0,40	69,8	2,8	23,7	1,8	8,2	1,1	2,5	0,7	0,9	0,4	0,3	0,3						
0,50	104,4	3,4	35,4	2,2	12,2	1,4	3,7	0,9	1,3	0,6	0,4	0,4						
0,60	145,5	4,1	49,1	2,6	16,9	1,7	5,1	1,0	1,8	0,7	0,6	0,4						
0,70	192,8	4,8	64,9	3,1	22,3	2,0	6,7	1,2	2,3	0,8	0,8	0,5						
0,80			82,7	3,5	28,3	2,3	8,5	1,4	2,9	0,9	1,0	0,6						
0,90			102,5	4,0	35,0	2,5	10,5	1,5	3,6	1,0	1,2	0,6	0,4	0,4	0,2	0,3	0,1	0,2
1,00			124,2	4,4	42,3	2,8	12,7	1,7	4,3	1,1	1,5	0,7	0,5	0,4	0,2	0,3	0,1	0,2
1,20			173,5	5,3	58,9	3,4	17,6	2,1	6,0	1,3	2,0	0,8	0,7	0,6	0,3	0,4	0,1	0,3
1,40					78,1	4,0	23,2	2,4	7,9	1,5	2,7	1,0	0,9	0,7	0,4	0,4	0,1	0,3
1,50					88,6	4,2	26,3	2,6	8,9	1,7	3,0	1,1	1,0	0,7	0,4	0,5	0,2	0,3
1,60					99,7	4,5	29,6	2,8	10,0	1,8	3,4	1,1	1,1	0,7	0,5	0,5	0,2	0,4
1,80							36,6	3,1	12,4	2,0	4,2	1,3	1,3	0,8	0,6	0,5	0,2	0,4
2,00							44,4	3,4	15,0	2,2	5,1	1,4	1,7	0,9	0,7	0,6	0,3	0,4
2,20							52,8	3,8	17,8	2,4	6,0	1,5	2,0	0,9	0,8	0,6	0,4	0,5
2,40							61,9	4,1	20,9	2,6	7,0	1,7	2,4	1,0	0,9	0,7	0,4	0,5
2,50	**DN 100**		**DN 125**		**DN 150**								2,5	1,1	1,1	0,8	0,4	0,5
2,60	93,6 mm		119,2 mm		136,2 mm		71,7	4,5	24,2	2,9	8,1	1,8	2,8	1,1	1,1	0,7	0,5	0,6
2,80							82,2	4,8	27,6	3,1	9,3	2,0	3,2	1,2	1,3	0,8	0,5	0,6
3,00	0,2	0,4	0,1	0,3	0,0	0,2	93,3	5,2	31,4	3,3	10,5	2,1	3,5	1,3	1,5	0,9	0,6	0,7
3,20									35,3	3,5	11,8	2,2	3,9	1,4	1,7	0,9	0,6	0,7
3,60									43,8	4,0	14,6	2,5	4,9	1,6	2,1	1,1	0,8	0,8
4,00	0,4	0,6	0,1	0,4	0,1	0,3			53,1	4,4	17,7	2,8	5,8	1,8	2,5	1,3	1,0	0,9
4,40	0,5	0,7	0,2	0,4	0,1	0,3			63,3	4,8	21,0	3,1	7,0	1,9	3,0	1,4	1,2	0,9
4,80											24,7	3,4	8,2	2,1	3,5	1,5	1,4	1,0
5,20	0,6	0,8	0,2	0,5	0,1	0,3					28,5	3,6	9,5	2,3	4,0	1,7	1,7	1,1
5,60	0,7	0,8	0,3	0,5	0,1	0,4					32,7	3,9	10,8	2,5	4,6	1,8	2,0	1,2
6,00	0,8	0,9	0,3	0,5	0,1	0,4					37,1	4,2	12,1	2,7	5,2	1,9	2,2	1,3
6,40	0,9	0,9	0,3	0,5	0,1	0,4					41,8	4,5	13,9	2,8	6,0	2,0	2,5	1,3
6,80	1,0	1,0	0,3	0,6	0,2	0,5					46,8	4,8	15,6	3,0	6,7	2,1	2,8	1,4
7,20	1,1	1,0	0,3	0,6	0,2	0,5					52,0	5,1	17,1	3,2	7,4	2,3	3,1	1,5
7,60	1,2	1,1	0,4	0,7	0,2	0,5							18,8	3,4	8,1	2,4	3,3	1,6
8,00	1,4	1,2	0,4	0,7	0,2	0,5							20,5	3,5	8,8	2,5	3,6	1,7
8,40	1,5	1,2	0,4	0,7	0,2	0,5							22,5	3,6	9,6	2,7	4,0	1,8
8,80	1,6	1,3	0,5	0,8	0,3	0,6							24,6	3,8	10,5	2,8	4,3	1,9
9,20	1,8	1,3	0,5	0,8	0,3	0,6							26,7	4,0	11,4	2,9	4,7	2,0
9,60	2,0	1,4	0,6	0,9	0,3	0,6							28,8	4,2	12,3	3,0	5,1	2,2
10,00	2,1	1,5	0,6	0,9	0,3	0,7							30,9	4,4	13,2	3,1	5,4	2,2
15,00	4,3	2,2	1,3	1,3	0,7	1,0									27,8	4,7	11,4	3,3
20,00	7,3	2,9	2,2	1,8	1,2	1,4											19,3	4,3
25,00	11,0	3,6	3,4	2,2	1,8	1,7												
30,00	15,3	4,4	4,7	2,7	2,5	2,1												
35,00	20,4	5,1	6,3	3,1	3,3	2,4												
40,00			8,0	3,6	4,2	2,7												

Tab. 233.1: PE 80 Rohr   DIN EN 12 201: 2003-06
Rohrreibungsdruckgefälle R und rechnerische Fließgeschwindigkeit v Rohrserienzahl S5; PN 16 (DIN 8074: 1999-08)

$\dot{V}_S$ in $\frac{l}{s}$	DN 15 16,2 mm R in $\frac{mbar}{m}$	v in $\frac{m}{s}$	DN 20 20,4 mm R in $\frac{mbar}{m}$	v in $\frac{m}{s}$	DN 25 26,2 mm R in $\frac{mbar}{m}$	v in $\frac{m}{s}$	DN 32 32,8 mm R in $\frac{mbar}{m}$	v in $\frac{m}{s}$	DN 40 40,8 mm R in $\frac{mbar}{m}$	v in $\frac{m}{s}$	DN 50 51,4 mm R in $\frac{mbar}{m}$	v in $\frac{m}{s}$	DN 65 61,4 mm R in $\frac{mbar}{m}$	v in $\frac{m}{s}$	DN 80 73,6 mm R in $\frac{mbar}{m}$	v in $\frac{m}{s}$	DN 100 102,2 mm R in $\frac{mbar}{m}$	v in $\frac{m}{s}$
0,05	0,8	0,2	0,3	0,2	0,1	0,1												
0,10	2,8	0,5	0,9	0,3	0,3	0,2	0,1	0,1										
0,15	5,6	0,7	1,8	0,5	0,6	0,3												
0,20	9,3	1,0	2,9	0,6	0,9	0,4	0,3	0,2	0,1	0,2								
0,30	19,0	1,5	5,9	0,9	1,9	0,6	0,6	0,4	0,2	0,2	0,1	0,1						
0,40	31,8	2,0	9,9	1,2	3,1	0,8	1,1	0,5	0,4	0,3	0,1	0,2						
0,50	47,4	2,5	14,7	1,5	4,5	0,9	1,6	0,6	0,5	0,4	0,2	0,2						
0,60	65,9	3,0	20,3	1,8	6,3	1,1	2,1	0,7	0,7	0,5	0,2	0,3						
0,70	87,2	3,5	26,8	2,1	8,3	1,3	2,8	0,8	1,0	0,5	0,3	0,3						
0,80	111,1	4,0	34,1	2,4	10,6	1,5	3,6	1,0	1,2	0,6	0,4	0,4						
0,90	137,8	4,5	42,2	2,8	13,0	1,7	4,4	1,1	1,5	0,7	0,5	0,4	0,2	0,3				
1,00	167,1	5,0	51,0	3,1	15,8	1,9	5,3	1,2	1,8	0,8	0,6	0,5	0,3	0,3	0,1	0,2		
1,20			71,1	3,7	21,9	2,3	7,3	1,4	2,5	0,9	0,8	0,6	0,4	0,4	0,1	0,2		
1,40			94,2	4,3	28,9	2,6	9,7	1,7	3,3	1,1	1,1	0,7	0,4	0,4	0,2	0,3		
1,50			106,9	4,6	32,8	2,8	11,0	1,8	3,7	1,1	1,2	0,7	0,5	0,5	0,2	0,4		
1,60			120,4	4,9	36,8	3,0	12,3	1,9	4,2	1,2	1,4	0,8	0,5	0,5	0,2	0,4		
1,80					43,3	3,3	15,2	2,2	5,1	1,4	1,7	0,9	0,7	0,6	0,3	0,4		
2,00					52,8	3,7	18,4	2,4	6,2	1,5	2,0	1,0	0,9	0,7	0,4	0,5		
2,20					65,8	4,1	21,9	2,6	7,4	1,7	2,4	1,1	1,0	0,7	0,4	0,5		
2,40					77,2	4,5	25,6	2,9	8,6	1,8	2,8	1,2	1,2	0,8	0,5	0,6	0,1	0,2
2,50					83,2	4,7	27,6	3,0	9,3	1,9	3,1	1,2	1,3	0,8	0,5	0,6	0,1	0,3
2,60					89,5	4,9	29,6	3,1	10,0	2,0	3,3	1,3	1,4	0,8	0,5	0,6	0,2	0,3
2,80							33,9	3,4	11,4	2,1	3,7	1,3	1,6	0,9	0,6	0,6	0,2	0,3
3,00							38,5	3,6	12,9	2,3	4,2	1,4	1,8	1,0	0,8	0,7	0,2	0,4
3,20							43,3	3,8	14,5	2,4	4,8	1,5	2,0	1,1	0,9	0,7	0,2	0,4
3,40							48,4	4,1	16,2	2,6	5,3	1,6	2,3	1,2	1,0	0,8	0,2	0,4
3,60	DN 125		DN 150				53,7	4,3	18,0	2,8	5,9	1,7	2,5	1,2	1,1	0,8	0,2	0,4
3,80	130,8 mm		147,2 mm				59,4	4,6	19,9	2,9	6,5	1,8	2,8	1,3	1,2	0,9	0,3	0,5
4,00	0,1	0,3	0,0	0,2			65,2	4,8	21,8	3,1	7,1	1,9	3,1	1,4	1,3	0,9	0,3	0,5
4,50									27,0	3,4	8,8	2,2	3,8	1,5	1,6	1,1	0,3	0,5
5,00	0,1	0,4	0,1	0,3					32,8	3,8	10,7	2,4	4,6	1,7	1,9	1,2	0,4	0,6
5,50									39,1	4,2	12,7	2,7	5,4	1,9	2,2	1,3	0,5	0,7
6,00	0,2	0,4	0,1	0,4					45,9	4,6	14,9	2,9	6,4	2,0	2,6	1,4	0,5	0,7
7,00	0,2	0,5	0,1	0,4							19,7	3,4	8,4	2,4	3,4	1,6	0,7	0,9
8,00	0,3	0,6	0,2	0,5							25,2	3,9	10,7	2,7	4,4	1,9	0,9	1,0
9,00	0,3	0,7	0,2	0,5							31,2	4,3	13,3	3,1	5,4	2,1	1,1	1,1
10,00	0,4	0,7	0,2	0,6							37,9	4,8	16,2	3,4	6,6	2,4	1,3	1,2
11,00	0,5	0,8	0,3	0,6									19,3	3,7	7,8	2,6	1,6	1,3
12,00	0,6	0,9	0,3	0,7									22,6	4,1	9,2	2,8	1,9	1,5
13,00	0,7	1,0	0,4	0,8									26,2	4,4	10,6	3,1	2,2	1,6
14,00	0,8	1,0	0,4	0,8									30,0	4,8	12,2	3,3	2,5	1,7
15,00	0,9	1,1	0,5	0,9									34,1	5,1	13,8	3,5	2,8	1,8
20,00	1,4	1,5	0,8	1,2											23,5	4,7	4,7	2,4
25,00	2,2	1,9	1,2	1,5													7,1	3,0
30,00	3,0	2,2	1,7	1,8													10,0	3,7
35,00	4,0	2,6	2,2	2,1													13,3	4,3
40,00	5,1	3,0	2,9	2,4													17,0	4,9

Note: In den Zeilen ab 3,60/4,00 enthalten die ersten beiden Spaltenpaare die Werte für DN 125 (130,8 mm) und DN 150 (147,2 mm).

Tab. 234.1: Edelstahlrohre

Rohrreibungsdruckgefälle R und rechnerische Fließgeschwindigkeit v DVGW-W 541; DIN EN ISO 1127: 1997-03

d_i	DN 10 10,0 mm		DN 12 13,0 mm		DN 15 16,0 mm		DN 20 19,6 mm		DN 25 25,6 mm		DN 32 32,0 mm		DN 40 39,0 mm		DN 50 51,0 mm		DN 65 72,1 mm	
$\dot{V}_S$ in $\frac{l}{s}$	R in $\frac{mbar}{m}$	v in $\frac{m}{s}$	R in $\frac{mbar}{m}$	v in $\frac{m}{s}$	R in $\frac{mbar}{m}$	v in $\frac{m}{s}$	R in $\frac{mbar}{m}$	v in $\frac{m}{s}$	R in $\frac{mbar}{m}$	v in $\frac{m}{s}$	R in $\frac{mbar}{m}$	v in $\frac{m}{s}$	R in $\frac{mbar}{m}$	v in $\frac{m}{s}$	R in $\frac{mbar}{m}$	v in $\frac{m}{s}$	R in $\frac{mbar}{m}$	v in $\frac{m}{s}$
0,05	7,7	0,6	2,2	0,4	0,8	0,2	0,3	0,2	0,1	0,1								
0,10	25,4	1,3	7,3	0,8	2,7	0,5	1,0	0,3	0,3	0,2								
0,15	51,5	1,9	14,8	1,1	5,5	0,7	1,9	0,5	0,7	0,3								
0,20	85,5	2,5	24,5	1,5	9,1	1,0	3,3	0,6	1,1	0,4	0,3	0,2	0,1	0,2				
0,30	175,2	3,8	49,9	2,3	18,5	1,5	6,5	1,0	2,1	0,6								
0,40	292,5	5,1	83,1	3,0	30,8	2,0	10,8	1,3	3,6	0,8	1,1	0,5	0,4	0,3				
0,50			123,6	3,8	45,7	2,5	16,0	1,6	5,3	1,0								
0,60			171,1	4,5	63,2	3,0	22,2	1,9	7,3	1,2	2,3	0,7	0,9	0,5				
0,70			225,5	5,3	83,2	3,5	29,1	2,2	9,5	1,4								
0,80					105,6	4,0	37,0	2,5	12,0	1,6	3,8	1,0	1,5	0,7				
0,90					130,3	4,5	45,6	2,9	14,8	1,8								
1,00					157,4	5,0	55,1	3,2	17,9	2,0	5,7	1,2	2,2	0,8	0,7	0,5	0,1	0,2
1,10							65,3	3,5	21,2	2,2								
1,20							76,3	3,8	24,8	2,4	7,8	1,5	3,1	1,0	0,9	0,6		
1,30							88,1	4,1	28,6	2,6								
1,40							100,6	4,5	32,7	2,9	10,3	1,7	4,0	1,2	1,2	0,7		
1,50							113,9	4,8	37,0	3,1								
1,60							127,9	5,1	41,5	3,3	13,1	2,0	5,1	1,3	1,6	0,8		
1,70									46,3	3,5								
1,80	DN 80								51,2	3,7	16,2	2,2	6,3	1,5	1,0	0,9		
1,90	84,9 mm								56,5	3,9								
2,00	0,2	0,4							62,0	4,1	19,5	2,5	7,6	1,7	2,3	1,0	0,4	0,5
2,20									73,5	4,5	23,1	2,7	9,0	1,8	2,6	1,1		
2,40									86,0	4,9	27,0	3,0	10,5	2,0	3,1	1,2		
2,50									92,5	5,1	29,1	3,1	11,3	2,1	3,4	1,3		
2,60											31,2	3,2	12,1	2,2	3,6	1,3		
2,80											35,7	3,5	13,8	2,3	4,1	1,4		
3,00	0,4	0,5									40,4	3,7	15,6	2,5	4,6	1,5	0,8	0,7
3,20											45,3	4,0	17,5	2,7	5,2	1,6		
3,40											50,6	4,2	19,5	2,8	5,8	1,7		
3,50											53,4	4,4	20,6	2,9	6,2	1,8		
3,60											56,1	4,5	21,6	3,0	6,5	1,8		
3,80											61,8	4,7	23,2	3,2	7,1	1,9		
4,00	0,6	0,7									67,8	5,0	26,2	3,3	7,7	2,0	1,4	1,0
4,20											74,1	5,2	28,6	3,5	8,4	2,2		
4,40													31,0	3,7	9,2	2,2		
4,50													32,3	3,8	9,6	2,3		
4,60													33,6	3,9	10,0	2,3		
4,80													36,3	4,0	10,8	2,4		
5,00	0,9	0,9											39,1	4,2	11,6	2,5	2,0	1,2
5,20													42,0	4,4	12,5	2,6		
5,40													44,9	4,5	13,3	2,8		
5,50													46,5	4,6	13,8	2,9		
5,60													48,0	4,7	14,2	2,9		
5,80													51,1	4,9	15,0	3,0		
6,00	1,3	1,1											54,4	5,0	16,1	3,1	2,8	1,5
6,20															17,1	3,2		

Tab. 235.1: PE-X Rohr, Rohrreibungsdruckgefälle R und rechnerische Fließgeschwindigkeit v Rohrserienzahl S 3,2; PN 20

DIN EN ISO 15 875: 2004-03
(DIN 16 893: 2000-09)

$\dot{V}_S$ in	DN 8 8,4 mm		DN 12 11,6 mm		DN 15 14,4 mm		DN 20 18,0 mm		$\dot{V}_S$ in	DN 25 23,2 mm		DN 32 29,0 mm		DN 40 36,2 mm		DN 50 45,6 mm	
d_i	R in	v in	R in	v in	R in	v in	R in	v in	d_i	R in	v in	R in	v in	R in	v in	R in	v in
$\frac{l}{s}$	$\frac{mbar}{m}$	$\frac{m}{s}$	$\frac{mbar}{m}$	$\frac{m}{s}$	$\frac{mbar}{m}$	$\frac{m}{s}$	$\frac{mbar}{m}$	$\frac{m}{s}$	$\frac{l}{s}$	$\frac{mbar}{m}$	$\frac{m}{s}$	$\frac{mbar}{m}$	$\frac{m}{s}$	$\frac{mbar}{m}$	$\frac{m}{s}$	$\frac{mbar}{m}$	$\frac{m}{s}$
0,01	1,2	0,2	0,3	0,1	0,1	0,1	0,0	0,04	0,10	0,5	0,2	0,2	0,4	0,1	0,1	0,0	0,1
0,02	3,7	0,4	0,8	0,2	0,3	0,1	0,1	0,08	0,20	1,6	0,5	0,5	0,3	0,2	0,2	0,1	0,1
0,03	7,4	0,5	1,6	0,3	0,6	0,2	0,2	0,12	0,30	3,2	0,7	1,1	0,5	0,4	0,3	0,1	0,2
0,04	12,5	0,7	2,6	0,4	0,9	0,2	0,3	0,16	0,40	5,3	0,9	1,8	0,6	0,6	0,4	0,2	0,2
0,05	17,8	0,9	3,9	0,5	1,4	0,3	0,5	0,20	0,50	7,9	1,2	2,7	0,8	0,9	0,5	0,3	0,3
0,06	24,5	1,1	5,3	0,6	1,9	0,4	0,7	0,24	0,60	10,9	1,4	3,7	0,9	1,3	0,6	0,4	0,4
0,07	32,1	1,3	6,9	0,7	2,5	0,4	0,9	0,28	0,70	14,4	1,7	4,9	1,1	1,7	0,7	0,6	0,4
0,08	40,6	1,4	8,7	0,8	3,1	0,5	1,1	0,31	0,80	18,3	1,9	6,2	1,2	2,2	0,8	0,7	0,5
0,09	49,9	1,6	10,7	0,9	3,8	0,6	1,3	0,35	0,90	22,6	2,1	7,7	1,4	2,7	0,9	0,9	0,6
0,10	60,1	1,8	12,8	0,9	4,6	0,6	1,6	0,40	1,00	27,3	2,4	9,3	1,5	3,2	1,0	1,1	0,6
0,15	123,8	2,7	26,1	1,4	9,3	0,9	3,2	0,60	1,10	32,5	2,6	11,0	1,7	3,8	1,1	1,3	0,7
0,20	207,9	3,6	43,5	1,9	15,4	1,2	5,3	0,80	1,20	38,0	2,8	12,9	1,8	4,4	1,2	1,5	0,7
0,25	311,6	4,5	64,8	2,4	22,8	1,5	7,8	1,0	1,40	50,3	3,3	17,0	2,1	5,8	1,4	1,9	0,9
0,30	434,8	5,4	89,9	2,8	31,6	1,8	10,8	1,2	1,60	64,2	3,8	21,7	2,4	7,4	1,6	2,4	1,0
0,35	577,0	6,3	118,8	3,3	41,6	2,1	14,2	1,4	1,80	79,6	4,3	26,8	2,7	9,2	1,7	3,0	1,1
0,40			151,3	3,8	52,9	2,5	18,0	1,6	2,00	96,5	4,7	32,4	3,0	11,1	1,9	3,6	1,2
0,45			187,4	4,3	65,4	2,8	22,2	1,8	2,20	115,0	5,2	38,6	3,3	13,2	2,1	4,3	1,3
0,50			227,2	4,7	79,1	3,1	26,8	2,0	2,40			45,3	3,6	15,4	2,3	5,0	1,5
0,55			270,5	5,2	94,0	3,4	31,8	2,2	2,60			52,4	3,9	17,8	2,5	5,8	1,6
0,60			317,3	5,7	110,1	3,7	37,2	2,4	2,80			60,1	4,2	20,4	2,7	6,7	1,7
0,65			367,7	6,2	127,3	4,0	43,0	2,6	3,00			68,2	4,5	23,1	2,9	7,5	1,8
0,70					145,8	4,3	49,2	2,8	3,20			76,8	4,8	26,0	3,1	8,5	2,0
0,75					165,3	4,9	55,7	2,9	3,40			85,8	5,1	29,0	3,3	9,5	2,1
0,80					186,1	4,9	62,6	3,1	3,60					32,2	3,5	10,5	2,2
0,85					208,0	5,2	69,9	3,3	3,80					35,6	3,7	11,6	2,3
0,90					231,0	5,5	77,5	3,5	4,00					39,1	3,9	12,7	2,4
0,95					255,2	5,8	85,5	3,2	5,00					58,9	4,9	19,1	3,1
1,00					280,5	6,1	93,9	3,9	6,00							26,6	3,7
1,20							131,1	4,7	7,00							35,3	4,3

Tab. 235.2: Druckverluste aus Einzelwiderständen Z für den Verlustbeiwert $\zeta = 1$ (bei Dichte $\varrho = 999{,}7$ kg/m^3, $\vartheta = 10\,°C$) in Abhängigkeit von der rechnerischen Fließgeschwindigkeit v ($Z = 5\,v^2 \cdot \Sigma\zeta$ in mbar)

DIN 1988-3: 1988-12

Rechnerische Fließgeschwindigkeit v $\frac{m}{s}$	Druckverlust Z für $\zeta = 1$ mbar	Rechnerische Fließgeschwindigkeit v $\frac{m}{s}$	Druckverlust Z für $\zeta = 1$ mbar	Rechnerische Fließgeschwindigkeit v $\frac{m}{s}$	Druckverlust Z für $\zeta = 1$ mbar	Rechnerische Fließgeschwindigkeit v $\frac{m}{s}$	Druckverlust Z für $\zeta = 1$ mbar
0,1	0,1	1,4	9,8	2,7	36,5	4,0	80,0
0,2	0,2	1,5	11,3	2,8	39,2	4,1	84,0
0,3	0,5	1,6	12,8	2,9	42,1	4,2	88,0
0,4	0,8	1,7	14,5	3,0	45,0	4,3	92,0
0,5	1,3	1,8	16,2	3,1	48,0	4,4	97,0
0,6	1,8	1,9	18,1	3,2	51,2	4,5	101,0
0,7	2,5	2,0	20,0	3,3	54,5	4,6	106,0
0,8	3,2	2,1	22,1	3,4	57,8	4,7	110,0
0,9	4,1	2,2	24,2	3,5	61,3	4,8	115,0
1,0	5,0	2,3	26,5	3,6	64,8	4,9	120,0
1,1	6,1	2,4	28,8	3,7	68,0	5,0	125,0
1,2	7,2	2,5	31,3	3,8	72,0		
1,3	8,5	2,6	33,8	3,9	76,0		

Trinkwasser-installation

Art	Möglichkeiten mit Bemerkungen	Einsatzbereiche	
		öffent-lich	nicht öffentlich
Wasser	▪ Eingriffmischbatterie; Selbstschluss-Duscharmatur	X	X
	▪ Auslaufarmatur mit Luftsprudler	X	X
	▪ Zeitschaltuhr → Intervallregelung	X	
	▪ Annäherungssteuerung für Urinale	X	
	▪ Lichtschrankensteuerung für Urinalstände	X	
	▪ Zweistromregelung an WC-Spülkästen	X	X
	▪ 4,5 l bzw. 3,0 l WC mit neuem Spülsystem	X	X
	▪ ergonomisch geformte Badewanne (→ S. 265)		X
	▪ Vakuumtoiletten (Bahn, Bus, Schiff, Flugzeug, Raumschiff)	X	
	▪ Wasserlose Urinale	X	
	▪ Trockenklosett (z. B. Nationalparks in China, USA, Kanada)	(X)	X
	▪ Ökowasch-/Geschirrspülmaschinen		X
	▪ dicht schließende Auslaufventile (keine Tropfverluste)	X	X
	▪ Sorgfalt beim persönlichen Wasserbedarf (Duschen statt Wannenbad), keine ungenutzte Wasserentnahme z. B. beim „Einseifen".		X
	▪ Waschtisch mit Elektronikarmatur	X	X
	▪ pneumatische Selbstschlussarmaturen	X	
	▪ elektronisch zeitgesteuerte, optoelektronisch und radar-elektron. gesteuerte Armaturensysteme, wo Wasserfluss durch Magnetventile freigegeben oder gesperrt wird	X	
	▪ Trinkwassereinsparung durch Druckminderung	X	X
	▪ Grauwassernutzung für WC-Spülung (siehe VDI-Richtlinie 6024)	X	
Material	▪ richtige Wahl der Rohrleitungswerkstoffe unter Beachtung von pH-Wert und Härte des Wassers	X	X
	▪ bedarfsgerechte, richtige Dimensionierung der Armaturen und Rohrleitungen	X	X
	▪ optimale Rohrführungen der Trinkwasserinstallationen (→ S. 225)	X	X
	▪ ergonomisch geformte Badewannen (→ S. 265)		X
	▪ sachgemäße Rohrverbindungstechniken anwenden, keine Mischinstallation, somit Korrosionsschäden vermeidbar	X	X
Energie	▪ Wärmedämmmaßnahmen von warmwasserführenden Rohrleitungen (→ S. 253)	X	X
	▪ Druckverlustarme Armaturen (→ S. 224) (Kolbenschieber, Schrägsitzventil statt Geradsitzventil)	X	X
	▪ Druckverlust minimierte Armaturen für Toilettenspülung (Spülkastenarmatur statt Druckspüler) (→ S. 218)	X	X
	▪ Druckverlustreduzierung durch Ringleitung (→ S. 225)	X	X
	▪ Wärmeverlustminimierung durch Zirkulationsleitung bzw. Begleitheizung (→ S. 255 f.)	X	X
	▪ optimale Auslegung von Warmwasserbereitungssystemen und Speichern	X	X

Trinkwasser-installation

Recycling in der Technischen Gebäudeausrüstung (TGA)/Sanitärtechnik
capacity of recycling in the technical building equipment/sanitary work

Grundlagen:
▪ Kreislauf Wirtschafts-/Abfallgesetz (KrW-/Abf.G) 6.10.1994
▪ VDI 2074: Recycling in der TGA in VDI-Berichte Nr. 1407 (1998)
▪ VDI-Richtlinie 2243 Konstruktion recyclinggerechter Produkte

Möglichkeiten:
▪ Wahl abfallarmer Fertigungsverfahren
▪ Wahl energiesparender und emissionsarmer Fertigungsverfahren
▪ Verzicht auf Zusatzstoffe und Hilfsstoffe
▪ Wahl kreislauffähiger Werkstoffe
▪ Minimierung der Werkstoffvielfalt
▪ Kombination untereinander verträglicher Werkstoffe
▪ Trenn- und Separierbarkeit der Werkstoffe
▪ Verzicht auf Schadstoffe
▪ Schaffung zerlegefreundlicher Baustrukturen und Verbindungstechniken
▪ Auswahl abfallarmer Konstruktionen
▪ Wahl gekennzeichneter Werk- und Hilfsstoffe und ggf. Schadstoffen

Priorität einer Kreislaufstrategie ist Abfallvermeidung bei optimierter Materialausnutzung, schadenssicherer Konstruktion und langer Lebensdauer.

Tab. 237.1: Flüssigkeitskategorien DIN EN 1717: 2001-05

1	Wasser für den menschlichen Gebrauch, das direkt aus einer Trinkwasser-Installation entnommen wird; beispielsweise Leitungswasser aus dem freien Auslauf
2	Flüssigkeit, die zwar in Bezug auf Geschmack, Geruch, Farbe oder Temperatur verändert ist, aber keine Gefährdung der menschlichen Gesundheit darstellt; beispielsweise Kaffee, Tee, Limonade
3	Flüssigkeit, die eine Gesundheitsgefährdung darstellt, weil sie wenig giftige Stoffe enthält; beispielsweise Heizungswasser ohne Zusatzstoffe
4	Flüssigkeit, die eine Gesundheitsgefährdung darstellt, weil sie giftige oder besonders giftige bzw. radioaktive, mutagene oder kanzerogene Stoffe enthält. (Die Kategorien 3 und 4 unterscheiden sich durch den Grenzwert LD_{50} = 200 mg/kg Körpergewicht) → Tab. 238.1
5	Flüssigkeit, die mikrobielle oder viruelle Erreger übertragbarer Krankheiten enthält; beispielsweise Legionellen

Tab. 237.2: Armaturen PN 10 und PN 16

Armaturen	DIN, DVGW-W	Tab.
Sanitärarmaturen	(3214)	–
Systemtrenner	DIN EN 1717	239.2
Sicherungskombination	1988-2	240.1
Rückflussverhinderer	3269	240.1
Einzelsicherung	–	–
Rohrbelüfter	1988-2, 3266	237.4
Rohrbe- und -entlüfter	1988-2	237.4
Rohrtrenner, -unterbrecher	3266	239.1
Sammelsicherung	–	–

Tab. 237.3: Sicherungseinrichtungen, geordnet nach Sicherheitsgrad DIN EN 1717

	Symbol	Sicherungseinrichtung	Sicherheitsgrad	Flüssigkeitskategorie				
				1	2	3	4	5
1		Ungehinderter **freier Auslauf**		×	●	●	●	●
2		**Rohrunterbrecher** Typ A1 ohne bewegliche Teile		○	○	○	○	○
3		**Systemtrenner** und **Rohrtrenner** durchflussgesteuert		●	●	●	●	–
4		**Rohrunterbrecher** Typ A2 mit beweglichen Teilen		○	○	○	○	–
5		**Rohrtrenner** nicht durchflussgesteuert		●	●	●	–	–
6		Rohrbelüfter für Schlauchanschlüsse, kombiniert mit Rückflussverhinderer (**Sicherungskombination**)		●	●	○	–	–
7		Kontrollierbarer **Rückflussverhinderer**		●	●	–	–	–
8		Rohrbelüfter		○	○	–	–	–

Erklärung der Zeichen: × trifft nicht zu
○ deckt das Risiko nur ab, wenn p = atm
● deckt das Risiko ab
– deckt das Risiko nicht ab

Hinweis: DIN EN 1717 löst schrittweise DIN 1988-4 ab.
Mischinstallation **ist** unzulässig!
Abstimmung deshalb bereits in Planungsphase vornehmen

Rohrbelüfter DIN 1988-2

Bauform C

Wasser
(HB)
Luft

Bauform D

Luft · Luft
(LA)
Wasser

Bauform E

Luft
Wasser

Tab. 237.4: Anzahl der Rohrbelüfter Bauform D

Nennweite der Leitung	Anzahl der Rohrbelüfter
DN	DN 15
bis 40	1
über 40 bis 50	2
über 50	3

Tab. 237.5: Anzahl der Rohrbelüfter Bauform E

Nennweite der Steigleitung	Anzahl der Rohrbelüfter		Mindestnennweite der Anschlussleitung des Belüfters	Mindestnennweite der Tropfwasserleitung
DN	DN 15	DN 20	DN	DN
bis 25	1	–	15	20
32 bis 50	2 oder	1	20	25
über 50	3 oder	2	32	25

Tab. 238.1: Bestimmung der Flüssigkeitskategorie für den erforderlichen Schutz DIN EN 1717: 2001-05, Anhang B

Wasser für den menschlichen Gebrauch	Kategorie	Trinkwasser für anderen Gebrauch	Kategorie
Trinkwasser	1	Kochen von Lebensmitteln	2
Wasser unter hohem Druck	1	Waschen von Früchten und Gemüse (Lebensmittel-Betriebe)	3/5[3]
Stagnationswasser[1]	2		
Gekühltes Wasser	2	Vorwaschen und Waschen von Geschirr und Küchengeräten	5
Heißes Wasser im Sanitärbereich	2	Spülwasser für Geschirr und Küchengeräte	3
Dampf (in Kontakt mit Lebensmitteln, frei von Additiven)	2	Heizungswasser ohne Additive	3
Behandeltes Trinkwasser[2]	2	Wasser aus Körperreinigung, Abwasser	5
		Spülkastenwasser	3
[1] Manche Stoffe und ihre Eigenschaften können das Risiko erhöhen (Werkstoffe, Temperatur, pH-Wert)		Wasser für Tiertränken, WC-Wasser	5
[2] Behandeltes Trinkwasser innerhalb von Gebäuden (Gerät ausgenommen)		Schwimmbeckenwasser	5
		Waschmaschinenwasser	5
[3] Kategorie 3 für Spülwasser; Kategorie 5 für Waschwasser		Entmineralisiertes Wasser, steriles Wasser	2

Wasser mit Additiven oder in Kontakt mit flüssigen oder festen Stoffen, die nicht Kategorie 1 angehören (→ Tab. 237.1)	Kategorie
Enthärtetes Wasser nicht zum menschlichen Gebrauch bestimmt	3/4[4]
Wasser + Korrosionsschutzmittel nicht für den menschlichen Gebrauch bestimmt	3/4[4]
Wasser + Frostschutzmittel; Wasser + Algecide	3/4[4]
Trinkwasser + flüssige Lebensmittel (Fruchtsaft, Kaffee, Alkoholfreies, Suppen)	2
Trinkwasser + alkoholische Getränke; Trinkwasser + feste Lebensmittel	2
Wasser + oberflächenaktive Stoffe; Wasser + Waschmittel	3/4[4]
Wasser + Desinfektionsmittel nicht für den menschlichen Gebrauch bestimmt	3/4[4]
Wasser und Detergentien; Wasser + Kühlmittel	3/4[4]

[4] Abgrenzung zwischen Kategorie 3 und Kategorie 4 ist prinzipiell LD_{50} = 200 mg/kg Körpergewicht gem. EU-Richtlinie 93/21 EEC vom 27. April 1993. (LD_{50} ≙ letale (tödliche) Dosis eines Stoffes, die bei Einnahme von 50 % der Probanden nicht überlebt wird)

Tab. 238.2: Zuordnung der Ausführungsart des Trinkwassererwärmers zur Flüssigkeitskategorie des Wärmeträgers DIN EN 1717: 2001-05

Ausführungsart von Trinkwassererwärmern	Fluidkategorie der Wärmeträger					
	1 und 2 (ohne Gefährdung)		**3** (wenig giftige Stoffe)		**4 und 5** (giftige, sehr giftige, krebserzeugende und radioaktive Stoffe sowie Erreger übertragbarer Krankheiten)	
	Im Schadensfall an der Entnahmestelle gasförmiger Austritt des Wärmeträgers					
	möglich	nicht möglich	möglich	nicht möglich	möglich	nicht möglich
D mit Zwischenmedium als Wärmeübertrager	•	•	•	•	•	•
C mit korrosionsbeständig gesicherten wärmeübertragenden Flächen	•	•	•	•	–	–
B mit korrosionsbeständigen wärmeübertragenden Flächen	•	•	–	• Nur zulässig, wenn $p_{e, zul}$ ≤ 3 bar ist	–	–
A mit korrosionsgeschützten wärmeübertragenden Flächen	• Zulässig außer bei heizseitig automatischer Nachfülleinrichtung oder Fernheizung		–	–	–	–
Zeichenerklärung: • : zugelassen – : nicht zugelassen						

Tab. 239.1: Rohrtrenner

DIN 3266-1; Technische Daten nach Herstellerangaben DIN EN 1717

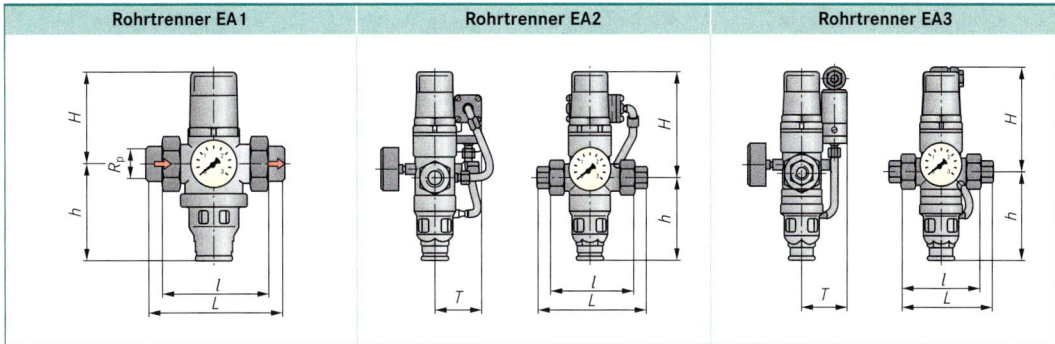

	Rohrtrenner EA1	Rohrtrenner EA2	Rohrtrenner EA3

Rohrtrenner EA3, PN 16; bis 40 °C; Ansprechdruck 0,5 bar; max. Vordruck 4,0 bar   EA2   EA1

An-schluss-größe R_p	Masse ca.	Baumaße		(1) gilt auch bei EA1, EA2)			Nenndurchfluss [m³/h] bei								
		$L^{1)}$	$l^{1)}$	H	h	T	$\Delta p = 0,8$ bar			$\Delta p = 0,8$ bar			$\Delta p = 0,3$ bar		
							$\dot{V}$	ζ	k_{vs}	$\dot{V}$	ζ	k_{vs}	$\dot{V}$	ζ	k_{vs}
Zoll	kg	mm	mm	mm	mm	mm	m³/h		m³/h	m³/h		m³/h	m³/h		m³/h
½	2,7	151	105	160	125	63	4,5	3,2	5	2,2	13	2,5	2,5	4	4,5
¾	2,9	153	105	162	123	63	6,3	5,2	7	3,1	20,9	3,5	3,3	7	6
1	3,1	159	105	162	123	63	8,9	6,2	10	3,6	39	4	4,5	10	8
1 ¼	7,6	216	150	232	158	86	18,8	3,8	22	8,9	16,8	10	7	13	13
1 ½	8,2	228	160	231	159	86	23,3	6,1	26	12,5	20,9	14	10	12,5	18
2	8,6	241	165	224	166	86	28,5	9,8	32	14,3	39	16	15	14	27

Tab. 239.2: Systemtrenner BA[1]

Technische Daten nach Herstellerangaben

GENO-Systemtrenner sind Rohrtrenner entsprechend der Bauart BA der SVGW-Norm TPW 135. Sie können gemäß DIN 1988, Teil 4, trinkwassergefährdende Anlagen und Systeme bis einschließlich Flüssigkeitskategorie 4 absichern und **ersetzen Rohrtrenner EA1 und EA2**. Sie arbeiten nach dem 3-Kammer-System, welches sich in eine Vor-, Mittel- und Hinterdruckzone unterteilt. Beim Entlasten wird die Mitteldruckzone drucklos und gegen die Atmosphäre geöffnet. Systemtrenner Midi und Standard aus Messsing (einschließlich Verschraubungen), Typ Maxi aus Rotguss, ab DN 150 Guss kunststoffbeschichtet, ohne Gegenflansch.

Max. Betriebstemperatur: 60 °C
max. Betriebsdruck: 10 bar

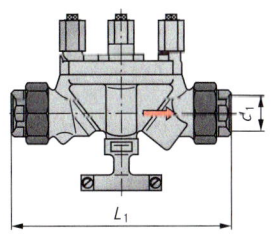

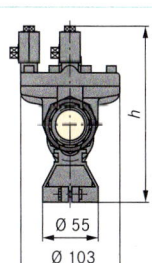

Nennweite	Gewinde	Einbaulänge L_1 bei		Einbau-höhe h	Leck-wasser-anschluss	Nenn-durchfluss	Druckver-lust bei Nenn-durchfluss	k_V-Wert
		Innen-gewinde	Außen-gewinde					
DN	Zoll	mm	mm	mm	mm	m³/h	bar	m³/h
15	R/Rp ½	210	235	166	50	0,82	0,71	5,7
20	R/Rp ¾	210	239	166	50	1,44	0,71	7,5
25	R/Rp 1	216	245	166	50	2,52	0,73	9,9
32	R/Rp 1¼	285	–	217	75	4,32	0,69	18
40	R/Rp 1½	287	–	217	75	5,76	0,71	28,8
50	R/Rp 2	297	–	217	75	9,72	0,71	33,5
65	Flansch	226	–	217	75	16,20	0,75	–

[1] Gruppe **B** Typ **A** Systemtrenner mit kontrollierbarer Trennung und reduzierter Mitteldruckzone nach DIN EN 1717

Trinkwasser-installation

Schutz des Trinkwassers, Einbauvorschriften

DIN EN 1717: 2000-11; DIN 1988-4: 1988-12

Tab. 240.1: Sicherungseinrichtungen mit zugeordneten Flüssigkeitskategorien

Kurz-zeichen	Symbol	Sicherungseinrichtung	Flüssigkeitskategorie 1	2	3	4	5
AA		Ungehinderter **Freier Auslauf**	✳	•	•	•	•
AB		Freier Auslauf mit nicht kreisförmigem Überlauf (uneingeschränkt)	✳	•	•	•	•
AC		Freier Auslauf mit belüftetem Tauchrohr und Überlauf	✳	•	•	–	–
AD		Freier Auslauf mit Injektor	✳	•	•	•	•
AF		Freier Auslauf mit kreisförmigem Überlauf (eingeschränkt)	✳	•	•	•	–
AG		Freier Auslauf mit Überlauf durch Versuch mit Unterdruckprüfung bestätigt	✳	•	•	•	–
BA		Rohrtrenner mit kontrollierter Mitteldruckzone (Systemtrenner)	•	•	•	•	–
CA		Rohrtrenner mit unterschiedlichen nicht kontrollierbaren Druckzonen	•	•	•	–	–
DA		Rohrbelüfter in Durchgangsform	○	○	○	–	–
DB		Rohrunterbrecher Typ A2; mit beweglichen Teilen	○	○	○	○	–
DC		Rohrunterbrecher Typ A1; mit ständiger Verbindung zur Atmosphäre	○	○	○	○	○
EA		Kontrollierbarer **Rückflussverhinderer**	•	•	–	–	–
EB		Nicht kontrollierbarer Rückflussverhinderer	Nur für bestimmten häuslichen Gebrauch				
EC		Kontrollierbarer Doppelrückflussverhinderer	•	•	–	–	–
ED		Nicht kontrollierbarer Doppelrückflussverhinderer	Nur für bestimmten häuslichen Gebrauch				
GA		**Rohrtrenner**, nicht durchflussgesteuert	•	•	•	–	–
GB		Rohrtrenner, durchflussgesteuert	•	•	•	•	–
HA		Schlauchanschluss mit Rückflussverhinderer	•	•	○	–	–
HB		Rohrbelüfter für Schlauchanschlüsse	○	○	–	–	–
HC		Automatischer Umsteller	Nur für bestimmten häuslichen Gebrauch				
HD		Rohrbelüfter für Schlauchanschlüsse, kombiniert mit Rückflussverhinderer (Sicherungskombination)	•	•	○	–	–
LA		**Druckbeaufschlagter Belüfter**	○	○	–	–	–
LB		Druckbeaufschlagter Belüfter, mit nachgeschaltetem Rückflussverhinderer	•	•	○	–	–

Allgemeine Bemerkungen:
Einrichtungen mit atmosphärischer Belüftung
(z. B. AA, BA, CA, GA, GB, ...) dürften nicht eingebaut werden,
wenn die Gefahr einer Überflutung besteht.
- • deckt das Risiko ab
- ○ deckt das Risiko nur ab, wenn p = atm am Einbauort
- – deckt das Risiko nicht ab;
- ✳ trifft nicht zu

Tab. 240.2: Sicherungseinrichtungen und Armaturen

Sym-bol	Einbauvorschrift Zeichnung	Erläuterung[1]	Eig-nung[2]
AA	$h \geq 3 \cdot d$ In jedem Fall gilt: $h \geq 20$ mm	– freier Wasserstrahl in Behälter darf nicht mehr als 15° von Senkrechten abweichen – Armatur nicht in Räumen, wo Überflutung möglich	Es
DC		– $h > 150$ mm über nachfolgend höchstmöglichen Wasserspiegel – kein Absperrorgan danach – Armatur muss vollkommen zugänglich sein – nicht in Räumen, wo Überflutung möglich – muss vor Frost und hohen Temperaturen geschützt werden	Es
DB		– $h > 150$ mm über nachfolgend höchstem Wasserspiegel – kein Absperrorgan danach – Armatur muss vollkommen zugänglich sein – nicht in Räumen, wo Überflutung möglich – muss vor Frost und hohen Temperaturen geschützt werden	Es
BA		– Armatur ständig zugänglich – nicht in Räumen, wo Überflutung möglich – Entwässerungsgegenstand muss austretende Entleerungsmenge aufnehmen – muss vor Frost und hohen Temperaturen geschützt werden – waagerechter Einbau, Entleerungsventil nach unten öffnend	Es
GA		– 2 Druckzonen bei Durchfluss: in Fließrichtung vor und nach Armatur – Durchfluss erfolgt durch Druck $p_t \geq p_s + 50$ kPa – Armatur vollkommen zugänglich – nicht in Räumen, wo Überflutung möglich – muss vor Frost und hohen Temperaturen geschützt sein	Es Ss
GB		– 2 Druckzonen bei Durchfluss: in Fließrichtung vor und nach Armatur – bei keinem Durchfluss: Rohrtrenner in Trennstellung	Es Ss
EA		– mechanische Sicherungsarmatur, gestattet Durchfluss nur in eine Richtung – öffnet automatisch, wenn Druck auf Zulaufseite größer als nach Armatur – Armatur vollkommen zugänglich – muss vor Frost und hohen Temperaturen geschützt sein	Es Ss

Allgemeine Bemerkungen:
[1] d Innendurchmesser der Zulaufleitung
  h Sicherheitsabstand zum höchstmöglichen Nichttrinkwasserspiegel
[2] geeignet für: Es Einzelsicherung
  Ss Sammelsicherung

Trinkwasser-installation

Tab. 241.1: Auswahl von Sicherungseinrichtungen

DIN EN 1717: 2001-05

Sicherungseinrichtung
•: deckt das Risiko ab; ○: deckt das Risiko nur ab, wenn p = atm;
—: deckt das Risiko nicht ab

Nr. Nr.	Entnahmestelle Apparat	AA	AB	AC	AD	AF	AG	BA	DB	DC	EA	EB	GA	GB	HB	HD
1	Aktivkohlefilter bei chem. Apparaten	•	•	–	•	–	–	–	–	○	–	–	–	–	–	–
	Bade- und Duschwanne a) im häuslichen Bereich	•	•	•	•	•	•	•	○	○	•	•	•	•	○	•
2	b) im nichthäuslichen Bereich (z. B. Krankenhaus)	•	•	–	•	–	–	–	○	○	–	–	–	–	–	–
3	Badewanneneinlauf unterhalb des Wannenrandes a) häuslicher Bereich	•	•	–	•	–	–	•	○	○	–	–	•	•	–	○
	b) nicht-häuslicher Bereich	•	•	–	•	–	–	–	–	○	–	–	–	–	–	–
4	Behälterbefüllung z. B. Tankwagen, Regenwasser	•	•	–	•	–	–	–	–	○	–	–	–	–	–	–
5	Beregnungsanlage a) Überfluranlage	•	•	•	•	•	•	•	○	○	–	–	•	•	–	○
	b) Unterfluranlage häuslicher Bereich	○	○	–	○	–	–	–	–	–	–	–	–	–	–	–
6	Chemikalienzumischvorrichtung (Desinfektions-, Düngemittel, usw.)	•	•	–	•	•	–	•	○	○	–	–	–	•	–	–
7	Chemischer Reinigungsapparat	•	•	–	•	•	–	•	○	○	–	–	–	•	–	–
8	Enthärtungs- und Entsäuerungsanlagen a) Regeneration ohne Säuren und Laugen	•	•	•	•	•	•	•	○	○	–	–	•	•	–	○
	b) Regeneration mit Säuren und Laugen	•	•	–	•	•	–	•	○	○	–	–	–	•	–	–
	c) Desinfektion mit Formalin o. Ä.	•	•	–	•	•	–	•	○	○	–	–	–	•	–	–
9	Fischbecken	•	•	–	•	–	–	–	–	○	–	–	–	–	–	–
10	Fleisch- und fischverarbeitende Maschinen	•	•	–	•	•	•	–	•	•	•	–	•	•	•	–
11	Getränkeautomaten z. B. Kaffee	•	•	•	•	•	–	•	○	○	–	–	•	•	–	•
12	Glasspüleinrichtung z. B. an Schanktischen	•	•	–	•	–	–	–	–	○	–	–	–	–	–	–
13	Heizungsfülleinrichtung a) Wasser ohne Inhibitoren	•	•	•	•	•	•	•	○	○	–	–	•	•	–	○
	b) Wasser mit Inhibitoren	•	•	–	•	•	–	•	○	○	–	–	–	•	–	–
14	Hochdruckreiniger mit Chemikalien	•	•	–	•	•	–	•	○	○	–	–	–	•	–	–
15	Schwimmbecken Füllen und Nachfüllen	•	•	–	•	–	–	–	–	○	–	–	–	–	–	–
16	WC-Becken, Urinal, Bidet	•	•	–	•	–	–	–	–	○	–	–	–	–	–	–

Anmerkung: Die Tabelle gibt an, ob die Verwendung technisch möglich ist oder nicht. Eigensichere Anlagen und Apparate mit spezieller Zertifizierung (z. B. DVGW-Prüfzeichen) dürfen ohne zusätzliche Sicherungseinrichtung angeschlossen werden.
Alle Anschlüsse gelten als ständige Anschlüsse.

Trinkwasserinstallation

Prüfen und Spülen von Trinkwasserleitungen
Tab. 242.1: Prüfen von Metall- und Kunststoffrohren

DIN 1988-2: 1988-12

Trinkwasser-installation

	Metallene Rohre	Kunststoffrohre	
Schutzziele der Prüfung	Nachweis der Funktionsfähigkeit der Anlage, Nachweisführung im Protokoll zur Verhinderung von Gewährleistungsansprüchen		
Zeitpunkt der Prüfung	bevor Leitungen verputzt oder verdeckt bzw. die Verbindungsstellen beschichtet oder umhüllt sind		
Prüfdurchführung (allgemein)	neue Leitungen ohne Entnahmearmaturen und Apparate; vorhandene Leitungsarmaturen mit Prüfdruck > Nenndruck prüfen; zur Prüfung voll öffnen, alle Leitungsöffnungen durch metallene Stopfen, Kappen, Steckscheiben usw. dicht verschließen		
Rohrart	Metallene Rohre	Kunststoffrohre	
Prüfungsbezeichnung	Dichtheits- und Festigkeitsprüfung	Vorprüfung	Hauptprüfung
Prüfmedium	filtriertes Trinkwasser (Leitung vollständig entlüften)[2]		
Prüfdruck[1]	1,5facher maximaler Betriebsdruck der Anlage	maximaler Betriebsdruck der Anlage +5 bar	„Restdruck" der vorangegangenen Vorprüfung
Prüfdauer	Temperaturausgleich von 30 min erforderlich, wenn bei Umgebungstemperatur und Prüfmedium Temperaturdifferenzen ≥ 10 K; anschließende Prüfdauer ≥ 10 min	Prüfdruck im Abstand von 10 min zweimal wieder auf Ausgangsdruck erhöhen, nach Prüfdauer von 30 min darf Druck um nicht mehr als 0,6 bar abgefallen sein	2 Stunden; in Prüfzeit darf Druck um nicht mehr als 0,2 bar abgefallen sein

[1] Messgerät muss eine Druckänderung von 0,1 bar erkennen lassen und möglichst an der tiefsten Stelle der Leitungsanlage angeschlossen sein.

[2] Nach DVGW-Fachausschuss Trinkwasser-Hausinstallation (1995-04) ist zur Vermeidung von Bauverzögerungen eine Druckprüfung mit Druckluft oder inerten Gasen zulässig. Vor Inbetriebnahme ist jedoch Druckprüfung nach DIN 1988-2 notwendig.

Tab. 242.2: Spülen von Metall- und Kunststoffrohren

Schutzziele	Durch Spülen sollen Verunreinigungen bei der Herstellung, wie Sand, Gewindeschneidmittel, Hanf, Flussmittel und Metallspäne beseitigt werden.
Spüldauer	▪ Spüldauer mind. 15 s pro Meter Leitung ▪ Je Entnahmestelle Spüldauer mindestens 2 min in umgekehrter Reihenfolge schließen
Spülverfahren	▪ Zu spülende Leitung max. 100 m lang ▪ Kalt- und Warmwasserleitungen getrennt spülen ▪ Empfindliche Apparate, z. B. Trinkwassererwärmer, überbrücken ▪ Verwendetes Wasser muss gefiltert und Druckluft muss ölfrei sein; Spülluftdruck muss ≥ Wasserdruck sein ▪ Im größten Rohr Mindestfließgeschwindigkeit 0,5 m/s. Je nach größter Nennweite der Verteilungsleitung muss hierfür folgende Mindestanzahl von Ventilen DN 15 geöffnet werden:

Verteilungsleitung DN	32	40	50	65	80
mind. offene Ventile DN 15	2	3	4	6	9

Diagr. 242.1: Druck-Zeitverlauf bei Druckprüfungen von Kunststoffrohren

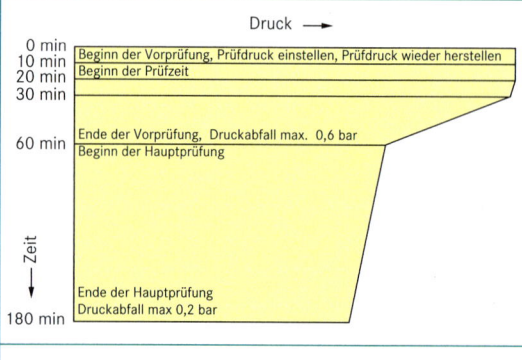

Spülfolge

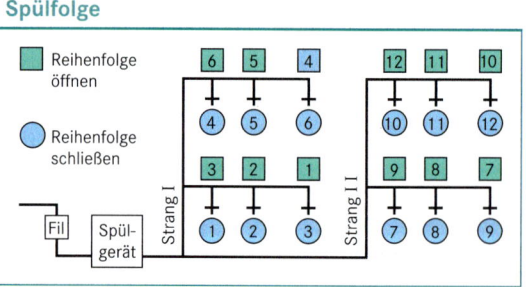

Inbetriebnahme- und Einweisungsprotokoll für Trinkwasseranlage

Musterprotokoll:

Bauvorhaben:

Auftraggeber: Auftragnehmer:

vertreten durch: vertreten durch:

Es wurden folgende Anlagenteile in Anwesenheit der oben
erwähnten Personen in Betrieb genommen:
(Nichtzutreffendes streichen)

 1. Hausanschluss
 2. Hauptabsperrarmatur
 3. Rückflussverhinderer
 4. Rohrtrenner
 5. Filter
 6. Verteilerleitungen
 7. Druckmindereranlage
 8. Steigleitungen/Absperrarmaturen
 9. Stockwerksleitungen/Absperrarmaturen
10. Steigleitungs-Rohrbelüfter/Tropfwasserableitung
11. Sammelsicherungen/Tropfwasserableitungen
12. Entnahmestellen mit Einzelsicherung
13. Warmwasserbereitung/Trinkwassererwärmer
14. Sicherheitsventile/Abblaseleitungen
15. Zirkulationsleitung/Zirkulationspumpe

16. Dosieranlage
17. Enthärtungsanlage
18. Druckerhöhungsanlage
19. Feuerlösch- und Brandschutzanlagen
20. Schwimmbadeinlauf
21. Entnahmearmaturen
22. Verbrauchseinrichtungen
23. Trinkwasserbehälter
24. Sonstige Anlagenteile

Bemerkungen Auftraggeber:

Bemerkungen Auftragnehmer:

Die Einweisung für den Betrieb der Anlage ist erfolgt, die
erforderlichen Betriebsunterlagen wurden gemäß nachfolgender
Aufstellung ausgehändigt:
1. Protokolle Druckprüfung und Spülung
2. Bedienungsanleitung
3. Herstellerunterlagen
4. Inspektions- und Wartungsplan
5. Bestandszeichnungen

Ort: Datum:

Auftraggeber: Auftragnehmer:

Tab. 243.1: Inspektions- und Wartungsplan, Instandhaltungsmaßnahmen — DIN 1988-8: 1988-12

Anlagenteil, Apparat	Inspektion	Wartung	
Freier Auslauf	jährlich		Sicherungsabstand prüfen
Rohrunterbrecher	jährlich		Sichtkontrolle auf Wasseraustritt
Rohrtrenner: EA2 und EA3	halbjährlich		Funktionsprüfung der Trennstellung, Dichtheitsprüfung
EA1	jährlich		Funktionsprüfung der Trennstellung, Dichtheitsprüfung
Rückflussverhinderer	jährlich		Funktionsprüfung, Dichtheitsprüfung
Rohrbelüfter (C, D, E)	fünfjährlich		Funktionsprüfung, Dichtheitsprüfung
Euro-Systemtrenner	halbjährlich		Funktionsprüfung der Trennstellung, Dichtheitsprüfung
Sicherheitsventil	halbjährlich	jährlich[1]	Funktionsprüfung, Tropfwasserprüfung
Druckminderer	jährlich	1...3 Jahre[1]	Druckprüfung, Sieb säubern, Innenteile prüfen
Druckerhöhungsanlage		jährlich[1]	Wartung nach Betriebsanleitung des Herstellers
Filter: rückspülbar	zweimonatlich	zweimonatlich	Rückspülung nach Wartungsanleitung
nicht rückspülbar	zweimonatlich	halbjährlich	Filter wechseln
Dosiergerät	halbjährlich	jährlich[1]	Funktionsprüfung; Wartung nach Herstelleranleitung
Enthärtungsanlagen	zweimonatlich	jährlich[1]	Salzverbrauch überwachen, Salz nachfüllen,
(Gemeinschaftsanlage)		(halbjährlich[1])	Funktionsprüfung, Injektor und Sieb reinigen,
Fettabscheider			Programmeinstellung, Wasserhärte prüfen, Sicherheitsprüfung, Betriebsbuch kontrollieren
Trinkwassererwärmer	[1] jährlich		Temperatur-/Sicherheitsprüfung, Druckprüfung, Reinigung, Entkalkung, Korrosionsschutz prüfen
Rohrleitung	[1] jährlich		Kontrollstücke ausbauen, Innenfläche prüfen
Kaltwasserzähler	monatlich	sechsjährlich[1]	Zähler- bzw. Messeinsatz wechseln
Warmwasserzähler	monatlich	fünfjährlich[1]	oder Nacheichung vornehmen
Wärmemengenzähler	monatlich	fünfjährlich[1]	Zähler wechseln bzw. Nacheichung
Loschwasserversorgung	monatlich		Abnahme- und Wiederholungsprüfung, siehe Auflagen der Behörden und Versicherer
Brandschutzeinrichtung	halbjährlich		

[1] durch Installationsunternehmen, Hersteller, Wasserversorgungsunternehmen

Ziele und Aufgaben der Trinkwassererwärmung

- Trinkwasser soll mit gewünschter Temperatur und in geforderter Menge zur Verfügung stehen.
- Trinkwasser soll ohne Verzögerung an der Zapfstelle entnommen werden können.
- Trinkwassertemperatur soll regelbar sein.

- Trinkwasser muss hygienisch einwandfrei sein.
- Trinkwasseranlage muss leicht bedienbar und betriebssicher sein.
- Trinkwasseranlage soll kostengünstig in der Anschaffung und im Betrieb sein.

Einteilung von Trinkwassererwärmungsanlagen (TWE)

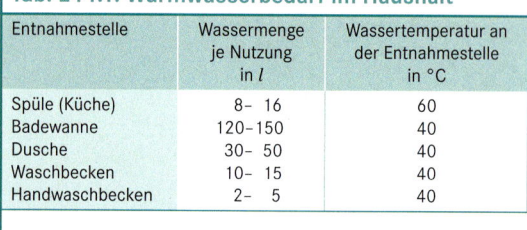

Tab. 244.1: Warmwasserbedarf im Haushalt

Entnahmestelle	Wassermenge je Nutzung in l	Wassertemperatur an der Entnahmestelle in °C
Spüle (Küche)	8– 16	60
Badewanne	120–150	40
Dusche	30– 50	40
Waschbecken	10– 15	40
Handwaschbecken	2– 5	40

Tab. 245.2: Statistischer Warmwasserbedarf

Waschen, Reinigen, Putzen von	Bedarf		
	in Liter	in Minuten	in °C
Hände/Gesicht	4 ... 6	3 ... 5	37
Zähne	1	3 ... 4	37
Füße	20 ... 25	5 ... 7	38
Ober-/Unterkörper	8 ... 10	8 ... 10	38
Körper ganz	35 ... 40	12 ... 15	39
Kopf	10 ... 20	8 ... 12	37
Nassrasur	2 ... 4	3 ... 4	40
Kleinwäsche	5 ... 15	8 ... 12	40
Geschirr	30 ... 40	10 ... 15	55
Hausputz	25 ... 30	3 ... 4	35

Wirkungsweise und Merkmale der TWE-Systeme

Merkmale	Speichersystem	Durchflusssystem
Funktionsprinzip	PWH / PWC	PWH / PWC
zugeführter Wärmestrom	gering	groß
Entnahmestrom	groß	begrenzt
höchste Auslauftemperatur in °C	max. 80, je nach Speichertemperatur	max. 60 (90), abhängig vom Durchfluss
Entnahmemenge	begrenzt, je nach Volumen	unbegrenzt
Fülldauer in min. für 1 Badewanne	5 ... 7	15 ... 20
Platzbedarf	groß	gering
Wärmeverluste (Bereitschaft) ohne Wärmedämmung	sehr groß	praktisch keine
mit Wärmedämmung	gering	keine
Bauart	ohne / mit } Zirkulation	Durchfluss
	in Reihenschaltung	in Parallel- und Reihenschaltung
	Speicherladesystem ■ mit externem Wärmetauscher ■ mit internem Wärmetauscher	

Arten der Warmwasserversorgung

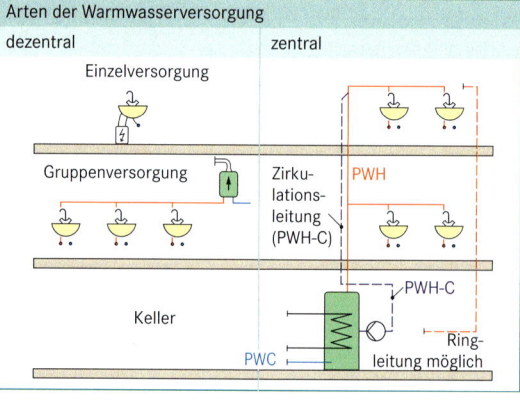

Einflussfaktoren auf die Planung von TWE-Anlagen

- Größe des Haushaltes
- Zahl und Art der Entnahmestellen (→ Tab. 218.1 und 2)
- Verbrauchsgewohnheiten und Komfortansprüche

Tab. 244.3: Warmwasserbedarf n. VDI-Richtlinie 2067

Kategorie	Bedarf in l/(Person · Tag)	
	45°C	60°C
niedrig	15 bis 30	10 bis 20
mittel	30 bis 60	20 bis 40
hoch	60 bis 120	40 bis 80

Tab. 245.1: Warmwasserbedarf in Gebäuden mit unterschiedlichem Komfort (nach Feurich)

Gebäudeart	Zweckbestimmung	Warmwasserbedarf in l 60 °C/Tag[2]			
		Einheit[1]	nK	mK	hK
Einfamilien-haus	einfacher Standard	P	30	40	50
	mittlerer Standard	P	35	50	60
	gehobener Standard	P	40	60	80
Mehrfamilien-haus	sozialer Wohnungsbau	P	20	30	40
	Allgem. Wohnungsbau	P	30	40	50
	gehob. Wohnungsbau	P	40	50	70
Gewerbe-Küchen: Cafestuben	Kochen, Spülen, Geschirrabwaschen				
	Besetzung mäßig	S	15	20	30
	Besetzung stark	S	20	30	40
Gaststätten	Besetzung mäßig	S	10	15	25
	Besetzung mittel	S	20	25	35
	Besetzung stark	S	25	30	45
Speise-restaurant	Essen einfach Tellergerichte	E	8	10	15
	Essen bis 3 Gänge	E	12	15	20
	Essen bis 4 und mehr Gänge	E	20	25	30
Gasthöfe Hotels Apartement-häuser	Standard einfach	B	30	40	50
	2. Klasse	B	40	50	70
	1. Klasse	B	60	80	100
	Luxus	B	80	100	150
Kinderheime	einfacher Standard	B	40	50	60
Altenheime	einfacher Standard	B	30	40	50
Kranken-häuser	medizinisch-technische Einrichtungen				
	einfach	B	50	60	80
	durchschnittlich	B	70	80	100
	umfangreich	B	100	120	150
Duschen	Schüler	D/P	15	20	25
	Sportler	D/P	20	25	30
	Fabriken: Arbeit: schwach schmutzig	D/P	20	30	40
	stark schmutzig	D/P	30	40	50
Baden	Normale Wannen	B/P	60	75	100
	Groß-Wannen	B/P	80	100	150
	Hydrotherapie-Wannen	B/P	150	200	250
	Großraum-Wannen	B/P	150	200	300

[1] Verbraucher-Einheiten:
P = Person
B = Bett
S = Sitzplatz
E = Essen
D/P = Dusche pro Person
B/P = Bad pro Person

[2] Bereiche des Warmwasser-Bedarfs:
nK = niedriger Komfort (Mindestbedarf) der bei Anlagenbemessung nicht zu unterschreiten ist

mK = mittlerer Komfort (Durchschnittsbedarf) Berechnungsgrundlage für Gesamtbedarf an Wasser, Wärme, Energiemittel, Kosten

hK = höherer Komfort (Spitzenbedarf) für die Berechnung der Heizleistungen

Tab. 245.2: Warmwasserbedarf von Entnahme-stellen (nach Feurich)

Entnahmestelle		Nenn-weite DN mm	Entnahme-menge je Benutzung V_B in l	Nutzungs-Temperatur ϑ_N °C
Ausgussbecken		15	8–10	45–50
▪ je Eimer Putzwasser				
Badewannen[1], [2]				
▪ Stufenwanne	105/65 cm	15	120	36–40
	118/73 cm		145	
▪ Kleinraum-wanne	108/73 cm	15	75	36–40
	124/71 cm		85	
	140/70 cm		90	
	150/70 cm		100	
▪ Badewanne	160/70 cm	15	115–145	36–40
	170/75 cm		115–145	
	180/80 cm		130–200	
	190/90 cm		160–200	
	180/80 cm	20	130–200	36–40
Bidet		15	5–10	10–40
Duschen[2]				
▪ Handbrause		15	15–45	10–40
▪ Körper- oder Kopfbrause		15	25–85	
▪ Seitenbrause		15	12–24	
Fußbadewanne		15	20–25	35–38
Spülbecken	35/35 cm	15	12–15	
	40/40 cm	15	15–19	
	50/50 cm	15	24–30	
	60/60 cm	20	70–80	
Waschbecken[2]				
▪ Handwaschbecken		15	0,6–1,5	
▪ Ärzte-Waschtisch				
– chirurg. Händedesinf.		15	40–80	
– hygien. Händedesinf.		15	8–16	
▪ Friseur-Waschtisch				
– Kopfwäsche		15	7–14	
▪ Waschtisch				
– Hände- und Gesichtswaschen		15	4–9	
Waschbottich	70/60 cm	15	20–25	
Waschreihe[2]				
▪ je Waschplatz		15	7–17	
▪ je Duschplatz		15	36–60	

Bemerkungen:
[1] Die Temperatur des Warmwassers aus der Entnahmearmatur sollte ca. 3–4 °C höher sein wegen Kompensation des Temperaturabfalls durch bauteilabhängige Wärmeverluste (Wärmedurchgang, Wärmeleitung, Verdunstung).
[2] Durch Anwendung von berührungslos auslösenden Wasser-armaturen sowie Strahl-/Durchflussreglern und Selbstschluss-armaturen sind Wassereinsparungen um ca. 25–32 % möglich.

Tab. 245.3: Warmwasserentnahmetemperatur

Verwendungszweck	WW-Temperatur °C	
	min.	max.
Händewaschen, Duschen, Baden	40	45
Geschirrspülen von Hand	55	60
Haushaltsgeschirrspülmaschine	60	65
Gewerbespülmaschine	85	90
Kipp-Kochkessel	65	70
Hydrotherapie Unterwassermassage	45	60
Steckbeckenspülapparate WW-Spülung	50	55
Heißwasserdesinfektion	90	95
Gewerbliche Wäschereien	75	85

Trinkwasser-installation

Sanitäre Ausstattung der Wohnung
Tab. 246.1: Normalaustattung, Komfortausstattung[1]

DIN 4708-2: 1994-04

	lfd. Nr.	vorhandene Ausstattung	bei der Bedarfsermittlung sind einzusetzen:
Normalausstattung	1 1.1	**Bad:** 1 Badewanne (→ Tab. 246.2, Nr.1) **oder** 1 Brausekabine mit/ohne Mischbatterie und Normalbrause (→ Tab. 246.2, Nr. 6)	**1 Badewanne** (→ Tab. 246.2, Nr. 1)
	1.2	1 Waschtisch (→ Tab. 246.2, Nr. 8)	bleibt unberücksichtigt
	2	**Küche:** 1 Küchenspüle (→ Tab. 246.2, Nr. 11)	bleibt unberücksichtigt
Komfortausstattung[1]	1 1.1 1.2	**Bad:** Badewanne[1] Brausekabine[1]	wie vorhanden (Tab. 246.2, Nr. 2 – 4) wie vorhanden (Tab. 246.2, Nr. 6 od.7), wenn von der Anordnung her eine gleichzeitige Benutzung möglich ist[2]
	1.3 1.4	Waschtisch[1] Bidet	bleibt unberücksichtigt bleibt unberücksichtigt
	2 2.1	**Küche:** Küchenspüle	bleibt unberücksichtigt
	3 3.1	**Gästezimmer:** Badewanne **oder**	je Gästezimmer wie vorhanden (→ Tab. 246.2, Nr. 2 – 4) mit 50 % des Zapfstellenbedarfes w_v
	3.2	Brausekabine	wie vorhanden (→ Tab. 246.2, Nr. 5 – 7) mit 100 % des Zapfstellenbedarfes w_v
	3.3 3.4	Waschtisch Bidet	mit 100 % des Zapfstellenbedarfes wv (→ Tab. 246.2)[3] mit 100 % des Zapfstellenbedarfes wv (→ Tab. 246.2)[3]

(Randtext rechts:) [1] Komfortausstattung liegt vor, wenn andere oder umfangreichere Einrichtungen als für Normalausstattung angegeben, je Wohnung vorhanden sind.

[1] Größe abweichend von der Normalausstattung
[2] Soweit keine Badewanne vorhanden ist, wird wie bei der Normalausstattung anstatt einer Brausekabine eine Badewanne (→ Tab. 246.2, Lfd. Nr. 1) angesetzt, es sei denn der Zapfstellenbedarf der Brausekabine übersteigt den der Badewanne (z. B. Luxusbrause). Sind mehrere unterschiedliche Brausekabinen vorhanden, wird für die Brausekabine mit dem höchsten Zapfstellenbedarf mindestens eine Badewanne angesetzt.
[3] Soweit dem Gästezimmer keine Badewanne oder Brausekabine zugeordnet ist.

Tab. 246.2: Zapfstellenbedarf w_v in Wh für Warmwasser je Entnahme

lfd. Nr.	Benennung der Zapfstelle bzw. der sanitären Ausstattung	Kurz-zeichen	Entnahme-menge V_E je Benutzung[2] l	Zapfstellen-bedarf w_v je Entnahme Wh
1	Badewanne	NB 1	140	5 820
2	Badewanne	NB 2	160	6 510
3	Kleinraum-Wanne und Stufenwanne	KB	120	4 890
4	Großraum-Wanne (1800 mm x 750 mm)	GB	200	8 720
5	Brausekabine[3] mit Mischbatterie und Sparbrause	BRS	40[1]	1 630
6	Brausekabine[3] mit Mischbatterie und Normalbrause[4]	BRN	90[1]	3 660
7	Brausekabine mit Mischbatterie und Luxusbrause[5]	BRL	180[1]	7 320
8	Waschtisch	WT	17	700
9	Bidet	BD	20	810
10	Handwaschbecken	HT	9	350
11	Spüle für Küchen	SP	30	1160

[1] Entspricht einer Benutzungszeit von 6 Minuten
[2] Bei Badewannen gleichzeitig Nutzinhalt
[3] Nur zu berücksichtigen, wenn Badewanne u. Brausekabine räumlich getrennt sind, d. h. eine gleichzeitige Benutzung möglich ist.
[4] Armaturen-Durchflussklasse A nach DIN EN 200
[5] Armaturen-Durchflussklasse C nach DIN EN 200

Einheitswohnung

Die Summe des Wärmebedarfes für erwärmtes Wasser aller zu versorgender Wohnungen wird in Einheitswohnungen umgerechnet. Für die Einheitswohnung sind als Merkmale vereinbart:

Raumzahl r = 4
Belegungszahl p = 3,5 (3 bis 4) Personen
Zapfstellenbedarf w_v = 5 820 Wh/Entnahme für ein Wannenbad

Diagr. 246.1: Festlegung der Belegungszahl p

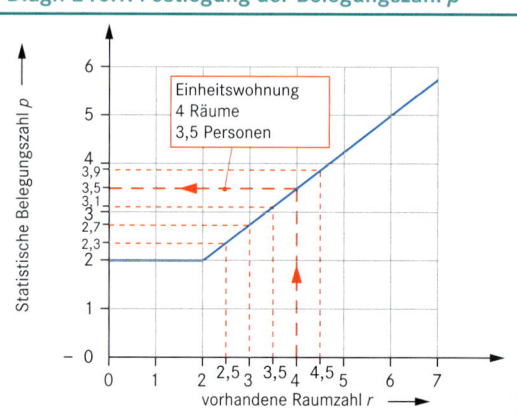

Einheitswohnung
4 Räume
3,5 Personen

(Achsen: Statistische Belegungszahl p — senkrecht; vorhandene Raumzahl r — waagerecht)

Bestimmung der Leistung von Wassererwärmern

DIN 4708-2: 1994-04

Ermittlung der Bedarfskennzahl N

$$N = \frac{\text{Wärmebedarf aller anrechenbarer Zapfstellen}}{\text{Wärmebedarf einer Einheitswohnung}}$$

$$N = \frac{\Sigma(n \cdot p \cdot v \cdot w_v)}{3,5 \cdot 5820}$$

$$N_L \geq N$$

N : Bedarfskennzahl

N_L: Leistungskennzahl (Herstellerangaben)

n : Anzahl gleicher Wohneinheiten

v : Anzahl der Zapfstellen je Wohnung (Normal- oder Komfortausstattung → Tab. 246.1)

w_v: Zapfstellenbedarf (Entnahme) in Wh (→ Tab. 246.2)

p : tatsächliche Belegungszahl jedoch die Mindestwerte nach Diagr. 246.1

r : Raumzahl (ohne Küche, Bad, Flur)

Beispiel zur Ermittlung der Bedarfskennzahl N

Gegeben: Gesamt-Wohnungszahl 42 bestehend aus:

1.) 15 1½ Zimmer-Wohnungen mit Dusche
2.) 5 2½ Zimmer-Wohnungen mit Bad
3.) 10 3 Zimmer-Wohnungen mit Bad
4.) 12 4 Zimmer(-Komfort)-Wohnung mit Bad und Dusche

Tab. 247.1: Lösung mit Hilfe eines Formblattes

Wohnungs-gruppe	Raum-zahl r	Wohnungs-zahl n	Belegungs-zahl p	Zapfstellen-zahl v	Bezeichnung der Zapfstelle	Zapfstellen-bedarf w_v in Wh	$n \cdot p \cdot v \cdot w_v$ in Wh	Bemerkung
1	1,5	15	2	1	BRN	5820	174 600	NB 1 für BRN
2	2,5	5	2,3	1	NB1	5820	66 930	
3	3	10	2,7	1	NB1	5820	157 140	
4	4	12	3,5	1	BRS	1630	68 460	
				1	NB2	6510	273 420	NB 2

$$N = \frac{\Sigma(n \cdot p \cdot v \cdot w_v)}{3,5 \cdot 5820} = \frac{740\,550 \text{ Wh}}{20\,370 \text{ Wh}} \qquad N = 36,35 \quad \rightarrow \quad \text{(Auswahl: z. B. nach Tab. 247.2 oder Tab. 250.1)}$$

Tab. 247.2: Leistungskennzahlen N_L

(Herstellerangaben)

Speichergröße in l	Heizungsvorlauf-temperatur in °C	Leistungskennzahl N_L bei WW 60 °C	Warmwasserdauerleistung bei verschiedenen Warmwassertemperaturen, ϑ_{PWC} = 10 °C 45 °C l/h	kW	60 °C l/h	kW	Heizwasserbedarf in m³/h	Druckverlust	Speichergröße in l	Heizungsvorlauf-temperatur in °C	Leistungskennzahl N_L bei WW 60 °C	Warmwasserdauerleistung bei verschiedenen Warmwassertemperaturen, ϑ_{PWC} = 10 °C 45 °C l/h	kW	60 °C l/h	kW	Heizwasserbedarf in m³/h	Druckverlust
150	50	–	215	8,7	–	–	3,5	90 mbar	200	50	–	270	11,0	–	–	4,0	130 mbar
	60	–	400	16,2	–	–				60	–	540	22,0	–	–		
	70	2,1	540	22,0	275	16,0				70	4,1	770	31,4	425	24,8		
	80	2,6	740	30,0	425	24,8				80	5,0	1030	41,9	610	35,5		
	90	3,2	920	37,5	560	32,5				90	5,6	1240	50,5	755	43,8		
300	50	–	345	14,0	–	–	5,0	250 mbar	401	50	–	455	18,5	–	–	6,0	340 mbar
	60	–	715	29,1	–	–				60	–	865	35,2	–	–		
	70	8,7	990	40,2	520	30,1				70	14,0	1260	51,2	645	37,4		
	80	9,8	1355	55,2	810	47,3				80	15,0	1680	68,3	950	55,3		
	90	11,5	1700	69,1	1100	63,8				90	16,5	2105	85,6	1275	74,1		
551	50	–	505	20,5	–	–	5,5	340 mbar	751	50	–	625	25,5	–	–	5,0	340 mbar
	60	–	1030	41,9	–	–				60	–	1485	52,2	–	–		
	70	19	1485	60,4	790	45,8				70	26	1975	80,4	1035	60,1		
	80	20	2060	83,8	1220	71,0				80	31	2620	106,5	1565	90,8		
	90	22	2610	106,2	1665	96,6				90	35,5	3085	125,4	1935	112,5		

Diagr. 248.1: Statistische Darstellung des Wärmebedarfs

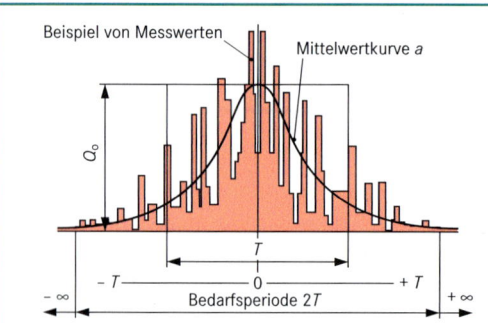

Diagr. 248.2: Mathematische Darstellung des Wärmebedarfs

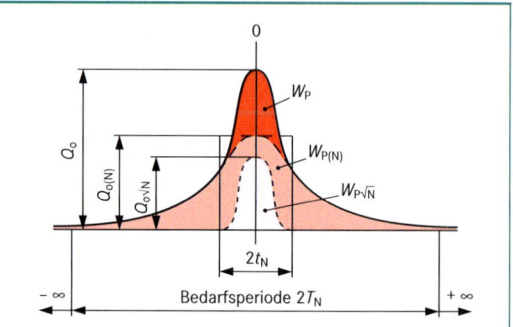

Diagr. 248.3: Wärmebedarf für die Trinkwassererwärmung von Einheitswohnungen (EW)

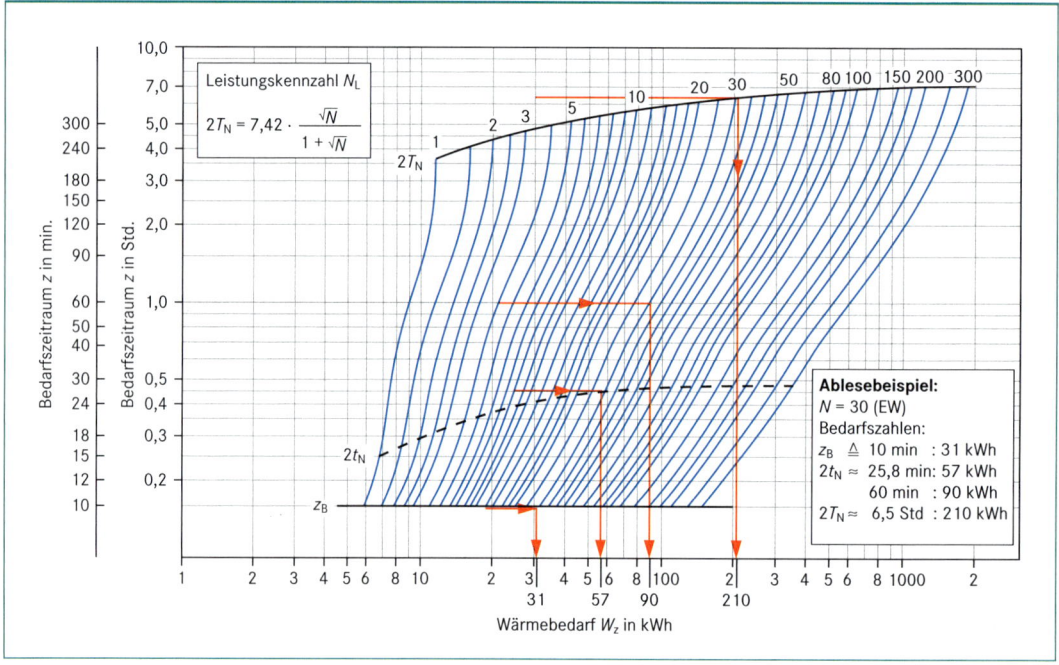

Tab. 248.1: Begriffe für zentrale Wassererwärmungsanlagen

DIN 4708-1 bis 3: 1994-04

Formel-zeichen	Einheit	Erklärung
W_B	Wh	benötigter **Wärmebedarf** für ein Wannen**bad** mit definierter Zapftemperatur für eine EW
W_P	Wh	**Wärmebedarf** für eine Bedarfs**periode** $2\,T_N$; $W_P = W_2\,T_N$
W_z	Wh	erforderlicher **Wärmebedarf** für eine Anzahl EW im Bedarfszeitraum z
W_{zB}	Wh	**Spitzenwärmebedarf**, Wärmemenge für definierte Zahl von EW während Wannenfüllzeit
$W_{1,0}$	Wh	**Stundenwärmebedarf**, Wärmemenge für definierte Zahl von EW im Bedarfszeitraum $z = 1$ Stunde
$2 \cdot T_N$	h	**Bedarfsperiode**, Zeitspanne des maximalen Wärmebedarfs für Wassererwärmung best. Zahl EW
$2 \cdot t_N$	h	**Spitzenverteilungszeit**, Σ der Spitzenbedarfszeiten innerhalb Periode $2 \cdot T_N$ für best. Zahl von EW
z	h	**Bedarfszeit**, Zeitspanne in der Warmwasser gezapft wird ($z_B \leq z \leq 2 \cdot T_N$)
z_B	h	**Wannenfüllzeit**, festgelegte Zapfdauer (10 min) für 1 Wannenbad mit Wärmebedarf W_B
V_{Sp}	l; kg	**Speicherinhalt**, -größe
C	Wh	erforderliche bzw. nutzbare **Speicherkapazität**

Warmwasserbedarf und Wärmebedarfsbestimmung für eine Wäscherei

Nr.	Entnahme-zeitraum Uhrzeit	Bedarf l/d	Zapf-temp. °C	$\Delta\vartheta$ K	Wärme-menge kWh/d	Wärme-leistung kW
1	6^{00} ... 7^{00}	400	50	40	18,6	18,6
2	7^{00} ... 10^{00}	1 500	50	40	69,8	23,2
3	10^{00} ... 11^{00}	2 000	60	50	116,3	116,3
4	11^{00} ... 13^{00}	4 000	50	40	186,1	92,8
5	13^{00} ... 14^{00}	1 000	50	40	46,5	46,5
6	14^{00} ... 16^{00}	5 000	50	40	232,6	116,3
7	16^{00} ... 17^{00}	800	60	50	46,5	46,5
	6^{00} ... 17^{00}	14 700	–	–	716,4	65,0
	7^{00} ... 16^{00}	13 500	–	–	649,6	72,2

Rechengang:
- Berechnung des Wärmebedarfs (Wärmemenge) Q je Entnahmezeitraum
- Summierung des Wärmebedarfs (Tagesbedarf)
- Wärmebedarfssummenlinie entwickeln
- Wesentliche Entnahme liegt zwischen 7^{00} und 16^{00}, somit zeitliche bzw. täglich benötigte Wärmemenge statt auf 11 Stunden auf 9 Stunden beziehen
- Kesselleistung $\dot{Q}_K$ = 649,6 kWh/d : 9 h/d = 72,17 kW(h/h) 1 h $\triangleq$ 72,2 kW(h/h); 10 h/d $\triangleq$ 722 kWh/d
- Wärmeerzeugersummenlinie (WESL) in Diagramm einzeichnen
- Parallelverschiebung der WESL zur Wärmebedarfssummenlinie, außer bei **1** darf diese nicht unterschritten werden
- Größter Abstand zwischen verschobener WESL und Wärmebedarfssummenlinie $\triangleq$ erforderliche Speicherkapazität C

Wärmebedarf Q

$$Q = m \cdot c \cdot \Delta\vartheta$$

$$Q = 400 \text{ kg} \cdot 1{,}163 \frac{Wh}{kgK} \cdot 40 \text{ K} = 18{,}6 \text{ kWh}$$

Speicherinhalt V_{SP}

$$V_{SP} = \frac{C \cdot b_1 \cdot 1000}{c \cdot (\vartheta_{SP(o)} - \vartheta_{SP(u)})}$$

C : Speicherkapazität
b_1 : Zuschlagsfaktor (für toten Raum unterhalb der Speicherheizfläche; liegender Speicher: 1,1 ... 1,2 stehender Speicher: 1,05 ... 1,10)
1000: Umrechnungszahl in W/kW
c : spezifische Wärmekapazität in Wh/(kg K)
$\vartheta_{SP(o)}$: max. zul. ob. Speicherwassertemp. in °C
$\vartheta_{SP(u)}$: festgelegte untere Speicherwassertemp. in °C

$$V_{SP} = \frac{(235 - 90) \cdot 1{,}15 \cdot 1000}{1{,}163\,(65 - 25)} = 5735 \text{ } l$$

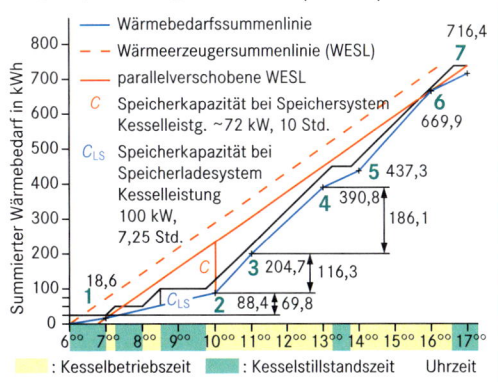

Möglichkeiten der Speichergrößenminimierung: 1. Absenkung festzulegender unterer Speichertemperatur $\vartheta_{SP(u)}$

2. Größere Kesselleistung bei gleichzeitigem Kesselaussetzbetrieb ($\rightarrow$ Diagramm)
3. Bei kleineren Behältergrößen Wahl eines stehenden Speichers, $\rightarrow$ Verringerung des „Totraum"faktors b_1
Betriebshinweis: Parallel- bzw. Reihenschaltung der Speicher möglich, sowie Interer/Externer Wärmetauscher $\rightarrow$ S. 256

Tab. 249.1: Trinkwasser-Erwärmungssysteme

System	Durchflusssystem	Speichersystem	Speichersystem in Reihenschaltung (Gegenstrom)	Speicherladesystem mit externem Wärmetauscher	Speicherladesystem mit internem Wärmetauscher
System aufbau					
Merkmale für Trink-wasser-erwärmung	▪ einfacher Aufbau ▪ geringer Platzbedarf ▪ schnell regelbar ▪ gute Anpassung an unterschiedl. Heizwassermen-gen/WW-Bedarf ▪ hygien. einwand-freie WW ▪ in Verbindung mit Schichten-Pufferspeicher sehr gute Umwelt-verträglichkeit	▪ hohe Spitzen-entnahme ▪ geeignet bei allen Wasserhärten ▪ leichte Reinigung ▪ kleiner Druck-verlust ▪ einfache Regelung	▪ hohe Spitzen-entnahme ▪ geeignet bei allen Wasserhärten ▪ auch für Fern-heizungssystem geeignet, weil größere Heizwas-serauskühlung als bei Einzelspeicher	▪ hohe Spitzenentn. ▪ gute Anpassung an unterschiedl. Heizwassermen-gen/WW-Bedarf ▪ kleinerer Spei-cher gegenüber Speichersystem ▪ auch für Fern-heizungssystem geeignet, weil große Heizwasser-auskühlung	▪ hohe Spitzen-entnahme ▪ geeignet bei allen Wasserhärten ▪ leichte Reinigung ▪ kleinerer Spei-cher gegenüber Speichersystem ▪ kleiner Druck-verlust

Installationsbeispiele für Warmwasserbereitung   (Herstellerangaben)

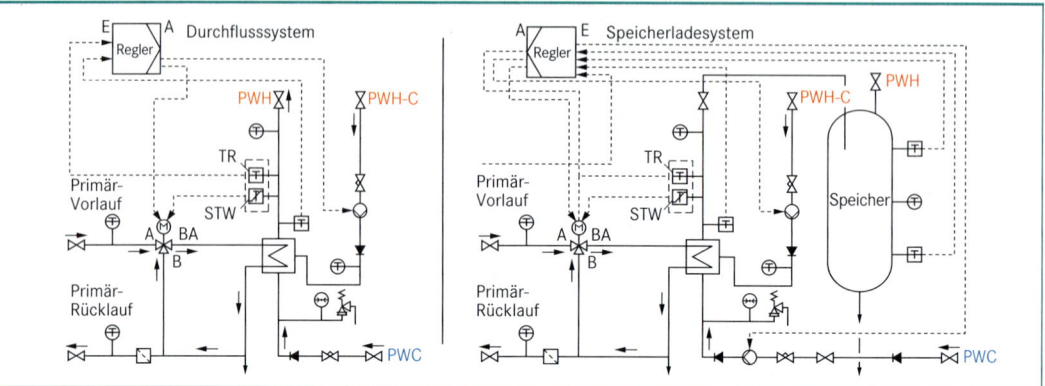

Größenbestimmung der Trinkwassererwärmer

Tab. 250.1: Trinkwassererwärmung bei Beheizung mit Fernwärme

Speichergröße V_{SP} in l	Leistungs-kennzahl N_L [1] bei Speicher-temp. 55 °C	Warmwasser-(PWH)-Dauerleistung Heizwasser 65/40 °C Warmwasser 10/50 °C $\dot{V}$ in l/h	$\dot{Q}$ in kW	Heiz-wasser-bedarf l/h	Druck-verlust Δp_v in mbar
301 [2]	1,9	150	7,0 [2]	230 [2]	1,5
301	4,7	350	16,3	560	7,0
401	8,0	425	19,8	680	11,0
551	13,4	600	27,9	960	22,0
751	19,2	775	36,1	1240	35,0
951	24,6	1025	47,7	1640	65,0

Warmwasser-Leistungsdaten 301 bis 951 (n. AG Fernwärme Grundlage)
[1] Auslegungsgrundlage DIN 4708; bei anderen Heizwasservorlauftemperaturen (→ Tab. 250.2)

[2] Speicherinhalt bevorratet Periodenverbrauch, Wiederaufheizung auf mindestens 50 °C in 2 h

Tab. 250.1: Trinkwassererwärmung bei Beheizung mit Fernwärme

Heizwasser-vorlauf-temperatur °C	Multiplikator für die Warmwasser-Dauerleistung f_K bei heizwasserseitiger Temperaturdifferenz					
	20 K	25 K	30 K	35 K	40 K	45 K
60	0,80	0,61	–	–	–	–
65	1,23	**1,00**	0,77	–	–	–
70	1,69	1,43	1,15	0,93	–	–
75	–	1,87	1,61	1,30	1,075	–

Näherungsverfahren bei anderen Heizwassertemperaturen (Minimum im Sommer) gegenüber 65/40 °C (mit $\Delta\vartheta$ = 25 K) Warmwasser 10/50 °C

Diagr. 250.1: Leistungskennzahlen

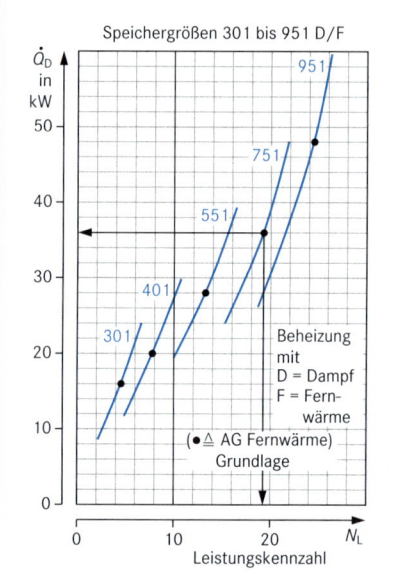

Speichergrößen 301 bis 951 D/F

Auslegungsfall $\dot{Q}_K = \dot{Q}_D \cdot f_K$

$\dot{Q}_D$ = Warmwasser-Dauerleistung   in kW
$\dot{Q}_K$ = korrigierte Warmwasser-Dauerleistung   in kW

Tab. 250.3: Trinkwassererwärmung bei Beheizung mit Dampf

Speichergröße V_{SP} in Liter	Warmwasseraustritts-temperatur ϑ_{PWH} °C	Warmwasser-Dauerleistung $\dot{Q}_D$ in kW[1] bei Dampfüberdruck von							
		0,1 bar	0,3 bar	0,5 bar	1,0 bar	2,0 bar	3,0 bar	4,0 bar	5,0 bar
301–951	> 45 < 60	41	53	62	81	116	151	186	215

Warmwasser-Leistungsdaten Baureihe 301 bis 951 in Verbindung mit Schwimmer-Kondensatableiter
[1] Alle Leistungen ergeben sich bei einer begrenzten Strömungsgeschwindigkeit des Dampfes in den Anschlussstutzen des Glattrohr-Wärmetauschers und bei freiem Kondensataustritt ohne Rückstau
Hinweis: Bei der Beheizung mit Dampf lässt sich die PWH-Dauerleistung über den Dampfdruck berechnen

Trinkwasser-installation

Schutz des Trinkwassers vor Legionellen und Pseudomonas aeruginosa

Allgemeine Informationen zu Legionellen	
Definition	Stäbchenförmige Bakterien mit einem Durchmesser von 0,2 bis 0,8 Mikrometer und einer Länge von 1 bis 4 Mikrometer, zur Bakteriengattung der Familie Legionellaceae gehörend, 1977 entdeckt.
Vorkommen	In allen Süßwässern wie Seen und Flüssen. Mit dem Trinkwasser gelangen Legionellen in die Hausinstallation. Schlecht gewartete Klimaanlagen, Warmwasserbereitungs- und -verteilungssysteme, Duschköpfe, Wasserentnahmearmaturen, zahnärztliche Einrichtungen, Hot-Whirlpools und Verdunstungskondensatoren können Herde für Legionellen sein.
optimale Wachstumsbedingungen	Temperaturen zwischen 30 °C und 45 °C, stagnierende Wässer und inkrustierte Rohrinnenflächen, Dichtungen aus verschiedenen Materialien, in wenig bzw. gar nicht durchspülten Leitungsabschnitten (Totstränge), an Membrandichtflächen bei Ausdehnungsgefäßen (MAG-W).
Bekämpfung	Abtötung beginnt bei Temperaturen oberhalb 50 °C. Mit zunehmenden Temperaturen verkürzt sich die Absterbezeit erheblich, Stoßchlorierung, UV-Bestrahlung mit gleichzeitigem Ultraschall, Neuinstallation
Krankheitsbilder	Grippeähnliche Erkrankungen mit fiebrigem Verlauf und Lungenentzündung. Bei nicht rechtzeitiger bzw. richtiger Diagnose und Behandlung ist tödlicher Ausgang möglich.
Infektionsmöglichkeiten	Durch Einatmen legionellenhaltiger Aerosole, wie sie z. B. beim Duschen, beim Baden in Whirlpools oder in Klimaanlagen mit automatischer Luftbefeuchtung entstehen (sogen. Lungengängige Erkrankungen). Alte und schwache Personen, auch Raucher, Alkoholiker und Diabetiker sind häufiger betroffen.

Größenvergleich und Darstellung von Legionellen

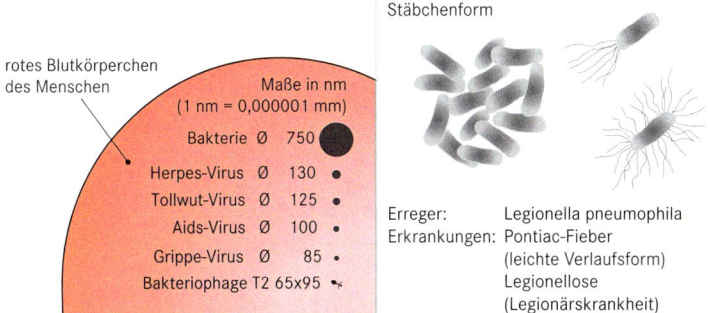

rotes Blutkörperchen des Menschen

Maße in nm (1 nm = 0,000001 mm)

Bakterie Ø 750
Herpes-Virus Ø 130
Tollwut-Virus Ø 125
Aids-Virus Ø 100
Grippe-Virus Ø 85
Bakteriophage T2 65x95

Stäbchenform

Erreger: Legionella pneumophila
Erkrankungen: Pontiac-Fieber
(leichte Verlaufsform)
Legionellose
(Legionärskrankheit)

Pseudomonas aeruginosa

allgegenwärtiger Keim, meist in feuchten Nischen

Auftreten:
Abwässer, Oberflächengewässer, Pflanzen, feuchte Putzutensilien, Waschbeckensiphons, Gullys. Äußerst geringe Nährstoffansprüche, Vermehrungsfähigkeit bereits bei Temperaturen ab 10 °C, somit auch Trinkwasser kontaminierbar, meist über Spritzkontamination aus besiedelten Siphons

Krankheitsbild:
Wund-, Harn-, Atemwegsinfektion

Massnahmeplan zur Sanierung legionellenbelasteter Trinkwassererwärmungs- und Leitungsanlagen

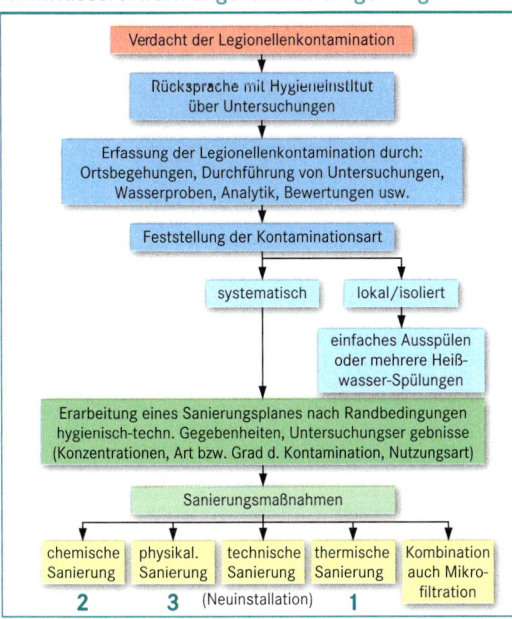

Verdacht der Legionellenkontamination

Rücksprache mit Hygieneinstitut über Untersuchungen

Erfassung der Legionellenkontamination durch: Ortsbegehungen, Durchführung von Untersuchungen, Wasserproben, Analytik, Bewertungen usw.

Feststellung der Kontaminationsart

systematisch — lokal/isoliert

einfaches Ausspülen oder mehrere Heißwasser-Spülungen

Erarbeitung eines Sanierungsplanes nach Randbedingungen hygienisch-techn. Gegebenheiten, Untersuchunger gebnisse (Konzentrationen, Art bzw. Grad d. Kontamination, Nutzungsart)

Sanierungsmaßnahmen

chemische Sanierung **2** | physikal. Sanierung **3** | technische Sanierung (Neuinstallation) | thermische Sanierung **1** | Kombination auch Mikrofiltration

Diagr. 251.1: Absterbegeschwindigkeit bei verschiedenen Verfahren

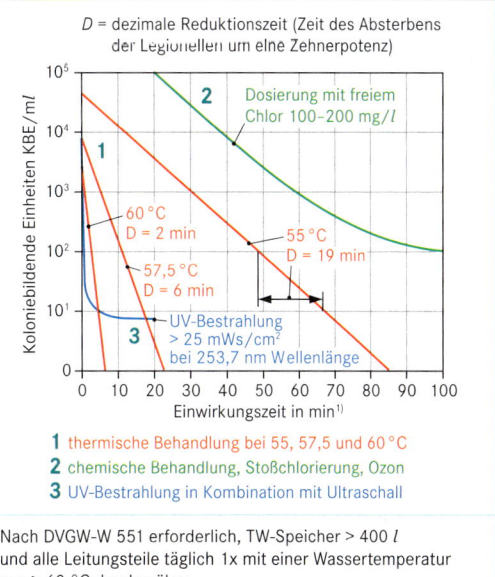

D = dezimale Reduktionszeit (Zeit des Absterbens der Legionellen um eine Zehnerpotenz)

2 Dosierung mit freiem Chlor 100–200 mg/l

1

60 °C D = 2 min
55 °C D = 19 min
57,5 °C D = 6 min

3 UV-Bestrahlung > 25 mWs/cm² bei 253,7 nm Wellenlänge

Koloniebildende Einheiten KBE/ml

Einwirkzungszeit in min[1]

1 thermische Behandlung bei 55, 57,5 und 60 °C
2 chemische Behandlung, Stoßchlorierung, Ozon
3 UV-Bestrahlung in Kombination mit Ultraschall

[1] Nach DVGW-W 551 erforderlich, TW-Speicher > 400 l und alle Leitungsteile täglich 1x mit einer Wassertemperatur von ≥ 60 °C durchspülen.

Tab. 252.1: Risikofaktoren für Kontamination des Kalt-/Warmwassernetzes mit Legionellen

- nicht sachgerechte Planung (z. B. Überdimensionierung von Speicher, Leitungen)
- nicht regelmäßig genutzte Leitungsteile mit stagnierendem Wasser
- mangelhafte, nicht fachgerechte Installation
- Verwendung ungeeigneter Materialien und Bauteile
- nicht bestimmungsgemäßer Betrieb
- erhöhte Temperatur im Kaltwasserbereich von deutlich mehr als 20 °C
- Begünstigung der Biofilmbildung
- nicht sachgerechte Dichtigkeitsprüfung vor Inbetriebnahme
- nicht sachgerechte Inbetriebnahme

Allgemeine Informationen zum Biofilm in wasserführenden Rohrleitungen

Biofilme bestehen aus Zellen von Bakterien, Pilzen, Algen. Sie besiedeln alle Grenzflächen an denen mikrobielles Wachstum möglich ist, z. B. Rohrwandungen, Speicher und Apparate. Krankheitserreger wie Legionellen oder Pseudomonaden (→ S. 251) können mit dem Biofilm eine Verbindung eingehen und sich in dessen Schutz widrigen Lebensbedingungen entziehen. Biofilmwachstum wird begünstigt durch Stagnation des Wassers, geringe Fließgeschwindigkeit sowie Nährstoffgehalt des Wassers. Ziel von Sanierungskonzepten muss stets Reduzierung oder besser Eliminierung des Biofilms sein.

Schema eines Trinkwassernetzes (kalt, warm) mit Probenahmestellen (nach DVGW-W551: 2005-2)

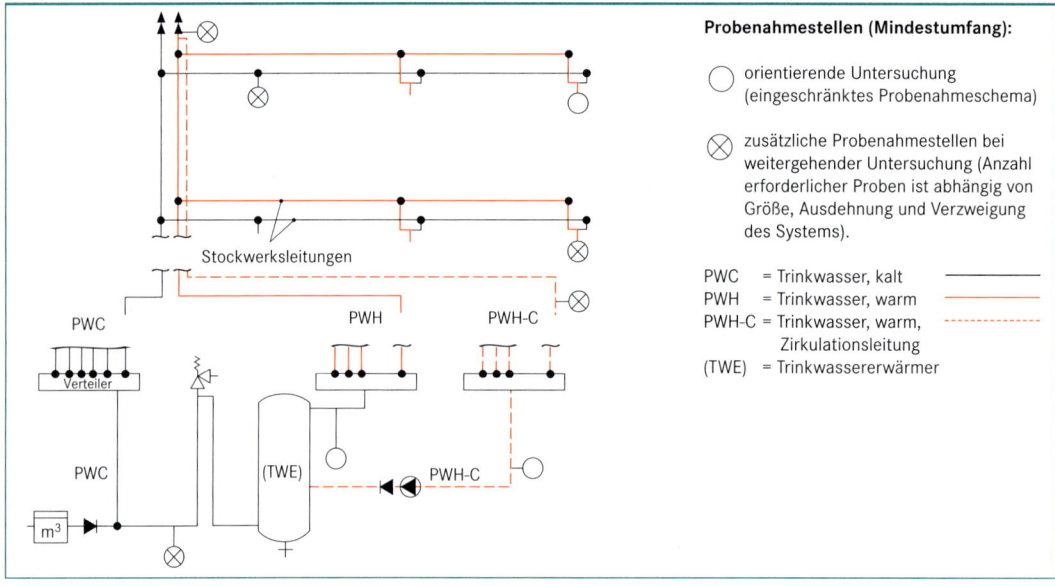

Stockwerksleitungen

PWC PWH PWH-C

Verteiler

PWC (TWE) PWH-C

m³

Probenahmestellen (Mindestumfang):

◯ orientierende Untersuchung (eingeschränktes Probenahmeschema)

⊗ zusätzliche Probenahmestellen bei weitergehender Untersuchung (Anzahl erforderlicher Proben ist abhängig von Größe, Ausdehnung und Verzweigung des Systems).

PWC = Trinkwasser, kalt
PWH = Trinkwasser, warm
PWH-C = Trinkwasser, warm, Zirkulationsleitung
(TWE) = Trinkwassererwärmer

Maßnahmen bei Legionellenbefall in Abhängigkeit von Grenzwerten (nach DVGW-W551: 2005-2)

Legionellen (KBE / 100 ml)[3]	Bewertung	Maßnahme	Weitergehende Untersuchung	Nachuntersuchung
> 10000	Extrem hohe Kontamination	Direkte Gefahrenabwehr erforderlich, (Desinfektion und Nutzungseinschränkung, z. B. Duschverbot) sofortige Sanierung erforderlich	Unverzüglich	1 Woche nach Desinfektion bzw. Sanierung
> 1000	Hohe Kontamination	Kurzfristige Sanierung erforderlich	Innerhalb von max. 3 Monaten	1 Woche nach Desinfektion bzw. Sanierung[1]
≥ 100	Mittlere Kontamination	Mittelfristige Sanierung erforderlich	Innerhalb von max. 1 Jahr	1 Woche nach Desinfektion bzw. Sanierung[1]
< 100	Keine nachweisbare Kontamination	Keine	–	Nach 1 Jahr (nach 3 Jahren)[2]

[1] Werden bei 2 Nachuntersuchungen in vierteljährlichem Abstand weniger als 100 Legionellen in 100 ml nachgewiesen, braucht die nächste Nachuntersuchung erst 1 Jahr nach der 2. Nachuntersuchung vorgenommen werden.
[2] Werden bei Nachuntersuchungen im jährlichen Abstand weniger als 100 Legionellen in 100 ml nachgewiesen, kann das Untersuchungsintervall auf maximal 3 Jahre ausgedehnt werden.
[3] Koloniebildende Einheit

Wärmedämmung von Trinkwasserleitungen
Mindestdämmschichtdicken von Trinkwasserleitungen (kalt)

DIN 1988-2: 1988-12

Anwendungsfall: a) 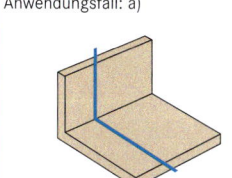 b) 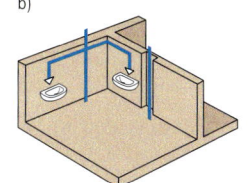 c) 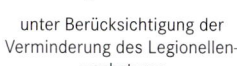 d)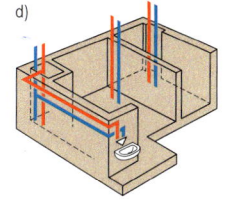

unter Berücksichtigung der Verminderung des Legionellen-wachstums **Dämmdicke 50 % oder 100 %**	ohne Legionellenrisiko nach DIN 1988-2 **Dämmdicke 4 mm**

a) – Rohrleitung frei verlegt, in nicht beheiztem Raum
  – Rohrleitung im Fußbodenaufbau

b) – Rohrleitung im Kanal, ohne warmgehende Rohrleitung
  – Rohrleitung im Mauerschlitz, Steigleitungen

unter Berücksichtigung der Verminderung des Legionellen-wachstums **Dämmdicke 50 % oder 100 %**	ohne Legionellenrisiko nach DIN 1988-2 **Dämmdicke 9 mm**

c) – Rohrleitung frei verlegt, in beheiztem Raum

unter Berücksichtigung der Verminderung des Legionellen-wachstums **Dämmdicke 50 % oder 100 %**	ohne Legionellenrisiko nach DIN 1988-2 **Dämmdicke 13 mm**

d) – Rohrleitung im Schacht, neben warmgehenden Rohrleitungen
  – Rohrleitung in Wandaussparung, neben warmgehenden Rohrleitungen

Tab. 253.1: Anwendungsbereiche für verschiedene Rohrarten, Dämmstoff mit λ = 0,040 W/(m · K)

Anwendungsfall	a + b	c	d
Mindestdämmschichtdicke	6 ~~4~~ mm *EnEV 2009*	9 mm	13 mm
Kupferrohr	DN 15 … DN 40	DN 15 … DN 80	DN 15 … DN 80
Stahlrohr	DN 8 … DN 40	DN 8 … DN 100	DN 8 … DN 100
Kunststoffrohr	DN 10 … DN 40	DN 10 … DN 100	DN 10 … DN 100

Mindestdämmschichtdicken von Trinkwasserleitungen (warm)

EnEV: 2009

Anwendungsfall: a) 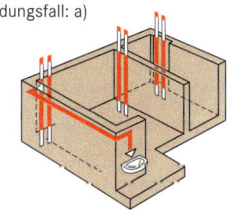 b) 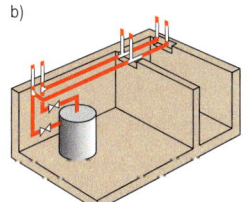 c)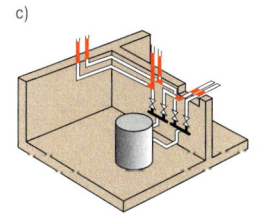

Dämmung gemäß EnEV, Dämmschichtdicke 100 %
Rohrleitungen und Armaturen von Warmwasserleitungen mit oder ohne Zirkulation/elektrischer Begleitheizung:
a) – frei verlegt (mit freiliegender Absperreinrichtung) in unbeheizten Räumen eines Nutzers
  – in Außenwänden
  – in Bauteilen zwischen unbeheizten Räumen
  – in Bauteilen zwischen beheizten und unbeheizten Räumen
  – in Schächten, Hohlraum- und Systemböden
  – zwischen beheizten Räumen **eines und verschiedener** Nutzer
b) – frei verlegt in unbeheizten und beheizten Räumen

Dämmung gemäß EnEV, Dämmschichtdicke 50 %
Rohrleitungen und Armaturen
c) – in Wand- und Deckendurchbrüchen
  – im Kreuzungsbereich von Rohrleitungen
  – an Verbindungsstellen
  – bei zentralen Rohrnetzverteilern und dessen Anschlüsse im unmittelbaren Bereich
  – Warmwasserstichleitungen zwischen beheizten Räumen **eines und verschiedener** Nutzer

Tab. 253.2: Spezifische Wärmeverluste wassergefüllter Rohrleitungen (DN 25) an die Umgebungsluft

S-Rohr – 33,7 × 3,2 – DIN EN 10255				Kupferrohr – EN 1057 – 28 × 1,5			
Dämmung	0 %	50 %	100 %	Dämmung	0 %	50 %	100 %[3]
$\Delta \vartheta = \vartheta_i - \vartheta_a$	spezifischer Wärmeverlust in W/m			$\Delta \vartheta = \vartheta_i - \vartheta_a$	spezifischer Wärmeverlust in W/m		
60	66	16	11	60	66	14	10
50	54	13	9	50	54	12	8
40	42	10	7	40	42	10	7
30	31	8	5	30	31	7	5

Zirkulationsleitungssystem, Berechnung des Volumenstromes für Pumpenauswahl

Allgemeines

Ziel des **DVGW-W 551** (2004) Arbeitsblattes ist die Vermeidung des Legionellenwachstums (→ S. 251). Es gilt für Neuanlagen (Planung, Errichtung und Betrieb) von TW Erwärmungs- und -leitungsanlagen.

Es werden techn. und hyg.-mikrobiologische Untersuchungen der TWE-Anlagen sowie Maßnahmen zur Sanierung von mit Legionellen kontaminierten TWE- und Leitungsanlagen beschrieben.

DVGW-W 553 (1998) stützt sich auf W 551 und ersetzt DIN 1988-3, Abschnitt 14.

Wegen Gefährdungspotenzials werden bei Speicher- oder Durchflusstrinkwassererwärmern und Vorwärmstufen in Klein- und Großanlagen unterschieden.

Kleinanlagen: Trinkwassererwärmer ≤ 400 Liter und Wasserinhalt ≤ 3 l je Rohrleitung zwischen Abgang Trinkwassererwärmer und Entnahmestelle.

Großanlagen: z.B. Hotels, Altenheime, Krankenhäuser, Schwimmbäder und andere Anlagen mit einem Trinkwassererwärmer > 400 Liter sowie Rohrleitungsinhalt > 3 Liter zwischen Abgang Trinkwassererwärmer und Entnahmestelle.

Werden mehrere Speicher benötigt, sind diese vorteilhafterweise in Reihenschaltung (gleichmäßige Entnahme!) zu betreiben.

Alle Berechnungen beruhen auf wärmegedämmte PWH und PWH-C-Leitungen, gemäß EnEV (→ S. 393 f.).

Beispielrechnung (vereinfachtes Verfahren)

Bestimmung des Zirkulationsvolumenstromes $\dot{V}_Z$ in l/h für alle Teilstrecken einer Warmwasser-Zirkulationsanlage:

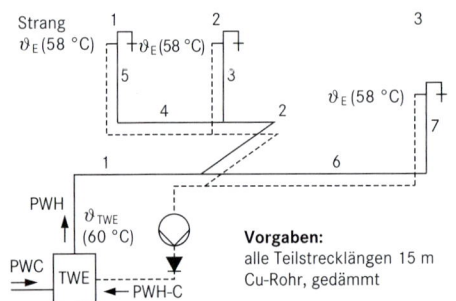

$\vartheta_{Speicher}$ = 60 °C; $\Delta\vartheta_{WW}$-Vorlauf = 2 K
$\vartheta_{Steigschacht}$ = 30 °C; ϑ_{Keller} = 10 °C

Vorgaben:
alle Teilstrecklängen 15 m
Cu-Rohr, gedämmt

Bemessungsregeln nach DVGW-W 553

- Ermittlung erforderlicher Zirkulationsströme über Wärmeverlust der Rohrleitungen

- Festlegung einer Temperaturdifferenz zwischen TWE-Ausgang und Zirkulationsanschluss; muss geringer als 5 K sein

- Vorgabe von Fließgeschwindigkeit für Bemessung des ungünstigsten Zirkulationskreises und zur Ermittlung der Pumpendruckdifferenz

- Hydraulischer Abgleich günstigerer Zirkulationskreise vorerst nur über Rohrleitungsdurchmesser; Mindestinnendurchmesser DN 10 und maximale Fließgeschwindigkeit (→ S. 220) v_{max} = 1,0 m/s

- Einregulierung über Strangregulierventile; einstellbare Durchflussbegrenzer bzw. automatisch abgleichende Zirkulationsregler

Berechnungsverfahren (vereinfachtes Verfahren)

Festlegungen: Anschluss der TWZ-Leitungen möglichst nahe an TW-Entnahmestellen. Nach DVGW-W 551 ist ein nichtzirkulierendes Wasservolumen in Fließwegen der Stockwerksleitung (→ S. 226) ≤ 3 Liter die Obergrenze.
Mittlerer höchstzulässiger Wärmeverlust von Kupferrohren ($U ≈ 0,2$ W/m²K) bei ϑ_{TWE} = 60 °C und ϑ_E = 58 °C.
($\Delta\vartheta$ = 2 K) für Keller: $\dot{q}_m$ = 11 W/m
für Schächte: $\dot{q}_m$ = 7 W/m

l : Länge der Teilstrecke — in m
$\dot{q}_m$: Wärmeverlust pro m im Rohr — in W/m
$\dot{Q}_{TS}$: Wärmeverlust der Teilstrecke
$\dot{Q}_{TS} = \dot{q}_m \cdot l$ — in W
$\Sigma\dot{Q}_{TS\,ges}$: Wärmeverlust der Teilstrecke und Wärmeverlust der nachfolgenden Teilstrecken — in W

$$\dot{V}_{Z\,TS} = \frac{\dot{Q}_{TS\,ges}}{c \cdot \Delta\vartheta_{TS,ges}}$$

$$\Delta\vartheta_{TS} = \frac{\dot{Q}_{TS}}{c \cdot \dot{V}_{z\overline{T}s}}$$

$\dot{V}_{Z,TS}$: Zirkulationsvol.strom l/h
$\Delta\vartheta_{TS}$: Teilstrecken(TS)-Gesamttemperaturabfall K
$\vartheta_{TS,E}$: TS-Endtemperatur °C
$\vartheta_{TS,A}$: TS-Anfangstemperatur °C
$\Delta\vartheta_{TS}$: TS-Abkühlung K

$\vartheta_{TS,E} = \vartheta_{TS,A} - \Delta\vartheta_{TS}$
$\Delta\vartheta_{TS\,ges} = \vartheta_{TS,A} - \vartheta_{TS,E}$

c : spezif. Wärmekapazität 1,163 Wh/(kg K)

Zirkulationspumpenwahl (Herstellerangaben)

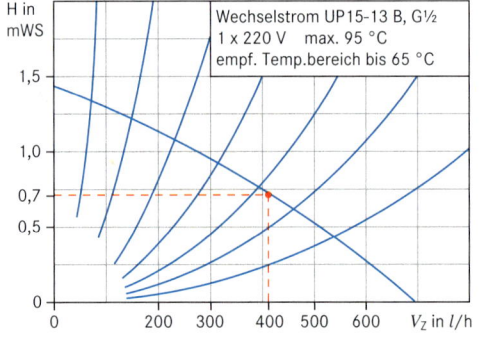

Wechselstrom UP15-13 B, G½
1 x 220 V max. 95 °C
empf. Temp.bereich bis 65 °C

Bemerkung: Pumpenauswahl über $\dot{V}$, Pumpenkennlinie im mittleren Bereich, bester Wirkungsgrad.

Lösung: Mittels Formblatt

			Wärmeverluste		Berechnung Zirkulationsvolumenstrom				
TS	l m	$\dot{q}_m$ W/m	$\dot{Q}_{TS}$ in W	$\Sigma\dot{Q}_{TS\,ges}$ in W	$\vartheta_{TS\,A}$ in °C	$\Delta\vartheta_{TS\,ges}$ in K	$V_{Z\,TS}$ in l/h	$\Delta\vartheta_{TS}$ in K	$\vartheta_{TS\,E}$ in °C
1	15	11	165	975	60,0	2,0	410,65	0,346	59,654
2	15	11	165	540	59,654	1,654	270,37	0,525	59,129
3	15	7	105	105	59,129	1,129	79,98	1,129	58,0
4	15	11	165	270	59,129	1,129	205,67	0,69	58,439
5	15	7	105	105	58,439	0,439	205,67	0,439	58,0
6	15	11	165	270	59,654	1,654	140,4	1,010	58,644
7	15	7	105	105	58,644	0,644	140,4	0,644	58,0

Trinkwasserinstallation

Elektrische Begleitheizung – Selbstregelndes Heizband

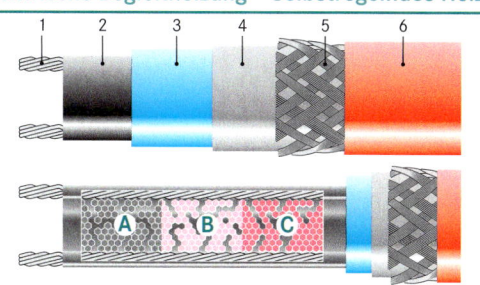

Aufbau:
1. Verzinnter Kupferleiter
2. Selbstregelndes Heizelement
3. Elektrische Isolierhülle
4. Kunststoffbeschichtete Aluminiumfolie
5. Schutzgeflecht aus verzinnter Kupferlitze
6. Außenmantel aus Kunststoff

Funktion

A Heizband kalt, Kunststoffgefüge zieht sich zusammen, Widerstand sinkt, weil über den Kohlenstoffteilchen viele elektrische Strompfade (Vernetzung) entstehen. Stromfluss wird im Heizelement in Wärme umgesetzt.

B Bei Erwärmung dehnt sich das Kunststoffgefüge aus, Strompfade werden mehr und mehr unterbrochen, Widerstand steigt, Stromaufnahme und Heizleistung sinken ab.

C Bei höherer Temperatur werden Strompfade durch Ausdehnung fast vollständig unterbrochen, Heizleistung geht gegen Null, z. B. Warmwassertemperatur in Rohrleitung 60 °C (Solltemperatur).

Anwendungsbereiche in der Gebäudetechnik

- Warmwasser-Temperaturhaltung
- Selbstregelndes Dachrinnenband um Dachrinnen und Fallrohre vor Winterschäden zu schützen
- Selbstregelndes Frostschutzsystem für Rohrleitungen in frostgefährdeten Bereichen
- Sprinklerleitungen nach VdS (Verband der Sachversicherer)

Tab. 255.1: Heizbandtyp für verschiedene Anwendungsfälle und Temperaturvorgaben   (Herstellerangaben)

Anwendungsbereich	Einfamilienhaus Kleinobjekte	Mehrfamilienhaus Bürogebäude	Hotels, Altersheime Krankenhäuser	
Heizbandtyp (Mantelfarbe)	HWAT-L (gelb) PACK-HWAT-L-15	HWAT-M (orange)	HWAT-R (rot)	Thermische Legionellendekontamination bis zu den Entnahmestellen möglich
Haltetemperatur	bis 45 °C	bis 55 °C	bis 70 °C	
Max. Umgebungstemperatur	65 °C	65 °C	80 °C	
Gemäß DVGW-Arbeitsblatt W 551	WW Speicher ≤ 400 Ltr.	WW Speicher > 400 Ltr.	WW Speicher > 400 Ltr.	

Tab. 255.2: Dämmstärke über Heizband (Dämmmaterial: λ = 0,035 W/(m · K))   (Herstellerangaben)

Rohrnennweite	(mm)	15	20	25	32	40	50	65	80	100	
	(Zoll)	½	¾	1	1¼	1½	2	2½	3	4	
Dämmstärke nach EnEV	(mm)	20	20	30	30	40	50	65	80	100	(Deutschland)
Dämmstärke nach SI-Handbuch 5	(mm)	30	30	40	40	40	50	60	80	100	(Schweiz)
Dämmstärke nach ÖNORM	(mm)	20	25	25	30	40	50	65	80	100	(Österreich)

Diagr. 255.1: Einsatzbereiche, Energieverbrauch

Heizbandtypen:
- HWAT-R
- HWAT-M
- HWAT-L

Wärmeleistung $\dot{Q}$ in W/m

Aufheiztemperatur in °C

thermische Desinfektion über 70 °C mit HWAT-R möglich

Gegenüberstellung: Heizband – Zirkulation

Vorteile	Nachteile
Heizband	
- geringerer Platzbedarf bei der Installation - leichte und schnelle Planung - Wahl der Warmwasserhaltetemperatur möglich - konstante Mindesttemp. im ges. Warmwassersystem - Aufheizung der Verteilungsleitungen auf 60 °C möglich	- lange Aufheizzeiten nach der Nachtabschaltung - Abnahme der Heizleistung mit zunehmender Nutzungsdauer - Langzeiterfahrungen nur aus Versuchsreihen - ständige Mindestleistungsaufnahme von 1 bis 2 W/m
Zirkulation	
- schnelles Aufheizen nach der Nachtabschaltung - kein Stagnationswasser	- hoher Aufwand bei exakter Berechnung - bei ausgedehnten Anlagen Probleme mit hydraulischem Abgleich

Tab. 256.1: Anschlussarten von Trinkwassererwärmern (TWE)

DIN 1988-2: 1988-12

Trinkwasser-installation

Offene TWE, unmittelbar beheizt

bis 10 *l* Inhalt (Kleinspeicher)	über 10 *l* Inhalt
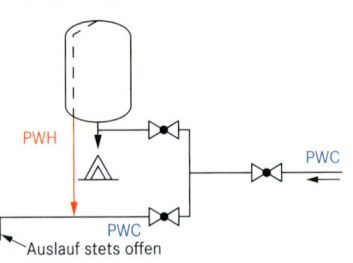	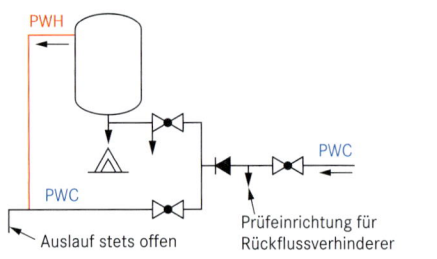

Geschlossene TWE

über 10 *l* Inhalt, mittelbar beheizt	über 10 *l* Inhalt, unmittelbar beheizt
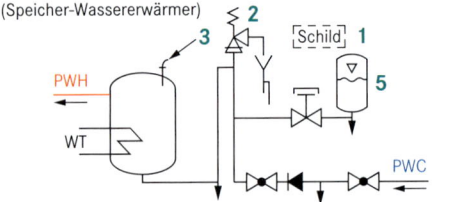 WT = Wärmeträger (Heizmedium, Kältemittel von Wärmepumpe)	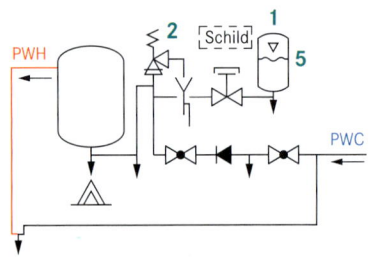

über 10 l Inhalt, mittelbar mit Zwischenmedium (≙ WT2) beheizt (Durchlauf-TWE)	über 10 *l* Inhalt, mit festen Brennstoffen unmittelbar beheizt
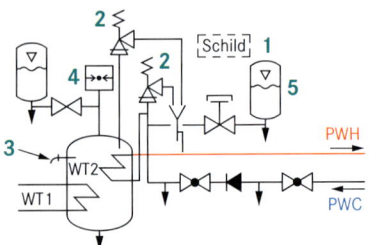	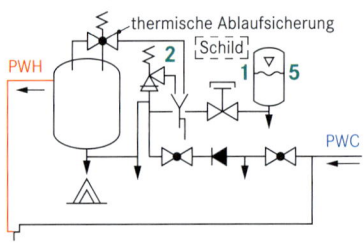

über 10 *l* Inhalt, mittelbar mit Zwischenmedium beheizt als Speicher-TWE	Durchlaufwasserheizer
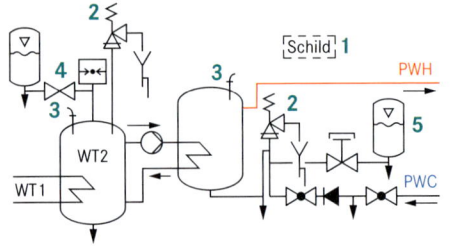	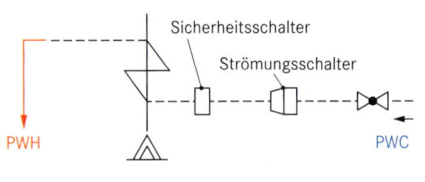

1 Während der Beheizung kann aus Sicherheitgründen Wasser aus der Abblaseleitung austreten! Nicht verschließen!

2 federbelastetes Membran-Sicherheitsventil

3 Temperaturregler nach DIN 4753-1

4 Druckmessgerät
WT1 = Wärmeträger (Heizmedium, Kältemittel von Wärmepumpe)
WT2 = Zwischenmedium

5 Um das Ausdehnungswasser aufzufangen, kann ein für Trinkwasser zugelassenes Membrandruckausdehnungsgefäß in die Kaltwasserleitung zum Sicherheitsventil eingebaut werden.

Tab. 257.1: Vorgeschriebene Armaturen in der Kaltwasserleitung vor TWE   DIN 1988-2: 1988-12

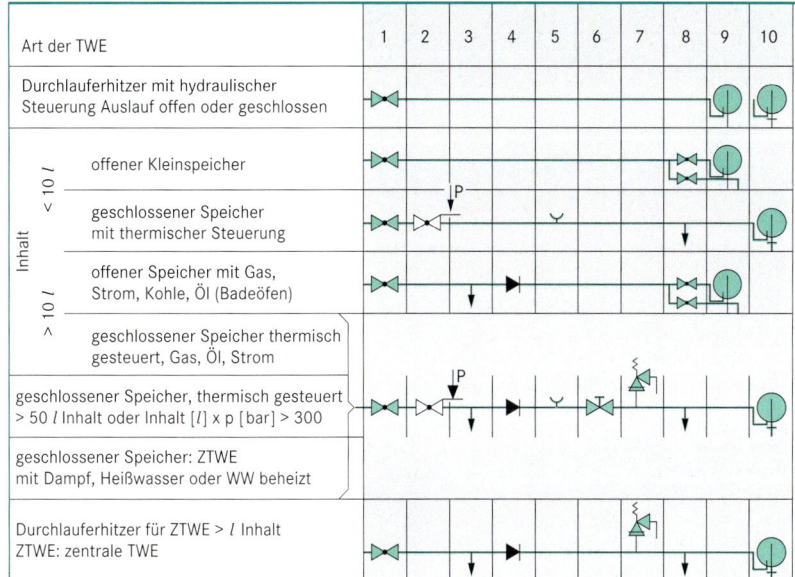

Art der TWE	1	2	3	4	5	6	7	8	9	10
Durchlauferhitzer mit hydraulischer Steuerung Auslauf offen oder geschlossen										
offener Kleinspeicher										
geschlossener Speicher mit thermischer Steuerung										
offener Speicher mit Gas, Strom, Kohle, Öl (Badeöfen)										
geschlossener Speicher thermisch gesteuert, Gas, Öl, Strom										
geschlossener Speicher, thermisch gesteuert > 50 l Inhalt oder Inhalt [l] x p [bar] > 300										
geschlossener Speicher: ZTWE mit Dampf, Heißwasser oder WW beheizt										
Durchlauferhitzer für ZTWE > l Inhalt ZTWE: zentrale TWE										

Inhalt < 10 l / > 10 l

Berücksichtigung der Anforderungen nach DIN 4753-1: 1988-03
1: Absperrventil
2: baumustergeprüfter Druckminderer, falls KW-Druck > zulässiger WW-Betriebsdruck
3: Prüfventil
4: Rückflussverhinderer, ggf. mit 1 und 3 zusammen in einer Baueinheit
5: Manometeranschlussstutzen (ab 1000 l Manometer erforderlich)
6: Absperrventil für Speicher > 120 l Inhalt
7: baumustergeprüftes Membran-Sicherheitsventil
8: Auslaufventil für unmittelbare WW- und KW-Zapfung. Sonst: Entleerung
9: Gerät offen: drucklos
10: Gerät geschlossen: unter Druck stehend

Trinkwasser-installation

Sicherheitsventile für geschlossenen Trinkwassererwärmer; Hinweise für Einbau

- Jeder geschlossene Trinkwassererwärmer ist mit mindestens einem zugelassenen (mit einem TÜV-Prüfzeichen versehenen) Membransicherheitsventil (→ S. 257.2) auszurüsten. (Ausnahme: Durchflusswassererwärmer mit einem Nennvolumen ≤ 3 l). Bis 5000 l Nennvolumen dürfen nur federbelastete Membransicherheitsventile verwendet werden.
- Nennweite von Sicherheitsventilen (→ S. 257.2)
- Einbau in Kaltwasserleitungen oberhalb des TWE
- Zwischen Sicherheitsventil und Trinkwassererwärmer keine Absperrarmaturen, Verengung oder Siebe anordnen!
- Zulaufleitung mindestens gleiche Nennweite wie Sicherheitsventil

Allgemein gelten für Bau, Ausrüstung, Sicherung, Prüfung usw. von geschlossenen Warmwasserbereitern die Bestimmungen der DIN 4753-1: 1988-03.

Tab. 257.2: Nennweite der Sicherheitsventile für geschlossene Trinkwassererwärmer   DIN 1988

Nennvolumen V in l	Mindest-Ventilgröße[1] DN	Heizleistung $\dot{Q}_{max}$ in kW
≤ 200	15 (R/R_p ½)	75
> 200 ≤ 1 000	20 (R/R_p ¾)	150
> 1 000 ≤ 5 000	25 (R/R_p 1)	250
> 5 000	32 (R/R_p 1 ¼)	2 200

[1] als Ventilgröße gilt die Größe des Eintrittsanschlusses

- Die Ausblaseleitung des Sicherheitsventils darf nicht verschlossen werden, sie muss frei über einer Entwässerungseinrichtung münden.

Membran-Druckausdehnungsgefäß (MAG-W)

Aufgaben:
- Bei Erwärmung das Ausdehnungswasser auffangen und Leckwasser vermeiden.
- Druckstoßdämpfung, z. B. bei schnellschließenden Armaturen oder
- Druckschwankungen aus dem Versorgungsnetz oder von Druckerhöhungsanlagen ausgleichen.

Tab. 257.3: Wahl des Ansprechdruckes bei Sicherheitsventilen   DIN 1988-2: 1988-12

Maximaler Druck in der Kaltwasserleitung bar	zulässiger Betriebsüberdruck des Trinkwassererwärmers bar	Ansprechdruck des Sicherheitsventils bar
4,8	6	6
8	10	10

Tab. 258.4: Auswahl eines MAG-W (Herstellerangaben)

MAG-W V_N in dm³	Sicherheitsventil						Vordruck in bar
	p_{SV} = 6 bar			p_{SV} = 10 bar			
	3,0	3,6	4,0	3,0	3,6	4,0	
8	161	127	92	274	253	233	
12	242	191	138	411	380	349	Speichervolumen
18	363	286	207	616	570	523	
25	504	397	288	855	792	727	
35	706	556	403	1198	1108	1017	V in l
50	1009	794	576	1711	1583	1453	

Beispiel: Speicher V = 400 l
p_{SV} = 6,0 bar; Vordruck p_0 = 4,0 bar
gewählt: MAG-W, V_N = 35 l

Inbetriebnahme und Wartung von MAG-W

1 Es dürfen nur durchströmte MAG eingebaut werden

2 MAG-W müssen absperrbar und entleerbar sein

3 Der Gasvordruck p_o ist mindestens 0,2 bar unter dem Wasser-Versorgungsdruck am MAG-W einzustellen

4 Versorgungsdruck p_a in der Kaltwasseranschlussleitung am Druckminderer einstellen

5 Ausdehnungsgefäße sind nach DIN 4807-2, -5 jährlich zu warten

6 Inbetriebnahme und Wartungsarbeiten sind zu dokumentieren

Tab. 258.1: Gas-Warmwasserspeicher, Standgerät, direkt beheizt

Nutzinhalt	ca. l	130	160	190	220	320	380	440
Nennwärmeleistung	kW	6,13	7,25	8,2	8,5	14,5	16,4	17,2
Nennwärmebelastung	kW	6,8	8,0	9,0	9,5	16,0	18,0	19,0
Aufheizzeit (10–60 °C)	min	72	74	77	86	74	77	85
Breitschaftsenergieverbrauch[1]	kWh/d	5,02	5,8	6,6	7,39	13,1	14,4	15,9
Leistungskennzahl[2]	N_L	1,0	1,5	2,0	2,5	5,0	6,5	8,0
PWH-Dauerleistung[3]	l/h	151	178	202	210	356	404	423
PWH-Ausgangsleistung	l/10 min	130	180	218	280	300	350	400
Abgastemperatur	°C	120	145	145	140	125	125	125
Abgasmassenstrom	kg/h	18	21	24	25	42	48	50
Anschlusswert[4]	m³/h	0,65	0,76	0,86	0,90	1,53	1,72	1,81

maximale PWH-Temperatur 70 °C **Anschlüsse:** PWC, PWH, PWH-C je R ¾
zulässiger Betriebsdruck 10 bar Entleerung je R ½
Gas je R_p ½

[1] Bei einem Δt zwischen Raum- u. PWH-Temperatur von 50 K
[2] Leistungskennzahl (→ DIN 4708-3, → S. 247)
[3] Bezogen auf 45 °C Auslauf-, 10 °C Einlauf- und 60 °C eingestellte Speichertemperatur
[4] Erdgas E, H_{iB} = 10,5 kWh/m³

Diagr. 258.1: Mischwassermengen

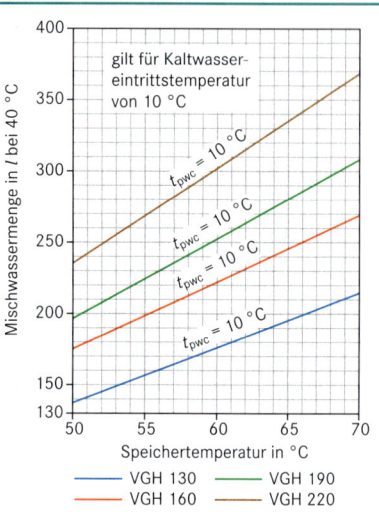

gilt für Kaltwassereintrittstemperatur von 10 °C

Mischwassermenge in l bei 40 °C

Speichertemperatur in °C

VGH 130   VGH 190
VGH 160   VGH 220

Tab. 258.2: Elektro-Warmwasserbereiter (Herstellerangaben)

Gerätetyp		Durchlauferhitzer				Kochend-wasser-gerät	Klein-speicher	Druckspeicher						
Inhalt	l	–	–	–	–	5	5	10	15	30	50	80	100	120
für 1. Zapfstelle offenes System		–	–	–	–	●	●	●	●	●	●	–	–	–
f. mehr Zapfst. geschloss. System		●	●	●	●	–	–	●	●	●	●	●	●	●
Abmessungen: Höhe	mm	472	472	472	460	270	430	453	505	623	679	985	1106	1277
Breite	mm	236	236	236	260	293	270	252	287	342	510	510	510	510
Tiefe	mm	139	139	139	118	189	240	267	292	369	522	522	522	522
Mischwassermenge v. 37 °C	l	bei 60 °C Speichereinst.				–	10	19	29	58	96	154	192	230
Aufheizzeiten auf 60 °C	min	–	–	–	–	8	9	18	27	53	46	75	90	105
Maximale Zapfmenge	l/min	6,6	7,6	8,6	9,0	–	–	–	–	–	–	–	–	–
Mindestfließdruck	bar	0,4	0,5	0,6	0,3	–	–	–	–	–	–	–	–	–
Betriebsdruck max.	bar	10	10	10	12	–	–	6	6	6	6	6	6	6
Temperatur wählbar	°C	abhängig von Durchfluss-menge 35 °C–55 °C				37 °C bis 100 °C	35–85	35–85	35–85	35–85	35–85	35–85	35–85	35–85
Bereit. Energieverbr.	kWh/d	–	–	–	–	0,27	0,47	0,49	0,64	0,61	0,73	0,8	0,9

Tab. 258.3: Solar-Speicher-Wassererwärmer (Herstellerangaben)

Technische Daten			300	400	500
Speicherinhalt Netto		l	275	375	500
PWH-Ausgangsleistg. b. HW-Temp. 85/65 °C		l/10 min	360	465	605
Maximaler Betriebsdruck	Speicher	bar	10	10	10
	Heizung	bar	16	16	16
Solarwärmeaustauscher[1]	Heizfläche	m²	1,40	1,40	1,4/2,8
	Heizwasserbedarf	l/h	1950	1950	1000
PWH-Dauerleistg. b. HW-Temp. 85/65 °C		l/h	850	850	1000
Heizungswärmeaustauscher[1]	Heizfläche	m²	0,95	0,95	1,4/2,8
	Heizwasserbedarf	l/h	1950	1950	1000
Bereitschaftsenergieverbr. (t_{umgeb} = 20 °C)		kWh/d	≤ 3,1	≤ 3,6	3,5
Anschlüsse	PWC/PWH R1; PWH-C R ¾; Vorlauf/Rücklauf R ¾				
Speicher betriebsbereit gefüllt		kg	455	575	700

[1] max. HW-Vorlauftemp. 110 °C; max. Speicherwassertemp. 85 °C

1 Thermometer
2 Flansch für Heizungs-WT
3 Einbauort für Elektro-Heizstab
4 Flansch für Solar-WT
5 PWH-Anschluss
6 Zirkulat.-Anschluss
7 Tauchhülse für Solarfühler
8 PWC-Anschluss
9 Tauchhülse für Speicherfühler
10 Magnesium-Schutzanode

Ø 725
1755 494 792 1197 1453 283 739 964 1453

Trinkwasser-installation

Allgemeines, Anwendungsbereiche

Druckerhöhungsanlagen (DEA) sind Pumpenanlagen, die zum Einsatz kommen, wenn öffentliches Versorgungsnetz den gegebenen Ansprüchen nicht mehr genügt, z. B. der vorherrschende Druck des Versorgungsnetzes zu gering ist, oder angebotene Menge nicht ausreichend ist:

- Gebäuden oder Anlagen, die mit vorhandenem Wasserdruck **nicht ausreichend** versorgt werden können (z. B. Hochhäuser).
- Gebäuden oder Anlagen, die mit vorhandenem Wasserdruck **nicht ständig ausreichend** versorgt werden können.
- Anlagen, für deren Anschluss eine **unmittelbare Verbindung** mit Trinkwasserleitungen **nicht zulässig** ist (z. B. chemische Industrie).
- Feuerlösch- und Brandschutzanlagen

Anschlussarten von Druckerhöhungsanlagen

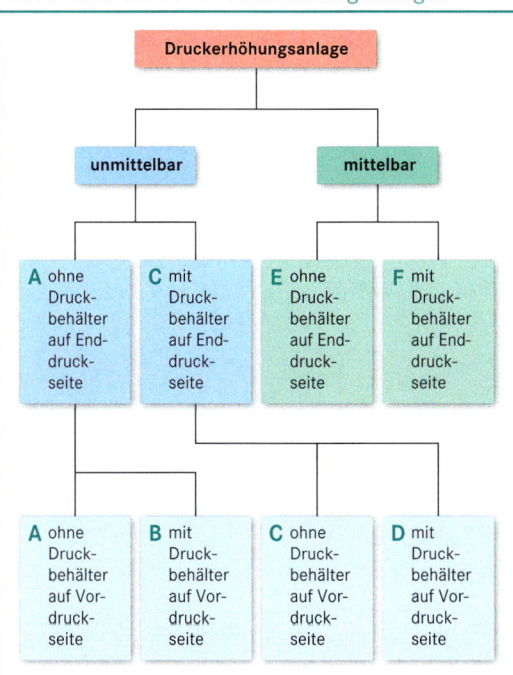

Druckverhältnisse eines Versorgungssystems

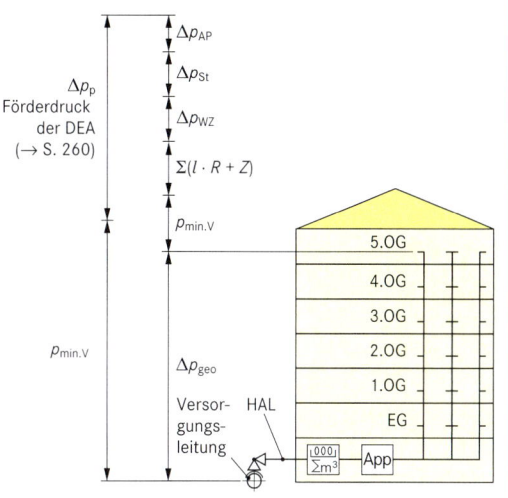

Ausführungsarten von Druckerhöhungsanlagen

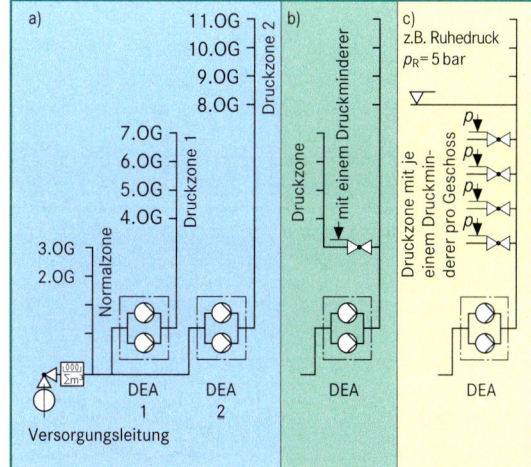

Trinkwasserinstallation

Unmittelbarer Anschluss von Druckerhöhungsanlagen

Mittelbarer Anschluss von DEA

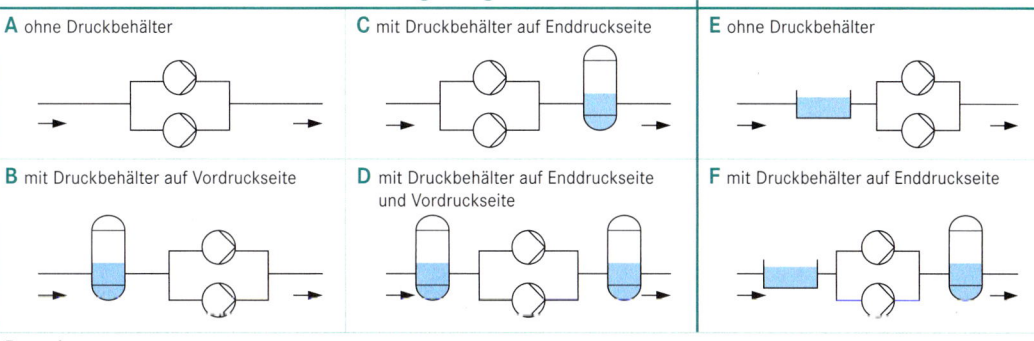

A ohne Druckbehälter

C mit Druckbehälter auf Enddruckseite

E ohne Druckbehälter

B mit Druckbehälter auf Vordruckseite

D mit Druckbehälter auf Enddruckseite und Vordruckseite

F mit Druckbehälter auf Enddruckseite

Bemerkungen:
- Es ist stets eine Reservepumpe gleicher Leistung wie bei der Betriebspumpe vorzusehen.
- Nur Kreiselpumpen mit stabiler Kennlinie verwenden.
- Druckerhöhungsanlagen-Anschlussarten **A**, **C** und **E** sind zu bevorzugen.

Diagr. 260.1: Ermittlung des maximalen Wasserbedarfs verschiedener Gebäudetypen

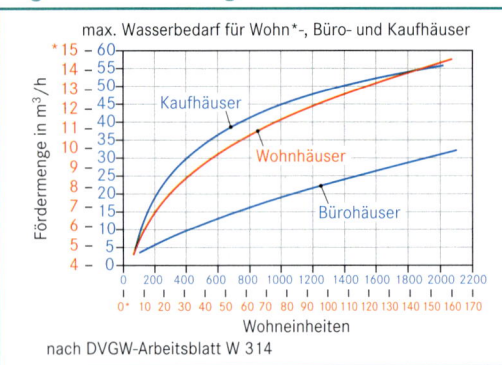

max. Wasserbedarf für Wohn*-, Büro- und Kaufhäuser

nach DVGW-Arbeitsblatt W 314

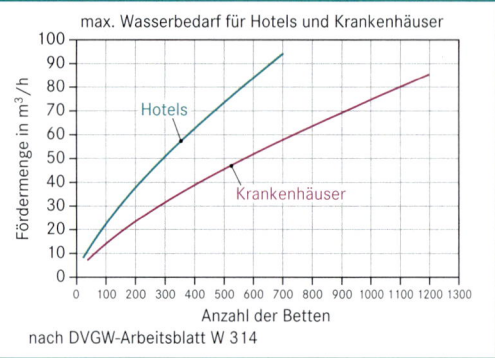

max. Wasserbedarf für Hotels und Krankenhäuser

nach DVGW-Arbeitsblatt W 314

Pumpenförderdruck Δp_p der DEA (→ S. 259)

$$\Delta p_p = [\Delta p_{geo} + p_{minFl} + \Sigma(l \cdot R + Z) + \Delta p_{WZ} + \Delta p_{St} + \Delta p_{Ap}] - p_{minV}$$

Δp_p:	Förderdruck der DEA
Δp_{geo}:	Verlust aus geodätischem Höhenunterschied
p_{minFl}:	Mindestfließdruck
$\Sigma(l \cdot R + Z)$:	Verlust durch Reibungswiderstände
Δp_{WZ}:	Verlust durch Wasserzählerwiderstand
Δp_{St}:	Verlust durch Stockwerksleitung
Δp_{Ap}:	Verlust durch Apparatewiderstände
p_{minV}:	Mindestversorgungsdruck

Tab. 260.1: Druckbehältervolumen (Vordruckseite)

Förderstrom der DEA $\dot{V}_{maxP}$ in m³/h	≤ 7	> 7 ≤15	> 15
Gesamtvolumen des Druckbehälters auf der Vorderseite der Pumpen $\dot{V}_v$ in m³	0,3	0,5	0,75

Tab. 260.2: Mittleres Druckgefälle nach der DEA

Rohrlänge von DEA bis hydraulisch ungünstigste Entnahmestelle l_{nach} in m	≤ 30	≤ 80	> 80
$\Delta p/l = \Sigma(l \cdot R + Z)/l_{nach}$ mbar/m	20	15	10

Tab. 260.3: Vorgehensweise zur Ermittlung und Auslegung einer DEA

- Zentrale Trinkwasserversorgung
- Zentrale Feuerlöschwasserversorgung
- Anschlussart und max./min. Versorgungsdruck mit zuständigem WVU[1] klären
- Gesamt-Trinkwasserbedarf (Spitzenvolumenstrom $\dot{V}_S$) nach DIN 1988-3 bestimmen (→ S. 217) $\dot{V}_{DEA} = V_S$
- Örtliche Verhältn. prüfen, Vorschriften der Brandschutzbehörde klären
- Ges.-Löschwasserbedarf (max. Vol.-strom $\dot{V}_{maxP}$)
- Förderdruck Δp_p der DEA nach Bauplan und nach DIN 1988-3 berechnen (→ S. 217)
- Falls erforderlich (Ruhedruck vor Entnahmestelle p_E ≤ 5 bar), Druckzonen u. entsprechende Förderdrücke festlegen
- Max. Volumenströme für die einzelnen Druckzonen n. DIN1988-5 bestimmen
- Auswahl der DEA-**Baureihe** und **Serientyp** gemäß Herst.angab. aus Kennlinienfeld vornehmen

[1] WVU = Wasserversorgungsunternehmen

Tab. 260.4: Zulässige Förderstromkriterien einer DEA

Nennweiten der Gebäudeanschlussleitungen	max. Gesamtdurchfluss zur DEA u. zu Verbrauchsleitungen ohne DEA	max. zulässige Förderströme bei unmittelbarem Anschluss einer DEA ohne vordruckseitigen Druckbehälter	
DN	I [1]	II a [2]	II b [3]
	$\dot{V}_{max}$ bei $v \le 2$ m/s	$\dot{V}_{max}$ bei $\Delta v \le 0,15$ m/s	$\dot{V}_{maxDEA}$ bei $\Delta v \le 0,5$ m/s
	in m³/h		
25/1"	3,5	0,26	0,88
32/1¼"	5,8	0,43	1,45
40/1½"	9	0,68	2,3
50/2"	14	1,06	3,5
65	24	1,8	6
80	36	2,7	9
100	57	4,2	14
125	88	6,6	22
150	127	9,5	32
200	226	17	57
250	353	26,5	88
300	509	38	127

[1] Nach DIN 1988-5 Abschnitt 4.4.1 gilt: Die Gesamtfließgeschwindigkeit zur DEA und zu Verbrauchsleitungen ohne DEA darf 2,0 m/s nicht überschreiten.

[2] Um unmittelbaren Anschluss ohne vordruckseitigen Druckbehälter an DEA zu ermöglichen, dürfen die durch Ein- und Ausschalten von DEA-Pumpen erzeugten Unterschiede der Fließgeschwindigkeit in der Anschlussltg. den Wert $\Delta v \le 0,15$ m/s durch **eine** Einzelpumpe nicht überschreiten,

[3] bzw. den Wert $\Delta v \le 0,5$ m/s durch gleichzeitiges Abschalten aller Betriebspumpen nicht überschreiten.

Brandklassen nach DIN EN 2 (→ S. 138 ff., S. 489)

Klasse A:	Brände fester Stoffe, hauptsächlich organischer Natur, die normalerweise unter Glutbildung verbrennen
Klasse B:	Brände von flüssigen oder flüssig werdenden Stoffen
Klasse C:	Brände von Gasen
Klasse D:	Brände von Metallen (Magnesium, Aluminium und deren Legierungen)
Klasse F:	Brände von Speiseölen, Speisefett

Brandvoraussetzungen

- Vorhandensein brennbaren Materials in ausreichender Menge und geeigneter Form.
- Sauerstoff muss als Oxidationsmittel in ausreichender Menge vorhanden sein.
- Für Ablauf einer Verbrennung (Entzündung, Geschwindigkeit, Temperatur) ist der Sauerstoffgehalt der Luft maßgeblich. Sinkt dieser vom Normalwert von 21 Vol.-% auf unter 15 Vol.-% erlöschen die meisten Stoffe.

Löscheffekte

- Brandstoffentzug
- Sauerstoffentzug (Stickeffekt)
- Störung des Massenverhältnisses Brandstoff/Sauerstoff
- Eingriff in die katalytische Verbrennungsreaktion (antikatalytischer Effekt)
- Abkühlung unter die Mindestverbrennungstemperatur (Abkühleffekt)

Löschmittel (LM)

- **Wasser:** billigst. Löschmittel, höchste spezif. Wärmekapazität, größter Kühleffekt durch Verdampfungswärme
- **Schaum:** Wasserschaummittel (Gemisch mit Luft) im Verhältnis 1 : 4 … 20, 1 : 20 … 200, 1 : 200 … 1000)
- **Löschgase:** Kohlensäure, Argon, Inergen

Tab. 261.1: Vergleich der Löschwasserleitungssysteme

Kriterien	Löschwasserleitungen		
	nasse Steigleitung	trockene Steigleitung	nass/trockene Steigleitung
Verfügbarkeit d. Löschwassers	sehr gut	schlecht	gut
Frostschutz	schlecht	sehr gut	sehr gut
Hygiene	bedenklich	sehr gut	sehr gut
zentrale Meldeanlage	keine	keine	vorhanden
Betrieb durch	Feuerwehr und privat	nur durch Feuerwehr	Feuerwehr und privat
Kosten	Leitung kann in Hausinstallation integriert werden	zusätzliche Leitungen und Armaturen erforderlich	zus. Leitung und spezielle Armat. sowie Füll-/Entleerungsstation erforderlich

Trinkwasserinstallation

Feuerlösch- und Brandschutzanlagen (Übersicht)

DIN 14 461: 1966-04; DIN 14 462: 1988-01

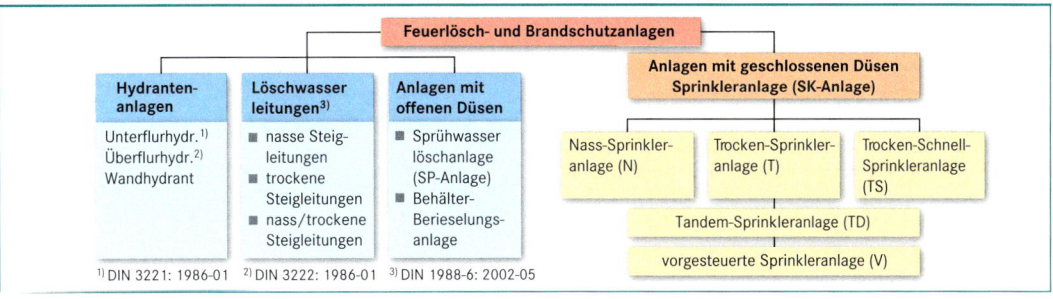

1) DIN 3221: 1986-01   2) DIN 3222: 1986-01   3) DIN 1988-6: 2002-05

Löschwasserverteilsysteme

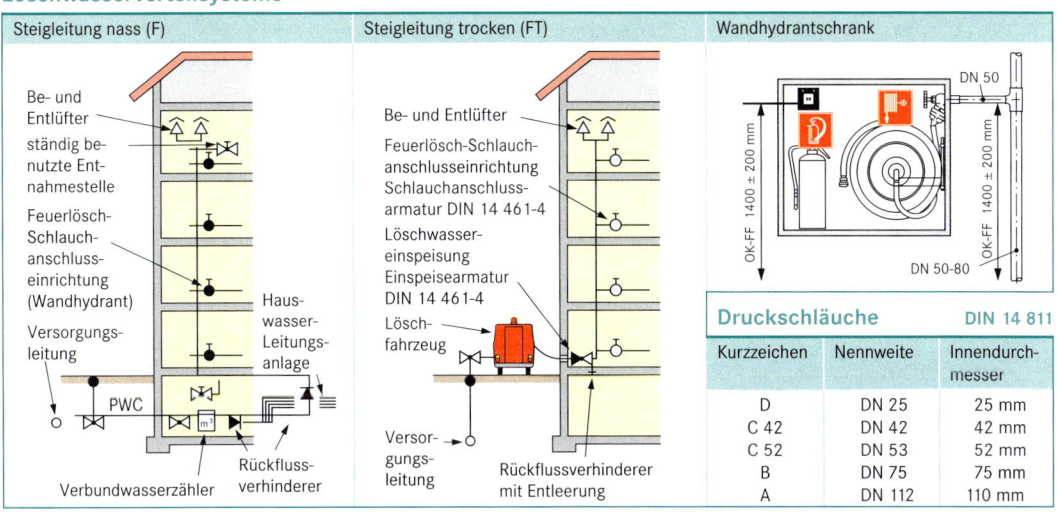

Druckschläuche

DIN 14 811

Kurzzeichen	Nennweite	Innendurchmesser
D	DN 25	25 mm
C 42	DN 42	42 mm
C 52	DN 53	52 mm
B	DN 75	75 mm
A	DN 112	110 mm

Sprinkleranlagen

Die Sprinkleranlage ist eine ständig betriebsbereite Anlage, bei der aus einem ortsfest verlegten Rohrleitungssystem Löschwasser abgegeben wird. Die Anlage wird automatisch ausgelöst. Sie erkennt, meldet und bekämpft Brände.

Ständig betriebsbereit, ortsfest, automatisch:
- selbsttätige Betriebsweise
- „teilbewegliche" (halbautomatische) Betriebsweise durch Feuerwehr möglich (Löschwassereinspeisung, Zumischung Schaummittel) manuelle Auslösung nicht möglich

Löschwasser:
- Wasser (Brandklassen A; B mit Einschränkung)
- Wasser mit Zusätzen (Brandklassen A und B)

Branderkennung:
- thermisch durch Sprinklerauslösung: sofortiger Löschbeginn
- zusätzliche Brandmeldeanlagen (BMA): vorzeitiges Öffnen des Alarmventils, Löschbeginn erst bei Sprinklerauslösung

Brandmeldung:
- Signal über Druckschalter, Alarmglocke
- BMA

Brandbekämpfung:
- selektives Löschprinzip (geringe Wasserschäden)
- keine vorbeugende Kühlung möglich

Anlagearten:
- Nassanlage
- Trockenanlage (für $\vartheta < 0$ °C oder $\vartheta > 100$ °C)
  - Trockenschnellanlage (BMA oder Sprinkler bewirkt Öffnung des Alarmventils → schnelles Auslösen)
  - vorgesteuerte Anlage (BMA und Sprinkler bewirken Öffnung des Alarmventils → Schutz vor Fehlauslösung)
- Tandemanlage (nass/trocken)

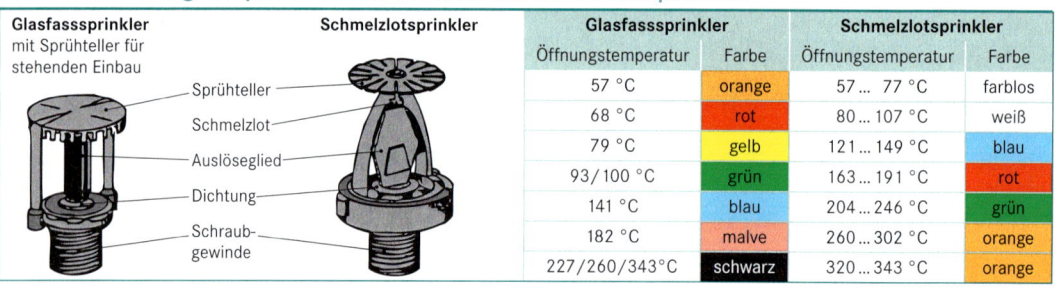

Tab. 262.1: Öffnungstemperaturen von Glasfass- und Schmelzlotsprinklern

Glasfasssprinkler mit Sprühteller für stehenden Einbau

— Sprühteller
— Schmelzlot
— Auslöseglied
— Dichtung
— Schraubgewinde

Schmelzlotsprinkler

Glasfasssprinkler		Schmelzlotsprinkler	
Öffnungstemperatur	Farbe	Öffnungstemperatur	Farbe
57 °C	orange	57 … 77 °C	farblos
68 °C	rot	80 … 107 °C	weiß
79 °C	gelb	121 … 149 °C	blau
93/100 °C	grün	163 … 191 °C	rot
141 °C	blau	204 … 246 °C	grün
182 °C	malve	260 … 302 °C	orange
227/260/343°C	schwarz	320 … 343 °C	orange

Funktionsschema einer Sprinkleranlage

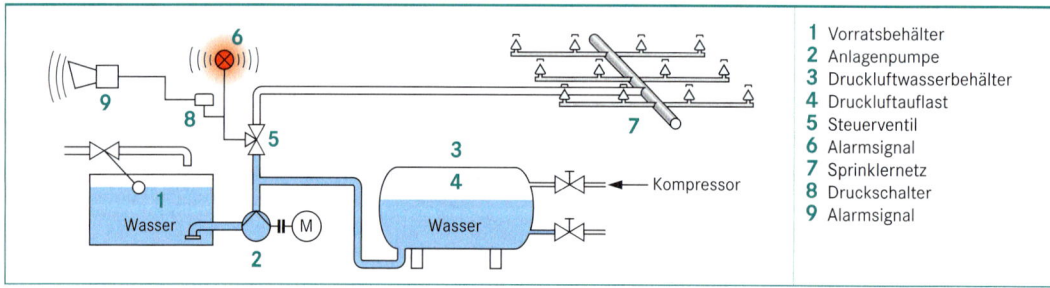

1 Vorratsbehälter
2 Anlagenpumpe
3 Druckluftwasserbehälter
4 Druckluftauflast
5 Steuerventil
6 Alarmsignal
7 Sprinklernetz
8 Druckschalter
9 Alarmsignal

Sprinkleranlagen – Bestimmung der Kenngrößen nach VdS 2092[1] (Dimensionierung)

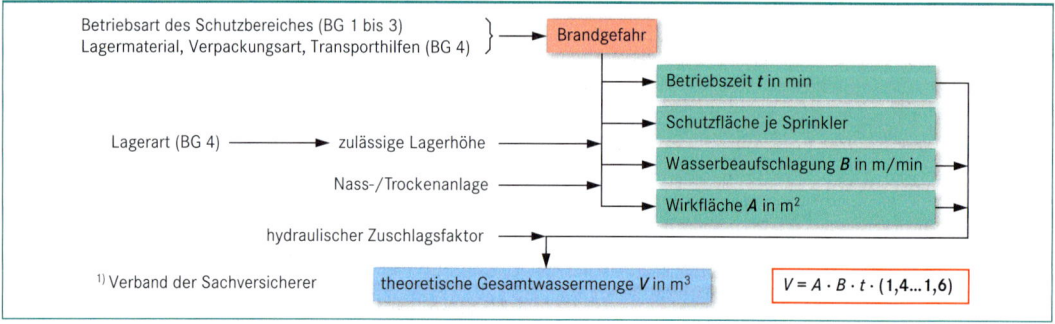

Betriebsart des Schutzbereiches (BG 1 bis 3)
Lagermaterial, Verpackungsart, Transporthilfen (BG 4) → Brandgefahr

Betriebszeit t in min
Schutzfläche je Sprinkler
Wasserbeaufschlagung B in m/min
Wirkfläche A in m²

Lagerart (BG 4) → zulässige Lagerhöhe
Nass-/Trockenanlage
hydraulischer Zuschlagfaktor

[1] Verband der Sachversicherer

theoretische Gesamtwassermenge V in m³

$$V = A \cdot B \cdot t \cdot (1{,}4 … 1{,}6)$$

Trinkwasser-installation

Richtwerte der Einrichtungsgegenstände für unterschiedliche Gebäude (nach Feurich)

Tab. 263.1: Schulen, Abortanlagen[1] und Flure

Raumbezeichnung	Sanitäreinrichtung
Aborträume für Knaben[2]	1 Ausgussbecken 1 Klosettbecken für 20 Knaben 1 Urinal für 10 Knaben 1 Handwaschbecken oder 1 Waschtisch für 40 Knaben
Aborträume für Mädchen[2]	1 Ausgussbecken 1 Klosettbecken für 10 Mädchen 1 Handwaschbecken oder 1 Waschtisch für 40 Mädchen
Aborträume für Lehrer	1 Klosettbecken für 20 Lehrer 1 Urinal für 10 Lehrer 1 Handwaschbecken oder 1 Waschtisch für 20 Lehrer
Aborträume für Lehrerinnen	1 Klosettbecken für 10 Lehrerinnen 1 Handwaschbecken oder 1 Waschtisch für 20 Lehrerinnen
Flure	1 Trinkfontäne für 40 Schüler

Tab. 263.2: Hotels, allgem. Sanitärräume je Geschoss

Raumbezeichnung	Sanitäreinrichtung
Aborträume für Frauen[1]	1 Klosettbecken für 10 Betten 1 Handwaschbecken oder 1 Waschtisch für höchstens 5 Klosettbecken
Aborträume für Männer[1]	1 Klosettbecken für 15 Betten 1 bis 2 Urinale für 15 Betten 1 Handwaschbecken oder 1 Waschtisch für höchstens 5 Klosettbecken
Brausebaderäume[3]	1 Brausewanne 1 Fußwanne 1 Waschtisch 1 Sitzwaschbecken, empfehlenswert
Putzräume	1 Ausgussbecken
Wannenbaderäume	1 Sitzwaschbecken 1 Klosettbecken 1 Liegewanne 1 bis 2 Waschtische

Tab. 263.3: Büro- und Verwaltungsgebäude

Raumbezeichnung	Sanitäreinrichtung
Aborträume für Frauen[1]	1 Ausgussbecken 1 Klosettbecken für 8 bis 10 Frauen oder 100 m^2 Nutzfläche 1 bis 3 Waschtische je Abortraum oder 1 Waschtisch f. höchst. 5 Klosettbecken
Aborträume für Männer[1]	1 Ausgussbecken 1 Klosettbecken für 10 bis 15 Männer oder 100 m^2 Nutzfläche 1 Urinal für 10 bis 15 Männer oder 150 m^2 Nutzfläche 1 bis 3 Waschtische je Abortraum oder 1 Waschtisch für höchst. 5 Klosettbecken
Büroräume	1 Waschtisch für 8 bis 10 Pers. od. 100 m^2 Nutzfläche oder mind. je ein Büroraum
Putzräume	1 Ausgussbecken
Teeküche	1 Kochendwasserbereiter[4] 1 Einfach-Spülbecken mit Abtropffläche

Tab. 263.4: Waschräume auf Baustellen

Raumbezeichnung	Sanitäreinrichtung
Waschraum	1 Waschstelle für höchstens 5 Arbeitnehmer und 1 Dusche für höchstens 20 Arbeitnehmer

Tab. 263.5: Wohnungen und Eigenheime

Raumbezeichnung	Sanitäreinrichtung
Abortraum[5]	1 Klosettbecken 1 Handwaschbecken oder 1 Waschtisch 1 Sitzwaschbecken 1 Wandurinal
Bad[6] Ausstattung nach DIN 18 022	1 Badewanne 1 Waschtisch 1 Klosettbecken 1 Waschmaschine
Empfehlenswerte zusätzl. Ausstattung	1 Brausewanne 1 Sitzwaschbecken 1 Mundspülbecken 1 zusätzl. Waschtisch bei mehr als 3 Pers. oder 1 Doppelwaschtisch
Hausarbeitsraum	1 Waschmaschine 1 Spülbecken mit Abstellfläche
Küche Arbeits-, Ess- oder Wohnküche	1 Doppelspülbecken mit Abstellfläche 1 Waschmaschine
Empfehlenswerte zusätzl. Ausstattung	1 Ausgussbecken 1 Geschirrspülmaschine
Kochnische	1 Spülmaschine mit Abstellfläche

Tab. 263.6: Betriebe, ASR 37/1

Herren[1]:	10	25	50	75	100	130	160	190	220	250
WC	1	2	3	4	5	6	7	8	9	10
Urinale	1	2	3	4	5	6	7	8	9	10
Damen[1]:	10	20	35	50	65	80	100	120	140	160
WC	1	2	3	4	5	6	7	8	9	10
Bidet	1	1	1	2	2	2	3	3	3	3

zusätzlich: 1 Waschtisch je 5 Klosettbecken

[1] Ein Abortraum soll höchstens 10 Klosettbecken enthalten.
[2] In den Vorräumen ist auf je 2 Knabenzellen bzw. 4 Mädchenzellen 1 Handwaschbecken oder 1 Waschtisch anzuordnen.
[3] Die Fußbäder können als Fußwaschstellen mit den Brausewannen kombiniert angelegt werden, in Räumen mit Sitzwaschbecken kann auf das Fußbad verzichtet werden.
[4] Verbrauch an kochendem Wasser je Person 0,75 l/Tag. 1 l Wasser ergibt 5 bis 6 Tassen Kaffee.
[5] Nach DIN 18 022 wird die räumliche Trennung von Bad und Abortraum mit eigenen Zugängen empfohlen und gefordert für Wohnungen, die für mehr als 5 Personen bestimmt sind. Eigenheime und Wohnungen über 60 m^2 oder mit mehr als 3 Zimmern sollen 2 Klosettbecken erhalten.
[6] Ein zweites Bad ist für Eigenheime und große Wohnungen zur Benutzung durch Kinder und Gäste zweckmäßig.

Weitere Angaben für Ausstattung von Sanitärräumen

- VDI Richtlinie 6000, Bl. 4: Hotelzimmer
- Planungshandbuch: Sporthallen, Berlin
- DIN 18 032-1 Sporthallen
- AMEV-Handbuch „Sanitärbau '95"
- Muster-Gaststättenbauverordnung
- Arbeitsstättenverordnung
- Arbeitsstättenrichtlinien (ASR)
- DIN 18 024 und DIN 18 025-1, -2 (→ S. 266)
- Landesvorschriften und -empfehlungen

Anordnungen und Abstände von Sanitärgegenständen, Mindestbewegungsflächen, Fliesenraster

Tab. 264.1: Seitliche Abstände von Sanitärobjekten

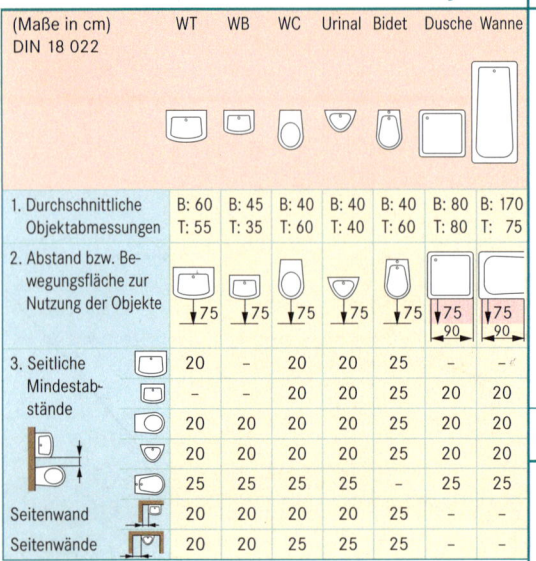

(Maße in cm) DIN 18 022	WT	WB	WC	Urinal	Bidet	Dusche	Wanne
1. Durchschnittliche Objektabmessungen	B: 60 T: 55	B: 45 T: 35	B: 40 T: 60	B: 40 T: 40	B: 40 T: 60	B: 80 T: 80	B: 170 T: 75
2. Abstand bzw. Bewegungsfläche zur Nutzung der Objekte	↓75	↓75	↓75	↓75	↓75	↓75 90	↓75 90
3. Seitliche Mindestabstände	20	–	20	20	25	–	–
	–	–	20	20	25	20	20
	20	20	20	20	25	20	20
	20	20	20	20	25	20	20
	25	25	25	25	–	25	25
Seitenwand	20	20	20	20	25	–	–
Seitenwände	20	20	25	25	25	–	–

Schematische Darstellung der Sanitärgegenstände mit Angabe von Objektabständen DIN 18 022: 1989-11

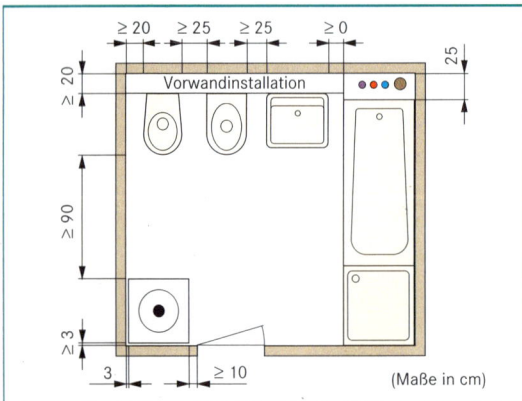

Vorwandinstallation

(Maße in cm)

Sitzwaschbecken (Bidet), Montagemaße

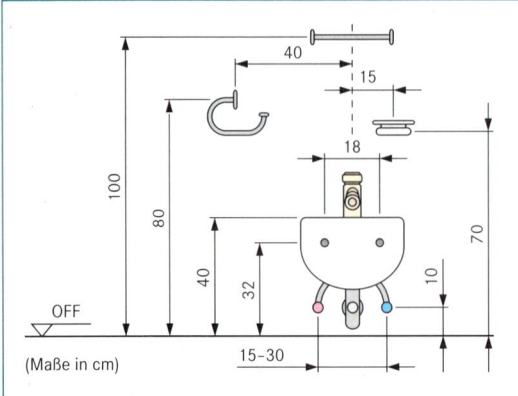

OFF

(Maße in cm)

Mindestbewegungsflächen

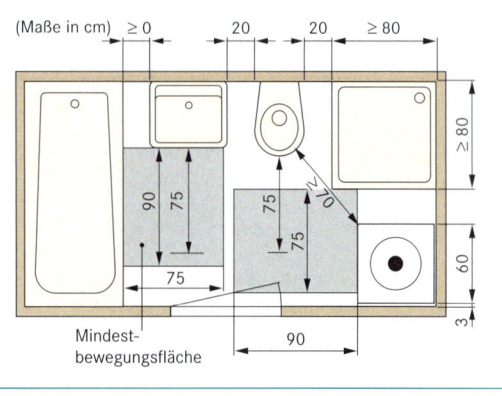

(Maße in cm)

Mindest-bewegungsfläche

Fliesenraster, Installationshinweise

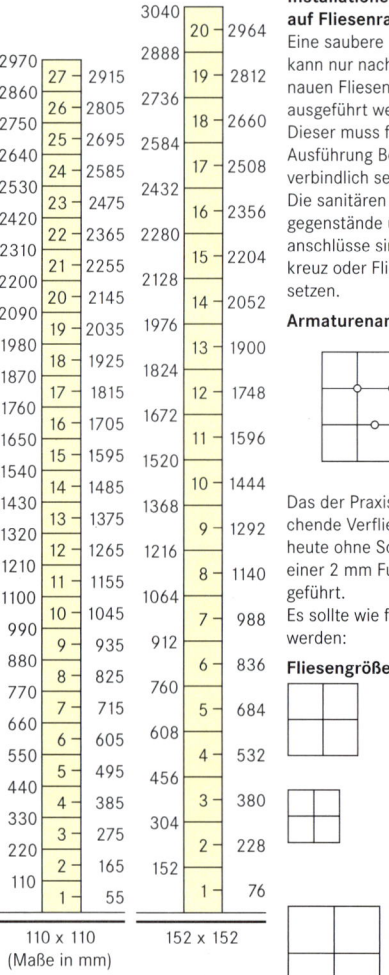

110 x 110		152 x 152	
	3040		
2970		2888	20 – 2964
2860	27 – 2915		19 – 2812
2750	26 – 2805	2736	18 – 2660
2640	25 – 2695	2584	17 – 2508
2530	24 – 2585		16 – 2356
2420	23 – 2475	2432	15 – 2204
2310	22 – 2365	2280	14 – 2052
2200	21 – 2255	2128	13 – 1900
2090	20 – 2145		12 – 1748
1980	19 – 2035	1976	11 – 1596
1870	18 – 1925	1824	10 – 1444
1760	17 – 1815	1672	9 – 1292
1650	16 – 1705	1520	8 – 1140
1540	15 – 1595		7 – 988
1430	14 – 1485	1368	6 – 836
1320	13 – 1375	1216	5 – 684
1210	12 – 1265	1064	4 – 532
1100	11 – 1155	912	3 – 380
990	10 – 1045	760	2 – 228
880	9 – 935	608	1 – 76
770	8 – 825	456	
660	7 – 715	304	
550	6 – 605	152	
440	5 – 495		
330	4 – 385		
220	3 – 275		
110	2 – 165		
	1 – 55		

(Maße in mm)

Installationen auf Fliesenraster

Eine saubere Installation kann nur nach einem genauen Fliesenrasterplan ausgeführt werden.
Dieser muss für alle an der Ausführung Beteiligten verbindlich sein.
Die sanitären Einrichtungsgegenstände und Armaturenanschlüsse sind auf Fugenkreuz oder Fliesenmitte zu setzen.

Armaturenanschlüsse

Das der Praxis entsprechende Verfliesen wird heute ohne Sockel und mit einer 2 mm Fuge durchgeführt.
Es sollte wie folgt geplant werden:

Fliesengröße und -Raster

Fliese: 150 x 150 mm
Raster: 152 x 152 mm

Fliese: 108 x 108 mm
Raster: 110 x 110 mm

Fliese: 198 x 198 mm
Raster: 200 x 200 mm

Arten und Abmessungen von Waschbecken, Badewannen, Wasserklosetts und Urinalen (Maße in mm)

Waschbecken

Handwaschbecken | Waschtisch

	X
Standard	150 mm
mit Wand-Säule	80 mm

ohne Aussparungen | vorgeformte Ventillöcher

Nur für Wandbatterie geeignet.

Waschbecken werden meist fest installiert.
Die **Beckenrandhöhe** beträgt etwa:
850 mm für Erwachsene,
750 mm für Kinder zwischen 6 und 15 Jahre,
600 mm für Kinder bis 6 Jahre

Duschwannen

Normalform

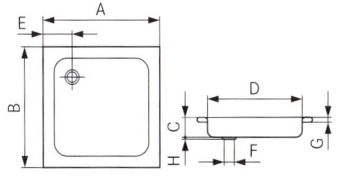

A	B	C	D	E	F	G	H
800	800	160	680	220	53	30	10
900	900	160	780	220	53	30	10
900	750	160	780	220	53	30	10

Viertelkreisduschwannen

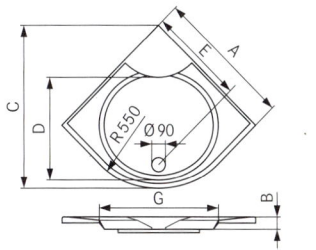

A	B	C	D	E	G
900	65	1045	655	630	775
1000	65	1185	730	705	865

Badewannen

a) Normalwanne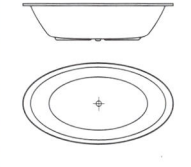
b) Raumsparwanne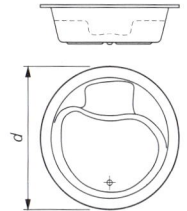
c) Körperformwanne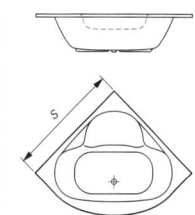

d) Ovalwanne | e) Rundwanne | f) Eckwanne

Wannenform	Länge in mm	Breite in mm	Tiefe in mm	Nutzinhalt in l
a) Normalwanne	1700	750	440	140
b) Raumsparwanne	1600	750	420	100
c) Körperformwanne	1700	750	390	90
d) Ovalwanne	1900	1000	450	200
e) Rundwanne	d = 1800		500	470
f) Eckwanne	s = 1460		425	165

Sitzwaschbecken

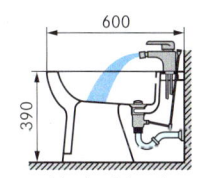
a) bodenstehend

b) wandhängend

Wasserklosett (WC), Flach- und Tiefspül-WC

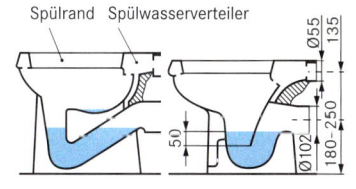

	Montagehöhen	
Benutzer	Wandklosetts	Standklosetts
Erwachsene u. Jugendliche	400 ... 430	380
Kinder	350 ... 370	300
Behinderte	450 ... 520	490

Urinale

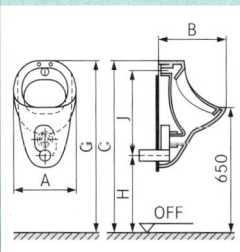

Breite	Tiefe	Höhe Oberkante	Höhe Befestigung	Höhe Abfluss	Abstand Abfluss/Zufluss
A	B	C	G	H	J
345	350	900	700	390	465
370	350	1075	590	430	600
360	350	870	520	320	520
290	320	850	635	390	420
350	295	905	650	410	455

Trinkwasser-installation

Tab. 266.1: Montagehöhen, Stell- und Bewegungsflächen, (Maße in cm)
Planungsempfehlungen siehe auch DIN 18 025-2, sowie DIN 18 024-2

Montagehöhen in cm	
Waschbecken	80 ... 87 (Oberkante)
Unterfahrhöhe	mind. 67
Händetrockner	80 ... 90
Haartrockner	130 ... 140
Sitzwaschbecken	48 ... 60 (Oberkante)
Griff Brause	85
Klosett	45 ... 48 (Oberkante)
Badewanne	38 ... 45
Spiegel	> 100 (Unterkante) (Anordnung individuell)

Seniorengerechtes Bad

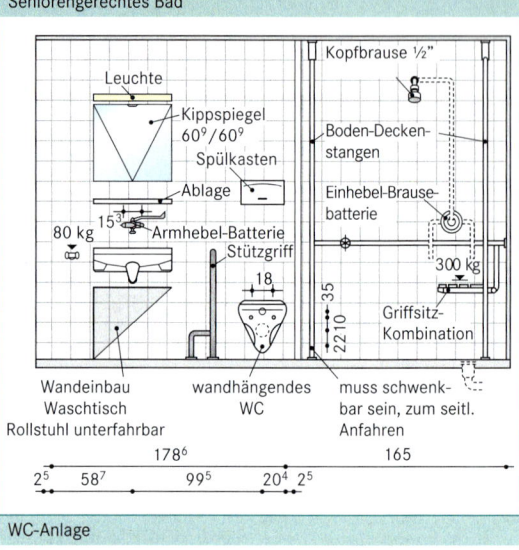

Wandeinbau
Waschtisch
Rollstuhl unterfahrbar

wandhängendes
WC

muss schwenk-
bar sein, zum seitl.
Anfahren

Duschanlage

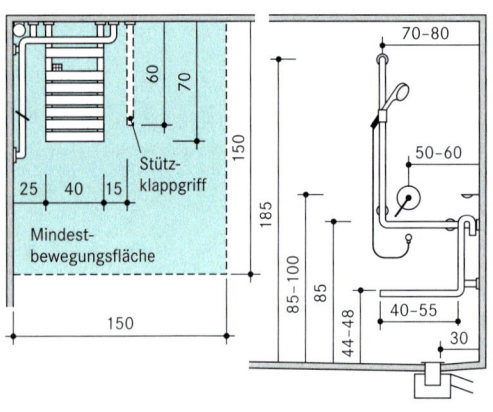

Stütz-
klappgriff

Mindest-
bewegungsfläche

WC-Anlage

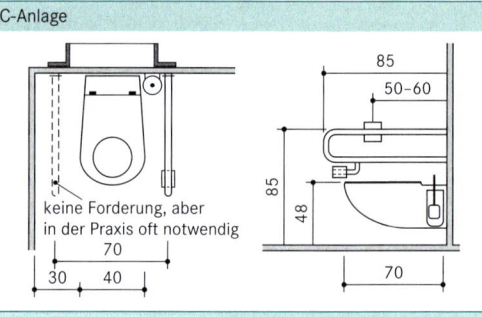

keine Forderung, aber
in der Praxis oft notwendig

Mobiles Pflegecenter außerhalb von Sanitärräumen (Herstellerangaben)

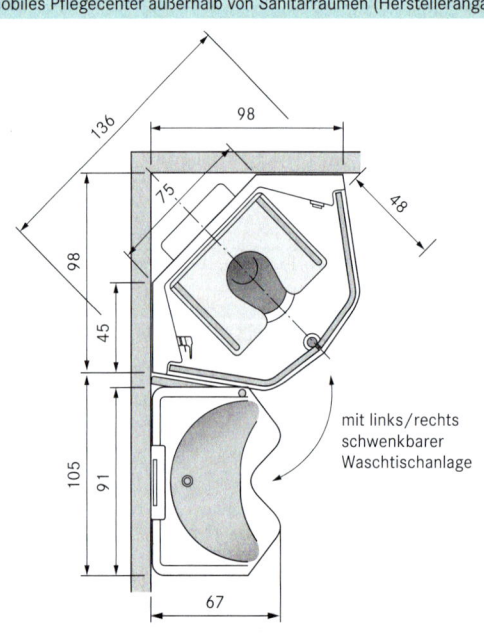

mit links/rechts
schwenkbarer
Waschtischanlage

Abwasser: Dusche DN 40
WC-Stutzen DN 100, falls für WC-Anschluss
bauseitig kein DN 100-Anschluss vorhanden,
Abwasserförderpumpe erforderlich
Kaltwasser: Flexschlauch ½" Außengewinde
Warmwasser: Flexschlauch ½" Außengewinde
Elektroanschlüsse: nach VDE 230 V (nur bei Abwasserpumpe
erforderlich)

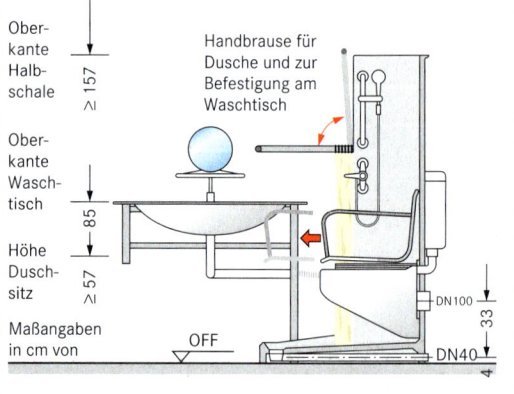

Ober-
kante
Halb-
schale

Ober-
kante
Wasch-
tisch

Höhe
Dusch-
sitz

Maßangaben
in cm von

Handbrause für
Dusche und zur
Befestigung am
Waschtisch

Leitungsabschnitte

DIN EN 12 056-2: 2001 & DIN 1986-100: 2008-05

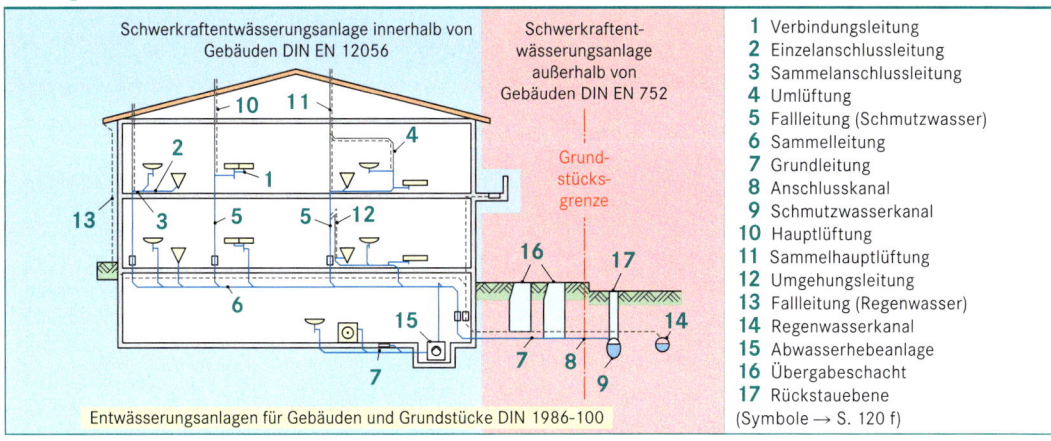

Schwerkraftentwässerungsanlage innerhalb von Gebäuden DIN EN 12056

Schwerkraftentwässerungsanlage außerhalb von Gebäuden DIN EN 752

Grundstücksgrenze

1 Verbindungsleitung
2 Einzelanschlussleitung
3 Sammelanschlussleitung
4 Umlüftung
5 Fallleitung (Schmutzwasser)
6 Sammelleitung
7 Grundleitung
8 Anschlusskanal
9 Schmutzwasserkanal
10 Hauptlüftung
11 Sammelhauptlüftung
12 Umgehungsleitung
13 Fallleitung (Regenwasser)
14 Regenwasserkanal
15 Abwasserhebeanlage
16 Übergabeschacht
17 Rückstauebene
(Symbole → S. 120 f)

Entwässerungsanlagen für Gebäuden und Grundstücke DIN 1986-100

Maßgebende Normen

DIN EN 12 056: Schwerkraftentwässerungsanlagen innerhalb von Gebäuden

EN 12 056 -1: 2001-01	Allgemeine und Ausführungsanforderungen	
-2: 2001-01	Schmutzwasseranlagen, Planung und Berechnung	
	In Deutschland sind Entwässerungsanlagen nach **System I** (Einzelfallleitungsanlage mit teilbelüfteten Anschlussleitungen mit Füllungsgrad 50 %) zu planen	
-3: 2001-01	Dachentwässerung, Planung und Bemessung	
-4: 2001-01	Abwasserhebeanlagen, Planung und Bemessung	
-5: 2001-01	Installation und Prüfung, Anleitung für Betrieb, Wartung und Gebrauch	

DIN 1986: Entwässerungsanlagen für Gebäude und Grundstücke

-100 : 2008-05	Zusätzliche Bestimmungen zu DIN EN 752 und DIN EN 12 056	
-3 : 2004-11	Regeln für den Betrieb	
-4 : 2003-02	Verwendungsbereiche von Abwasserrohren und -formstücken verschiedener Werkstoffe	
-30 : 2003-02	Instandhaltung	

DIN EN 752 Teil 1 bis 7: Entwässerungssysteme außerhalb von Gebäuden

DIN EN 12 050: Abwasserhebeanlagen für Gebäude- und Grundstücksentwässerung

-1: 2001-05	Fäkalienhebeanlagen	
-2: 2001-05	Abwasserhebeanlagen für fäkalienfreies Abwasser	
-3: 2001-05	Fäkalienhebeanlagen zur begrenzten Verwendung	
DIN EN 13 564	**Rückstauverschlüsse für Gebäude** (→ S. 306)	
DIN EN 1825	**Abscheideanlagen für Fette** (→ S. 311 f.)	
DIN 4040-100	Anforderungen an die Anwendung von Abscheideranlagen nach DIN EN 1825	
DIN EN 858	**Abscheideanlagen für Leichtflüssigkeiten** (→ S. 309 f.)	
DIN 1999-100	Anforderungen für die Anwendung von Anscheideranlagen nach DIN EN 858	

Tab. 267.2: Maximal zulässige Abwassertemperaturen

Anschluss-, Fall- und Sammelleitungen	95 °C
Grundleitungen	45 °C mit kurzzeitig höheren Spitzen, an der Grundstücksgrenze: max. 35 °C

Tab. 267.3: Begriffe

Abwasser	Wasser, welches durch Gebrauch verändert ist und jedes in die Entwässerungsanlage fließende Wasser
Häusliches Abwasser	Abwasser aus Küchen, Waschküchen, Badezimmer, Toiletten, u. ä.
Industrielles Abwasser	Abwasser, durch industriellen/gewerblichen Gebrauch verändert, Kühlwasser
Grauwasser	Fäkalienfreies Schmutzwasser
Schwarzwasser	Fäkalienhaltiges Schmutzwasser
Regenwasser	Wasser aus natürlichem Niederschlag, nicht durch Gebrauch verunreinigt
Freispiegelleitung	teilgefüllte Leitungen mit einem Füllungsgrad < 1 (→ S. 285 ff.)
Gelbwasser[1]	reiner Urin (z. B. für Trenntoilette bzw. wasserloses Urinal)
Braunwasser[1]	Wasser, welches nur mit festen, menschlichen Ausscheidungen beaufschlagt ist
Brauchwasser	Wasser unterschiedlicher Güteeigenschaften
Betriebswasser	Wasser unterschiedlicher Güteeigenschaften einschließlich Trinkwasser

[1] in DIN nicht aufgeführt

Tab. 268.1: Verwendungsbereich von Abwasserrohren — DIN 1986-4: 2003 (Auszug)

Werkstoff	DIN-Norm oder bauaufsichtliche Zulassung[1]	Anschluss- und Verbindungsleitung	Fallleitung	Sammelleitung	Grundleitung unzugänglich in der Grundplatte	Grundleitung im Erdreich	Lüftungsleitung	Regenwasserleitung im Gebäude	Regenwasserleitung im Freien	Leitungen für Kondensate aus Feuerungsanlagen	Brandverhalten der Baustoffe nach DIN 4102-1
Steinzeugrohr	DIN EN 295-1	+	+	+	+	+	+	+	+	+	A 1 nichtbrennbar
Faserzementrohr	DIN EN 12 763	+	+	+	-	-	+	+	+	- [2]	A 2 nichtbrennbar
Faserzementrohr	DIN 19 850 / DIN EN 588-1	-	-	-	+	+	-	-	+	- [2]	A 2 nichtbrennbar
Blechrohre (Zink, Kupfer, Aluminium, verz. Stahl)	DIN EN 612								+ [3]	-	A 1 nichtbrennbar
Gusseisern. Rohr ohne Muffe (SML)	DIN 19 522 / DIN EN 877	+	+	+	+	+	+	+	+	- [2]	A 1 nichtbrennbar
Stahlrohr	DIN EN 1123-1 / DIN EN 1123-2	+	+	+	+	+ [4]	+	+	+	- [2]	A 1 nichtbrennbar
Rohr aus nichtrostendem Stahl	DIN EN 1124-1 ... 3	+	+	+	+	+ [4]	+	+	+		A 1 nichtbrennbar
PVC-U-Rohr	DIN EN 1401-1 / DIN V 19 534-3	-	- [5]	- [5]	+	+	-	+	-	+	B 1 schwerentflammbar
PVC-U-Rohr [6] erhöhte Steifigkeit	Zulassung	-	-	-	+	+	-	-	-	+	- [7]
PVC-C-Rohr [6]	DIN EN 1566-1 / DIN 19 538-10	+	+	+	+	+	+	+	+ [3]	+	B 1 schwerentflammbar
PE-HD-Rohr [6]	DIN EN 1519-1 / DIN 19 535-10	+	+	+	+	-	+	+	+	+	B 2 normal entflammbar
PE-HD-Rohr [6]	DIN EN 12666-1 / DIN 19 537	-	-	-	+	+	-	-	-	+	- [7]
PE mineralverstärkt [6]	Zulassung	+	+	+	+	-	+	+	-	-	B 2 normal entflammbar
PP-Rohr [6]	DIN EN 1451-1 / DIN 19 560-10	+	+	+	+	-	+	+	+	+	B 1 schwerentflammbar
PP mineralverstärkt [6]	Zulassung	+	+	+	+	+	+	+	-	+	B 2 normal entflammbar
ABS [6]	DIN EN 1455-1 / DIN 19 561-10	+	+	+	+	-	+	+	+	+	B 2 normal entflammbar
SAN + PVC [6]	DIN EN 1565-1 / DIN 19 561-10	+	+	+	+	-	+	+	+	+	B 2 normal entflammbar
ABS/ASA/PVC, mineralverstärkte Außenschicht [6]	Zulassung	+	+	+	+	-	+	+	-	+	B 2 normal entflammbar

„+" geeignet   „–" ungeeignet

[1] Rohre, Formstücke und Dichtmittel dürfen nur dann verwendet werden, wenn sie Technischen Regeln bzw. einer bauaufsichtlichen Zulassung entsprechen. Jedes Bauteil ist deutlich sichtbar und dauerhaft zu kennzeichnen.

[2] Für Leitungen verwendbar, in denen planmäßig eine Verdünnung durch anderes Abwasser stattfindet. Andernfalls sind diese Rohre mit einer Sonderbeschichtung zu versehen.

[3] Nicht als Standrohr verwendbar.

[4] Rohre und Formstücke sind außen mit einem Korrosionsschutz nach DIN 30 670 zu versehen. Bauseitig aufgebrachter Korrosionsschutz muss DIN 30 672 entsprechen.

[5] Darf als Fall- und Sammelleitung verwendet werden, sofern keine höheren Abwassertemperaturen als 45 °C zu erwarten sind.

[6] HT-Rohre: heißwasser-/hochtemperaturbeständige Rohre, zulässig von –10 °C bis 130 °C

[7] Brandschutznachweis für Grundleitung nicht erforderlich.

Geruchverschlüsse und Ablaufgarnituren
gullies and traps

Tab. 268.2: Mindestsperrwasserhöhen, Nennweiten und Bauarten — DIN 1986-100: 2008-05

Entwässerungsgegenstand	Mindest-Sperrwasserhöhe h in mm
Waschbecken, Bidet, Bade-/Duschwanne, Küchenspüle, Urinal, WC, Badabläufe	50 [1][2]
Regenwasser	100 [2]

[1] bei Räumen mit Über- oder Unterdruck u. U. höher
[2] zulässiger Sperrwasserverlust durch Abflussvorgang: 25 mm

Sperrwassererneuerung bei Austrocknungsgefahr durch indirekten Anschluss eines Entwässerungsgegenstandes (z. B. Waschtisch, Badewanne oder Duschwanne)

Bauarten   Röhren-, Flaschen-, Tauchwandgeruchverschluss

Zulauf von Waschbecken, Waschmaschine usw. — Fliesen — Zementestrich — Anschlussleitung — Betondecke — Badablauf mit Geruchverschluss

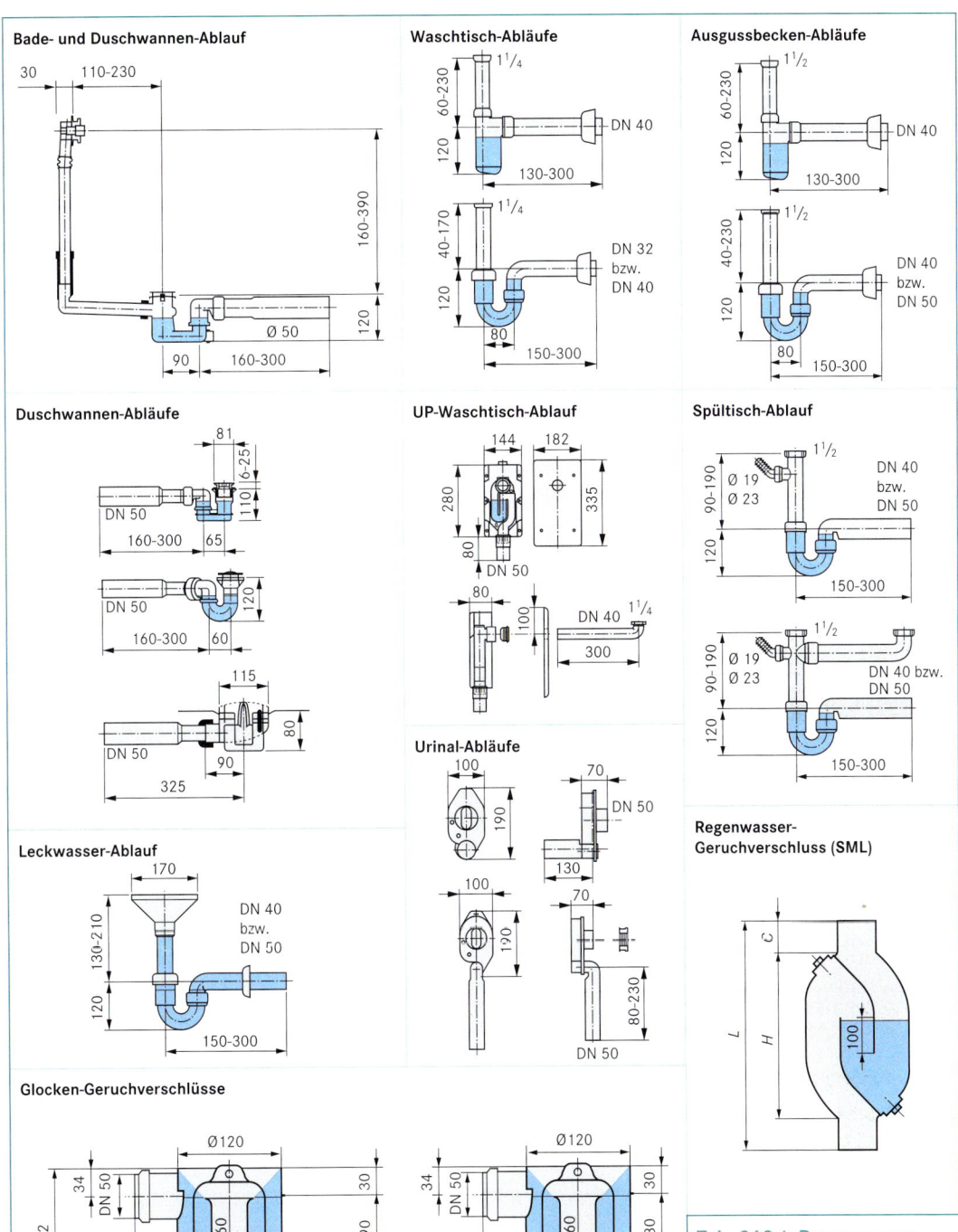

Bade- und Duschwannen-Ablauf

Waschtisch-Abläufe

Ausgussbecken-Abläufe

Duschwannen-Abläufe

UP-Waschtisch-Ablauf

Spültisch-Ablauf

Urinal-Abläufe

Leckwasser-Ablauf

Regenwasser-Geruchverschluss (SML)

Glocken-Geruchverschlüsse

Tab. 269.1: Regenwasser GV (SML)

DN	L mm	H mm	C mm
70	472	312	80
100	588	408	90
125	687	487	100
150	742	522	110

Entwässerungs-technik

SML (Super Metallit Lieferprogramm): Gusseisen DIN 19 522: 2000-01
Beschichtung: außen: rotbraune Farbgrundierung; innen: Zweikomponenten-Epoxid-Beschichtung
Tab. 270.1: SML-Abwasserrohre

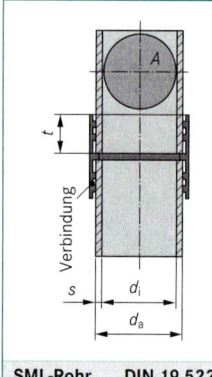

DN	Innendurch-messer d_i mm	Außendurch-messer d_a mm	Wand-dicke s mm	Einschub-länge t mm	längenbez. Rohrmasse m' kg/m	längenbez. Rohrinhalt V' l/m
40	42	48	3,0	30	3,1	1,3
50	51	58	3,5	30	4,3	2,0
70[1]	71	78	3,5	35	5,9	4,0
80	76	83	3,5	35	6,1	4,5
100	103	110	3,5	40	8,4	8,2
125	127	135	4,0	45	11,8	12,3
150	152	160	4,0	50	14,1	17,7
200	198	210	5,0	60	23,1	30,8
250	260,5	274	5,5	70	33,3	53,3
300	311,5	326	6,0	80	43,2	76,2

handelsübliche Baulänge: l = 3000 m; zulässige Abweichung ± 20 mm

SML-Rohr	DIN 19 522	–	50	X	3000	[1] Auslaufmodell
Werkstoff	DIN-Nummer	–	DN	X	Länge in mm	

Tab. 270.2: SML-Bogen

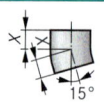 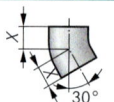 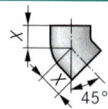 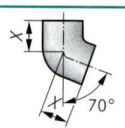 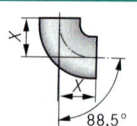

DN	15°-Bogen		30°-Bogen		45°-Bogen		68°-Bogen		88°-Bogen	
	X mm	Masse m kg	X mm	Masse m kg	X mm	Masse m kg	X mm	Masse m kg	X mm	Masse m kg
40	–	–	–	–	50	0,4	–	–	70	0,5
50	40	0,4	45	0,5	50	0,5	65	0,7	75	0,7
70[1]	45	0,6	50	0,7	60	0,9	75	1,1	90	1,2
80	45	0,7	50	0,8	60	1,0	80	1,1	95	1,4
100	50	1,0	60	1,3	70	1,6	100	1,9	110	2,1
125	60	1,7	70	2,0	80	2,3	105	2,9	125	3,2
150	65	2,5	80	3,0	90	3,5	120	4,3	145	4,9
200	80	4,6	95	5,4	110	6,2	145	7,7	180	8,8

SML-Bogen	DIN 19 522	–	100	–	45	[1] Auslaufmodell
Werkstoff-Formstück	DIN-Nummer	–	DN	–	Winkel in °	

Tab. 270.3: SML-Formstücke

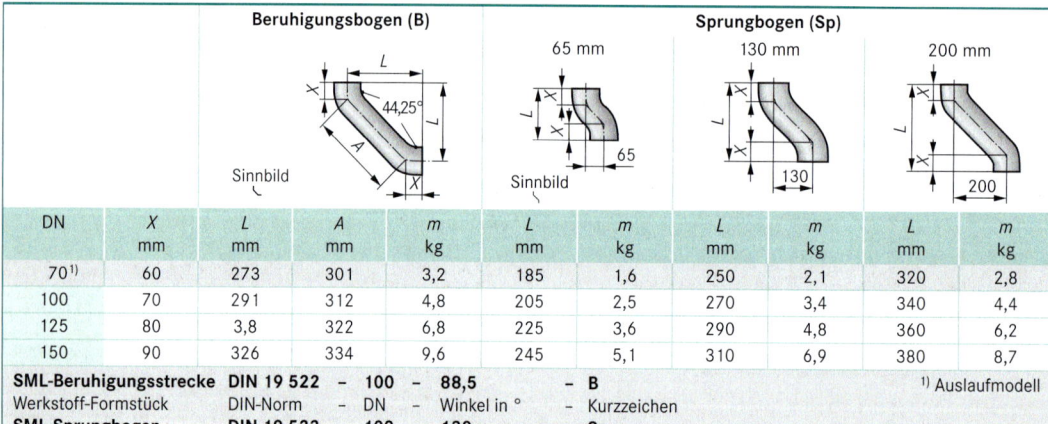

DN	X mm	L mm	A mm	m kg	L mm	m kg	L mm	m kg	L mm	m kg
		Beruhigungsbogen (B)					Sprungbogen (Sp)			
					65 mm		130 mm		200 mm	
70[1]	60	273	301	3,2	185	1,6	250	2,1	320	2,8
100	70	291	312	4,8	205	2,5	270	3,4	340	4,4
125	80	3,8	322	6,8	225	3,6	290	4,8	360	6,2
150	90	326	334	9,6	245	5,1	310	6,9	380	8,7

SML-Beruhigungsstrecke	DIN 19 522	–	100	–	88,5	–	B	[1] Auslaufmodell
Werkstoff-Formstück	DIN-Norm	–	DN	–	Winkel in °	–	Kurzzeichen	
SML-Sprungbogen	DIN 19 522	–	100	–	130	–	Sp	
Werkstoff-Formstück	DIN-Norm	–	DN	–	Versatz in mm	–	Kurzzeichen	

Entwässerungs-technik

Tab. 271.1: SML-Abzweige

DN 1	DN 2	L_{45} mm	X_1 mm	X_2 mm	X_3 mm	m kg	$L_{88,5}$ mm	X_1 mm	X_2 mm	X_3 mm	m kg
40	40	160	45	115	115	1,0	–	–	–	–	–
50	40	160	45	115	115	1,1	–	–	–	–	–
50	50	185	50	115	115	1,4	145	79	80	66	0,9
70[1]	50	190	40	150	150	1,7	155	83	90	72	1,4
70[1]	70	215	55	160	160	2,3	180	97	95	83	1,7
80	50	180	45	135	135	1,8	160	85	90	75	1,5
80	80	215	60	155	155	2,4	180	95	95	85	2,0
100	50	200	35	165	165	2,5	170	94	100	76	2,1
100[1]	70	235	50	185	185	3,3	190	102	110	88	2,4
100	80	220	50	170	170	3,5	190	100	110	90	2,6
100	100	275	70	205	205	4,2	220	115	115	105	2,9
125	50	205	20	185	185	3,4	180	98	120	82	3,0
125[1]	70	240	40	200	200	4,3	200	107	125	93	3,4
125	80	240	51	189	189	4,6	205	105	125	100	3,6
125	100	280	60	220	220	5,8	235	125	130	110	4,0
150[1]	70	245	30	215	215	5,6	215**	115	140	100	4,8
150	100	295	55	240	240	6,8	245	130	145	115	5,5

| SML-Abzweig | DIN 19 522 | – | 100 | X | 70 | – | 45 | [1] Auslaufmodell |
| Werkstoff-Formstück | DIN-Nummer | – | DN 1 | X | DN 2 | – | Winkel in ° | |

Tab. 271.2: SML-Doppelabzweige

(Maße in mm)

Doppelabzweig (D) Eckabzweig (E)

DN 1	DN 2	DN 3	L	X_1	X_2	X_3	X_4	X_5	m in kg	X_1	X_2	X_3	m in kg
100	50	50	170	94	94	105	76	76	2,2	–	–	–	–
100[1]	70	70	190	102	102	110	88	88	2,7	102	110	88	2,7
100	100	100	220	115	115	115	105	105	3,2	115	115	105	3,1
125[1]	70	70	200	–	–	–	–	–	–	107	125	93	3,7
125	100	100	235	125	125	130	110	110	4,5	125	130	110	4,4
150	100	100	245	130	130	145	115	115	6,1	130	145	115	6,1

SML-Doppelabzweig	DIN 19 522	–	D 150	X	100	X	70	–	88,5	[1] Auslaufmodell
SML-Eckabzweig	DIN 19 522	–	E 150	X	100	X	70	–	88,5	
Werkstoff-Formstück	DIN-Norm	–	DN 1	X	DN 2	X	DN 3	–	Winkel in °	

Tab. 271.3: SML-Abzweige

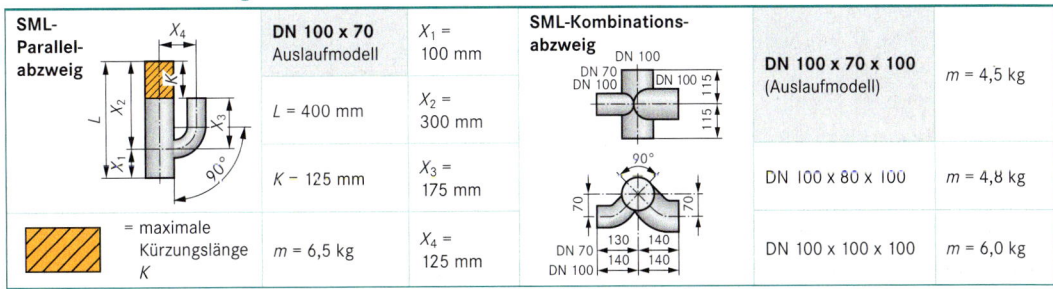

SML-Parallelabzweig

= maximale Kürzungslänge K

X_4 X_2 K X_3 L X_1 90°

DN 100 x 70
Auslaufmodell

L = 400 mm

K = 125 mm

m = 6,5 kg

X_1 = 100 mm

X_2 = 300 mm

X_3 = 175 mm

X_4 = 125 mm

SML-Kombinationsabzweig

DN 100
DN 70 / DN 100   DN 100   115 / 115
DN 100   115 / 115

90°
70   70
DN 70   130   140
DN 100   140   140

DN 100 x 70 x 100 (Auslaufmodell)	m = 4,5 kg
DN 100 x 80 x 100	m = 4,8 kg
DN 100 x 100 x 100	m = 6,0 kg

Entwässerungstechnik

271

Tab. 272.1: SML-Formstücke (DN 70 ist Auslaufmodell)

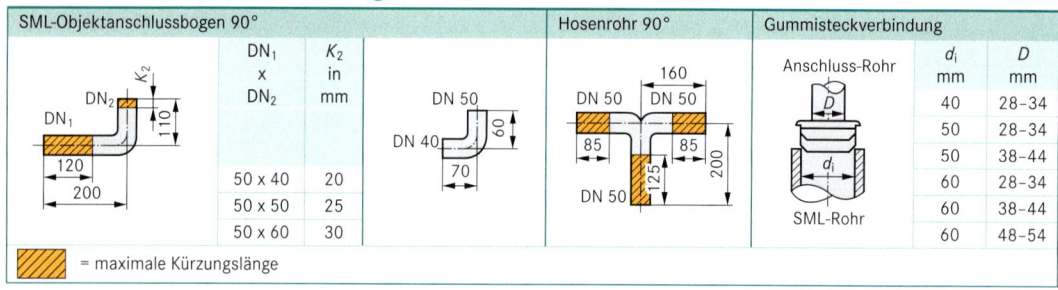

Übergangsrohr (U) — Sinnbild

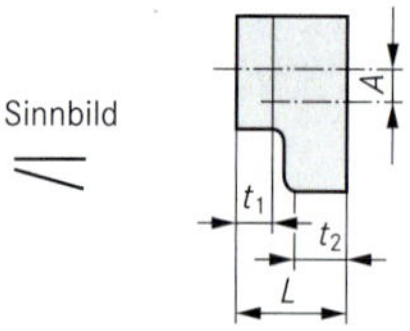

Enddeckel (E) — Sinnbild

DN 1	DN 2	A mm	L mm	t_1 mm	t_2 mm	m kg
70	50	10	75	30	35	0,5
80	50	13	80	35	30	0,7
100	50	25	80	30	40	0,9
100	70	16	85	35	40	0,9
100	80	14	90	40	35	1,1
125	50	38,5	85	30	45	1,4
125	70	28,5	90	35	45	1,5
125	80	26	95	45	35	1,5
125	100	12,5	95	40	45	1,5
150	50	51	95	30	50	2,0
150	70	41	100	35	50	2,1
150	80	39	100	80	35	2,3
150	100	25	105	40	50	2,2
150	125	12,5	110	45	50	2,2
200	100	50	115	40	60	4,1
200	125	37,5	120	45	60	4,1
200	150	25	125	50	60	4,3

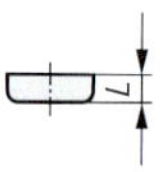

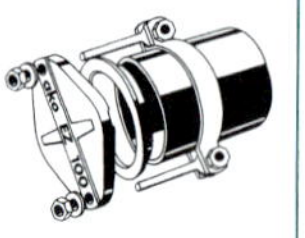

DN	L mm	m kg	m kg
100	40	0,5	2,5
125	45	1,1	3,5
150	50	1,7	4,5
200	60	3,1	6,0

Fallrohrstütze (F) — Sinnbild

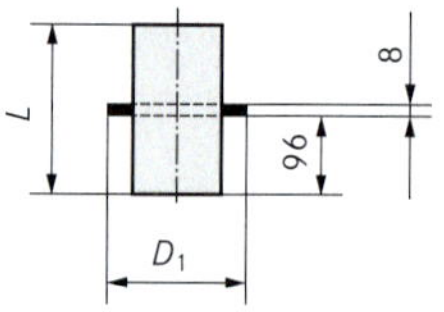

DN	D_1 mm	m kg	DN	D_1 mm	m kg
50	87	2,1	125	170	4,5
80	118	2,0	150	195	6,0
100	145	3,6	200	245	8,3

SML-Übergangsrohr DIN 19 522 – U 100 X 70
Werkstoff-Formstück DIN-Norm – Kurzzeichen DN 1 x DN 2

SML-Fallrohrstütze DIN 19 522 – F 100
Werkstoff-Formst. DIN-Norm – Kurzzeichen DN

Tab. 272.2: SML-Objekt-Anschlussbogen

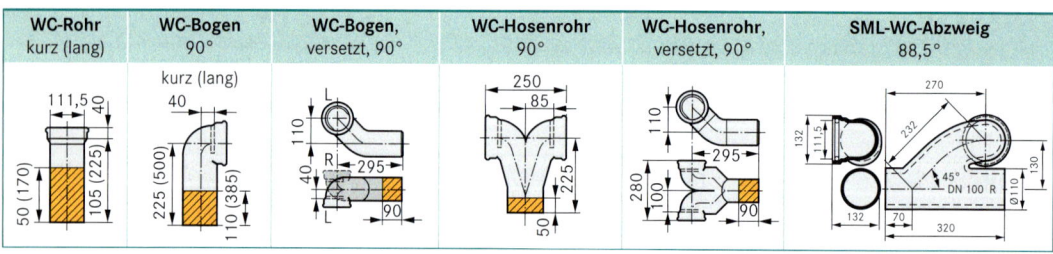

SML-Objektanschlussbogen 90°

DN$_1$ x DN$_2$	K_2 in mm
50 x 40	20
50 x 50	25
50 x 60	30

Hosenrohr 90°

Gummisteckverbindung

	d_i mm	D mm
Anschluss-Rohr	40	28–34
	50	28–34
	50	38–44
	60	28–34
	60	38–44
SML-Rohr	60	48–54

▨ = maximale Kürzungslänge

Tab. 272.3: SML-WC-Anschlüsse DN 100

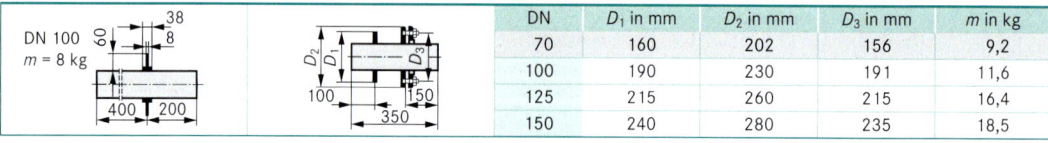

WC-Rohr kurz (lang)	WC-Bogen 90°	WC-Bogen, versetzt, 90°	WC-Hosenrohr 90°	WC-Hosenrohr, versetzt, 90°	SML-WC-Abzweig 88,5°

Tab. 272.4: SML-Mauerflasche (DN 70 ist Auslaufmodell)

DN 100
m = 8 kg

DN	D_1 in mm	D_2 in mm	D_3 in mm	m in kg
70	160	202	156	9,2
100	190	230	191	11,6
125	215	260	215	16,4
150	240	280	235	18,5

Entwässerungs-technik

Tab. 273.1: SML-Verbindungen (Längenmaße in mm)

	rapid-Verbindung (DN 70 ist Auslaufmodell)						CV-Verbindung						
	Verbinder			Kralle			Verbinder				Kralle		

DN mm	D_1 mm	H mm	L mm	A mm	D_1 mm	L mm	A mm	B mm	D_1 mm	L mm	A mm	D_1 mm	L mm
40	53	64	41	bis 10 bar			–	–	–	–	–	–	–
50	70	80	40	21	75	69	14	22,5	65	48	12	74	71
70	90	100	40	21	95	69	14	22,5	85	48	23	94	71
80	95	105	40	23	100	75	–	–	–	–	–	–	–
100	125	135	46	25	135	87	18	22,5	115	54	23	124	87
125	147	162	55	25	160	95	18	31	140	65	23	149	98
150	172	187	55	25	185	95	18	31	170	65	23	174	98
200	223	240	70	30	235	111	18	37	220	78	23	224	110
250	292	305	115	–	–	–	18	37	286	78	27	294	138

Tab. 273.2: SML-Verbindungen für das Erdreich (DN 70 ist Auslaufmodell)

DN	SVE-Verbindung (Steckverbindung)					GRIP-INOX (längskraftschlüssig bis 10 bar)				
		D_1 mm	L mm	L_1 mm	A mm		a mm	b mm	c mm	d mm	M mm

DN	D_1 mm	L mm	L_1 mm	A mm	a mm	b mm	c mm	d mm	M mm
50	77	60	29	2	77	29	17	85	8
70	98,5	65,5	32	2	98	40	25	100	10
80	103,5	65,5	32	2	98	40	25	105	10
100	134	82	39,5	3	98	40	25	130	10
125	161	103	50	3	113	50	35	165	12
150	186	103	50	3	113	50	35	185	12
200	238	114	55,5	3	114	66	35	240	12

Tab. 273.3: SML-Verbindungen zum Übergang von Anschlussleitungen auf SML (Maße in mm)

Konfix-Multi	Konfix (Maße in mm) (DN 70 ist Auslaufmodell)						

DN	d_1 mm	D mm	Anschluss-rohr: d_a	L mm	L_1 mm	E[1] mm
50	57	72	40 … 56	58	20	30
70	77	92	56 … 75	66,5	22	40
80	82	92	56 … 75	71,5	22	45
100	108	126	102 … 110	89,5	27,5	57
125	132	151	125	108,5	35,5	65

[1] Einschubtiefe des Anschlussrohres

Tab. 273.4: SML-Rohrtypen und Einsatzbereich

Bezeichnung	Nennweite	Einsatzbereich	Merkmal
SML[1]	DN 40 bis DN 300	für häusliches Abwasser und Niederschlagswasser; im Gebäude verlegt, auch einbetoniert	rotbraun
SML Plus[1]	DN 50 bis DN 300	für aggressive Abwässer, z. B. Großküchen; im Gebäude und erdverlegt	mittelgrau
SML C[1]	DN 100 bis DN 200	für häusliches Abwasser und Niederschlagswasser, erdverlegt	braun
SML B[1]	DN 100 bis DN 600	planmäßig im Freien verlegt, z. B. für Brückenentwässerung	hellgrau
SML V[1]	DN 50 bis DN 200	Verbundrohr für Niederschlagswasser, wärmegedämmt, im Gebäude	hartschaumisoliert, mit Wickelfalzrohr ummantelt

[1] herstellerabhängige Bezeichnung

Stahlrohr
Rohre aus nichtrostendem Stahl
die Maße von Stahlrohr bzw. nichtrostendem Stahlrohr unterscheiden sich nur geringfügig voneinander

DIN EN 1123: 2004-12
DIN EN 1124: 2004-12

Tab. 274.1: Stahl-Abflussrohre

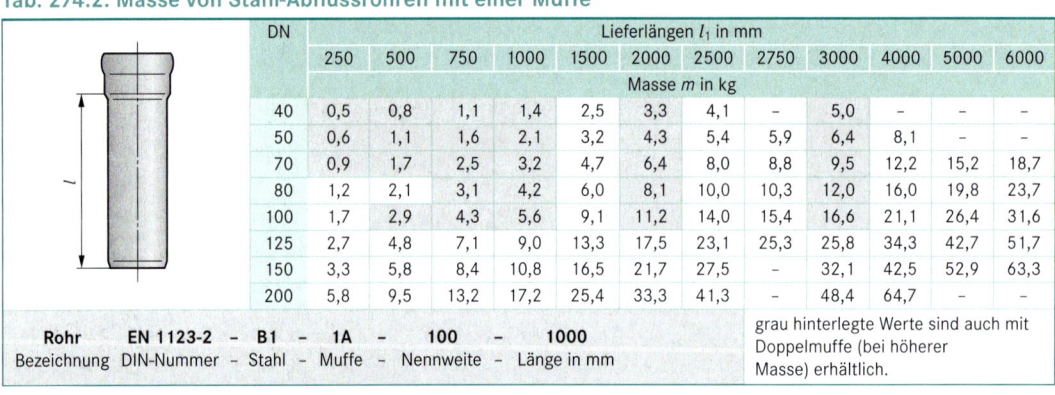

DN	Innendurch-messer d_i in mm	Außendurch-messer d_a in mm	Wand-dicke s in mm	Einschub-länge[1] t in mm	Muffen-außen-Ø D in mm	längenbez. Rohrmasse m' in kg/m	längenbez. Rohrinhalt V' in l/m
40	39	42	1,5	30	51	1,5	1,2
50	50	53	1,5	38	63	2,0	2,0
70	69,8	73	1,6	55	84,2	3,0	3,8
80	85,8	89	1,6	60	102,2	3,5	5,8
100	98	102	2,0	70	118	4,9	7,5
125	128	133	2,5	75	152	8,0	12,9
150	154	159	2,5	80	181	9,6	18,6
200	213,2	219	2,9	120	246,8	15,7	35,7
250	265	273	4,0	–[2]	–[2]	24,2	55,1
300	316	324	4,0	–[2]	–[2]	31,7	78,4

Rohr EN 1123-2 – B1 – 1A – 100 – 1000
Bezeichnung DIN-Nummer – Stahl – Muffe – Nennweite – Länge in mm

[1] größere Einschubtiefen als Sonderanfertigung möglich
[2] muffenloses Rohr mit Schelle

Tab. 274.2: Masse von Stahl-Abflussrohren mit einer Muffe

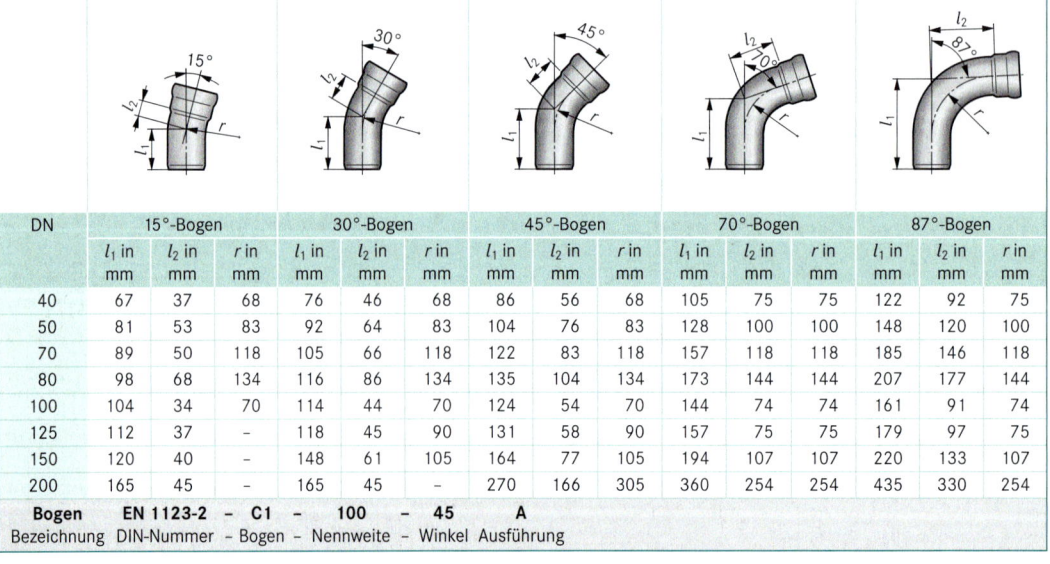

DN	Lieferlängen l_1 in mm											
	250	500	750	1000	1500	2000	2500	2750	3000	4000	5000	6000
	Masse m in kg											
40	0,5	0,8	1,1	1,4	2,5	3,3	4,1	–	5,0	–	–	–
50	0,6	1,1	1,6	2,1	3,2	4,3	5,4	5,9	6,4	8,1	–	–
70	0,9	1,7	2,5	3,2	4,7	6,4	8,0	8,8	9,5	12,2	15,2	18,7
80	1,2	2,1	3,1	4,2	6,0	8,1	10,0	10,3	12,0	16,0	19,8	23,7
100	1,7	2,9	4,3	5,6	9,1	11,2	14,0	15,4	16,6	21,1	26,4	31,6
125	2,7	4,8	7,1	9,0	13,3	17,5	23,1	25,3	25,8	34,3	42,7	51,7
150	3,3	5,8	8,4	10,8	16,5	21,7	27,5	–	32,1	42,5	52,9	63,3
200	5,8	9,5	13,2	17,2	25,4	33,3	41,3	–	48,4	64,7	–	–

Rohr EN 1123-2 – B1 – 1A – 100 – 1000
Bezeichnung DIN-Nummer – Stahl – Muffe – Nennweite – Länge in mm

grau hinterlegte Werte sind auch mit Doppelmuffe (bei höherer Masse) erhältlich.

Tab. 274.3: Stahl-Abflussrohre – Bogen

DN	15°-Bogen			30°-Bogen			45°-Bogen			70°-Bogen			87°-Bogen		
	l_1 in mm	l_2 in mm	r in mm	l_1 in mm	l_2 in mm	r in mm	l_1 in mm	l_2 in mm	r in mm	l_1 in mm	l_2 in mm	r in mm	l_1 in mm	l_2 in mm	r in mm
40	67	37	68	76	46	68	86	56	68	105	75	75	122	92	75
50	81	53	83	92	64	83	104	76	83	128	100	100	148	120	100
70	89	50	118	105	66	118	122	83	118	157	118	118	185	146	118
80	98	68	134	116	86	134	135	104	134	173	144	144	207	177	144
100	104	34	70	114	44	70	124	54	70	144	74	74	161	91	74
125	112	37	–	118	45	90	131	58	90	157	75	75	179	97	75
150	120	40	–	148	61	105	164	77	105	194	107	107	220	133	107
200	165	45	–	165	45	–	270	166	305	360	254	254	435	330	254

Bogen EN 1123-2 – C1 – 100 – 45 A
Bezeichnung DIN-Nummer – Bogen – Nennweite – Winkel Ausführung

Tab. 275.1: Stahl-Abflussrohre – Abzweige

DN 1	DN 2	l_1 in mm	l_2 in mm	l_3 in mm	m in kg	l in mm	x_1 in mm	l_1 in mm	l_2 in mm
40	40	125	55	70	0,4	110	70	40	0,3
50	40	130	50	79	0,5	120	75	46	0,4
50	50	125	65	90	0,6	130	80	50	0,5
70	40	150	60	95	0,7	145	95	57	0,7
70	50	175	75	106	0,9	150	100	61	0,8
70	70	200	85	115	1,1	175	110	65	0,9
80	50	185	72	117	1,1	155	103	69	1,0
80	70	200	85	125	1,3	175	115	75	1,2
80	80	235	97	138	1,6	205	135	78	1,4
100	40	180	65	116	65	175	115	72	1,4
100	50	200	75	127	1,7	180	115	76	1,5
100	70	230	90	136	2,0	200	125	80	1,7
100	80	250	100	145	2,1	210	135	85	2,0
100	100	265	110	155	2,5	230	140	90	2,2
125	50	225	75	148	2,7	200	125	91	2,4
125	70	255	90	157	3,1	225	140	95	2,8
125	100	290	105	176	3,9	255	155	105	3,3
125	125	340	130	210	4,9	285	170	120	4,0
150	70	255	80	177	3,7	225	140	109	3,3
150	100	290	95	195	4,5	255	155	119	3,9
150	125	340	120	230	5,6	290	175	134	4,6
150	150	380	140	240	6,2	320	190	135	5,2

Tab. 275.2: Stahl-Abflussrohre – Doppelabzweige

(Maße in mm)

DN 1	DN 2	DN 3	l_1	l_2	l_3	m in kg	l_1	l_2	l_3	m in kg
70	50	50	150	100	61	0,9	175	75	106	1,0
100	50	50	180	115	76	1,6[1]	200	75	127	1,8[1]
100	70	70	200	125	80	1,9	230	90	136	2,3
125	100	100	–	–	–	–	290	105	176	4,7[1]
150	100	100	–	–	–	–	290	95	195	5,6[1]
150	125	125	–	–	–	–	340	120	230	7,6[1]

[1] nicht als Eck-Doppelabzweig

Tab. 275.3: Stahl-Abflussrohre – Formstücke

DN	l_2 in mm	l_3 in mm	l_1 in mm	l_4 in mm	l_5 in mm	m in kg	l_1 in mm	m in kg	l_1 in mm	m in kg	l_1 in mm	m in kg
50	70	38	–	–	–	–	285	0,7	200	0,8	323	1,0
70	73,5	35	–	–	–	–	300	1,1	335	1,3	359	1,5
80	75	55	–	–	–	–	351	2,1	390	2,6	405	3,0
100	95	17	269	48	124	2,3	245	2,3	300	2,8	370	3,3
125	65	20	–	–	–	–	255	3,4	314	4,1	287	4,9

Tab. 276.1: PE (Polyethylen)

DIN EN 1519-1: 2000-01

PE = Polyethylen; hochtemperaturbeständig (HT) Farbe: schwarz

Benennung	Kurzzeichen	Benennung	Kurzzeichen
Bogen	PE**B**	**M**ehrfach**a**bzweig	PE**MA**
Einfach**a**bzweig	PE**EA**	**H**osen-**T**-Stück	PE**HT**
Doppel**a**bzweig	PE**DA**	**Ü**bergangs**r**ohr	PE**R**
Eckdoppel**a**bzweig	PE**ED**	**Re**inigungs**r**ohr	PE**RE**

Tab. 276.2: PE-Abwasserrohre

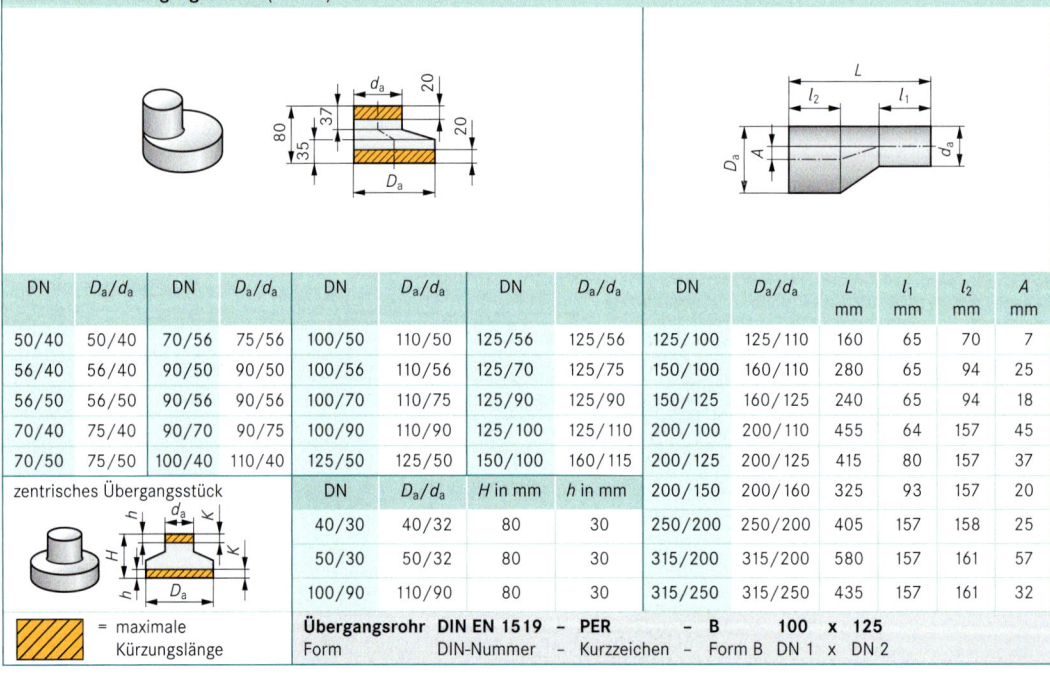

DN	Außendurch-messer d_a in mm	Innendurch-messer d_i in mm	Wanddicke s in mm	Querschnitts-fläche A in cm^2	längenbez. Rohrmasse m' in kg/m	längenbez. Rohrinhalt V' in l/m
30	32	26	3,0	5,3	0,26	0,5
40	40	34	3,0	9,0	0,33	0,9
50	50	44	3,0	15,2	0,42	1,5
56	56	50	3,0	19,6	0,48	2,0
70	75	69	3,0	37,3	0,65	3,7
90	90	83	3,5	54,1	0,91	5,4
100	110	101,4	4,3	80,7	1,36	8,1
125	125	115,2	4,9	104,5	1,76	10,4
150	160	147,6	6,2	171,1	2,86	17,1
200	200	187,6	6,2	276,4	3,60	27,6
250	250	234,4	7,8	431,5	5,66	43,2
300	315	295,4	9,8	685,3	8,96	68,5

Rohr **DIN EN 1519** – **DN 50** x **5000**
Form DIN-Nummer – DN x Länge in mm
handelsübliche Baulänge: l = 5 m; Grenzabmaß (zulässige Abweichung) ± 2 %

Tab. 276.3: PE-Übergangsstücke (Reduktion, exzentrisch und zentrisch) (PER)

exzentrische Übergangsstücke (Form A)

DN	D_a/d_a	DN	D_a/d_a	DN	D_a/d_a	DN	D_a/d_a	DN	D_a/d_a	L mm	l_1 mm	l_2 mm	A mm
50/40	50/40	70/56	75/56	100/50	110/50	125/56	125/56	125/100	125/110	160	65	70	7
56/40	56/40	90/50	90/50	100/56	110/56	125/70	125/75	150/100	160/110	280	65	94	25
56/50	56/50	90/56	90/56	100/70	110/75	125/90	125/90	150/125	160/125	240	65	94	18
70/40	75/40	90/70	90/75	100/90	110/90	125/100	125/110	200/100	200/110	455	64	157	45
70/50	75/50	100/40	110/40	125/50	125/50	150/100	160/115	200/125	200/125	415	80	157	37

zentrisches Übergangsstück

DN	D_a/d_a	H in mm	h in mm
40/30	40/32	80	30
50/30	50/32	80	30
100/90	110/90	80	30

DN	D_a/d_a	L mm	l_1 mm	l_2 mm	A mm
200/150	200/160	325	93	157	20
250/200	250/200	405	157	158	25
315/200	315/200	580	157	161	57
315/250	315/250	435	157	161	32

▨ = maximale Kürzungslänge

Übergangsrohr **DIN EN 1519** – **PER** – **B** **100** x **125**
Form DIN-Nummer – Kurzzeichen – Form B DN 1 x DN 2

Entwässerungs-technik

Tab. 277.1: PE-Bogen (PEB)

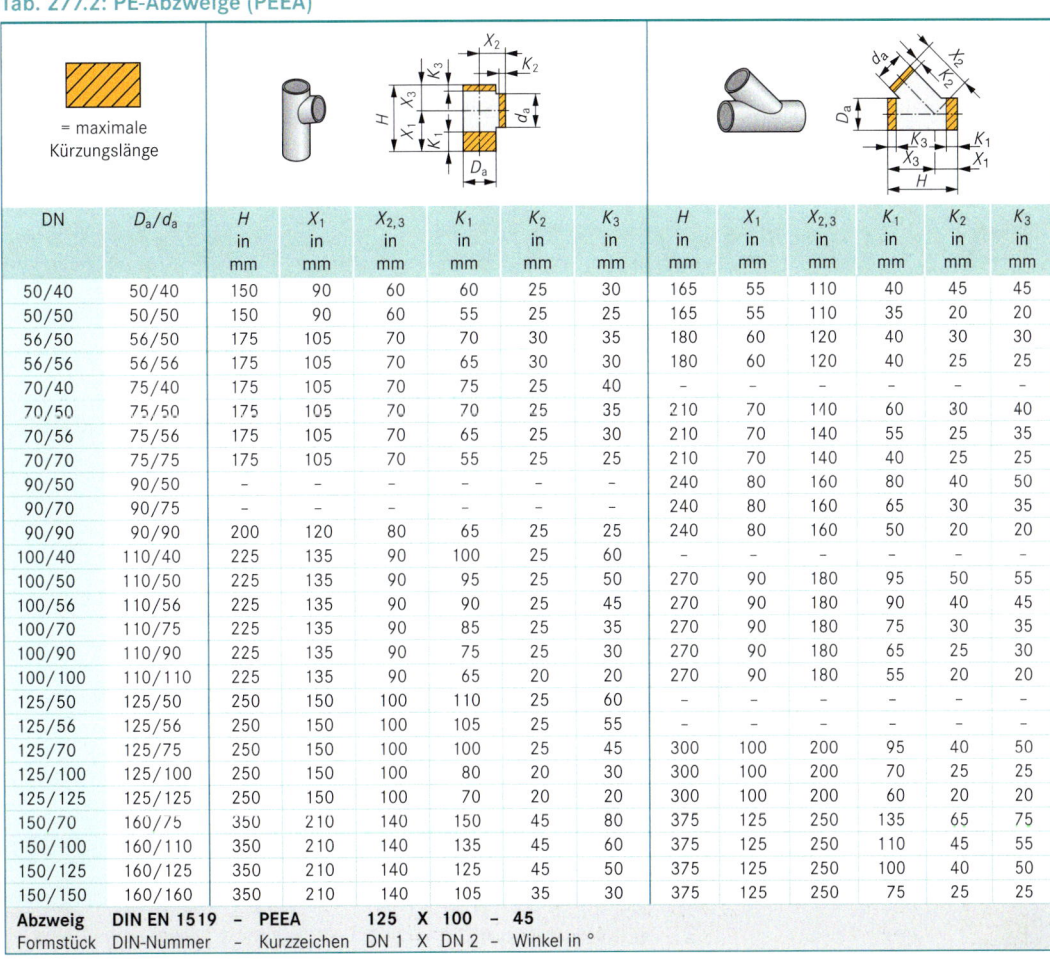

| | | PE-Bogen mit langem Schenkel | | | | | | | | | | | PE-Bogen (Winkelform) | | | |
| | | 15° | | | | 45° | | | | 90° | | | 45° | | 88,5° | |
DN	D_a in mm	X_1 in mm	X_2 in mm	K_1 in mm	K_2 in mm	X_1 in mm	X_2 in mm	K_1 in mm	K_2 in mm	X_1 in mm	$X_2(r)$ in mm	K in mm	X in mm	K in mm	X in mm	K in mm
50	50	–	–	–	–	–	–	–	–	180	40	140	45	20	60	20
56	56	–	–	–	–	–	–	–	–	210	40	170	45	20	65	20
70	75	–	–	–	–	–	–	–	–	210	70	140	50	20	75	20
90	90	–	–	–	–	–	–	–	–	240	90	150	55	20	80	20
100	110	180	70	155	45	147	60	110	25	270	100	170	60	25	95	25
125	125	105	75	75	45	–	–	–	–	200	110	90	65	25	100	25
150	160	75	75	45	45	–	–	–	–	200	145 (140)	60	69	20	120	25

Bogen	**DIN EN 1519**	–	**PEB**	**100**	–	**45**
Formstück	DIN-Nummer	–	Kurzzeichen	DN	–	Winkel in °

Tab. 277.2: PE-Abzweige (PEEA)

= maximale Kürzungslänge

DN	D_a/d_a	H in mm	X_1 in mm	$X_{2,3}$ in mm	K_1 in mm	K_2 in mm	K_3 in mm	H in mm	X_1 in mm	$X_{2,3}$ in mm	K_1 in mm	K_2 in mm	K_3 in mm
50/40	50/40	150	90	60	60	25	30	165	55	110	40	45	45
50/50	50/50	150	90	60	55	25	25	165	55	110	35	20	20
56/50	56/50	175	105	70	70	30	35	180	60	120	40	30	30
56/56	56/56	175	105	70	65	30	30	180	60	120	40	25	25
70/40	75/40	175	105	70	75	25	40	–	–	–	–	–	–
70/50	75/50	175	105	70	70	25	35	210	70	140	60	30	40
70/56	75/56	175	105	70	65	25	30	210	70	140	55	25	35
70/70	75/75	175	105	70	55	25	25	210	70	140	40	25	25
90/50	90/50	–	–	–	–	–	–	240	80	160	80	40	50
90/70	90/75	–	–	–	–	–	–	240	80	160	65	30	35
90/90	90/90	200	120	80	65	25	25	240	80	160	50	20	20
100/40	110/40	225	135	90	100	25	60	–	–	–	–	–	–
100/50	110/50	225	135	90	95	25	50	270	90	180	95	50	55
100/56	110/56	225	135	90	90	25	45	270	90	180	90	40	45
100/70	110/75	225	135	90	85	25	35	270	90	180	75	30	35
100/90	110/90	225	135	90	75	25	30	270	90	180	65	25	30
100/100	110/110	225	135	90	65	20	20	270	90	180	55	20	20
125/50	125/50	250	150	100	110	25	60	–	–	–	–	–	–
125/56	125/56	250	150	100	105	25	55	–	–	–	–	–	–
125/70	125/75	250	150	100	100	25	45	300	100	200	95	40	50
125/100	125/100	250	150	100	80	20	30	300	100	200	70	25	25
125/125	125/125	250	150	100	70	20	20	300	100	200	60	20	20
150/70	160/75	350	210	140	150	45	80	375	125	250	135	65	75
150/100	160/110	350	210	140	135	45	60	375	125	250	110	45	55
150/125	160/125	350	210	140	125	45	50	375	125	250	100	40	50
150/150	160/160	350	210	140	105	35	30	375	125	250	75	25	25

Abzweig	**DIN EN 1519**	–	**PEEA**	**125**	**X**	**100**	–	**45**
Formstück	DIN-Nummer	–	Kurzzeichen	DN 1	X	DN 2	–	Winkel in °

Entwässerungstechnik

277

Tab. 278.1: PE-Abzweige

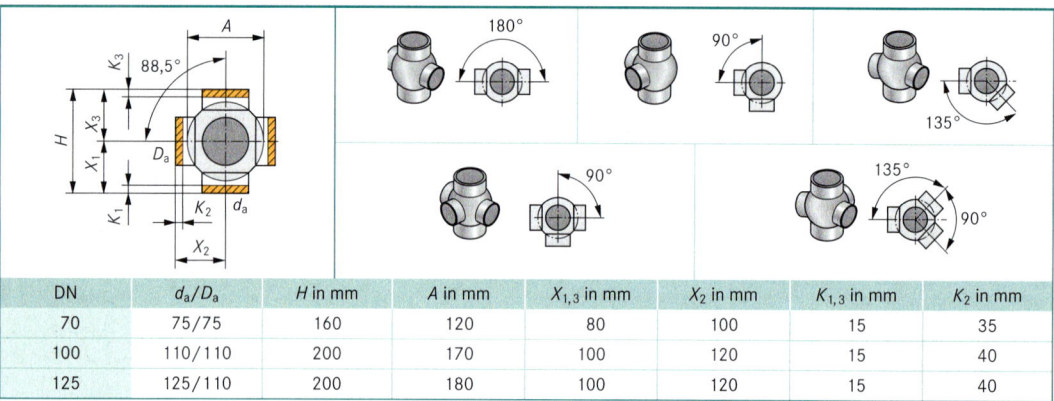

Bogenabzweig DN 100

Doppelabzweig 45° DN 100

Sovent-Mischformstück DN 100
d_1, d_2, d_3, max. DN 70
d_4, d_5, d_6, max. DN 70
DN 100

Tab. 278.2: PE-Kugel-Abzweige

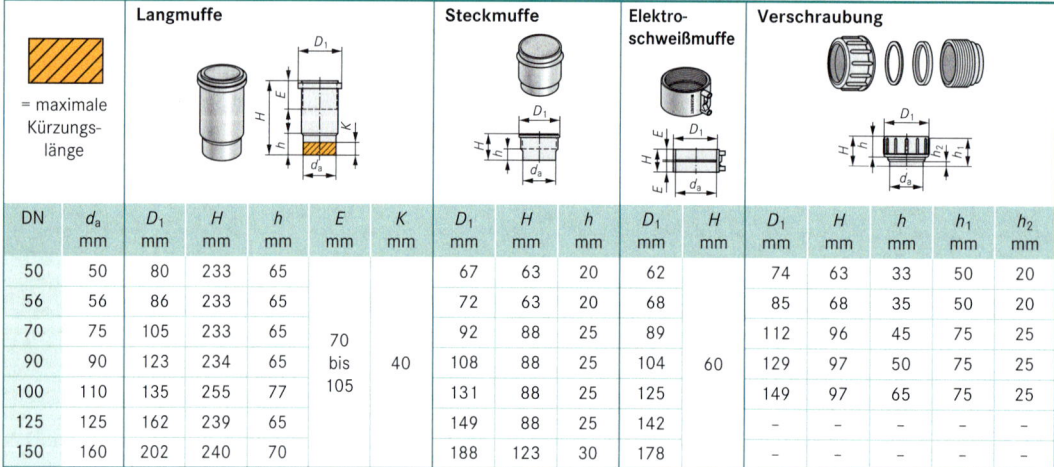

180° 90° 135° 90° 135° 90°

DN	d_a/D_a	H in mm	A in mm	$X_{1,3}$ in mm	X_2 in mm	$K_{1,3}$ in mm	K_2 in mm
70	75/75	160	120	80	100	15	35
100	110/110	200	170	100	120	15	40
125	125/110	200	180	100	120	15	40

Tab. 278.3: PE-Muffen und Verbindungen

= maximale Kürzungslänge

	Langmuffe					Steckmuffe			Elektro-schweißmuffe		Verschraubung				
DN	d_a mm	D_1 mm	H mm	h mm	E mm	K mm	D_1 mm	H mm	h mm	D_1 mm	H mm	D_1 mm	H mm	h mm	h_1 mm	h_2 mm
50	50	80	233	65			67	63	20	62		74	63	33	50	20
56	56	86	233	65			72	63	20	68		85	68	35	50	20
70	75	105	233	65	70 bis 105	40	92	88	25	89	60	112	96	45	75	25
90	90	123	234	65			108	88	25	104		129	97	50	75	25
100	110	135	255	77			131	88	25	125		149	97	65	75	25
125	125	162	239	65			149	88	25	142		–	–	–	–	–
150	160	202	240	70			188	123	30	178		–	–	–	–	–

Tab. 278.4: PE-Bodenklosett-Anschlüsse

= maximale Kürzungslänge

				Bodenklosettmuffe		Bodenklosettbogen 88,5°			
DN	d in mm	d_i in mm	d_a in mm	H in mm	h in mm	X_1 in mm	X_2 in mm	H in mm	K in mm
90	90	120	132	70	20	–	–	–	–
100	110	120	132	70	20	–	–	–	–
100	110	120	132	120	20	300	60	120	220

Tab. 279.1: PE-Wandklosett-Anschlüsse

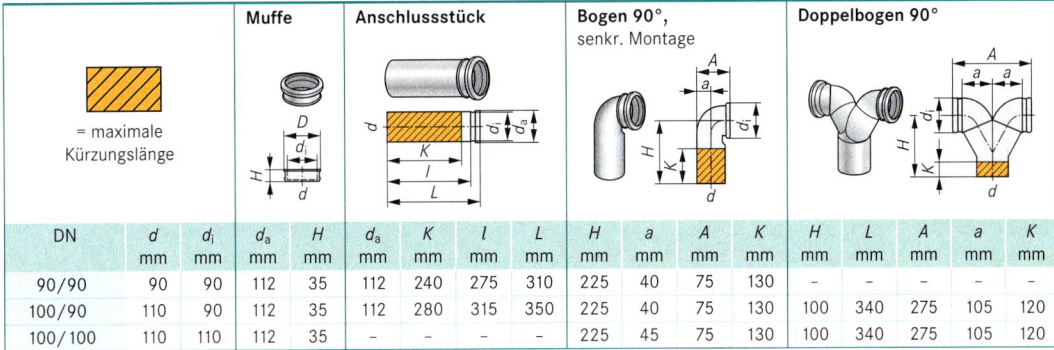

= maximale Kürzungslänge

DN	d	d_i	d_a	H	d_a	K	l	L	H	a	A	K	H	L	A	a	K
	mm	mm	mm	mm	mm	mm	mm	mm	mm	mm	mm	mm	mm	mm	mm	mm	mm
90/90	90	90	112	35	112	240	275	310	225	40	75	130	–	–	–	–	–
100/90	110	90	112	35	112	280	315	350	225	40	75	130	100	340	275	105	120
100/100	110	110	112	35	–	–	–	–	225	45	75	130	100	340	275	105	120

Tab. 279.2: PE-Wandklosett-Anschlüsse 90° für waagerechte Montage

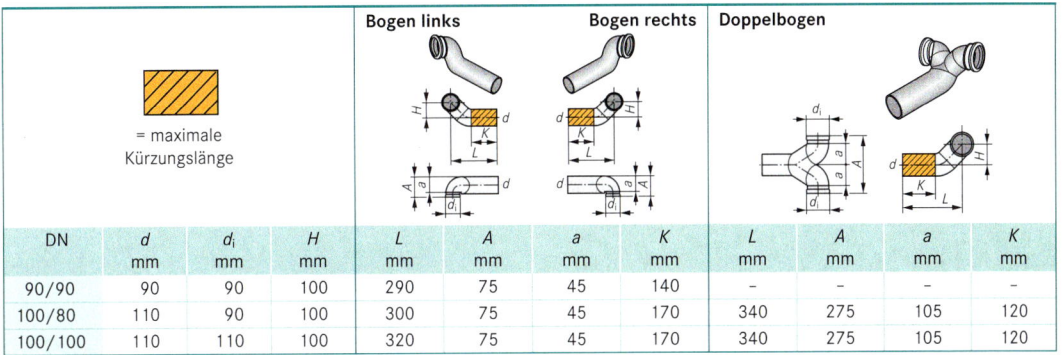

= maximale Kürzungslänge

DN	d	d_i	H	L	A	a	K	L	A	a	K
	mm	mm	mm	mm	mm	mm	mm	mm	mm	mm	mm
90/90	90	90	100	290	75	45	140	–	–	–	–
100/80	110	90	100	300	75	45	170	340	275	105	120
100/100	110	110	100	320	75	45	170	340	275	105	120

Entwässerungstechnik

Tab. 279.3: PE mineralverstärkt: Abwasserrohre

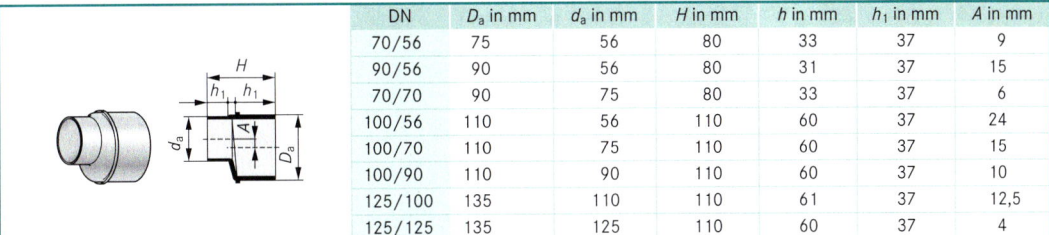

DN	Außendurchmesser d_a in mm	Innendurchmesser d_i in mm	Wanddicke s in mm	Querschnittsfläche A in cm²	längenbez. Rohrmasse m' in kg/m	längenbez. Rohrinhalt V' in l/m
56	56	49,6	3,2	19,3	0,85	1,9
70	75	67,8	3,6	36,1	1,29	3,6
90	90	79,0	5,5	49,0	2,73	4,9
100	110	98,0	6,0	75,4	3,38	7,5
125	135	123	6,0	118,7	4,17	11,9

Tab. 279.4: PE mineralverstärkt: Übergangsstücke (Reduktion exzentrisch)

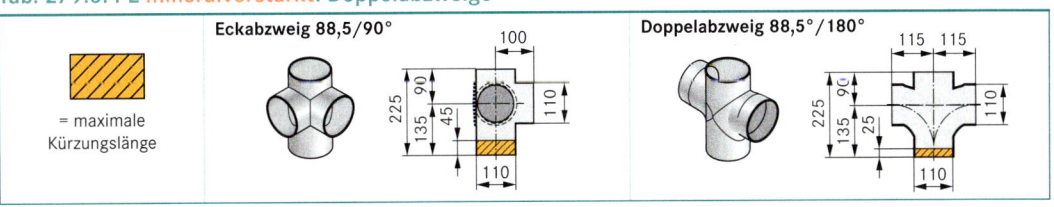

DN	D_a in mm	d_a in mm	H in mm	h in mm	h_1 in mm	A in mm
70/56	75	56	80	33	37	9
90/56	90	56	80	31	37	15
70/70	90	75	80	33	37	6
100/56	110	56	110	60	37	24
100/70	110	75	110	60	37	15
100/90	110	90	110	60	37	10
125/100	135	110	110	61	37	12,5
125/125	135	125	110	60	37	4

Tab. 279.5: PE mineralverstärkt: Doppelabzweige

= maximale Kürzungslänge

Eckabzweig 88,5/90°

Doppelabzweig 88,5°/180°

Tab. 280.1: PE mineralverstärkt: Bogen

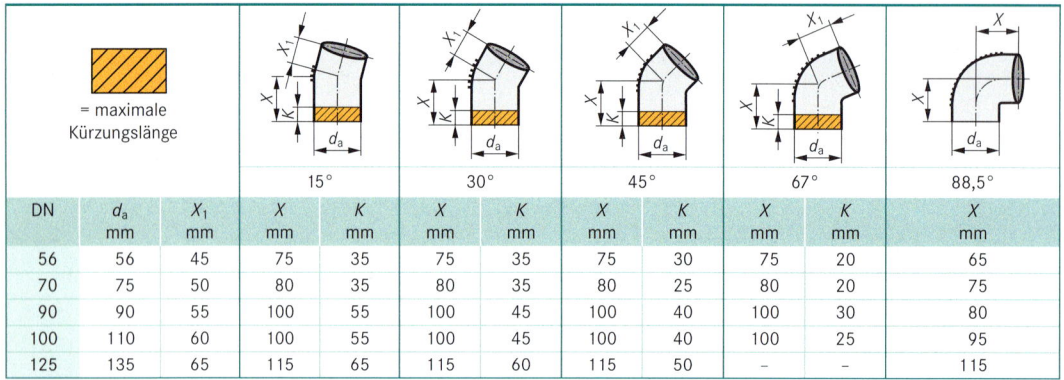

DN	d_a	X_1	15° X	15° K	30° X	30° K	45° X	45° K	67° X	67° K	88,5° X
	mm	mm	mm	mm	mm	mm	mm	mm	mm	mm	mm
56	56	45	75	35	75	35	75	30	75	20	65
70	75	50	80	35	80	35	80	25	80	20	75
90	90	55	100	55	100	45	100	40	100	30	80
100	110	60	100	55	100	45	100	40	100	25	95
125	135	65	115	65	115	60	115	50	–	–	115

Tab. 280.2: PE mineralverstärkt: Abzweige

= maximale Kürzungslänge

1) 88,5°-Abzweig ist mit Innenradius ausgeführt

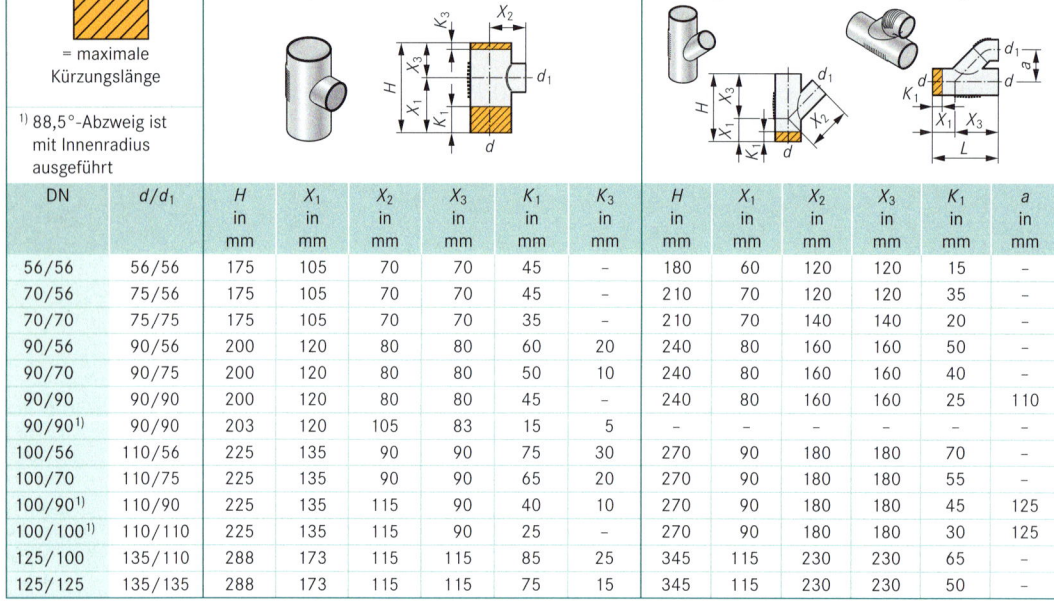

DN	d/d_1	Abzweig 88,5° H	X_1	X_2	X_3	K_1	K_3	Abzweig 45° H	X_1	X_2	X_3	K_1	Parallelabzweig a
		in mm	in mm	in mm	in mm	in mm	in mm	in mm	in mm	in mm	in mm	in mm	in mm
56/56	56/56	175	105	70	70	45	–	180	60	120	120	15	–
70/56	75/56	175	105	70	70	45	–	210	70	120	120	35	–
70/70	75/75	175	105	70	70	35	–	210	70	140	140	20	–
90/56	90/56	200	120	80	80	60	20	240	80	160	160	50	–
90/70	90/75	200	120	80	80	50	10	240	80	160	160	40	–
90/90	90/90	200	120	80	80	45	–	240	80	160	160	25	110
90/90[1]	90/90	203	120	105	83	15	5	–	–	–	–	–	–
100/56	110/56	225	135	90	90	75	30	270	90	180	180	70	–
100/70	110/75	225	135	90	90	65	20	270	90	180	180	55	–
100/90[1]	110/90	225	135	115	90	40	10	270	90	180	180	45	125
100/100[1]	110/110	225	135	115	90	25	–	270	90	180	180	30	125
125/100	135/110	288	173	115	115	85	25	345	115	230	230	65	–
125/125	135/135	288	173	115	115	75	15	345	115	230	230	50	–

Tab. 280.3: PE mineralverstärkt: Muffen und Verbinder

DN	d	Stütz- und Dehnmuffe H	D	H	E_1	E	Spannverbinder H	D	E	Elektro- schweißmuffe H	D	Übergangsmuffe d_i	L	E
	mm	mm	mm	mm	mm	mm	mm	mm	mm	mm	mm	mm	mm	mm
56	56	108	80	108	35	60	50	72	23	60	68	50	100	35
70	75	108	100	108	35	60	50	91	23	60	89	–	–	–
90	90	111	114	111	35	60	50	106	23	60	104	–	–	–
100	110	111	134	111	35	60	50	126	23	60	125	–	–	–
125	135	122	170	122	43	66	52	145	25	60	150	–	–	–

Entwässerungs-technik

Tab. 281.1: HT-Abwasserleitungen mit Steckmuffe

HT-Leitungen:	Abwasserleitungen aus heißwasserbeständigen Kunststoffen; Farbe: hell- bis dunkelgrau	
■ PVCC:	weichmacherfreies chloriertes Polyvinylchlorid (klebbar)	DIN EN 1566-1: 1999-12
■ PP:	Polypropylen	DIN EN 1451-1: 1999-03
■ ABS/ASA/PVC:	Styrol-Copolymerisate (klebbar)	DIN EN 1565-1: 1999-12

Benennung	Kurzzeichen	Benennung	Kurzzeichen
Rohr mit **e**inseitiger Steck**m**uffe	HT**EM**	Übergangsrohr (**R**eduzierung)	HT**R**
Rohr mit **D**oppel**m**uffe	HT**DM**	**P**arallel**a**bzweig	HT**PA**
Rohr mit **gl**atten Enden	HT**GL**	**Sp**rungrohr	HT**SP**
Bogen	HT**B**	**K**losett**b**ogen	HT**KB**
Einfach**a**bzweig	HT**EA**	**W**andklosett**b**ogen	HT**WB**
Doppel**a**bzweig	HT**DA**	**Re**inigungsrohr	HT**RE**
Eck**d**oppel**a**bzweig	HT**ED**	**M**uffenstopfen	HT**M**

Tab. 281.2: HT-Abwasserrohre mit Steckmuffen

DN	Außen-durch-messer d_a in mm	lichte Weite LW in mm	Wand-dicke s in mm	Muffenaus-sendurch-messer D_a in mm	Muffen-tiefe t in mm	Quer-schnitts-fläche A in cm²	längenbez. Rohrinhalt V in l/m
40	40	36,4	1,8[2]	51,6	55	10,4	1,0
50	50	46,4	1,8[2]	61,6	56	16,9	1,7
70	75	71,4[1]	1,8[1] [2]	86,5[1]	61	40,0[1]	4,0[1]
100	110	105,6[1]	2,2[1] [2]	123,2[1]	76	87,6[1]	8,8[1]
125	125	120,0[1]	2,5[1] [2]	140,7[1]	82	113,1[1]	11,3[1]
150	160	153,6[1]	3,2[1] [2]	178,5[1]	100	185,3[1]	18,5[1]

[1] geringfügige Abweichungen bei PP   [2] geringfügige Abweichungen bei ABS/ASA/PVC

Bezeichnung: Rohr DIN EN 1451	–	**HTEM**	**DN 100**	**x**	**1000**
Form DIN-Nummer	–	HT, **E**inseitige Steck**m**uffe	DN	x	Länge in mm

Bau- und Zuschnittlängen l in mm: Rohre mit beidseitiger Steckmuffe: 2000, 3000
Rohre mit einseitiger Steckmuffe: 150, 250, 500, 750, 1000, 1250, 1500, 1750, 2000
Rohre mit glatten Enden: 5000

Steckmuffe kann ausgeführt sein mit lose eingelegtem Dichtring (mit kreisförmigem Querschnitt) oder mit fest eingebautem Dichtring (**L**uftpolsterring bzw. **L**ippenring LR)

Tab. 281.3: HT-Bogen mit Steckmuffe

DN	Außen-durch-messer d_a in mm	$t_{e, min}$ mm	α = 15°		α = 30°		α = 45°		α = 67°30'		α = 87°30'	
			z_1 mm	z_2 mm	z_1 mm	z_2 mm	z_1 mm	z_2 mm	z_1 mm	z_2 mm	z_1 mm	z_2 mm
40	40	47	5	8	7	11	10	14	16	20	23	26
50	50	48	5	9	9	12	12	16	20	23	28	31
70	75	51	7	11	12	15	18	21	28	31	40	43
100	110	58	9	14	17	21	25	29	40	44	57	61
125	125	64	10	15	19	23	28	33	46	50	65	70
150	160	73	13	19	24	30	36	42	58	64	83	89

Bezeichnung: Bogen DIN EN 1451 –	**HTB**	**DN 100**	**x**	**45**	**LR**
Form DIN-Nummer	– Kurzzeichen	DN	x	Winkel in °	mit **L**ippenring

Tab. 281.4: HT-Übergangsrohre mit Steckmuffe

DN1	d_a mm	$t_{e,min}$ mm	DN2	d_i mm	DN1	d_a mm	$t_{e,min}$ mm	DN2	d_i mm	DN1	d_a mm	$t_{e,min}$ mm	DN2	d_i mm
50	50	48	40	40	100	110	58	50	50	125	125	64	100	110
70	75	51	40	40	100	110	58	70	75	150	160	73	100	110
70	75	51	50	50	125	125	64	70	75	150	160	73	125	125

Bezeichnung: Übergangsrohr	**DIN EN 1451**	–	**HTR**	**DN 100**	**x**	**70**
Form	DIN-Nummer	–	Kurzzeichen	DN1	x	DN2

Tab. 282.1: HT-Abzweige mit Steckmuffen mit $\alpha = 45°$, $57°30'$, $87°30'$

Einfachabzweig	Doppelabzweig	Eckdoppelabzweig

Nennweiten und Außendurchmesser					$\alpha = 45°$			$\alpha = 67°30'$			$\alpha = 87°30'$		
DN1	d_a mm	DN2	d_i mm	t_e mm	z_1 mm	z_2 mm	z_3 mm	z_1 mm	z_2 mm	z_3 mm	z_1 mm	z_2 mm	z_3 mm
40	40	40	40	47	10	49	49	16	33	33	23	25	25
50	50	40	40	48	5	56	54	14	39	35	23	30	25
50	50	50	50	48	12	61	61	20	41	41	28	30	30
70	75	40	40	51	–7	74	67	9	52	40	22	42	26
70	75	50	50	51	–1	79	74	14	54	46	27	43	31
70	75	70	75	51	18	91	91	28	59	59	40	43	43
100	110	40	40	58	–24	99	84	3	71	48	23	59	27
100	110	50	50	58	–17	104	91	8	73	54	28	60	32
100	110	70	75	58	1	116	109	22	78	67	40	60	45
100	110	100	110	58	25	134	134	40	86	86	57	62	62
125	125	50	50	64	–24	114	99	6	80	57	28	67	33
125	125	70	75	64	–6	126	116	19	86	70	41	67	45
125	125	100	110	64	18	144	141	38	93	89	58	69	63
125	125	125	125	64	28	152	152	46	97	97	65	70	70
150	160	70	75	73	–22	150	134	12	104	77	41	84	46
150	160	100	110	73	1	168	159	31	112	96	58	86	64
150	160	125	125	73	12	176	169	39	115	104	66	87	71
150	160	150	160	73	36	194	194	58	123	123	83	89	89

Bezeichnung: Doppelmuffe DIN EN 1451 – HTED 100 x 50 x 87
Form DIN-Nummer – Kurzzeichen DN1 x DN2 x Neigungswinkel in °

Tab. 282.2: HT-Muffen (PP)
DIN 19 560: 1992-09

	Überschiebemuffe (U)	Doppelmuffe (MM)	Langmuffe 2-fach (L)		Langmuffe 3-fach (LL)	

DN	d in mm	l_{min} in mm	l_{min} in mm	l_{min} in mm	$t_{e,min}$ in mm	l_{min} in mm	$t_{e,min}$ in mm
40	40	101	103	58	47	87	47
50	50	103	105	60	48	90	48
70	75	109	111	66	51	99	51
100	110	125	128	72	58	108	58
125	125	138	141	76	64	114	64
150	160	158	162	82	73	123	73

Bezeichnung: Doppelmuffe DIN EN 1451 – HTLL 100
Form DIN-Nummer – Kurzzeichen DN

Entwässerungs-technik

Tab. 283.1: PP – mineralverstärkt: HT-Abwasserrohre mit Steckmuffe

DN	Außen-durch-messer d_a mm	lichte Weite LW mm	Wand-dicke s mm	Muffen-außen-durch-messer D_a in mm	Muffen-tiefe t mm	Einsteck-tiefe $t_{e,min}$ mm	Quer-schnitts-fläche A cm²	längen-bez. Rohrinhalt V' l/m
50	58	50	4	75	54	66	19,6	1,96
70	78	69	4,5	96	56	76	37,4	3,74
90	90	81	4,5	110	55	58	50,3	5,03
100	110	99,4	5,3	132	61	81	77,6	7,76
125	135	124,4	5,3	161	64	84	121,5	12,15
150	160	149,4	5,3	181	66	87	175,3	17,53

Bau- und Zuschnittlängen l in mm:

Rohre mit Steckmuffe:	DN 50, DN 70, DN 100 :	150, 250, 500, 1000, 2000
	DN 90	: 150
Rohre mit glatten Enden:	DN 50, DN 70, DN 100 :	3000
	DN 90	: 2000

Tab. 283.2: PP – mineralverstärkt: HT-Bogen mit Steckmuffe mit $\alpha = 45°/57°30'/87°30'$

DN	Außendurch-messer d_a in mm	$\alpha = 15°$		$\alpha = 30°$		$\alpha = 45°$		$\alpha = 67°$		$\alpha = 87°$	
		z_1 mm	z_2 mm	z_1 mm	z_2 mm	z_1 mm	z_2 mm	z_1 mm	z_2 mm	z_1 mm	z_2 mm
50	58	19	8	24	16	28	17	43	21	47	32
70	78	26	10	30	17	37	21	48	31	62	42
90	90	8	8	15	14	22	20	–	–	49	42
100	110	27	15	37	19	44	28	60	44	78	58
125	135	29	16	38	45	50	34	–	–	96	102
150	160	13	19	24	30	36	42	–	–	83	89

Tab. 2833: PP – mineralverstärkt: HT-Übergangsrohre mit Steckmuffe

DN1	d_a in mm	DN2	d_i in mm	DN1	d_a in mm	DN2	d_i in mm
70	78	50	58	100	110	80	90
90	90	50	58	125	135	100	110
90	90	70	78	150	160	100	110
100	110	50	58	150	160	125	135

Tab. 283.4: PP – mineralverstärkt: HT-Abzweig mit Steckmuffe

DN1	DN2	d_a	$\alpha = 45°$			$\alpha = 67°$			$\alpha = 87°$		
		mm	z_1 mm	z_2 mm	z_3 mm	z_1 mm	z_2 mm	z_3 mm	z_1 mm	z_2 mm	z_3 mm
50	50	58	28	74	74	36	45	45	48	32	32
70	50	78	17	83	79	31	54	46	48	42	28
70	70	78	38	99	99	47	61	60	62	43	43
90	50	90	-3	97	84	–	–	–	–	–	–
90	80	90	19	113	106	–	–	–	–	–	–
100	50	110	1	110	97	24	75	52	47	61	27
100	70	110	21	122	115	40	81	67	60	61	43
100	100	110	44	136	136	58	84	84	78	58	58
125	100	135	31	155	152	–	–	–	78	73	59
125	125	135	49	169	169	–	–	–	90	72	72
150	100	160	2	168	159	–	–	–	–	–	–
150	150	160	36	194	194	–	–	–	–	–	–

Entwässerungs-technik

Tab. 284.1: PP – mineralverstärkt: HT-Mehrfach- und Parallelabzweig mit Steckmuffe

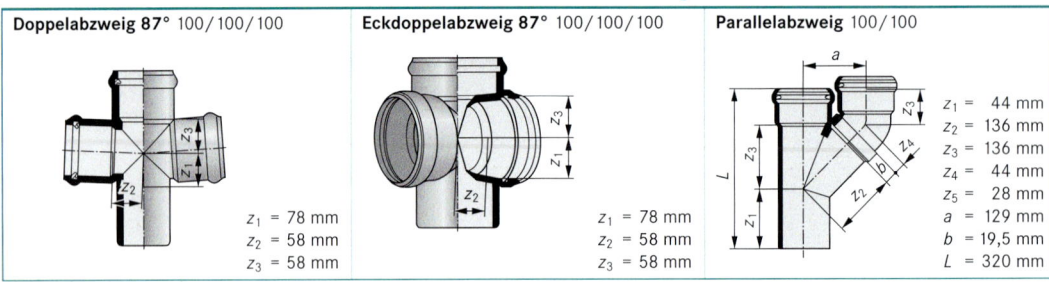

Doppelabzweig 87° 100/100/100

$z_1 = 78$ mm
$z_2 = 58$ mm
$z_3 = 58$ mm

Eckdoppelabzweig 87° 100/100/100

$z_1 = 78$ mm
$z_2 = 58$ mm
$z_3 = 58$ mm

Parallelabzweig 100/100

$z_1 = 44$ mm
$z_2 = 136$ mm
$z_3 = 136$ mm
$z_4 = 44$ mm
$z_5 = 28$ mm
$a = 129$ mm
$b = 19{,}5$ mm
$L = 320$ mm

Tab. 284.2: PP – mineralverstärkt: HT-Muffen

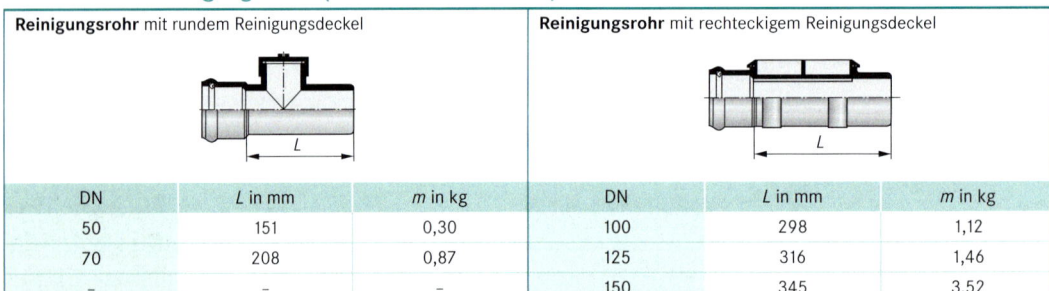

Aufsteckmuffe: Verbindungselement zwischen Rohren bzw. zwischen Rohren und Formteilen

Aufsteckmuffe — Elastomer-Manschette

Überschiebmuffe

Langmuffe

DN	d_i in mm	t in mm	L in mm	l in mm	t_e in mm	t in mm	L in mm
50	57,5	49	126	105	–	–	–
70	77,5	48	119	107	–	–	–
90	88,7	47	123	–	–	–	–
100	109,5	48	124	117	74	127	210
125	134,5	63	132	124	–	–	–
150	159,5	63	144	129	–	–	–

Tab. 284.3: HT-Reinigungsrohre (PP – mineralverstärkt)

Reinigungsrohr mit rundem Reinigungsdeckel

Reinigungsrohr mit rechteckigem Reinigungsdeckel

DN	L in mm	m in kg	DN	L in mm	m in kg
50	151	0,30	100	298	1,12
70	208	0,87	125	316	1,46
–	–	–	150	345	3,52

Tab. 284.4: HT-Muffenstopfen und Sicherungsschellen, Spannschellen (PP – mineralverstärkt)

DN	L in mm	Muffenstopfen	Sicherungsschelle für Muffenstopfen	Spannschelle
50	49			
70	52			
100	57			
125	60			
150	49			

PVC-U-Abwasserleitungen mit Steckmuffe   DIN V 19 531: 1987-11

KG-Leitungen (Kunststoff-Grundleitungen): nicht hochtemperaturbeständige Abwasserleitungen aus weichmacherfreiem PVC (orange) bzw. PP (grün) für Abwasserleitungen in der Grundplatte oder im Erdreich

Maße Formstücke entsprechen denen der HT-Rohre mit Steckmuffe (→ Tab. 281.1); geringe Abweichungen bei Wanddicke, lichter Weite und Muffenaußendurchmesser sind möglich

Entwässerungs-technik

Tab. 285.1: Nennweiten verschiedener Werkstoffe

Nennweite DN	30	40	50	56	60	70	80	90	100	125	150	200	250
Mindestinnendurchmesser d_i in mm	26	34	44	49	56	68	75	79	96	113	146	184	230
SML ($\rightarrow$ S. 270 ff.)		x		x			x		x	x	x	x	x
Stahl ($\rightarrow$ S. 274 ff.)		x	x			x	x		x	x	x	x	x
HT – PE ($\rightarrow$ S. 276 ff.)		x	x	x		x		x	x	x	x	x	x
HT (PE mineralverstärkt) ($\rightarrow$ S. 279 ff.)			x			x		x	x	x			
HT (PP, ABS/ASA) ($\rightarrow$ S. 281 ff.)		x	x			x			x	x	x		
HT (PP mineralverstärkt) ($\rightarrow$ S. 284 ff.)			x			x	x		x	x	x		

Anschlussleitungen
connection pipes

Tab. 286.2: Füllungsgrad h/d_i

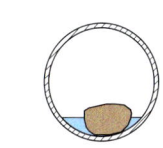 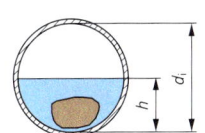 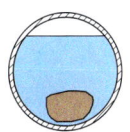

$h/d_i < 0,5$	$h/d_i = 0,5$	$h/d_i > 0,5$
zu geringe Füllhöhe Zuwachsen der Leitung	gute Füllhöhe gute Belüftung optimal	gute Füllhöhe Behinderung der Belüftung Leersaugen des GV

Tab. 285.3: Auswirkung des Gefälles liegenden Leitungen auf Füllungsgrad, Belüftung und Selbstreinigung

zu kleines Gefälle $I < 0,5\,\%$	optimales Gefälle $I = 0,5\,\% \dots 5\,\%$	zu großes Gefälle $I > \sim 5\,\%$
zu geringe Strömungsgeschwindigkeit $\rightarrow$ Leersaugung des Geruchverschlusses infolge Vollfüllung $\rightarrow$ Zuwachsen der Leitung durch zu geringe Schwemmwirkung	gute Füllhöhe guter Auftrieb gute Belüftung	zu hohe Strömungsgeschwindigkeit $\rightarrow$ Leersaugung des Geruchverschlusses durch Mitreißen der Luft $\rightarrow$ Zuwachsen der Leitung durch zu geringe Füllhöhe

Tab. 285.4: Zulässiges Gefälle von Anschlussleitungen

Bezeichnung	Belüftungsart[1]	Relativgefälle[2] I_r in %	Neigungsverhältnis[2] I_N
Mindestgefälle	belüftet	$I_\% = 0,5\,\%$	$I_N = 1 : 200$
Mindestgefälle	unbelüftet	$I_\% = 1,0\,\%$	$I_N = 1 : 100$
Optimales Gefälle	unbelüftet	$I_\% = 2,0\,\%$	$I_N = 1 : \ 50$
Höchstgefälle	unbelüftet	$I_\% = 5,0\,\%$	$I_N = 1 : \ 20$

[1] Umlüftung ($\rightarrow$ Tab. 302.1)   [2] Gefälleberechnung ($\rightarrow$ S. 15)

Tab. 285.5: Füllungsverhältnisse in teilgefüllten Leitungen

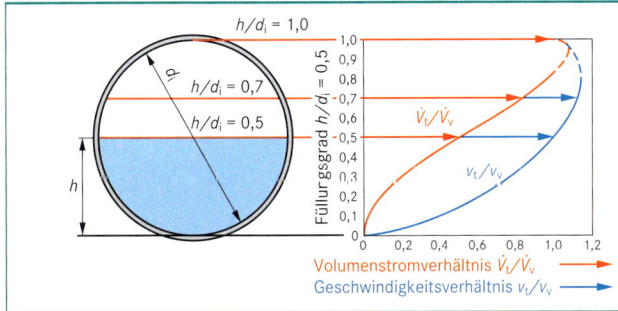

d_i	: Innendurchmesser
h	: Füllhöhe
h/d_i	: Füllungsgrad
v_t	: Strömungsgeschwindigkeit bei Teilfüllung
v_v	: Strömungsgeschwindigkeit bei Vollfüllung
$\dot{V}_t$	: Volumenstrom bei Teilfüllung
$\dot{V}_v$	: Volumenstrom bei Vollfüllung

Volumenstromverhältnis $\dot{V}_t/\dot{V}_v$ ⟶
Geschwindigkeitsverhältnis v_t/v_v ⟶

Entwässerungs-
technik

Tab. 286.1: Installationsvorschriften

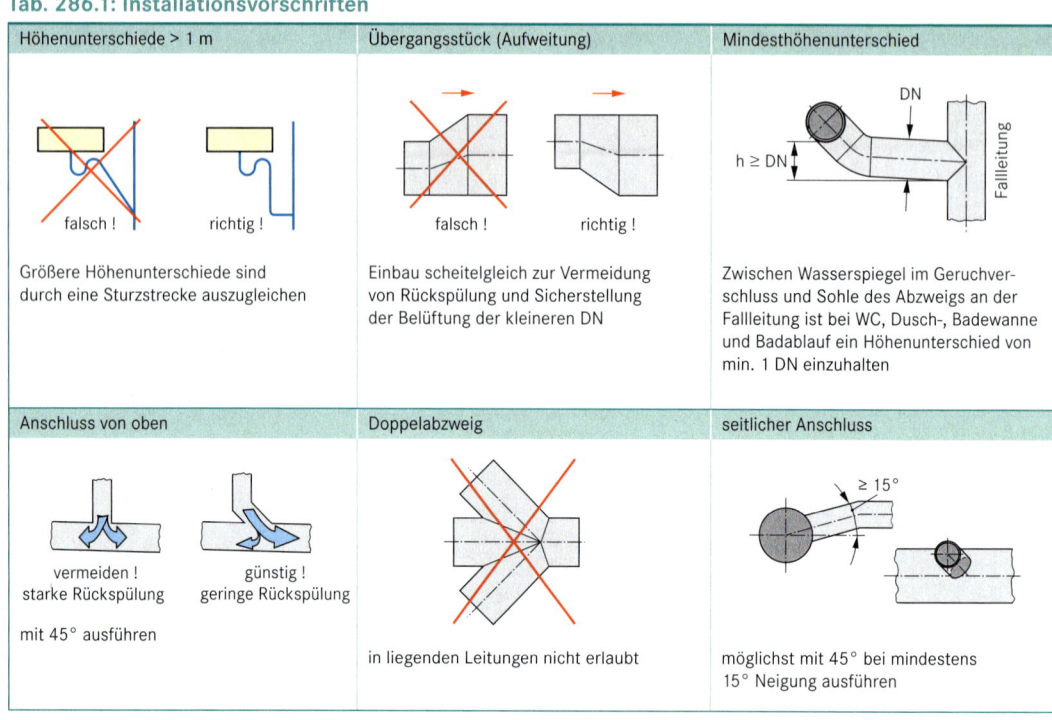

Höhenunterschiede > 1 m	Übergangsstück (Aufweitung)	Mindesthöhenunterschied
falsch ! richtig !	falsch ! richtig !	DN h ≥ DN Fallleitung
Größere Höhenunterschiede sind durch eine Sturzstrecke auszugleichen	Einbau scheitelgleich zur Vermeidung von Rückspülung und Sicherstellung der Belüftung der kleineren DN	Zwischen Wasserspiegel im Geruchverschluss und Sohle des Abzweigs an der Fallleitung ist bei WC, Dusch-, Badewanne und Badablauf ein Höhenunterschied von min. 1 DN einzuhalten
Anschluss von oben	Doppelabzweig	seitlicher Anschluss
vermeiden ! starke Rückspülung	günstig ! geringe Rückspülung	≥ 15°
mit 45° ausführen	in liegenden Leitungen nicht erlaubt	möglichst mit 45° bei mindestens 15° Neigung ausführen

Tab. 286.2: Anschlusswerte DU[1] und Nennweiten von Entwässerungsgegenständen (System I)

DIN 1986-100: 2008-05

Entwässerungsgegenstand	Anschlusswert DU	Nennweite Einzelanschlussleitung
Waschbecken	0,5	DN 40
Bidet (Sitzwaschbecken)		
Einzelurinal mit Druckspüler		DN 50
Dusche ohne Stöpsel	0,6	DN 50
Dusche mit Stöpsel	0,8	DN 50
Ausgussbecken		
Badewanne		
Küchenspüle		
Geschirrspüler		
Küchenspüle und Geschirrspüler mit gemeinsamem Geruchverschluss		
Waschmaschine bis 6 kg		
Einzelurinal mit Spülkasten		
Urinal ohne Wasserspülung	0,1	DN 50
Standurinal	0,2	DN 50
Waschmaschine bis 12 kg	1,5	DN 56/60
WC mit 4,0/4,5 l Spülkasten	1,8	DN 80/DN 90
WC mit 6,0 l Spülkasten/Druckspüler	2,0	DN 80 bis DN 100
WC mit 9,0 l Spülkasten/Druckspüler	2,5	DN 100
Bodenablauf DN 50	0,8	DN 50
Bodenablauf DN 70	1,5	DN 70
Bodenablauf DN 100	2,0	DN 100

[1] Anschlusswert DU (design units): Durchschnittlicher Wert des Schmutzwasserabflusses aus einem sanitären Entwässerungsgegenstand, ausgedrückt in l/s

Tab. 287.1: Anwendungsgrenzen für Einzelanschlussleitungen — DIN 1986-100: 2008-05

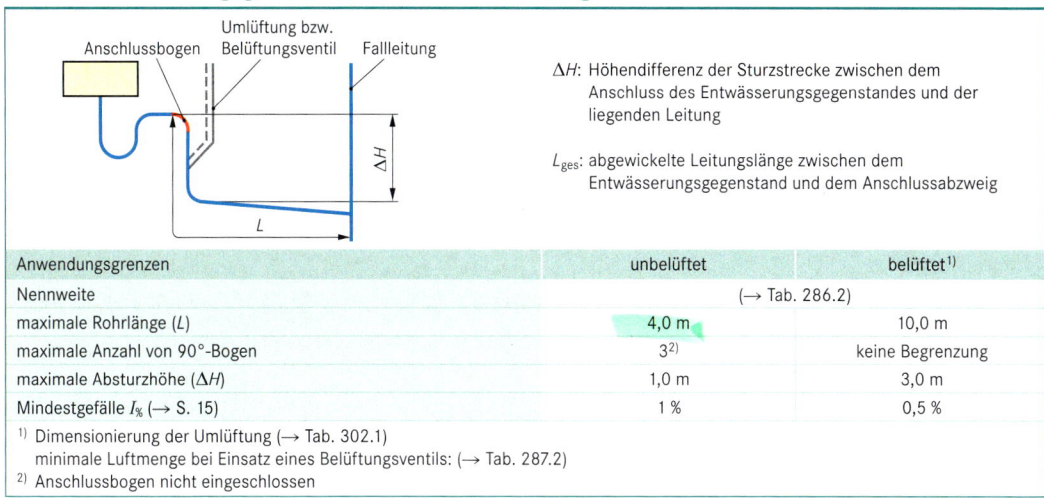

ΔH: Höhendifferenz der Sturzstrecke zwischen dem Anschluss des Entwässerungsgegenstandes und der liegenden Leitung

L_{ges}: abgewickelte Leitungslänge zwischen dem Entwässerungsgegenstand und dem Anschlussabzweig

Anwendungsgrenzen	unbelüftet	belüftet[1]
Nennweite	(→ Tab. 286.2)	
maximale Rohrlänge (L)	4,0 m	10,0 m
maximale Anzahl von 90°-Bogen	3[2]	keine Begrenzung
maximale Absturzhöhe (ΔH)	1,0 m	3,0 m
Mindestgefälle $I_{\%}$ (→ S. 15)	1 %	0,5 %

[1] Dimensionierung der Umlüftung (→ Tab. 302.1)
minimale Luftmenge bei Einsatz eines Belüftungsventils: (→ Tab. 287.2)
[2] Anschlussbogen nicht eingeschlossen

Tab. 287.2: Mindestluftmenge für Belüftungsventile in Anschlussleitungen — DIN EN 12 056-2: 2001

$$\dot{V}_a \geq \dot{V}_{tot}$$

$\dot{V}_a$: minimale Luftmenge — in l/s
$\dot{V}_{tot}$: Gesamtschmutzwasserabfluss (→ S. 294) — in l/s

Tab. 287.3: Beispiele zur Dimensionierung von Einzelanschlussleitungen (EAL)

Beispiel	DU und DN (→ Tab. 286.2)	Anwendungsgrenzen (→ Tab. 287.1)	Ausführung
Küchenspüle L = 2 m ΔH = 0,5 m	DU = 0,8 DN 50	Belüftung **nicht** erforderlich $\Delta H \leq 1$ m $L \leq 4$ m 90°-Bogen: max. 3 $I_{\%} \geq 1$ %	
Ausgussbecken L = 5 m ΔH = 0,5 m	DU = 0,5 DN 50	Überschreitung von L: Belüftung **erforderlich** AL belüftet: $\Delta H < 3$ m $L \leq 10$ m 90°-Bogen: beliebig $I_{\%} \geq 0,5$ % **3 Lösungen:** ■ mit Umlüftung oder ■ mit Belüftungsventil oder ■ mit Umlüftung bzw. Belüftungsventil nach 4 m	
Anwendungsgrenzen einer Badewannen-AL mit L = 4,5 m	DU = 0,8 DN 50	Überschreitung von L: Belüftung **erforderlich** AL belüftet $\Delta H \leq 3$ m $L \leq 10$ m 90°-Bogen: max. 3 $I_{\%} \geq 0,5$ %	

Tab. 288.1: Typische Abflusskennzahlen $K^{1)}$

DIN EN 12 056-2: 2001

Benutzungscharakteristik	Gebäudeart, Beispiel	K
unregelmäßige Benutzung	Wohnhäuser, Pensionen, Büros	0,5
regelmäßige Benutzung	Krankenhäuser, Schulen, Restaurants, Hotels	0,7
häufige Benutzung	öffentliche Toiletten und/oder Duschen	1,0
spezielle Benutzung	Labor	1,2

[1] Die typische Abflusskennzahl berücksichtigt die Gleichzeitigkeit des Ablaufvorganges am Ende eines Leitungsabschnittes.

Tab. 288.2: Anwendungsgrenzen für Sammelanschlussleitungen

DIN 1986-100: 2008-05

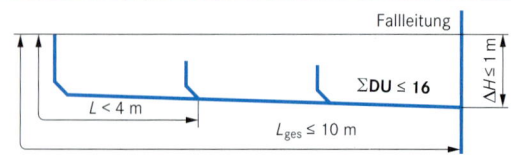

ΔH: Höhendifferenz zwischen dem höchstliegenden Entwässerungsgegenstand und der Rohrsohle im Anschlussabzweig

L_{ges}: abgewickelte Leitungslänge zwischen dem entferntesten Entwässerungsgegenstand und dem Anschlussabzweig

L: max. zulässige Länge der Einzelanschlussleitung

Nenn-weite DN	$d_{i, min}$ in mm	unbelüftet[1]						belüftet[2]
		Mindestgefälle $I_\% \geq 1\%$ ($\rightarrow$ S. 15)						Mindestgefälle $I_\% \geq 0,5\%$
		$K = 0,5$ [3]	$K = 0,7$ [3]	$K = 1,0$ [3]	max. Rohrlänge	max. Höhen-differenz	max. 90°-Umlenkungen	
		DU in l/s			L_{ges} in m			
50	44	1,0	1,0	0,8	4,0			
56/60	49/56	2,0	2,0	1,0	4,0			Sammelanschlussleitung ist wie eine Sammelleitung zu bemessen ($\rightarrow$ Tab. 296.2)
70[4]	68	9,0	4,6	2,2	4,0	$\Delta H \leq 1$ m	max. 3 Bogen[7]	
80	75	13,0[5]	8,0[5]	4,0	10,0[6]			
90	79	13,0[5]	10,0[5]	5,0	10,0[6]			
100	96	16,0	12,0	6,4	10,0[6]			

[1] kann eine der Bedingungen nicht erfüllt werden, muss die Sammelanschlussleitung belüftet werden
[2] Dimensionierung der Umlüftung ($\rightarrow$ S. 302.1); Mindestluftmenge bei Einsatz des Belüftungsventils: ($\rightarrow$ Tab. 287.2)
[3] typische Abflusskennzahlen ($\rightarrow$ Tab. 288.1)
[4] keine Klosetts anschließen
[5] max. 2 Klosetts anschließen
[6] Innerhalb der unbelüfteten Sammelanschlussleitung darf die Einzelanschlussleitung nicht länger werden als 4 m
[7] im Fließweg (ohne Anschlussbogen)

Tab. 288.3: Beispiele zur Dimensionierung von Sammelanschlussleitungen (SAL)

Beispiel (Wohnungen)	DU und DN ($\rightarrow$ Tab. 286.2)	Anwendungsgrenzen ($\rightarrow$ Tab. 288.2) und Ausführung für Wohnungen ($K = 0,5$) ($\rightarrow$ Tab. 288.1)
a) WC-Raum mit ■ WC (6 l) ■ Waschbecken (WB)	WC: DU = 2,0 DN 80 bis DN 100 WB: DU = 0,5	0,5 DU 2 DU 0,5 DU 2,5 DU DN 40 DN 80 bis $L < 4$ m DN 100 $L < 10$ m $l \geq 1\%$
b) Badezimmer mit ■ Waschbecken (WB) ■ Bidet (Bi) ■ Duschwanne mit Stöpsel (DW) ■ Badewanne (BW)	WB: DU = 0,5 Bi: DU = 0,5 DW: DU = 0,8 BW: DU = 0,8	0,5 DU 0,5 DU 0,8 DU 0,8 DU 0,5 DU 1,0 DU 1,8 DU 2,6 DU DN 40 DN 50 DN 56/60 DN 70 $L < 4$ m $l \geq 1\%$
c) Sanitärraum ■ Waschbecken (WB) ■ Bidet (Bi) ■ Waschmaschine (WM) ■ Badewanne (BW) ■ Duschwanne mit Stöpsel (DW) ■ WC (9 l)[1]	WB: DU = 0,5 Bi: DU = 0,5 WM: DU = 0,8 DW: DU = 0,8 BW: DU = 0,8 WC: DU = 2,5	0,5 DU 2,5 DU 0,5 DU 0,8 DU 0,8 DU 0,8 DU 0,5 DU 1,0 DU 1,8 DU 2,6 DU 3,4 DU 5,9 DU DN 40 DN 50 DN 56/60 DN 70 DN 70 DN 100 $L < 4$ m $L < 10$ m $l \geq 1\%$

[1] WC mit 2,5 l: DN 100

Entwässerungs-technik

Tab. 289.1: Anschlusswinkel an die Fallleitung

DIN 1986-100: 2008-05

Formstück	Anschlusswinkel und Nennweite	Auswirkung auf die	
		Fallleitung	Anschlussleitung
	70 x 50 - 88,5 70 x 50 - 88,5 80 x 50 - 88,5 100 x 50 - 88,5 100 x 70 - 88,5	■ geringe Behinderung der Belüftung	■ günstige Belüftung ■ kein Leersaugen des Geruchverschlusses ■ Fremdeinspülung möglich
	nicht zulässig 70 x 50 - 45 70 x 70 - 45 80 x 70 - 45 100 x 50 - 45 100 x 70 - 45	■ sehr geringe Behinderung der Belüftung	■ hydraulischer Abschluss ■ Leersaugen des Geruchverschlusses
	80 x 80 - 88,5 100 x 80 - 88,5 100 x 100 - 88,5	■ Behinderung der Belüftung	■ günstige Belüftung ■ kein Leersaugen des Geruchverschlusses ■ Fremdeinspülung möglich
	80 x 80 - 45 100 x 80 - 45 100 x 100 - 45	■ geringere Behinderung der Belüftung als bei 88,5°-Abzweig	■ ausreichende Belüftung ■ kein Leersaugen des Geruchverschlusses

Anschlüsse ≤ DN 70 an Fallleitungen mit einem Anschlusswinkel von 87°– 88,5° ausführen!

Ab DN 80 können auch 45°-Abzweige verwendet werden.

> Anschlüsse an die Fallleitung erfolgen grundsätzlich unter 87 bis 88,5°, lediglich Anschlussleitungen der Nennweite DN ≥ 80 dürfen unter 45° angeschlossen werden! !

Abzweige 88,5° mit gebrochener Einlaufkante (SML) bzw. mit Innenradius (PE) bieten günstige Strömungseigenschaften sowie gute Belüftung der Anschluss- und Fallleitungen:

PE   SML

| | 80 x 80 - 45
100 x 80 - 45
100 x 100 - 45 | ■ geringere Behinderung der Belüftung
■ höhere Belastbarkeit (→ Tab. 292.2) | ■ günstige Belüftung
■ kein Leersaugen des Geruchverschlusses
■ Fremdeinspülung geringer |

Durch die optimierte Gestaltung des Einlaufes in die Fallleitung wird deren Belüftung weniger behindert, dadurch kann die Fallleitung um ca. 30 % höher belastet werden (→ Tab. 292.2)

Entwässerungstechnik

Mehrfachanschluss an die Fallleitung
multiconnection at down pipes

Beispiel

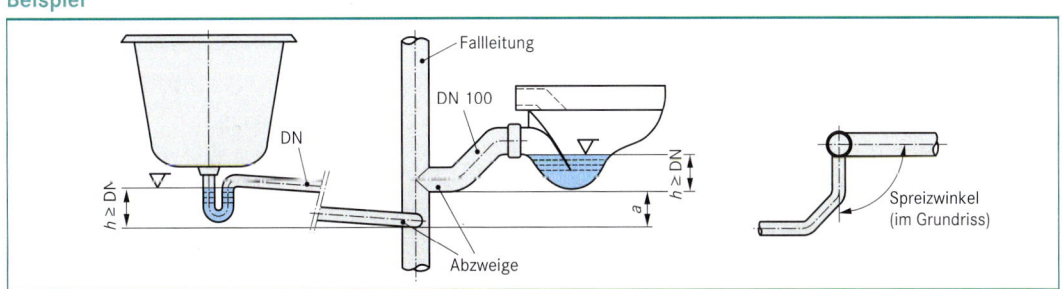

Fallleitung, DN 100, DN, Abzweige, Spreizwinkel (im Grundriss)

Tab. 290.1: Mehrfachanschluss an die Fallleitung DIN 1986-100: 2008-05

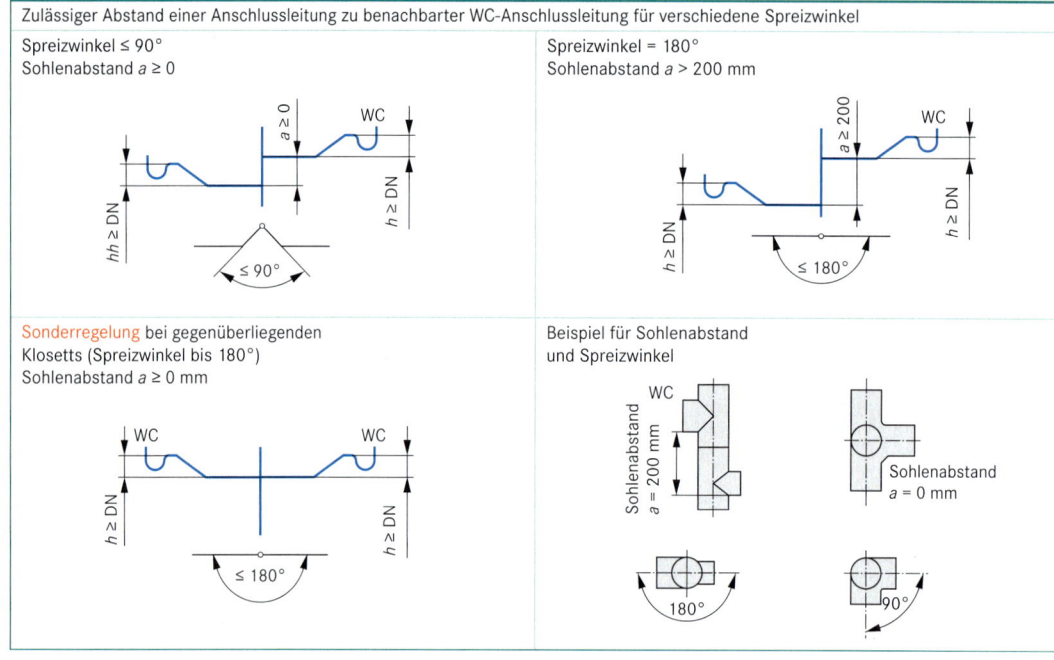

Zulässiger Abstand einer Anschlussleitung zu benachbarter WC-Anschlussleitung für verschiedene Spreizwinkel

Spreizwinkel ≤ 90°
Sohlenabstand $a ≥ 0$

Spreizwinkel = 180°
Sohlenabstand $a > 200$ mm

Sonderregelung bei gegenüberliegenden Klosetts (Spreizwinkel bis 180°)
Sohlenabstand $a ≥ 0$ mm

Beispiel für Sohlenabstand und Spreizwinkel

Formstücke zum Mehrfachanschluss

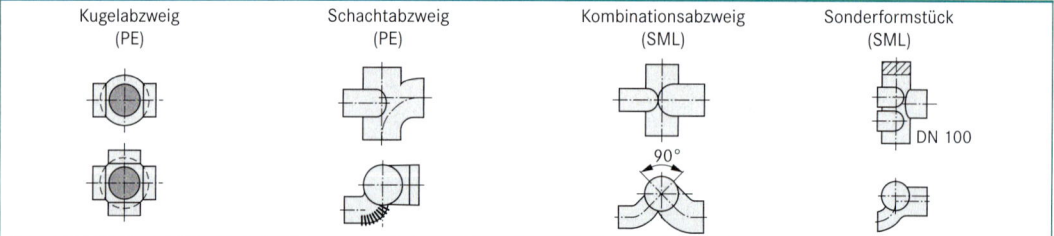

Kugelabzweig (PE)

Schachtabzweig (PE)

Kombinationsabzweig (SML)

Sonderformstück (SML)

Verlegerichtlinien bei Fallleitungen DIN 1986-100: 2008-05

Fallleitung: lotrechte Leitung, gegebenenfalls mit Verziehung, die durch ein oder mehrere Geschosse führt, über Dach gelüftet wird und das Abwasser einer Grund- oder Sammelleitung zuführt.

Der Luftbedarf in Fallleitungen kann bis zum 35-fachen des Wasserabflusses betragen!

Kritische Bereiche von Verziehungen bei Gebäuden mit mehr als 3 Geschossen

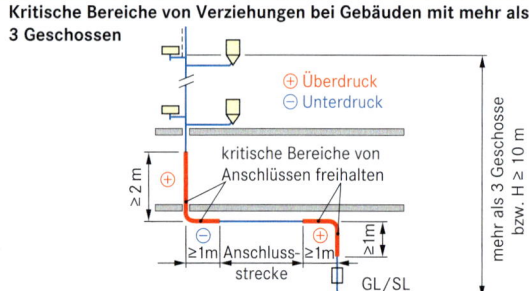

⊕ Überdruck
⊖ Unterdruck

kritische Bereiche von Anschlüssen freihalten

Verlegung:
- Fallleitungen sind ohne Nennweitenänderung, möglichst geradlinig durch die Geschosse zu führen
- nebeneinanderliegende Wohnungen nur dann an eine gemeinsame Schmutzwasserfallleitung anschließen, wenn Schall- und Brandschutzmaßnahmen berücksichtigt werden
- Druckleitung der Hebeanlage grundsätzlich **nicht** an die Fallleitung anschließen
- Fallleitungen mit Richtungsänderungen bis 45° (Sprungbogen) können **ohne** die Verlegemaßnahmen (→ S. 291) ausgeführt werden

Entwässerungs-technik

Fallleitungsverziehung: 1 bis 3 Geschosse (bzw. L < 10 m)

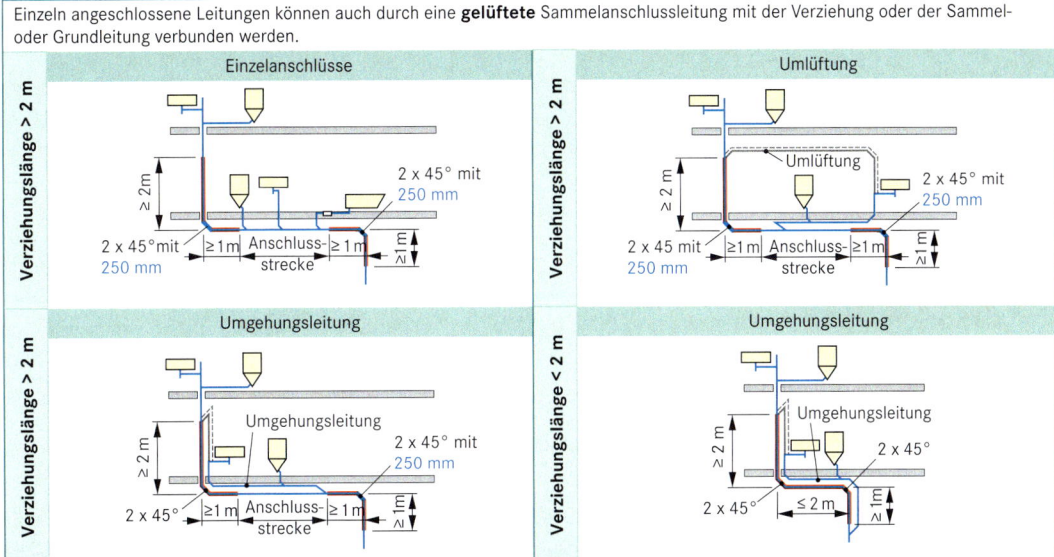

Umlenkung in die liegende Leitung mit Bogen 88° ± 2° erlaubt

Empfehlung:
Umlenkung mit 2 x 45°-Bogen, möglichst mit 250 mm Zwischenstück

Fallleitungsverziehung: 4 bis 8 Geschosse (bzw. 10 m < L < 22 m)

DIN 1986-100: 2008-05

Einzeln angeschlossene Leitungen können auch durch eine **gelüftete** Sammelanschlussleitung mit der Verziehung oder der Sammel- oder Grundleitung verbunden werden.

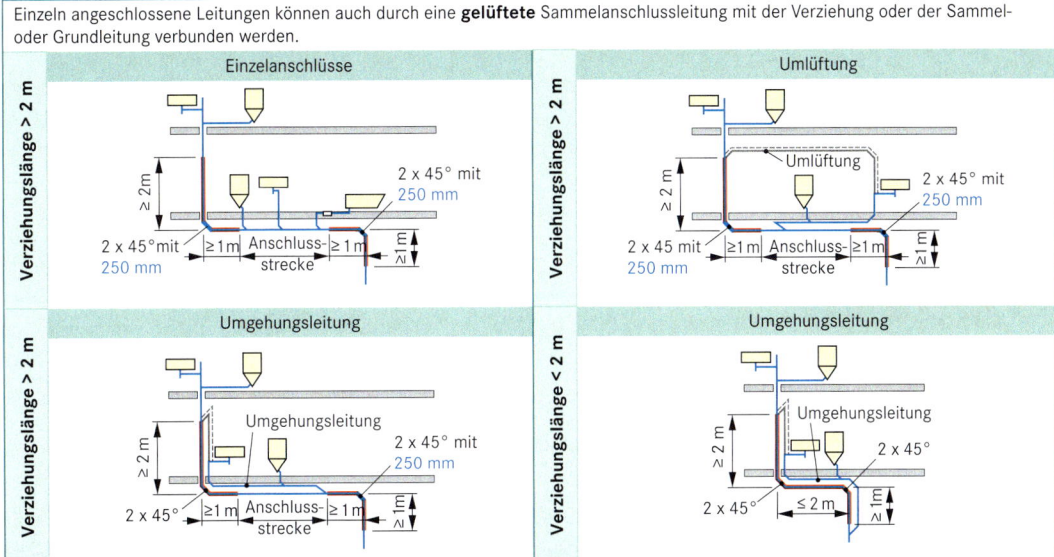

Fallleitungsverziehung: 4 bis 8 Geschosse (bzw. 10 m < L < 22 m)

DIN 1986-100: 2008-05

grundsätzlich Umgehungsleitung einbauen

Mehrfach verzogene Fallleitungen (z. B. Terrassenhäuser) mit direkter oder indirekter Nebenlüftung ausführen

mehrfach verzogene Fallleitung mit direkter Nebenlüftung

mehrfach verzogene Fallleitung mit indirekter Nebenlüftung

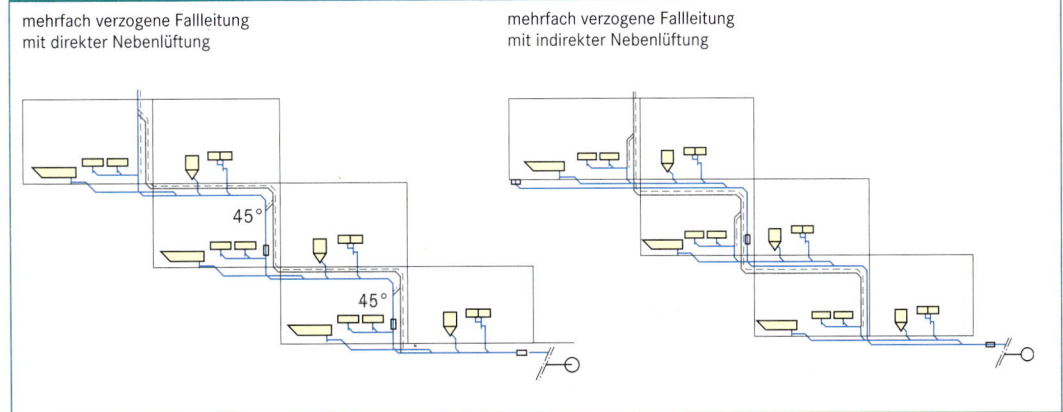

Entwässerungs-technik

Tab. 292.1: Schmutzwasserabfluss $\dot{V}_{WW}$ in Fallleitungen

DIN EN 12 056-2: 2001

$$\dot{V}_{WW} = K \cdot \sqrt{\Sigma DU} \quad ^{1)}$$

$\dot{V}_{WW}$:	Schmutzwasserabfluss in l/s
K :	Abflusskennzahl ($\rightarrow$ Tab. 288.1)
ΣDU :	Summe der Anschlusswerte ($\rightarrow$ Tab. 286.2)

[1] Ist der ermittelte Schmutzwasserabfluss $\dot{V}_{WW}$ kleiner als der größte Anschlusswert eines einzelnen Entwässerungsgegenstandes, so ist letzterer maßgebend.

Tab. 292.2: Zulässiger Schmutzwasserabfluss in Fallleitungen

DIN EN 12 056-2: 2001

Schmutzwasser-fallleitung	System mit Hauptlüftung		System mit Nebenlüftung ($\rightarrow$ S. 291)		Nennweite der Nebenlüftung
	Abzweige		Abzweige		
	ohne Innenradius[1]	mit Innenradius[2]	ohne Innenradius[1]	mit Innenradius[2]	
DN	$\dot{V}_{max}$ in l/s		$\dot{V}_{max}$ in l/s		DN
60	0,5	0,7	0,7	0,9	50
70[3]	1,5	2,0	2,0	2,6	50
80[4]	2,0	2,6	2,6	3,4	50
90	2,7	3,5	3,5	4,6	50
100	4,0	5,2	5,2	7,3	50
125	5,8	7,6	7,6	10,0	70
150	9,5	12,4	12,4	18,3	80
200	16	21,0	21,0	27,3	100

[1] Abzweig ohne Innenradius   [2] Abzweig mit Innenradius bzw. 45° Einlaufwinkel

[3] An eine Fallleitung DN 70 dürfen nicht mehr als 4 Küchenablaufstellen angeschlossen werden.

[4] Mindestnennweite bei Klosettanlagen mit 4,0 l bis 6,0 l Spülvolumen.

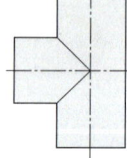
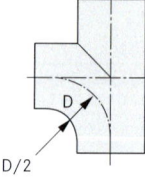
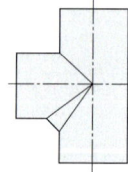

Tab. 292.3: Beispiele: Dimensionierung einer Fallleitung

Beispiel 1: 2 Wohnungen, jede mit den Sammelanschlussleitungen entsprechend $\rightarrow$ Tab 288.3, Bsp. a (2,5 DU) und $\rightarrow$ Tab 288.3 Bsp. c (5,9 DU einschließlich 9-l-WC) an einer Fallleitung mit **Haupt**lüftung, Abzweige **ohne** Innenradius

Anzahl Wohnungen	2 Wohnungen	
ΣDU je Wohnung	2,5 DU + 5,9 DU = 8,4 DU	
ΣDU am unteren Ende der Fallleitung	2 x 8,4 DU = 16,4 DU	$\rightarrow \Sigma DU = 16,4$
Typische Abflusskennzahl K	für Wohngebäude	$\rightarrow K = 0,5$ ($\rightarrow$ Tab 288.1)
Schmutzwasserfluss $\dot{V}_{WW}$ in l/s[1]	$\dot{V}_{WW} = K \cdot \sqrt{\Sigma (DU)} = 0,5 \cdot \sqrt{16,4} = 2$ l/s	$\rightarrow \dot{V}_{WW} = 2,5$ l/s[1]
Nennweite der Fallleitung	**DN 100** (wegen 9-l-WC)	($\rightarrow$ Tab 292.1)

[1] Ist der ermittelte Schmutzwasserabfluss V_{WW} kleiner als der größte Anschlusswert eines einzelnen Entwässerungsgegenstandes, so ist letzterer (hier: 9-l-WC mit 2,5 l/s) maßgebend.

Beispiel 2: 10 Wohnungen, jede mit den Sammelanschlussleitungen entsprechend $\rightarrow$ Tab 288.3, Bsp. a (2,5 DU) und $\rightarrow$ Tab 288.3 Bsp. c (5,9 DU einschließlich 9-l-WC) an einer Fallleitung mit **Haupt**lüftung, Abzweige **mit** Innenradius

Anzahl Wohnungen	10 Wohnungen	
ΣDU je Wohnung	2,5 DU + 5,9 DU = 8,4 DU	
ΣDU am unteren Ende der Fallleitung	10 x 8,4 = 84,0	$\rightarrow \Sigma DU = 84,0$
Typische Abflusskennzahl K	für Wohngebäude	$\rightarrow K = 0,5$ ($\rightarrow$ Tab 288.1)
Schmutzwasserfluss $\dot{V}_{WW}$ in l/s[1]	$\dot{V}_{WW} = K \cdot \sqrt{\Sigma (DU)} = 0,5 \cdot \sqrt{84,0} = 4,6$ l/s	
Nennweite der Fallleitung	**DN 100** (wegen Innenradius belastbar bis 5,2 l/s)	($\rightarrow$ Tab 292.1)

Tab. 293.1: Installationsvorschriften

Höhenunterschied	■ Größere Höhenunterschiede sind durch eine Sturzstrecke auszugleichen
Anschlüsse und Richtungsänderungen: 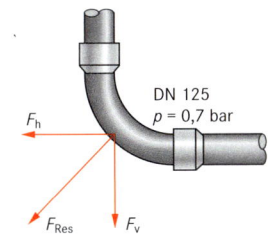	■ Richtungsänderungen und Abzweige höchstens in 45° ausführen ■ Anschlüsse von der Seite mit 45° mit mindestens 15° Neigung ausführen ■ Doppelabzweige sind in liegenden Leitungen nicht erlaubt
sohlengleiche Aufweitung in Grundleitungen (GL) ist zulässig Grundleitung	■ Übergänge, Abzweige, Bögen und Werkstoffwechsel nur mit zugelassenen Formstücken ■ in der Grundleitung (GL) ist zur vereinfachten Reinigung mit der Spirale die sohlengleiche Aufweitung zulässig
Befestigung von Sammelleitungen	entsprechend Herstellerangaben (→ Tab. 205.2)
Mindestnennweite von Grundleitungen	■ als Grundleitung verlegte Anschlussleitung sind kleiner als DN 100 zulässig, wenn sie kurz und inspizierbar sind ■ Grundleitungen sind bis zum nächstgelegenen Schacht außerhalb des Gebäudes in DN 80 zulässig (hydraulischer Nachweis erforderlich) ■ die Grundleitung DN 100 ist zu bevorzugen: Grund: bessere Zugänglichkeit, Inspektion und Reinigung
Belastung durch Bauteile und Fundamente Hausinnenseite — kurzes Passstück — Muffe als Gelenk	■ Fundamente wenn möglich umgehen, andernfalls: ■ Abwasserrohre durch Mantelrohre führen oder ■ beidseitig Gelenke ausbilden (bei Außenwänden unbedingt erforderlich)

Längskraftschlüssigkeit herstellen bei Umlenkungskräften, z. B. unter Rückstauebene (RStE) (→ S. 304)

DN 125
$p = 0{,}7$ bar
F_h
F_{Res}
F_v

$$F = p \cdot A$$

für die 90°-Umlenkung:

$$F_{Res} = F \cdot \sqrt{2}$$

bei Richtungsänderungen sind Umlenkungskräfte zu berücksichtigen:
ggf: längskraftschlüssige Verbindung herstellen!

F	:	Kraft	in N
F_{Res}	:	Resultierende Kraft	in N
F_h	:	Horizontalkraft	in N
F_v	:	Vertikalkraft	in N
p	:	Druck	in N/cm²
A	:	Innenfläche des Rohres	in cm/cm²

Beispiel: Fußbogen einer Fallleitung DN 125, möglicher Druck: 7 m WS

geg.: $p = 0{,}7$ bar $= 7$ N/cm²

Lsg.: $A = \dfrac{\pi \cdot d^2}{4} = \dfrac{\pi \cdot (12{,}52 \text{ cm})^2}{4} = 122{,}7$ cm²

$F_v = F_h = p \cdot A \quad = 7$ N/cm² $\cdot 122{,}7$ cm² $= 859$ N
$F_{Res} = F \cdot \sqrt{2} \quad = 859$ N $\cdot \sqrt{2}$
$F_{Res} = 1214$ N

Misch- und Trennsystem in Grundleitungen
DIN 1986-100: 2008-05

Trennsystem: getrennte Leitung für Schmutz- und Regenwasser
Einsatz: Innerhalb von Gebäuden und außerhalb von Gebäuden vor einem besteigbaren Schacht

Mischsystem: gemeinsame Leitung für Schmutz- und Regenwasser

Einsatz: in der Grundleitung nach einem besteigbaren Schacht

Ausnahme: bei Grenzbebauung ist Mischsystem innerhalb des Gebäudes, unmittelbar an der Gebäudegrenze zulässig

Ableitung über Schacht

nur zulässig bei Grenzbebauung

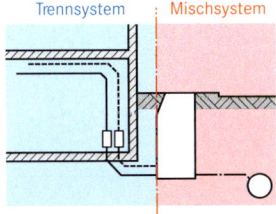
Trennsystem | Mischsystem

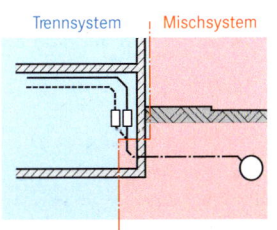
Trennsystem | Mischsystem

Tab. 294.1: Typische Abflusskennzahlen *K* DIN EN 12 056-2: 2001

Benutzungscharakteristik	Gebäudeart, Beispiel	K
unregelmäßige Benutzung	Wohnhäuser, Pensionen, Büros	0,5
regelmäßige Benutzung	Krankenhäuser, Schulen, Restaurants, Hotels	0,7
häufige Benutzung	öffentliche Toiletten und/oder Duschen	1,0
spezielle Benutzung	Labor	1,2

Tab. 294.2: Schmutzwasserabfluss $\dot{V}_{WW}$ mehrerer Entwässerungsgegenstände DIN EN 12 056-2: 2001

$$\dot{V}_{WW} = K \cdot \sqrt{\Sigma DU} \quad \text{[1) 2) 3)]}$$

$\dot{V}_{WW}$: Schmutzwasserabfluss in l/s
K : Abflusskennzahl ($\rightarrow$ Tab. 294.1)
ΣDU: Summe der Anschlusswerte (durch Addition aller Einzelwerte) ($\rightarrow$ Tab. 286.2)

[1] Der Schmutzwasserabfluss $\dot{V}_{WW}$ wird mit der immer neu gebildeten Summe der Anschlusswerte ΣDU berechnet.
[2] Ist der ermittelte Schmutzwasserabfluss $\dot{V}_{WW}$ kleiner als der größte Anschlusswert eines einzelnen Entwässerungsgegenstandes, so ist letzterer maßgebend.
[3] Entwässerungsanlagen, die gewerbliche Abwässer ableiten, müssen individuell berechnet werden (z. B. Schwimmbäder, Industriebetriebe)

Tab. 294.3: Gesamtschmutzwasserabfluss $\dot{V}_{tot}$ in Grund- und Sammelleitungen DIN EN 12 056-2: 2001

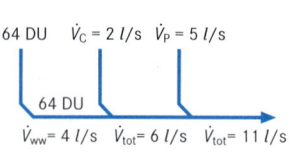

$$\dot{V}_{tot} = \dot{V}_{WW} + \dot{V}_{c} + \dot{V}_{P} \quad \text{[1)]}$$

$\dot{V}_{tot}$: Gesamtschmutzwasserabfluss in l/s
$\dot{V}_{WW}$: Schmutzwasserabfluss in l/s ($\rightarrow$ Tab. 294.2)
$\dot{V}_{c}$: Dauerabfluss in l/s
$\dot{V}_{P}$: Pumpenförderstrom in l/s ($\rightarrow$ S. 307)

[1] Dauerabflüsse und Pumpenförderströme werden dem Schmutzwasserabfluss ohne Abzug hinzugezählt.

Tab. 294.4: Mischwasserabfluss in Grundleitungen nach einem begehbaren Schacht

$$\dot{V}_{M} = \dot{V}_{R} + \dot{V}_{tot}$$

$\dot{V}_{M}$: Mischwasserabfluss in l/s
$\dot{V}_{tot}$: Gesamtschmutzwasserabfluss in l/s ($\rightarrow$ Tab. 294.3)
$\dot{V}_{R}$: Regenwasserabfluss in l/s ($\rightarrow$ Tab. 314.1)

Tab. 294.5: Bsp. 1: Schmutzwasserabfluss in der Sammelleitung eines Mehrfamilienhauses

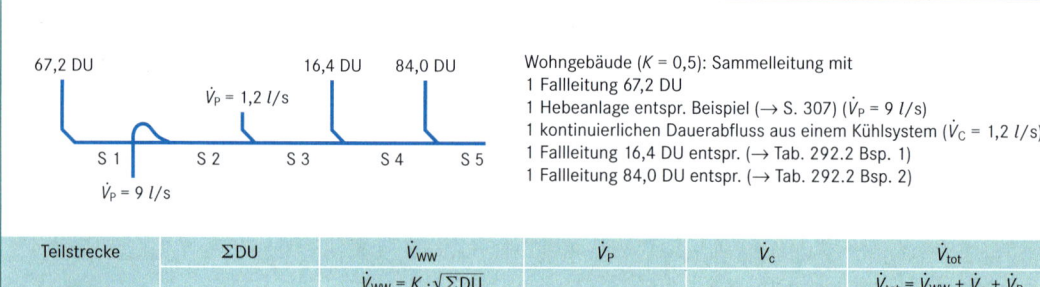

Wohngebäude (K = 0,5): Sammelleitung mit
1 Fallleitung 67,2 DU
1 Hebeanlage entspr. Beispiel ($\rightarrow$ S. 307) ($\dot{V}_{P}$ = 9 l/s)
1 kontinuierlichen Dauerabfluss aus einem Kühlsystem ($\dot{V}_{C}$ = 1,2 l/s)
1 Fallleitung 16,4 DU entspr. ($\rightarrow$ Tab. 292.2 Bsp. 1)
1 Fallleitung 84,0 DU entspr. ($\rightarrow$ Tab. 292.2 Bsp. 2)

Teilstrecke	ΣDU	$\dot{V}_{WW}$ $\dot{V}_{WW} = K \cdot \sqrt{\Sigma DU}$	$\dot{V}_{P}$	$\dot{V}_{c}$	$\dot{V}_{tot}$ $\dot{V}_{tot} = \dot{V}_{WW} + \dot{V}_{c} + \dot{V}_{P}$
S1	67,2	4,1 l/s	0 l/s	0 l/s	4,1 l/s
S2	67,2	4,1 l/s	9 l/s	0 l/s	13,1 l/s
S3	67,2	4,1 l/s	9 l/s	1,2 l/s	14,3 l/s
S4	83,6	4,6 l/s	9 l/s	1,2 l/s	14,8 l/s
S5	167,6	6,1 l/s	9 l/s	1,2 l/s	16,3 l/s

Tab. 295.6: Bsp. 2: Mischwasserabfluss in einer Grundleitung

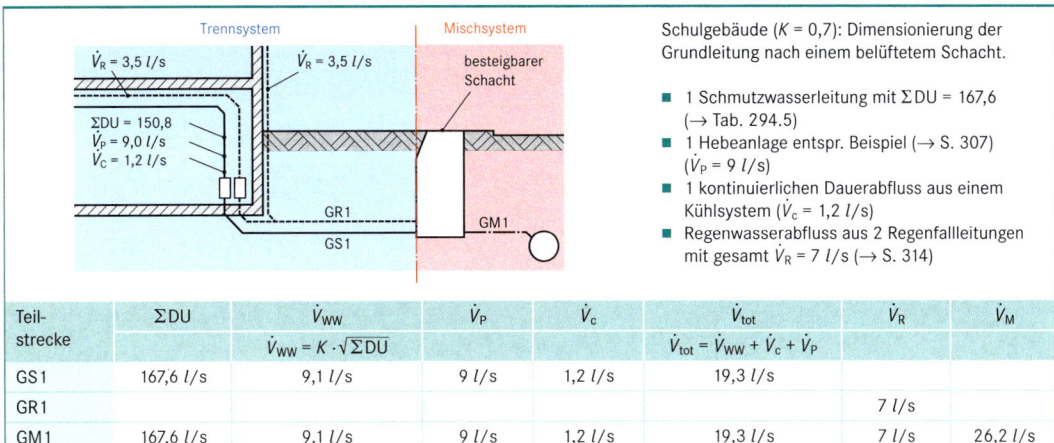

Schulgebäude ($K = 0,7$): Dimensionierung der Grundleitung nach einem belüftetem Schacht.

- 1 Schmutzwasserleitung mit $\Sigma DU = 167,6$ ($\rightarrow$ Tab. 294.5)
- 1 Hebeanlage entspr. Beispiel ($\rightarrow$ S. 307) ($\dot{V}_P = 9\ l/s$)
- 1 kontinuierlichen Dauerabfluss aus einem Kühlsystem ($\dot{V}_c = 1,2\ l/s$)
- Regenwasserabfluss aus 2 Regenfallleitungen mit gesamt $\dot{V}_R = 7\ l/s$ ($\rightarrow$ S. 314)

Teil-strecke	ΣDU	$\dot{V}_{WW}$ $\dot{V}_{WW} = K \cdot \sqrt{\Sigma DU}$	$\dot{V}_P$	$\dot{V}_c$	$\dot{V}_{tot}$ $\dot{V}_{tot} = \dot{V}_{WW} + \dot{V}_c + \dot{V}_P$	$\dot{V}_R$	$\dot{V}_M$
GS1	167,6 l/s	9,1 l/s	9 l/s	1,2 l/s	19,3 l/s		
GR1						7 l/s	
GM1	167,6 l/s	9,1 l/s	9 l/s	1,2 l/s	19,3 l/s	7 l/s	26,2 l/s

Tab. 295.1: Maximal zu erwartender Schmutzwasserabfluss $\dot{V}_{WW}$[1] in Abhängigkeit von der Summe der Anschlusswerte ΣDU und der Abflusskennzahl K[2]

DIN EN 12 056-2: 2001

ΣDU	$\dot{V}_{WW}$ in l/s für Abflusskennzahl K				ΣDU	$\dot{V}_{WW}$ in l/s für Abflusskennzahl K			
	$K = 0,5$	$K = 0,7$	$K = 1,0$	$K = 1,2$		$K = 0,5$	$K = 0,7$	$K = 1,0$	$K = 1,2$
10	1,6	2,2	3,2	3,8	110	5,2	7,3	10,5	12,6
12	1,7	2,4	3,5	4,2	120	5,5	7,7	11,0	13,1
14	1,9	2,6	3,7	4,5	130	5,7	8,0	11,4	13,7
16	2,0	2,8	4,0	4,8	140	5,9	8,3	11,8	14,2
18	2,1	3,0	4,2	5,1	150	6,1	8,6	12,2	14,7
20	2,2	3,1	4,5	5,4	160	6,3	8,9	12,6	15,2
22	2,3	3,3	4,7	5,6	170	6,5	9,1	13,0	15,6
24	2,4	3,4	4,9	5,9	180	6,7	9,4	13,4	16,1
26	2,6	3,6	5,1	6,1	190	6,9	9,6	13,8	16,5
28	2,6	3,7	5,3	6,4	200	7,1	9,9	14,1	17,0
30	2,7	3,8	5,5	6,6	210	7,2	10,1	14,5	17,4
32	2,8	4,0	5,7	6,8	220	7,4	10,4	14,8	17,8
34	2,9	4,1	5,8	7,0	230	7,6	10,6	15,2	18,2
36	3,0	4,2	6,0	7,2	240	7,7	10,8	15,5	18,6
38	3,1	4,3	6,2	7,4	250	7,9	11,1	15,0	19,0
40	3,2	4,4	6,3	7,6	260	8,1	11,3	16,1	19,3
42	3,2	4,5	6,5	7,8	270	8,2	11,5	16,4	19,7
44	3,3	4,6	6,6	8,0	280	8,4	11,7	16,7	20,1
46	3,4	4,7	6,8	8,1	290	8,5	11,9	17,0	20,4
48	3,5	4,9	6,9	8,3	300	8,7	12,1	17,3	20,8
50	3,5	5,0	7,1	8,5	310	8,8	12,3	17,6	21,1
55	3,7	5,2	7,4	8,9	320	8,9	12,5	17,9	21,5
60	3,9	5,4	7,7	9,3	330	9,1	12,7	18,2	21,8
65	4,0	5,6	8,1	9,7	340	9,2	12,9	18,4	22,1
70	4,2	5,9	8,4	10,0	350	9,4	13,1	18,7	22,5
75	4,3	6,1	8,7	10,4	360	9,5	13,3	19,0	22,8
80	4,5	6,3	8,9	10,7	370	9,6	13,5	19,2	23,1
85	4,6	6,5	9,2	11,1	380	9,7	13,6	19,5	23,4
90	4,7	6,6	9,5	11,4	390	9,9	13,8	19,7	23,7
95	4,9	6,8	9,7	11,7	400	10,0	14,0	20,0	24,0
100	5,0	7,0	10,0	12,0	410	10,1	14,2	20,2	24,3

Der Schmutzwasserabfluss $\dot{V}_{WW}$ wird mit der immer neu gebildeten Summe der Anschlusswerte ΣDU berechnet.
Ist der ermittelte Schmutzwasserabfluss $\dot{V}_{WW}$ kleiner als der größte Anschlusswert eines einzelnen Entwässerungsgegenstandes, so ist letzterer maßgebend.

[1] Berechnung von $\dot{V}_{WW}$ ($\rightarrow$ Tab. 294.2) [2] Abflusskennzahl ($\rightarrow$ Tab. 294.1)

Tab. 296.1: Grund- und Sammelleitungen: Mindestgefälle, Füllungsgrad und Mindest- und Höchstfließgeschwindigkeit

DIN 1986-100: 2008-05

innerhalb/außerhalb des Gebäudes		innerhalb		außerhalb	
Leitungsart		Grund- und Sammelleitung		Grundleitung	
Art des Wassers		Schmutzwasser	Regenwasser	Schmutz- und Mischwasser	Regenwasser
Füllungsgrad ($\rightarrow$ Tab. 285.2)	üblich	$h/d_i = 0,5$	$h/d_i = 0,7$	$h/d_i = 0,7$ [1]	$h/d_i = 0,7$ [1]
	hinter Einleitung einer Hebeanlage	$h/d_i = 0,7$	–	$h/d_i = 1,0$ [2]	–
Mindestgefälle		$I_r \geq 0,5$ cm/m	$I_r \geq 0,5$ cm/m	$I_N \geq 1 : DN$	$I_r \geq 0,5$ cm/m [3]
Mindestfließgeschwindigkeit		$v \geq 0,5$ m/s	–	$v \geq 0,7$ m/s	
Höchstgeschwindigkeit		–		$v \leq 2,5$ m/s	$v \leq 2,5$ m/s

[1] ab DN 150 ist hinter einem Schacht mit offenem Durchfluss ein Füllungsgrad $h/d_i = 1,0$ zulässig
[2] hinter einem Schacht mit offenem Durchfluss
[3] ab DN 250 ist ein Gefälle $I = 1 : DN$ zulässig

Tab. 296.2: Abflussvermögen von Entwässerungsleitungen bei einem Füllungsgrad von $h/d_i = 0,5$ (Sammelleitungen und Grundleitungen[1] innerhalb des Gebäudes)

DIN 1986-100: 2008-05

Einsatzbereich: Sammelleitungen und Grundleitungen innerhalb des Gebäudes für Schmutzwasser

d_i in min	DN 70 $d_i = 68$		DN 80 $d_i = 75$		DN 90 $d_i = 79$		DN 100 $d_i = 96$		DN 125 $d_i = 113$		DN 150 $d_i = 146$		DN 200 $d_i = 184$		DN 250 $d_i = 230$		DN 300 $d_i = 290$	
Gefälle cm/m	$\dot{V}$ l/s	v m/s	$\dot{V}$ l/s	v m/s	$\dot{V}$ l/s	v m/s	$\dot{V}$ l/s	v m/s	$\dot{V}$ l/s	v m/s	$\dot{V}$ l/s	v m/s	$\dot{V}$ l/s	v m/s	$\dot{V}$ l/s	v m/s	$\dot{V}$ l/s	v m/s
0,2													6,3	0,5	11,4	0,5	21,0	0,6
0,3											4,2	0,5	7,7	0,6	14,0	0,7	25,8	0,8
0,4									2,4	0,5	4,8	0,6	8,9	0,7	16,2	0,8	29,9	0,9
0,5							1,8	0,5	2,7	0,5	5,4	0,6	10,0	0,8	18,1	0,9	33,4	1,0
0,6					1,1	0,5	1,9	0,5	3,0	0,6	5,9	0,7	11,0	0,8	19,8	1,0	36,7	1,1
0,7	0,8	0,5	1,1	0,5	1,2	0,5	2,1	0,6	3,2	0,6	6,4	0,8	11,8	0,9	21,4	1,0	39,6	1,2
0,8	0,9	0,5	1,1	0,5	1,3	0,5	2,2	0,6	3,5	0,7	6,8	0,8	12,7	1,0	22,9	1,1	42,4	1,3
0,9	0,9	0,5	1,2	0,6	1,4	0,6	2,4	0,7	3,7	0,7	7,3	0,9	13,4	1,0	24,3	1,2	45,0	1,4
1,0	1,0	0,5	1,3	0,6	1,5	0,6	2,5	0,7	3,9	0,8	7,7	0,9	14,2	1,1	25,7	1,2	47,4	1,4
1,1	1,0	0,6	1,4	0,6	1,6	0,6	2,6	0,7	4,1	0,8	8,0	1,0	14,9	1,1	26,9	1,3	49,8	1,5
1,2	1,1	0,6	1,4	0,6	1,6	0,7	2,7	0,8	4,2	0,8	8,4	1,0	15,5	1,2	28,1	1,4	52,0	1,6
1,3	1,1	0,6	1,5	0,7	1,7	0,7	2,9	0,8	4,4	0,9	8,7	1,0	16,2	1,2	29,3	1,4	54,1	1,6
1,4	1,2	0,6	1,5	0,7	1,8	0,7	3,0	0,8	4,6	0,9	9,1	1,1	16,8	1,3	30,4	1,5	56,2	1,7
1,5	1,2	0,7	1,6	0,7	1,8	0,7	3,1	0,8	4,7	0,9	9,4	1,1	17,4	1,3	31,5	1,5	58,2	1,8
2,0	1,4	0,8	1,8	0,8	2,1	0,9	3,5	1,0	5,5	1,1	10,9	1,3	20,1	1,5	36,4	1,8	67,2	2,0
2,5	1,6	0,9	2,0	0,9	2,4	1,0	4,0	1,1	6,1	1,2	12,2	1,5	22,5	1,7	40,7	2,0	75,2	2,3
3,0	1,7	1,0	2,2	1,0	2,6	1,1	4,4	1,2	6,7	1,3	13,3	1,6	24,7	1,9	44,6	2,1	82,4	2,5
3,5	1,9	1,0	2,4	1,1	2,8	1,1	4,7	1,3	7,3	1,5	14,4	1,7	26,6	2,0	48,2	2,3		
4,0	2,0	1,1	2,6	1,2	3,0	1,2	5,0	1,4	7,8	1,6	15,4	1,8	28,5	2,1	51,5	2,5		
4,5	2,1	1,2	2,8	1,2	3,2	1,3	5,3	1,5	8,3	1,6	16,3	2,0	30,2	2,3				
5,0	2,2	1,2	2,9	1,3	3,3	1,4	5,6	1,6	8,7	1,7	17,2	2,1	31,9	2,4				

[1] Die Grundleitung kann bis zum nächstgelegenen Schacht außerhalb des Gebäudes in der Mindestnennweite DN 80 ausgeführt werden (hydraulische Berechnung erforderlich) – empfehlenswert ist jedoch die Nennweite DN 100 (bessere Zugänglichkeit für Inspektion und Reinigung)

Beispiele: Ablesen der Tabelle (für Füllungsgrad $h/d_i = 0,5$)

1: Sammelleitung, Gefälle 2 cm/m (2 %), $\dot{V}_{WW} = 3,0$ l/s	**ges.:** DN	$\rightarrow$ DN 100
2: Sammelleitung, Gefälle 2 cm/m (2 %), $\dot{V}_{WW} = 4,7$ l/s	**ges.:** DN	$\rightarrow$ DN 125
3: Grundleitung, Gefälle 2 cm/m (2 %), $\dot{V}_{WW} = 21$ l/s	**ges.:** DN	$\rightarrow$ DN 250
4: Grundleitung DN 125, Gefälle 1 cm/m (1 %)	**ges.:** $\dot{V}_{WW}$ und v	$\rightarrow$ $\dot{V}_{WW} = 3,9$ l/s; $v = 0,8$ m/s
5: Grundleitung innerhalb, $\dot{V}_{WW} = 4,7$ l/s	**ges.:** DN, Mindestgefälle	$\rightarrow$ Gefälle 0,5 cm/m, DN 150

Entwässerungs-technik

Tab. 297.1: Abflussvermögen von Entwässerungsleitungen bei einem Füllungsgrad von $h/d_i = 0{,}7$ [1]

Einsatzbereich: Grundleitungen außerhalb des Gebäudes, für Schmutz- und Mischwasser
Sammelleitungen und Grundleitungen hinter Einleitung einer Abwasserhebeanlage

	DN 70		DN 80		DN 90		DN 100		DN 125		DN 150		DN 200		DN 250		DN 300	
d_i in min	$d_i = 68$		$d_i = 75$		$d_i = 79$		$d_i = 96$		$d_i = 113$		$d_i = 146$		$d_i = 184$		$d_i = 230$		$d_i = 290$	
Gefälle	$\dot{V}$	v	$\dot{V}$	v	$\dot{V}$	v	$\dot{V}$	v	$\dot{V}$	v	$\dot{V}$	v	$\dot{V}$	v	$\dot{V}$	v	$\dot{V}$	v
cm/m	l/s	m/s	l/s	m/s	l/s	m/s	l/s	m/s	l/s	m/s	l/s	m/s	l/s	m/s	l/s	m/s	l/s	m/s
0,2											5,7	0,5	10,5	0,5	19,0	0,6	35,1	0,7
0,3									3,5	0,5	7,0	0,6	12,9	0,6	23,3	0,8	43,1	0,9
0,4							2,6	0,5	4,1	0,5	8,1	0,6	14,9	0,8	27,0	0,9	49,9	1,0
0,5			1,5	0,5	1,7	0,5	2,9	0,5	4,6	0,6	9,0	0,7	16,7	0,8	30,2	1,0	55,8	1,1
0,6	1,3	0,5	1,7	0,5	1,9	0,5	3,2	0,6	5,0	0,7	9,9	0,8	18,3	0,9	33,1	1,1	61,2	1,2
0,7	1,4	0,5	1,8	0,5	2,1	0,6	3,5	0,6	5,4	0,7	10,7	0,9	19,8	1,0	35,8	1,2	66,1	1,3
0,8	1,5	0,5	1,9	0,6	2,2	0,6	3,7	0,7	5,8	0,8	11,5	0,9	21,2	1,1	38,3	1,2	70,7	1,4
0,9	1,6	0,6	2,1	0,6	2,4	0,6	4,0	0,7	6,1	0,8	12,2	1,0	22,5	1,1	40,6	1,3	75,0	1,5
1,0	1,7	0,6	2,2	0,7	2,5	0,7	4,2	0,8	6,5	0,9	12,8	1,0	23,7	1,2	42,8	1,4	79,1	1,6
1,1	1,7	0,6	2,3	0,7	2,6	0,7	4,4	0,8	6,8	0,9	13,5	1,1	24,9	1,3	45,0	1,4	83,0	1,7
1,2	1,8	0,7	2,4	0,7	2,7	0,7	4,6	0,8	7,1	0,9	14,1	1,1	26,0	1,3	47,0	1,5	86,7	1,8
1,3	1,9	0,7	2,5	0,7	2,8	0,8	4,8	0,9	7,4	1,0	14,6	1,2	27,1	1,4	48,9	1,6	90,3	1,8
1,4	2,0	0,7	2,6	0,8	2,9	0,8	5,0	0,9	7,7	1,0	15,2	1,2	28,1	1,4	50,8	1,6	93,7	1,9
1,5	2,0	0,8	2,7	0,8	3,1	0,8	5,1	1,0	7,9	1,1	15,7	1,3	29,1	1,5	52,5	1,7	97,0	2,0
2,0	2,4	0,9	3,1	0,9	3,5	1,0	5,9	1,1	9,2	1,2	18,2	1,5	33,6	1,7	60,7	2,0	112,1	2,3
2,5	2,6	1,0	3,4	1,0	4,0	1,1	6,7	1,2	10,3	1,4	20,3	1,6	37,6	1,9	67,9	2,2	125,4	2,5
3,0	2,9	1,1	3,8	1,1	4,3	1,2	7,3	1,3	11,3	1,5	22,3	1,8	41,2	2,1	74,4	2,4		
3,5	3,1	1,2	4,1	1,2	4,7	1,3	7,9	1,5	12,2	1,6	24,1	1,9	44,5	2,2				
4,0	3,4	1,2	4,4	1,3	5,0	1,4	8,4	1,6	13,0	1,7	25,8	2,1	47,6	2,4				
4,5	3,6	1,3	4,6	1,4	5,3	1,5	8,9	1,7	13,8	1,8	27,3	2,2	50,5	2,5				
5,0	3,8	1,4	4,9	1,5	5,6	1,5	9,4	1,7	14,6	1,9	28,8	2,3						

[1] entspricht einem Flächenanteil von 84 %

Beispiel: geg.: Grundleitung außerhalb des Gebäudes, Gefälle 2 cm/m (2 %), $\dot{V}_{WW} = 21$ l/s, **ges.:** DN — **Lösung:** → DN 200

Tab. 297.2: Abflussvermögen von Entwässerungsleitungen bei einem Füllungsgrad von $h/d_i = 1{,}0$ [1]

Einsatzbereich: Grundleitungen außerhalb des Gebäudes, hinter einem Schacht mit offenem Durchfluss
– ab DN 150
– nach Einleitung einer Abwasserhebeanlage

	DN 70		DN 80		DN 90		DN 100		DN 125		DN 150		DN 200		DN 250		DN 300	
d_i in min	$d_i = 68$		$d_i = 75$		$d_i = 79$		$d_i = 96$		$d_i = 113$		$d_i = 146$		$d_i = 184$		$d_i = 230$		$d_i = 290$	
Gefälle	$\dot{V}$	v	$\dot{V}$	v	$\dot{V}$	v	$\dot{V}$	v	$\dot{V}$	v	$\dot{V}$	v	$\dot{V}$	v	$\dot{V}$	v	$\dot{V}$	v
cm/m	l/s	m/s	l/s	m/s	l/s	m/s	l/s	m/s	l/s	m/s	l/s	m/s	l/s	m/s	l/s	m/s	l/s	m/s
0,2													12,5	0,5	22,7	0,5	42,1	0,6
0,3											8,3	0,5	15,4	0,6	27,9	0,7	51,7	0,8
0,4									4,9	0,5	9,6	0,6	17,8	0,7	32,3	0,8	59,7	0,9
0,5							3,5	0,5	5,4	0,5	10,8	0,6	20,0	0,8	36,2	0,9	66,9	1,0
0,6					2,3	0,5	3,9	0,5	6,0	0,6	11,8	0,7	21,9	0,8	39,7	1,0	73,3	1,1
0,7	1,6	0,5	2,1	0,5	2,5	0,5	4,2	0,6	6,5	0,6	12,8	0,8	23,7	0,9	42,9	1,0	79,3	1,2
0,8	1,8	0,5	2,3	0,5	2,6	0,5	4,5	0,6	6,9	0,7	13,7	0,8	25,3	1,0	45,9	1,1	84,8	1,3
0,9	1,9	0,5	2,4	0,6	2,8	0,6	4,7	0,7	7,3	0,7	14,5	0,9	26,9	1,0	48,7	1,2	90,0	1,4
1,0	2,0	0,5	2,6	0,6	3,0	0,6	5,0	0,7	7,7	0,8	15,3	0,9	28,4	1,1	51,3	1,2	94,9	1,4
1,1	2,1	0,6	2,7	0,6	3,1	0,6	5,2	0,7	8,1	0,8	16,1	1,0	29,8	1,1	53,8	1,3	99,5	1,5
1,2	2,2	0,6	2,8	0,6	3,2	0,7	5,5	0,8	8,5	0,8	16,8	1,0	31,1	1,2	56,2	1,4	104,0	1,6
1,3	2,3	0,6	2,9	0,7	3,4	0,7	5,7	0,8	8,8	0,9	17,5	1,0	32,4	1,2	58,6	1,4	108,2	1,6
1,4	2,3	0,6	3,1	0,7	3,5	0,7	5,9	0,8	9,2	0,9	18,2	1,1	33,6	1,3	60,8	1,5	112,4	1,7
1,5	2,4	0,7	3,2	0,7	3,6	0,7	6,1	0,8	9,5	0,9	18,8	1,1	34,8	1,3	62,9	1,5	116,3	1,8
2,0	2,8	0,8	3,7	0,8	4,2	0,9	7,1	1,0	11,0	1,1	21,7	1,3	40,2	1,5	72,7	1,8	134,4	2,0
2,5	3,1	0,9	4,1	0,9	4,7	1,0	7,9	1,1	12,3	1,2	24,3	1,5	45,0	1,7	81,4	2,0	150,4	2,3
3,0	3,5	1,0	4,5	1,0	5,2	1,1	8,7	1,2	13,5	1,3	26,7	1,6	49,3	1,9	89,2	2,1	164,8	2,5
3,5	3,7	1,0	4,9	1,1	5,6	1,1	9,4	1,3	14,5	1,5	28,8	1,7	53,3	2,0	96,4	2,3		
4,0	4,0	1,1	5,2	1,2	6,0	1,2	10,1	1,4	15,6	1,6	30,8	1,8	57,0	2,1	103,0	2,5		
4,5	4,2	1,2	5,5	1,2	6,3	1,3	10,7	1,5	16,5	1,6	32,7	2,0	60,5	2,3				
5,0	4,5	1,2	5,8	1,3	6,7	1,4	11,3	1,6	17,4	1,7	34,5	2,1	63,8	2,4				

Beispiel: geg.: Grundleitung außerhalb des Gebäudes, hinter einem Schacht mit offenem Durchfluss
Gefälle 2 cm/m (2 %), $\dot{V}_{WW} = 21$ l/s, **ges.:** DN — **Lösung:** → DN 150

Entwässerungs-technik

Tab. 298.1: Berechnungsbeispiel für Grund- und Sammelleitungen

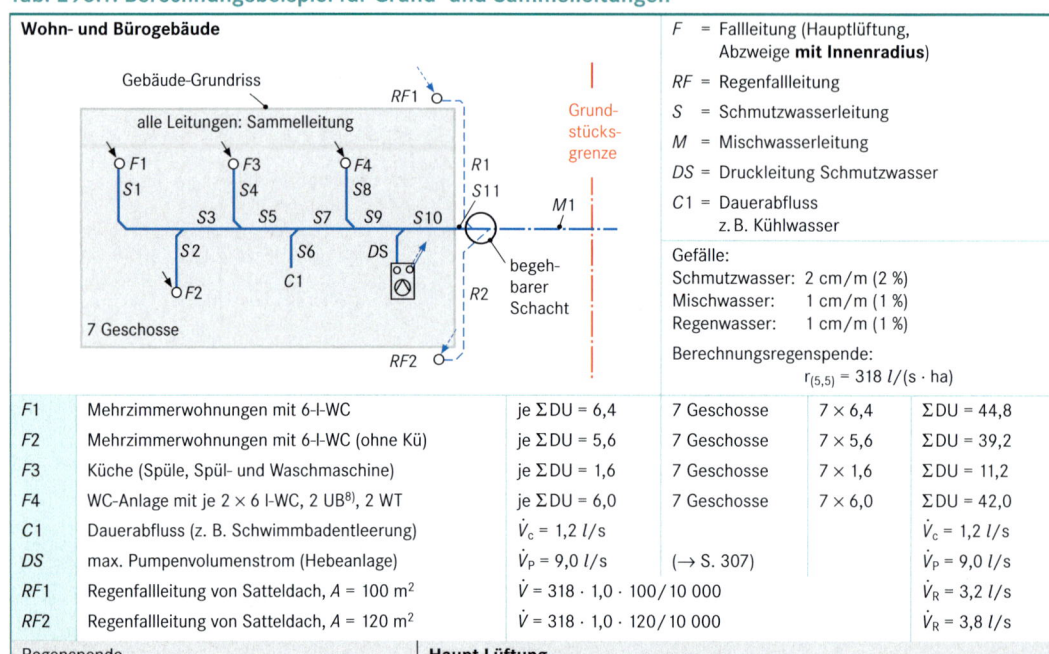

Wohn- und Bürogebäude

Gebäude-Grundriss

alle Leitungen: Sammelleitung

7 Geschosse

F	=	Fallleitung (Hauptlüftung, Abzweige **mit Innenradius**)
RF	=	Regenfallleitung
S	=	Schmutzwasserleitung
M	=	Mischwasserleitung
DS	=	Druckleitung Schmutzwasser
$C1$	=	Dauerabfluss z. B. Kühlwasser

Gefälle:
Schmutzwasser: 2 cm/m (2 %)
Mischwasser: 1 cm/m (1 %)
Regenwasser: 1 cm/m (1 %)

Berechnungsregenspende:
$r_{(5,5)}$ = 318 l/(s · ha)

F1	Mehrzimmerwohnungen mit 6-l-WC	je ΣDU = 6,4	7 Geschosse	7 × 6,4	ΣDU = 44,8
F2	Mehrzimmerwohnungen mit 6-l-WC (ohne Kü)	je ΣDU = 5,6	7 Geschosse	7 × 5,6	ΣDU = 39,2
F3	Küche (Spüle, Spül- und Waschmaschine)	je ΣDU = 1,6	7 Geschosse	7 × 1,6	ΣDU = 11,2
F4	WC-Anlage mit je 2 × 6 l-WC, 2 UB[8], 2 WT	je ΣDU = 6,0	7 Geschosse	7 × 6,0	ΣDU = 42,0
C1	Dauerabfluss (z. B. Schwimmbadentleerung)	$\dot{V}_c$ = 1,2 l/s			$\dot{V}_c$ = 1,2 l/s
DS	max. Pumpenvolumenstrom (Hebeanlage)	$\dot{V}_P$ = 9,0 l/s	(→ S. 307)		$\dot{V}_P$ = 9,0 l/s
RF1	Regenfallleitung von Satteldach, A = 100 m²	$\dot{V}$ = 318 · 1,0 · 100/10 000			$\dot{V}_R$ = 3,2 l/s
RF2	Regenfallleitung von Satteldach, A = 120 m²	$\dot{V}$ = 318 · 1,0 · 120/10 000			$\dot{V}_R$ = 3,8 l/s

Regenspende
r = 318 l/(s · ha)

Haupt-Lüftung
Abflusskennzahl K = 0,5

Teil-strecke	Leitungsart			Fläche	C	Anzahl	ΣDU	$\dot{V}_{WW}$	$\dot{V}_C$	$\dot{V}_P$	$\dot{V}_{tot}$	$\dot{V}_R$	I	DN	h/d_i	Bem.
	F [1]	L_i [2]	L_a [3]	m²	–	Kü		l/s	l/s	l/s	l/s	l/s	cm/m	mm		
F 1	x	x				7	44,8	3,3						90		Tab. 292.2
F 2	x	x				7	39,2	3,1						90		Tab. 292.2
F 3	x	x				7	11,2	1,7						80[4]		Tab. 292.2
C 1		x							1,2							
F 4	x	x					42	3,2						90		Tab. 292.2
DS		x								9,0				100		
RF 1	x		x	100	1							3,2		100		Tab. 316.2
RF 2	x		x	120	1							3,8		100		Tab. 296.2
S 1		x					44,8	3,3			3,3		2	100	0,5	Tab. 296.2
S 2		x					39,2	3,1			3,1		2	100	0,5	Tab. 296.2
S 3		x					84	4,6			4,6		2	125	0,5	Tab. 296.2
S 4		x					11,2	1,7			1,7		2	80	0,5	Tab. 296.2
S 5		x					95,2	4,9			4,9		2	125	0,5	Tab. 296.2
S 6		x							1,2		1,2		2	70	0,5	Tab. 296.2
S 7		x					95,2	4,9	1,2		6,1		2	150	0,5	Tab. 296.2
S 8		x					42	3,2			3,2		2	100	0,5	Tab. 296.2
S 9		x					137,2	5,9	1,2		7,1		2	150	0,5	Tab. 296.2
S 10		x					137,2	5,9	1,2	9,0	16,1		2	150[5]	0,7	Tab. 297.1
S 11			x				137,2	5,9	1,2	9,0	16,1		2	150[5]	0,7	Tab. 297.1
R 1			x									3,2	1	100	0,7	Tab. 297.1
R 2			x									3,8	1	100	0,7	Tab. 297.1
M 1			x				$\dot{V}_M$ = (16,1 + 3,2 + 3,8) l/s = 23,1 l/s						1	200	1,0	[6] [7]

[1] F = Fallleitung   [2] L_i = Leitung innerhalb von Gebäuden   [3] L_a = Leitung außerhalb von Gebäuden
[4] DN 80   erforderlich, da in DN 70 max. 4 Küchenablaufstellen zulässig (→ Tab. 292.2)
[5] S 10   hinter der Einleitung einer Hebeanlage ist ein Füllungsgrad h/d_i = 0,7 zulässig
[6] M 1   im Anschluss an einen begehbaren Schacht ist ein Füllungsgrad bis h/d_i = 1,0 zulässig
[7] $\dot{V}_M$ Mischwasserabfluss $\dot{V}_M = \dot{V}_{tot} + \dot{V}_R$ [8] UB = Urinalbecken

Tab. 299.1: Dichtheitskontrolle von Grundleitungen DIN EN 1610: 1997

Prüfung	Aufteilung in abschnittsweise Prüfung ist erlaubt
Zeitpunkt	nach dem Verfüllen des Rohrgrabens; in Zweifelsfällen ist eine Vorprüfung vor dem Verfüllen des Rohrgrabens zu empfehlen (Sicherung der Abzweige und Bögen ist erforderlich)
Prüfverfahren	■ Prüfung mit Luft (Verfahren „L") ■ Prüfung mit Wasser (Verfahren „W")	Art des Verfahrens kann der Auftraggeber bestimmen maßgeblich ist jedoch in Zweifelsfällen immer die Prüfung auf Wasserdichtheit
Vorbereitung	■ sämtliche Öffnungen, Abzweige, Einmündungen wasserdicht und drucksicher verschließen ■ möglichst vom Leitungstiefpunkt aus befüllen ■ u. U. Standrohre anbringen	u. U. Formstücke zur Lagesicherung verankern um Luftfreiheit zu erreichen um den Prüfdruck zu erreichen

Tab. 299.2: Prüfungsablauf

	Prüfung mit Wasser	Prüfung mit Luft
Prüfdruck	Mindestdruck: 100 mbar (1 m WS) Höchstdruck: 500 mbar (5 m WS)	LA: 10 mbar LC: 100 mbar LB: 50 mbar LD: 200 mbar
Vorbereitungszeit	Leitung vollgefüllt halten üblich: 1 Stunde, bei Rohren mit großer Saugfähigkeit länger	Anfangsdruck 10 % über Prüfdruck p_0 für 5 Minuten halten
Prüfdauer	(30 ± 1) Minuten	je nach Prüfdruck ($\rightarrow$ Tab. 299.3)
Prüfungsablauf	Druck muss auf 10 mbar (10 cm WS) durch Nachfüllen gehalten werden; Aufzeichnung erforderlich	Druckabfall während der Prüfdauer messen
Anforderung	max. Wasserzugabe: ■ 0,15 l/m+ bei Rohrleitungen ■ 0,20 l/m² bei Rohrleitungen einschl. Schächten ■ 0,40 l/m² bei Schächten	gemessener Druckabfall muss kleiner sein als Δp ($\rightarrow$ Tab. 299.3) Genauigkeit: Prüfdauer: Fehlergrenze 5 s Messgerät: Fehlergrenze 10 % von Δp
Protokoll	**Prüfprotokoll anfertigen** ($\rightarrow$ S. 300)	

Entwässerungs-
technik

Tab. 299.3: Prüfdruck, Druckabfall und Prüfzeichen für Prüfung mit Luft DIN EN 1610: 1997-10

Werkstoff	Prüf- ver- fahren	p_e[1] in mbar	Δp in mbar	Prüfzeit in Minuten für Rohre mit Nennweite						
				DN 100	DN 200	DN 300	DN 400	DN 600	DN 800	DN 1000
Trockene Betonrohre	LA	10	2,5	5	5	5	7	11	14	18
	LB	50	10	4	4	4	6	8	11	14
	LC	100	15	3	3	3	4	6	8	10
	LD	200	15	1,5	1,5	1,5	2	3	4	5
Feuchte Betonrohre **und alle anderen Werkstoffe**	LA	10	2,5	5	5	7	10	14	19	24
	LB	50	10	4	4	6	7	11	15	19
	LC	100	15	3	3	4	5	8	11	14
	LD	200	15	1,5	1,5	2	2,5	4	5	7

Beispiel

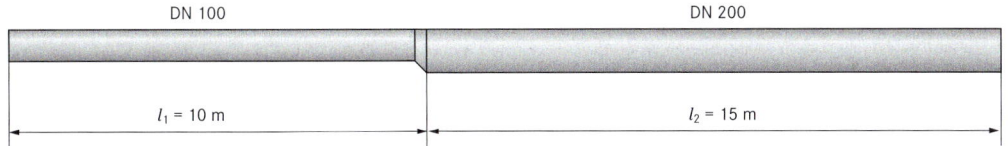

DN 100   DN 200

l_1 = 10 m l_2 = 15 m

Prüfung mit Wasser (W)

$A = \pi \cdot (d_1 \cdot l_1 + d_2 \cdot l_2)$
$A = \pi \cdot (0,1 \cdot 10 + 15 \cdot 0,2) = 12,56 \text{ m}^2$

zulässiger Wasserverlust
$V_{zul} = 12,56 \text{ m}^2 \cdot 0,15 \text{ } l/\text{m}^2 = \textbf{1,88 } \textit{l}$

Prüfung mit Luft (z. B. LB)

Prüfdruck: 50 mbar
Prüfdauer: 4 Minuten
zulässiger Druckverlust: ≤ **10 mbar**

Prüfprotokoll zur Dichtheitsprüfung von Grundleitungen

DIN EN 1610: 1997

Abnahmeprüfung der Grundleitung – Dichtheitsprüfung mit Wasser (nach ZVSHK)
– DIN EN 1610 Abs. 13.3 in Verbindung mit DIN 1986-1

Beispiel: Grundleitung aus TML (Maße wie SML → Tab. 270.1)
  29 m DN 100 (LW = 107 mm)   22 m DN 125 (LW = 127 mm)
   6 m DN 150 (LW = 152 mm)   1 Schacht, Innenfläche, 5,2 m²
  zugeführte Wassermenge: 2,8 l/s

Die Grundleitung besteht aus:

☐ Steinzeug   ☒ Stahl   **Vorbereitungszeit:**
                                       Nach Füllung von Rohrleitungen und/oder Schacht und Erreichen
☐ Guss   ☐ Kunststoff   des erforderlichen Prüfdrucks kann eine Vorbereitungszeit
                                       erforderlich sein. Üblicherweise ist 1 Std. ausreichend.
☐ Beton

Die Grundleitung wurde einer Dichtheitsprüfung unterzogen als:

☒ Gesamtanlage   ☐ in ____ Teilabschnitten

☐ Lageplan mit Bezeichnung der Prüfabschnitte liegt bei

1	2	3	4	5	6	7	8
DN	lichte Weite d	konst. π	Länge l	Innenfläche A (2 x 3 x 4)	Wasserzugabe pro m²	(5 x 6)	Vorfüllzeit
–	[m]	–	[m]	[m²]	[l/m²]	[l]	[h]
100	0,107	3,14	29	9,74	0,15	1,46	1,0
125	0,127	3,14	22	8,77	0,15	1,32	1,0
150	0,152	3,14	6	2,86	0,15	0,43	1,0
200		3,14					
250		3,14					
300		3,14					
Schacht/Inspektionsöffnung				5,2	0,4	2,08	1,0
				zulässige Wasserzugabe =		5,29	
				zugeführte Wassermenge =		2,8	

|_____| mbar   Prüfdruck

Der Prüfdruck ergibt sich aus der Höhe vom Rohrscheitel bis zur Geländeoberkante des Prüfabschnittes und soll mindestens 100 mbar (0,1 bar) und höchstens 500 mbar (0,5 bar) betragen.

- Zulässige Wasserzugabe pro m² benetzte innere Rohroberfläche:
  - 0,15 l/m² in 30 min. f. Rohrleitungen;
  - 0,20 l/m² in 30 min. f. Rohrleitungen einschl. Schächte;
  - 0,40 l/m² in 30 min. f. Schächte und Inspektionsöffnungen.

- Prüfdauer 30 min.; während dieser Zeit muss der Druck innerhalb 10 mbar (0,01 bar) des Prüfdrucks durch Wassernachfüllen aufrecht gehalten werden.

Das gesamte Wasservolumen, das zum Erreichen dieser Anforderung während der Prüfung zugefügt wurde, sowie die jeweilige Druckhöhe am erforderlichen Prüfdruck sind zu messen und aufzuzeichnen.

☒ Die Rohrleitung wurde nach Verfüllen und Entfernen des Verbaues geprüft.

☒ Öffnungen, Abzweige, Einmündungen, Einläufe usw. waren wasserdicht und drucksicher geschlossen.

☒ Rohrleitung wurde vom Tiefpunkt aus gefüllt und an den Hochpunkten entlüftet.

☒ Die Wasserzugabe war kleiner als die erlaubte nach Spalte 7

☒ Damit sind die Grundleitungen dicht

_____   _____
Ort   Datum

_____   _____
(Auftraggeber bzw. Vertreter)   (Auftragnehmer bzw. Vertreter)

Entwässerungstechnik

Tab. 301.1: Verlegerichtlinien für Lüftungsleitungen — DIN 1986-100: 2008-05

Ziel: Über- und Unterdruck sowie Leersaugen der Geruchsverschlüsse vermeiden, Kanalgase ableiten

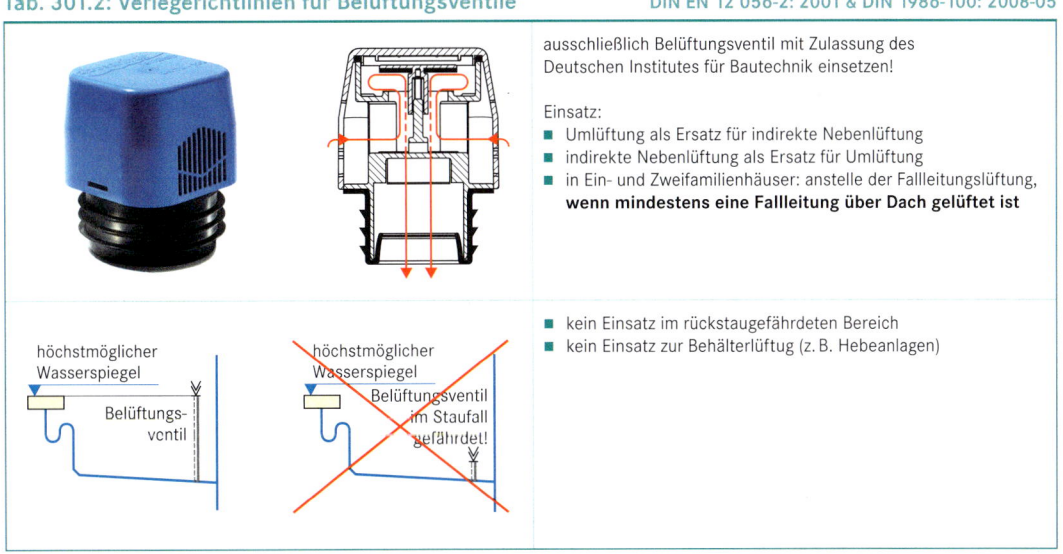

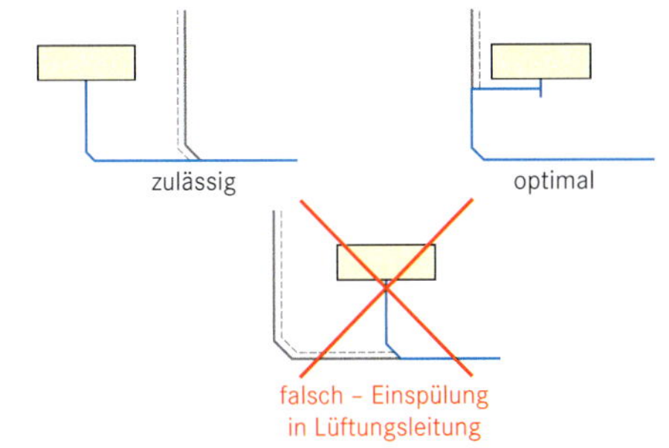 *zulässig* / *optimal* / *falsch – Einspülung in Lüftungsleitung*	▪ Lüftungsleitungen möglichst an lotrechte Teile der Abwasserleitung anschließen ▪ Belüftungsventile (→ s. u.)
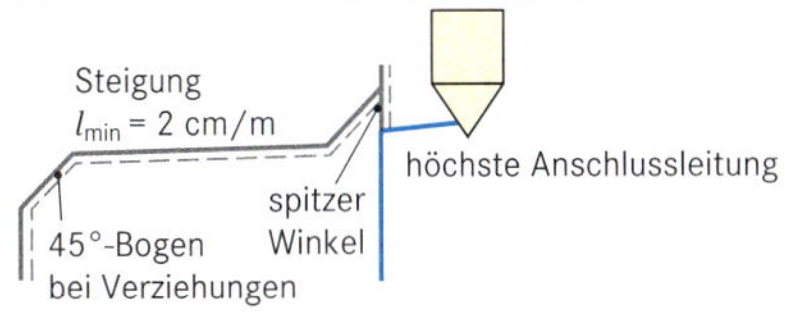 Steigung l_{min} = 2 cm/m, höchste Anschlussleitung, spitzer Winkel, 45°-Bogen bei Verziehungen	▪ Verlegung geradlinig und lotrecht ▪ günstiges Gefälle: 2 cm/m ▪ Verziehungen bei mehr als 5 Geschossen mit 45°-Bogen ausführen ▪ Zusammenführung zweier Lüftungsleitungen oberhalb der höchsten Anschlussleitung unter spitzem Winkel
 nach oben offen, flexibles Rohr max. 1 m lang	▪ Leitung zum Endrohr höchstens 1 m lang flexibel ausführen ▪ keine Geruchsverschlüsse einbauen
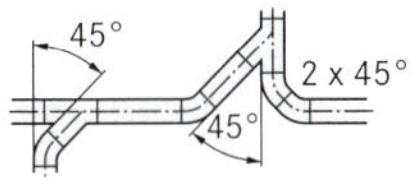 45° / 2 x 45° / 45°	Zusammenführung von Hauptlüftungsleitungen mit 45°-Abzweigen
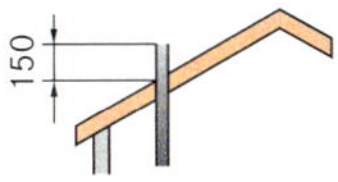 150	Fallleitungen müssen über Dach gelüftet werden; Mündung über Dach: min. 150 mm
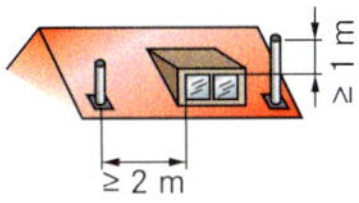 ≥ 1 m / ≥ 2 m	Empfehlung: Abstand zu Fenstern einhalten 1 m senkrecht-oberhalb, bzw. 2 m seitlich

Tab. 301.2: Verlegerichtlinien für Belüftungsventile — DIN EN 12 056-2: 2001 & DIN 1986-100: 2008-05

	ausschließlich Belüftungsventil mit Zulassung des Deutschen Institutes für Bautechnik einsetzen! Einsatz: ▪ Umlüftung als Ersatz für indirekte Nebenlüftung ▪ indirekte Nebenlüftung als Ersatz für Umlüftung ▪ in Ein- und Zweifamilienhäuser: anstelle der Fallleitungslüftung, **wenn mindestens eine Fallleitung über Dach gelüftet ist**
höchstmöglicher Wasserspiegel, Belüftungsventil / höchstmöglicher Wasserspiegel, Belüftungsventil im Staufall gefährdet!	▪ kein Einsatz im rückstaugefährdeten Bereich ▪ kein Einsatz zur Behälterlüftug (z. B. Hebeanlagen)

Entwässerungstechnik

Tab. 302.1: Lüftungsarten und Dimensionierung

DIN 1986-100: 2008-05

Lüftungsart	Dimensionierung	Bemerkung
Umlüftungsleitung (UL) max. DN 70 Fallleitung	Umlüftung in der gleichen Nennweite ausführen wie die Sammelanschlussleitung an der Einmündung in die Fallleitung, höchstens jedoch in DN 70. Bei Einsatz eines Belüftungsventils: Größe (→ Tab. 287.2)	Entlastung der Sammelanschlussleitung bei ■ zu großer Länge ■ zu großem Höhenunterschied ■ zu viel DU
Umgehungsleitung (UGL) Lüftungsteil UGL max. DN 100 Fallleitung	Umgehungsleitung in der gleichen Nennweite ausführen wie die Fallleitung, höchstens jedoch in DN 100. Dimensionierung Lüftungsteil: | Umgehungsleitung	Lüftungsteil[1]
---	---
DN 50, DN 60	DN 40
DN 70, DN 80[2]	DN 50
DN 90[3], DN 100	DN 60 | [1] Empfehlung: statt der Tabellenwerte sollte die DN der Lüftung wie DN der UGL ausgeführt werden [2] keine Klosetts	Entlastung der Fallleitungsumlenkung bei ■ Verziehungen ■ Übergang auf die Grund- und Sammelleitung [3] max. 2 Klosetts und max. eine 90°-Gesamtrichtungs-änderung
Einzelhauptlüftung (EHL) DN EHL = DN Fallleitung Anschlussleitungen Fallleitung Grund-/Sammelleitung	Einzel-Hauptlüftung (EHL) in der Nennweite der zugehörigen Fallleitung ausführen.	Lüftung der Fallleitung ist grundsätzlich erforderlich, da in der Fallleitung bis zum 35-fachen des Wasservolumenstromes an Luft mitgerissen wird
Sammel-Hauptlüftung (SHL) SHL Einzelhauptlüftungen	Der Querschnitt der Sammel-Hauptlüftung muss mindestens so groß sein wie die Hälfte der Summe der Einzelquerschnitte der Einzel-Hauptlüftungen, mindestens jedoch eine DN größer als die größte DN der zugehörigen Einzel-Hauptlüftung (außer bei Einfamilienhaus).	zur Reduzierung der Anzahl der Dachdurchbrüche, bzw. aus optischen Gründen

Tab. 302.2: Mindestluftmenge für Belüftungsventile in Einzelfallleitungen[1]

DIN EN 12 056-2: 2001

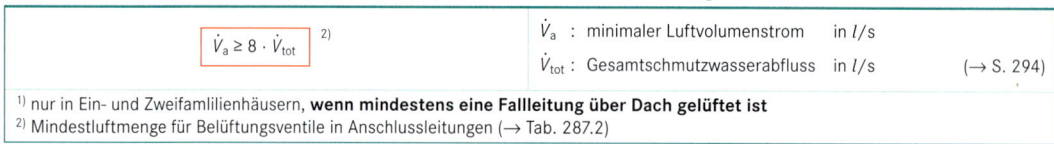

$$\dot{V}_a \geq 8 \cdot \dot{V}_{tot}$$ [2]

$\dot{V}_a$: minimaler Luftvolumenstrom in l/s

$\dot{V}_{tot}$: Gesamtschmutzwasserabfluss in l/s (→ S. 294)

[1] nur in Ein- und Zweifamilienhäusern, **wenn mindestens eine Fallleitung über Dach gelüftet ist**
[2] Mindestluftmenge für Belüftungsventile in Anschlussleitungen (→ Tab. 287.2)

Tab. 302.3: Bemessung der Nebenlüftung in Abhängigkeit von der Nennweite der Fallleitung

DIN EN 12 056-2: 2001

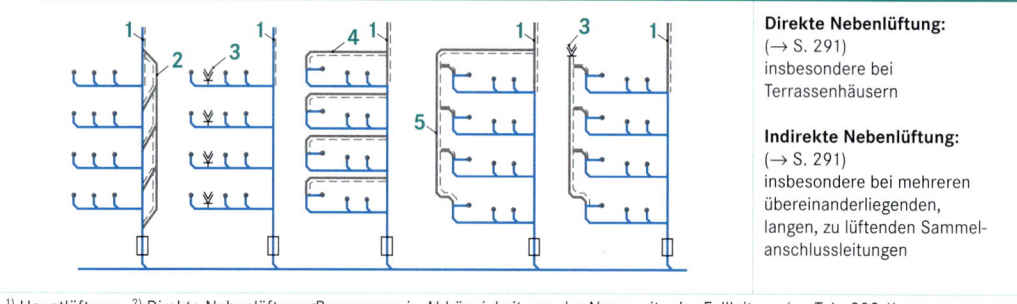

Direkte Nebenlüftung:
(→ S. 291)
insbesondere bei Terrassenhäusern

Indirekte Nebenlüftung:
(→ S. 291)
insbesondere bei mehreren übereinanderliegenden, langen, zu lüftenden Sammelanschlussleitungen

[1] Hauptlüftung; [2] Direkte Nebenlüftung: Bemessung in Abhängigkeit von der Nennweite der Fallleitung (→ Tab. 292.1); [3] Belüftungsventil: Bemessung (→ Tab. 302.2); [4] Umlüftung (→ s. o.); [5] Indirekte Nebenlüftung: Bemessung in Abhängigkeit von der Nennweite der Fallleitung (→ Tab. 292.1)

Tab. 303.1: Reinigungsöffnungen
DIN 1986-100: 2008-05

- Reinigungsöffnungen sind **verboten**, wo Lebensmittel verarbeitet bzw. diese gelagert werden
- Reinigungsöffnungen getrennt für das jeweilige Abwassersystem vorsehen

Bauart		typische Einsatzstellen	Bemerkung
	Rohrendverschluss	zugängliche Stelle am Übergang einer lotrechten Leitung in eine Sammelleitung	Ersatz für Reinigungsrohre in Fallleitungen
	Reinigungsverschluss	■ Sammelleitung ■ Grundleitung	Reinigung der Grundleitung ohne Schacht von der Fußbodenebene möglich
	Reinigungsrohr **rund**	Fallleitung, unmittelbar vor dem Übergang in eine liegende Leitung	vorzugsweise zur Reinigung der Umlenkung einer lotrechten in eine liegende Leitung, zulässig nur für Anschluss-, Fall- und Sammelleitungen
	Reinigungsrohr **rechteckig**	Grundleitung	geeignet für alle Leitungen; zur Aufnahme größerer Reinigungs- und Inspektionsgeräte
	offene Rohrdurchführung im Schacht	außerhalb des Gebäudes	hinter einem Schacht mit offenem Durchfluss kann eine Grundleitung außerhalb des Gebäudes nach DN 150 mit einem Füllungsgrad $h/d_i = 1,0$ betrieben werden
Übergang in das Standrohr	Reinigungsrohr als Schiebestück	Regenfallleitungen	insbesondere am unteren Ende außenliegender Regenfallleitungen

Tab. 303.2: Einbauhäufigkeit für Reinigungsöffnungen
DIN 1986-100: 2008-05

in Fallleitung	unmittelbar vor dem Übergang in eine liegende Leitung
in Sammelleitungen	mindestens alle 20 m bei Grenzbebauung im Gebäude vor der Mauerdurchführung
in Grundleitungen	■ wenn eine Richtungsänderung vorliegt: mindestens alle 20 m ■ wenn keine Richtungsänderung vorliegt: alle 40 m bis DN 150 und alle 60 m ab DN 200 ■ nahe der Grundstücksgrenze, nicht weiter als 15 m vom öffentlichen Abwasserkanal

Tab. 303.3: Alternative Anordnungsmöglichkeit von Reinigungsöffnungen

Alternative Anordnung der Reinigungsöffnung unterhalb der Kellerdecke

Rohrendverschluss als Alternative zur Reinigungsöffnung der Fallleitung im Erdgeschoss

Reinigungsverschluss in einer Grundleitung

Tab. 303.4: Schächte – Einbauregeln
DIN 1986-100: 2008-05

Anschlüsse an den Schacht: gelenkig ausführen	
innerhalb von Gebäuden	Rohrleitung geschlossen mit Reinigungsrohr durch Schacht führen Schacht gegen Einlauf von Wasser von oben schützen
außerhalb von Gebäuden	Deckel über Rückstauebene: offener Durchfluss Deckel unter Rückstauebene: geschlossene Durchführung oder gegen Wasseraustritt sichern Schacht für Schmutz- und Mischwasser mit weniger als 5 m Entfernung von Fenster und Türen: geruchsdicht ausführen
bei Trennsystem	getrennte Schächte für Schmutz- und Regenwasser

Entwässerungstechnik

Tab. 304.1: Rückstauebene (RStE)

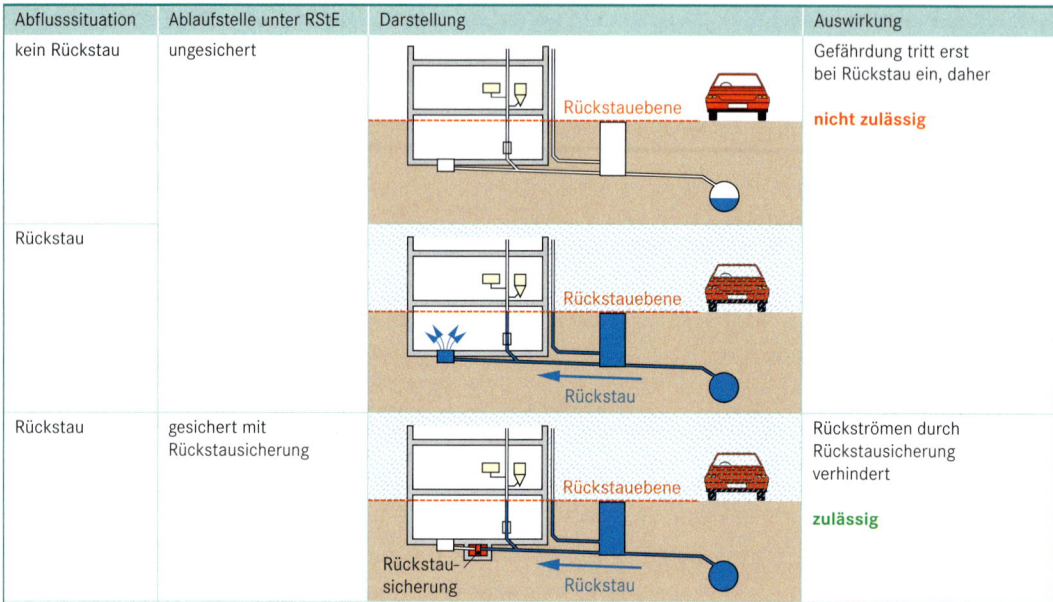

Abflusssituation	Ablaufstelle unter RStE	Darstellung	Auswirkung
kein Rückstau	ungesichert		Gefährdung tritt erst bei Rückstau ein, daher **nicht zulässig**
Rückstau			
Rückstau	gesichert mit Rückstausicherung		Rückströmen durch Rückstausicherung verhindert **zulässig**

Rückstauebene:
wird von der örtlichen Behörde festgelegt,
bzw. ist die Straßenoberkante an der Anschlussstelle.

Gegen Rückstau zu sichern ist:
bei Abwasser: wenn der Geruchverschluss unter Rückstauebene liegt
bei Regenwasser: wenn die Oberkante des Einlaufrostes unter Rückstauebene liegt

Achtung!
Entwässerungsgegenstände oberhalb RStE
- sind mittels Schwerkraft zu entwässern
- dürfen **nicht** über Rückstauverschlüsse führen
- dürfen nur in außergewöhnlichen Fällen (z. B. Sanierung) durch die Hebeanlage geleitet werden

Tab. 304.2: Rückstausysteme

DIN 1986-100: 2008-05

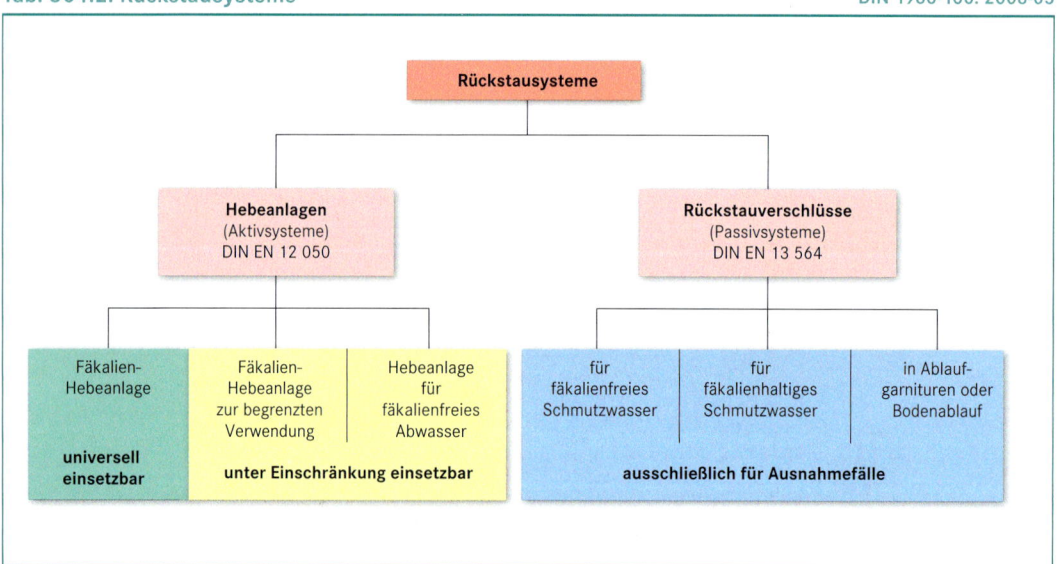

Entwässerungs-technik

Fäkalienhebeanlage mit geruchsdichtem Sammelbehälter

Einsatz: grundsätzlich für WC und Urinal einbauen, wo Entsorgung auch bei Rückstau gesichert sein muss Anlage mit Doppelpumpe, wenn keine Unterbrechung der Abwasserableitung zulässig ist

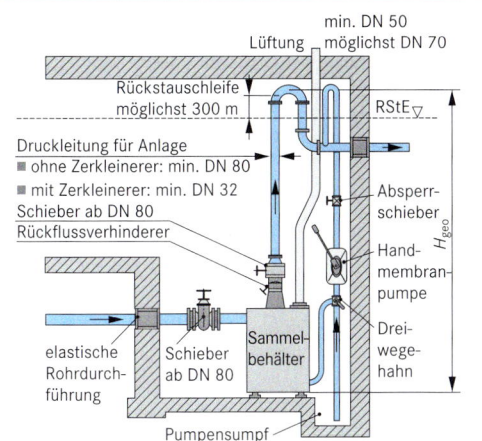

- innerhalb des Gebäudes nur mit frei aufgestelltem Sammelbehälter
- Befestigung: auftriebsicher
- Arbeitsraum: allseitig 60 cm, ausreichend beleuchtet, gute Be- und Entlüftung
- Pumpensumpf zur Raumentwässerung
- Druckleitung
  - mit Fäkalienzerkleinerung: min. DN 32
  - ohne Fäkalienzerkleinerung: min. DN 80
  - Schieber ab DN 80
  - Rückflussverhinderer (mit Anlüftvorrichtung)
  - Rückstauschleife: (mögl. 300 mm über Rückstauebene)
  - grundsätzlich nicht an Fallleitung anschließen
  - belastbar mit 1,5-fachem Betriebsdruck
- Anschlüsse schalldämmend, flexibel
- Sammelbehälter:
  - geschlossen, wasser- und geruchsdicht
  - mind. 20 l Nutzinhalt
- Lüftung: separat, alternativ in Nebenlüftung
- Rohrdurchführungen elastisch

Inbetriebnahme und Wartung (mit schriftlichem Protokoll), Inspektion

Inbetriebnahme: Probelauf mit Wasser über mehrere Schaltspiele, dabei sind zu prüfen:
- elektrische Absicherung, Spannung, Frequenz, Motorschutzschalter, Kontrolllampen
- Drehrichtung des Motors
- Störmeldeeinrichtung
- Schaltung und Schalthöhen im Behälter
- Befestigung von Anlage und Druckleitung
- Dichtheit von Anlage, Armaturen, Leitungen
- Schieber: Dichtheit, Offenstellung
- Pumpen- und Strömungsgeräusche
- Funktion der evtl. installierten Handpumpe

Inspektion: monatlich durch den Betreiber durch Beobachtung zweier Schaltspiele

Wartung (durch Fachbetrieb):
1/4-jährlich bei gewerblichen Betrieben
1/2-jährlich bei Mehrfamilienhäusern
1-jährlich bei Einfamilienhäusern

Umfang:
- Sichtkontrolle: Sammelbehälter und Dichtheit der Verbindungsstellen
- Leichtgängigkeit der Schieber
- öffnen und reinigen des RV
- Innenreinigung: Pumpe und ggf. Behälter
- Sichtkontrolle des elektrischen Zustandes
- alle 2 Jahre durchspülen mit Wasser
- Reinigen von Fördereinrichtung und Leitungsbereich, Prüfen des Laufrades

Abwasserhebeanlage für fäkalienfreies Abwasser

Entwässerungspumpe unter Rückstauebene für fäkalienfreies häusliches Abwasser oder Regenwasser

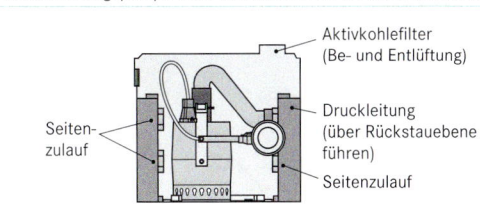

Druckleitung:
- min. DN 32
- über Rückstauebene führen

Fäkalienhebeanlage zur begrenzten Verwendung

für kleinen Benutzerkreis, wenn ein weiteres WC oberhalb der Rückstauebene zur Verfügung steht

anschließbar: max. 1 WC, 1 Handwaschbecken, 1 Duschwanne, 1 Sitzwaschbecken, die sich unter Rückstauebene im selben Raum befinden

Druckleitung
- mit Fäkalienzerkleinerung: min. DN 20
- ohne Fäkalienzerkleinerung: min. DN 25
- über Rückstauebene führen

Tab. 306.1: Typeinteilung von Rückstauverschlüssen in Deutschland

DIN EN 13 564-1: 2002

Typ	Einsatzbereich	Bemerkung	Beschreibung
Typ 0	Regenwasser-nutzungsanlagen	in Deutschland nur zugelassen für Überläufe von Regenwassernutzungs-anlagen, angeschlossen an den Regen-wasserkanal	1 selbsttätiger Verschluss
Typ 1			1 selbsttätiger Verschluss und ein Notverschluss (darf mit dem selbsttätigen Verschluss kombiniert werden)
Typ 2	fäkalienfreies Abwasser, in horizontalen Leitungen	auch zugelassen für Überläufe bei Regenwassernutzungsanlagen, angeschlossen an den Regenwasserkanal	2 selbsttätige Verschlüsse ohne Fremdenergie **und** ein Notverschluss (der Notverschluss darf mit Leitungen einem der selbsttätigen Verschlüsse kombiniert sein)
Typ 5	fäkalienfreies Abwasser	in Ablaufgarnitur oder Bodenablauf	
Typ 3 (F)	fäkalienhaltiges Abwasser	für fäkalienhaltiges Abwasser mit Kennzeichnung „F" zugelassen	1 selbsttätiger Verschluss mit Fremdenergie **und** ein Notverschluss

– Notverschluss: Verschließen durch Betätigung von Hand
– Zu jedem Rückstauverschluss gehört ein dauerhaftes Schild mit einer Bedienungs- und Wartungsanweisung

---

Typ 2: für fäkalien**freies** Schmutzwasser

Nur zulässig, wenn bei Rückstau auf die Benutzung verzichtet werden kann

Typ 3 (F): für fäkalien**haltiges** Schmutzwasser (mit Motorantrieb)

Nur zulässig
- für kleinen Benutzerkreis
- wenn bei Rückstau auf ein WC oberhalb der Rückstauebene ausgewichen werden kann!

Typ 5: für Ablaufgarnitur oder Bodenablauf

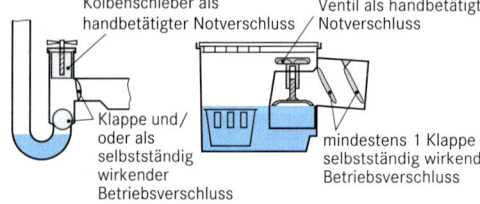

Kolbenschieber als handbetätigter Notverschluss

Ventil als handbetätigter Notverschluss

Klappe und/oder als selbstständig wirkender Betriebsverschluss

mindestens 1 Klappe als selbstständig wirkender Betriebsverschluss

Ablaufgarnitur mit Rückstauverschluss

Bodenablauf mit Rückstauverschluss

Inspektion und Wartung　　　　DIN 1986

Inspektion: monatlich durch Betreiber:
Inaugenscheinnahme und Betätigung des Notverschlusses

Wartung (durch Fachbetrieb):
2 mal jährlich: Funktionsprüfung mit Rückstausimulation, Kontrolle der Absperrorgane und Dichtungen durch sachkundige Personen (bei Typ 3 durch fachkundige Personen)

- Entfernen von Schmutz und Ablagerungen
- Prüfung von Dichtungen und Dichtflächen (ggf. austauschen!)
- Kontrolle beweglicher Absperrorgane, ggf. nachfetten
- Funktionsprüfung:
  - handbetätigten Notverschluss schließen
  - Standrohr für Rückstausimulation aufsetzen
  - Klarwasser einfüllen
    Prüfdruck:
    Typ 2: **10 mbar** (= 10 cm über Prüfanschluss)
    Typ 3: **100 mbar** (= 100 cm über Prüfanschluss)
  - Prüfdauer: 10 Minuten
  - zulässiges Leckwasservolumen: 500 cm^3

Zuordnung der Rückstausysteme

Lage bezüglich Rückstauebene	Niederschlagswasser		Schmutzwasser	
	kleine Flächen	große Flächen	fäkalienfrei	fäkalienhaltig
Rückstauebene — unter Rückstau-ebene, oberhalb Scheitel des Straßenkanals	**geringere Entsorgungssicherheit**			
	Sickerschacht[1] bzw. Rückstau-verschluss Typ 5[2]	Hebeanlage für fäkalienfreies Abwasser[3]	Rückstau-verschluss Typ 2 oder Typ 5	Rückstauverschluss Typ 3 bzw. Fäkalienhebeanlage zur begrenzten Verwendung[5]
	erhöhte Entsorgungssicherheit			
	Hebeanlage für fäkalienfreies Abwasser[3]	Hebeanlage mit Doppelpumpe[3]	Hebeanlage für fäkalienfreies Schmutzwasser	Hebeanlage mit Doppelpumpe
Straßenkanal — unterhalb Scheitel　Straßenkanal	grundsätzlich über Hebeanlage entwässern			

[1] Sickerschacht: Zustimmung der Aufsichtsbehörde in einem wasserrechtlichen Verfahren erforderlich
[2] Niederschlagswasser von kleinen Flächen: z.B.: Kellerniedergänge ($A < 5\ m^2$); Keller muss durch geeignete Maßnahmen gegen Überflutung gesichert werden (z.B. höhere Türschwellen)
[3] u. U. Schalthäufigkeit bzw. Einschaltdauer überprüfen
[4] wenn bei Rückstau auf Benutzung verzichtet werden kann
[5] nur für kleinen Benutzerkreis, wenn ein weiteres WC oberhalb der Rückstauebene zur Verfügung steht

Entwässerungs-technik

Dimensionierung von Hebeanlagen

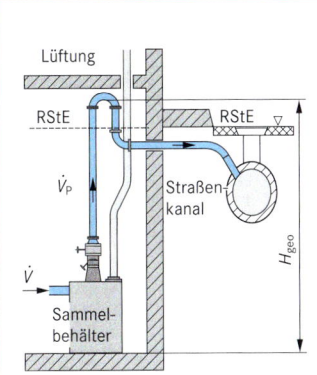

$$\dot{V} = K \cdot \sqrt{\Sigma DU}$$

$$H_{V,A} = \Sigma\,\zeta_i \cdot \frac{v^2}{2g}$$

$$H_{V,R} = H_{V,j} \cdot L$$

$$H_{tot} = H_{geo} + H_{V,A} + H_{V,R}$$

$\dot{V}$	: Abwasserzufluss	in l/s
K	: Abflusskennzahl ($\rightarrow$ Tab. 288.1)	in l/s
ΣDU	: Summe der Anschlusswerte	
$H_{V,A}$	: Druckhöhenverlust in Armaturen und Formstücken	in m
ζ	: Verlustbeiwert Armaturen und Formstücken ($\rightarrow$ Tab. 307.1)	
v	: Strömungsgeschwindigkeit	in m/s
g	: Fallbeschleunigung $g = 9,81$ m/s^2	
$H_{V,R}$	: Druckhöhenverlust in der Druckleitung	in m
$H_{V,j}$	: auf die Rohrlänge bezogener Druckhöhenverlust ($\rightarrow$ Diagr. 308.1)	
L	: Rohrleitungslänge	in m
H_{tot}	: Gesamtförderhöhe	in m
H_{geo}	: statische Förderhöhe	in m

Mindestvolumenstrom

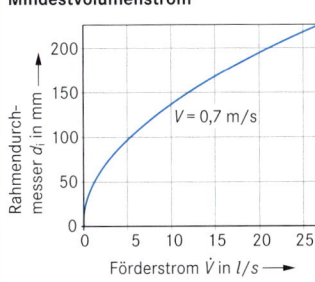

$$\dot{V}_{min} = v \cdot \frac{\pi}{4} \cdot 10^{-3} \cdot d_i^2$$

Randbedingungen:
$v_{min} = 0,7$ m/s
$\dot{V}_P > \dot{V}_{min}$
$\dot{V}_P > \dot{V}$
$H_{tot} \leq H_P$

$\dot{V}_{min}$	: Mindestvolumenstrom	in l/s
d_i	: Rohrinnendurchmesser	in mm
v_{min}	: Mindestfließgeschwindigkeit	in m/s
$\dot{V}_P$	: Förderstrom der Pumpe	in l/s
H_P	: Förderhöhe der Pumpe im Betriebspunkt	in m

Tab. 307.1: Verlustbeiwerte ζ für Armaturen und Formstücke

Art des Einzelwiderstandes	ζ	Art des Einzelwiderstandes	ζ
Absperrschieber[1]	0,5	T-Stück 45° Durchgang bei Stromvereinigung	0,3
Rückflussverhinderer[1]	2,2	T-Stück 90° Durchgang bei Stromvereinigung	0,5
Bogen 90°	0,5	T-Stück 45° Abzweig bei Stromvereinigung	0,6
Bogen 45°	0,3	T-Stück 90° Abzweig bei Stromvereinigung	1,0
Freier Auslauf	1,0	T-Stück 90° Gegenlauf	1,3
Querschnittserweiterung	0,3		

[1] es sollten vorzugsweise Herstellerangaben verwendet werden

Beispiel: WC-Anlage unter RStE (36 DU), Druckleitung DN 80 (d_i = 80 mm), H_{geo} = 2,5 m, L = 10 m

1. Abwasserzufluss ($\rightarrow$ Tab. 294.2)
$\dot{V} = 0,7 \cdot \sqrt{36} = $ **4,2 l/s**

2. Mindestvolumenstrom ($\rightarrow$ S. 307)
$\dot{V}_{min} = 0,7 \cdot \pi/4 \cdot 80^2 \cdot 10^{-3} = $ **3,5 l/s**

3. Einzelwiderstände ($\rightarrow$ Tab. 307.1)

z.B. 1 Absperrschieber (ζ = 0,5); 1 Rückfussverhinderer (ζ = 2,2);
3 Bogen 90° (3 × 0,5 $\rightarrow$ ζ = 1,5); 1 freier Auslauf (ζ = 1,0) $\rightarrow$ $\Sigma\zeta$ = **5,2**

4. Ermittlung der Anlagenkennlinie

$\dot{V}_P$ l/s	v m	$H_{V,j}$ ($\rightarrow$ S. 308)	L m	$H_{V,R}$ m	$H_{V,A}$ m	H_{geo} m	H_{tot} m
0	0	0	10	0	0	2,5	2,5
3,5	0,7	0,009	10	0,09	0,13	2,5	2,72
5	1,0	0,018	10	0,18	0,27	2,5	2,95
10	2,0	0,064	10	0,64	1,06	2,5	4,20
Arbeitspunkt							
9	**1,73**	**0,05**	**10**	**0,5**	**0,79**	**2,5**	**3,79**

5. Ermittlung des Arbeitspunktes

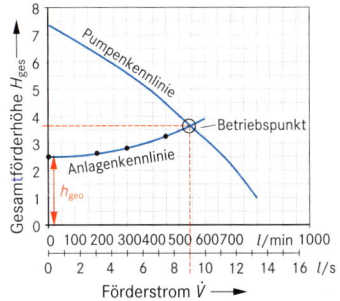

6. Randbedingungen prüfen
$\dot{V}_P > \dot{V}_{min}$ $\rightarrow$ 9 l/s > 3,5 l/s
$\dot{V}_P > \dot{V}_{zu}$ $\rightarrow$ 9 l/s > 3,0 l/s
$H_{tot} < H_P$ $\rightarrow$ 3,97 m < 7,3 m

Diagr. 308.1: Ermittlung der dimensionslosen Druckhöhenverluste $H_{V,j}$

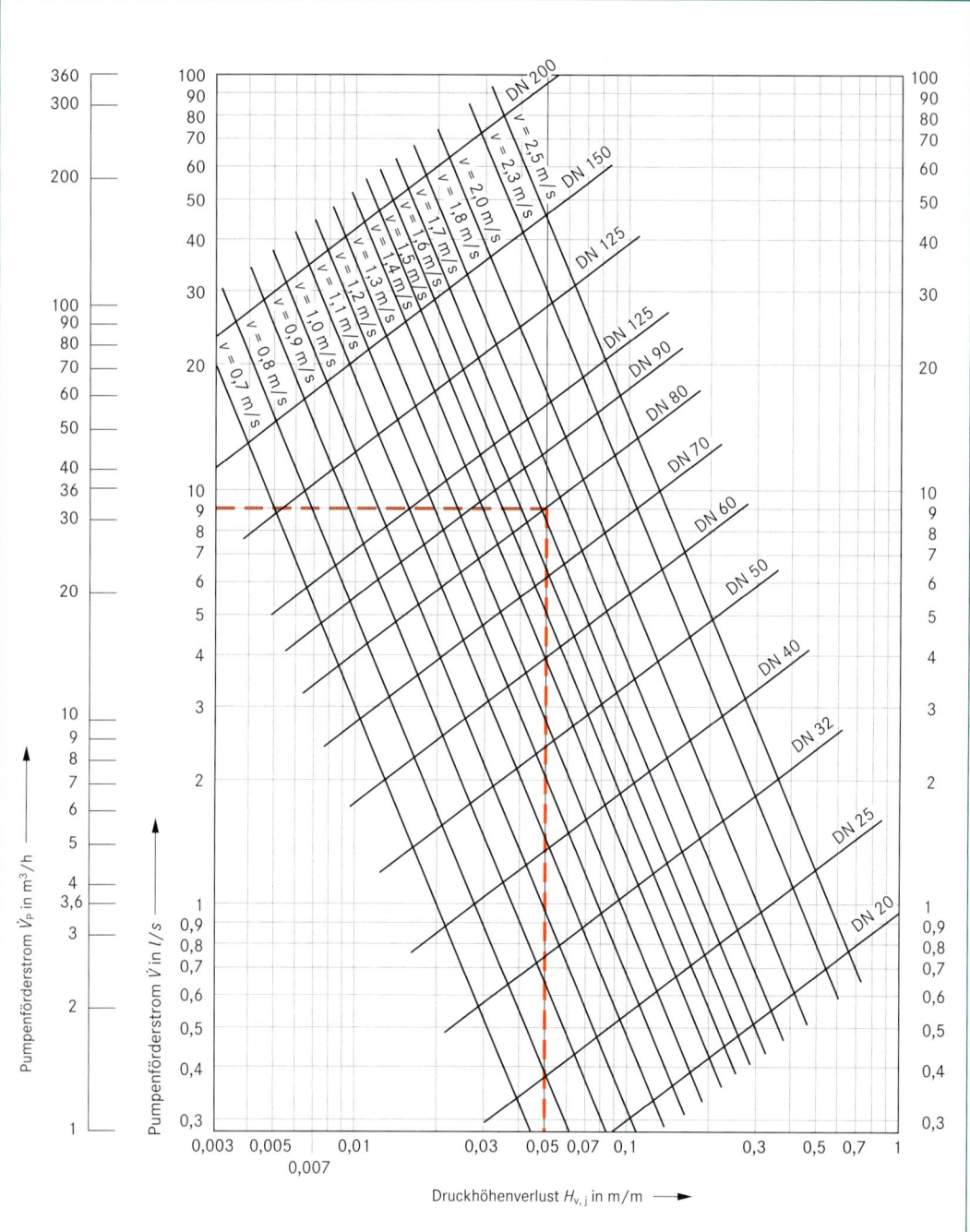

Beispiele

1. $\dot{V}$ = 9 l/s, DN 80 → v ≈ 1,73 m/s, $H_{V,j}$ = 0,05 m   (≙ 0,05 m Druckverlust je 1 m Rohrleitung)

2. v = 0,7 m/s, DN 80 → $\dot{V}$ ≈ 3,6 l/s, $H_{V,j}$ = 0,0088 m (≙ 0,0088 m Druckhöhenverlust je 1 m Rohrleitung)

3. $H_{V,j}$ = 0,1 m, DN 60 → $\dot{V}$ ≈ 5,5 l/s (= 20 m³/h), v ≈ 2 m/s

4. $H_{V,j}$ ≤ 0,03 m, $\dot{V}$ ≈ 10 l/s → DN 100, v ≈ 1,25 m/s, $H_{V,j}$ ≈ 0,02 m

Tab. 309.1: Neutralisation bei Brennwertgeräten

ATV-Arbeitsblatt A 251: 2003

Gas und schwefelarmes Heizöl

Nennwärme-leistung	Neutralisation für Feuerungsanlagen und Motoren ohne Katalysator ist erforderlich bei			Einschränkung
	Gas	Heizöl DIN 51 603-1 schwefelarm	Heizöl DIN 51 603-1	Eine Neutralisation ist dennoch erforderlich bei [1] Ableitung des häuslichen Abwassers in Kleinkläranlagen
< 25 kW	nein [1) 2)]	nein [1) 2)]	ja	[2] bei Gebäuden und Grundstücken, deren Entwässerungsleitungen die Materialan-forderungen nach DIN 1986-4 nicht erfüllen
≥ 25 kW ... < 200 kW	nein [1) 2) 3)]	nein [1) 2) 3)]	ja	[3] Gebäuden, die die Bedingungen der aus-reichenden Vermischung nach Tab. 309.2 nicht erfüllen
≥ 200 kW	ja	ja	ja	

Tab. 310.2: Kondensatanfall zur ausreichenden Vermischung

ATV-Arbeitsblatt A 251: 2003

Wärmebelastung des Kessels $\dot{Q}_F$	kW	25	50	100	150	200
Mindestzahl der **Wohnungen** in Abhängigkeit von $\dot{Q}_F$						
jährliches Kondensatvolumen bei Erdgas	m³/a	7	14	28	42	56
jährliches Kondensatvolumen bei Heizöl	m³/a	4	8	16	24	32
Mindestanzahl der Wohnungen n	–	≥ 1	≥ 2	≥ 4	≥ 6	≥ 8
Mindestzahl der Beschäftigten in **Bürogebäuden** in Abhängigkeit von $\dot{Q}_F$						
jährliches Kondensatvolumen bei Erdgas	m³/a	6	12	24	36	48
jährliches Kondensatvolumen bei Heizöl	m³/a	3,4	6,8	13,6	20,4	27,2
Mindestanzahl der Beschäftigten n	–	≥ 10	≥ 20	≥ 40	≥ 60	≥ 80

Aufgabe: Verhindern das Eindringen von Stoffen, die schädliche oder belästigende Ausdünstungen oder Gerüche verbreiten, Baustoffe oder Einrichtungen angreifen oder im Betrieb stören

schädliche Stoffe (Auszug): DIN 1986-3: 2004-11

- Abfallstoffe (auch in zerkleinertem Zustand), z. B. Müll, Schutt, Sand, Schlamm, Damenbinden, Windeln
- Küchenabfälle, erhärtende Stoffe, z. B.: Zement, Kalk, Kalkmilch, ..., Kartoffelstärke
- feuergefährliche, explosionsfähige Gemische bildende Stoffe, z. B.: Benzin, Heizöl ...
- Öle, Fette pflanzlichen oder tierischen Ursprungs
- Reinigungs-, Desinfektions-, Spül- und Waschmittel in überdosierten Mengen
- Rohrreinigungsmittel, die Entwässerungsgegenstände und Rohrwerkstoffe beschädigen

Abscheideanlagen bestehen aus: Schlammfang → Abscheider → Probenahmeschacht

Leichtflüssigkeitsabscheider

DIN 1999-100: 2003

EN 858   Abscheideanlagen für Leichtflüssigkeiten
-2: 2003-10 Wahl der Nenngröße, Einbau, Betrieb, Wartung
DIN 1999-100: 2003-10 Abscheideanlagen für Leichtflüssigkeiten: Anforderungen für die Anwendung

Leichtflüssigkeit: mineralische Öle und Fette (insbesondere Benzin und Heizöl) mit $\varrho < 0,95$ kg/dm³
Einsatz: überall, wo gewaschen, gewartet, getankt wird (Tankstellen, Kfz-Waschanlagen, Werkstätten)

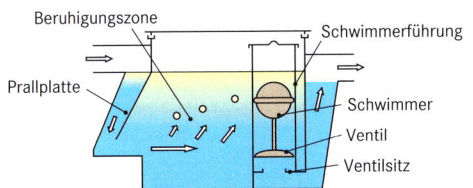

Beruhigungszone — Schwimmerführung — Prallplatte — Schwimmer — Ventil — Ventilsitz

Aufbau: Schwimmer sind auf $\varrho = 0,85$ kg/dm³ zu tarieren, andere Tarierungen (kennzeichnungspflichtig) betragen $\varrho = 0,9$ bzw. 0,95 kg/dm³

Nenngrößen (NS): 1 – 1,5 – 2 – 3 – 4 – 5 – 6 – 8 – 10 – 15 – 20 – 30 – 40 – 50 – 65 – 80 – 100

Speichermenge: Leichtflüssigkeitsvolumen bis zum selbsttätigen Abschluss (min. das 10fache der NS)

Einbau
- nahe an Ablaufstelle
- möglichst nicht in geschlossenen Räumen (Explosionsgefahr) und in befahrenen Flächen
- leichte Entsorgbarkeit der Leichtflüssigkeit

Anschluss
- Anschluss an Schmutz- oder Mischkanalisation
- Hebeanlage hinter dem Abscheider einbauen
- Leitungen zum Abscheider müssen leerlaufen:
  → kein GV; lange Leitungen u. U. vollgefüllt betreiben

Leichtflüssigkeitsabscheider

DIN 1999-100: 2003-10

Inspektion: monatlich durch den Betreiber Prüfung auf Dichtheit, Korrosion, Betriebsfähigkeit und -sicherheit **Wartung:** halbjährlich nach Herstellerangaben	**Entleerung:** bei 4/5 der Speichermenge, mindestens jedoch 1/2 -jährlich durch zugelassenen Fachbetrieb; maßgeblich ist örtliche Entwässerungssatzung

Bemessung von Leichtflüssigkeitsabscheidern

DIN EN 858-2: 2005-02

Schmutzwasserabfluss

$$\dot{V}_S = \dot{V}_{S1} + \dot{V}_{S2} + \dot{V}_{S3} + ...$$

$\dot{V}_S$: Schmutzwasserabfluss   in l/s
$\dot{V}_{S1}$: Schmutzwasserabfluss von Auslaufventilen ($\rightarrow$ Tab. 310.1)   in l/s
$\dot{V}_{S2}$: Schmutzwasserabfluss von Autowaschanlagen Hochdruck-   in l/s
     Fahrzeugwaschanlagen je Waschstand:
                         mindestens 2 l/s
$\dot{V}_{S3}$: Schmutzwasserabfluss von Hochdruckreinigern   in l/s
     erster Hochdruckreiniger: mindestens   2 l/s
             zweiter und weitere je   1 l/s

Nenngröße

$$NS = (\dot{V}_R + f_x \cdot \dot{V}_S) \cdot f_d$$

NS : Nenngröße (dimensionslos, entspricht dem Wasserdurchfluss in l/s)
$\dot{V}_R$: Regenwasserabfluss   in l/s
$\dot{V}_S$: Schmutzwasserabfluss   in l/s
f_x : Erschwernisfaktor ($\rightarrow$ Tab. 310.2)
f_d : Dichtefaktor der Leichtflüssigkeit ($\rightarrow$ Tab. 310.3)

Tab. 310.1: Abflusswerte von Auslaufventilen (bei unbekannten Werten)

DIN EN 858-2: 2003

Nennweite	Ventilabflusswert $\dot{V}_{S1}$ in l/s [1]				
	1. Ventil	2. Ventil	3. Ventil	4. Ventil	5. Ventil und jedes weitere
DN 15	0,5	0,5	0,35	0,25	0,1
DN 20	1	1,0	0,7	0,5	0,2
DN 25	1,7	1,7	1,2	0,85	0,3

[1] Bei Nutzung verschiedener Auslaufventile sollten die Berechnungen zuerst mit dem Abflusswert der größeren Ventile begonnen werden; **Beispiel** für 1 Ventil DN 15, 1 Ventil DN 20, 2 Ventile DN 25

1. Ventil DN 25 → $\dot{V}_S$ = 1,7 l/s   3. Ventil DN 20 → $\dot{V}_S$ = 0,7 l/s
2. Ventil DN 25 → $\dot{V}_S$ = 1,7 l/s   4. Ventil DN 15 → $\dot{V}_S$ = 0,25 l/s   → Σ: $\dot{V}_{S1}$ = **4,35 l/s**

Tab. 310.2: Mindesterschwernisfaktor f_x

DIN EN 858-2: 2003

Einsatzzweck	Erschwernisfaktor f_x
ölverschmutztes Regenwasser von undurchlässigen Flächen (Parkplatz, Werkhof)	0
unkontrolliert auslaufende Leichtflüssigkeiten	1
Schmutzwasser aus industriellen Prozessen (Fahrzeugwaschanlagen, Reinigungsanlagen für ölverschmutzte Teile, Tankstellenabfüllpunkte)	2

Tab. 310.3: Dichtefaktor f_d bei Leichtflüssigkeiten

DIN EN 858-2: 2003

Dichte der Leichtflüssigkeit in kg/dm^3	Dichtefaktor f_d	**Beispiel** ($\rightarrow$ Tab. 44 ff.)
$\varrho \le 0,85$	1,0	z. B. Benzin, Dieselkraftstoff, Heizöl EL
$\varrho \ge 0,85 ... 0,90$	2,0	z. B. Benzol
$\varrho \ge 0,90 ... 0,95$	3,0	z. B. Maschinen- und Schmieröl

Tab. 310.4: Schlammfangvolumen von Leichtflüssigkeitsabscheidern[1]

DIN EN 858-2: 2003

erwarteter Schlammanfall		Schlammfangvolumen in l
gering	Regenauffangflächen mit geringen Mengen Schmutz durch Straßenverkehr, Auffangtassen überdachter Tankstellen	$(100 \cdot NS) / f_d$ [1]
mittel	Tankstellen, PKW-Wäsche von Hand, Omnibus-Waschstände Abwasser aus Reparaturwerkstätten, Fahrzeugabstellflächen	$(200 \cdot NS) / f_d$ [2]
groß	Waschplätze für Baustellenfahrzeuge, Baumaschinen, landwirtschaftliche Maschinen, LKW-Waschstände	$(300 \cdot NS) / f_d$ [2]
	automatische Fahrzeugwaschanlagen, Waschstraßen	$(300 \cdot NS) / f_d$ [3]

[1] nicht für Abscheider größer gleich NS 10   Empfehlung DIN 1999-100:
[2] Mindestschlammfangvolumen 600 l bis   NS 3 → V ≥ 600 l
[3] Mindestschlammfangvolumen 5000 l über NS 3 → V ≥ 2500 l

Leichtflüssigkeitssperren
DIN EN 1253-5: 2003-03

Einbau: wo im Störungsfall Leichtflüssigkeit ausfließen kann (z. B. Ölheizungsanlagen)

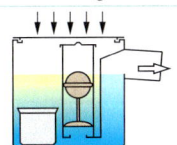

Aufbau: nur für Leichtflüssigkeiten mit $\varrho \leq 0{,}95$ kg/dm³ (u. U. mit Rückstauverschluss)
Zulauf: nur über einen Rost von oben zulässig

Speichermenge: Leichtflüssigkeitsvolumen bis zum selbsttätigen Abschluss
min. 3 *l* Wasser

Schwimmer: Sicherung gegen Herausnehmen durch einen Plombverschluss

Kontrolle: 2 mal jährlich: Dichtflächen und Leichtgängigkeit prüfen, reinigen, Wasserfüllung ergänzen

Fettabscheider
DIN EN 1825-2: 2002-05

DIN EN 1825   Abscheideanlagen für Fette
-1: 2004-12 Bau-, Funktions- und Prüfgrundsätze, Kennzeichnung und Güteüberwachung
-2: 2002-05 Wahl der Nenngröße, Einabu, Betrieb und Wartung
DIN 4040-100: 2004-12 Anforderungen an die Anwendung von Abscheideanlagen

nur für organische (pflanzliche und tierische) Fette, z. B. Talg, Butter, Schmalz, Tran, pflanzliche Öle, **nicht** für fäkalienhaltiges Schmutzwasser, Regenwasser, Öle und Fette mineralischen Ursprungs
Einsatz: Gewerbliche oder industrielle Betriebe, z. B. Küchenbetriebe, Hotel, Gaststätte, Kantine, Essenausgabestellen (Rücklaufgeschirr), Metzgereien, Schlachthöfe, Fleisch und fischverarbeitende Betriebe

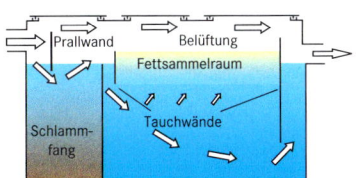

Aufbau:
Lüftung direkt, unbehindert, durchgehend:
Zulauf → Schlammfang → Fettabscheider → Ablauf
Abdeckung: verkehrssicher, innerhalb von Gebäuden: geruchdicht
alle Teile einer Abscheideranlage, einschließlich
Zu- und Ablaufbereich, müssen zugänglich sein

Nenngrößen (NS): 1 – 2 – 4 – 7 – 10 – 15 – 20 – 25

Einbau   DIN EN 1825-2
- möglichst nahe an Ablaufstelle
- möglichst im Freien entfernt von Fenstern und Lüftungsschächten
- möglichst außerhalb von befahrenen Flächen
- leichte Entsorgbarkeit

Anschluss   DIN EN 1825-2
- Anschluss an Schmutz- oder Mischkanalisation
- Hebeanlage hinter dem Abscheider einbauen
- Zu- und Ablaufleitungen: Mindestgefälle 1 : 50
- einfache Reinigung längerer Leitungen einplanen
- Zulaufleitung: Wärmedämmung, Heißwassernachspülung (automatisch) oder Leitungsbegleitheizung

Inspektion und Entleerung   DIN 1986-3
mindestens monatlich, möglichst 14-tägig durch
zugelassenen Fachbetrieb nach Herstellerunterlagen

Fettabscheider: Bemessung
DIN EN 1825-2: 2002-05

Nenngröße

$$NS = \dot{V}_s \cdot t_d \cdot f_t \cdot f_r$$

NS: Nenngröße als einheitenloser Wert
$\dot{V}_s$: maximaler Schmutzwasserabfluss (→ S. 312 … 313)   in l/s
f_d : Dichtefaktor (→ Tab. 311.1)
f_t : Erschwernisfaktor für Temperatur (→ Tab. 311.2)
f_r : Erschwernisfaktor Spül-/Reinigungsmittel (→ Tab. 311.3)

Tab. 311.1: Dichtefaktor f_d
DIN EN 1825-2: 2002-05

Dichte der Fettstoffe in kg/dm³	Dichtefaktor f_d	Bemerkung
$\varrho \leq 0{,}94$	$f_d = 1{,}0$	üblich für Küchen, Gaststätten, Schlacht- und Fleischereiverarbeitung
$\varrho > 0{,}94$	$f_d = 1{,}5$	z. B. Rindertalg

Tab. 311.2: Erschwernisfaktor f_t für erhöhte Temperatur
DIN EN 1825-2: 2002-05

Temperatur im Zufluss	Erschwernisfaktor f_t	Bemerkung
$\vartheta \leq 60\ °C$	$f_t = 1{,}0$	Stockpunkt des Fettes nicht unterschreiten
$\vartheta > 60\ °C$	$f_t = 1{,}3$	erhöhte Temperatur beeinträchtigt die Abscheidewirkung

Tab. 311.3: Erschwernisfaktor f_r für Spülmittel
DIN EN 1825-2: 2002-05

Verwendung möglich	Erschwernisfaktor f_r	Bemerkung
nein	$f_r = 1{,}0$	grundsätzlich keine Spülmittel
ja	$f_r = 1{,}3$	wenn Verwendung nicht ausgeschlossen werden kann
Sonderfälle	$f_r \geq 1{,}5$	Sonderfälle $f_r \geq 1{,}5$ z. B. Krankenhäusern

Schmutzwasserzufluss aus gewerblichen Küchen

DIN EN 1825-2: 2002-05

maximaler Schmutzwasserfluss

$$\dot{V}_s = \frac{V \cdot F}{t \cdot 3600}$$

durchschnittliche tägliche Schmutzwassermenge

$$V = M \cdot V_M$$

$\dot{V}_s$	: maximaler Schmutzwasserfluss	in l/s
V	: durchschnittliche tägliche Schmutzwassermenge	in l
F	: Stoßbelastungsfaktor ($\rightarrow$ Tab. 312.1 und Tab. 312.2)	
t	: durchschnittliche tägliche Beaufschlagung	in h
3600	: Umrechnungszahl	in s/h
M	: monatlicher Mittelwert täglich produzierter warmer Essensportionen	
V_M	: betriebsspezifische Schmutzwassermenge je warmer Essensportion ($\rightarrow$ Tab. 312.1)	in l

Tab. 312.1: Gewerbliche Küchenbetriebe: Stoßbelastungsfaktor F und betriebsspezifische Schmutzwassermenge V_M

Art des Küchenbetriebes	Stoßbelastungsfaktor F	betriebsspezifische Schmutzwassermenge V_M in l
Hotelküchen	5,0	100
Spezialitätenrestaurant	8,5	50
Werksküche, Mensa	20	5
Krankenhaus	13	20
Ganztagsgroßküche	22	10

Beispiel

Werksküche, Betriebszeit von 7 bis 15 Uhr, durchschnittlich 1200 Essen pro Tag

Lösung: durchschnittliche tägliche Beaufschlagung: $t = 8$
Stoßbelastungsfaktor Werksküche ($\rightarrow$ Tab. 312.1) $F = 20$
betriebssp. Schmutzwassermenge ($\rightarrow$ Tab. 312.1) $V_M = 5$
täglich produzierte warme Essensportionen $M = 1200$
Dichtefakor ($\rightarrow$ Tab. 311.1) $f_d = 1,0$
Erschwernisfaktor für Temperatur ($\rightarrow$ Tab. 311.2) $f_t = 1,0$
Erschwernisfakor für Spülmittel ($\rightarrow$ Tab. 311.3) $f_r = 1,3$

$$\rightarrow V = M \cdot V_M = 1200 \cdot 5 \; l = 6000 \; l$$

$$\dot{V}_s = \frac{V \cdot F}{t \cdot 3600} = \frac{6000 \; l \cdot 20}{8 \; h \cdot 3600 \; s/h} = 4,2 \; l/s$$

$$NS = \dot{V}_s \cdot f_d \cdot f_t \cdot f_r = 4,2 \cdot 1,0 \cdot 1,0 \cdot 1,3 = 5,4 \qquad \rightarrow \text{empfohlene Nenngröße: } \textbf{NS 7}$$

Schmutzwasserzufluss aus fleischverarbeitenden Betrieben

DIN EN 1825-2: 2002

durchschnittliche tägliche Schmutzwassermenge

$$V = M_P \cdot V_P$$

V	: durchschnittliche tägliche Schmutzwassermenge	in l
M	: tägliche Wurstwarenproduktion [1]	in kg
V_P	: betriebsspezifische Schmutzwassermenge je Kilogramm Wurstwarenproduktion ($\rightarrow$ Tab. 312.2)	in l

[1] Bei handwerklichen Fleischverarbeitungsbetrieben wird eine Wurstwarenproduktion von etwa $M_P = 100$ kg/GVE angenommen

Tab. 312.2: Stoßbelastungsfaktor F für Fleischverarbeitungsbetriebe

DIN EN 1825-2: 2002

Größe des Fleischverarbeitungsbetriebes		Stoßbelastungsfaktor F	Betriebsspezifische Schmutzwassermenge je kg Wurstwarenproduktion V_P in l
Klein	bis 5 GVE[1] je Woche	30	20
Mittel	bis 10 GVE[1] je Woche	35	15
Groß	bis 40 GVE[1] je Woche	40	10
[1] 1 GVE = Großvieheinheit = 1 Rind bzw. 2,5 Schweine			

Entwässerungstechnik

Schmutzwasserzufluss aus Entwässerungseinrichtungen gewerblicher Küchen DIN EN 1825-2: 2002

$$\dot{V}_s = \Sigma \,[n \cdot q \cdot Z\,(n)]$$

$\dot{V}_s$: maximaler Schmutzwasserfluss — in l/s

n : Anzahl gleicher Entwässerungseinrichtungen

q : maximaler Schmutzwasserzufluss aus Entwässerungseinrichtung
($\rightarrow$ Tab. 313.1 bzw. Tab. 313.2) — in l/s

$Z\,(n)$: Gleichzeitigkeitsfaktor für die Entwässerungseinrichtung, abhängig von Anzahl n ($\rightarrow$ Tab. 313.1)

Tab. 313.1: Schmutzwasserabflusswerte und Gleichzeitigkeitsfaktoren von Entwässerungseinrichtungen gewerblicher Küchen DIN EN 1825-2: 2002

Entwässerungsgegenstand[1]	q l/s	$Z\,(n)$				
		$n = 1$	$n = 2$	$n = 3$	$n = 4$	$n \geq 5$
Kochkessel						
Auslauf Ø 25 mm	1,0					
Auslauf Ø 50 mm	2,0					
Kippkessel						
Auslauf Ø 70 mm	1,0					
Auslauf Ø 100 mm	3,0					
Spülbecken mit Geruchverschluss						
Auslauf Ø 40 mm	0,8					
Auslauf Ø 50 mm	1,5	0,45	0,31	0,25	0,21	0,20
Spülbecken ohne Geruchverschluss						
Auslauf Ø 40 mm	2,5					
Auslauf Ø 50 mm	4,0					
Kippbratpfanne	1,0					
Bratpfanne	0,1					
Hochdruck- und Dampfstrahlreinigungsgerät	2,0					
Schälgerät	1,5					
Gemüsewascheinrichtung	2,0					
Geschirrspülmaschine	2,0	0,60	0,45	0,40	0,34	0,30

[1] Für andere Entwässerungsgegenstände ist der Schmutzwasserabfluss durch Messung oder durch den Hersteller zu bestimmen, der Gleichzeitigkeitsfaktor $Z\,(n)$ durch den Planer

Tab. 313.2: Schmutzwasserabflusswerte und Gleichzeitigkeitsfaktoren von Auslaufventilen zu Reinigungszwecken DIN EN 1825-2: 2002

Auslaufventil (Nenndurchmesser und Gewindeverbindung nach DIN ISO 228-1)	q l/s	$Z\,(n)$				
		$n = 1$	$n = 2$	$n = 3$	$n = 4$	$n \geq 5$
DN 15 · R ½	0,5	0,45	0,31	0,25	0,21	0,2
DN 20 R ¾	1,0	0,45	0,31	0,25	0,21	0,2
DN 25 R 1	1,7	0,45	0,31	0,25	0,21	0,2

Wenn der Hersteller andere Angaben festlegt, so sind diese zu verwenden.

Beispiel: Werksküche mit
2 Kochkesseln, Auslauf Ø 25 mm
1 Kochkessel, Auslauf Ø 50 mm

2 Spülbecken mit GV Ø 40 mm
1 Geschirrspülmaschine
1 Kippbratpfanne

Einrichtungsgegenstand	n	q in l/s	$n \cdot q$ in l/s	$Z\,(n)$	$n \cdot q \cdot Z\,(n)$ in l/s
Kochkessel, Auslauf Ø 25 mm	2	1	2	0,31	0,62
Kochkessel, Auslauf Ø 50 mm	1	2	2	0,45	0,90
Spülbecken mit GV Ø 40 mm	2	0,8	1,6	0,31	0,50
Geschirrspülmaschine	1	2	2	0,60	1,20
Kippbratpfanne	1	1	1	0,45	0,45
f_D = 1,0 (Dichtofaktor)				$\dot{V}_s =$	**3,67**

f_D = 1,0 (Dichtofaktor)
f_t = 1,0 (Temperaturfaktor)
f_r = 1,3 (Spül-/Reinigungsmittel)

$NS = \dot{V}_s \cdot f_D \cdot f_t \cdot f_r = 3{,}67 \cdot 1{,}0 \cdot 1{,}0 \cdot 1{,}3 = 4{,}77$

empfohlene Nenngröße: **NS 7**

Tab. 314.1: Regenwasserabfluss $\dot{V}_R$

DIN 1986-100: 2008

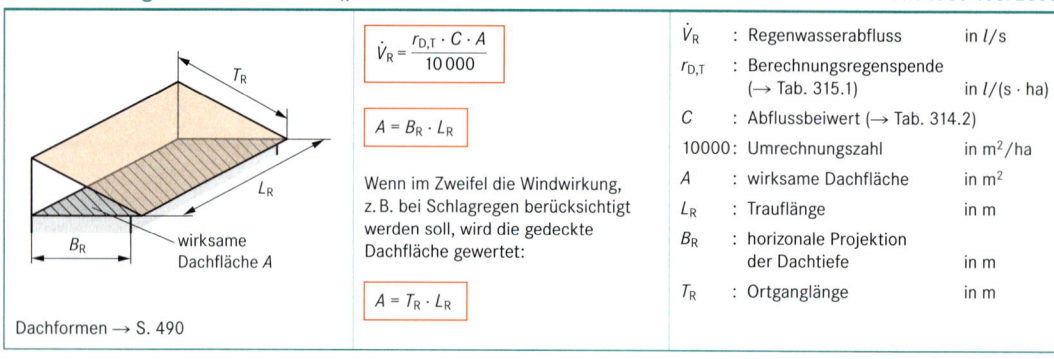

$$\dot{V}_R = \frac{r_{D,T} \cdot C \cdot A}{10\,000}$$

$$A = B_R \cdot L_R$$

Wenn im Zweifel die Windwirkung, z. B. bei Schlagregen berücksichtigt werden soll, wird die gedeckte Dachfläche gewertet:

$$A = T_R \cdot L_R$$

$\dot{V}_R$	: Regenwasserabfluss	in l/s
$r_{D,T}$	: Berechnungsregenspende ($\rightarrow$ Tab. 315.1)	in l/(s · ha)
C	: Abflussbeiwert ($\rightarrow$ Tab. 314.2)	
10000	: Umrechnungszahl	in m²/ha
A	: wirksame Dachfläche	in m²
L_R	: Trauflänge	in m
B_R	: horizonale Projektion der Dachtiefe	in m
T_R	: Ortganglänge	in m

Dachformen $\rightarrow$ S. 490

Tab. 314.2: Abflussbeiwerte C[1)]

DIN 1986-100: 2000

Art der Flächen	C
Wasserundurchlässige Flächen, z. B.	
■ Dachflächen	1,0
■ Betonflächen, Rampen, befestigte Flächen mit Fugendichtung	1,0
■ Schwarzdecken, Pflaster mit Fugenverguss	1,0
■ Kiesdächer	0,5
begrünte Dachflächen[2)]	
■ für Intensivbegrünungen und für Extensivbegrünungen ab 10 cm Aufbaudicke	0,3
■ für Extensivbegrünungen unter 10 cm Aufbaudicke	0,5
Teildurchlässige und schwach ableitende Flächen, z. B.	
■ Betonsteinpflaster, in Sand oder Schlacke verlegt, Flächen mit Platten	0,7
■ Flächen mit Pflaster, mit Fugenanteil > 15 %, z. B. 10 cm × 10 cm und kleiner	0,6
– wassergebundene Flächen	0,5
– Kinderspielplätze mit Teilbefestigungen	0,3
Sportflächen mit Dränung	
■ Kunststoff-Flächen, Kunststoffrasen	0,6
■ Tennisflächen	0,4
■ Rasenflächen	0,3
Wasserdurchlässige Flächen ohne oder mit unbedeutender Wasserableitung Parkanlagen und Vegetationsflächen, Schotter- und Schlackenboden, Rollkies auch mit befestigten Teilflächen wie ■ Gartenwege mit wassergebundener Decke oder ■ Einfahrten und Einzelstellplätze mit Rasengittersteinen	0,0

[1)] C = 1,0 für alle nicht-wasserspeichernden Flächen, unabhängig von der Neigung des Daches
[2)] nach Richtlinien für die Planung, Ausführung und Pflege von Dachbegrünungen

Tab. 314.3: Notüberlauf vorgehängter Rinnen

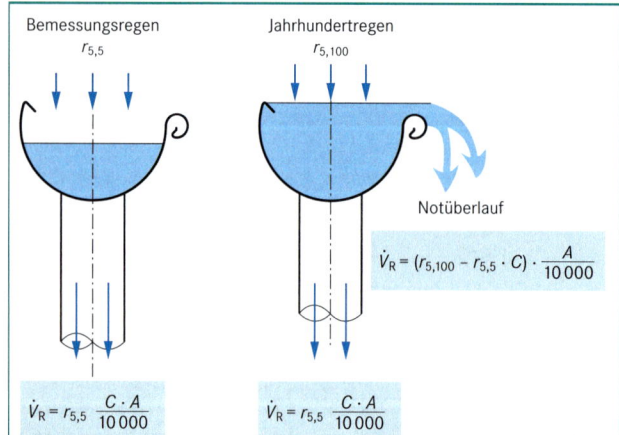

Bemessungsregen $r_{5,5}$

Jahrhundertregen $r_{5,100}$

Notüberlauf

$$\dot{V}_R = (r_{5,100} - r_{5,5} \cdot C) \cdot \frac{A}{10\,000}$$

$$\dot{V}_R = r_{5,5}\,\frac{C \cdot A}{10\,000}$$

$$\dot{V}_R = r_{5,5}\,\frac{C \cdot A}{10\,000}$$

Rinnen sind so auszulegen, dass die Bemessungsregenspende $r_{5,5}$ sicher abgeführt werden kann. Bei stärkeren Regenereignissen kann die darüber hinaus gehende Regenmenge über Wasserspeier abgeführt werden.

Wenn das überlaufende Wasser unangenehme Folgen hat, muss mit höherer Berechnungsregenspende gerechnet werden.

Tab. 315.1: Regenspenden

DIN 1986-100: 2008-05

- $r_{5,5}$ = 5-Minuten-Regenspende in $l/(s \cdot ha)$, die einmal in 5 Jahren erwartet werden muss
- $r_{5,100}$ = 5-Minuten-Regenspende in $l/(s \cdot ha)$, die einmal in 100 Jahren erwartet werden muss

Dachflächen müssen grundsätzlich mindestens mit $r_{5,5}$ dimensioniert werden. Wenn bei Jahrhundertregen Gebäudeschäden durch überfließendes Wasser entstehen können: $r_{5,100}$ als Berechnungsregenspende wählen.
Grundstücksflächen ohne Regenrückhaltung sind mindestens mit $r_{5,2}$ auszulegen.

Ort	Dachflächen und Flächen unter RStE		Grundstücks-flächen		Ort	Dachflächen und Flächen unter RStE		Grundstücks-flächen	
	Be-mes-sung	Not-entwäs-serung	Be-mes-sung	Überflu-tungs-prüfung		Be-mes-sung	Not-entwäs-serung	Be-mes-sung	Überflu-tungs-prüfung
	$r_{(5,5)}$	$r_{(5,100)}$	$r_{(5,2)}$	$r_{(5,30)}$		$r_{(5,5)}$	$r_{(5,100)}$	$r_{(5,2)}$	$r_{(5,30)}$
	in $l/(s \cdot ha)$					in $l/(s \cdot ha)$			
Aachen	252	462	187	377	Kaiserslautern	345	636	256	519
Aschaffenburg	307	567	227	462	Karlsruhe	337	603	256	496
Augsburg	339	648	245	524	Kassel	302	568	221	461
Aurich	255	459	192	377	Kiel	239	426	182	350
Bad Kissingen	361	723	250	577	Koblenz	323	602	238	490
Bad Salzuflen	287	492	224	410	Köln	312	610	221	490
Bad Tölz	354	627	271	518	Konstanz	327	600	243	490
Bamberg	317	566	240	466	Leipzig	365	682	268	554
Bayreuth	357	674	260	547	Lindau	326	604	241	493
Berlin	371	668	281	549	Lingen	342	639	251	520
Bielefeld	285	533	209	433	Lübeck	293	552	214	448
Bocholt	217	350	176	296	Lüdenscheid	333	601	251	493
Bonn	299	572	215	463	Magdeburg	308	583	224	472
Braunschweig	307	568	227	463	Mainz	285	533	209	433
Bremen	205	304	175	265	Mannheim	309	533	241	443
Bremerhaven	274	498	206	408	Minden	320	617	229	498
Chemnitz	346	597	270	496	Mönchengladbach	270	502	199	408
Cottbus	286	536	210	435	München	353	633	267	520
Cuxhaven	277	494	210	407	Münster	307	567	227	462
Dessau	313	567	235	465	Neubrandenburg	365	682	268	554
Dortmund	303	526	234	436	Neustadt/Weinstraße	345	636	256	519
Dresden	323	602	238	490	Nürnberg	317	566	240	466
Duisburg	268	457	210	381	Oberstdorf	258	431	206	362
Düsseldorf	316	607	226	490	Osnabrück	337	641	244	519
Eisenach	293	529	221	434	Paderborn	336	639	244	518
Emden	282	538	104	435	Passau	348	633	261	518
Erfurt	255	459	192	377	Pforzheim	323	602	238	490
Erlangen	320	605	233	490	Pirmasens	345	636	256	519
Essen	281	493	216	408	Regensburg	303	570	222	463
Frankfurt/Main	329	601	246	492	Rosenheim	452	853	330	692
Garm. Partenkirchen	292	527	220	433	Rostock	230	388	182	325
Gera	340	637	249	517	Rüsselsheim	285	533	209	433
Göppingen	310	564	323	462	Saarbrücken	260	462	199	381
Görlitz	310	565	232	462	Schweinfurt	299	534	228	440
Göttingen	316	570	239	468	Schwerin	286	496	222	411
Halle/Saale	313	567	235	465	Siegen	302	568	221	461
Hamburg	266	463	206	384	Speyer	336	639	244	518
Hamm	307	567	227	462	Stuttgart	446	858	320	693
Hanau	313	567	235	465	Trier	310	564	232	462
Hannover	328	652	229	522	Ulm	316	563	240	464
Heidelberg	355	634	270	522	Villingen-Schwenningen	371	660	201	549
Heilbronn	303	527	235	437	Willingen/Upland	349	677	249	546
Helmstedt	319	562	245	465	Wittenberg	260	459	200	379
Hildesheim	293	529	221	434	Würzburg	314	569	236	467
Ingolstadt	269	460	211	383	Zwickau	361	671	267	546

Entwässerungs-technik

315

Wasserstand in der Rinne

Länge L

A_W

Bezeichnungen auch gültig für Kastenrinnen

L : Rinnenlänge
A_W: Rinnenquerschnitt

Das Abflussvermögen gefällelos verlegter Rinnen verringert sich mit zunehmender Länge   ($\rightarrow$ Tab. 316.1)

Tab. 316.1: Abflussvermögen vorgehängter Rinnen bei Gefälle I = 0[1]   Fachinformation ZVSHK

Länge in m	halbrunde Rinnen ($\rightarrow$ S. 492)					Kastenrinne ($\rightarrow$ S. 492)			
	Nennmaß					Nennmaß			
	250 (8-teilig)	280 (7-teilig)	333 (6-teilig)	400 (5-teilig)	500 (4-teilig)	250 (8-teilig)	333 (6-teilig)	400 (5-teilig)	500 (4-teilig)
	Abflussvermögen in l/s					Abflussvermögen in l/s			
5	1,07	1,65	2,64	4,63	8,66	1,02	2,38	3,96	7,23
6	1,05	1,62	2,60	4,58	8,66	1,00	2,33	3,90	7,15
7	1,03	1,59	2,56	4,51	8,64	0,98	2,30	3,85	7,06
8	1,01	1,57	2,52	4,46	8,53	0,96	2,26	3,79	6,98
9	0,99	1,54	2,49	4,41	8,43	0,93	2,22	3,74	6,90
10	0,97	1,51	2,45	4,35	8,35	0,91	2,18	3,69	6,82
12	0,93	1,46	2,38	4,25	8,20	0,87	2,11	3,58	6,66
14	0,89	1,41	2,31	4,15	8,04	0,84	2,04	3,48	6,50
16	0,86	1,36	2,24	4,05	7,89	0,80	1,97	3,39	6,36
18	0,83	1,32	2,18	3,96	7,75	0,77	1,91	3,30	6,21
20	0,8	1,28	2,12	3,87	7,60	0,74	1,85	3,21	6,07

[1] Richtungsänderungen von mehr als 10° in der Rinne verringern ihre Leistungsfähigkeit um 15 %

Tab. 316.2: Abflussvermögen von runden und quadratischen Fallleitungen[1] [2]   Fachinformation ZVSHK

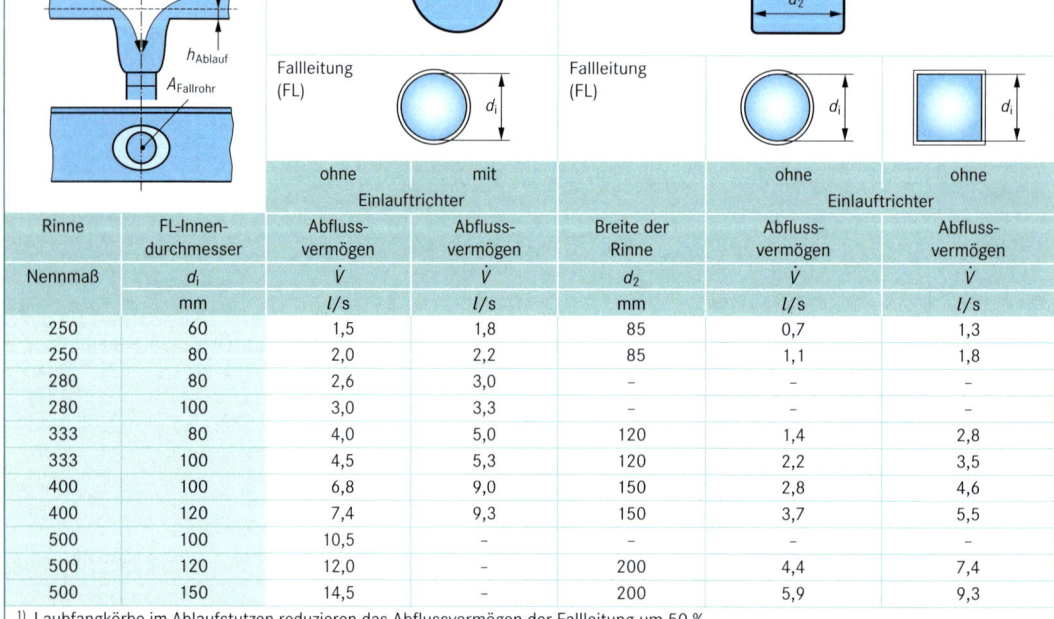

halbrunde Rinne

Kastenrinne

d_2

h_{Ablauf}

$A_{Fallrohr}$

Fallleitung (FL)

d_i

Fallleitung (FL)

d_i

d_i

Rinne	FL-Innen-durchmesser	ohne Einlauftrichter	mit Einlauftrichter	Breite der Rinne	ohne Einlauftrichter	ohne Einlauftrichter
		Abfluss-vermögen	Abfluss-vermögen		Abfluss-vermögen	Abfluss-vermögen
Nennmaß	d_i	$\dot{V}$	$\dot{V}$	d_2	$\dot{V}$	$\dot{V}$
	mm	l/s	l/s	mm	l/s	l/s
250	60	1,5	1,8	85	0,7	1,3
250	80	2,0	2,2	85	1,1	1,8
280	80	2,6	3,0	–	–	–
280	100	3,0	3,3	–	–	–
333	80	4,0	5,0	120	1,4	2,8
333	100	4,5	5,3	120	2,2	3,5
400	100	6,8	9,0	150	2,8	4,6
400	120	7,4	9,3	150	3,7	5,5
500	100	10,5	–	–	–	–
500	120	12,0	–	200	4,4	7,4
500	150	14,5	–	200	5,9	9,3

[1] Laubfangkörbe im Ablaufstutzen reduzieren das Abflussvermögen der Fallleitung um 50 %
[2] Bei Verziehungen mit einer Ablenkung von mehr als 80° von der Lotrechten wird die Fallleitung wie eine liegende Regenfallleitung dimensioniert ($\rightarrow$ Tab. 317.1)

Tab. 317.1: Abflussvermögen von Regenfallleitungen mit Verziehung

Regenfallleitungen deren Verziehung ein Gefälle $\alpha < 10°$ (= 17,6 cm/m) aufweisen, werden bei der Dimensionierung wie liegende Leitungen mit einem Füllungsgrad $h/d_i = 0,7$ bemessen

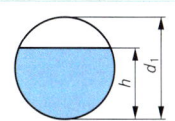
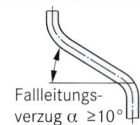
Fallleitungs-verzug $\alpha \geq 10°$
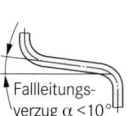
Fallleitungs-verzug $\alpha < 10°$

Fallleitungs-verzug $\alpha < 10°$

Gefälle	d_i = 60 mm		d_i = 80 mm		d_i = 100 mm		d_i = 120 mm		d_i = 150 mm	
I	$\dot{V}$	v	$\dot{V}$	v	$\dot{V}$	v	$\dot{V}$	v	$\dot{V}$	v
cm/m	l/s	m/s	l/s	m/s	l/s	m/s	l/s	m/s	l/s	m/s
0,50	–	–	1,8	0,5	3,3	0,6	5,4	0,6	9,7	0,7
0,60	–	–	2,0	0,5	3,6	0,6	5,9	0,7	10,6	0,8
0,70	1,0	0,5	2,1	0,6	3,9	0,7	6,3	0,8	11,5	0,9
0,80	1,1	0,5	2,3	0,6	4,2	0,7	6,8	0,8	12,3	0,9
0,90	1,1	0,5	2,4	0,6	4,4	0,8	7,2	0,9	13,1	1,0
1,00	1,2	0,6	2,6	0,7	4,7	0,8	7,6	0,9	13,8	1,0
1,10	1,2	0,6	2,7	0,7	4,9	0,8	8,0	0,9	14,5	1,1
1,20	1,3	0,6	2,8	0,8	5,1	0,9	8,3	1,0	15,1	1,1
1,30	1,4	0,6	2,9	0,8	5,3	0,9	8,7	1,0	15,7	1,2
1,40	1,4	0,7	3,0	0,8	5,5	0,9	9,0	1,1	16,3	1,2
1,50	1,5	0,7	3,2	0,8	5,7	1,0	9,3	1,1	16,9	1,3
2,00	1,7	0,8	3,7	1,0	6,6	1,1	10,8	1,3	19,5	1,5
2,50	1,9	0,9	4,1	1,1	7,4	1,3	12,1	1,4	21,9	1,7
3,00	2,1	1,0	4,5	1,2	8,1	1,4	13,2	1,6	24,0	1,8
3,50	2,2	1,1	4,8	1,3	8,8	1,5	14,3	1,7	25,9	2,0
4,00	2,4	1,1	5,2	1,4	9,4	1,6	15,3	1,8	27,7	2,1
4,50	2,5	1,2	5,5	1,5	10,0	1,7	16,2	1,9	29,4	2,2
5,00	2,7	1,3	5,8	1,5	10,5	1,8	17,1	2,0	31,0	2,3

Entwässerungs-technik

Beispiel

Einfamilienhaus
Dimensionierung von Rinnen 1 und 2, sowie Fallleitung 1

Vorgaben:
- halbrunde vorgehängte Rinne
- Notüberlauf über Rinnenlängsseite
- Fallleitung ohne Einlauftrichter
- Fallleitungsverzug 30°
- Nürnberg

Lösung:

1) Regenspende: $r_{5,5}$ = 317 l/s · ha ($\rightarrow$ Tab. 315.1)

2) Regenwasserabfluss in die Rinnen

$$\dot{V}_{R,1} = \frac{r_{5,5} \cdot C \cdot A}{10\,000} = \frac{317 \cdot 1,0 \cdot 48}{10\,000} = 1,52\ l$$

$$\dot{V}_{R,2} = \frac{r_{5,5} \cdot C \cdot A}{10\,000} = \frac{317 \cdot 1,0 \cdot 36}{10\,000} = 1,14\ l/s$$

3) Nennmaß der Rinnen ($\rightarrow$ Tab. 316.1)
   Rinne 1 (l = 13 m, $\dot{V}_R$ = 1,52 l/s) $\rightarrow$ **Nennmaß: 333** (zulässig bis 2,31 l/s)
   Rinne 1 (l = 12 m, $\dot{V}_R$ = 1,14 l/s) $\rightarrow$ Nennmaß: 285 (zulässig bis 1,46 l/s · 0,85 = 1,24 l/s wegen Richtungsänderung)
   da Rinne 2 in gleicher Nennweite wie Rinne 1 ausgeführt wird **Nennmaß: 333**

4) Bemessung der Regenfallleitung ($\rightarrow$ Tab. 316.2)
   Regenfallleitung für $\dot{V}_{R,1}$ + $\dot{V}_{R,2}$ = 2,66 l/s (ohne Einlauftrichter, für 333er-Rinne) **Nennmaß: 80**
   zulässig bis 4,0 l/s

5) kein Einfluss der Fallleitungsverziehung, da Gefälle $\geq 10°$ ($\rightarrow$ Tab. 317.1)

Fallleitung I

14 m
13 m
A_1 = 48 m
11 m
A_2 = 36 m
A_3 = 32 m
A_4 = 20 m
Fallleitung 2
8 m
6 m
8 m
3 m

Tab. 318.1: Freispiegelentwässerung von Flachdächern (drucklos) – z. B. Kiesschüttdach

	Möglichkeit 1	Möglichkeit 2
Regelablauf $\dot{V}_{5,5}$	Der Regenwasserabfluss $\dot{V}_{5,5}$ aus $r_{5,5}$ wird durch das geplante Entwässerungssystem abgeführt	
Notüberlauf $\dot{V}_{Not} = \dot{V}_{5,100} - \dot{V}_{5,5}$	Ableitung über ein zweites Regen-Entwässerungssystem[1]	Ableitung über Wasserspeier in der Brüstung
Stausicherheit	Dach stausicher ausführen bis zur Höhe des möglichen Wasserspiegels	
Maßnahmen	Einläufe der Notentwässerung so hoch setzen, (z. B. mit Distanzelementen), dass der Zulauf erst bei Überschreitung des $\dot{V}_{5,5}$ möglich wird	Notüberlauf auf eine **schadlos überflutbare** Grundstücksfläche

[1] Wasser des Notüberlaufes darf **nicht in das Kanalsystem** eingeleitet werden!

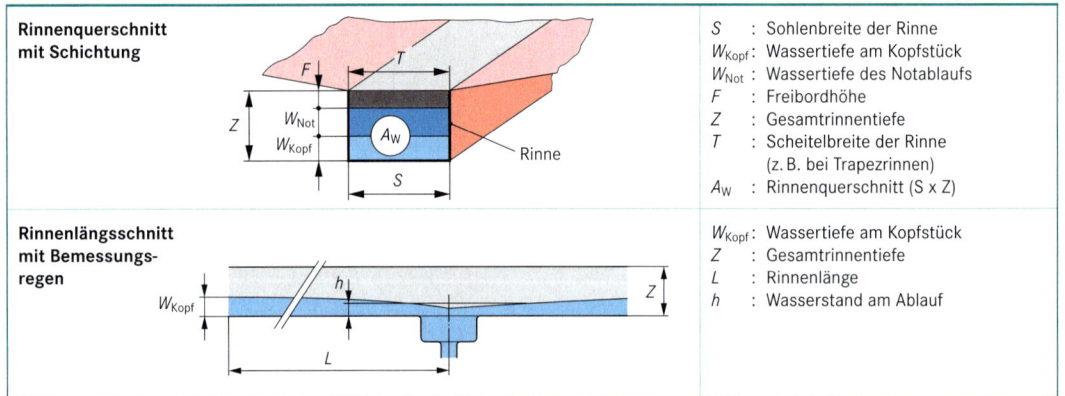

Tab. 318.2: Freispiegelentwässerung mit innenliegenden Rinnen

Auch beim Flachdach muss über das Entwässerungssystem der Volumenstrom aus der 5-Jahres-Regenspende $r_{5,5}$ abgeführt werden.
Beim Eintritt eines Jahrhundertregens $r_{5,100}$ dürfen keine Schäden entstehen; das Wasser des Notüberlaufes darf nicht in das Kanalsystem eingeleitet werden

Entwurfsgrundsätze
- kurze Fließwege (wichtig bei Starkregen)
- quadratische Querschnitte anstreben (bessere Wasserspiegeldifferenz zwischen Rinnenhochpunkt und -auslauf): **Rinnenbreite kann nicht Rinnentiefe ersetzen!**
- Ablaufeinrichtung möglichst an jeder Stirnseite (Halbierung des Fließweges)
- keine Rinneneinschnürungen und Rinnenwinkel

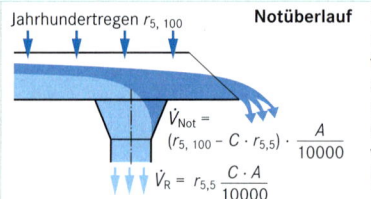

Jahrhundertregen $r_{5, 100}$ — **Notüberlauf**

$$\dot{V}_{Not} = (r_{5, 100} - C \cdot r_{5,5}) \cdot \frac{A}{10000}$$

$$\dot{V}_R = r_{5,5} \frac{C \cdot A}{10000}$$

Die Notentwässerung ist mit **freiem Auslauf** auf eine schadlos überflutbare Grundstücksfläche vorzusehen ($\rightarrow$ Tab. 319.1)

Tab. 318.3: Bezeichnungen an innenliegenden Rinnen   Fachinformation ZVSHK

Rinnenquerschnitt mit Schichtung

S	: Sohlenbreite der Rinne
W_{Kopf}	: Wassertiefe am Kopfstück
W_{Not}	: Wassertiefe des Notablaufs
F	: Freibordhöhe
Z	: Gesamtrinnentiefe
T	: Scheitelbreite der Rinne (z. B. bei Trapezrinnen)
A_W	: Rinnenquerschnitt (S x Z)

Rinnenlängsschnitt mit Bemessungsregen

W_{Kopf}	: Wassertiefe am Kopfstück
Z	: Gesamtrinnentiefe
L	: Rinnenlänge
h	: Wasserstand am Ablauf

Tab. 318.4: Freibordhöhe   DIN EN 12 056-03: 2001-01

Freibord ($\rightarrow$ Tab. 318.3): zum Ausgleich von Wind- und Welleneinfluss	
Gesamtrinnenhöhe Z einschließlich Freibord	Freibordhöhe (minimal)
< 85 mm	25 mm
85 mm...250 mm	$0,3 \cdot Z$
> 250 mm	75 mm

Tab. 319.1: Anordnungsmöglichkeiten des Notüberlaufs innenliegender Rinnen mit untergebauten Abläufen

Beschreibung	Darstellung	Bewertung
1. Innen liegende Rinne mit einseitigem Notüberlauf über die Rinnenstirnseite		lange Fließwege zu Ablauf und Notablauf → große Rinnenquerschnitte erforderlich
2. Innen liegende Rinne mit Notüberläufen über beide Rinnenstirnseiten		Fließwege zu den Abläufen nur noch ein Viertel, Fließweg des Notüberlaufs halbiert → kleinere Rinnenquerschnitte
3. Innen liegende Rinne mit Notüberläufen in der Rinnenlängsseite		günstigste Fließwege zu Abläufen und Notüberläufen (hydraulisch stabilste Abflussverhältnisse) → kleinste Rinnenquerschnitte
4. Innen liegende Rinne mit untergebauten Notüberläufen		günstige Fließwege zu Abläufen und Notüberläufen → kleine Rinnenquerschnitte

Tab. 319.2: Abflussvermögen von innenliegenden Rinnen

Das Abflussvermögen einer Rinne (→ Tab. 320.1 ff.) hängt ab von:
- Rinnenquerschnitt und dessen Verhältnis Breite zu Höhe (→ Tab. 318.3)
- Rinnenform (rechteckig, trapezförmig)
- Druckhöhe h am Ablauf (→ Tab. 318.3)
- Rinnenlänge

Bei einer oder mehreren Richtungsänderungen von mehr als 10° reduziert sich das Abflussvermögen innen liegender Rinnen auf 85 %.

Tab. 319.3: Berechnungsbeispiel für eine innenliegende Rinne

Beispiel:
- Ermittlung von $\dot{V}_R$, Rinnenmaßen (Höhen: W_{Kopf}, W_{Not}, Freibord)
- für eine rechteckige Rinne, 500 mm Rinnenbreite, ein Ablauf, einseitiger Notüberlauf
- aus bautechnischen Gründen: 1 Ablauf an jedem Rinnenende und 1 Notablauf an einer Stirnseite

Lösung mit Regenspende: $r_{5,5}$ = 318 l/s · ha; $r_{5,100}$ = 648 l/s · ha (→ Tab 315.1)

	Regenwasserabfluss (→ Tab. 314.1)	Rinnentiefe W für S = 500 mm
Berechnungsregen auf 2 Abläufe $\Rightarrow$ Fließweg: L = 25m	$\dot{V}_{R,B} = \dfrac{1250\ m^2 \cdot 318\ \frac{l}{s \cdot ha} \cdot 1}{10\,000\ m^2/ha}$ = 39,8 l/s **je Ablauf** $\quad \dot{V}_{R,B}$ = **19,9** l/s	W_{Kopf} = **130 mm** (→ Tab. 321.1) h = **61 mm**
Jahrhundertregen:	$\dot{V}_{R,J} = \dfrac{1250\ m^2 \cdot 648\ \frac{l}{s \cdot ha} \cdot 1}{10\,000\ m^2/ha}$ = **81,0** l/s	
Notüberlauf: 1 Ablauf $\Rightarrow$ Fließweg: L = 50 m	$\dot{V}_{R,J}$ = (81,0 – 39,8) l/s = **41,2** l/s	W_{Not} = **220 mm** (→ Tab. 321.1) h = **104 mm**

Freibord: für eine Gesamtrinnenhöhe Z > 250 mm wird eine Freibordhöhe von **F = 75 mm** gefordert (→ Tab. 318.4)

erforderliche Rinnentiefe $Z = W_{Ablauf} + W_{Not} + F$
Z = (130 + 220 + 75) mm = 425 mm

Tab. 320.1: Abflussvermögen rechteckiger, innenliegender Rinnen —

Abflussvermögen der Rinne bei Gefälle I = 0
$\dot{V}$ in l/s

S	W[1]	h	A_W	Länge der Rinne												
mm	mm	mm	cm²	5 m	10 m	15 m	20 m	25 m	30 m	35 m	40 m	45 m	50 m	60 m	70 m	80 m
200	200	95	400	19,8	19,8	19,8	19,8	17,6	17,0	16,4	15,9	15,3	14,8	13,9	13,0	12,3
200	195	92	390	19,1	19,1	19,1	19,1	16,9	16,3	15,7	15,2	14,6	14,2	13,2	12,4	11,7
200	190	90	380	18,3	18,3	18,3	18,3	16,2	15,6	15,0	14,5	14,0	13,5	13,6	11,8	11,1
200	185	87	370	17,6	17,6	17,6	17,6	15,4	14,9	14,3	13,8	13,3	12,8	12,0	11,2	10,6
200	180	86	360	16,9	16,9	16,9	16,9	14,7	14,2	13,6	13,1	12,6	12,2	11,3	10,6	10,0
200	175	83	350	16,2	16,2	16,2	16,2	14,1	13,5	13,0	12,5	12,0	11,6	10,8	10,1	9,5
200	170	80	340	15,5	15,5	15,5	14,2	13,3	12,8	12,3	11,8	11,4	10,9	10,2	9,5	8,9
200	165	78	330	14,8	14,8	14,8	13,3	12,7	12,2	11,7	11,2	10,8	10,4	9,6	9,0	8,4
200	160	75	320	14,1	14,1	14,1	12,6	12,0	11,5	11,0	10,6	10,2	9,8	9,1	8,4	8,0
200	155	73	310	13,5	13,6	13,5	11,9	11,4	10,9	10,5	10,0	9,6	9,2	8,5	7,9	7,5
200	150	71	300	12,8	12,8	12,3	11,3	10,8	10,3	9,8	9,4	9,0	8,6	8,0	7,4	7,0
200	145	69	290	12,2	12,2	11,2	10,7	10,2	9,7	9,3	8,8	8,5	8,1	7,5	7,0	6,6
200	140	66	280	11,6	11,6	10,6	10,0	9,6	9,1	8,7	8,3	7,9	7,6	7,0	6,5	6,1
200	135	64	270	11,0	11,0	10,0	9,5	9,0	8,5	8,1	7,7	7,4	7,1	6,5	6,1	5,7
200	130	61	260	10,4	10,1	9,3	8,8	8,4	7,0	7,6	7,2	6,9	6,6	6,0	5,6	5,3
200	125	59	250	9,8	9,3	8,8	8,3	7,8	7,4	7,0	6,7	6,4	6,1	5,6	5,2	5,0
200	121	57	242	9,3	8,8	8,3	7,8	7,4	7,0	6,6	6,3	6,0	5,7	5,2	4,9	4,7
200	117	55	234	8,9	8,3	7,8	7,4	7,0	6,6	6,2	5,9	5,6	5,3	4,9	4,6	4,5
300	300	142	900	54,6	54,6	54,0	52,7	51,5	50,3	49,1	48,0	46,9	45,8	43,7	41,8	40,0
300	280	132	840	49,2	49,2	48,4	47,2	46,0	44,9	43,8	42,7	41,6	40,6	38,7	36,8	35,1
300	260	123	780	44,0	44,0	43,1	41,9	40,8	39,7	38,6	37,6	36,6	35,7	33,8	32,1	30,6
300	240	113	720	39,1	39,1	37,9	36,8	35,8	34,7	33,7	32,8	31,8	30,9	29,7	27,7	26,3
300	220	104	660	34,3	34,3	33,0	32,0	31,0	30,0	29,1	28,2	27,3	26,5	24,9	23,5	22,2
300	210	99	630	32,0	32,0	30,7	29,6	28,7	27,7	26,8	25,9	25,1	24,3	22,8	21,5	20,3
300	200	95	600	29,7	29,4	28,4	27,4	26,4	25,5	24,6	23,8	23,0	22,2	20,8	19,6	18,5
300	190	90	570	27,5	27,1	26,1	25,2	24,2	23,4	22,5	21,7	21,0	20,2	18,9	17,7	16,7
300	185	87	555	26,4	26,0	25,0	24,1	23,2	22,3	21,5	20,7	20,0	19,3	18,0	16,8	15,8
300	180	85	540	25,4	24,9	23,9	23,0	22,1	21,3	20,5	19,7	19,0	18,3	17,1	16,0	15,0
300	175	83	525	24,3	23,8	22,9	22,0	21,1	20,3	19,5	18,7	18,0	17,4	16,2	15,1	14,2
300	170	80	510	23,3	22,7	21,8	20,9	20,1	19,3	18,5	17,8	17,1	16,4	15,3	14,3	13,4
300	165	78	495	22,3	21,7	20,8	19,9	19,1	18,3	17,5	16,8	16,2	15,5	14,4	13,5	12,7
300	160	76	480	21,3	20,6	19,8	18,9	18,1	17,3	16,6	15,9	15,3	14,7	13,6	12,7	11,9
300	155	73	465	20,3	19,6	18,8	17,9	17,1	16,4	15,7	15,0	14,4	13,8	12,8	11,9	11,2
300	150	71	450	19,3	18,6	17,8	17,0	16,2	15,5	14,8	14,1	13,5	13,0	12,0	11,2	10,5
300	145	69	435	18,3	17,7	16,8	16,0	15,3	14,6	13,9	13,3	12,7	12,2	11,2	10,5	9,9
300	140	66	420	17,4	16,7	15,9	15,1	14,4	13,7	13,0	12,4	11,9	11,4	10,5	9,8	9,2
300	135	64	405	16,5	15,7	14,9	14,2	13,5	12,8	12,2	11,6	11,1	10,6	9,8	9,1	8,6
300	130	61	390	15,6	14,8	14,0	13,3	12,6	12,0	11,4	10,8	10,3	9,8	9,1	8,5	8,0
300	125	59	375	14,7	13,9	13,1	12,4	11,8	11,1	10,6	10,0	9,6	9,1	8,4	7,9	7,5
300	120	57	360	13,8	13,0	12,3	11,6	10,9	10,3	9,8	9,3	8,8	8,4	7,7	7,3	7,0

[1] W = Wasserstand des Berechnungsregens W_{Kopf} bzw. des Notüberlaufs W_{Not}

Tab. 321.1: Abflussvermögen rechteckiger, innenliegender Rinnen

Auszug Fachinformation ZVSHK

Abflussvermögen der Rinne bei Gefälle $I = 0$
$\dot{V}$ in l/s

S	$W^{1)}$	h	A_w						Länge der Rinne							
mm	mm	mm	cm²	5 m	10 m	15 m	20 m	25 m	30 m	35 m	40 m	45 m	50 m	60 m	70 m	80 m
400	400	189	1600	112,0	112,0	112,0	112,0	108,8	106,9	105,0	103,2	101,4	99,6	96,2	92,9	89,8
400	350	165	1400	91,7	91,7	91,7	89,7	88,0	86,2	84,5	82,8	81,1	79,5	76,4	73,5	70,7
400	300	142	1200	72,8	72,8	72,8	70,3	68,6	67,0	65,5	64,0	62,5	61,0	58,3	55,7	53,3
400	280	132	1120	65,6	65,6	65,6	62,9	61,4	59,8	58,4	56,9	55,5	54,1	51,6	49,1	46,9
400	260	123	1040	58,7	58,7	58,7	55,9	54,4	52,9	51,5	50,1	48,8	47,5	45,1	42,8	40,8
400	240	113	960	52,1	52,1	52,1	49,1	47,7	46,3	45,0	43,7	42,4	41,2	39,0	36,9	35,0
400	220	104	880	45,7	45,7	45,7	42,6	41,3	40,0	38,7	37,5	36,4	35,3	33,2	31,3	29,6
400	200	95	800	39,6	39,6	39,6	36,5	35,2	34,0	32,8	31,7	30,7	29,7	27,8	26,1	24,6
400	190	90	760	36,7	36,7	34,8	33,5	32,3	31,1	30,0	29,0	27,9	27,0	25,2	23,6	22,3
400	180	85	720	33,8	33,8	31,9	30,7	29,5	28,4	27,3	26,3	25,3	24,4	22,7	21,3	20,0
400	170	80	680	31,0	31,0	29,1	27,9	26,8	25,7	24,7	23,7	22,8	21,9	20,4	19,0	17,9
400	160	76	640	28,3	28,3	26,3	25,2	24,1	23,1	22,1	21,2	20,4	19,6	18,1	16,9	15,9
400	150	71	600	25,7	25,7	23,7	22,6	21,6	20,6	19,7	18,8	18,0	17,3	16,0	14,9	14,0
400	145	49	580	24,5	24,5	22,4	21,4	20,9	19,4	18,5	17,7	16,9	16,2	15,9	13,9	13,2
400	140	66	560	23,2	23,2	21,2	20,1	19,1	18,2	17,4	16,6	15,8	15,1	14,0	13,0	12,3
400	135	64	540	22,0	22,0	19,9	18,9	18,0	17,1	16,2	15,5	14,8	14,1	13,0	12,1	11,5
400	130	61	520	20,8	20,8	18,7	17,7	16,8	15,9	15,1	14,4	13,7	13,1	12,1	11,7	10,7
400	125	59	500	19,6	19,6	17,5	16,6	15,7	14,9	14,1	13,4	12,7	12,2	11,2	10,5	10,0
400	120	57	480	18,4	18,4	16,4	15,4	14,6	13,8	13,0	12,4	11,8	11,2	10,3	9,7	9,3
500	500	236	2500	195,7	195,7	195,7	195,7	193,5	190,8	188,1	185,5	182,9	180,3	175,3	170,4	165,7
500	450	213	2250	167,1	167,1	167,1	167,1	163,9	161,4	158,8	156,4	153,9	151,5	146,9	142,4	138,0
500	400	189	2000	140,0	140,0	140,0	138,5	136,0	133,6	131,3	129,0	126,8	124,5	120,3	116,1	112,2
500	350	165	1750	114,6	114,6	114,6	112,2	109,9	107,7	105,6	103,5	101,4	99,4	95,5	91,8	88,3
500	300	142	1500	91,0	91,0	89,9	87,8	85,8	83,8	81,8	80,0	78,1	76,3	72,9	69,6	66,6
500	280	132	1400	82,0	82,0	80,7	78,7	76,7	74,8	72,9	71,1	69,4	67,7	64,4	61,4	58,6
500	260	123	1300	73,4	73,4	71,8	69,8	68,0	66,2	64,4	62,7	61,0	59,4	56,4	53,6	51,0
500	250	118	1250	69,2	69,2	67,5	65,6	63,7	62,0	60,3	58,6	57,0	55,4	52,5	49,8	47,3
500	240	113	1200	65,1	65,1	63,2	61,4	59,6	57,9	56,2	54,6	53,1	51,6	48,7	46,1	43,8
500	230	109	1150	61,1	61,1	59,1	57,3	55,6	53,9	52,3	50,7	49,2	47,8	45,1	42,6	40,3
500	220	104	1100	57,1	57,1	55,0	53,3	51,6	50,0	48,4	46,9	45,5	44,1	41,5	39,1	37,0
500	210	99	1050	53,3	53,3	41,1	49,4	47,8	46,2	44,7	43,2	41,9	40,5	38,0	35,8	33,8
500	200	95	1000	49,5	49,5	47,3	45,6	44,0	42,5	41,1	39,7	38,3	37,1	34,7	32,6	30,8
500	190	90	950	45,8	45,8	43,5	41,9	40,4	38,9	37,5	36,2	34,7	33,7 ▼	31,5	29,5	27,8
500	180	85	900	42,3	42,3	39,9	39,3	36,9	35,5	34,1	32,9	31,7	30,5	28,4	26,6	25,0
500	170	80	850	38,8	38,8	36,3	35,9	33,5	32,1	30,8	29,6	28,5	27,4	25,5	23,8	22,4
500	160	76	800	35,4	35,4	32,9	31,5	30,2	28,9	27,7	26,5	25,5	24,4	22,6	21,1	19,9
500	150	71	750	32,2	32,2	29,6	28,3	27,0	25,8	24,6	23,6	22,5	21,6	20,0	18,6	17,5
500	140	66	700	29,0	29,0	26,4	25,1	23,9 ▼	22,8	21,7	20,7	19,8	18,9	17,5	16,3	15,4
500	130	61	650	25,9	25,9	23,4	22,2	21,0	19,9	18,9	18,0	17,2	16,4	15,1	14,1	13,4

1) W = Wasserstand des Berechnungsregens W_{Kopf} bzw. des Notüberlaufs W_{Not}

Tab. 322.1: Rinnenkopfstück

Fachinformation ZVSHK

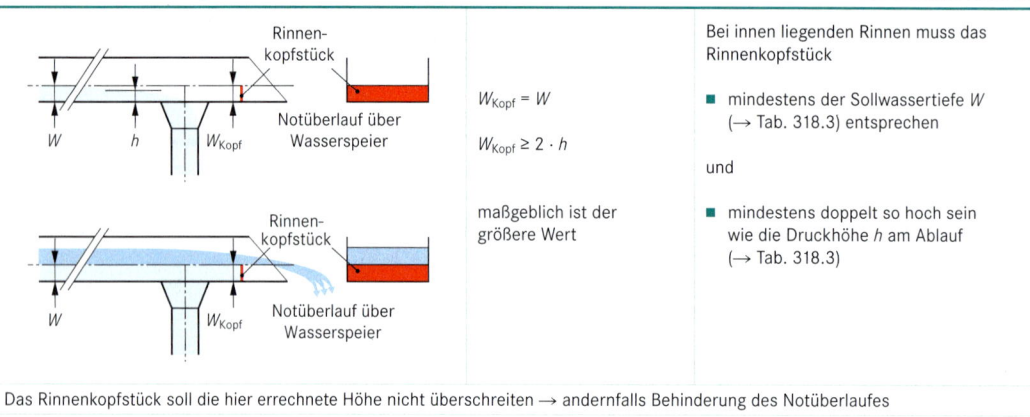

$W_{Kopf} = W$

$W_{Kopf} \geq 2 \cdot h$

maßgeblich ist der größere Wert

Bei innen liegenden Rinnen muss das Rinnenkopfstück

- mindestens der Sollwassertiefe W (→ Tab. 318.3) entsprechen

und

- mindestens doppelt so hoch sein wie die Druckhöhe h am Ablauf (→ Tab. 318.3)

Das Rinnenkopfstück soll die hier errechnete Höhe nicht überschreiten → andernfalls Behinderung des Notüberlaufes

Beispiel (→ Tab. 319.3)
Rinnenmaße: S = 500 mm, Z = 425 mm
Rinnenbelastung:
- Abfluss Berechnungsregen: $\dot{V}_{RB}$ = 19,9 l/s   → W = 130 mm
- Druckhöhe am Ablauf: h = 61 mm
- Höhe des Rinnenkopfstückes: $W_{Kopf} = W$ = 130 mm
           bzw. $W_{Kopf} \geq 2 \cdot h = 2 \cdot 61$ mm = 122 mm
   der gößere Wert ist maßgeblich   → W_{Kopf} = **130 mm**

Tab. 322.2: Rinnenablauf gefällelos verlegter Rinnen

Fachinformation ZVSHK

Die Leistungsfähigkeit der Regenfallleitung ist wesentlich durch die Druckhöhe h am Ablauf und die Form des Rinnenablaufs mit der zugehörigen Stömungsart bestimmt.

Strömungsart	Strömungsbild
$D \geq 1,5\ d_i$	
Überlaufströmung	
($h \leq D/2$)	
Auslaufströmung	
($h > D/2$)	

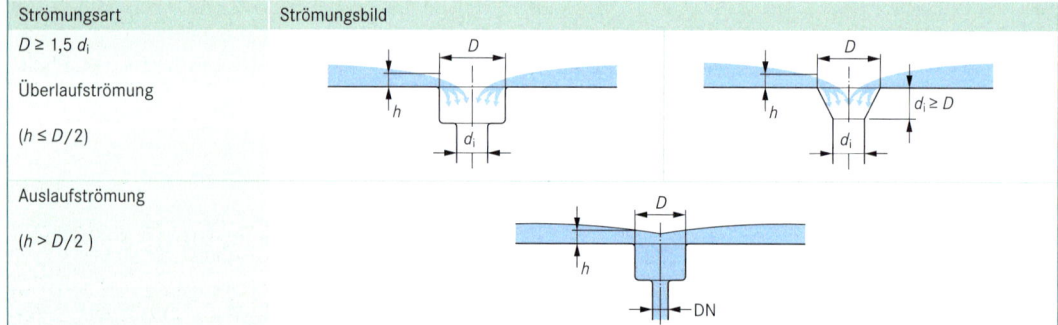

Tab. 322.3: Abflussvermögen von Fallleitungen innenliegender Rinnen

Fachinformation ZVSHK

Das Abflussvermögen der Fallleitung mit kreisrunden Rinnenabläufen ist abhängig von
- Druckhöhe h am Ablauf (→ Tab. 318.3)
- Einströmverhalten am Rinnenablauf (Überlaufströmung/Auslaufströmung) (→ Tab. 322.2) und wird aus Tabellen entnommen (→ Tab. 323.1 und Tab. 323.2)

Beim Einsatz eines Laubfangkorbes reduziert sich die Leistungsfähigkeit der Fallleitung auf die Hälfte

$\dot{V}_{Fl} = 0,5 \cdot \dot{V}_{R,B}$ Die ausreichende Leistungsfähigkeit des Ablaufstutzens des jeweiligen Herstellers ist für die ermittelte Druckhöhe h zu prüfen.

Beispiel (→ Tab. 322.1)
Rinnenmaße: S = 500 mm, Z = 425 mm, kein Rinnenkorb, Rinne ohne Einlauftrichter
Abfluss Berechnungsregen: $\dot{V}_{R,B}$ = 19,9 l/s
Druckhöhe am Ablauf: h = 61 mm
Lösung: Abflussvermögen der Rinne ohne Trichter bei keiner Nennweite ausreichend (→ Tab. 323.2), deshalb Fallleitung
       mit Einlauftrichter; Nennweite der Fallleitung: DN 250 (→ Tab. 323.1)
       Strömungsart: Überlaufströmung

Tab. 323.1: Abflussvermögen von Fallleitungen innenliegender Rinnen mit kreisrunden Rinnenausläufen mit Trichter bzw. Kessel
Fachinformation ZVSHK

D: oberer Durchmesser der Ablauföffnung
L_T: Höhe des Einlauftrichter

$D \geq 1{,}5 \cdot d_i$
$L_T \geq D$

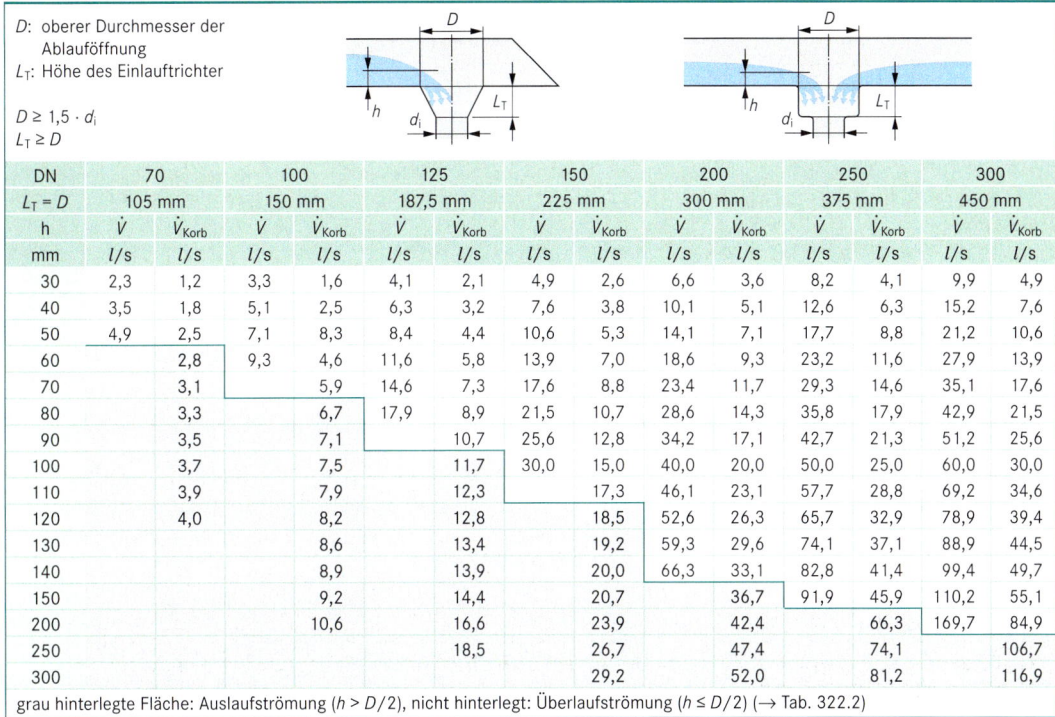

DN	70		100		125		150		200		250		300	
$L_T = D$	105 mm		150 mm		187,5 mm		225 mm		300 mm		375 mm		450 mm	
h	$\dot V$	$\dot V_{Korb}$	$\dot V$	$\dot V_{Korb}$	$\dot V$	$\dot V_{Korb}$	$\dot V$	$\dot V_{Korb}$	$\dot V$	$\dot V_{Korb}$	$\dot V$	$\dot V_{Korb}$	$\dot V$	$\dot V_{Korb}$
mm	l/s	l/s	l/s	l/s	l/s	l/s	l/s	l/s	l/s	l/s	l/s	l/s	l/s	l/s
30	2,3	1,2	3,3	1,6	4,1	2,1	4,9	2,6	6,6	3,6	8,2	4,1	9,9	4,9
40	3,5	1,8	5,1	2,5	6,3	3,2	7,6	3,8	10,1	5,1	12,6	6,3	15,2	7,6
50	4,9	2,5	7,1	3,6	8,4	4,4	10,6	5,3	14,1	7,1	17,7	8,8	21,2	10,6
60		2,8	9,3	4,6	11,6	5,8	13,9	7,0	18,6	9,3	23,2	11,6	27,9	13,9
70		3,1		5,9	14,6	7,3	17,6	8,8	23,4	11,7	29,3	14,6	35,1	17,6
80		3,3		6,7	17,9	8,9	21,5	10,7	28,6	14,3	35,8	17,9	42,9	21,5
90		3,5		7,1		10,7	25,6	12,8	34,2	17,1	42,7	21,3	51,2	25,6
100		3,7		7,5		11,7	30,0	15,0	40,0	20,0	50,0	25,0	60,0	30,0
110		3,9		7,9		12,3		17,3	46,1	23,1	57,7	28,8	69,2	34,6
120		4,0		8,2		12,8		18,5	52,6	26,3	65,7	32,9	78,9	39,4
130				8,6		13,4		19,2	59,3	29,6	74,1	37,1	88,9	44,5
140				8,9		13,9		20,0	66,3	33,1	82,8	41,4	99,4	49,7
150				9,2		14,4		20,7		36,7	91,9	45,9	110,2	55,1
200				10,6		16,6		23,9		42,4		66,3	169,7	84,9
250						18,5		26,7		47,4		74,1		106,7
300								29,2		52,0		81,2		116,9

grau hinterlegte Fläche: Auslaufströmung ($h > D/2$), nicht hinterlegt: Überlaufströmung ($h \leq D/2$) (→ Tab. 322.2)

Tab. 323.2: Abflussvermögen von Fallleitungen innenliegender Rinnen mit kreisrunden Rinnenausläufen
Fachinformation ZVSHK

DN	70		100		125		150		200		250		300	
$L_T = D$	70 mm		100 mm		125 mm		150 mm		200 mm		250 mm		300 mm	
h	$\dot V$	$\dot V_{Korb}$	$\dot V$	$\dot V_{Korb}$	$\dot V$	$\dot V_{Korb}$	$\dot V$	$\dot V_{Korb}$	$\dot V$	$\dot V_{Korb}$	$\dot V$	$\dot V_{Korb}$	$\dot V$	$\dot V_{Korb}$
mm	l/s	l/s	l/s	l/s	l/s	l/s	l/s	l/s	l/s	l/s	l/s	l/s	l/s	l/s
30	1,5	0,8	2,2	1,1	2,7	1,4	3,3	1,6	4,4	2,2	5,5	2,7	6,6	3,3
40	2,1	1,0	3,4	1,7	4,2	2,1	5,1	2,5	6,7	3,4	8,4	4,2	10,1	5,1
50	2,3	1,2	4,7	2,4	5,6	2,9	7,1	3,5	9,4	4,7	11,8	5,9	14,1	7,1
60	2,5	1,3	5,2	2,6	7,7	3,9	9,3	4,6	12,6	6,2	15,5	7,7	18,6	9,3
70	2,7	1,4	5,6	2,8	8,7	4,4	11,7	5,9	15,6	7,8	19,5	9,8	23,4	11,7
80	2,9	1,5	6,0	3,0	9,3	4,7	13,4	6,7	19,1	9,5	23,9	11,9	28,6	14,3
90	3,1	1,5	6,3	3,2	9,9	4,9	14,2	7,1	22,8	11,4	28,5	14,2	34,2	17,1
100	3,3	1,6	6,7	3,3	10,4	5,2	15,0	7,5	26,7	13,3	33,3	16,7	40,0	20,0
110	3,4	1,7	7,0	3,5	10,9	5,5	15,7	7,9	28,0	14,0	38,5	19,2	46,1	23,1
120	3,6	1,8	7,3	3,7	11,4	5,7	16,4	8,2	29,2	14,6	43,8	21,9	52,6	26,3
130	3,7	1,9	7,6	3,8	11,9	5,9	17,1	8,6	30,4	15,2	47,5	23,8	59,3	29,6
140	3,9	1,9	7,9	3,9	12,3	6,2	17,7	8,9	31,6	15,8	49,3	24,7	66,3	33,1
150	4,0	2,0	8,2	4,1	12,6	6,4	18,4	9,2	32,7	16,3	51,0	25,5	73,5	36,7
200		2,3	9,4	4,7	14,7	7,4	21,2	10,6	37,7	18,9	58,9	29,5	84,9	42,4
250		2,6	10,5	5,3	16,5	8,2	23,7	11,9	42,2	21,1	65,9	32,9	94,9	47,4
300		2,8		5,8	18,0	9,0	26,0	13,0	46,2	23,1	72,2	36,1	103,9	52,0

grau hinterlegte Fläche: Auslaufströmung ($h > D/2$), nicht hinterlegt: Überlaufströmung ($h \leq D/2$) (→ Tab. 322.2)

Entwässerungs-technik

Tab. 324.1: Abflussvermögen rechteckiger Notüberläufe in der Rinnenlängsseite   Fachinformation ZVSHK

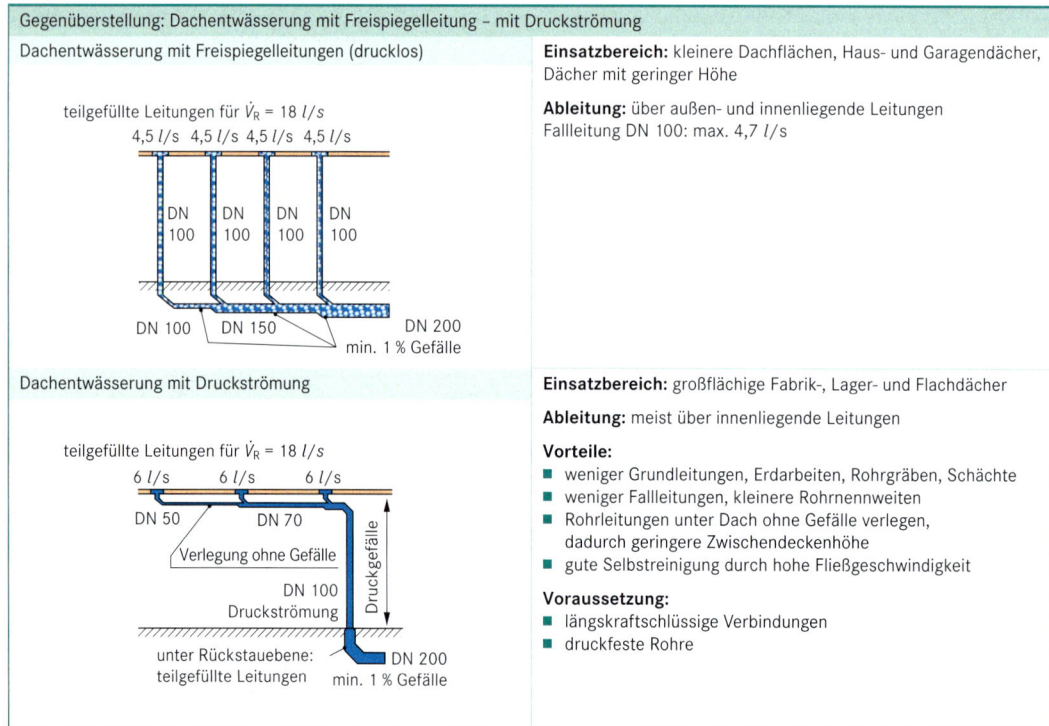

h_{Not}	50 mm	60 mm	70 mm	80 mm	90 mm	100 mm
LW	Abflussvermögen $\dot{V}_{Not}$ in l/s in Abhängigkeit von h_{Not}					
100	1,5	1,9	2,4	3,0	3,6	4,2
110	1,6	2,1	2,7	3,3	3,9	4,6
120	1,8	2,3	2,9	3,6	4,3	5,0
130	1,9	2,5	3,2	3,9	4,6	5,4
140	2,1	2,7	3,4	4,2	5,0	5,8
150	2,2	2,9	3,7	4,5	5,3	6,3
160	2,4	3,1	3,9	4,8	5,7	6,7
170	2,5	3,3	4,1	5,1	6,0	7,1
180	2,7	3,5	4,4	5,4	6,4	7,5
190	2,8	3,7	4,6	5,7	6,8	7,9
200	2,9	3,9	4,9	6,0	7,1	8,3
220	3,2	4,3	5,4	6,6	7,8	9,2
240	3,5	4,6	5,9	7,2	8,5	10,0
260	3,8	5,0	6,3	7,8	9,3	10,8
280	4,1	5,4	6,8	8,3	10,0	11,7
300	4,4	5,8	7,3	8,9	10,7	12,5

Tab. 324.2: Dachentwässerung mit Druckströmung   DIN EN 12 109

Gegenüberstellung: Dachentwässerung mit Freispiegelleitung – mit Druckströmung

Dachentwässerung mit Freispiegelleitungen (drucklos)

teilgefüllte Leitungen für $\dot{V}_R$ = 18 l/s
4,5 l/s 4,5 l/s 4,5 l/s 4,5 l/s

DN 100   DN 100   DN 100   DN 100

DN 100   DN 150   DN 200
min. 1 % Gefälle

Einsatzbereich: kleinere Dachflächen, Haus- und Garagendächer, Dächer mit geringer Höhe

Ableitung: über außen- und innenliegende Leitungen
Fallleitung DN 100: max. 4,7 l/s

Dachentwässerung mit Druckströmung

teilgefüllte Leitungen für $\dot{V}_R$ = 18 l/s
6 l/s 6 l/s 6 l/s

DN 50   DN 70
Verlegung ohne Gefälle
                DN 100
             Druckströmung

Druckgefälle

unter Rückstauebene: DN 200
teilgefüllte Leitungen   min. 1 % Gefälle

Einsatzbereich: großflächige Fabrik-, Lager- und Flachdächer

Ableitung: meist über innenliegende Leitungen

Vorteile:
- weniger Grundleitungen, Erdarbeiten, Rohrgräben, Schächte
- weniger Fallleitungen, kleinere Rohrnennweiten
- Rohrleitungen unter Dach ohne Gefälle verlegen, dadurch geringere Zwischendeckenhöhe
- gute Selbstreinigung durch hohe Fließgeschwindigkeit

Voraussetzung:
- längskraftschlüssige Verbindungen
- druckfeste Rohre

Entwässerungs-technik

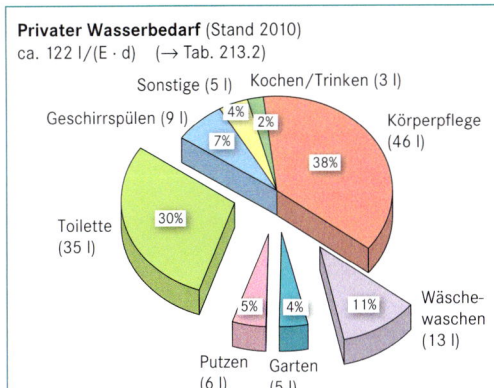

Privater Wasserbedarf (Stand 2010)
ca. 122 l/(E · d)   (→ Tab. 213.2)

- Sonstige (5 l)
- Kochen/Trinken (3 l)   2%
- Geschirrspülen (9 l)   7%
- Sonstige 4%
- Körperpflege (46 l)   38%
- Toilette (35 l)   30%
- Putzen (6 l)   5%
- Garten (5 l)   4%
- Wäsche- waschen (13 l)   11%

Vorteile der Regenwassernutzung:
- Entlastung von Kanalisation und Kläranlage
- Verminderung des Trinkwasserverbrauches
- Entlastung von Grundwassermangelgebieten
- Verzicht von Enthärter in der Waschmaschine, geringere Waschmitteldosierung
- Kostenersparnis bei steigenden Trink- und Abwasserkosten möglich
- Dämpfung von Hochwasserspitzen

Nachteile der Regenwassernutzung:
- Verunreinigung des Dachablaufwassers
- zweites Leitungswassersystem
- lange Amortisationszeit (10 bis 20 Jahre – je nach Wasserpreis)
- Verwechslungsgefahr der Zapfstellen

Aufbau einer Regenwassernutzungsanlage

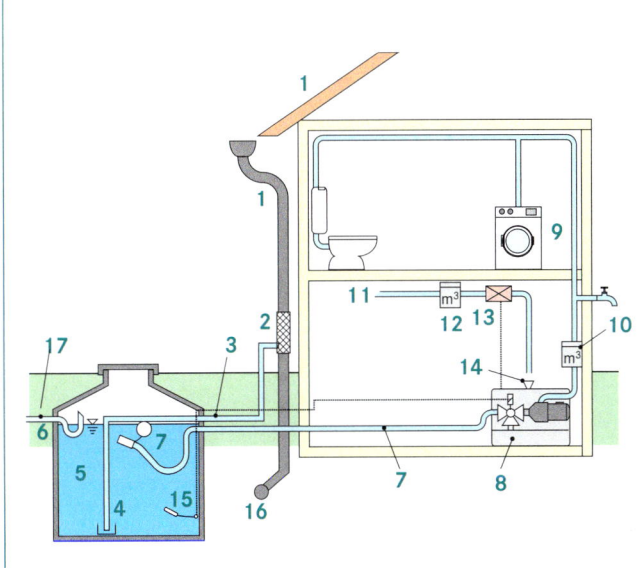

1 Auffangfläche mit Dachrinne und Regenfallleitung
2 Filtersammler
3 Zulaufleitung zum Speicher
4 beruhigter Einlauf
5 Speicher
6 Überlauf mit Geruchverschluss und Nagetierschutz
7 schwimmende Entnahme und Saugleitung
8 Hauswasserstation mit Pumpe, Dreiwegeventil und Wassernachspeisung
9 Betriebswasser-Druckleitung
10 Betriebswasserzähler
11 Trinkwassernachspeisung
12 Trinkwasserzähler
13 Magnetventil
14 freier Auslauf
15 Schwimmerschalter
16 zum Abwasserkanal
17 zum Abwasserkanal mit Rückstausicherung bzw. zur Versickerung

Entwässerungs- technik

Tab. 325.1: Einfluss des Dachmaterials auf das Dachablaufwasser

Dachmaterial	Oberfläche	pH-Wert des Dachablaufwassers	Bemerkung
Tonschiefer Kunststoffe	glatt	keine neutralisierende Wirkung	■ besonders geeignet, da glatte und chemisch beständige Oberfläche
Schiefer		Erhöhung des pH-Wertes auf 6,2 bis 8,4 durch Kalk im Schiefer	
Metall: Aluminium, Zink, Blei, Kupfer, Edelstahl		Absinken des pH-Wertes infolge chemischer Reaktionen durch geringen pH-Wert des Regenwassers	■ kann erhöhten Metallgehalt aufweisen ■ zur Bewässerung von Nutzpflanzen ungeeignet
Betondachsteine	rau, teilweise verwittert	Erhöhung des pH-Wertes auf 7 bis 8,4	■ erhöht Staubablagerungen sowie Moos- und Flechtenbewuchs ■ verstärkter organischer Schmutzanteil
Bitumen	rau	wegen unterschiedlicher Beschichtung keine Aussage möglich	■ häufig gelblich gefärbtes Wasser, kann Sanitärkeramik verfärben

Filter

Filternutzungsgrad

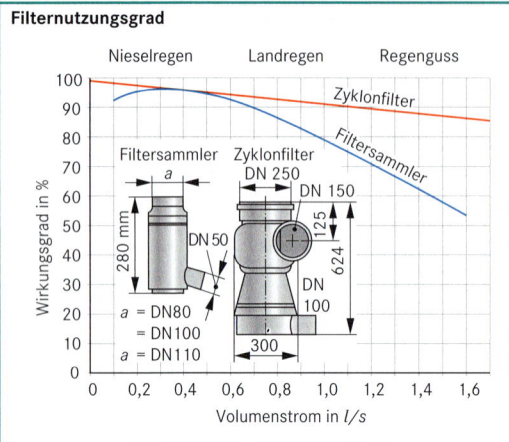

Anforderungen:
- wartungsarm (d. h. gute Selbstreinigung)
- kein Zusetzen, kein Verkeimen
- gute Zugänglichkeit, einfache Reinigung
- Feinfilterung möglichst mit einer Maschenweite < 0,2 mm

Filtersammler:
nahezu wartungsfrei, die im Inneren abgeschiedenen Schmutzpartikel werden durch das nachfolgende Regenwasser abgewaschen

Einbau: in Regenfallleitung oberhalb der Rückstauebene

Zyklonfilter:
Zentrifugalwirkung zur Separierung von Verunreinigungen

Einbau: in horizontal verlaufenden Leitungen im Erdreich (üblicherweise unter RStE!)

Speicher für Regenwasser

DIN 1989-3: 2003

Anforderungen
- kühl (unter ca. 16 °C kaum Keimwachstum)
- frostsicher (günstig: im Erdreich)
- Schutz vor Licht- und UV-Einfall (Algenwachstum)
- Schutz vor Rückstau, Faulgasen, eindringenden Tieren, Druckaufbau
- Materialien mit günstiger Öko-Bilanz
- reicht der Platz für den geplanten Behälter?
- auftriebsicher

Erdspeicher für Regenwasser
- ausreichende Gründung und Verfüllung beachten
- Auftriebssicherheit
- Erdüberdeckung möglichst 80 cm
- Einstiegsöffnung für Wartung und Reparatur
- Belastbarkeit gegen Erddruck, Überdeckung und Verkehrslast

Bauarten
- monolitische Betonspeicher
- Großbehälter: Ortbeton oder in Segmentbauweise
- Kunststofftanks (gegen Aufschwimmen sichern)
- Stahlspeicher: Außen- und Innenbeschichtung

im Gebäude aufgestellte Speicher
- möglichst in einem frostfreien Keller mit niedriger Raumtemperatur
- bei Lichteinfall: lichtundurchlässige Tanks verwenden
- Mindestabstände zu umfassenden Wänden einhalten (wegen Ausdehnung)
- bei Batterieaufstellung: kommunizierende Verbindung ca. 15 cm oberhalb Speicherboden
- Aufstellung auf dem Dachboden ist problematisch (Statik, Temperatur)

Zulauf: zulaufendes Wasser an der Sohle, beruhigt, nach oben gerichtet, einführen
im Speicher vorhandenes Wasser vor dem zulaufenden, sauerstofffreichen Wasser verbrauchen

Überlauf: ist erwünscht, ausschwemmen des Schmutzfilmes
Anordnung oberhalb RStE, andernfalls gegen Rückstau sichern

Wasserentnahme: 10 bis 15 cm unter Wasseroberkante, schwimmend

Leitungssystem

Saugleitung
- kurz, gerade, mit leichter Steigung zur Pumpe
- DN der Saugleitung zur Pumpe ≥ DN Anschlussstutzen der Pumpe
- Fußventil (RV) gegen Rückströmen einbauen
- Wasserentnahme ca. 10 cm unter Wasseroberkante
- Werkstoff: nicht-korrosiv, nicht-transparent
- kein Feinfilter in der Saugleitung

Betriebswasserdruckleitung
- korrosionsfeste Werkstoffe verwenden!
- Verbindung von Trink- und Betriebswasser ist nicht zulässig
- Dimensionierung und Druckprüfung nach DIN 1988
- Schutz gegen Temperatureinfluss (Dämmung!)
- statt Druckausgleichsgefäß druckgeregelte Pumpe verwenden
- Kennzeichnung von Leitungen und Zapfstellen

Das parallele Anschließen einer Regenwasser- und einer Trinkwasserzuleitung mit jeweils einem Schwimmersystem an handelsübliche WC-Spülkästen ist nach DIN 1988 nicht erlaubt !

Trinkwassernachspeisung über freien Auslauf

Während lang anhaltenden Trockenperioden genügt das Volumen des gespeicherten Wassers u. U. nicht, dann muss Trinkwasser nachgespeist werden.

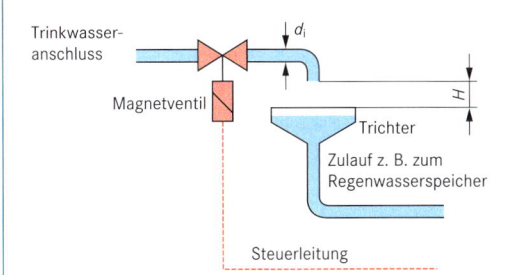

Freier Auslauf:
freier Auslauf (freie Fließstrecke $3 \times d_i$, min. 20 mm), mindestens 15 cm über Rückstauebene

Steuerung:
bei Unterschreiten des Mindestwasserstandes im Speicher gibt ein Sensor ein Signal an das (stromlos geschlossene) Magnetventil.

Nachspeisemenge:
sollte ½ Tagesbedarf nicht überschreiten!

Anschluss:
- an den Regenwasserzulauf oder
- an die Hauswasserstation

Regenwasserdargebot

In Deutschland beträgt das langjährige Niederschlagsmittel etwa 800 $\frac{mm}{m^2 \cdot a}$. Die Niederschlagshöhen schwanken dabei, je nach Ort, beträchtlich zwischen 500 mm und 1600 mm

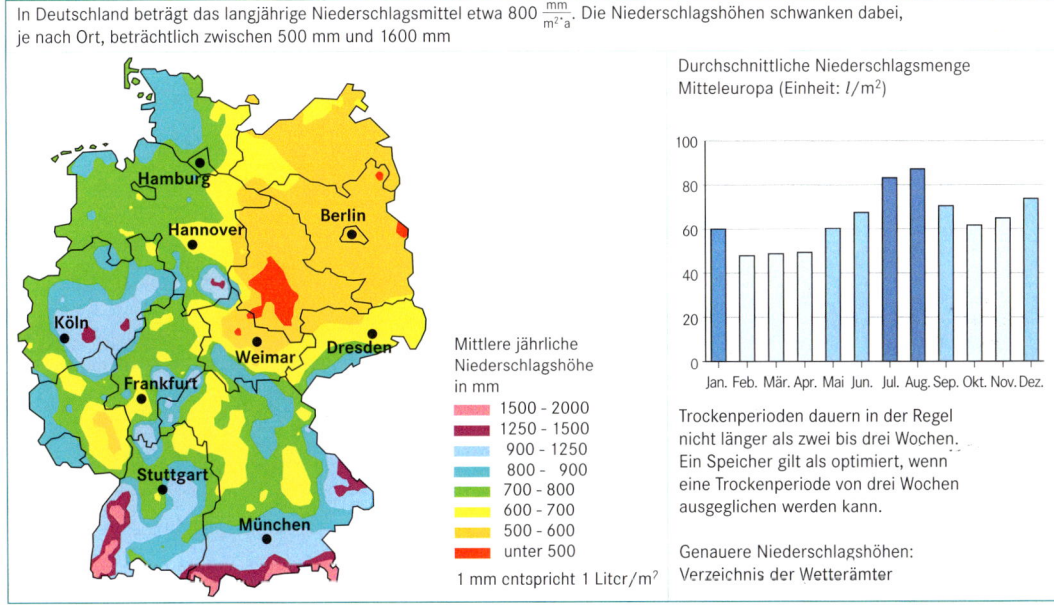

Durchschnittliche Niederschlagsmenge Mitteleuropa (Einheit: l/m^2)

Mittlere jährliche Niederschlagshöhe in mm

- 1500 – 2000
- 1250 – 1500
- 900 – 1250
- 800 – 900
- 700 – 800
- 600 – 700
- 500 – 600
- unter 500

1 mm entspricht 1 Liter/m²

Trockenperioden dauern in der Regel nicht länger als zwei bis drei Wochen. Ein Speicher gilt als optimiert, wenn eine Trockenperiode von drei Wochen ausgeglichen werden kann.

Genauere Niederschlagshöhen: Verzeichnis der Wetterämter

Entwässerungs-technik

Tab. 327.1: Bedarfswerte im Haushalt   DIN 1989-1: 2002

Verbraucher	Personenbezogener Tagesbedarf	Spezifischer Jahresbedarf
- Toilette im Haushalt[1]	24 l/Person	–
- Toilette im Bürobereich[1]	12 l/Person	–
- Toilette in Schulen[1]	6 l/Person	–
- Waschmaschine im Haushalt	10 l/Person	–
- Gartenbewässerung pro 1 m² Nutzgarten, Grünanlagen	–	60 l/m^2
Bewässerung oder Beregnungsmengen während der Vegetationszeit von April bis September (Gesamtmenge für 6 Monate)		
– bei Sportanlagen	–	200 l/m^2
– für Grünland		
bei leichtem Boden	–	100 … 200 l/m^2
bei schwerem Boden	–	80 … 150 l/m^2

[1] Toiletten grundsätzlich nur in wassersparender Ausführung (z. B. 6 l-WC mit Zweimengen-Spülsystem)

Tab. 327.2: Ertragsbeiwert von Dächern DIN 1989-1: 2002

Beschaffenheit	Ertragsbeiwert e
geneigtes Hartdach[1]	0,8
Gründach, intensiv	0,3
Gründach, extensiv	0,5
Flachdach, bekiest	0,6
Flachdach, unbekiest	0,8
Pflasterfläche/Verbundpflasterfläche	0,5
Asphaltbelag	0,8

[1] Abweichungen je nach Saugfähigkeit und Rauheit

Berechnungsformular zur Ermittlung von Regenwasserertrag, Betriebswasserbedarf und Nutzvolumen von Regenwasserspeichern

DIN 1989-1: 2002

Beispiel:	2-Familien-Haus (8 Personen),	Nutzgarten 180 m²
	Dach (geneigtes Hausdach):	Niederschlagsfläche 140 m², und Dachüberstand 45 m²
	Vordach (Flachdach unbekiest):	Niederschlagsfläche 5 m²
	Garage (Flachdach bekiest):	Niederschlagsfläche 45 m²
	Anbau (Gründach, extensiv):	Niederschlagsfläche 36 m²
	Örtliche Niederschlagsmenge:	800 $l/m^2 \cdot a$
	Zyklonfilter, z. B. η = 0,9	

Regenwasserertrag

800 l/m^2 = jährliche Niederschlagsmenge

Auffangfläche A in m² [1]		Ertragsbeiwert e [2]	A_{eff} in m² $\cdot$ a	Niederschlags- höhe h in l/m^2	hydraul. Filter- wirkungsgrad η
Hausdach + Überstand	185	x 0,8	148		
Vordach (unbekiest)	5	x 0,8	4	(nach Auskunft des Wetteramtes)	
Garage (bekiest)	45	x 0,6	27		
Anbau	36	x 0,5	18		
			Σ = 197	x 800	x 0,9

jährlicher Regenwasserertrag [l] = **141 840** l

Betriebswasserbedarf

Entwässerungs- gegenstand	Betriebswasserbedarf in $l/d \cdot$ Pers. [3]	Anzahl der Personen	Zeitraum Tage je Jahr	Betriebswasser- bedarf in l/a
Toilette (Haushalt)	24			
Waschmaschine	10			
	Σ = 34	x 8	x 365	= (1) 99280
	Gartengröße [m²]	Wasserbedarf [l/m^2]		
Nutzgartenbewässerung	180	x 60		= (2) 10800
Andere Nutzungen		x		= (3)
Betriebswasserjahresbedarf Σ (1) + (2) + (3)				110080

Nutzvolumen des Regenwasserspeichers

6 % des Betriebswasserjahresbedarfs oder jährlichen Regenwasserertrags

Anmerkung: Der jeweils kleinere Wert des Betriebswasserjahresbedarf oder jährlichem Regenwasserertrag ist in die Rechnung aufzunehmen.

Nutzvolumen in Liter = 110080   [l/a] x 0,06 = 6605 [l]

gewähltes Nutzvolumen in Liter **7000**

[1] ($\rightarrow$ S. 314)   [2] ($\rightarrow$ Tab. 327.2)   [3] ($\rightarrow$ Tab. 327.1)

Tab. 329.1: Regenwasserversickerung

Voraussetzungen für die Versickerung von Regenwasser
- Boden mit einer Durchlässigkeit von $k_f = 1 \cdot 10^{-6}$ m/s (schluffiger Sand) bis $1 \cdot 10^{-3}$ m/s (Grobsand)
- bei Böden mit geringerer Durchlässigkeit reicht die Versickerungsleistung i. d. R. nicht aus
- bei Werten oberhalb $k_f > 1 \cdot 10^{-3}$ m/s ist der Grundwasserschutz aufgrund der geringen Reinigungswirkung nicht gewährleistet
- Abstand zu Gebäuden je nach Versickerungsart min. 3 m bis 6 m

Vorteile der Versickerung
- Erhalt der Grundwasserneubildung
- Dämpfung der Hochwasserspitzen
- Verringerung des Schad- und Nährstoffeintrags in Gewässer
- verbessertes Kleinklima
- Reduzierung des Betriebsaufwandes für Kläranlagen und Pumpwerke

---

Flächenversickerung

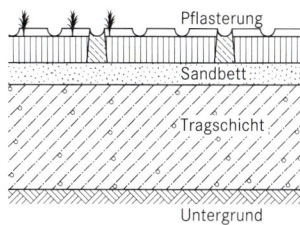

Prinzip:
Niederschlagswasser wird offen und ohne wesentlichen Aufstau direkt durch die Oberfläche versickert (z. B. durchlässige Pflasterung)

Voraussetzung:
Versickerungsleistung muss größer sein als der Bemessungsniederschlag

Eignung:
wenig verschmutzte Hofflächen, Rettungszufahrten, Parkwege, ländliche Wege, Campingplätze, Sportanlagen

---

Muldenversickerung

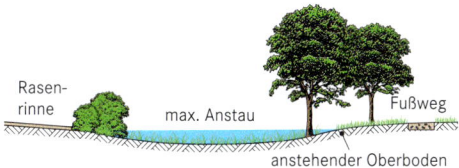

Prinzip:
Wasser wird in eine Mulde eingeleitet

Wirkung:
gute Speicher- bzw. Retentionswirkung (Rückhaltung), gute Reinigungsleistung; geringer Herstellungsaufwand

Eignung:
großer Einsatzbereich durch hohe Lebensdauer, geringer Wartungsaufwand und geringe Kosten

---

Rigolen- und Rohrversickerung

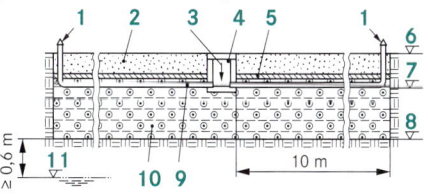

1 Belüftung	**5** Trennschicht	**9** Vollsickerrohr
2 Auffüllung	**6** Geländeoberfläche	**10** Kies
3 Zulauf	**7** Rohrsohle	**11** höchster Grund-
4 Verteilerschacht	**8** Grabensohle	wasserstand

Rigole:
mit Schotter oder Kies gefüllter und mit Erdreich überdeckter Körper oder perforiertes Rohr

Prinzip:
Niederschlagswasser wird in einen kiesgefüllten Graben (Rigole) oder in ein in Kies eingebettetes, perforiertes Rohr eingeleitet, dort zwischengespeichert und an den Untergrund abgegeben

---

Schachtversickerung

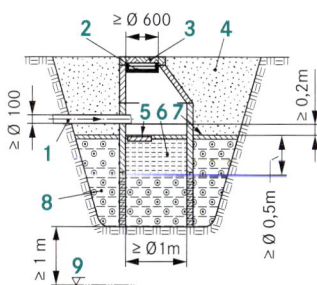

1 Zulauf
2 Schmutzfänger
3 Deckel mit Lüftungsöffnung
4 Verfüllung
5 Prallplatte
6 Sand
7 Trennschicht
8 Kies
9 höchster Grundwasserstand

Prinzip:
Niederschlagswasser wird in einen durchlässigen Schacht eingeleitet dort zwischengespeichert und entsprechend der Versickerungsleistung des Untergrundes an diesen abgegeben

Voraussetzung:
durch die zeitweise Speicherung kann die Versickerungsrate geringer als der Niederschlagszufluss sein

Eignung:
durch die Standardmaße der Brunnenringe (DIN 4034) und durch die Tiefenbeschränkung (insbesondere bei geringem Grundwasserstand) nur für Einfamilienhäuser und kleinere Regenauffangflächen geeignet

Tab. 330.1: Leitungsgräben und Baugruben — DIN 4124: 2002-10

Rohrgrabenarbeiten verursachen einen erheblichen Anteil der Kosten von erdverlegten Leitungen
Grabarbeiten → Störung des inneren Gleichgewichtszustandes des Bodens → Einsturzgefahr! → Lebensgefahr!

Grabentiefe	Bauweise	Bodenbeschaffenheit	Bemerkung[4]
bis 1,25 m	Aushub – 0,6 m lastfreie Schutzstreifen 0,6 m – ≥ 1,75 m	weicher bindiger Boden[1][2] und steifer bindiger Boden[1][3] bei Gräben bis zu einer Tiefe von 80 cm kann auf den Schutzstreifen verzichtet werden	Baugruben und Gräben bis 1,25 m Tiefe dürfen im Allgemeinen ohne besondere Sicherung mit senkrechten Wänden hergestellt werden
1,25 m … 1,75 m	Aushub ≥ 0,6 m lastfreie Schutzstreifen ≥ 0,6 m – ≥ 1,25 m ≥ 1,75 m	mindestens steifer bindiger Boden[1][3]	Baugrube ohne Verbau, mit abgeböschten Wänden
	Aushub ≥ 0,6 m / ≥ 5 cm lastfreier Schutzstreifen ≥ 1,25 m ≥ 1,75 m	mindestens steifer bindiger Boden[1][3]	Baugrube mit Verbau
1,75 m … 5,00 m	Gräben mit einer Tiefe von mehr als 1,75 m sind grundsätzlich mit einem geschlossenen Verbau herzustellen		
tiefer 5 m	Die Standsicherheit geböschter Wände mit einer Tiefe von mehr als 5 m ist nach DIN 4084 oder durch ein Sachverständigengutachten nachzuweisen		

[1] bindiger Boden: mehr als 15 % Massenanteil der Bestandteile mit Korngrößen über 0,06 mm (DIN 1054)
[2] weicher Boden: ein Boden, der sich leicht kneten lässt (DIN 4022-1)
[3] steifer Boden: lässt sich schwer kneten, aber in der Hand zu 3 mm dicken Walzen ausrollen, ohne zu reißen oder zu zerbröckeln
[4] in der Regel ist die Stirnseite des Grabens durch Verbau zu sichern.

Tab. 330.2: Mindestgrabenbreite in Abhängigkeit von der Grabentiefe — DIN EN 1610: 1997-10

Grabentiefe in m	Mindestgraben-breite in m
< 1,0 m	kein Wert vorgegeben
≥ 1,0 m ≤ 1,75 m	0,80
> 1,75 m ≤ 4,0 m	0,90
> 4,0 m	1,0

Tab. 330.3: Mindestgrabenbreite in Abhängigkeit vom Außendurchmesser des Rohres — DIN EN 1610: 1997-10

DN	verbauter Graben	unverbauter Graben	
		$\beta > 60°$	$\beta \leq 60°$
≤ 225		$D_a + 0,4$ m	
> 225 bis ≤ 350	$D_a + 0,4$ m	$D_a + 0,4$ m	$D_a + 0,4$ m
> 350 bis ≤ 700	$D_a + 0,7$ m	$D_a + 0,7$ m	
> 700 bis ≤ 1200	$D_a + 0,85$ m	$D_a + 0,85$ m	
> 1200	$D_a + 1,00$ m	$D_a + 1,00$ m	

Tab. 330.4: Verfüllen des Rohrgrabens — DIN EN 1610: 1997-10

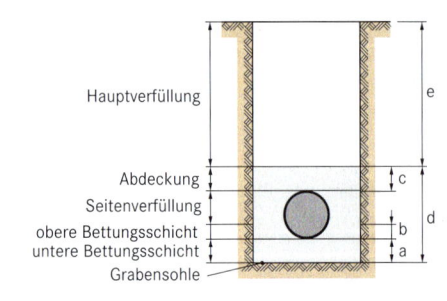

Hauptverfüllung — e
Abdeckung — c
Seitenverfüllung
obere Bettungsschicht — b
untere Bettungsschicht — a
Grabensohle
(Leitungszone d)

a: Dicke der unteren Bettungsschicht
100 mm bei normalen Bodenverhältnissen
150 mm bei Fels und festgelagertem Boden

b: Dicke der oberen Bettungsschicht muss der statischen Berechnung entsprechen

c: Dicke der Abdeckung
≥ 150 mm über Rohrscheitel
≥ 100 mm über der Verbindung

d: Leitungszone (z. B. Sand bzw. Einkornkies)

e: Überdeckungshöhe

Kläranlagen
sewage treatment plant

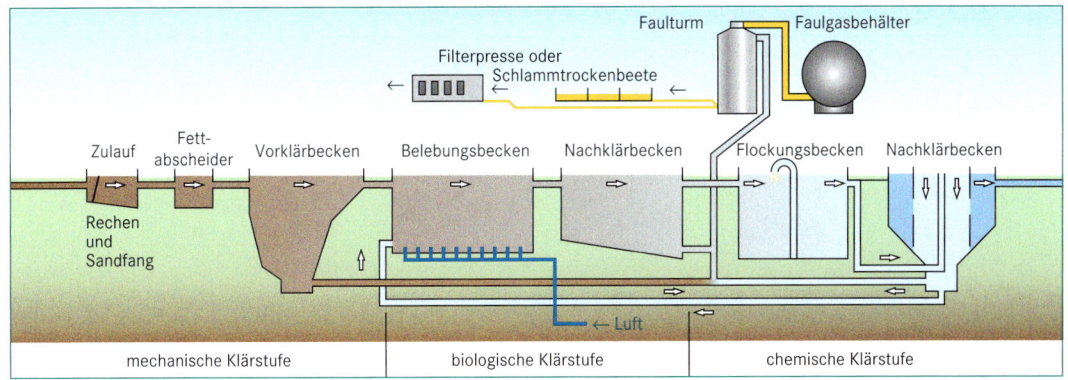

Faulturm · Faulgasbehälter

Filterpresse oder
Schlammtrockenbeete

Zulauf · Fett-abscheider · Vorklärbecken · Belebungsbecken · Nachklärbecken · Flockungsbecken · Nachklärbecken

Rechen und Sandfang

← Luft

| mechanische Klärstufe | biologische Klärstufe | chemische Klärstufe |

Kleinkläranlagen ohne Abwasserbelüftung

DIN 4216

Einsatz und Anwendungsbereich:
- ausschließlich für häusliches Schmutzwasser **ohne** Kondensate und **ohne** Regenwasser (Trennsystem)
- begrenzter Zufluss bis ca. 8 m³/d (ca. 50 Einwohner)
- ohne technische Einrichtungen zur biologischen Abwasserbehandlung

Voraussetzungen für behördliche Bewilligung:
- Einleitung in öffentliche Kanalisation nicht möglich
- versickerungsfähiger Untergrund bzw. Einleitungsmöglichkeit in Vorfluter

Einteilung der Kleinkläranlagen

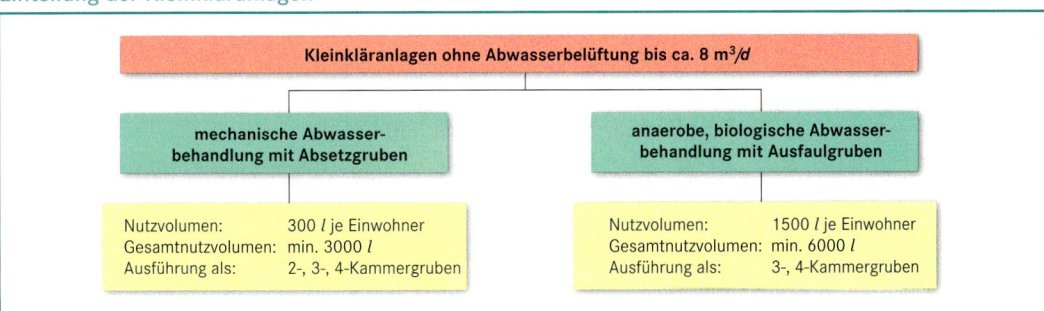

Kleinkläranlagen ohne Abwasserbelüftung bis ca. 8 m³/d

| **mechanische Abwasser-behandlung mit Absetzgruben** | **anaerobe, biologische Abwasser-behandlung mit Ausfaulgruben** |

Nutzvolumen: 300 l je Einwohner
Gesamtnutzvolumen: min. 3000 l
Ausführung als: 2-, 3-, 4-Kammergruben

Nutzvolumen: 1500 l je Einwohner
Gesamtnutzvolumen: min. 6000 l
Ausführung als: 3-, 4-Kammergruben

Entwässerungs-technik

Tab. 331.2: Größe von Kleinkläranlangen

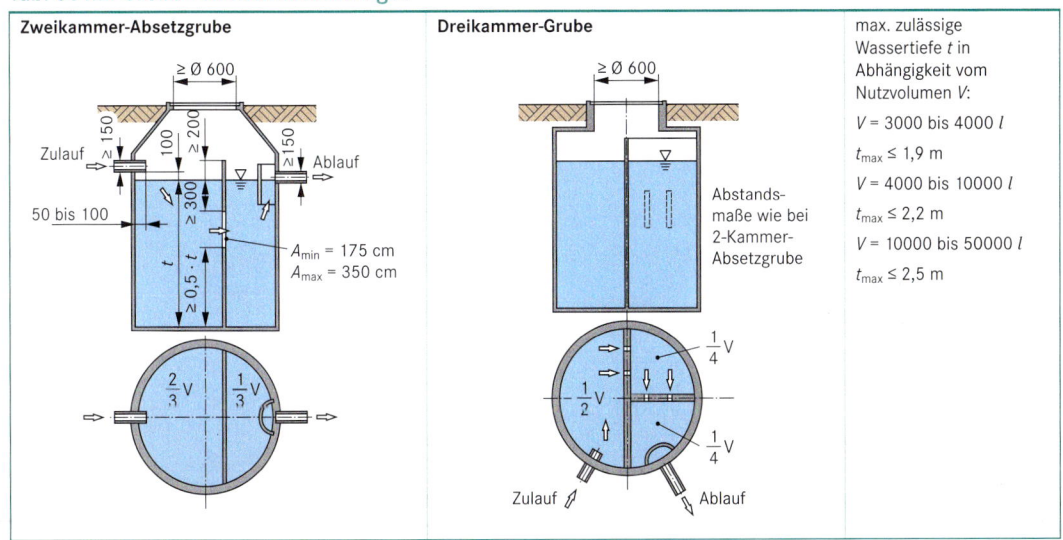

Zweikammer-Absetzgrube

≥ Ø 600

Zulauf

≥ 150 · 100 · ≥ 200 · ≥ 150

50 bis 100

Ablauf

≥ 300

A_{min} = 175 cm
A_{max} = 350 cm

t

≥ 0,5 · t

$\frac{2}{3}$ V · $\frac{1}{3}$ V

Dreikammer-Grube

≥ Ø 600

Abstands-maße wie bei 2-Kammer-Absetzgrube

$\frac{1}{4}$ V

$\frac{1}{2}$ V

$\frac{1}{4}$ V

Zulauf · Ablauf

max. zulässige Wassertiefe t in Abhängigkeit vom Nutzvolumen V:

V = 3000 bis 4000 l
t_{max} ≤ 1,9 m

V = 4000 bis 10000 l
t_{max} ≤ 2,2 m

V = 10000 bis 50000 l
t_{max} ≤ 2,5 m

331

Fossile Brennstoffreserven, Entstehung bzw. Herstellung einiger erneuerbarer Brennstoffe
fossile fuel resources, origin and fabrication of some renewable fuels

Sicher gewinnbare Reserven und Verbrauch an fossilen Brennstoffen

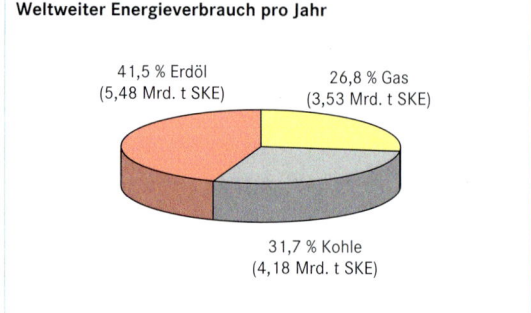

163 Jahre

52 Jahre

36 Jahre

685 Mrd.
t SKE

185 Mrd.
t SKE

200 Mrd.
t SKE

Erdgas   Erdöl   Kohle

sicher gewinnbare Reserven (in Mrd. t SKE)
1 SKE(**Steinkohleneinheit**) = 8,14 kWh

Verfügbarkeit der sicheren Reserven bei derzeitiger Förderung
Stand: 2005

Weltweiter Energieverbrauch pro Jahr

41,5 % Erdöl
(5,48 Mrd. t SKE)

26,8 % Gas
(3,53 Mrd. t SKE)

31,7 % Kohle
(4,18 Mrd. t SKE)

Erdgas, Erdöl und Kohle haben sich in mehreren hundert Millionen Jahren aus Biomasse gebildet. Bei ihrer Verbrennung wird klimawirksames CO_2 freigesetzt, welches als hauptverantwortlich für den Treibhauseffekt gilt.

Biomasse-Produktion

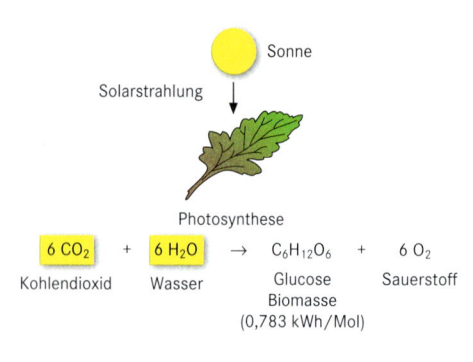

Sonne

Solarstrahlung

Photosynthese

$6\ CO_2$ + $6\ H_2O$ → $C_6H_{12}O_6$ + $6\ O_2$

Kohlendioxid   Wasser   Glucose
Biomasse
(0,783 kWh/Mol)
Sauerstoff

Als Biomasse bezeichnet man alle organischen Substanzen, die durch Pflanzen und Tiere anfallen. Trockene Biomasse kann direkt verbrannt werden.

Gewinnung von Biogas aus Biomasse (anaerob)

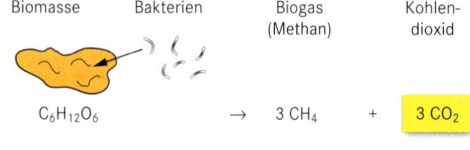

Biomasse   Bakterien   Biogas
(Methan)   Kohlen-
dioxid

$C_6H_{12}O_6$ → $3\ CH_4$ + $3\ CO_2$

Verbrennung von Biogas (Methan)

$3\ CH_4$ + $6\ O_2$ → $6\ H_2O$ + $3\ CO_2$

Methan   Sauerstoff   Wasser   Kohlendioxid

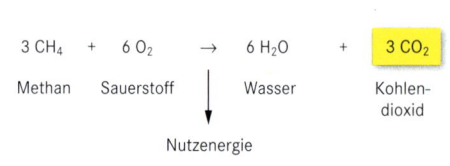

Nutzenergie

Bei der Verbrennung von Biomasse oder Biogas wird das wieder frei, was ursprünglich eingesetzt worden ist, nämlich Kohlendioxid, Wasser und Energie.

Der Wasserstoff-Kreislauf

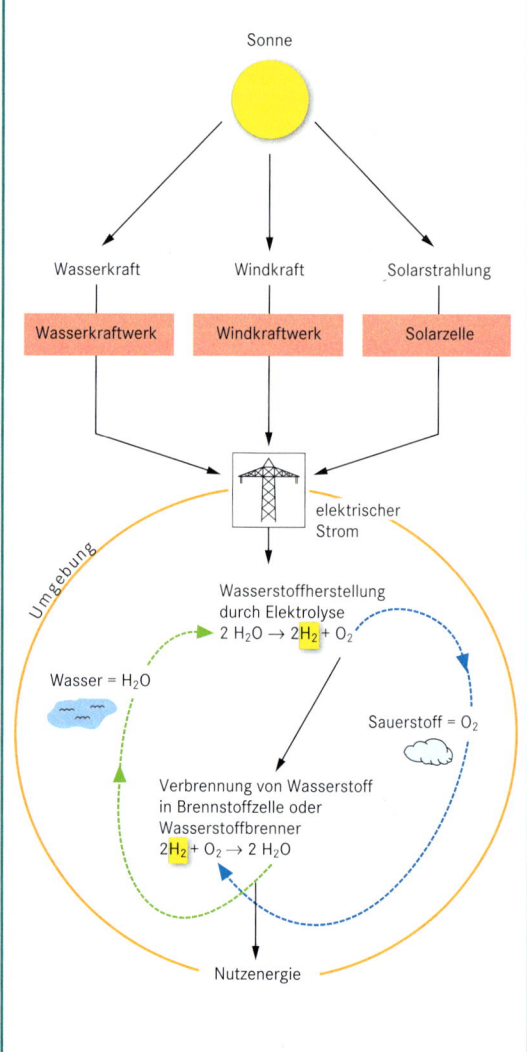

Sonne

Wasserkraft   Windkraft   Solarstrahlung

Wasserkraftwerk   Windkraftwerk   Solarzelle

elektrischer Strom

Umgebung

Wasserstoffherstellung durch Elektrolyse
$2\ H_2O → 2\ H_2 + O_2$

Wasser = H_2O

Sauerstoff = O_2

Verbrennung von Wasserstoff in Brennstoffzelle oder Wasserstoffbrenner
$2\ H_2 + O_2 → 2\ H_2O$

Nutzenergie

Gasvolumen im Normzustand

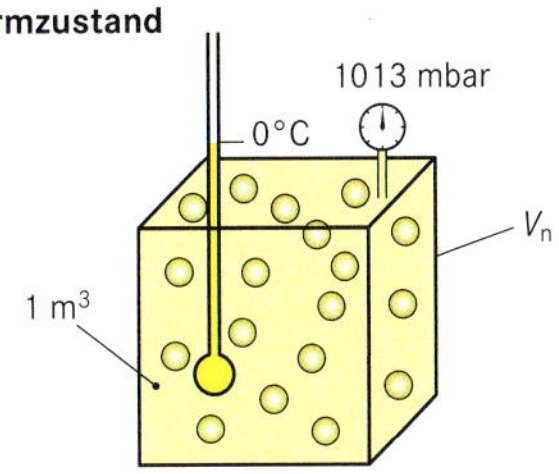

$$V_n = Z \cdot V_B$$

oder:

$$V_n = \frac{m}{\varrho_{G,n}}$$

V_n : Normgasvolumen in m³
Z : Zustandszahl (→ Tab. 333.1)
V_B : Gasvolumen bei Betriebszustand in m³
m : Masse des Gases in kg
$\varrho_{G,n}$: Dichte des Gases im Normzustand in kg/m³ (→ Tab. 335.1)

Betriebszustand und Zustandszahl

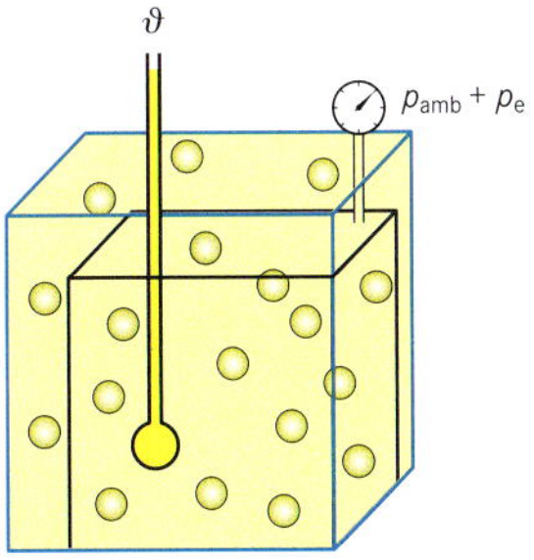

$$Z = \frac{273}{273 + \vartheta} \cdot \frac{p_{amb} + p_e - \varphi \cdot p_s}{1013} \cdot \frac{1}{K}$$

$$p_{amb} = 1013 \cdot 10^{-\left(\frac{H}{18\,400}\right)}$$

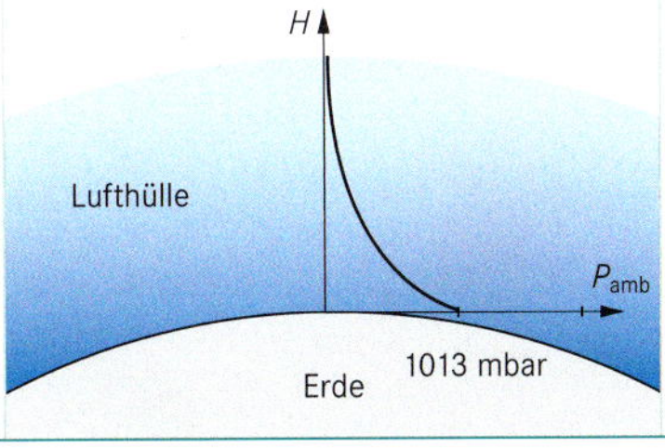

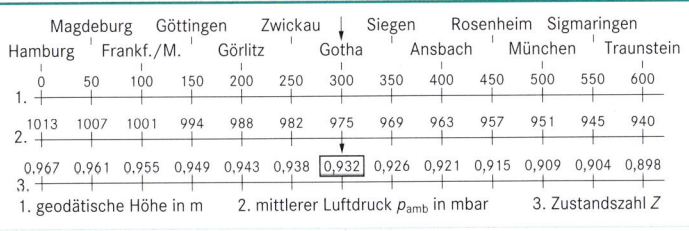

Lufthülle

Erde 1013 mbar

Z : Zustandszahl
ϑ : Temperatur im Betriebszustand in °C
p_{amb} : Luftdruck in mbar
p_e : effektiver Gasdruck in mbar (Erdgas: $p_{eff} \approx 20$ mbar)
φ : relative Feuchte des Gases (trocken: $\varphi = 0,0$)
p_s : Sättigungsdruck der Feuchte in mbar
H : mittlere geodätische Höhe in m
K : Kompressibilitätszahl (im Normzustand und bei idealen Gasen gilt: K = 1; für reale Gase → Diagr. 333.1)

Tab. 333.1: Zustandszahl Z für trockenes, ideales Gas bei p_e = 20 mbar und ϑ = 15 °C

Magdeburg   Göttingen   Zwickau   Siegen   Rosenheim   Sigmaringen
Hamburg   Frankf./M.   Görlitz   Gotha   Ansbach   München   Traunstein

1. geodätische Höhe in m												
0	50	100	150	200	250	300	350	400	450	500	550	600
2. mittlerer Luftdruck p_{amb} in mbar												
1013	1007	1001	994	988	982	975	969	963	957	951	945	940
3. Zustandszahl Z												
0,967	0,961	0,955	0,949	0,943	0,938	0,932	0,926	0,921	0,915	0,909	0,904	0,898

Diagr. 333.1: Kompressibilitätszahl realer Gase bei 0 °C

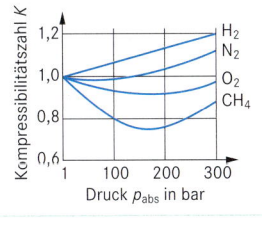

Kompressibilitätszahl K — Druck p_{abs} in bar — H₂, N₂, O₂, CH₄

Wärmewerte bei Betriebszustand

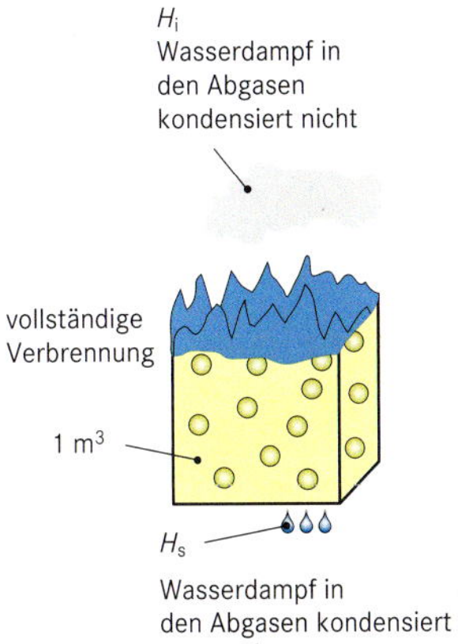

H_i Wasserdampf in den Abgasen kondensiert nicht

$$H_{s,B} = Z \cdot H_s$$

$$H_{i,B} = Z \cdot H_i$$

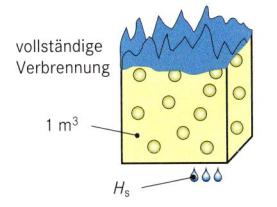

vollständige Verbrennung

1 m³

H_s

Wasserdampf in den Abgasen kondensiert

$H_{s,B}$: Betriebsbrennwert in kWh/m³
Z : Zustandszahl (→ Tab. 333.1)
H_s : Brennwert (→ Tab. 333.2 und Tab. 335.1) in kWh/m³
$H_{i,B}$: Betriebsheizwert in kWh/m³
H_i : Heizwert (→ Tab. 333.2 und Tab. 335.1) in kWh/m³

Tab. 333.2: Wärmewerte für Brenngase

(Ortsübliche Werte sind beim jeweiligen GVU zu erfragen.)
Für die Wärmewerte im Betriebszustand sind Mittelwerte für Orte in 300 m Höhe bei 15 °C angegeben.

Brenngas	Einheit	H_s	H_i	$H_{s,B}$	$H_{i,B}$
Stadtgas	kWh/m³	4,78	4,31	4,40	3,96
Erdgas LL	kWh/m³	10,02	9,03	9,34	8,42
Erdgas E	kWh/m³	11,13	10,03	10,37	9,67

Brennstoffe und Feuerungstechnik

Dichte und relative Dichte
(im Normzustand:
$\vartheta = 0\ °C$; $p_n = 1013$ mbar)

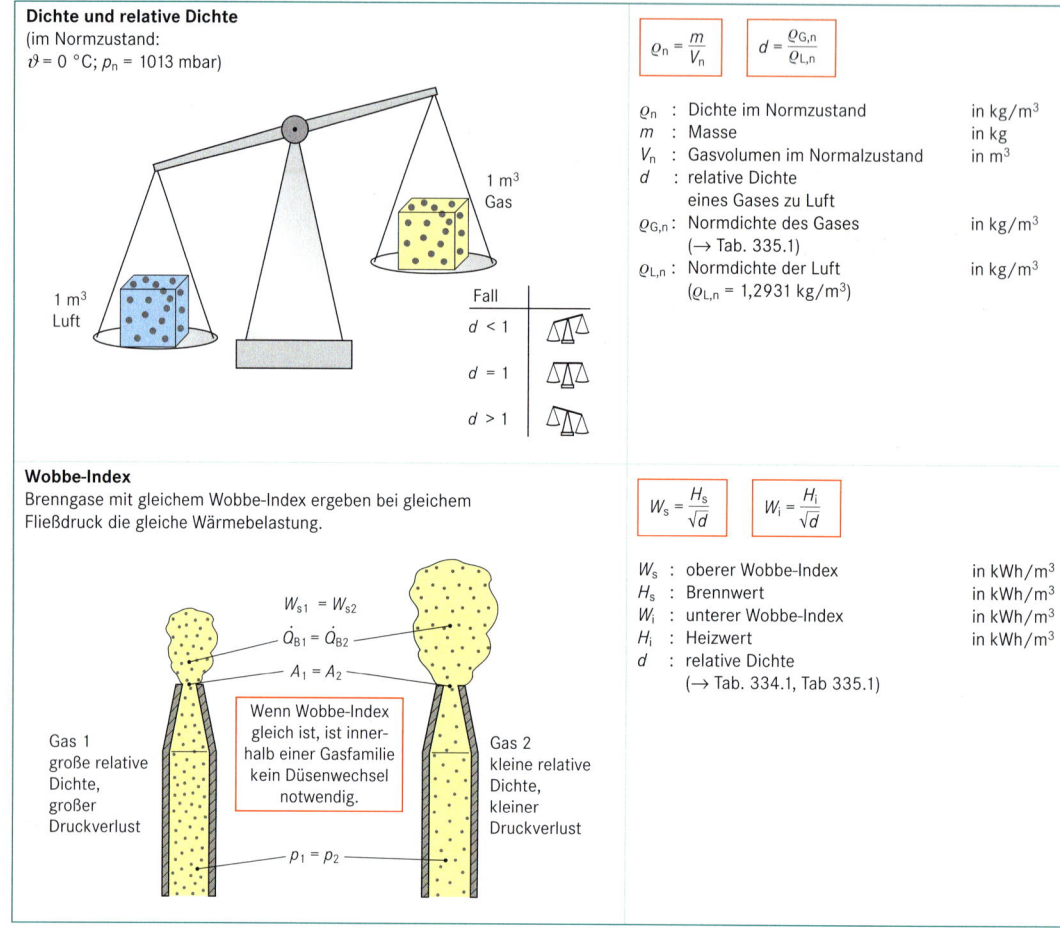

$$\varrho_n = \frac{m}{V_n} \qquad d = \frac{\varrho_{G,n}}{\varrho_{L,n}}$$

ϱ_n : Dichte im Normzustand — in kg/m³
m : Masse — in kg
V_n : Gasvolumen im Normalzustand — in m³
d : relative Dichte eines Gases zu Luft
$\varrho_{G,n}$: Normdichte des Gases — in kg/m³
$\quad$ ($\rightarrow$ Tab. 335.1)
$\varrho_{L,n}$: Normdichte der Luft — in kg/m³
$\quad$ ($\varrho_{L,n} = 1,2931$ kg/m³)

Fall	
$d < 1$	
$d = 1$	
$d > 1$	

1 m³ Gas

1 m³ Luft

Wobbe-Index
Brenngase mit gleichem Wobbe-Index ergeben bei gleichem Fließdruck die gleiche Wärmebelastung.

$$W_s = \frac{H_s}{\sqrt{d}} \qquad W_i = \frac{H_i}{\sqrt{d}}$$

W_s : oberer Wobbe-Index — in kWh/m³
H_s : Brennwert — in kWh/m³
W_i : unterer Wobbe-Index — in kWh/m³
H_i : Heizwert — in kWh/m³
d : relative Dichte
$\quad$ ($\rightarrow$ Tab. 334.1, Tab 335.1)

$W_{s1} = W_{s2}$
$\dot{Q}_{B1} = \dot{Q}_{B2}$
$A_1 = A_2$

Gas 1
große relative Dichte,
großer Druckverlust

Wenn Wobbe-Index gleich ist, ist innerhalb einer Gasfamilie kein Düsenwechsel notwendig.

Gas 2
kleine relative Dichte,
kleiner Druckverlust

$p_1 = p_2$

Brennstoffe und Feuerungstechnik

Tab. 336.1: Gasfamilien nach DVGW-Arbeitsblatt G260

Bezeichnung	Einheit	1. Gasfamilie (S)[1]		2. Gasfamilie (N)		3. Gasfamilie (F)		4. Gasfamilie	
		Gruppe A Stadtgas	Gruppe B Ferngas	Erdgas LL	Erdgas E	Propan	Butan	Erdgas/ Luft-Gemisch	Flüssiggas/ Luft-Gemisch
Hauptanteil	Vol.-%	H_2: 40 bis 60	H_2: 45 bis 67	CH_4:	CH_4:	C_3H_8:	C_4H_{10}:	CH_4/Luft	z. B. C_3H_8/Luft
Anschlussdruck p_e (Fließdruck am Gerät)	mbar	7,5 bis 15		18 bis 24		47,5 bis 57,5		7,5 bis 15	12 bis 18
Nennwert	mbar	8		20		50		8	15
Brennwert $H_{s,n}$ Gesamtbereich	kWh/m³	4,6 bis 5,5	5,0 bis 5,9	8,4 bis 13,1				6,0 bis 6,4	7,5
Nennwert	kWh/m³	4,9	5,5						
Schwankungsbereich im örtlichen Versorgungsgebiet	kWh/m³	± 0,3	± 0,3	keine Festlegung				keine Festlegung	± 0,2
Relative Dichte d		0,40 bis 0,60	0,32 bis 0,55	0,55 bis 0,70		nach DIN 51 622 ($\rightarrow$ Tab. 336.1 und Tab. 336.2)		0,75 bis 0,85	1,15 bis 1,22
Wobbe-Index $W_{s,n}$ Gesamtbereich	kWh/m³	6,4 bis 7,8	7,8 bis 9,3	10,5 bis 13	12,8 bis 15,7			7,0	6,8 bis 7,0
Nennwert	kWh/m³			12,4	15,0				
Schwankungsbereich im örtlichen Versorgungsgebiet	kWh/m³	keine Festlegung	keine Festlegung	+ 0,6 – 1,2	+ 0,7 – 1,4			± 0,2	keine Festlegung

[1] 1. Gasfamilie in Deutschland nicht mehr im öffentlichen Versorgungsnetz

Tab. 335.1: Einige Reingase, die auch in Mischgasen enthalten sein können (Normzustand) nach DIN 1340: 1990-12 und DIN 1871: 1999-5

	Gas	Molekül	Chemische Formel	Brennwert H_s in kWh/m³	Heizwert H_i in kWh/m³	Normdichte $\varrho_{G,n}$ in kg/m³	Relative Normdichte d_n
brennbar	Wasserstoff		H_2	3,51	3,00	0,08988	0,0695
	Methan	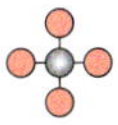	CH_4	11,06	9,97	0,7175	0,5549
	Ethan (Äthan)	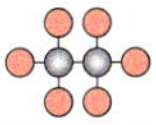	C_2H_6	19,53	17,88	1,3551	1,0481
	Propan	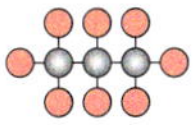	C_3H_8	28,11	25,88	2,0098	1,5544
	Butan	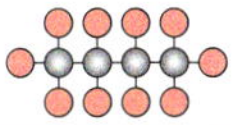	C_4H_{10}	37,16	34,32	2,7091	2,0953
	Kohlenstoffmonoxid		CO	3,51	3,51	1,2506	0,9672
nicht brennbar	Kohlenstoffdioxid		CO_2	–	–	1,9767	1,5289
	Sauerstoff		O_2	–	–	1,4290	1,1053
	Stickstoff		N_2	–	–	1,2504	0,9671

Brennwert und Heizwert von Mischgasen (Normzustand)

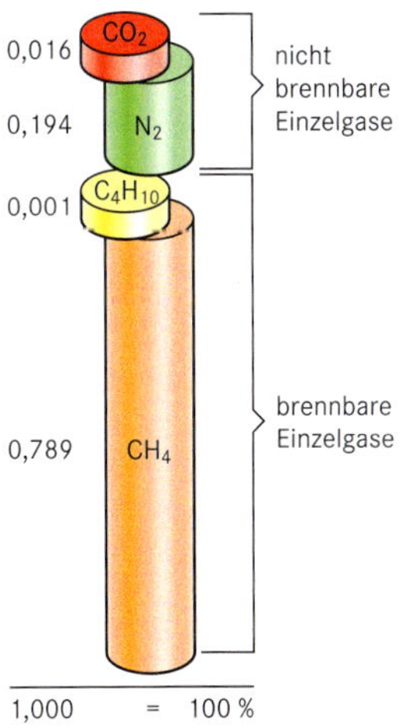

$$H_s = H_{sG1} \cdot v_{G1} + H_{sG2} \cdot v_{G2} + \dots$$

Beispiel:

$$H_s = (11,06 \cdot 0,789 + 37,16 \cdot 0,001) \text{ kWh/m}^3$$

$$H_s = 8,764 \text{ kWh/m}^3$$

$$H_i = H_{iG1} \cdot v_{G1} + H_{iG2} \cdot v_{G2} + \dots$$

Beispiel:

$$H_i = (9,97 \cdot 0,789 + 34,32 \cdot 0,001) \text{ kWh/m}^3$$

$$H_i = 7,900 \text{ kWh/m}^3$$

H_s : Brennwert des Mischgases in kWh/m³
$H_{sG1}, H_{sG2}, \dots$: Brennwert der brennbaren Einzelgase in kWh/m³ (→ Tab. 335.1)
$v_{G1}, v_{G2}, \dots$: Volumenanteile der brennbaren Einzelgase in Vol.-%/100
H_i : Heizwert des Mischgases in kWh/m³
$H_{iG1}, H_{iG2}, \dots$: Heizwert der brennbaren Einzelgase in kWh/m³ (→ Tab. 335.1)

(Mischgas-Säule:)
- 0,016 CO_2
- 0,194 N_2 } nicht brennbare Einzelgase
- 0,001 C_4H_{10}
- 0,789 CH_4 } brennbare Einzelgase
- 1,000 = 100 %

Diagr. 335.1: Methanzahl[1] versch. Gase

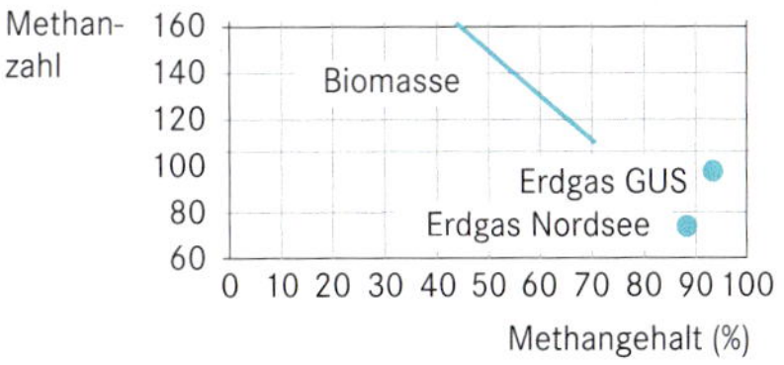

Methanzahl – Achse: 60, 80, 100, 120, 140, 160
Methangehalt (%) – Achse: 0 10 20 30 40 50 60 70 80 90 100
Biomasse
Erdgas GUS
Erdgas Nordsee

Tab. 335.2: Zusammensetzung und Wärmewerte möglicher Erdgase (Mischgase)

Gas	Anteil der Gas-Komponenten in Vol.-%							Wärmewerte in kWh/m³		Methanzahl[1]
	CH_4	C_2H_6	C_3H_8	C_4H_{10}	CO	CO_2	N_2	H_s	H_i	MZ
Erdgas LL	88,5	1,0	0,1	–	–	0,4	10,0	10,02	9,03	70 bis
Erdgas E	89,6	4,0	0,6	0,7	–	0,4	4,7	11,13	10,03	98

[1] Maß für die Zündneigung und Klopffestigkeit im Motor bei Einsatz gasförmiger Kraftstoffe, vergleichbar mit der Oktanzahl. Eine zu geringe Methanzahl kann zu unerwünschter, frühzeitiger Selbstzündung im Brennraum führen.

Tab. 336.1: Stoffwerte chemisch reiner Flüssiggase nach TRF 1996

Eigenschaften	Einheit	Propan	Butan
Chemische Formel	–	C_3H_8	C_4H_{10}
Molekularmasse M	g/mol	44,09	58,12
Spezifische Gaskonstante R	kJ/(kg · K)	0,1885	0,1430
Dichte, flüssig bei 0 °C	kg/dm³	0,53	0,60
Dichte, flüssig bei 15 °C	kg/dm³	0,51	0,58
Dichte, gasförmig, im Normzustand	kg/m³	1,97	2,59
Siedepunkt bei 1,013 bar	°C	– 42	– 0,5
Verdampfungswärme bei 0 °C	kJ/kg	378,58	383,86
Spezifische Wärme, flüssig bei 0 °C	kJ/(kg · K)	2,43	2,26
Spezifische Wärme bei konstantem Druck, gasförmig im Normzustand	kJ/(m³ · K)	3,22	4,31
Brennwert H_s	kWh/kg	13,980	13,740
	kWh/m³	28,112	37,165
Heizwert H_i	kWh/kg	12,870	12,690
	kWh/m³	25,883	34,324
Verhältnis H_s/H_i	–	1,086	1,083
Wobbe-Index W_s	kWh/m³	22,58	25,70
Wobbe-Index W_i	kWh/m³	20,79	23,74

Diagr. 336.1: Dampfdruckkurven von Propan und Butan

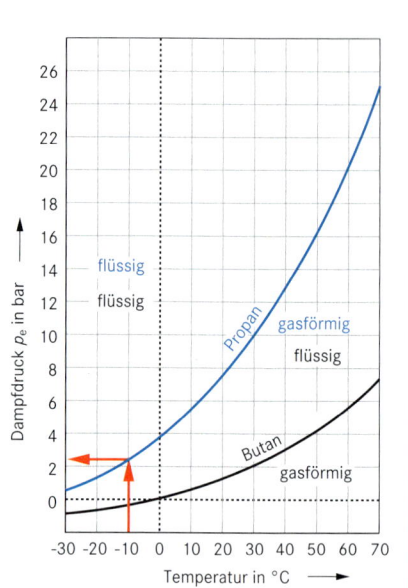

Der Behälterdruck kann für handelsübliche Flüssig-gase gemäß Tab. 336.2 aus der zugehörigen Dampf-druckkurve (→ Diagr. 336.1) abgelesen werden.

Der Behälterdruck entspricht dem Dampfdruck.

Er ist für die hier genannten Gase weitgehend unabhängig vom Füllzustand des Behälters.

Tab. 336.2: Flüssiggase in der öffentlichen Gasversorgung (DIN 51 622: 1985-12)

Propan	Handelsübliches Brenngas für Haushalt und Gewerbe	Gemisch aus mindestens 95 % Massenan-teilen Propan und Propen; der Propangehalt muss überwiegen. Der Rest darf aus Ethan, Ethen, Butan und Butanisomeren bestehen.
Butan	Handelsübliches Brenngas für den Freizeitbereich z. B. Camping	Gemisch aus mindestens 95 % Massenantei-len Butan- und Butenisomeren; der Gehalt an Butanisomeren muss überwiegen. Der Rest darf aus Propan, Propen, Pentan- und Penten-isomeren bestehen.

Tab. 336.3: Entnahmeleistung aus Flüssiggasflaschen bei gasförmiger Entnahme

Flaschengröße (Füllmasse)	5 kg	11 kg	35 kg
Entnahmeleistung in kg/h bei ununterbrochener Gasentnahme	0,2	0,3	0,6

Beispiel:

Bei – 10 °C beträgt der Behälter-druck einer Propangasflasche 2,42 bar, sofern die Entnahme-leistung nach Tab. 290.3 nicht überschritten wird.

Aus einer Butangasflasche kann bei – 10 °C nichts mehr ent-nommen werden, weil der Dampf-druck bei – 0,29 bar, d. h. unter dem Umgebungsluftdruck liegt. **Butan kann aus der Butangas-flasche wieder entnommen werden, wenn die Temperatur über 0 °C ansteigt.** Für die Gasversorgung von Flüssiggas-geräten muss jedoch mindestens ein Fließdruck am Gerät von 50 mbar sichergestellt werden.

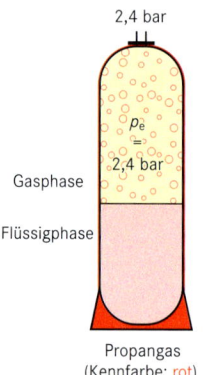

Gasphase

Flüssigphase

Propangas
(Kennfarbe: rot)

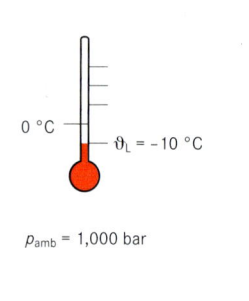

p_{amb} = 1,000 bar

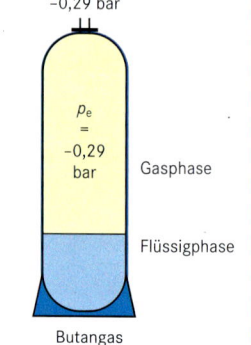

Gasphase

Flüssigphase

Butangas
(Kennfarbe: blau)

Tab. 337.1: Anforderungen an flüssige Brennstoffe

Eigenschaften	Einheit	Heizöle nach DIN 51 603					Normalbenzin
		EL-Standard	EL-schwefelarm	L	M	S	
Dichte ϱ bei 15 °C	kg/m³	≤ 860	≤ 860	–	–	–	720 bis 770
Dichte ϱ bei 20 °C	kg/m³	–	–	≤ 1100	≤1100	–	–
Brennwert H_s	kWh/kg	≥ 12,61	≥ 12,61	–	–	–	–
Heizwert H_i	kWh/kg	≥ 11,84	≥ 11,84	≥ 10,75	≥ 10,69	≥ 10,97	11,86
	kWh/dm³	~ 10	~ 10	~ 11,8	~ 11,76	–	–
Kinematische Viskosität	mm²/s						
bei 20 °C		≤ 6,0	≤ 6,0	≤ 6,0	–	–	–
bei 50 °C		≤ 3,0	≤ 3,0	≤ 3,0	≤ 40	–	–
bei 75 °C		–	–	–	≤ 12	–	–
bei 100 °C		–	–	–	–	≤ 50	–
Schwefelgehalt w(S)	Massen-%	≤ 0,1	≤ 0,005	≤ 0,2	≤ 0,5	≤ 2,8	0,05
Wassergehalt	mg/kg	≤ 200	≤ 200	≤ 300	≤ 300	≤ 500	–
Gesamtverschmutzung	mg/kg	≤ 24	≤ 24	–	–	–	–

Tab. 337.2: Zusammensetzung

Bausteine	Anteil in %		
	Heizöl EL	Heizöl S	
Kohlenstoff $-$ C $-$	86,3	85	
Wasserstoff $-$ H	13,4	11,7	
Schwefel $-$ S $-$	≤ 0,1	≤ 2,8	

$$H_s = 16{,}39 - \frac{15{,}78 \cdot \varrho_{15}}{3600} - 0{,}094 \, w(\text{S})$$

$$H_i = \frac{H_s}{1{,}065}$$

gilt nur für Heizöl EL

H_s : Brennwert in kWh/kg
ϱ_{15} : Dichte des Heizöles bei 15 °C in kg/m³
w(S): Schwefelanteil im Heizöl in Massen-%
H_i : Heizwert in kWh/kg

Tab. 337.3: Handelsübliche Kohle

Eigenschaften	Einheit	Anthrazit	Steinkohlen-koks	Steinkohlen-briketts	Braunkohlen-briketts	Torfbriketts
Brennwert H_s	kWh/kg	9,48	8,10	7,72 bis 9,24	5,63	–
Heizwert H_i	kWh/kg	9,24	8,06	7,5 bis 8,9	5,26	5,0
Verhältnis H_s/H_i	–	1,026	1,005	1,03	1,070	–
Kohlenstoffgehalt	Massen-%	85,4	83	65 bis 90	52,5	48,5

Tab. 337.4: Handelsübliches Holz

Eigenschaften	Einheit	Scheitholz		Presslinge (Pellets)
		Nadelhölzer Fichte, Tanne, Kiefer, Lärche	Laubhölzer Buche, Eiche, Birke	aus unbehandeltem Holz
Dichte ϱ (lufttrocken)	kg/dm³	0,43	0,66	1,2
Heizwert H_i (wasser- und aschefrei)	kWh/kg	5,27	5,00	5,42
Heizwert H_i (lufttrocken, d. h. Wasseranteil ca. 20 %)	kWh/kg	4,13	3,83 bis 4,3	4,86
volumenbezogener Heizwert H_i (lufttrocken)	kWh/dm³	1,78	2,53	2,62
Kohlenstoffgehalt	Massen-%	42	40	45
Schwefelgehalt	Massen-%	< 0,1	< 0,1	0,08

Frisch geschlagenes Holz hat einen Wassergehalt von ca. 60 %. Ein hoher Wassergehalt führt zu einer unvollständigen Verbrennung und zu einem deutlich höheren Brennstoffverbrauch.
Bei 45 % statt 20 % Wassergehalt verdoppelt sich der Brennstoffverbrauch. Mindestlagerzeiten → Tab. 351.4.

Brennstoffe und Feuerungstechnik

Brennstoffe und Feuerungstechnik

Wärmeenergie (Wärmemenge)

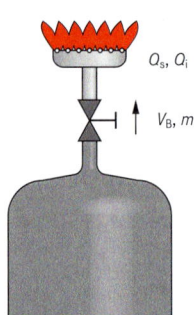

$\dot{Q}_s, \dot{Q}_i$

V_B, m_B

Gasförmige Brennstoffe:

$$Q_s = V_B \cdot H_{s,B}$$

$$Q_i = V_B \cdot H_{i,B}$$

Feste und flüssige Brennstoffe:

$$Q_s = m_B \cdot H_s$$

$$Q_i = m_B \cdot H_i$$

Q_s	:	Wärmemenge nach dem Brennwert	in kWh
V_B	:	Brennstoffvolumen bei Betriebszustand	in m³
$H_{s,B}$	:	Betriebsbrennwert (→ S. 333)	in kWh/m³
Q_i	:	Wärmemenge nach dem Heizwert	in kWh
$H_{i,B}$	:	Betriebsheizwert (→ S. 333)	in kWh/m³
m_B	:	Brennstoffmasse	in kg
H_s	:	Brennwert (→ Tab. 337.1, Tab. 337.3 und Tab. 336.1)	in kWh/kg
H_i	:	Heizwert (→ Tab. 337.1, Tab. 337.3, Tab. 337.4 und Tab. 336.1)	in kWh/kg

Wärmebelastung

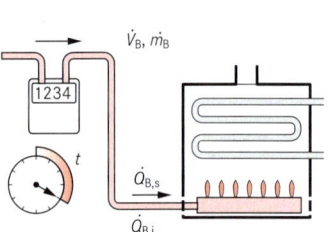

$\dot{V}_B, \dot{m}_B$

1234

t

$\dot{Q}_{B,s}$

$\dot{Q}_{B,i}$

$$\dot{Q}_{B,s} = \frac{Q_s}{t} \qquad \dot{Q}_{B,i} = \frac{Q_i}{t}$$

Gasförmige Brennstoffe:

$$\dot{Q}_{B,s} = \dot{V}_B \cdot H_{s,B} \qquad \dot{V}_B = \frac{V_B}{t}$$

$$\dot{Q}_{B,i} = \dot{V}_B \cdot H_{i,B}$$

Feste und flüssige Brennstoffe:

$$\dot{Q}_{B,s} = \dot{m}_B \cdot H_s \qquad \dot{m}_B = \frac{m_B}{t}$$

$$\dot{Q}_{B,i} = \dot{m}_B \cdot H_i$$

$\dot{Q}_{B,s}$	:	Wärmebelastung nach dem Brennwert	in kW
Q_s	:	Wärmemenge nach dem Brennwert	in kWh
t	:	Zeit (Aufheizzeit)	in h
$\dot{Q}_{B,i}$	:	Wärmebelastung nach dem Heizwert	in kW
Q_i	:	Wärmemenge nach dem Heizwert	in kWh
$\dot{V}_B$	:	Brennstoffvolumenstrom bei Betriebszustand	in m³/h
$H_{s,B}$	:	Betriebsbrennwert	in kWh/m³
$H_{i,B}$	:	Betriebsheizwert	in kWh/m³
$\dot{m}_B$	:	Brennstoffmassenstrom (Brennstoffdurchsatz)	in kg/h
H_s	:	Brennwert	in kWh/kg
H_i	:	Heizwert (→ Tab. 336.1, Tab. 337.1, Tab. 337.3 und 337.4)	in kWh/kg

Die **Nennwärmebelastung** $\dot{Q}_{NB}$ ist die Wärmebelastung, die vom Gerätehersteller angegeben wird. (In Deutschland auf H_i bezogen.)

Wärmeleistung (Wärmestrom)

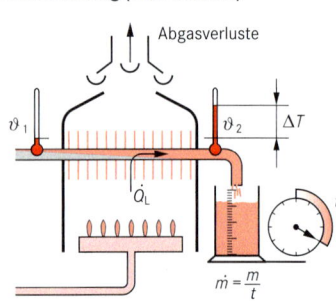

Abgasverluste

ϑ_1 ϑ_2 ΔT

$\dot{Q}_L$

t

$\dot{m} = \frac{m}{t}$

$$\dot{Q}_L = \dot{m} \cdot c \cdot \Delta\vartheta$$

$$\dot{m} = \frac{m}{t}$$

$$\Delta T = \vartheta_2 - \vartheta_1$$

$$\dot{m} = \frac{\dot{Q}_L}{c \cdot \Delta\vartheta}$$

$$\Delta\vartheta = \frac{\dot{Q}_L}{\dot{m} \cdot c}$$

$\dot{Q}_L$	:	Wärmeleistung (Wärmestrom)	in W
$\dot{m}$	:	Massenstrom (Warmwasserzapfleistung)	in kg/h
c	:	spezifische Wärmekapazität in Wh/(kg · K) (Wasser: c = 1,163 Wh (kg · K))	
ΔT	:	Temperaturdifferenz	in K
m	:	Masse	in kg
t	:	Zeit (Aufheizzeit)	in h
ϑ_1, ϑ_2	:	Temperatur	in °C

Die **Nennwärmeleistung** $\dot{Q}_{NL}$ ist der bei Nennwärmebelastung $\dot{Q}_{NB}$ nutzbar gemachte Wärmestrom.

Geräte- bzw. Kesselwirkungsgrad

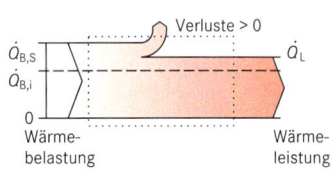

Verluste > 0

$\dot{Q}_{B,S}$

$\dot{Q}_{B,i}$

$\dot{Q}_L$

0

Wärme-belastung

Wärme-leistung

nach dem Brennwert:

$$\eta_{k,s} = \frac{\dot{Q}_L}{\dot{Q}_{B,s}} \qquad < 1$$

nach dem Heizwert:

$$\eta_{k,i} = \frac{\dot{Q}_L}{\dot{Q}_{B,i}} \qquad < \frac{H_s}{H_i}$$

$\eta_{k,s}$	:	Geräte- oder Kesselwirkungsgrad nach dem Brennwert	
$\dot{Q}_L$	:	Wärmeleistung	in kW
$\dot{Q}_{B,s}$	:	Wärmebelastung nach dem Brennwert	in kW
$\eta_{k,i}$	:	Geräte- oder Kesselwirkungsgrad nach dem Heizwert	
$\dot{Q}_{B,i}$	:	Wärmebelastung nach dem Heizwert	in kW

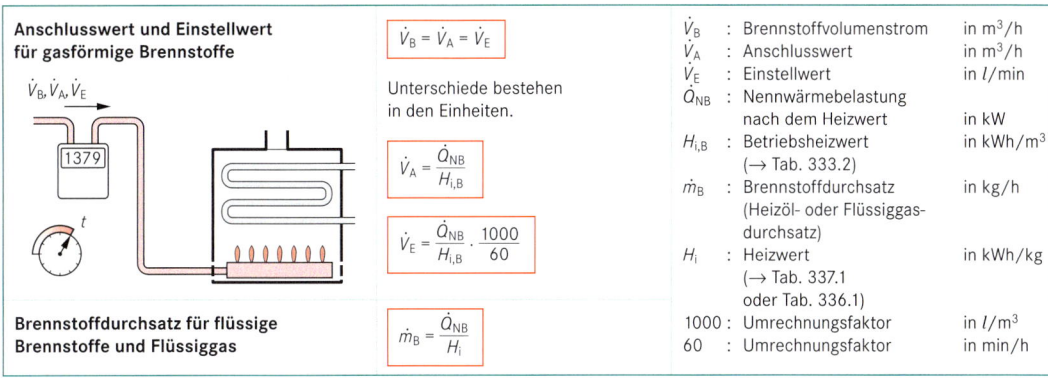

Anschlusswert und Einstellwert für gasförmige Brennstoffe

$$\dot{V}_B = \dot{V}_A = \dot{V}_E$$

Unterschiede bestehen in den Einheiten.

$$\dot{V}_A = \frac{\dot{Q}_{NB}}{H_{i,B}}$$

$$\dot{V}_E = \frac{\dot{Q}_{NB}}{H_{i,B}} \cdot \frac{1000}{60}$$

Brennstoffdurchsatz für flüssige Brennstoffe und Flüssiggas

$$\dot{m}_B = \frac{\dot{Q}_{NB}}{H_i}$$

$\dot{V}_B$	:	Brennstoffvolumenstrom	in m^3/h
$\dot{V}_A$	:	Anschlusswert	in m^3/h
$\dot{V}_E$	:	Einstellwert	in l/min
$\dot{Q}_{NB}$	:	Nennwärmebelastung nach dem Heizwert	in kW
$H_{i,B}$	:	Betriebsheizwert ($\rightarrow$ Tab. 333.2)	in kWh/m^3
$\dot{m}_B$	:	Brennstoffdurchsatz (Heizöl- oder Flüssiggas-durchsatz)	in kg/h
H_i	:	Heizwert ($\rightarrow$ Tab. 337.1 oder Tab. 336.1)	in kWh/kg
1000	:	Umrechnungsfaktor	in l/m^3
60	:	Umrechnungsfaktor	in min/h

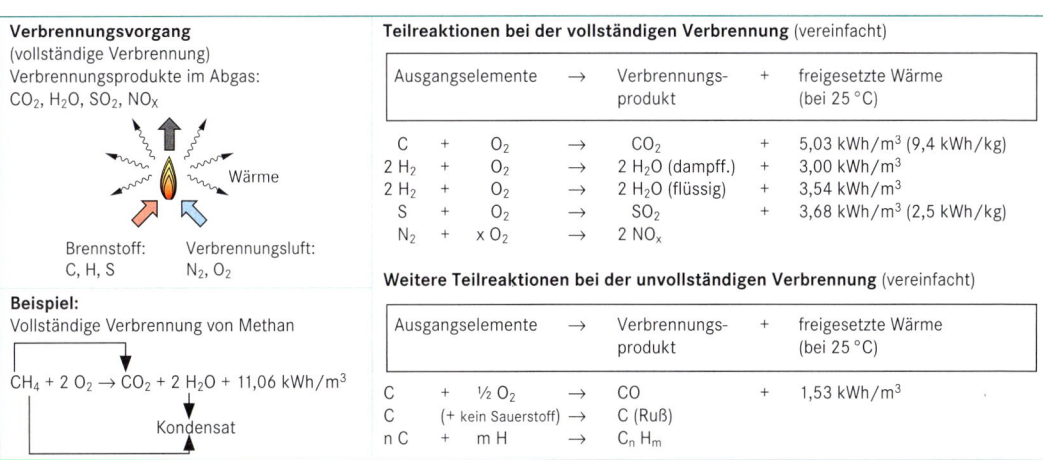

Verbrennungsvorgang (vollständige Verbrennung)
Verbrennungsprodukte im Abgas: CO_2, H_2O, SO_2, NO_x

Wärme

Brennstoff: C, H, S   Verbrennungsluft: N_2, O_2

Beispiel:
Vollständige Verbrennung von Methan

$$CH_4 + 2\,O_2 \rightarrow CO_2 + 2\,H_2O + 11,06\ kWh/m^3$$

Kondensat

Teilreaktionen bei der vollständigen Verbrennung (vereinfacht)

Ausgangselemente	$\rightarrow$	Verbrennungs-produkt	+	freigesetzte Wärme (bei 25 °C)
C + O_2	$\rightarrow$	CO_2	+	5,03 kWh/m^3 (9,4 kWh/kg)
2 H_2 + O_2	$\rightarrow$	2 H_2O (dampff.)	+	3,00 kWh/m^3
2 H_2 + O_2	$\rightarrow$	2 H_2O (flüssig)	+	3,54 kWh/m^3
S + O_2	$\rightarrow$	SO_2	+	3,68 kWh/m^3 (2,5 kWh/kg)
N_2 + x O_2	$\rightarrow$	2 NO_x		

Weitere Teilreaktionen bei der unvollständigen Verbrennung (vereinfacht)

Ausgangselemente	$\rightarrow$	Verbrennungs-produkt	+	freigesetzte Wärme (bei 25 °C)
C + ½ O_2	$\rightarrow$	CO	+	1,53 kWh/m^3
C (+ kein Sauerstoff)	$\rightarrow$	C (Ruß)		
n C + m H	$\rightarrow$	$C_n H_m$		

Tab. 339.1: Verbrennungseigenschaften für Brennstoffe „im Gemisch" mit Luft

Brennstoff	Hauptanteil in Vol.-%	Zündgrenzen bei 20 °C in Vol.-%	Zündtemperatur in °C	Zündgeschwindigkeit (Flammengeschwindigkeit) in cm/s	Maximale Flam-mentemperatur in °C
Acetylen	C_2H_2: 100	2,3 bis 82	335	–	3200[1]
Wasserstoff	H_2: 100	4 bis 75	530	346	2300
Stadtgas	H_2: 40 bis 60	5 bis 38	480 bis 580	117	1750
Kokereigas	H_2: 45 bis 67	5 bis 33	480 bis 600	115	1800
Erdgas LL	CH_4: 81 bis 84	5 bis 15	664 bis 670	38	1850
Erdgas E	CH_4: 84 bis 98	5 bis 15	635 bis 664	43	1900
Propan	C_3H_8: > 95	1,7 bis 10,9	510	47	1925
Butan	C_4H_{10}: > 95	1,4 bis 9,3	465	45	1895
Heizöl EL	C_nH_m-Verb.	–	340	–	1950
Steinkohle	C: 75 bis 85	–	200 bis 300	–	1500
Braunkohle	C: 50 bis 55	–	200 bis 300	–	1400
Holz	C: 35 bis 45	–	200 bis 400	–	1250

[1] bei Verbrennung mit reinem Sauerstoff

Tab. 339.2: Mindestabgasmengen (Abgasvolumen) pro Brennstoffeinheit

Brennstoff		Wasserstoff	Erdgas LL	Erdgas E	Propan	Butan	Heizöl EL	Steinkohle	Holz
Einheit		m^3/m^3	m^3/m^3	m^3/m^3	m^3/m^3	m^3/m^3	m^3/kg	m^3/kg	m^3/kg
Mindest-abgasmenge	trocken	1,88	7,69	8,89	22,3	29,68	10,49	ca. 8,2	ca. 3,9
	feucht	2,86	9,43	10,93	26,24	34,71	11,97	ca. 8,8	ca. 4,6

Abgasverlust
(nach BImSchV zu messen an
Öl- und Gasfeuerungsanlagen)

Abgasanalysegerät
misst CO_2-Gehalt
oder O_2-Gehalt.

Abgas-Messort[1]

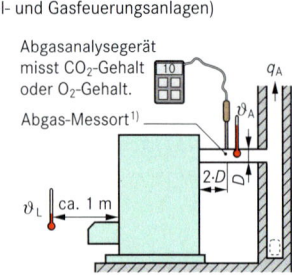

Abgasverlust bei CO_2-Messung:

$$q_A = (\vartheta_A - \vartheta_L)\left(\frac{A_1}{CO_2} + B\right)$$

Abgasverluste bei O_2-Messung:

$$q_A = (\vartheta_A - \vartheta_L)\left(\frac{A_2}{21 - O_2} + B\right)$$

Das Ergebnis der Abgasverlustrechnung
ist auf den vollen Prozentwert zu runden.

q_A	:	Abgasverlust	in %
ϑ_A	:	Abgastemperatur	in °C
ϑ_L	:	Verbrennungsluft-	
		temperatur	in °C
CO_2	:	CO_2-Gehalt	
		(gemessen)	in Vol.%
O_2	:	O_2-Gehalt	
		(gemessen)	in Vol.%
A_1; A_2; B	:	Berechnungsbeiwerte	
		($\rightarrow$ Tab. 340.1)	

[1] Messort mit höchster Abgastemperatur (Kernstrom)

Tab. 340.1: Berechnungsbeiwerte A_1, A_2 und B

Beiwerte	Stadtgas	Kokerei-gas	Erdgas	Flüssig-gas	Flüssiggas-Luft-Gemisch	Heizöl	Steinkohlen-koks[1]	Steinkohle[1]	Holz[1]
A_1	0,35	0,29	0,37	0,42	0,42	0,50	0,71	0,65	0,69
A_2	0,63	0,60	0,66	0,63	0,63	0,68	0,72	0,71	0,70
B	0,011	0,011	0,009	0,008	0,008	0,007	0,003	0,004	0,010

[1] Keine Anforderung hinsichtlich der Einhaltung von Mindestwirkungsgraden.

Tab. 340.2: Maximal zulässiger Abgasverlust q_A für neue Öl- und Gasfeuerungsanlagen (ab 1.1.98)

Kesselleistung in kW	q_A in %
> 4 ≤ 25	11
> 25 ≤ 50	10
> 50	9

Tab. 340.3: Wasserdampf-Taupunkttemperatur ϑ_T von Erdgas (95 % CH_4) und Heizöl EL in Abhängigkeit vom CO_2-Gehalt

CO_2-Gehalt (Vol-%)	4	5	6	7	8	9	10	11	12	13	14	15
ϑ_T bei Erdgas (°C)	37	41	45	48	51	53	56	58	–	–	–	–
ϑ_T bei Heizöl EL (°C)	28	31	33	36	38	40	42	43	45	47	48	50

Luftverhältniszahl, Luftbedarf und Luftüberschuss

Luftvolumen

trockenes
Abgasvolumen

Zünd-
temperatur

Brennstoffvolumen

$$\lambda = \frac{CO_{2\,max}}{CO_2}$$

$$\lambda = \frac{O_2}{21 - O_2} + 1$$

$$L_{tats} = \lambda \cdot L_{min}$$

$$n = (\lambda - 1) \cdot 100\,\%$$

λ	:	Luftverhältniszahl	
$CO_{2\,max}$	:	max. CO_2-Gehalt im Abgas	in Vol.%
CO_2	:	gemessener CO_2-Gehalt	in Vol.%
O_2	:	gemessener O_2-Gehalt im Abgas	in Vol.%
L_{tats}	:	tatsächlicher Luftbedarf	in $\frac{m^3}{m^3}$; $\frac{m^3}{kg}$
L_{min}	:	theoretischer Luftbedarf	in $\frac{m^3}{m^3}$; $\frac{m^3}{kg}$
n	:	Luftüberschuss	in %

Tab. 340.4: Maximaler CO_2-Gehalt, theoretischer Luftbedarf, üblicher Luftüberschuss und Taupunkttemperatur

Brennstoff	Einheit	Wasser-stoff	Erdgas LL	Erdgas E	Propan	Butan	Heizöl EL	Stein-kohlenkoks	Steinkohle	Holz
$CO_{2\,max}$	Vol.%	0	11,8	12,0	13,8	14,1	15,42	20,5	18,7	20,3
L_{min}	$\frac{m^3}{m^3}$	2,38	8,4	9,9	24,4	32,3	–	–	–	–
	$\frac{m^3}{kg}$	–	–	–	–	–	11,23	7,4	7,7 bis 8,4	3,5 bis 4,1
λ	–	1,04 … 1,75	1,05 … 1,3	1,05 … 1,3	1,05 … 1,3	1,05 … 1,3	1,1 … 1,3	1,35 … 1,45	1,3 … 1,7	1,5 … 1,9
n	%	4 … 75	5 … 30[1]	5 … 30[1]	5 … 30[1]	5 … 30[1]	10 … 30	35 … 45	30 … 70	50 … 90
ϑ_T [2]	°C	–	55,1	55,6	51,4	50,7	47,0	–	–	–

[1] Je nach Brennerart. Die kleineren Werte gelten nur bei guter Vermischung von Luft mit Brenngas.
[2] Bei $\lambda = 1,2$ und 50 % Luftfeuchte

Diagr. 341.1: Verbrennungsdreieck nach Bunte

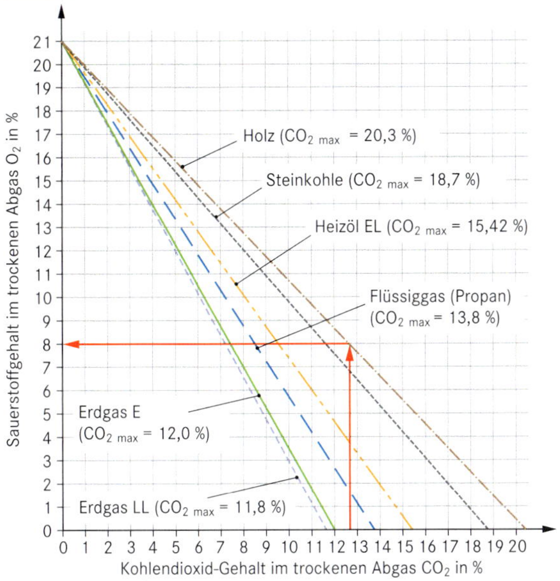

Sauerstoffgehalt im trockenen Abgas O_2 in %

- Holz ($CO_{2\ max}$ = 20,3 %)
- Steinkohle ($CO_{2\ max}$ = 18,7 %)
- Heizöl EL ($CO_{2\ max}$ = 15,42 %)
- Flüssiggas (Propan) ($CO_{2\ max}$ = 13,8 %)
- Erdgas E ($CO_{2\ max}$ = 12,0 %)
- Erdgas LL ($CO_{2\ max}$ = 11,8 %)

Kohlendioxid-Gehalt im trockenen Abgas CO_2 in %

Beispiele:

1. Holz
   CO_{2gem} = 12,6 % → O_2 = 8 %

2. Heizöl EL
   CO_{2gem} = 13,0 % → O_2 = 3,3 %

Der Sauerstoffgehalt im trockenen Abgas kann auch berechnet werden.
(→ S. 344)

Abb. 341.1: Rußzahl-Vergleichsskala

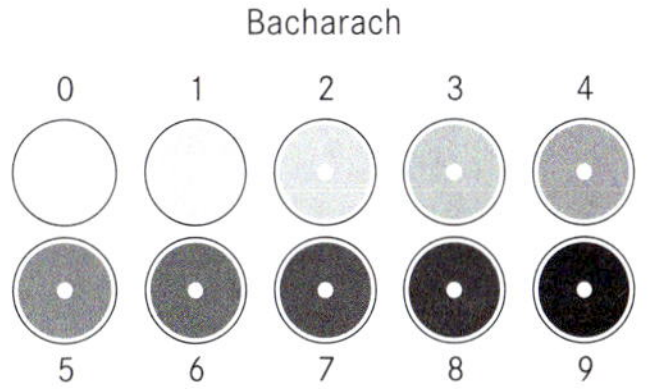

Bacharach

0 1 2 3 4

5 6 7 8 9

R: Rußzahl
R_1; R_2; R_3: Rußzahl aus den Einzelmessungen

Grenzwerte für R nach BImSchV:
Zerstäubungsbrenner: $R \leq 1$
Verdampfungsbrenner: $R \leq 2$

Rußzahl
(nach BImSchV) zu messen an Ölfeuerungsanlagen

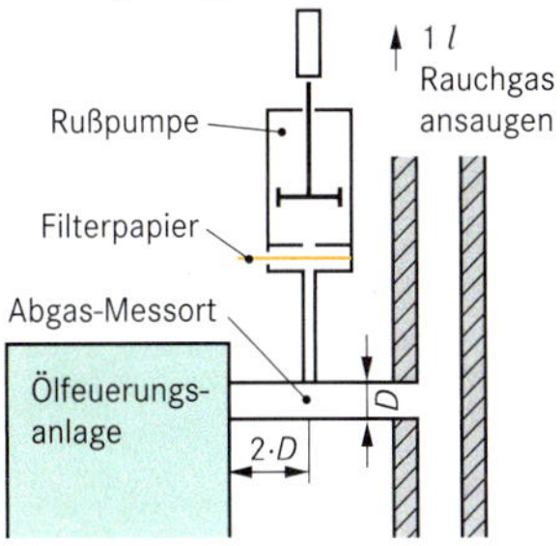

1 l Rauchgas ansaugen

Rußpumpe

Filterpapier

Abgas-Messort

Ölfeuerungs-anlage

$2 \cdot D$

$$R = \frac{R_1 + R_2 + R_3}{3}$$

Notwendig sind mindestens **3 Einzelmessungen**. Ist das Filterpapier merklich feucht oder ungleichmäßig verfärbt, so ist die Messung zu verwerfen. Die Einzelwerte R_1, R_2 und R_3 ergeben sich durch Vergleich des Filterpapieres mit einer Vergleichsskala (→ Abb. 341.1).

Diagr. 341.2: Schadstoffbildung in Abhängigkeit von der Verbrennungsluftversorgung

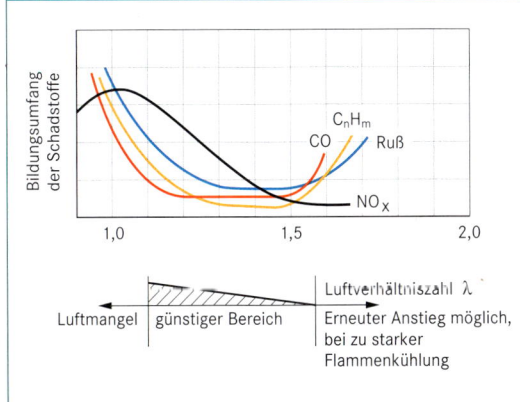

Bildungsumfang der Schadstoffe

C_nH_m
CO   Ruß
NO_x

1,0   1,5   2,0

Luftverhältniszahl λ

Luftmangel | günstiger Bereich | Erneuter Anstieg möglich, bei zu starker Flammenkühlung

Diagr. 341.3: NOx-Bildung in Abhängigkeit von der Flammentemperatur und der Verweilzeit der Reaktionspartner in der Verbrennungszone

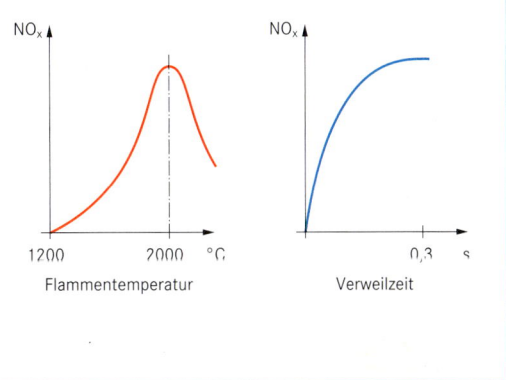

NO_x

1200   2000   °C
Flammentemperatur

NO_x

0,3   s
Verweilzeit

Tab. 342.1: Mögliche Schadstoffe im Abgas

Schadstoffe	Ursachen	Auswirkungen	Gesetze, Verordnungen und Programme
Staub (Sand, Asche, Pollen, Sporen, Fasern)	Verunreinigungen im Brennstoff (z. B. Asche- oder Schwefelgehalt)	Atemnot, Kreislaufbeschwerden, Allergien (Staubpartikel sind Träger anderer Schadstoffe)	MIK-Werte nach TA-Luft, Technische Regeln für Gefahrenstoffe
SO_2, SO_3, H_2SO_3, H_2SO_4		saurer Regen, Smog, Bauwerksschäden Waldsterben	
Ruß	Unvollständiger Brennstoffausbrand in der Zündphase, bei örtlicher Abkühlung und beim Erlöschen der Flamme.	Rußpartikel sind Träger der Krebs erregenden polyzyklischen aromatischen Kohlenwasserstoffe (PAK). Rußablagerungen verschlechtern den Wärmedurchgang erheblich.	Bundesimmissionsschutzverordnung (BImschV)
C_nH_m		Unterschiedliche Kohlenwasserstoffe, die zum Teil giftig oder Krebs erregend sind.	
CO	Genereller Sauerstoffmangel oder ungenügende Durchmischung von Brennstoff und Luftsauerstoff	Besonders gefährliches Giftgas. Es ist geruchsneutral, unsichtbar und geschmacklos. Es verdrängt den Sauerstoff aus dem Blutkreislauf und führt somit zum Ersticken.	RAL-Umweltzeichen „Blauer Engel"
NO_x	Luftstickstoff, Brennstoffstickoxid, hohe Verbrennungstemperaturen u. a. ($\rightarrow$ Diagr. 341.2 und 3)	Unterschiedliche, giftige Stickoxide. Sie sind wesentlich an der Ozonbildung beteiligt.	RAL-Umweltzeichen „Blauer Engel"
CO_2	Kohlenstoff im Brennstoff	Entsteht bei jeder Verbrennung fossiler Rohstoffe und hat maßgeblichen Anteil an der vom Menschen verursachten Erwärmung des Klimas (Treibhauseffekt).	CO_2-Minderungsprogramm

Brennstoffe und Feuerungstechnik

Tab. 342.2: Emissionsgrenzwerte für Öl- und Gasfeuerungsanlagen

Verordnungen, Vorschriften	Erläuterungen	Geltungsbereich	Schadstoffgrenze					
			Staub	NO_x		CO	C_nH_m	Rußzahl
			$\frac{mg}{m^3}$	$\frac{mg}{m^3}$	$\frac{mg}{kWh}$	$\frac{mg}{kWh}$	$\frac{mg}{kWh}$	
			im Tagesmittel		0 % O_2[1]	0 % O_2[1]	0 % O_2[1]	
TA-Luft (2002)	Heizöl EL	< 50 MW	20	180 … 250	–	–	–	1
	Gas	< 50 MW	20	100 … 200	–	–	–	–
DIN 4702-1: 1990-3	Heizöl EL				260	110	–	–
	Erdgas (2. Gasfamilie)	< 350 kW			150	100	–	–
Kessel ≤ 2 MW	Erdgas (2. Gasfamilie)	> 350 kW			200	100	–	–
	Flüssiggas (3. Gasfamilie)				300	120	–	–
DIN EN 13 836: 2007-06	Gaskessel der Art B (2. Gasfamilie)	> 300 kW			70 … 260[3]	100	–	–
Kessel ≤ 1 MW	Gaskessel der Art B (3. Gasfamilie)	> 300 kW			91 … 338[4]	100	–	–
1. BImSchV 2010	Heizöl EL	≤ 120 kW				110	1300		
		> 120 kW ≤ 400 kW	100[5] 20[6]			120	1300	1,0[5] 0,4[6]	1 (2)[2]
		> 400 kW < 10 MW				185	1300		
	Gas der öffentlichen Gasversorgung	≤ 120 kW				60	–		–
		> 120 kW ≤ 400 kW	100[5] 20[6]			80	–	1,0[5] 0,4[6]	–
		> 400 kW < 10 MW				120	–		–

[1] Unverdünntes Abgas
[2] Zulässiger Wert bei Verdampfungsbrennern
[3] Je nach NO_x-Klasse: 5 (= 70), 4 (= 100), …
[4] Werte dürfen 30 % höher sein als bei 2. Gasfamilie.
[5] Anlagen, die nach dem 22. März 2010 errichtet werden.
[6] Anlagen, die nach dem 31.12.2014 errichtet werden.

Tab. 343.1: Emissionsgrenzwerte bei Feuerungsanlagen[1] für feste Brennstoffe nach 1. BImSchV (2010)

	Brennstoff	Nennwärmeleistung in kW	Staub in g/m³	CO in g/m³
Stufe 1: Anlagen, die nach dem 22.03.2010 errichtet werden.	Kohle	≥ 4 ≤ 500 > 500	0,09	1,0
	naturbelassenes Holz (stückig und nicht stückig)	> 4 ≤ 500 > 500	0,1 0,1	1,0 0,5
	Presslinge aus naturbelassenem Holz	≥ 4 ≤ 500 > 500	0,06 0,06	0,8 0,5
Stufe 2: Anlagen, die nach dem 31.12.2014 errichtet werden.	Kohle sowie naturbelassenes Holz (stückig, nicht stückig und Presslinge)	≥ 4	0,02	0,4
[1] ausgenommen Einzelraumfeuerungsanlagen				

Tab. 343.2: Emissionsgrenzwerte und Mindestwirkungsgrade für Einzelraumfeuerungsanlagen (1. BImSchV 2010)

Anlagen für feste Brennstoffe		Errichtung ab dem 22. März 2010		Errichtung nach dem 31. Dezember 2014		Errichtung ab dem 22. März 2010
Feuerstättenart	Technische Regeln	CO [g/m³]	Staub [g/m³]	CO [g/m³]	Staub [g/m³]	Mindestwirkungsgrad [%]
Kamineinsätze (geschlossene Betriebsweise)	DIN EN 13 229	2,0	0,075	1,25	0,04	75
Pelletöfen mit Wassertasche	DIN EN 14 785	0,40	0,03	0,25	0,02	90

Tab. 343.3: Maximale Kondenswassermenge (theoretisch)

Brennstoff	Kondenswassermenge
Stadtgas	0,89 kg/m³
Erdgas LL	1,53 kg/m³
Erdgas E	1,63 kg/m³
Propan	3,37 kg/m³
Heizöl	0,88 kg/Liter

Tab. 343.4: Mögliche Belastung des Kondensates bei metallischen Wärmetauschern

Schwermetalle und pH-Wert		Beschaffenheit von unbehandeltem Kondensat bei		Grenzwerte nach Arbeitsblatt ATV-A 251
		Heizöl EL	Erdgas	
Blei (Pb)	mg/l	< 0,1	< 0,002	0,2
Chrom (Cr)	mg/l	< 0,1 bis 6	< 0,002	0,15
Kupfer (Cu)	mg/l	< 0,2 bis 1		0,25
Nickel (Ni)	mg/l	< 0,1 bis 6	< 0,002	0,25
Zink (Zn)	mg/l	< 0,2 bis 2		0,5
pH-Wert	–	< 1,8 bis 3,7	4,0	≥ 6,5

Umrechnung von Emissionen der Verbrennungsgase
conversion of emissions of flued gases

Umrechnung der Einheiten von Emissionen mit Umrechnungsfaktoren	$E_2 = E_1 \cdot F$	E_2 : Emissionen im Abgas bei Einheit 2 E_1 : Emissionen im Abgas bei Einheit 1 F : Umrechnungsfaktor für die Emissionen (→ Tab. 343.5)

Tab. 343.5: Umrechnungsfaktoren F für die Emissionen bei Holzfeuerung nach ÖNORM 7132

gilt nur für Nadelholz bei 30 % Wassergehalt	Staub			CO			NOx			CnHm	
	mg/m³n bei 13 % O₂	mg/kWh	ppm bei 13 % O₂	mg/m³n bei 13 % O₂	mg/kWh	ppm bei 13 % O₂	mg/m³n bei 13 % O₂	mg/kWh	mg/m³n bei 13 % O₂	mg/kWh
1 ppm bei 13 % O₂ =	–	–	1	1,25	3,07	1	2,05	5,03	–	–
1 mg/m³n bei 13 % O₂ =	1	2,45	0,8	1	2,45	0,49	1	2,45	1	2,45
1 mg/kWh =	0,41	1	0,33	0,41	1	0,2	0,41	1	0,41	1

Beispiel:
Gemessene Abgaswerte bei Brennstoff Nadelholz mit 30 % Wassergehalt:

CO-Emissionen bei O₂-Gehalt im Abgas von 13 % = 271 mg/m³n

Staub-Emissionen bei O₂-Gehalt im Abgas von 13 % = 55 mg/m³n

Umrechnung der Einheiten der CO-Emissionen von mg/m³n in ppm bei jeweils 13 % O₂-Gehalt im Abgas:

Mit $F = 0,8$ aus Tab. 343.5 ergibt sich:

$E_2 = E_1 \cdot F$
$= 271 \cdot 0,8$
$= \textbf{216,8 ppm}$ (bei 13 % O₂-Gehalt im Abgas)

Umrechnung der Einheiten der Emissionen von mg/m³n bei 13 % O₂-Gehalt im Abgas in mg/kWh:

CO-Emissionen: $E_2 = 271 \cdot 2,45$
$= \textbf{664 mg/kWh}$

Staub-Emissionen: $E_2 = 55 \cdot 2,45$
$= \textbf{135 mg/kWh}$

Emissionen in ppm bezogen auf den Bezugssauerstoffgehalt

$$E_B = E_M \frac{21 - O_{2B}}{21 - O_2}$$

$$O_2 = 21 \left(1 - \frac{CO_2}{CO_{2\,max}}\right)$$

($\rightarrow$ Diagr. 341.1)

Tab. 344.1: Bezugssauerstoffgehalt

Brennstoff	O_{2B} in Vol. % nach	
	BImSchV	RAL (Blauer Engel)
Gas/Heizöl	3	0
Holz	13	0
Kohle	8	0

E_B : Emissionen bei Bezugssauerstoffgehalt in ppm ($= cm^3/m^3$)

E_M : gemessene Emissionen im Abgas in ppm

O_{2B} : Bezugssauerstoffgehalt ($\rightarrow$ Tab. 344.1) in Vol.%

O_2 : Sauerstoffgehalt im trockenen Abgas in Vol.%

CO_2 : CO_2-Gehalt im trockenen Abgas (gemessen) in Vol.%

$CO_{2\,max}$: maximaler CO_2-Gehalt ($\rightarrow$ Tab. 344.3) in Vol.%

Emissionen in mg/m_n^3 bezogen auf den Bezugssauerstoffgehalt

$$E_{mB} = E_B \cdot \varrho_n$$

Tab. 344.2: Gasdichte ϱ_n in kg/m_n^3 bei Normbedingungen

Schadstoff	Gasdichte
CO_2	1,977
CO	1,25
SO_2	2,931
NO	1,34
NO_2 (NO_x)	2,05
C_3H_8 (C_nH_m)	0,717

Umrechnung der Einheiten:

$$\frac{cm^3}{m^3} \cdot \frac{kg}{m_n^3} = 10^{-6} \frac{m^3}{m^3} \cdot 10^6 \frac{mg}{m_n^3}$$

$$= \frac{mg}{m_n^3}$$

E_{mB} : Emissionen bei Bezugssauerstoffgehalt in mg/m_n^3

E_B : Emissionen bei Bezugssauerstoffgehalt in ppm ($= cm^3/m^3$)

ϱ_n : Gasdichte des Schadstoffes bei Normbedingungen (1013 mbar und 0 °C) in kg/m_n^3 ($\rightarrow$ Tab. 344.2)

Emissionen in mg/kWh im sauerstofffreien Abgas

$$E_w = E_{B(0\,\%)} \cdot \varrho_n \cdot \frac{V_{A\,tr,min}}{H_{i,n}}$$

Tab. 344.3: Brennstoffkennwerte

Brennstoff	$H_{i,n}$	$V_{A\,tr,min}$	$CO_{2\,max}$
Einheit	kWh/m_n^3	m_n^3/m_n^3	Vol. %
Erdgas LL	9,03	7,69	11,8
Erdgas E	10,03	8,89	12,0
Propan	28,11	22,3	13,8
Butan	37,17	29,68	14,1
Einheit	kWh/kg	m_n^3/kg	Vol. %
Heizöl EL	11,86	10,49	15,4

E_w : Emissionen in mg/kWh

$E_{B(0\,\%)}$: Emissionen bei Bezugssauerstoffgehalt von 0 % in ppm ($= cm^3/m^3$)

ϱ_n : Gasdichte des Schadstoffes bei Normbedingungen ($\rightarrow$ Tab. 344.2) in kg/m_n^3

$V_{A\,tr,min}$: Mindestabgasmenge im trockenen Zustand in m_n^3/m_n^3 bzw. m_n^3/kg

$H_{i,n}$: Heizwert des Brennstoffes bei Normbedingungen in kWh/m_n^3 bzw. kWh/kg

---

Beispiel:

Gemessene Abgaswerte bei Brennstoff Erdgas LL:

CO = 25 ppm; CO_2 = 8,6 %

Emissionen in ppm bei Bezugssauerstoffgehalt von 0 %

Mit $CO_{2\,max}$ = 11,8 % aus Tab. 344.3 ergibt sich:

$$O_2 = 21 \left(1 - \frac{8,6}{11,8}\right) = 5,7\ (\%)$$

$$CO_{(0\,\%)} = 25 \frac{21 - 0}{21 - 5,7} = \mathbf{34,3\ (ppm)}$$

Emissionen in mg/m_n^3 bei Bezugssauerstoffgehalt von 0 %

Mit ϱ_n = 1,25 kg/m_n^3 aus Tab. 344.2 ergibt sich:

$$CO_{(0\,\%)} = 34,3 \cdot 1,25 = \mathbf{42,88\ (mg/m_n^3)}$$

Emissionen in mg/kWh

Mit ϱ_n = 1,25 kg/m_n^3 aus Tab. 344.2 sowie $H_{i,n}$ = 9,03 kWh/m_n^3 und $V_{A\,tr,min}$ = 7,69 m_n^3/m_n^3 aus Tab. 344.3 ergibt sich:

$$CO = 34,3 \cdot 1,25 \cdot \frac{7,69}{9,03}$$

$$= \mathbf{36,51\ (mg/kWh)}$$

Feuerungstechnischer Wirkungsgrad und Geräte- bzw. Kesselwirkungsgrad

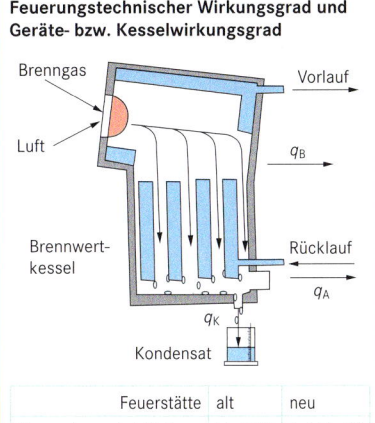

Feuerstätte	alt	neu
Wärmeverluste a. d. Aufstellraum	bis 20 %	0,4 bis 1 %

Bei Heizwertnutzung:

$$\eta_F = 100\,\% - q_A$$

$$\eta_K = 100\,\% - q_A - q_B$$

Bei Brennwertnutzung:

$$\eta_{FB} = 100\,\% - q_A + q_K$$

$$\eta_{KB} = 100\,\% - q_A - q_B + q_K$$

wobei $\quad q_K = \dfrac{H_s - H_i}{H_i} \cdot \alpha \cdot 100\,\%$

Für Erdgas bei modul. Brenner:

ϑ_A	22	28	35	40	45	50	55
α	0,95	0,9	0,8	0,7	0,6	0,5	0,4

η_F : feuerungstechnischer Wirkungsgrad in %
q_A : Abgasverluste in %
η_K : Geräte- bzw. Kesselwirkungsgrad in %
q_B : Betriebsbereitschaftsverluste (Wärmeverluste an den Aufstellraum) in %
η_{FB} : feuerungstechnischer Wirkungsgrad bei Brennwertnutzung in %
q_K : Wärmegewinn durch Kondensation in %
H_s : Brennwert in kWh/m³
H_i : Heizwert in kWh/m³
α : Kondensatzahl (gibt das Verhältnis der tatsächlichen Kondensatmenge zur theoretisch möglichen an)
ϑ_A : Abgastemperatur in °C
H_s, H_i : siehe S. 333 ff.

Jahreswirtschaftlichkeit von Kessel und Anlage
annual efficiency of boiler and heating installation

Jahresnutzungsgrad des Kessels
(Kesselnutzungsgrad)

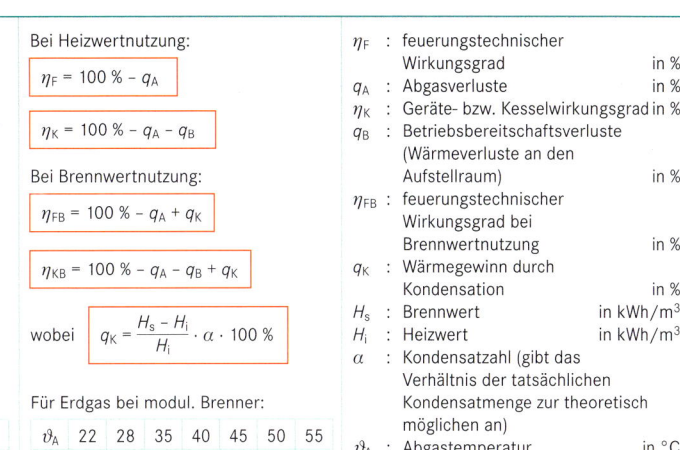

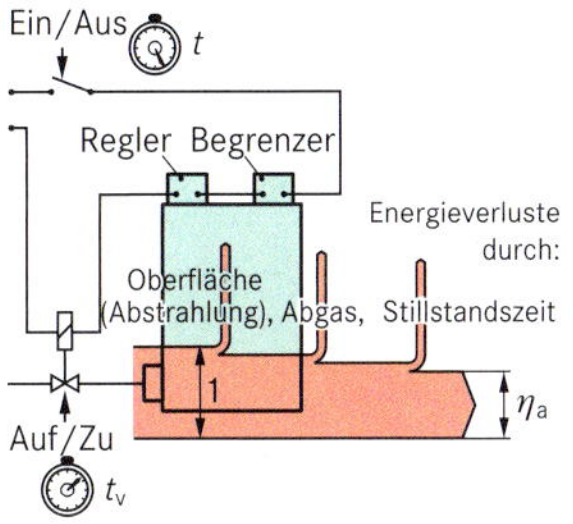

$$\eta_a = \dfrac{\eta_K}{\left(\dfrac{1}{\varphi} - 1\right) \cdot q_B + 1}$$

$$\varphi = \dfrac{t_v}{t}$$

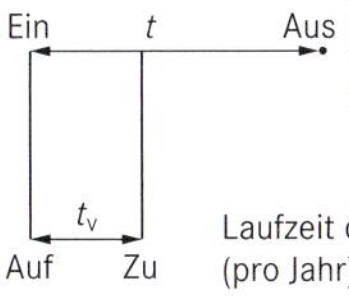

η_a : Jahresnutzungsgrad des Kessels als Dezimalzahl
η_K : Geräte- bzw. Kesselwirkungsgrad als Dezimalzahl
q_B : Betriebsbereitschaftsverluste als Dezimalzahl (nach VDI 3808: 1993-01 für Betrieb mit gleitender Kesseltemperatur $q_B = 0,01$ bis $0,03$)
φ : Kesselauslastung
t : Betriebsbereitschaftszeit in h/a
t_v : Jahresvollbenutzungsstunden in h/a ($\to$ Tab. 346.1)

Jahreswärmebedarf

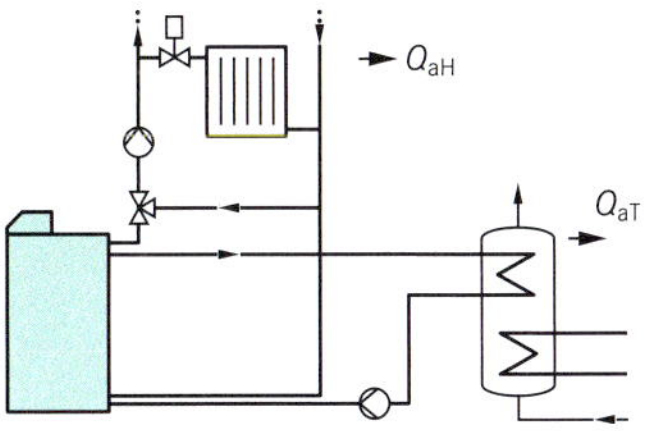

$$Q_a - Q_{aH} + Q_{aT}$$

$$Q_{aH} = t_v \cdot \dot{Q}_{HGeb}$$

Näherungsformel:

$$\dot{Q}_{HGeb} \approx \dot{q}_{Hmax} \cdot A$$

$$Q_{aT} \approx V_a \cdot c \cdot \Delta T$$

$$V_a = n \cdot V$$

Überschlägig:

V = 9 m³/(Pers. a)
ΔT = 40 K

Q_a : Jahreswärmebedarf in kWh/a
Q_{aH} : Jahresgebäudewärmebedarf in kWh/a
Q_{aT} : jährlicher Wärmebedarf für Trinkwassererwärmung in kWh/a
t_v : Jahresvollbenutzungsstunden in h/a ($\to$ Tab. 346.1)
$\dot{Q}_{HGeb}$: Norm-Heizlast des Gebäudes in kW
$\dot{q}_{Hmax}$: max. spezifische Heizleistung in kW/m² ($\to$ Tab. 346.2)
A : beheizte Wohnfläche in m²
V_a : jährlicher Warmwasserbedarf in m³/a
ΔT : Temperaturdifferenz zwischen Warm- und Kaltwasser in K
c : spezifische Wärmekapazität in kWh/(m³ · K) (Wasser: $c = 1,161$ kWh/(m³ · K))
n : Anzahl der Personen
V : Warmwasserbedarf ($\to$ Tab. 346.3) in m³/(Pers · a)

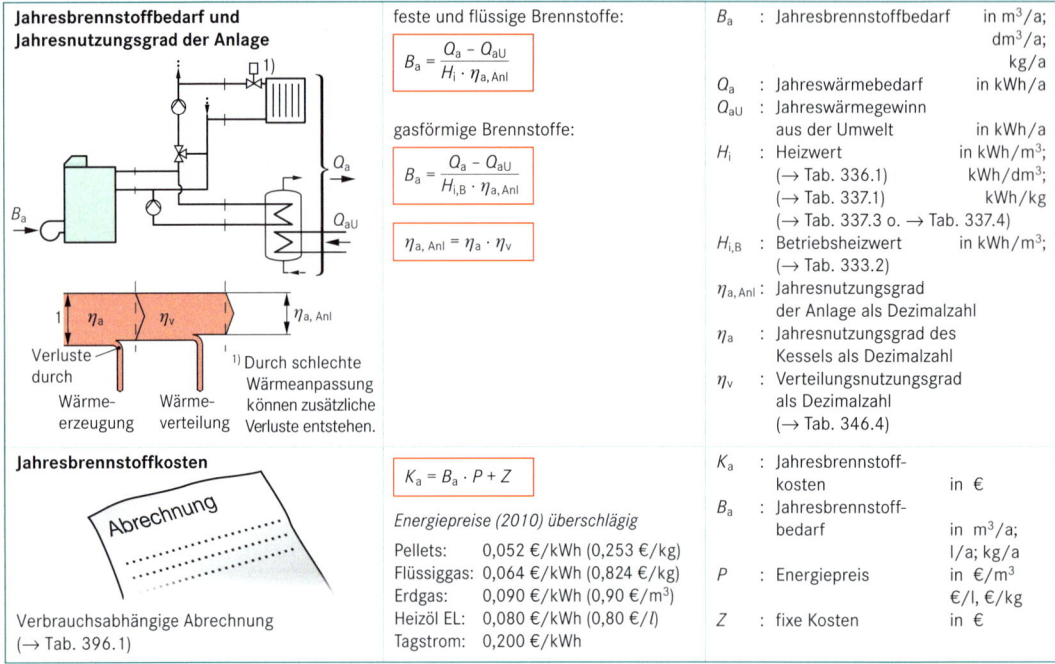

Jahresbrennstoffbedarf und Jahresnutzungsgrad der Anlage

feste und flüssige Brennstoffe:

$$B_a = \frac{Q_a - Q_{aU}}{H_i \cdot \eta_{a,Anl}}$$

gasförmige Brennstoffe:

$$B_a = \frac{Q_a - Q_{aU}}{H_{i,B} \cdot \eta_{a,Anl}}$$

$$\eta_{a,Anl} = \eta_a \cdot \eta_v$$

B_a	:	Jahresbrennstoffbedarf in m³/a; dm³/a; kg/a
Q_a	:	Jahreswärmebedarf in kWh/a
Q_{aU}	:	Jahreswärmegewinn aus der Umwelt in kWh/a
H_i	:	Heizwert in kWh/m³; (→ Tab. 336.1) kWh/dm³; (→ Tab. 337.1) kWh/kg (→ Tab. 337.3 o. → Tab. 337.4)
$H_{i,B}$	:	Betriebsheizwert in kWh/m³; (→ Tab. 333.2)
$\eta_{a,Anl}$	:	Jahresnutzungsgrad der Anlage als Dezimalzahl
η_a	:	Jahresnutzungsgrad des Kessels als Dezimalzahl
η_v	:	Verteilungsnutzungsgrad als Dezimalzahl (→ Tab. 346.4)

1
η_a ⟩ η_v — $\eta_{a,Anl}$

Verluste durch
Wärme-erzeugung Wärme-verteilung

1) Durch schlechte Wärmeanpassung können zusätzliche Verluste entstehen.

Jahresbrennstoffkosten

Abrechnung

Verbrauchsabhängige Abrechnung
(→ Tab. 396.1)

$$K_a = B_a \cdot P + Z$$

Energiepreise (2010) überschlägig

Pellets:	0,052 €/kWh (0,253 €/kg)
Flüssiggas:	0,064 €/kWh (0,824 €/kg)
Erdgas:	0,090 €/kWh (0,90 €/m³)
Heizöl EL:	0,080 €/kWh (0,80 €/l)
Tagstrom:	0,200 €/kWh

K_a	:	Jahresbrennstoff-kosten in €
B_a	:	Jahresbrennstoff-bedarf in m³/a; l/a; kg/a
P	:	Energiepreis in €/m³ €/l, €/kg
Z	:	fixe Kosten in €

Tab. 346.1: Jahresvollbenutzungsstunden t_v für Heizungsanlagen ohne Trinkwassererwärmung

Gebäudeart	t_v in h/a
Wohnhäuser	ca. 2000
Bürogebäude	ca. 1700
Schulen	ca. 1200

Tab. 346.2: Maximale spezifische Heizleistung $\dot{q}_{H\,max}$ von Gebäuden (ungünstige Bauweise)

Bezug auf Verordnung	$\dot{q}_{H\,max}$ in kW/m²
vor 1977	0,100
WSchV 1982	0,075
WSchV 1995 (≈ EnEV)	0,062

Tab. 346.3: Warmwasserbedarf V im Wohnungsbau nach VDI 2067 (ϑ = 45 °C)

Anspruchskategorie	V in m³/(Pers · a)
Hohe Ansprüche	22 – 44
Mittlere Ansprüche	11 – 22
Einfache Ansprüche	5,5–11

Tab. 346.4: Anhaltswerte für η_v

Heizungsart	η_v
Etagenheizung	0,98
Zentralheizung	0,96
Blockheizung	0,93

Tab. 346.5: Ermittlung der monatlichen Heizkosten-vorauszahlung in Euro für Heizanlagen mit zentraler Warmwasserbereitung (Richtwerte)

Heizöl Gas Euro/Liter Euro/m³	\multicolumn{6}{c}{beheizbare Wohnfläche in m²}					
	30	50	70	90	110	130
0,47	38	60	81	98	114	132
0,51	41	64	86	106	123	140
0,54	44	70	92	112	131	149
0,57	47	74	98	119	139	158
0,61	49	78	103	125	147	167
0,64	53	81	108	132	155	177
0,67	55	87	116	143	168	191
0,71	57	91	123	150	175	200
0,74	60	96	128	157	183	209
0,78	63	100	133	163	191	218
0,81	65	105	138	170	199	227

Ohne zentrale Warmwasserbereitung (→ Tab. 396.2)

Diagr. 346.1: Heizölverbrauch in zentralbeheizten Mehrfamilienhäusern in Deutschland 2003/04

Mittelwert = 16,7 l/m²

Anteil der Haushalte in %

Heizölverbrauch in l/m²	%
4–8	2,1
8–12	15,7
12–16	34,8
16–20	27,5
20–24	12,4
24–28	4,5
28–32	1,7
32–36	0,7
36–40	0,3
40–44	0,15
44–48	0,11
48–52	0,1

Brennstoffe und Feuerungstechnik

Diagr. 347.1: spezifische CO₂-Emissionen für unterschiedliche Brennstoffe bzw. Energieerzeuger

$$m_{CO_2} = Q_{zu} \cdot E_{CO_2}$$

m_{CO_2} : Masse an CO₂-Emissionen in kg
Q_{zu} : zugeführte Wärmemenge in kWh
E_{CO_2} : spezifische CO₂-Emissionen in kg/kWh ($\rightarrow$ Diagr. 347.1)

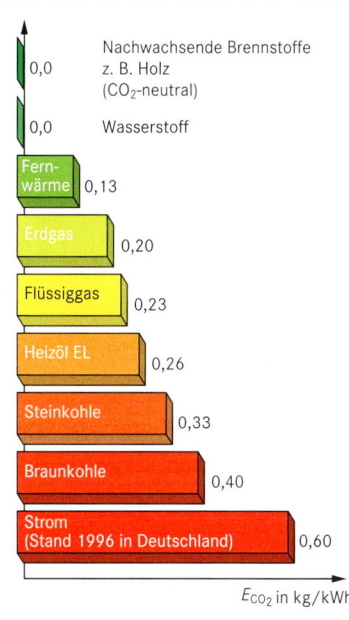

- 0,0 Nachwachsende Brennstoffe z. B. Holz (CO₂-neutral)
- 0,0 Wasserstoff
- Fernwärme 0,13
- Erdgas 0,20
- Flüssiggas 0,23
- Heizöl EL 0,26
- Steinkohle 0,33
- Braunkohle 0,40
- Strom (Stand 1996 in Deutschland) 0,60

E_{CO_2} in kg/kWh

Tab. 347.1: Brennwert H_s ausgewählter Energieträger

Energieträger	Brennwert H_s		
	$\dfrac{kWh}{m^3}$	$\dfrac{kWh}{dm^3}$	$\dfrac{kWh}{kg}$
Nadelholz (lufttrocken)	–	–	4,13
Laubholz (lufttrocken)	–	–	4,75
Holz-Pellets	–	–	4,89 … 5,42
Wasserstoff	3,51	–	–
Erdgas LL	8,4 … 10,3	–	–
Erdgas E	10,4 … 13,1	–	–
Propan	28,112	–	13,980
Butan	37,165	–	13,740
Heizöl EL	–	10,84	12,61
Steinkohlen-Briketts	–	–	7,72 … 9,24
Braunkohlen-Briketts	–	–	5,63

Flüssiggas
Tab. 347.2: Zulässige Aufstellungsart von Flüssiggasbehältern

Aufstellungsart	im Freien			innerhalb von besonderen Aufstellungsräumen
	oberirdisch	erdgedeckt	halboberirdisch	
Erddeckung		≥ 0,5 m		
zulässige Betriebstemperatur	40 °C	40 °C (oder 30 °C)	40 °C	40 °C
zulässiger Betriebsüberdruck	15,6 bar	15,6 bar (oder 12,1 bar)	15,6 bar	15,6 bar
Füllgrenze	85 Vol.-%	85 Vol.-%	85 Vol.-%	85 Vol.-%

Einschränkungen: Die Aufstellung ist nicht zulässig im Bereich von Durchgängen, Durchfahrten, Notausgängen, Feuerwehrzufahrten, Treppen und Fluren sowie in Räumen, deren Fußböden allseitig tiefer liegen als die anschließende Geländeoberfläche. Aufstellräume dürfen keine Öffnungen zu Nachbarräumen besitzen.

Tab. 347.3: Behälterarten und ihre Sicherheitsbereiche

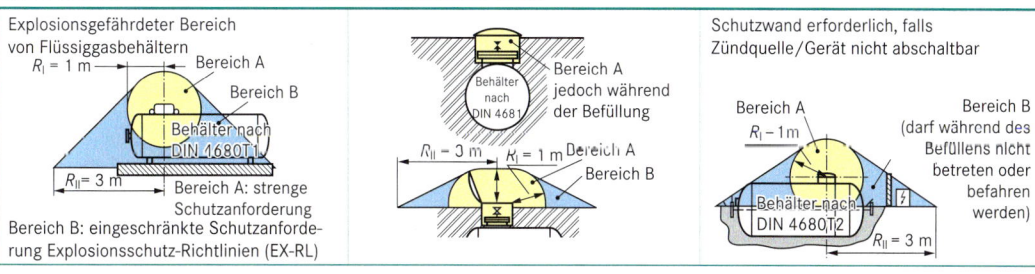

Explosionsgefährdeter Bereich von Flüssiggasbehältern
$R_I = 1$ m — Bereich A
Bereich B
Behälter nach DIN 4680 T 1
$R_{II} = 3$ m — Bereich A: strenge Schutzanforderung
Bereich B: eingeschränkte Schutzanforderung Explosionsschutz-Richtlinien (EX-RL)

Behälter nach DIN 4681
$R_{II} = 3$ m $R_I = 1$ m Bereich A jedoch während der Befüllung
Bereich A
Bereich B

Schutzwand erforderlich, falls Zündquelle/Gerät nicht abschaltbar
Bereich A
$R_I - 1$ m
Bereich B (darf während des Befüllens nicht betreten oder befahren werden)
Behälter nach DIN 4680 T 2
$R_{II} = 3$ m

Abb. 348.1: Mindestabstand zu Kanälen, Schächten, Öffnungen oder notwendige bauliche Maßnahmen

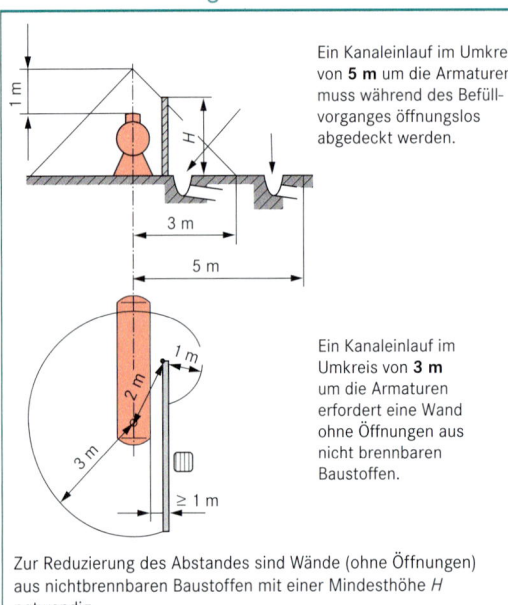

Ein Kanaleinlauf im Umkreis von **5 m** um die Armaturen muss während des Befüllvorganges öffnungslos abgedeckt werden.

Ein Kanaleinlauf im Umkreis von **3 m** um die Armaturen erfordert eine Wand ohne Öffnungen aus nicht brennbaren Baustoffen.

Zur Reduzierung des Abstandes sind Wände (ohne Öffnungen) aus nichtbrennbaren Baustoffen mit einer Mindesthöhe *H* notwendig.

Abb. 348.2: Anforderungen an die Gebäudewand (wenn Flüssiggasbehälter weniger als 3 m Abstand zur Gebäudewand haben)

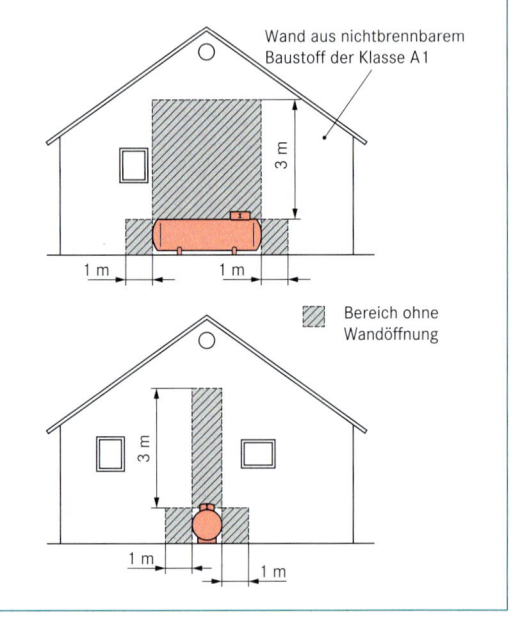

Wand aus nichtbrennbarem Baustoff der Klasse A1

▨ Bereich ohne Wandöffnung

Abb. 348.3: Aufstellung bei einem Dachüberstand von mehr als 0,5 m

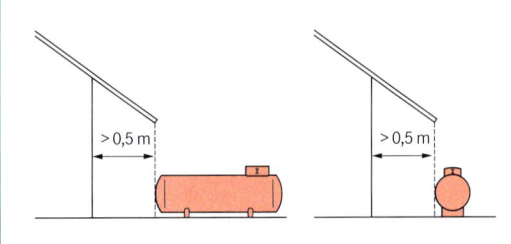

Abb. 348.4: Schutzwand vor Brandlasten[1]

Wand F90 oder Strahlungsschutzblech bei reiner Strahlungswärme

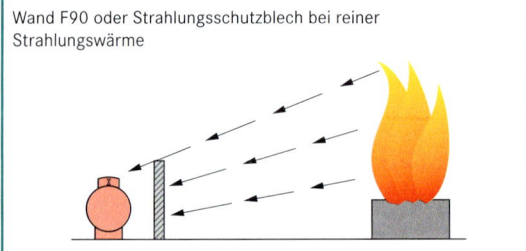

Tab. 348.1: Abstände von Flüssiggasbehältern zu Brandlasten[1] wenn keine Schutzwand vorhanden ist

Breite der Brandlast in m	≤ 4	4 bis 5	5 bis 6	6 bis 7	7 bis 8	8 bis 9	9 bis 10	10 bis 11	11 bis 12	12 bis 13	13 bis 14
Abstand Behälter zur Brandlast in m	5	6,2	7,2	8	8,7	9,4	10	10,5	11	11,4	11,8

[1] brennbares Objekt z. B. ein Fahrzeug

Tab. 348.2: Aufstellungsorte von Flüssiggasflaschen und zulässige Lagermengen

Flüssiggasflaschen 33 kg 11 kg 5 kg	Aufstellungsorte				
	in **Schlafräumen**	in **Aufenthalts-räumen**	in **Wohnungen**	in **besonderen Räumen** (Aufstellungsräume)	im **Freien**
Maximale Anzahl der Flüssiggasflaschen	0	1	2	nicht begrenzt	
Zulässiges Füllgewicht	–	≤ 14 kg	≤ 14 kg (jeweils)	> 14 kg	

Einschränkungen: Ähnliche Bestimmungen wie bei Flüssiggasbehältern (→ S. 347)

Brennstoffe und Feuerungstechnik

Explosionsgefährdeter Bereich von Flüssiggasflaschen

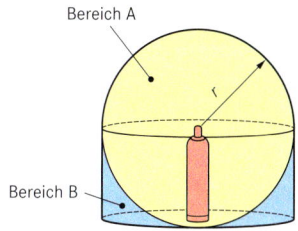

Bereich A

Bereich B

Tab. 349.1: Abmessungen der explosionsgefährdeten Bereiche von Flüssiggasflaschen

bei Entnahme aus der Gasphase	im Freien r in m	in Räumen r in m
Einzelflasche und Batterien mit **2 bis 6 Flaschen**	1,0	2,0
Batterien mit **mehr als 6 Flaschen**	2,0	3,0

Bereich A: Strenge Schutzanforderungen nach Explosionsschutz-Richtlinie. Darf sich nicht auf Nachbargrundstücke oder öffentliche Verkehrswege erstrecken.

Bereich B: Eingeschränkte Schutzanforderungen nach EX-RL

Innerhalb der Bereiche A und B dürfen sich keine gegen Gaseintritt ungeschützten Kanäle, Schächte oder sonstige Öffnungen befinden.

Bei Einzelflaschen mit einem zulässigen Füllgewicht bis 14 kg und um Flaschenschränke bedarf es keines Ex-Bereiches.

Schutzabstände zu möglichen Wärmestrahlungsquellen

Strahlungsschutzwand

Entnahme nur bei stehender Flasche zulässig!

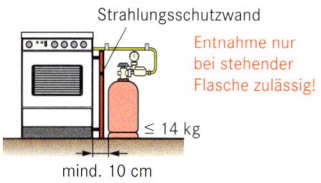

≤ 14 kg

mind. 10 cm

Tab. 349.2: Mindestabstände zu Wärmestrahlungsquellen

Wärmestrahlungs-Quellen	Mindestabstände	
	ohne Strahlungs- schutz in cm	mit Strahlungs- schutz in cm
von Heizgeräten, Feuerstätten und ähnlichen Wärmequellen	70	30
von Heizkörpern	50	10
von Gasherden und ähnlichen Wärmequellen	30	10

Be- und Entlüftung von Flaschen- schränken und Aufstellräumen

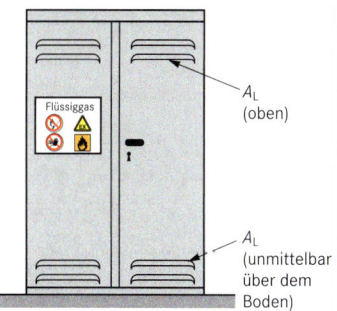

Flüssiggas

A_L (oben)

A_L (unmittelbar über dem Boden)

Flaschenschrank:

$$A_L = \frac{A_B}{100} \qquad A_L \geq 100 \text{ cm}^2$$

Aufstellraum:

$$A_L = \frac{A_B}{200}$$

A_L : Fläche einer Lüftungs- öffnung   in cm^2

A_B : Bodenfläche des Schrankes bzw. des Aufstellraumes   in cm^2

Brennstoffe und Feuerungstechnik

Heizöl

Vorschriften für die Aufstellung von Behältern für die Heizöllagerung

- Technische Regeln für brennbare Flüssigkeiten (TRbF),

- Gesetz zur Ordnung des Wasserhaushaltes (WHG),

- Gefahrstoffverordnung (GefStoffV),

- Feuerungsverordnung (FeuV),

- DIN 4755 Ölfeuerungsanlagen,

- Bauordnungen und Vorschriften dcs jcwciligen Bundeslandes,

- ggf. Schutzgebietsverordnung in Wasserschutzgebieten.

Lagermöglichkeiten und Tankwerkstoffe nach DIN 4755: 2004-11

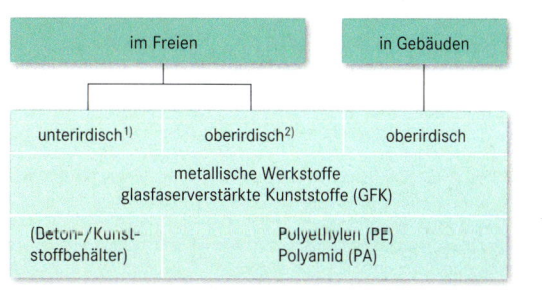

[1] Müssen doppelwandig ausgebildet und mit einem Leckanzeiger versehen sein.

[2] In Deutschland kaum möglich, weil Heizöllagerbehälter und Ölleitungen frostgeschützt einzubauen sind.

Heizöllagerungen mit Tankarmaturen und Sicherheitseinrichtungen

a) Unterirdische Heizöllagerung mit doppelwandigem Tank (Einstrangsystem)

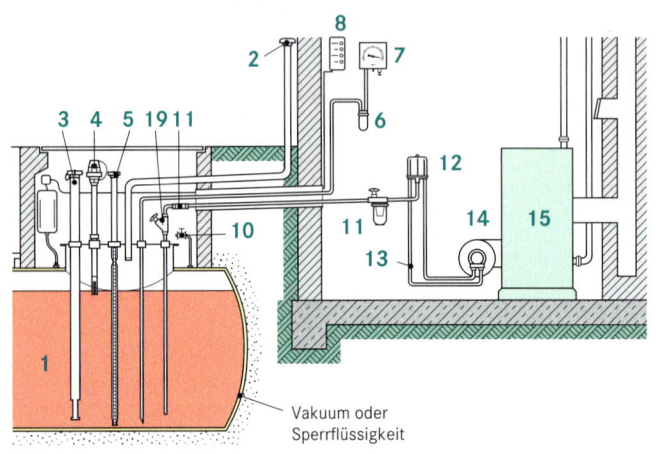

Vakuum oder
Sperrflüssigkeit

1 Heizöl-Tank
2 Lüftungseinrichtung
3 Fülleinrichtung
4 Grenzwertgeber
5 Peilrohr
6 Kondensatgefäß
7 Inhaltsmessgerät
8 Leckanzeigesystem Klasse II
9 öldichte Auffangwanne
10 Absperreinrichtung
11 Ölfilter mit vorgeschalteter Absperreinrichtung
12 Entlüftungseinrichtung
13 Schlauchleitung
14 Ölbrenner
15 Heizkessel
16 Fernauslösung für 10
17 Magnetventil (Sicherheitseinrichtung gegen Aushebern)
18 schwimmende Absaugung
19 Absperreinrichtung an angeschlossener Ölleitung

b) Oberirdische Heizöllagerung mit geschweißtem Stahltank (Einstrangsystem)

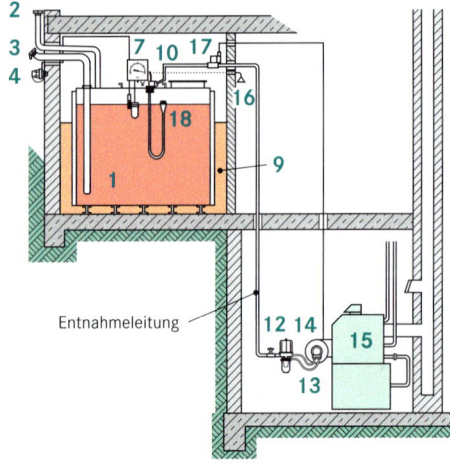

Entnahmeleitung

Anforderungen der TRbF 231-1 an die Entnahmeleitungen

In bestimmten Anwendungsgrenzen sind **Rohre** aus Stahl, Kupfer und Aluminium zugelassen.

Die **Rohrverbindungen** müssen dicht, alterungsbeständig und gegen Flammeneinwirkung widerstandsfähig sein.

Uneingeschränkt zugelassen sind Rohrverbindungen durch Schweißen, Hartlöten, Flanschen sowie öldichte Rohrverschraubungen bis DN25.

Die **Rohrleitungen** sind zu befestigen. Bei Wand- und Decken-Durchbrüchen sowie bei erdverlegten Leitungen sind **Schutzrohre** zu verwenden. Undichtheiten müssen leicht erkannt werden können. Schutzrohre sind daher mit leichtem Gefälle zu einer **Kontrollstelle** zu führen.

Fülleinrichtung, Be-, Entlüftungs- und Entnahmeleitung   TR ÖI

Fülleinrichtung	Lüftungseinrichtung	Entnahmeleitungen
■ Füllstutzen gut zugänglich und günstige Lage zur Straße, (bei Batteriebehältern mindestens 300 mm über der Oberkante des Behälters)	■ Anschluss am höchsten Punkt des Behälters,	■ Rohrleitungen sind nach TRbF 231-1 auszuführen und so zu bemessen, installieren, prüfen und betreiben, dass sie dauerhaft dicht sind,
■ Füllstutzen eindeutig dem Anschluss des Grenzwertgebers zuordnen,	■ Lüftungsleitung mind. DN 40, bei standortgefertig. Tanks mind. DN 50, nicht absperrbar, keine Querschnitts-Verengung, keine Einbauten und stetiges Gefälle zum Heizöl-Tank,	■ Leitungsverlegung möglichst oberirdisch und leicht zugänglich mit stetigem Gefälle zum Heizöl-Tank,
■ Verschluss-Kappe,		■ Schutz vor möglicher Beschädigung,
■ Füllrohr DN50 oder DN80 mit Gefälle zum Behälter, Auslauföffnung endet im unteren Drittel des Behälters,	■ mündet mind. 500 mm über der Füllöffnung und mind. 500 mm über der Erdgleiche	■ frostsichere Leitungsführung oder Begleitheizung,
■ Grüne Verschlusskappen weisen auf die Eignung und Verwendung von Heizöl EL Schwefelarm hin.	■ In Überschwemmungsgebiet Kompensatoren zur Bewegungsaufnahme verwenden und Austrittsöffnung so anordnen, dass kein Wasser eindringen kann.	■ Bemessung des Querschnitts der Leitungen → S. 436,
		■ Ölfilter vor der Ölpumpe
		■ Absperreinrichtungen sollen gut zugänglich und leicht zu bedienen sein.

Tab. 351.1: Allgemeine Anforderungen an Heizöllagerbehälter, nach DIN 4755: 2004-11

Die Behälter:

- aller Bauarten und deren zugehörige Füllsysteme dürfen nur verwendet werden, wenn sie einen bauaufsichtlichen Verwendbarkeitsnachweis haben.

- müssen so gegründet, eingebaut oder aufgestellt werden, dass Verlagerungen und Neigungen, welche die Sicherheit der Behälter oder deren Einrichtungen gefährden, nicht eintreten können. (Z. B. sind Bodensetzungen in Bergbaugebieten oder Hochwasser in Überschwemmungsgebieten zu beachten.)

- für unterirdische Verwendung; müssen doppelwandig ausgebildet und mit einem Leckanzeiger versehen sein.

Tab. 351.2: Mindestabstände für Behälter nach DIN 4755: 2004-11

Unterirdische Behälter		Ortsfeste Behälter in Gebäuden[1]	
zwischen Behältern	40 cm	zwischen Behältern und Wänden auf der Zugangs- und einer anschließenden Seite	40 cm
zum Nachbargrundstück	1 m	auf den übrigen Seiten	25 cm
zu öffentlichen Versorgungsleistungen	1 m	zwischen Rand der Einstiegsöffnung und Decke oder Wand	60 cm
Erdüberdeckung (frostsicher)	mind. 80 cm und max. 1,5 m	zwischen Behälter und Fußboden	10 cm
		zwischen **Batteriebehältern** und deren Abstand zur Wand auf zwei Seiten	5 cm
		zwischen Behältern und Feuerungsanlagen, soweit kein Strahlungsschutz vorhanden ist	1 m

[1] dürfen nicht über Feuerstätten, Rauchrohren, Rauch- oder Heißluftkanälen angeordnet werden.

Tab. 351.3: Zulässige Lagermengen und Anforderungen an die Heizöllagerung in Gebäuden (FeuV)

Lagerort	Lagermenge	Anforderungen
in Wohnungen	bis ingesamt 40 Liter	in Kanistern
	bis 100 Liter	in Behälter
in Räumen außerhalb von Wohnungen	bis 5000 Liter je Gebäude- oder Brandabschnitt	eingeschränkte Raumnutzung, keine Öffnungen zu anderen Räumen außer Türen, Räume belüftbar, Türen dicht und selbstschließend, nur Bodenabläufe mit Heizölsperren oder Leichtflüssigkeitsabscheider.
in Räumen außerhalb von Wohnungen, in denen auch Feuerstätten aufgestellt sind	bis 5000 Liter je Gebäude- oder Brandabschnitt	> 1 m Abstand zu Feuerstätten oder ggf. Strahlungsschutz, Feuerstätten außerhalb des Auffangraumes für auslaufendes Heizöl, Anforderungen ansonsten wie bei Räumen außerhalb von Wohnungen.
in Brennstofflagerräumen	bis 100 000 Liter je Gebäude- oder Brandabschnitt	Raumnutzung ausschließlich zur Brennstofflagerung, durch Wände und Decken dürfen nur bedingt Leitungen geführt werden, Wände, Decke, Fußboden und Stützen müssen feuerbeständig sein, Türen mindestens T-30 und selbstschließend, Räume belüftbar und von der Feuerwehr vom Freien aus beschäumbar, nur Bodenabläufe mit Heizölsperren oder Leichtflüssigkeitsabscheider, Zugänge sind mit der Aufschrift „Heizöllagerung" zu kennzeichnen.

Einschränkungen: Die Aufstellung der Behälter ist nicht zulässig in Durchgängen und Durchfahrten, in Treppenräumen, in allgemein zugänglichen Fluren auf Dächern, sowie in Dach-, Arbeits-, Gast- und Schankräumen.

Tab. 351.4: Mindestlagerzeiten für Brennholz

1 Raummeter
($\triangleq$ 0,6 Festmeter)
lufttrockenes Laubholz
(ca. 450 kg)

(ca. 2100 kWh)

Holzarten	Lagerzeit
Pappel, Fichte	1 Jahr
Linde, Erle, Birke	1,5 Jahre
Buche, Esche, Obstbäume	2 Jahre
Eiche	2,5 Jahre

Holz möglichst gespalten lagern. Der Lagerort muss trocken, möglichst sonnig und gut belüftet sein.

Tab. 351.5: Anforderungen an Pellets   DIN 51 731

Durchmesser	6–10 mm
Länge	15–30 mm
Rohdichte	1,0–1,4 kg/dm³
Heizwert (H_i)	4,89–5,42 kWh/kg
Wassergehalt	< 12,0 Masse-%
Aschegehalt	< 1,5 % (0,8 mg/kg)
Schwefelgehalt	< 0,08 Masse-%
Stickstoffgehalt	< 0,30 Masse-%
Chlorgehalt	< 0,03 Masse-%
Cadmiumgehalt	< 0,5 mg/kg
Chromgehalt	< 8 mg/kg
Quecksilbergehalt	< 0,05 mg/kg
Bleigehalt	< 10 mg/kg
Zinkgehalt	< 100 mg/kg

Brennstoffe und Feuerungstechnik

Arten von Brenngasanlagen

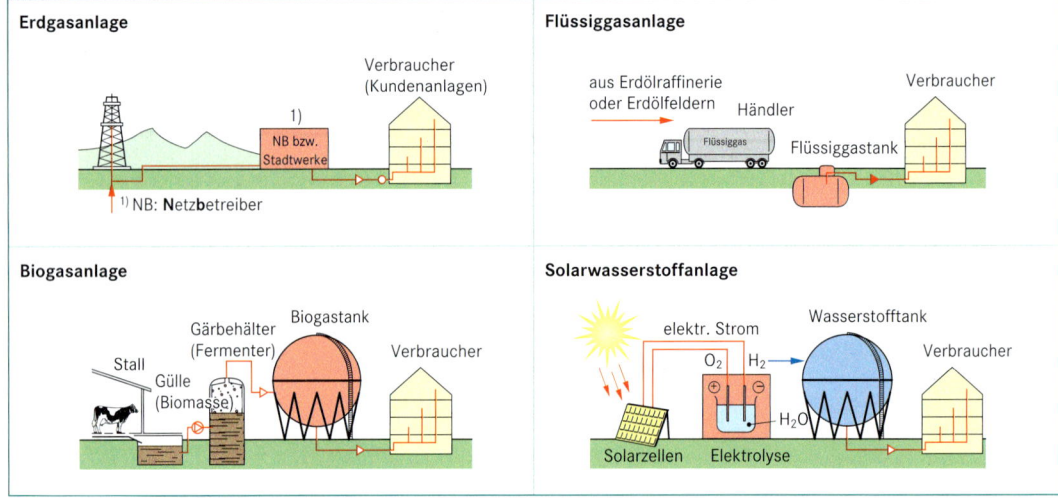

Erdgasanlage

Verbraucher (Kundenanlagen)

1) NB bzw. Stadtwerke

1) NB: **N**etz**b**etreiber

Flüssiggasanlage

aus Erdölraffinerie oder Erdölfeldern

Händler

Flüssiggas

Flüssiggastank

Verbraucher

Biogasanlage

Stall
Gülle (Biomasse)
Gärbehälter (Fermenter)
Biogastank
Verbraucher

Solarwasserstoffanlage

elektr. Strom
Wasserstofftank
Verbraucher
O_2 H_2
H_2O
Solarzellen Elektrolyse

Mögliche Anwendungen beim Verbraucher

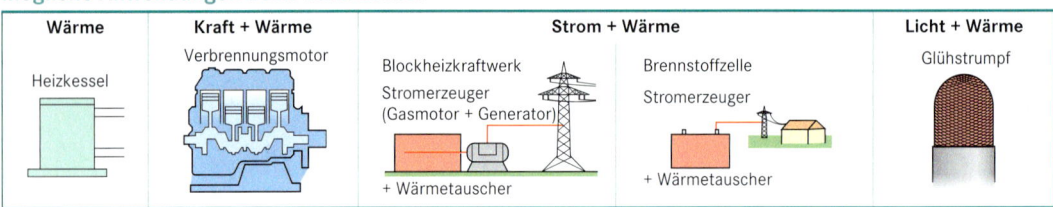

Wärme

Heizkessel

Kraft + Wärme

Verbrennungsmotor

Strom + Wärme

Blockheizkraftwerk
Stromerzeuger (Gasmotor + Generator)
+ Wärmetauscher

Brennstoffzelle
Stromerzeuger
+ Wärmetauscher

Licht + Wärme

Glühstrumpf

Leitungsabschnitte nach TRGI 2008

Schema einer Gasanlage (Kundenanlage)

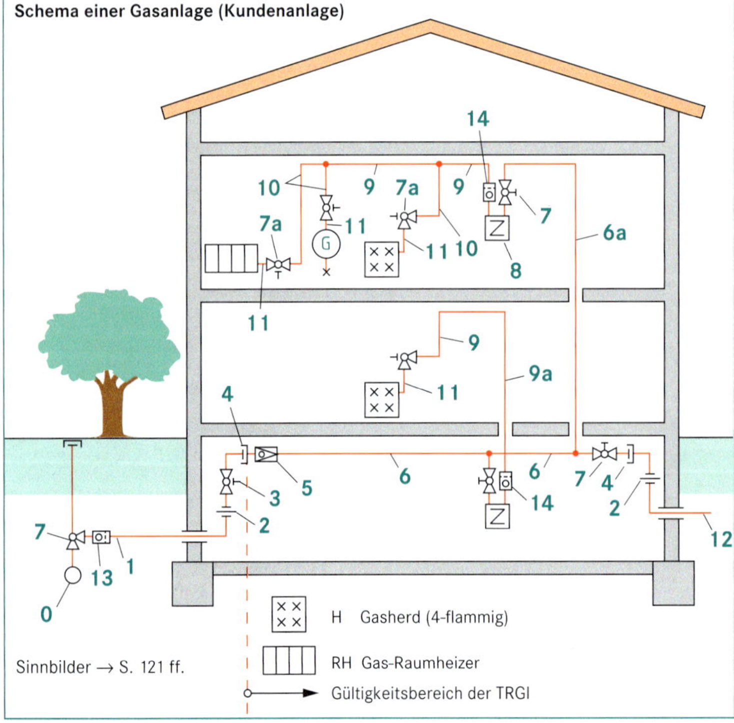

Sinnbilder → S. 121 ff.

H Gasherd (4-flammig)

RH Gas-Raumheizer

Gültigkeitsbereich der TRGI

0 Versorgungsleitung
1 Hausanschlussleitung
2 Isolierstück
3 Hauptabsperreinrichtung (HAE) (thermisch auslösende HAE)
4 lösbare Verbindung
5 Gasdruck-Regelgerät[1]
6 Verteilungsleitung (VTL) (führt zu den Gaszählern)
6a VTL (Steigleitung)
7 Absperreinrichtung (AE)
7a Geräteabsperreinrichtung mit integrierter thermisch auslösender AE unmittelbar vor den Gasgeräten
8 Gaszähler
9 Verbrauchsleitung (VBL)
9a VBL (Steigleitung)
10 Abzweigleitung
11 Geräteanschlussleitung
12 Außenleitung (frei verlegt oder erdverlegt)
13 Gas-Strömungswächter (GS)
14 Gasströmungswächter bei mehreren Zählern notwendig, mit angepasstem Schließwert[2]

[1] mit integriertem Gas-Strömungswächter (GS) mit angepasstem Schließwert
[2] Die Platzierung des Gasströmungswächters richtet sich auch nach den Bestimmungen des örtl. Versorgers.

Gasinstallation

Tab. 353.1: Verwendungsbereich von Rohren und Schläuchen für Gasleitungen

Werkstoff bzw. Leitungsart	DIN	Nach TRGI 2008 sind für **Gase** nach DVGW-Arbeitsblatt G260 – außer Flüssiggas – folgende Rohre und Schläuche bis 1 bar Betriebsdruck zulässig.				Nach TRF 1996 sind für **Flüssiggase** (Propan, Propen, Butan, Buten und deren Gemische) folgende Rohre und Schläuche bis 1 bar Betriebsdruck zulässig.[1]			
		Gasgeräteanschlussleitung	Innenleitung	Außenleitungen		Innenleitungen		Außenleitungen	
				frei verlegt	erdverlegt	Auf-putz	Unter-putz	frei verlegt	erd-verlegt
Rohrleitungen — Stahlrohre	EN 10 255 (nur mittelschwere und schwere Reihe)	x	x	x	nur Schweiß- oder Glattrohrverbindung zulässig	x	x	x	x
	2442	x	x	x	x	x	x	x	x
	EN 10 208-1	x	x	x	x	–	–	–	–
	EN 10 220	x	x	x	x	Geforderte Nennwanddicke ist ab DIN 100 größer als die Normalwanddicke.			
	EN 10 217-1	x	x	x	x	–	–	–	–
Präzisionsstahlrohre	EN 10 305-1	Mindestwanddicke in mm bis $d_a = 20 \rightarrow 1,5$ über $d_a = 20 \rightarrow 2,0$		–	–	St 37.0 und St 52.0	–	St 37.0 und St 52.0	–
	EN 10 305-2			–	–		–		–
	EN 10 305-3			–	–	–	–	–	–
Rohre aus nichtrostend. Stählen	DVGW GW 541(A)	x	x	x	–	–			
Kupferrohre	DVGW GW 392 (A) EN 1057	Mindestwanddicke: bis $d_a =$ 22 mm $\rightarrow$ 1,0 mm bis $d_a =$ 42 mm $\rightarrow$ 1,5 mm bis $d_a =$ 89 mm $\rightarrow$ 2,0 mm bis $d_a =$ 108 mm $\rightarrow$ 2,5 mm ab $d_a =$ 133 mm $\rightarrow$ 3,0 mm				R220 – in Ringen; R250, R290 – in Stangen Mindestwanddicke: bis $d_a =$ 22 mm $\rightarrow$ 1,0 mm bis $d_a =$ 42 mm $\rightarrow$ 1,5 mm			
Rohre und Leitungen aus Kunststoffen	DVGW GW 335 (A)	–	–	–	x	–	–	–	x
	DVGW VP 624 (P)	bis 0,1 bar	–	–	–	–	–	–	–
Schlauchleitungen — Schläuche für den: ■ Flaschenanschluss	4815-1,2	–	–	–	–	Schlauchlänge maximal 400 mm	–	–	–
■ Geräteanschluss	3383	bis 0,1 bar	–	–	–	bis 0,1 bar	–	–	–
	3384	x	Axialausgleich	–	–	x	–	–	–

x zulässig   – nicht zulässig

Welche Rohre mit welchen Form- und Verbindungsstücken verwendet werden dürfen und welche Fügetechnik anzuwenden ist, kann den Tab. 354.1 und Tab. 355.1 entnommen werden. Notwendige Maßnahmen zum Korrosionsschutz ergeben sich aus Tab. 357.2. Alle in Gasanlagen eingebauten Teile sollten das DIN-DVGW- bzw. das DVGW Prüfzeichen tragen. Ansonsten muss die Verwendbarkeit aus Zusatzkennzeichnungen und/oder Herstellerunterlagen nachweisbar sein.

[1] Rohrleitungen für einen zulässigen Betriebsüberdruck > 0,1 bar (Mitteldruck-Rohrleitungen) unterliegen der Druckbehälterverordnung. Sie sind von einem Sachverständigen zu prüfen, was durch Werks- und/oder Abnahmeprüfzeugnisse nachzuweisen ist. Je nach Werkstoff der Rohrleitung kann eine besondere Kennzeichnungspflicht bestehen.

Gasinstallation

Tab. 354.1: Zugelassene Form- und Verbindungsstücke nach TRGI 2008

Rohrart	DIN	Für Gase nach DVGW-Arbeitsblatt G260 – außer Flüssiggas –			
		Gasgeräte-anschluss-leitung[1]	Innen-leitung[1]	Außenleitungen	
				frei verlegt	erdverlegt
Stahlrohre	EN 10 255	Glattrohrverbindung muss zugfest und thermisch erhöht belastbar sein.			Nur Schweiß- oder Glattrohrverbindung zulässig.
	2442	■ Stahlflansche[4] nach DIN EN 1092-1			
	EN 10 208-1	■ Gusseisenflansche[4] nach DIN EN 1092-2			
	EN 10 220	■ Tempergussfittings nach DIN EN 10 242 nur mit Design-Symbol A			
	EN 10 217-1	■ Formstücke zum Einschweißen nach DIN EN 10 253-1			
		■ Stahlfittings mit Gewinde nach DIN EN 10 241			
		■ Glattrohrverbindungen nach DIN 3387-1			
Präzisions-stahlrohre		■ Glattrohrverbindungen nach DIN 3387-1			
■ nahtlos	EN 10 305-1			–	–
■ geschweißt	EN 10 305-2	■ Bördelrohrverbindungen nach DIN 3387-2 nur in Verbindung mit DIN EN 10 305-1		–	–
■ geschweißt und maßgewalzt	EN 10 305-3	Müssen zugfest und thermisch erhöht belastbar sein.		–	–
Rohre aus nichtrostenden Stählen	DVGW GW 541 (A)	■ Pressverbinder nach DVGW 614 (P)			–
Kupferrohre	DVGW GW 392 (A)	■ Hartlöt- und Schweißverbindungen nach DVGW GW 2 (A)			
	EN 1057	Hartlöten nur mit Kapillarlötfittings und EN 1057 zugelassenen Hartloten und Flussmitteln. Schweißen, insbesondere Schutzgasschweißen ist ab 1,5 mm Wanddicke möglich.[3]			
		■ Glattrohrverbindungen nach DIN 3387-1 sind zugelassen bis 0,1 bar. Sie müssen zugfest und thermisch erhöht belastbar sein.			
		■ Pressverbinder nach DVGW VP 614 (P)			Pressverbinder nur zum Anschluss von Gasgeräten zur Verwendung im Freien
Rohre und Leitungen aus Kunststoffen	DVGW GW 335 (A)	–		–	Formstücke aus PE 80 und PE 100 nach DVGW GW 335 B2 (A) (Elektromuffen)
	DVGW VP 624 (P)	■ Verbinder nach DVGW VP 626 (P)		–	–

– nicht zulässig

[1] Lösbare Verbindungen mit nichtmetallischen Dichtungen müssen leicht zugänglich sein.
[2] Nur in Verbindung mit **nichtaushärtendem** Dichtungsmaterial (→ Tab. 357.1).
[3] Schweißarbeiten dürfen nur von qualifizierten Schweißern ausgeführt werden.
[4] Zusammen mit Dichtungen nach DIN 3535-6 bei Innenleitungen oder nach DIN 3535-5 – Typ C bei frei verlegten Außenleitungen

Gasinstallation

Tab. 355.1: Zugelassene Verbindungsarten nach TRF 1996

Rohrart	DIN	Für **Flüssiggase** (Propan, Propen, Butan, Buten und deren Gemische) bis 1 bar Betriebsdruck zulässig.[1]			
		Innenleitungen[2]		Außenleitungen	
		Aufputz	Unterputz	frei verlegt	erdverlegt
Gewinderohre ■ mittelschwer ■ schwer ■ mit Gütevorschrift	EN 10 255 (2440) EN 10 255 (2441) 2442	■ Gewindeverbindung[3] nach DIN EN 10 266 (ISO 7-1) bis DN 50 mit Gewindefittings aus Temperguss (Design-Symbol A) oder Stahlfittings mit Gewinde für Rohrleitungen der Gasphase, ■ Schweißverbindung[4] ■ Flanschverbindungen[5]	■ Schweiß-verbindung[4]	■ Gewindeverbindung[3] nach DIN EN 10 266 (ISO 7-1) bis DN 50 mit Gewindefittings aus Temperguss (Design-Symbol A) oder Stahlfittings mit Gewinde für Rohrleitungen der Gasphase, ■ Schweißverbindung[4] ■ Flanschverbindungen[5]	■ Schweiß-verbindung[4]
Stahlrohre ■ nahtlos ■ geschweißt	EN 10 220 (2448) (2458)	■ Schweißverbindung[4] ■ Flanschverbindungen[5]	■ Schweiß-verbindung[4]	■ Schweißverbindung[4] ■ Flanschverbindungen[5]	■ Schweiß-verbindung[4]
Präzisions-stahlrohre ■ nahtlos ■ geschweißt	 EN 10 305-1 EN 10 305-2	■ Klemmverbindungen nach DIN 3387-1 (metallisch dichtend) ■ Schneidringverschrau-bungen nach DIN 2353 in den Werkstoffen nach DIN 3859 bis DN 32 zugelassen.	–	■ Klemmverbindungen nach DIN 3387-1 (metallisch dichtend) ■ Schneidringverschrau-bungen nach DIN 2353 in den Werkstoffen nach DIN 3859 bis DN 32 zugelassen.	–
Kupferrohre	EN 1057	■ Hartlötverbindungen mit Kapillarlötfittings nach DIN EN 1254-1 bzw. DVGW-Arbeitsblatt GW 6 für Kupferfittings und DVGW-Arbeitsblatt GW 8 für Rotgussfittings zugelassen. Bei Mitteldruckrohrleitungen jedoch nur bis d_a = 35 mm. Mitteldruck-Rohrleitungen (zulässiger Betriebsüberdruck > 0,1 bar) mit einem Außendurchmesser von 42 mm müssen verschweißt werden[4]. ■ Pressverbinder für die Verbindung von Kupferrohren nach DIN EN 1057 / GW 392 mit der Kennzeichnung Gas (G), PN1, thermisch erhöht belastbar GT und dem DVGW-Prüfzeichen sind in der Gasphase bis DN 50 zugelassen.			–
Kunststoffrohre aus PE-HD	EN 1555 (8074) (8075)	–	–	–	Verbindung durch ■ Heizwendel-Schweißen[4] (Elektromuffe) nach DVGW-Arbeitsblätter G472 u. G477

– nicht zulässig

[1] Verbindungen von Rohren untereinander sind in Räumen unter Erdgleiche durch Schweißen, Hartlöten oder Schneidringverschraubung herzustellen.

[2] Lösbare Verbindungen mit nichtmetallischen Dichtungen müssen leicht zugänglich sein.

[3] Nur in Verbindung mit nicht aushärtenden Dichtmitteln. ⟩ Tab. 357.1

[4] Schweißarbeiten dürfen nur von qualifizierten Schweißern ausgeführt werden. Hierbei dürfen nur normgerechte Formstücke verwendet werden.

[5] Mindestanforderungen: Verzinkte Sechskantschrauben (5.6), Sechskantmuttern (5-2) nach AD-Merkblatt W 7 und Dichtungen PN 40 mit Metallarmierung.

Anschluss an die Gas-Versorgungsleitung | Gas-Hausanschluss (mit Übergang PE-Stahl)

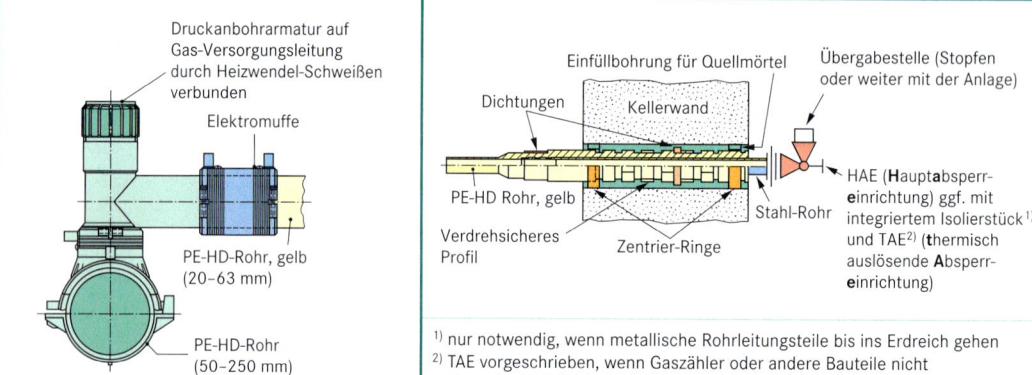

Druckanbohrarmatur auf Gas-Versorgungsleitung durch Heizwendel-Schweißen verbunden

Elektromuffe

PE-HD-Rohr, gelb (20–63 mm)

PE-HD-Rohr (50–250 mm)

Einfüllbohrung für Quellmörtel

Kellerwand

Dichtungen

PE-HD Rohr, gelb

Verdrehsicheres Profil

Zentrier-Ringe

Stahl-Rohr

Übergabestelle (Stopfen oder weiter mit der Anlage)

HAE (**H**aupt**a**bsperr-**e**inrichtung) ggf. mit integriertem Isolierstück[1] und TAE[2] (**t**hermisch **a**uslösende **A**bsperr-**e**inrichtung)

[1] nur notwendig, wenn metallische Rohrleitungsteile bis ins Erdreich gehen
[2] TAE vorgeschrieben, wenn Gaszähler oder andere Bauteile nicht thermisch erhöht belastbar

Rohrverbindungen für metallene Gasleitungen[1]

Gewindeverbindung nach DIN EN 10 266-1

Bis DN 50 zulässig

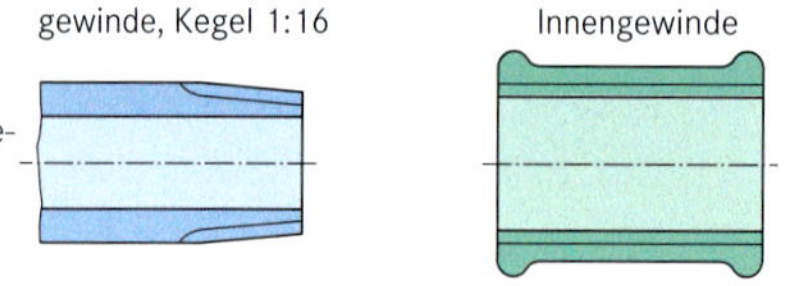

kegeliges Außen-gewinde, Kegel 1:16

zylindrisches Innengewinde

Gewinde-rohr

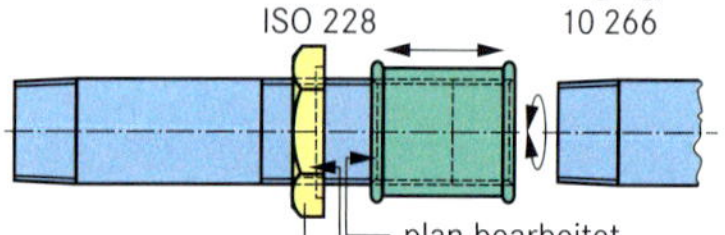

Verschraubungen (lösbar)

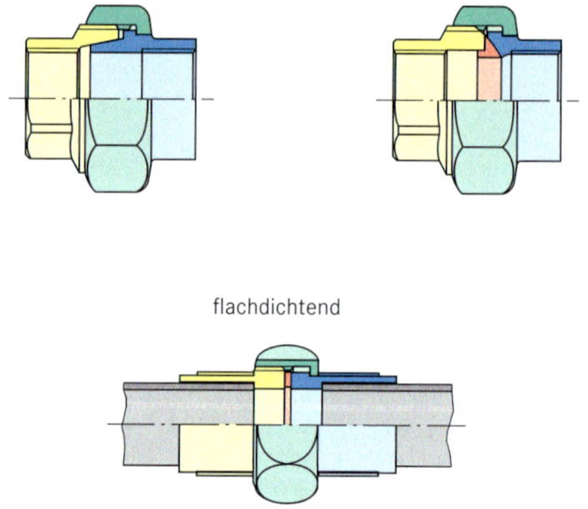

konisch/konisch-dichtend

konisch/kugelig-dichtend

flachdichtend

Langgewinde (lösbar) – Nicht mehr Stand der Technik!

Anschlussgewinde, kegelig nach DIN EN 10 226

Befestigungsge-winde, zylindrisch nach DIN EN ISO 228

Anschlussgewinde, kegelig nach DIN EN 10 266

Gegenmutter DIN 2950

plan bearbeitet

Aussparung

Glattrohrverbindung nach DIN 3387-1 (lösbar)

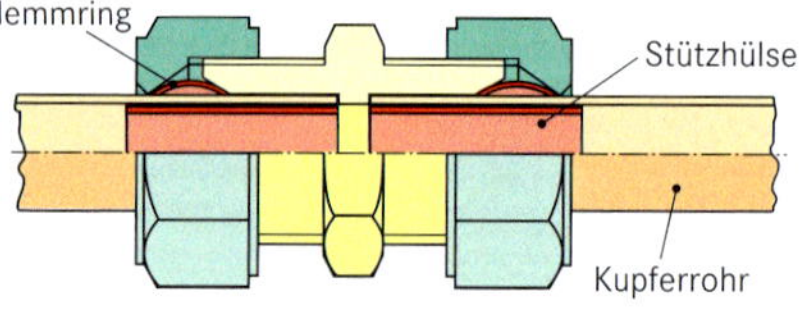

Klemmring

Stützhülse

Kupferrohr

Bördelrohrverbindung nach DIN 3387-2 (lösbar)

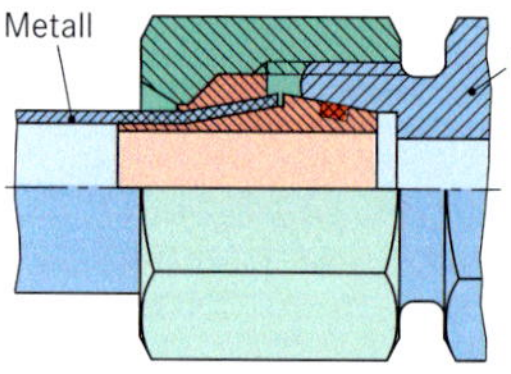

Metall

Metall

Schneidringverbindung nach DIN 2353

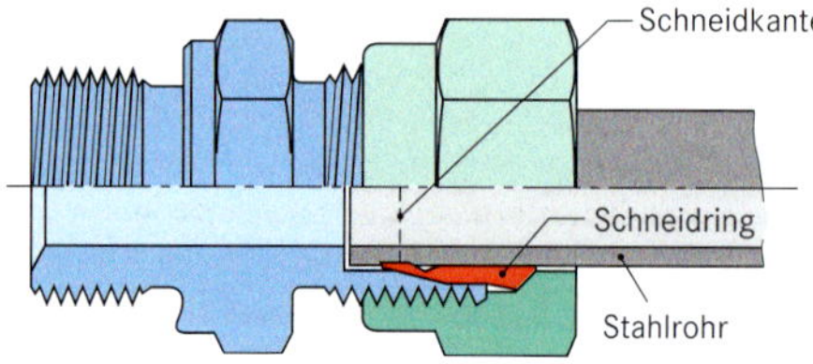

Schneidkante

Schneidring

Stahlrohr

Pressverbindung mit besonderer Kennzeichnung

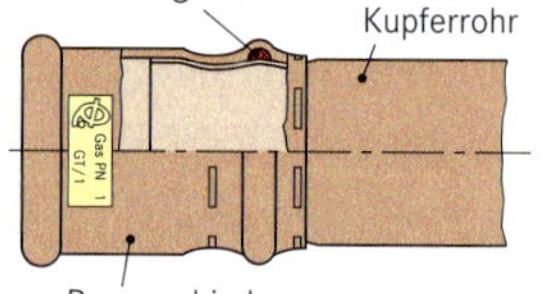

Dichtring aus HNBR

Kupferrohr

Pressverbinder

[1] Die Verwendbarkeit ergibt sich aus Tab. 354.1 und Tab. 355.1

Gasinstallation

Tab. 357.1: Gesamtbereich für den Einsatz[1] nichtmetallischer Dichtungsmaterialien in der Gastechnik

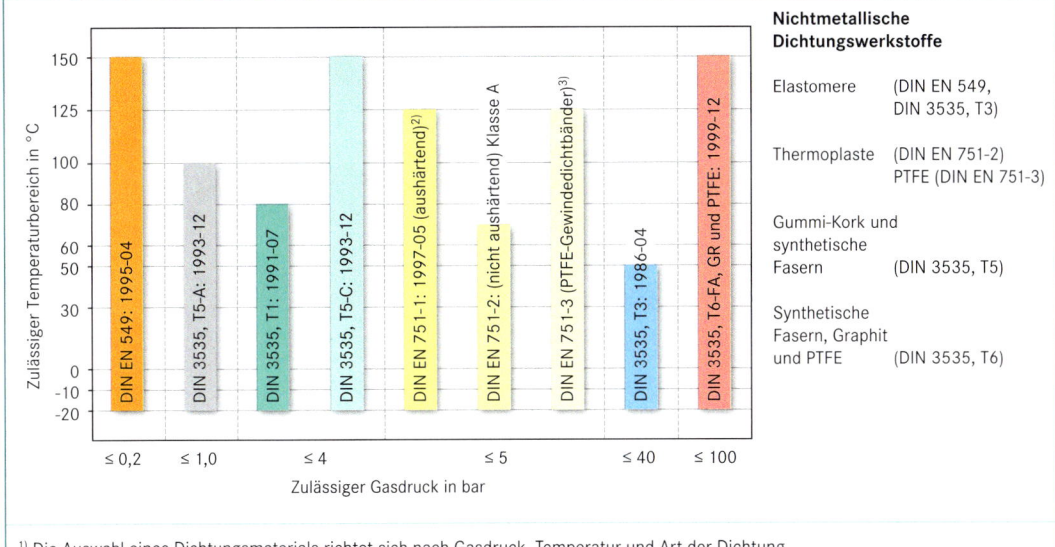

Nichtmetallische Dichtungswerkstoffe

Elastomere	(DIN EN 549, DIN 3535, T3)
Thermoplaste	(DIN EN 751-2) PTFE (DIN EN 751-3)
Gummi-Kork und synthetische Fasern	(DIN 3535, T5)
Synthetische Fasern, Graphit und PTFE	(DIN 3535, T6)

[1] Die Auswahl eines Dichtungsmaterials richtet sich nach Gasdruck, Temperatur und Art der Dichtung.
[2] In den TRGI 2008 ausschließlich nicht aushärtende Gewindedichtmittel zugelassen.
[3] Für metallene Gewindedichtungen nach ISO 7-1 bzw. DIN EN 10 266. Für Flüssiggaslagerung bis 20 bar einsetzbar.

Tab. 357.2: Äußerer Korrosionsschutz

Werkstoff der Rohrleitung	Bei Gasleitungen sind besondere Maßnahmen für den äußeren Korrosionsschutz notwendig[1].		
	Innenleitungen[2]	Außenleitungen[3]	
		frei verlegt	erdverlegt[6]
Rohre aus Stahl	**Werkseitiger Korrosionsschutz[4]** ■ Zinküberzüge auf Rohre und Einzelteile, ■ Gewindefittings aus Temperguss (Design-Symbol A) **Nachträglicher Korrosionsschutz[4]** ■ Korrosionsschutzbinden, ■ Beschichtungen oder ■ Überzüge	**Werkseitiger Korrosionsschutz** ■ Umhüllungen mit Polyethylen, Duroplasten oder Bitumen ■ Beschichtung mit Epoxidharz-pulver **Nachträglicher Korrosionsschutz** ■ Korrosionsschutzbinden und Schrumpfmaterialien	**Werkseitiger Korrosionsschutz** ■ Umhüllungen mit Polyethylen DIN 30 670 oder ■ Umhüllung mit Polypropylen nach DIN 30 678 **Nachträglicher Korrosionsschutz** ■ Korrosionsschutzbinden und Schrumpfmaterialien
Rohre aus Gusseisen	–	**Werkseitiger Korrosionsschutz** ■ Umhüllungen mit Polyethylen, Polyethylenfolie oder Zementmörtel, ■ Zinküberzug mit Deckbeschichtung, ■ Beschichtung mit Bitumen **Nachträglicher Korrosionsschutz** ■ Korrosionsschutzbinden und Schrumpfmaterialien	
Rohre aus Kupfer	Unter Putz und verdeckt Kupfer verlegte Rohrleitungen sind mindestens mit Kunststoff-ummantelung vor Korrosions-schäden zu schützen.	**Werkseitiger Korrosionsschutz** ■ Kunststoffummantelung **Nachträglicher Korrosionsschutz** ■ gleichwertige Nachisolierung an den Verbindungsstellen	

[1] Hierzu gehört auch das Verlegen von Rohrleitungen außerhalb feuchtigkeitsgefährdeter Bereiche.
[2] Unter Putz verlegte Flüssiggas-Leitungen sind ähnlich wie erdverlegte Leitungen zu behandeln.
[3] Auch das Isolierstück stellt eine Korrosionsschutzmaßnahme dar, weil es elektrischen Stromfluss verhindert und dadurch die elektrochemische Korrosion hemmt.
[4] In trockenen Räumen ist ein Korrosionsschutz bei auf Putz verlegten Rohrleitungen nicht unbedingt erforderlich (ausgenommen Präzisionsstahlrohre).
[5] Nur notwendig, wenn die Leitung innerhalb feuchtigkeitsgefährdeter Bereiche verlegt wird.
[6] Die Rohre müssen mindestens von einer 10 cm dicken Sandschicht umgeben sein.

Gasinstallation

Einbauarmaturen in Gasleitungen

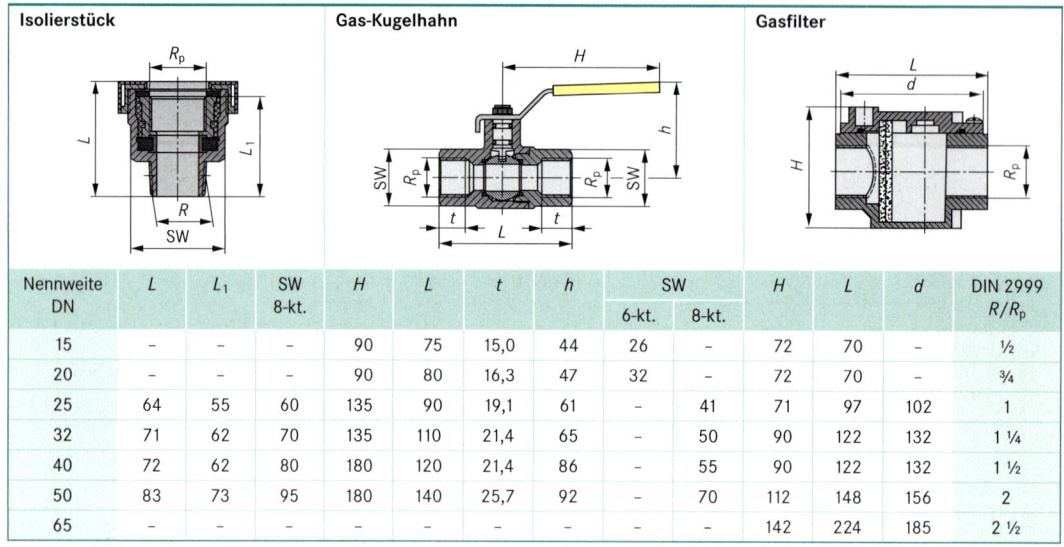

Isolierstück	Gas-Kugelhahn	Gasfilter

Nennweite DN	L	L₁	SW 8-kt.	H	L	t	h	SW 6-kt.	SW 8-kt.	H	L	d	DIN 2999 R/Rₚ
15	–	–	–	90	75	15,0	44	26	–	72	70	–	½
20	–	–	–	90	80	16,3	47	32	–	72	70	–	¾
25	64	55	60	135	90	19,1	61	–	41	71	97	102	1
32	71	62	70	135	110	21,4	65	–	50	90	122	132	1 ¼
40	72	62	80	180	120	21,4	86	–	55	90	122	132	1 ½
50	83	73	95	180	140	25,7	92	–	70	112	148	156	2
65	–	–	–	–	–	–	–	–	–	142	224	185	2 ½

Thermisch auslösende Absperreinrichtung TAE

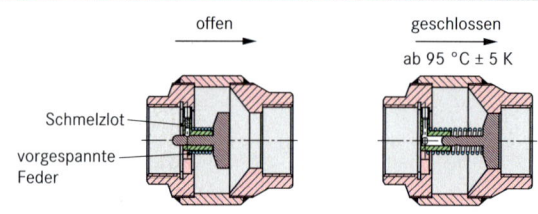

Die Geräteanschlussleitungen müssen **unmittelbar vor** Gasgeräten in Räumen mit einer TAE versehen sein. Dies gilt nicht, wenn die Gasgeräte bereits entsprechend ausgerüstet sind. Sofern Gaszähler und sonstige Bauteile wie bewegliche Verbindungen, Gasfilter, Gasmangelsicherung usw. nicht thermisch erhöht belastbar sind, ist auch vor ihnen eine TAE einzubauen.

Gassteckdose mit integrierter TAE (Sicherheitsanschlussarmatur)

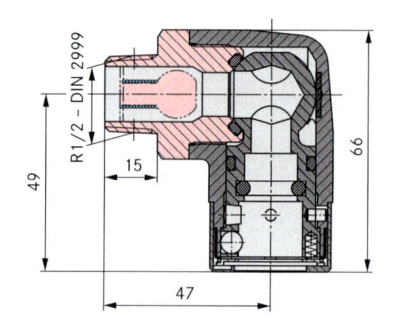

Für Betriebsdrücke bis 100 mbar zugelassen.

Gas-Eck-Kugelhahn mit integrierter TAE

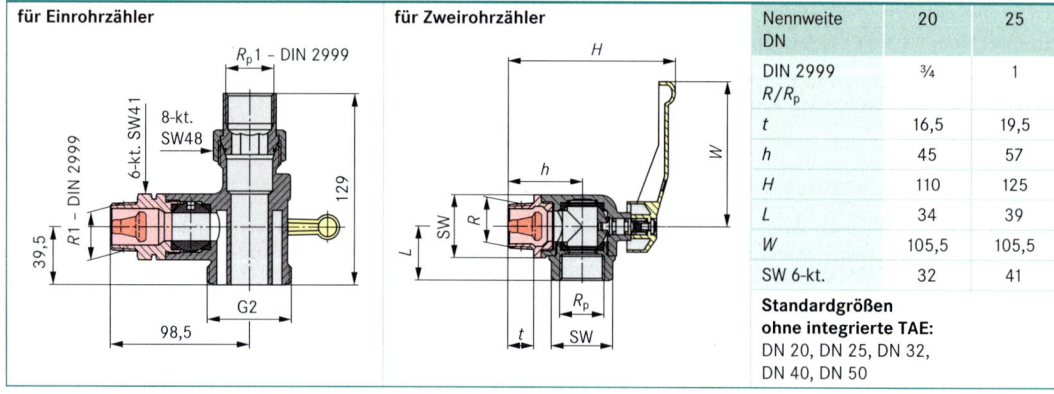

für Einrohrzähler	für Zweirohrzähler	Nennweite DN	20	25
		DIN 2999 R/Rₚ	¾	1
		t	16,5	19,5
		h	45	57
		H	110	125
		L	34	39
		W	105,5	105,5
		SW 6-kt.	32	41

Standardgrößen ohne integrierte TAE: DN 20, DN 25, DN 32, DN 40, DN 50

Schmierstoffe

Schmierstoffe für Absperreinrichtungen, Anschlussarmaturen usw. müssen DIN 3536 oder DIN EN 377 entsprechen. Die Armaturen dürfen geschmiert, jedoch **nicht zerlegt** werden. Sie sind wie vom Hersteller geliefert einzubauen.

Gasinstallation

Anforderungen nach DVGW-AB G 600-B

Um Eingriffe Unbefugter in die Gasinstallation von Gebäuden zu erschweren bzw. deren Folgen zu minimieren sind passive und aktive Maßnahmen erforderlich. Aktive Maßnahmen haben Vorrang.

Passive Maßnahmen sind:

- Anordnung der Gasanlage in nicht allgemein zugänglichen Räumen,
- Vermeiden von Leitungsenden, Auslässen und Prüföffnungen vor der Druckregelung bzw. die Verwendung von Sicherheits-stopfen und Sicherheitsklappen,
- Kapselung,
- Spezialschrauben für Flansche,
- Gewindeklebstoffe bzw. Gewindedichtklebstoffe

Aktive Maßnahmen[1] sind:

- Gas-Strömungswächter (GS)[2] nach DVGW-VP 305-1

- Gasdruckregelgerät mit integriertem Gas-Strömungswächter nach DVGW-VP 200

[1] Aktive Maßnahmen kommen bei einer Eingangsbelastung ≤ 138 kW (bzw. ≤ 110 kW bei Anschluss nur *eines* Gasgerätes) zum Einsatz. In Verteilungsleitungen mit Eingangsbelastungen > 138 kW ist kein GS einzubauen.
Sind daran Verbrauchs- oder Abzweigleitungen mit Streckenbelastungen ≤ 138 kW angeschlossen, ist direkt nach dem Abzweig von der Verteilungsleitung bzw. nach dem Austritt aus der Wand oder dem Schacht ein GS zu installieren.
[2] Der GS ist eine Einrichtung, die den Gasdurchfluss selbsttätig sperrt, wenn der Schließdurchfluss überschritten wird. Er ist vor oder hinter dem Gas-Druckregelgerät einzubauen.

Tab. 359.1: Gas-Strömungswächter nach VP 305-1

GS Typ	Einsatz	Bemessungsbezug und Bauanforderung	GS Nennwert	Farbe	Nennvolumenstrom $\dot{V}_N$ in m³/h
M	ausschließlich zum Schutz gegen Manipulationen in Leitungen aus Metall	15 bis 100 mbar $f_{s\,min} = 1{,}3$ $f_{s\,max} = 1{,}8$ instationäre Prüfung bei $1{,}15 \cdot \dot{V}_N$ $\Delta p ≤ 0{,}5$ mbar	GS 2,5	gelb	2,0
			GS 4	braun	3,2
			GS 6	grün	4,8
			GS 10	rot	8,0
			GS 16	orange	12,8
K	als Sicherheits-element bei Kunststoff-leitungen sowie bei Leitungen aus Metall gegen Manipulation	15 bis 100 mbar $f_{s\,min} = 1{,}3$ $f_{s\,max} = 1{,}45$ instationäre Prüfung bei $1{,}15 \cdot \dot{V}_N$ $\Delta p ≤ 0{,}5$ mbar	GS 1,6	weiß	1,3
			GS 2,5	gelb	2,0
			GS 4	braun	3,2
			GS 6	grün	4,8
			GS 10	rot	8,0
			GS 16	orange	12,8

$\dot{V}_N$ = Nennvolumenstrom; $\dot{V}_{S\,max}$ = Schließvolumenstrom;
f_s = Schließfaktor $f_{s\,max} = \dot{V}_{s\,max}/\dot{V}_N$

Achtung! Die **Einbaulage** (senkrecht oder waagerecht) kann, durch das Eigengewicht des Ventilteilers, für das Schließverhalten von Bedeutung sein.

Bemessung des Gas-Strömungswächters (GS)

Die Auswahl des Gas-Strömungswächters ist Teil der Bemessung der Leitungsanlage → S. 361 ff.
Im **Tabellenverfahren** richtet sich die Bemessung des GS nach Tabellen (z. B. Tab. 362.1, Tab. 363.1 und Tab. 364.3) und im **Diagrammverfahren** nach Diagrammen (z. B. nach Diagr. 364.1).

GS sind belastungsangepasst auszulegen, d. h. die Leitungen sind so zu dimensionieren, dass der vorgeschaltete GS auslösen kann. Entlang des Fließweges sind keine zwei GS mit gleichem Nennwert und gleichem Typ in Reihe zugelassen.

Tab. 359.2: Mindestnennweite und Zusatz-Gas-Strömungswächter (GS) Typ K nach dem Gaszähler (Z)

GS K vor Gaszähler	kleinste Abzweig-leitung	Zusatz-GS K
GS 2,5 K GS 4 K	d_a 15/DN 15	nicht erf. nicht erf.
GS 6 K	d_a 15/DN 15 d_a 18/DN 20	GS 2,5 K nicht erf.
GS 10 K	d_a 15/DN 15 d_a 18/DN 20 d_a 22/DN 25	GS 2,5 K GS 4 K nicht erf.
GS 16 K	d_a 18/DN 20 d_a 22/DN 25	GS 4 K GS 6 K

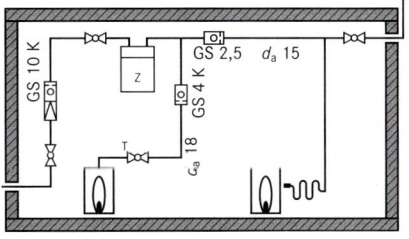

Beispiel:
Ist vor dem Gaszähler ein GS 10 K installiert und verzweigt sich die Leitung anschließend, so ist in eine Abzweig-leitung mit d_a = 18 mm zusätzlich ein GS 4 K zu installieren.

Bei Verwendung von GS Typ M ist ein Längenabgleich nach Tab. 364.3 notwendig.

Gasinstallation

Gas-Strömungswächter
gas flow controller

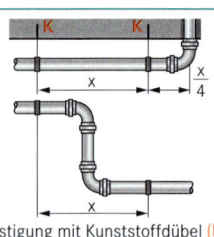

Längenabgleich bei Gas-Strömungswächter Typ M

15 D

d_a 18
l_{R1} = 9,9 m

d_a 28
l_{R3} = 3,8 m

d_a 22
l_{R2} = 2,0 m

GS 6 M

Längenreduzierung für die letzten 3 Dimensionen der Leitung nach folgender Formel durchführen

$$l_{GS} = l_{R1} + 0,4 \cdot l_{R2} + 0,1 \cdot l_{R3}$$

Abgleich nach Tab. 364.3 nach der Bedingung vornehmen

$$l_{GS} \leq l_{GS\,max}$$

Wenn Bedingung nicht erfüllt Nennweitenvergrößerung vornehmen. (Im Beispiel ist demnach d_a 18 auf d_a 22 zu vergrößern.

l_{GS}	:	auf den in Strömungsrichtung letzten Durchmesser reduzierte Länge	in m
l_{R1}	:	Länge des letzten der 3 Leitungsdurchmesser	in m
l_{R2}	:	Länge des mittleren der 3 Leitungsdurchmesser	in m
l_{R3}	:	Länge des ersten der 3 Leitungsdurchmesser	in m
$l_{GS\,max}$	:	maximale Rohrlänge ohne Reduzierung ($\rightarrow$ Tab. 364.3)	in m

---

Rohrleitungsbefestigung metallischer Leitungen TRGI 2008
pipe support for metallic tubes TRGI 2008

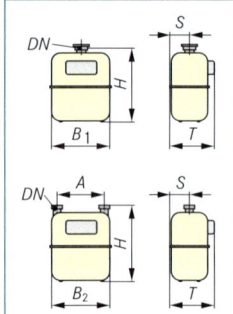

- Befestigung mit Kunststoffdübel (K) zulässig bei zug- und schubfester Rohrverbindung (bis 650 °C) – je nach baulicher Situation und räumlicher Zuordnung
- **Beispiel:** gepresste Kupferrohrleitung

- Befestigung mit Stahldübel (S) zulässig bei nicht zug- und schubfester Rohrverbindung (bis 650 °C)
- **Beispiel:** hartgelötete Kupferrohrleitung

Tab. 360.1: Richtwerte

Nennweite DN	d_a mm	Abstand x m
–	15	1,25
15	18	1,50
20	22	2,00
25	28	2,25
32	35	2,75
40	42	3,00
50	54	3,50
–	64	4,00
65	76,1	4,25
80	88,9	4,75
100	108	5,00

Gaszähler
gas meters

Tab. 360.2: Ein- und Zweistutzengaszähler[1] (Balgengaszähler)

DIN EN 1359: 1999-05

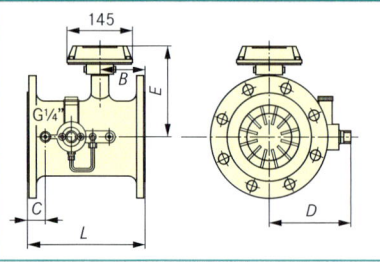

Gaszähler-größe	Messbereich in m³/h	Nennweite DN		Abmessungen in mm (Größtmaße)					
		1-Stutzen	2-Stutzen	B_1	B_2	A	H	T	S
G 2,5	0,025 bis 4	25	25	–	–	160	–	–	–
G 4	0,04 bis 6	25 (32)	25	270	350	250	300	300	100
G 6	0,06 bis 10	25 (32)	25 (32)	270	350	250	370	320	110
G 10	0,10 bis 16	40	40 (32)	425	425	280	450	340	120
G 16	0,16 bis 25	40	40	425	425	280	450	340	150
G 25	0,25 bis 40	50	50	475	475	335	550	460	180
G 40	0,40 bis 65	80 (65)	80 (65)	620	875	510	780	500	200
G 65	0,65 bis 100	80	80 (100)	650	900	640	900	600	250
G 100	1,00 bis 160	100	100	800	1000	710	1100	660	280

Verwendung: G 2,5 und G 4: Haushalt, G 6 bis G 25: Gewerbe, G 40 bis G 250: Industrie.
[1] Gaszähler müssen thermisch erhöht belastbar und entsprechend gekennzeichnet sein („t").

Tab. 360.3: Turbinenradgaszähler

EN 12 261: 2002-08

145

G¼"

Gaszähler-größe	Messbereich in m³/h	Nenn-weite DN	Abmessungen in mm (gemäß Firmenunterlagen)				
			B	C	D	E	L
G 65	10 bis 100	50	60	45	125	170	150
G 100	8 bis 160	80	100	60	150	175	240
G 160	13 bis 250	100	125	85	175	190	300
G 400	32 bis 650	150	185	125	205	200	450
G 650	50 bis 1000	200	240	175	230	235	600
G 1000	80 bis 1600	250	330	275	300	265	750

Verwendung: G 65 bis G 16000: Industrie

Gasinstallation

Druckverluste

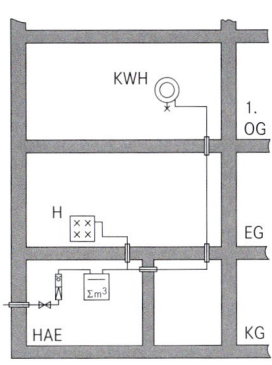

KWH

1. OG

H

EG

$\sum m^3$

HAE   KG

Sinnbilder für Gasanlagen
→ Tab. 121.2

Der Druckverlust zwischen
Gasdruckregler und Gasgerät
darf nicht mehr als 3 mbar
(300 Pa) betragen.
Geräteanschlussdruck = 20 mbar

$$\Delta p_{TS} = \Delta p_{GA} + \Delta p_H + \Delta p_{GS} + \Delta p_{ZG} + \Delta p_R + \Delta p_{AE}$$

Die Druckverluste werden entlang des
Fließweges summiert.

Wobei: $\quad \Delta p_H = (-4 \text{ Pa/m}) \cdot H \quad \uparrow \; +H$

und $\quad \Delta p_R = R \cdot l_B$

mit $\quad l_B = $ Rohrlänge + Längenzuschläge
für Formstücke und Bauteile
(→ Tab. 364.2)

$\sum \Delta p \leq 300 \text{ Pa}$ Dieser Wert darf nicht
überschritten werden.

Für die Bemessung steht das:

– **Tabellenverfahren** (allgemeines
Verfahren) und das
– **Diagrammverfahren** (vereinfachtes
Verfahren für Einzelzuleitungen und
Verteilerinstallationen) → Diagr. 364.1

zur Verfügung.

Δp_{TS} : Druckverlust in
einer Teilstrecke   in Pa
Δp_{GA} : Druckverlust der
Geräte-Anschlussarmatur   in Pa
(→ Tab. 362.5)
Δp_H : Druckverlust oder
-gewinn in fallenden/
steigenden Leitungen   in Pa
Δp_{GS} : Druckverlust des Gas-
Strömungswächters   in Pa
(→ Tab. 362.1 und 363.1)
Δp_{ZG} : Druckverlust der Zählergruppe
(Zähler u. Anschlussbauteile)   in Pa
(→ Tab. 362.2 und 363.2)
Δp_R : Druckverlust durch
Rohrreibung   in Pa
Δp_{AE} : Druckverlust zusätzlicher
Absperreinrichtungen   in Pa
(→ Tab. 363.5 und 364.1)
H : Höhenunterschied in m
R : Rohrdruckgefälle   in Pa/m
(→ Tab. 362.3 oder 362.4)
$\sum \Delta p$: Summe der Druckverluste
entlang des Fließweges   in Pa
(vom Gas-Druckreglergeräte-
ausgang bis zu den Gasgeräten)

Arbeitsschritte für das **Tabellenverfahren**:

1. Leitungsverlauf mit Leitungsschema darstellen.
2. Eintragungen in das Leitungsschema vornehmen:
   a) zu den Gasgeräten (Kurzzeichen nach Tab. 121.2, Nennbelastung $\dot{Q}_{NB}$, Art der Geräteanschlussarmatur,
      z. B. 15 D bedeutet DN 15 Durchgangsform, Höhe des Geräteanschlusses über dem Leitungsanfang H),
   b) an allen Teilstrecken (Streckenbelastung $\dot{Q}_{SB}$, Erstauswahl des Rohrdurchmessers, Druckgefälle des Rohres R,
      Berechnungslänge des Rohres l_B, Gaszähler (G...) und Gasströmungswächter (GS)).
3. Ermittlung der Druckverluste: $\Delta p_{GA}, \Delta p_H, \Delta p_{GS}, \Delta p_{ZG}, \Delta p_R, \Delta p_{AE}$ der einzelnen Teilstrecken.
4. Ermittlung der Druckverluste entlang der Fließwege zu den Gasgeräten $\sum \Delta p$ unter Berücksichtigung der maximalen Druckverluste
   von 300 Pa. Ggf. Zweitauswahl der Rohrdurchmesser oder anderer Komponenten.
5. Nach der Bemessung der Teilstrecken, ist die Wirksamkeit der Gasströmungswächter GS zu überprüfen.

Leitungsschema mit Eintragungen

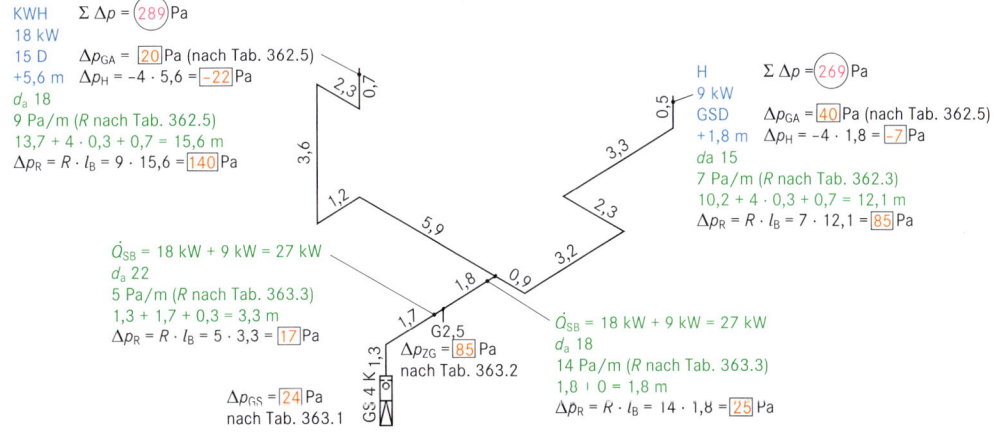

KWH
18 kW
15 D
+5,6 m
d_a 18
9 Pa/m (R nach Tab. 362.5)
13,7 + 4 · 0,3 + 0,7 = 15,6 m
$\Delta p_R = R \cdot l_B = 9 \cdot 15,6 = \boxed{140}$ Pa

$\Sigma \Delta p = \boxed{289}$ Pa
$\Delta p_{GA} = \boxed{20}$ Pa (nach Tab. 362.5)
$\Delta p_H = -4 \cdot 5,6 = \boxed{-22}$ Pa

2,3   0,7

3,6

1,2

5,9

1,8   0,9

1,7

G 2,5
$\Delta p_{ZG} = \boxed{85}$ Pa
nach Tab. 363.2

GS 4 K 1,3

$\Delta p_{GS} = \boxed{24}$ Pa
nach Tab. 363.1

$\dot{Q}_{SB}$ = 18 kW + 9 kW = 27 kW
d_a 22
5 Pa/m (R nach Tab. 363.3)
1,3 + 1,7 + 0,3 = 3,3 m
$\Delta p_R = R \cdot l_B = 5 \cdot 3,3 = \boxed{17}$ Pa

3,3   0,5

2,3

3,2

H
9 kW
GSD
+1,8 m
da 15
7 Pa/m (R nach Tab. 362.3)
10,2 + 4 · 0,3 + 0,7 = 12,1 m
$\Delta p_R = R \cdot l_B = 7 \cdot 12,1 = \boxed{85}$ Pa

$\Sigma \Delta p = \boxed{269}$ Pa
$\Delta p_{GA} = \boxed{40}$ Pa (nach Tab. 362.5)
$\Delta p_H = -4 \cdot 1,8 = \boxed{-7}$ Pa

$\dot{Q}_{SB}$ = 18 kW + 9 kW = 27 kW
d_a 18
14 Pa/m (R nach Tab. 363.3)
1,8 + 0 = 1,8 m
$\Delta p_R = R \cdot l_B = 14 \cdot 1,8 = \boxed{25}$ Pa

Verbrauchs- und Abzweigleitungen aus Kupfer, GS-Typ K

Druckverluste und Rohrdruckgefälle in Abhängigkeit von der Nennbelastung $\dot{Q}_{NB}$

Tab. 362.1: Gasströmungswächter in Einzelzuleitung und Abzweigleitung

Δp_{GS}	G2,5	G4	G6	G10	G16
Pa	$\dot{Q}_{NB}$ [kW]				
6	8				
8	9				
10	10				
12				42	69
14	11	18	28	47	75
16	12	20	30	50	80
18	13	21	32	53	85
20		22	33	56	89
22	14	23	35	58	93
24	15	24	36	61	97
26		25	38	63	101
28	16	26	39	65	105
30	17	27	41	68	110

bei Verwendung von GS **M** Längenabgleich nach **Tab. 364.3**

Tab. 362.2: Balgengaszähler in Einzelzuleitung

Δp_{GS}	G2,5	G4	G6	G10	G16
Pa	$\dot{Q}_{NB}$ [kW]				
30	5	8	12	20	25
35	8	14	21	35	44
40	11	18	27	45	57
45	13	21	32	53	68
50	15	24	36	61	77
55	16	27	40	67	85
60	18	29	44	73	92
65	19	31	47	78	99
70	21	33	50	84	106
75	22	35	53	88	112
80	23	37	56	93	118
85	24	39	58	97	123
90	25	40	61	101	128
95	26	42	63	105	134
100	27	43	65	109	138

Tab. 362.3: Rohrdruckgefälle für Kupfer- und Edelstahlrohr in Einzelzuleitung und Abzweigleitung

R	d_a 15	18	22	28	35	42	54	64
Pa/m	$\dot{Q}_{NB}$ [kW]							
0.4			4	10	20	36	71	118
0.6			6	13	26	45	91	150
0.8		3	8	15	31	54	107	177
1.0		4	9	18	35	61	122	200
1.2		5	10	19	39	68	134	220
1.4		6	11	21	42	74	146	240
1.6	3		12	23	46	79	157	255
1.8		7	13	24	49	85	168	275
2.0	4		14	27	53	92	183	300
2.5	5	8	16	31	61	105	205	340
3.0		9	18	34	67	116	225	375
3.5	6	10	20	37	73	126	245	405
4.0		11	22	40	80	138	270	445
5	7	13	25	46	91	157	305	505
6	8	14	27	51	100	173	340	555
7	9	16	30	55	109	188	365	600
8		17	32	59	117	200	395	645
9	10	18	34	63	125	215	420	690
10	11	20	37	69	136	230	455	750

Tab. 362.4: Rohrdruckgefälle für Stahlrohr nach DIN EN 10 255 mittlere Reihe in Einzelzuleitung und Abzweigleitung

R	DN 15	20	25	32	40	50	65
Pa/m	$\dot{Q}_{NB}$ [kW]						
0.4		6	12	27	41	80	164
0.6		8	15	34	52	100	205
0.8	3	9	18	40	61	118	240
1.0	4	11	21	46	70	134	270
1.2	5	12	23	50	76	147	300
1.4		13	25	54	83	159	320
1.6	6	14	27	58	89	171	345
1.8		15	29	62	95	182	365
2.0	7	16	31	68	103	197	400
2.5	8	18	35	77	116	220	450
3.0	9	20	39	84	128	240	490
3.5		22	42	91	138	260	530
4.0	10	24	46	100	151	285	580
5	12	28	52	112	170	325	655
6	13	30	57	123	187	355	715
7	14	33	62	133	200	380	775
8	15	35	67	143	215	410	825
9	16	37	71	152	225	435	875
10	17	41	77	164	245	470	950

Tab. 362.5: Geräteanschlussarmatur mit integrierter TAE

Eckform[1] (E)

Δp_{GA}	GSD*	DN 15	20	25	32	40	50
Pa		$\dot{Q}_{NB}$ [kW]					
5		7	12	21	37	58	75
10	5	10	16	27	48	75	97
15	6	11	19	32	57	89	115
20		13	21	36	65	101	130
25	7	14	24	40	72	112	144
30	8	15	26	44	78	121	156
35		16	28	47	84	130	168
40	9	17	29	50	89	139	179
45		18	31	53	94	147	189
50	10	19	33	55	99	154	199
55		20	34	58	104	161	208
60		21	36	60	108	168	217
65	11	22	37	63	112	175	225
70		23	38	65	116	181	233
75	12		40	67	120	187	241
80		24	41	69	124	193	249
85		25	42	71	128	199	256
90	13	26	43	73	131	205	264

Durchgangsform[2] (D)

Δp_{GA}	DN 15	20	25	32	40	50	65
Pa	$\dot{Q}_{NB}$ [kW]						
5	10	21	33	56	83	135	237
10	13	27	43	73	108	175	306
15	16	32	51	86	127	207	362
20	18	36	58	97	144	235	410
25	20	40	64	108	160	259	454
30	21	44	69	117	173	282	493
35	23	47	74	126	186	303	530
40	25	50	79	134	198	322	564
45	26	53	84	142	210	341	596
50	27	55	88	149	220	358	627
55	29	58	92	156	231	375	656
60	30	60	96	162	241	391	684
65	31	63	100	169	250	406	711
70	32	65	103	175	259	421	737
75	33	67	107	181	268	435	762
80	34	69	110	186	276	449	786
85	35	71	114	192	285	463	809
90	36	73	117	197	293	476	832

[1] Gassteckdose gerechnet mit GS 1,6 K
[2] gilt auch für einzelne TAE

Gasinstallation

Druckverluste und Rohrdruckgefälle in Abhängigkeit von der Streckenbelastung $\dot{Q}_{SB}$

Tab. 363.1: Gasströmungswächter in Verbrauchs- und Verteilungsleitung

Δp_{GS}	GS 2,5	GS 4	GS 6	GS 10	GS 16
Pa	$\dot{Q}_{SB}$ [kW]				
8	10				87
10	11				101
12	12			52	115
14	13			58	128
16	14	22		65	138
18		24	35	73	
20	15	25	37	79	
22	16	26	39	86	
24	17	27	41		
26		28	42		
28	18	29	44		
30	19	30	45		
32	19	31	47		
34	20	32	48		
36		33	51		
38	21	34			

Tab. 363.2: Balgengaszähler in Verbrauchsleitung

Δp_{ZG}	G2,5	G4	G6	G10	G16
Pa	$\dot{Q}_{SB}$ [kW]				
30	5	8	13	22	28
35	9	15	23	39	51
40	12	20	30	53	83
45	14	23	35	74	110
50	16	27	40	92	133
55	18	30	45	108	153
60	20	32	50	123	172
65	21	35	58	137	189
70	23	37	66		
75	24	39	73		
80	25	41	80		
85	27	43	86		
90	28	45			
95	29	47			
100	30	49			

Tab. 363.3: Rohrdruckgefälle für Kupfer- und Edelstahlrohr in Verbrauchs- und Verteilungsleitung

R	d_a 15	18	22	28	35	42	54	64
Pa/m	$\dot{Q}_{SB}$ [kW]							
0.4			5	12	23	40	119	235
0.6			7	14	29	54	167	315
0.8			9	17	34	75	205	380
1.0			10	20	39	94	245	440
1.2		6	11	22	43	110	275	495
1.4			12	24	47	125	305	540
1.6		7	13	25	55	139	330	585
1.8			14	27	63	152	360	630
2.0		8	16	30	74	171	395	690
2.5		9	18	34	93	200	455	790
3.0	6	10	20	38	108	230	510	875
3.5		11	22	41	123	255	560	955
4.0	7	13	24	45	141	285	620	1050
5	8	15	27	56	169	330	710	1200
6	9	16	30	68	192	Grenze Verteilungs-leitung		
7	10	18	33	79	210			
8		19	36	89	230			
9	11	20	38	99	250			
10	12	22	41	114	280	Grenze Erstauswahl Verbrauchsleitung		
12	14	25	46	131	315			
14	15	27	53	148	345			
16	16	29	61	163	375			

Tab. 363.4: Rohrdruckgefälle für Stahlrohr nach DIN EN 10 255 mittlere Reihe in Verbrauchs- und Verteilungsleitung

R	DN 15	20	25	32	40	50	65
Pa/m	$\dot{Q}_{SB}$ [kW]						
0.4		6	13	30	46	140	350
0.6		9	17	38	71	192	455
0.8		10	20	45	94	235	540
1.0		12	23	55	115	275	620
1.2		13	26	66	132	305	690
1.4	6	14	28	77	148	335	750
1.6		15	30	87	163	365	805
1.8	7	17	32	96	177	395	860
2.0	8	18	35	110	198	430	940
2.5	9	21	39	132	230	495	1060
3.0	10	23	43	151	260	550	1170
3.5		25	47	168	285	600	1270
4.0	11	27	56	190	315	660	1390
5	13	31	72	220	365	750	1580
6	14	34	84	245	Grenze Verteilungs-leitung		
7	16	36	96	270			
8	17	39	107	295			
9	18	42	118	320			
10	19	45	133	350	Grenze Erstauswahl Verbrauchsleitung		
12	21	52	151	390			
14	23	61	168	425			
16	25	70	184	460			

Tab. 363.5: Druckverlust in Absperreinrichtung (DIN EN 331 bzw. DIN 3537-1) nach der Nennbelastung $\dot{Q}_{NB}$ in Verbrauchs- und Verteilungsleitung

Eckform (E)							Durchgangsform (D)								
Δp_{AE}	DN 15	20	25	32	40	50	Δp_{AE}	DN 15	20	25	32	40	50	65	80
Pa	$\dot{Q}_{NB}$ [kW]						Pa	$\dot{Q}_{NB}$ [kW]							
5	11	20	33	72	146	205	5	16	33	58	138	234	418	771	1116
10	15	25	42	111	206	282	10	21	42	92	196	320	557	1013	1459
15	17	30	52	142	255	345	15	25	52	120	243	389	670	1210	1738
20	20	34	67	169	297	399	20	28	67	144	284	450	768	1380	1979
25	22	38	81	194	334	447	25	31	81	165	320	504	856	1532	2194
30	24	41	93	216	369	491	30	34	93	185	354	553	936	1671	2391
35	26	44	105	236	401	532	35	37	105	203	384	598	1009	1799	2572
40	27	47	115	255	430	571	40	39	115	220	413	641	1079	1919	2743

Gasinstallation

Tab. 364.1: Druckverlust in Absperreinrichtung (DIN EN 331 bzw. DIN 3537-1) nach der Nennbelastung $\dot{Q}_{NB}$ in Einzelzuleitung und Abzweigleitung

Eckform (E)[1]

Δp_{AE} Pa	DN 15	20	25	32	40	50
	$\dot{Q}_{NB}$ [kW]					
5	10	18	29	53	82	106
10	13	23	38	68	106	137
15	16	27	45	81	126	162
20	18	31	51	92	143	183
25	20	34	56	101	158	203
30	21	37	61	110	172	221
35	23	39	66	118	184	237
40	25	42	70	126	196	252
45	26	44	74	133	207	267
50	27	47	78	140	218	280

Durchgangsform (D)

Δp_{AE} Pa	DN 15	20	25	32	40	50	65	80
	$\dot{Q}_{NB}$ [kW]							
5	15	29	47	79	118	191	332	470
10	19	38	61	103	152	247	429	608
15	22	45	72	121	180	292	508	719
20	25	51	82	138	204	331	576	816
25	28	56	90	152	225	366	637	902
30	31	61	98	165	245	398	692	980
35	33	66	105	178	263	428	744	1053
40	35	70	112	189	280	455	792	1121
45	37	74	119	200	296	481	837	1185
50	39	78	125	210	312	506	880	1246

[1] Die Druckverluste für Absperreinrichtungen in Eckform gelten auch für Magnetventile.

Tab. 364.2: Längenzuschläge für Formteile (metallene Leitung)

d_a	bis 28	35	42	54	64	76,1/88,9
DN	bis 25	32	40	50	65	80
l_{TA} [m]	0,7	1	1,5	2	2,5	3
l_{TW} [m]	0,3	0,5	0,7	1	1,2	1,5

l_{TA}: T-Stück 90°-Abzweig l_{TW}: 90°-Winkel

Tab. 364.3: Maximale Rohrlänge des GS Typ M (metallene Leitung)

GS M	Geräte-anschluss-armatur	Kupfer- und Edelstahlrohr d_a	l_{GSmax} m	Stahlrohr nach DIN EN 10 255 DN	mittel l_{GSmax} m	schwer DIN 2442 m
2,5	15 E	15	20	15	40	28
	15 D		21		42	30
	GSD		22		44	31
4	15 E	15	6			
	15 D		7			
	GSD		8			
	15 E	18	17	15	11	8
	15 D		19		13	10
	20 E		21		14	11
	20 D/GSD		23		15	12
	Verteilungsleitung		30		21	14
6	15 E	18	4	15	3	2
	15 D		8		5	4
	20 E		9		6	4
	20 D/GSD		11		7	5
	Verteilungsleitung		15		9	6
	15 E	22	12	20	13	9
	15 D		23		24	19
	20 E		26		28	22
	20 D/GSD		30		33	26
	Verteilungsleitung		42		45	34
10	20 E	22	4	20	4	3
	20 D/GSD		10		10	7
	Verteilungsleitung		17		17	12
	20 E	28	13	25	14	10
	20 D/25 E/GSD		30		33	25
	25 D		34		38	30
	Verteilungsleitung		50		55	40
16	20 D	22	3	20	3	2
	Verteilungsleitung		8		7	5
	20 D/25 E/GSD	28	9	25	9	7
	25 D		15		16	12
	Verteilungsleitung		22		22	16

Diagr. 364.1: Bemessung von Einzelzuleitungen aus Kupfer oder Edelstahl bis 40 kW (Diagrammverfahren)

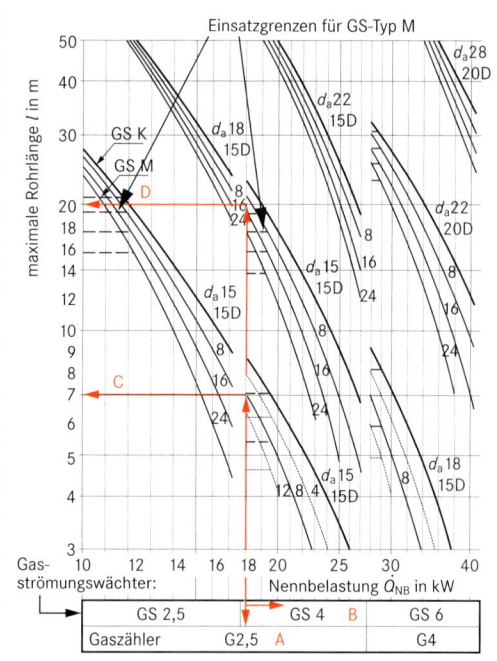

Aufg.: Im Leitungsschema auf S. 361 sei nur der KWH mit 18 kW angeschlossen. Die Leitungslänge sei 18,5 m. Zusätzlich wären 6 Winkel und ein Geräteanschlusshahn 15 D erforderlich.

Lös.: Aus Diagr. 364.1 lässt sich unter $\dot{Q}_{NB}$ = 18 kW die Mindestgröße für den Gaszähler mit G 2,5 ablesen (siehe **A**) und der einzusetzende Gasströmungswächter mit **GS4** siehe **B**.

Im Diagr. befinden sich Kurvenscharen für jede Rohrdimension. Die fett gezeichneten Kurven stehen für die maximale Rohrlänge l_{max} ohne Winkel. Darunter befinden sich Kurven für die Winkelzahl. Man liest bei der nächstgrößeren Winkelzahl ab. Wird bei 18 kW eine senkrechte Linie nach oben gezogen, schneidet die Gerade die Kennlinie d_a 15/8 bei l_{max} = 7 m (siehe **C**). Hier sei aber eine Leitungslänge von 18,50 m notwendig. Beim Schnittpunkt der senkrechten Linie mit der Kennlinie d_a 18/8 ist l_{max} = 20 m (siehe **D**). Demnach wäre $\boldsymbol{d_a}$ = **18 mm** ausreichend. Da hierbei die Einsatzgrenze für den GS-Typ M fast erreicht ist, empfiehlt sich der GS4 Typ K.

Flüssiggasanlage mit Flaschen

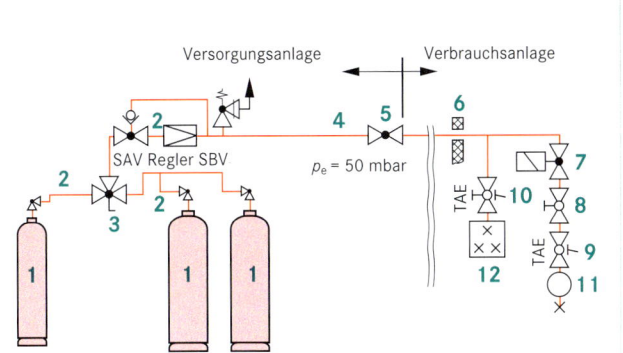

Versorgungsanlage   Verbrauchsanlage

SAV Regler SBV p_e = 50 mbar

1	Flüssiggasflasche
2	Mitteldruck-Rohrleitung
3	Umschaltarmatur (bei Einflaschenanlage nicht notwendig)
SAV	Sicherheits-Absperrventil (Ansprechdruck: 80 bis 120 mbar)
SBV	Sicherheits-Abblaseventil (Ansprechdruck: 120 bis 150 mbar)
4	Niederdruck-Rohrleitung
5	Hauptabsperreinrichtung (HAE)
6	Hauseinführung
7	Magnetventil – stromlos geschlossen (als zusätzliche Maßnahme bei der Aufstellung von Gasgeräten in Räumen unter Erdgleiche)
8	Geräteabsperreinrichtung
9	Thermisch auslösende Absperreinrichtung (TAE)
10	Absperreinrichtung mit integrierter TAE
11	Gasgerät (Gas-Durchlaufwasserheizer)
12	Gasgerät (3-flammiger Gasherd)

Der Flaschendruck wird einstufig auf den Anschlussdruck von 50 mbar gemindert.

Anforderungen an die Brennstofflagerung → S. 348 ff.

Flüssiggasanlagen mit Schlauchverbindungen

DIN 4815-2: 1979-06

Als Verbindung zwischen Gasflasche und Druckregelgerät (Mitteldruck-Rohrleitung)

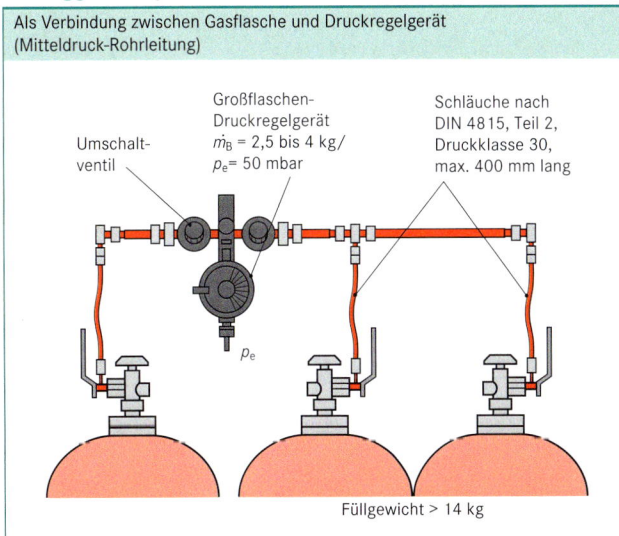

Umschalt-ventil

Großflaschen-Druckregelgerät
$\dot{m}_B$ = 2,5 bis 4 kg/
p_e= 50 mbar

Schläuche nach DIN 4815, Teil 2, Druckklasse 30, max. 400 mm lang

p_e

Füllgewicht > 14 kg

Als Verbindung zwischen Druckregelgerät und Verbrauchsanlage (Niederdruck-Rohrleitung)

Für Flaschen mit einem Füllgewicht bis 14 kg sind in Aufenthaltsräumen nur Druckregelgeräte mit thermischem Absperrelement und einem Manometer zu verwenden. Diese sind direkt an das Flaschenventil anzuschließen.

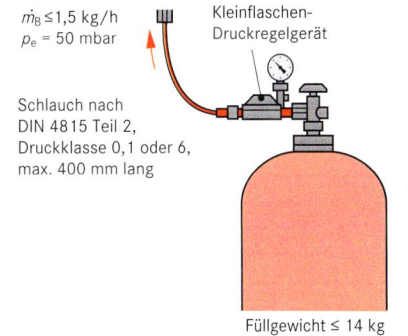

$\dot{m}_B$ ≤1,5 kg/h
p_e = 50 mbar

Kleinflaschen-Druckregelgerät

Schlauch nach DIN 4815 Teil 2, Druckklasse 0,1 oder 6, max. 400 mm lang

Füllgewicht ≤ 14 kg

Gasinstallation

Tab. 365.1: Flüssiggasflaschen

DIN 4661

Füllmasse (Füllgewicht)	425 g	5 kg	11 kg	33 kg
Flaschenvolumen in l	1,0	11,8	27,2	79
Masse (leer) in kg	1,8	6,6	13,1	35,5
Masse (voll) in kg	2,225	11,6	24,1	68,5
Außen-Ø in mm	85	230	300	320
Gesamthöhe in mm	320	500	600	1300
Prüfdruck in bar	225	30	30	30

Die Flaschenventile müssen DIN 477 Teil 1 entsprechen. Absperr-ventil und Anschluss müssen der Bauart nach zugelassen sein.

Vorschriften für den Transport von Flüssiggasflaschen nach Gefahrgut-Verordnung Straße (GGVS)

- Ventile der Flaschen zudrehen und Schutzkappen aufbringen,
- Gefahrenzettel auf Flasche kleben,
- beim Be- und Entladen Motor abstellen,
- brennbare Gase dürfen nur im geschlossenen Aufbau transportiert werden,
- Flaschen gut sichern und befestigen, damit sie in ihrer Lage nicht verrutschen können,
- Feuerlöscher mitführen (6 oder 12 kg),
- es dürfen keine anderen explosiven Stoffe mitgeführt werden,
- Umgang mit Feuer, offenes Licht und Rauchen ist verboten,
- Zwangsbe- und -entlüftung.

Tab. 366.1: Entnahmezeit t_E aus einer Flüssiggasflasche bei gasförmiger Entnahme in Stunden

Füllmasse (Füllgewicht)	Brennstoffdurchsatz $\dot{m}_B$ in kg/h																
	0,1	0,2	0,3	0,4	0,5	0,6	0,8	1,0	1,2	1,4	1,6	1,8	2,0	2,25	2,5	2,75	3,0
5 kg	550	25	16,7	12,5	10	8,3	6,25	5	4,17	3,57	3,13	2,78	2,5	2,22	2	1,82	1,67
11 kg	110	55	36,7	27,5	22	18,3	13,8	11	9,17	7,86	6,88	6,11	5,5	4,89	4,4	4	3,67
33 kg	330	165	110	82,5	66	55	41,3	33	27,5	23,6	20,6	18,3	16,5	14,7	13,2	12	11
Zulässige Gasentnahme	ohne Unterbrechung, **Dauerentnahme**						mit 50 % Unterbrechung, wobei Pausenzeiten nicht angerechnet werden.						bei stoßweisem Betrieb (20 min), wobei Pausenzeiten nicht angerechnet werden.				

Eine größere Gasentnahme ist nur aus mehreren Flaschen möglich, weil Flüssiggas aus der flüssigen Phase (bedingt durch den Flaschendruck und die -temperatur) nur langsam in den gasförmigen Zustand übergeht.

Flüssiggas-Anlage mit Flüssiggasbehälter

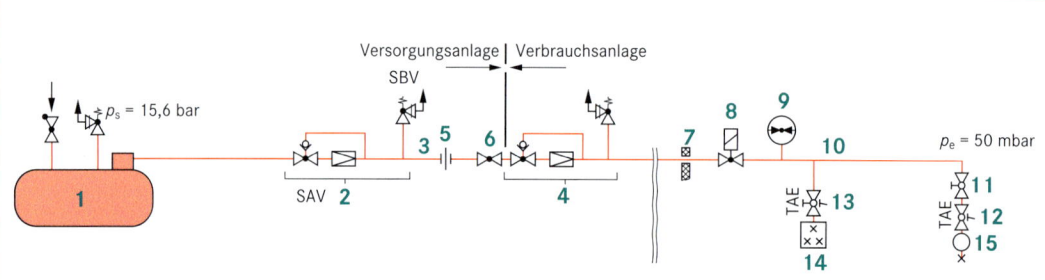

Der Behälterdruck wird zweistufig auf den Anschlussdruck von 50 mbar gemindert.

1	Flüssiggasbehälter	**8**	Magnetventil – stromlos geschlossen
2	Druckregelgerät 1. Stufe mit SAV/SBV		(als zusätzliche Maßnahme bei der Aufstellung
SAV	Sicherheits-Absperrventil		von Gasgeräten in Räumen unter Erdgleiche)
SBV	Sicherheits-Abblaseventil	**9**	Manometer
3	Mitteldruck-Rohrleitung	**10**	Niederdruck-Rohrleitung
4	Druckregelgerät 2. Stufe mit SAV/SBV	**11**	Geräteabsperreinrichtung
	(Druckregelgeräte 1. und 2. Stufe können	**12**	Thermisch auslösende Absperreinrichtung (TAE)
	auch kombiniert sein.)	**13**	Absperreinrichtung mit integrierter TAE
5	Isolierstück	**14**	Gasgerät (3-flammiger Gasherd)
6	Hauptabsperreinrichtung (HAE)	**15**	Gasgerät (Gas-Durchlaufwasserheizer)
7	Hauseinführung		

Tab. 366.2: Einteilung der Druckregelgeräte

Geräteausführung nach DIN 4811 Teil 5	Nennausgangsdruck in mbar	Nennansprechdruck in mbar		Geräteausführung nach DIN 4811 Teil 6	Nenneingangsdruck in mbar	Eingangsdruckbereich in mbar	Einsatztemperatur in °C	Druckstufe	Ausführung[4]
		SAV	SBV						
1 a/b[1]	50	100	130	–	–	–	–20 bis +60	25	f
2 a[2]	700	–	–	2 b[3]	700	500 bis 2000	–20 bis +60	16	f
3 a[2]	700	2000	2500	3 b[3]	700	500 bis 2500	–20 bis +60	2,5	f
4 a[2]	700	1000	1300	4 b[3]	700	500 bis 1250	0 bis +60	2,5	t
5 a[2]	700	1000	1300	5 b[3]	700	500 bis 1250	0 bis +60	2,5	t
6 a[2]	70	100	130	6 b[3]	70	55 bis 110	0 bis +60	1	t
7 a[2]	70	100	130	7 b[3]	70	55 bis 110	–20 bis +60	1	f

[1] 1. und 2. Regelstufe in einer Einheit
[2] 1. Regelstufe   [3] 2. Regelstufe
[4] „t" thermisch erhöht belastbar; „f" – für Anlagen im Freien (Außenanlagen)

Druckregelgeräte der 2. Regelstufe müssen mit SAV (i. d. R. 100 mbar) und SBV ausgerüstet sein.

Hinweise:
Druckregelgerät 2a darf nur in Verbindung mit Druckregelgerät 2b verwendet werden.
Druckregelgeräte 6a und 7a dürfen nur in Verbindung mit den Druckregelgeräten 6b bzw. 7b verwendet werden.
Die Druckregelgeräte für Behälteranlagen müssen DIN 4811 Teil 5 bzw. Teil 6 entsprechen und fest eingestellt sein.

Tab. 367.1: Abmessungen und mögliche Gasentnahme aus der Gasphase

Oberirdischer Lagerbehälter	Erdgedeckter Lagerbehälter	Halboberirdischer Lagerbehälter

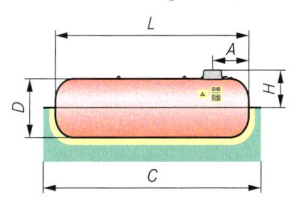

Behälterarten	Oberirdischer Lagerbehälter DIN 4680-1: 2005-09			Erdgedeckter Lagerbehälter DIN 4681-1: 2005-09			Halboberirdischer Lagerbehälter DIN 4680-2: 1992-05		
Behälterdaten	Behältergrößen								
Rauminhalt in l	2700	4850	6400	2700	4850	6400	2700	4850	6700
Füllmenge in kg	1200	2100	2900	1200	2100	2900	1200	2100	3035
Füllmenge in l	2295	4120	5440	2295	4120	5440	2295	4120	5695
Länge L in mm	2460	4255	5840	2460	4255	5500	2520	4320	5840
Durchmesser D in mm	1250	1250	1250	1250	1250	1250	1250	1250	1250
Höhe H in mm	1600	1600	1600	1800	1800	1800	1450	1450	1450
Höhe H_1 in mm	1400	1400	1400	–	–	–	–	–	–
Abstand A in mm	820	820	2620	850	850	850	910	820	2620
Masse leer in kg	640	1050	1170	780	1050	1170	655	1065	1240
Aufstellung/Einlagerung	Grundplatte			Behältergrube			Behältermulde		
Länge C in mm	3000	4800	6400	3100	4900	6100	3100	4900	6100
Breite in mm	950	950	950	1850	1850	1850	1850	1850	1850
Dicke (Beton)/Tiefe in mm	> 200	> 200	> 200	1950	1950	1950	850	850	850
mindest. Stahlbeton Güteklasse	B$_n$ 150/St. Q131			Sandbett 7 bis 15 m³			Sandbett 4 bis 9 m³		
Gasentnahme	in kg/h								
kurzzeitig (20 min) im Sommer	35	65	86	43	75	100	37	68	90
kurzzeitig (20 min) im Winter	7	13	17	43	75	100	7	14	18
periodisch (50 %) im Sommer	14	25	35	8	15	20	15	26	37
periodisch (50 %) im Winter	3	5	7	8	15	20	3	5	7
Dauerentnahme im Sommer	11	18	24	6	12	16	12	19	25
Dauerentnahme im Winter	2	4	5	6	12	16	2	4	5

Geringfügige Abweichungen sind je nach Fabrikat möglich. Alle Flüssiggasbehälter, die durch einen hohen Grundwasserspiegel oder mögliches Hochwasser gefährdet sind, müssen zur **Sicherung gegen Auftrieb** z. B. mit Ankerschrauben und Stahlbändern befestigt werden

Gasinstallation

Diagr. 367.1: Voraussichtlicher Jahresenergiebedarf (Flüssiggasverbrauch)

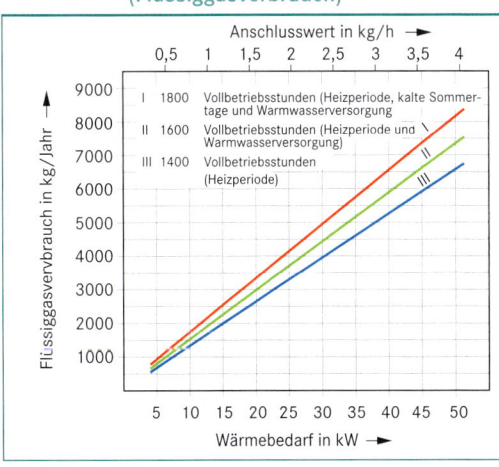

Tab. 367.2: Behältergröße bei gegebenem voraussichtlichem Jahresenergiebedarf (Vorrat für ca. 3 bis 4 Monate in der Heizperiode)

voraussichtlicher Jahresenergiebedarf in kg/Jahr	Behältergröße	
	in l	in kg
bis 2 400	2 700	1 200
bis 4 000	4 850	2 100
bis 5 800	6 400	2 900
bis 10 000	12 000	5 000
bis 21 000	24 000	10 700

Für **sehr große Lagermengen** sind erdgedeckte Lagerbehälter mit Nennvolumen von 40 000 l, 60 000 l, 80 000 l und 100 000 l genormt.

Ist eine **sehr hohe Gasentnahme** erforderlich, so kann Flüssiggas auch aus der flüssigen Phase entnommen werden.

Zwischen 1. und 2. Druckregler ist bei solchen Anlagen ein Verdampfer anzuordnen.

Druckverluste

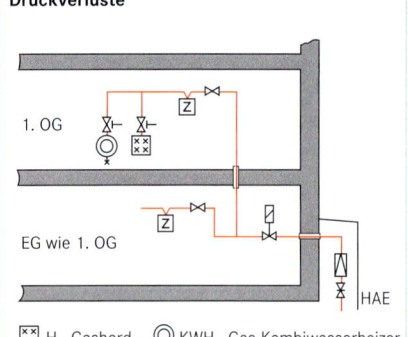

1. OG

EG wie 1. OG

HAE

⊠⊠ H Gasherd   ⊚ KWH Gas-Kombiwasserheizer

$$\Sigma\, \Delta p_{TS} \leq 0{,}05\ p_e$$

Der Rohrdurchmesser muss so ausgelegt werden, dass die in den Rohrleitungen auftretenden Druckverluste nicht mehr als 5 % des Betriebsüberdruckes (p_e = 50 mbar) betragen.

Δp_{TS}	:	Druckverlust in einer Teilstrecke in mbar
p_e	:	Betriebsüberdruck in mbar

Druckverluste in einer Teilstrecke
Tab. 368.1: Längenzuschläge[1]

Bezeichnung	Symbol	Zuschlag
Absperrventil	⊳◁	2,0 m
Winkelstück	⌐	0,5 m
T-Stück bei Winkelströmung	⊓⃗	0,5 m
Isolierstück	⊣⊢	2,0 m
Kugelhahn	⋈	0,0 m
Magnetventil	⋈	2,5 m

$$\Delta p_{TS} = R \cdot l_B$$

$$l_B = l + \text{Zuschläge}$$

Der Druckverlust in Verbindungen und Armaturen wird durch Längenzuschläge (→ Tab. 368.1) berücksichtigt.

Δp_{TS}	:	Druckverlust in einer Teilstrecke in mbar
R	:	Druckgefälle in mbar/m
l_B	:	Berechnungslänge in m
l	:	gemessene Länge einer Teilstrecke in m

Zulässiger Druckverlust vom Regler oder Abzweig zur entferntesten Gasverbrauchseinrichtung

Tab. 368.2: Typische Geräteanschlusswerte

Geräteart bzw. Gasverbrauchseinrichtung	Anschlusswert kg/h	Nennweite mm
Gaskühlschrank	0,03	6
Gasleuchte	0,03	6
Gaskocher	0,15 je Brenner	6
Gas-Backofen	0,3	6
Gasherd	0,7	6
Raumheizer	0,8	9
Heizkessel	2,0	12
Vorratswasserheizer	1,5	9
Durchlaufwasserheizer	2,0	12
Kombiwasserheizer	2,5	12

$$\Delta p_{zul} = 0{,}05\ p_e - \Delta p_H - \Delta p_{verbr.}$$

Δp_H darf bis zu einem Höhenunterschied von 10 m vernachlässigt werden.

Im Gegensatz zur TRGI werden in der TRF Druckgewinne durch die Dichte des Gases nicht berücksichtigt.

$$\Delta p_H = \Delta H \cdot f$$

Tab. 368.3: Faktoren f für Gasarten

Gasart	f in mbar/m
Propan	+0,07
Butan	+0,14
Propan/Butan-Gemisch	+0,10

Δp_{zul}	:	zulässiger Druckverlust in mbar (vom Regler oder Abzweig zur entferntesten Gasverbrauchseinrichtung [GVE])
p_e	:	Betriebsüberdruck in mbar
Δp_H	:	Druckverlust in steigenden Leitungen in mbar
$\Delta p_{verbr.}$	:	bereits verbrauchte Druckverluste bis zum Abzweig in mbar
ΔH	:	Höhendifferenz in m
f	:	Faktor für Gasart in mbar/m

Abb. 368.1: Strangschema einer Flüssiggasanlage

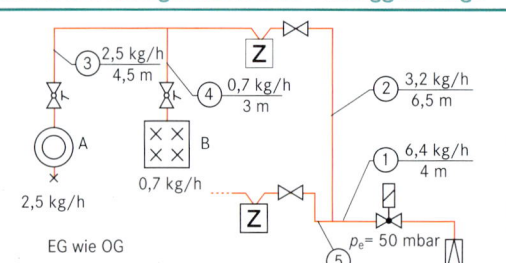

③ 2,5 kg/h 4,5 m   Z   ② 3,2 kg/h 6,5 m
④ 0,7 kg/h 3 m
A
B ⊠⊠ ⊠⊠   ① 6,4 kg/h 4 m
0,7 kg/h
2,5 kg/h
Z
EG wie OG   ⑤ p_e = 50 mbar

Als Vorbereitung auf die Berechnung ist ein Rohrleitungs- oder Strangschema (→ Abb. 368.1) anzufertigen.

Einzutragen sind:
- die Geräteanschlusswerte (→ Tab. 368.2),

- der Flüssiggasdurchsatz in den Teilstrecken unter der Annahme, dass alle Verbrauchsgeräte gleichzeitig in Vollbrandstellung betrieben werden sowie

- die Längen der Teilstrecken einschließlich der Schlauchleitungen

[1] Für thermisch auslösende Absperreinrichtungen sind in der TRF 1996 keine Längenzuschläge angegeben worden. Bei ähnlicher Gewichtung wie in der TRGI müsste hierfür ein Längenzuschlag von 1,5 m berücksichtigt werden.

Gasinstallation

Rechengang

Die Berechnung erfolgt in den Abschnitten:

a) Ermittlung der Berechnungslänge, indem Zuschläge für Verbindungen und Armaturen zu den Längen der Teilstrecken (TS) hinzugezählt werden. (T-Stücke sind nur den winklig abzweigenden TS zuzurechnen.)

b) Ermittlung der Summe der Berechnungslängen vom Regler bzw. Abzweig zur entferntesten Gasverbrauchseinrichtung (GVE).

c) Ermittlung des zulässigen Druckverlustes vom Regler bzw. Abzweig zur entferntesten GVE.

d) Ermittlung des zulässigen Druckgefälles vom Regler bzw. Abzweig zur entferntesten GVE.

e) Ermittlung der auf die TS entfallenden Druckverluste.

f) Ermittlung der lichten Rohrweite der beteiligten TS vom Regler bzw. Abzweig zur entferntesten GVE nach Tab. 369.1 unter Verwendung der Ergebnisse aus d) und dem Gasdurchsatz.

* Sind Abzweige vorhanden, so wird die Berechnung bei b) fortgesetzt. Unter c) ist dann zu berücksichtigen, dass der bis zum Abzweig bereits verbrauchte Druckverlust $\Delta p_{verbr.}$ sowie der durch die Dichte des Gases verursachte Druckverlust Δp_H in steigenden Leitungen nicht mehr zur Verfügung steht.

Rechengang nach Formblatt (Beispielwerte → Abb. S. 368)

1	2	3			4	5	6	7	8	9	10	11	12	13	14
					2+3		s. o.	s. o.	TS aus 11	6-7-8	9:5	10·4			
TS	l	Zuschläge[1]			l_B	beteiligte TS zu entfernt. GVE $\Sigma\, l_B$	$0,05 \cdot p_e$	Δp_H	$\Delta p_{verbr.}$	Δp_{zul}	$R = \dfrac{\Delta p_{zul}}{\Sigma\, l_B}$	$\Delta p_{TS} = R \cdot l_B$	versorgte GVE	Flüssiggasdurchsatz	Lichte Rohrweite d_i
		2,0	2,0	0,5	0,5	2,5									
Einheit	m	⊣⊢	⋈	⌐	⟆	⋈	m	m	mbar	mbar	mbar	mbar	mbar/m	mbar	–	kg/h	mm
1	4,0	Anzahl	–	–	1	–	1	7,0	Regler		–				0,71	A+B+ C+D	6,4	25
		m			0,5		2,5											
2	6,5	Anzahl	–	1	3	1	–	10,5	24,5	2,5	–	–	2,5	0,102	1,07	A+B	3,2	20
		m		2,0	1,5	0,5												
3	4,5	Anzahl	–	1	1	–	–	7,0			–				0,71	A	2,5	18
		m		2,0	0,5				A									
4	3,0	Anzahl	–	1	–	1	–	5,5	Abzweig 5,5	2,5	–	1,75	0,75	0,136	0,75	B	0,7	10
		m		2,0		0,5												
5		Anzahl																
		m																

[1] Geräteabsperrhähne mit TAE werden hier wie Absperrventile behandelt.

Die lichte Rohrweite ergibt sich aus Tab. 369.1 mit dem Gasdurchsatz (muss in Tabelle größer sein) und dem Druckgefälle (muss in Tab. kleiner sein).

Tab. 369.1: Druckgefälle R in mbar/m in Flüssiggasrohrleitungen bei p_e = 50 mbar

Gasdurchsatz in kg/h	lichte Rohrweite d_i in mm											
	5	6	7	8	9	10	12	15	18	20	25	32
0,3	0,37	0,15	0,069	0,036	0,020	0,012						
0,5	1,0	0,42	0,19	0,10	0,055	0,033	0,013					
0,8	2,7	1,1	0,49	0,25	0,14	0,083	0,033	0,011				
1	4,2	1,7	0,77	0,40	0,22	0,13	0,052	0,017				
1,5	9,4	3,8	1,7	0,90	0,50	0,29	0,12	0,038	0,016			
2		6,7	3,1	1,6	0,88	0,52	0,21	0,068	0,028	0,016		
2,5			4,8	2,5	1,4	0,82	0,33	0,11	0,043	0,025		
3			6,9	3,6	2,0	1,2	0,47	0,15	0,062	0,036	0,012	
4				6,4	3,5	2,1	0,83	0,27	0,11	0,064	0,021	
5				10,0	5,5	3,3	1,3	0,43	0,17	0,10	0,033	0,010
6					7,9	4,7	1,9	0,61	0,25	0,14	0,048	0,014
8						8,3	3,3	1,1	0,44	0,26	0,085	0,025
10							5,2	1,7	0,69	0,40	0,130	0,040

Gasinstallation

Tab. 370.1: Mögliche technische Produktion von Biogas

Bereich	Betriebsart
Landwirtschaft	■ Milchproduktion, ■ Fleischproduktion, ■ Eierfarmen.
Kommune	■ Kläranlagen mit biologischer Reinigungsstufe, ■ Mülldeponien.
Industrie	■ Großküchen, ■ Schlachthöfe, ■ Fischverarbeitung.

Nutzen von landwirtschaftlichen Biogas-Anlagen

■ CO_2-neutrale Erzeugung von Energie,

■ Ersatz von fossilen Brennstoffen,

■ Verringerung des klimaschädigenden Methanausstoßes aus unkontrollierter Zersetzung,

■ Verringerung von Geruchsemissionen bei der Gülleausbringung,

■ Verbesserung des Düngewertes der Gülle,

■ Ersatz von chemischen Pflanzenschutzmitteln,

■ Schutz des Grundwassers.

Biogasproduktion

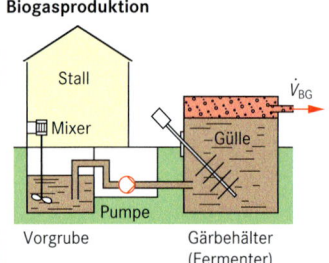

Vorgrube   Gärbehälter (Fermenter)

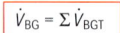

$$\dot{V}_{BG} = \Sigma\, \dot{V}_{BGT}$$

(wenn mehrere Tierarten)

$$\dot{V}_{BGT} = n_T \cdot G_T \cdot g_T$$

Anfallende Güllemenge und Volumen des Gärbehälters

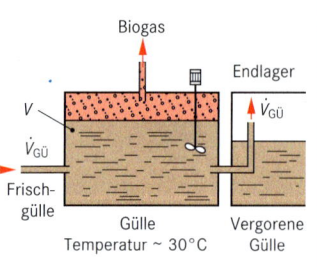

$$\dot{V}_{GÜ} = \Sigma\, \dot{V}_{GÜT}$$

$$\dot{V}_{GÜT} = n_T \cdot G_T \cdot a_T$$

$$V = t \cdot \dot{V}_{GÜ} \cdot 1{,}15$$

(15 % Zuschlag für zusätzliches Gasvolumen im Behälter)

$\dot{V}_{BG}$: Biogasproduktion — in m^3/d

$\dot{V}_{BGT}$: Biogasproduktion bei einer Tierart — in m^3/d

n_T : Viehbestand einer Tierart in Stück

G_T : Großvieheinheit der Tierart — in GVE/Stück ($\rightarrow$ Tab. 370.2)

g_T : tierartbezogener Biogasertrag je Großvieheinheit — in $m^3/(GVE \cdot d)$ ($\rightarrow$ Tab. 370.2)

$\dot{V}_{GÜ}$: anfallende Güllemenge — in m^3/d

$\dot{V}_{GÜT}$: anfallende Güllemenge bei einer Tierart — in m^3/d

a_T : Anfall an frischen Ausscheidungen — in $m^3/(GVE \cdot d)$ ($\rightarrow$ Tab. 370.2)

V : Volumen des Gärbehälters — in m^3

t : mittlere Verweilzeit im Behälter (ca. 25 Tage) — in d

Für die Aufheizung der Gülle kann die Dichte ϱ und die spezifische Wärmekapazität c von Wasser eingesetzt werden.

Tab. 370.2: Tierartbezogene Ausscheidungen und Gaserträge

Tierart	Großvieheinheit je Tier G_T in GVE/Stück	Anfall an frischen Ausscheidungen a_T in $m^3/(GVE \cdot d)$	Gasertrag g_T[1] in $m^3/(GVE \cdot d)$
Rinder	0,9	0,062	1,4
Schweine	0,23	0,041	1,5
Geflügel	0,004	(7,0 kg/(GVE · d))	2,7

[1] Werte können bedingt durch die Fütterung um ca. 30 % schwanken.

Tab. 370.3: Biogas-Zusammensetzung

Gaskomponenten	CH_4	CO_2	H_2S	NH_3, H_2, N_2, CO
Anteil der Gaskomponenten in Vol.-%	50 bis 80	20 bis 50	0,01 bis 0,4	Spuren

(Berechnung der Wärmewerte bei bekannter Zusammensetzung ($\rightarrow$ S. 335))

[1] Methanzahl $\rightarrow$ S. 335

Tab. 370.4: Eigenschaften von Biogas (60 % CH_4, 38 % CO_2 und 2 % Restgase)[1]

Eigenschaften	Einheit	Biogas
Heizwert H_i	kWh/m^3	6,0
Dichte ϱ	kg/m^3	1,2
relative Dichte d	–	0,9
Zündtemperatur	°C	700
Max. Zündgeschwindigkeit	cm/s	25
Explosionsbereich	Vol.-%	6 bis 12
Theoretischer Luftbedarf L_{min}	m^3/m^3	5,7

Gasschema nach Sicherheitsregeln für landwirtschaftliche Biogasanlagen: 2002-09

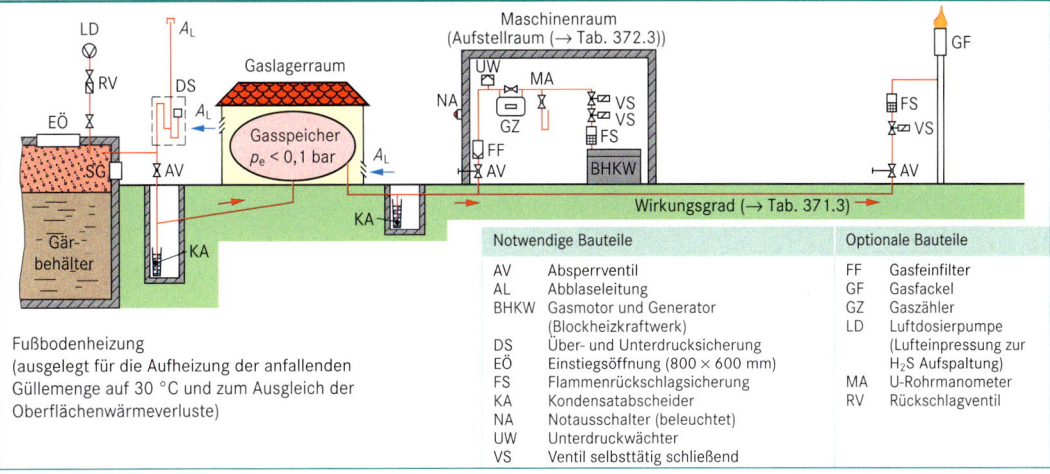

Fußbodenheizung
(ausgelegt für die Aufheizung der anfallenden
Güllemenge auf 30 °C und zum Ausgleich der
Oberflächenwärmeverluste)

Notwendige Bauteile		Optionale Bauteile	
AV	Absperrventil	FF	Gasfeinfilter
AL	Abblaseleitung	GF	Gasfackel
BHKW	Gasmotor und Generator	GZ	Gaszähler
	(Blockheizkraftwerk)	LD	Luftdosierpumpe
DS	Über- und Unterdrucksicherung		(Lufteinpressung zur
EÖ	Einstiegsöffnung (800 × 600 mm)		H₂S Aufspaltung)
FS	Flammenrückschlagsicherung	MA	U-Rohrmanometer
KA	Kondensatabscheider	RV	Rückschlagventil
NA	Notausschalter (beleuchtet)		
UW	Unterdruckwächter		
VS	Ventil selbsttätig schließend		

Tab. 371.1: Gefahren und wichtige Maßnahmen bei der Verwendung von Biogas in landwirtschaftlichen Anlagen

Gefahren	Maßnahmen und Hinweise
Erstickung in Schächten und Behältern	Vor dem Einsteigen für ausreichende Belüftung sorgen.
Explosion durch zündfähige Gas/Luft-Gemische	Armaturen und Rohrleitungen für Nenndruckstufe PN 1 auslegen. Gasbeaufschlagte Anlagenteile auf Dichtheit prüfen. Armaturen zur Gasentnahme gegen unbefugtes Öffnen sichern. Sperrflüssigkeiten in Flüssigkeitsverschlüssen müssen bei nachlassendem Druck selbsttätig wieder zurückfließen. Be- und Entlüftung von Gaslagerräumen und Maschinenraum, Schutzbereiche, ex-geschützte elektrische Einrichtungen in explosionsgefährdeten Räumen, Schutzwand.
Brände	Wände, Decken und Stützen bei Aufstellung des BHKWs in Wohngebäuden feuerbeständig und aus nichtbrennbaren Baustoffen errichten, Vorkehrungen gegen Brandübertragung treffen (Kabelabschottungen, Brandschutzklappen).
Einfrieren der Gülle aber auch der Gasleitung durch Kondensat	frostsichere Verlegung bzw. Gestaltung.
Korrosion durch aggressive Bestandteile wie NH₃ und H₂S (Schwefelwasserstoff; ein sehr giftiges, farbloses, nach faulen Eiern riechendes Gas)	**Kupferleitungen sind nicht beständig gegen Biogas!** Generell Stahlrohrleitungen und die dafür zugelassenen Verbindungsarten nach TRGI 2008 verwenden (→ Tab. 353.1, Tab. 354.1). Kunststoffleitungen sind als Anschlussleitung des Gärbehälters und des Folienspeichers sowie unter Erdgleiche zulässig. Sie sind gegen mechanische Beschädigung zu schützen. Entschwefelung empfohlen (Luftdosierpumpe).
Verstopfung der Leitungen	unverzüglich beseitigen.

Gasinstallation

Tab. 371.2: Be- und Entlüftung von Gaslagerräumen

Gasvolumen		Querschnittsfläche A einer Lüftungsöffnung
bis	100 m³	700 cm²
bis	200 m³	1000 cm²
über	200 m³	2000 cm²

Tab. 371.3: Gas-Ottomotor-Blockheizkraftwerke (BHKW)

Elektrische Leistung	Wirkungsgrad[1]		maximale Vorlauftemperatur
	elektrisch	thermisch	
bis 50 kW	23 bis 30 %	50 bis 65 %	ca. 90 °C
50 bis 500 kW	30 bis 35 %	45 bis 60 %	
über 500 kW	35 bis 42 %	42 bis 55 %	

[1] Jahresnutzungsgrad der Anlage ist etwas niedriger als der Wirkungsgrad.

Abb. 371.1: Stoff- und Energiefluss in landwirtschaftlichen Biogasanlagen (Winterbetrieb)

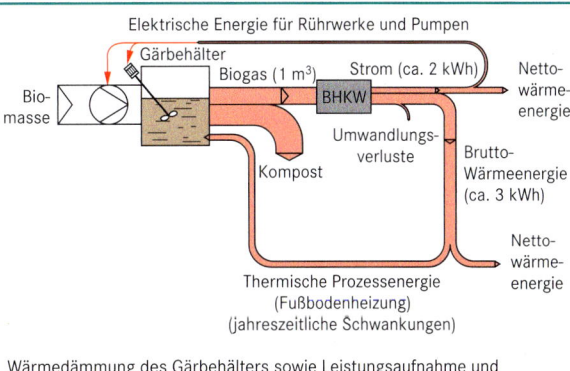

Wärmedämmung des Gärbehälters sowie Leistungsaufnahme und Betriebszeit von Pumpe und Rührwerk beeinträchtigen erheblich den Netto-Energieertrag.

Niederdruck-Biogasspeicher

a) Oberirdische, feste Behälter **und** Folienspeicher in festen Behältern oder Aufstellräumen

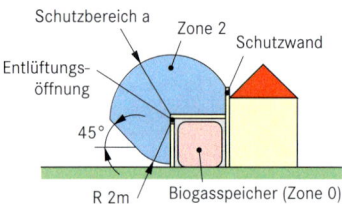

Schutzbereich a
Zone 2
Schutzwand
Entlüftungs-öffnung
45°
R 2m
Biogasspeicher (Zone 0)

Im Schutzbereich sind Maßnahmen gegen Funkenbildung zu treffen, Kelleröffnungen sind im Schutzbereich nicht zulässig.

b) Foliengasspeicher über Güllelager

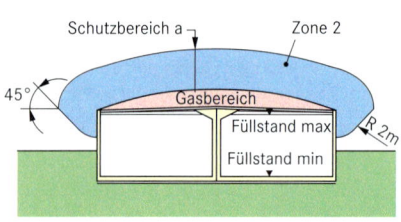

Schutzbereich a
Zone 2
45°
Gasbereich
Füllstand max
Füllstand min
R 2m

c) Sicherheitsabstand ohne und mit Schutzwand

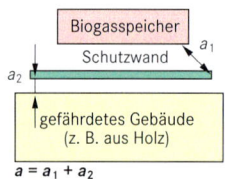

1. ohne Schutzwand

Biogasspeicher
a
gefährdetes Gebäude (z. B. aus Holz)

2. Schutzwand zwischen Speicher und Gebäude

Biogasspeicher
a_1
Schutzwand
a_2
gefährdetes Gebäude (z. B. aus Holz)
$a = a_1 + a_2$

3. Schutzwand an der Gebäudehülle

a
Biogasspeicher
gefährdetes Gebäude (z. B. aus Holz)

Abstand *a* gemäß Meterangabe in den zugehörigen Schutzbereichstabellen.

Der Sicherheitsabstand kann durch eine feuerhemmende Schutzwand F30 DIN 4102 vermindert werden. Türen in Schutzwänden müssen feuerhemmend sein, T30.

Tab. 372.1: Schutzbereich und Sicherheitsabstand *a* in m

Gasvolumen in m³ je Behälter				Art der Außenwände
bis 300	über 300 bis 1500	über 1500 bis 5000	über 5000	
3 m	6 m	10 m	15 m	nicht brennbar
6 m	10 m	15 m	20 m	brennbar

Schutzbereiche müssen durch Schilder gekennzeichnet werden, z. B. mit der Aufschrift: „Biogasanlage, Explosionsgefahr, Feuer und Rauchen im Umkreis von … m verboten." Die Meterangabe ist gemäß der zugehörigen Schutzbereichstabelle einzutragen.

Tab. 372.2: Schutzbereich und Sicherheitsabstand *a* in m

Maximales Gasvolumen in m³ je Behälter			
bis 300	über 300 bis 1500	über 1500 bis 5000	über 5000
4,5 m	10 m	15 m	20 m

Speichermenge, Gefahrenpotential und Ex-Schutz

Üblicherweise wird ein Biogasspeicher entsprechend der Gasproduktion von einem bis maximal zwei Tagen ausgelegt.
Hinsichtlich der Wärmeenergie entsprechen 10 m³ Biogas etwa 6 Liter Heizöl. Im Schutzbereich nur Betriebsmittel verwenden, die für Zone 0, 1 oder 2 zugelassen und entsprechend gekennzeichnet sind.

Materialanforderungen an Foliensicher

gasfest, druckfest, medienbeständig, UV-beständig, temperaturbeständig.
Mindest-Reißfestigkeit > 100 N/cm,
Methangasdurchlässigkeit < 1000 cm³/(m² · d · bar)

Diese Anforderungen erfüllen z. B. EPDM-Gasfolien

Tab. 372.3: Aufstellräume[1] für Blockheizkraftwerke (BHKW)

Aufstellung in Nebengebäuden ohne Aufenthaltsräume
- lichte Raumhöhe > 2 m,
- BHKW an 3 Seiten zugänglich,
- Türaufschlag in Fluchtrichtung,
- Ölabscheider im Bodenablauf,
- unverschließbare Zu- und Abluftöffnung für Querlüftung von jeweils 175 cm² plus 10 cm² pro 1 kW maximal vom Generator abgegebener elektrischer Leistung,
- beleuchteter Notschalter für BHKW und Gasabsperrventil außerhalb des Aufstellraumes,
- bei Turboladermotoren Zwangsbelüftung mit mindestens 35 m³/h pro 1 kW installierter elektrischer Leistung,
- Elektroinstallation mindestens IP54.

Aufstellung in Wohngebäuden
Bestimmungen wie bei Aufstellung in Nebengebäuden und zusätzlich:
- Wände, Stützen und Decken feuerbeständig, F90 A DIN 4102,
- Türen in feuerbeständigen Wänden mindestens feuerhemmend und selbstschließend.
- Vorkehrungen gegen Brandübertragung (Brandschutzklappen, Kabelabschottungen)
- ebener Boden
- schallentkoppelte Bodenplatte (Sockel)

[1] Für Biogasheizkessel gilt TRGI 2008 (→ Tab. 377.2)

Gasinstallation

Tab. 373.1: Prüfung von Gasleitungen[1], bevor diese verputzt, verdeckt, beschichtet oder umhüllt sind

Leitungsanlagen nach **TRGI 2008** mit Betriebsdrücken bis 100 mbar	Niederdruck- und Mitteldruck-Rohrleitungsanlagen nach **TRF 1996** (Flüssiggas)

Belastungsprüfung für neu verlegte Leitungen gleich nach deren Fertigstellung (Vorprüfung)

- Leitungen oder Leitungsabschnitte an allen Rohröffnungen mit Stopfen oder Kappen aus metallischen Werkstoffen dicht verschließen (ohne Armaturen, Gasgeräte, Regel- und Sicherheitseinrichtungen, die für den Prüfdruck nicht zugelassen sind und ohne Verbindungen zu Gas führenden Leitungen).
- Druckmessgerät mit Messgenauigkeit von 0,1 bar (z. B. Luftpumpe mit Rohrfeder-Manometer) an Rohrleitung anschließen.
- In die Rohrleitung mittels Luft oder inertem Gas (z. B. Stickstoff, Kohlendioxid) den **Prüfdruck: p_e = 1 bar** aufgeben. (Keinesfalls Sauerstoff verwenden.)
- Nach **Anpassungszeit ≥ 10 min** für den Temperaturabgleich und **Prüfzeit = 10 min** Druck am Messgerät kontrollieren. Er darf nicht fallen.

Dichtheitsprüfung (Hauptprüfung)

- Leitungen einschließlich Armaturen an allen Rohröffnungen mit Stopfen oder Kappen aus metallischen Werkstoffen dicht verschließen.
- Geräteanschlussarmaturen schließen, um Gasgeräte und zugehörige Regel- und Sicherheitsarmaturen abzutrennen.
- Druckmessgerät mit einer Messgenauigkeit von 0,1 mbar an Rohrleitung anschließen.
- In die Rohrleitung mittels Luft oder inertem Gas den **Prüfdruck: p_e = 150 mbar** aufgeben. (Keinesfalls Sauerstoff verwenden.)
- Anpassungszeit und Prüfdauer aus folgender Übersicht entnehmen.

Leitungsvolumen	Anpassungszeit	Mindest-Prüfdauer
V < 100 l	10 min	10 min
100 l ≤ V < 200 l	30 min	20 min
V ≥ 200 l	60 min	30 min

- Zeit für Temperaturausgleich abwarten.
- Druck am Druckmessgerät ablesen.
- Während der anschließenden **Mindest-Prüfdauer** darf der Druck nicht fallen.

Druckprüfung[2]

- Gasentnahmeventile der Flaschen oder Flüssiggasbehälter und Geräteabsperreinrichtungen schließen.
- Eingebaute Druckregelgeräte und Gaszähler ausbauen.
- Verschraubung am Ausgang des Druckreglers lösen und Druckprüfgerät der Klasse 1 an Rohrleitung anschließen.
- In die Rohrleitung mittels Luft oder Stickstoff den **Prüfdruck: p_e = 1,1 · p_z** (1,1-fachen Wert des zulässigen Betriebsüberdruckes) **mindestens jedoch 1 bar** aufgeben.
- Mindestens **10 Minuten** zum Temperaturausgleich **abwarten**.
- Druck am Prüfmanometer ablesen.
- Alle Verbindungen der Rohrleitungen mit Lecksuchmitteln nach DIN 30 657 prüfen.
- Druck am Prüfmanometer (frühestens 10 Minuten nach dem ersten Ablesen, d. h. einer **Wartezeit: t_w = 10 min**) auf Druckabfall zur Feststellung der Dichtheit kontrollieren.
- Wird ein Druckabfall festgestellt, Leckstelle(n) suchen, abdichten und erneute Druckprüfung durchführen.
- Nach Abschluss der Druckprüfung Druckregelgeräte wieder anschließen.

Dichtheitsprüfung (unmittelbar vor Inbetriebnahme)

- Mit Druckmessgerät der Messgenauigkeit von 0,1 mbar alle Rohrleitungen bis zu den Einstellgliedern der Geräte mit Luft bei einem **Prüfdruck: p_e = 100 mbar** prüfen.
- Alle lösbaren Verbindungen der Rohrleitungen und alle Ausrüstungsteile der Rohrleitungen mit Lecksuchmitteln prüfen.

Die Leitungen gelten als dicht, wenn nach dem Temperaturausgleich der Prüfdruck während der anschließenden **Prüfdauer: t = 10 min** nicht fällt.

Sonstige Anschlüsse und Verbindungen, wie z. B. mit der Hauptabsperreinrichtung und mit Geräteanschlussleitungen, die bei der Dichtheitsprüfung nicht erfasst werden können, sind unmittelbar nach Gaseinlass unter Betriebsdruck mit Lecksuchmitteln nach DIN EN 14 291 auf Dichtheit zu prüfen.

Die Belastungs- und Dichtheitsprüfung sind unter Angabe der Prüfergebnisse in einem Prüfzeugnis zu dokumentieren.	Ohne eine Bescheinigung über die ordnungsgemäße Herstellung, Errichtung und Druckprüfung ist eine Freigabe zur Inbetriebnahme nicht zulässig.

[1] Erdverlegte Außenleitungen aus PE-HD sind nach DVGW-Arbeitsblatt G 472, Außenleitungen aus Stahl sind nach DVGW-Arbeitsblatt G 462/I und Außenleitungen aus duktilem Gusseisen sind nach DVGW-Arbeitsblatt G 462/II zu prüfen.

[2] Druckprüfung nicht erforderlich, wenn zum Anschluss von Flüssiggasflaschen an Verbrauchsgeräte Schläuche nach DIN 4815 T1 und T2 verwendet werden.

Erforderliche Mittel und Geräte für die Prüfung von Gasleitungen

Druckprüfgerät mit Federmanometer

Lecksuchmittel nach DIN EN 14 291

Druckmessgerät mit einer Messgenauigkeit von 0,1 mbar

Tab. 374.1: Prüfungen bei Inbetriebnahme einer Gasleitungsanlage nach TRGI 2008

Inbetriebnahmefall	vor dem Einlassen von Gas	unmittelbar vor dem Einlassen von Gas	unmittelbar nach dem Einlassen von Gas
neu verlegte Leitungsanlagen	■ Belastungsprüfung. ■ Dichtheitsprüfung bzw. kombinierte Belastungs- und Dichtheitsprüfung	■ Besichtigung auf dicht verschlossene (verwahrte) Leitungsöffnungen. ■ Entweder die zeitlich unmittelbar vorausgehende Dichtheitsprüfung bzw. kombinierte Belastungsprüfung mit dem Ergebnis „für dicht befunden" oder eine Druckmessung mit mindestens dem vorgesehenen Betriebsdruck.	■ Prüfung der durch die Dichtheitsprüfung nicht erfassten Anschlüsse und Verbindungsstellen mit Schaum bildenden Mitteln.
stillgelegte Leitungsanlagen	■ Inaugenscheinnahme der Leitungsanlage auf einwandfreien baulichen Zustand. ■ Dichtheitsprüfung bzw. kombinierte Belastungs- und Dichtheitsprüfung (ohne Freilegung der Leitungen).		
außer Betrieb gesetzte Leitungsanlagen		■ Besichtigung auf dicht verschlossene (verwahrte) Leitungsöffnungen, wenn Anlage längere Zeit außer Betrieb gesetzt war. ■ Druckmessung.	■ Undichtheiten an Gas führenden Leitungen sind festzustellen durch Gasspürgeräte oder durch Prüfung mit Schaum bildenden Mitteln. ■ Um zweifelsfreie Sicherheit zu gewährleisten, ist eine Prüfung auf unbeschränkte Gebrauchsfähigkeit durchzuführen (→ Tab. 374.2).
kurzzeitige Betriebsunterbrechung		■ Druckmessung. ■ Beim Wechsel von Gaszählern kann die Kontrolle über den Gaszähler erfolgen.	■ Prüfung der Verbindungsstellen mit Schaum bildenden Mitteln.

Tab. 374.2: Gebrauchsfähigkeit einer Gasleitungsanlage nach TRGI 2008

Zustand der Gasleitung	Gasleckmenge bei Betriebsdruck	durchzuführende Maßnahmen/Hinweise
unbeschränkte Gebrauchsfähigkeit	weniger als 1 l/h	Leitungen können weiter betrieben werden, wenn kein Gasgeruch feststellbar ist. Auch der äußerlich erkennbare Zustand (z. B. Korrosion) ist für die Bewertung entscheidend.
verminderte Gebrauchsfähigkeit	1 bis 5 l/h	Leitungen innerhalb von 4 Wochen nach Feststellung abdichten oder erneuern, anschließend Hauptprüfung.
keine Gebrauchsfähigkeit	größer als 5 l/h	Leitungen unverzüglich außer Betrieb nehmen. Für die Instandsetzung gelten die Festlegungen für neu verlegte Leitungen.

Tab. 374.3: Vorsichtsmaßnahmen bei Gasgeruch

Gasgeruch – was tun?	Gasgeruch in Gebäuden	Gasgeruch im Freien
	■ Alle Flammen löschen, nicht rauchen! ■ Alle **Fenster und Türen weit öffnen!** ■ Gaszähler-Absperreinrichtung oder Hauptabsperreinrichtung im Keller schließen! ■ Keine elektrischen Schalter, keine Stecker, keine Klingeln, keine Telefone benutzen! ■ Andere Hausbewohner warnen, aber nicht klingeln und Gebäude verlassen! ■ Erforderlichenfalls Polizei, Feuerwehr und GVU von einem Telefonanschluss außerhalb des Hauses benachrichtigen! ■ Sichern des Gefahrenbereichs gegen den Zutritt Unbefugter!	■ Ist der Gasgeruch auf eine Leckstelle in einer Außenleitung zurückzuführen, so ist diese Leitung mit der vorgesehenen Absperreinrichtung abzusperren! ■ **Fenster und Türen umliegender Gebäude schließen!** ■ Offenes Feuer vermeiden, nicht rauchen, kein Feuerzeug benutzen! ■ Keine elektrischen Schalter, keine Stecker, keine Klingeln benutzen! ■ Hausbewohner warnen, aber nicht klingeln und Gebäude verlassen! ■ Sichern des Gefahrenbereichs gegen den Zutritt Unbefugter und erforderlichenfalls Polizei und Feuerwehr von einem Telefonanschluss außerhalb des Gefahrenbereiches alarmieren!

Gasinstallation

Tab. 375.1: Europäisches Klassifikationsschema für die Gasgerätearten (TRGI 2008)

Gasgerät Art		Abgasanlage	Verbrennungsluftversorgung	Strömungssicherung		Art der Luft-Abgasführung	Anordnung Gebläse		Verbrennungsluftumspülung oder erhöh. Dichtheit[1] ja = x	CO2-Stop = AS AÜE[2] = BS	frühere nationale Bezeichnung	Nationale Installationsanforderungen nach DVGW-Regelwerk
A	A_1	nein				Abgasabführung und Verbrennungsluftversorgung über Aufstellraum	1	ohne		AS	A	TRGI
B	B_{11}		raumluftabhängig	ja	1	Abgasanschluss an Abgasanlage Mehrfachbelegung (Unterdruck) Verbrennungsluftversorgung über Aufstellraum	1	ohne		BS	B mit Brenner ohne Gebläse	TRGI
	B_{13}						3	vor Brenner		BS		möglich mit „gebläseunterst. Brenner" wie B_{11}
	B_{22}				2	Abgasanschluss an Abgasanlage Mehrfachbelegung (Unter-/Überdruck) Verbrennungsluftversorgung über Aufstellraum	2	hinter WT[3]			B	TRGI besond. Lüftungsbedingungen bei Überdruck am Abgasstutzen
	B_{23}						3	vor Brenner			B mit Brenner ohne Gebläse	
	B_{32}				3	Anschluss an Abgasanlage Mehrfachbelegung (Unterdruck) Verbrennungsluftzufuhr im Außenrohr über Aufstellraum	2	hinter WT	umspült		$D_{3.1}$	G 637/I und TRGI
	B_{33}						3	vor Brenner	umspült		$D_{3.1}$	
C	C_{11}	ja	raumluftunabhängig	nein	1	Luft-Abgasführung durch Außenwand im gleichen Druckbereich	1	ohne			C_1	TRGI
	C_{12}						2	hinter WT	x		$C_{3.3}$	TRGI
	C_{13}						3	vor Brenner	x		$C_{3.3}$	
	C_{21}				2	Anschluss an LAS (1-zügig) Mehrfachbelegung	1	ohne			C_2	nur Gerätebestand nach G 627
	C_{32}				3	Luft-Abgasführung über Dach im gleichen Druckbereich	2	hinter WI	x		$C_{3.2}$	TRGI
	C_{33}						3	vor Brenner	x		$C_{3.2}$	
	C_{42}				4	Anschuss an LAS (2-zügig) Mehrfachbelegung	2	hinter WT	x		$C_{3.1}$	TRGI
	C_{43}						3	vor Brenner	x		$C_{3.1}$	
	C_{52}				5	Luftzuführung und Abgasabführung nach außen in unterschiedliche Druckbereiche	2	hinter WT	x			nur in Verbindung mit gemeinsam zugelassener Abgasanlage
	C_{53}						3	vor Brenner	x			
	C_{82}				8	Abgasanschluss an Abgasanl. Mehrfachbel. (Unterdruck) Verbrennungsluftzuführung über separate Luftleitung	2	hinter WT	x		$D_{3.2}$	G 637/I und TRGI
	C_{83}						3	vor Brenner	x		$D_{3.2}$	

[1] Ausführungen ohne „x" erfordern besondere Maßnahmen für die Lüftung des Aufstellraums.
[2] AÜE = Abgasüberwachungseinrichtung
[3] Wärmetauscher

Gasinstallation

Aufstellmöglichkeiten der Gasgeräte im Gebäude (Auswahl)

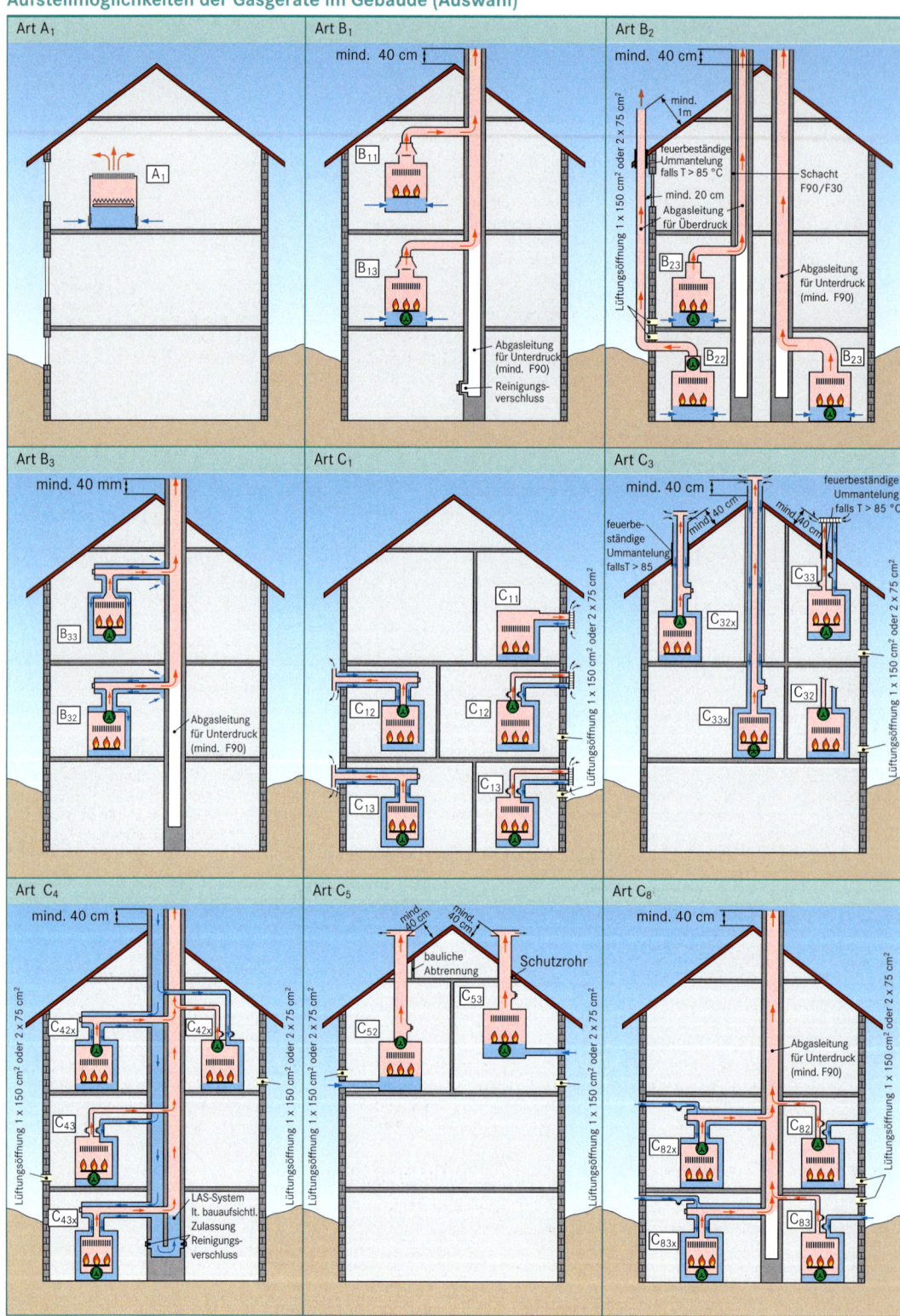

Gasinstallation

Tab. 377.1: Kategorien von Gasgeräten nach DIN EN 437: 2003-09

Kategorie	Beispiel	Gerät geeignet für
I (Eingasgeräte)	I_{2ELL}	Gase E und LL der 2. Gasfamilie[1]
II (Mehrgasgeräte)	$II_{2ELL3B/P}$	Gase E und LL der 2. Gasfamilie sowie für Gase Butan und Propan der 3. Gasfamilie
III (Allgasgeräte)[2]	$III_{1a2E+3P}$	Gase der Gruppe a der 1. Gasfamilie und für Gase der Gruppe E der 2. Gasfamilie sowie für Gase der Gruppe Propan der 3. Gasfamilie

[1] Gasfamilien ($\rightarrow$ Tab. 334.1) [2] Die Kategorie III findet keine allgemeine Verwendung.

Kennzeichnung auf dem Geräteschild nach der Gasgeräterichtlinie

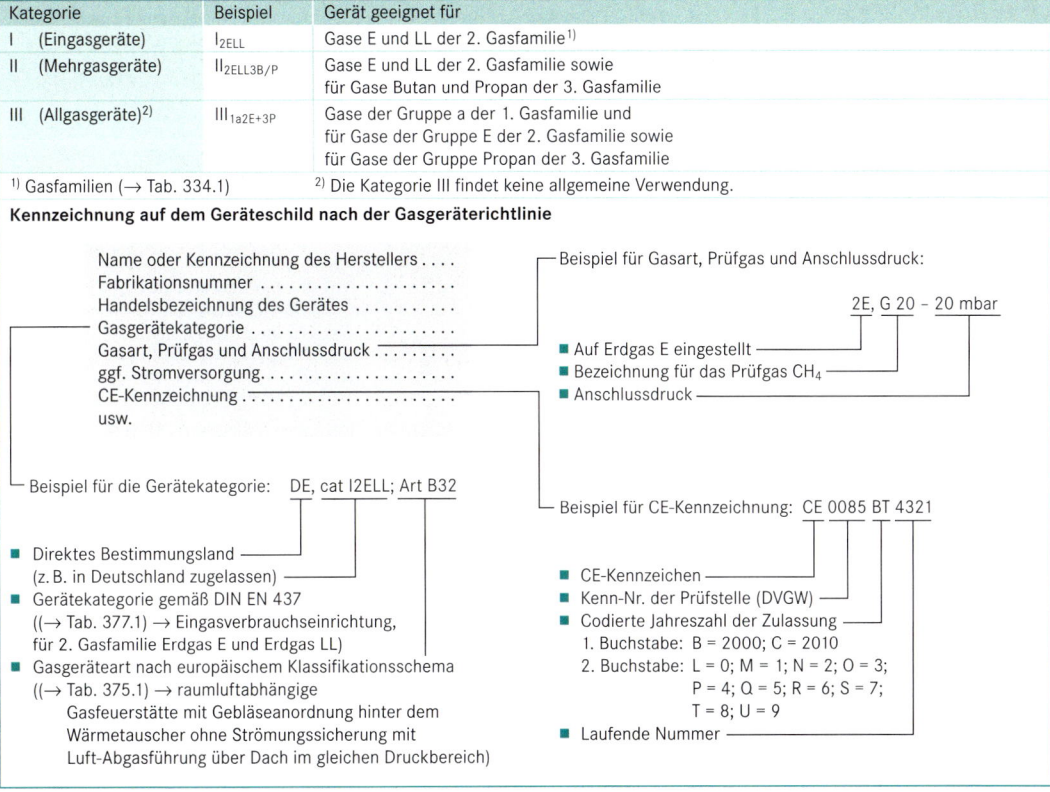

Name oder Kennzeichnung des Herstellers ....
Fabrikationsnummer ....
Handelsbezeichnung des Gerätes ....
Gasgerätekategorie ....
Gasart, Prüfgas und Anschlussdruck ....
ggf. Stromversorgung....................
CE-Kennzeichnung ....
usw.

Beispiel für Gasart, Prüfgas und Anschlussdruck:

2E, G 20 – 20 mbar

- Auf Erdgas E eingestellt
- Bezeichnung für das Prüfgas CH_4
- Anschlussdruck

Beispiel für die Gerätekategorie: DE, cat I2ELL; Art B32

- Direktes Bestimmungsland (z. B. in Deutschland zugelassen)
- Gerätekategorie gemäß DIN EN 437 (($\rightarrow$ Tab. 377.1) $\rightarrow$ Eingasverbrauchseinrichtung, für 2. Gasfamilie Erdgas E und Erdgas LL)
- Gasgeräteart nach europäischem Klassifikationsschema (($\rightarrow$ Tab. 375.1) $\rightarrow$ raumluftabhängig Gasfeuerstätte mit Gebläseanordnung hinter dem Wärmetauscher ohne Strömungssicherung mit Luft-Abgasführung über Dach im gleichen Druckbereich)

Beispiel für CE-Kennzeichnung: CE 0085 BT 4321

- CE-Kennzeichen
- Kenn-Nr. der Prüfstelle (DVGW)
- Codierte Jahreszahl der Zulassung
  1. Buchstabe: B = 2000; C = 2010
  2. Buchstabe: L = 0; M = 1; N = 2; O = 3; P = 4; Q = 5; R = 6; S = 7; T = 8; U = 9
- Laufende Nummer

Tab. 377.2: Allgemeine Festlegungen für Aufstellräume

DVGW-Regelwerk	grundsätzlich unzulässig sind	Gasgeräte Art A	Gasgeräte Art B	Gasgeräte Art C
TRGI 2008 und TRF 1996	<ul><li>notwendige Treppenräume, Räume zwischen notwendigen Treppenräumen und Ausgängen ins Freie und notwendige Flure (Ausnahme: Gebäudeklasse 1 und 2 – E+ZFH)</li><li>Räume, in denen Ex-Schutz gefordert ist (z. B. Lagerräume für explosionsfähige Stoffe)</li></ul>	<ul><li>sicherer Luftwechsel notwendig,</li><li>Gas-Haushalts-Kochgeräte mit $\dot{Q}$ < 11 kW benötigen einen 15 m³ großen Aufstellraum (in einigen Bundesländern sind 20 m³ gefordert) mit mindestens einer Tür ins Freie oder einem Fenster, das geöffnet werden kann,</li><li>DWH oder RH nur mit Zusatzeinrichtung, die sicherstellt, dass CO-Emissionen im Raum ≤ 30 ppm bleibt.</li></ul>	<ul><li>nicht im Bad und WC ohne Außenfenster mit freier Lüftung über Sammelschächte oder Kanäle</li><li>in Räumen, aus denen Ventilatoren Luft absaugen nur zulässig: – wenn Abgase nach DVGW G 626 mit diesen Ventilatoren über Lüftungs- oder Abgasanlagen abgeführt werden. – wenn sichergestellt ist, dass den Räumen so viel Außenluft zuströmen kann, dass ein gefahrloser Betrieb gesichert ist.</li><li>nicht in Räumen mit offener Feuerstätte (z. B. Kamin). Es sei denn sie haben eine eigene Verbrennungsluftversorgung.</li><li>nur zulässig, wenn Schutzziele ($\rightarrow$ S. 378) eingehalten und gefahrloser Betrieb sichergestellt.</li></ul>	<ul><li>Art C_x darf unabhängig von Rauminhalt und Raumlüftung aufgestellt werden, Art C ohne $_x$ benötigt eine ins Freie führende Öffnung von 150 cm² oder 2 × 75 cm²,</li><li>Art C_1 nur zulässig, wenn Ableitung der Abgase über Dach nicht möglich,</li><li>Art C_{11} unmittelbar an der Außenwand anbringen, für Art C_1, C_3, C_4, C_5, C_8 u. C_9 nur Originalteile des Herstellers für Leitungen zur Verbrennungsluftzu- und -Abgasabführung verwenden. (Diese sind Bestandteile der Gasgeräte.)</li><li>In Garagen dürfen nur Gasgeräte der Art C aufgestellt werden.</li></ul>
TRF 1996	<ul><li>Räume unter Erdgleiche, deren Fußboden allseitig tiefer als 1 m unter Geländeoberfläche liegt.</li></ul>	<ul><li>unabhängige Heizgeräte nur zulässig, wenn im betreffenden Raum keine gesundheitsgefährdenden CO-Konzentrationen erzeugt werden.</li></ul>	Art B_1 Funktionsprüfung der Abgasanlage von 5 Minuten bei unterschiedlichen Bedingungen (nach TRF 9.15).	

Gasinstallation

Raumluftabhängige Geräte mit Strömungssicherung	Schutzziel Nr. 1 Sicheres Betriebsverhalten im Anfahrzustand (bis 50 kW)	Schutzziel Nr. 2 ausreichende Verbrennungs- luftversorgung (bis 35 kW)
Raum-Leistungs-Verhältnis	RLV ≥ 1 m³/1 kW Σ $\dot{Q}_{NL}$	RLV ≥ 4 m³/1 kW Σ $\dot{Q}_{NL}$

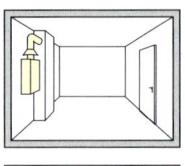

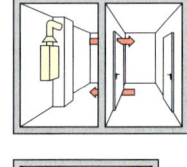

Schutzziel Nr. 1:

Hat der Aufstellwand ein Volumen von mindestens 1 m³ je 1 kW Gesamtwärmeleistung — ja → Ziel erreicht

↓ nein

Erreicht der Aufstellraum gemeinsam mit unmittelbar benachbarten Räumen ein Gesamtvolumen von 1 m³ je kW? (Lüftungsöffnungen von 2 x 150 cm² erforderlich) — ja → Ziel erreicht

↓ nein

Hat den Aufstellraum Lüftungsöffnungen ins Freie? (Mindestquerschnitt 2 x 75 cm²) — ja → Ziel erreicht

Schutzziel Nr. 2:

Hat der Aufstellraum ein Außenfenster oder Außen- türen **und** ein Raumvolumen von 4 m³ je 1 kW Gesamt- nennwärmeleistung? — ja → Ziel erreicht

↓ nein

Lässt sich die erforderliche anrechenbare Wärme- leistung im unmittelbaren Verbrennungsluftverbund oder im mittelbaren Verbrennungsluftverbund durch:

- Kürzen von Türblättern
- Entfernen von Türdichtungen
- Einbeziehen weiterer Verbrennungslufträume, usw. erreichen? — ja → Ziel erreicht

$$\Sigma \dot{Q}_{Lanr.} \geq \Sigma \dot{Q}_{NL}$$

→ Diagr. 378.1:

↓ nein

Hat der Aufstellraum eine Verbrennungsluftöffnung direkt ins Freie? (Mindestquerschnitt 1 x 150 cm² bzw. 2 x 75 cm² — ja → Ziel erreicht

Unmittelbarer Verbrennungsluftverbund

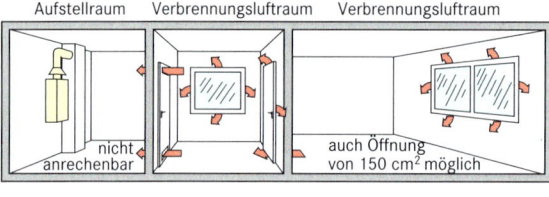

Aufstellraum   Verbrennungsluftraum   Verbrennungsluftraum

nicht anrechenbar   auch Öffnung von 150 cm² möglich

Mittelbarer Verbrennungsluftverbund

Aufstellraum   Verbundraum   Verbrennungsluftraum

nicht anrechenbar   Raum 1   Raum 2

Für Σ $\dot{Q}_{Lanr}$ sind nur Räume mit Tür ins Freie oder Fenster, das geöffnet werden kann, anrechenbar.

Σ $\dot{Q}_{NL}$:   Gesamtnennwärmeleistung in kW
Σ $\dot{Q}_{Lanr}$: Summe der anrechenbaren Wärmeleistung in kW

Für Σ $\dot{Q}_{NL}$ sind sämtliche raumluftabhängigen Feuer- stätten für feste, flüssige und gasförmige Brennstoffe zu berücksichtigen.

Diagr. 378.1: Ermittlung der anrechenbaren Wärmeleistung

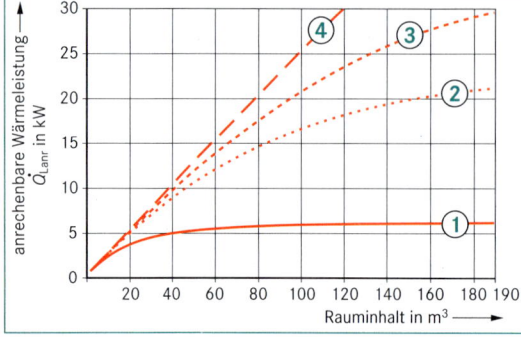

Kurve 1: Innentür mit dreiseitig umlaufender Dichtung und ungekürztem Türblatt

Kurve 2: Innentür mit dreiseitig umlaufender Dichtung und 1,0 cm gekürztem Türblatt oder Innentür ohne umlaufende Dichtung mit ungekürztem Türblatt

Kurve 3: Innentür mit dreiseitig umlaufender Dichtung und 1,5 cm gekürztem Türblatt oder Innentür ohne umlaufende Dichtung mit 1,0 cm gekürztem Türblatt

Kurve 4: Aufstellraum mit Außenfenster oder -tür sowie Innentür mit Verbrennungsluftöffnung von mind. 150 cm² freiem Querschnitt.

Gasinstallation

Abstände von Abgasanlagen zu Bauteilen aus brennbaren Baustoffen

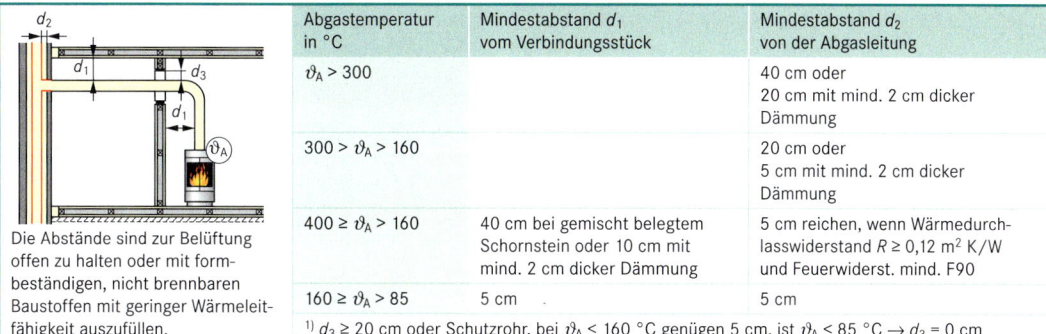

Die Abstände sind zur Belüftung offen zu halten oder mit formbeständigen, nicht brennbaren Baustoffen mit geringer Wärmeleitfähigkeit auszufüllen.

Abgastemperatur in °C	Mindestabstand d_1 vom Verbindungsstück	Mindestabstand d_2 von der Abgasleitung
$\vartheta_A > 300$		40 cm oder 20 cm mit mind. 2 cm dicker Dämmung
$300 > \vartheta_A > 160$		20 cm oder 5 cm mit mind. 2 cm dicker Dämmung
$400 \geq \vartheta_A > 160$	40 cm bei gemischt belegtem Schornstein oder 10 cm mit mind. 2 cm dicker Dämmung	5 cm reichen, wenn Wärmedurchlasswiderstand $R \geq 0,12$ m² K/W und Feuerwiderst. mind. F90
$160 \geq \vartheta_A > 85$	5 cm	5 cm

[1] $d_3 \geq 20$ cm oder Schutzrohr, bei $\vartheta_A < 160$ °C genügen 5 cm, ist $\vartheta_A < 85$ °C → $d_3 = 0$ cm

Abgasmündungen über Dach

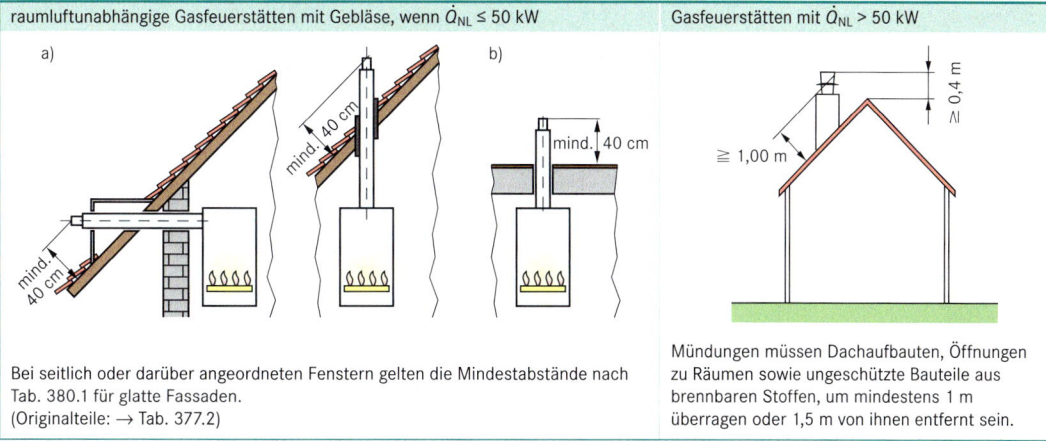

raumluftunabhängige Gasfeuerstätten mit Gebläse, wenn $\dot{Q}_{NL} \leq 50$ kW	Gasfeuerstätten mit $\dot{Q}_{NL} > 50$ kW
Bei seitlich oder darüber angeordneten Fenstern gelten die Mindestabstände nach Tab. 380.1 für glatte Fassaden. (Originalteile: → Tab. 377.2)	Mündungen müssen Dachaufbauten, Öffnungen zu Räumen sowie ungeschützte Bauteile aus brennbaren Stoffen, um mindestens 1 m überragen oder 1,5 m von ihnen entfernt sein.

Tab. 379.1: Allgemeine Festlegungen für Abgasmündungen an der Fassade

unzulässige Mündungen	Mindestabstände	Gasgeräte Art C₁₁	Gasgeräte Art C₁₂ und C₁₃
in ■ Schutzzonen für brennbare und explosive Stoffe, ■ Durchgängen und Durchfahrten, ■ Luft- und Lichtschächten, ■ engen Traufgassen, ■ Loggien und Laubengängen, ■ Ecklagen von Innenhöfen (Ausnahme: Gasgeräte Art C₁₂ und Art C₁₃) ■ Innenhöfen, wenn deren Länge oder Breite kleiner als Höhe des höchsten angrenzenden Hauses, **auf** ■ Balkonen **unter** ■ auskragenden Bauteilen	■ **Mündungen an Gebäudevorsprüngen aus brennbaren Baustoffen:** – seitlich und nach unten ≥ 0,5 m, – nach oben ≥ 1,5 m, – nach gegenüber ≥ 1 m, ■ **Mündungen nahe der Geländeoberfläche** – Rohrunterkante nach unten ≥ 0,3 m ■ **Mündungen an begehbaren Flächen** – bis 2 m Höhe mit nicht brennbaren Baustoffen gegen Beschädigung sichern, – für Gasgeräte mit Gebläse, Abstand Rohrunterkante nach unten ≥ 2 m	■ dürfen als AW-Raumheizer max. 7 kW und als AW-Wasserheizer max. 28 kW Nennleistung haben. ■ **Mindestabstände der Mündungen** – untereinander, seitlich und nach oben ≥ 2,5 m, – zu Lüftungsöffnungen, Fenstern, die geöffnet werden können, und Türen seitlich ≥ 2,5 m, nach oben ≥ 5 m, (Ausnahme: bei Außenwand-Raumheizer mit Emissionen NO$_{x\,(0\,\%)}$ ≤ 150 mg/kWh und CO$_{(0\,\%)}$ ≤ 100mg/kWh genügt ein Abstand nach oben von 0,3 m) ■ **Fassadenfläche pro Mündung ≥ 16 m²** ■ **Mengenbegrenzung** – max. 4 Abgasmündungen übereinander	■ dürfen für die Beheizung max. 11 kW und für die WW-Bereitung max. 28 kW Nennleistung haben. **Mindestabstände** ■ **zu Lüftungsöffnungen** – seitlich ≥ 2,5 m, – nach oben ≥ 5 m, ■ **zu Balkonen** – seitlich ≥ 1,5 m, – nach unten ≥ 2,5 m, – nach oben ≥ 5 m, ■ **zu Fenstern und Fassadentüren** (→ Tab. 380.1) Zwei Abgasmündungen, deren Abstand untereinander waagerecht und senkrecht weniger als 5 m beträgt, werden als Zweier-Gruppe betrachtet. (→ Tab. 380.1) zu jeder weiteren Mündung muss waagerecht und senkrecht 5 m Abstand sein

Gasinstallation

Tab. 380.1: Mindestabstände zu Fenstern und Fassadentüren nach TRGI 2008

	glatte Fassade	Fassade mit Vorsprung	Fassade in Ecklage Querfassade ohne Fenster	Fassade in Ecklage Querfassade mit Fenster
Eine Abgasmündung in der Fassade	Abgasmündung $d > 0,25$ m $d \leq 0,25$ m	Abgasmündung Ist z kleiner oder gleich 0,10 m oder y größer als 5 m, so gilt die glatte Fassade	Abgasmündung Ist w kleiner als 0,5 m oder e größer als 5 m, so gilt die glatte Fassade	Abgasmündung Ist w kleiner als 0,5 m oder f größer als 5 m, so gilt die glatte Fassade
	$a \geq 0,5$ m, $b \geq 1,0$ m, $c \geq 5,0$ m	$a \geq 0,75$ m, (Maße b, c und d wie bei glatter Fassade)	**wenn: 0,5 m < w ≤ 1 m** $a \geq 0,5$ m, $e \geq 0,5$ m **wenn: w > 1 m** $a \geq 0,75$ m, $e \geq 1,0$ m (Maße b, c und d wie bei glatter Fassade)	**wenn: 0,5 m < w ≤ 1 m** $a \geq 0,5$ m, $f \geq 2,5$ m **wenn: w > 1 m** $a \geq 0,75$ m, $f \geq 2,5$ m (Maße b, c und d wie bei glatter Fassade)
Zwei Abgasmündungen in der Fassade (x < 5 m)	Abgasmündung	Abgasmündung	Abgasmündung	Abgasmündung In diesem Bereich dürfen keine Fenster oder Türen angeordnet sein
	$a_u \geq 0,5$ m, $a_o \geq 0,02\, x^2 - 0,289\, x + 1,447$ **x: senkrechter Abstand der Abgasmündungen untereinander in m** (Maße b und c wie bei einzelner Abgasmündung)	$a_o \geq 2,2$ m, da senkrechter Abstand $x = 0$ $a_o \geq 0,03\, x^2 - 0,4335\, x + 2,1805$ (Maß c wie bei glatter Fassade und einzelner Abgasmündung)	**wenn: 0,5 m < w ≤ 1 m** $a_u \geq 0,5$ m, $a_o \geq 0,03\, x^2 - 0,4335\, x + 2,1805$ $e_o \geq 0,04\, x^2 - 0,578\, x + 2,894$ **wenn: w > 1 m** $a_u \geq 0,75$ m, $a_o \geq 0,03\, x^2 - 0,4335\, x + 2,1805$ $e_o \geq 0,04\, x^2 - 0,578\, x + 2,894$ (Maße b, c und d wie bei glatter Fassade und einzelner Abgasmündung)	**wenn: 0,5 m < w ≤ 1 m** $a_u \geq 0,5$ m, $a_o \geq 0,03\, x^2 - 0,4335\, x + 2,1805$ $f \geq 2,5$ m **wenn: w > 1 m** $a_u \geq 0,75$ m, $a_o \geq 0,03\, x^2 - 0,4335\, x + 2,1805$ $f \geq 2,5$ m (Maße b, c und d wie bei glatter Fassade und einzelner Abgasmündung)

Gasinstallation

Erster Kontakt zwischen Kunde und Betrieb (Vorgespräch/Beratung)

- Vorgaben und Erwartungen des Kunden klären.
- Bei bestehenden Gebäuden Energieanalyse durchführen (Energieeinsparpotenzial ermitteln).
- Überschlägige Analyse der notwendigen Arbeiten vornehmen und Vorauswahl geeigneter Systeme treffen.
- Kostenrahmen und Umweltbewusstsein einschätzen (auf Förderprogramme hinweisen).
- Bei schlecht isolierten Gebäuden auch Einsparmöglichkeit durch verbesserten Wärmeschutz ansprechen.

Angebotserstellung

- Mehrere Vorschläge ausarbeiten. Kostengünstige Lösung mit konventioneller Technik sowie moderne und alternative Lösungen anbieten. Ggf. Nachrüstmöglichkeit vorsehen. Nutzen höherer Investitionskosten begründen (weniger Energieeinsatz, niedrigere Betriebskosten, Schonung der Umwelt, Sicherung des Komforts und der Gesundheit).

Auftragsplanung

- Baupläne, Baubeschreibung und ggf. errechneten Heizwärmebedarf nach Energieeinsparverordnung anfordern.
- Wärmedurchgangszahlen ermitteln. (→ S. 382, Daten aus Baubeschreibung und → Tab. 383.1)
- Norm-Heizlast der Räume und gesamte Norm-Heizlast des Gebäudes berechnen. (→ S. 384 ff.)
- Raumheizeinrichtungen auswählen und bemessen (schnelle Bedarfsanpassung, gute Temperaturverteilung und hygienische Anforderungen z. B. bei Allergikern beachten). (→ S. 397 ff.)
- Ggf. Warmwasser-Speicher auslegen (angemessenen Komfort berücksichtigen, Wasser- und Wärmeverluste gering halten und hygienische Anforderungen beachten). (→ S. 246 ff., S. 448 f.)
- Wärmeerzeuger auslegen.
  (Nutzung von Energieträgern mit geringem Anteil umweltschädigender Emissionen,
  Nutzung von Energieträgern mit langfristig niedrigen Betriebs- bzw. Energiekosten,
  Nutzung der zur Verfügung stehenden Umweltenergien,
  Nutzung von Synergie-Effekten z. B. lüftungstechnische Wärmerückgewinnung)
- Leittechnik (Steuerung und Regelung) auswählen (einfache Bedienbarkeit, Zahl der Abschaltungen des Wärmeerzeugers gering halten, raumweise Temperaturregelung, Energie sparende Leittechnik für Pumpen). (→ S. 421 f.)
- Ggf. Schornsteinabmessungen berechnen. (überschlägig nach Diagr. → S. 440 f.)
- Ggf. Absprache mit Bezirksschornsteinfegermeister oder anderen am Projekt beteiligten Gewerken über Berührungspunkte oder Besonderheiten.
- Rohrführung festlegen (Rohrplan oder Strangschema zeichnen).
- Rohrnetzberechnung durchführen. (→ S. 413 ff.)
- Ggf. Größe des Brennstofflagers bestimmen, Genehmigung bei Baubehörde einholen, Anforderungen an Brennstofflagerung beachten sowie Armaturen und Sicherheitseinrichtungen festlegen. (→ S. 347 ff.)
- Ggf. Pufferspeicher bemessen. (→ S. 442)
- Sicherheitstechnische Einrichtungen bemessen. (→ S. 426 ff.)
- Materialliste und Werkzeugliste erstellen.

Auftragsdurchführung

- Terminabsprache mit Kunden und anderen auf der Baustelle tätigen Gewerken.
- Bestellung aller notwendigen Teile (gemäß Materialliste).
- Installation des Heizungssystems und seiner Komponenten (angemessener Schallschutz).
- Dichtheitsprüfung vornehmen und protokollieren (bevor Leitungen isoliert oder überdeckt sind).
- Wärmedämmung von Verteilleitungen und Armaturen. (→ S. 395)
- Gute Einregulierung der Anlage (hierzu gehört auch der hydraulische Abgleich).
- In Absprache mit Kunden bedarfsgerechte Einstellung der Steuer- und Regeleinrichtungen vornehmen (bedarfsgerechter Anlagenbetrieb).
- Abnahmeprüfung und Übergabe an Kunden mit allen notwendigen Unterlagen.
- Ggf. Nachbesserung.

Abrechnung (Wartungsvertrag anbieten → S. 56)

Während der Betriebsbereitschaft bzw. Funktion

- Regelmäßige Wartung (mindert Abgasverluste, sichert störungsfreien Betrieb).
- Regelmäßige Kontrolle der Verbrauchswerte (Vergleich des Energieverbrauchs mit Planwerten).
- Beratung für Bewohner zum Nutzerverhalten anbieten.
- Ggf. Kontrolle der Luftdichtheit des Gebäudes (Blower-Door-Test).

Heizungstechnik

Wärmedurchgangszahl und Temperaturverlauf

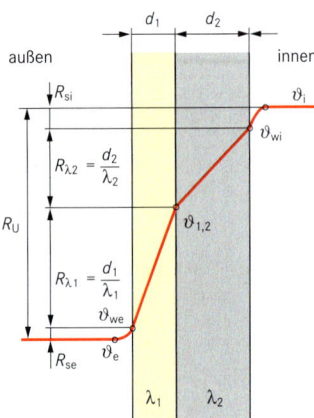

(→ S. 500/501)

$$U = \frac{1}{R_U} \qquad U = k$$

$$R_U = R_{se} + R_{\lambda 1} + \ldots + R_{\lambda n} + R_{si}$$

$$R_U = R_{se} + \Sigma\, R_\lambda + R_{si}$$

$$R_\lambda = \frac{d}{\lambda} \qquad \text{Bei Luftschicht} \atop \rightarrow \text{Tab. 382.2}$$

Temperaturverlauf:

$$\frac{\vartheta_i - \vartheta_e}{R_U} = \frac{\vartheta_i - \vartheta_{Wi}}{R_{si}} = \ldots = C$$

$$\vartheta_{Wi} = \vartheta_i - C \cdot R_{si}$$
$$\vartheta_{1,2} = \vartheta_{Wi} - C \cdot R_{\lambda 2}$$
$$\vartheta_{we} = \vartheta_{1,2} - C \cdot R_{\lambda 1}$$

U : Wärmedurchgangszahl (U-Wert) in W/(m² · K)
k : Wärmedurchgangszahl (k-Wert) in W/(m² · K)
R_U : Wärmedurchgangswiderstand[1] in m² · K/W
R_{se} : äußerer Wärmeübergangswiderstand (→ Tab. 382.1) in m² · K/W
R_λ : Wärmeleitwiderstand in m² · K/W
R_{si} : innerer Wärmeübergangswiderstand (→ Tab. 382.1) in m² · K/W
d : Baustoffdicke in m
λ : Wärmeleitfähigkeit des Baustoffes (→ Tab. 383.1, 407.2) in W/(m · K)
$\vartheta_i, \vartheta_e, \ldots$: Temperatur in °C
C : Konstante in W/m²

Indizes:
s : surface (engl. Oberfläche)
e : exterior (engl. außen)
i : interior (engl. innen)

Misch-U-Wert

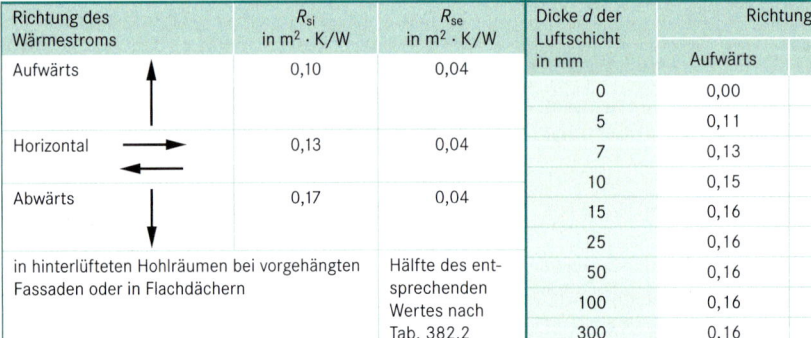

Dach

$$U_M = \frac{A_1 \cdot U_1 + A_2 \cdot U_2 + \ldots}{A_1 + A_2 + \ldots}$$

$$A_1 = l_1 \cdot b_1 \qquad \text{usw.}$$

Für $l_1 = l_2 = \ldots$ gilt:

$$U_M = \frac{b_1 \cdot U_1 + b_2 \cdot U_2 + \ldots}{b_1 + b_2 + \ldots}$$

U_M : Misch-U-Wert in W/(m² · K)
$A_1, A_2, \ldots$: Fläche des Bauteils in m²
$l_1, l_2, \ldots$: Länge des Bauteils in m
$b_1, b_2, \ldots$: Breite des Bauteils in m
$U_1, U_2, \ldots$: U-Wert des Bauteils in W/(m² · K)

Tab. 382.1: Wärmeübergangswiderstände nach DIN EN ISO 6946: 2003-10

Richtung des Wärmestroms		R_{si} in m² · K/W	R_{se} in m² · K/W
Aufwärts	↑	0,10	0,04
Horizontal	→ ←	0,13	0,04
Abwärts	↓	0,17	0,04
in hinterlüfteten Hohlräumen bei vorgehängten Fassaden oder in Flachdächern		Hälfte des entsprechenden Wertes nach Tab. 382.2	

[1] auch Wärmedurchlasswiderstand genannt

Tab. 382.2: Wärmeleitwiderstände ruhender Luftschichten R_λ in m² K/W nach DIN EN ISO 6946: 2003-10

Dicke d der Luftschicht in mm	Richtung des Wärmestromes		
	Aufwärts	Horizontal	Abwärts
0	0,00	0,00	0,00
5	0,11	0,11	0,11
7	0,13	0,13	0,13
10	0,15	0,15	0,15
15	0,16	0,17	0,17
25	0,16	0,18	0,19
50	0,16	0,18	0,21
100	0,16	0,18	0,22
300	0,16	0,18	0,23

Heizungstechnik

Tab. 383.1: Wärmeleitfähigkeit λ von Baustoffen — DIN V 4108-4: 2002-02, DIN EN 12 524: 2000-06

Baustoff	Dichte ϱ in kg/m³	λ in W/(m·K)	Baustoff		Dichte ϱ in kg/m³	λ in W/(m·K)
Putze, Mörtel und Estriche			**Wärmedämmstoffe**			
Putzmörtel aus Kalk, Kalkzement und hydr. Kalk	1800	1,0	Polyurethan-Schaum (Treibmittel CO_2)	[1] WLG 035 WLG 040	> 45	0,035 0,040
Leichtmauermörtel	≤ 700	0,21	Mineralische und pflanzliche Faserdämmstoffe	WLG 035 WLG 040 WLG 045 WLG 050	8 bis 500	0,035 0,040 0,045 0,050
Zement-Estrich/-Putz	2000	1,4				
Beton-Bauteile						
Leicht- und Stahlleichtbeton	800 1200	0,39 0,62	Schaumglas	WLG 045 ... WLG 060	100 bis 150	0,045 0,060
Leichtbeton mit porigem Gefüge unter Verwendung von Naturbims	500 800 1200	0,16 0,24 0,41	Holzfaser-dämmplatten	WLG 035 ... WLG 070	110 bis 450	0,035 ... 0,070
Bauplatten			**Sonstige gebräuchliche Stoffe**			
Porenbeton-Bauplatten (Ppl)	600	0,24	lose Schüttung (Blähperlit)		≤ 100	0,06
Gipskartonplatten	900	0,25	Sand, Kies, Splitt (trocken)		1800	0,70
Mauerwerk einschließlich Mörtelfugen			Granit Marmor Schiefer		2600 2800 2400	2,80 3,50 2,20
Vollklinker, Hochlochklinker	1800	0,81				
Vollziegel, Hochlochziegel	1600	0,68	Quarzglas		2500	1,00
Hochlochziegel HLzW NM	600 700 800	0,23 0,24 0,26	Lehmbaustoffe		2000 bis 500	1,1 bis 0,14
Kalksandstein	1200	0,56				
Porenbeton-Planstein (PP)	300 400 500	0,10 0,13 0,16	Stahl (unlegiert) Kupfer Aluminiumlegierungen		7800 8900 2800	50 380 160
Vollblöcke (Vbl, S_W) NM	500 600 700	0,20 0,22 0,27				
Vollsteine (V)	500	0,32	Gummi		1200	0,17
Dachbahnen, Dachabdichtungsbahnen			**Holzwerkstoffe nach DIN EN 12 524**			
Bitumendachbahnen	1200	0,17	Konstruktionsholz (Mittelwert)		600	0,15

[1] Wärmeleitfähigkeitsgruppe

Tab. 383.2: Wärmedurchgangszahl U_w für Fenster und Fenstertüren mit einem Flächenanteil des Rahmens von 30 % an der Gesamtfläche — DIN V 4108-4: 2002-02

Art der Verglasung	U_g-Wert[1] in W/(m²·K)	U_f-Wert[2] in W/(m²·K)								
		1,0	1,4	1,8	2,2	2,6	3,0	3,4	3,8	7,0
Einscheibenverglasung	5,7	4,3	4,4	4,5	4,6	4,8	4,9	5,0	5,1	6,1
Zweischeiben-Isolierverglasung	3,3	2,7	2,8	2,9	3,1	3,2	3,4	3,5	3,6	4,4
	2,9	2,4	2,5	2,7	2,8	3,0	3,1	3,2	3,3	4,1
	2,5	2,2	2,3	2,4	2,6	2,7	2,8	3,0	3,1	3,9
	2,1	1,9	2,0	2,2	2,3	2,4	2,6	2,7	2,8	3,6
	1,9	1,8	1,9	2,0	2,1	2,3	2,4	2,5	2,7	3,5
	1,5	1,5	1,6	1,7	1,9	2,0	2,1	2,3	2,4	3,2
	1,1	1,2	1,3	1,5	1,6	1,7	1,9	2,0	2,1	2,9
Dreischeiben-Isolierverglasung	2,3	2,0	2,1	2,2	2,4	2,5	2,7	2,8	2,9	3,7
	2,1	1,9	2,0	2,1	2,2	2,4	2,5	2,6	2,8	3,6
	1,7	1,6	1,7	1,8	1,9	2,1	2,2	2,4	2,5	3,3
	1,3	1,4	1,5	1,6	1,7	1,9	2,0	2,1	2,2	3,1
	0,9	1,1	1,2	1,3	1,4	1,6	1,7	1,8	2,0	2,8
	0,5	0,8	0,9	1,0	1,2	1,3	1,4	1,6	1,7	2,5

[1] Wärmedurchgangszahl der Verglasung, [2] Wärmedurchgangszahl des Rahmens

Rechengang:

1. Vorbereitende Schritte:
a) Ermittlung der meteorologischen Daten wie die **Außentemperatur** (→ Tab. 388.1) und das **Jahresmittel der Außentemperatur** (→ Tab. 388.2) sowie Berechnung der Norm-Außentemperatur (→ S. 384)
b) Festlegung des **Status jeden Raumes** (beheizt/unbeheizt) und Ermittlung der **Norm-Innentemperatur** jedes beheizten Raumes (→ Tab. 389.1)
c) Ermittlung der wärmetechnischen Eigenschaften der Bauteile (**U-Werte** berechnen → S. 382 f.) und ggf. **Wärmebrücken** berücksichtigen (→ Tab. 389.2)

2. Berechnung der Norm-Heizlast und der Auslegungsheizlast der beheizten Räume:
d) Berechnung der **Transmissionswärmeverlust-Koeffizienten** (→ S. 385) und Multiplizieren mit der Norm-Temperaturdifferenz, um die **Norm-Transmissionswärmeverluste** (→ S. 384) zu erhalten
e) Berechnung der **Lüftungswärmeverlust-Koeffizienten** (→ S. 386) und Multiplizieren mit der Norm-Temperaturdifferenz, um die **Norm-Lüftungswärmeverluste** (→ S. 386) zu erhalten
f) Berechnung der **zusätzlichen Aufheizleistung** (→ S. 387)
g) Berechnung der **Norm-Heizlast** und der **Auslegungsheizlast** eines beheizten Raumes (→ S. 387)
h) Ggf. zurück zu d), um die Werte eines weiteren beheizten Raumes des Gebäudes zu ermitteln

3. Berechnung der Norm-Heizlast und der Auslegungsheizlast des Gebäudes:
i) Summieren der Norm-Transmissionswärmeverluste sowie der Norm-Lüftungswärmeverluste aller beheizten Räume ohne den Wärmefluss zwischen beheizten Räumen ergibt die **Norm-Heizlast** des Gebäudes (→ S. 387)
j) Summieren der zusätzlichen Aufheizleistung aller beheizten Räume
k) Addieren der Summen aus i) und j) ergibt die **Auslegungsheizlast** des Gebäudes (→ S. 387)

Norm-Wärmeverluste

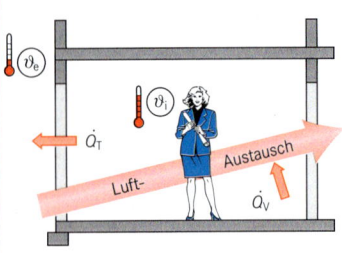

$$\dot{Q} = \dot{Q}_\text{T} + \dot{Q}_\text{V}$$

$$\vartheta_\text{e} = \vartheta'_\text{e} + \Delta\vartheta_\text{e}$$

Mit $\Delta\vartheta_\text{e}$ in Abhängigkeit von der thermischen Zeitkonstante τ des Gebäudes, die z. B. aus der Berechnung des Jahresheizwärmebedarfs im Rahmen des EnEV-Nachweises entnommen werden kann. (→ Tab. 384.2)

$\dot{Q}$	:	Norm-Wärmeverlust für einen beheizten Raum — in W
$\dot{Q}_\text{T}$	:	Norm-Transmissionswärmeverlust — in W
$\dot{Q}_\text{V}$	:	Norm-Lüftungswärmeverlust — in W
ϑ_e	:	Norm-Außentemperatur — in °C
ϑ'_e	:	Außentemperatur (→ Tab. 388.1) — in °C
ϑ_i	:	Norm-Innentemperatur (→ Tab. 389.1) — in °C
$\Delta\vartheta_\text{e}$	:	Außentemperaturkorrektur (→ Tab. 384.2) — in K

Norm-Transmissionswärmeverluste

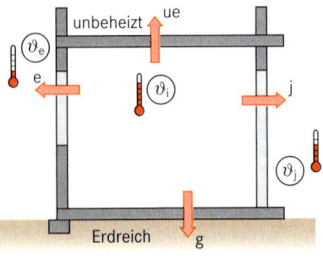

$$\dot{Q}_\text{T} = (H_\text{T,e} + H_\text{T,ue} + H_\text{T,j} + H_\text{T,g}) \cdot (\vartheta_\text{i} - \vartheta_\text{e})$$

Tab. 384.2: Außentemperaturkorrektur in Abhängigkeit von τ

τ in h	$\Delta\vartheta_\text{e}$ in K
< 100	0
100 bis 140	+1
141 bis 210	+2
211 bis 280	+3
> 280	+4

$\dot{Q}_\text{T}$	:	Norm-Transmissionswärmeverlust — in W
$H_\text{T,e}$	:	Transmissions-Wärmeverlust-Koeffizient zwischen beheizten Räumen und äußerer Umgebung (e) — in W/K
$H_\text{T,ue}$	:	Transmissions-Wärmeverlust-Koeffizient zwischen beheizten Räumen und äußerer Umgebung (e) durch unbeheizten Raum (u) — in W/K
$H_\text{T,j}$	:	Transmissions-Wärmeverlust-Koeffizient zwischen beheiztem Raum und benachbartem beheizten Raum (j) — in W/K
$H_\text{T,g}$	:	Transmissions-Wärmeverlust-Koeffizient zwischen beheiztem Raum und Erdreich (g) — in W/K
ϑ_e	:	Norm-Außentemperatur — in °C
ϑ_i	:	Norm-Innentemperatur — in °C
ϑ_j	:	Norm-Innentemperatur des benachbarten beheizten Raumes (→ Tab. 384.1) — in °C

Tab. 384.1: Temperaturen von beheizten Nachbarräumen ϑ_j

Wärmefluss vom beheizten Raum an	Nachbarraum in der gleichen Gebäudeeinheit	Nachbarraum einer anderen Gebäudeeinheit (z. B. Apartment)	Nachbarraum eines separaten Gebäudes (beheizt oder unbeheizt)
ϑ_j in °C	wird festgelegt	$\dfrac{\vartheta_\text{i} + \vartheta_\text{m,e}}{2}$	$\vartheta_\text{m,e}$ [1]

[1] Jahresmittel der Außentemperatur → Tab. 388.2

Heizungstechnik

Direkte Wärmeverluste an die äußere Umgebung

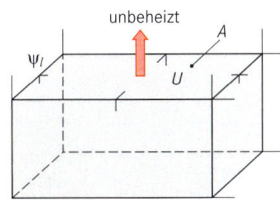

$A = h \cdot b$

umlaufende Wärmebrücke

$l = 2 \cdot (b + h)$

$$H_{T,e} = H_{T,e1} + H_{T,e2} + \dots$$

mit jeweils

$$H_{T,ek} = A \cdot U \cdot e_k + \Psi_l \cdot l \cdot e_l$$

oder vereinfacht:

$$H_{T,ek} = A \cdot (U + \Delta U_{WB})$$

$\Delta U_{WB} = 0{,}05$ oder $0{,}1$ W/(m² · K) je nach bauseitiger Berücksichtigung der Wärmebrücken

z. B. Neubau: $0{,}05$ W/(m² · K)
Altbau: $0{,}1$ W/(m² · K)

$H_{T,e}$: Transmissionswärmeverlust-Koeffizient zwischen beheiztem Raum und äußerer Umgebung (e) in W/K
A : Fläche des Bauteiles in m²
U : Wärmedurchgangszahl in W/(m² · K)
e_k, e_l : witterungsbedingte Korrekturfaktoren (Anhaltswerte für e_k und e_l sind 1,0) –
Ψ_l : längenbezogener Wärmedurchgangs-Koeffizient der Wärmebrücke in W/(m · K) ($\rightarrow$ Tab. 389.2)
l : Länge der Wärmebrücke in m

Wärmeverluste durch unbeheizte Nachbarräume

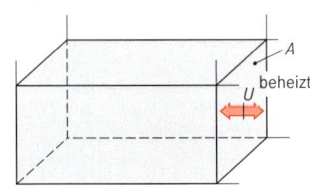

unbeheizt

Bei der Decke kann es sich, je nach Aufbau von Wand und Decke, um unterschiedliche Arten von Wärmebrücken handeln, die dann abschnittsweise zu berechnen sind.

$$H_{T,ue} = H_{T,ue1} + H_{T,ue2} + \dots$$

mit

$$H_{T,uek} = A \cdot U \cdot b_u + \Psi_l \cdot l \cdot b_u$$

wobei k jeweils ein Bauteil ggf. mit thermischer Wärmebrücke ist

$$b_u = \frac{\vartheta_i - \vartheta_u}{\vartheta_i - \vartheta_e}$$

Wenn Temperaturen unbekannt $\rightarrow$ Tab. 390.1

vereinfacht:

$$H_{T,uek} = A \cdot (U + \Delta U_{WB}) \cdot b_u$$

$H_{T,ue}$: Transmissionswärmeverlust-Koeffizient zwischen beheiztem Raum (i) und äußerer Umgebung (e) durch unbeheizten Raum (u) in W/K
A : Fläche des Bauteiles in m²
U : Wärmedurchgangszahl in W/(m² · K)
b_u : Temperatur-Reduktionsfaktor
Ψ_l : längenbezogener Wärmedurchgangs-Koeffizient der Wärmebrücke in W/(m · K) ($\rightarrow$ Tab. 389.2)
l : Länge der Wärmebrücke in m
ϑ_i : Norm-Innentemperatur in °C
ϑ_u : Temperatur des unbeheizten Raumes in °C
ϑ_e : Norm-Außentemperatur in °C

Wärmefluss zwischen beheizten Räumen unterschiedlicher Temperatur

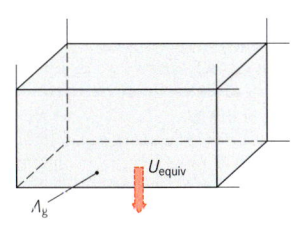

beheizt

$$H_{T,j} = H_{T,j1} + H_{T,j2} + \dots$$

mit

$$H_{T,jk} = A \cdot U \cdot f_j$$

wobei k jeweils ein Bauteil ist

$$f_j = \frac{\vartheta_i - \vartheta_j}{\vartheta_i - \vartheta_e}$$

$H_{T,j}$: Transmissionswärmeverlust-Koeffizient zwischen Räumen unterschiedlicher Temperatur in W/K
A : Fläche des Bauteiles in m²
U : Wärmedurchgangszahl in W/(m² · K)
f_j : Temperatur-Reduktionsfaktor –
ϑ_i : Norm-Innentemperatur in °C
ϑ_j : Temperatur des beheizten Nachbarraumes in °C ($\rightarrow$ Tab. 384.1)
ϑ_e : Norm-Außentemperatur in °C

Wärmeverlust an das Erdreich (vereinfacht)

$$H_{T,g} = f_{g1} \cdot f_{g2} \, (A_g \cdot U_{equiv}) \cdot G_w$$

$$f_{g2} = \frac{\vartheta_i - \vartheta_{m,e}}{\vartheta_i - \vartheta_e}$$

Die gleiche Formel gilt auch für erdreichberührte Wandelemente.

$H_{T,g}$: Transmissionswärmeverlust-Koeffizient des Erdreichs in W/K
f_{g1} : Korrekturfaktor für die jährliche Schwankung der Außentemperatur ($\rightarrow$ Tab. 390.2) –
f_{g2} : Temperatur-Reduktionsfaktor –
A_g : Fläche der Bodenplatte in m²
U_{equiv} : äquivalente Wärmedurchgangszahl in W/(m² · K) ($\rightarrow$ Tab. 391.1)
G_w : Korrekturfaktor für die Tiefe bis zum Grundwasser – ($\rightarrow$ Tab. 390.2)
ϑ_i : Norm-Innentemperatur in °C
$\vartheta_{m,e}$: Jahresmittel der Außentemperatur in °C ($\rightarrow$ Tab. 388.2)

Heizungstechnik

Norm-Lüftungswärmeverlust

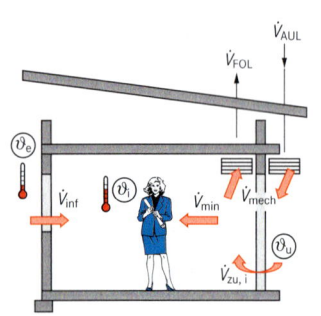

Hinweis:
Bei fehlenden Angaben zu lufttechnischen Anlagen kann der Lüftungswärmeverlust wie für eine Installation ohne Lüftungsanlage berechnet werden.

$$\dot{Q}_v = H_v \cdot (\vartheta_i - \vartheta_e)$$

$$H_v = \dot{V}_i \cdot C_p$$

mit

$$\dot{V}_i = \max \left(0.5 \cdot \dot{V}_{min}, \ 0.5 \cdot \dot{V}_{inf}\right)$$

wenn ohne Lüftungsanlage

bzw.

$$\dot{V}_i = 0.5 \cdot \dot{V}_{inf} + \dot{V}_{zu,j} \cdot f_{v,j} + \dot{V}_{mech}$$

wenn mit Lüftungsanlage, wobei

$$f_{v,j} = \frac{\vartheta_i - \vartheta_u}{\vartheta_i - \vartheta_e}$$

$\dot{Q}_v$	:	Norm-Lüftungswärme- verlust in W
H_v	:	Norm-Lüftungswärme- verlust-Koeffizient in W/K
ϑ_i	:	Norm-Innentemperatur in °C ($\rightarrow$ Tab. 389.1)
ϑ_e	:	Norm-Außentemperatur in °C ($\rightarrow$ Tab. 388.1)
$\dot{V}_i$	:	Lüftungsvolumenstrom in m³/h
C_p	:	spezifische Wärmekapazität der Luft in Wh/(m³ · K) $C_p = 0.34$ Wh/(m³ · K)
$\dot{V}_{min}$	:	hygienischer Mindest- Luftvolumenstrom in m³/h
$\dot{V}_{inf}$	:	infiltrierter Luftvolumenstrom aufgrund von Wind und Auftriebsdruck am Gebäude in m³/h
$\dot{V}_{zu,j}$	:	Zuluftvolumenstrom des Raumes in m³/h
$\dot{V}_{mech}$	:	Überschuss des Abluft- volumenstromes des Raumes in m³/h

---

Ohne Lüftungsanlage	Mit Lüftungsanlage

Hygienischer Mindest-Luftvolumenstrom

$$\dot{V}_{min} = n_{min} \cdot V_R$$

$\dot{V}_{min}$: hygienischer Mindest-Luftvolumenstrom in m³/h
n_{min}: Mindestluftwechselzahl je Stunde in 1/h ($\rightarrow$ Tab. 386.1)
V_R: Raumvolumen in m³

Tab. 386.1: Mindestluftwechselzahl n_{min}

Raumart	n_{min} in 1/h
bewohnbarer Raum	0,5
Küche $\leq$ 20 m³	1,0
Küche $\geq$ 20 m³	0,5
WC oder Bad mit Fenster[1]	0,5
Nebenräume	0,0

[1] Innenliegende Daueraufenthaltsräume, Bäder und Toilettenräume sind mit Lüftungsanlagen zu rechnen.

Tab. 386.2: Luftwechselzahl n_{50} bei 50 Pa Druckunterschied (Luftwechselrate)

Kategorie	n_{50} in 1/h
Nach EnEV errichtete Gebäude mit raumlufttechnischen Anlagen (auch Wohnungslüftungsanlagen)	1,5
Nach EnEV errichtete Gebäude ohne raumlufttechnische Anlagen	3
Nicht nach EnEV errichtete Gebäude mit mittlerer Dichtheit	4
Fälle, die nicht den v. g. Kategorien entsprechen z. B. Wohngebäude im Bestand (wenig dicht)	6
Vorhandensein offensichtlicher Undichtheiten, wie z. B. offene Fugen in der Luftdichtheitsschicht oder der wärmeübertragenden Umfassungsfläche (sehr undicht)	10

Infiltrierter Luftvolumenstrom durch Gebäudehülle

$$\dot{V}_{inf} = 2 \cdot V_R \cdot n_{50} \cdot e \cdot \varepsilon$$

$\dot{V}_{inf}$	:	infiltrierter Luft- volumenstrom in m³/h
V_R	:	Raumvolumen in m³
n_{50}	:	Luftwechselzahl je Stunde bei einer Druckdifferenz von 50 Pa zwischen dem Inneren und Äußeren des Gebäudes in 1/h ($\rightarrow$ Tab. 386.2)
e	:	Koeffizient für Abschirmung ($\rightarrow$ Tab. 387.1) –
ε	:	Höhenkorrekturfaktor ($\rightarrow$ Tab. 391.2) –

1 Zuluftvolumenstrom des Raumes

$\dot{V}_{zu,j}$ und ϑ_u werden vom Anlagenplaner bei der Auslegung bestimmt

$\dot{V}_{zu,j}$	:	Zuluftvolumenstrom des Raumes in m³/h
ϑ_u	:	Zulufttemperatur aus zentrale RLT-Anlage oder aus nachströmender Umgebungsluft in °C Bei WRG-Anlage kann ϑ_u über deren Rückwärmezahl ($\rightarrow$ S. 486) berechnet werden.

2 Überschuss des Abluftvolumenstromes des Raumes

$$\dot{V}_{mech} = \dot{V}_{mech,Geb} \cdot \frac{V_R}{V_{Geb}}$$

mit: $\dot{V}_{mech,Geb} = \dot{V}_{FOL} - \dot{V}_{AUL} \geq 0$

$\dot{V}_{mech,Geb}$	:	Überschuss des Fortluftvolumenstromes aus der RLT-Anlage in m³/h (wird durch Außenluft ersetzt)
V_R	:	Raumvolumen in m³
V_{Geb}	:	Gebäudevolumen in m³
$\dot{V}_{FOL}$	:	Fortluftvolumenstrom in m³/h
$\dot{V}_{AUL}$	:	Außenluftvolumenstrom in m³/h

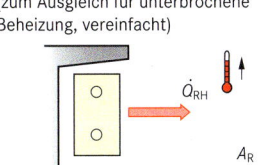

Zusätzliche Aufheizleistung
(zum Ausgleich für unterbrochene Beheizung, vereinfacht)

$$\dot{Q}_{RH} = A_R \cdot f_{RH}$$

Nicht zwingend vorgeschrieben, sollte aber mit Bauherrn vereinbart werden.

$\dot{Q}_{RH}$	: zusätzliche Aufheizleistung	in W
A_R	: Raumfläche	in m²
f_{RH}	: Korrekturfaktor ($\rightarrow$ Tab. 387.2)	in W/m²

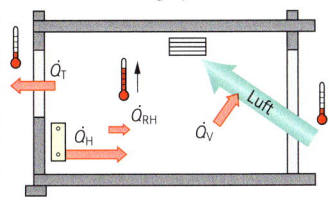

Norm-Heizlast eines beheizten Raumes
(Auslegungs-Heizlast der Raumheizeinrichtungen)

$$\dot{Q}_{HL} = \dot{Q}_T + \dot{Q}_V$$

$$\dot{Q}_{HL,\,Ausl.} = \dot{Q}_{HL} + \dot{Q}_{RH}$$

$\dot{Q}_{HL}$	: Norm-Heizlast eines beheizten Raumes	in W
$\dot{Q}_T$	: Norm-Transmissionswärmeverlust	in W
$\dot{Q}_V$	: Norm-Lüftungswärmeverlust	in W
$\dot{Q}_{RH}$	: zusätzliche Aufheizleistung	in W
$\dot{Q}_{HL,\,Ausl.}$	: Auslegungsheizlast eines beheizten Raumes	in W

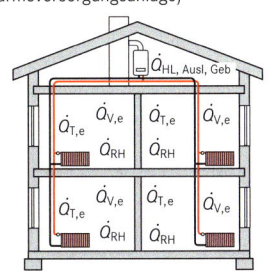

Norm-Heizlast des Gebäudes
(Auslegungs-Heizlast der Wärmeversorgungsanlage)

$$\dot{Q}_{HL,Geb} = \Sigma\dot{Q}_{T,e} + \Sigma\dot{Q}_{V,e}$$

$$\dot{Q}_{HL,\,Ausl,Geb} = \dot{Q}_{HL,Geb} + \Sigma\dot{Q}_{RH}$$

Die Auslegungsheizlast eines Gebäudes entspricht der Nennwärmeleistung $\dot{Q}_{NL}$ der zu installierenden Wärmeversorgungsanlage.

$\dot{Q}_{HL,Geb}$	: Norm-Heizlast eines Gebäudes	in W
$\Sigma\dot{Q}_{T,e}$	: Summe der Norm-Transmissionswärmeverluste ohne den Wärmefluss zwischen beheizten Räumen	in W
$\Sigma\dot{Q}_{V,e}$	: Summe der Norm-Lüftungswärmeverluste aller beheizten Räume ohne den Wärmefluss zwischen beheizten Räumen	in W
$\Sigma\dot{Q}_{RH}$	: Summe der Aufheizleistung aller beheizten Räume	in W
$\dot{Q}_{HL,\,Ausl,Geb}$	: Auslegungsheizlast eines Gebäudes	in W

Tab. 387.1: Abschirmungskoeffizient *e*

Abschirmungsklasse	Hinweis zum Standort des Gebäudes	e		
		Keiner dem Wind ausgesetzten Fläche bzw. Fassade	einer dem Wind ausgesetzten Fläche bzw. Fassade	mit mehr als einer dem Wind ausgesetzten Fassade bzw. Fläche
keine Abschirmung	Gebäude in windreichen Gegenden, Hochhäuser in Stadtzentren	0	0,03	0,05
moderate Abschirmung	Gebäude im Freien, umgeben von Bäumen bzw. anderen Gebäuden, Vorstädte	0	0,02	0,03
gute Abschirmung	Gebäude mittlerer Höhe in Stadtzentren, Gebäude in bewaldeten Regionen	0	0,01	0,02

Tab. 387.2: Wiederaufheizfaktor f_{RH} in W/m² bei Vorgabe des Innentemperaturabfalls

Wiederaufheizzeit in Std.	f_{RH} in W/m² für verschiedene Luftwechselzahlen in der Aufheizphase $n = 0,1\ h^{-1}/n = 0,5\ h^{-1}$									
	Angenommener Innentemperaturabfall während der Nachtabsenkung in K									
	1		2		3		4		5	
	Gebäudemasse (l: leicht; s: mittelschwer, schwer)									
	l	s	l	s	l	s	l	s	l	s
0,5	12/14	12/10	27/29	20/35	39/44	44/53	50/58	60/69		
1	8/10	8/14	18/21	21/28	26/32	34/43	33/41	48/56	–	–
2	5/7	5/11	10/13	15/22	15/21	25/33	20/28	35/43	43/47	85/94
3	3/5	3/10	7/10	12/19	9/15	20/27	14/21	29/37	33/37	75/84
4	2/4	2/9	5/8	10/17	7/13	18/25	10/17	26/34	28/31	72/76

Heizungstechnik

Tab. 388.1: Außentemperaturen ϑ'_e und Jahresmittel der Außentemperatur in °C

Stadt	ϑ'_e	$\vartheta_{m,e}$	Stadt	ϑ'_e	$\vartheta_{m,e}$	Stadt	ϑ'_e	$\vartheta_{m,e}$	Stadt	ϑ'_e	$\vartheta_{m,e}$
Aachen	– 12	8,1	Göttingen	– 16	8,8	Magdeburg	– 14	9,5	Salzgitter	– 14	8,5
Augsburg	– 14	7,9	Greifswald	– 12	8,4	Mainz	– 12	10,2	Schwäbisch-Hall	– 16	7,9
Baden-Baden	– 12	10,2	Güstrow	– 12	9,5	Mannheim	– 12	10,2	Schwerin	– 12	9,5
Bamberg	– 16	7,9	Hagen	– 12	8,1	Meißen	– 14	9,5	Selb	– 18	6,3
Berlin	– 14	9,5	Halle/Saale	– 14	9,5	Mühlheim/Ruhr	– 10	8,1	Senftenberg	– 16	9,5
Bitterfeld	– 14	9,5	Hamburg	– 12	8,5	München	– 16	7,9	Siegen	– 12	6,8
Braunschweig	– 14	8,5	Hannover	– 14	8,5	Münster, Westf.	– 12	8,1	Stade	– 10	8,5
Bremen	– 12	8,5	Heidelberg	– 10	10,2	Neubrandenburg	– 14	9,5	Stendal	– 14	9,5
Chemnitz	– 14	7,9	Heilbronn	– 12	10,2	Neumünster	– 12	8,5	Stralsund	– 10	8,4
Cottbus	– 16	9,5	Herne	– 10	8,1	Neuruppin	– 14	9,5	Straubing	– 18	3,0
Darmstadt	– 12	10,2	Hildesheim	– 14	8,5	Nienburg/Weser	– 12	8,5	Stuttgart	– 12	10,2
Dortmund	– 12	8,1	Hof, Saale	– 18	3,0	Nürnberg	– 16	7,9	Torgau	– 16	9,5
Dresden	– 14	9,5	Hoyerswerda	– 16	9,5	Oberhausen	– 10	8,1	Trier	– 10	8,8
Düsseldorf	– 10	8,1	Husum	-10	9,0	Oberstdorf	–20	6,8	Tübingen	– 16	6,8
Eberswalde	– 14	9,5	Ingolstadt, Donau	– 16	8,1	Oberwiesenthal	– 18	3,0	Ulm/Donau	– 14	7,9
Eisenach	– 16	8,8	Iserlohn	– 12	6,8	Offenbach/Main	– 12	10,2	Weimar	– 14	7,9
Erfurt	– 14	7,9	Jena	– 14	7,9	Oldenburg	– 10	8,5	Weißwasser	– 16	9,5
Erlangen	– 16	7,9	Kaiserslautern	– 12	6,8	Oranienburg	– 14	9,5	Wernigerode	– 16	6,8
Essen	– 10	8,1	Karlsruhe	– 12	10,2	Osnabrück	– 12	8,1	Wetzlar	– 12	8,8
Finsterwalde	– 16	9,5	Kassel	– 12	8,8	Paderborn	– 12	8,1	Wiesbaden	– 10	10,2
Frankfurt/Main	– 12	10,2	Kempten, Allgäu	– 16	6,8	Passau	– 14	7,9	Wilhelmshaven	– 10	9,0
Frankfurt/Oder	– 16	9,5	Kiel	– 10	8,4	Pforzheim	– 12	6,8	Wismar	– 10	8,4
Freiburg i. Br.	– 12	10,2	Koblenz	– 12	8,1	Plauen	– 16	6,3	Wittenberg	– 14	9,5
Garmisch-Part.	– 18	6,8	Köln	– 10	8,1	Potsdam	– 14	9,5	Wolfenbüttel	– 14	8,5
Gelsenkirchen	– 10	8,1	Konstanz	– 12	7,9	Ravensburg	– 14	7,9	Wolfsburg	– 14	8,5
Gera	– 14	7,9	Königsstein, Taunus	– 12	6,3	Regensburg	– 16	7,9	Worms	– 12	10,2
Gießen	– 12	6,3	Leipzig	– 14	8,7	Remscheid	– 12	6,8	Wuppertal	– 12	6,8
Görlitz	– 16	7,9	Leverkusen	– 10	8,1	Rosenheim	– 16	7,9	Würzburg	– 12	7,9
Goslar	– 14	8,5	Lübeck	– 10	8,4	Rostock	– 10	8,4	Zweibrücke	– 12	6,8
Gotha	– 14	8,8	Lüneburg	– 12	8,4	Saarbrücken	– 12	6,8	Zwickau	– 14	7,9

Tab. 388.2: Übersicht über Klimazonen und Jahresmittel der Außentemperatur in °C

DIN 4710

Zone	Bezeichnung	Repräsentanzstation für Temperatur	$\vartheta_{m,e}$ in °C	Zone	Bezeichnung	Repräsentanzstation für Temperatur	$\vartheta_{m,e}$ in °C
1	Nordseeküste	Bremerhaven	9,0	9	Thüringer Becken und sächsisches Hügelland	Chemnitz	7,9
2	Ostseeküste	Rostock-Warnemünde	8,4	10	Südöstliche Mittelgebirge bis 1000 m	Hof	6,3
3	Nordwestdeutsches Tiefland	Hamburg-Fuhlsbüttel	8,5	11	Erzgebirge, Böhmer- und Schwarzwald oberhalb 1000 m	Fichtelberg	3,0
4	Nordostdeutsches Tiefland	Potsdam	9,5	12	Oberrheingraben und unteres Neckartal	Mannheim	10,2
5	Nordrhein-Westfälische Bucht und Emsland	Essen	8,1	13	Schwäbisch-fränkisches Stufenland und Alpenvorland	Passau	7,9
6	Nördliche und westliche Mittelgebirge, Randgebiete	Bad Marienberg	6,8	14	Schwäbische Alb und Baar	Stötten	6,8
7	Nördliche und westliche Mittelgebirge, zentrale Bereiche	Kassel	8,8	15	Alpenrand und Täler	Garmisch-Partenkirchen	6,8
8	Oberharz und Schwarzwald, mittlere Lage	Braunlage	6,0				

Tab. 389.1: Anhaltswerte für Norm-Innentemperaturen ϑ_i für beheizte Räume und operative Temperaturen

Gebäudetyp/Raum	ϑ_i in °C	Bekleidung, Winter in clo[1]	Aktivität in met[2]	Vorausgesagter Prozentsatz Unzufriedener	Operative Temperatur °C, Winter
Wohnungen, Hotelzimmer, WC-Räume	20	1,0	1,2	< 6 % < 10 % < 15 %	21,0 bis 23,0 20,0 bis 24,0 19,0 bis 25,0
Badezimmer und alle anderen Räume f. d. unbekleideten Bereich	24	0,2	1,6	< 6 % < 10 % < 15 %	24,5 bis 25,5 23,5 bis 26,5 23,0 bis 27,0
Büro-/Konferenzräume, Caféteria/Restaurant, Klassenraum/Auditorium	20	1,0	1,2	< 6 % < 10 % < 15 %	21,0 bis 23,0 20,0 bis 24,0 19,0 bis 25,0
Kaufhäuser, Museum/Galerie	16	1,0	1,6	< 6 % < 10 % < 15 %	17,5 bis 20,5 16,0 bis 22,0 15,0 bis 23,0
Kirchen und beheizte Nebenräume von Wohngebäuden	15	1,5	1,3	< 6 % < 10 % < 15 %	16,5 bis 19,5 15,0 bis 21,0 14,0 bis 22,0

[1] clo (clothes) = Einheit des Wärmedurchlasswiderstandes der Bekleidung: 1 clo = 0,155 m² · K/W

[2] met (metobolic rate) = Ruheenergieumsatz einer Person in sitzender Position: 1 met = 58 W/m²

Tab. 389.2: Längenbezogener Wärmedurchgangskoeffizient Ψ von Wärmebrücken   DIN EN ISO 14 683

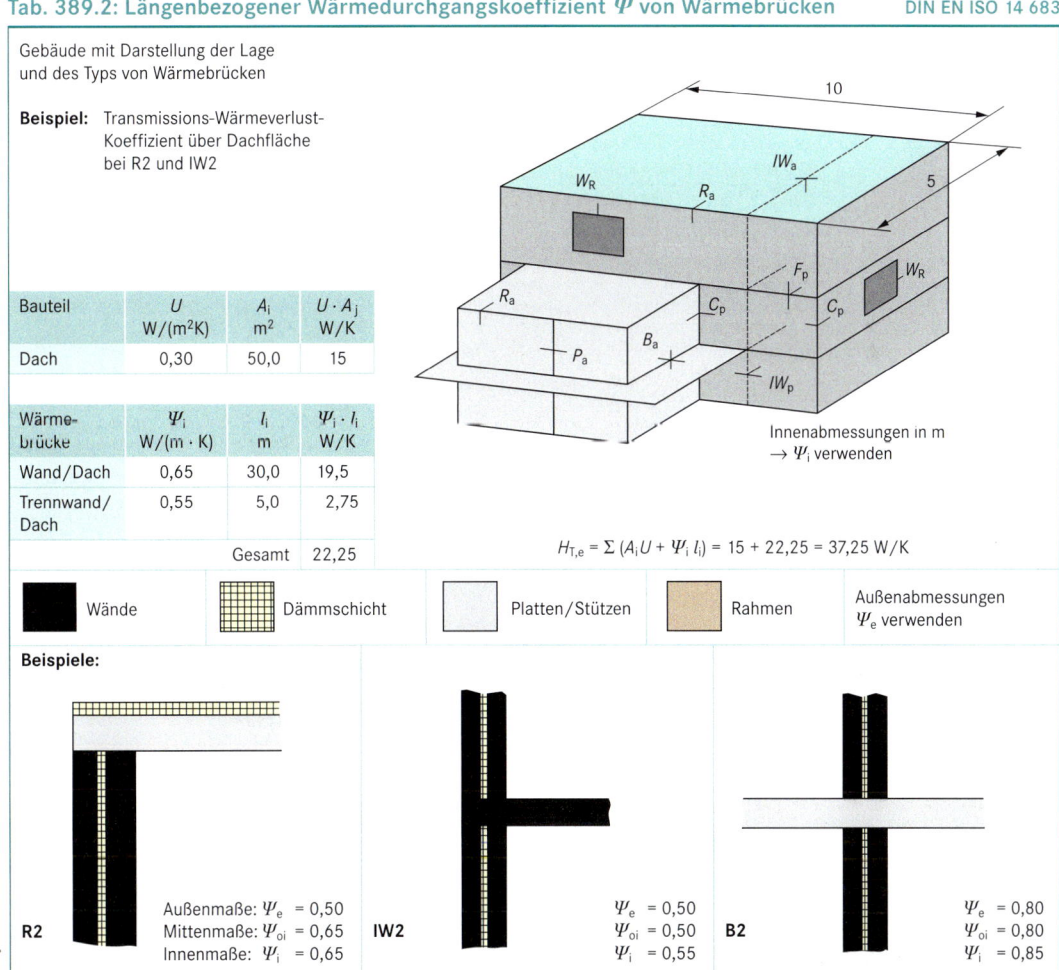

Gebäude mit Darstellung der Lage und des Typs von Wärmebrücken

Beispiel: Transmissions-Wärmeverlust-Koeffizient über Dachfläche bei R2 und IW2

Bauteil	U W/(m²K)	A_i m²	$U \cdot A_j$ W/K
Dach	0,30	50,0	15

Wärmebrücke	Ψ_i W/(m · K)	l_i m	$\Psi_i \cdot l_i$ W/K
Wand/Dach	0,65	30,0	19,5
Trennwand/ Dach	0,55	5,0	2,75
		Gesamt	22,25

Innenabmessungen in m
$\rightarrow \Psi_i$ verwenden

$$H_{T,e} = \Sigma \, (A_i U + \Psi_i \, l_i) = 15 + 22,25 = 37,25 \text{ W/K}$$

Wände   Dämmschicht   Platten/Stützen   Rahmen   Außenabmessungen Ψ_e verwenden

Beispiele:

R2
Außenmaße: Ψ_e = 0,50
Mittenmaße: Ψ_{oi} = 0,65
Innenmaße: Ψ_i = 0,65

IW2
Ψ_e = 0,50
Ψ_{oi} = 0,50
Ψ_i = 0,55

B2
Ψ_e = 0,80
Ψ_{oi} = 0,80
Ψ_i = 0,85

Heizungstechnik

Tab. 389.2 (Forts.): Längenbezogener Wärmedurchgangskoeffizient Ψ von Wärmebrücken

DIN EN ISO 14 683

■ Wände	▦ Dämmschicht	▫ Platten/Stützen	▪ Rahmen

Beispiele:

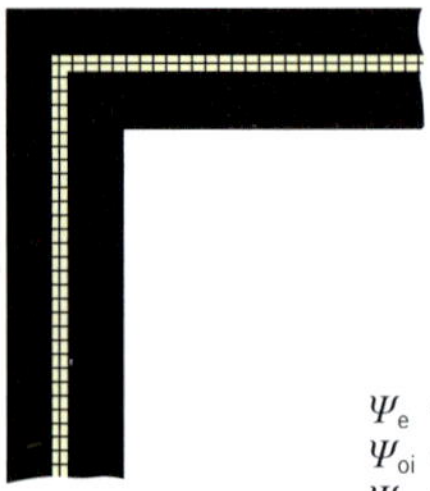

C2
$\Psi_e = -0,10$
$\Psi_{oi} = 0,10$
$\Psi_i = 0,10$

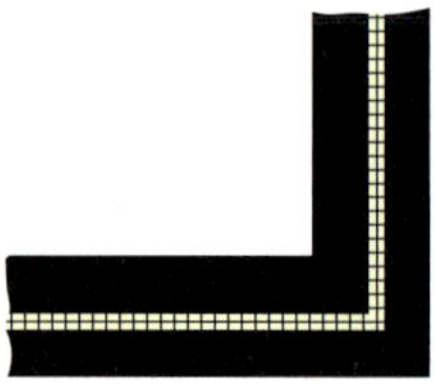

C6
$\Psi_e = 0,10$
$\Psi_{oi} = -0,15$
$\Psi_i = -0,15$

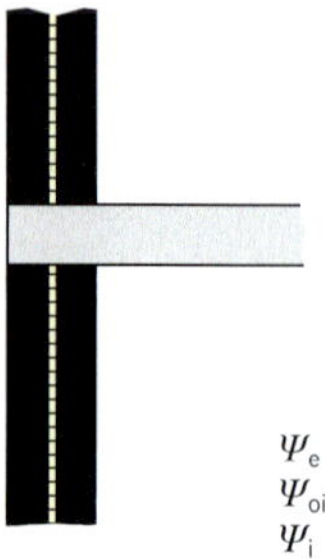

F2
$\Psi_e = 0,80$
$\Psi_{oi} = 0,80$
$\Psi_i = 0,90$

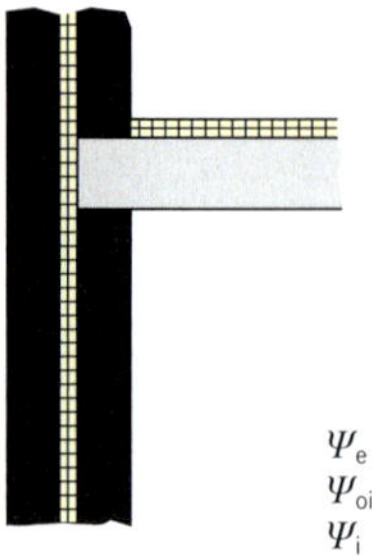

R6
$\Psi_e = 0,40$
$\Psi_{oi} = 0,55$
$\Psi_i = 0,55$

P2
$\Psi_e = 1,20$
$\Psi_{oi} = 1,20$
$\Psi_i = 1,20$

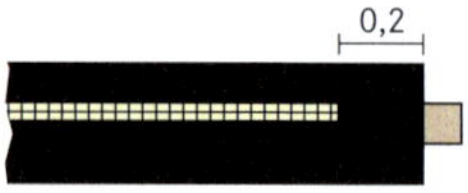

W8
$\Psi_e = 0,60$
$\Psi_{oi} = 0,60$
$\Psi_i = 0,60$

Tab. 390.1: Temperatur-Reduktionsfaktor b_u

DIN EN 12 831, Bbl. 1: 2008-07

Unbeheizter Raum			b_u
Nachbarräume			
ohne Außenwände, z. B. innen liegende Flure			0,1
mit 1 Außenwand, ohne äußere Türen (mit äußeren Türen)			0,4 (0,5)
mit 2 Außenwänden, ohne äußere Türen (mit äußeren Türen)			0,5 (0,6)
mit 3 Außenwänden, z. B. außen liegende Treppenräume			0,8
Keller			
ohne Fenster / äußere Türen			0,4
mit Fenster / äußere Türen			0,5
Innen liegende Treppenräume mit Gebäudehöhe ≤ 20 m			
KG und EG			0,45
1. OG			0,30
über 1. OG			0,25
Geschlossene Dachräume	Wärmedurchgangszahl U in W/(m² · K)		
Dachaußenfläche	nach außen U_{ue}	zu beheizten Räumen U_{iu}	
undicht ($n = 2,5$ 1/h)	5	1,25 (0,60)	0,85 (0,90)
dicht ($n = 0,5$ 1/h)	2,5	1,25 (0,60)	0,75 (0,85)
	1	1,25 (0,60)	0,55 (0,70)
	0,5	1,25 (0,60)	0,50 (0,65)

Tab. 390.2: Anhaltswerte für Korrekturfaktoren f_{g1} und G_w

Korrekturfaktor für die jährliche Schwankung der Außentemperatur	$f_{g1} = 1,45$	Abstand zwischen Grundwasserspiegel und Fundamentplatte	Korrekturfaktor für die Tiefe bis zum Grundwasser
		≥ 3 m	$G_w = 1,00$
		< 3 m	$G_w = 1,15$

Heizungstechnik

Tab. 391.1: Äquivalente Wärmedurchgangszahlen U_{equiv} für erdreichberührte Bodenplatte und Wandelemente

Fall		B'-Wert[1] m	U_{equiv} in W/(m² · K) für erdreichberührte Bodenplatte				
			Keine Dämmung	$U_{Boden} = 2,0$ W/(m² · K)	$U_{Boden} = 1,0$ W/(m² · K)	$U_{Boden} = 0,5$ W/(m² · K)	$U_{Boden} = 0,25$ W/(m² · K)
$z = 0$ m		2	1,30	0,77	0,55	0,33	0,17
		4	0,88	0,59	0,45	0,30	0,17
		6	0,68	0,48	0,38	0,27	0,17
		8	0,55	0,41	0,33	0,25	0,16
		10	0,47	0,36	0,30	0,23	0,15
		12	0,41	0,32	0,27	0,21	0,14
$z = 1,5$ m		2	0,86	0,58	0,44	0,28	0,16
		4	0,64	0,48	0,38	0,26	0,16
		6	0,52	0,40	0,33	0,25	0,15
		8	0,44	0,35	0,29	0,23	0,15
		10	0,38	0,31	0,26	0,21	0,14
		12	0,34	0,28	0,24	0,19	0,14
$z = 3$ m		2	0,63	0,46	0,35	0,24	0,14
		4	0,51	0,40	0,33	0,24	0,14
		6	0,43	0,35	0,29	0,22	0,14
		8	0,37	0,31	0,26	0,21	0,14
		10	0,32	0,27	0,24	0,19	0,13
		12	0,29	0,25	0,22	0,18	0,13

Fall	U_{Wand} W/(m² · K)	U_{equiv} in W/(m² · K) für erdreichberührte Wandelemente			
		$z = 0$ m	$z = 1$ m	$z = 2$ m	$z = 3$
	0,00	0,00	0,00	0,00	0,00
	0,50	0,44	0,39	0,35	0,32
	0,75	0,63	0,54	0,48	0,43
	1,00	0,81	0,68	0,59	0,53
	1,25	0,98	0,81	0,69	0,61
	1,50	1,14	0,92	0,78	0,68

[1] Der B'-Wert wird wie folgt ermittelt:

$$B' = \frac{A_g}{0,5 \cdot P}$$

A_g : Fläche der Bodenplatte in m²
P : Umfang der Bodenplatte in m, bei Reihenhaus nur Länge der Außenwände in m

Beispiel: Reihenhaus, $z = 0$, $U_{Boden} = 0,5$ W/(m² · K)

7,5 m

10 m

$A_g = 75$ m²
$P = 15$ m
$B' = 10$ m

$U_{equiv} = 0,23$ W/(m² · K)

Tab. 391.2: Höhenkorrektur-Faktor

Höhe des beheizten Raumes über dem Erdboden in m	ε	Für die Berechnung zu verwendende Abmessungen
0 bis 10	1,0	Nach DIN EN 12 831 beziehen sich die **Längen** und **Breiten** bei der Flächenberechnung auf die lichten Rohbaumaße plus Außenwanddicke bzw. halbe Innenwanddicke.
> 10 bis 20	1,2	
> 20 bis 30	1,5	
> 30 bis 40	1,7	
> 40 bis 50	2,0	Bei den **Höhen** sind die Geschosshöhen in die Rechnung einzusetzen.
> 50 bis 60	2,1	
> 60 bis 70	2,3	
> 70 bis 80	2,4	
> 80 bis 90	2,6	
> 90 bis 100	2,8	

Heizungstechnik

Beispiel:
Gebäudestandort: Berlin. Einzelhaus, leichte Bauart, τ = 150 h, normale Lage, moderate Abschirmung, Luftdichtheit der Gebäudehülle hoch, Wärmebrücken wurden weitestgehend vermieden, ohne Lüftungsanlage, AF mit U_W = 1,3 W/(m² K), IW 24 mit U = 1,2 W/(m² K), IW 11,5 mit U = 1,7 W/(m² K), IT mit U = 2,0 W/(m² K), AW mit U = 0,42 W/(m² K) und DE sowie FB mit jeweils U = 0,3 W/(m² K). Angenommener Innentemperaturabfall bei Nachtabsenkung 2 K, Wiederaufheizzeit 2 Stunden

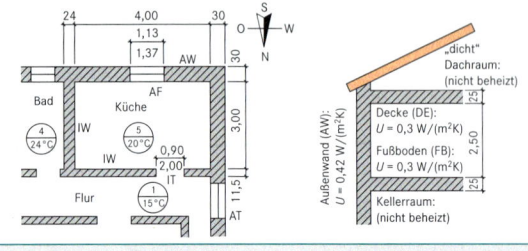

Norm-Innentemperatur	ϑ_i =	20°C

Norm-Außentemperatur	ϑ_a =	–12 °C	Mindest-Luftwechselrate	n_{min} =	0,5 1/h	

Raumdaten

Raumlänge	l_R =	4,00 m
Raumbreite	b_R =	3,00 m
Raumfläche	A_R =	12,00 m²
Geschosshöhe	h_G =	2,75 m
Deckendicke	d =	0,25 m
Raumhöhe	h_R =	2,50 m
Raumvolumen	V_R =	30,00 m³

Infiltration

Luftwechselzahl	n_{50} =	3 1/h
Koeffizient für Abschirmung	e =	0,03 –
Höhe über dem Erdboden	h =	0 m
Höhenkorrektur-Faktor	ε =	1 –

Zusatzheizleistung

Wiederaufheizfaktor	f_{RH} =	13 W/m²

Norm-Transmissionswärmeverlust

1	2	3	4	5	6	7	8	9	10	11	12	13	14	15	16	17
Orientierung	Bauteil	Anzahl	Breite	Höhe bzw. Länge	Bruttofläche	Abzugsfläche	Nettofläche	Wärmedurchgangskoeffizient	Korrekturwert für Wärmebrücke	korrigierter Wärmedurchgangskoeffizient	Wärmeverlust an	Temperatur angrenzender Räume	Korrekturfaktor	Wärmeverlustkoeffizient	Transmissions-Wärmeverlust	Transmissions-Wärmeverlust nach draußen
	Typ	k	b	h/l	A'		A	U	ΔU_{WB}	U_C	e/u	ϑ_u/ϑ_j	e_k/b_u	H_T	$\dot{Q}_T$	$\dot{Q}_{T,e}$
		–	m	m	m²	m²	m²	W/(m²K)	W/(m²K)	W/(m²K)	b/g	°C	f_j/f_{g2}	W/K	W	W
S	AF	1	1,13	1,37	1,55		1,55	1,3	0,05	1,35	e			2,09	67	67
S	AW	1	4,42	2,75	12,2	1,55	10,61	0,42	0,05	0,47	e			4,98	159	159
W	AW	1	3,36	2,75	9,24		9,24	0,42	0,05	0,47	e			4,34	139	139
N	IT	1	0,9	2	1,80		1,80	2,00		2,00	b	15	0,156	0,56	18	0
N	IW	1	4,42	2,75	12,2	1,8	10,36	1,70		1,70	b	15	0,156	2,75	88	0
O	IW	1	3,36	2,75	9,24		9,24	1,20		1,20	b	24	–0,13	–1,39	–44	0
–	FB	1	3,36	4,42	14,9		14,85	0,30	0,05	0,35	u		0,5	2,60	83	0
–	DE	1	3,36	4,42	14,9		14,85	0,30	0,05	0,35	u		0,65	3,38	108	0

Gesamt-Transmissionswärmeverlustkoeffizient	H_T =	19,32	
Norm-Transmissionswärmeverlust	$\dot{Q}_T$ =		618
Norm-Transmissionswärmeverlust ohne den Wärmefluss zwischen beheizten Räumen	$\dot{Q}_{T,e}$ =		365

Norm-Lüftungswärmeverlust

			$\dot{V}_i$	H_V	$\dot{Q}_V$
Luftvolumenstrom			m³/h	W/K	W
aus hygienischem Mindest-Luftwechsel	$\dot{V}_{min}$	=	15		
aus natürlich infiltriertem Luftvolumen	$\dot{V}_{inf}$	=	5,4		
thermisch wirksamer mech. Zuluftvolumenstrom	$\dot{V}_{zu} \cdot f_v$	=	–		
Abluftüberschuss	$\dot{V}_{mech}$				
thermisch wirksamer Luftvolumenstrom	$\dot{V}_{therm}$	=	15		
Norm-Lüftungswärmeverlustkoeffizient	H_V	=		5,1	
Norm-Lüftungswärmeverlust	$\dot{Q}_V$	=			163
Norm-Heizlast	$\dot{Q}_{HL}$	=			781
Zusätzliche Aufheizleistung	$\dot{Q}_{RH}$	=			156
Auslegungsheizlast (Auslegungs-Wärmeleistung der Raumheizeinrichtung)	$\dot{Q}_{HL,\,Ausl.}$	=			937
Anteil an der Auslegungsheizlast des Gebäudes	$\dot{Q}_{T,e} + \dot{Q}_V + \dot{Q}_{RH}$	=			684

Tab. 393.1: Allgemeine Vorschriften

§	Bezug	Anforderungen, Erläuterungen, Definitionen
1	Anwendungs-bereich	Die Verordnung gilt: ■ für Gebäude, deren Räume unter Einsatz von Energie beheizt oder gekühlt werden und ■ für Anlagen und Einrichtungen der Heizungs-, Kühl-, Raumluft- und der Warmwasservers. in Gebäuden.
2	Begriffe	
		Wohngebäude: Gebäude, die überwiegend zum Wohnen dienen, einschließlich Wohn-, Alten- und Pflegeheime **Nichtwohngebäude:** Gebäude, die keine Wohngebäude sind, z. B. Bürogebäude, Krankenhäuser etc. **beheizte/gekühlte Räume:** Räume, die direkt oder durch Raumverbund beheizt/gekühlt werden **Erneuerbare Energien:** solare Strahlungsenergie, Umweltwärme, Geothermie, Wasserkraft, Windenergie und Energie aus Biomasse **Heizkessel:** ein aus Kessel und Brenner bestehender Wärmeerzeuger **Geräte:** mit einem Brenner auszurüstender Kessel und zur Ausrüstung eines Kessels bestimmter Brenner **Nennleistung:** größte Wärme- oder Kälteleistung in kW, die im Dauerbetrieb unter Beachtung des vom Hersteller angegebenen Wirkungsgrades als einhaltbar garantiert wird **Niedertemperatur-Heizkessel:** Heizkessel, der kontinuierlich mit ϑ_R = 35 bis 40 °C betrieben werden kann und in dem es zur Kondensation des in den Abgasen enthaltenen Wasserdampfes kommen kann **Brennwertkessel:** Heizkessel, der für die Kondensation des in den Abgasen enthaltenen Wasserdampfes konstruiert ist **elektrisches Speicherheizsystem:** Heizsystem mit unterbrechbarem Strombezug, mit Widerstandsheizung und Speicherung der Wärme in einem Medium **Gebäudenutzfläche:** $A_n \rightarrow$ S. 394 in einem Medium

Tab. 393.2: Auswirkungen der EnEV auf zu errichtende Gebäude

§	Bezug	Anforderungen, Erläuterungen
3 + 4	Wohngebäude und Nicht-wohngebäude	Einhaltung des Jahres-Primärenergiebedarfs für Hz, TWW, Lüftung und Kühlung darf die eines **Referenzgebäudes** nicht überschreiten. Der sommerliche Wärmeschutz (Verschattung) ist einzuhalten. Zu errichtende **Wohngebäude** sind so auszuführen, dass die Höchstwerte nach Tab. 394.1 und Tab. 394.2 nicht überschritten werden. Zu errichtende **Nichtwohngebäude** sind so auszuführen, dass die Höchstwerte nach Tab. 394.2 nicht überschritten werden.
6	Dichtheit, Mindest-luftwechsel	Sie sind so auszuführen, dass ■ die wärmeübertragende Umfassungsfläche einschließlich der Fugen dauerhaft luftundurchlässig abgedichtet sind (→ Tab. 393.4) und ■ der zum Zwecke der Gesundheit und Beheizung erforderliche Mindestluftwechsel sichergestellt ist.
7	Mindest-wärmeschutz	Abgrenzende Bauteile (gegen Außenluft, Erdreich oder Gebäudeteile mit wesentlich niedrigeren Innentemperaturen) so ausführen, dass die Anforderungen des Mindestwärmeschutzes eingehalten werden. Wärmebrücken sind zu vermeiden bzw. zu berücksichtigen.

Tab. 393.3: Auswirkungen der EnEV auf bestehende Gebäude und Anlagen

§	Bezug	Anforderungen, Erläuterungen
9	Änderung von Gebäuden	Änderungen von Außenbauteilen bei Gebäuden sind so auszuführen, dass die festgelegten U-Werte für Außenbauteile nicht überschritten werden. Dies ist erfüllt, wenn a) geänderte Wohngebäude die Höchstwerte nach Tab. 394.1 und Tab. 394.2 nicht überschreiten bzw. b) geänderte Nichtwohngebäude insgesamt die Höchstwerte der mittleren U-Werte für Außenflächen Tab. 394.2 um nicht mehr als 40 % überschreiten.
10	Nachrüstung bei Anlagen und Gebäuden *Ausnahme:* selbst genutzte Ein- und Zweifamilienhäuser, solange kein Eigentümer-wechsel erfolgt.	■ Vor dem 1.10.1978 eingebaute Standard-Heizkessel (→ Tab. 433.2) für flüssige und gasförmige Brennstoffe mit $\dot{Q}_{NL}$ zwischen 4 und 400 kW dürfen nicht mehr betrieben werden. ■ Bisher ungedämmte, zugängliche Wärmeverteilungs- und Warmwasserleitungen sowie Armaturen in nicht beheizten Räumen sind entsprechend zu dämmen (→ Tab. 395.2). ■ Bisher ungedämmte, nicht begehbare oberste Geschossdecken beheizter Räume sind mit U = 0,24 W/(m² · K) zu dämmen, wenn nicht das darüber liegende Dach entsprechend gedämmt ist. Dies gilt nach dem 31.12.2011 auch für begehbare, bisher ungedämmte oberste Geschossdecken beheizter Räume.
11 + 12	Aufrechterhaltung der energetischen Qualität	Einrichtungen zur Senkung des Energiebedarfs betriebsbereit erhalten und bestimmungsgemäß nutzen. Heizungs- und Warmwasseranlagen sowie raumlufttechnische Anlagen sachgerecht bedienen, warten und instand halten. Die **Wartung** und **Instandhaltung** muss jemand durchführen, der die notwendigen Fachkenntnisse und Fertigkeiten besitzt.

Tab. 393.4: Klassen und Fugendurchlässigkeit von außenliegenden Fenstern, Fenstertüren und Dachflächenfenstern

DIN EN 12 207-1: 2000-06

Gebäude mit bis zu 2 Vollgeschossen	Klasse 2	Bei Überprüfung mit Δp = 50 Pa (innen/außen) darf die Luftwechselzahl von 3/h ohne und 1,5/h mit raumlufttechnischer Anlage nicht überschritten werden.
Gebäude mit mehr als 2 Vollgeschossen	Klasse 3	

Heizungstechnik

Tab. 394.1: Höchstwert des spezifischen Transmissionswärmeverlusts

Gebäudetyp		Höchstwert des spezifischen Transmissionswärmeverlusts H'_T in W/(m² · K)
Freistehendes Wohngebäude	$A_N \leq 350$ m²	0,40
	$A_N > 350$ m²	0,50
Einseitig angebautes Wohngebäude		0,45
Alle anderen Wohngebäude		0,65
Erweiterungen und Ausbauten von Wohngebäuden		0,65

Gebäudenutzfläche

$$A_N = 0{,}32 \text{ m}^{-1} \cdot V_e$$

A_N : Gebäudenutzfläche   in m²
V_e : beheiztes Gebäudevolumen   in m³

Für Geschosshöhe h_G = 2,5 bis 3 m.

Beispiel: Für das skizzierte Wohnhaus ist der Höchstwert für den Transmissions-Wärmeverlust-Koeffizienten zu ermitteln.

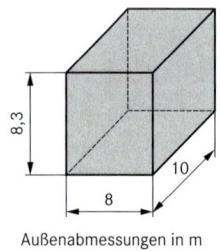

Außenabmessungen in m

1. Umfassungsfläche: $A = [2 \cdot (8 \cdot 10) + 2 \cdot (8 \cdot 8{,}3) + 2 \cdot (10 \cdot 8{,}3)]$ m² = 459 m²

2. Gebäudevolumen: $V_e = [8 \cdot 10 \cdot 8{,}3]$ m³ = 664 m³

3. Gebäudenutzfläche: $A_N = 0{,}32 \cdot V_e = 0{,}32$ m$^{-1} \cdot$ 664 m³ = 212,5 m²

4. Höchstwert des spezifischen Transmissionswärmeverlusts: $H'_T = 0{,}40$ W/(m² · K) s. Tab. 394.1

5. Höchstwert für den Transmissions-Wärmeverlust-Koeffizienten: $H_T = 0{,}40$ W/(m² · K) · 459 m² = 183,6 W/K
(Bei ϑ_i = 20 °C und ϑ_e = – 12 °C würde sich ein maximal zulässiger Transmissionswärmeverlust von $\dot{Q}_T = H_T (\vartheta_i - \vartheta_e)$ = 5875 W ergeben.)

Tab. 394.2: Ausführung des Referenzgebäudes   (Auszug)

Bauteil/System	Referenzausführung/Wert			
	Wohngebäude		Nichtwohngebäude	
	Wärmedurchgangszahl (U-Wert) in W/(m² · K)	Gesamtenergiedurchlassgrad der Verglasung	$\vartheta_i \geq 19$ °C	$\vartheta_i < 19$ °C
			Wärmedurchgangszahl (U-Wert) in W/(m² ·K)	Wärmedurchgangszahl (U-Wert) in W/(m² · K)
Außenwand, Geschossdecke gegen Außenluft	0,28 (0,24)[1]	–	0,28 (0,24)[1]	0,35 (0,35)[1]
Außenwand gegen Erdreich, Bodenplatte, Wände und Decken zu unbeheizten Räumen	0,35 (0,30)[1]	–	0,35 (0,30)[1]	0,35
Dach, oberste Geschossdecke, Wände zu Abseiten	0,20	–	0,20	0,35
Fenster, Fenstertüren	1,30 (1,30)[1]	0,60	1,30 (1,30)[1]	1,90 (1,90)[1]
Dachflächenfenster	1,40 (1,40)[1]	0,60	1,40 (1,40)[1]	1,90 (1,90)[1]
Lichtkuppeln	2,70	0,64	2,70	2,70
Außentüren	1,80	–	1,80	2,90
Sonnenschutzvorrichtung	keine		sommerlichen Wärmeschutz einhalten	
Heizungsanlage	Brennwertkessel, Auslegungstemperatur 55/45 °C, Pumpe geregelt, Rohrnetz hydraulisch abgeglichen, Thermostatventile mit Proportionalbereich 1 K		Bei statischer Heizung: Brennwertkessel mit Wasserinhalt > 0,15 l/kW Zweirohrnetz, Systemtemperatur 55/45 °C, hydraulisch abgeglichen, keine Überströmventile	
Warmwasserbereitung	zentrale WW-Bereitung, Speicher, indirekt beheizt (stehend), mit Zirkulation, Pumpe auf Bedarf ausgelegt		zentrale und dezentrale WW-Bereitung zulässig, bei elektrischem Durchlauferhitzer eine Zapfstelle und 6 m Leitungslänge pro Gerät	
Lüftung	zentrale Abluftanlage, bedarfsgeführt mit geregeltem DC-Ventilator		spezifische Leistungsaufnahme Zuluftventilator: P_{el} = 1,5 kW/(m³/s) Abluftventilator: P_{el} = 1,0 kW/(m³/s) Wärmerückgewinnung Rückwärmzahl: Φ = 0,6	

[1] Klammerwerte geben U-Werte bei erstmaligem Einbau, Ersatz und Erneuerung von Bauteilen an.

Heizungstechnik

Tab. 395.1: Heizungstechnische Anlagen, Warmwasseranlagen

§	Bezug	Anforderungen, Erläuterungen, Definitionen
13	Inbetrieb- nahme von Heiz- kesseln	■ Heizkessel für flüssige und gasförmige Brennstoffe, mit $\dot{Q}_{NL}$ = 4 … 400 kW dürfen nur in Gebäuden eingebaut werden, wenn sie mit CE-Zeichen versehen sind oder die EG-Wirkungsgradanforderungen erfüllen (→ Tab. 433.2). **Ausnahmen:** Einzeln produzierte Heizkessel, Heizkessel, mit besonders ökologischen Brennstoffen, Anlagen zur ausschließlichen WW-Bereitung, etc. ■ Heizkessel, mit $\dot{Q}_{NL}$ < 4 kW oder > 400 kW müssen nach anerkannten Regeln der Technik gegen Wärmeverluste gedämmt sein.

Tab. 395.2: Wärmedämmung von Wärmeverteilungsleitungen sowie Armaturen

Zeile	Art der Leitungen/Armaturen	Mindestdicke der Dämmschicht[1]
1	bis d_i = 22 mm	20 mm
2	über d_i = 22 mm bis d_i = 35 mm	30 mm
3	über d_i = 35 mm bis d_i = 100 mm	gleich d_i
4	über d_i = 100 mm	100 mm
5	Leitungen und Armaturen nach den Zeilen 1 bis 4 in Wand- und Deckendurchbrüchen, im Kreuzungsbereich von Leitungen, an Leitungsverbindungsstellen, bei zentralen Leitungsnetzverteilern	½ der Dämmschichtdicke der Zeilen 1 bis 4
6	Leitungen von Zentralheizungen nach den Zeilen 1 bis 4, die nach dem 31.12.2002 in Bauteilen zwischen beheizten Räumen verschiedener Nutzer verlegt werden.	½ der Dämmschichtdicke der Zeilen 1 bis 4
7	Leitungen nach Zeile 6 im Fußbodenaufbau	6 mm
8	Kälteverteilungs- und Kaltwasserleitungen sowie Armaturen von Raumlufttechnik- und Klimakältesystemen	6 mm

[1] bezogen auf λ = 0,035 W/(m · K); mit anderer Wärmeleitfähigkeit nach → S. 501 (Wärmedurchgang durch Hohlzylinder) oder Tab. 395.3 entnehmen. Wenn Wärmeverteilungs- und Warmwasserleitungen an Außenluft grenzen, sind diese mit dem zweifachen der Mindestdicke nach Zeile 1 bis 4 zu dämmen

Tab. 395.3: Mindestdicke der Dämmschicht s_{min} in mm bei unterschiedlicher Wärmeleitfähigkeit (überschlägig)

Wärmeleit-fähigkeit der Dämm-schicht λ in W/(m · K)	Nennweite in mm												Beispiel:
	8	10	15	20	22	25	32	35	40	50	65	80	100
	Dämmschichtdicke s_{min} in mm												
0,022	8	9	10	10	10	14	15	15	20	25	32	40	50
0,025	10	11	11	12	12	17	18	18	24	30	39	48	60
0,030	15	15	15	16	16	23	24	24	31	39	51	63	78
0,035	**20**	**20**	**20**	**20**	**20**	**30**	**30**	**30**	**40**	**50**	**65**	**80**	**100**
0,040	27	26	26	26	26	38	37	37	50	63	82	100	125
0,045	36	35	32	31	31	48	46	46	62	78	101	124	155
0,050	48	45	40	38	37	59	56	55	76	95	124	152	190
0,055	63	58	50	46	45	73	68	67	92	116	150	185	231

Beispiel:
Bei einer Heizungsanlage sind die Verteilleitungen aus Gewinderohr DIN EN 10 255 – DN 25 im Keller mit Kork-Rohrschalen zu dämmen. Gemäß Datenblatt des Herstellers sei λ = 0,045 W/(m · K), wobei Dämmschalen D_i = 33 mm mit Wanddicke 30 mm, 40 mm oder 50 mm geliefert werden könnten.

Lösung: Nach Tab. 395.3 folgt:
Mindestdicke der Dämmschicht s_{min} = 48 mm
→ **gewählt: 50 mm**

Tab. 395.4: Erforderliche Einrichtungen zur Steuerung und Regelung (EnEV, § 14)

Einsatz	Erforderliche Ausstattung	Erläuterungen, Hinweise
Zentralheizung	**zentrale selbsttätig wirkende Einrichtungen** zur Verringerung und Abschaltung der Wärmezufuhr sowie zur Ein- und Ausschaltung elektrischer Antriebe in Abhängigkeit von 1. der Außentemperatur oder einer anderen geeigneten Führungsgröße und 2. der Zeit	zu 1: Außenfühler, ermittelter momentaner Wärmebedarf, meteorologische Daten des Wetterdienstes zu 2: Zeitschaltuhr und Schaltautomatik für Nachtabsenkung, Party und Urlaubszeit
heizungstechnische Anlage	**selbsttätig wirkende Einrichtungen** zur raumweisen Regelung der Raumtemperatur, Gruppenregelung ist in Wohngebäuden nicht zulässig.	Gilt nicht für Einzelheizgeräte für feste oder flüssige Brennstoffe.
Heizungsumwälzpumpe (bei $\dot{Q}_{NL}$ ≥ 25 kW)	**selbsttätig wirkende Einrichtungen** zur Anpassung der elektrischen Leistungsaufnahme an den Förderbedarf (mindestens in 3 Stufen).	Gilt bei erstmaligem Einbau und Ersatz.
Zirkulationspumpen	**selbsttätig wirkende Einrichtungen** zur Ein- und Ausschaltung	z. B. Zeitschaltuhr oder Bewegungsmelder

Heizungstechnik

Tab. 396.1: Verbrauchsabhängige Abrechnung der Heiz- und Warmwasserkosten

§	Bezug	Erläuterungen, Anforderungen	
1	Anwendungs-bereich	für die Verteilung der Kosten des Betriebs zentraler Heizungsanlagen und zentraler Warmwasserversorgungs-anlagen durch den Gebäudeeigentümer auf die Nutzer der Räume	
4 + 5	Pflicht und Ausstattung zur Verbrauchs-erfassung	Gebäudeeigentümer hat den anteiligen Verbrauch der Nutzer zu erfassen.	Gebäudeeigentümer hat die Räume mit Ausstattungen zur Verbrauchserfassung zu versehen; Nutzer haben dies zu dulden. Die Ausstattungen müssen für das jeweilige Heizsystem geeignet sein und so angebracht werden, dass ihre technisch einwandfreie Funktion gewährleistet ist.
		Nutzer ist berechtigt, vom Gebäude-eigentümer die Erfüllung dieser Verpflichtung zu verlangen.	
7 bis 9	Verteilung der Kosten	**Zentralheizungsanlage** In Gebäuden, die die Anforderungen der Wärmeschutzverordnung vom 16. August 1994 nicht erfüllen, sind bei Öl- oder Gasheizung, wenn freiliegende Leitungen der Wärmeverteilung überwiegend gedämmt sind, die Betriebskosten zu 70 % nach dem erfassten Wärmeverbrauch der Nutzer zu verteilen. In allen anderen Fällen betragen die Betriebs-kosten mindestens 50 % und höchstens 70 %. Übrige Kosten sind nach Wohn- oder Nutzfläche oder umbauten Raum zu verteilen. **Betriebskosten:** verbrauchte Brennstoffe, deren Lieferung, Betriebsstrom, Bedienung, Wartung, BImSchV-Mes-sungen, Eichung, Miete der Anlage und Heizkostenverteiler sowie Berechnung und Aufteilung des Verbrauchs.	
	Heizkosten-verteiler sind genormt nach DIN EN 834 und DIN EN 835	**Warmwasserversorgungsanlage** ■ Betriebskosten mindestens 50 %, höchstens 70 % nach erfasstem Warmwasserverbrauch ■ übrige Kosten nach Wohn- oder Nutzfläche verteilen **Betriebskosten:** Wasserversorgung, -erwärmung, -verbrauch, Grundgebühren und Zählermiete, Zwischenzähler und ggf. Kosten für hauseigene Wasserversorgungsanlage, Wasseraufbereitungsanlage einschließlich Aufbereitungsstoffe.	

Brennstoffverbrauch und Wärmemenge der zentralen Warmwasserversorgungs-anlage (HeizkV §9)

$$B = \frac{2,5 \cdot V \cdot (\vartheta_w - \vartheta_k)}{H_i}$$

Die auf die zentrale Warmwasser-versorgungsanlage entfallende Wärmemenge Q ist ab dem 31.12.2013 mit einem Wärmemengenzähler zu messen. Kann die Wärmemenge nur mit unzumutbar hohem Aufwand gemessen werden, kann sie nach den Formeln

a) für Heizöl EL

$$Q = 2,5 \cdot V \cdot (\vartheta_w - \vartheta_k)$$

b) für Erdgas

$$Q = 1,11 \cdot 2,5 \cdot V \cdot (\vartheta_w - \vartheta_k)$$

bestimmt werden.

B : Brennstoffverbrauch der zentralen Warmwasser-versorgungsanlage in m³, dm³, kg
V : gemessenes Volumen des benötigten Warmwassers in m³
ϑ_w : mittlere Temperatur des Warmwassers in °C
ϑ_k : mittlere Kaltwassertemperatur (ϑ_k = 10 °C) in °C
H_i : Heizwert in kWh/m³, (→ Tab. 333.2, kWh/dm³, Tab. 336.1, Tab. 337.1, kWh/kg Tab. 337.3 oder Tab. 337.4)
2,5 : gemeinsamer Faktor für spezif. Wärmekapazität und Wirkungsgrad in kWh/(m³ · K)
Q : Wärmemenge in kWh

Tab. 396.2: Ermittlung der monatlichen Heizkostenvorauszahlung in Euro für Heizanlagen ohne zentrale Warmwasser-bereitung (Richtwerte)

Heizöl Gas Euro/Liter Euro/m³	beheizbare Wohnfläche in m²					
	30	50	70	90	110	130
0,47	28	47	61	74	87	100
0,51	31	49	65	79	93	106
0,54	33	52	69	85	100	114
0,57	35	56	74	91	106	123
0,61	38	60	79	96	113	131
0,64	40	64	84	103	120	138
0,67	41	67	89	109	127	145
0,71	43	70	93	114	133	153
0,74	45	74	97	118	140	160
0,78	48	76	101	124	145	167
0,81	50	78	105	129	152	173

mit zentraler Warmwasserbereitung (→ Tab. 346.5)

Tab. 396.3: Anteilige Aufteilung der Heizkosten bei Nutzer-wechsel, sofern Zwischenablesung fehlt

Monat	Promille-Anteile	
	je Monat	je Tag
Januar	170	170/31 = 5,48
Februar	150	150/28 = 5,36
März	130	130/31 = 4,19
April	80	80/30 = 2,67
Mai	40	40/31 = 1,29
Juni		
Juli	40	40/92 = 0,43
August		
September	30	30/30 = 1,00
Oktober	80	80/31 = 2,58
November	120	120/30 = 4,00
Dezember	160	160/31 = 5,16
Gesamt	1000	

Heizungstechnik

Einteilung der Raumheizflächen

Heizkörper		Flächenheizungen		Luftheizgeräte	
Flachheizkörper	($\rightarrow$ S. 399/400)	Wandheizung		Wandgeräte	
Radiatoren	($\rightarrow$ S. 400 … 402)	Deckenheizung	($\rightarrow$ S. 405/406)	Deckengeräte	($\rightarrow$ S. 454 ff.)
Konvektoren	($\rightarrow$ S. 404)	Fußbodenheizung	($\rightarrow$ S. 407 … 412)	Truhengeräte	
Rohrheizkörper	($\rightarrow$ S. 405)			mobile Geräte	

Empfehlungen für das Anbringen von Raumheizflächen (VDI 6030: 2002-09):
- Der U-Wert der Außenwand in den Heizkörpernischen darf nicht kleiner sein als im übrigen Bereich der Außenwand.
- Heizkörper vor Außenfenster sind nur zugelassen, wenn der U-Wert der Fenster **kleiner 1,5 W/(m² · K)** ist und die Heizkörper auf ihrer Fensterseite mit einer Abdeckung versehen sind, deren U-Wert **kleiner als 0,9 W/(m² · K)** ist.

Wärmeübertragung bei Heizkörpern

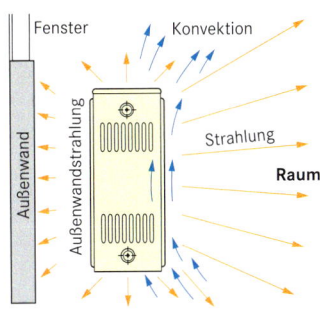

Tab. 397.1: Strahlungsanteile üblicher Heizkörpertypen (Hersteller)

Heizkörpertyp	Typ	Strahlungsanteile in %		
		Raum	Außenwand	Gesamt
Flachheizkörper	10	38	18	56
Typ 11 → Anzahl der Konvektionsschächte	11	25	11	36
	21	20	8	28
	22	17	7	24
Anzahl der Heizplatten	33	14	4	18
Stahlröhrenradiator	2-säulig	27	12	39
	3-säulig	20	7	27
	4-säulig	17	5	22
Stahlgliederheizkörper DIN 4703		28	10	38
Gussgliederheizkörper DIN 4703		26	10	36

Heizkörper-Auslegung

Auslegungs-Wärmeleistung

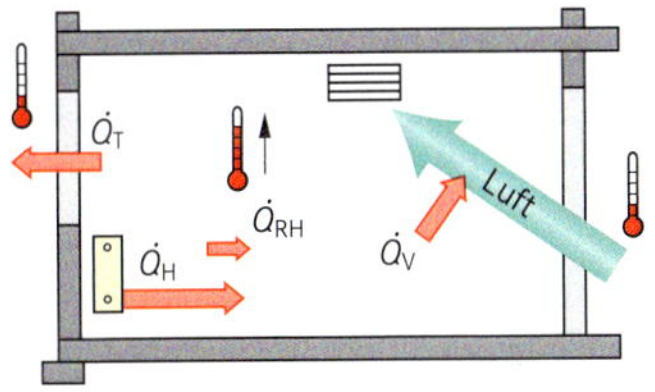

$$\dot{Q}_H = \dot{Q}_T + \dot{Q}_V + \dot{Q}_{RH}$$

$\dot{Q}_H$: Auslegungs-Wärmeleistung nach DIN EN 12 831 eines beheizten Raumes in W
$\dot{Q}_T$: Norm-Transmissionswärmeverlust in W
$\dot{Q}_V$: Norm-Lüftungswärmeverlust in W
$\dot{Q}_{RH}$: zusätzliche Aufheizleistung in W

Übertemperatur zwischen Heizkörper und Raum

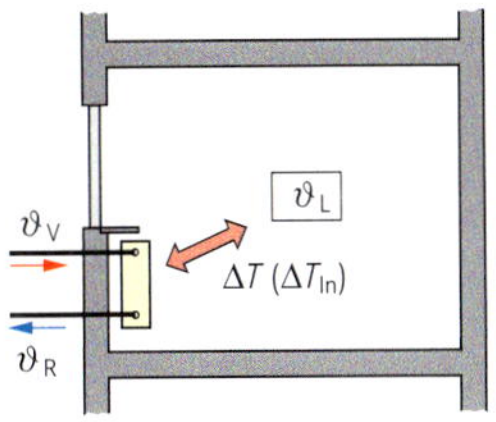

Arithmetische Mittelung:

$$\Delta T = \frac{\vartheta_V + \vartheta_R}{2} - \vartheta_L$$

Logarithmische Mittelung:

$$\Delta T_{ln} = \frac{\vartheta_V - \vartheta_R}{\ln\left(\frac{\vartheta_V - \vartheta_L}{\vartheta_R - \vartheta_L}\right)}$$

ΔT : arithmetisch gemittelte Übertemperatur in K
ϑ_V : Vorlauftemperatur in °C
ϑ_R : Rücklauftemperatur in °C
ϑ_L : Bezugslufttemperatur in °C
ΔT_{ln} : logarithmisch gemittelte Übertemperatur in K

Heizkörperauslegung nach DIN EN 442-2: 2003-12

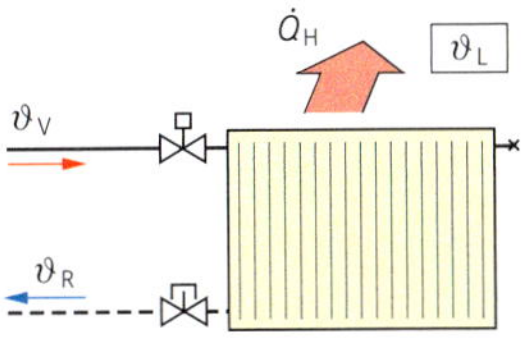

$$\dot{Q}_n = \frac{\dot{Q}_H}{\left(\frac{\Delta T_{ln}}{\Delta T_{ln,n}}\right)^n}$$

Normbedingungen:
$\vartheta_V = 75$ °C
$\vartheta_R = 65$ °C
$\vartheta_L = 20$ °C

$\Delta T_{ln,n} = 49{,}83$ K

$\dot{Q}_n$ aus Normtabelle

$\dot{Q}_n$: Normwärmeleistung in W
$\dot{Q}_H$: Auslegungs-Wärmeleistung in W
ΔT_{ln} : logarithmisch gemittelte Übertemperatur in K
$\Delta T_{ln,n}$: logarithmisch gemittelte Übertemperatur bei Normbedingungen in K
n : Heizkörperexponent (Herstellerangaben)

Heizungstechnik

Überschlägige Heizkörperbestimmung nach der Auslegungswärmeleistung

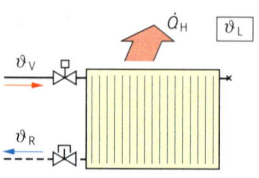

$$\dot{Q}_n = \dot{Q}_H \cdot f_1 \cdot f_2$$

Rechnerische Methode zur Ermittlung von f_1:

$$f_1 = \left(\frac{\Delta T_{ln,n}}{\Delta T_{ln}}\right)^n$$

$\dot{Q}_n$: erforderliche Nennwärmeleistung des Heizkörpers nach DIN EN 442   in W
$\dot{Q}_H$: Auslegungs-Wärmeleistung   in W
f_1 : Umrechnungsfaktor bei abweichenden Temperaturen (für $n = 1{,}3 \to$ Tab. 403.1)
f_2 : Leistungsminderungsfaktor beim Einbau in Nischen ($\to$ Tab. 398.1)
$\Delta T_{ln}, \Delta T_{ln,n}$: logarithmisch gemittelte Übertemperaturen ($\to$ S. 397) in K
n : Heizkörperexponent (Herstellerangaben) (Je größer der Strahlungsanteil ist, desto kleiner ist der Exponent n)

Wärmeleistung eines vorgegebenen Heizkörpers

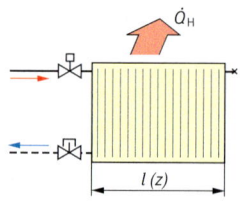

Flachheizkörper:

$$\dot{Q}_H = \frac{\dot{q}_n \cdot l}{f_1 \cdot f_2}$$

Hinweis: $\dot{Q}_n = \dot{q}_n \cdot l$

Radiatoren:

$$\dot{Q}_H = \frac{\dot{q}_n \cdot z}{f_1 \cdot f_2}$$

Hinweis: $\dot{Q}_n = \dot{q}_n \cdot z$

$\dot{Q}_H$: Auslegungs-Wärmeleistung   in W
$\dot{q}_n$: spezifische Normwärmeleistung   in W/m
l : Länge des Flachheizkörpers   in m
f_1, f_2 : Umrechnungsfaktoren (siehe oben)

$\dot{q}_n$: spezifische Normwärmeleistung   in W/Glied
z : Anzahl der Glieder bei Radiatoren

Die Norm-Wärmeleistung nach DIN EN 442 gilt bei $\vartheta_V = 75\ °C$, $\vartheta_R = 65\ °C$, $\vartheta_L = 20\ °C$.

Heizkörper-Minderleistungen durch Einbau in Nischen

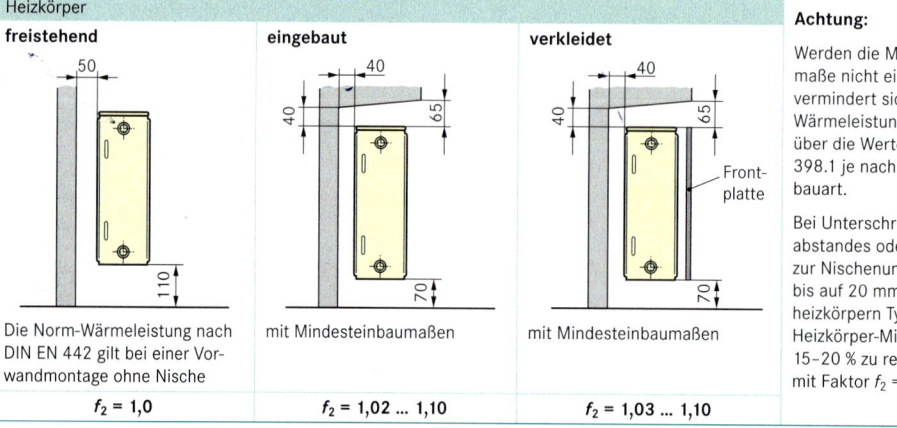

Heizkörper

freistehend

Die Norm-Wärmeleistung nach DIN EN 442 gilt bei einer Vorwandmontage ohne Nische

$f_2 = 1{,}0$

eingebaut

mit Mindesteinbaumaßen

$f_2 = 1{,}02 \dots 1{,}10$

verkleidet

Frontplatte

mit Mindesteinbaumaßen

$f_2 = 1{,}03 \dots 1{,}10$

Achtung:

Werden die Mindesteinbaumaße nicht eingehalten, vermindert sich sich die Wärmeleistung nach VDI 6030 über die Werte der Tabelle 398.1 je nach Heizkörperbauart.

Bei Unterschreitung des Bodenabstandes oder des Abstandes zur Nischenunterkante z. B. bis auf 20 mm ist bei Flachheizkörpern Typ 33 mit einer Heizkörper-Minderleistung von 15–20 % zu rechnen, d. h. mit Faktor $f_2 = 1{,}15$–$1{,}20$.

Tab. 398.1: Leistungsminderung beim Einbau in Nischen und bei Heizkörperverkleidungen

	f_2 bei Nischeneinbau	f_2 mit Heizkörperverkleidung
Mehrreihige Flachheizkörper	1,06 … 1,10	1,03 … 1,05
Einreihige Flachheizkörper mit Konvektoren	1,04 … 1,05	1,04 … 1,08
Einreihige Flachheizkörper ohne Konvektoren	1,02 … 1,03	1,05 … 1,10
Radiatoren	1,04 … 1,05	1,02 … 1,03

Tab. 398.2: Leistungsminderung bei verschiedenen Heizkörperanschlussarten   DIN 4703: 2000-10

f_2 Heizkörper-Anschlussart	
Oberer Vor- und unterer Rücklaufanschluss	1,00
Unterer Vor- und Rücklaufanschluss[1] (reitender Anschluss), b = Beimischfaktor 8–10	1,04 … 1,15

[1] Ausgenommen sind alle HK-Anschlüsse mit einer internen Zwangsführung des Vorlaufs nach oben, z. B. HK mit integrierter Ventilgarnitur oder Trennscheiben.

Flachheizkörper

Abmessungen und Typenbezeichnungen (Herstellerangaben)

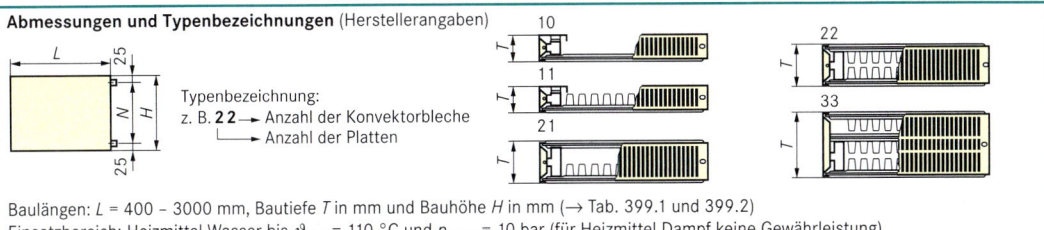

Typenbezeichnung:
z. B. **22** → Anzahl der Konvektorbleche
└→ Anzahl der Platten

Baulängen: L = 400 – 3000 mm, Bautiefe T in mm und Bauhöhe H in mm (→ Tab. 399.1 und 399.2)
Einsatzbereich: Heizmittel Wasser bis ϑ_{max} = 110 °C und $p_{s\,max}$ = 10 bar (für Heizmittel Dampf keine Gewährleistung)

Tab. 399.1: Wärmeleistung in W/m bei senkrecht profilierten Flachheizkörpern   (Herstellerangaben)

Höhe H in mm	Naben-abstand N in mm	Typ	Exponent	Wärmeleistung			Anstrich-fläche A' in m²/m	Wasser-inhalt V in l/m	Masse m' in kg/m
				$\dot{q}_n$[1] 75/65/20 °C in W/m	$\dot{q}$ 70/55/20 °C in W/m	$\dot{q}$ 55/45/20 °C in W/m			
400	350	10	1,255	425	344	222	0,94	2,25	8,20
		11	1,237	697	565	368	2,45	2,25	13,20
		21	1,281	894	719	461	3,38	4,50	19,50
		22	1,283	1207	971	622	4,90	4,50	23,00
		33	1,290	1744	1401	895	7,36	6,75	34,60
500	450	10	1,274	514	414	266	1,17	2,70	10,10
		11	1,255	840	679	439	3,08	2,70	16,40
		21	1,289	1063	854	546	4,25	5,40	24,30
		22	1,288	1441	1158	741	6,16	5,40	28,80
		33	1,296	2081	1670	1065	9,25	8,10	43,10
600	550	10	1,293	602	483	309	1,40	3,15	12,00
		11	1,272	979	789	507	3,72	3,15	19,60
		21	1,297	1229	986	629	5,12	6,30	29,10
		22	1,293	1666	1338	854	7,44	6,30	34,50
		33	1,302	2394	1919	1221	11,16	9,45	51,70
900	850	10	1,294	872	700	447	2,11	4,50	17,70
		11	1,304	1390	1114	708	5,63	4,50	29,20
		21	1,334	1723	1374	865	7,74	9,00	43,40
		22	1,307	2295	1839	1168	11,26	9,00	51,60
		33	1,329	3214	2565	1617	16,90	13,50	77,40

Bautiefe T: Typ 10/11 → T = 61 mm   Typ 21 → T = 100 mm   Typ 22 → T = 100 mm   Typ 33 → T = 155 mm

Tab. 399.2: Wärmeleistung in W/m bei glattwandigen Flachheizkörpern   (Herstellerangaben)

Höhe H in mm	Naben-abstand N in mm	Typ	Exponent	Wärmeleistung			Anstrich-fläche A' in m²/m	Wasser-inhalt V' in l/m	Masse m' in kg/m
				$\dot{q}_n$[1] 75/65/20 °C in W/m	$\dot{q}$ 70/55/20 °C in W/m	$\dot{q}$ 55/45/20 °C in W/m			
405	350	10	1,293	371	298	190	0,86	2,25	11,30
		11	1,278	622	501	321	2,25	2,25	16,30
		21	1,320	809	647	409	3,18	4,50	22,70
		22	1,310	1131	905	574	4,57	4,50	26,20
		33	1,294	1610	1293	825	6,90	6,75	37,70
505	450	10	1,294	449	361	230	1,12	2,70	14,00
		11	1,280	753	606	388	3,06	2,70	20,30
		21	1,327	959	766	483	4,24	5,40	28,20
		22	1,315	1346	1077	682	6,18	5,40	32,70
		33	1,303	1911	1532	975	9,30	8,10	47,10
605	550	10	1,295	527	423	270	1,41	3,15	15,90
		11	1,282	882	710	455	3,75	3,15	23,50
		21	1,334	1112	886	558	5,16	6,30	33,00
		22	1,319	1557	1245	787	7,50	6,30	38,40
		33	1,311	2212	1771	1124	11,25	9,45	55,60
905	850	10	1,289	751	603	386	2,12	4,50	24,80
		11	1,287	1271	1022	654	5,66	4,50	36,20
		21	1,338	1607	1281	805	7,78	9,00	50,50
		22	1,333	2175	1735	1092	11,32	9,00	58,70
		33	1,335	3156	2516	1583	16,98	13,50	84,40

Bautiefe T: Typ 10/11 → T = 63 mm   Typ 21 → T = 102 mm   Typ 22 → T = 102 mm   Typ 33 → T = 157 mm

[1] Normwärmeleistung nach DIN EN 442 bei 75/65/20 °C

Heizungstechnik

Flachheizkörper-Anschlussarten

mit integrierter Ventilgarnitur[1] [2]

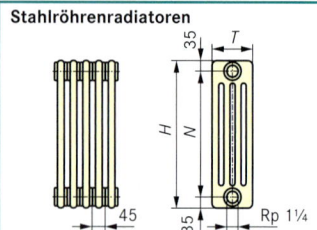

Rohranschluss G ¾ Außengewinde – unten

mit seitlichem Anschluss

Rohranschluss Rp ½ Innengewinde – seitlich

Diagr. 400.1: Kennlinie des Einbauventils Typ N   (Herstellerangaben)

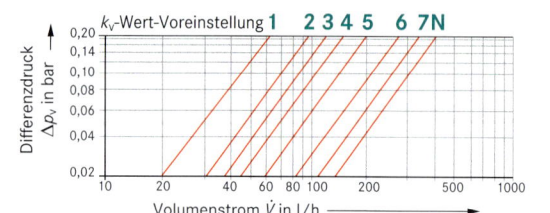

[1] Einbauventil – Ausführung mit außenliegender, stufenloser kv-Wert-Voreinstellung ermöglicht ohne Werkzeug geforderten hydraulischen Abgleich
[2] gängige Thermostatköpfe direkt oder mit Adapter montieren

Radiatoren

Stahlröhrenradiatoren

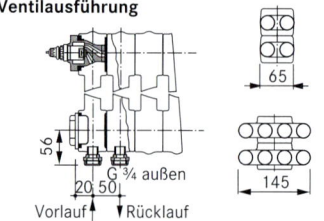

Ventilausführung

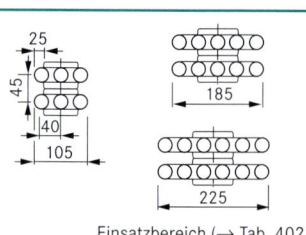

Einsatzbereich (→ Tab. 402.3)

Tab. 400.1: Normwärmeleistung $\dot{q}_n$ in W/Glied von Stahlröhrenradiatoren, Rohr-Ø = 25 mm   (Herstellerangaben)

Höhe H in mm	Nabenabstand N in mm	Tiefe T in mm	Wärmeleistung $\dot{q}_n$[1] in W/Glied	Wasserinhalt V' in l/Glied	Masse m' in kg/Glied	Höhe H in mm	Nabenabstand N in mm	Tiefe T in mm	Wärmeleistung $\dot{q}_n$[1] in W/Glied	Wasserinhalt V' in l/Glied	Masse m' in kg/Glied
190	120	65	14	0,28	0,32			65	67	0,84	1,33
		105	20	0,40	0,52			105	89	1,25	2,03
		145	26	0,52	0,71	900	830	145	112	1,65	2,73
260	190	65	19	0,34	0,42			185	138	2,05	3,44
		105	26	0,48	0,67			225	163	2,45	4,14
		145	33	0,63	0,91			65	73	0,92	1,47
		185	42	0,78	1,16			105	98	1,37	2,25
		225	47	0,93	1,40	1000	930	145	124	1,81	3,02
300	230	65	22	0,37	0,48			185	151	2,25	3,79
		105	31	0,53	0,75			225	180	2,69	4,56
		145	40	0,69	1,03			65	86	1,08	1,76
		185	48	0,86	1,30			105	116	1,60	2,67
		225	57	1,02	1,57	1200	1130	145	147	2,13	3,59
400	330	65	28	0,45	0,62			185	179	2,65	4,50
		105	41	0,65	0,97			225	209	3,17	5,42
		145	52	0,85	1,31			65	106	1,32	2,19
		185	64	1,06	1,66			105	143	1,96	3,31
		225	75	1,26	2,00	1500	1430	145	180	2,60	4,44
500	430	65	37	0,53	0,76			185	215	3,24	5,57
		105	51	0,77	1,18			225	250	3,88	6,70
		145	65	1,01	1,60			65	140	1,72	2,90
		185	80	1,26	2,01			105	189	2,56	4,38
		225	94	1,50	2,43	2000	1930	145	237	3,40	5,87
600	530	65	44	0,61	0,91			185	282	4,24	7,35
		105	60	0,89	1,39			225	330	5,08	8,84
		145	77	1,17	1,88			65	174	2,12	3,61
		185	95	1,45	2,37			105	236	3,16	5,45
		225	113	1,74	2,86	2500	2430	145	295	4,19	7,29
750	680	65	55	0,73	1,12			185	347	5,23	9,13
		105	75	1,07	1,71			225	403	6,27	10,97
		145	95	1,41	2,31						
		185	117	1,75	2,90						
		225	137	2,10	3,50						

[1] Normwärmeleistung nach DIN EN 442 bei 75/65/20 °C
Heizkörperexponent n = 1,3

Heizungstechnik

Fensterbank-Stahlröhrenradiatoren

Abmessungen

Einsatzbereich (→ Tab. 402.3)

[1] Normwärmeleistung nach DIN EN 442
bei 75/65/20 °C, HK-Exponent n = 1,3

Tab. 401.1: Normwärmeleistung von Fensterbank-Radiatoren (Herst.)

Höhe H in mm	Glieder-zahl	Länge L in mm	Naben-abstand N in mm	Tiefe T in mm	Wärme-leistung $\dot{Q}_n$[1] in W	Wasser-inhalt V in l	Masse m in kg
180	4	1500	1430	145	905	10,4	22,8
				185	1088	13,0	27,3
				225	1284	15,5	31,8
		2000	1930	145	1220	13,6	28,4
				185	1466	17,0	34,4
				225	1731	20,3	40,3
		2500	2430	145	1556	16,8	35,8
				185	1871	20,9	43,2
				225	2209	25,1	50,5
225	5	1500	1430	145	1086	13,0	27,2
				185	1306	16,2	32,8
				225	1528	19,4	38,5
		2000	1930	145	1435	17,0	34,3
				185	1724	21,2	41,7
				225	2060	25,4	49,2
		2500	2430	145	1868	21,0	43,1
				185	2247	26,2	52,3
				225	2627	31,4	61,5
270	6	1500	1430	145	1306	15,6	31,6
				185	1516	19,5	38,4
				225	1783	23,3	45,2
		2000	1930	145	1711	20,4	40,2
				185	2043	25,4	49,1
				225	2403	30,5	58,0
		2500	2430	145	2183	25,2	50,4
				185	2608	31,4	61,4
				225	3066	37,6	72,5
315	7	1500	1430	145	1465	18,2	36,1
				185	1758	22,7	44,0
				225	2049	27,2	51,9
		2000	1930	145	1975	23,8	46,1
				185	2371	29,7	56,4
				225	2763	35,5	66,8
		2500	2430	145	2520	29,4	57,7
				185	3024	36,6	70,6
				225	3524	43,9	83,4

Handtuch-Radiatoren (Badheizkörper)

Abmessungen

Einsatzbereich (→ Tab. 402.3)
[1] Normwärmeleistung nach DIN EN 442
bei 75/65/20 °C, HK-Exponent n = 1,3

Tab. 401.2: Normwärmeleistung von Handtuch-Radiatoren (Herstell.)

Höhe H in mm	Naben-abstand N in mm	Breite L in mm	Exponent n	Wärmeleistung 75/65/20[1] $\dot{Q}_n$ in W	Wärmeleistung 70/55/24 $\dot{Q}$ in W	Wasser-inhalt V in l	Masse m in kg
721	451	516	1,22	406	292	2,70	7,90
	551	616	1,21	482	347	2,88	9,08
	701	766	1,19	595	431	3,15	10,85
	951	1016	1,17	781	569	3,60	13,80
1098	451	516	1,24	588	420	4,00	12,20
	551	616	1,22	698	502	4,46	13,92
	701	766	1,19	862	625	5,15	16,50
	951	1016	1,15	1133	830	6,30	20,80
1475	451	516	1,25	764	545	5,40	15,75
	551	616	1,24	906	648	5,86	18,08
	701	766	1,21	1119	806	6,55	21,53
	951	1016	1,18	1470	1068	7,70	27,30
1852	451	516	1,26	934	664	6,80	19,30
	551	616	1,25	1108	790	7,26	22,20
	701	766	1,23	1368	980	7,95	26,55
	951	1016	1,21	1798	1296	9,10	33,80

Heizungstechnik

Gussradiatoren DIN 4703-1: 1999-12

Tab. 402.1: Normwärmeleistung $\dot{q}_n$ in W/Glied von Gussradiatoren nach DIN EN 442

Abmessungen

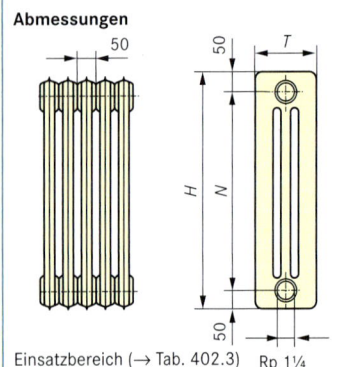

Einsatzbereich (→ Tab. 402.3)

Höhe H in mm	Naben-abstand N in mm	Tiefe T in mm	Wärmeleistung (Exponent n = 1,3) Wasser $\dot{q}_n$ in W/Glied[1]	Wärmeleistung (Exponent n = 1,3) Dampf $\dot{q}$ in W/Glied[2]	Wasser-inhalt V' in l/Glied	Masse m' in kg/Glied
280	200	250	69	128	0,9	4,7
430	350	70	41	76	0,4	2,3
		110	53	97	0,6	3,2
		160	70	129	0,8	4,3
		220	92	169	1,1	5,9
580	500	70	51	95	0,5	3,1
		110	69	128	0,8	4,5
		160	95	175	1,1	5,9
		220	122	224	1,3	7,5
680	600	160	111	204	1,2	7,0
980	900	70	84	154	0,8	5,2
		160	154	284	1,5	9,9
		220	196	361	1,9	13,0

[1] Normwärmeleistung nach DIN EN 442 bei 75/65/20 °C
[2] Sattdampf bei ϑ_m = 100 °C und Raumtemperatur ϑ_L = 20 °C

Stahlradiatoren DIN 4703-1: 1999-12

Tab. 402.2: Normwärmeleistung $\dot{q}_n$ in W/Glied von Stahlradiatoren nach DIN EN 442

Abmessungen

Einsatzbereich (→ Tab. 402.3) Rp 1¼

Höhe H in mm	Naben-abstand N in mm	Tiefe T in mm	Wärmeleistung (Exponent n = 1,3) Wasser $\dot{q}_n$ in W/Glied[1]	Wasser-inhalt V' in l/Glied	Masse m' in kg/Glied
300	200	250	58	0,97	1,54
450	350	160	56	0,98	1,46
		220	75	1,21	1,99
600	500	110	55	0,88	1,37
		160	75	1,18	1,96
		220	96	1,57	2,86
1000	900	110	92	1,18	2,32
		160	118	1,72	3,30
		220	154	2,39	4,53

[1] Normwärmeleistung nach DIN EN 442 bei 75/65/20 °C

Tab. 402.3: Zulässige Drücke und Temperaturen für verschiedene Radiatorentypen (Herstellerangaben)

Heizkörper	Druck-stufe (PN)	Heiz-mittel	max. Heizmittel-temperatur ϑ_{max} in °C	max. Betriebs-überdruck $p_{s\,max}$ in bar[1]	Werks-prüfdruck p_t in bar[1]	Baustellenprüfdruck min. p_t in bar[1]	Baustellenprüfdruck max. p_t in bar[1]
DIN-Gussradiator	PN 6	Wasser	120	6,0	13,0	1,0	7,8
	PN 2	Dampf[2]	133	2,0	13,0	1,0	2,6
DIN-Stahlradiator	PN 4	Wasser	110	4,0	7,0	1,0	5,2
	PN 6	Wasser	120	6,0	10,0	1,0	7,8
Stahlröhrenradiator:							
Standard T 65– 145 mm	PN 12	Wasser	120	12,0	15,6	1,0	15,6
Standard T 185–225 mm	PN 10	Wasser	120	10,0	13,0	1,0	13,0
Fensterbankradiator	PN 10	Wasser	120	10,0	13,0	1,0	10,0
Handtuchradiator:							
Standard	PN 10	Wasser	110	10,0	13,0	1,0	13,0
Flachheizkörper	PN 10	Wasser	120	10,0	13,0	1,0	13,0
Konvektoren	PN 4	Wasser	120	4,0	5,2	1,0	5,2

[1] Gemessen am tiefsten Punkt des Heizkörpers. Alle Prüfdrücke sind Überdrücke.
[2] Für das Heizmittel Dampf wird bei den hier genannten Heizkörpern außer beim DIN Gussradiator keine Gewähr übernommen.

Tab. 403.1: Umrechnungsfaktor f_1 bei abweichenden Auslegungstemperaturen nach DIN EN 442-2: 2003-12, logarithmisch gerechnet, Heizkörperexponent n = 1,3

Vorlauftemperatur ϑ_V in °C

ϑ_V	Raumtemp. ϑ_L in °C	25	30	35	40	45	50	55	60	65	70	75	80	85
90	24	4,56	2,45	1,88	1,57	1,36	1,21	1,10	1,01	0,93	0,87	0,82	0,77	0,73
	22	3,11	2,11	1,69	1,44	1,27	1,14	1,04	0,96	0,89	0,83	0,78	0,74	0,70
	20	2,50	1,87	1,54	1,33	1,19	1,07	0,98	0,91	0,85	0,80	0,75	0,71	0,67
	18	2,13	1,68	1,42	1,24	1,11	1,01	0,93	0,87	0,81	0,76	0,72	0,68	0,65
	15	1,76	1,46	1,26	1,13	1,02	0,93	0,87	0,81	0,76	0,72	0,68	0,64	0,61
	12	1,51	1,29	1,14	1,03	0,94	0,87	0,81	0,76	0,71	0,67	0,64	0,61	0,58
85	24	4,93	2,63	2,00	1,67	1,45	1,29	1,16	1,07	0,99	0,92	0,86	0,81	
	22	3,34	2,26	1,80	1,53	1,34	1,21	1,10	1,01	0,94	0,88	0,82	0,78	
	20	2,67	1,99	1,64	1,41	1,25	1,13	1,04	0,96	0,89	0,84	0,79	0,75	
	18	2,27	1,78	1,50	1,31	1,18	1,07	0,98	0,91	0,85	0,80	0,75	0,72	
	15	1,87	1,54	1,33	1,19	1,07	0,98	0,91	0,85	0,80	0,75	0,71	0,67	
	12	1,60	1,36	1,20	1,08	0,99	0,91	0,85	0,79	0,75	0,70	0,67	0,64	
80	24	5,38	2,83	2,15	1,78	1,54	1,37	1,24	1,13	1,05	0,97	0,91		
	22	3,61	2,42	1,93	1,63	1,43	1,28	1,16	1,07	0,99	0,93	0,87		
	20	2,87	2,12	1,75	1,50	1,33	1,20	1,10	1,01	0,94	0,88	0,83		
	18	2,42	1,90	1,60	1,39	1,24	1,13	1,04	0,96	0,90	0,84	0,79		
	15	1,99	1,64	1,41	1,25	1,13	1,04	0,96	0,89	0,84	0,79	0,75		
	12	1,69	1,44	1,27	1,14	1,04	0,96	0,89	0,83	0,78	0,74	0,70		
75	24	5,90	3,07	2,32	1,92	1,66	1,47	1,32	1,21	1,12	1,04			
	22	3,92	2,61	2,07	1,75	1,53	1,37	1,24	1,14	1,05	0,98			
	20	3,10	2,28	1,87	1,61	1,42	1,28	1,17	1,08	1,00	0,94			
	18	2,61	2,03	1,70	1,48	1,32	1,20	1,10	1,02	0,95	0,89			
	15	2,12	1,75	1,50	1,33	1,20	1,10	1,01	0,94	0,88	0,83			
	12	1,80	1,53	1,34	1,21	1,10	1,01	0,94	0,88	0,82	0,78			
70	24	6,54	3,36	2,52	2,08	1,79	1,58	1,42	1,30	1,19				
	22	4,30	2,84	2,24	1,89	1,64	1,47	1,33	1,22	1,13				
	20	3,38	2,47	2,01	1,73	1,52	1,37	1,25	1,15	1,07				
	18	2,82	2,19	1,83	1,59	1,42	1,28	1,17	1,08	1,01				
	15	2,28	1,87	1,61	1,42	1,28	1,17	1,08	1,00	0,94				
	12	1,93	1,63	1,43	1,28	1,16	1,07	0,99	0,93	0,87				
65	24	7,32	3,70	2,76	2,27	1,94	1,71	1,54	1,40					
	22	4,75	3,11	2,44	2,05	1,78	1,58	1,43	1,31					
	20	3,70	2,69	2,19	1,87	1,64	1,47	1,34	1,23					
	18	3,07	2,37	1,98	1,71	1,52	1,37	1,26	1,16					
	15	2,47	2,01	1,73	1,52	1,37	1,25	1,15	1,07					
	12	2,07	1,75	1,53	1,37	1,24	1,14	1,05	0,98					
60	24	8,32	4,13	3,06	2,50	2,13	1,87	1,68						
	22	5,32	3,44	2,69	2,24	1,94	1,73	1,56						
	20	4,10	2,96	2,39	2,03	1,78	1,60	1,45						
	18	3,38	2,59	2,15	1,86	1,65	1,48	1,35						
	15	2,69	2,19	1,87	1,64	1,47	1,34	1,23						
	12	2,24	1,89	1,64	1,47	1,33	1,22	1,13						
55	24	9,62	4,67	3,43	2,78	2,37	2,07							
	22	6,03	3,86	2,99	2,48	2,15	1,90							
	20	4,60	3,29	2,64	2,24	1,96	1,75							
	18	3,75	2,86	2,36	2,03	1,80	1,62							
	15	2,96	2,39	2,03	1,78	1,60	1,45							
	12	2,44	2,05	1,78	1,58	1,43	1,31							
50	24	11,38	5,39	3,92	3,15	2,67								
	22	6,97	4,39	3,37	2,79	2,40								
	20	5,23	3,70	2,96	2,50	2,17								
	18	4,22	3,19	2,63	2,25	1,98								
	15	3,29	2,64	2,24	1,96	1,75								
	12	2,69	2,24	1,94	1,73	1,56								
45	24	13,93	6,38	4,58	3,65									
	22	8,26	5,11	3,89	3,19									
	20	6,08	4,25	3,37	2,83									
	18	4,84	3,63	2,96	2,53									
	15	3,70	2,96	2,50	2,17									
	12	2,99	2,48	2,15	1,90									

Achtung:
Nur für Umrechnungen
nach DIN EN 442 verwenden!

Wärmeleistung bei abweichenden Auslegungstemperaturen (Abstufung nach Grad)
Tab. 403.2: Umrechnungsfaktor f_1 in Bezug auf ΔT_m = 50 K (n = 1,3)

$\Delta\vartheta$	0 K	1 K	2 K	3 K	4 K	5 K	6 K	7 K	8 K	9 K
20	3,29	3,09	2,91	2,74	2,59	2,46	2,34	2,23	2,12	2,03
30	1,94	1,86	1,78	1,72	1,65	1,59	1,53	1,48	1,43	1,38
40	1,34	1,29	1,25	1,22	1,18	1,15	1,11	1,08	1,05	1,03
50	1,00	0,97	0,95	0,92	0,90	0,88	0,86	0,84	0,82	0,81
60	0,79	0,77	0,76	0,74	0,72	0,71	0,70	0,64	0,67	0,66
70	0,64	0,63	0,62	0,61	0,60	0,59	0,58	0,57	0,56	0,55

Beispiel:
Geg.: $\dot{Q}_H$ = 1600 W, ϑ_L = 24 °C, ϑ_V = 72 °C, ϑ_R = 62 °C
Ges.: ΔT_m, $\dot{Q}_n$
Lös.: $\vartheta_m = (\vartheta_V - \vartheta_R)/2 = (72 + 62)/2 = 67$ °C
$\Delta T_m = \vartheta_m - \vartheta_L = 67 - 24 = 43$ K
f_1 = 1,22 (Tabelle 403.2)
$\dot{Q}_n = \dot{Q}_H \cdot f_1$ = 1600 W · 1,22 = 1952 W
Auswahl des Heizkörpers mit Normbedingungen nach EN 442 bei 75/65/20 °C.

Heizungstechnik

Konvektoren

Konvektoreinbau in Nischen

h_1 = Nischenhöhe in mm
h_2 = Lufteintritt in mm
h_3 = Luftaustritt in mm
h_4 = wirksame Schachthöhe in mm

Tab. 404.1: Konvektoren-Wärmeleistung in Heizkörpernischen
Bauhöhe H = 70 mm, Bautiefe T = 150 mm, n = 1,41 (Herstellerangaben)

Tiefe T in mm	Länge L in mm	\multicolumn{5}{c}{Normwärmeleistung $\dot{q}_n$ in W[1)]}	Masse m in kg	Wasser-inhalt V in l
		h_1 = 400 h_2 = 100 h_3 = 100 h_4 = 200	h_1 = 500 h_2 = 100 h_3 = 100 h_4 = 300	h_1 = 600 h_2 = 100 h_3 = 100 h_4 = 400	h_1 = 800 h_2 = 100 h_3 = 100 h_4 = 600	h_1 = 900 h_2 = 100 h_3 = 100 h_4 = 700		
150	1000	923	1113	1278	1508	1580	13,1	1,3
150	1200	1129	1361	1562	1844	1932	15,7	1,4
150	1400	1334	1608	1846	2179	2283	18,2	1,6
150	1600	1642	1979	2272	2682	2810	20,8	1,7
150	1800	1744	2103	2414	2849	2985	23,4	1,8
150	2000	1949	2350	2698	3184	3336	26,0	1,9
150	2200	2155	2598	2982	3520	3688	28,6	2,1
150	2600	2565	3093	3550	4190	4390	33,7	2,3
150	3000	2975	3587	4118	4860	5092	38,9	2,6

Baulänge: L = 0,5 bis 6,0 m, Einsatzbereich: ϑ_{max} = 120 °C, p_s = 6 bar, Prüfdruck p_t = 6,5 bar
[1)] Normwärmeleistung nach DIN EN 442 bei 75/65/20 °C; Umrechnung auf andere Temperaturen (→ S. 403)

Standard-Konvektoren

Abmessungen von Standardkonvektoren

Fensterseite

Strahlungsschirm nicht wasserführend

Lamellen

Wasserführende Profilrohre

Anschluss

Raumseite

Nabenabstand N in mm:
Anschluss Rp 3/8, (1/2): N = H – 36 mm
Anschluss Rp 3/4: N = H – 52 mm
Baulänge: L = 500 bis 6000 mm

Einsatzbereich:
ϑ_{max} = 120 °C, p_s = 5 bar
Prüfdruck p_t = 6,5 bar

Anordnung in Bodenkanälen (Unterflurkonvektor)

Verglasung

X 8 T 6 bis 20

Konvektor

Y

Tab. 404.2: Normwärmeleistung $\dot{q}_n$[1)] in W/m von Standard-Konvektoren nach DIN EN 442 (Herstellerangaben)

Höhe H in mm	Tiefe T in mm	Tiefe T[2)] in mm	Exponent n	Exponent n[2)]	Wärmeleistung $\dot{q}_n$ in W/m	Wärmeleistung $\dot{q}_n$[2)] in W/m	Wasser-inhalt V' l/m	Masse m' in kg/m	Masse m'[2)] in kg/m
280			1,33	1,32	857	1168	4,80	23,00	37,85
210	73	143	1,30	1,29	696	965	3,60	17,35	28,35
140			1,27	1,26	528	733	2,40	11,50	18,85
70			1,24	1,23	356	477	1,20	5,70	9,35
280			1,36	1,34	1420	1686	7,60	38,30	53,15
210	134	204	1,35	1,32	1195	1402	5,70	28,70	39,80
140			1,32	1,29	914	1072	3,80	19,10	26,45
70			1,20	1,24	589	706	1,90	9,45	13,10
280			1,39	1,36	1990	2177	10,40	53,90	68,75
210	196	266	1,37	1,35	1686	1831	7,80	40,35	51,45
140			1,32	1,31	1284	1406	5,20	26,85	34,20
70			1,18	1,24	800	900	2,69	13,30	16,95
280			1,41	1,38	2547	2637	13,00	69,35	84,20
210	257	327	1,38	1,36	2145	2272	9,75	51,90	63,00
140			1,32	1,31	1613	1743	6,50	34,50	41,85
70			1,17	1,23	972	1060	3,25	17,05	20,70

[1)] Normwärmeleistung nach DIN EN 442 bei 75/65/20 °C;
[2)] Ausführung mit integriertem Strahlenschutz an der Fensterseite (→ S. 397)

Bautiefe: T[2)] = 143 mm (2-rohrig) T = 73 mm (2-rohrig) T = 134 mm (3-rohrig) T = 196 mm (4-rohrig) T = 257 mm (5-rohrig)

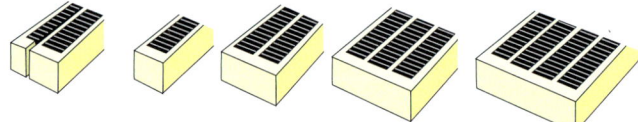

Tiefe T[2)] für weitere Ausführungen (→ Tab. 404.2)

Baumaße: Maß X = Maß Y = mindestens Bautiefe T

Minderleistung: – Bei offener Anordnung in Bodenkanälen ca. 20 %
– Bei Abdeckung mit Gittern mit 70 % freiem Querschnitt über dem Bodenkanal ca. 35 %

Heizungstechnik

Rohrheizkörper

Glatte Rohre

$$\dot{Q} = \dot{q} \cdot l$$

$$\vartheta_m = \frac{\vartheta_V + \vartheta_R}{2}$$

$$\Delta T_m = \vartheta_m - \vartheta_L$$

$\dot{Q}$: Wärmeabgabe von Rohren — in W
$\dot{q}$: spezifische Wärmeleistung von Rohren ($\rightarrow$ Tab. 405.1 und 405.2) — in W/m
l : Länge der Heizrohre — in m
ϑ_m : mittlere Heizmediumtemperatur — in °C
ϑ_V : Heizmittel-Vorlauftemperatur — in °C
ϑ_R : Heizmittel-Rücklauftemperatur — in °C
ΔT_m : mittlere Temperaturdifferenz — in K
ϑ_L : Umgebungslufttemperatur — in °C

Tab. 405.1: Spezifische Wärmeleistung $\dot{q}$ in W/m von glatten Rohren

	Gewinderohre DIN EN 10 255				Stahlrohre EN 10 220			
Nennweite DN	15	20	25	32	40	50	65	80
Außen-Ø in mm	21,3	26,9	33,7	42,4	48,3	60,3	76,1	88,9
$\Delta\vartheta_m$ in K	spezifische Wärmeleistung $\dot{q}$ an die Umgebung in W/m							
80	87	103	124	150	170	207	241	271
75	79	94	114	137	155	189	220	248
70	72	85	102	124	141	170	201	225
65	65	77	92	111	127	154	180	202
60	58	68	82	100	114	137	160	180
58	55	66	79	95	109	130	153	172
56	52	62	74	90	103	124	145	163
54	50	59	71	86	98	117	139	155
52	48	56	68	81	93	112	131	147
50	44	53	54	78	88	106	124	139
48	42	50	61	73	84	98	116	132
46	39	46	57	68	78	94	110	124
44	37	44	53	65	73	89	103	116
42	35	41	50	60	69	83	97	109
40	33	38	46	57	64	77	91	102

Beispiel:

Geg.: glattes Rohr DN 32 nach DIN EN 10 255
Rohrlänge $l = 27$ m, $\vartheta_L = 16$ °C
$\vartheta_V = 80$ °C, $\vartheta_R = 60$ °C,

Ges.: a) ϑ_m in °C und ΔT_m in K
b) $\dot{Q}$ in W

Lös.:
a) $\vartheta_m = (\vartheta_V + \vartheta_R)/2 = (80 + 60)/2 = 70$ °C
$\Delta T_m = \vartheta_m - \vartheta_L$
$\Delta T_m = 70$ °C $- 16$ °C $= 54$ K
$\dot{q} = 86$ W/m ($\rightarrow$ Tab. 405.1)

b) $\dot{Q} = \dot{q} \cdot l$
$\dot{Q} = 86$ W/m $\cdot 27$ m $= 2322$ W

Rippenrohre

a: Rippenabstand in mm
h: Rippenhöhe in mm
$\dot{q}_n$: Normwärmeleistung in W/m
A'_o: Heizoberfläche in m²/m

Tab. 405.2: Normwärmeleistung $\dot{q}_n$ und spezif. Heizfläche von gewellten Stahlrippenrohren, Exponent n = 1,25 (Herstellerangaben)

DN	Rippen- höhe h in mm	U-Wert in W/(m² · K)	$a = 10$ mm		$a = 12$ mm		$a = 14$ mm	
			$\dot{q}_n$[1] in W/m	A'_o in m²/m	$\dot{q}_n$[1] in W/m	A'_o in m²/m	$\dot{q}_n$[1] in W/m	A'_o in m²/m
32	25	7,0	513	1,19	482	1,03	461	0,92
	30	8,8	598	1,51	564	1,30	543	1,15
50	30	6,2	682	1,81	635	1,56	607	1,38
	35	7,7	776	2,20	725	1,90	693	1,67
65	35	5,5	880	2,65	824	2,27	784	2,01
	40	6,9	988	3,13	925	2,68	877	2,36

[1] Wärmeleistung nach DIN EN 442 bei 75/65/20 °C (bei glatten Rippen ca. 3 bis 4 % geringere Heizleistung)

Flächenheizung radiant panel heating

Deckenstrahlplatten

Temperaturverteilung im Raum

Vorteile der Deckenstrahlplatten-Heizung:

- Lufttemperatur liegt ca. 3 K niedriger als bei der Luftheizung $\Rightarrow$ **Brennstofferspar-nis**. Empfundene Innentemperatur $\vartheta_{op,i}$ ist als Mittelwert aus Lufttemperatur ϑ_L und mittlerer Umschließungsflächen-Temperatur $\vartheta_{U,m}$ definiert ($\rightarrow$ S. 409) durch Strahlung erwärmte Wände und Boden wirken sich positiv auf die Behaglichkeit aus.
- geringe Temperaturschichtung, ca. 0,3 K/m ($\rightarrow$ Abbildung links)
- kein Zug, keine störenden Geräusche, keine Staubaufwirbelung
- uneingeschränkte Nutzung der Boden- und Seitenflächen
- gute Regelbarkeit und geringe Aufheizzeit durch geringere Speichermasse
- Energie sparendes Heizsystem für Räume mit Höhen von 3 bis 30 m
- auch als Decken-Kühlfläche (Berechnung nach DIN EN 14 240) einsetzbar

Nachteil: Wärmeleistung fällt bei sinkender Übertemperatur sehr stark ab.
Für Brennwerttechnik kaum geeignet.

Heizungstechnik

Aufbau der Deckenstrahlplatten

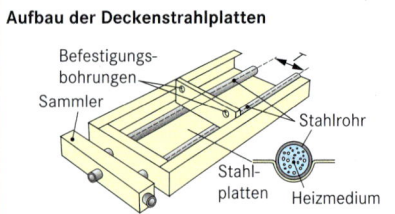

Befestigungsbohrungen
Sammler
Stahlrohr
Stahlplatten
Heizmedium

Material: Register aus Stahlrohr 28 × 1,5 DIN EN 10 305-3
Strahlplatten aus Stahlblech s = 1,25 mm
Sammler aus Vierkantrohr 45 × 45 mm

Maße: Baulängen L = 2000 bis 7500 mm
Rohrabstand T = 150 mm, Baubreite B in mm,

Einsatzbereich: Heizmittel Warm- und Heißwasser bis
ϑ_{max} = 140 °C und $p_{s\,max}$ = 12 bar, Prüfdruck p_t = 16 bar

Berechnung mit oberer Wärmedämmung nach DIN EN 14 037:
Dämmschichtdicke 40 mm; Isoliermaterial mit λ = 0,040 W/(m · K)
und ϱ = 25 kg/m³ auf der Oberseite mit Aluminium kaschiert

Tab. 406.1: Spezifische Wärmeleistung $\dot{q}$[1] in W/m von Deckenstrahlplatten nach DIN EN 14 037: 2003-08 mit eingelegter Wärmedämmung (ohne Wärmeleistung des Sammlerpaares)   (Herstellerangaben)

ΔT[2] in K	Typ 300/2 B = 300 mm	Typ 450/3 B = 450 mm	Typ 600/4 B = 600 mm	Typ 750/5 B = 750 mm	Typ 900/6 B = 900 mm	Typ 1050/7 B = 1050 mm	Typ 1200/8 B = 1200 mm	Typenübersicht
120	498	677	856	1003	1270	1477	1683	Typ 300/2
116	479	650	823	1022	1221	1419	1617	
112	459	624	789	980	1171	1361	1551	
108	440	598	756	939	1122	1304	1486	Typ 450/3
104	421	572	723	899	1073	1248	1422	
100	402	546	691	858	1025	1191	1358	
96	383	520	658	818	977	1136	1294	Typ 600/4
92	364	495	626	778	929	1080	1231	
88	346	470	594	738	882	1025	1168	
84	327	445	563	699	835	970	1106	Typ 750/5
80	309	420	531	660	788	916	1044	
76	291	395	500	621	742	863	983	
72	273	371	469	583	696	810	923	Typ 900/6
68	255	347	439	545	651	757	863	
64	238	323	409	507	606	705	803	
62	229	311	394	489	584	679	774	
58	212	288	364	452	540	628	715	Typ 1050/7
55	199	270	342	425	507	590	627	
50	178	242	305	379	453	527	601	
46	161	219	277	344	411	478	545	
42	145	197	249	309	369	429	489	Typ 1200/8
38	129	175	221	275	328	382	435	
34	113	153	194	241	288	335	382	
30	97	132	167	208	249	289	329	

[1] spezifische Wärmeleistung $\dot{q}$ in W/m gilt für eine ausgebildete turbulente Strömung in den Rohren der Strahlplatten
[2] Übertemperatur ΔT wird nach DIN 4703 arithmetisch oder genauer logarithmisch ermittelt (→ S. 397)

Wärmeleistung einer Decken-Heizfläche

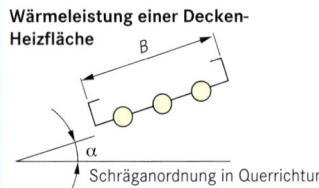

B

$$\boxed{\dot{Q} = \dot{q} \cdot l \cdot f_s}$$

$\dot{Q}$: Wärmeleistung der Decken-Heizfläche   in W
$\dot{q}$: spezifische Wärmeleistung (→ Tab. 406.1)   in W/m
l: Baulänge der Deckenheizfläche   in m
f_s: Korrekturfaktor (→ Tab. 406.2)

α
Schräganordnung in Querrichtung
L
α
Schräganordnung in Längsrichtung

Tab. 406.2: Korrekturfaktor f_s bei Schräganordnung der Deckenstrahlplatten

Winkel α	5	10	15	20	25	30	35	40	45
Korrekturfaktor f_s	1,011	1,022	1,033	1,044	1,055	1,066	1,077	1,088	1,10

Tab. 406.3: Zulässige mittl. Heizwassertemperaturen ϑ_m in °C für Decken-strahl-Heizflächen in Aufenthaltsräumen   (Herstellerangaben)

Höhe H in m	Strahlplattenbelegung der Deckenfläche					
	10 %	15 %	20 %	25 %	30 %	35 %
3	73	71	68	64	58	56
4	115	105	91	78	67	60
5	147	123	100	83	71	64
6		132	104	87	75	69
7		137	108	91	80	74
8		141	112	96	86	80
9			117	101	92	87
10			122	107	98	94

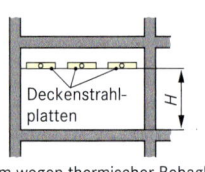

Deckenstrahlplatten

H ≥ 3 m wegen thermischer Behaglichkeit

Heizungstechnik

Tab. 407.1: Temperaturen und Grenzwärmestromdichte bei Fußbodenheizungen nach DIN EN 1264-2: 1997-11

Berechnungsgrößen bei Fußbodenheizungen	Räume	Norminnen-temperatur ϑ_i	Max. Fußbodenober flächentemperatur $\vartheta_{F,max}$[1]	Grenzwärme-stromdichte $\dot{q}_{G,max}$
	Aufenthaltszonen	20 °C	29 °C $(\vartheta_i + 9\,°C)$	100 W/m²
	Randzonen $(b \leq 1\,m)$	20 °C	35 °C $(\vartheta_i + 15\,°C)$	175 W/m²
	Bäder o. ä.	24 °C	33 °C $(\vartheta_i + 9\,°C)$	100 W/m²

Norminnentemperatur $\boxed{\vartheta_i}$

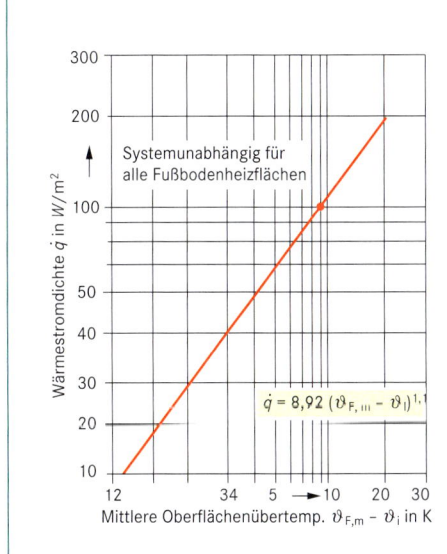

Untere Temperatur $\boxed{\vartheta_U}$

[1] Temp.-Überschreitung aus wärmephysiologischen Gründen vermeiden. Die Grenzwärmestromdichte ist nach DIN EN 1262-2 errechnet ($\rightarrow$ Diagr. 409.1).

$\vartheta_{F,m}$: Mittlere Oberflächentemperatur in °C ($\vartheta_{F,m} < \vartheta_{F,max}$)
$\vartheta_{F,m} - \vartheta_i$: Mittlere Oberflächenübertemperatur in K
ϑ_H : Heizmitteltemperatur in °C,
ΔT_H : Heizmittelübertemperatur ($\vartheta_H - \vartheta_i$) in K
σ : Spreizung (Differenz zwischen Vor- und Rücklauftemperatur) in K

Diagr. 407.1: Wärmestromdichte $\dot{q}$[1] mit Basiskennlinie nach DIN EN 1264-2

Systemunabhängig für alle Fußbodenheizflächen

$\dot{q} = 8{,}92\,(\vartheta_{F,m} - \vartheta_i)^{1,1}$

Wärmestromdichte $\dot{q}$ in W/m²

Mittlere Oberflächenübertemp. $\vartheta_{F,m} - \vartheta_i$ in K

[1] systemunabhängig, gültig für alle Fußboden-heizungssysteme

Diagr. 407.2: Leistungskennlinien mit Grenzkurven für vier unterschiedliche $R_{\lambda,B}$-Werte[2] nach DIN EN 1264-3

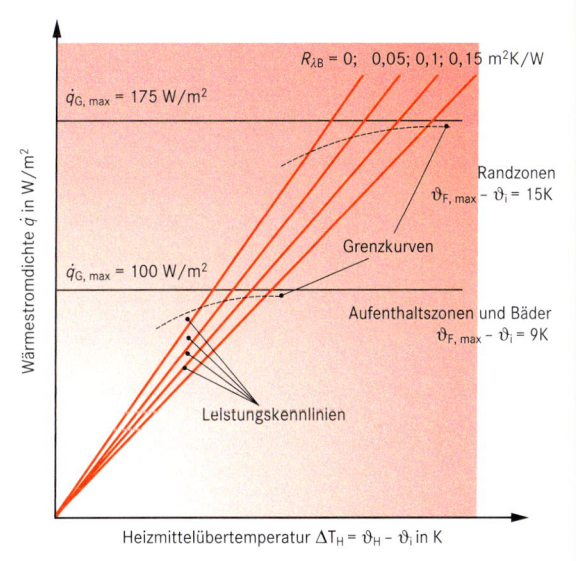

$R_{\lambda B} = 0;\ 0{,}05;\ 0{,}1;\ 0{,}15\ m^2 K/W$

$\dot{q}_{G,max} = 175\ W/m^2$

Randzonen $\vartheta_{F,max} - \vartheta_i = 15K$

Grenzkurven

$\dot{q}_{G,max} = 100\ W/m^2$

Aufenthaltszonen und Bäder $\vartheta_{F,max} - \vartheta_i = 9K$

Leistungskennlinien

Wärmestromdichte $\dot{q}$ in W/m²

Heizmittelübertemperatur $\Delta T_H = \vartheta_H - \vartheta_i$ in K

[2] Wärmeleitwiderstand des Fußbodenbelages $R_{\lambda,B}$ in m² · K/W ($\rightarrow$ Tab. 409.1)

Tab. 407.2: Wärmeleitfähigkeitswerte λ in W/(m · K) von Materialien bei Warmwasser-Fußbodenheizungen

Material	λ in W/(m · K)	Material	λ in W/(m · K)	Material	λ in W/(m · K)
PB Rohr	0,22	Wärmeleitein-richtung aus Alu	200	PVC 2,5 mm	0,19
PP Rohr	0,22	Wärmeleitein-richtung aus Stahl	52	Linoleum 2,5 mm	0,19
PE-X Rohr	0,35	Zementestrich	1,2 (1,4)	Parkett 10–22 mm	0,2 bis 0,25
Stahlrohr	52	Anhydritestrich	1,2	Fliesen 10 mm	1,00
Kupferrohr	390	Teppiche 6–17 mm	0,08 bis 0,2	Keramikplatten	1,20
PVC Mantelrohr mit eingeschl. Luft	0,15	Korkplatten	0,05	Marmor 30 mm	2,10
PVC Mantelrohr ohne eingeschl. Luft	0,20	PVC-Filz	0,04	Klinkerplatten	0,8
				Wärmeleitwiderstand: $R_\lambda = d/\lambda$ (Berechnung $\rightarrow$ S. 382)	

Heizungstechnik

Verlegesysteme von Rohrfußbodenheizungen

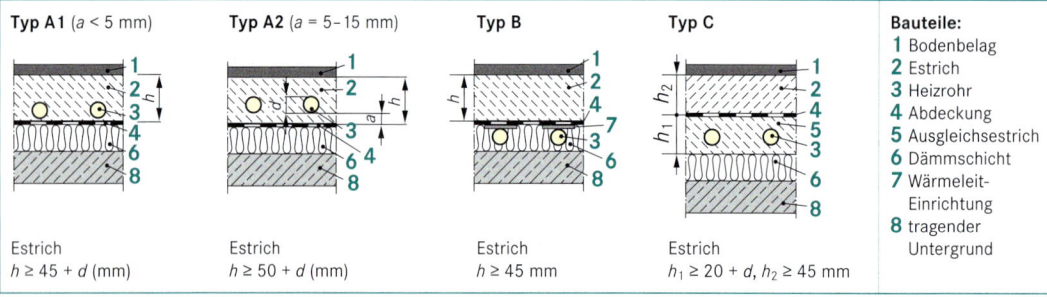

Typ A1 ($a < 5$ mm)

Estrich
$h \geq 45 + d$ (mm)

Typ A2 ($a = 5\text{-}15$ mm)

Estrich
$h \geq 50 + d$ (mm)

Typ B

Estrich
$h \geq 45$ mm

Typ C

Estrich
$h_1 \geq 20 + d$, $h_2 \geq 45$ mm

Bauteile:
1 Bodenbelag
2 Estrich
3 Heizrohr
4 Abdeckung
5 Ausgleichsestrich
6 Dämmschicht
7 Wärmeleit-
   Einrichtung
8 tragender
   Untergrund

Fußbodenheizungs-Berechnung

Beispiel: Grundriss mit Rohr-Verlegeplan

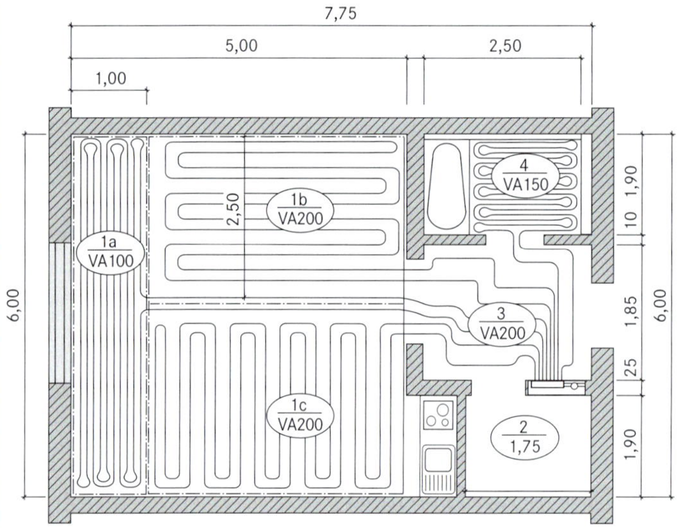

7,75

5,00   2,50

1,00

2,50 — 1b VA200

1a VA100

4 VA150

10 1,90

3 VA200

1,85   6,00

1c VA200

.25

6,00

2 1,75

1,90

Lastverteilschicht:
Zementestrich ZE 20, $h = 62$ mm

Dämmschichtaufbau:
Isolierung nach DIN EN 1264
über Räumen mit nicht gleich-
artiger Nutzung
$d = 50$ mm, $R_{\lambda,\text{Dä}} = 1{,}25$ m² · K/W

Bodenbeläge:
Wohnen und Garderobe mit Teppich
$d = 8$ mm, $R_{\lambda,B} = 0{,}100$ m² · K/W
Diele und Bad mit Fliesen
$d = 10$ mm, $R_{\lambda,B} = 0{,}020$ m² · K/W

Untere Temperatur:
$\vartheta_u = 10$ °C

Nr.	Temp. in °C	Raum-bezeichnung	Wärmeleistung $\dot{Q}_{\text{ber}}$ in W
1	20	Wohnzimmer	2400
2	15	Garderobe	0
3	20	Diele	220
4	24	Badezimmer	420

Rechengang: Berechnungsformblatt – Fußbodenheizung (→ S. 411 und Fortsetzung S. 412)	Spalte
a) Festlegung der Raum-Nr., der Raumbezeichnung, der Norminnen- (DIN EN 12 831) und der unteren Temperatur	1, 2, 3, 4
b) Bestimmung der Raumfläche A_R und der zu heizenden Fläche A_{Fb}. In Aufenthaltsräumen eine möglichst vollflächige Verlegung wählen (auch bei Küchen- und Schrankstellflächen). Teilflächen, auf denen mit dem Gebäude fest verbundene Einrichtungsgegenstände stehen (z. B. Kachelöfen, Bade- und Brausewannen), abziehen.	5 u. 6
c) Auslegungs-Wärmeleistung $\dot{Q}_{HL}$ nach DIN EN 12 831 berechnen und evt. mit $\dot{Q}_{Fb}$ bereinigen (→ S. 409)	7
d) Spezif. Auslegungs-Wärmestromdichte $\dot{q}_{Ausl}$ für den Raum mit der größten Wärmestromdichte (Bäder ausgenommen) berechnen. (→ S. 409).	8
e) Wärmeleitwiderstand $R_{\lambda,B}$ des Bodenbelages festlegen oder zur Auslegung einheitliche Fußbodenbeläge annehmen, z. B. $R_{\lambda,B} = 0{,}10$ m² · K/W (→ Tab. 409.1)	9
f) Mit der Auslegungs-Wärmestromdichte $\dot{q}_{Ausl}$ des ungünstigsten Raumes, dem Wärmeleitwiderstand $R_{\lambda,B}$ und dem Verlegeabstand **VA** aus dem Kennlinienfeld eines Systems (Herstellerangabe → Diagr. 409.1) die Heizmittelüber-temperatur ΔT_H bestimmen (Grenzwärmestromdichte $\dot{q}_G$ darf nicht überschritten werden).	10, 11
g) Aufteilung des Raumes in Teilflächen, z. B. in Randzone A_R (maximal Breite von 1 m vor der Außenwand) und in die Aufenthaltszone A_A (Feldgrößen bis max. 40 m²) (→ S. 410)	12
h) Mit anzunehmender Spreizung $\sigma \leq 5$ K ergibt sich die Auslegungs-Vorlauftemperatur ϑ_{Vausl} (→ S. 410)	Tab.-Kopf
i) Rand-Wärmestromdichte $\dot{q}_R$ aus Diagr. 409.1 ermitteln und Aufenthalts-Wärmestromdichte $\dot{q}_A$ errechnen (→ S. 410)	14
j) Mit errechneter Wärmestromdichte $\dot{q}_A$ ($\dot{q}_R$) und der Verlegefläche die tatsächliche Wärmeabgabe $\dot{Q}_{Fb}$ ermitteln	15
k) Rohrlänge L_{Hk} mit dem spezifischen Rohrbedarf L_0 und der Teilfläche A_{Fb} errechnen plus den Anbindelängen (→ S. 410)	16, 17, 18
l) Aus Wärmeabgabe $\dot{Q}_{Hk}$, plus Wärmeabgabe $\dot{Q}_{anb}$ der Anbindeleitung, minus $\dot{Q}_d$ der Durchgangsleitung, $\dot{q}_{Hk}$ ermitteln	19, 20, 21
m) Auslegungs-Heizmittelstrom $\dot{m}_H$ mit angepasstem σ (ΔT_H für einzelnen Raum ermitteln → Diagr. 409.1) und unter Berücksichtigung der Wärmedurchgangswiderstände nach oben (R_o) und nach unten (R_u) errechnen (→ S. 411)	22
m) Mit Massenstrom $\dot{m}_H$ und mit **Diagr. 412.1** das Druckgefälle R und die Fließgeschwindigkeit v festlegen	25
n) Das Produkt aus dem Druckgefälle R und der Heizkreislänge L_{Hk} ergibt den Druckverlust Δp_{Hk}	26
p) Drossel-Druckdifferenz $\Delta p_{dr} = \Delta p_{max} - \Delta p_{Hk}$ errechnen und in **Diagr. 412.2** Ventilvoreinstellwerte suchen	27, 28

Auslegungs-Wärmeleistung

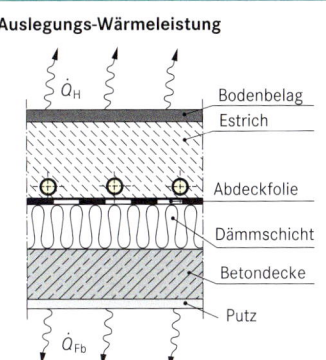

Bodenbelag
Estrich
Abdeckfolie
Dämmschicht
Betondecke
Putz

$\dot{Q}_H$

$\dot{Q}_{Fb}$

Auslegungs-Wärmeleistung

$$\dot{Q}_H = \dot{Q}_{HL} + \dot{Q}_{Fb}$$

Auslegungs-Wärmestromdichte:

$$\dot{q}_{Ausl} = \frac{\dot{Q}_H}{A_{Fb}}$$

Operative Temperatur:

$$\vartheta_{op,i} = \frac{\vartheta_L + \vartheta_{AW}}{2}$$

$\dot{Q}_H$: Auslegungs-Wärmeleistung in W
$\dot{Q}_{HL}$: Norm-Heizlast
    nach DIN EN 12 831 in W
$\dot{Q}_{Fb}$: Wärmeverluste durch
    den Fußboden nach
    DIN EN 12 831 in W
    (Berechnung → S. 384 ff.)
    (überschlägig ansetzbar mit
    max. 10 % von Norm-Heizlast)
$\dot{q}_{Ausl}$: Auslegungs-Wärme-
    stromdichte in W/m²
$\vartheta_{op,i}$: operative (empfundene)
    Raum-Temperatur in °C
ϑ_L : Raumlufttemperatur in °C
ϑ_{AW} : mittlere Umschließungs-
    flächentemperatur in °C

[1] Der Auslegungszuschlag ist 0, wenn das Heizsystem eine Steigerung der Wärmeleistung durch die Anhebung der Heizmitteltemperatur zulässt. Eine kurzfristige Überschreitung der maximal zulässigen Oberflächentemperatur (→ Tab. 407.1) ist nach DIN EN 1264 möglich.

Diagr. 409.1: Leistungsdiagramm für Fußbodenheizungen nach DIN EN 1264 (Herstellerangaben)

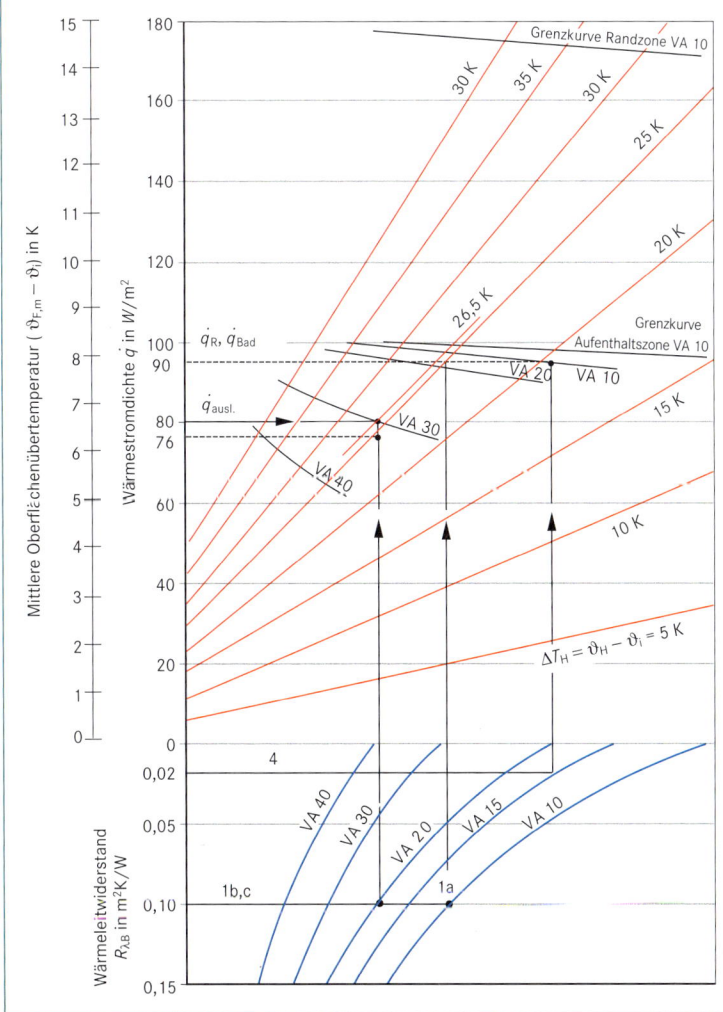

Leistungsdiagramm nach
DIN EN 1264
(PE-X Rohr 17 × 2)

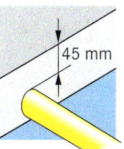

45 mm

Lastverteilschicht: Zementestrich
(Dicke über dem Heizungsrohr
$s_{ü}$ = 45 mm und eine Wärmeleitfähigkeit
λ = 1,2 W/(m · K)

Tab. 409.1: Fußbodenbeläge

Art	Wärmeleit-widerstand $R_{\lambda,B}$ in m² · K/W
Teppichboden d = 7 bis 10 mm	0,10–0,15
Parkett geklebt d = 10 mm	0,050
Kunststoffbelag d = 5 mm	0,022
Keramische Fliesen geklebt, d = 10 mm	0,010
Keramische Fliesen Mörtelbett, d = 20 mm	0,020
Naturstein (Marmor) Mörtelbett, d = 25 mm	0,015

Der Wärmeleitwiderstand des
Bodenbelages darf maximal

$$R_{\lambda,B} = 0,150 \text{ m}^2 \cdot \text{K/W}$$

betragen.

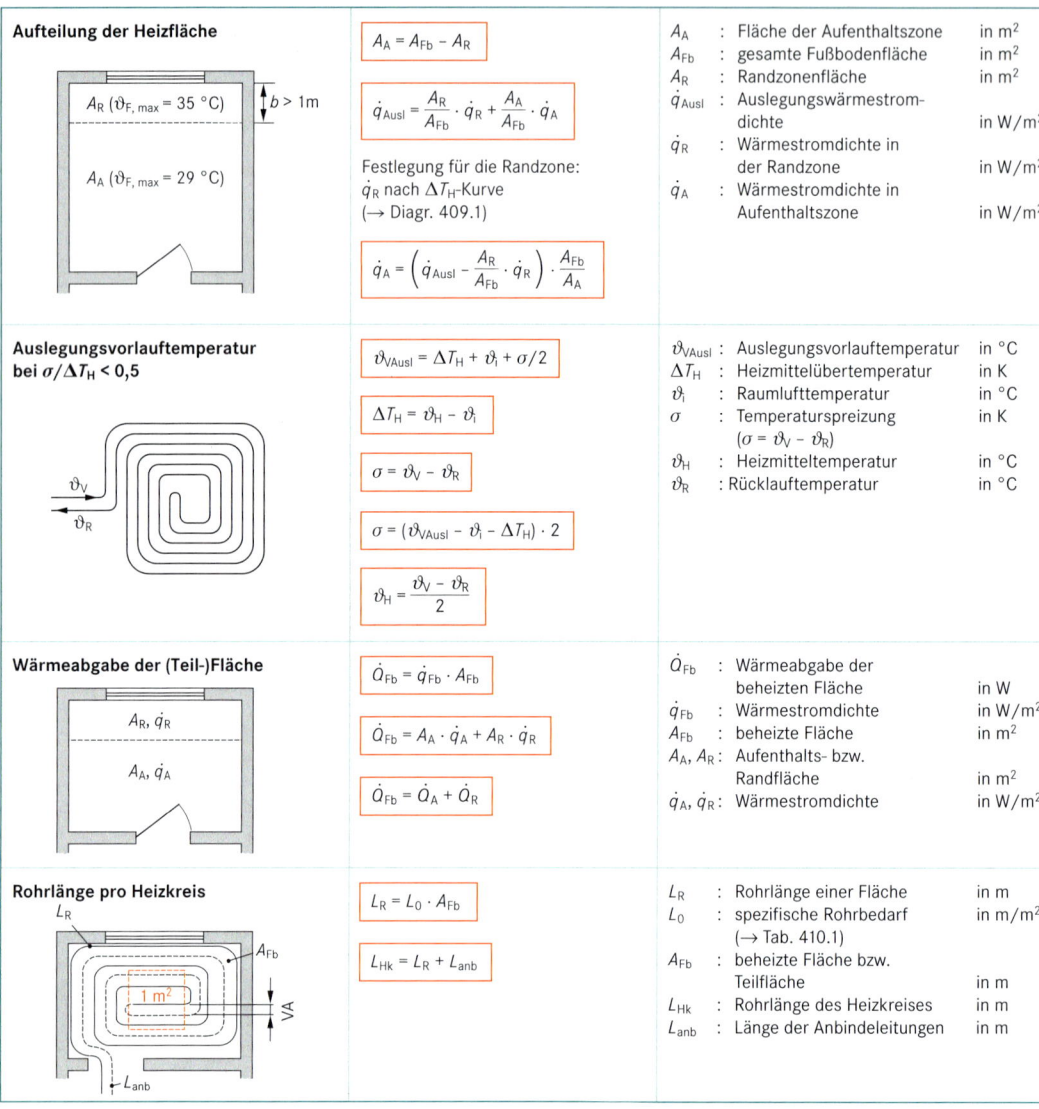

Aufteilung der Heizfläche		
A_R ($\vartheta_{F,\,max}$ = 35 °C), b > 1 m A_A ($\vartheta_{F,\,max}$ = 29 °C)	$A_A = A_{Fb} - A_R$ $\dot{q}_{Ausl} = \dfrac{A_R}{A_{Fb}} \cdot \dot{q}_R + \dfrac{A_A}{A_{Fb}} \cdot \dot{q}_A$ Festlegung für die Randzone: $\dot{q}_R$ nach ΔT_H-Kurve (→ Diagr. 409.1) $\dot{q}_A = \left(\dot{q}_{Ausl} - \dfrac{A_R}{A_{Fb}} \cdot \dot{q}_R \right) \cdot \dfrac{A_{Fb}}{A_A}$	A_A : Fläche der Aufenthaltszone in m² A_{Fb} : gesamte Fußbodenfläche in m² A_R : Randzonenfläche in m² $\dot{q}_{Ausl}$: Auslegungswärmestrom-dichte in W/m² $\dot{q}_R$: Wärmestromdichte in der Randzone in W/m² $\dot{q}_A$: Wärmestromdichte in Aufenthaltszone in W/m²
Auslegungsvorlauftemperatur bei $\sigma/\Delta T_H$ < 0,5	$\vartheta_{VAusl} = \Delta T_H + \vartheta_i + \sigma/2$ $\Delta T_H = \vartheta_H - \vartheta_i$ $\sigma = \vartheta_V - \vartheta_R$ $\sigma = (\vartheta_{VAusl} - \vartheta_i - \Delta T_H) \cdot 2$ $\vartheta_H = \dfrac{\vartheta_V - \vartheta_R}{2}$	ϑ_{VAusl} : Auslegungsvorlauftemperatur in °C ΔT_H : Heizmittelübertemperatur in K ϑ_i : Raumlufttemperatur in °C σ : Temperaturspreizung in K ($\sigma = \vartheta_V - \vartheta_R$) ϑ_H : Heizmitteltemperatur in °C ϑ_R : Rücklauftemperatur in °C
Wärmeabgabe der (Teil-)Fläche	$\dot{Q}_{Fb} = \dot{q}_{Fb} \cdot A_{Fb}$ $\dot{Q}_{Fb} = A_A \cdot \dot{q}_A + A_R \cdot \dot{q}_R$ $\dot{Q}_{Fb} = \dot{Q}_A + \dot{Q}_R$	$\dot{Q}_{Fb}$: Wärmeabgabe der beheizten Fläche in W $\dot{q}_{Fb}$: Wärmestromdichte in W/m² A_{Fb} : beheizte Fläche in m² A_A, A_R : Aufenthalts- bzw. Randfläche in m² $\dot{q}_A, \dot{q}_R$: Wärmestromdichte in W/m²
Rohrlänge pro Heizkreis	$L_R = L_0 \cdot A_{Fb}$ $L_{Hk} = L_R + L_{anb}$	L_R : Rohrlänge einer Fläche in m L_0 : spezifische Rohrbedarf in m/m² (→ Tab. 410.1) A_{Fb} : beheizte Fläche bzw. Teilfläche in m L_{Hk} : Rohrlänge des Heizkreises in m L_{anb} : Länge der Anbindeleitungen in m

Tab. 410.1: spezifische Rohrbedarf L_0 in m/m²

Verlegeabstand VA in cm	10	15	20	30	40	[1] Maximale Heizkreislänge
Verlegte Rohre L_0 in m/m²	10	6,6	5,0	3,3	2,5	L_R = 100 m ... (120 m)
Fläche für max. Heizkreislänge in m² [1]	10 (12)	15 (18)	20 (24)	30 (36)	40 (48)	

Auslegungs-Heizmittelstrom je Heizkreis		
$\dot{m}_H$	$\dot{m}_H = \dfrac{A \cdot \dot{q}_{Hk}}{\sigma \cdot c} \left(1 + \dfrac{R_o}{R_u} + \dfrac{\vartheta_i - \vartheta_u}{\dot{q}_{Hk} \cdot R_u} \right)$	$\dot{m}_H$: Auslegungs-Heizmittelstrom in kg/h A : beheizte Fläche bzw. Teilfläche in m² $\dot{q}_{Hk}$: Wärmestromdichte in W/m² σ : errechnete Spreizung in K c : spezifische Wärmekapazität in Wh/(kg · K) (c_{Wasser} = 1,163 Wh/(kg · K)) R_o : Wärmedurchlasswiderstand nach oben (→ S. 411) in m² · K/W R_u : Wärmedurchlasswiderstand nach unten (→ S. 411) in m² · K/W ϑ_i : Norminnentemperatur in °C ϑ_u : angrenzende Temperatur in °C

Heizungstechnik

Berechnungsformblatt – Fußbodenheizung

Projekt: Beispiel S. 408 **System: PE-X Systemrohr 17 × 2** Auslegungsvorlauftemperatur ϑ_{Vausl}: **49 °C**

1	2	3	4	5	6	7	8	9	10	11	12	13	14	15	16	17	18	19	20	21	22
Raumnummer (Kreis-Nr.)	Raumbezeichnung[1]	Norminnentemperatur (DIN EN 12 831)	angrenzende, untere Temperatur	Raumfläche	beheizte Raumfläche $A_{Fb} = A_R$ – Blindflächen	Auslegungswärmeleistung	Auslegungs-Wärmestromdichte	Wärmeleitwiderstand des Bodenbelages	Heizmittelübertemperatur	Verlegeabstand	Randfläche bzw. Aufenthaltsfläche A_R; A_A	Spreizung	tatsächliche Wärmestromdichte $\dot{q}_R$; $\dot{q}_A$	Wärmeabgabe der Fläche bzw. Teilfläche	Rohrlänge im Raum	Anbinderohrlänge Vor- u. Rücklaufleitung	Heizkreislänge	Wärmeabgabe Anbindeleitung = 10 W/m · L_{anb}	Wärmeabgabe des HK	Wärmestromdichte HK	Auslegungs-Heizmittelstrom
–	–	ϑ_i	ϑ_u	A_R	A_{Fb}	$\dot{Q}_H$	$\dot{q}_{Ausl}$	$R_{\lambda,B}$	ΔT_H	VA	A_R; A_A	σ	$\dot{q}_R$; $\dot{q}_A$	$\dot{Q}_{Fb}$	L_R	L_{anb}	L_{Hk}	$\dot{Q}_{anb}$	$\dot{Q}_{Hk}$	$\dot{q}_{Hk}$	$\dot{m}_H$
–	–	°C	°C	m²	m²	W	W/m²	m²K/W	K	cm	m²	K	W/m²	W	m	m	m	W	W	W/m²	kg/h
1a	W	20	10	31,7	30,0	2400	80	0,10	26,5	10	6	5	96	576	60	13	73	130	706	118	152
1b									25	20	10	8	76	760	60	7	67	70	830	83	114
1c									25	20	14	8	76	1064	60	6	66	60	1024[2]	73	142
2	G	15	10	3,3	3,3	0	keine Fußbodenheizung						–	–	–	–	–	–	–	–	–
3	D	20	10	4,6	4,6	220	Wärmeleistung von Anbindeleitungen						–	–	–	–	–	–	–	–	–
4	B	24	10	4,8	2,9	420	145	0,02	20	15	2,9	10	96[3]	278[4]	19	5	24	50	328	113	34

[1] W: Wohnen, G: Garderobe, D: Diele, B: Bad;
[2] Wärmeabgabe = $\dot{Q}_{Fb} + \dot{Q}_{anb} - \dot{Q}_d$ = 1064 + 60 – 100 = 1024 W
($\dot{Q}_d$ = 10 m durchlaufende Leitung von Heizkreis 1a mit ca. 10 W/m Wärmeleistung)
[3] Grenzwärmestromdichte $\dot{q}_G$ = 96 W/m² (→ Diagr. 409.1)
[4] Restwärmeleistung = 420 – 278 = 142 W (evt. mit Heizkörper ausgleichen)

Wärmedurchgangswiderstand

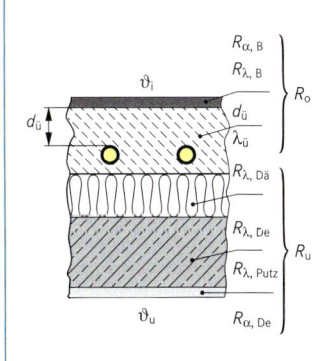

Wärmedurchgangswiderstand nach oben:

$$R_o = R_{\alpha,B} + R_{\lambda,B} + \frac{d_ü}{\lambda_ü}$$

R_o	:	Wärmedurchgangswiderstand	in m² · K/W
$R_{\alpha,B}$	:	Wärmeübergangswiderstand ($R_{\alpha,B}$ = 0,10 m² · K/W → Tab. 382.1)	in m² · K/W
$R_{\lambda,B}$	:	Wärmeleitwiderstand des Fußbodenbelages	in m² · K/W
$d_ü$	:	Dicke des Estrichs über Heizrohr	in m
$\lambda_ü$	:	Wärmeleitfähigkeit des Estrichs	in W/(m · K)

Wärmedurchgangswiderstand nach unten:

$$R_u = R_{\lambda,Dä} + R_{\lambda,De} + R_{\lambda,Putz} + R_{\alpha,De}$$

R_u-Werte für Standard-deckenaufbauten (→ Tab. 411.1)

R_u	:	Wärmedurchgangswiderstand der Bauteilgruppe	in m² · K/W
$R_{\lambda,Dä}$	:	Wärmeleitwiderstand der Dämmschicht	in m² · K/W
$R_{\lambda,De}$	:	Wärmeleitwiderstand der Decke	in m² · K/W
$R_{\lambda,Putz}$	:	Wärmeleitwiderstand des Deckenputzes	in m² · K/W
$R_{\alpha,De}$	:	Wärmeübergangswiderstand ($R_{\alpha,De}$ = 0,17 m² · K/W → Tab. 382.1)	in m² · K/W

Wärmedämmung bei Fußbodenheizungen
Tab. 411.1: Mindest-Wärmeleitwiderstand $R_{\lambda,Dä}$ der Wärmedämmung

Wärmedämmung unterhalb der Heizebene	$R_{\lambda,Dä}$ in m² · K/W	R_u in m² · K/W [2]
Decke über Räumen mit gleichartiger Nutzung	≥ 0,75	0,98
Decke über Räumen über gewerblich genutzten Räumen (eingeschränkter Betrieb) oder Erdreich	≥ 1,25	1,48
Decke über Außenluft mit unterschiedlicher Auslegungstemperatur	≥ 1,25–2,00 EnEV 2009[1]	1,48–2,4

[1] **EnEV** 2009: Der U-Wert der Bauteilschichten zwischen Heizfläche und kaltem Medium muss $U \leq 0{,}28$ **W/(m² · K)** betragen.
[2] **Standarddeckenaufbau:** $R_{\lambda,Dä}$ der Dämmschicht (→ Tab. 412.1), Stahlbetondecke d = 180 mm, Deckenputz d = 15 mm

Wärmedämmung bei Fußbodenheizungen (Aufbauskizzen – Beispiele)

Zwischengeschossdecke (darunter liegender beheizter Raum)

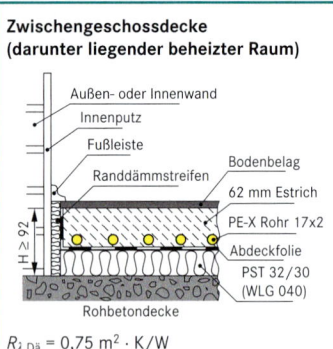

Außen- oder Innenwand
Innenputz
Fußleiste
Randdämmstreifen
Bodenbelag
62 mm Estrich
PE-X Rohr 17x2
Abdeckfolie
PST 32/30 (WLG 040)
Rohbetondecke
$H \geq 92$

$R_{\lambda,D\ddot{a}} = 0{,}75 \ m^2 \cdot K/W$

Decken gegen gewerblich genutzte Räume oder auf dem Erdreich

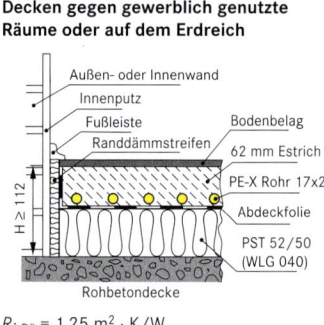

Außen- oder Innenwand
Innenputz
Fußleiste
Randdämmstreifen
Bodenbelag
62 mm Estrich
PE-X Rohr 17x2
Abdeckfolie
PST 52/50 (WLG 040)
Rohbetondecke
$H \geq 112$

$R_{\lambda,D\ddot{a}} = 1{,}25 \ m^2 \cdot K/W$

Decken gegen vorhandene Außenluft

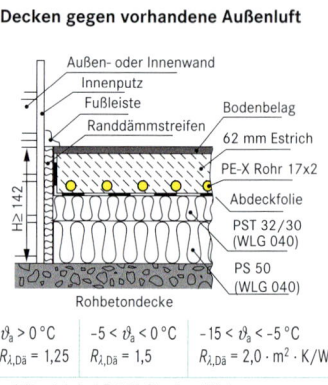

Außen- oder Innenwand
Innenputz
Fußleiste
Randdämmstreifen
Bodenbelag
62 mm Estrich
PE-X Rohr 17x2
Abdeckfolie
PST 32/30 (WLG 040)
PS 50 (WLG 040)
Rohbetondecke
$H \geq 142$

$\vartheta_a > 0\,°C$	$-5 < \vartheta_a < 0\,°C$	$-15 < \vartheta_a < -5\,°C$
$R_{\lambda,D\ddot{a}} = 1{,}25$	$R_{\lambda,D\ddot{a}} = 1{,}5$	$R_{\lambda,D\ddot{a}} = 2{,}0 \cdot m^2 \cdot K/W$

Lastverteilschicht: Estrich ($h \geq 45 + d$ in mm) nach DIN 18 560 (Zementestr. ZE 20 oder Anhydritestrich AE 20) für den Wohnungsbau für eine zulässige Verkehrslast von 1,5 kN/m²; **Dämmschicht: PST 32/30 WLG 040:** Polystyrol als Wärme- und Trittschalldämmung mit d = 32/30 mm, Wärmeleitzahl λ = 0,040 W/(m · K); **PS 50 WLG 040:** Polystyrol als Wärmedämmung d = 50 mm, Wärmeleitzahl λ = 0,040 W/(m · K); Baustoffklasse B2 nach DIN 4102; **Randdämmstreifen:** muss 5 mm Estrichbewegung aufnehmen können, Höhe h = 130–180 mm; **Abdeckfolie:** PE-Folie mind. 0,2 mm dick oder Bitumenpapier m'' = 100 g/m²

Druckverluste in Fußboden-Heizungssystemen | Diagr. 412.1: Druckverluste-Diagramm für Rohre aus PE-X

Kunststoffrohre für Fußbodenheizungen (Beispiel)

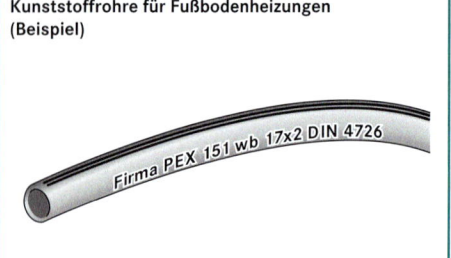

Firma PEX 151 wb 17x2 DIN 4726

PE-X nach DIN EN 15 875
Mindestbiegeradius r = 5 × d

Berechnungsformblatt-Fußbodenheizung (Fortsetzung von S. 411) | Diagr. 412.2: Durchfluss-Diagramm der Heizkreis-Feinregulierventile (Herstellerangaben)

23	24	25	26	27	28
Heizkreis-Nr.	Heizmittelstrom	Druckgefälle (→ Diagr. 412.1)	Druckverlust $\Delta p_{Hk} = R \cdot L_{HK}$	Druckdifferenz zu $\Delta p_{dr,max}$	Ventilvoreinstellung (→ Diagr. 412.2)
–	$\dot{m}_H$	R	Δp_{Hk}	Δp_{dr} [2]	–
	kg/h	mbar/m	mbar	mbar	Umdr.-öffn.
1a	152	1,4	102 [1]	0	11
1b	114	0,9	60	–60	5 ½
1c	142	1,2	79	–41	6
4	34	0,1	3	–11	3 ½

[1] max. Druckverlust: $\Delta p_{max} = \Delta p_{Hk} + \Delta p_V$, offen (bei 10/11 Umdr.), $\Delta p_{max} = 102 + 18 = 120$ mbar

[2] $\Delta p_{dr} = \Delta p_{max} - \Delta p_{Hk}$ (zu drosseln → hydr. Abgleich)

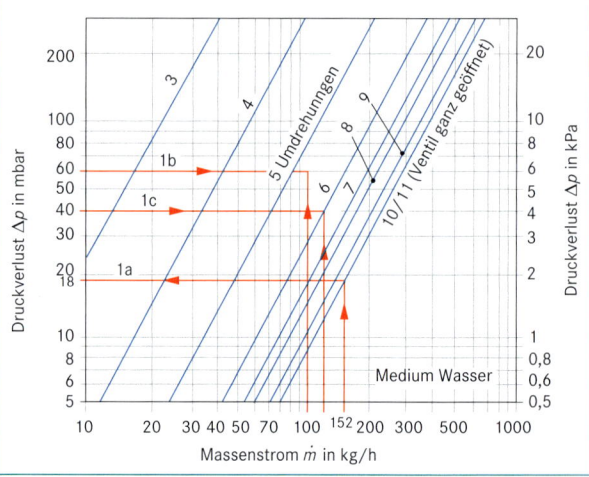

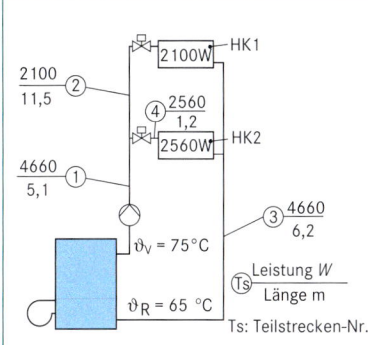

$$\Delta p_s = \Sigma \, (R \cdot l + Z)$$

$$Z = \Sigma \zeta \cdot \frac{\varrho \cdot v^2}{2}$$

Hinweis:
Für einwandfreien Betrieb von Heizungsanlagen wird Dimensionierung des Rohrnetzes für geringen Förderdruck der Pumpe empfohlen.

Vorläufiger Richtwert $\Delta p_{u,v}$ für den Förderdruck der Pumpe bei

- kleinen Anlagen:
  5000 bis 10 000 Pa

- großen Anlagen:
  10 000 bis 20 000 Pa

Δp_s :	Gesamtdruckverlust des Stromkreises in Pa
$R \cdot l$:	Druckverluste aus Rohrreibung in Pa
Z :	Druckverluste aus Einzelwiderständen ($\rightarrow$ Diagr. 415.1) in Pa
$\Sigma \zeta$:	Summe der Widerstandsbeiwerte
ϱ :	Dichte des Mediums ($\rightarrow$ Tab. 413.1) in kg/m³
v :	Strömungsgeschwindigkeit in m/s

Tab. 413.1: Dichte ϱ von Wasser bei versch. Temperaturen

ϑ in °C	40	60	80	100
ϱ in $\frac{kg}{m^3}$	992,2	983,2	971,8	958,3

Rechengang für Zweirohrheizungen:

a) Ermittlung der Wärmeleistung $\dot{Q}$ durch jede Teilstrecke (z. B. mit Rohrplan).
b) Berechnung der für die Wärmeleistungen notwendigen Massenströme $\dot{m}$ des Heizmittels ($\rightarrow$ S. 413).
c) Berechnung des vorläufigen Druckgefälles R_v ($\rightarrow$ S. 414) (für den ungünstigsten Stromkreis).
d) Ermittlung des Rohrdurchmesser d (mit Hilfe des vorläufigen Druckgefälles R_v) für jede Teilstrecke dieses Stromkreises ($\rightarrow$ S. 415 ff. je nach Rohrmaterial).
e) Ermittlung des R-Wertes für die gewählten Durchmesser der Teilstrecken.
f) Berechnung der Druckverluste durch Rohrreibung $R \cdot l$.
g) Ermittlung der Druckverluste in Einzelwiderständen Z mit ζ-Werten ($\rightarrow$ Tab. 414.1, Tab. 414.2 und Diagr. 415.1), jedoch ohne die Einrichtungen für den hydraulischen Abgleich und solchen Einzelwiderständen, für die Druckverlust-Diagramme vorliegen.
h) Berechnung der Druckverluste der Teilstrecken Δp durch Summenbildung der Druckverluste aus f) und g).
   Ermittlung der Druckverluste in Einzelwiderständen Δp (= Z), für die Druckverlust-Diagramme vorliegen im ganz geöffneten Zustand, jedoch ohne die Einrichtungen für den hydraulischen Abgleich ($\rightarrow$ Diagr. 418.1 ff.).
i) Bildung des Gesamtdruckverlustes Δp_s des Stromkreises.
j) Für den ungünstigsten Stromkreis ist der Druckverlust Δp_v des Thermostatventils (bzw. der Rücklaufverschraubung) im ganz geöffneten Zustand zu ermitteln. Für alle weiteren Stromkreise ist Δp_u aus k) bereits bekannt. Somit ergibt sich Δp_v über den hydraulischen Abgleich, d. h. $\Delta p_v = \Delta p_u - \Delta p_s$. (Einstellwerte $\rightarrow$ Diagr. 419.1 oder Diagr. 419.2).
k) Der Förderdruck der Pumpe Δp_u ergibt sich aus dem ungünstigsten Stromkreis durch Summenbildung von h) und j).
l) Ventilautorität überprüfen ($\rightarrow$ S. 419); falls notwendig, Korrektur mit anderem Rohrdurchmesser.
m) Gegebenenfalls zurück zu d) und weiteren Stromkreis berechnen.

	a) + b)			d)	e)	f)				g)		h)	j)	k)
1	2	3	4	5	6	7	8	9		10	11	12	13	14
	Rohrplan			S. 415 ff.	S. 415 ff.	Rohrplan	6 ·7			S. 415 ff.		8 + 11		
Teil-strecke	Wärme-leistung	Temper.-spreizung	Massen-strom	Rohr-durch-messer	Druck-gefälle	Rohr-länge	Druckverl. d. Rohr-reibung	Einzel-wider-stände	Ge-schwin-digkeit		Druckverl. in Einzel-widerst.	$\Delta p = R \cdot l + Z$	Druck-verlust am Ventil	Förder-druck
Nr.	$\dot{Q}$ W	$\Delta \vartheta$ K	$\dot{m}$ kg/h	d DN	R Pa/m	l m	$R \cdot l$ Pa	$\Sigma \zeta$ –	v m/s		Z Pa	Pa	Δp_v Pa	Δp_u Pa

c)* Das vorläufige Druckgefälle wird nicht in das Formblatt eingetragen.   i) $\Delta p_s = \Sigma \, (R \cdot l + Z) =$

Massenstrom des Heizmittels

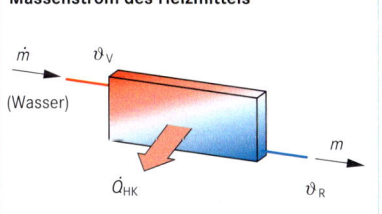

$$\dot{m} = \frac{\dot{Q}_{HK}}{c \cdot \Delta \vartheta_T}$$

$$\Delta T = \vartheta_V - \vartheta_R$$

$\dot{m}$:	Massenstrom des Heizmittels in kg/h
$\dot{Q}_{HK}$:	Wärmeleistung der zu versorgenden Heizfläche(n) in W
c :	spezif. Wärmekapazität in Wh/(kg · K) (Wasser: c = 1,163 Wh/(kg · K))
ΔT :	Temperaturunterschied zwischen Vor- und Rücklauf in K (= Temperaturspreizung)

vorläufiges Druckgefälle

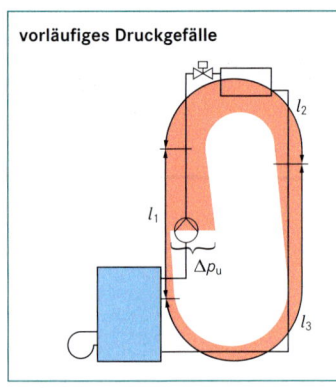

$$R_{\mathrm{v}} = \frac{\Delta p_{\mathrm{u,v}} - 0.5 \cdot \Delta p_{\mathrm{u,v}}}{l}$$

$$l = l_1 + l_2 + \ldots$$

R_{v}	: vorläufiges Druckgefälle	in Pa/m
$\Delta p_{\mathrm{u,v}}$	: vorläufiger Umtriebs- bzw. Förderdruck (kl. Anlagen: 5000 bis 10 000 Pa gr. Anlagen: 10 000 bis 20 000 Pa)	in Pa
$0.5 \cdot \Delta p_{\mathrm{u,v}}$	: Überschlägiger Anteil für Einzelwiderstände	in Pa
l	: gesamte Länge des Stromkreises	in m
l_1, l_2	: Länge der Teilstrecken	in m

Tab. 414.1: Widerstandsbeiwerte ζ für Formstücke und Armaturen beim Durchströmen von Wasser (Mittelwerte)

Einzel-widerstand	Abk.	Symbol	ζ	Einzel-widerstand	Abk.	Symbol	ζ
Heizkessel	K		2,5	Hosenstück	Ho	$\zeta = 1,5$ $\zeta = 1,5$ $\zeta = 0$	1,5
Heizkörper	HK		2,5				
Speicher	SP		2,5				
T-Stück 90° Durchgang-Trennung	T_{DT}	$\zeta = 0$ $\zeta = 0,3$ $\zeta = 1,5$	0,3	Verteiler (Eintritt)	V_E	$\zeta = 1,0$ $\zeta = 0,5$	1,0
Abzweig-Trennung	T_{AT}		1,5	(Austritt)	V_A		0,5
T-Stück 90° Durchgang-Vereinigung	T_{DV}	$\zeta = 0$ $\zeta = 0,5$ $\zeta = 1,0$	0,5	90° Bogen	Bo	$r/d = 1$ $r/d = 1,5$	0,5 0,3
Abzweig-Vereinigung	T_{AV}		1,0	Überbogen	ÜBo		1,0
T-Stück 90° Gegenlauf	T_G	$\zeta = 3,0$ $\zeta = 0$ $\zeta = 3,0$	3,0	Etagenbogen	EBo		0,5

Tab. 414.2: Widerstandsbeiwerte ζ für Armaturen in Abhängigkeit von der Nennweite

Bezeichnung	Symbol	Abk.	Nennweite DN			
			10 und 15	20 und 25	32 und 40	> 40
90° Winkel und Winkelverschraubung		W und WV	2,0	1,5	1,0	
Kugelhahn		KH	0,45	0,6	0,8	
Schieber		S	1,0	0,5	0,3	
Schrägsitzventil		SV	3,5	2,5	2,0	
Geradsitzventil		GV	10,0	8,0	6,0	5,0
Eckventil		EV	6,0	3,0	2,0	2,0
Schmutzfänger		SF	7,5	5,0	2,0	1,2
Rückschlagventil		RV	15	13	10	8
Rückschlagklappe		RK	2,8	2,0	2,0	1,5

Beispiel: Ermittlung der Einzelwiderstände für Teilstrecke 1 und 2

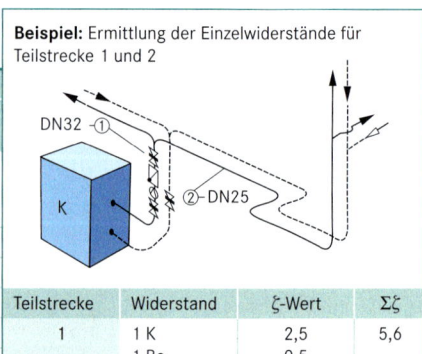

Teilstrecke	Widerstand	ζ-Wert	$\Sigma\zeta$
1	1 K	2,5	5,6
	1 Bo	0,5	
	2 S	$2 \cdot 0,3$	
	1 RK	2,0	
2	1 Ho	1,5	3,0
	3 Bo	$3 \cdot 0,5$	

Heizungstechnik

Diagr. 415.1: Druckverlust Z durch Einzelwiderstände (Heizwasser: ϑ = 60 °C)

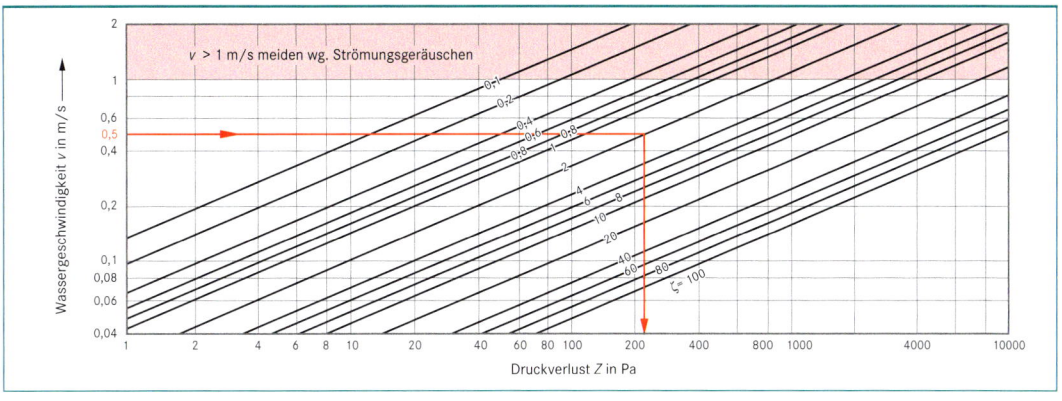

Tab. 415.1: Druckgefälle R bei Warmwasserheizungen mit Kupferrohr nach DIN EN 1057
(Heizwasser: ϑ = 80 °C)

R-Wert in Pa/m	Außendurchmesser × Wanddicke in mm						R-Wert in Pa/m	Außendurchmesser × Wanddicke in mm					
	12 × 1	15 × 1	18 × 1	22 × 1	28 × 1,5	35 × 1,5		12 × 1	15 × 1	18 × 1	22 × 1	28 × 1,5	35 × 1,5
16	23	47	84	154	284	556	110	70	144	252	462	842	1640
	0,08	0,10	0,12	0,14	0,17	0,20		0,26	0,31	0,36	0,42	0,49	0,58
20	26	54	95	176	323	631	120	74	151	266	485	885	1720
	0,10	0,12	0,14	0,16	0,19	0,22		0,27	0,32	0,38	0,44	0,52	0,61
24	29	60	105	194	355	700	130	77	158	277	507	926	1800
	0,11	0,13	0,15	0,18	0,21	0,25		0,28	0,34	0,39	0,46	0,54	0,64
28	31	66	115	212	390	760	140	80	166	290	529	966	1880
	0,11	0,14	0,16	0,19	0,23	0,27		0,29	0,35	0,41	0,48	0,56	0,67
35	36	75	132	242	445	860	150	84	172	301	551	1000	1950
	0,13	0,16	0,18	0,22	0,26	0,31		0,30	0,37	0,43	0,50	0,58	0,69
40	39	80	141	259	476	930	160	87	179	312	571	1040	2020
	0,14	0,17	0,20	0,24	0,27	0,33		0,32	0,38	0,44	0,52	0,61	0,72
45	42	86	151	277	508	990	170	90	185	323	591	1080	2090
	0,15	0,18	0,21	0,25	0,30	0,35		0,33	0,40	0,46	0,54	0,63	0,74
50	44	92	161	294	540	1050	180	93	191	334	610	1110	2150
	0,16	0,20	0,23	0,27	0,31	0,37		0,34	0,41	0,48	0,56	0,65	0,77
55	47	97	170	311	570	1110	190	96	198	344	629	1150	2220
	0,17	0,21	0,24	0,28	0,33	0,39		0,35	0,42	0,49	0,57	0,67	0,79
60	49	102	179	328	600	1170	200	99	203	355	647	1180	2290
	0,18	0,22	0,25	0,30	0,35	0,41		0,36	0,43	0,50	0,59	0,69	0,81
65	52	107	187	342	626	1220	220	104	214	374	683	1250	2410
	0,19	0,23	0,27	0,31	0,36	0,43		0,38	0,46	0,53	0,62	0,72	0,86
70	54	111	195	357	652	1270	240	109	225	393	717	1310	2540
	0,20	0,24	0,28	0,33	0,38	0,45		0,39	0,48	0,56	0,65	0,76	0,90
80	58	120	211	385	703	1370	260	114	235	411	750	1370	2650
	0,21	0,26	0,30	0,35	0,41	0,49		0,42	0,50	0,58	0,68	0,80	0,94
90	62	129	225	412	753	1460	280	120	245	428	782	1420	2760
	0,23	0,27	0,32	0,38	0,44	0,52		0,44	0,53	0,61	0,71	0,83	0,98
100	66	137	239	437	800	1550	300	125	255	445	813	1480	2870
	0,24	0,29	0,34	0,40	0,47	0,55		0,45	0,55	0,63	0,74	0,86	1,02
							400	147	302	523	956	1740	3370
								0,53	0,62	0,74	0,87	1,01	1,20
							500	167	342	595	1080	1970	3800
								0,61	0,73	0,85	0,99	1,15	1,35

Obere Zeile: Massenstrom $\dot{m}$ (in kg/h)

Untere Zeile: Wassergeschwindigkeit v (in m/s)

Tab. 416.1: Druckgefälle R bei Warmwasserheizungen mit Stahlrohren (Heizwasser: ϑ = 80 °C)

R-Wert in Pa/m	Mittelschwere Gewinderohre DIN EN 10 255 (DIN 2440)					Nahtlose Stahlrohre DIN EN 10 220 (DIN 2448)						
	DN 10	DN 15	DN 20	DN 25	DN 32	DN 40	DN 50	DN 65	DN 80	DN 100	DN 125	DN 150
2,4	13,0	25,7	59,3	114	244	322	663	1520	2360	4010	7200	11800
	0,030	0,035	0,050	0,055	0,070	0,075	0,090	0,11	0,13	0,14	0,17	0,19
5	20,3	39,7	89,5	172	370	485	995	2270	3530	6040	10700	17500
	0,050	0,060	0,070	0,085	0,11	0,11	0,14	0,17	0,19	0,22	0,24	0,28
10	29,6	58,4	133	254	546	715	1460	3330	5140	8720	15600	25000
	0,070	0,085	0,11	0,13	0,16	0,17	0,20	0,24	0,28	0,32	0,36	0,40
14	35,8	70,9	160	307	657	862	1780	4000	6180	10500	18600	30300
	0,085	0,10	0,13	0,15	0,19	0,20	0,24	0,30	0,34	0,38	0,44	0,50
18	41,3	81,5	184	354	755	987	2030	4580	7090	12100	21400	34800
	0,10	0,12	0,15	0,18	0,22	0,24	0,28	0,34	0,38	0,44	0,50	0,55
24	48,5	94,9	217	413	882	1160	2360	5330	8250	14000	24900	40400
	0,12	0,14	0,18	0,20	0,26	0,28	0,32	0,40	0,44	0,50	0,60	0,65
28	52,9	104	236	451	959	1250	2570	5790	8960	15300	27100	43800
	0,13	0,15	0,19	0,22	0,28	0,30	0,36	0,44	0,48	0,55	0,65	0,70
30	55,8	112	256	482	1020	1320	2665	6109	9349	15960	28330	44500
	0,13	0,16	0,20	0,24	0,29	0,31	0,37	0,45	0,50	0,57	0,66	0,72
33	58,1	115	261	498	1060	1385	2816	6381	9874	16660	26600	45200
	0,14	0,17	0,21	0,25	0,30	0,32	0,39	0,47	0,53	0,60	0,68	0,73
36	60,8	120	273	519	1100	1450	2940	6610	10300	17400	29500	47600
	0,15	0,18	0,22	0,26	0,32	0,34	0,40	0,50	0,55	0,65	0,70	0,75
40	64,5	127	298	545	1160	1540	3110	7000	10800	18400	32800	52600
	0,16	0,19	0,24	0,28	0,34	0,36	0,42	0,50	0,60	0,65	0,75	0,85
45	68,8	136	309	583	1240	1630	3300	7440	11500	19500	34900	55700
	0,17	0,20	0,24	0,30	0,36	0,38	0,46	0,55	0,60	0,70	0,80	0,90
50	73,1	144	325	615	1310	1720	3490	7870	12200	20600	36800	59000
	0,18	0,22	0,26	0,30	0,38	0,40	0,48	0,60	0,65	0,75	0,85	0,95
55	77,6	151	344	645	1380	1820	3650	8310	12900	21700	38600	61900
	0,19	0,22	0,28	0,32	0,40	0,42	0,50	0,60	0,70	0,80	0,90	1,0
60	81,3	159	360	679	1450	1900	3830	8690	13500	22700	40300	65000
	0,20	0,24	0,30	0,34	0,42	0,44	0,55	0,65	0,70	0,80	0,95	1,1
65	84,6	167	376	707	1510	1990	3990	9070	14100	23700	41900	67800
	0,20	0,24	0,30	0,36	0,44	0,46	0,55	0,65	0,75	0,85	1,0	1,1
70	87,9	173	391	738	1580	2060	4150	9440	14600	24700	43500	70600
	0,22	0,26	0,32	0,36	0,44	0,48	0,55	0,70	0,80	0,90	1,0	1,1
75	91,6	180	406	766	1630	2140	4320	9810	15200	25500	45100	73300
	0,22	0,26	0,32	0,38	0,46	0,50	0,60	0,75	0,80	0,90	1,1	1,2
80	94,9	186	419	798	1690	2220	4470	10100	15700	26400	46700	75800
	0,24	0,28	0,34	0,40	0,48	0,50	0,60	0,75	0,85	0,95	1,1	1,2

Obere Zeile: Massenstrom $\dot{m}$ (in kg/h) Untere Zeile: Wassergeschwindigkeit v (in m/s)

Tab. 417.1: Druckgefälle *R* bei Warmwasserheizungen mit Stahlrohren (Heizwasser: $\vartheta = 80\ °C$)

R-Wert in Pa/m	Mittelschwere Gewinderohre DIN EN 10 255 (DIN 2440)					Nahtlose Stahlrohre DIN EN 10 220 (DIN 2448)						
	DN 10	DN 15	DN 20	DN 25	DN 32	DN 40	DN 50	DN 65	DN 80	DN 100	DN 125	DN 150
80	94,9	186	419	798	1690	2220	4470	10100	15700	26400	46700	75800
	0,24	0,28	0,34	0,40	0,48	0,50	0,60	0,75	0,85	0,95	1,1	1,2
90	101	199	447	850	1800	2350	4770	10800	16600	28100	49600	80400
	0,24	0,30	0,36	0,42	0,50	0,55	0,65	0,80	0,90	1,0	1,2	1,3
100	107	211	474	900	1900	2400	5050	11400	17600	29700	52400	84800
	0,26	0,32	0,38	0,44	0,55	0,60	0,70	0,85	0,95	1,1	1,2	1,4
110	113	222	500	946	2000	2620	5310	11900	18500	31200	55100	89000
	0,28	0,32	0,40	0,48	0,55	0,60	0,75	0,90	1,0	1,1	1,3	1,4
120	118	233	524	992	2090	2740	5550	12500	19300	32700	57600	93400
	0,28	0,34	0,42	0,50	0,60	0,65	0,75	0,95	1,0	1,2	1,3	1,5
130	123	246	548	1030	2180	2860	5800	13000	20100	34100	60100	97100
	0,30	0,36	0,44	0,50	0,60	0,65	0,80	0,95	1,1	1,2	1,4	1,6
140	128	252	570	1070	2270	2970	6020	13500	20900	35400	62500	101000
	0,32	0,38	0,46	0,55	0,65	0,70	0,85	1,0	1,1	1,3	1,5	1,6
150	132	262	591	1110	2350	3080	6230	14000	21600	36700	64800	105000
	0,32	0,38	0,48	0,55	0,65	0,70	0,85	1,0	1,2	1,3	1,5	1,7
160	137	271	611	1150	2430	3190	6450	14500	22400	37900	67000	108000
	0,34	0,40	0,50	0,60	0,70	0,75	0,90	1,1	1,2	1,4	1,6	1,8
170	142	280	631	1190	2510	3290	6640	15000	23000	39100	69000	112000
	0,34	0,40	0,50	0,60	0,70	0,75	0,90	1,1	1,2	1,4	1,6	1,8
180	146	289	648	1220	2600	3390	6850	15400	23800	40200	71100	115000
	0,36	0,42	0,50	0,60	0,75	0,80	0,95	1,1	1,3	1,4	1,7	1,9
190	151	299	668	1260	2670	3490	7050	15900	24500	41300	73000	118000
	0,36	0,44	0,55	0,65	0,75	0,80	0,95	1,2	1,3	1,5	1,7	1,9
200	155	307	687	1290	2750	3590	7240	16300	25100	42400	74900	121000
	0,38	0,46	0,55	0,65	0,80	0,85	1,0	1,2	1,3	1,5	1,7	2,0
220	163	322	723	1360	2890	3770	7640	17100	26500	44600	78700	127000
	0,40	0,48	0,60	0,70	0,80	0,85	1,0	1,3	1,4	1,6	1,8	2,0
240	171	337	757	1430	3030	3940	7970	17900	27700	46400	82300	133000
	0,42	0,50	0,60	0,70	0,85	0,90	1,1	1,3	1,5	1,7	1,9	2,2
260	179	352	790	1490	3160	4110	8310	18700	28800	48600	85700	139000
	0,44	0,50	0,65	0,75	0,90	0,95	1,1	1,4	1,5	1,7	2,0	2,2
280	186	367	822	1550	3290	4280	8640	19400	29900	50400	89100	144000
	0,46	0,55	0,65	0,80	0,95	1,0	1,2	1,4	1,6	1,8	2,0	2,4
300	193	381	852	1610	3410	4430	8970	20100	31000	52200	92300	150000
	0,46	0,55	0,70	0,80	1,0	1,0	1,2	1,5	1,7	1,9	2,2	2,4

Obere Zeile: Massenstrom $\dot{m}$ (in kg/h)

Untere Zeile: Wassergeschwindigkeit *v* (in m/s)

Diagr. 418.1: Druckverlust von Pumpen-Kugel-hähnen P (mit Schwerkraftbremse: P-S), ganz geöffnet

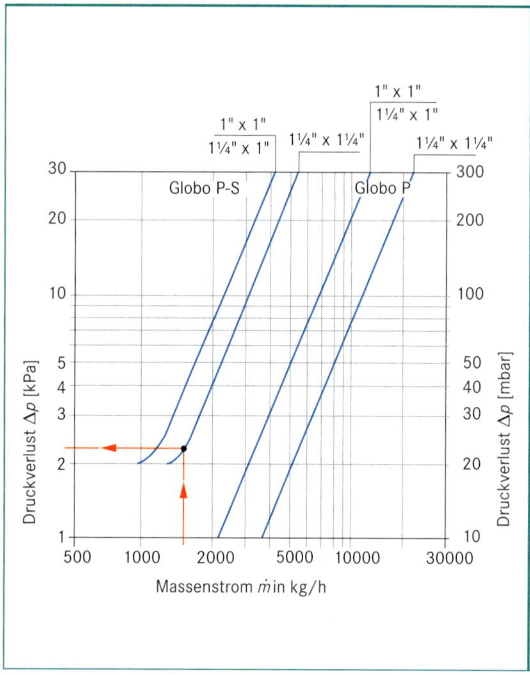

Diagr. 418.2: Druckverluste von Thermostatventilen ohne Voreinstellung, ganz geöffnet (Thermostatkopf mit Ventilunterteil)

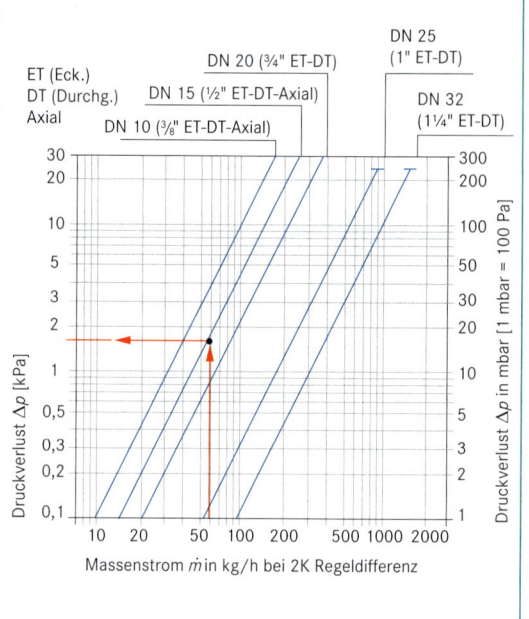

Diagr. 418.3: Auswahldiagramm für Drei- und Vierwege-Mischer mit Druckverlust, ganz geöffnet

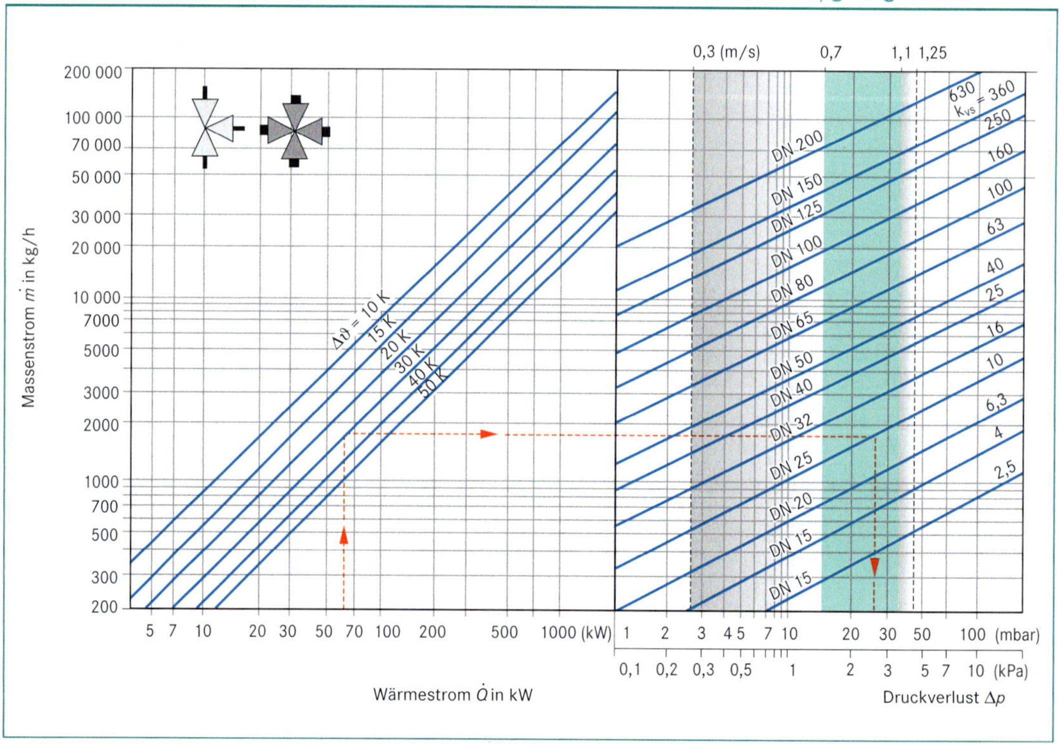

Heizungstechnik

Ventilautorität

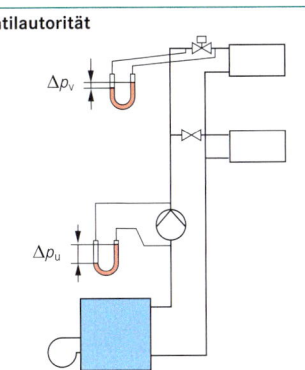

Δp_v

Δp_u

$$a = \frac{\Delta p_v}{\Delta p_u}$$

Hinweis:
Bei der Ventilauswahl ist darauf zu achten, dass die Ventilautorität zwischen 0,3 und 0,7 liegt. Je größer die Ventilautorität ist, desto kleiner ist der Druckanstieg bei Teillast.

a : Ventilautorität
Δp_v : Druckverlust im Ventil   in Pa
Δp_u : Gesamtdruckverlust
      des Heizkreises   in Pa

Übliche Einrichtungen für den hydraulischen Abgleich

- absperrbare Heizkörper-Rücklaufverschraubung
- voreinstellbare Thermostatventile
- Differenzdruckregler (zentral oder strangweise)
- Durchflussregler (i. d. R. bei Einrohrheizungen)

Diagr. 419.1: Heizkörper-Rücklaufverschraubung DN 15 Geradsitzventil (Durchgangsventil)

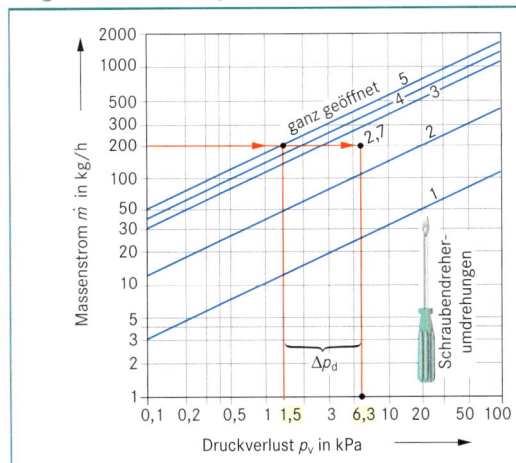

Beispiel:
Massenstrom: $\dot{m}$ = 200 kg/h
wirksamer Druck: $\Delta p_{u,w}$ = 11 kPa
Druckverlust im Stromkreis
ohne HK-RLV: Δp_s = 4,7 kPa

Der einzustellende Druckverlust im Ventil:
$\Delta p_v = \Delta p_{u,w} - \Delta p_s$ = 11 kPa – 4,7 kPa
Δp_v = 6,3 kPa.
Das geschlossene Ventil ist somit um ca. 2,7 Umdrehungen zu öffnen.

Ventilautorität: $a = \dfrac{\Delta p_v}{\Delta p_{u,w}} = \dfrac{6,3 \text{ kPa}}{11 \text{ kPa}} = 0{,}57$

Der Druckverlust im Ventil lässt sich auch aufteilen:
$\Delta p_{v,\text{offen}}$ = 1,5 kPa
Δp_d = 4,8 kPa.

Diagr. 419.2: Voreinstellbares Thermostatventil (gilt für Thermostat-Kopf mit Ventilunterteil V-exakt in Eck- und Durchgangsform von DN 10 bis DN 20)

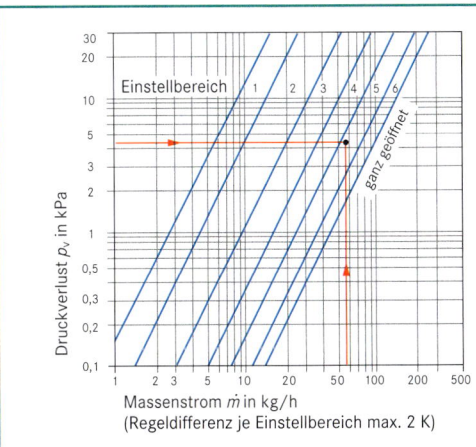

Beispiel: Warmwasserheizung
Ges.: Einstellbereich

Geg.: Wärmeleistung: $\dot{Q}_{HK}$ = 1280 W
Temperaturspreizung: ΔT = 20 K (z. B. 70 °C/50 °C)
wirksamer Druck: $\Delta p_{u,w}$ = 11 kPa
Druckverlust im Stromkreis: Δp_s = 6,5 kPa

Berechnung: einzustellender Druckverlust im Thermostatventil: $\Delta p_v = \Delta p_{u,w} - \Delta p_s$ = 4,5 kPa.

Massenstrom $\dot{m} = \dot{Q}_{HK}/(c \cdot \Delta T)$ = 55 kg/h

Einstellbereich 5

Auswahl automatischer Strangregler (Regulierventile)[1]

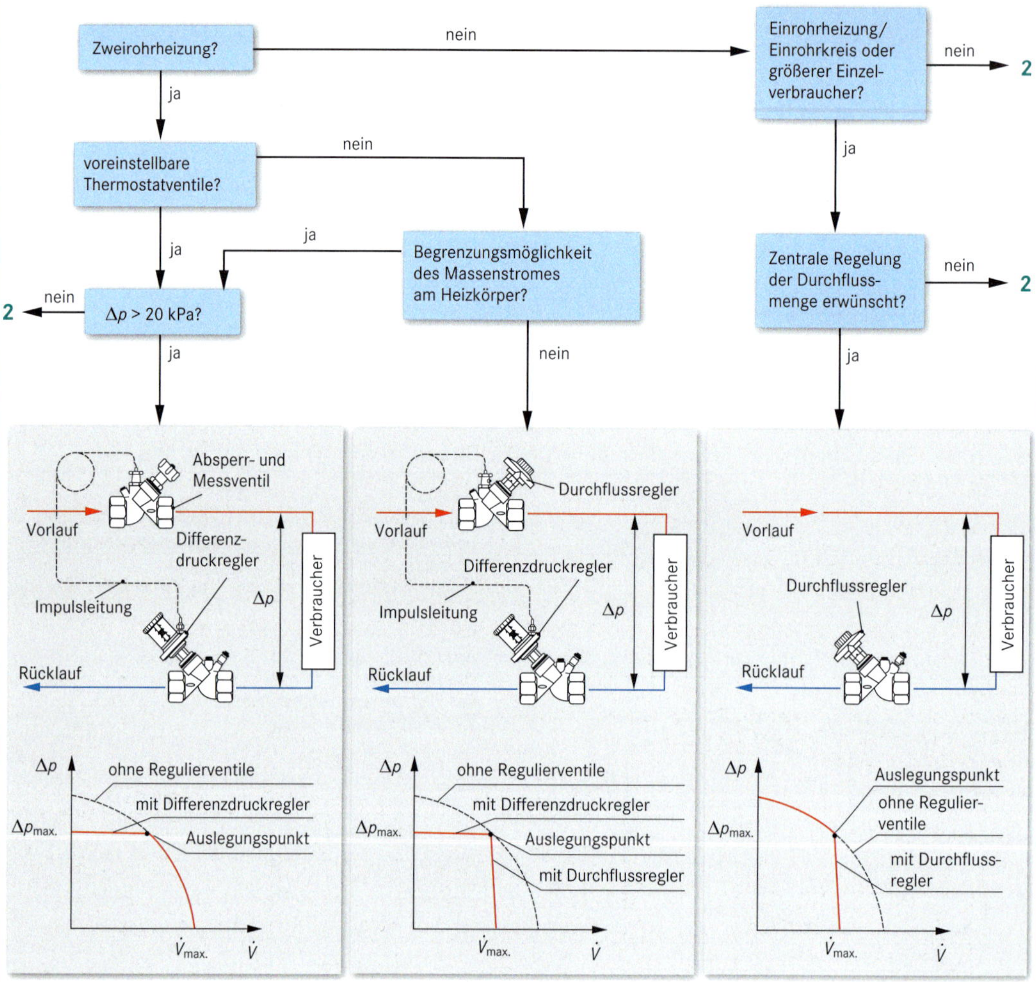

Zweirohrheizung? — nein → Einrohrheizung/ Einrohrkreis oder größerer Einzelverbraucher? — nein → **2**

ja ↓   ja ↓

voreinstellbare Thermostatventile? — nein → Begrenzungsmöglichkeit des Massenstromes am Heizkörper?

Zentrale Regelung der Durchflussmenge erwünscht? — nein → **2**

ja ↓   ja →

nein ← **2** $\Delta p > 20$ kPa?

ja ↓   nein ↓   ja ↓

Bildteil links:
Absperr- und Messventil
Vorlauf
Differenzdruckregler
Impulsleitung
Δp
Verbraucher
Rücklauf

Δp
ohne Regulierventile
mit Differenzdruckregler
$\Delta p_{max.}$
Auslegungspunkt
$\dot{V}_{max.}$ $\dot{V}$

Bildteil Mitte:
Durchflussregler
Vorlauf
Differenzdruckregler
Impulsleitung
Δp
Verbraucher
Rücklauf

Δp
ohne Regulierventile
mit Differenzdruckregler
$\Delta p_{max.}$
Auslegungspunkt
mit Durchflussregler
$\dot{V}_{max.}$ $\dot{V}$

Bildteil rechts:
Vorlauf
Durchflussregler
Δp
Verbraucher
Rücklauf

Δp
Auslegungspunkt
ohne Regulierventile
$\Delta p_{max.}$
mit Durchflussregler
$\dot{V}_{max.}$ $\dot{V}$

[1] Die bedarfsgerechte Differenzdruckbegrenzung an den Thermostatventilen wird im Teillastbereich nur durch Differenzdruckregler und nicht durch Strangregulierventile erreicht; hydraulischer Abgleich am voreinstellbaren Thermostatventil reicht aus.
2 ggf. andere Maßnahmen, z. B. Voreinstellung an der HK-Rücklaufverschraubung

Ventilkennwerte

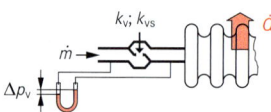

k_v; k_{vs}
$\dot{m}$
Δp_v

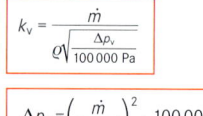

$$k_v = \frac{\dot{m}}{\varrho\sqrt{\dfrac{\Delta p_v}{100\,000\ \text{Pa}}}}$$

$$\Delta p_v = \left(\frac{\dot{m}}{\varrho \cdot k_v}\right)^2 \cdot 100\,000\ \text{Pa}$$

k_v; k_{vs} : Kennwerte des Ventils   in m³/h
$\dot{m}$: Massenstrom durch das Ventil   in kg/h
Δp_v : Druckverlust im Ventil   in Pa
ϱ : Dichte des strömenden Mediums   in kg/m³
100 000 Pa: Bezugsgröße

- Der k_v-Wert gibt den Volumenstrom in m³/h bei einem Druckverlust im Ventil von 1 bar (= 100 000 Pa) an.

- Der k_{vs}-Wert gibt den Volumenstrom in m³/h bei voll geöffnetem Ventil (und 1 bar Druckverlust) an (d. h. ohne Stelleinrichtung wie z. B. Thermostatkopf).

Hinweis:
$k_v = \dot{V}_1$ bei $\Delta p_1 = 1$ bar

$\dfrac{\dot{m}}{\varrho} = \dot{V}_2$ bei $\Delta p_2 = \Delta p_v$

Modellgesetze bei Drehzahländerung (Proportionalgesetze)

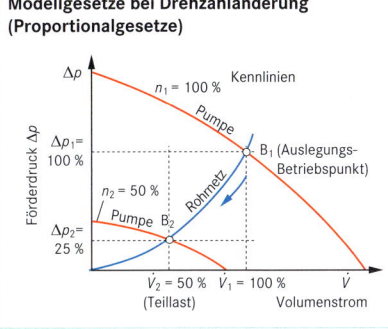

$$\frac{\dot{V}_2}{\dot{V}_1} = \frac{n_2}{n_1}$$

$$\Delta p_2 = \Delta p_1 \cdot \left(\frac{n_2}{n_1}\right)^2$$

$$\Delta p_2 = \Delta p_1 \cdot \left(\frac{\dot{V}_2}{\dot{V}_1}\right)^2$$

$$P_{ab2} = P_{ab1} \cdot \left(\frac{n_2}{n_1}\right)^3$$

$\dot{V}_1$: Volumenstrom im Betriebspunkt 1 (B$_1$) in m^3/h
$\dot{V}_2$: Volumenstrom in B$_2$ in m^3/h
n_1 : Drehfrequenz der Pumpe in B$_1$ in 1/min
n_2 : Drehfrequenz der Pumpe in B$_2$ in 1/min
Δp_1: Förderdruck in B$_1$ in Pa
Δp_2: Förderdruck in B$_2$ in Pa
P_{ab1} : hydraulische Leistung in B$_1$ in W
P_{ab2} : hydraulische Leistung in B$_2$ in W
($\rightarrow$ S. 483)

Rohrnetzkennlinie der Heizungsanlage bei offenen und gedrosselten Ventilen

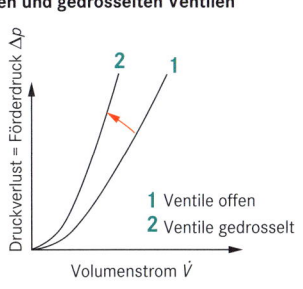

1 Ventile offen
2 Ventile gedrosselt

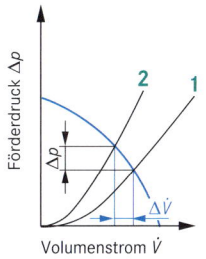

Bei ungeregelten Pumpen mit flacher Kennlinie ergibt sich bei Drosselung ein geringerer Druckanstieg.

Pumpenauslegung und Vergleich der elektrischen Leistungsaufnahme für den Teillastbereich

Beispiel:
Auslegungsdaten (für den Volllastbetrieb B$_1$): Δp = 20 kPa = 2,0 mWS; $\dot{V}$ = 1,9 m^3/h
Teillastbetrieb B$_2$: $\dot{V}$ = 0,5 m^3/h ($\approx$ 26 % der Volllast)
Auswahl geeigneter Pumpen

Drehzahl-Stufenschaltung

(ungeregelt)

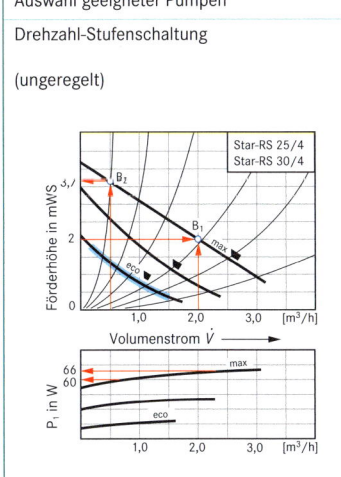

stufenlose Drehzahlregelung mit Regelcharakteristik Δp-c

stufenlose Drehzahlregelung mit Energieeffizienzklasse A; Regelcharakteristik Δp-v

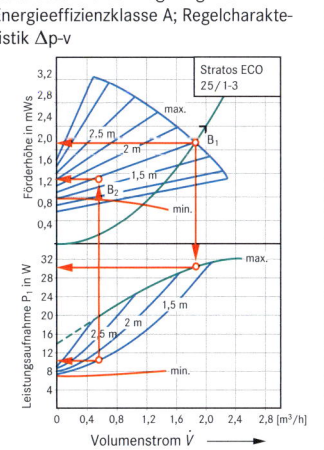

Tab. 421.1: Leistungsaufnahme der oben dargestellten Pumpen

Lastfall	Star-RS 25/4[1]	Star-E 25/1-3 EasyStar	Stratos ECO-E 25/1-3
Volllast B$_1$	P_1 = 66 W (St. max.)	P_1 = 62 W	P_1 = 30 W
Teillast B$_2$	P_1 = 60 W (St. max.)	P_1 = 39 W	P_1 = 11 W
Nacht/Min.	P_1 = 60 W (St. max.)	P_1 = 30 W	P_1 = 7,5 W
Bewertung	Bezugsgröße	geringere Leistungsaufnahme	geringste Leistungsaufnahme
[1] Diese Möglichkeit des manuellen Umschaltens wird in der Praxis kaum genutzt.			

Heizungstechnik

Hinweise zu Pumpenauswahl, Regelung und Pumpeneinbau

- **Elektronikpumpen** wählen, richtig dimensionieren und einstellen → spart Strom und vermindert Geräusche (ab 25 kW Kesselleistung vorgeschrieben → S. 395/EnEV, § 14)
- **Überströmventile** dürfen nicht mit Elektronikpumpen kombiniert werden, weil sie ihr Regelverhalten gegenseitig behindern.
- **Pumpenregelung**
  Maximaler Pumpenförderdruck bei Δp-c (**c**onstant) nach Rohrnetzberechnung einstellen. Stromverbrauch durch Umschalten auf Differenzdruckregelung Δp-v (**v**ariabel) und Aktivierung des Autopiloten (Nachtbetrieb) weiter senken, d. h. so niedrig einstellen, wie zur einwandfreien Versorgung nötig (→ S. 421).
- **Absperrarmaturen vor und nach der Pumpe** einbauen für Reparaturfall.
- **Pumpen-Schieber oder -Kugelhahn mit Schwerkraftbremse und Luftschleuse** auf der Druckseite der Pumpen installieren, um Luftansammlung in der Umwälzpumpe zu vermeiden.

Abb. 422.1: Kennlinienfeld der STRATOS-Pumpen　　　(Herstellerangaben)

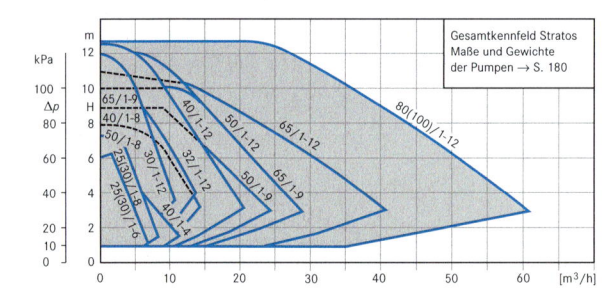

Typenschlüssel

Beispiel:	**Stratos 25/1–6**
Stratos	Verschraubungs- und Flansch-pumpe elektronisch geregelt
25	Anschluss Nennweite
1–6	Nennförderhöhen-Bereich in mWS

Nennleistung	90 W
Nenndrehfrequenz	3700 1/min
Stufenlose Leistungsregelung	
Max. Betriebsdruck	10 bar
Temperaturbereich	–10 °C bis +110 °C
Netzanschluss	1 ~ 230 V, 50 Hz

Parallelschaltung

Reihenschaltung

Umtriebsdruck bei Schwerkraftheizungen

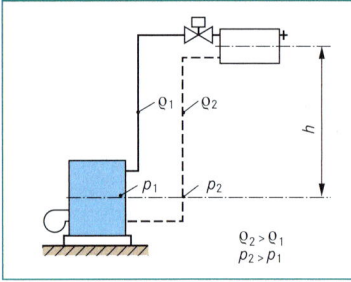

$$\Delta p = h \cdot g \cdot \Delta \varrho$$

$$\Delta \varrho = \varrho_2 - \varrho_1$$

Δp : Umtriebsdruck　in Pa
h　: Höhenunterschied zwischen Heizkörpermitte und Kesselmitte　in m
g　: Fallbeschleunigung　in m/s^2
ϱ_1 : Dichte des warmen Wärmeträgermediums im Vorlauf　in kg/m^3
ϱ_2 : Dichte des kalten Wärmeträgermediums im Rücklauf　in kg/m^3

Tab. 422.1: Dichte von Wasser

Temperatur ϑ in °C	50	60	70	80	90	100
Dichte ϱ in kg/m^3	988,0	983,2	977,7	971,8	965,3	958,4

Heizungstechnik

Anforderungen zur Vermeidung von Schäden in Warmwasserheizanlagen
requirements for avoiding damage on hot water heating systems

VDI 2035

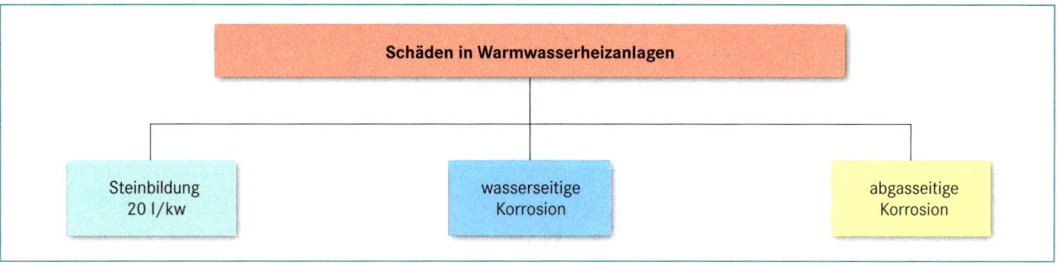

Steinbildung (zu beachten, wenn $\dot{Q}_K \geq$ 50 kW), VDI 2035 Blatt 1: 2005-12[1]

Bildung von Kalk durch hohe Temperatur an der wasserseitigen Wärmetauscherfläche ($\rightarrow$ S. 47)	$Ca^{2+} + 2\ HCO_3^- \rightarrow CaCO_3 + CO_2 + H_2O$ Temperatur (an Wärmetauscherfläche) $\uparrow$ Abscheidung an Wärmetauscherfläche nimmt bei über 60 °C stark zu	Wird das Heizwasser gleichzeitig zur Warmwasserbereitung genutzt, steht einer Temperaturabsenkung das Infektionsrisiko durch Legionellen entgegen.
Auswirkungen der Steinbildung	■ Wärmeleistung, Wirkungsgrad und Strömungsquerschnitt nehmen ab ■ Siedegeräusche, örtliche Überhitzung und dadurch bedingte Rissbildung	Kaum Gefahr von Schäden bei Anlagen < 50 kW, da die durch Füll- und Ergänzungswasser eingetragene Kalkmenge gering. Ausnahme: Durchlauf-WH
Schutzmaßnahmen	**betrieblich** ■ möglichst niedrige Temperatur an der wasserseitigen Wärmetauscherfläche ■ Anlage langsam stufenweise aufheizen ■ Mehrkesselanlagen gleichzeitig oder abwechselnd in Betrieb nehmen, damit die gesamte Kalkmenge sich nicht auf der Wärmeübertragungsfläche nur eines Kessels konzentriert. ■ Abschnittsweise sind Absperrarmaturen einzubauen, damit bei Reparatur nicht das gesamte Heizwasser abgelassen werden muss.	**wasserseitig** Für Gesamtkesselleistung > 50 kW wird die Führung eines Anlagenbuches empfohlen. Darin sollen u. a. Zeitpunkt und Menge an Füll- und Ergänzungswasser sowie Summe der Erdalkalien oder die Gesamthärte vermerkt werden. Bei Überschreiten des **zulässigen Volumens** V_{max} nur enthärtetes bzw. entsalztes Wasser nachspeisen bzw. Steinbelag entfernen.
Summe der Erdalkalien (in natürlichen Wässern)	im Normalfall: $\boxed{\text{Karbonathärte} = 0,5 \cdot K_{s\,4,3}}$ Summe der Erdalkalien = Karbonathärte bei enthärtetem Wasser: $\boxed{\text{Calziumhärte} = c[Ca^{2+}]}$ bleibende Härte	$K_{s\,4,3}$: Säurekapazität bis pH 4,3 in mol/m^3 $c[Ca^{2+}]$: Konzentration an [ ] in mol/m^3

Richtwerte für Füll- und Ergänzungswasser von Warmwasserheizungen	$\boxed{V_{max} = 3 \cdot V_{Anl}}$ und $\boxed{V_{Anl} \leq 20\ l/kW\ \dot{Q}_K}$ mit			V_{max} : zugrunde gelegtes Füll- und Ergänzungswasservolumen in l V_{Anl} : Anlagenvolumen in l $\dot{Q}_K$: Gesamtkesselleistung in kW
	$\dot{Q}_K$ in kW	Summe der Erdalkalien in mol/m^3	Gesamthärte in °d	
	≤ 50	keine Anforderung		
	> 50 ... ≤ 200	≤ 2,0	≤ 11,2	
	> 200 ... ≤ 600	≤ 1,5	≤ 8,4	
	> 600	< 0,02	< 0,11	

Wasseraufbereitung Im Trinkwasserbereich voll enthärtetes Wasser nicht zulässig. Unter Umständen enthärtetes Wasser mit nichtenthärtetem Wasser auf eine Härte von 1 mol/m^3 vermischen.	**Enthärtung** und **Entsalzung** **chemische Verfahren:** Kationenaustauscher (Ca^{2+} bzw. Mg^{2+} werden gegen Na^+ oder H^+ ausgetauscht) Kationenaustauscher und Anionenaustauscher hintereinander oder Umkehrosmose **physikalische Verfahren: –**	**Härtestabilisierung** Zusatz von Polyphosphaten verhindert Steinbildung an der Wärmetauscherfläche (Zulassung gemäß **Trinkwasser-Verordnung** prüfen) Kalk kann in Schlammform ausfallen. Wird mit dem Heizwasser auch Trinkwasser erwärmt, entsprechende Regelungen in **DIN EN 1717** beachten.
Steinentfernung	Kalkbeläge können mit Säuren (Ameisen-, Zitronen-, Salzsäure) aufgelöst werden.	Das Entkalkungsmittel muss materialverträglich sein und nach der Reinigungsphase vollständig aus dem gereinigten Anlagenteil entfernt werden.

[1] Gilt auch für TW-Erwärmungsanlagen

Heizungstechnik

Anforderungen zur Vermeidung von Schäden in Warmwasserheizanlagen
requirements for avoiding damage on hot water heating systems

VDI 2035

Wasserseitige Korrosion (VDI 2035-Blatt 2: 2009-08)

Korrosionsschutz-schicht	Die Lebensdauer von Metallen ist entscheidend vom Aufbau und Erhalt einer dünnen Schutzschicht aus Metalloxiden auf deren Oberfläche abhängig. Die Schutzschichtbildung ist am Anfang ein Korrosionsvorgang, der nach seiner Bildung zum Stillstand kommen muss.
	Diese Schutzschicht kann durch chemische und physikalische Vorgänge, wie
	■ zu niedrigen oder zu hohen pH-Wert,
	■ zu viel Luft bzw. Sauerstoff im System,
	■ zu hohen Salzgehalt im Heizungswasser sowie
	■ mechanische oder thermische (Wechsel-) Beanspruchungen geschädigt werden.
Korrosionsschäden	**bei Eisenwerkstoffen**
	■ Durchrostung
	■ Schlammbildung (→ verstopfte Anlagenteile, festsitzende Pumpen oder Wärmemengenzähler)
	■ Gaspolsterbildung (→ Fließgeräusche, mangelnde Heizleistung an den obersten Heizkörpern)
	■ Eisencarbonat-Beläge
	bei anderen Werkstoffen
	Kupfer-Werkstoffe: kaum Korrosionsschäden; möglich sind
	■ Erosionskorrosion und
	■ Entzinkung bei einigen Kupfer-Zink-Legierungen
	Bei Aluminium-Werkstoffen können zur Vermeidung von Korrosion sowohl bei Enthärtung als auch bei Entsalzung Maßnahmen wie Dosierung von Inhibitoren notwendig sein.
	bei Schäden an Dichtstellen
	Leckagen durch Frostschutzmittel: Glykol verringert Oberflächenspannung des Wassers und erhöht seine Kriechfähigkeit. Durch Leckagen kann es zu Salzkrusten, Zersetzung des Dichtmaterials und zu unterschiedlichen Korrosionserscheinungen im Dichtbereich kommen.
Korrosionsschutz-maßnahmen	Vermeidung von:
	■ **pH-Werten unter 8,3 und über 9,5 (bei Aluminium 8,3–8,5)** Hinweise: Durch die im Trinkwasser enthaltene Karbonathärte stellt sich beim Erhitzen meist sehr schnell ein schwach alkalischer pH-Wert ein. Der pH-Wert ist 8-12 Wochen nach der Inbetriebnahme zu kontrollieren.
	■ **Luft- bzw. Sauerstoff-Zutritt** Hinweise: Die WW-Heizanlagen sollen als geschlossene Systeme ausgeführt werden, d. h. mit Membranausdehnungsgefäß (MAG) und Stickstoffpolster. Dieses ist fachgerecht auszulegen, der Vordruck im MAG ist auf den statischen Druck der WW-Heizanlage abzustimmen und wasserseitig ist die Anlage so zu füllen, dass eine ausreichende Wasservorlage sichergestellt ist (→ S. 431). Ferner ist der Wasserinhalt der Heizungsanlage wie auch der Vordruck im MAG mindestens einmal jährlich zu kontrollieren (Wartungsvertrag). Bei Flächenheizungen mit sauerstoffdurchlässigen Werkstoffen ist eine Systemtrennung notwendig.
	■ **hohen Salzgehalten** Hinweise: Die Korrosionswahrscheinlichkeit nimmt mit steigender elektrischer Leitfähigkeit des Heizwassers zu. Daher ist die elektrische Leitfähigkeit zu messen und im Anlagenbuch[1] zu dokumentieren. Für salzarmes Heizungswasser sollte die elektrische Leitfähigkeit $< 100\ \mu S$/cm sein. Die Zugabe von Chemikalien soll auf Ausnahmen beschränkt werden. Alle Maßnahmen zur Wasserbehandlung sind im Anlagenbuch zu begründen und zu dokumentieren

[1] Kann der Anlagenbetreiber das Anlagenbuch bei einem Schadensfall nicht vorlegen, haben die Versicherung und der Hersteller der defekten Bauteile unter Umständen ein Leistungsverweigerungsrecht.

Heizungstechnik

Anforderungen zur Vermeidung von Schäden in Warmwasserheizanlagen
requirements for avoiding damage on hot water heating systems

VDI 2035

Abgasseitige Korrosion (VDI 2035-Blatt 3: 1999-05)

Korrosion	nur bei Anwesenheit eines Elektrolyten auf der abgasführenden metallischen Oberfläche; bei Unterschreitung der Taupunkttemperatur entsteht ein Elektrolyt durch Bildung von Abgaskondensat
	Grundsätzlich können sich unterschiedliche Stoffe bilden oder vorhanden sein, welche die schädigende Wirkung des Elektrolyten steigern:
	■ schwefelhaltige Brennstoffe: $SO_2 + 1/2\ O_2 + H_2O \rightarrow H_2SO_4$ (Schwefelsäure)
	■ Stickstoff der Verbrennungsluft: $N_2 + 5/2\ O_2 + H_2O \rightarrow 2HNO_3$ (Salpetersäure)
	■ Holz bei Schwelbrand: Ameisen- und Essigsäure
	■ Verunreinigungen der Verbrennungsluft mit Chlorkohlenwasserstoffen ($\rightarrow$ Tab. 425.1), Siloxane (aus Körperpflegemittel), FCKW-Restbestände usw.
	Die meisten dieser Stoffe werden bei Verbrennung nicht verbraucht, sondern bleiben als Katalysator wirksam.
Korrosionsschäden	■ Wanddurchbrüche im Kesselbereich: unkontrollierter Austritt von Heizungswasser oder Abgaskondensat
	■ Wanddurchbrüche im Abgasbereich: Durchfeuchtung des Bauwerks
	■ Beläge aus Korrosionsprodukten: Beeinträchtigung der Heizleistung, Anstieg des abgasseitigen Strömungswiderstandes unter Umständen bis zum Betriebsausfall
Korrosionsschutz-maßnahmen	**sachgerechte Planung:**
	■ Abstimmung von Brennstoffen, Werkstoffen und Betriebsweise der Anlage (Brennstoffe wie Heizöl EL, Bio- oder Deponiegas erfordern an Stellen, wo der Taupunkt zeitweise oder dauernd unterschritten wird, besondere Werkstoffe, z. B. nichtrostende Stähle wie: 1.4401, 1.4404, 1.4571, 1.4436 oder 1.4539)
	■ raumluftunabhängige Betriebsweise wählen, wenn Luft im Aufstellraum mit Waschmittel, Lösungsmittel o. Ä. belastet wird
	fachgerechte Ausführung:
	■ Schutzschicht nicht beschädigen
	■ Risse und Spalte vermeiden
	betriebstechnische Maßnahmen:
	■ Chlorkohlenwasserstoff-Quellen ausfindig machen ($\rightarrow$ Tab. 425.1) und beseitigen
	■ Hobby- und Heimwerkerarbeiten in Aufstellräumen unterlassen
	■ häufiges Ein- und Ausschalten der Anlage vermeiden
	■ regelmäßige Reinigung der Heizflächen von korrosionsfördernden Belägen am Ende der Heizperiode

Tab. 425.1: Mögliche Quellen von Chlorkohlenwasserstoffen

Privathaushalt		Industrie und Gewerbe	
Allgemein	Reinigungsmittel, undichte Kühlschränke oder Kälteanlagen, Sprühdosen	Chemische Reinigungen	Reinigungsmittel
		Druckereien	Lösungsmittel
		Metallverarbeitung	Entfettungsbäder, Kühl- und Schmiermittel
Hobby und Heimwerk	Lösungsmittel, Verdünner Entfettungsmittel, Lacke, Abbeizer, Kleber, Schaumstoffe, Baustoffe, Holzschutz- und Pflanzen-schutzmittel, Stein- und Kalkentferner	Film- und Folienverarbeitung	Lösungsmittel
		Chemische Industrie	Diverse Grundstoffe
		Lackierbetriebe	Lösungsmittel, Lacke und Abbeizer
		Kältemaschinen	Kältemittel
		Textil- und Papierverarbeitung	Bleichmittel
		Schwimmbäder	Wasseraufbereitungs- und Desinfektionsmittel

Heizungstechnik

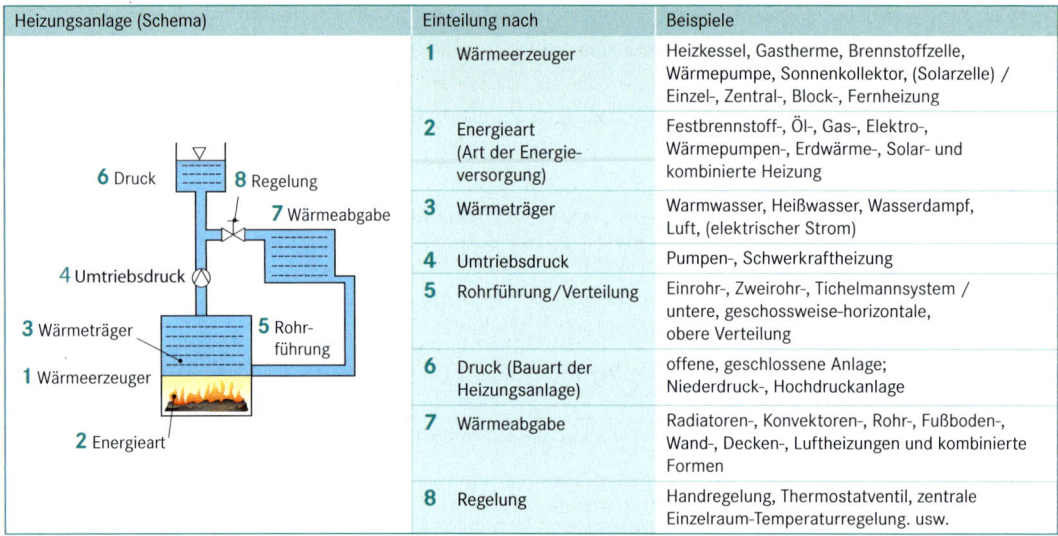

Heizungsanlage (Schema)	Einteilung nach	Beispiele
	1 Wärmeerzeuger	Heizkessel, Gastherme, Brennstoffzelle, Wärmepumpe, Sonnenkollektor, (Solarzelle) / Einzel-, Zentral-, Block-, Fernheizung
	2 Energieart (Art der Energieversorgung)	Festbrennstoff-, Öl-, Gas-, Elektro-, Wärmepumpen-, Erdwärme-, Solar- und kombinierte Heizung
	3 Wärmeträger	Warmwasser, Heißwasser, Wasserdampf, Luft, (elektrischer Strom)
	4 Umtriebsdruck	Pumpen-, Schwerkraftheizung
	5 Rohrführung/Verteilung	Einrohr-, Zweirohr-, Tichelmannsystem / untere, geschossweise-horizontale, obere Verteilung
	6 Druck (Bauart der Heizungsanlage)	offene, geschlossene Anlage; Niederdruck-, Hochdruckanlage
	7 Wärmeabgabe	Radiatoren-, Konvektoren-, Rohr-, Fußboden-, Wand-, Decken-, Luftheizungen und kombinierte Formen
	8 Regelung	Handregelung, Thermostatventil, zentrale Einzelraum-Temperaturregelung. usw.

Sicherheitstechnische Einrichtungen für Warmwasserheizungen
safety devices for hot water systems

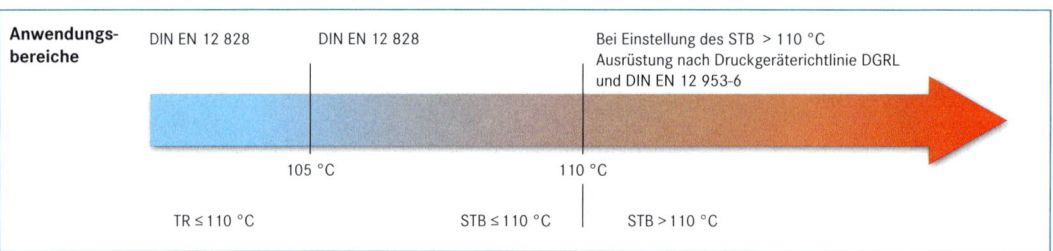

Sicherheitstechnische Einrichtungen für Warmwasserheizungen   DIN EN 12 828

Heizungsanlagen im **allgemeinen** müssen ausgerüstet sein mit …	sicherheitstechnischen **Einrichtungen gegen die Überschreitung** ■ **der maximalen Betriebstemperatur,** ■ **des maximalen Betriebsdruckes.** Diese müssen geplant und ausgelegt werden in Übereinstimmung mit ■ der Bauart der Heizungsanlage (wie geschlossene oder offene Anlage) ■ der Art der Energieversorgung ■ der Art der Energieerzeugung des Wärmeerzeugers ■ Nennleistung des Wärmeerzeugersystems
Heizungsanlagen **bis** zu einer maximalen Betriebstemperatur von **105 °C** müssen **mindestens ausgerüstet** sein **mit:**	Einrichtungen zur Überwachung der Betriebsbedingungen wie Temperatur, Druck, Wasserstand (bei offenen Anlagen) ■ **Temperaturmessgerät** ■ **Druckmessgerät** ■ **Temperaturregler (TR)** ■ **Befüllungseinrichtung**

Einrichtungen für geschlossene Heizungsanlagen   DIN EN 12 828

Schutz gegen Überschreitung der maximalen Betriebstemperatur	■ Jeder **Wärmeerzeuger** muss einen **Sicherheitstemperaturbegrenzer** (STB) haben. ■ Jede indirekt beheizte Anlage muss mit einem **Sicherheitstemperaturwächter** (STW) ausgerüstet sein. ■ Jeder Wärmeerzeuger muss mit einem **Temperaturregler** ausgestattet sein.

Heizungstechnik

Einrichtungen für geschlossene Heizungsanlagen
DIN EN 12 828

Schutz gegen Überschreitung des maximalen Betriebsdrucks	■ Jeder **Wärmeerzeuger** muss mindestens ein **Sicherheitsventil** (SV) haben.

■ Wenn mehr als ein SV, dann muss kleinstes SV mind. 40 % der Abblasleistung haben.

■ Sicherheitsventile müssen prEN 1268-1 entsprechen.

■ Nennweite muss mind. DN 15 aufweisen (→ Tab. 430.1 und Tab. 430.2)

■ Einbau zugänglich am Wärmeerzeuger oder in unmittelbarer Nähe im Vorlauf ohne Absperrung.

■ Einrichtungen für gefahrloses und zufrieden stellendes Abblasen müssen vorhanden sein.

■ Jedes Sicherheitsventil ist mit einer eigenen **Ausblaseleitung** auszustatten. (Nennweite mindestens wie SV-Austrittsquerschnitt)

■ Einbau eines **Entspannungstopfes** bei Wärmeerzeugern mit mehr als 300 kW Nennleistung (in der Ausblaseleitung, in der Nähe des SV).
An der tiefsten Stelle des Entspannungstopfes ist eine Wasserabflussleitung zu installieren. An der höchsten Stelle des Entspannungstopfes ist eine Ausblaseleitung für Dampf zu installieren, um diesen gefahrlos ins Freie zu führen (→ S. 430).

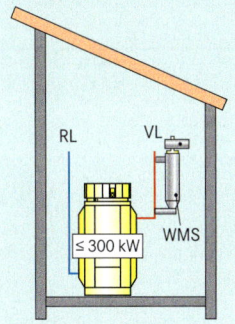

> Entspannungstopf kann entfallen, wenn pro Wärmeerzeuger:
> – TR ≤ 105 °C und STB ≤ 110 °C
> – zweiter STB und
> – zweiter Druckbegrenzer eingebaut wird.

Druckbegrenzer (Maximal-Druckbegrenzer)

■ Einbau bei jedem direkt beheizten **Wärmeerzeuger über 300 kW** Nennleistung.

■ Einstellung so, dass Auslösung vor Ansprechen des SV erfolgt.

■ Einbau von Absperrventil und Füll- sowie Entleerungsventil in die Anschlussleitung (Stand der Technik).

■ Absperrventil muss gegen unbeabsichtigtes Schließen gesichert sein.

■ Einbau möglichst nahe am Wärmeerzeuger.

■ Bei indirekt beheizten Wärmeerzeugern ist der Druckbegrenzer nicht erforderlich.

Schutz vor unzulässiger Erwärmung	**Wassermangelsicherung** (WMS)

■ Jede geschlossene **Heizungsanlage bzw.** jeder **Wärmeerzeuger** muss eine Wassermangelsicherung haben.

Ausnahmen: Anlagen auf der Sekundärseite eines Wärmetauschers

Alternativ: Mindestdruckbegrenzer oder Durchflussbegrenzer
Alternativ ohne WMS bei Wärmeerzeugern *bis 300 kW Nennwärmeleistung*, wenn sichergestellt ist, dass eine unzulässige Aufheizung im Falle von Wassermangel nicht auftreten kann.

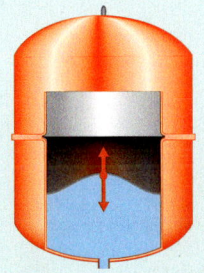

Einbau: Im Wärmeerzeuger oder im Vorlauf nahe des Wärmeerzeugers (ohne Absperreinrichtung)

Für den Fall, dass der Kessel höher angeordnet ist als die meisten Heizkörper, ist eine WMS oder eine andere geeignete Einrichtung bei allen Wärmeerzeugern notwendig.

Aufnahme des maximalen Ausdehnungsvolumens des Heizwassers der Anlage	Jede geschlossene **Heizungsanlage** muss ein **Druckausdehnungsgefäß** haben.

Druckausdehnungsgefäße müssen:

■ das Ausdehnungsvolumen aufnehmen,

■ die Wasservorlage aufnehmen.

Membran-Druckausdehnungsgefäße (MAG) müssen:

■ EN 13 831 entsprechen,

■ gegen Einfrieren gesichert werden (frostgeschützte Räume),

■ vorzugsweise in den Rücklauf oder am tiefsten Punkt der Anlage eingebaut werden.

Zwischen Druckausdehnungsgefäß und Wärmeerzeuger darf keine Absperrung eingebaut werden. Zu Prüfzwecken ist ein gegen unbeabsichtigtes Schließen abgesichertes Kappenventil vorzusehen. (→ S. 431)

Heizungstechnik

Einrichtungen für offene Heizungsanlagen — DIN EN 12 828

Offene Anlage

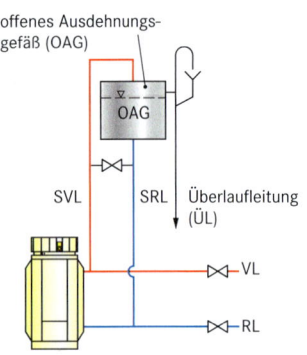

offenes Ausdehnungs-
gefäß (OAG)

OAG

SVL SRL Überlaufleitung (ÜL)

VL

RL

Anforderungen:

- offenes Ausdehnungsgefäß (OAG) am höchsten Punkt der Anlage
- Einfrieren verhindern
- OAG mit Entlüftungs- und Überlaufleitung (nicht absperrbar)
- Sicherheitsvorlauf und Sicherheitsrücklauf (nicht absperrbar)

Vorteile:

- natürliche Begrenzung der Vorlauftemperatur auf 100 °C
- keine betriebsbedingten Druckschwankungen

Nachteile:

- Sauerstoff gelangt ins Heizungswasser → Korrosionsgefahr
- erhöhte Kosten für Material, Montage und Wärmeverluste an SVL, OAG und SRL
- Wasserverluste durch Verdunstung
- Einfriergefahr des OAG

Bemessung der Sicherheitsleitungen:

$$d_{SVL} = 15 + 1,4 \cdot \sqrt{\dot{Q}_{NL}}$$

Mindestdurchmesser für d_{SVL} nicht weniger als 19 mm

$$d_{SRL} = 15 + 1,0 \cdot \sqrt{\dot{Q}_{NL}}$$

$$d_{ÜL} = d_{SVL} + 1\ DN$$

Näherungsformel für den Gesamtwasserinhalt der Heizungsanlage

$$V_A \approx v_A \cdot \dot{Q}_{NL}$$

(Alternativ: → Diagr. 431.1)

d_{SVL} :	Innendurchmesser der Sicherheitsvorlaufleitung in mm
$\dot{Q}_{NL}$:	Nennwärmeleistung des Wärmeerzeugers in kW
d_{SRL} :	Innendurchmesser der Sicherheitsrücklaufleitung in mm
$d_{ÜL}$:	Innendurchmesser der Überlaufleitung in mm
V_A :	Wasserinhalt der Anlage (ohne Pufferspeicher) in dm³
v_A :	spezifischer Anlageninhalt in dm³/kW
$\dot{Q}_{NL}$:	Nennwärmeleistung des Wärmeerzeugers in kW

Tab. 428.1: spezifischer Anlageninhalt v_A in dm³/kW von Heizungsanlagen

$\vartheta_V / \vartheta_R$ in °C	Röhren- und Stahlradiatoren	Platten- heizkörper	Konvektoren	Fußboden- heizung
90/70	17,0	8,5	6,0	
80/60	20,5	9,6	6,5	20
70/50	26,1	11,4	7,4	
60/40	36,2	14,6	9,1	

Bemessung des offenen Ausdehnungsgefäßes (OAG)

$$V_{n,min} = 2 \cdot V_A \cdot \frac{n}{100}$$

$V_{n,min}$:	Mindest-Nennvolumen in dm³
V_A :	Wasserinhalt der Anlage in dm³
n :	Ausdehnung des Wassers in %
V_n :	Nennvolumen des offenen Ausdehnungsgefäßes (→ Tab. 428.3)

Tab. 428.2: Ausdehnung n für Wasser (ohne Frostschutzmittel) bei einer Fülltemperatur von ϑ = 10 °C

Vorlauftemperatur ϑ_V in °C	40	50	60	70	80	90	100
Ausdehnung n in %	0,72	1,16	1,66	2,24	2,88	3,58	4,34

Tab. 428.3: Maße für offene und geschlossene Ausdehnungsgefäße ohne Membrane — DIN 4807-1: 1991-05

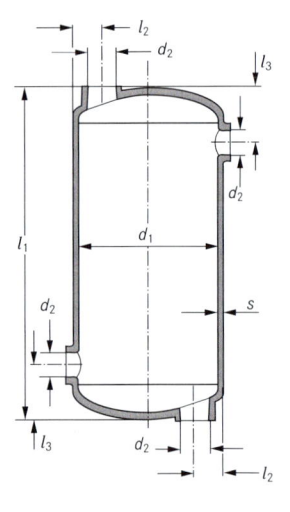

V_n in dm³	d_1 in mm	Anschluss- gewinde d_2	l_1 in mm	l_2 in mm	l_3 in mm	$s^{1)}$ in mm	Masse in kg
30	300	G 1 A	500	50	100	2	14
50	350	G 1 A	580	50	105	2	19
75	400	G 1 ¼ A	670	50	115	2	25
100	400	G 1 ¼ A	870	60	115	2	31
125	500	G 1 ¼ A	700	60	130	2	34
150	500	G 1 ¼ A	850	60	130	3	40
200	500	G 1 ½ A	1110	60	140	3	49
250	500	G 1 ½ A	1350	60	140	3	57
300	600	G 1 ½ A	1180	60	150	3	63
400	650	G 2 A	1310	70	170	3	77
500	700	G 2 A	1420	70	180	4	89
600	700	G 2 ½ A	1660	80	190	4	103
800	800	G 2 ½ A	1700	80	200	5	158
1000	800	G 2 ½ A	2125	80	200	5	190

[1] Für geschlossene Ausdehnungsgefäße nach TRD 702 beträgt die kleinste Wanddicke s auch für die Größen 30 bis 125 Liter 3 mm.

Anmerkung: für Längenmaße gelten Allgemeintoleranzen: DIN ISO 2768-m

Heizungstechnik

Einrichtungen für geschlossene Heizungsanlagen   DIN EN 12 828

Direkte Beheizung mit Membranausdehnungsgefäß (MAG)

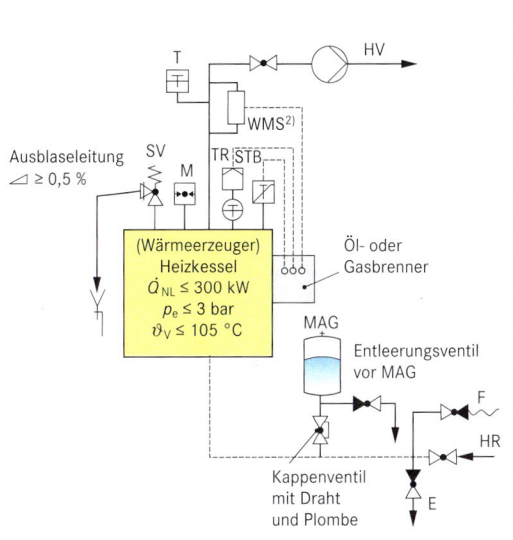

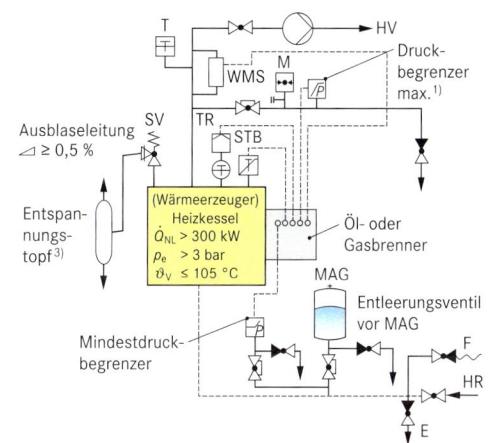

TR	: Temperaturregler	M	: Druckmessgerät
STB	: Sicherheitstemperaturbegrenzer	F	: Durchgangsventil mit
SV	: Sicherheitsventil		Rückflussverhinderer
MAG	: Membranausdehnungsgefäß	E	: Entleerungsventil
T	: Temperaturmessgerät	HV	: Heizungsvorlauf
WMS	: Wassermangelsicherung	HR	: Heizungsrücklauf

Indirekte Beheizung mit Membranausdehnungsgefäß
(→ S. 442)

[1] Einbau bei jedem direkt beheizten Wärmeerzeuger ≥ 300 kW
[2] Für den Fall, dass der Kessel höher angeordnet ist, als die meisten Heizkörper, ist eine Wassermangelsicherung oder eine andere geeignete Einrichtung notwendig (z. B. Mindestdruckbegrenzer oder Durchflussbegrenzer).

[3] Entspannungstopf kann entfallen, wenn pro Wärmeerzeuger:
– TR ≤ 105 °C oder STB ≤ 110 °C
– ein zweiter STB und
– ein zweiter Maximal-Druckbegrenzer eingebaut wird.

Beheizung mit festen Brennstoffen

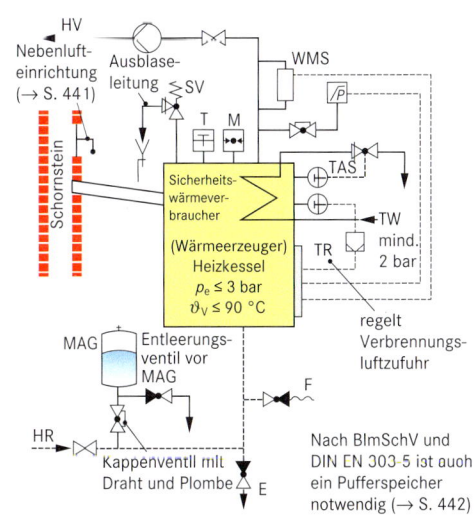

Als sicherheitstechnische Ausrüstung sind vorzusehen:
- Notkühlung (Ein nicht absperrbarer oder bei Übertemperatur automatisch öffnender Sicherheitswärmeverbraucher z. B. mit thermischer Ablaufsicherung ist vorzusehen, um ein Überhitzen zu vermeiden.)
- Zugbegrenzer im Abgasweg (z. B. Nebenlufteinrichtung)
- Verbrennungsluftregler als Kesseltemperaturregler mit max. 90 °C Vorlauftemperatur

TR	: Temperatur- bzw. Feuerungsregler
TAS	: Thermische Ablaufsicherung als Sicherheits-temperaturbegrenzer
SV	: Sicherheitsventil
MAG	: Membran-Druckausdehnungsgefäß
M	: Manometer
E	: Entleerungsventil
TW	: Trinkwasser

Nach BImSchV und DIN EN 303-5 ist auch ein Pufferspeicher notwendig (→ S. 442)

Heizungstechnik

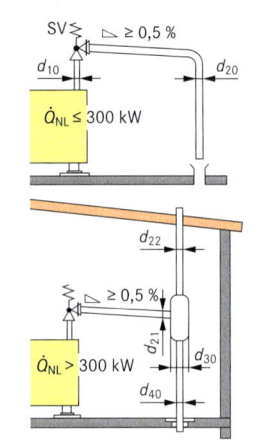

Tab. 430.1: Membran-Sicherheitsventil „H" Heißwasser bis 120 °C, max. 3 bar nach prEN 1268

Abblase-leistung[1]	in kW	50	100	200	350	600	900
Nennweite DN		15	20	25	32	40	50
Anschluss-gewinde[2] für die Zuleitung	d_1	G ½	G ¾	G1	G1 ¼	G1 ½	G2
Anschluss-gewinde[2] für die Aus-blaseleitung	d_2	G ¾	G1	G1 ¼	G1 ½	G2	G2 ½

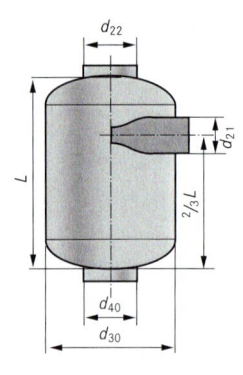

Tab. 430.2: Maße der Zuleitungen, Ausblaseleitungen, Wasserabfluss-leitungen und der Entspannungstöpfe für Membran-Sicherheitsventile

Art der Leitung		Längen	Anzahl der Bögen	Mindestdurchmesser und Mindestnennweiten DN					
Zuleitung	d_{10}	≤ 1 m	≤ 1	15	20	25	32	40	50
Ausblaseleitung ohne	d_{20}	≤ 2 m	≤ 2	20	25	32	40	50	65
Entspannungstopf (ET)		≤ 4 m	≤ 3	25	32	40	50	65	80
Ausblaseleitung zwischen SV und ET	d_{21}	≤ 5 m	≤ 2	32	40	50	65	80	100
Ausblaseleitung zw. ET und Ausblaseöffnung	d_{22}	≤ 15 m	≤ 3	40	50	65	80	100	125
Entspannungstopf	d_{30}	≥ 1,7 · d_{30}	0	125	150	200	250	300	400
Wasserabflussleitung des ET	d_{40}	– [3]	– [3]	32	40	50	65	80	100

[1] durch das Sicherheitsventil abzusichernde Wärmeleistung
[2] nach DIN ISO 228-T1
[3] keine Anforderungen

Tab. 430.3: Abblaseleistung[1] bei federbelasteten Vollhub-Sicherheitsventilen   (Herstellerangaben)

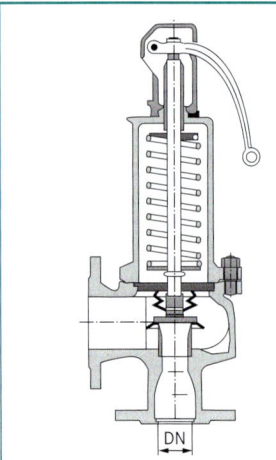

Ansprech-druck (Überdruck)	Nennweite Ventilgröße[1]							
	DN 32	DN 40	DN 50	DN 65	DN 80	DN 100	DN 125	DN 150
	anwendbar bei einer Kesselleistung von maximal							
	kW	kW	kW	kW	kW	kW	kW	kW
2,5	565	870	1360	2300	3480	5440	7120	9900
3,0	649	1000	1560	2640	4000	6250	8190	11400
4,0	810	1250	1950	3300	5000	7800	10200	14200
5,0	960	1480	2310	3900	5910	9240	12100	16900
6,0	1100	1700	2660	4500	6820	10600	14000	19400
8,0	1390	2140	3350	5660	8580	13400	17600	24500
10,0	1670	2570	4010	6790	10300	16000	21100	29300

[1] für Sattdampf

Gesamtwasserinhalt V_A der Heizungsanlage

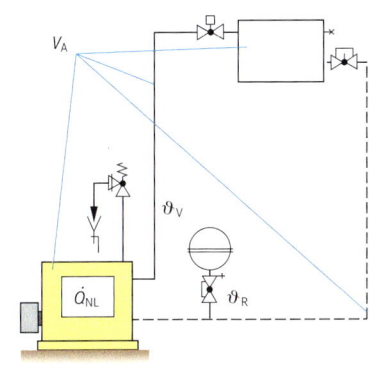

Diagr. 431.1: Durchschnittlicher Gesamtwasserinhalt von Zentralheizungsanlagen (Alternativ: → S. 428)

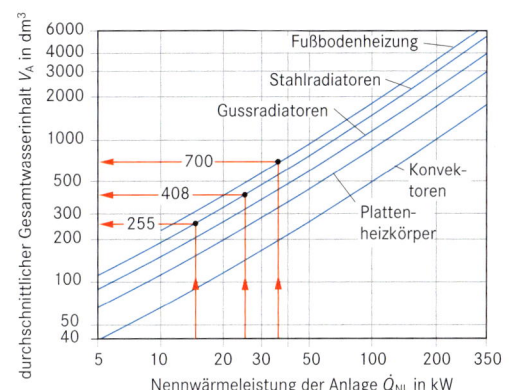

Beispiel 1: Geg.: Heizungsanlage mit $\dot{Q}_{NL}$ = 24 kW und Stahlradiatoren
Lös.: V_A = 408 dm³ (→ Diagr. 431.1)

Beispiel 2: Geg.: Heizungsanlage mit $\dot{Q}_{NL}$ = 50 kW, wobei die Leistung anteilig zu 70 % auf eine Fußboden- und zu 30 % auf eine Stahlradiatorenheizung aufgeteilt ist.
Lös.: $\dot{Q}_{FBH}$ = 0,70 · 50 kW = 35 kW und $\dot{Q}_{SRH}$ = 15 kW
V_A = 700 dm³ + 255 dm³ = 955 dm³ (→ Diagr. 431.1)

Ausdehnungsvolumen

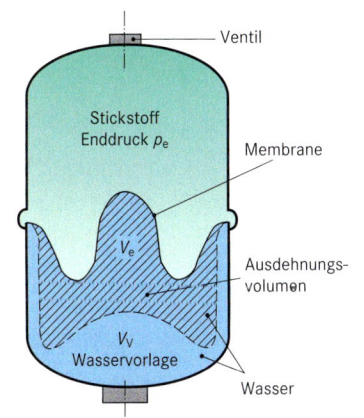

$$V_e = V_A \cdot \frac{e}{100}$$

V_e : Ausdehnungsvolumen   in dm³
e : Ausdehnung   in %
      (→ Tab. 431.1)
V_A : Wasserinhalt der Anlage   in dm³

Tab. 431.1: Ausdehnung e in % für Wasser und Wasser-Frostschutzmittel-Gemische bei einer Fülltemperatur von 0 °C

Temperatur ϑ_V in °C	Wasser	Wasser-Frostschutzmittel-Gemische (Glykol und ähnliche) Anteiliger Zusatz des Frostschutzmittels				
		10 %	20 %	30 %	40 %	50 %
0	0,00	0,00	0,00	0,00	0,00	0,00
10	0,01	0,35	0,67	0,89	1,31	1,63
20	0,15	0,50	0,82	1,04	1,46	1,78
30	0,66	0,75	1,07	1,29	1,71	2,03
40	0,93	1,11	1,43	1,65	2,07	2,39
50	1,29	1,53	1,85	2,07	2,49	2,81
60	1,71	2,03	2,35	2,57	2,99	3,31
70	2,22	2,60	2,92	3,14	3,56	3,88
80	2,81	3,22	3,54	3,76	4,18	4,50
90	3,47	3,91	4,23	4,45	4,87	5,19
100	4,21	4,63	4,95	5,17	5,59	5,91
110	5,03	5,47	5,79	6,01	6,43	6,75
120	5,93	6,35	6,67	6,89	7,31	7,63
130	6,90	7,26	7,58	7,80	8,22	8,54

Diagr. 431.2: Wasservorlage für V_N > 15 dm³

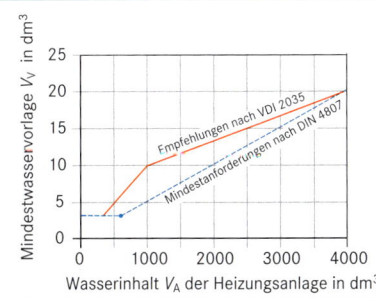

Mindestanforderungen (DIN 4807)

V_V : Wasservorlage   in dm³
V_n : Nennvolumen des MAG   in dm³
V_A : Wasserinhalt der Anlage   in dm³

1. für V_n ≤ 15 dm³:

$$V_V = 0,2 \cdot V_n$$

2. für V_n > 15 dm³:

$$V_V = 0,005 \cdot V_A \geq 3 \text{ dm}^3$$

Heizungstechnik

Vordruck
(einzustellender Gasüberdruck, wenn die Wasserseite drucklos ist)

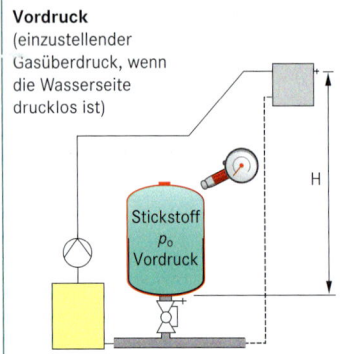

Stickstoff-Fülldruck bei Lieferung des MAG ist üblicherweise 0,5; 1,0; 1,5 oder 1,8 bar

$$p_0 \geq p_{st} + p_D$$

Näherungsformel für Wasser:

$$p_{st} \cong \frac{H}{10}$$

$p_{0,min} = 0{,}7$ bar

p_0 : Vordruck — in bar
p_{st} : (hydro)statischer Druck der Wassersäule — in bar ($\rightarrow$ S. 33)
p_D : Dampfdruck ($\rightarrow$ Tab. 432.1) — in bar
H : Höhendifferenz zwischen MAG und dem höchsten Punkt der Anlage — in m
10 : Umrechnungszahl — in m/bar

Tab. 432.1: Dampfdruck p_D nach der Vorlauftemperatur ϑ_V

ϑ_V	p_D (Überdruck)
bis 100 °C	0,0 bar
über 100 °C bis 110 °C	0,5 bar
über 110 °C bis 120 °C	1,0 bar

Enddruck

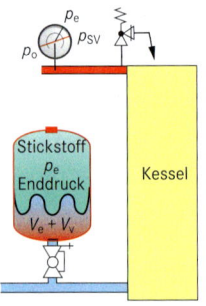

für $p_{SV} \leq 5$ bar:

$$p_e = p_{SV} - 0{,}5 \text{ bar}$$

für $p_{SV} > 5$ bar:

$$p_e = 0{,}9 \cdot p_{SV}$$

p_e : Enddruck im MAG bei maximaler Vorlauftemperatur — in bar
p_{SV} : Ansprechdruck des Sicherheitsventils — in bar

(Bei größerem Höhenunterschied zwischen SV und MAG ist die hydrostatische Druckdifferenz zwischen den Einbauorten zu berücksichtigen.)

Nennvolumen des MAG

Tab. 432.2: Handelsübliche Größen mit Abmessungen (nach Herstellerangaben)

für **Warmwasserheizungsanlage**:

$$V_{n,min} = (V_e + V_V) \cdot \frac{p_e + 1 \text{ bar}}{p_e - p_0}$$

für thermische **Solaranlage**:

$$V_{n,min} = (V_e + V_V + n_K \cdot V_K) \cdot \frac{p_e + 1 \text{ bar}}{p_e - p_0}$$

$V_V = 0{,}015 \cdot V_A \geq 1 \text{ dm}^3$

$$V_e = V_A \cdot \frac{e}{100}$$

$V_{n,min}$: Mindest-Nennvolumen des MAG — in dm^3
V_n : Nennvolumen des MAG — in dm^3
V_e : Ausdehnungsvolumen — in dm^3
V_V : Wasservorlage — in dm^3
p_e : Enddruck — in bar
p_0 : Vordruck — in bar
n_K : Anzahl der Kollektoren
V_K : Kollektorinhalt — in dm^3
V_A : Anlageninhalt — in dm^3
e : Ausdehnung des Wärmeträgermediums — in % ($\rightarrow$ Tab. 431.1)
d : Gefäßdurchmesser — in mm
h : Gefäßhöhe — in mm

V_n in dm^3	d in mm	h in mm
8	270	216
12	270	290
18	270	369
25	380	319
35	380	407
50	380	539
80	480	600
110	480	780
140	550	780
200	550	950
250	550	1190
300	550	1390
350	550	1650
400	550	1790
500	750	1494
600	750	1624
800	750	2164

Bei Verwendung von Frostschutzmitteln ist darauf zu achten, dass die Membran glykolgemischbeständig ist.

Tab. 432.3: Frostschutz von Glythermin NF-Wasser-Mischungen (nach Herstellerangaben)

	Anteiliger Zusatz des Frostschutzmittels				
	10 %	20 %	30 %	40 %	50 %
Kälteschutz bis	−4 °C	−10 °C	−17,5 °C	−28 °C	−42 °C

Heizungstechnik

Auslegung des Membran-Druckausdehnungsgefäßes (MAG)
sizing of the flexible diaphragm sealed expansion vessel

DIN EN 12 828

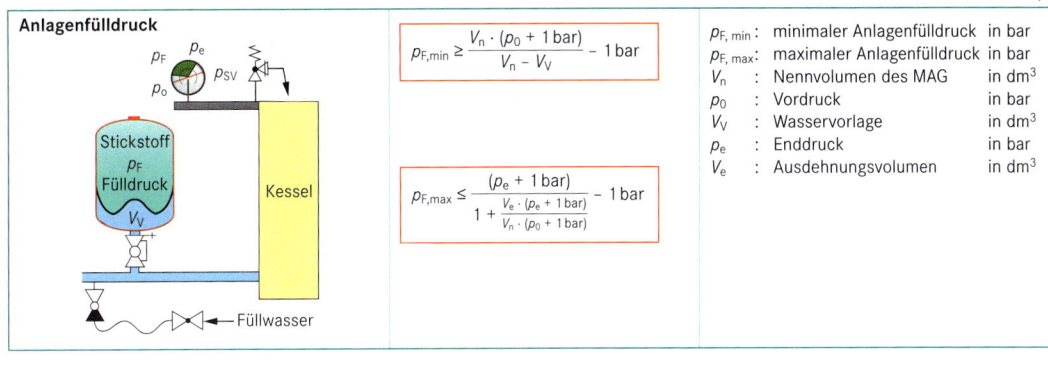

Anlagenfülldruck

$$p_{F,min} \geq \frac{V_n \cdot (p_0 + 1\,bar)}{V_n - V_V} - 1\,bar$$

$$p_{F,max} \leq \frac{(p_e + 1\,bar)}{1 + \frac{V_e \cdot (p_e + 1\,bar)}{V_n \cdot (p_0 + 1\,bar)}} - 1\,bar$$

$p_{F,\,min}$: minimaler Anlagenfülldruck in bar
$p_{F,\,max}$: maximaler Anlagenfülldruck in bar
V_n : Nennvolumen des MAG in dm³
p_0 : Vordruck in bar
V_V : Wasservorlage in dm³
p_e : Enddruck in bar
V_e : Ausdehnungsvolumen in dm³

Tab. 433.1: Schnellauswahl für Membran-Druckausdehnungsgefäße bei 70/50 °C Heizungsanlagen

p_{SV} in bar		2,5			V_n in dm³	3,0			
p_0 in bar	0,5	1,0	1,5		0,5	1,0	1,5	1,8
V_A in dm³	110	48	–	8	130	80	31	–
p_F in bar	1,1	1,6	–		1,1	1,7	2,2	–
V_A in dm³	160	70	–	12	200	120	46	–
p_F in bar	1,0	1,6	–		1,0	1,6	2,2	–
V_A in dm³	270	130	–	18	330	210	95	27
p_F in bar	0,8	1,5	–		0,8	1,4	2,0	2,4
V_A in dm³	420	240	50	25	500	340	180	90
p_F in bar	0,7	1,4	1,9		0,7	1,3	1,9	2,2
V_A in dm³	640	390	130	35	730	540	310	180
p_F in bar	0,7	1,2	1,8		0,7	1,2	1,7	2,1
V_A in dm³	910	610	220	50	1040	780	500	310
p_F in bar	0,7	1,2	1,7		0,7	1,2	1,7	2,0
V_A in dm³	1460	970	360	80	1670	1250	830	560
p_F in bar	0,7	1,2	1,6		0,7	1,2	1,7	2,0
V_A in dm³	2010	1340	490	110	2290	1720	1150	760
p_F in bar	0,7	1,2	1,6		0,7	1,2	1,7	2,0
V_A in dm³	2550	1700	620	140	2920	2190	1460	970
p_F in bar	0,7	1,2	1,6		0,7	1,2	1,7	1,9
V_A in dm³	3650	2430	890	200	4170	3130	2080	1390
p_F in bar	0,7	1,2	1,6		0,7	1,2	1,7	1,9

Beispiele:

a) p_{SV} = 3 bar
   H = 10 m
   $\dot{Q}$ = 60 kW (Stahlradiatoren)
   V_A = 950 dm³ (→ Diagr. 431.1)
   p_0 = 1 bar

   → V_n = **80 dm³** (bzw. 80 Liter)
   und p_F = 1,2 bar

b) p_{SV} = 2,5 bar
   H = 8 m

   $\dot{Q}$ = 18 kW (Konvektoren)
   V_A = 108 dm³ (→ Diagr. 431.1)
   p_0 = H/10 = 0,8 bar

   → V_n = **18 dm³** (bzw. 18 Liter)
   und p_F = 1,5 bar

Heizkessel
boilers

Tab. 433.2: EG-Wirkungsgradanforderung[1] an Warmwasserheizkessel[2] nach Richtlinie 92/42/EWG

Kesseltyp[3]	Nenn-wärme-leistung $\dot{Q}_{NL}$ in kW	bei Volllast $\dot{Q}_{NL}$		bei Teillast 0,3 · $\dot{Q}_{NL}$		Energie-effizienz-zeichen[4]
		durchschn. Wasser-temperatur in °C	Wirkungsgrad η_K in % (nach dem Heizwert)	durchschn. Wasser-temperatur in °C	Wirkungsgrad η_K in % (nach dem Heizwert)	
Standardheizkessel[5]			$\geq 84 + 2 \cdot \log \dot{Q}_{NL}$	≥ 50	$\geq 80 + 3 \cdot \log \dot{Q}_{NL}$	★ (★)
Niedertemperatur-Heizkessel einschl. Brennwertkessel für flüssige Brennstoffe	4 … 400	70	$\geq 87,5 + 1,5 \cdot \log \dot{Q}_{NL}$	40	$\geq 87,5 + 1,5 \cdot \log \dot{Q}_{NL}$	★★ (★)
Brennwertkessel			$\geq 91 + \log \dot{Q}_{NL}$	30	$\geq 97 + \log \dot{Q}_{NL}$	★★★ (★)

[1] gültig seit 1.1.1998
[2] die mit flüssigen oder gasförmigen Brennstoffen beschickt werden
[3] Definitionen → Tab. 393.1
[4] zusätzlich ★ bei Überschreitung der Anford. um 3 % bei Voll- und Teillast
[5] Standardkessel bis 400 kW dürfen seit 1.1.98 nicht mehr zum ständigen Verbleib eingebaut werden

Heizungstechnik

Außentemperaturgeführte Regelung

Steilheit der Heizkurve

$$S = \frac{\Delta \vartheta_{KV}}{\Delta \vartheta_A}$$

S : Steilheit

$\Delta \vartheta_{KV}$: Kesselvorlauf-
temperatur-
änderung   in K

$\Delta \vartheta_A$: Außen-
temperatur-
änderung   in K

SE : Sollwerteinsteller
AF : Außentemperaturfühler
STE : Steuereinrichtung
R : Regler
VF : Vorlauftemperatur-
fühler

–5 °C

SE

AF

STE — Soll

R — Ist

65 °C

VF

Einstellmöglichkeiten an der Regelung:

1 Steilheit (z. B. von 0,2 bis 2,6)
2 Niveau, nach unten bzw. oben (z. B. um – 10 °C bzw. + 10 °C)
3 variable Min./Max.-Begrenzung der Kesselvorlauftemperatur

Diagr. 387.1: Heizkurve

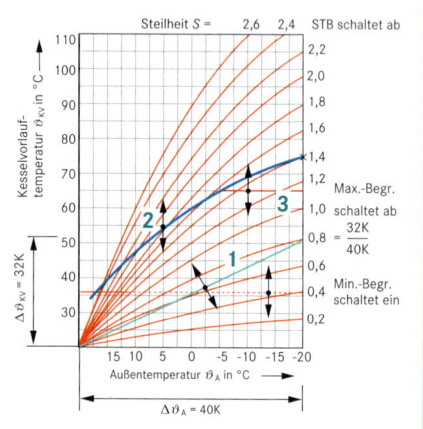

Gasfeuerung
gas fired units

Ausrüstung eines Gasbrenners ohne Gebläse (atmosphärischer Gasbrenner)   DIN 4788-1: 1977-06

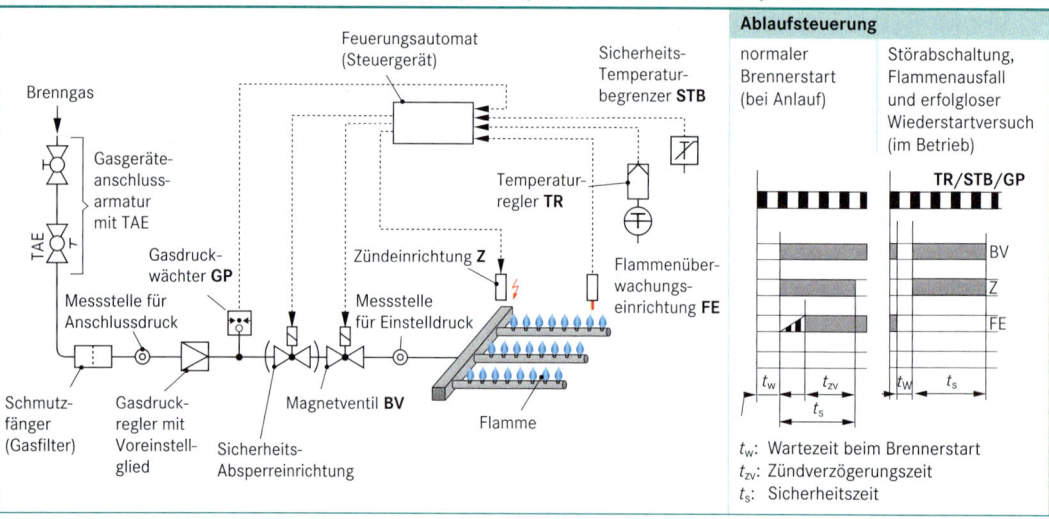

Brenngas

Gasgeräte-
anschluss-
armatur
mit TAE

TAE

Gasdruck-
wächter **GP**

Messstelle für
Anschlussdruck

Schmutz-
fänger
(Gasfilter)

Gasdruck-
regler mit
Voreinstell-
glied

Sicherheits-
Absperreinrichtung

Magnetventil **BV**

Messstelle
für Einstelldruck

Zündeinrichtung **Z**

Flamme

Feuerungsautomat
(Steuergerät)

Temperatur-
regler **TR**

Flammenüber-
wachungs-
einrichtung **FE**

Sicherheits-
Temperatur-
begrenzer **STB**

Ablaufsteuerung

normaler
Brennerstart
(bei Anlauf)

Störabschaltung,
Flammenausfall
und erfolgloser
Wiederstartversuch
(im Betrieb)

TR/STB/GP

BV

Z

FE

t_w: Wartezeit beim Brennerstart
t_{zv}: Zündverzögerungszeit
t_s: Sicherheitszeit

Tab. 434.1: Zulässige Sicherheitszeichen für Gasbrenner ohne Gebläse   DIN 4788-1: 1977-06

Brennerwärme-belastung bzw. Startwärmeleistung in kW	mit Gasfeuerungsautomat nach DIN EN 298				mit Zündsicherung[1] nach DIN EN 125	
	maximale Sicherheitszeit		Wieder-zündung	Wieder-anlauf	max. zulässige Öffnungszeit	max. zulässige Sicherheitszeit als Schließzeit
	bei Anlauf	im Betrieb				
≤ 120	15 s[1] 10 s	30 s[1] 10 s	zulässig		15 s	30 s
> 120 ... ≤ 350	15 s[1] 5 s	30 s[1] 5 s	zulässig		15 s	30 s
> 350	10 s[2] 5 s	5 s[1] 1 s	unzulässig		unzulässig	unzulässig

[1] für Brenner mit dauernd brennender Zünd- oder Startflamme
[2] für Brenner mit langsam öffnendem Stellglied (Hauptventil)

Mindestausrüstung eines Gasbrenners mit Gebläse

DIN EN 676: 2003-11

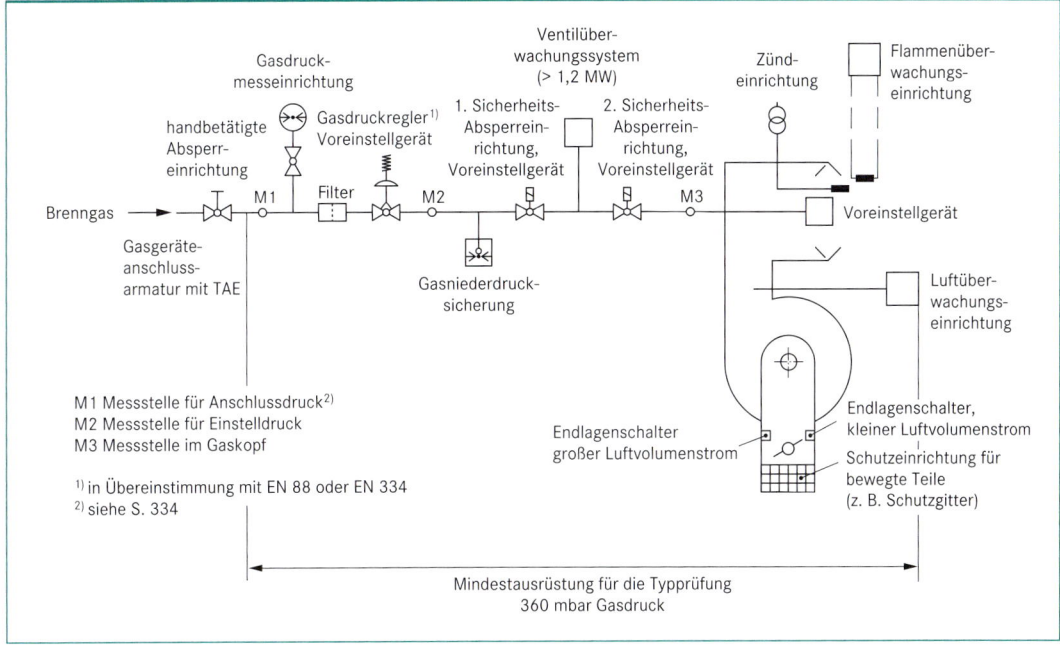

- M1 Messstelle für Anschlussdruck[2]
- M2 Messstelle für Einstelldruck
- M3 Messstelle im Gaskopf

[1] in Übereinstimmung mit EN 88 oder EN 334
[2] siehe S. 334

Mindestausrüstung für die Typprüfung
360 mbar Gasdruck

Tab. 435.1: Anforderung an Sicherheitsabsperrventile DIN EN 676

Wärme-leistung in kW	mit Vorspülung			ohne Vorspülung		
	Hauptflamme	Zündflamme		Hauptflamme	Zündflamme	
		≤ 10 %	> 10 %		≤ 10 %	> 10 %
≤ 70	2 × B	B[1]	2 × B	2 × A oder 2 × B + VP	A[2]	2 × A
> 70 ≤ 1200	2 × A	2 × A	2 × A	2 × A + VP	2 × A	2 × A
> 1200	2 × A + VP	2 × A	2 × A	2 × A + VP	2 × A	2 × A

VP = Ventilüberwachungssystem
[1] für Gase der 3. Familie: 2 Ventile Klasse B sind erforderlich
[2] für Gase der 3. Familie: 2 Ventile Klasse A sind erforderlich

Diagr. 435.1: Vorspülzeit (Brennraum)

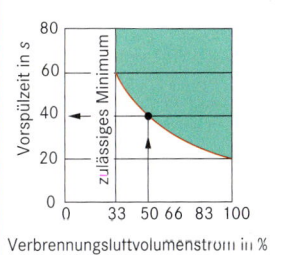

Verbrennungsluftvolumenstrom in %
vom Luftstrom bei höchster Wärmeleistung

Tab. 435.2: Maximale Startwärmeleistung $\dot{Q}_S$ und Sicherheitszeiten t_S

DIN EN 676: 2003-11

Haupt-brenner	Direkte Zündung des Hauptbrenners bei voller Leistung		Direkte Zündung des Hauptbrenners bei verringerter Leistung		Direkte Zündung des Hauptbrenners bei verringerter Leistung mit Bypass-Startgasversorgung		Zündung des Hauptbrenners durch einen unabhängigen Zündbrenner			
							Zündung des Zündbrenners		Zündung des Hauptbrenners	
Leistung $\dot{Q}_{Fmax}$ in kW	Leistung $\dot{Q}_S$ in kW	Sicher-heitszeit t_S in s	Leistung $\dot{Q}_S$ in kW	Sicher-heitszeit t_S in s	Leistung $\dot{Q}_S$ in kW	Sicher-heitszeit t_S in s	Leistung $\dot{Q}_S$ in kW	Erste Sicher-heitszeit t_S in s	Leistung $\dot{Q}_S$ in kW	Zweite Sicher-heitszeit t_S in s
≤ 70	$\dot{Q}_{Fmax}$	5	$\dot{Q}_{Fmax}$	5	$\dot{Q}_{Fmax}$	5	≤ 0,1 $\dot{Q}_{Fmax}$	5	$\dot{Q}_{Fmax}$	5
> 70 ≤ 120	$\dot{Q}_{Fmax}$	3	$\dot{Q}_{Fmax}$	3	$\dot{Q}_{Fmax}$	3	≤ 0,1 $\dot{Q}_{Fmax}$	5	$\dot{Q}_{Fmax}$	3
> 120	nicht zulässig		120 kW oder $t_S \cdot \dot{Q}_S ≤ 100$ (max. t_S = 3 s)				≤ 0,1 $\dot{Q}_{Fmax}$	3	120 kW oder $t_S \cdot \dot{Q}_S ≤ 150$ (max. t_S = 5 s)	

$\dot{Q}_{Fmax}$: maximale Feuerungswärmeleistung in kW;
$\dot{Q}_S$: maximale Startwärmeleistung, ausgedrückt als Anteil von $\dot{Q}_{Fmax}$.

Heizungstechnik

Gasfeuerungsautomat für Gasbrenner mit Gebläse, Ablaufsteuerung normaler Brennerstart (direkte Zündung des Hauptbrenners)

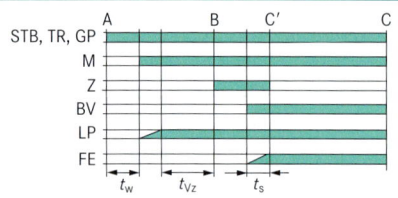

STB : Sicherheitstemperatur-
begrenzer
TR : Temperaturregler
GP : Gasdruckwächter
M : Gebläsemotor
Z : Zündeinrichtung
BV : Brennstoffventil
(Regeleinrichtung)
LP : Luftdruckwächter
FE : Flammenüber-
wachungseinrichtung

A : Startbefehl
(Einschaltung
durch „TR")
B-C′ : Intervall für die
Flammenbildung
C′-C : Brennerbetrieb
(Wärmeproduktion)
C : Regelabschaltung
durch „TR"

t_w : Wartezeit beim Brennerstart
t_{Vz} : Vorspülzeit (mind. 20 s)
t_s : Sicherheitszeit (max. 3 s bzw. 5 s)

Ölfeuerung oil fired units

Tab. 436.1: Anforderungen an Heizöl EL
DIN 51 603-1: 2008-08

Dichte (15 °C)	kg/m³	≤ 860	Destillationsverlauf, insgesamt verdampfter Volumenanteil			Cold Filter Plugging Point (Temperaturgrenzwert der Filtrierbarkeit)		
Heizwert H_i	kWh/kg	≥ 11,83						
Flammpunkt[1]	°C	> 55	– bis 250 °C	Vol.%	< 65	– bei Cloudpoint = 3 °C	°C	≤ – 12
Kinematische	mm²/s	≤ 6,00	– bis 350 °C	Vol.%	≥ 85	– bei Cloudpoint = 2 °C	°C	≤ – 11
Viskosität (20 °C)			Cloudpoint	°C	≤ 3	– bei Cloudpoint ≤ 1 °C	°C	≤ – 10
Koksrückstand von 10 % Dest.-Rückstand	Mas.%	≤ 0,3	Schwefelgeh. (Standard) (schwefelarm)	Mas.%	0,10 0,005	Gesamtverschmutzung	mg/kg	≤ 24
Wassergehalt	mg/kg	≤ 200	Asche	Mas.%	0,01	[1] nach VbF → Gefahrenklasse AIII		

Dimensionierung der Heizöl-Versorgungsleitung
DIN 4755

Einstrangsystem
Dieses System ist zu bevorzugen weil:
– höhere Sicherheit vor Leckage,
– kaum Sauerstoffeintrag,
– weniger Ablagerungen im Tank,
– Ölpumpe weniger Energie benötigt.

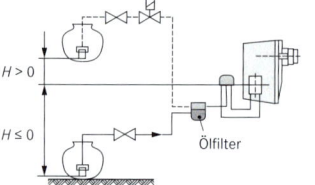

Zweistrang-system

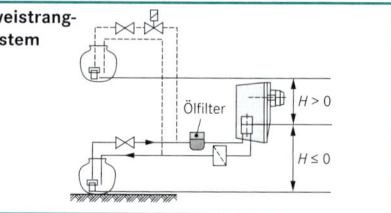

Tab. 436.2: Dimensionierung für Einstrangsystem

Saug-höhe H in m	Nenn-Wärmeleistung des Heizkessels (Öldurchsatz in kg/h)								
	bis 28 kW (bis 2,5)			bis 56 kW (bis 5,0)			bis 112 kW (bis 10,0)		
	Innendurchmesser der Rohrleitung in mm								
	4	5	6	4	5	6	5	6	8
	max. Rohrleitungslänge in m[1]								
+4,0	100	100	100	51	100	100	62	100	100
+3,5	95	100	100	47	100	100	58	100	100
+3,0	89	100	100	44	100	100	54	100	100
+2,5	83	100	100	41	100	100	51	100	100
+2,0	77	100	100	38	94	100	47	97	100
+1,5	71	100	100	35	86	100	43	90	100
+1,0	64	100	100	32	79	100	39	82	100
+0,5	58	100	100	29	71	100	35	74	100
0	52	100	100	26	63	100	32	66	100
–0,5	46	100	100	23	56	100	28	58	100
–1,0	40	97	100	20	48	100	24	50	100
–1,5	33	81	100	17	41	84	20	42	100
–2,0	27	66	100	14	33	69	17	34	100

Tab. 436.3: Dimensionierung für Zweistrangsystem

Saug-höhe H in m	Innendurchmesser Rohrleitung[2] bei einem Fördervolumen von 45 l/h		
	6 mm	8 mm	10 mm
	max. Rohrleitungslänge in m[1]		
+4,0	33	100	100
+3,5	31	100	100
+3,0	29	100	100
+2,5	27	100	100
+2,0	25	100	100
+1,5	23	100	100
+1,0	21	100	100
+0,5	19	100	100
0	17	100	100
–0,5	15	93	100
–1,0	13	80	100
–1,5	11	68	100
–2,0	9	56	100
–2,5	7	43	100
–3,0	5	31	75
–3,5	–	19	45

[1] unter Berücksichtigung von 4 Bogen 90°, 1 Rückschlagventil, 1 Absperrventil und 1 Heizölfilter (Filterfeinheit max. 40 μm)
[2] bis 60 kW weitgehend leistungsunabhängig; Vor Brenneranschluss Leitungen und Absperrventile mit Luft oder inertem Gas bei mind. 5 bar Überdruck auf Dichtheit prüfen (Prüfdauer: 1 Stunde)

Öldurchsatz und Auswahl der Zerstäuberdüse bei Ölbrennern

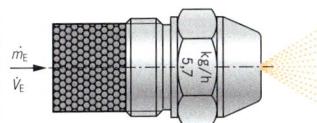

$\dot{m}_E$
$\dot{V}_E$

$$\dot{m}_E = \frac{\dot{Q}_{NB}}{H_i}$$

$$\dot{m}_E = \frac{\dot{Q}_{NL}}{H_i \cdot \eta_{K,i}}$$

$$\dot{V}_E = \frac{\dot{m}_E}{\varrho}$$

1 US-Gallone = 3,785 l

(Abkürzung: USgal)

$\dot{m}_E$	: Öldurchsatz	in kg/h
$\dot{Q}_{NB}$	: Nennwärmebelastung	in kW
H_i	: Heizwert	in kWh/kg
	($\rightarrow$ Tab. 436.1)	
$\dot{Q}_{NL}$	: Nennwärmeleistung	in kW
$\eta_{K,i}$	: Wirkungsgrad nach dem	
	Heizwert als Dezimalzahl	
$\dot{V}_E$	: Öldurchsatz	in l/h
ϱ	: Dichte	in kg/dm³
	(Heizöl EL: ϱ = 0,84 kg/dm³)	

Düsenkennzeichnung

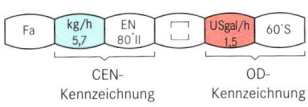

CEN-Kennzeichnung   OD-Kennzeichnung

$$p_E = p \cdot \left(\frac{\dot{m}_E}{\dot{m}}\right)^2 \qquad \dot{m}_E = \dot{m} \cdot \sqrt{\frac{p_E}{p}}$$

$$p_E = p \cdot \left(\frac{\dot{V}_E}{\dot{V}}\right)^2 \qquad \dot{V}_E = \dot{V} \cdot \sqrt{\frac{p_E}{p}}$$

p_E	: Zerstäubungsdruck	in bar
p	: Prüfdruck	in bar
	(10 bar oder 7 bar)	
$\dot{m}_E$	: Öldurchsatz	in kg/h
$\dot{m}$	: Nenndurchsatz	in kg/h
$\dot{V}_E$	: Öldurchsatz	in USgal/h
$\dot{V}$	: Nenndurchsatz	in USgal/h

Normbereich nach DIN EN 293

Nenndurchsatz bei Prüfdruck 10 bar in	Nenndurchsatz bei Prüfdruck 7 bar in
kg/h	USgal/h
1,52	0,40
1,71	0,45
1,90	0,50
2,09	0,55
2,28	0,60
2,47	0,65
2,85	0,75
3,23	0,85
3,80	1,00
4,16	1,10
4,56	1,20
4,75	1,25
5,13	1,35
5,70	1,50
6,27	1,65
6,65	1,75

Tab. 437.1: Sprühwinkel[1] und Sprühmuster[2] gemäß OD-Kennzeichnung

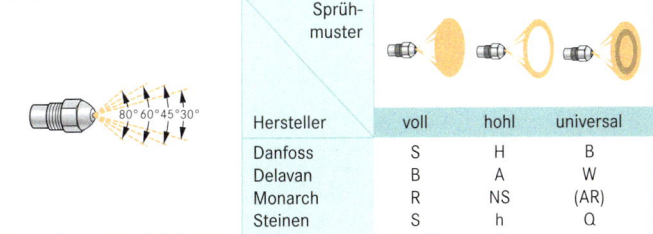

Hersteller	voll	hohl	universal
Danfoss	S	H	B
Delavan	B	A	W
Monarch	R	NS	(AR)
Steinen	S	h	Q

[1] nicht identisch mit Sprühwinkeln nach CEN-Kennzeichnung
[2] nach CEN-Kennzeichnung: I sehr voll; II voll; III hohl; IV sehr hohl

Der Öldurchsatz nach CEN-Kennzeichnung bezieht sich auf einen Prüfdruck von 10 bar bei einer **Viskosität** des Heizöls von 3,4 mm²/s und einer Dichte von 0,84 kg/dm³. Durch die **Ölvorwärmung** lässt sich das Heizöl feiner zerstäuben und damit besser verbrennen.
Erhältlich sind Öldüsen im **Durchsatzbereich** von 1,25 kg/h bis 110 kg/h.

Diagr. 437.1: Zerstäubungsdruck und Öldurchsatz von Zerstäuberdüsen

Heizöl EL mit ϱ = 0,84 (kg/dm³)

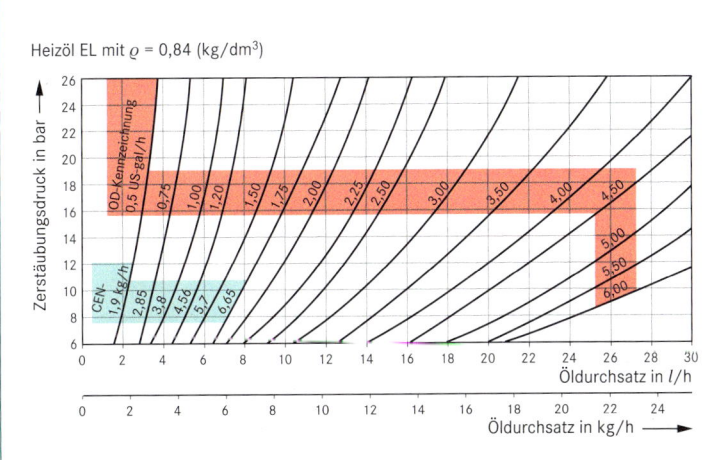

Diagr. 437.2: Veränderung der Viskosität von Heizöl EL

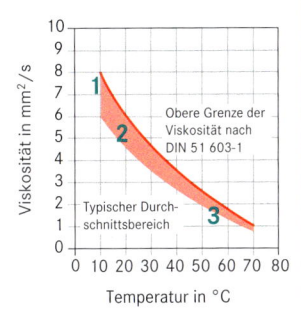

Punkt 1: im Öltank
Punkt 2: in der Ölpumpe
Punkt 3: nach der Ölvorwärmung kurz vor der Düse

Heizungstechnik

Ölfeuerungsautomat, Anschluss-Schema und Ablaufsteuerung für normalen Brennerstart

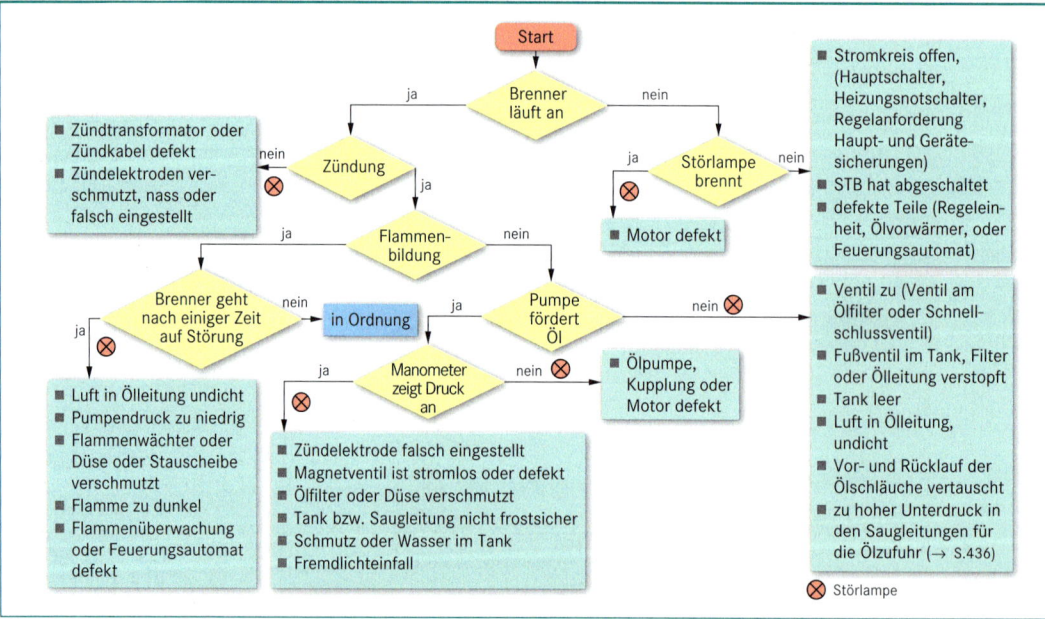

STB: Sicherheitstemperaturbegrenzer
TR : Temperaturregler
OH : Ölvorwärmer
OW : Freigabethermostat (OH)
G : Gebläsemotor
Z : Zündeinrichtung
BV : Magnetventil
AL : Alarmeinrichtung
FE : Flammenüberwachungs-Einrichtung
     (bei Gelbbrenner z. B. Fotowiderstand
     bei Blaubrenner z. B. UV-Fühler)

A' : Beginn der Inbetriebsetzung bei Brennern mit Ölvorwärmer
A : Beginn der Inbetriebsetzung bei Brennern ohne Ölvorwärmer
B : Eingang des Flammensignals
C : Ende der Inbetriebsetzung
D : Regelabschaltung durch „TR"
t_W : Wartezeit für die Ölvorwärmung
t_1 : Vorspülzeit (ca. 25 s)
t_3 : Vorzündzeit (ca. 25 s)
t_{3n}: Nachzündzeit (ca. 2 s)
t_s : Sicherheitszeit (→ Tab. 438.1)

Tab. 438.1: Maximale Sicherheitszeiten für Ölzerstäubungsbrenner — DIN 4787: 1981-09

Öldurchsatz in kg/h	Sicherheitszeiten t_s in s		Bei Flammenausfall	
	beim Anlauf	im Betrieb	Wiederzündung[2]	Wiederanlauf
bis 30	10[1]	10[1]	zulässig	zulässig
über 30	5	1	nicht zulässig	zulässig

[1] Für ölbefeuerte Warmlufterzeuger nach DIN 4794 Teil 2 gelten 5 Sekunden.
[2] Die Zündeinrichtung muss spätestens nach 1 Sekunde zugeschaltet sein.

t_s ist die längst zulässige Zeitspanne, während der das Steuergerät die Brennstoffzufuhr freigibt, ohne dass eine Flamme gemeldet wird.

t_s-Anlauf: Zeitspanne zwischen Beginn und Ende der Brennstoffzufuhr
t_s-Betrieb: Zeitspanne zwischen Erlöschen der Flamme und Unterbrechung der Brennstoffzufuhr

Systematische Suche der Ursache von Betriebsstörungen bei der Ölfeuerung

Start

Brenner läuft an

ja → Zündung
  ⊗ nein → ■ Zündtransformator oder Zündkabel defekt
            ■ Zündelektroden verschmutzt, nass oder falsch eingestellt
  ja → Flammenbildung
        ja → Brenner geht nach einiger Zeit auf Störung
              ja ⊗ → ■ Luft in Ölleitung undicht
                      ■ Pumpendruck zu niedrig
                      ■ Flammenwächter oder Düse oder Stauscheibe verschmutzt
                      ■ Flamme zu dunkel
                      ■ Flammenüberwachung oder Feuerungsautomat defekt
              nein → in Ordnung
        nein → Pumpe fördert Öl
                ja → Manometer zeigt Druck an
                      ja ⊗ → ■ Zündelektrode falsch eingestellt
                              ■ Magnetventil ist stromlos oder defekt
                              ■ Ölfilter oder Düse verschmutzt
                              ■ Tank bzw. Saugleitung nicht frostsicher
                              ■ Schmutz oder Wasser im Tank
                              ■ Fremdlichteinfall
                      nein ⊗ → ■ Ölpumpe, Kupplung oder Motor defekt
                nein ⊗ → ■ Ventil zu (Ventil am Ölfilter oder Schnellschlussventil)
                          ■ Fußventil im Tank, Filter oder Ölleitung verstopft
                          ■ Tank leer
                          ■ Luft in Ölleitung, undicht
                          ■ Vor- und Rücklauf der Ölschläuche vertauscht
                          ■ zu hoher Unterdruck in den Saugleitungen für die Ölzufuhr (→ S.436)

nein → Störlampe brennt
        ja ⊗ → ■ Motor defekt
        nein → ■ Stromkreis offen, (Hauptschalter, Heizungsnotschalter, Regelanforderung Haupt- und Gerätesicherungen)
                ■ STB hat abgeschaltet
                ■ defekte Teile (Regeleinheit, Ölvorwärmer, oder Feuerungsautomat)

⊗ Störlampe

Heizungstechnik

438

Tab. 439.1: Anforderungen an die Aufstellung von Feuerstätten[1]

FeuV; § 4

Feuerstätten dürfen nicht aufgestellt werden	Raumluftabhängige Feuerstätten in Räumen, aus denen Luft **abgesaugt** wird, dürfen nur aufgestellt werden, wenn	Raumluftabhängige Gasfeuerstätten mit Strömungssicherung und $\dot{Q}_{NL} \geq 7$ kW dürfen in Wohnungen nur aufgestellt werden, wenn	Gasfeuerstätten ohne Einrichtungen (wie z. B. Flammenüberwachung), die ein Eintreten **unverbrannter Gase** in den Aufstellraum vermeiden, dürfen nur in Räumen aufgestellt werden, bei denen
■ in Treppenräumen, außer in Wohnge- bäuden mit maxi- mal 2 Wohnungen, ■ in notwendigen Fluren (Rettungs- wegen), ■ in Garagen (aus- genommen raum- luftunabhängige Feuerstätten).	■ gleichzeitiger Betrieb der Feuerstätte und der luftabsaugenden Anlagen durch Sicherheits- einrichtungen verhindert wird, ■ die Abgasführung durch Sicherheitsein- richtungen überwacht wird, ■ die Abgase der Feuerstätte über die luftab- saugenden Anlagen abgeführt werden oder ■ durch die Bauart oder die Bemessung der luftabsaugenden Anlagen sichergestellt ist, dass kein gefährlicher Unterdruck entstehen kann.	durch Einrichtungen an den Feuerstätten (z. B. Abgasüberwachung) sichergestellt ist, dass Abgase nicht in den Aufstellraum eintreten können.	durch mechanische Lüftungs- anlagen während des Betriebes der Feuerstätte ein stündlich mindestens fünffacher Luftwechsel sichergestellt ist. Für Gas-Haushalts-Kochgeräte genügt ein Luftvolumenstrom von 100 m³/h.

[1] u. a. sind auch thermisch beständige Brennstoffleitungen (bis 650 °C), thermisch (bei 100 °C) auslösende Absperreinrichtungen für die Brennstoffzufuhr, Abstände oder Abschirmungen der Feuerstätten von brennbaren Baustoffen vorgeschrieben.

Eigene Aufstellräume (für gasförmige und flüssige Brennstoffe; $\dot{Q}_{NL} > 50$ kW)

FeuV; § 5

Zuluftöffnung ins Freie

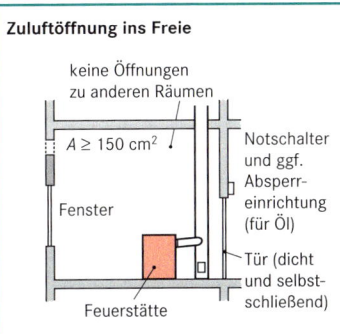

keine Öffnungen zu anderen Räumen

$A \geq 150$ cm²

Fenster

Feuerstätte

Notschalter und ggf. Absperr- einrichtung (für Öl)

Tür (dicht und selbst- schließend)

für $\Sigma \dot{Q}_{NL} \leq 50$ kW:

$$A = 150 \text{ cm}^2$$

für $\Sigma \dot{Q}_{NL} > 50$ kW:

$$A = 150 \text{ cm}^2 + \frac{2 \text{ cm}^2}{\text{kW}} \cdot (\Sigma \dot{Q}_{NL} - 50 \text{ kW})$$

Allgemeine Festlegungen für Aufstellräume von Gas-Feuerstätten (→ S. 377 f.)

A : lichter Querschnitt der Zuluftöffnung in cm²

$\Sigma \dot{Q}_{NL}$: Summe der im Aufstell- raum installierten Nennwärmeleistung in kW (raumluftabhängige und raumluftunabhängige Feuerstätten)

Die **Abgase** von Feuerstätten für flüssige oder gasförmige Brennstoffe können in Schornsteine oder Abgasleitungen aus nicht brennbaren Baustoffen eingeleitet werden. Eine Brandübertragung zwischen Geschossen muss verhindert werden.

Verbrennungsluftleitungen

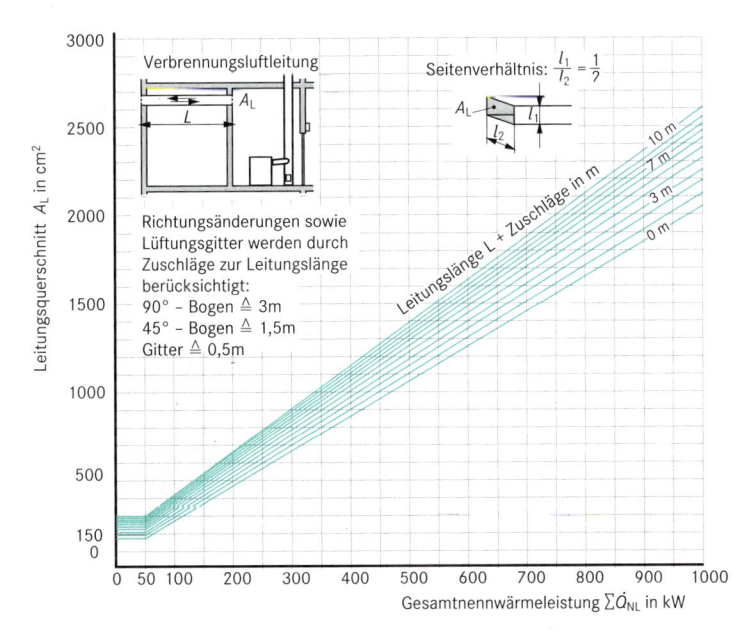

Verbrennungsluftversorgung bei der Aufstellung von raumluftabhängigen Ölgeräten in Räumen TRÖl

$\dot{Q}_{NL}$	Mindestanforderungen
≤ 35 kW	Rauminhalt reicht aus, wenn der Raum mind. eine Tür oder ein Fenster, das geöffnet werden kann und einen Rauminhalt von mind. 4 m³/kW Nennleistung des Ölgerätes hat. Alternativ 1: Verbrennungsluftver- bund zwischen Aufstell- raum und Räumen mit Verbindung **zum Freien** mit Luftöffnungen von mind. 150 cm². Alternativ 2: siehe unten.
> 35 bis ≤ 50 kW	Eine ins Freie führende Öffnung von mindestens 150 cm² **oder** zwei ins freie führende Öffnungen von je mind. 75 cm² bzw. entsprechende Verbren- nungsluftleitungen.

Heizungstechnik

Öffnungen ins Freie

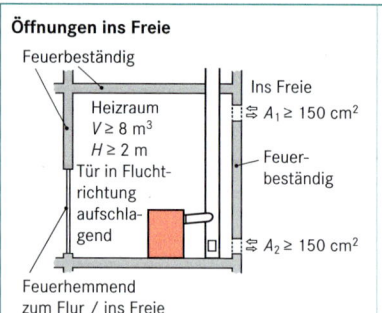

Feuerbeständig

Ins Freie

Heizraum
$V \geq 8\ m^3$
$H \geq 2\ m$
Tür in Flucht-
richtung
aufschla-
gend

$\rightleftarrows A_1 \geq 150\ cm^2$

Feuer-
beständig

$\rightleftarrows A_2 \geq 150\ cm^2$

Feuerhemmend
zum Flur / ins Freie

$$A_{ges} = 300\ cm^2 + 2\ \frac{cm^2}{kW} \cdot (\Sigma \dot{Q}_{NL} - 50\ kW)$$

$$A_{ges} = A_1 + A_2$$

A_1 und A_2 müssen nicht die
gleiche Größe haben.

Die **Abgase** von Feuerstätten für feste
Brennstoffe **müssen in Schornsteine**
eingeleitet werden.

A_{ges} : lichter Querschnitt der
      Öffnungen ins Freie   in cm²
A_1 : obere Öffnung   in cm²
A_2 : untere Öffnung   in cm²
$\Sigma \dot{Q}_{NL}$: Summe der im Heiz-
      raum installierten
      Nennwärmeleistung   in kW

Schornsteine und deren Abstand zu brennbaren Bauteilen
chimneys and her distance to inflammable building-materials

Anforderungen

Schornsteine müssen:

- gegen Rußbrände beständig sein,
- in Gebäuden eine Feuerwiderstandsdauer von mindestens
  90 Minuten haben (L 90),
- unmittelbar auf dem Baugrund gegründet oder auf einem
  feuerbeständigen Unterbau errichtet sein; es genügt ein
  Unterbau aus nichtbrennbaren Baustoffen für Schornsteine
  in Gebäuden geringer Höhe, für Schornsteine, die oberhalb

der obersten Geschossdecke beginnen sowie für Schornsteine
an Gebäuden,

- durchgehend sein; sie dürfen insbesondere nicht durch
  Decken unterbrochen sein und
- für die Reinigung Öffnungen mit Schornsteinreinigungs-
  verschlüssen haben.

Abstand des Schornsteins zu brennbaren Bauteilen > 200 mm,
wenn Abgastemperatur < 160 °C genügen 50 mm Abstand.

Diagramme zur Schornsteinbemessung (überschlägig)
diagrammes for estimated sizing of the chimney

Randbedingungen

- Die Querschnittsflächen der Abgasstutzen, der Verbindungs-
  stücke und der Schornsteine (Abgasanlagen) sind jeweils gleich.
- Die gestreckte Länge der Verbindungsleitung (Abgasleitung)
  beträgt ¼ der wirksamen Schornsteinhöhe (Abgasleitung) bzw.
  maximal 2 m.
- Geodätische Höhe 250 m über NN.

- Der Widerstandsbeiwert ζ (Zeta-Wert) für Richtungs-
  änderungen beträgt 1,6. Er deckt z. B. die Verluste eines
  Rauchrohranschlusses mit Winkel von 90° und eine
  Umlenkung von 45°.

Die Zeta-Werte stimmen mit denen aus der Raumlufttechnik
überein (→ S. 476 ff.)

Diagr. 440.1: Gasfeuerungsanlagen ohne Gebläse,
100 °C ≤ ϑ_A < 120 °C

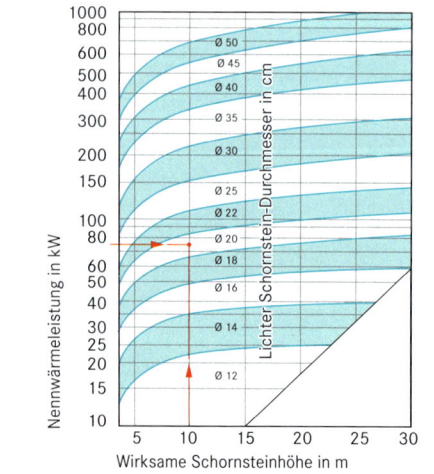

Nennwärmeleistung in kW

Ø 50
Ø 45
Ø 40
Ø 35
Ø 30
Ø 25
Ø 22
Ø 20
Ø 18
Ø 16
Ø 14
Ø 12

Lichter Schornstein-Durchmesser in cm

Wirksame Schornsteinhöhe in m

Diagr. 440.2: Gas/Öl-Feuerungsanlagen mit
Zugbedarf, 140 °C ≤ ϑ_A < 190 °C

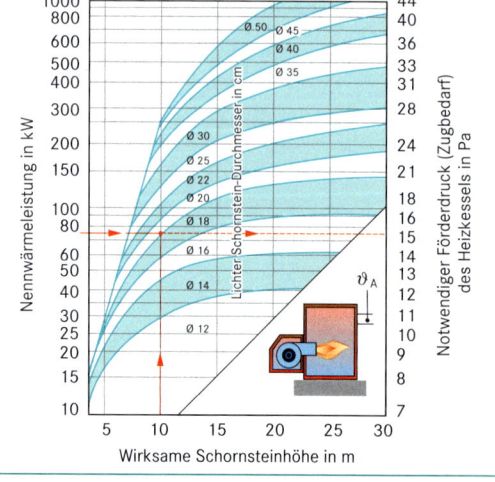

Nennwärmeleistung in kW

Ø 50
Ø 45
Ø 40
Ø 35
Ø 30
Ø 25
Ø 22
Ø 20
Ø 18
Ø 16
Ø 14
Ø 12

Lichter Schornstein-Durchmesser in cm

Notwendiger Förderdruck (Zugbedarf)
des Heizkessels in Pa

ϑ_A

Wirksame Schornsteinhöhe in m

Heizungstechnik

Diagramme zur überschlägigen Bemessung des Schornsteins
diagrammes for estimated sizing of the chimney

Diagr. 441.1: Holz-Feuerungsanlagen, $\vartheta_A \geq 240\ °C$, mit Zugbedarf

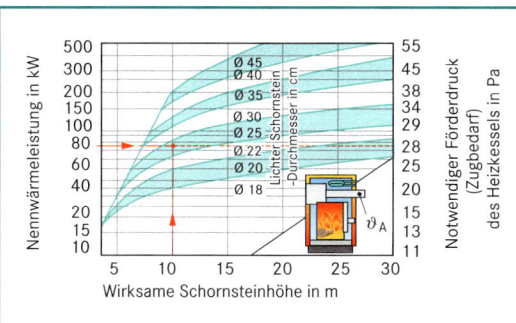

Diagr. 441.2: offene Kamine, $\vartheta_A = 80\ °C$

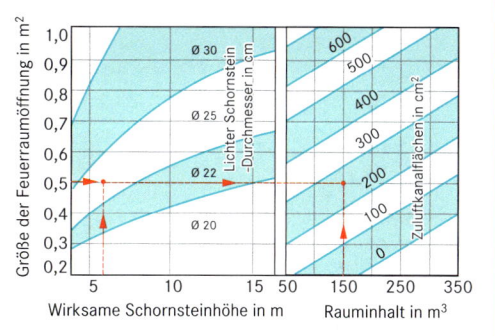

Bemessung von selbsttätig arbeitenden Nebenluftvorrichtungen (Zugbegrenzer)
sizing of automatically working flue limiting control devices

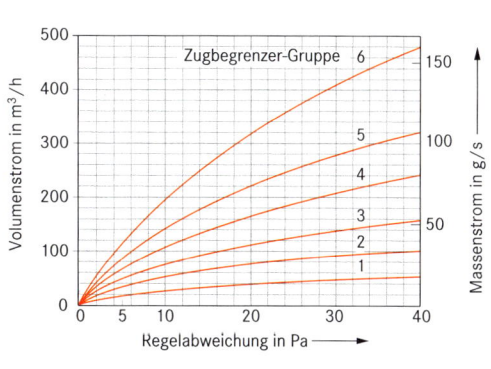

Zugbegrenzer

- Nebenluft
- Nebenluftklappe
- Gegengewicht
- Abgas

Tab. 441.1: Ausführungsarten von Schornsteinen

Ausführungsart[1]	Wärmedurchlasswiderstand	Beispiel	
I	$\geq 0,65\ m^2 \cdot K/W$	dreischalig mit Wärmedämmung und Hinterlüftung	
II	$< 0,65\ m^2 \cdot K/W$ $\geq 0,22\ m^2 \cdot K/W$	ein- und zweischalig gemauert mit Wandungsdicke ab ca. 24 cm	
III	$< 0,22\ m^2 \cdot K/W$ $\geq 0,12\ m^2 \cdot K/W$	einschalig gemauert mit Wandungsdicke bis ca. 24 cm	

[1] Wärmedurchlasswiderstandsgruppe

Anhaltswerte für den Einsatzbereich von Zugbegrenzern　　　DIN 4795: 1991-04

Tab. 441.2: Einsatzbereich von Zugbegrenzern für Schornsteine bis $H = 20$ m und $\dot{Q}_{NL} \leq 350$ kW

Wärmedurchlasswiderstandsgruppen[1] Schornsteinquerschnitt		empfohlene Gruppe der Zugbegrenzer
I und II cm²	III cm²	
100 bis 160	100 bis 220	min. 1
über 160 bis 220	über 220 bis 300	min. 2
über 220 bis 300	über 300 bis 400	min. 3
über 300 bis 400	über 400 bis 500	min. 4
über 400 bis 500	über 500 bis 750	min. 5
über 500 bis 750		6

[1] nach Tab. 441.1

Vorteile:
- sorgt für nahezu konstanten Schornsteinzug,
- begrenzt Abgasverluste,
- erleichtert die optimale Brennereinstellung,
- mindert die Gefahr der Schornsteinversottung

Nachteil:
- Wärmeverluste aus dem Aufstell- bzw. Heizraum

Diagr. 441.3: Grenzkurven zur Gruppeneinteilung

Ein Einstelldruck unter 10 Pa ist nicht zulässig. Der benötigte Zugbedarf ist durch Messung zu überprüfen und sicherzustellen.

Pufferspeicher für Festbrennstoffkessel
puffer-storage for solid fuel boilers

Pufferspeicherinhalt

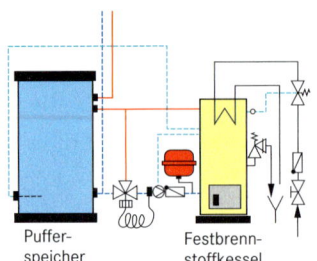

Puffer-
speicher

Festbrenn-
stoffkessel

Sicherheitstechnische Einrichtungen
nach DIN EN 12 828 (→ S. 429)

Vorteile bei Dimensionierung nach b):
- stets günstiger Volllastbetrieb,
- bessere Brennstoffnutzung,
- Senkung der Umweltbelastung,
- Verringerung des Wartungsaufwandes,
- Verbesserung von Sicherheit und Komfort.

a) nach DIN EN 303-5: 1999-06
(gilt nur, wenn: $\dot{Q}_{K,min} \geq 0,3 \dot{Q}_{NL}$)

$$V_{PU,min} = 15 \cdot \dot{Q}_{NL} \cdot t_B \cdot \left[1 - 0,3 \cdot \frac{\dot{Q}_{HL}}{\dot{Q}_{K,min}} \right]$$

b) nach Herstellerempfehlung:

$$V_{Pu} = \frac{\dot{Q}_{NL} \cdot t_B}{\varrho_w \cdot c \cdot (\vartheta_{Pu,max} - \vartheta_{Pu,min})}$$

Grenzwerte: $\vartheta_{Pu,max} = 85\ °C$
$\vartheta_{Pu,min} = 20\ °C$

Die Nutzbarkeit der im Pufferspeicher
befindlichen Wärme ist abhängig von
der Rücklauftemperatur des Heizkreises.

$V_{Pu,min}$	:	minimaler Puffer-speicherinhalt in l
$\dot{Q}_{NL}$	:	Nennwärmeleistung des Kessels in kW
$\dot{Q}_{HL}$	:	Norm-Heizlast des Gebäudes (DIN EN 12 831) in kW (→ S. 387)
t_B	:	Abbrandzeit einer Füllung in h
$\dot{Q}_{K,min}$	:	kleinstmögliche Kesselleistung in kW
15	:	Umrechnungs-faktor in l/(kW · h)
V_{Pu}	:	Pufferspeicher-inhalt in l
ϱ_w	:	mittlere Dichte des Heizungswassers in kg/dm³ (→ Tab. 45.2)
c	:	spezif. Wärmekapazität des Heizungswassers in Wh/(kg · K)
$\vartheta_{Pu,max}$	:	max. Pufferspeicher-temperatur in °C
$\vartheta_{Pu,min}$	:	min. Pufferspeicher-temperatur in °C

Fernwärmeanlagen
district heating systems

DIN 4747-1: 2003-11

Schematische Darstellung und Begriffe

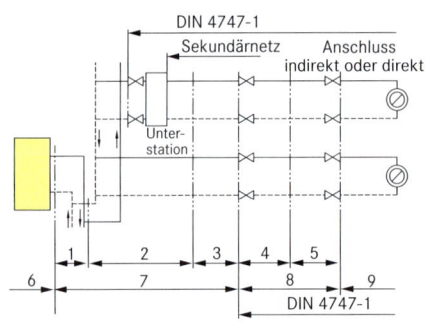

DIN 4747-1
Sekundärnetz   Anschluss
indirekt oder direkt[1]
Unter-
station
DIN 4747-1

1. Hauptleitung
2. Verteilleitung
3. Hausanschlussleitung
4. Übergabestation
5. Hauszentrale
6. Wärmeerzeugungsanlage
7. Fernwärmenetz
8. Hausstation
9. Hausanlage

**Beispiel für den indirekten Anschluss[2]
einer Hausanlage**

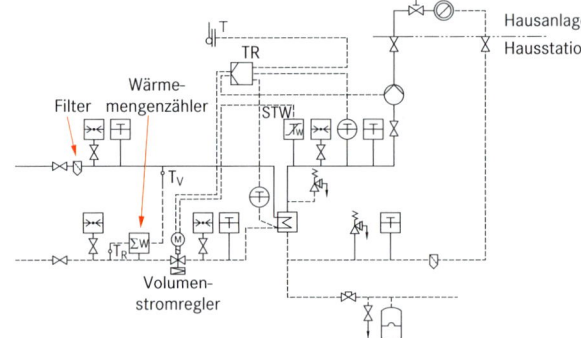

Hausanlage
Hausstation
Wärme-
Filter mengenzähler
T_V
Volumen-
stromregler

STW:
Sicherheits**t**emperatur**w**ächter
(geprüft und gekennzeichnet nach DIN 3440)
Weitere Symbole → S. 120 ff. und S. 429

[1] Direkter Anschluss ist nach den Technischen Anschlussbedingungen (TAB) vieler Fernwärmeversorgungsunternehmen (FVU)
für Neuanschlüsse nicht mehr zulässig.
[2] mit Wärmetauscher.

(Trinkwassererwärmung mit Fernwärme → S. 250)

Heizungstechnik

Dampfheizungsanlagen
steam heating

Wärmemenge, Wärmeinhalt (Enthalpie)

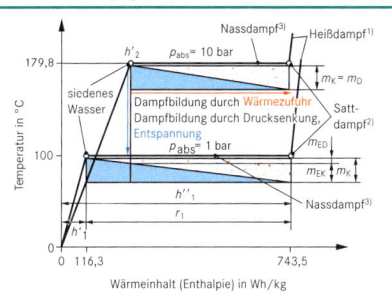

$$Q_V = m_D \cdot r$$

$$Q_K = m_K \cdot r$$

$$h'' = h' + r$$

$$h' = \vartheta_S \cdot c$$

verwendete Indizes:
2 **vor** der Entspannung
1 **nach** der Entspannung

Ändert sich der Druck p_e, so
ändern sich ϑ_S, h', h'',
r, v', v'' und die Dichte des
Dampfes ϱ'' ($\rightarrow$ Tab. 48.1).

[1] überhitzter Dampf
[2] Wasser ist vollständig verdampft, trocken
[3] nicht alles Wasser ist verdampft, feucht

Q_V	: Verdampfungswärme	in Wh
m_D	: Dampfmasse	in kg
r	: spezif. Verdampfungs-wärme	in Wh/kg
Q_K	: Kondensationswärme	in Wh
m_K	: Kondensatmasse	in kg
h''	: spezifische Enthalpie des Sattdampfes	in Wh/kg
h'	: spezifische Enthalpie des siedenden Wassers (Kondensats)	in Wh/kg

(h' bei 0 °C ist per Definition 0 Wh/kg)
ϑ_S (ϑ_D): Siedetemperatur der Flüssigkeit (Dampftemperatur) in °C
c : spezifische Wärmekapazität der Flüssigkeit in Wh/(kg ·K) (Wasser: c = 1,163 Wh/(kg · K))
m_{ED} : Masse des Entspannungs-dampfes in kg

Masse von Dampf, Kondensat und Entspannungsdampf

$$m_D = m_K$$

$$m_{ED} = m_K \cdot \left(\frac{h'_2 - h'_1}{r_1} \right)$$

Dampfleistung, Massen- und Volumenströme

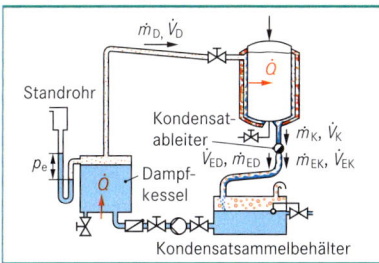

$$\dot{Q} = \dot{m}_D \cdot r$$

$$\dot{Q} = \dot{m}_K \cdot r$$

$$\dot{Q} = \frac{Q}{t}$$

$$\dot{m} = \frac{m}{t}$$

vor dem Kondensatableiter:

$$\dot{V}_D = \dot{m}_D \cdot v''_2$$

$$\dot{V}_K = \dot{m}_K \cdot v'_2$$

nach dem Kondensatableiter:

$$\dot{V}_E = \dot{V}_{ED} + \dot{V}_{EK}$$

$$\dot{V}_{ED} = \dot{m}_{ED} \cdot v''_1$$

$$\dot{V}_{EK} = (\dot{m}_D - \dot{m}_{ED}) \cdot v'_1$$

$\dot{Q}$	: Dampfleistung	in W
$\dot{m}_D$	: Massenstrom des Dampfes	in kg/h
r	: spezif. Verdampfungs-wärme	in Wh/kg
$\dot{m}_K$	: Massenstrom des Kondensates	in kg/h
t	: Zeit	in h
$\dot{V}_D$	: Volumenstrom des Dampfes	in dm³/h
v''	: spezifisches Volumen des trockenen Dampfes	in dm³/kg
$\dot{V}_K$	: Volumenstrom des Kondensates	in dm³/h
v'	: spezifisches Volumen des Kondensates	in dm³/kg
$\dot{V}_E$	: Gesamtvolumenstrom nach dem Kondensat-ableiter	in dm³/h
$\dot{V}_{ED}$	: Volumenstrom des Entspannungsdampfes	in dm³/h
$\dot{V}_{EK}$	: Volumenstrom des entspannten Kondensats	in dm³/h

Tab. 443.1: Einteilung der Kessel mit ϑ > 110 °C nach der Druckgeräterichtlinie (DGRL)

Kategorie I	V > 2 Liter, p_e > 0,5 bar $p_e \cdot V$ < 50 bar · Liter
Kat. II	V > 2 Liter, 0,5 bar < p_e < 32 bar 50 bar · Liter < $p_e \cdot V$ < 200 bar · Liter
Kat. III	2 Liter < V < 1000 Liter 0,5 bar < p_e < 32 bar 200 bar · Liter < $p_e \cdot V$ < 3000 bar · Liter
Kat. IV	alle übrigen Kessel für die gilt: V > 2 Liter und p_e > 0,5 bar

Je größer das Produkt $p_e \cdot V$, desto größer ist das Gefahrenpotenzial und desto schwieriger ist das Auf-stellungsund Genehmigungsverfahren.

Tab. 443.2: Übliche Strömungsgeschwindigkeiten, die sich in der Praxis bewährt haben

Heißdampfleitung: v_{max} = 50 m/s

Sattdampfleitung:
($p_e \leq 1$ bar) : v = 10 ... 15 m/s
(p_e = 1 ... 4 bar) : v = 15 ... 20 m/s
(p_e > 4 bar) : v_{max} = 25 m/s

Kondensatleitung:
vor Kondensat-Ableiter : $v \leq 0,5$ m/s
nach Kondensat-Ableiter : $v \leq 10$ m/s

Nennweitenberechnung von Dampf- und Kondensatleitungen

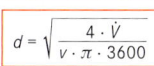

$$d = \sqrt{\frac{4 \cdot \dot{V}}{v \cdot \pi \cdot 3600}}$$

π = 3,14 ...

d	: Rohr-Innendurch-messer	in m
$\dot{V}$	: Volumenstrom	in m³/h
v	: Strömungs-geschwindigkeit ($\rightarrow$ Tab. 443.2)	in m/s
3600	: Umrechnungszahl	in s/h

Sicherheitstechnische Grundausrüstung für Dampfkessel der Gruppe II

DIN 4750 und TRD 701

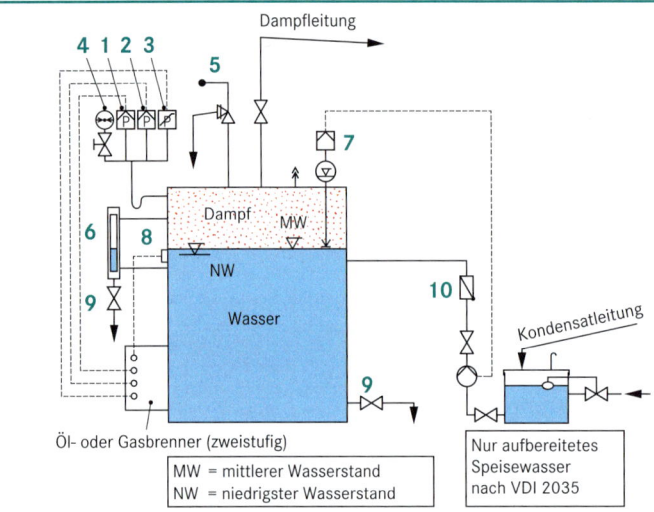

Dampfleitung

Kondensatleitung

Dampf · MW

NW

Wasser

Öl- oder Gasbrenner (zweistufig)

| MW = mittlerer Wasserstand |
| NW = niedrigster Wasserstand |

Nur aufbereitetes Speisewasser nach VDI 2035

1 **Druckregler Stufe 1**
2 **Druckregler Stufe 2** (oder ggf. Druckregler für modul. Brenner)
3 **Druckwächter**
4 **Manometer** (entsprechend dem Betriebsdruck der Anlage)
5 **Sicherheitsventil** (für Betriebsüberdruck bis 0,5 bar gewichtsbelastet sonst federbelastet) **oder** unabsperrbares **Standrohr** bis zu Betriebsüberdruck von 0,5 bar
6 **Wasserstandsanzeige**
7 **Wasserstandsregler**
8 **Wassermangelschalter** (= Wassermangelsicherung)
9 **Schnellschlussventil** (zur Entschlammung)
10 **Rückschlagorgan**

Bei Festbrennstofffeuerung anstatt:
1 und 2 → Membrandruckregler,
3 → Überdruckpfeife,
8 → Wassermangelpfeife.

Grundsätzliche Verlegeregeln für die Leitungen

Dampfleitungen:
- Strömungsgeschwindigkeit begrenzen (→ Tab. 443.2)
- Kondensatbildung vermeiden (gute Wärmedämmung)
- anfallendes Kondensat abführen (Pfützen vermeiden)
  - Mindestgefälle 1 : 100 in Strömungsrichtung
  - gleiche Fließrichtung von Dampf und Kondensat
  - alle Tiefpunkte entwässern (mind. alle 20 m) (sägezahnförmiger Rohrleitungsverlauf)
- Anschlussleitungen der Verbraucher von oben an die Dampfleitung anschließen

Kondensatleitungen:
- sollen beim Abschalten der Anlage leerlaufen, um Wasserschläge beim erneuten Anlaufen sowie Korrosion und Frostschäden zu vermeiden
- sind zumeist „Dampfleitungen" mit besonders hohem Wassergehalt, d. h. wie bei Dampfleitungen
  - Strömungsgeschwindigkeit begrenzen (→ Tab. 443.2)
  - gute Wärmedämmung
  - Mindestgefälle 1 : 100 in Strömungsrichtung
  - gleiche Fließrichtung von Entspannungsdampf und Kondensat
- Anschluss der Zuleitungen von oben an die Kondensatleitung (stoßfreie Einmündung)

Kondensatableiter

Aufgabe: Sie müssen Kondensat staufrei ableiten und auch Luft ableiten, aber Dampf zurückhalten

Diagr. 444.1: Bemessung von Kugelschwimmer-Kondensatableitern mit automatischer Entlüftung (Hersteller)

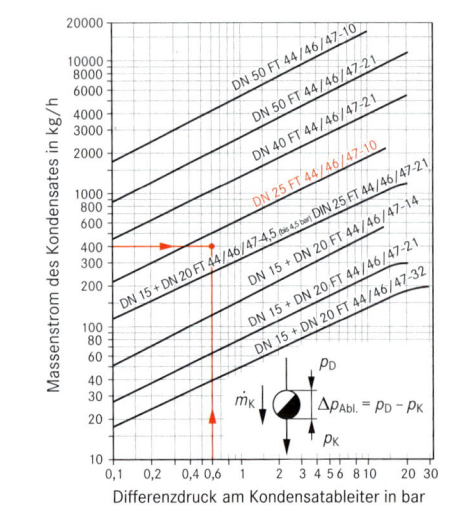

Massenstrom des Kondensates in kg/h

DN 50 FT 44/46/47-10
DN 50 FT 44/46/47-21
DN 40 FT 44/46/47-10
DN 25 FT 44/46/47-10
DN 25 FT 44/46/47-21
DN 15 + DN 20 FT 44/46/47-14
DN 15 + DN 20 FT 44/46/47-45 (bis 4,5 bar)
DN 15 + DN 20 FT 44/46/47-21
DN 15 + DN 20 FT 44/46/47-32

p_D
$\dot{m}_K$
$\Delta p_{Abl.} = p_D - p_K$
p_K

Differenzdruck am Kondensatableiter in bar

Tab. 444.1: Auswahlkriterien für Kondensatableiter

	Kugelschwimmer-Kondensatableiter[1]	Thermodynamische Kondensatableiter	Thermische Kapsel-kondensatableiter	Schnellentleerer-Kondensatableiter
++ sehr günstig				
+ geeignet				
o ungünstig				
– nicht empfehlenswert				
Merkmale				
Anpassung an Druckschwankungen	++	++	++	+
Anpassung an Lastschwankungen	++	++	++	+
Durchsatz bezogen auf das Gewicht	o	++	++	+
Korrosionsbeständigkeit	+	++	+[2]	o/–
Druckstufen bzw. Lagerhaltung	o	++	++	++
Entlüftungseigenschaften	++[3]	o	++	++
Beständigkeit gegen Wasserschlag	–	++	+	–
Schmutzempfindlichkeit	+	++	++	++
Kondensatableitung: s = stetig, u = unstetig	s	u	s/u	s/u
Unverzügliche Kondensatableitung	++	++	+	++
Einbaulage: b = beliebig, v = vorgeschrieben	v	b	b	b
Hoher Betriebsdruck	++	++	+	o
Überhitzter Dampf	+	+	o	–

[1] Kugelschwimmer-Kondensatableiter sind regelungstechnisch die besten Ableiter
[2] mit Gehäuse aus Edelstahl
[3] nur mit automatisch der Sattdampfkurve folgendem Entlüfter

Heizungstechnik

Tab. 445.1: Alternative bzw. erneuerbare Energien

Ursachen	Sonne				Erde	Mond
Energieart	Wasserkraft	Windkraft	Solarstrahlung	Biomasse	Geothermik	Gravitation
Nutzung	Wasserkraft-werke	Windkraft-werke	Wärmepumpen, Kollektoren, Solarzellen, Meeresströmungskraftwerke	Heizkraft-werke (BHKW)	Geothermische Heizkraftwerke	Gezeitenkraft-werke

Wärmepumpe/Kältemaschine

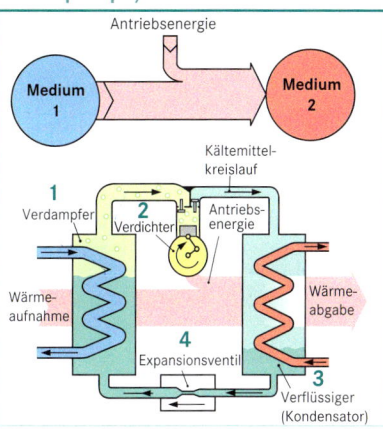

Eine Wärmepumpe/Kältemaschine ist ein Gerät, das die Temperatur eines Kältemittels von einem niedrigeren Temperaturniveau mit Hilfe von Antriebsenergie auf ein höheres Temperaturniveau anhebt und so den Wärmetransport entgegen dem natürlichen Verlauf ermöglicht.
Als Kältemittel eignen sich Stoffe, die schon bei sehr niedriger Temperatur verdampfen und eine höhere Verdampfungswärme haben. → S. 50.

1 Im **Verdampfer** wird flüssiges Kältemittel bei geringerem Druck verdampft. Dabei wird dem Medium 1 bei niedriger Temperatur Wärme entzogen.

2 Vom **Verdichter** wird der Kältemitteldampf auf ein höheres Druck- und Temperaturniveau gebracht.

3 Im **Verflüssiger** kondensiert das Kältemittel bei höherer Temperatur und gibt dabei im Verdampfer aufgenommene Wärme sowie die durch das Verdichten zugeführte Energie als Wärme an das Medium 2 wieder ab.

4 Über das **Expansionsventil** wird das Kältemittel auf den niedrigeren Druck des Verdampfers entspannt. Dabei kühlt es ab. Der Kreislauf ist geschlossen.

Wärmepumpe/Kältemaschine

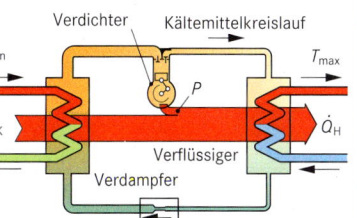

Nutzen als **Wärmepumpe**, d. h. bei höherer Temperatur wird Wärme an ein Medium, z. B. Heizungswasser oder Raumluft abgegeben.

Leistungszahl:

$$\varepsilon_{WP} = \frac{\dot{Q}_H}{P}$$

$$\varepsilon_{WP} = \frac{T_{max}}{T_{max} - T_{min}}$$

(Jahres)-Arbeitszahl:

$$\beta_{WP} = \frac{Q_H}{W}$$

ε_{WP} : Leistungszahl der Wärmepumpe[1]
$\dot{Q}_H$: Heizwärmeleistung in kW (vom Verflüssiger abgegeben)
P : Antriebsleistung in kW
T_{max}: Heiz-Vorlauftemperatur in K
T_{min}: Wärmequellen-Temperatur in K
β_{WP} : (Jahres)-Arbeitszahl der Wärmepumpe
Q_H : innerhalb eines Jahres vom Verflüssiger abgegebene Heizwärmemenge in kWh
W : innerhalb desselben Jahres aufgenommene Antriebsenergie des Verdichters in kWh

---

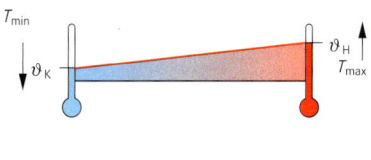

Nutzen als **Kältemaschine**, d. h. bei niedrigerer Temperatur wird einem Medium Wärme entzogen, z. B. aus der Luft eines Kühlraumes.

Leistungszahl:

$$\varepsilon_{KM} = \frac{\dot{Q}_K}{P}$$

$$\varepsilon_{KM} = \frac{T_{min}}{T_{max} - T_{min}}$$

ε_{KM} : Leistungszahl der Kältemaschine
$\dot{Q}_K$: Kühlwärmeleistung (vom in kW Verdampfer aufgenommen)
P : Antriebsleistung in kW
T_{min} : Wärmequellen-Temperatur (Kühlraum-Temp.) in K
T_{max}: Heiz-Vorlauftemperatur (Temperatur bei Wärmeabgabe) in K

Synergieeffekt

Nutzung als **Wärmepumpe und gleichzeitig als Kältemaschine**.

Synergie: Energie, die für die gemeinsame Erfüllung von Aufgaben genutzt wird bzw. zur Verfügung steht.

$$\varepsilon_{max} = \varepsilon_{WP} + \varepsilon_{KM}$$

ε_{max}: Leistungszahl bei gemeinsamer Aufgabenerfüllung
ε_{WP} : Leistungszahl der Wärmepumpe
ε_{KM} : Leistungszahl der Kältemaschine

---

[1] COP-Wert (Coefficient Of Performance) ist wie die Leistungszahl der Wärmepumpe definiert. Dieser Wert berücksichtigt aber auch die Antriebsenergie der Hilfsaggregate. Er wird nach einer definierten Messmethode (DIN EN 255) ermittelt und ist ein Gütekriterium für Wärmepumpen.

Heizungstechnik

Diagr. 446.1: Kreisprozess der Wärmepumpe/Kältemaschine

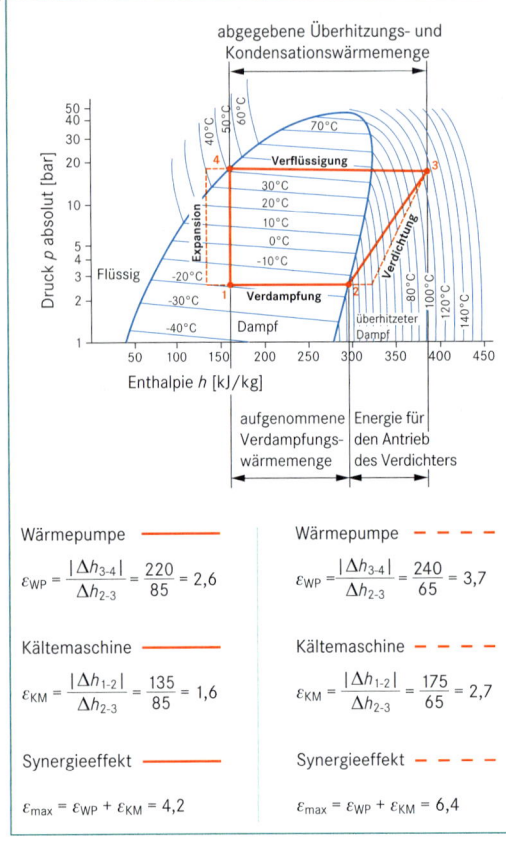

Aus dem „**log p-h-Diagramm**" lassen sich die einzelnen Arbeitsgänge als Strecken ablesen:
1-2 Verdampfung
2-3 Verdichtung
3-4 Verflüssigung
4-1 Expansion

Das hier verwendete Kältemittel liegt im Zustand 1 bei $\vartheta_1 = -20\ °C$ und $p_1 = 2{,}5$ bar als Nassdampf vor. Bis zur vollständigen **Verdampfung** bei $\vartheta_2 = -15\ °C$ nimmt es eine spezifische Verdampfungswärme von $\Delta h_{1-2} = h_2 - h_1 = 135$ kJ/kg auf.

Zur Verdichtung auf $p_3 = 19$ bar wird eine spezifische Energie von $\Delta h_{2-3} = h_3 - h_2 = 85$ kJ/kg benötigt. Dabei erhöht sich die Temperatur auf $\vartheta_3 = 110\ °C$.

Bei **Verflüssigung** im Kondensator wird zuerst die Überhitzungswärme und anschließend die Kondensationswärme frei. Dass diese Energie abgegeben wird, lässt sich auch am Vorzeichen der Rechnung erkennen. Demnach wird hierbei die Wärmemenge $\Delta h_{3-4} = h_4 - h_3 = -220$ kJ/kg abgegeben. Im Zustand 4 bei $\vartheta_4 = 40\ °C$ und $p_4 = 19$ bar ist das Kältemittel wieder verflüssigt.

Die Strecke 4-1 stellt den Vorgang bei der **Expansion** dar. Dabei fallen der Druck und die Temperatur auf den Anfangszustand ab. Der Kreisprozess kann erneut beginnen.

Von praktischem Nutzen ist das log p-h-Diagramm auch, weil damit die Leistungszahlen ε_{WP}, ε_{KM} und ε_{max} ermittelt werden können.

Die Leistungszahl der Wärmepumpe ε_{WP} ergibt sich aus dem Verhältnis der abgegebenen Wärmemenge zur Antriebsenergie des Verdichters.

Die Leistungszahl der Kältemaschine ε_{KM} ergibt sich aus dem Verhältnis der aufgenommenen Verdampfungswärme zur Antriebsenergie des Verdichters.

Darüber hinaus können Veränderungen am Kreisprozess, wie sie sich z. B. durch einen Zwischen-Wärmetauscher ergeben, verdeutlicht werden (gestrichelte rote Linien).

Wärmepumpe ———
$$\varepsilon_{WP} = \frac{|\Delta h_{3-4}|}{\Delta h_{2-3}} = \frac{220}{85} = 2{,}6$$

Wärmepumpe – – – –
$$\varepsilon_{WP} = \frac{|\Delta h_{3-4}|}{\Delta h_{2-3}} = \frac{240}{65} = 3{,}7$$

Kältemaschine ———
$$\varepsilon_{KM} = \frac{|\Delta h_{1-2}|}{\Delta h_{2-3}} = \frac{135}{85} = 1{,}6$$

Kältemaschine – – – –
$$\varepsilon_{KM} = \frac{|\Delta h_{1-2}|}{\Delta h_{2-3}} = \frac{175}{65} = 2{,}7$$

Synergieeffekt ———
$$\varepsilon_{max} = \varepsilon_{WP} + \varepsilon_{KM} = 4{,}2$$

Synergieeffekt – – – –
$$\varepsilon_{max} = \varepsilon_{WP} + \varepsilon_{KM} = 6{,}4$$

Tab. 446.1: Wärmepumpen-Systeme für die Raumheizung, Übersicht der Kombinationsmöglichkeiten

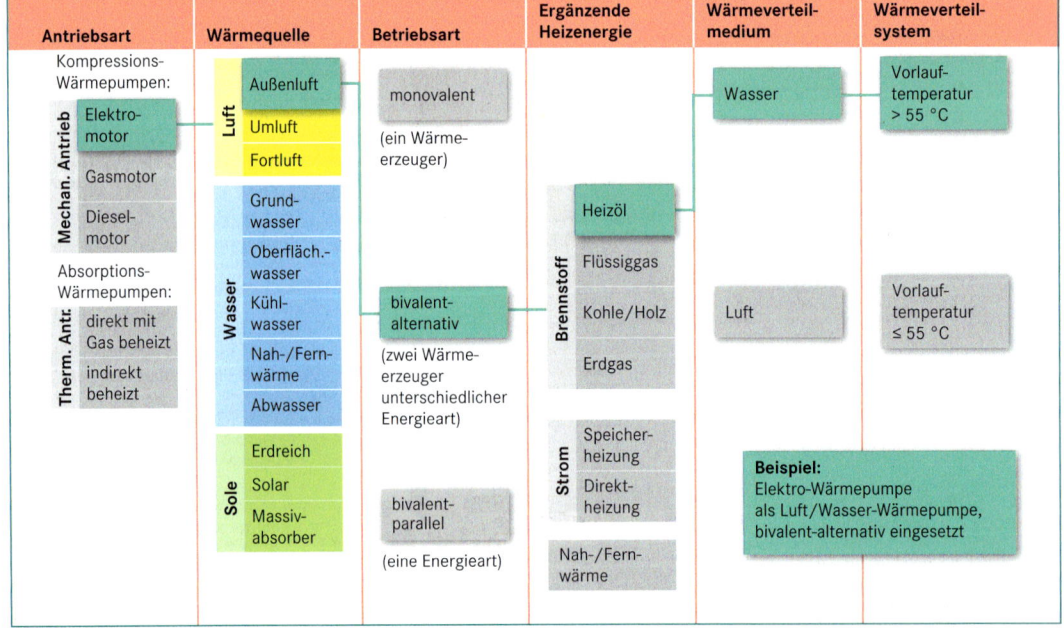

Tab. 447.1: Wärmequellen für Wärmepumpen (Auswahl)

Grundwasser 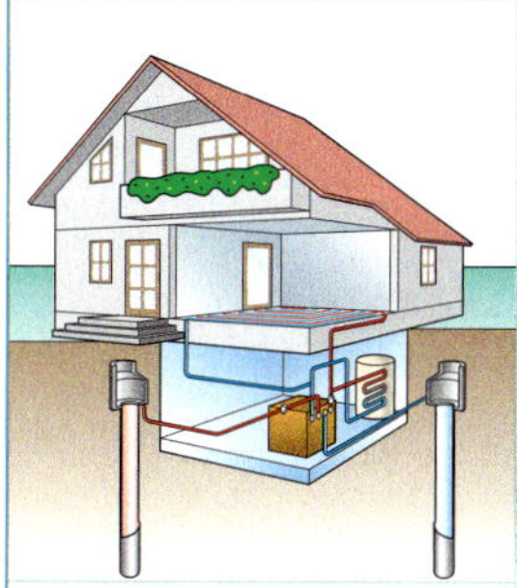	Erdwärme (Kollektoren) 	Erdwärme (Sonden) 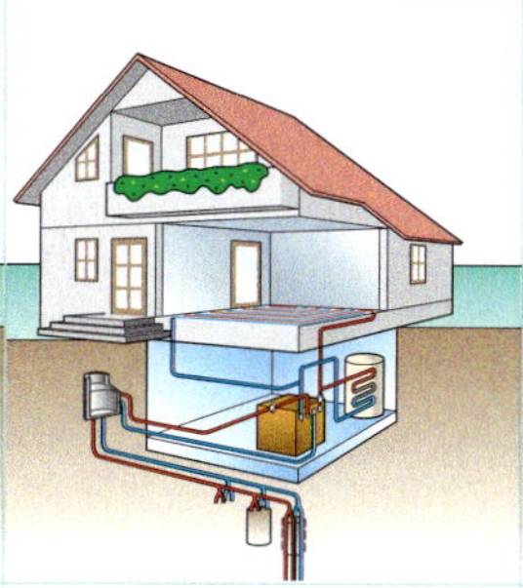	Luft 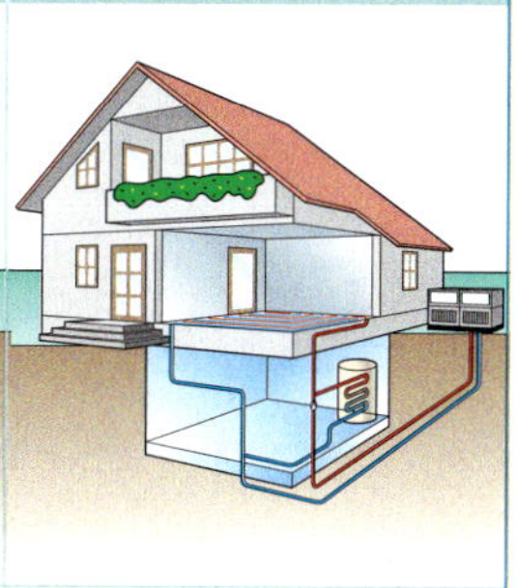

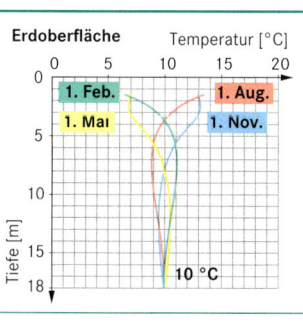

Grundwasser
- monovalente Betriebsart möglich
- gleichbleibend Temperatur 7 bis 12 °C
- Jahresarbeitszahl $\beta_{WP} > 5$ möglich
- Saug- und Schluckbrunnen sowie Pumpe erforderlich
- Brunnenabstand mind. 8 m
- Wärmemenge ≈ 6 kWh/m³
- Zwischenkreis-WT wegen schwankender Wasserqualität empfehlen
- Wärmequellenanlage genehmigungspflichtig (Wasser-Wirtschaftsamt)

Erdwärme (Kollektoren)
- monovalente Betriebsart möglich
- gleichbleibend Temperatur 7 bis 13 °C in 2 m Tiefe (→ Diagr. 447.1)
- Jahresarbeitszahl $\beta_{WP} > 4$ möglich
- großflächige im Erdreich verlegte Rohrsysteme erforderlich (1,2 bis 1,5 m tief, gleiche Stranglänge < 100 m, einzeln absperrbar)
- Erforderliche Erdreichfläche für die Heizleistung → Diagr. 447.2

Erdwärme (Sonden)
- monovalente Betriebsart möglich
- gleichbleibend Temperatur
- Jahresarbeitszahl $\beta_{WP} > 5$ möglich
- platzsparende Erschließung der Wärmequelle
- besonders für kleine Grundstücke geeignet
- Sondenabstand > 5 m
- VDI-Richtwert 50 W/m
- Bohrungen bis 100 m Tiefe
- Wärmequellenanlage genehmigungspflichtig (Wasser-Wirtschaftsamt)
- Kosten ca. 30 bis 50 €/m

Außenluft
- meist bivalent-alternative Betriebsart möglich
- schwankende Temperatur
- Jahresarbeitszahl $\beta_{WP} > 3$ möglich
- insbesondere im Winter wird ε_{WP} zu gering
- Wärmequelle überall zu erschließen

Fortluft
- bei kontrollierter Wohnungslüftung möglich
- abhängig von Menge und Teperaturniveau der Abluft → S. 464

Diagr. 447.1: Jahrestemperaturverlauf im Erdreich

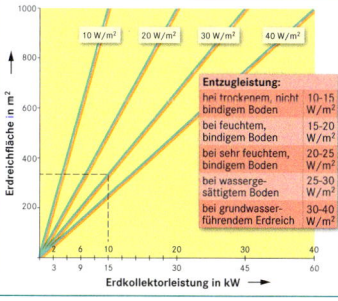

Diagr. 447.2: Erforderliche Erdreichfläche bei Erdwärme-Kollektoren

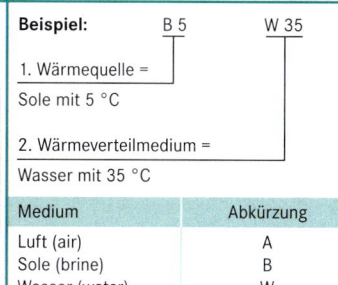

Benennung der Wärmepumpen nach DIN EN 255

Beispiel: B 5   W 35

1. Wärmequelle =
Sole mit 5 °C

2. Wärmeverteilmedium =
Wasser mit 35 °C

Medium	Abkürzung
Luft (air)	A
Sole (brine)	B
Wasser (water)	W

Blockheizkraftwerk (BHKW)

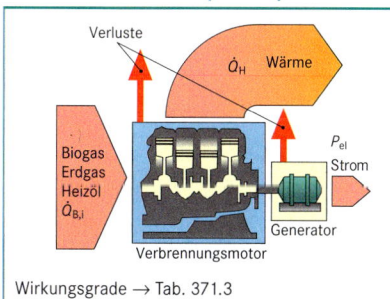

$$\eta_{th} = \frac{\dot{Q}_H}{\dot{Q}_{B,i}}$$

$$\eta_{el} = \frac{P_{el}}{\dot{Q}_{B,i}}$$

$$\eta_{ges} = \eta_{th} + \eta_{el}$$

η_{th} : thermischer Wirkungsgrad
$\dot{Q}_H$: Wärmeleistung   in kW
$\dot{Q}_{B,i}$: Brennstoffleistung   in kW
(Wärmebelastung) nach dem Heizwert
für Gas: $\dot{Q}_{B,i} = \dot{V}_B \cdot H_{i,B}$
für Heizöl: $\dot{Q}_{B,i} = \dot{m}_B \cdot H_i$
(→ 3. 338)
η_{el} : elektrischer Wirkungsgrad
P_{el} : elektrische Leistung   in kW
η_{ges} : Gesamtwirkungsgrad

Wirkungsgrade → Tab. 371.3

Heizungstechnik

Einflussfaktoren für die Auslegung einer Solaranlage

- Standort (→ Diagr. 449.1)
- Dachneigung (Kollektor-Neigungswinkel α)
- Dachausrichtung (Kollektorausrichtung → Tab. 449.1)
- Warmwasserbedarf (→ Diagr. 449.2)
- Heizungsunterstützung (bei FB-Heizung sinnvoll)

Optimaler Kollektor-Neigungswinkel

Verwendung der Solarwärme für	α_{opt}
Schwimmbadwasser- und/oder Trinkwassererwärmung	30 ... 45°
Trinkwassererwärmung und Heizungsunterstützung	45 ... 53°

Speichervolumen und durchschnittliche Mindest-Wärmemenge für die Trinkwassererwärmung

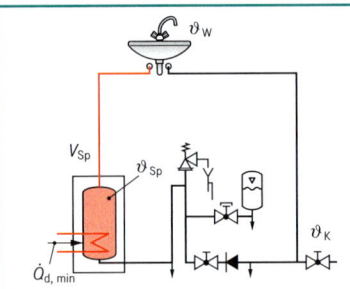

$$V_{Sp} = b \cdot V_{Sp, min}$$

$$V_{Sp, min} = \frac{V_P \cdot n \cdot (\vartheta_w - \vartheta_k)}{(\vartheta_{Sp} - \vartheta_k)}$$

Hinweis:
In **Speicher-Wassererwärmern** können Legionellenprobleme auftreten. Ab $V_{Sp} > 400\ l$ sind solche Speicher daher nur mit täglicher Nachheizung auf 60 °C zugelassen (DVGW-Arbeitsblatt W551). Um den Energiegewinn nicht zu gefährden, sollten bei größeren Anlagen **Heizwasser-Pufferspeicher** eingesetzt werden, bei denen das Trinkwasser hygienisch im Durchlauf erwärmt wird. Heizwasser-Pufferspeicher dienen auch der solaren Heizungsunterstützung.

$$Q_{d, min} = V_P \cdot n \cdot \varrho \cdot c \cdot (\vartheta_w - \vartheta_k)$$

V_{Sp}	:	Speichervolumen	in l
b	:	Bevorratungszeit	in d
		(1,5 bis 2,5-facher Tagesbedarf)	
$V_{Sp, min}$	:	Mindest-Speicher-	
		volumen	in l/d
V_P	:	Warmwasserbedarf	in $l/(d \cdot Pers.)$
		(→ Tab. 448.1)	
n	:	Personenzahl	in Pers.
ϑ_w	:	Warmwassertemperatur	
		an der Zapfstelle	in °C
ϑ_k	:	Kaltwassertemperatur	in °C
		($\vartheta_k \approx 10$ °C)	
ϑ_{Sp}	:	Temperatur des	
		Warmwassers	
		im Speicher	in °C
		($V_{Sp} \leq 400\ l$: $\vartheta_{Sp} = 50$ bis 60 °C	
		$V_{Sp} > 400\ l$: $\vartheta_{Sp} = 60$ °C)	
$Q_{d, min}$	:	durchschnittliche Mindest-	
		Wärmemenge	in $W \cdot h/d$
ϱ	:	Dichte	in kg/l
		(Wasser: $\varrho \approx 1{,}00\ kg/l$)	
c	:	spezif. Wärme-	
		kapazität	in $W \cdot h/(kg \cdot K)$
		(Wasser: $c = 1{,}163\ W \cdot h/(kg \cdot K)$)	

Tab. 448.1: Warmwasserbedarf V_P (nach VDI 2067)

Gebäudeart	V_P in $l/(d \cdot Pers.)$ (bei $\vartheta_w = 45$ °C)
Im Wohnungsbau	
hohe Ansprüche	60 ... 120
mittlere Ansprüche	**30 ... 60**
einfache Ansprüche	15 ... 30
In Hotelbetrieben, Pensionen, Heimen	
Zimmer mit Bad und Dusche	170 ... 260
Zimmer mit Bad	135 ... 196
Zimmer mit Dusche	74 ... 135
Heime, Pensionen	37 ... 74

Kollektorfläche und Wärmetauscherfläche im Speicher

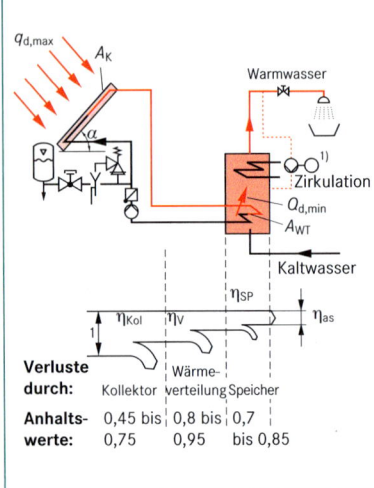

Verluste durch: Kollektor, Wärmeverteilung, Speicher

Anhaltswerte: 0,45 bis 0,75 | 0,8 bis 0,95 | 0,7 bis 0,85

$$A_K = \frac{Q_{d, min} \cdot f_1}{q_{d, max} \cdot \eta_{as}}$$

$$\eta_{as} = \eta_{Kol} \cdot \eta_V \cdot \eta_{Sp}$$

Hinweis:
Anzustreben sind 100 % Deckung des Wärmebedarfs für die Warmwasserbereitung in der wärmsten Jahreszeit. Eine größere Kollektorfläche ist nur sinnvoll, wenn die Wärme über einen längeren Zeitraum gespeichert werden kann.

$$A_{WT} \approx 0{,}3 \cdot A_K$$

A_K	:	Kollektorfläche	in m^2
$Q_{d, min}$	:	durchschnittliche Mindest-	
		Wärmemenge	in $kW \cdot h/d$
f_1	:	Korrekturfaktor bei abwei-	
		chender Kollektorausrichtung	
		(→ Tab. 449.1)	
$q_{d,max}$	:	maximale wirksame Global-	
		strahlung bei vorgesehener	
		Kollektorneigung	in $kW \cdot h/(m^2 \cdot d)$
		(→ Diagr. 449.2)	
η_{as}	:	Jahressystemwirkungsgrad	
		der Anlage als Dezimalzahl	
η_{Kol}	:	Kollektorwirkungsgrad als	
		Dezimalzahl	
		(→ Diagr. 449.3)	
η_V	:	Verteilungswirkungsgrad	
		als Dezimalzahl	
		(→ Anhaltswerte)	
η_{Sp}	:	Speicherwirkungsgrad	
		als Dezimalzahl	
		(→ Anhaltswerte)	
A_{WT}	:	Wärmeübertragungsfläche	
		des im Speicher befindlichen	
		Wärmetauschers	in m^2

[1] durch schlechte Wärmeanpassung können zusätzliche Verluste entstehen

Heizungstechnik

Tab. 449.1: Korrekturfaktor f_1 bei abweichender Kollektorausrichtung

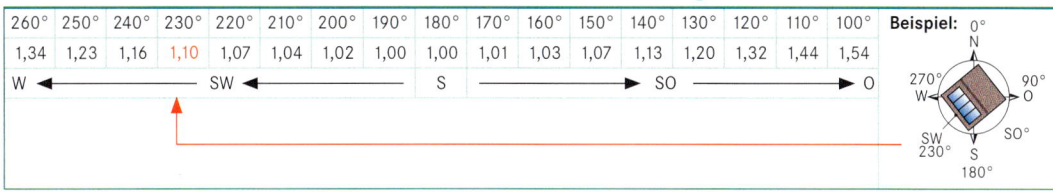

260°	250°	240°	230°	220°	210°	200°	190°	180°	170°	160°	150°	140°	130°	120°	110°	100°	Beispiel:
1,34	1,23	1,16	1,10	1,07	1,04	1,02	1,00	1,00	1,01	1,03	1,07	1,13	1,20	1,32	1,44	1,54	

W ◄——————————— SW ◄——————— S ———————► SO ———————► O

Diagr. 449.1: Jährliche Globalstrahlung auf eine nicht geneigte ebene Fläche

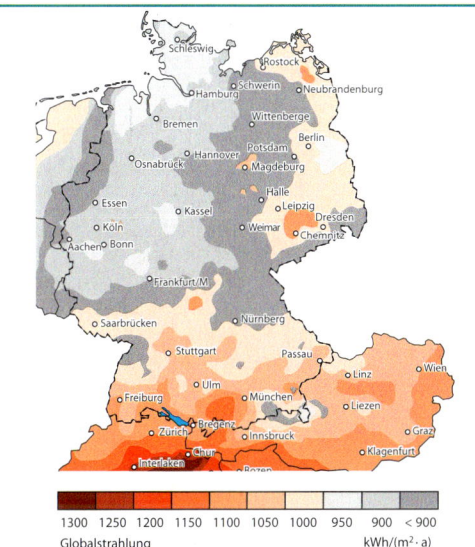

| 1300 | 1250 | 1200 | 1150 | 1100 | 1050 | 1000 | 950 | 900 | < 900 |

Globalstrahlung kWh/(m² · a)

Diagr. 449.2: Wirksame Globalstrahlung in Abhängigkeit von der Kollektorneigung α (Würzburg)

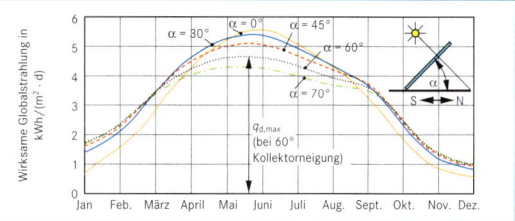

Diagr. 449.3: Wirkungsgradkennlinien unterschiedlicher Sonnenkollektoren

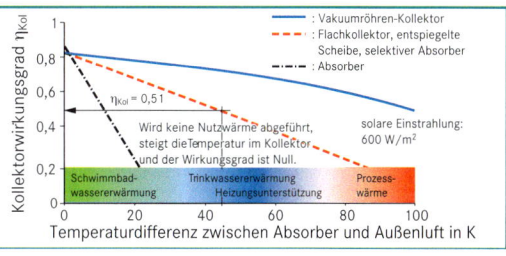

Vorgefertigte thermische Solaranlagen und ihre Bauteile

DIN EN 12 976-1: 2001-03

Einteilung thermischer Solaranlagen:

- *vorgefertigte Anlagen für die häusliche Warmwasserbereitung*
  a) integrierte Kollektor-Speicheranlagen
  b) Thermosiphon-Anlagen
  c) Anlagen mit erzwungener Umwälzung

- *kundenspezifische Anlagen für die häusliche Warmwasserbereitung und/oder Raumheizung*
  a) Anlagen mit erzwungener Umwälzung zusammengestellt unter Verwendung dokumentierter Bauteile und Bauweisen
  b) einzeln entworfene und zusammengestellte Anlagen

Anforderungen

Allgemeines
- Eignung für Trinkwasser
- Frostbeständigkeit
- Übertemperaturschutz (für Anlage und Werkstoffe)
- Schutz gegen Verbrühen
- Rücklaufschutz
- Druckbeständigkeit
- elektrische Sicherheit

Werkstoffe
- Werkstoffe, die im Freien eingesetzt werden, müssen mindestens 10 Jahre gegen UV-Strahlung und anderen Wetterbedingungen beständig sein.

Bauteile und Rohrleitungen
- Montagerahmen (muss Schnee und Windlast standhalten)
- Rohrleitungen dürfen nicht verstopfen
- Pumpe, Wärmetauscher, Speicher und Temperaturfühler der Regeleinrichtung müssen bestimmte Normen erfüllen.

Sicherheitsausrüstung

1. Sicherheitsventil
Es muss gegen die höchste Temperatur, die auftreten kann sowie gegen das Wärmeträgermedium beständig sein.
Die Größe des Sicherheitsventils muss auf geeignete Weise nachgewiesen werden.

Tab. 449.2: Nennweite des Sicherheitsventils

Kollektorfläche A_K in m²	50	100	200	350	600
Ventilgröße[1] DN	15	20	25	32	40

[1] Größe des Eintrittsquerschnitts

Hinweis: Es dürfen nur Sicherheitsventile eingesetzt werden, die für max. 6 bar und 120 °C ausgelegt sind und die Kennbuchstaben „D/G/H" oder „H" tragen.

2. Sicherheits- und Ausdehnungsleitung
Falls Anlage mit Sicherheitsleitung ausgerüstet, darf diese nicht absperrbar sein. Sicherheits- und Ausdehnungsleitung müssen so bemessen sein, dass im Falle des Abblasens an keiner Stelle der zulässige Druck überschritten wird.

3. Ausblaseleitung
Falls Anlage mit Ausblaseleitung ausgerüstet, darf sich darin kein Wasser ansammeln, die Leitung darf nicht einfrieren und austretender Dampf muss gefahrlos abgeleitet werden können.

Heizungstechnik

449

Einflussgrößen auf die Behaglichkeit in Räumen

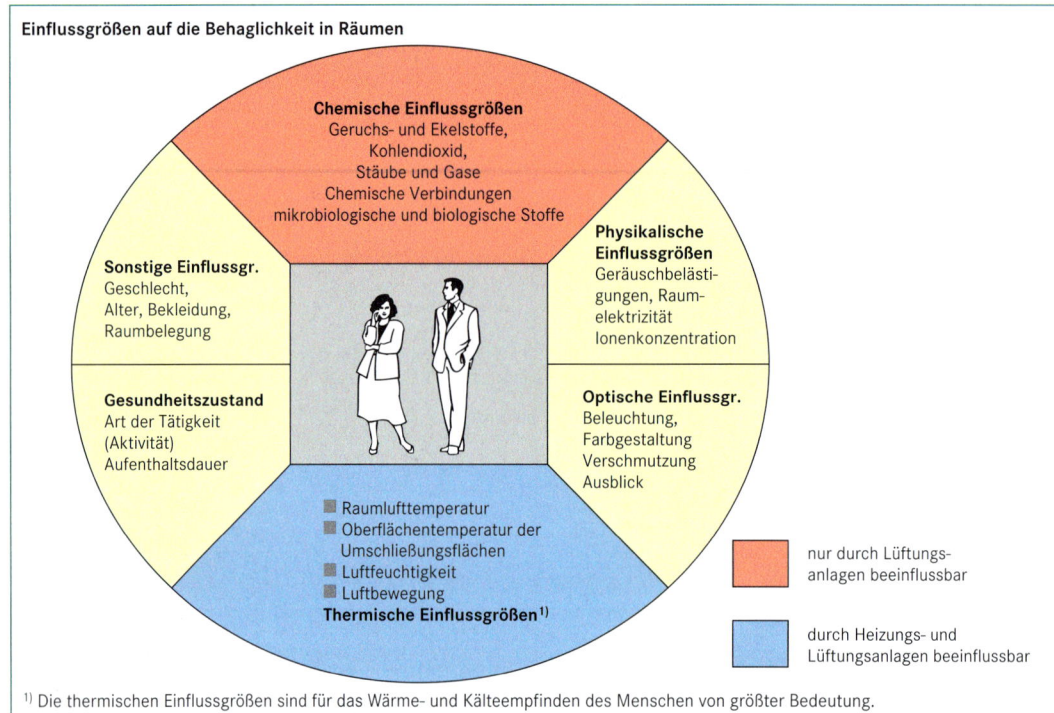

Chemische Einflussgrößen
Geruchs- und Ekelstoffe,
Kohlendioxid,
Stäube und Gase
Chemische Verbindungen
mikrobiologische und biologische Stoffe

Physikalische Einflussgrößen
Geräuschbelästi-gungen, Raum-elektrizität
Ionenkonzentration

Sonstige Einflussgr.
Geschlecht,
Alter, Bekleidung,
Raumbelegung

Gesundheitszustand
Art der Tätigkeit
(Aktivität)
Aufenthaltsdauer

Optische Einflussgr.
Beleuchtung,
Farbgestaltung
Verschmutzung
Ausblick

■ Raumlufttemperatur
■ Oberflächentemperatur der Umschließungsflächen
■ Luftfeuchtigkeit
■ Luftbewegung
Thermische Einflussgrößen[1]

nur durch Lüftungs-anlagen beeinflussbar

durch Heizungs- und Lüftungsanlagen beeinflussbar

[1] Die thermischen Einflussgrößen sind für das Wärme- und Kälteempfinden des Menschen von größter Bedeutung.

Thermische Behaglichkeit
thermal comfortableness

Tab. 450.1: Mittlere biophysikalische Daten des Menschen

Masse	$m = 60 \dots 70$ kg	Zahl der Atemzüge	$n \approx 16$ min^{-1}
Rauminhalt	$V \approx 60$ dm^3	Atemluftmenge	$\dot{V} \approx 0{,}5$ m^3/h
Oberfläche	$A = 1{,}7 \dots 1{,}9$ m^2	Mittlere Hauttemperatur	$\vartheta = 32 \dots 33$ °C
Körpertemperatur	$\vartheta = 37$ °C	Dauerleistung	$P \approx 85$ W
Pulsschläge	$n = 70 \dots 80$ min^{-1}	CO_2-Gehalt der ausgeatmeten Luft	$K = 2 \dots 4$ %
Grundumsatz (ruhend)	$P = 70 \dots 80$ W	CO_2-Ausatmung (ruhend)	$\dot{V} = 10 \dots 20$ l/h

Tab. 450.2: Wärmeerzeugung durch Personen bei unterschiedlichen Aktivitäten   DIN EN 13 779: 2007-09

Art der Tätigkeit (Aktivität)	Gesamtwärmeabgabe[1]		Sensible Wärme W/Person
	in met[2]	W/Person	
Zurückgelehnt	0,8	80	55
Entspannt sitzend	1,0	100	70
Sitzende Tätigkeit (Büro, Schule)	1,2	125	75
Stehend, leichte körperliche Tätigkeit (Einkäufer, Leichtindustrie)	1,6	170	85
Stehend, mittelschwere Tätigkeit (Verkäufer, Maschinenarbeit)	2,0	210	105
Gehend bei etwa 5 km/h	3,4	360	120

[1] Gesamtwärmeabgabe durch Strahlung, Leitung und Konvektion bei einer Lufttemperatur von 24 °C.
[2] Metobolic Rate = Ruheenergieumsatz einer Person in sitzender Position: 1 met = 58 W/m^2 Körperoberfläche;
für eine Person werden etwa **1,8 m²** Körperoberfläche zugrunde gelegt.

Tab. 450.3: Wärmedurchlasswiderstand R der Bekleidung in m$^2 \cdot$ K/W

Bekleidung	Ohne Kleidung	Leichte Sommerkleidung	Mittlere Kleidung	Warme Kleidung
R in m$^2 \cdot$ K/W	0,0	0,093	0,155	0,232
R in clo[1]	0,0	0,6	1,0	1,5

[1] clo (clothes) = Einheit des Wärmedurchlasswiderstandes der Bekleidung: 1 clo = 0,155 m$^2 \cdot$ K/W

Raumlufttechnik

Diagr. 451.1: Zulässigkeitsbereich der Raumlufttemperatur

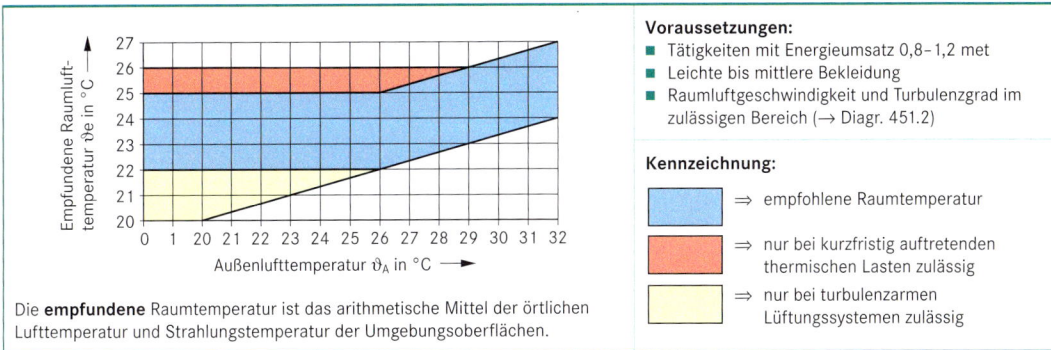

Voraussetzungen:
- Tätigkeiten mit Energieumsatz 0,8–1,2 met
- Leichte bis mittlere Bekleidung
- Raumluftgeschwindigkeit und Turbulenzgrad im zulässigen Bereich (→ Diagr. 451.2)

Kennzeichnung:

⇒ empfohlene Raumtemperatur

⇒ nur bei kurzfristig auftretenden thermischen Lasten zulässig

⇒ nur bei turbulenzarmen Lüftungssystemen zulässig

Die **empfundene** Raumtemperatur ist das arithmetische Mittel der örtlichen Lufttemperatur und Strahlungstemperatur der Umgebungsoberflächen.

Diagr. 451.2: Werte mittlerer Luftgeschwindigkeiten im Behaglichkeitsbereich

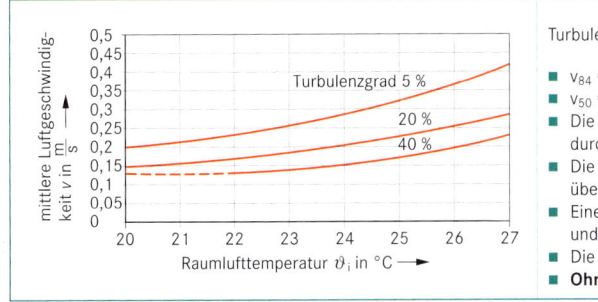

Turbulenzgrad $Tu = \dfrac{\text{Abweichung der Momentanwerte}}{\text{mittlere Luftgeschwindigkeit}} = \dfrac{v_{84} - v_{50}}{v_{50}}$

- v_{84} = Raumluftgeschw., die 84 % der Zeit unterschritten wird
- v_{50} = Raumluftgeschw., die 50 % der Zeit unterschritten wird
- Die Werte gelten für die Aktivitätsstufe I und einem Wärmedurchlasswiderstand der Kleidung $R \approx 0{,}12$ m$^2 \cdot$ K/W.
- Die Luftgeschwindigkeit ist in den Höhen 0,1; 1,1 und 1,7 m über dem Fußboden zu messen.
- Eine minimale Luftbewegung ist für den konvektiven Wärme- und Stofftransport erforderlich.
- Die Kurve für Tu = 40 % gilt auch für Tu > 40 %.
- **Ohne Messung wird Tu mit 40 % angesetzt.**

Diagr. 451.3: Behaglichkeitsfeld mit Umschließungsflächen- und Raumlufttemperatur

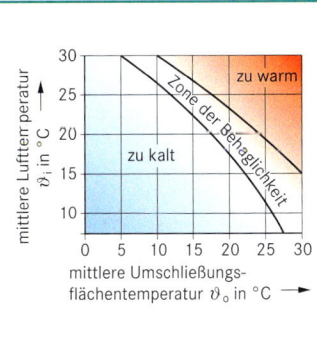

Tab. 451.1: Innere Oberflächen-Temperatur ϑ_{Oi} in Räumen bei $\vartheta_i = 20\,°C^{[1]}$

Bauteile		Außentemperaturen ϑ_a in °C						
		–15	–10	–5	0	5	10	15
Fenster, Außentür	Einfachverglasung	–3	2	5	7	10	13	17
	Doppelverglasung	7	10	11	13	15	17	18
	Isolierverglasung	12	14	15	16	17	18	19
Außenwand	U-Wert 1,2 W/(m$^2 \cdot$ K)	14,5	15,6	16	17	17,5	18,5	19
	U-Wert 1,0 W/(m$^2 \cdot$ K)	14,5	16	17	17,5	18	18,5	19
	U-Wert 0,5 W/(m$^2 \cdot$ K)	17,5	18	18,5	18,8	19	19,3	19,5

[1] Gerundete Anhaltswerte aus Diagrammen

Hinweise:
- Der Mittelwert aus Luft- und mittlerer Umgebungsflächen-Temperatur ist die empfundene Raumtemperatur.
- Durch verbesserte Wärmedämmung der Außenbauteile erhöht sich ϑ_{Oi}, dadurch ist eine geringere Raumlufttemperatur möglich → Energieeinsparung

Diagr. 451.4: Zusammenhang zwischen Raumlufttemperatur ϑ_i und relativer Luftfeuchte φ

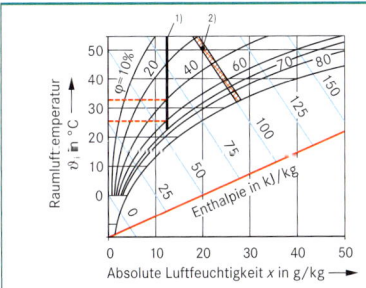

[1] **Schwülekurve:** Bei einem normal gekleideten ruhenden Menschen beginnt in unseren Breiten die Schweißbildung etwa bei einem Wassergehalt der Luft von $x = 12$ g/kg.
Man sieht, dass z. B. die Schweißbildung bei einer Luftfeuchte $\varphi = 60$ % bei $\vartheta = 25$ °C und bei $\varphi = 40$ % erst bei $\vartheta = 32$ °C beginnt.
Bei körperlicher Tätigkeit gelten niedrigere Werte.

[2] **Arbeitsgrenzkurve:** Grenzwerte für Luftfeuchtigkeit und Raumlufttemperatur. Oberhalb ist der Aufenthalt einer ruhenden Person für längere Zeit (ca. 30–60 min) nicht mehr ohne Entwärmungspause möglich.

Raumlufttechnik

Tab. 452.1: Zusammensetzung trockener reiner Luft

Gas	Chem. Formel	Vol.-%	Dichte ϱ_n in kg/m³
Stickstoff	N_2	78,09	1,251
Sauerstoff	O_2	20,93	1,429
Argon	Ar	0,9325	1,783
Kohlendioxid	CO_2	0,03	1,977
Wasserstoff	H_2	0,01	0,090
Neon	Ne	0,0018	0,899
Helium	He	0,0005	0,178
Krypton	Kr	0,0001	3,733
Xenon	Xe	0,000009	5,896

Tab. 452.2: Abnahme des Luftdruckes und der Temperatur mit der Höhe
(Normalatmosphäre, DIN ISO 2533: 1997-11)

Höhe h in km	Luftdruck p_{amb} in hPa	Temperatur ϑ in °C
0	1013	15
0,5	951	11,8
1,0	899	8,5
2,0	795	2,04
4,0	616	−11
6,0	472	−24
10,0	264	−50
15,0	120	−55

Tab. 452.3: Zustandsgrößen von gesättigter Luft bei 1013 hPa

ϑ in °C	ϱ_{tr} in kg/m³	ϱ_s in kg/m³	C_P in Wh/(m³·K)	x_s in g/kg	h_s in Wh/kg	r in Wh/kg	ϑ in °C	ϱ_{tr} in kg/m³	ϱ_s in kg/m³	C_P in Wh/(m³·K)	x_s in g/kg	h_s in Wh/kg	r in Wh/kg
−20	1,396	1,395	0,388	0,63	−5,14	788,6	20	1,205	1,195	0,332	14,9	16,05	681,4
−15	1,368	1,367	0,380	1,01	−3,50	788,4	21	1,201	1,190	0,331	15,6	17,00	680,8
−14	1,363	1,362	0,379	1,11	−3,14	788,3	22	1,197	1,185	0,329	16,6	17,80	680,0
−13	1,358	1,357	0,377	1,22	−2,78	788,2	23	1,193	1,181	0,328	17,7	18,86	679,4
−12	1,353	1,352	0,376	1,34	−2,44	788,0	24	1,189	1,176	0,327	18,8	20,02	678,8
−11	1,348	1,347	0,374	1,46	−2,08	788,0	25	1,185	1,171	0,326	20,4	21,05	678,0
−10	1,342	1,341	0,373	1,60	−1,69	788,0	26	1,181	1,166	0,324	21,4	22,33	677,5
−9	1,337	1,336	0,371	1,75	−1,31	787,8	27	1,177	1,161	0,322	22,6	23,50	676,9
−8	1,332	1,331	0,370	1,91	−0,92	787,8	28	1,173	1,156	0,321	24,0	24,81	676,1
−7	1,327	1,325	0,368	2,08	−0,53	787,8	29	1,169	1,151	0,320	25,6	26,19	675,6
−6	1,322	1,320	0,367	2,27	−0,01	787,8	30	1,165	1,146	0,318	27,6	27,69	675,0
−5	1,317	1,315	0,366	2,47	0,31	787,8	31	1,161	1,141	0,317	28,8	29,11	674,4
−4	1,312	1,310	0,364	2,69	0,75	787,5	32	1,157	1,136	0,316	30,6	30,61	673,6
−3	1,308	1,306	0,363	2,94	1,19	787,4	33	1,154	1,131	0,314	32,5	32,25	673,1
−2	1,303	1,301	0,362	3,19	1,64	787,4	34	1,150	1,126	0,313	34,4	33,97	672,2
−1	1,298	1,295	0,360	3,47	2,11	787,4	35	1,146	1,121	0,311	36,6	35,86	671,7
0	1,293	1,290	0,359	3,78	2,61	694,4	36	1,142	1,116	0,310	38,8	45,27	671,1
1	1,288	1,285	0,357	4,07	3,11	693,9	37	1,139	1,111	0,309	41,1	39,58	670,6
2	1,284	1,281	0,356	4,37	3,38	693,3	38	1,135	1,107	0,308	44,5	41,56	669,7
3	1,279	1,275	0,354	4,70	4,11	692,8	39	1,132	1,102	0,306	46,0	43,75	669,2
4	1,275	1,271	0,353	5,03	4,64	692,2	40	1,128	1,097	0,305	48,8	46,08	668,3
5	1,270	1,266	0,352	5,40	5,14	691,4	42	1,121	1,086	0,302	54,8	50,86	666,9
6	1,265	1,261	0,351	5,79	5,69	690,6	44	1,114	1,076	0,299	61,3	56,11	665,6
7	1,261	1,256	0,349	6,21	6,28	690,0	46	1,107	1,065	0,296	68,9	62,14	664,4
8	1,256	1,251	0,348	6,65	6,78	689,4	48	1,100	1,054	0,293	77,7	68,67	663,1
9	1,252	1,247	0,347	7,13	7,47	688,9	50	1,093	1,043	0,290	86,2	76,00	661,7
10	1,248	1,242	0,345	7,68	8,11	688,1	55	1,076	1,013	0,282	114,0	97,88	658,3
11	1,243	1,237	0,344	8,15	8,78	687,5	60	1,060	0,981	0,273	152,0	126,94	655,0
12	1,239	1,232	0,342	8,75	9,47	686,9	65	1,044	0,946	0,263	204,0	166,39	651,4
13	1,235	1,228	0,341	9,35	10,17	686,1	70	1,029	0,909	0,252	276,0	221,11	648,1
14	1,230	1,223	0,340	9,97	10,89	685,6	75	1,014	0,868	0,241	382,0	300,28	644,7
15	1,226	1,218	0,339	10,76	11,61	684,7	80	1,000	0,823	0,229	545,0	422,50	641,1
16	1,222	1,214	0,337	11,40	12,44	684,2	85	0,986	0,773	0,215	828,0	634,40	637,8
17	1,217	1,208	0,336	12,10	13,28	683,6	90	0,973	0,718	0,200	1400	1061,4	634,2
18	1,213	1,204	0,335	12,90	14,08	682,8	95	0,959	0,656	0,182	3120	2356,7	630,6
19	1,209	1,200	0,334	13,80	15,03	682,2	100	0,947	0,589	0,164	–	–	627,2

ϑ : Lufttemperatur in °C
ϱ_{tr}: Dichte der trockenen Luft in kg/m³
ϱ_s : Dichte der feuchten Luft in kg/m³ (gesättigt)
C_P: spezifische Wärmekapazität in Wh/(m³·K)

x_s : absolute Luftfeuchte gesättigter Luft in g/kg (Sättigungsdampfmenge)
h_s : Wärmeinhalt (Enthalpie) gesättigter Luft in Wh/kg
r : Verdampfungswärme in Wh/kg

Raumlufttechnik

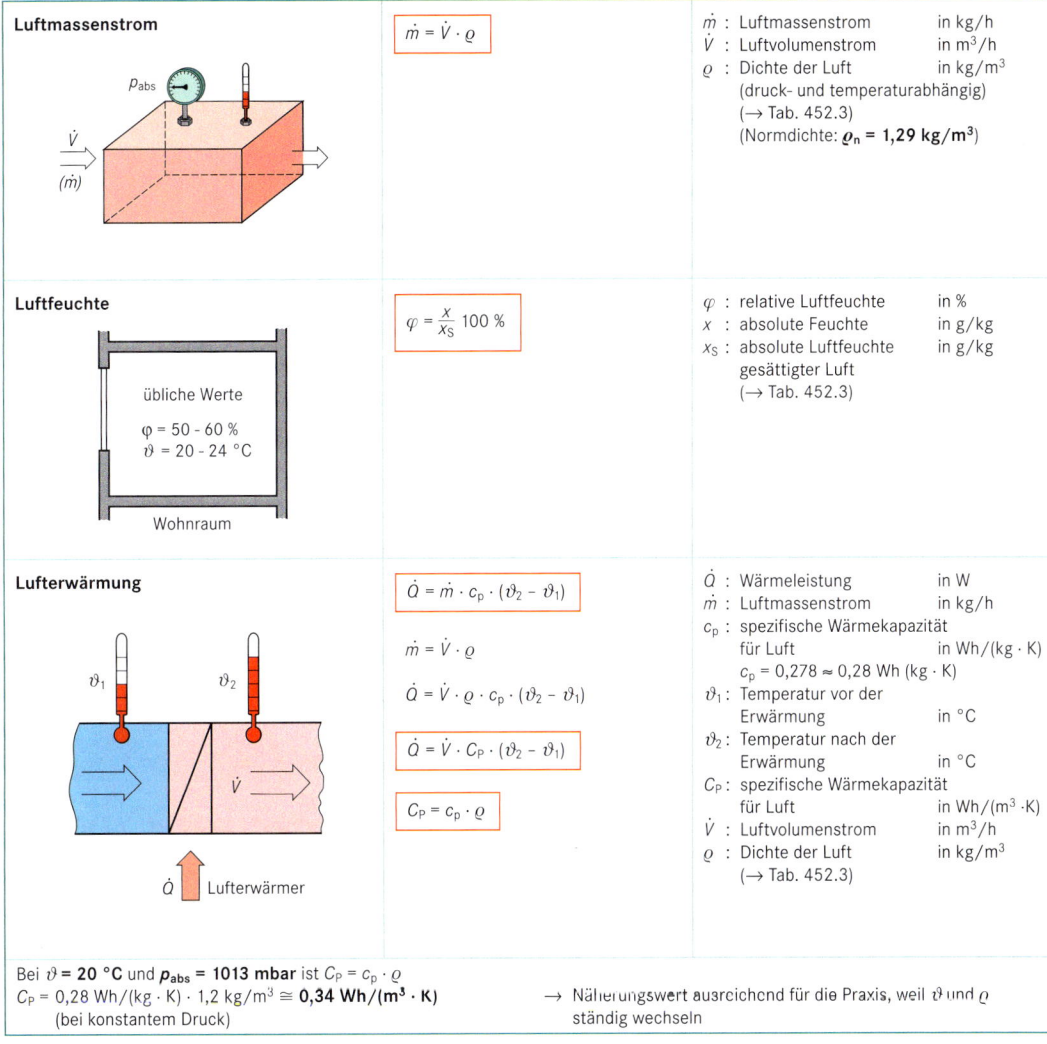

Luftmassenstrom	$\dot{m} = \dot{V} \cdot \varrho$	$\dot{m}$: Luftmassenstrom in kg/h $\dot{V}$: Luftvolumenstrom in m³/h ϱ : Dichte der Luft in kg/m³ (druck- und temperaturabhängig) ($\rightarrow$ Tab. 452.3) (Normdichte: ϱ_n = 1,29 kg/m³)
Luftfeuchte übliche Werte φ = 50 - 60 % ϑ = 20 - 24 °C Wohnraum	$\varphi = \dfrac{x}{x_S} \cdot 100\ \%$	φ : relative Luftfeuchte in % x : absolute Feuchte in g/kg x_S : absolute Luftfeuchte in g/kg gesättigter Luft ($\rightarrow$ Tab. 452.3)
Lufterwärmung ϑ_1 ϑ_2 $\dot{V}$ $\dot{Q}$ Lufterwärmer	$\dot{Q} = \dot{m} \cdot c_p \cdot (\vartheta_2 - \vartheta_1)$ $\dot{m} = \dot{V} \cdot \varrho$ $\dot{Q} = \dot{V} \cdot \varrho \cdot c_p \cdot (\vartheta_2 - \vartheta_1)$ $\dot{Q} = \dot{V} \cdot C_P \cdot (\vartheta_2 - \vartheta_1)$ $C_P = c_p \cdot \varrho$	$\dot{Q}$: Wärmeleistung in W $\dot{m}$: Luftmassenstrom in kg/h c_p : spezifische Wärmekapazität für Luft in Wh/(kg · K) c_p = 0,278 ≈ 0,28 Wh (kg · K) ϑ_1 : Temperatur vor der Erwärmung in °C ϑ_2 : Temperatur nach der Erwärmung in °C C_P : spezifische Wärmekapazität für Luft in Wh/(m³ ·K) $\dot{V}$: Luftvolumenstrom in m³/h ϱ : Dichte der Luft in kg/m³ ($\rightarrow$ Tab. 452.3)

Bei ϑ = 20 °C und p_{abs} = 1013 mbar ist $C_P = c_p \cdot \varrho$
C_P = 0,28 Wh/(kg · K) · 1,2 kg/m³ ≅ **0,34 Wh/(m³ · K)**
(bei konstantem Druck)

$\rightarrow$ Näherungswert ausreichend für die Praxis, weil ϑ und ϱ ständig wechseln

Tab. 453.1: Richtwerte für Raumlufttemperatur und die relative Luftfeuchte

Raumart	Raumlufttem- peratur ϑ in °C	Relative Feuchte φ in %	Raumart	Raumlufttem- peratur ϑ in °C	Relative Feuchte φ in %
Wohnräume	20	30–60	Hallenbäder	26–30	60–70
Bäder	24	50–75	Unterrichtsräume	20	ca. 60
Duschräume	22–25	70–85	Turnhallen	15–18	50–75
Büroräume	20	50–60	Kinos, Theater	20	50–60
Gaststätten	20	ca. 55	Werkstätten	14–18	40–60

Tab. 453.2: Mittlerer Staubgehalt[1] der Luft (aus VDI-Handbuch: Reinhaltung der Luft)

Messort	Mittlere Konzen- tration in mg/m³	Messort	Mittlere Konzen- tration in mg/m³	[1] Zusammensetzung des Staubes:
Landgegend:		Wohnräume	1 ... 2	**Anorganische Stoffe:** Sand, Ruß, Kohle, Asche, Kalk, Metalle, Steinstäubchen, Zement u. a.
bei Regen	0,05	Warenhäuser	2 ... 5	
bei Trockenheit	0,10	Werkstätten	1 ... 10	
Großstadtgebiet:		Zementfabriken	100 ... 200	**Organische Stoffe:** Pflanzenteilchen, Samen, Pollen, Sporen, Härchen, Textil- fasern, Mehl u. a.
Wohngegend	0,10	Abgase von		
Industriegebiet	0,3 ... 0,5	Kokskesseln	10 ... 200	

Einteilung der Lufttechnik

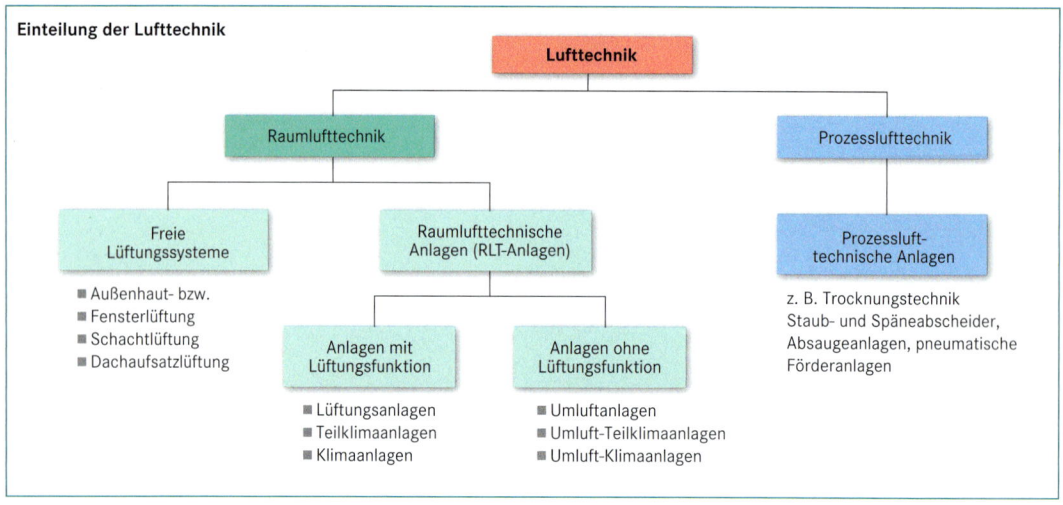

Aufgaben der raumlufttechnischen Anlagen

Aufgaben je nach angestrebtem Raumklima	Maßnahmen:
■ Abführen von Luftverunreinigungen aus Räumen: Geruchsstoffe, Schadstoffe, Ballaststoffe	→ stetige Lufterneuerung (Lüftung) und/oder geeignete Luftbehandlung (Filterung)
■ Abführen sensibler (trockener, fühlbarer) Wärmelasten aus Räumen: Heizlasten, Kühllasten ■ Abführen latenter (feuchter, nicht fühlbarer) Wärmelasten aus Räumen: Enthalpieströme von Befeuchtungs- und Entfeuchtungslasten	→ geeignete thermodynamische Luftbehandlung und begrenzt auch durch Lufterneuerung
■ Schutzdruckhaltung: Druckhaltung in Gebäuden zum Schutz gegen ungewollten Luftaustausch	→ unterschiedliche maschinell zu- und abgeführte Luftmassenströme

Tab. 454.1: Klassifikation und Benennung von RLT-Anlagen

Thermodynamische Luft-behandlungsfunktionen		RLT-Anlagen mit Lüftungsfunktion	Abkürzungen nach DIN EN 13 779:
Anzahl	Art	Lüftungstechnische Anlage	**Luftarten:** **FOL** = Fortluft; **AUL** = Außenluft **UML** = Umluft; **MIL** = Mischluft
keine	O	Lüftungsanlage (AUL, MIL, FOL)	
eine	H, K, B, E	Lüftungsanlage (AUL oder MIL)	**Thermodynamische Luftbehandlung:** **O** = ohne Behandlung; **H** = Heizen **K** = Kühlen; **B** = Befeuchten; **E** = Entfeuchten
zwei	HK, HB, HE, KB, KE, BE	Teilklimaanlage (AUL oder MIL)	
drei	HKB, HKE, KBE, HBE	Teilklimaanlage (AUL oder MIL)	**Beispiel: HKBE-MIL** Klimaanlage mit Lüftungsfunktion zum Heizen, Kühlen, Be- und Entfeuchten mit Mischluft (Außen- und Umluft)
vier	HKBE	Klimaanlage (AUL oder MIL)	

Tab. 454.2: Klassifizierung der Abluft (ABL) und der Fortluft (FOL)

Kategorie	Einordnung	Beschreibung
ABL 1/ **FOL 1**	Abluft mit geringem Verunreinigungsgrad	Luft aus Räumen, deren Hauptemissionsquellen die Baustoffe, das Bauwerk selbst und menschliche Stoffwechselausscheidungen sind; Nichtraucherräume
ABL 2/ **FOL 2**	Abluft mit mäßigem Verunreinigungsgrad	Luft aus Aufenthaltsräumen mit den gleichen Verunreinigungsquellen wie Kategorie 1, jedoch mit etwas mehr Verunreinigungen; Rauchen ist gestattet
ABL 3/ **FOL 3**	Abluft mit hohem Verunreinigungsgrad	Luft aus Räumen, in denen emittierte Feuchte, Arbeitsverfahren, Chemikalien usw. die Luftqualität wesentlich beeinträchtigen
ABL 4/ **FOL 4**	Abluft mit sehr hohem Verunreinigungsgrad	Luft, die Gerüche und Verunreinigungen enthält, deren Konzentrationen höher liegen, als für die Raumluft in Aufenthaltsräumen erlaubt ist

Tab. 454.3: Wiederverwendung der Abluft und Verwendung von Überströmluft

ABL 1 → geeignet als Umluft und Überströmluft ABL 2 → nicht geeignet als Umluft, kann als Überströmluft in Toiletten, Waschräumen, Garagen verwendet werden	ABL 3 → nicht als Umluft oder Überströmluft geeignet ABL 4 → nicht als Umluft oder Überströmluft geeignet

RLT-Anlage

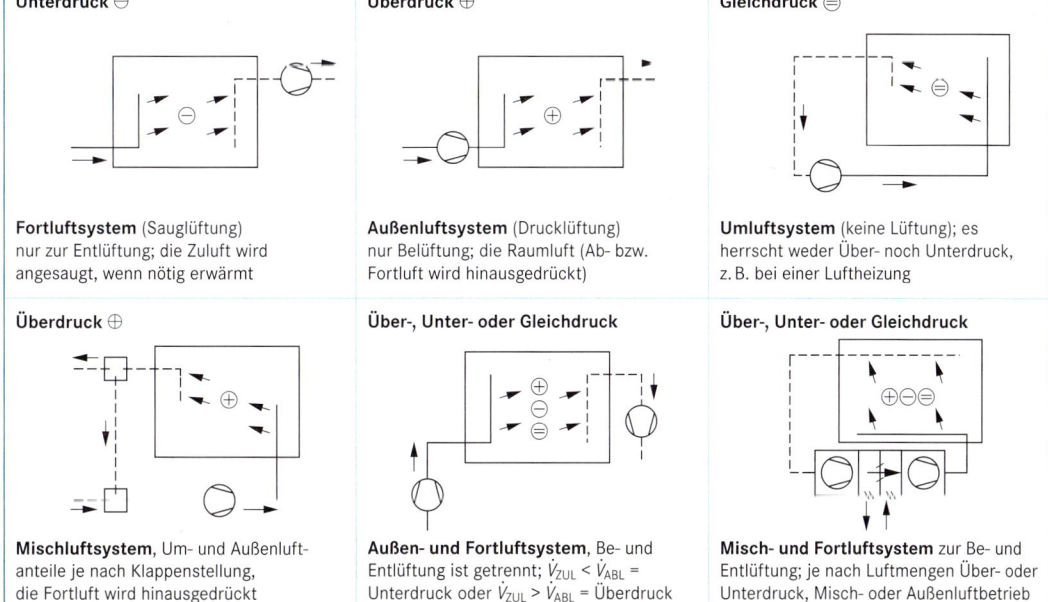

Graphische Symbole nach DIN EN 12 792 (→ Tab. 122.1)

Tab. 455.1: Kennzeichnung der Luftarten nach DIN EN 13 779: 2007-09

Luftart	Kennzeichnung durch		
	Kurzzeichen[1]	Kurzzeichen[2]	Farbe
Außenluft	AUL	ODA	grün
Fortluft	FOL	EHA	braun
Abluft	ABL	ETA	gelb
Umluft	UML	RCA	orange
Mischluft	MIL	MIA	verschiedene Farben
Zuluft	ZUL	SUP	blau
Raumluft	RAL	IDA	grau
Überströmluft	ÜBL	TRA	grau
Sekundärluft	SEL	SEC	orange

[1] nach DIN EN 13 779: 2005-05   [2] nach DIN EN 13 779: 2007-09

Klassifizierung der Außenluft nach DIN EN 13 779: 2007-09

AUL 1 (ODA 1) → saubere Luft, die nur zeitweise staubbelastet sein darf (z. B. Pollen);
AUL 2 (ODA 2) → Außenluft mit hoher Konzentration an Staub oder Feinstaub und/oder gasförmigen Verunreinigungen;
AUL 3 (ODA 3) → Außenluft mit sehr hoher Konzentration an gasförmigen Verunreinig. und/oder Staub oder Feinstaub;
– AUL 1 gilt, wenn die WHO-Richtlinien und alle nationalen Normen zur Qualität der AUL eingehalten werden.
– AUL 2 gilt, wenn die WHO-Richtlinien und Normen zur Qualität der AUL um einen Faktor bis zu 1,5 überschreiten.
– AUL 3 gilt, wenn die WHO-Richtlinien und Normen zur Qualität der AUL um einen Faktor von mehr als 1,5 überschreiten.

Tab. 455.2: Abkürzungen für Bauelemente und Anlagen

Luftförderung, Luftbehandlung		Luftverteilung		Mess-, Steuerungs- und Regelungstechnik (MSR)		Raumlufttechnische Baueinheiten	
VE	Ventilator	LL	Luftleitung	S	Schalter	GR	Gerät
LF	Luftfilter	KL	Klappe, allgemein	T	Taster	KAZ	Kammerzentrale
LH	Lufterwärmer	VT	Ventil, Armatur	DF	Druckfühler	WE	Wärmeerzeuger
LK	Luftkühler	LVS	Luftschieber	FF	Feuchtefühler	WRG	Wärmerückgewinner
LB	Luftbefeuchter	LBL	Luftblende	TF	Temperaturfühler	AGR	Außengerät
LE	Luftentfeuchter	VR	Volumenstromregler	MKL	Klappe mit Motorantrieb	DKAZ	Dachkammerzentrale
TA	Tropfenabscheider	MIS	Mischsteller	RG	Regler	ZGR	Zentralen-Gerät
SD	Schalldämpfer	LD	Luftdurchlass	ST	Stellglied	RGR	Raum-Gerät

Einteilung von RLT-Anlagen nach dem Luftsystem

Unterdruck ⊖

Fortluftsystem (Sauglüftung) nur zur Entlüftung; die Zuluft wird angesaugt, wenn nötig erwärmt

Überdruck ⊕

Außenluftsystem (Drucklüftung) nur Belüftung; die Raumluft (Ab- bzw. Fortluft wird hinausgedrückt)

Gleichdruck ⊜

Umluftsystem (keine Lüftung); es herrscht weder Über- noch Unterdruck, z. B. bei einer Luftheizung

Überdruck ⊕

Mischluftsystem, Um- und Außenluftanteile je nach Klappenstellung, die Fortluft wird hinausgedrückt

Über-, Unter- oder Gleichdruck

Außen- und Fortluftsystem, Be- und Entlüftung ist getrennt; $\dot{V}_{ZUL} < \dot{V}_{ABL}$ = Unterdruck oder $\dot{V}_{ZUL} > \dot{V}_{ABL}$ = Überdruck

Über-, Unter- oder Gleichdruck

Misch- und Fortluftsystem zur Be- und Entlüftung; je nach Luftmengen Über- oder Unterdruck, Misch- oder Außenluftbetrieb

Raumlufttechnik

Außenluftvolumenstrom nach Luftwechselzahl

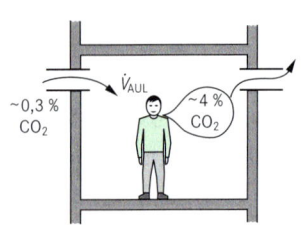

$$\dot{V}_{AUL} = \beta \cdot V_R$$

$\dot{V}_{AUL}$: Außenluftvolumenstrom	in m³/h
β : Luftwechselzahl	in 1/h
V_R : Volumen des zu belüftenden Raumes	in m³

$\dot{V}_{UML}$: Umluftvolumenstrom
$\dot{V}_{FOL}$: Fortluftvolumenstrom
$\dot{V}_{ABL}$: Abluftvolumenstrom
$\dot{V}_{AUL}$: Außenluftvolumenstrom

Tab. 456.1: Empfohlene Luftwechselzahlen β

Raumart	β in 1/h	Raumart	β in 1/h
Wohnräume nach WSVO 1995	0,3 ... 0,8	Hörsäle, Vortragsräume	6 ... 8
Aborte in Wohnungen	2 ... 4	Kinos, Theater:	
Aborte in Bürogebäuden	3 ... 6	mit Rauchverbot	4 ... 6
Ausstellungshallen	2 ... 3	ohne Rauchverbot	5 ... 8
Büroräume	4 ... 8	Krankenhäuser:	
EDV-Anlagen	30 und mehr	Krankenzimmer	3 ... 5
Farbspritzräume	20 ... 50	Operationssäle	15 ... 20
Gasträume, Restaurants:		Wohnungsküchen	8 ... 20
Raucher	6 ... 12	Mittel- und Großküchen	15 ... 20
Nichtraucher	4 ... 8	Läden, Verkaufsräume	4 ... 8
Hallenbäder:		Schulen-Klassenräume	4 ... 5
Schwimmhallen	3 ... 6	Schulen Turnhallen	2 ... 3
Duschräume	10 ... 15	Waren- bzw. Kaufhäuser	4 ... 6
Umkleideräume	8 ... 10	Werkstätten	3 ... 6
		Versammlungsräume	5 ... 10

Hinweise: Die Luftwechselzahlen sind Erfahrungswerte, sie dienen nur als Kontrollwerte für die weiteren Volumenstromermittlungen. Bei einer Mischluftanlage kann bei tieferen Temperaturen der Außenluftanteil aus Energiespargründen reduziert werden.

Außenluftvolumenstrom nach der Außenluftrate

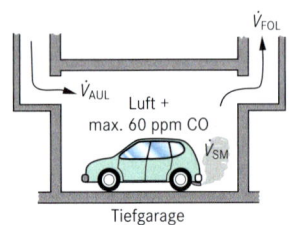

~0,3 % CO_2

~4 % CO_2

$$\dot{V}_{AUL} = n \cdot AR$$

$\dot{V}_{AUL}$: Außenluftvolumenstrom	in m³/h
n : Anzahl der Personen	
AR : Mindest-Außenluftrate	in m³/(h · Pers.)

($\rightarrow$ Tab. 457.1, 457.2 und 457.3)

Achtung!
In Räumen mit zusätzlichen Geruchsquellen, z. B. Tabakrauch, soll A_R um 20 m³/(h · Pers.) erhöht werden.

Aus Energiespargründen kann $\dot{V}_{AUL}$ bei Außentemperaturen von 26 °C bis 32 °C und von 0 °C bis – 12 °C stufenweise auf minimal 50 % reduziert werden.

Schadstoffbezogener Außenluftvolumenstrom

Luft + max. 60 ppm CO

$\dot{V}_{AUL}$

$\dot{V}_{FOL}$

$\dot{V}_{SM}$

Tiefgarage

$$\dot{V}_{AUL} = \frac{\dot{V}_{SM}}{K_l - K_A}$$

oder

$$\dot{V}_{AUL} = \frac{\dot{V}_{SM}}{AGW - K_A}$$

CO-Emission in einer Garage:

$$\dot{V}_{SM} = V_{CO} \cdot f_A \cdot n$$

$\dot{V}_{AUL}$: Außenluftvolumenstrom	in m³/h
$\dot{V}_{SM}$: stündlich im Raum anfallende Schadstoffmenge	in m³/h
K_l : zugelassene Schadstoffkonzentration	in 10⁻⁶ m³/m³
AGW: Arbeitsplatzgrenzwert	in ppm
(1 ppm = 1 cm³/m³ = 10⁻⁶ m³/m³) ($\rightarrow$ Tab. 459.1)	
K_A : vorhandene Schadstoffkonzentration der Außenluft	in 10⁻⁶ m³/m³
V_{CO} : CO-Volumenausstoß ($\rightarrow$ S. 460)	in m³/PKW
f_A : Auslastungsfaktor	in 1/h
n : Anzahl der PKW-Garagenstellplätze	

Tab. 456.2: Auslastungsfaktor f_A für Garagen

Wohnhausgaragen	f_A = 0,6 1/h
Öffentliche Parkgaragen	f_A = 0,8 ... 1,5 1/h

Raumlufttechnik

Tab. 457.1: Personenbezogene Mindest-Außenluftrate AR

Raumart	Beispiel	AR in $m^3/(h \cdot Pers.)$	AR in $m^3/(h \cdot m^2)$
Arbeitsräume	Einzelbüro	40	4
	Großraumbüro	60	6
Versammlungs-räume	Konzertsaal, Theater, Konferenzraum	20	12 … 20
Wohnräume	Hotelzimmer	30[1]	–[1]
	Ruhe- und Pausenraum	30	–
Unterrichtsräume	Lesesaal	20	12
	Klassen- und Seminarraum, Hörsaal	30	15
Räume mit Publikumsverkehr	Verkaufsraum	20	4 … 12
	Gaststätte	30	8
Sportstätten	Turn- und Sporthalle mit Zuschauern	20	–
Sonstige Räume	Schutzraum, EDV-Raum	–[2]	–[2]

[1] siehe auch Tab. 463.2
[2] Im Einzelfall nach Funktion und Auflage gesondert ermitteln.

Tab. 457.2: Außenluftrate AR nach der Raumluftqualität (RAL) in $m^3/(h \cdot Pers.)$
Standardwerte nach DIN EN 13 779: 2007-11

Kategorie[1]	RAL 1	RAL 2	RAL 3	RAL 4
Nicht-raucherzone	72	45	29	18
Raucher-zone	144	90	58	36
CO_2-Kon-zentration in ppm[2]	< 350	< 500	< 800	< 1200

[1] Klassifizierung der Raumluftqualität (RAL) nach DIN EN 13 779: 2007-11:
  1 (hohe),
  2 (mittlere),
  3 (mäßige),
  4 (niedrige) Raumluftqualität

[2] Erhöhung der CO_2-Konzentration gegenüber der Außenluft-CO_2-Konzentration

Tab. 457.3: Außenluftrate AR nach den Arbeitsstättenrichtlinien

Art der Tätigkeit	AR in $m^3/(h \cdot Pers.)$			Räume oder Arbeitsstätten
	normal	zusätzliche Belastung[1]	starke Geruchs-belästigung[2]	
statische Tätigkeit im Sitzen	20 … 40	30 … 40	40	z. B. Büros, Kinos, Messehallen, Lager, Verkaufsräume
Sehr leichte körperliche Tätigkeit im Stehen oder Sitzen	40 … 60	50 … 60	60	z. B. Gaststätten, Großraumbüros, Gerätemontagehallen, Werkstätten
Leichte körperliche, handwerkliche Tätigkeit	50 … 65	60 … 65	70	z. B. Werkstätten, Montagehallen, Schweißereien
Mittelschwere bis schwere handwerkliche Tätigkeit	> 65	> 75	> 85	Heiße und staubige Betriebsstätten, z. B. Gießereien

Anmerkungen: [1] Gerüche, Tabakrauch, zusätzliche Wärmebelastung
[2] intensive Gerüche, gesundheitsschädigende Gase oder Dämpfe (AGW-Werte)

Tab. 457.4: Außenluftrate AR in Verkaufsstätten nach VDI 2082: 1988-12

Raumart	Besetzung in Pers./m^2	ohne Geruchsver-schlechterung AR in		mit Geruchsver-schlechterung[3] AR in	
		$m^3/(h \cdot Pers.)$	$m^3/(h \cdot m^2)$	$m^3/(h \cdot Pers.)$	$m^3/(h \cdot m^2)$
Verkaufsräume[1]	0,1 bis 0,15[2]	bis 40	6	bis 60	9
Verkaufsräume mit geringer Besetzung (z. B. Möbelhäuser)[1]	0,05	bis 15	2	–	–
Dienstleistungsräume mit Publikumsverkehr[1]	nach Personenzahl	30	6	45	12
Personal-Aufenthaltsräume[1]	nach Personenzahl	30	–	40	–
Personal-Umkleideräume	–	–	–	–	18
Lebensmittelverarbeitungs- und -vorbereitungsräume	nach Personenzahl	–	–	45	12
Werkstätten und Ateliers[1]	nach Personenzahl	30	6	45	12
Lager ohne Kühleinrichtung	nach Personenzahl	30	3	45	9

[1] Bei Außenlufttemperaturen ϑ_a über 26 °C bis 32 °C und unter 0 °C bis – 12 °C kann der Volumenstrom linear bis auf 50 % vermindert werden, ebenso in verkaufsschwachen Zeiten.
[2] 0,15 Pers./m^2 entspricht dem Arbeitsstätten-Richtlinienwert von 40 $m^3/(h \cdot Pers.)$
[3] nicht in normalen Verkaufsräumen: Ausnahmen z. B. Grillstation, Frischfisch-Abteilung

Raumlufttechnik

Außenluftrate bei Hallenbädern

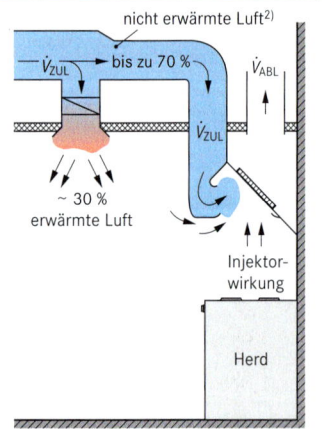

$$AR = \frac{\sigma \, (x_s - x_r)}{\varrho_s \, (x_r - x_a)}$$

$$\dot{V}_{AUL} = A \cdot AR$$

AR : Außenluftrate in m³/(h · m²)
σ : Verdunstungszahl in kg/(h · m²)
   (→ Tab. 458.1)
x_r : zulässiger Wassergehalt
   der Raumluft ($\varphi \approx 60\,\%$) in g/kg
   (→ S. 453)
ϱ_s : Dichte der feuchten
   Raumluft in kg/m³
x_a : Wassergehalt
   der Außenluft in g/kg
   (siehe Bedingungen)
x_s : absolute Luftfeuchtigkeit
   gesättigter Raumluft in g/kg
   (Luftwerte → Tab. 452.3)
$\dot{V}_{AUL}$: Außenluftvolumenstrom in m³/h
A : Wasseroberfläche in m²

Bedingungen:	
Raumlufttemperatur:	ϑ_R = 28 bis 30 °C
Wassertemperatur:	ϑ_W = 2 bis 3 K tiefer als ϑ_R
angenommener Wasser-gehalt der Außenluft:	Sommer φ = 50 bis 60 % → $x_a \approx$ 5–9 g/kg
	Winter φ = 60 bis 70 % → $x_a \approx$ 2–4 g/kg

Tab. 458.1: Außenluftrate *AR* zur Entfeuchtung von Hallenbädern

Schwimmbadtyp	Verdunstungszahl σ in kg/(h · m²)	Außenluftrate AR in m³/(h · m²)[1]		Werte nach VDI 2089: 1978-12[3]
		errechnete Werte (nach o. g. Bedingungen)		
		im Sommer	im Winter	
Privatschwimmbad	10	15	6,6[2]	30–40
Öffentliches Hallenbad	20	31	13	65–70
Wellenbad	30	46	20	80–85

[1] Als Grundfläche ist die Wasseroberfläche A in m² einzusetzen.
[2] Aus Gründen der Geruchsfreiheit ist AR_{min} = 10 m³/(h · m²) anzusetzen.
[3] Nach VDI 2089 ergeben sich höhere Werte, die jedoch erfahrungsgemäß zu hoch sind.

Tab. 458.2: Richtwerte zur Lufterneuerung für gewerbliche Küchen   VDI 2052: 1984-03

Küchenart	Lufterneuerungswerte in m³/(h · m²)[1]				
	Im ge-samten Bereich	Bei räumlich getrennten Küchenbereichen			
		Koch- und Garbereich	Brat-, Grill-, Backbereich	Spül-bereich	Neben-räume
Imbissstube	80	–	120	–	–
Gaststätte, Cafeteria	60	105	120	120	45
Kantine, Kasino, Mensa	90	105	120	120	45
Krankenhaus-Hauptküche	90	105	120	150	45
Krankenhaus-Verteilerküche	90	–	–	–	–
Altenheimküche	60	105	120	120	45
Aufbereitungsküche	80	105	120	120	60
Fern-, Froster-Küche, Bord-, Zentraldienst-Küche	90	120	120	–	60

[1] Die Luftwechselzahl β in 1/h erhält man, indem man die Tabellenwerte durch die Raumhöhe teilt, z. B.: Gaststätte, Raumhöhe h = 3 m, Luftwechselzahl β = 60 m³/(h · m²) : 3 m = 20 1/h.
[2] Zur Reduzierung der Heizkosten kann der größte Teil der Zuluft über einen Schlitz am Haubenrand zugeführt werden, nur ein kleiner Zuluftstrom muss erwärmt werden (→ Skizze).

Tab. 459.1: Arbeitsplatzgrenzwerte (AGW) für bestimmte Gefahrenstoffe

TRGS 900: 2006-11

Stoff	Che-mische Formel	AGW-Werte		Gefahren-symbol[2]	Gefährlich-keit[4]
		ml/m^3 (ppm)	mg/m^3		
Aceton	C_3H_6O	500	1200	F	–
Acrylnitril[1]	C_3H_3N	3	7	F, T	IIIA2[3], H
Ammoniak	NH_3	20	14	T	Y
Asbestfasern[1]	–	–	2	a	IIIA1[3]
Benzol[1]	C_6H_6	1	3,2	F, T	IIIA1[3], H
Blei und Bleiverbindungen	Pb	–	0,1 E	–	Z
Brom	Br	–	0,7	–	–
Butan	C_4H_{10}	1000	2400	F	–
Buchen-, Eichenholz[1]	staubfein	–	2 E	–	IIIA1[3]
Cadmium und Cd-Verb.[1]	Cd	–	0,015 E	T	IIIA2[3]
Chlor	Cl_2	0,5	1,5	T	Y
Cyclohexanon	$C_6H_{10}O$	20	80	F	H, Y
Ethanol	C_2H_6O	500	960	F	Y
Formaldehyd	HCHO	0,5	0,62	T	Y, H
Hydrazin[1]	N_2H_4	0,1	0,13	T	IIIA2[3], H, Sa
Kohlenstoffdioxid	CO_2	5000	9100	–	–
Kohlenstoffmonoxid	CO	30	35	F, T	Z
Nickeloxid[1]	NiO	–	0,5 E	–	IIIA1[3], Sh
Nikotin	$C_{10}H_{14}N_2$	–	0,5	T	H
Ozon	O_3	0,1	0,2	–	–
Phenol	C_6H_6O	2	8,0	T	H
Polychlor. Biphenyle	(PCB)	0,05	0,5	T	IIIB[3], H, Z
anorg. Quecksilberverb.	Hg-Verb.	–	0,1 E	T	H, Sh
Schwefeldioxid	SO_2	0,5	1,3	T	Y
Schwefelsäure	H_2SO_4	–	0,1 E	C	Y
Terpentinöl	–	100	560	Xn	Sh
Tetrachlorethylen (Per)	C_2Cl_4	50	345	Xn	IIIB, H
Trichlorethylen (Tri)	C_2HCl_3	50	270	Xn	IIIB, H
Vinylchlorid[1]	C_2H_3Cl	2	5	F, T	IIIA1[3], H
Wasserstoffperoxid	H_2O_2	1	1,4	O, C	Sh

[1] frühere **TRK**-Werte für krebserregende Stoffe; die Einhaltung wird von den Berufs-genossenschaften weiterhin empfohlen

[2] Bedeutung der Kennbuchstaben für das Gefahrensymbol nach **TRK**.

[3] Gefährlichkeit nach der **TRK**-Einstufung (ältere Wertigkeit):
IIIA1: wirken beim Menschen krebserregend
IIIA2: wirken beim Tierversuch krebs-erregend
IIIB: Begründeter Verdacht auf krebs-erzeugende Wirkung beim Menschen.
A: Risiko der Fruchtschädigung ist ist sicher nachgewiesen.
D: Fruchtschädigung ist noch nicht sicher beweisbar.

[4] **Abkürzungen nach neuer TRGS 900:**
A: alveolengängige Fraktion
E: einatembare Fraktion
Y: Risiko der Fruchtschädigung braucht bei Einhaltung des **AGW**-Wertes nicht befürchtet werden.
Z: Risiko der Fruchtschädigung kann auch bei Einhaltung des **AGW**-Wertes nicht ausgeschlossen werden.
H: Hautresorption; diese Stoffe können leicht durch die Haut in die Blutbahn gelangen.
Sa: atemwegssensibilisierende Stoffe (Allergische Erscheinungen können auch bei Einhaltung des **AGW**-Wertes auftreten)
Sh: Hautsensibilisierende Stoffe

TRGS: Technische Regeln für Gefahrenstoffe
AGW: Nach der Gefahrenstoffverordnung (GefStoffV) ist der Arbeitsplatzgrenzwert (AGW) der Grenzwert für die zeitlich gewichtete durchschnittliche Konzentration eines Stoffes in der Luft am Arbeitsplatz in Bezug auf einen gegebenen Zeitraum bei dem akute oder chronische schädliche Auswirkungen auf die Gesundheit im Allgemeinen nicht zu erwarten sind. AGW-Werte sind Schichtmittelwerte bei in der Regel täglich achtstündiger Arbeitszeit an 5 Tagen pro Woche.
Beachte: Die bisherigen **T**echnische **R**icht**k**onzentration (**TRK**) sowie die technisch begründeten **M**aximale **A**rbeitsplatz-Luft**k**onzentra-tionen (**MAK**) wurden aus den technischen Regeln gestrichen.

Tab. 459.2: Richtwerte für Schadstoffemissionen von Kraftfahrzeugen

VDI 2053-1: 1995-08

Fahrzeug	Betriebsart	Spezif. Ver-brauch $\dot{q}$ in l/(h · PKW)	Spezif. Abgas-volumen $\dot{v}$ in m^3/(h · PKW)	CO-Gehalt in Vol.-%	Spezif. CO-Volumen $\dot{v}_{CO}$ in m^3/(h · PKW)
PKW (Otto- oder Dieselmotor)	Leerlauf bei kaltem Motor	1,34	11,0	5,0	0,55
	Leerlauf bei warmem Motor	1,24	10,5	4,5	0,47
	stockende Fahrt ($v \approx$ 10 km/h)	2,16	17,5	2,9	0,60
	freie Fahrt in der Ebene	4,74	38,4	2,7	1,04
	freie Fahrt bei 4 % Steigung	5,70	30,4	3,2	1,20

K_I: Maximal zulässige CO-Konzentrationen nach der Garagenverordnung der Bundesländer:

$$K_{I\,CO} = 100 \text{ ppm} = 100 \cdot 10^{-6} \text{ m}^3 \text{ CO/m}^3 \text{ Luft}$$

K_A: Vorhandene Schadstoffkon-zentration der Außenluft:
$K_{A\,CO}$ = ca. $30 \cdot 10^{-6}$ m³CO/m³ Luft an Straßen mit starkem Verkehr
$K_{A\,CO}$ = 10 bis $20 \cdot 10^{-6}$ m³CO/m³ Luft an Straßen mit durchschnittlichem Verkehr
$K_{A\,CO}$ = 0 bis $5 \cdot 10^{-6}$ m³CO/m³ Luft in Wohngebieten

Raumlufttechnik

CO-Schadstoffvolumenstrom pro PKW

$$V_{CO} = V_{COS} + V_{COF}$$

Startphase:

$$V_{COS} = \dot{v}_{CO} \cdot t_S$$

Startzeit: $t_S \approx 20\ s = 0,0055\ h$

Fahrt in der Garage:

$$V_{COF} = \dot{v}_{CO} \cdot t_F$$

Fahrtzeit:

$$t_F = \frac{s}{10\ km/h}$$

V_{CO} :	CO-Volumenausstoß	in m³/PKW
V_{COS} :	CO-Volumenausstoß in der Startphase	in m³/PKW
t_S :	Startzeit des PKW	in h
$\dot{v}_{CO}$:	spezifischer CO-Volumenausstoß ($\rightarrow$ Tab. 459.2)	in m³/(h · PKW)
V_{COF} :	CO-Volumenausstoß bei stockender Fahrt ($v \approx 10$ km/h)	in m³/PKW
t_F :	Fahrtzeit	in h
s :	mittlerer Fahrweg in der Garage	in km

Einteilung der freien Lüftung

DIN 1946-1: 1988-10

Arten	Weitere Einflussgrößen
■ Außenhautlüftung (Fugen- oder Fensterlüftung) ■ Schachtlüftung (DIN 18 017-1) ■ Dachaufsatzlüftung	■ einseitige oder zweiseitige Querlüftung ■ Einzel- oder Sammelschachtlüftung mit konstantem oder veränderlichem Strömungsquerschnitt

Die Ausgleichsströmung erfolgt durch Fugen oder festgelegte Öffnungen.

Druckdifferenz bei freier Lüftung

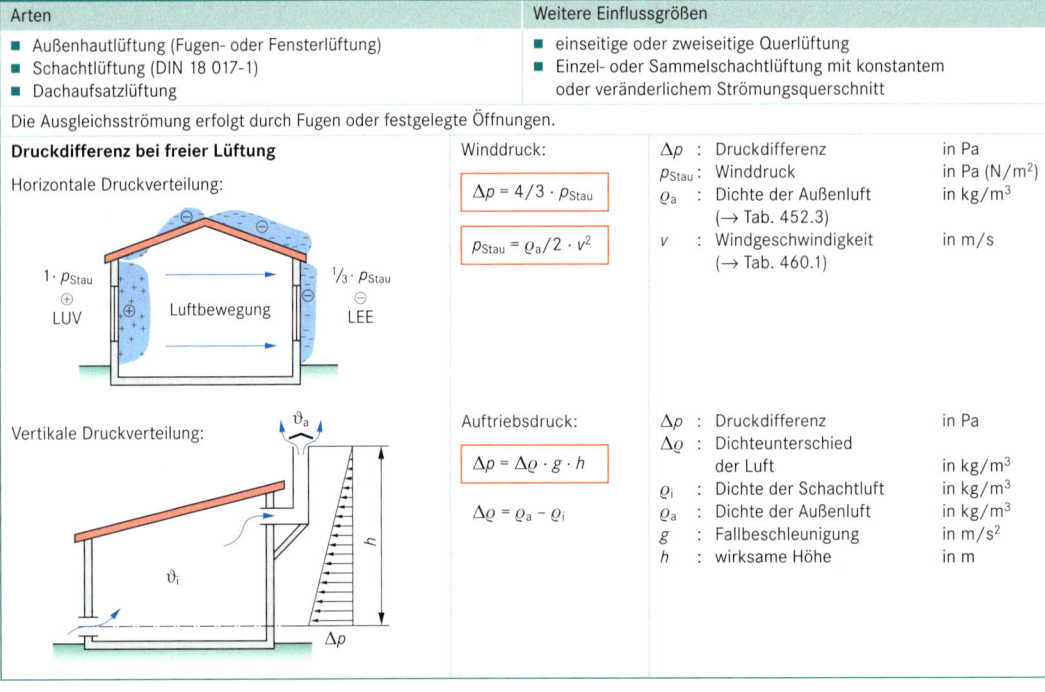

Horizontale Druckverteilung:

Winddruck:

$$\Delta p = 4/3 \cdot p_{Stau}$$

$$p_{Stau} = \varrho_a / 2 \cdot v^2$$

Δp :	Druckdifferenz	in Pa
p_{Stau} :	Winddruck	in Pa (N/m²)
ϱ_a :	Dichte der Außenluft ($\rightarrow$ Tab. 452.3)	in kg/m³
v :	Windgeschwindigkeit ($\rightarrow$ Tab. 460.1)	in m/s

Vertikale Druckverteilung:

Auftriebsdruck:

$$\Delta p = \Delta \varrho \cdot g \cdot h$$

$$\Delta \varrho = \varrho_a - \varrho_i$$

Δp :	Druckdifferenz	in Pa
$\Delta \varrho$:	Dichteunterschied der Luft	in kg/m³
ϱ_i :	Dichte der Schachtluft	in kg/m³
ϱ_a :	Dichte der Außenluft	in kg/m³
g :	Fallbeschleunigung	in m/s²
h :	wirksame Höhe	in m

Tab. 460.1: Windgeschwindigkeiten v (Beaufort-Skala)

Wind-stärke	Bezeichnung	Windwirkung	v in m/s[1] von	v in m/s[1] bis	Wind-stärke	Bezeichnung	Windwirkung	v in m/s[1] von	v in m/s[1] bis
0	still	Rauch senkrecht	0	0,2	7	heftig	Baumbewegung	13,9	17,1
1	leise	Rauch schräg	0,3	1,5	8	fast Sturm	Stämme biegen	17,2	20,7
2	leicht	eben fühlbar	1,6	3,3	9	Sturm	Ziegel fallen	20,8	24,4
3	schwach	Blattbewegung	3,4	5,4	10	starker Sturm	Bäume brechen	24,5	28,4
4	mäßig	Zweigbewegung	5,5	7,9	11	schwerer Sturm	Dächer „fliegen"	28,5	32,6
5	frisch	Astbewegung	8,0	10,7	12	Orkan	Mauern stürzen	32,7	36,9
6	stark	Heulen	10,8	13,8	> 12	starker Orkan	Totalschäden	> 37[2]	

[1] Zur Winddruckberechnung p_{Stau}
[2] Windstärke 13–17 (Tropenstürme bis 80 m/s)

Raumlufttechnik

Diagr. 461.1: Spezif. Luftdurchlässigkeit v̇ durch Fenster und Außentüren nach DIN EN 12 207

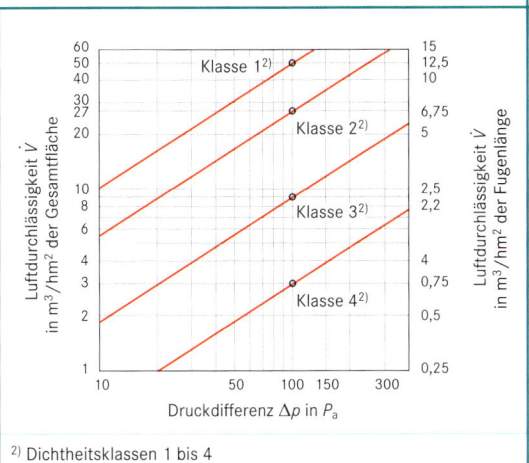

² Dichtheitsklassen 1 bis 4

Tab. 461.1: Ungefähre Luftwechselzahlen β [1] bei Fensterlüftung

Art der Fensterlüftung	β in 1/h
Fenster, Türen geschlossen	0 … 0,5
Fenster gekippt, Rollladen geschlossen	0,3 … 1,5
Fenster gekippt, Rollladen offen (Dauerlüftung)	0,8 … 4
Fenster halb geöffnet	5 … 10
Fenster ganz geöffnet (Stoßlüftung)	9 … 15
Fenster und Türen geöffnet, gegenüberliegend	25 … 40

Achtung: Der notwendige Luftwechsel in Wohnräumen sollte im Winter 0,3 … 0,8 1/h betragen. Neue, dichte Fenster nach DIN EN 12 207 erreichen je nach Klassifizierung 1 – 4 β = 0,01 – 0,1 ^{1}/$_h$ bei Δp = 10 Pa, so dass die Fugenlüftung nicht ausreicht. Die Gefahr der Schadstoffanreicherung im Raum besteht.

[1] Luftwechselzahlen schwanken durch die Einflussgrößen: Windgeschwindigkeit, Fugendichtheit, Fugenlänge, Fenstergröße, Rollladenausführung, Lage des Raumes usw.

Tab. 461.2: Auftriebsdruck in Lüftungsschächten $\Delta \varrho \cdot g$ in Pa/m senkrechte Schachthöhe (g = 9,81 m/s²)

Außentemperatur ϑ_a in °C	Temperatur im Schachtinneren ϑ_i (≈ Raumtemperatur) in °C											
	2	4	6	8	10	12	14	16	18	20	22	24
+15	–	–	–	–	–	–	–	0,039	0,128	0,206	0,248	0,363
+10	–	–	–	–	–	0,088	0,177	0,255	0,343	0,422	0,500	0,579
+5	–	–	0,049	0,138	0,216	0,304	0,392	0,471	0,559	0,638	0,716	0,795
0	0,088	0,177	0,275	0,363	0,441	0,530	0,618	0,697	0,785	0,863	0,942	1,020
−5	0,324	0,412	0,510	0,596	0,677	0,765	0,853	0,932	1,020	1,099	1,177	1,256
−10	0,569	0,657	0,755	0,844	0,922	1,020	1,099	1,177	1,265	1,344	1,422	1,501
−15	0.824	0,912	1,010	1,099	1,177	1,265	1,354	1,432	1,521	1,599	1,678	1,756

Diagr. 461.2: Auftriebsgeschwindigkeit v bei ΔT = 1 K[1]

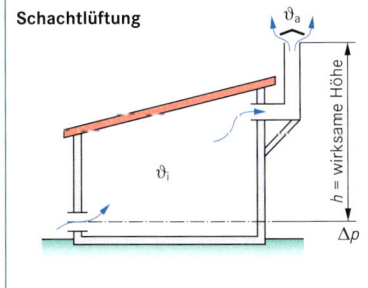

Schachtlüftung

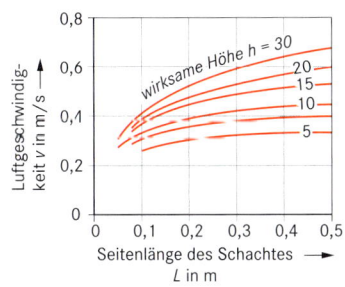

Gilt für quadratischen Schachtquerschnitt!

[1] Bei anderen Temperaturdifferenzen ist mit $\sqrt{\Delta T}$ zu multiplizieren ($\Delta T = \vartheta_i - \vartheta_a$)

Diagr. 461.3: Austrittsgeschwindigkeit v_A bei der Dachaufsatzlüftung

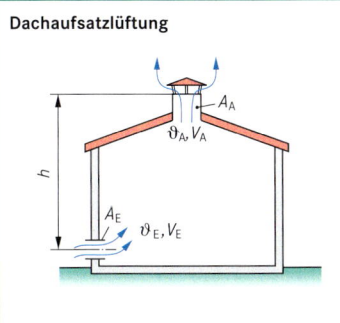

Dachaufsatzlüftung

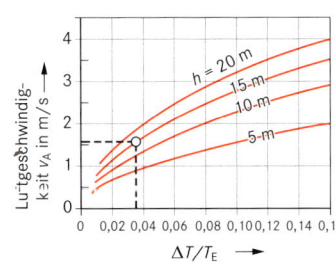

Beispiel:

Geg.: Maschinenhalle h = 15 m
ϑ_E = 20 °C (T_E = 293 K)
ϑ_A = 30 °C

Ges.: v_A in m/s

Lös.: $\Delta T = \vartheta_A - \vartheta_E$
ΔT = 30 – 20 = 10 K
$\Delta T / T_E$ = 10/293 = 0,034
→ v_A = 1,6 m/s

Bedingung: Eintrittsquerschnitt A_E = Austrittsquerschnitt A_A

Raumlufttechnik

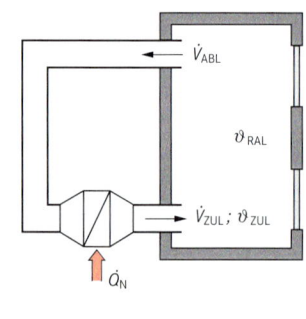

Wärmeleistung im Winter	$\dot{Q}_N = \dot{Q}_T - \dot{Q}_{HK} - \dot{Q}_{ltr}$

(ohne Lüftungsanteil)

$\dot{Q}_N$: Gesamtwärmeleistung in W
$\dot{Q}_T$: Transmissionswärmebedarf nach DIN EN 12 831 in W
$\dot{Q}_{HK}$: Wärmeleistung der Heizkörper (Zusatzheizung) in W
$\dot{Q}_{ltr}$: innere trockene Wärmeleistung (S. 467) in W

Zuluftstrom im Heizungsbetrieb
(Umluftbetrieb)

$$\dot{V}_{ZUL} = \frac{\dot{Q}_N}{C_P \, (\vartheta_{ZUL} - \vartheta_{RAL})}$$

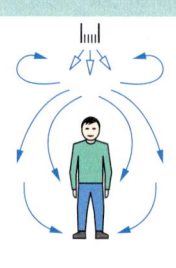

$\dot{V}_{ZUL}$: Zuluftvolumenstrom in m^3/h
$\dot{Q}_N$: Gesamtwärmeleistung in W
C_P : spez. Wärmekapazität der Luft in Wh/(m$^3 \cdot$ K)
(Luft: $C_P \approx 0{,}34$ Wh/(m$^3 \cdot$ K))
(genaue Werte → Tab. 452.3)
ϑ_{ZUL} : Zulufttemperatur (Registeraustrittstemp.) in °C
ϑ_{RAL} : Raumlufttemperatur in °C

Tab. 462.1: Zulässige Zuluftübertemperaturen $\Delta T_{\ddot{u}} = \vartheta_{ZUL} - \vartheta_{RAL}$

Art der Anlagen	$\Delta T_{\ddot{u}}$ in K	
Komfortanlagen	8 … 12	$\Delta T_{\ddot{u}}$ ist abhängig von: Luftdurchdurchlass, Lüftungsanteil, Luftführung, Raumhöhe, Volumenstrom, Aufenthaltsbereich, Regelung usw.
gewerbliche Anlagen	10 … 20	
Industrieanlagen	15 … 25	

Luftführungsarten in Räumen

Die Wirksamkeit einer Lüftung wird auch gemessen an der Fähigkeit verbrauchte Raumluft in der Aufenthaltszone durch frische Außenluft zu ersetzen und Schadstoffe abzuführen, dies hängt wesentlich von der Art der Luftführung in den Räumen ab:

Mischlüftung (Verdünnungs- oder Strahllüftung)		**Verdrängungslüftung** (turbulenzarme, parallele Lüftung)		**Quelllüftung** (Verdrängungslüftung zur Raumkühlung)

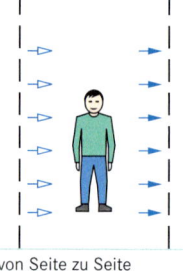

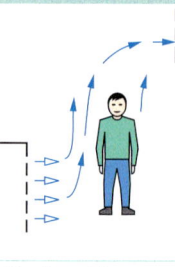

tangentialer Strom	diffuser Strom	von oben nach unten	von Seite zu Seite	Eigenkonvektion

Horizontale Lüftung (Querlüftung) ### Wurf- oder Strahllüftung

Warme Luft   Kalte Luft

Zug!

< 7 m

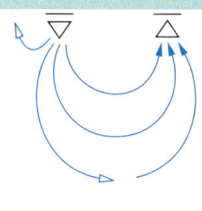

Welche Art der Luftführung zum Einsatz kommt, hängt von den Raumbedingungen (formale Raumgestaltung, Unterhängdecken, Platz für Kanäle, Luftauslässe usw.) ab, vor allem auch davon, welche Temperaturverhältnisse vorwiegend auftreten (Heizung oder Kühlung, zulässige Temperaturdifferenzen).

Raumlufttechnik

Lüftung von Wohnungen

DIN 1946-6: 2009-05

Gliederung der neuen DIN 1946-6

- Anwendungsbereich → für freie und ventilatorgestützte Lüftung von Wohnungen
- Lüftungskonzept → Nachweis der Notwendigkeit lüftungstechnischer Maßnahmen erstellt vom Fachmann
- Festlegung der Außenluftvolumenströme
- Freie Lüftungssysteme

- Ventilatorgestützte Lüftungssysteme
- Hinweise für Ausführung (Beispiel)
- Dokumentation und Kennzeichnung
- Inbetriebnahme und Übergabe
- Instandhaltung

Lüftungskonzept z. B. für Nutzungseinheiten (N) ohne fensterlose Räume

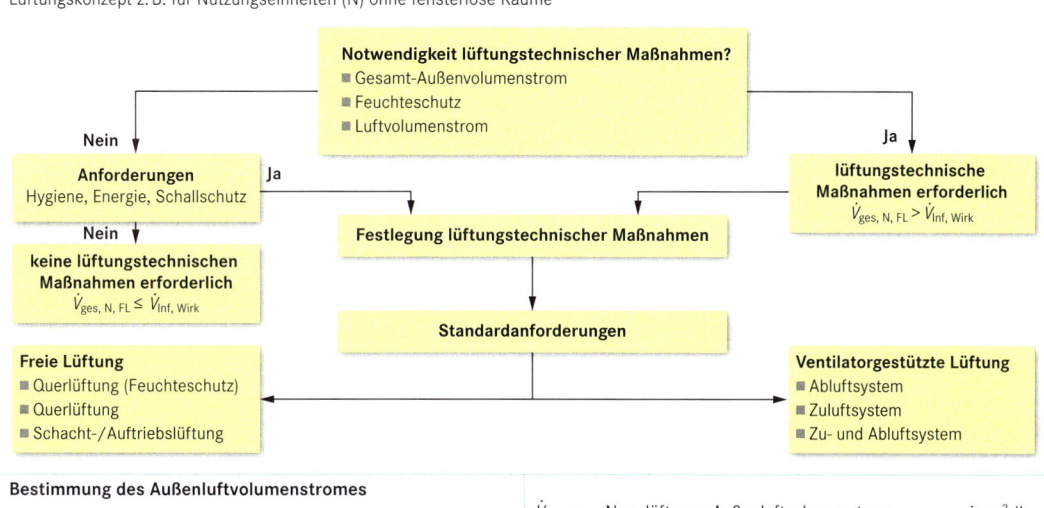

Bestimmung des Außenluftvolumenstromes

Nennlüftungsberechnung

$$\dot{V}_{ges,NL} = -0,001 \cdot A_N^2 + 1,15 \cdot A_N + 20$$

$\dot{V}_{ges, NL}$: Nennlüftungs-Außenluftvolumenstrom in m^3/h
A_N : Fläche der Nutzungseinheit in m^2
(→ Tab. 394.1 Gebäudenutzfläche A_N nach EnEV)

Tab. 463.1: Außenluftvolumenströme nach Lüftungsart (Umrechnungsformeln)

Begriff	Definitionen	Außenluftvolumenströme
Lüftung zum Feuchteschutz $\dot{V}_{ges, FL}$	Notwendige Lüftung zur Gewährleistung des Bautenschutzes (Feuchteschutzes) unter üblichen Nutzungsbedingungen bei teilweise reduzierten Feuchtelasten	$\dot{V}_{ges, FL} = 0,3 \cdot \dot{V}_{ges, NL}$ [1] $\dot{V}_{ges, FL} = 0,4 \cdot \dot{V}_{ges, NL}$ [1]
Reduzierte Lüftung $\dot{V}_{ges, RL}$	Notwendige Lüftung zur Gewährleistung der hygienischen Mindestanforderungen sowie des Bautenschutzes (Feuchte) unter üblichen Nutzungsbedingungen bei teilweise reduzierten Feuchte- und Stofflasten	$\dot{V}_{ges, RL} = 0,7 \cdot \dot{V}_{ges, NL}$
Nennlüftung $\dot{V}_{ges, NL}$	Notwendige Lüftung zur Gewährleistung der hygienischen Anforderungen sowie des Bautenschutzes (Feuchte) bei Anwesenheit der Nutzer	$\dot{V}_{ges, NL}$
Intensivlüftung $\dot{V}_{ges, IL}$	Zeitweilig notwendige Lüftung mit erhöhtem Luftvolumenstrom zum Abbau von Lastspitzen (Lastbetrieb)	$\dot{V}_{ges, IL} = 1,3 \cdot \dot{V}_{ges, NL}$

[1] Faktor 0,3 ist bei Gebäuden mit hoher Wärmedämmung, Faktor 0,4 ist bei Gebäuden mit geringer Wärmedämmung anzuwenden

Tab. 463.2: Errechnete Außenluftvolumenströme[1] $\dot{V}_{ges}$ in m^3/h für Nutzungseinheiten (→ Formel S. 463 und Tab. 463.1)

Nutzfläche A_N in m^2	50	70	90	110	130	150	170	190	210
Außenluftvolumenstrom zum Feuchteschutz	25[2] 30[3]	30[2] 40[3]	35[2] 45[3]	40[2] 55[3]	45[2] 60[3]	50[2] 70[3]	55[2] 75[3]	60[2] 80[3]	55[2] 85[3]
Außenluftvolumenstrom für reduzierte Lüftung	55	65	80	95	105	120	130	140	150
Außenluftvolumenstrom für Nennlüftung[4]	**75**	**95**	**115**	**135**	**155**	**170**	**185**	**200**	**215**
Außenluftvolumenstrom für Intensivlüftung	100	125	150	175	200	220	245	265	285

[1] einschließlich der Infiltrations-Volumenströme $\dot{V}_{inf, wirk}$
[2] Gebäude mit hoher Wärmedämmung nach WSchV 95 oder EnEV
[3] Gebäude mit geringer Wärmedämmung, z. B. alle vor 1995 errichteten Gebäude
[4] Weitere Lüftungsberechnung erfolgt mit $\dot{V}_{ges, NL}$ (Nennlüftung)

Raumlufttechnik

Lüftung von Wohnungen

DIN 1946-6: 2009-05

Tab. 464.1: Außenluftvolumenstrom durch Infiltration $\dot{V}_{inf,wirk}$ in m³/h (Beispiel Einfamilienhaus)

Nutzfläche A_N[1]	in m²	70	90	110	130	150	170
n_{50}-Wert[2] = 1,0	1/h						
– Querlüftung - windschwach (Δp = 2 Pa)[3]		13	16	20	24	28	31
– Querlüftung - windstark (Δp = 4 Pa)[3]		20	26	32	38	44	50
– Zu-/Abluftsyst.-windschwach (Δp = 2 Pa)[3]		12	15	18	21	25	28
n_{50}-Wert[2] = 4,5	1/h						
– Querlüftung - windschwach (Δp = 2 Pa)[3]		20	72	90	108	126	140
– Querlüftung - windstark (Δp = 4 Pa)[3]		90	117	144	171	198	225
– Abluftsystem (Δp = 8 Pa)[3]		189	243	297	345	400	459

[1] $A_N = V_N \cdot 0,32$ (→ Tab. 394.1)
[2] Vorgabewert des Luftwechsels bei
Δp = 50 Pa Druckdifferenz
n_{50}-Wert = 1,0   1/h (etwa Neubauwert)
n_{50}-Wert = 4,5   1/h (etwa Gebäudebestand)
[3] Auslegungs-Druckdifferenz-Korrekturfaktor
Querlüftung $f_{wirk, Komp} = 0,5$
Abluftsystem $f_{wirk, Komp} = 0,65$
Zu-/Abluftsystem $f_{wirk, Komp} = 0,45$

Luftvolumenstrom für eine Nutzungseinheit	$\dot{V}_{LtM, vg}$: Außenluftvolumen durch lüftungstechnische Maßnahmen (mit Ventilator)	in m³/h
	$\dot{V}_{ges, NL}$: Gesamtaußenvolumenstrom- Nennlüftung(→ Tab. 463.1)	in m³/h
	$\dot{V}_{inf,wirk}$: Wirksame Außenluftvolumen durch Infiltration (→ Tab. 464.1)	in m³/h
$\dot{V}_{LtM, vg} = \dot{V}_{ges, NL} - \dot{V}_{inf, wirk} - \dot{V}_{Fe,wirk}$	$\dot{V}_{Fe,wirk}$: Wirksame Außenluftvolumen durch Fensteröffnen (manuelle Fensterlüftung wird für die Auslegung nicht berücksichtigt)	in m³/h
Berechnung der Zuluftströme für die einzelnen Räume	$\dot{V}_{LtM, R, zu}$: Zuluftvolumenstrom für den einzelnen Raum	in m³/h
	$f_{R, zu}$: Faktor zur Aufteilung der Zuluftvolumenströme (→ Tab. 464.3)	
$\dot{V}_{LtM, R, zu} = \dfrac{f_{R, zu}}{\sum f_{R, zu}} \cdot \dot{V}_{LtM\ vg, NL}$	$\dot{V}_{LtM\ vg, NL}$: Zuluftvolumenstrom für Nutzungseinheit, Nennlüftung	in m³/h
	$\sum f_{R, zu}$: Summe der Faktoren zur Aufteilung der Zuluftvolumenströme	

Tab. 464.2: Gesamt- Abluftvolumenströme[1] $\dot{V}_{ges,R,ab}$ in m³/h bei ventilatorgestützter Lüftung für einzelne Räume

Tab. 464.3: Aufteilung der Zuluftströme auf Räume bei ventilatorgestützter Lüftung

Raum	Nennlüftung	Raum	Faktor $f_{R, zu}$ der Zuluftströme
Hausarbeitsraum, Hobbyraum (beheizt), WC	25	Wohnzimmer	3 (± 0,5)
Küche, Kochnische, Bad mit/ohne WC, Duschraum	45	Schlaf- und Kinderzimmer	2 (± 0,5)
Sauna bzw. Fitnessraum	100	Ess-, Arbeits- Gästezimmer	1,5 (± 0,5)

[1] einschließlich der Infiltrations-Volumenströme $V_{inf, wirk}$

Auslegungsbeispiel

Einfamilienhaus, 3 Personen, dicht n_{50} = 1,0 1/h; Gebäudelage windschwach, ventilatorgestütztes Zu-/Abluftsystem

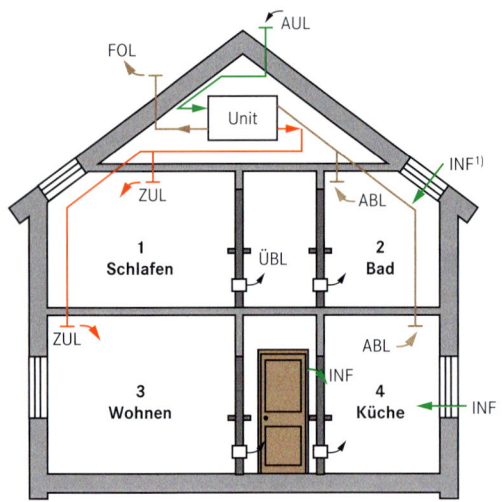

Hausabmessungen (Außenmaße):
Breite = 6 m, Länge = 8 m, Höhe =5,8 m

[1] INF = Infiltrationsluft

Berechnungsschema:

- Gebäudevolumen: $V_N = l \cdot b \cdot h$ = 8 m · 6 m · 5,8 m = 278,4 m³
  Nutzfläche: A_N = 0,32 · V_N = 0,32 m⁻¹ · 278,4 m³ = 89,1 m²
  A_N ~ 90 m²

- Notwendiger Außenluftvolumenstrom in m³/h (A_N = 90 m²)
  $\dot{V}_{ges, NL}$ = 115 m³/h (→ Tab. 463.1 Nennlüftung)

- Erforderlicher Abluftvolumenstrom in m³/h
  $\dot{V}_{ges, R, ab} = \dot{V}_{ab\ Küche} + \dot{V}_{ab, Bad}$ = 45 m³/h + 45 m³/h
  $\dot{V}_{ges, R, ab}$ = 90 m³/h (→ Tab. 464.2)

- Personenbezogener Zuluftvolumenstrom
  $\dot{V}_{Pers}$ = 30 m³/h · Pers · 3 Pers = 90 m³/h

- Anzusetzender Außenluftvolumenstrom in m³/h
  $\dot{V}_{Pers}$ = 90 m³/h < $\dot{V}_{ges, NL}$ = 115 m³/h > $\dot{V}_{ges, R, ab}$ = 90 m³/h
  daher wird mit $\dot{V}_{ges, NL}$ = 115 m³/h weitergerechnet

- Außenluftvolumenstrom durch Infiltration bei A_N = 90 m²
  $\dot{V}_{inf, wirk}$ = 15 m³/h (→ Tab. 464.1)

- Luftvolumenstrom für eine Nutzungseinheit $V_{LtM, vg}$
  $\dot{V}_{LtM, vg} = \dot{V}_{ges, NL} - \dot{V}_{inf, wirk} - \dot{V}_{Fe,wirk}$
  $V_{LtM, vg}$ = 115 m³/h – 15 m³/h – 0 m³/h = 100 m³/h

- Berechnung der Zuluftströme für die einzelnen Räume
  $\dot{V}_{LtM, R, zu} = f_{R, zu}/\sum f_{R,zu} \cdot \dot{V}_{LtM, vg}$ (→ Tab. 464.3)
  Wohnzimmer: $\dot{V}_{LtM, R, zu}$ = 3/5 · 100 m³/h = 60 m³/h
  Schlafzimmer: $\dot{V}_{LtM, R, zu}$ = 2/5 · 100 m³/h = 40 m³/h

Entstehung und Wirkung der Radonbelastung in Wohngebäuden

- Radon ist ein radioaktives chemisches Element deren Ausgangsstoff Uran ist.
- Radon ist ein Zerfallsprodukt, die Entstehung ist vereinfacht dargestellt in Diagr. 465.1.
- Radon kann sich in Räumen ansammeln und stellt eine Gefahr für die Gesundheit des Menschen dar.

Diagr. 465.1: Entstehung von Radon

Uran, Thorium
zerfällt in
Radium
Radon Gas
zerfällt in
radioaktive Folgeprodukte
enthalten im
a)
Erdreich und Gestein
der Zerfallsprozess (Halbwertzeit) dauert 1600 Jahre
α-, β- und γ-Strahlung
b)
Baumaterial
die im Hause eingebauten Baumaterialien geben über gesamte Nutzungsdauer radioaktives Radon ab
zerstört und beschädigt menschliche Zellen → KREBSGEFAHR

- Ausgangsstoffe des Radons (Rn) sind Uran (U) und Thorium (Th)
- Die Ausgangsstoffe zerfallen langsam in Radium (Ra) und dann in Radon (Rn).
- Radon ist gasförmig und dringt aus der obersten Bodenschicht in die Atmosphäre, ins Grundwasser, in den Keller und in Rohrleitungen ein.

Radonvorkommen in der BRD

Kiel
Hamburg
Schwerin
Bremen
Berlin
Hannover
Magdeburg
Düsseldorf
Leipzig
Dresden
Erfurt
Bonn
Frankfurt
Mainz
Nürnberg
Saarbrücken
Stuttgart
München
0
100 km

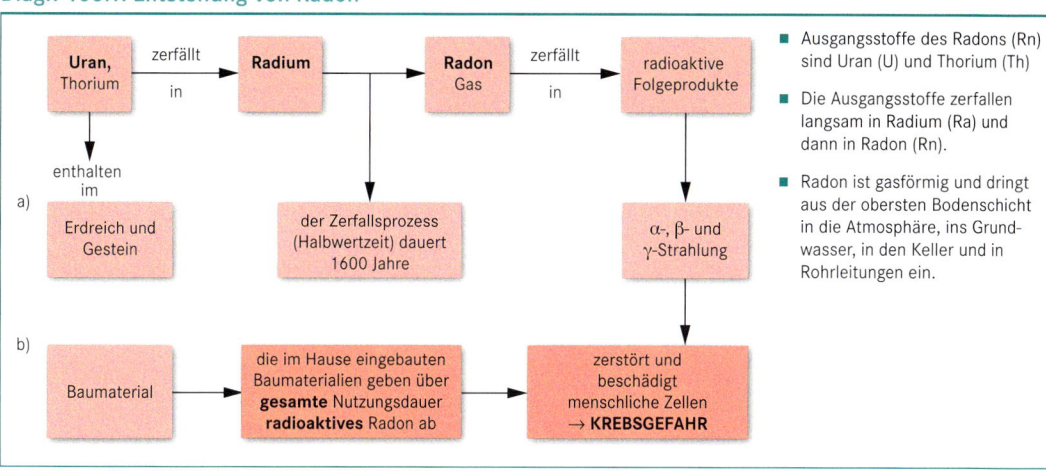

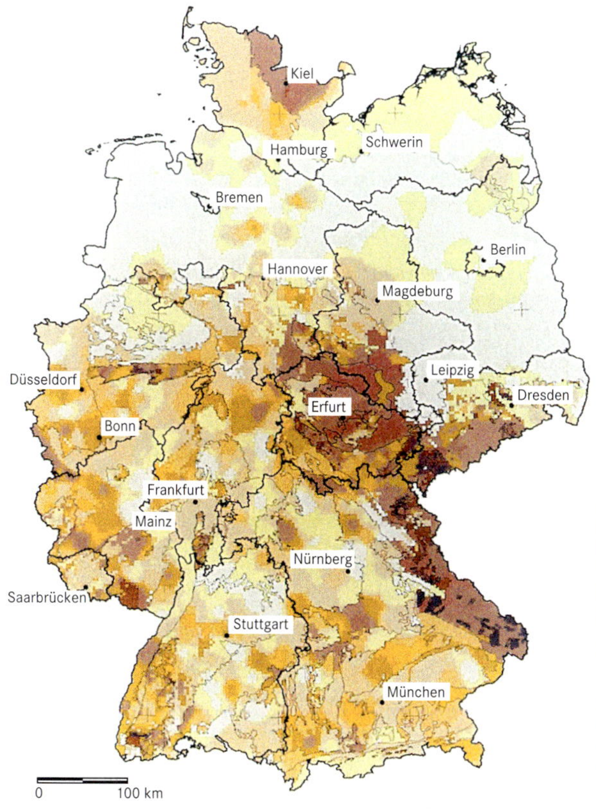

Radioaktivitätskonzentration in der Bodenluft

	Flächenanteile	
> 600 kBq/m³	112 km²	0,03 %
400 bis 600	1 318 km²	0,37 %
250 bis 400	1 136 km²	0,32 %
200 bis 250	1 350 km²	0,38 %
150 bis 200	2 144 km²	0,60 %
125 bis 150	9 513 km²	2,66 %
100 bis 125	12 321 km²	3,45 %
80 bis 100	15 810 km²	4,43 %
60 bis 80	24 271 km²	6,80 %
50 bis 60	20 611 km²	5,78 %
40 bis 50	28 082 km²	7,78 %
30 bis 40	34 356 km²	9,63 %
20 bis 30	47 067 km²	13,20 %
10 bis 20	69 775 km²	19,56 %
< 10 kBq/m³	88 359 km²	24,77 %

Tab. 466.1: Angaben über zulässige Radonkonzentrationen in Räumen

Gesetz bzw. Empfehlung	Grenzwertangabe A in Bq/m²	1 Bequerell (Bq) = 1 Zerfall/s = 1 s⁻¹
Deutsches Radonschutzgesetz (3. Entwurf 2005)	100 Bq/m³ für Neubauten	1 Bq ist eine sehr kleine Einheit, z. B. gibt 1 g Ra 226 → A = 3,7 · 10¹⁰ Bq ab.
EU-Empfehlung (1990)	200 Bq/m³ für Neubauten 400 Bq/m³ für Altbauten	■ Das Radonvorkommen in der BRD ist sehr unterschiedlich → S. 465
WHO-Empfehlung (2000)	100 Bq/m³ Jahresdurchschnitt Bestwert: 50 Bq/m³	■ Radon ist krebserregend, es verursacht vor allem Lungenkrebs
Nachweislich wird Lungenkrebs hervorgerufen bei	**≥ 140 Bq/m³**	■ Bei Verdacht Radonbelastung durch Chemiker oder Wohnraumanalytiker feststellen lassen.

Wie Radon in das Gebäude eindringt

Radon gelangt in die Raumluft vor allem durch
- **Konvektion** aus den Erdboden, über die Bodenplatte oder die Kellerwände (Risse, Fugen),
- **Emission** aus Baumaterialien, die mineralische Bestandteile enthalten, z. B. Ziegel, Mörtel, Erdreich.

Beispiel: (→ siehe Bild)

Die Aktivität der Porenluft beträgt $\boxed{A \rightarrow 20 \text{ kBq/m}^3}$

Dies ergibt folgende Belastungen:
- Nach der Karte „Radonvorkommen in Deutschland" (S. 465) betrifft dies 75 % der Fläche der BRD
- d. h. erhöhte Radonkonzentration in der Raumluft bis zu 300 Bq/m³ durch Konvektionseintrag oder bis zu 150 Bq/m³ durch Emissionsausstoß ist möglich

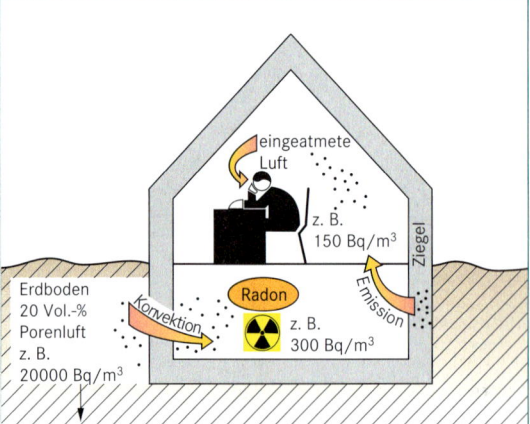

Minimierung der Radonbelastung in Wohnräumen

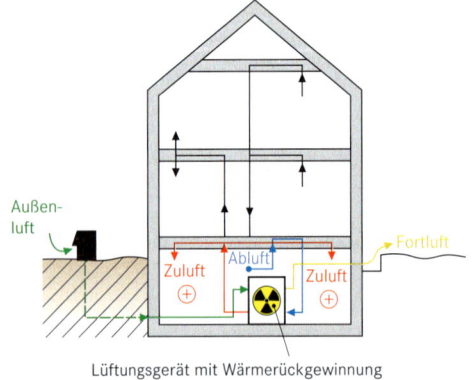

Lüftungsgerät mit Wärmerückgewinnung und Kernspur-Detektor

ausgewogene Zu-Abluft-Bilanz im Kellergeschoss

Grundriss Kellergeschoss

Minimierungsmaßnahmen:

- Radonminimierung durch gezielte Wohnungslüftung, durch eine ausgewogene Zu- und Abluftbilanz in den Kellerräumen, evt. mit Radonüberwachung.

- Abdichten der Kellerwände zum Erdreich hin.

- In leichteren Fällen regelmäßiges Lüften durch Einbau eines Ventilators, der die radonbelastete Luft aus den Kellerräumen hinaus befördert.

- Informationen zur Radonbelastung von den Landratsämtern, den Stadtverwaltungen oder beim Verband privater Bauherren (www.vpb.de).

Raumlufttechnik

Kühllast im Sommerbetrieb

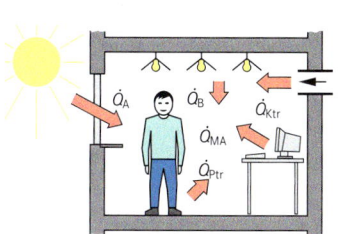

$\dot{Q}_A$: Transmission durch Wände und Fenster sowie Strahlung durch Fensterflächen

$$\dot{Q}_{Ktr} = \dot{Q}_A + \dot{Q}_{Itr}$$

$$\dot{Q}_{Itr} = \dot{Q}_{Ptr} + \dot{Q}_B + \dot{Q}_M$$

$$\dot{Q}_B = \dot{q}_B \cdot A$$

$$\dot{Q}_{Ptr} = \dot{q}_{Ptr} \cdot n$$

$\dot{Q}_{Ktr}$	: gesamte Kühllast	in W
$\dot{Q}_A$	: äußere Kühllast ($\rightarrow$ S. 468)	in W
$\dot{Q}_{Itr}$	: innere trockene Kühllast	in W
$\dot{Q}_{Ptr}$	: Wärmeabgabe der Menschen	in W
$\dot{Q}_B$	: Kühllast der elektrischen Beleuchtung	in W
$\dot{Q}_M$	: Kühllast der elektr. Geräte und Maschinen ($\rightarrow$ Tab. 468.2 und 3)	in W
$\dot{q}_B$	: Wärmeabgabe der Beleuchtung ($\rightarrow$ Tab. 468.1)	in W/m²
A	: Wohnungsfläche	in m²
$\dot{q}_{Ptr}$	: trockene Wärmeabgabe des Menschen ($\rightarrow$ Tab. 467.1)	in W/Pers.
n	: Anzahl der Menschen	

Tab. 467.1: Wärme- und Wasserdampfabgabe des Menschen (Durchschnittswerte nach VDI 2078)

Wärmeabgabe		bei Raumlufttemperatur in °C für									
		physisch nicht tätige Personen					Personen bei mittelschwerer Arbeit				
		18	20	22	24	26	18	20	22	24	26
Sensible Wärme $\dot{q}_{Ptr}$ (durch Strahlung und Konvektion)	in W	100	95	90	75	70	155	140	120	110	95
Latente Wärme $\dot{q}_{Pf}$ (durch Verdunstung)	in W	25	25	30	40	45	115	130	150	160	175
Gesamtwärmeabgabe	in W	125	120	120	115	115	270	270	270	270	270
Wasserdampfabgabe	in g/h	35	35	40	60	65	165	180	215	230	255

Sensible Wärme: trockene, fühlbare Wärme; **Latente Wärme:** feuchte, nicht fühlbare Wärme

Zuluftvolumenstrom im Sommerbetrieb

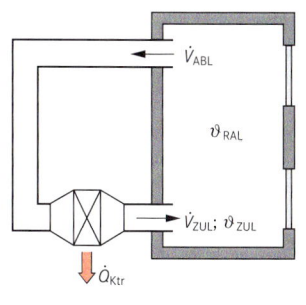

$$\dot{V}_{ZUL} = \frac{\dot{Q}_{Ktr}}{C_P \cdot (\vartheta_{RAL} - \vartheta_{ZUL})}$$

$\dot{V}_{ZUL}$	: Zuluftvolumenstrom	in m³/h
$\dot{Q}_{Ktr}$	: trockene Kühllast	in W
C_P	: spezifische Wärmekapazität der Luft in Wh/(m³ · K) ($C_P \approx 0{,}34$ Wh/(m³ · K)) (genaue Werte $\rightarrow$ Tab. 452.3)	
ϑ_{ZUL}	: Zulufttemperatur	in °C
ϑ_{RAL}	: Raumlufttemperatur	in °C

Tab. 467.2: Zulässige Zuluftuntertemperaturen $\Delta T_u = \vartheta_{RAL} - \vartheta_{ZUL}$

Zuluftführung durch Einblasen der Luft ...	ΔT_u in K
... direkt im Aufenthaltsbereich	2 ... 4
... nicht direkt im Aufenthaltsbereich, z. B. über Lochdecken	4 ... 7
... oberhalb der Aufenthaltszone	7 ... 10
... bei Hochdruckanlagen mit starker Sekundärluftansaugung	≥ 15

Zuluft- und Umluftvolumenstrom

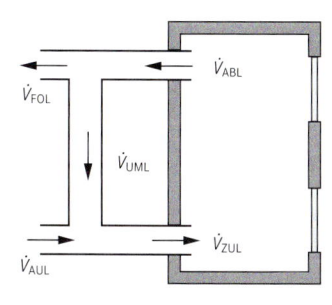

$$\dot{V}_{ZUL} = \dot{V}_{AUL} + \dot{V}_{UML}$$

$\dot{V}_{ZUL}$	: Zuluftvolumenstrom	in m³/h
$\dot{V}_{AUL}$	: Außenluftvolumenstrom	in m³/h
$\dot{V}_{UML}$	: Umluftvolumenstrom	in m³/h

Raumlufttechnik

Innere Kühllasten

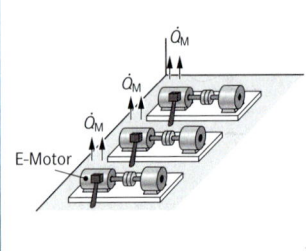

Tab. 468.1: Wärmeabgabe der Beleuchtung $\dot{q}_B$

Werte für übliche Räume	$\dot{q}_B$ in W/m^2
Beleuchtung mit Glühlampen	50 … 150
Beleuchtung mit Leuchtstofflampen	10 … 30
Leuchten mit Absaugung	5 … 20

Tab. 468.2: Wärmeabgabe verschiedener elektrischer Geräte $\dot{Q}_M$

Gerät	Anschluss-wert P in W	Benut-zungsdauer in min/h	Wasser-menge in g/h	Wärmeabgabe sensible W. $\dot{Q}_M$ in W	Wärmeabgabe Gesamtw. $\dot{Q}_M$ in W
Computer (PC)	100 … 150	60	–	**40 … 50**	40 … 50
Bildschirm	60 … 90	60	–	**20 … 30**	20 … 30
Drucker	20 … 30	15	–	**5 … 7**	20 … 30
Waschmaschine	3000	60	2100	**1450**	3000
Kühlschrank (100 l)	100	60	–	**300**	300
Kühlschrank (200 l)	175	60	–	**500**	500
Fernsehgerät	175	60	–	**175**	175
Kaffeemaschine	500	30	100	**180**	250
Haartrockner	1000	30	240	**350**	500
Kochplatte	1000	30	400	**250**	500

Tab. 468.3: Wärmeabgabe $\dot{Q}_M$ von Drehstrom-Asynchronmotoren bei Volllast

Nennleistung P_{el} in kW	0,2	0,5	0,8	1,1	1,5	2,2	3,0	**5,5**	7,5	15	22	40
Wirkkungsgrad η_{el}	0,63	0,70	0,73	0,77	0,78	0,80	0,81	**0,85**	0,86	0,89	0,91	0,92
Wärmeabgabe $\dot{Q}_M$ in W	**74**	**150**	**216**	**253**	**330**	**440**	**570**	**825**	**1050**	**1650**	**1980**	**3200**

Beispiel: 3 Drehstrommotore mit jeweils P_{el} = **5,5 kW**, Belastungsfaktor = 0,80, Gleichzeitigkeitsfaktor = 0,70
Lösung: $\dot{Q}_M$ = 5500 W · (1 – **0,85**) · 3 · 0,80 · 0,70 = **825 W** · 3 · 0,80 · 0,70 = **1386 W**

Äußere Kühllast

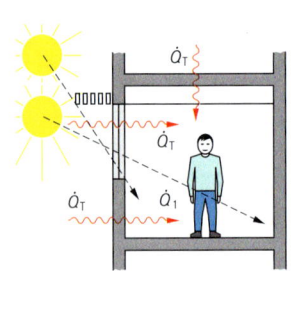

$$\dot{Q}_A = \dot{Q}_{Str} + \dot{Q}_T$$

$$\dot{Q}_1 = \dot{q}_{Str} \cdot A_M \cdot g$$

Transmission:

$$\dot{Q}_T = A \cdot U \cdot (\vartheta_a - \vartheta_i)$$

$\dot{Q}_A$	: äußere Kühllast	in W
$\dot{Q}_{Str}$	: Eingestrahlter Wärmestrom (Berechnung → S. 469)	in W
$\dot{Q}_T$	: Transmissionswärmestrom	in W
$\dot{Q}_1$	: Direkte Wärmestrahlung durch zweifach verglastes Fenster	in W
$\dot{q}_{Str}$	: Sonneneinstrahlungswerte (→ Tab. 468.4)	in W/m^2
A_M	: Maueröffnung	in m^2
g	: Glasflächenanteil (→ Tab. 469.1)	
$\dot{Q}_T$	: Transmissionswärmestrom	in W
A	: Fläche	in m^2
U	: Wärmedurchgangszahl (→ Berechnung und Werte S. 382)	in W/(m^2 · K)
ϑ_a	: Außentemperatur	in °C
ϑ_i	: Innentemperatur	in °C

Tab. 468.4: Überschlägige Sonneneinstrahlungswerte $\dot{q}_{Str}$ bei Doppelverglasung (geographische Breite 50°)

Fensterart	$\dot{q}_{Str}$[1] in W/m^2		horizontale Fl.
	vertikale Flächen		horizontale Fl.
Doppelfenster	Ost/West	Süd	–
	450 … 500	350 … 400	550 … 650

[1] Bei Überschlagsrechnungen kann im **Juli/August** etwa mit nebenstehenden Zahlenwerten für den maximalen Wärmeeinfall durch Sonnenstrahlung bei nicht beschatteten Fenstern ohne Sonnenschutz gerechnet werden.

Tab. 468.5: Temperaturen angrenzender, nicht klimatisierter Räume und des Erdreichs im Sommer (VDI 2078)

Nicht ausgebaute Dachräume[1]	40 … 50 °C	angrenzendes Erdreich	20 °C	[1] je nach Konstruktion und Durchlüftung
Ausgebaute Dachräume	35 °C	Raum zwischen Schau-		
Sonstige Nachbarräume	30 °C	fenster und Innenfenster[2]	35 … 45 °C	[2] je nach Sonnenschutz

Raumlufttechnik

Tab. 469.1: Überschlagswerte *g* für Glasflächenanteil bei verschiedenen Fensterkonstruktionen

Fensterbauart	Innere Maueröffnung A_M in m² (Maueröffnungsmaß)									
	0,5	1,0	1,5	2,0	2,5	3,0	4,0	5,0	6,0	8,0
Holzfenster, einfach oder doppelt verglaste Verbundfenster	0,47	0,58	0,63	0,67	0,69	0,71	0,72	0,73	0,74	0,75
Holzdoppelfenster	0,36	0,48	0,55	0,60	0,62	0,65	0,68	0,69	0,70	0,71
Metallfenster	0,56	0,77	0,83	0,86	0,87	0,88	0,90	0,90	0,90	0,90
Schaufenster, Oberlichte	0,90									
Balkontür mit Glasfüllung	0,50									

Abschläge: für Fenster mit senkrechtem Mittelstück – 0,05; für Fenster mit Sprossen – 0,03

Eingestrahlter Wärmestrom

$$\dot{Q}_{Str} = \dot{Q}_1 \cdot b_1 \cdot b_2 \cdot (b_3)$$

$\dot{Q}_{Str}$	:	Eingestrahlter Wärmestrom mit und ohne Sonnenschutz in W
$\dot{Q}_1$	:	Direkte Wärmestrahlung durch ein zweifach verglastes Fenster in W ($\rightarrow$ S. 468)
b_1	:	Sonnendurchlassfaktor für verschiedene Glasarten ($\rightarrow$ Tab. 469.2)
b_2, b_3	:	Sonnendurchlassfaktoren für verschiedene Sonnenschutzvorrichtungen ($\rightarrow$ Tab. 469.2)

Tab. 469.2: Sonnendurchlassfaktoren *b* bei Verglasungen und Sonnenschutzeinrichtungen nach VDI 2078

Gläser	b_1	Zusätzliche Sonnenschutzvorrichtungen	b_2; b_3
Tafelglas nach DIN 1249:		**Außen:**	
Einfachverglasung	1,1	Jalousie, Öffnungswinkel 45°	0,15
Doppelverglasung	**1,0**	Stoffmarkise, oben und unten ventiliert[1]	0,3
Dreifachverglasung	0,9	Stoffmarkise, oben und seitlich anliegend[1]	0,4
		Rollläden, Fensterläden	0,3
Absorptionsglas:		**Zwischen den Scheiben:**	
Einfachverglasung	0,75	Jalousie, Öffnungswinkel 45°:	
Doppelverglasung (innen Tafelglas)	0,65	unbelüfteter Zwischenraum	0,5
Vorgehängte Absorptionsscheibe	0,50	belüfteter Zwischenraum, je nach Luftstrom	0,2 … 0,4
(mind. 5 cm freier Luftspalt)		**Innen:**	
Reflexionsglas:		Jalousie, Öffnungswinkel 45°	0,7
Einfachverglas. Metalloxidbelag außen	0,65	Vorhänge, hell aus Baumwolle, Chemiefaser[2]	0,5
Doppelverglasung (Reflexionsschicht		Kunststofffolien	
auf der Innenseite der Außenscheibe)		absorbierend	0,7
Belag aus Metalloxid	0,55	metallisch reflektierend	0,35
Belag aus Edelmetall (z. B. Gold)	0,45		

[1] Vorausgesetzt ist die völlige Beschattung der Glasfläche durch die Markise.
[2] Bei dunklen Vorhängen sind die Werte um 0,2 zu erhöhen.

Achtung: Bei der Wahl des Sonnenschutzes und der Fenstergröße ist im Zusammenhang mit dem Gesamtenergieverbrauch eines Gebäudes nicht nur die Kühllastspitze zu beachten, sondern auch der Beleuchtungsenergieaufwand und der solare Wärmegewinn im Winter durch die Fenster. Am energiegünstigsten sind daher bewegliche Sonnenschutzvorrichtungen, die im Sommer die Wärmestrahlung abhalten, aber noch ausreichend Licht in den Raum lassen und im Winter den möglichen Wärmegewinn gestatten.

Raumlufttechnik

Bauteile und Aufbau einer Klimaanlage

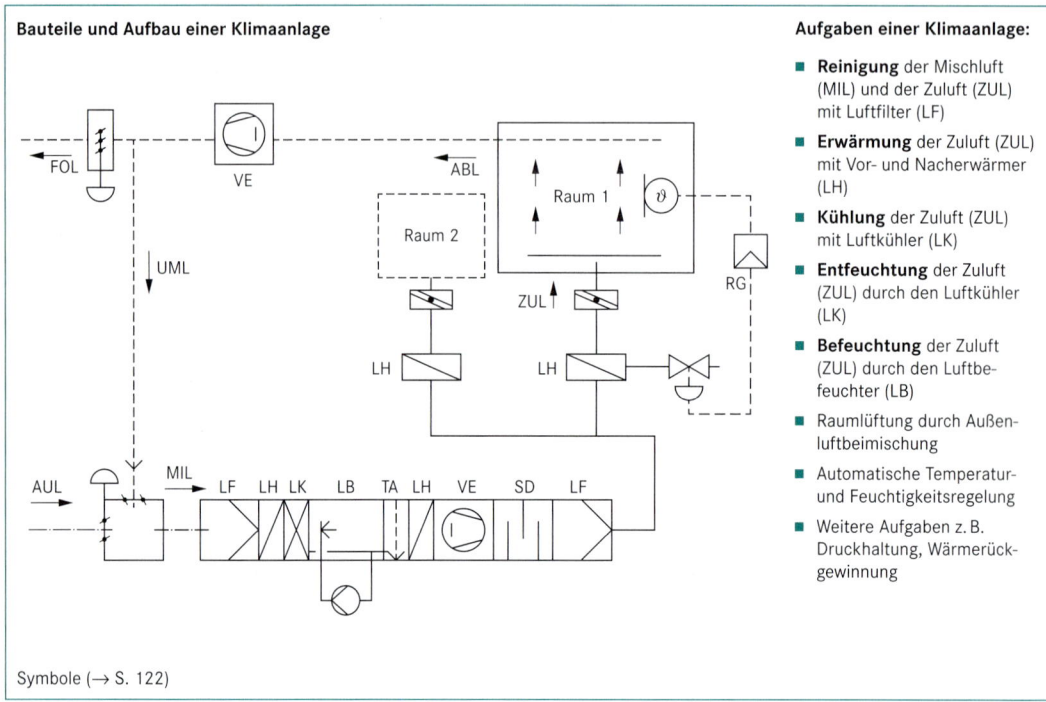

Symbole (→ S. 122)

Aufgaben einer Klimaanlage:

- **Reinigung** der Mischluft (MIL) und der Zuluft (ZUL) mit Luftfilter (LF)
- **Erwärmung** der Zuluft (ZUL) mit Vor- und Nacherwärmer (LH)
- **Kühlung** der Zuluft (ZUL) mit Luftkühler (LK)
- **Entfeuchtung** der Zuluft (ZUL) durch den Luftkühler (LK)
- **Befeuchtung** der Zuluft (ZUL) durch den Luftbefeuchter (LB)
- Raumlüftung durch Außenluftbeimischung
- Automatische Temperatur- und Feuchtigkeitsregelung
- Weitere Aufgaben z. B. Druckhaltung, Wärmerückgewinnung

Tab. 470.1: Bauarten von Klimaanlagen

	Einkanal-Klimaanlagen			
Nur-Luft-Anlagen	mit konstantem Luftvolumenstrom			mit variablem Luftvolumenstrom
	Einzonen-Anlagen	Mehrzonen-Anlagen ■ mit Nacherwärmer ■ mit Wechselklappen	mit örtlichen Kühl- und Heizflächen (Kühldecken)	mit örtlichen Kühl- und Heizflächen (Kühldecken)
	Zweikanal-Klimaanlagen			
	mit konstantem Luftvolumenstrom	mit variablem Luftvolumenstrom		mit örtlichen Heiz- und Kühlflächen

		Induktions-Klimaanlagen			Ventilator-Konvektoren
Luft-Wasser-Anlagen	Anlagen mit örtlichen Nacherwärmern oder Kühlern	Zweirohrsystem[1]	Vierrohrsystem[1]	mit variablem Zuluft-Volumenstrom	■ mit örtlicher oder zentraler Außenluftversorgung ■ nur mit Umluftbetrieb
		■ mit Umschaltung ■ ohne Umschaltung	■ mit Ventilsteuerung ■ mit Klappensteuerung		
	[1] Anzahl der wasserführenden Leitungen am Induktionsgerät im Raum				

Tab. 470.2: Zusammensetzung der sensiblen und latenten Kühllast bzw. Kühlerleistung

Trockene Kühllast $\dot{Q}_{ktr}$ nach VDI 2078: 1996-07		Kühlerleistung einschließlich Lüftungsanteil	
Äußere Wärmequellen		**Sensible Kühllast**	
■ Transmission aus Nebenräumen	(→ Tab. 468.5)	$\dot{Q}_{Ktr} = \dot{V}_{ZUL} \cdot c_P \, (\vartheta_{RAL} - \vartheta_{ZUL})$	(→ S. 467)
■ Sonnenwärme durch Glasflächen	(→ S. 469)		
■ Sonnenwärme durch Außenwände	(→ S. 468)		
■ Sonnenwärme durch Flachdächer	(→ S. 468)	**Latente Kühllast** $\quad \dot{Q}_{Kf} = \dot{m}_W \cdot r$	(→ S. 471)
Innere Wärmequellen		(freiwerdende Kondensationswärme bei der Wasserausscheidung an der Kühleroberfläche)	
■ Sensible Wärmeabgabe der Menschen	(→ Tab. 467.1)	$\dot{m}_W$ = Wasserdampfmenge, die im Raum entsteht und der Zuluft entzogen wird	
■ Beleuchtungswärme	(→ Tab. 468.1)		
■ Wärmeabgabe durch Geräte und Maschinen	(→ Tab. 468.2/3)	r = Verdampfungswärme des Wassers	(→ Tab. 452.3)
Bei Umluftbetrieb und trockener Kühleroberfläche ist die Kühllast = Kühlerleistung		**Kühlung und Entfeuchtung der Außenluft**	
		$\dot{Q}_{tr} = \dot{V}_{AUL} \cdot c_P \cdot (\vartheta_{AUL} - \vartheta_{ZUL})$	(→ S. 467)
		$\dot{Q}_f = \dot{m}_W \cdot r$	(→ S. 471)

Entfeuchtung der Luft	$\dot{Q}_f = \dot{V}_L \cdot \varrho_L \cdot \dfrac{(x_1 - x_2)}{1000} \cdot r$	$\dot{Q}_f$	:	Entfeuchtungswärme	in W
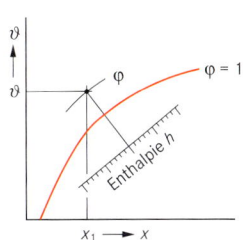 Zustand 1: Zustand 2: ϑ_1, φ_1 ϑ_2, φ_2 $\dot{V}_L$ φ_L $\dot{m}_W$	anfallender Wassermassenstrom $\dot{m}_W$: $\dot{m}_W = \dot{V}_L \cdot \varrho_L \cdot \dfrac{(x_1 - x_2)}{1000}$	$\dot{V}_L$ ϱ_L x_1 x_2 r $\dot{m}_W$ 1000	: : : : : : :	Luftvolumenstrom Dichte der Luft absolute Feuchte der Luft im Zustand 1 absolute Feuchte der Luft im Zustand 2 Verdampfungswärme des Wassers (Rechenwerte $\rightarrow$ Tab. 452.3) Wassermassenstrom Umrechnungszahl	in m³/h in kg/m³ in g/kg in g/kg in Wh/kg in kg/h in g/kg

Enthalpie (Wärmeinhalt) feuchter Luft	$h = c_P \cdot \vartheta + \dfrac{c_{WD} \cdot x \cdot \vartheta}{1000} + \dfrac{r \cdot x}{1000}$	h	:	Enthalpie (Wärmeinhalt) feuchter Luft	in Wh/kg
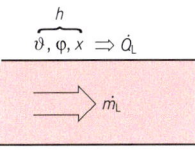	$r \cdot x$ = latente (feuchte) Wärme $c_P \cdot \vartheta + \dfrac{c_{WD} \cdot x \cdot \vartheta}{1000} =$ sensible (trockene) Wärme $\dfrac{c_{WD} \cdot x \cdot \vartheta}{1000} =$ ist ein vernachlässigbarer kleiner Wert	c_P ϑ c_{WD} x r 1000	: : : : : :	spezif. Wärmekapazität der Luft (c_P = 0,28 Wh/(kg · K)) Temperatur der feuchten Luft spezif. Wärmekapazität von Wasserdampf (c_{WD} = 0,57 Wh/(kg · K)) absolute Luftfeuchte Verdampfungswärme ($\rightarrow$ Tab. 452.3) Umrechnungszahl	in Wh/(kg · K) in °C in Wh/(kg · K) in g/kg in Wh/kg in g/kg

Gesamtwärmeleistung feuchter Luft	$\dot{Q}_L = \dot{m}_L \cdot h$ $\dot{m}_L = \dot{V}_L \cdot \varrho$	$\dot{Q}_L$ $\dot{m}_L$ h $\dot{V}_L$ ϱ	: : : : :	Gesamtwärmeleistung der Luft Luftmassenstrom Wärmeinhalt der Luft ($\rightarrow$ Tab. 452.3) Luftvolumenstrom Dichte der Luft ($\rightarrow$ Tab. 452.3)	in W in kg/h in Wh/kg in m³/h in kg/m³
$\overbrace{\vartheta, \varphi, x} \Rightarrow \dot{Q}_L$ $\dot{m}_L$					

Kühlmethoden bei Klimaanlagen

1. Freie Kühlung mit kälterer Außenluft (mechanische oder freie Lüftung)

2. Kühlung mit Grundwasser (mit Brunnenanlage und Wärmetauscher in der Klimazentrale)

3. Kühlung mit Kreislaufwasser (Wasserrückkühlung durch Wasserverdunstung)

4. Kühlung durch Kälteanlagen (mit Kältemittelkreislauf $\rightarrow$ S. 445)

Verdampfereinbau		Verflüssigereinbau	
Direkte Kühlung: Verdampfer im Gerät	Indirekte Kühlung: Verdampfer außerhalb	Luftkühlung mit Ventilator	Wasserkühlung mit Pumpe
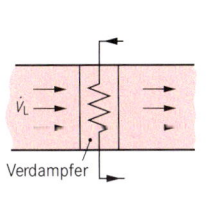	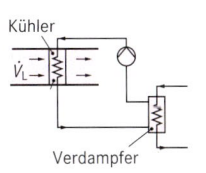	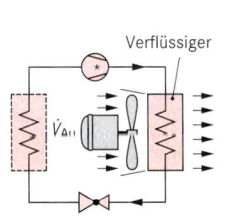	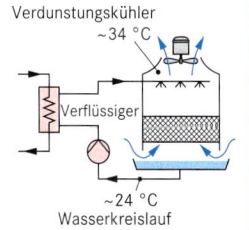

Luftmischung

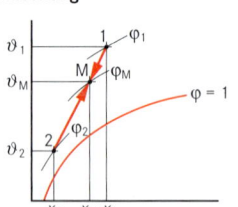

Mischlufttemperatur:

$$\vartheta_M = \frac{\dot{m}_{L1} \cdot \vartheta_1 + \dot{m}_{L2} \cdot \vartheta_2}{\dot{m}_{L1} + \dot{m}_{L2}}$$

Mischluftfeuchte:

$$x_M = \frac{\dot{m}_{L1} \cdot x_1 + \dot{m}_{L2} \cdot x_2}{\dot{m}_{L1} + \dot{m}_{L2}}$$

ϑ_M :	Mischungstemperatur	in °C
$\dot{m}_{L1}$:	warmer Luftmassenstrom	in kg/h
$\dot{m}_{L2}$:	kalter Luftmassenstrom	in kg/h
ϑ_1 :	Temperatur; warme Luft	in °C
ϑ_2 :	Temperatur; kalte Luft	in °C
x_1 :	absolute Feuchte; warme Luft	g/kg
x_2 :	absolute Feuchte; kalte Luft	g/kg
x_m :	absolute Feuchte; Mischluft	in g/kg

Lufterwärmung

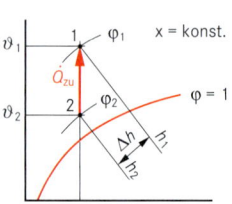

$$\dot{Q}_{zu} = \dot{m}_L \cdot (h_1 - h_2)$$

$\dot{Q}_{zu}$:	zugeführte Wärmeleistung	in W; kJ/h
$\dot{m}_L$:	Luftmassenstrom	in kg/h
h_1 :	Wärmeinhalt der warmen Luft	in Wh/kg; kJ/kg
h_2 :	Wärmeinhalt der kalten Luft	in Wh/kg; kJ/kg

$$\boxed{3,6 \text{ kJ} = 1 \text{ Wh}}$$

Luftbefeuchtung

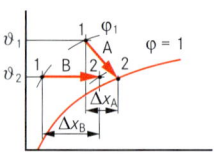
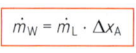

A: Befeuchtung mit Wasser
Luft kühlt ab; h = konstant

$$\dot{m}_W = \dot{m}_L \cdot \Delta x_A$$

B: Befeuchtung mit Dampf
(Lufttemperatur bleibt gleich)

$$\dot{m}_D = \dot{m}_L \cdot \Delta x_B$$

$\dot{m}_W$:	Wassermassenstrom	in g/h
$\dot{m}_L$:	Luftmassenstrom	in kg/h
Δx :	Differenz der absoluten Luftfeuchten	in g/kg
$\dot{m}_D$:	Wasserdampfmassenstrom	in g/h

Luftkühlung ($\vartheta_K > \vartheta_{TP}$)

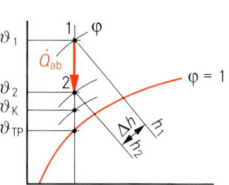

$$\dot{Q}_{ab} = \dot{m}_L \cdot (h_1 - h_2)$$

ϑ_K: Kühlertemperatur
ϑ_{TP}: Taupunkttemperatur

$\dot{Q}_{ab}$:	abzuführende Wärmeleistung	in W; kJ/h
$\dot{m}_L$:	Luftmassenstrom	in kg/h
h_1 :	Wärmeinhalt der warmen Luft	in Wh/kg; kJ/kg
h_2 :	Wärmeinhalt der kalten Luft	in Wh/kg; kJ/kg

$$\boxed{3,6 \text{ kJ} = 1 \text{ Wh}}$$

Luftkühlung ($\vartheta_K < \vartheta_{TP}$)

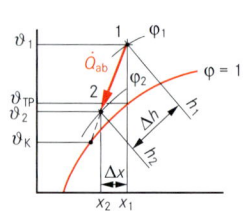
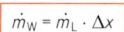

$$\dot{Q}_{ab} = \dot{m}_L \cdot (h_1 - h_2)$$

$\dot{Q}_{ab}$:	abzuführende Wärmeleistung	in W; kJ/h
$\dot{m}_L$:	Luftmassenstrom	in kg/h
h_1 :	Wärmeinhalt der warmen Luft	in Wh/kg; kJ/kg
h_2 :	Wärmeinhalt der kalten Luft	in Wh/kg; kJ/kg

Wasserausscheidung am Kühler

Die Luft kühlt an der Kühlerober-
fläche bis zur Taupunkttemperatur ab.
Bei $\varphi = 1$ wird Wasser ausgeschieden.

$$\dot{m}_W = \dot{m}_L \cdot \Delta x$$

$$\Delta x = x_1 - x_2$$

$\dot{m}_W$:	ausgeschiedener Wassermassenstrom	in g/h
$\dot{m}_L$:	Luftmassenstrom	in kg/h
Δx :	Differenz der absoluten Feuchten	in g/kg

Diagr. 473.1: Mollier-Diagramm für feuchte Luft (h-x Diagramm) bei einem Gesamtdruck von 1013 hPa

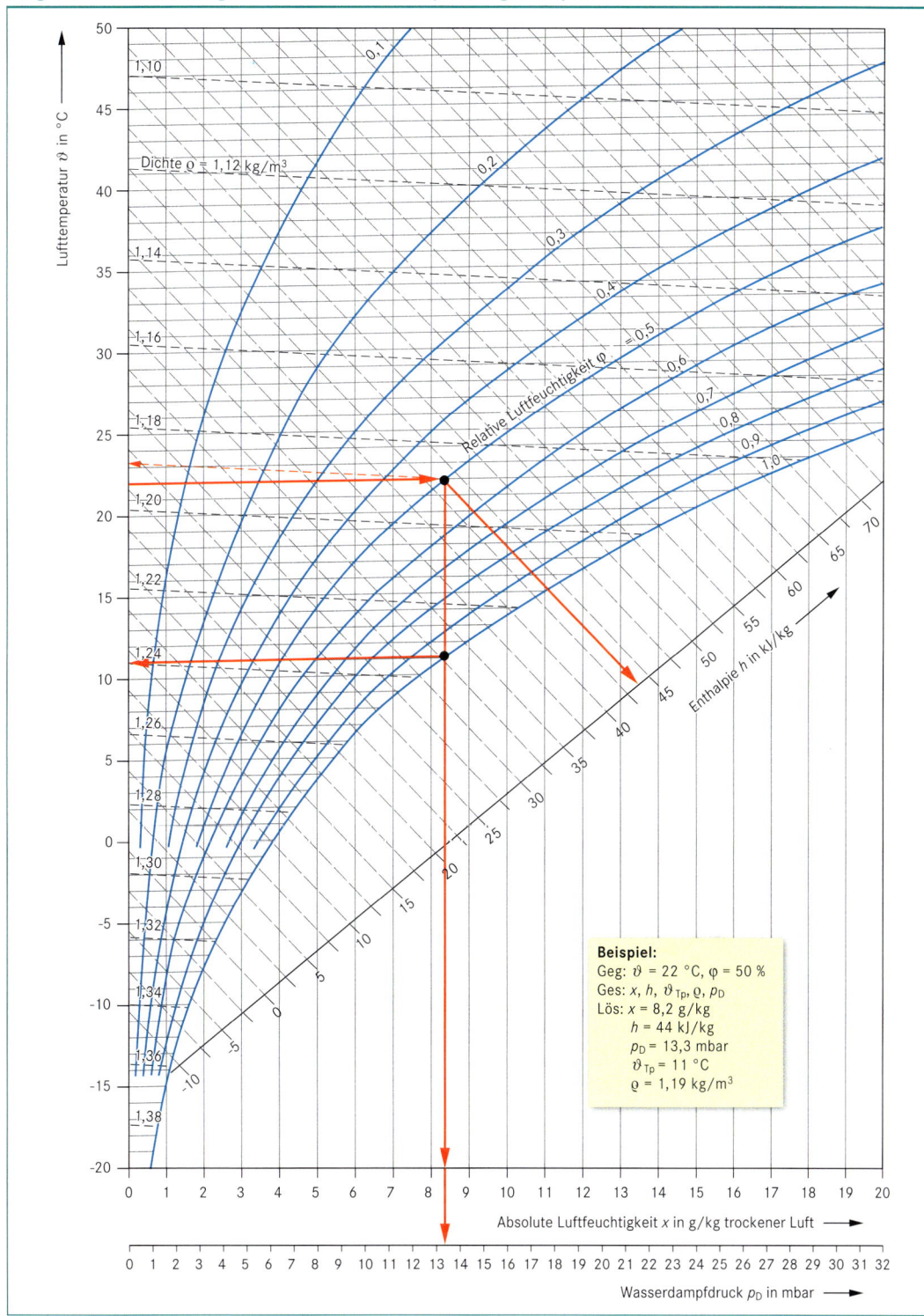

Beispiel:
Geg: $\vartheta = 22\ °C$, $\varphi = 50\ \%$
Ges: x, h, ϑ_{Tp}, ϱ, p_D
Lös: $x = 8{,}2$ g/kg
$h = 44$ kJ/kg
$p_D = 13{,}3$ mbar
$\vartheta_{Tp} = 11\ °C$
$\varrho = 1{,}19$ kg/m³

Lufttemperatur ϑ in °C

Dichte $\varrho = 1{,}12$ kg/m³

Relative Luftfeuchtigkeit φ

Enthalpie h in kJ/kg

Absolute Luftfeuchtigkeit x in g/kg trockener Luft

Wasserdampfdruck p_D in mbar

Raumlufttechnik

Luftleitungen

Aufgabe:
Förderung der Luft in Räume oder Abführung aus Räumen.

Anforderungen an das Material:
innen glatt, nicht Staub ansammelnd, leicht zu reinigen, nicht hygroskopisch (nicht Wasser anziehend), nicht brennbar, korrosionsbeständig, leicht und luftdicht

Luftleitungen aus Stahlblech

Tab. 474.1: Kantenlängen a (b) in mm für rechteckige Luftleitungen aus Stahlblech   DIN EN 1505: 1998-02

100	150	200	250	300	400	500	600	■ **Kantenlängen sind Innenmaße**
800	1000	1200	1400	1600	1800	2000	–	■ Fertigung: F = gefalzt, S = geschweißt

Bezeichnungsbeispiel:	Kanal	DIN ...	Fertigung	Druckklasse	a x b x l	Werkstoff
	Kanal	DIN EN 1505	F	1	– 500 x 400 x 2000	Stahl-verzinkt

Werkstoff: Blech EN 10 327 – DX51D + Z 275 (Stahlblech mit beidseitiger Zinkauflage von 275 g/m²)

Tab. 474.2: Zulässige Luftleckrate f_{max} von rechteckigen Luftleitungen aus Blech   DIN EN 1507: 2006-07

Luftdichtheitsklasse		Grenzwert der Luftleckrate f_{max} in $l/(s \cdot m^2)$	Grenzwerte des stat. Drucks p_s[2] in Pa				[1] Luftleitungssystem für besondere Anwendungen
			negativ für alle Druckklassen	positiv bei Druckklasse			
				1	2	3	
A	ohne Anforderungen	$0{,}027 \cdot p_s^{0,65}$	200	400	–	–	[2] Statische Druckdifferenz zwischen Innen- und Umgebungsdruck
B	erhöhte Anforderungen	$0{,}009 \cdot p_s^{0,65}$	500	400	1000	2000	
C	hohe Anforderungen	$0{,}003 \cdot p_s^{0,65}$	750	400	1000	2000	
D[1]	höchste Anforderungen	$0{,}001 \cdot p_s^{0,65}$	750	400	1000	2000	

Nach DIN EN 1507 sind die Druckgrenzwerte bei den entsprechenden Luftdichtheitsklassen festgelegt.
Die notwendigen Blechstärken ergeben sich aus diesen Vorgaben.

Tab. 474.3: Maße für Luftleitungen mit rundem Querschnitt   DIN EN 1506: 2007-09

d_1[1]	in mm	**63**	**80**	**100**	**125**	150	**160**	**200**	**250**	300	**315**	355
A_C[2]	in m²	0,0031	0,0050	0,0078	0,0123	0,0177	0,0201	0,0314	0,0491	0,0707	0,0779	0,0989
A_i[3]	in m²/m	0,197	0,251	0,314	0,393	0,471	0,502	0,628	0,785	0,943	0,990	1,11
d_1[1]	in mm	**400**	450	**500**	560	**630**	710	**800**	900	**1000**	1120	**1250**
A_C[2]	in m²	0,126	0,159	0,196	0,246	0,312	0,396	0,503	0,636	0,785	0,985	1,23
A_i[3]	in m²/m	1,26	1,41	1,57	1,76	1,98	2,23	2,51	2,83	3,14	3,52	3,93

[1] Nenndurchmesser d_1 = Innendurchmesser;   [2] Querschnittsfläche A_C in m²
Vorzugsmaße sind **fett** gedruckt   [3] Leitungsoberfläche A_i in m²/m
Werkstoff: Blech EN 10 327 – DX51D + Z 275 (Stahlblech mit beidseitiger Zinkauflage von 275 g/m²)

Tab. 474.4: Klassifizierung von Luftleitungen mit rundem Querschnitt aus Blech   DIN EN 12 237: 2003-07

Luftdichtheitsklasse		Grenzwert des statischen Drucks p_s[2] in Pa		Grenzwerte der Luftleckrate f_{max} in $l/(s \cdot m^2)$	[1] Luftleitungssystem für besondere Anwendungen
		Positiv	Negativ		
A	ohne Anforderungen	500	500	$0{,}027 \cdot p_s^{0,65}$	[2] Statische Druckdifferenz zwischen Innen- und Umgebungsdruck
B	erhöhte Anforderungen	1000	750	$0{,}009 \cdot p_s^{0,65}$	
C	hohe Anforderungen	2000	750	$0{,}003 \cdot p_s^{0,65}$	
D[1]	höchste Anforderungen	2000	750	$0{,}001 \cdot p_s^{0,65}$	

Tab. 475.1: Arten von Stoßverbindungen bei Blechkanälen

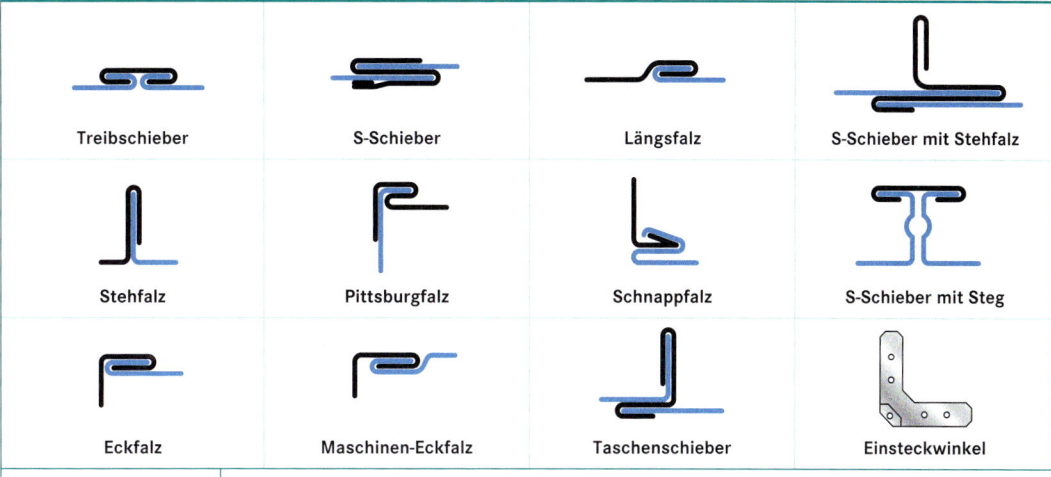

Treibschieber	S-Schieber	Längsfalz	S-Schieber mit Stehfalz
Stehfalz	Pittsburgfalz	Schnappfalz	S-Schieber mit Steg
Eckfalz	Maschinen-Eckfalz	Taschenschieber	Einsteckwinkel

Wickelfalzrohre

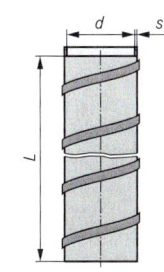

Tab. 475.2: Nennweiten und Luftdichtheitsklasse nach DIN EN 12 237: 2003-07

Nennweiten nach DIN EN 1506 d in mm					Luftdicht-heitsklasse[1]	Grenzwert des stat. Druckes p_e in Pa		[1] Luftdichtheits-klasse → Tab. 474.4
63	**80**	**100**	**125**	150		Positiv	Negativ	
160	**200**	**250**	300	**315**	A	500	500	
355	**400**	450	**500**	560	B	1000	750	
630	710	**800**	900	**1000**	C	2000	750	
1120	**1250**	–	–	–	D	2000	750	
Fett gedruckte Nennweiten bevorzugen; Nennweite entspricht Innendurchmesser								

Tab. 475.3: Errechnete Blechdicken s[1] für Wickelfalzrohre nach DIN EN 12 237: 2003-07

d in mm	80 bis 300	315 bis 560	600 bis 900	1000 bis 1250	[1] ab DN 200 mit Doppelsicke
s in mm	0,5	0,6	0,8	1,0	

Werkstoff: Blech EN 10 327 – DX52D + Z 275 (Stahlblech mit beidseitiger Zinkauflage von 275 g/m²)
Standardlängen: DN 80–450 $\Rightarrow$ l = 3 m oder 5 m; DN 500–1250 $\Rightarrow$ l = 3 m

Flexible Rohre

Alu Rohr flexibel, 2-lagig

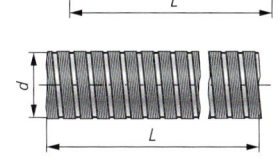

Stahlrohr-flexibel

Tab. 475.4: Nennweiten und mechanische Anforderungen für flexible Luftleitungen nach DIN EN 13 180: 2002-03

Nennweiten		Druck	Nennweiten		Druck	Bemerkung:
d[1] in mm	d_2 in mm	p_e[2] in Pa	d[1] in mm	d_2 in mm	p_e[2] in Pa	[1] Nennweite entspricht dem Innendurch-messer
63[2]	70	±3150	**250**	259	±2000	Fettgeschriebene Zah-len geben empfohlene Größen nach EN 1506
80	87	±3150	**315**	324	±2000	
100	107	±3150	355	365	±1600	
125	132	±3150	**400**	410	±1600	[2] Zulässige Über- und Unterdrücke (Herstellerangaben)
160	168	±2500	450	461	±1250	
200	208	±2500	**500**	511	±1000	

Werkstoffauswahl: Stahl galvanisch verzinkt; ein- oder mehrlagiges Aluminium; nichtrostender Stahl

Rohreigenschaften: Biegeradius $r ≥ 1,5 \cdot d$ (halbflexible Ausführung), nicht stauch- und streckbar, DN 63-200
Biegeradius $r ≥ 1,0 \cdot d$ (mittelflexible Ausführung), stauch- und streckbar, DN 63-500
Biegeradius $r ≥ 1,0 \cdot d$ (vollflexible Ausführung), gut stauch- und streckbar, DN 80-315
Wärmeisoliertes Rohr mit Mineral- oder Glaswollisolierung, Isolierstärke s = 25 oder 50 mm

Statischer Prüfdruck p_s für die entsprechenden Dichtheitsklassen:
Dichtheitsklasse A → Prüfdruck p_s = +/– 400 Pa
Dichtheitsklasse B → Prüfdruck p_s = +/–1000 Pa; wenn p_{Nenn} > 100 Pa, dann Prüfdruck p_s = > 1000 Pa
Dichtheitsklasse C → Prüfdruck p_s = +/–1000 Pa; wenn p_{Nenn} > 100 Pa, dann Prüfdruck p_s = > 1000 Pa
Der Prüfdruck p_s muss fünf Minuten aufrechterhalten bleiben; nach dieser Zeit ist der Luftleckstrom zu registrieren.

Raumlufttechnik

Tab. 476.1: Formstücke für runde Luftleitungen nach DIN EN 1506: 2007-09 mit Widerstandsbeiwerten ζ

Tab. 476.2: Formstücke für Luftleitungen mit Rechteckquerschnitt nach DIN EN 1505 mit Widerstandsbeiwerten ζ

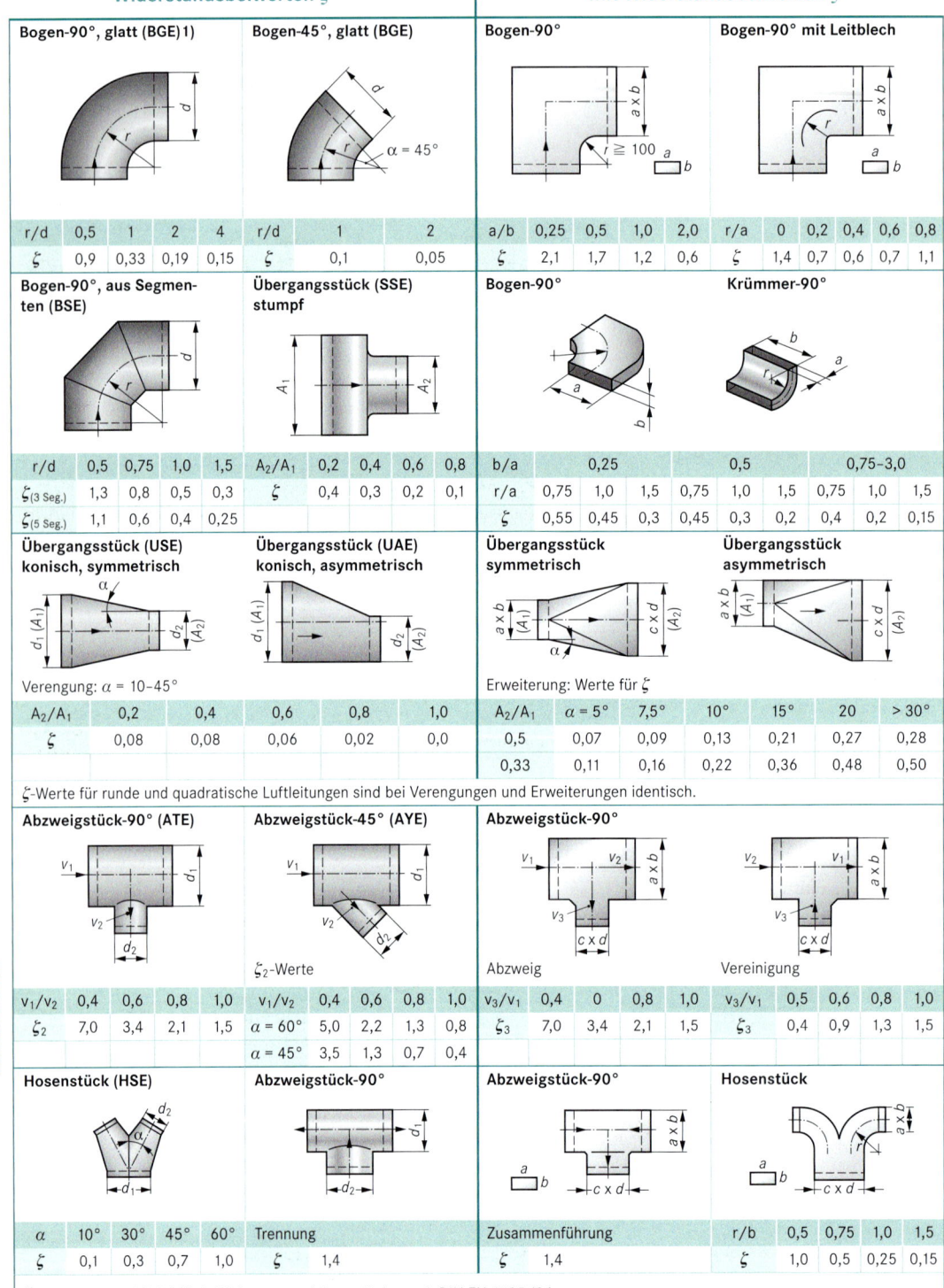

Bogen-90°, glatt (BGE)[1]

r/d	0,5	1	2	4
ζ	0,9	0,33	0,19	0,15

Bogen-45°, glatt (BGE)

r/d	1	2
ζ	0,1	0,05

Bogen-90°

a/b	0,25	0,5	1,0	2,0
ζ	2,1	1,7	1,2	0,6

Bogen-90° mit Leitblech

r/a	0	0,2	0,4	0,6	0,8
ζ	1,4	0,7	0,6	0,7	1,1

Bogen-90°, aus Segmenten (BSE)

r/d	0,5	0,75	1,0	1,5
$\zeta_{(3\,Seg.)}$	1,3	0,8	0,5	0,3
$\zeta_{(5\,Seg.)}$	1,1	0,6	0,4	0,25

Übergangsstück (SSE) stumpf

A_2/A_1	0,2	0,4	0,6	0,8
ζ	0,4	0,3	0,2	0,1

Bogen-90° / **Krümmer-90°**

b/a	0,25			0,5			0,75–3,0		
r/a	0,75	1,0	1,5	0,75	1,0	1,5	0,75	1,0	1,5
ζ	0,55	0,45	0,3	0,45	0,3	0,2	0,4	0,2	0,15

Übergangsstück (USE) konisch, symmetrisch

Übergangsstück (UAE) konisch, asymmetrisch

Verengung: α = 10–45°

A_2/A_1	0,2	0,4	0,6	0,8	1,0
ζ	0,08	0,08	0,06	0,02	0,0

Übergangsstück symmetrisch / **Übergangsstück asymmetrisch**

Erweiterung: Werte für ζ

A_2/A_1	α = 5°	7,5°	10°	15°	20	> 30°
0,5	0,07	0,09	0,13	0,21	0,27	0,28
0,33	0,11	0,16	0,22	0,36	0,48	0,50

ζ-Werte für runde und quadratische Luftleitungen sind bei Verengungen und Erweiterungen identisch.

Abzweigstück-90° (ATE)

v_1/v_2	0,4	0,6	0,8	1,0
ζ_2	7,0	3,4	2,1	1,5

Abzweigstück-45° (AYE) ζ_2-Werte

v_1/v_2	0,4	0,6	0,8	1,0
α = 60°	5,0	2,2	1,3	0,8
α = 45°	3,5	1,3	0,7	0,4

Abzweigstück-90° Abzweig / Vereinigung

v_3/v_1	0,4	0	0,8	1,0
ζ_3	7,0	3,4	2,1	1,5

v_3/v_1	0,5	0,6	0,8	1,0
ζ_3	0,4	0,9	1,3	1,5

Hosenstück (HSE)

α	10°	30°	45°	60°
ζ	0,1	0,3	0,7	1,0

Abzweigstück-90° Trennung

ζ	1,4

Abzweigstück-90° Zusammenführung

ζ	1,4

Hosenstück

r/b	0,5	0,75	1,0	1,5
ζ	1,0	0,5	0,25	0,15

[1] Toleranzen und Spiel für Luftleitungen und Formstücke nach DIN EN 1505/06

Raumlufttechnik

Tab. 477.1: ζ-Werte für Ein- und Ausströmöffnungen, Doppelbögen und Einbauten

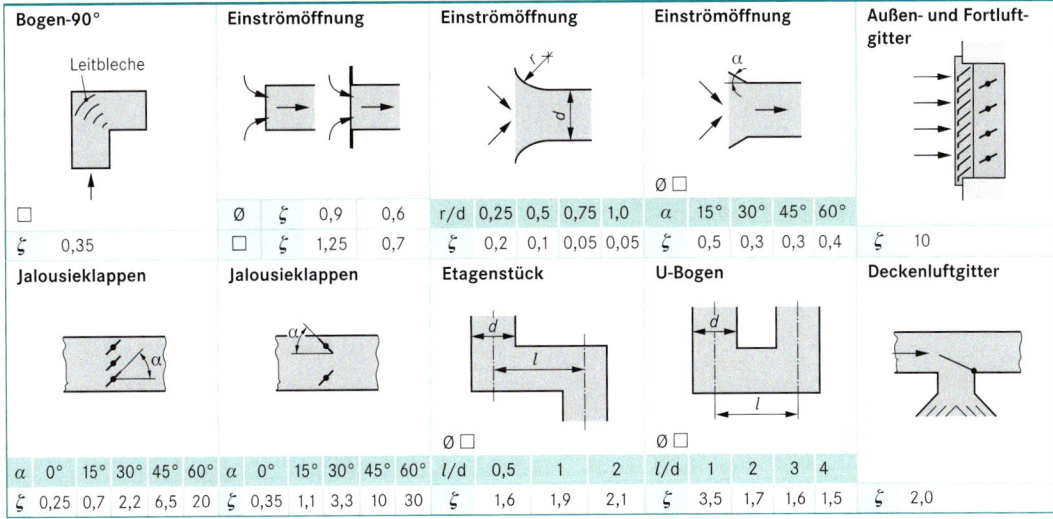

Bogen-90°	Einströmöffnung	Einströmöffnung	Einströmöffnung	Außen- und Fortluftgitter
Leitbleche				
□ ζ 0,35	Ø ζ 0,9 0,6 □ ζ 1,25 0,7	r/d 0,25 0,5 0,75 1,0 ζ 0,2 0,1 0,05 0,05	Ø □ α 15° 30° 45° 60° ζ 0,5 0,3 0,3 0,4	ζ 10

Jalousieklappen	Jalousieklappen	Etagenstück	U-Bogen	Deckenluftgitter
α 0° 15° 30° 45° 60° ζ 0,25 0,7 2,2 6,5 20	α 0° 15° 30° 45° 60° ζ 0,35 1,1 3,3 10 30	l/d 0,5 1 2 ζ 1,6 1,9 2,1	l/d 1 2 3 4 ζ 3,5 1,7 1,6 1,5	ζ 2,0

Tab. 477.2: Verbindungsarten für Luftleitungen und Formstücke aus Blech

Verbindungen an Luftleitungen	Verbindungen an Formstücken	Hinweis
Glattes Ende mit Steckverbindung Rohr, Steckverbinder, l_p, l_p mit Dichtung – ohne Dichtung	**Glattes Ende mit Muffenverbindung** l_p, Muffe, l_p Formstück, Formstück mit Dichtung – ohne Dichtung	Steckverbinder oder Muffe mit Rohr bzw. Formstück zusammenstecken und nach Bedarf mit Schrauben, Nieten oder Dichtungsband befestigen. Wickelfalzrohre werden vorzugsweise bis zu $d = 800$ mm durch Stecken verbunden, für größere Durchmesser werden eher Flanschverbindungen mit Flanschverbinder und Flachflansche angewendet.
Leitungsende mit Sicke und Flanschverbinder Flachflansch, Rohr, Flanschverbinder	**Formstückende mit Sicke** l_p, Formstück, Rohr ohne Dichtung	
Leitungsende mit aufgeschweißtem Flansch Winkelflansch, Rohr, Flachflansch, Rohr	**Flachflanschverbindung DIN EN 12 220 mit Leitung und Formstück** Flachflansch nach DIN EN 12 220 Rohr, Formstück	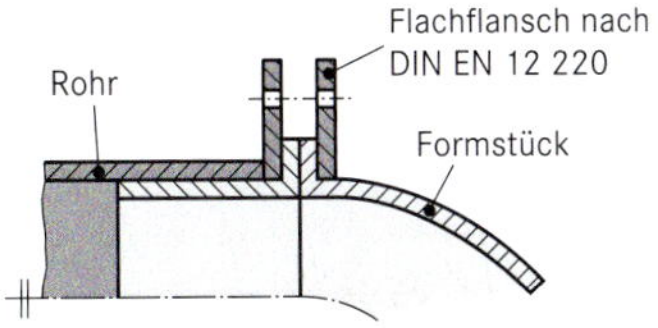

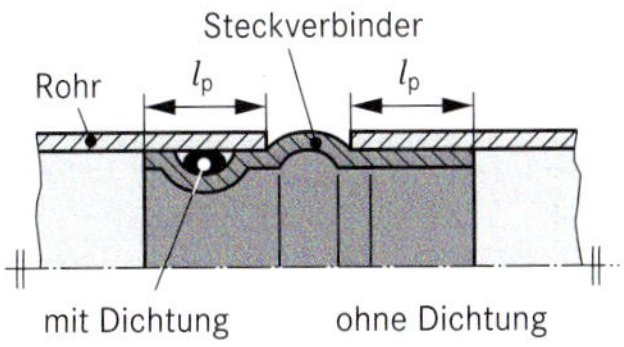

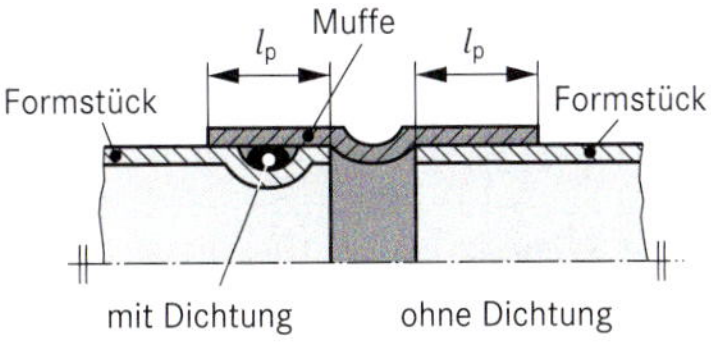

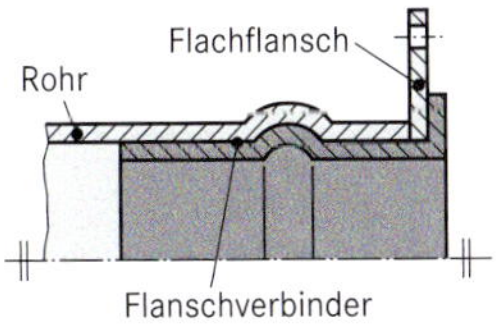

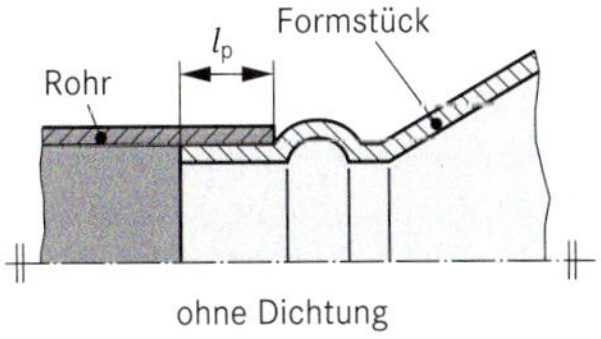

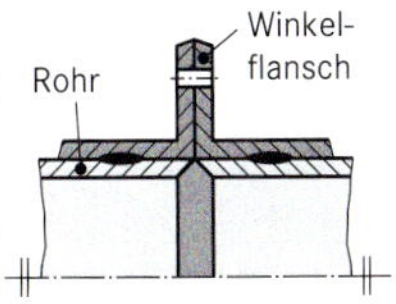

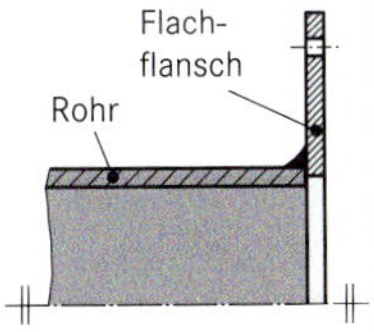

Tab. 477.3: Überlappungslänge l_P bei Überlappungsverbindungen — DIN EN 1506: 2007-09

Nenndurchmesser d in mm	63 bis 315	> 315 bis 800	> 800 bis 1250
Überlappungslänge l_P in mm	≥ 25	≥ 50	≥ 100

Bei Stoßverbindungen sind die Durchmesser der zu verbindenden Luftleitungen an der Verbindungsstelle gleich.

Luftvolumenstrom

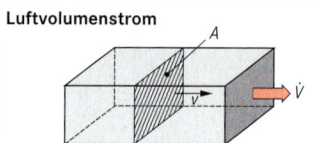

$$\dot{V} = A \cdot v \cdot 3600$$

$\dot{V}$	:	Luftvolumenstrom	in m³/h
A	:	lichter Kanalquerschnitt	in m²
v	:	Strömungsgeschwindigkeit	in m/s
3600	:	Umrechnungsfaktor	in s/h

Tab. 478.1: Luftgeschwindigkeiten v in m/s in RLT-Anlagen (Niederdruckanlagen)

Niederdruckanlagen[1]	für Komfort-anlagen[2]	für Industrie-anlagen
Hauptkanäle	4…8	6…12
Abzweigkanäle	3…5	5…8
Anschlussstücke	3…4	4…6
Zuluftdurchlässe[3]	(1,5) 3…4	3…5
Ab- und Umluftgitter	2…3	3…4
Außenluftgitter	3…4	4…6

[1] Bei Hochdruckanlagen werden im Hauptkanal v = 12 … 15 m/s und im Abzweigkanal v = 7 … 10 m/s erreicht.

[2] Die Geschwindigkeit ist abhängig vom zulässigen Geräuschpegel, von der Ausbildung der Formstücke, der Kanalbefestigung und der Raumnutzung.

[3] Bei Quelllüftung über den Fußboden v < 0,2 m/s, bei Weitwurfdüsen v > 10 m/s

Druckgefälle R_K in geraden, rauen Rohren

$$R_K = R_0 \cdot f$$

R_K	:	Druckgefälle in geraden rauen Rohren in Pa/m
R_0	:	Druckgefälle in geraden glatten Rohren ($\rightarrow$ Diagr. 479.1) in Pa/m
f	:	Korrekturfaktor ($\rightarrow$ Diagr. 478.1)

Tab. 478.2: absolute Rauigkeit ε in mm

Kanalwerkstoff	Rauigkeit ε
glatter Blechkanal	0,0 mm
gefalzter Blechkanal	0,15 mm
Betonkanal, glatt	0,5 mm
Betonkanal, rau	1,0…3,0 mm
Faserzementrohre	0,15 mm
PVC/PE-Rohre	0,01 mm
flexible Schläuche	0,6…2,0 mm
gemauerte Kanäle	3,0…5,0 mm

Diagr. 478.1: Korrekturfaktor f bei verschiedenen Kanalwerkstoffen

Hinweis:
Die Korrekturfaktoren sind vom Druckgefälle abhängig.

Druckverluste in RLT-Anlagen

$$\Delta p = l \cdot R_K + Z$$

$$Z = \Sigma \zeta \cdot \frac{\varrho \cdot v^2}{2}$$

Δp	:	Gesamtdruckverluste	in Pa
l	:	Kanallänge	in m
R_K	:	Druckgefälle in geraden rauen Rohren	in Pa/m
Z	:	Druckverluste durch Einzelwiderstände	in Pa
ϱ	:	Dichte der Luft ($\rightarrow$ Tab. 452.3)	in kg/m³
$\Sigma \zeta$	:	Summe der Einzelwiderstände (dimensionslos)	
v	:	Strömungsgeschwindigkeit	in m/s

Hydraulischer (gleichwertiger) Durchmesser[1]

$$D_h = \frac{2 \cdot a \cdot b}{a + b}$$

oder

$$D_h = \frac{4 \cdot A}{U}$$

D_h	:	hydraul. Durchmesser	in mm; m
A	:	Querschnitt der Leitung	in mm²; m²
U	:	benetzter Umfang der Leitung	in mm; m
a, b	:	Seiten der rechteckigen Luftleitung	in mm; m

[1] Bei rechteckigen Luftleitungen mit den Kantenlängen a und b ist der hydraulische Durchmesser zu verwenden, in dem der gleiche Druckabfall bei gleicher Luftgeschwindigkeit und gleichem Rauigkeitswert herrscht.

Diagr. 479.1: Druckgefälle R_0 in glatten Lüftungsrohren (ϑ = 20 °C, p_{abs} = 1013 hPa, ϱ_L = 1,2 kg/m³)

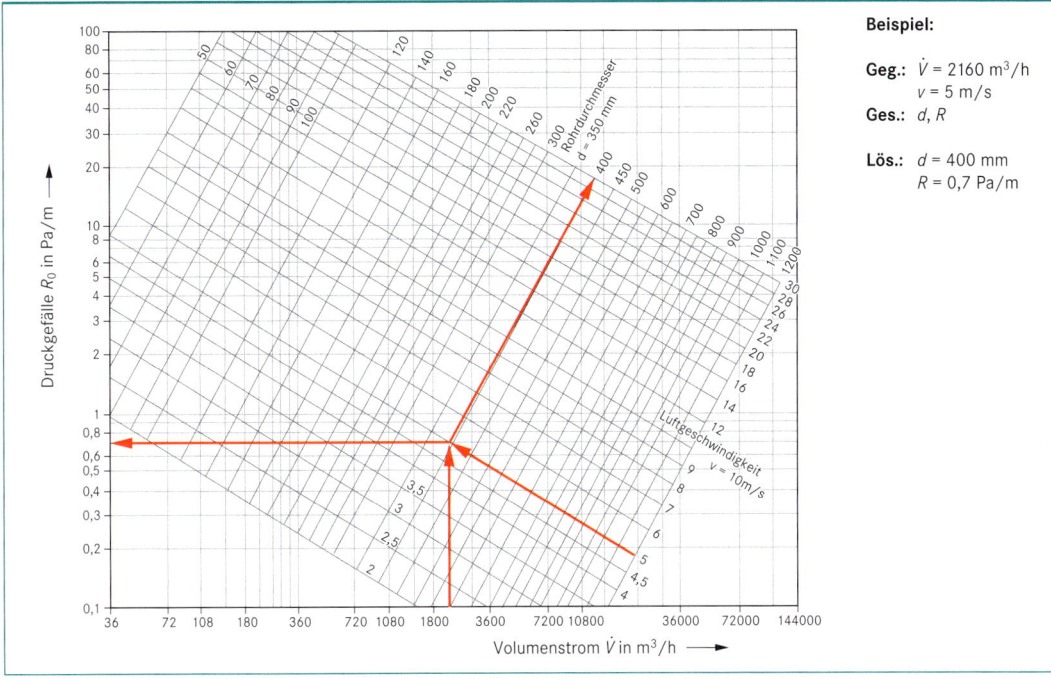

Beispiel:

Geg.: $\dot{V}$ = 2160 m³/h
v = 5 m/s
Ges.: d, R

Lös.: d = 400 mm
R = 0,7 Pa/m

Diagr. 479.2: Druckgefälle R in Wickelfalzrohren (ϑ = 20 °C, p_{abs} = 1013 hPa) (Herstellerangaben)

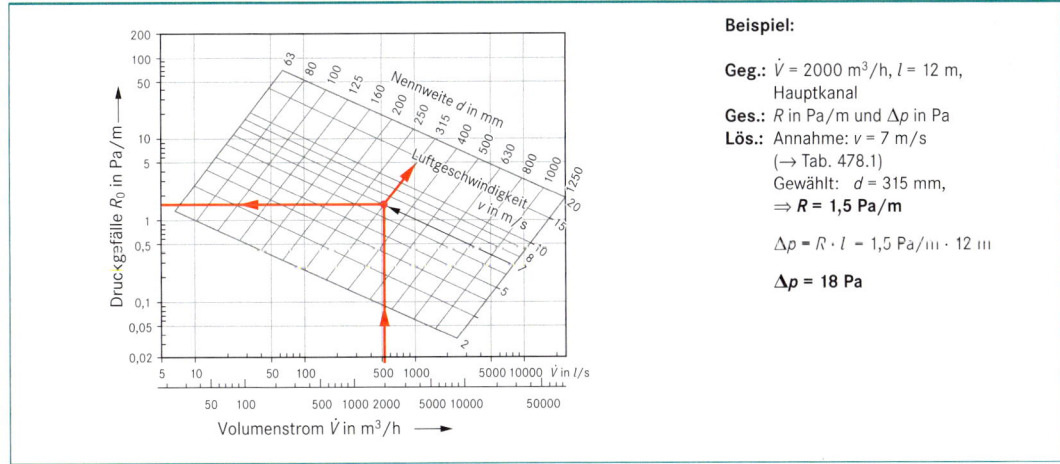

Beispiel:

Geg.: $\dot{V}$ = 2000 m³/h, l = 12 m, Hauptkanal
Ges.: R in Pa/m und Δp in Pa
Lös.: Annahme: v = 7 m/s
($\rightarrow$ Tab. 478.1)
Gewählt: d = 315 mm,
$\Rightarrow$ **R = 1,5 Pa/m**

$\Delta p = R \cdot l = 1,5 \; Pa/m \cdot 12 \; m$

Δp = 18 Pa

Tab. 479.1: Druckverluste Δp von Bauteilen in Geräten und Luftleitungen (DIN EN 13 779 und Herstellerangaben)[1]

Bauteile	Δp in Pa	Bauteile	Δp in Pa
Filter F5–F7, rein[2]	100–250	Schalldämpferteil	30– 80
Filter F8–F9[2]	150–400	Tropfenabscheider	20– 70
Lufterwärmer[3]	40–100	Ventilatorgehäuse	20– 70
Luftkühler[3]	100–200	Jalousieklappen[4]	10– 30
Luftein-/auslass	10– 70	Brandschutzklappen	10– 30
Befeuchter	50–150	Wärmerückgewinnung	100–250

[1] Anlagenberechnung grundsätzlich nach Herstellerangaben;
[2] Anfangsdruckverlust: Enddruckverlust bei Filter G4 ca. 250 Pa bei Taschenfilter F9 ca. 400 Pa;
[3] abhängig von der Bauart
[4] auch Drosselklappen: offen 5–20 Pa je nach Drosselung 30–100 Pa

Tab. 479.2: Druckverluste Z durch Einzelwiderstände für $\Sigma\zeta$ = 1 und ϱ_L = 1,2 kg/m³ ($\rightarrow$ S. 478)

Geschwindigkeit	v in m/s	2,0	2,5	3,0	3,5	4	4,5	5	6	7	8	9	10	12
Druckverlust	Z in Pa	2,4	3,75	5,4	7,35	9,6	12,15	15	21,6	29,4	38,4	48,4	60	86,4

Raumlufttechnik

Diagr. 480.1: Druckgefälle R in flexiblen Rohren bei $\vartheta = 20\ °C$, $p_{abs} = 1013$ hPa (Herstellerangaben)

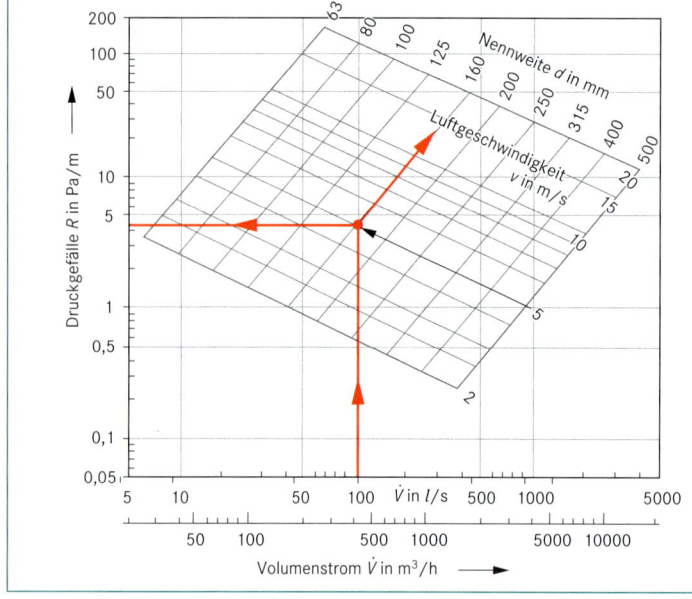

Beispiel:

Geg.: $\dot{V} = 100\ dm^3/s$, $l = 6$ m
Abzweigkanal

Ges.: R in Pa/m und Δp in Pa

Lös.: Annahme: $v = 5$ m/s
($\rightarrow$ Tab. 478.1)
Gewählt: $d = 160$ mm,
$\Rightarrow$ **$R = 4{,}5$ Pa/m**

$\Delta p = R \cdot l$

$\Delta p = 4{,}5$ Pa/m $\cdot$ 6 m = **27 Pa**

Lüftungskanalnetz-Berechnung

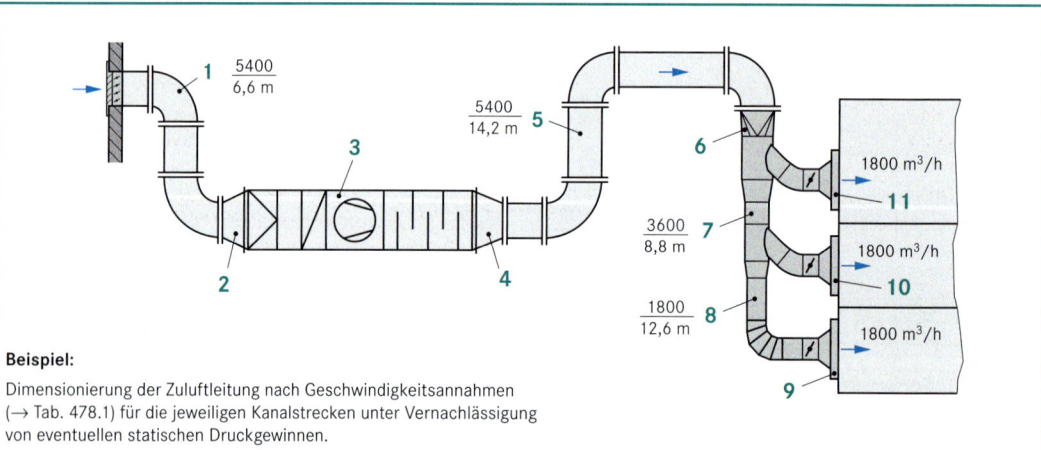

Beispiel:

Dimensionierung der Zuluftleitung nach Geschwindigkeitsannahmen
($\rightarrow$ Tab. 478.1) für die jeweiligen Kanalstrecken unter Vernachlässigung
von eventuellen statischen Druckgewinnen.

Rechengang	Spalte ($\rightarrow$ Tab. 481.1)
a) Ermittlung der erforderlichen Zuluftvolumenströme für jeden einzelnen Raum (S. 456/467)	
b) Skizzenhafte Darstellung der Kanalführung und Festlegung der Zuluftdurchlässe.	
c) Festlegung in einzelne Teilstreckenlängen mit den entsprechenden Volumenströmen.	1, 2, 3, 9
d) Ermittlung der Luftgeschwindigkeiten ($\rightarrow$ S. 478).	4
e) Festlegung des ungünstigsten Kanalzuges, d. h. des Kanalzuges mit den größten Druckverlusten.	
f) Dimensionierung der Teilstrecken nach dem gewünschten R-Wert und der geeigneten Geschwindigkeit oder nach der möglichen Kanalgröße ($\rightarrow$ Diagr. 479.1). Wenn notwendig, Umrechnung des rechteckigen Querschnitts auf den hydraulischen (gleichwertigen) Durchmesser ($\rightarrow$ S. 478).	5, 6, 7, 8, 10
g) Bestimmung der Widerstandsbeiwerte der Formteile ($\rightarrow$ S. 476 und 477) und der Einzelwiderstände der Bauteile ($\rightarrow$ Tab. 479.1). Beide Werte sollen nach Möglichkeit mit Herstellerangaben genau festgelegt werden.	12
h) Berechnung und Addition der Rohrreibungsverluste $l \cdot R$ und der Einzelwiderstände Z ($\rightarrow$ S. 478)	11, 13
i) Ermittlung des statischen Gesamtdruckes der Anlage und des dynamischen Druckes am Ventilatorausgang zur Bestimmung des Ventilatorförderdruckes ($\rightarrow$ S. 482).	14
k) Durch Vergleich der Druckverluste in den verschiedenen Kanalzügen kann der Druckdifferenzenabgleich vorgenommen werden.	

Tab. 481.1: Berechnungsformular zur Kanalnetzberechnung (→ Beispiel S. 480)

1	2	3	4	5	6	7	8	9	10	11	12	13	14
Teilstrecken-Nr.	Volumenstrom	Volumenstrom	Luftgeschwindigkeit	Querschnittsfläche der Luftltg.	Abmessung: Breite	Abmessung: Höhe	Durchmesser oder hydr. Durchmesser	Länge der Teilstrecke	Druckgefälle	Reibungsverlust	Widerstandsbeiwert	Einzelwiderstand	Statische Druckdifferenz
Nr.	$\dot{V}_h$	$\dot{V}_s$	v	A	a	b	$d\,(d_h)$	l	R	$R \cdot l$	$\Sigma\zeta$	Z	$\Delta p = l \cdot R + Z$
–	m³/h	m³/s	m/s	m²	m	m	m	m	Pa/m	Pa	–	Pa	Pa
1	5400	1,5	3,1	0,48	0,8	0,6	0,68	6,6	0,15	1,0	10,8	62,3	63,3
2	5400	1,5	3,1/2,3	0,64	0,8	0,8	0,80	–	–	–	0,28	0,9	0,9
3	5400	1,5	2,3	0,64	0,8	0,8	0,80	–	–	–	–	–	270,0
4	5400	1,5	2,3/5,0	0,30	0,6	0,5	–	–	–	–	0,07	1,0	1,0
5	5400	1,5	5,0	0,30	0,6	0,5	0,55	14,2	0,48	6,8	1,2	18,0	24,8
6	5400	1,5	5,0/7,5	0,20	–	–	0,50	–	–	–	0,06	2,0	2,0
7	3600	1,0	8,0	0,125	–	–	0,40	8,8	1,5	13,2	0,06	2,3	15,5
8	1800	0,5	6,4	0,078	–	–	0,315	12,6	1,3	16,4	0,33	8,1	24,5
9	1800	0,5	6,5	–	–	–	–	–	–	–	–	–	30,0[1]
													432,0
10	1800	0,5	6,4	0,078	–	–	0,315	–	–	–	0,5	12,3	12,3 + 30[1]
11	1800	0,5	6,4	0,078	–	–	0,315	–	–	–	0,5	12,3	12,3 + 30[1]

Δp der Bauteile (Apparate) im Zentralgerät:

Filter (F7)	= 120 Pa
Erhitzer	= 60 Pa
Ventilatorgehäuse	= 50 Pa
Schalldämpfer	= 40 Pa
$\Sigma\,\Delta p_{AP}$	**= 270 Pa**

Bemerkungen:
Wetterschutz $\zeta = 10$,
Bögen $\zeta = 2 \cdot 0,4$
Erweiterung $\zeta = 0,28$
Bauteile in Zentralgerät
Verengung $\zeta = 0,07$
Bögen $\zeta = 3 \cdot 0,4 = 1,2$
Übergang $\square/\varnothing$ $\zeta = 0,06$
Wickelfalzrohr, Verengung
$\zeta = 0,06$
Seg.-Bogen $\zeta = 0,33$

[1] Zuluftdurchlass

Δp_{st} = statische Druckdifferenz

Abzweig $\zeta = 0,4$, Bogen $\zeta = 0,1$

Abzweig $\zeta = 0,4$, Bogen $\zeta = 0,1$

Druckdifferenzen-abgleich:	TS 10 = TS 8 bis 9 = 54,5 Pa → Δp_{diff} = 54,5 – 42,3 = 12,2 Pa ⎱ Ausgleich durch Drossel- TS 11 = TS 7 bis 9 = 70,0 Pa → Δp_{diff} = 70,0 – 42,3 = 27,7 Pa ⎰ einrichtungen
Ventilator-Druck-differenz:	$\Delta p_V = \Delta p_{st} + \Delta p_{dyn} = 431\,Pa + \varrho/2 \cdot v^2_{St}$ ⎱ Die Luftgeschwindigkeit v_{St} am Stutzen $\Delta p_V = 432\,Pa + 1,2/2\,kg/m^3 \cdot (12m/s)^2 =$ **518,4 Pa** ⎰ aus Ventilatordiagramm (→ Diagr. 482.1)

Tab. 481.2: Bauarten von Ventilatoren

Axialventilatoren			Radialventilatoren		Querstromventilatoren
Wandventilator	ohne Leitrad	mit Leitrad	rückwärts gekrümmte Schaufeln	vorwärts gekrümmte Schaufeln	–
für Fenster und Wandeinbau	bei geringen Drücken	bei höheren Drücken	bei hohen Drücken und Wirkungsgraden	bei geringen Drücken und Wirkungsgraden	für niedr. Drücke geringer Platzbedarf

Freilaufende Radialventilatoren (ohne Ventilatorgehäuse) mit frequenzumformergeregeltem Direktantrieb (ohne Keilriementrieb) haben einen hohen Ventilatorwirkungsgrad auch bei niedrigen Drehzahlen, sind Energie sparender und haben einen geringeren Wartungsaufwand.

Tab. 481.3: Einteilung der Ventilatoren nach der Druckerhöhung

Arten	Niederdruckventilator	Mitteldruckventilator	Hochdruckventilator
Gesamtförderdruck Δp in Pa	< 700	< 700 bis 3000	< 3000 bis 30000

Raumlufttechnik

Ventilatorleistung

$$P_{ab} = \frac{\dot{V} \cdot \Delta p_V}{3600}$$

$$\Delta p_V = p_2 - p_1$$

$$P_V = \frac{\dot{V} \cdot \Delta p_V}{3600 \cdot \eta_V}$$

$$P_{zu} = \frac{P_V}{\eta_M}$$

P_{ab}	: Ventilatorleistung	in W
$\dot{V}$	: Luftvolumenstrom	in m³/h
Δp_V	: Ventilatordruck	in Pa
3600	: Umrechnungsfaktor	in s/h
P_V	: Leistungsbedarf an der Ventilatorwelle	in W
η_V	: Ventilatorwirkungsgrad (→ Diagr. 482.1)	
P_{zu}	: Leistungsaufnahme des E-Motors	in W
η_M	: Motorwirkungsgrad	

Ventilatordruck

$$\Delta p_V = \Delta p_{st} + \Delta p_{dyn}$$

$$\Delta p_{st} = \Sigma \, (l \cdot R + Z) + \Delta p_{Ap}$$

$$\Delta p_{dyn} = \frac{\varrho}{2} \cdot v^2_{St}$$

$\varrho \approx 1{,}2 \ kg/m^3$
(genaue Werte → Tab. 452.3)

Δp_V	: Ventilatordruck	in Pa
Δp_{st}	: statischer Anlagendruck	in Pa
Δp_{dyn}	: dynamischer Druck	in Pa
$l \cdot R$	: Druckverluste in geraden Kanalstrecken	in Pa
Z	: Druckverluste durch Einzelwiderstände	in Pa
Δp_{AP}	: Druckverluste in den Apparateteilen (→ Tab. 479.1)	in Pa
ϱ	: Dichte der Luft	in kg/m³
v_{St}	: Geschwindigkeit am Ventilatordruckstutzen (→ Diagr. 482.1)	in m/s

Diagr. 482.1: Ventilatordiagramm – Radialventilator mit vorwärts gekrümmten Schaufeln (Herstellerangaben)

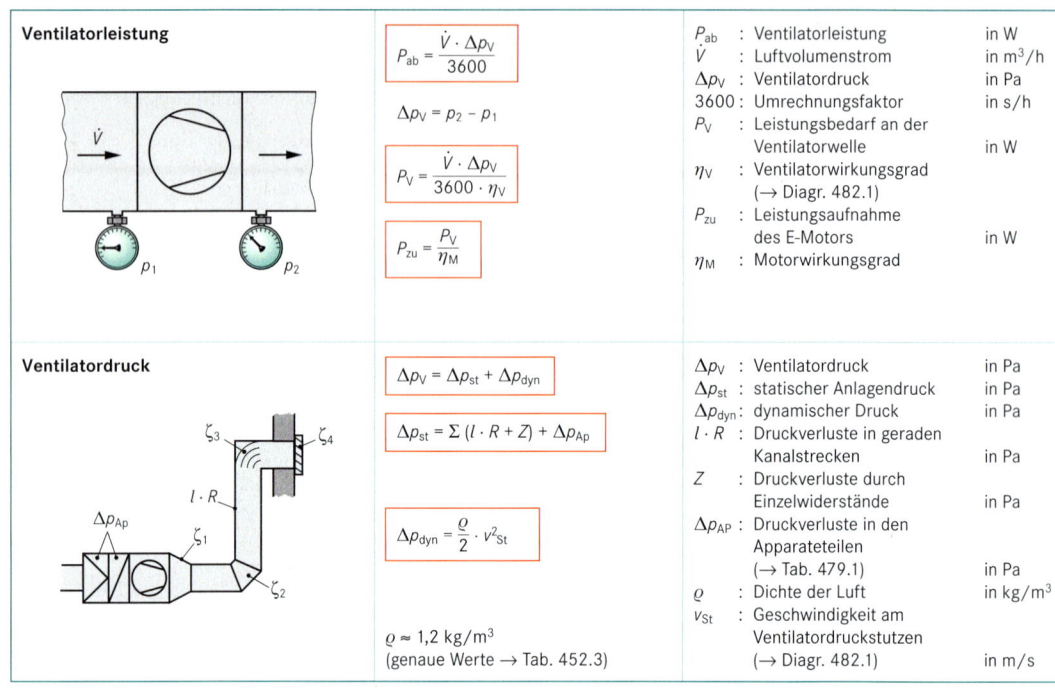

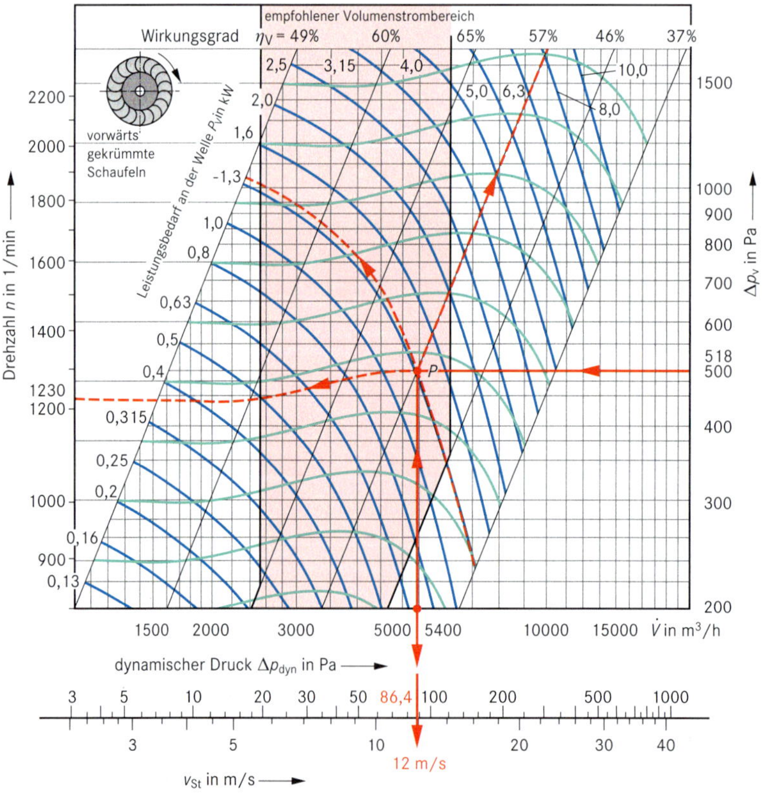

Ventilatorauswahl:

Festlegung des Betriebspunktes P mittels Volumenstrom $\dot{V}$ und Gesamtdruckverlustes Δp_V aus der Kanalnetzberechnung (→ Tab. 481.1). Der Punkt P soll im Bereich des optimalen Wirkungsgrades η_V liegen oder geringfügig rechts davon. Dann können die Ventilatordaten abgelesen werden: Leistungsbedarf P_V, Wirkungsgrad η_V, Drehzahl n, Luftgeschwindigkeit am Druckstutzen v_{St} und der dynamische Druck p_{dyn}.

Beispiel: (→ S. 481)

Geg.: $\dot{V}$ = 5400 m³/h
η_M = 0,8
Δp_V = 518 Pa

Lös.: p_V = 1,36 kW
η_V = 0,57
n = 1230 1/min
v_{St} = 12 m/s
Δp_{dyn} = 86,4 Pa
P_{ZU} = 1,36 kW/η_M
P_{ZU} = 1,36 kW/0,8
P_{ZU} = 1,70 kW

Raumlufttechnik

Modellgesetze bei Drehzahländerung

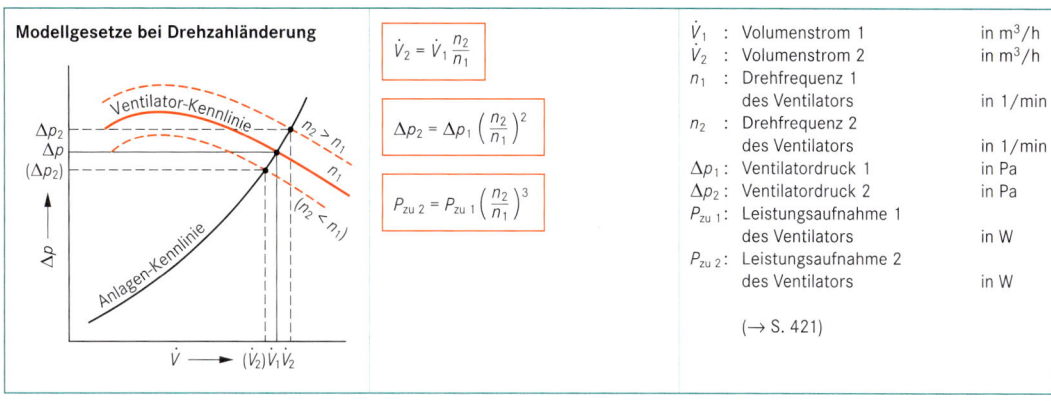

$$\dot{V}_2 = \dot{V}_1 \frac{n_2}{n_1}$$

$$\Delta p_2 = \Delta p_1 \left(\frac{n_2}{n_1}\right)^2$$

$$P_{zu\,2} = P_{zu\,1} \left(\frac{n_2}{n_1}\right)^3$$

$\dot{V}_1$:	Volumenstrom 1	in m³/h
$\dot{V}_2$:	Volumenstrom 2	in m³/h
n_1 :	Drehfrequenz 1 des Ventilators	in 1/min
n_2 :	Drehfrequenz 2 des Ventilators	in 1/min
Δp_1 :	Ventilatordruck 1	in Pa
Δp_2 :	Ventilatordruck 2	in Pa
$P_{zu\,1}$:	Leistungsaufnahme 1 des Ventilators	in W
$P_{zu\,2}$:	Leistungsaufnahme 2 des Ventilators	in W

$(\rightarrow$ S. 421)

Luftfilter

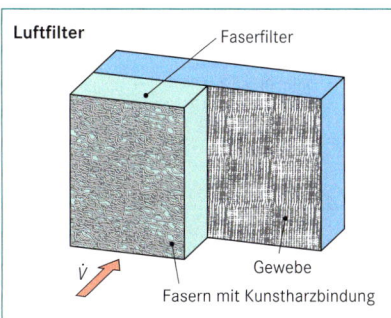

Faserfilter

Gewebe

Fasern mit Kunstharzbindung

Aufgabe:
Luftfilter sind Geräte und Komponenten der Luftaufbereitung, mit denen teilchen- und gasförmige Verunreinigungen aus der Luft gefiltert und abgeschieden werden.

Filterbauarten:

Material: Metall-, Faser-, Aktivkohle-, Ölbad- und Elektrofaserfilter

Benutzung: Wegwerffilter (Einmalfilter), Dauerfilter (Regenerierfilter)

Filterklasse: ($\rightarrow$ Tab. 483.1)

Betriebsart: Stationär-, Umlauf-, Band- und Elektrofilter

Bauart: Schrägstrom-, Rundluft-, Trommel-, Umlauf-, Kessel- und Taschenfilter

Einbauart: Kanal-, Wand- und Deckenfilter

Tab. 483.1: Luftfilter-Klasseneinteilung
DIN EN 779: 2003-05

Filter-klasse	Mittlerer Abscheidegrad A_m in %	Mittlerer Wirkungsgrad E_m in %	Bezeichnung/ Partikeldurch-messer d_p	Einsatzbereich	Bemerkung
G1	50 ... < 65	–	Grobstaubfilter/ d_p = 50–500 µm	Vorfilter	**Abscheidegrad A_m:** Prozentangabe des abgeschiedenen synthetischen Prüfstaubes nach DIN 24 185.
G2	65 ... < 80				
G3	80 ... < 90			Filter für untergeord- nete Anforderungen	
G4	> 90	–			
F5	–	> 40 ... 60	Feinstaubfilter	Hochwertige Filter für RLT-Anlagen und Vorfilter für Reinräume	**Wirkungsgrad E_m:** Messgröße in Prozent, die über den Abscheidegrad eines einströmenden Testaerosols aus DEHS mit einer Partikelgröße von 0,4 µm ermittelt wird. (DEHS: **D**i-**E**thyl-**H**exyl-**S**ebacat)
F6	–	> 60 ... 80			
F7	–	> 80 ... 90			
F8	–	> 90 ... 95	d_p = 0,5–50 µm		
F9	–	> 95			

Tab. 483.2: Schwebstoff-(H) und Hochleistungs-Schwebstofffilter (U)-Klasseneinteilung
DIN EN 1822: 2008-04

H10	85	–	Schwebstoff-filter/ d_p = 0,0–1 µm	Schwebstofffilter für höchste Ansprüche an die Luftreinheit	**Abscheidegrad A_m:** Durch integrale Messung der Partikelkonzentration (Prüfaerosol aus flüssigen Schwebestoffen) vor und nach dem Filter, mit örtlich feststehenden Probenahme-sonden nach DIN EN 1822. H = HEPA-Filter (High Efficiency Particulate Air Filter) U = ULPA-Filter (Ultra Low Penetration Air Filter)
H11	95	–			
H12	99,5	–			
H13	99,95	–			
H14	99,995	–			
U15	99,9995	–			
U16	99,99995	–			
U17	99,999995	–			

Staubspeicherfähigkeit: Sie hängt vom Filtermedium und der Filterfläche ab.

Druckdifferenz im Betrieb: Sie hängt von der Filterfläche, von der geometrischen Anordnung des Filtermediums und der Masse des eingespeicherten Staubes ab.

Raumlufttechnik

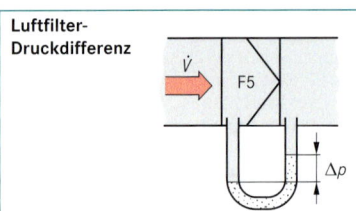

Luftfilter-Druckdifferenz

Tab. 484.1: Zulässige Differenzdrücke Δp bei Luftfiltern (bei v = 2–3 m/s)

Luftfilterarten nach DIN EN 779	Anfangsdruck-differenz Δp in Pa	Max. Enddruck-differenz Δp in Pa
Grobstaub-Filter	30 bis 50	250
Feinstaub-Filter	50 bis 150	450
Schwebstoff-Filter	100 bis 250	1000 bis 1500

Werte gelten bei einer Einströmgeschwindigkeit v = 2–3 m/s

Tab. 484.2: Empfohlene Filterklasse je Filterstufe nach DIN EN 13 779 (Filterklassen DIN EN 779 → Tab. 483.1)

Außenluftqualität (→ S. 455)	Raumluftqualität (→ Tab. 457.2)			
	RAL 1	RAL 2	RAL 3	RAL 4
AUL 1 (ODA 1)	F9	F8	F7	F5
AUL 2 (ODA 2)	F7 + F9	F5 + F8	F5 + F7	F5 + F6
AUL 3 (ODA 3)	F7 + GF[1] + F5	F7 + GF[1] + F9	F5 + F7	F5 + F6

[1] GF bedeutet Gasfilter (Aktivkohlefilter) und/oder chemische Filter.

Filterwechsel bei Nennvolumenstrom, normalen Staubkonzentrationen (→ Tab. 453.2) bis zur Erreichung der Enddruckdifferenz:
- Grobstaub-Filter ca. 2000 Betriebsstunden, max. nach einem Jahr
- Feinstaub-Filter ca. 4000 Betriebsstunden, max. nach 2 Jahren (Grobstaub-Filter vorgeschaltet)
- Schwebstoff-Filter 1 bis 2 Jahre (Grob- und Feinstaub-Filter vorgeschaltet)

Achtung! Nach **DIN EN 13 779 „Anwendung von Luftfiltern in raumlufttechnische Anlagen – Büro- und Versammlungsräume"** werden u. a. zwei Filterstufen empfohlen. Erste Stufe F5, wenn möglich F7, und in der zweiten Stufe F7, wenn möglich F9. Die Filter dürfen nicht selbst zur Quelle von gesundheits- und geruchsbelastenden Bestandteilen der Luft werden.

Tab. 484.3: Größenverteilung von Verunreinigungen in der Außenluft

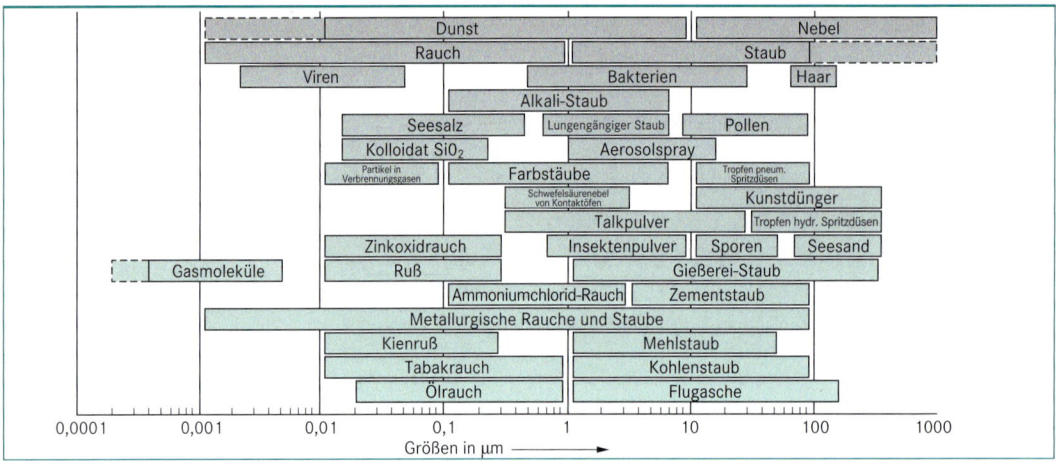

Lufterwärmer/-kühler in einer Kammeranlage
airheating/cooler in a chamber unit

Lamellenrohr-Wärmetauscher (WT)

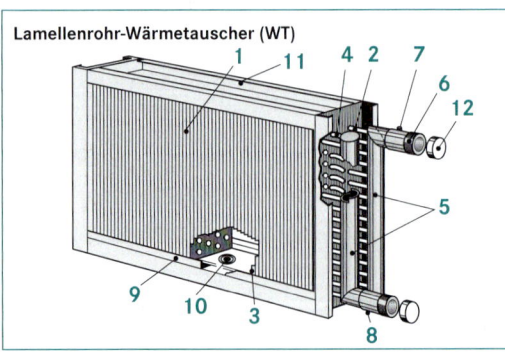

Bauteile:

1	Wärmetauscherfläche	7	Entlüftung
2	Kernrohr	8	Entleerung
3	Lamelle	9	Schwitzwasserwanne
4	Umlenkbogen	10	Kondensatentleerungsmuffe
5	Sammelrohr	11	Anschlussrahmen
6	Gewindestutzen	12	Schutzkappe

Werkstoffe:
WT mit Cu-Rohren und Alu-Lamellen, Sammler aus Stahl
WT mit Cu-Rohren und korrosionsgeschützten Alu-Lamellen
WT aus Stahl – verzinkt
Auswahl nach Wärmeleistung: Berechnung (→ S. 453)
Auswahl der **WT** in der **Praxis** nach **Herstellerangaben**

Luftauslässe
extract air fittings

Zu- und Abluftdurchlässe

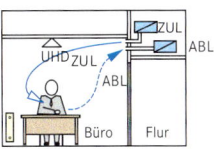

Beispiel 1: Konferenzraum

Beispiel 2: Einzelbüro

Luftführung:
Luftführungsarten in Räumen (→ S. 462)

Auswahl des Luftdurchlasses – Grundregeln:
- Die Luftführung von unten nach oben bietet Vorteile in Bezug auf Behaglichkeit und Luftqualität.
- Quellluftauslässe im Wandbereich h_{max} = 0,8 m und v_{max} = 0,2 m/s
- Obere Wand- oder Deckenauslässe (Schlitz- oder Drallauslässe) sind hinsichtlich Volumenstrom, Strömungsgeschwindigkeit, Zuluftüber- bzw. -untertemperatur (→ Tab. 462.1/467.2) und Streubreite genau zu bemessen.
- Luftauslässe in Niederdruckanlagen (Luftgeschwindigkeit → Tab. 478.1) sollten wegen der genaueren Luftverteilung mengenregulierbar sein.
- Die Lage der Abluftdurchlässe soll bei Quelllüftungen und in Räumen, in denen geraucht wird, oben sein und möglichst nahe an Quellen schlechter Luft (Aborte, Küchenherde usw.)
- In Räumen h < 2,2 m diffuse Wandauslässe mit horizontalen Strahlen, Quellluft- oder Fußbodenauslässe, bei h > 4 m in Strahlrichtung verstellbare Auslässe zur Leistungsanpassung verwenden.

Decken-Luftauslässe

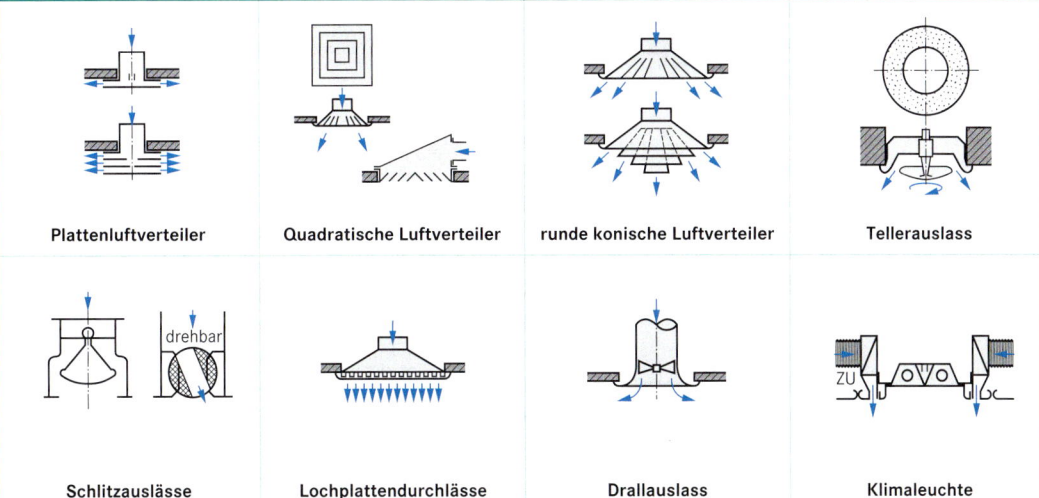

Plattenluftverteiler	Quadratische Luftverteiler	runde konische Luftverteiler	Tellerauslass
Schlitzauslässe	Lochplattendurchlässe	Drallauslass	Klimaleuchte

Wand-Luftauslässe

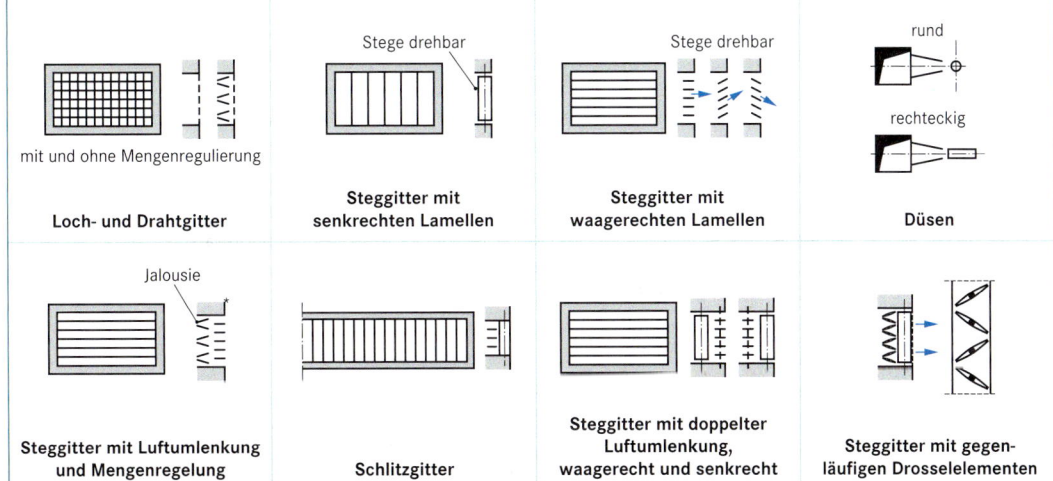

Loch- und Drahtgitter (mit und ohne Mengenregulierung)	Steggitter mit senkrechten Lamellen	Steggitter mit waagerechten Lamellen	Düsen
Steggitter mit Luftumlenkung und Mengenregelung	Schlitzgitter	Steggitter mit doppelter Luftumlenkung, waagerecht und senkrecht	Steggitter mit gegenläufigen Drosselelementen

Raumlufttechnik

Kastengeräte

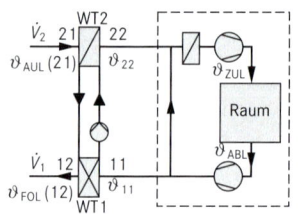

Abluftgerät **1** Zuluftgerät **2**

Teilklimagerät **3**

FO AU Vollklimagerät **4**

Tab. 486.1: Kastengeräte-Abmessungen   (Herstellerangaben)[1]

Luftvolumen-strom von – bis $\dot{V}_h$ in m³/h	Breite/Höhe b/h in cm	Länge l des Gerätes bei Kombination			
		Abluft **1** l in cm	Zuluft **2** l in cm	Teilklima **3** l in cm	Vollklima **4** l in cm
1 600– 4 000	63/63	63	156	265	445
2 500– 6 300	80/80	80	190	240	513
4 000– 10 000	100/100	100	234	417	605
6 300– 16 000	125/125	125	284	338	688
10 000– 25 000	160/160	160	354	408	811
16 000– 40 000	194/194	194	459	517	1059
25 000– 63 000	240/270	240	488	558	1132
31 500– 80 000	240/300	300	584	634	1354
40 000–100 000	240/380	300	614	684	1414

[1] Maße sind je nach Hersteller sehr unterschiedlich.
[2] Neben den Geräten Platz für Montage und Wartung vorsehen.

Wärmerückgewinnung (WRG)
heat recovery

Rückwärmezahl (Heizbetrieb)
(Sensible Wärmemenge, die rückgewonnen werden kann)

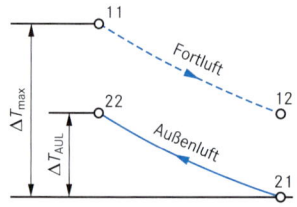

Bei Volumenstromverhältnis $\dot{V}_1/\dot{V}_2$ = gilt:

$$\Phi = \frac{\vartheta_{22} - \vartheta_{21}}{\vartheta_{11} - \vartheta_{21}}$$

$$\dot{Q}_R = \Phi \cdot \dot{Q}_1$$

$$\dot{Q}_1 = \dot{V}_1 \cdot C_P \cdot \Delta T_{max}$$

$\Delta T_{max} = \vartheta_{11} - \vartheta_{21}$

$\Delta T_{AUL} = \vartheta_{22} - \vartheta_{21}$

Φ : Rückwärmezahl[1] (Φ = Phi)
ϑ_{22} : Temperatur nach WT 2   in °C
$\vartheta_{AUL(21)}$: Außenlufttemperatur   in °C
ϑ_{11} : Temperatur vor WT 1   in °C
$\dot{Q}_R$: rückgewonnene Wärmeleistung in W
$\dot{Q}_1$: Wärmeleistung der Fortluft   in W
$\dot{V}_1$: Fortluftvolumenstrom   in m³/h
C_P : spezifische Wärmekapazität
der Luft   in Wh/(m³ · K)
(Luft: $C_P \approx 0{,}34$ Wh/(m³ · K))

ΔT_{max} : maximale Temperaturdifferenz   in K
$\vartheta_{FOL(12)}$: Fortlufttemperatur   in °C
ΔT_{AUL} : Außenluft-Temperaturdifferenz in K

Tab. 486.2: Werte für minimale Wärmerückzahlen und maximalen Druckverlusten im Auslegungsfall   DIN EN 13 053: 2007-11

Laufzeit in h/a	Volumenstrom in m³/h				
	1980–5000	> 5000–10 000	>10 000–25 000	> 25 000–50 000	>50 000
≥ 2000 bis 4000	0,40	0,43	0,47	0,53	0,58
	175 Pa	200 Pa	225 Pa	250 Pa	225 Pa
> 4000 bis 6000	0,43	0,45	0,50	0,58	0,63
	200 Pa	225 Pa	250 Pa	275 Pa	300 Pa
> 6000	0,45	0,50	0,55	0,63	0,68
	225 Pa	250 Pa	275 Pa	300 Pa	32 Pa

Rückfeuchtezahl (Heizbetrieb)
(nur latenter Wärme-Stoffaustausch)

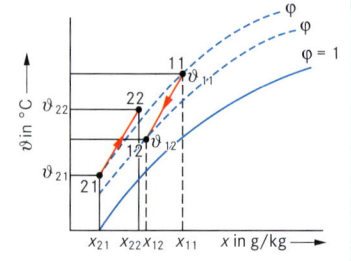

Tab. 486.3: Klassifizierung der WRG durch Korrekturfaktoren, aufbauend auf die Werte von Tab. 486.2   DIN EN 13 053: 2007-11

Klasse WRG	H1	H2	H3	H4	H5
Min. Rückwärmezahl	Werte · 1,15	Werte · 1,10	Werte · 1,0	Werte · 0,9	keine Anford.
Max. Druckverlust	Werte · 0,75	Werte · 0,90	Werte · 1,0	Werte · 1,1	keine Anford.

$$\Psi = \frac{x_{22} - x_{21}}{x_{11} - x_{21}}$$

Ψ : Rückfeuchtezahl (Ψ = Psi)
x_{22} : absolute Feuchte nach WT 2 in g/kg
$x_{AUL(21)}$: absolute Feuchte der
Außenluft   in g/kg
x_{11} : absolute Feuchte vor WT 1 in g/kg

Raumlufttechnik

Tab. 487.1: Wärmerückgewinnungsverfahren – Übersicht nach VDI 2071

Kategorie	Bezeichnung / Symbol nach DIN 1946-1	Aufbau	Rückwärmezahl Φ[1] / Rückfeuchtezeit Ψ	Übertragung von Schad- und Geruchsstoffen von der Fort- zur Außenluft
I — Rekuperative Systeme[2]	**Trennflächen-wärmetauscher:** a) Platten-WT		Φ = 0,4 – 0,8 Ψ = 0,0	geringe Übertragung möglich, Vorsicht bei belasteter Fortluft
	b) Röhren-WT	ohne Bild	Φ = 0,3 – 0,5; Ψ = 0,0	
II — Regenerative Systeme[3]	**Kreislaufverbund-WT** a) Kompakt-WT		Φ = 0,3 – 0,6 Ψ = 0,0	auch bei technischen Defekten und Betriebsstörungen keine Übertragung möglich
	b) Gegenstrom-schicht-WT	ohne Bild	Φ = 0,7 – 0,8 Ψ = 0,0	
	Wärmerohr-Wärmetauscher:[4]		Φ = 0,4 – 0,7 Ψ = 0,0	mit geeigneten Hilfseinrichtungen keine Übertragung auch bei Defekten möglich
III	**Rotations-WT:** a) Sorptions-WT[5]		Φ = 0,7 – 0,9 Ψ = 0,6 – 0,7	geringe Übertragung ist möglich, Vorsicht bei belasteter Fortluft
	b) Kondensations-WT[6]		Φ = 0,6 – 0,9 Ψ = 0,1 – 0,2	
IV — Wärmepumpe	**Wärmepumpe:** a) Kompressor-WP		Φ > 1,0 (Leistungszahl ε ($\rightarrow$ S. 445)) Ψ = 0,0	auch bei technischen Defekten und Betriebsstörungen keine Übertragung möglich

[1] Ohne Kondensation der Luftfeuchte, die in der Abluft enthalten ist.
[2] Beim Rekuperativsystem werden feste Austauschflächen verwendet, wobei in der Regel nur sensible Wärme übertragen wird.
[3] Beim Regenerativsystem finden Speichermassen Verwendung, die Wärme oder Feuchte oder beides aufnehmen und wieder abgeben.
[4] Beim Wärmerohr (heat pipe) werden evakuierte Rippenrohre verwendet, in denen eine Flüssigkeit (meist Kältemittel) bei konstanter Temperatur verdampft bzw. sich verflüssigt.
[5] mit hygroskopische Speichermasse;
[6] ohne hygroskopische Speichermasse

Raumlufttechnik

Tab. 488.1: Ventilator-Schalldaten zum Beispiel S. 480/81 (Herstellerangaben)

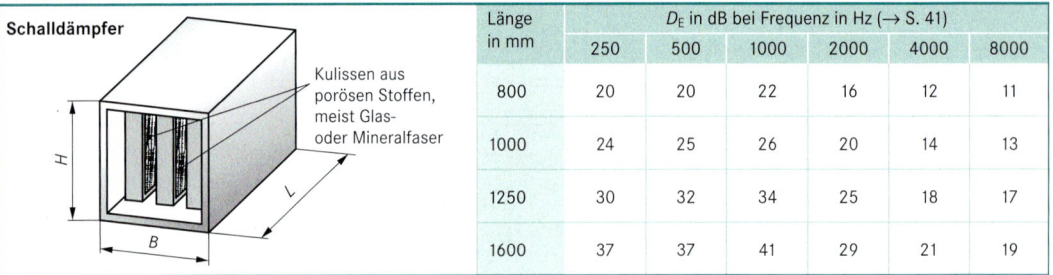

Ventilatorgeräusche

$\dot{V}_h$ in m³/h	n in 1/min	L_w in dB (A)	$L_{w\,okt}$ in dB (A) bei Frequenz (Hz)					L_p in dB (A)
			250	500	1000	2000	4000	
4500	1000	80	68	74	77	72	65	48
	1400	82	70	76	79	74	67	52
	1800	86	74	80	83	78	71	57
6300	1120	87	75	81	84	79	72	55
	1400	87	75	81	84	79	72	56
	1800	88	76	82	85	80	73	58

L_w: abgestrahlte Gesamtschallleistung des Ventilators in dB (A)
$L_{w\,okt}$: Oktav-Schallleistungspegel bei Oktavmittenfrequenz in Hertz (Hz)
L_p: Schalldruckpegel in 1m Abstand zum Ventilatorteil in dB (A)

Tab. 488.2: Einfügungsdämpfung D_E eines Absorptionsschalldämpfers
(Höhe H = 800 mm, Breite B = 800 mm (Herstellerangaben)

Schalldämpfer

Kulissen aus
porösen Stoffen,
meist Glas-
oder Mineralfaser

Länge in mm	D_E in dB bei Frequenz in Hz ($\to$ S. 41)					
	250	500	1000	2000	4000	8000
800	20	20	22	16	12	11
1000	24	25	26	20	14	13
1250	30	32	34	25	18	17
1600	37	37	41	29	21	19

Tab. 488.3: Richtwerte für den Schalldruckpegel L_p in Räumen DIN EN 13 779: 2007-09 (DIN 1946-2: 1994-01)

Art des Raumes	Beispiel	Anforderungen hoch L_p in dB (A)	niedrig L_p in dB (A)	Art des Raumes	Beispiel	Anforderungen hoch L_p in dB (A)	niedrig L_p in dB (A)
Arbeitsräume	Einzelbüro	30	40	Unterrichts-räume	Lesesaal	30	35
	Großraumbüro	35	45		Klassenraum	35	45
	Werkstatt	50	1)		Hörsaal, Seminar	35	40
Versamm-lungsräume	Konzertsaal	25	35	Räume mit Publikums-verkehr	Museum	28	35
	Theater, Kino	30	35		Gaststätten	35	50
	Konferenzraum	30	40		Verkaufsraum	45	50
Wohnräume	Hotelzimmer	30[2]	40[2]	Sportstätten	Turn-/Sporthalle	35	50
					Schwimmbad	40	50
Sozialräume	Pausenraum	30	40	Sonstige Räume	Fernsehstudio	25	30
	Waschraum, WC	40	50		EDV-Raum	40	60
	Ruheraum	30	40		Küche	40	60

[1] Der Wert kann produktionsbedingt wesentlich höher ausfallen. [2] Nachtwerte (22 bis 6 Uhr) liegen um 5 dB (A) niedriger.

Tab. 488.4: Zulässiger Schalldruckpegel L_p am Arbeitsplatz nach Arbeitsstättenrichtlinie

Art der Tätigkeit	L_p in dB (A)	Art der Tätigkeit/des Raumes	L_p in dB (A)
Überwiegend geistige Tätigkeit	55	sonstige Tätigkeiten[1]	85
einfache mechanisierte Bürotätigkeit	70	Pausen-, Sanitäts-, Bereitschafts-, Liegeräume	55

[1] maximale Überschreitung 5 dB (A), bei höheren Werten ist **Gehörschutz** zu tragen

Tab. 488.5: Zulässiger Schalldruckpegel L_p auf die Nachbarschaft VDI 2058: 1988-06

Gebiet, Einwirkungsort	L_p in dB (A) tags	nachts	Gebiet, Einwirkungsort	L_p in dB (A) tags	nachts
in gewerblichen Gegenden	70	70	ausschließlich Wohngebiet	50	35
in vorwiegend gewerblichen Gegenden	65	50	Kurgebiet, Krankenhausgebiet	45	35
Gewerbegebiet und Wohngebiet gemischt	60	45	Innerhalb von Wohnungen	35	25
vorwiegend Wohngebiet	55	40			

Kurzzeitige Überschreitung der Werte außerhalb um ≤ 30 dB (A), nachts um ≤ 20 dB (A) und innen um ≤ 10 dB (A)

Raumlufttechnik

Brandschutz

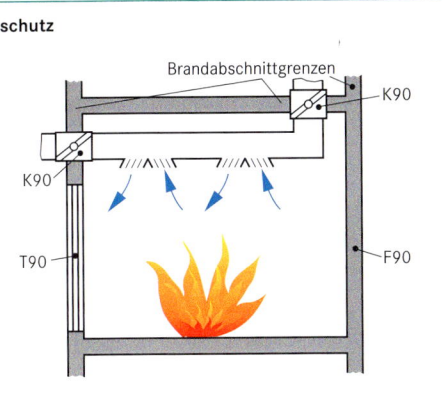

Brandabschnittgrenzen

K90

K90

T90

F90

Achtung! RLT-Anlagen müssen technische Einrichtungen erhalten, die Feuer- und Rauchausbreitung in Gebäuden verhindern.

Brandabschnitte:

- einzelne Geschosse (Wohnungen);
- Lüftungszentralen;
- begrenzte Gebäudeteile, z. B. Büroräume bis 1000 m² (höchstens 5 Stockwerke);
- Krankenhäuser, Hotels, Heime bis max. 500 m² (höchstens 3 Stockwerke);
- Einzelräume mit erhöhter Brandgefahr oder mit großer Personenzahl;
- betriebswichtige Räume oder technische Räume (Restaurants, Küchen, Öllagerräume, Computerräume, Heizräume);
- Steigzonen (Schächte).

Bezeichnungsbeispiel für eine Lüftungsleitung **L 60 A**:

L: Rohre und Formstücke für Lüftungsleitungen (→ Tab. 139.2)

60: Feuerwiderstandsklasse, Feuerwiderstandsdauer 60 Minuten (→ Tab. 139.1)

A: Baustoffklasse, nichtbrennbares Material (→ Tab. 138.2)

Tab. 489.1: Feuerwiderstandsdauer t_F für Luftleitungen und -schächte

DIN 4102-6

Feuerfeste Lüftungsleitung

Dämmmatte — Dämmplatte — Silikatplatte

Blechkanal mit Dämmmatten — Blechkanal mit Dämmmatten — Lüftungskanal aus Dämmmatten

Gebäude	t_F in min bei der Überbrückung von		
	Decken	Brand-wände	Flur- und Trennwände F 30 oder F 90
bis 2 Vollgeschosse	–	90	30
3–5 Vollgeschosse	30	90	30
> 5 Vollgeschosse	60	90	30
Hochhäuser	90	90	30

Tab. 489.2: Möglichkeiten der Leitungsführung durch verschiedene Brandabschnitte (I, II, III)

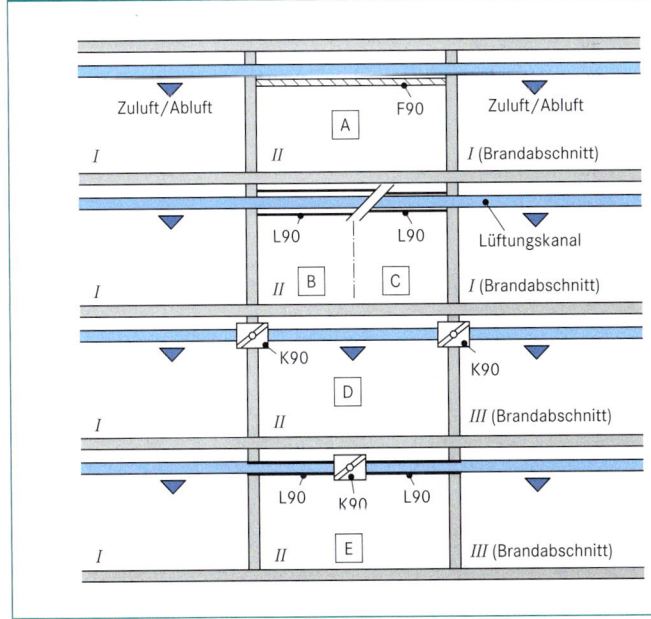

Zuluft/Abluft — F90 — A — Zuluft/Abluft

I — II — I (Brandabschnitt)

L90 — L90 — Lüftungskanal

I — II — B — C — I (Brandabschnitt)

K90 — K90 — D

I — II — III (Brandabschnitt)

L90 — K90 — L90 — E

I — II — III (Brandabschnitt)

A: Untergehängte Decke F 90 (Gipskarton- oder Zementbrandschutzbauplatten)

B: Lüftungsleitung mit feuerbeständiger Ummantelung L 90 (Silikat-Brandschutzbauplatten) (Stahlblechleitungen sind nicht brennbar, entsprechen jedoch keiner Feuerwiderstandsklasse)

C: Ausführung der Lüftungsleitung in der Feuerwiderstandsklasse L 90 (Silikat-Brandschutzbauplatten)

D: Zwei Brandschutzklappen K 90 in beiden Flurwänden

E: Lüftungsleitung L 90 mit einer Brandschutzklappe K 90

I, II, III: verschiedene Brandabschnitte

Raumlufttechnik

Bezeichnungen am Dach

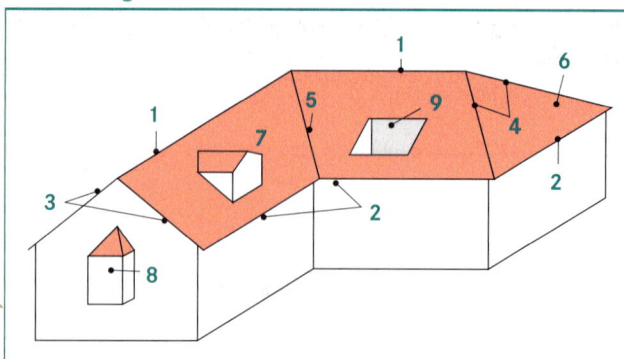

1 First
  obere waagerechte Dachkante
2 Traufe
  untere waagerechte Dachkante
3 Ortgang
  Kante zwischen Dach/Giebel
4 Grat
  Außenstoß zweier Dachflächen
5 Kehle
  Innenstoß zweier Dachflächen
6 Walm
  schräger, gedeckter Giebelabschluss
7 Gaube hier: Satteldachgaube (Dachaufbau)
8 Erker (Gebäudeanbau)
9 Loggia (Dacheinbau)

Dachformen

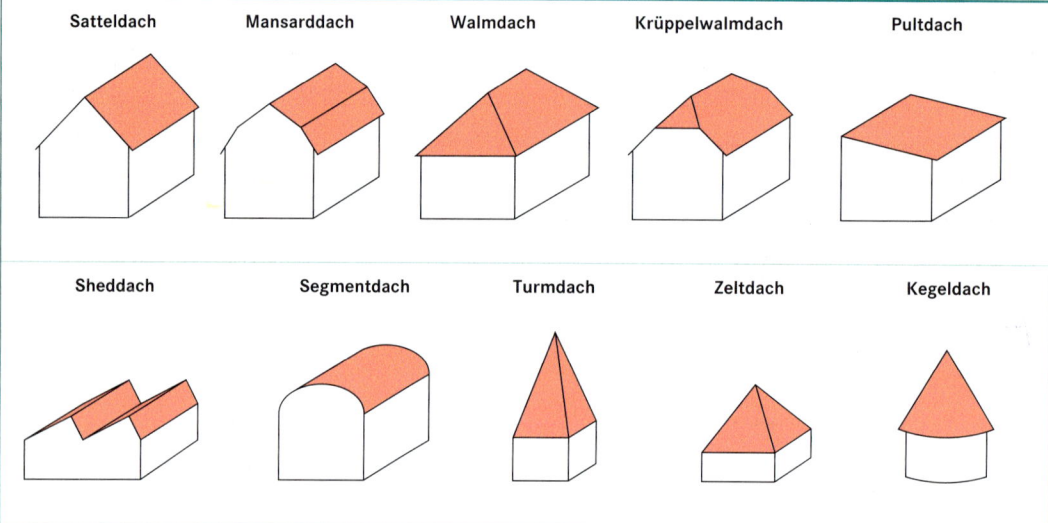

Satteldach · Mansarddach · Walmdach · Krüppelwalmdach · Pultdach

Sheddach · Segmentdach · Turmdach · Zeltdach · Kegeldach

Gaubenformen

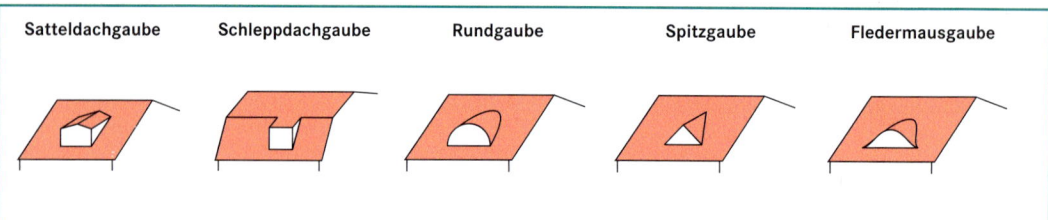

Satteldachgaube · Schleppdachgaube · Rundgaube · Spitzgaube · Fledermausgaube

Rinnenformen

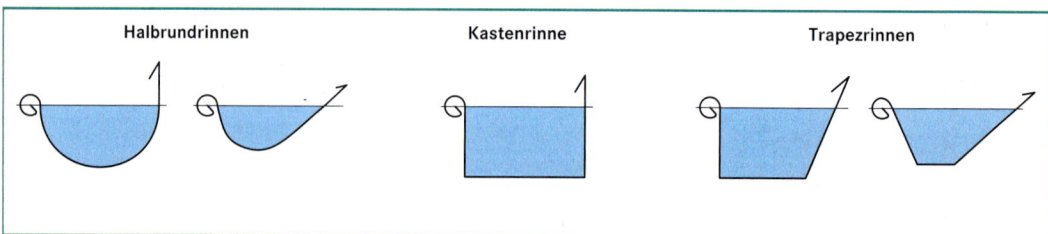

Halbrundrinnen · Kastenrinne · Trapezrinnen

Kehlformen

Profil	Ausführung	Einsatzbereich
	Standardausführung	Dachneigung über 30° greift weit unter die Ziegel
	Kehlblech mit Stehfalz	Dächer mit unterschiedlicher Neigung: Stehfalz vermeidet Überspülung
	Kehlblech mit Ziegelauflage	Dächer mit geringer Neigung: bessere Wasserführung durch Falz
	Kehlblech in vertiefter Ausführung	Dächer mit Neigung unter 7°: Fassung von größeren Wasservolumenströmen
	Kehlrinne	Aufgabe wie herkömmliche Kastenrinne; Rinne muss gleichen Querschnitt wie Kastenrinnen und Notüberlauf aufweisen

Längenmaße beim Dach

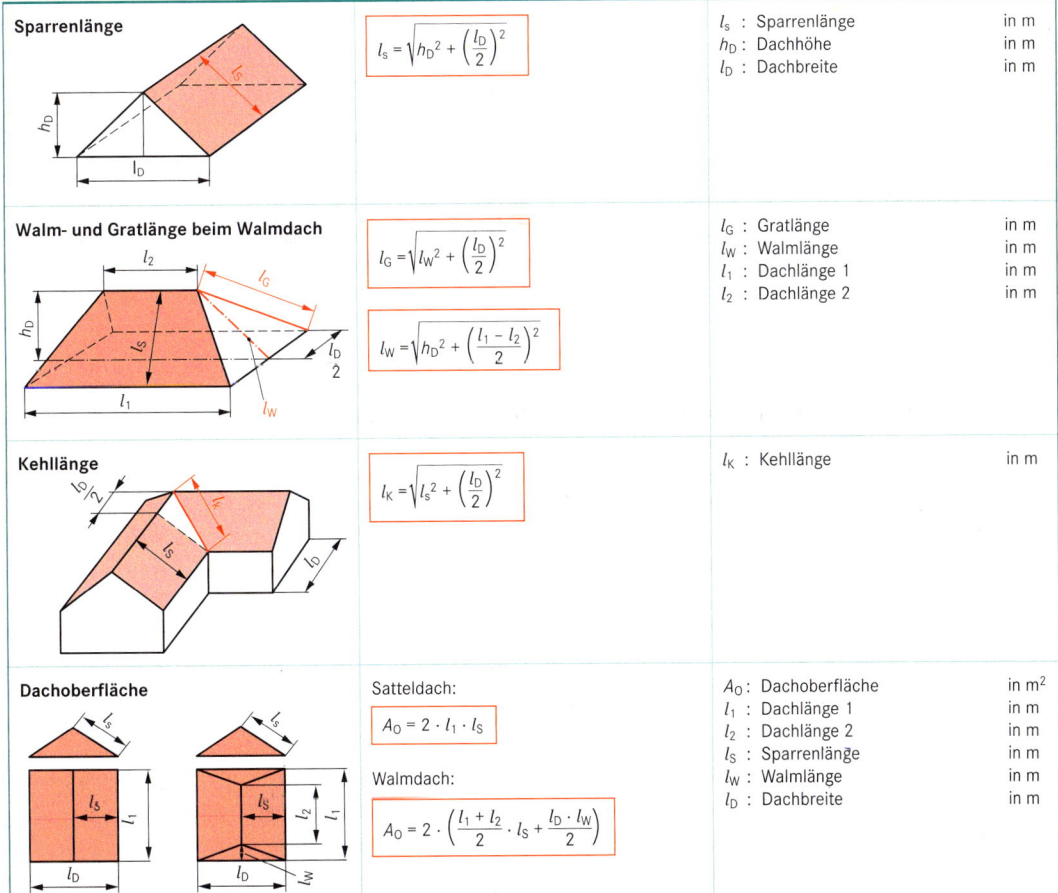

Sparrenlänge

$$l_S = \sqrt{h_D{}^2 + \left(\frac{l_D}{2}\right)^2}$$

l_S	: Sparrenlänge	in m
h_D	: Dachhöhe	in m
l_D	: Dachbreite	in m

Walm- und Gratlänge beim Walmdach

$$l_G = \sqrt{l_W{}^2 + \left(\frac{l_D}{2}\right)^2}$$

$$l_W = \sqrt{h_D{}^2 + \left(\frac{l_1 - l_2}{2}\right)^2}$$

l_G	: Gratlänge	in m
l_W	: Walmlänge	in m
l_1	: Dachlänge 1	in m
l_2	: Dachlänge 2	in m

Kehllänge

$$l_K = \sqrt{l_S{}^2 + \left(\frac{l_D}{2}\right)^2}$$

l_K	: Kehllänge	in m

Dachoberfläche

Satteldach:

$$A_O = 2 \cdot l_1 \cdot l_S$$

Walmdach:

$$A_O = 2 \cdot \left(\frac{l_1 + l_2}{2} \cdot l_S + \frac{l_D \cdot l_W}{2}\right)$$

A_O	: Dachoberfläche	in m²
l_1	: Dachlänge 1	in m
l_2	: Dachlänge 2	in m
l_S	: Sparrenlänge	in m
l_W	: Walmlänge	in m
l_D	: Dachbreite	in m

Feinblechbearbeitung

Tab. 492.1: Dachrinnen

DIN EN 612: 2005-04 & Herstellerangaben

halbrunde Dachrinne

Rinnenquerschnitt A

Nenn-größe [1]	Teilig-keit	a in mm	e [2] in mm	d in mm	f	g [2] in mm	Nenndicke s in mm bei Werkstoffen				A in cm²
							Al	Cu/St	Zn	NRS [3]	
200	10	40	80	16		8	0,7	0,6	0,65	0,5	25
250	8	50	105	16		10	0,7	0,6	0,65	0,5	43
280	7	55	127	18	≤ 3 mm	11	0,7	0,6	0,70	0,5	63
333	6	55	153	18		11	0,7	0,6	0,70	0,5	92
400	5	65	192	20		11	0,8	0,7	0,80	0,6	145
500	4	75	250	20		21	0,8	0,7	0,80	0,6	245

kastenförmige Dachrinne

Rinnenquerschnitt A

200	10	40	70	16		8	0,7	0,6	0,65	0,5	29
250	8	50	85	16	≤ 3 mm	10	0,7	0,6	0,65	0,5	47
333	6	55	120	18		10	0,7	0,6	0,70	0,5	90
400	5	65	150	20		10	0,8	0,7	0,80	0,6	135
500	4	75	200	20		20	0,8	0,7	0,80	0,6	220

[1] = Zuschnittbreite in mm   [2] Herstellerangaben   [3] NRS: nichtrostender Stahl

Halbrunde Hängedachrinne	EN 612	–	333	–	Cu	–	Y
Bezeichnung	Norm	–	Zuschnitt	–	Werkstoff	–	Wulst

Tab. 492.2: Rinnenhalter (Maße in mm)

(Herstellerangaben)

für halbrunde Rinnen

Form **FFH** mit 2 Federn

Feder 1

Feder 2

Form **NFH** mit Nase und Feder 2

Nenn-größe	Höhe c des Rinnen-halters		Querschnittmaße $b \times s$ der Beanspruchungsreihe (→ Tab. 493.1)				Boh-rung d_2	Lichte Weite d_1	Höhe a Form [1]	
			1	2	3	4			FFH	NFH
200	230	270	25 × 4	25 × 4	25 × 4	–		80	37	40
250	280	330	25 × 4	30 × 4	25 × 6			105	50	53
	410	500	25 × 4	–	–	–				
280	290	350	30 × 4	30 × 5	25 × 6	25 × 8	(→ Tab. 493.2)	127	61	64
	390	480	30 × 4	–	–	–				
333	300	370	30 × 5	25 × 6	40 × 5	30 × 8		153	74	77
	450	–	30 × 5	–	–	–				
400	340	430	30 × 5	40 × 5	25 × 8	30 × 8		192	93	96
	410	–	30 × 5	–	–	–				
500	375	515	40 × 5	40 × 5	30 × 8	30 × 8		250	122	125

für Kastenrinnen

Form **FFK**

Feder 1

Feder 2

Form **NFK** mit Nase und Feder 2

		c	1	2	3	4		b_2	FFK	NFK
200	230	270	25 × 4	25 × 4	25 × 4	–		70	31	34
250	280	330	25 × 4	30 × 4	25 × 6		(→ Tab. 493.2)	85	44	47
333	300	370	30 × 5	25 × 6	40 × 5	30 × 8		120	62	65
400	330	420	30 × 5	40 × 5	25 × 8	30 × 8		150	77	80
500	350	490	40 × 5	40 × 5	30 × 8	30 × 8		200	97	100

[1] Höhenkorrektur der Rinnenhalter, Form FFH, FFK (→ Tab. 493.3)

Tab. 493.1: Beanspruchungsreihen für Rinnenhalter

Rinnenhalter-abstand in mm	Reihe bei	
	üblicher	hoher
	Beanspruchung	
700 ± 40	1	3
800 ± 40	2	4
900 ± 40	3	–

Tab. 493.2: Bohrungsdurchmesser d_2 für Rinnenhalter

Rinnenhalterstärke s	Bohrung d_2
≤ 5 mm	6 mm
> 5 mm	8 mm

Tab. 493.3: Höhenkorrektur der Rinnenhalter bei Form

Form	8 mm kürzer bei	Form	10 mm kürzer bei
FFH	s = 6 mm und 8 mm	FFK	s = 6 mm und 8 mm

Tab. 493.4: Vorzugsmaßnahmen für Rinnenhaltefedern

Feder 1	Feder 2
24 × 1,25 × 100	20 × 1 x 80

Zulässiges Gefälle I von Hängedachrinnen

l = 1 ... 3 mm/m	durch Dehnungsausgleicher und Unterkonstruktion verursachte Wasserrückstände stellen keinen Mangel dar!

Tab. 493.5: Verbindung von Rinnenstößen

Werkstoff	Verbindungsarten
Al	mit Dichteinlage nieten (Überlappung ≥ 40 mm), hartlöten (z. B. L-Al Si 12), schweißen
CU	einreihig nieten und weichlöten (z. B. S-Sn97Cu3), zweireihig nieten mit Dichteinlage, hartlöten
St, NRS	einreihig nieten und weichlöten (z. B. S-Pb60Sn 40), zweireihig nieten mit Dichteinlage
Zink	weichlöten mit min. 10 mm Lötbreite (z. B. S-Pb58Sn40Sb2)

Tab. 493.6: Dehnungsausgleich bei Dachrinnen

mögliche Längenänderung infolge Temperaturdifferenzen bis 100 K (–20 °C bis +80 °C) ist einzuplanen

Hochpunktschiebenaht Rinnenteile überlappen ca. 60 bis 80 mm

Elastomer-Dehnungsausgleicher an beliebiger Stelle in Rinnenüberlappung einsetzen

Tiefpunktschiebenaht mit Rinnenkessel

oder Einhangstutzen

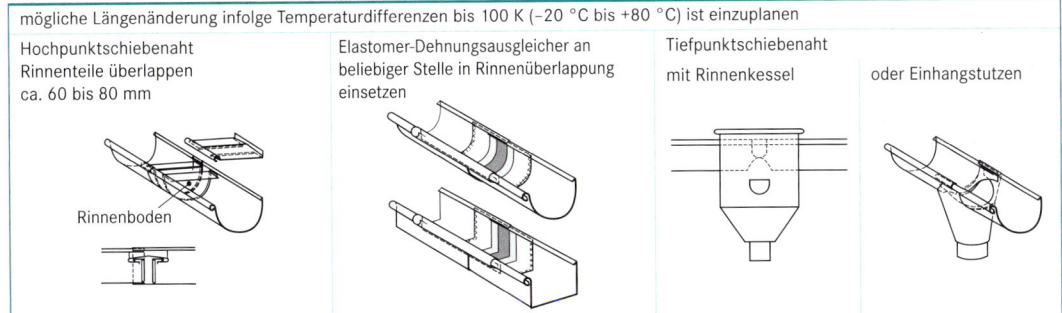

Rinnenboden

Tab. 493.7: Abstand von Dehnungsausgleichern

DIN 18 339: 1998-05

Einsatzbereich		Werkstoff	Abstand
eingeklebten Einfassungen und Shedrinnen, Rinneneinhänge		Al, Cu, St, NRS, Zn	6 m
bei Hängedachrinnen	≤ 500 mm Zuschnitt	Al, Cu, St, NRS, Zn	15 m
	> 500 mm Zuschnitt		10 m
innenliegende, nicht eingeklebte Rinnen		Al, Cu, St, NRS, Zn	10 m
	≤ 500 mm Zuschnitt	Al, Cu, Zn	8 m
	> 500 mm Zuschnitt	St, NRS	14 m

Tab. 493.8: Werkstoffzuordnung bei Dachrinnen, Rinnenhaltern und Befestigungsmitteln

Dachrinne	Rinnenhalter	Befestigungsmittel
verzinkter Stahl	feuerverzinkter Stahl	St/NRS
Aluminium	feuerverzinkter Stahl, Aluminium	St/NRS
Titanzink	feuerverzinkter Stahl, feuerverzinkter Stahl mit Zink ummantelt	St/NRS
Kupfer	verzinkter Stahl mit Kupfer ummantelt, Kupfer-Flachprofil	Cu/NRS/St[1]
NRS	NRS, feuerverzinkter Stahl, feuerverzinkter Stahl mit NRS ummantelt	NRS/Cu/St[1]
Kunststoff	feuerverzinkter Stahl feuerverzinkter Stahl mit Kunststoff ummantelt	St/NRS
[1] verzinkter Stahl bei ummantelten Rinnenhaltern		

Feinblech-bearbeitung

Tab. 494.1: Rinneneinhangstutzen für halbrunde Rinnen (Maße in mm)   DIN 18 461: 1989-02

Form G gerade		Nenngröße		Außen-durchmesser d	Breite b	Höhe h min.	Einsteck-länge c ± 1
		halbrunde Rinne	kreisförmiges Rohr				
		200	60	58	115	60	35
		250	80	78	140	65	40
		280	80	78	165	80	40
		333	100	98	185	95	45
		400	120	118	210	105	50
Form S schräg		280	80	105	120	80	–
		333	100	125	140	93	–
		400	120	140	170	113	–

Tab. 494.2: Regenfallrohre, halbrunde und kastenförmige Dachrinnen aus Metall

Anzuschließende Dachgrundfläche bei max. Regenspende $r = 300\ l/(s \cdot ha)$[1]	Regen-wasser-abfluss[2, 3] $\dot{V}_{r\,zul}$	Regenfallrohr		Teiligkeit	zugeordnete Dachrinne			
		Nenn-größe [5]	Quer-schnitt		halbrund		kastenförmig	
					Nenngröße Zuschnitt	Rinnen-querschnitt	Nenngröße Zuschnitt	Rinnen-querschnitt
in m²	in l/s	in mm	in cm²	1	in mm	in cm²	in mm	in cm²
37	1,1	60	28	10	200	25	200	28
57	1,7	70	38	–	–	–	–	–
83	2,5	80	50	8	250	43		
					280	63		
150	4,5	100	79	6	333	92	333	90
243[4]	7,3	120	113	5	400	145	400	135
270	8,1	125	122	–	–	–	–	–
443	13,3	150	177	4	500	245	500	220

Tab. 494.3: Regenfallrohre, halbrunde und kastenförmige Dachrinnen aus PVC hart

Anzuschließende Dachgrundfläche bei max. Regenspende $r = 300\ l/(s \cdot ha)$[1]	Regen-wasser-abfluss[2, 3] $\dot{V}_{r\,zul}$	Regenfallrohr			zugeordnete Dachrinne		
		Außen-durchmesser	Nenngröße	Querschnitt	halbrund		kastenförmig
					Nenn-größe[6]	Rinnen-querschnitt	Rinnen-querschnitt
in m²	in l/s	in mm	in mm	in cm²	in mm	in cm²	in cm²
20	0,6	50	50	17	80	34	22
37	1,1	63	63	28	80	34	34
57	1,7	75	70	38	100	53	53
97	2,9	90	90	56	125	73	73
170	5,1	110	110	86	150	101	100
243	7,3	125	125	113	180	137	137
483	14,5	160	160	188	250	245	225

[1] Ist die örtliche Regenspende größer als 300 $l/(s \cdot ha)$, muss mit den entsprechenden Werten gerechnet werden.
[2] Die angegebenen Werte resultieren aus trichterförmigen Einläufen.
   Bei zylindrischen Einläufen sind die anzuschließenden Dachgrundflächen um etwa 30 % zu reduzieren.
[3] Berechnung des Regenwasserabflusses ($\rightarrow$ S. 314).
[4] In DIN 1986 Teil 2 nicht enthalten.
[5] Regional sind auch Regenfallrohre mit den Nenngrößen 76 und 87 noch üblich. Die anzuschließenden Dachgrundflächen sind entsprechend umzurechnen.
[6] Entspricht der lichten Weite in mm.

Tab. 495.1: Maße von kreisförmigen und quadratischen Regenfallrohren

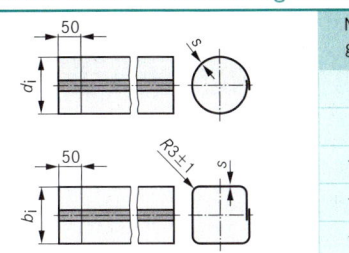

Nenn-größe	Durchmesser $d_i^{1)}$ in mm	Weite $b_i^{1)}$ in mm	Nenndicke s in mm				
			Al	Cu	St	Zn	NRS
60	60	60	0,7	0,6	0,6	0,65	0,5
80	80	80	0,7	0,6	0,6	0,65	0,5
100	100	100	0,7	0,6	0,6	0,65	0,5
120	120	120	0,7	0,7	0,7	0,7	0,6
150$^{2)}$	150	–	0,7	0,7	0,7	0,7	0,6

[1] Innenmaße am oberen Ende = weites Rohrende
[2] DN 150 nicht als quadratisches Regenfallrohr

Tab. 495.2: Rohrbogen für kreisförmige Regenfallrohre (Maße in mm)

Nenngröße	$d^{1)}$	α	r	Einsteck-länge c	Dicke s				
					Al	Cu	St	Zn	NRS
60	60			30	0,7	0,6	0,6	0,7	0,5
80	80	40°	$d_i \times 1,75$	35	0,7	0,6	0,6	0,7	0,5
100	100	60°	oder	35	0,7	0,6	0,6	0,7	0,5
120	120	72°	$d_i \times 1,35$	40	0,7	0,7	0,6	0,8	0,6
150	150			40	0,7	0,7	0,7	0,8	0,6

[1] Innenmaß am oberen Ende = weites Rohrende (Herstellerkennzeichnung)

Tab. 495.3: Längsnahtausführung bei Regenfallrohren und Rohrbogen

Ausführung	Al	Cu	St	Zn	NRS	Falz- bzw. Nahtbreite (min.)
weichgelötet	–	+$^{1)}$	–	–	–	5 mm$^{2)}$
hartgelötet	–	+	–	–	–	3 mm$^{2)}$
Falz durchgesetzt	+	+	+	+	+	6 mm$^{3)}$
geschweißt	+	+	+$^{5)}$	+	+	$^{4)}$

+ = zulässig; – nicht zulässig
[1] S-Sn97Cu3 nach DIN EN 29 453 oder gleichwertig
[2] gebundene Nahtbreite
[3] außen gemessen
[4] Nahtbreite abhängig vom Schweißverfahren
[5] anschließend feuerverzinkt nach DIN 50 976

Tab. 495.4: Rohrschellen für kreisförmige und rechteckige Regenfallrohre

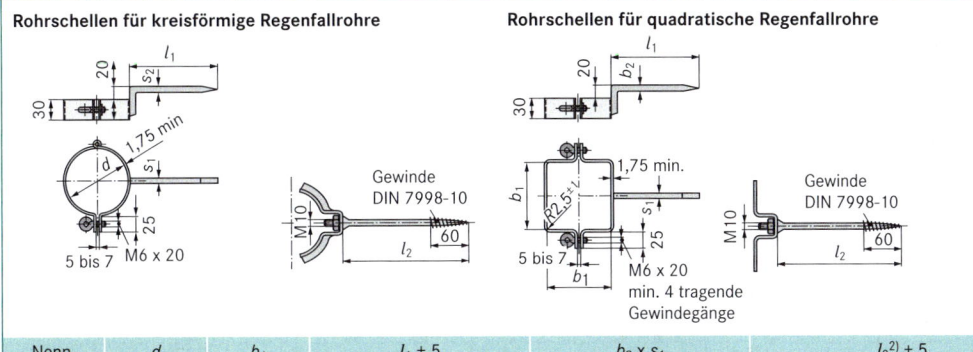

Rohrschellen für kreisförmige Regenfallrohre

Rohrschellen für quadratische Regenfallrohre

Gewinde DIN 7998-10

M6 x 20
min. 4 tragende Gewindegänge

Nenn-größe$^{1)}$	d in mm	b_1 in mm	$l_1 \pm 5$ in mm		b_2 x s_1 in mm x mm		$l_2^{2)} \pm 5$ in mm		
60	60	62	140	200	10 × 6		100	–	–
80	80	82	140	200	10 × 6 oder 8 × 8		100	200	250
100	100	102	140	200	10 × 6 oder 8 × 8		100	200	250
120	120	122	140	200	10 × 6 oder 8 × 8		100	200	250
150	150		140	200	10 × 6 oder 8 × 8		100	200	250

[1] Regional sind auch Rohrschellen für kreisförmige Regenfallrohre mit Nenngrößen 76 und 87 üblich.
[2] Vorzugsmaße

Feinblech-bearbeitung

Tab. 496.1: Zusammenbau verschiedener Metalle (Metallkombinationen)

	Al	Pb	Cu	Zn	NRS	St
Al	X	X	–	X	X	X
Pb	X	X	X	X	X	X
Cu	–	X	X	–	X	–[1]
Zn	X	X	–	X	X	X
NRS	X	X	X	X	X	X
St	X	X	–	X	X	X

Al = Aluminium
St = Feuerverzinkter Stahl
Pb = Blei
Cu = Kupfer (-legierung)
Zn = Titanzink
NRS = Nichtrostender Stahl
X = zulässig;
– = nicht zulässig

[1] Stahlstifte von Hohlnieten sind im Außenbereich zulässig

Galvanische Verkupferung von verzinkten Klempnerbauteilen kann Korrsion verstärken, ist daher als Korrosionsschutz ungeeignet!

Tab. 496.2: Falzarten

Stehfalz: Einsatzbereich als Längsnaht		Querfalz: Einsatzbereich als Quernaht	
Winkelstehfalz Mindestdachneigung: ≥ 35°	**Doppelstehfalz**	**einfacher Querfalz**	**doppelter Querfalz**
3...5 mm	3...5 mm	~ 40 mm	~ 40 mm

Tab. 496.3: Regendichte Quernähte bei unterschiedlicher Dachneigung

Unterteilung	Dachneigung		Anforderung an regendichte Quernähte
Sonderkonstruktionen	< 3°	< 5,2 %	wasserdichte Ausführung (→ Tab. 496.4)
Flachdach (Sonderfall)	3° ... 7°	5,2 % ... 12,3 %	
Flachgeneigtes Dach	7° ... 25°	12,3 % ... 46,6 %	≥ 7° Doppelter Querfalz (ohne Dichtband) ≥ 10° Einfacher Querfalz mit Zusatzfalz
Steildach	> 25°	> 46,6 %	Einfacher Querfalz

Tab. 496.4: Wasserdichte Quernähte

Werkstoff	Mindest-überlappung in mm	versetzt nieten[1]	Verbindungsart				
			doppelter Falz[1]	weichlöten	einreihig nieten und weichlöten	Hartlöten	Schutzgas-schweißen
Al	40	X	X	–	–	–	X
Cu	40[2]	X	X	–	X	X	X
St	40	X	X	–	X	–	–
Zn	10 ... 15	–	–	X	–	–	–
NRS	40[2]	X	–	–	X	–	X

[1] mit Dichteinlage nach Herstellerangabe   X = geeignet
[2] gilt nicht, wenn geschweißt oder hartgelötet   – = nicht geeignet

Tab. 496.5: Zulässige Dachneigung bei Schiebequernähten zur Aufnahme von Längenänderungen

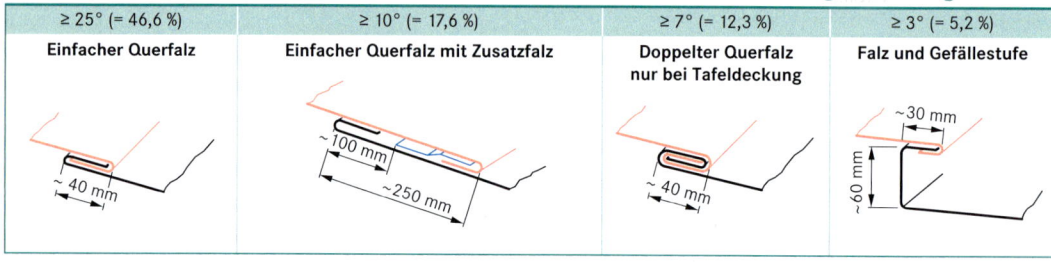

≥ 25° (= 46,6 %)	≥ 10° (= 17,6 %)	≥ 7° (= 12,3 %)	≥ 3° (= 5,2 %)
Einfacher Querfalz	**Einfacher Querfalz mit Zusatzfalz**	**Doppelter Querfalz nur bei Tafeldeckung**	**Falz und Gefällestufe**
~ 40 mm	~ 100 mm / ~ 250 mm	~ 40 mm	~ 30 mm / ~ 60 mm

Tab. 497.1: Metalldach: Werkstoffe, Mindestdicken, Scharenlängen, Haftenanzahl und -abstände

DIN 18 339: 2002-12

Gebäudehöhe		0 m…8 m				> 8 m…20 m			> 20 m…50 m	
Bandbreite	in mm	600	700	800	1000	600	700	800	600	700
Scharenbreite[1]	in mm	520	620	720	920	520	620	720	520	620
Dachflächen-bereich	Hafte in Stücke/m²	4				5			6	
	max. Abstand in mm	500	420	360	28	400	330	280	330	280
Dachrand- und eckbereich	Hafte in Stücke/m²	4				6			8	
	max. Abstand in mm	500	420	360	28	330	280	240	250	210
Werkstoff	max. zulässige Scharenlänge[2] in mm	Mindestwerkstoffdicke in mm								
Aluminium	10	0,7	0,8	0,8	unzul.	0,7	0,8	unzul.	0,7	unzul.
Kupfer	10	0,6	0,6	0,7	unzul.	0,6	0,6	unzul.	0,6[3]	unzul.
Zink (Titanzink)	10	0,7	0,7	0,8	unzul.	0,7	0,7	unzul.	0,7	unzul.
verzinkter Stahl	14	0,6	0,6	0,6	0,7	0,6	0	0,6	0,6	0,6
NRS	14	0,4	0,4	0,5	unzul.	0,4	0,4	0,5	0,4	0,4

[1] bei Doppelstehfalz mit fertiger Falzhöhe 25 mm; andere Aufkanthöhen: Scharenbreite umrechnen
[2] bei größerer Scharenlänge: Dehnungsausgleich z. B. mit Schiebenaht, Gefällesprung (→ Tab. 496.5)
[3] im Bereich hoher Windbelastung empfiehlt sich Blechstärke 0,7 mm

Tab. 497.2: Haftausführungen

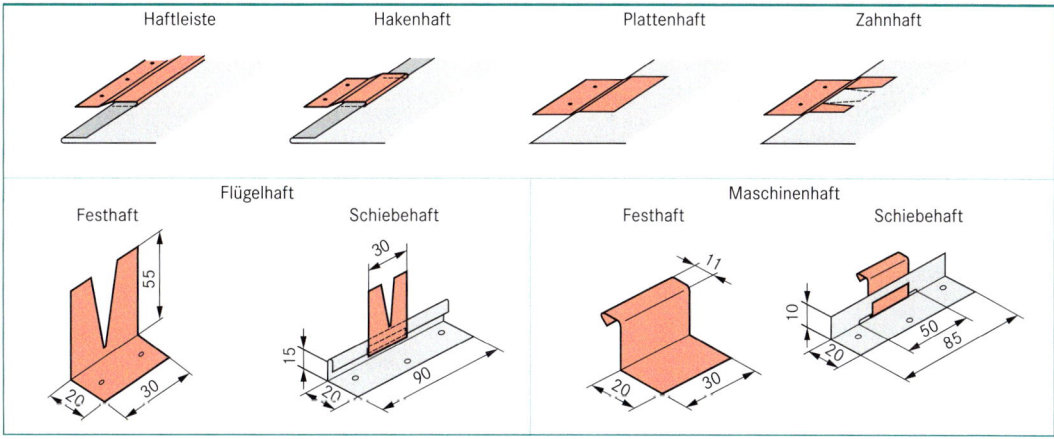

Haftleiste Hakenhaft Plattenhaft Zahnhaft

Flügelhaft — Festhaft — Schiebehaft Maschinenhaft — Festhaft — Schiebehaft

Tab. 497.2: Befestigungsmittel für Hafte

Blechwerk-stoff[1]	Hafte		Befestigungsmittel[2]			
	Werkstoff	Dicke in mm	geraute Nägel		Senkkopfschrauben	
			Werkstoff	Ø × Länge mm × mm	Werkstoff	Ø × Länge mm × mm
Titanzink	Titanzink feuerverzinkter Stahl Aluminium	≥ 0,7 ≥ 0,6 ≥ 0,8	feuerverzinkter Stahl	≥ (2,8 × 25)	feuerverzinkter Stahl	≥ (4 × 25)
feuerverz. Stahl	feuerverzinkter Stahl Aluminium	≥ 0,6 ≥ 0,8	feuerverzinkter Stahl	≥ (2,8 × 25)	feuerverzinkter Stahl	
Aluminium	Aluminium	≥ 0,8	Aluminium	≥ (3,8 × 25)	feuerverzinkter Stahl	
	NRS	≥ 0,4	NRS	≥ (2,5 × 25)	NRS	
Kupfer	Kupfer	≥ 0,6	Kupfer	≥ (2,8 × 25)	Messing NRS Kupfer	
NRS	NRS Kupfer	≥ 0,4 ≥ 0,6	Kupfer NRS	≥ (2,8 × 25)		
Blei	Kupfer	≥ 0,6	Kupfer	≥ (2,8 × 25)		≥ (4 × 30)

[1] erforderliche Schalungsdicke bei Dachdeckung: ≥ 24 mm, bei Blei ≥ 30 mm
[2] je Haft mindestens 2 Stück mit Einbindetiefe ≥ 20 mm

Wanddickenbestimmung von Stahlrohren und Rohrleitungselementen
wall thickness gauging of steel pipes and piping components

DIN EN 13 480-3: 2002-08

Geforderte Mindestwanddicke

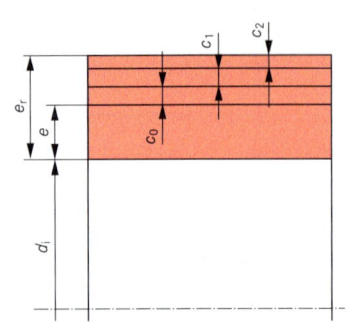

$$e_r = e + c_0 + c_1 + c_2$$

e_r : geforderte Mindestwanddicke einschließlich Zuschlägen und Toleranzen in mm

e : rechnerische Mindestwanddicke in mm

c_0 : Korrosions- und Erosionszuschlag in mm

c_1 : Absolutwert der Minustoleranz nach Herstellerangaben in mm

c_2 : Zuschlag für mögliche Wanddickenabnahme bei der Fertigung (z. B. aufgrund von Biegen) in mm

Zeitunabhängige zulässige Spannung

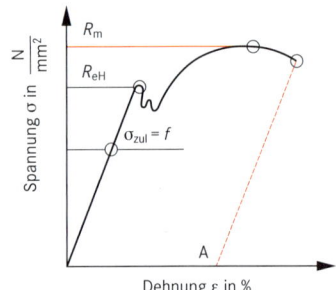

Nichtaustenitische Stähle:

$$f = \min \left\{ \frac{R_{eHt}}{1{,}5} \text{ oder } \frac{R_{p\,0{,}2\,t}}{1{,}5}; \frac{R_m}{2{,}4} \right\}$$

Für Stähle ohne besondere Qualitätsüberwachung muss f durch 1,2 dividiert werden. Für unlegierte und niedriglegierte Stähle gilt näherungsweise:

$$R_{p\,0{,}2\,t} = R_m \cdot \frac{720 - t}{1400}$$

f : Wert der zulässigen Spannung in N/mm²

R_{eHt} : obere Streckgrenze bei Berechnungstemperatur in N/mm²

$R_{p\,0{,}2\,t}$: 0,2 %-Dehngrenze bei Berechnungstemperatur in N/mm²

R_m : Zugfestigkeit in N/mm²

t : Temperatur in °C

rechnerische Mindestwanddicke

für nahtlose gerade Rohre unter Innendruck bei vorwiegend ruhender Beanspruchung

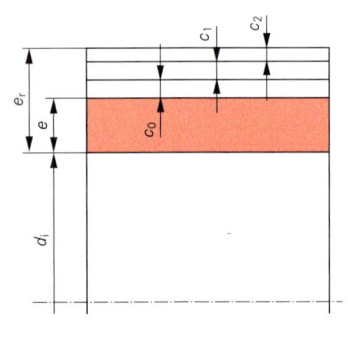

Wenn $d_a/d_i \le 1{,}7$:

$$e = \frac{p_c \cdot d_i}{2 \cdot f \cdot z - p_c}$$

Wenn $d_a/d_i > 1{,}7$:

$$e = \frac{d_i}{2} \left(\sqrt{\frac{f \cdot z + p_c}{f \cdot z - p_c}} - 1 \right)$$

d_a : Außendurchmesser in mm

d_i : Innendurchmesser in mm

e : rechnerische Wanddicke in mm

p_c : Berechnungsdruck in N/mm² (1 bar = 0,1 N/mm²)

f : Wert der zulässigen Spannung in N/mm²

z : Schweißnahtfaktor
Bei Bauteilen, für die:
– nachgewiesen wird, dass die Gesamtheit der Nähte keine Fehler aufweist $z = 1$
– Stichproben einer Prüfung unterzogen wurden $z = 0{,}85$
– lediglich eine Sichtprüfung durchgeführt wurde $z = 0{,}7$

Tab. 498.1: Druckbehälterstähle nach DIN EN 10 028-2: 2009-09

Kurzname	Werkstoffnummer	bisheriger Kurzname	Lieferzustand	Hauptgüteklasse	Zugfestigkeit R_m in N/mm²	Streckgrenze R_{eH}/Dehngrenze R_p 0,2 in N/mm² (bei Erzeugnisdicke ≤ 16 mm)						Bruchdehnung A in %
						20 °C	100 °C	200 °C	300 °C	400 °C	500 °C	
P 235 GH	1.0345	H I	N	UQ	360 ... 480	235	214	182	153	133	–	24
P 265 GH	1.0425	H II	N	UQ	410 ... 530	265	241	205	173	150	–	22
P 295 GH	1.0481	17 Mn 4	N	UQ	460 ... 580	295	268	228	192	167	–	21
P 355 GH	1.0473	19 Mn 6	N	UQ	510 ... 650	355	323	275	232	202	–	20

Wanddickenbestimmung von Stahlrohren und Rohrleitungselementen
wall thickness gauging of steel pipes and piping components

DIN EN 13 480-3: 2002-08

Senkrechte Abzweige in zylindrischen Grundkörpern nach AD-B 9

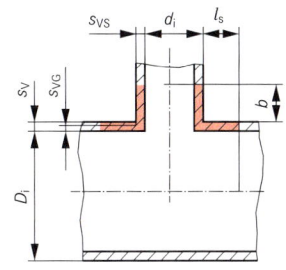

$$s_V = \frac{s_{VG}}{v_A}$$

$$b = \sqrt{(D_i + s_{VG}) \cdot s_{VG}}$$

$$l_s = 1{,}25 \cdot \sqrt{(d_i + s_{VS}) \cdot s_{VS}}$$

Bei gleicher zulässiger Spannung der Werkstoffe von Grundkörper und Abzweig gilt:

$$v_A = \frac{b + l_s \cdot \left(\frac{s_{VS}}{s_{VG}}\right) + s_{VS}}{b + s_{VS} + \frac{d_i}{2} + \left(\frac{d_i}{D_i}\right) \cdot (l_s + s_{VG})} \leq 1$$

s_V : rechnerische Wanddicke am Ausschnittsrand   in mm
s_{VG} : rechnerische Wanddicke des Grundkörpers ohne Ausschnitt (nach Formel → S. 498)   in mm
v_A : Faktor zur Berücksichtigung von Verschwächungen durch Ausschnitte
b : mittragende Breite des Grundkörpers   in mm
D_i : Innendurchmesser des Grundkörpers   in mm
l_s : mittragende Länge des abzweigenden Stutzens   in mm
d_i : Innendurchmesser des Abzweigs   in mm
s_{VS} : rechnerische Wanddicke des Abzweigs (nach Formel → S. 498)

Rohrabschluss durch gewölbte Böden nach AD-B 3 unter Innendruck

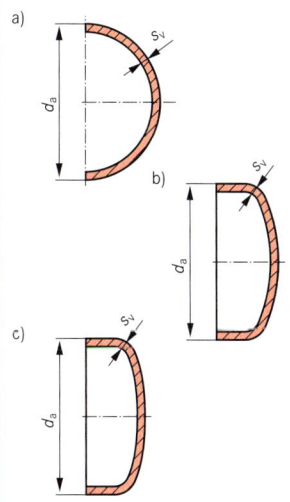

$$d_a = d_i + 2 \cdot e_r$$

$$s_v = \frac{d_a \cdot p_c \cdot \beta}{4 \cdot f \cdot v} \geq 2 \text{ mm}$$

$$s_N \geq s_v + c_0 + c_1 + c_2$$

v = 0,5 bis 1.
Der Wert hängt von der Werkstoffgüte und von der Schweißnahtprüfung ab. Nahtlose Rohre v = 1.

s_v : rechnerische Wanddicke   in mm
d_a : Außendurchmesser   in mm
p_c : Berechnungsdruck   in N/mm² (1 bar = 0,1 N/mm²)
β : Berechnungsbeiwert für gewölbte Vollböden
    a) Halbkugelform β = 1,1
    b) Korbbogenform (DIN 28 013) β = 1,8
    c) Klöpperform (DIN 28 011) β = 2,5
f : Wert der zul. Spannung   in N/mm²
v : Verschwächungsfaktor
s_N : Nennwanddicke   in mm

Tab. 499.1: Auswahl gewölbter Böden

DIN 28 013 (b) und DIN 28 011 (c)

Nennwand-dicke s_N in mm	Außendurchmesser d_a in mm											
	26,9	42,4	60,3	88,9	139,7	219,1	323,9	355,6	406,4	457	508	600
3	b, c	b, c	b, c	b, c	b, c	b, c	b, c	b, c	b, c	b, c	b, c	b, c
4		b, c	b, c	b, c	b, c	b, c	b, c	b, c	b, c	b, c	b, c	b, c
5		b	b, c	b, c	b, c	b, c	b, c	b, c	b, c	b, c	b, c	b, c
6			b	b, c	b, c	b, c	b, c	b, c	b, c	b, c	b, c	b, c
7					b, c	b, c	b, c	b, c	b, c	b, c	b, c	b, c
8					b, c	b, c	b, c	b, c	b, c	b, c	b, c	b, c
9						b, c	b, c	b, c	b, c	b, c	b, c	b, c
10						b, c	b, c	b, c	b, c	b, c	b, c	b, c

Apparatetechnik

Wärmeleitung

mehrschichtige ebene Wand

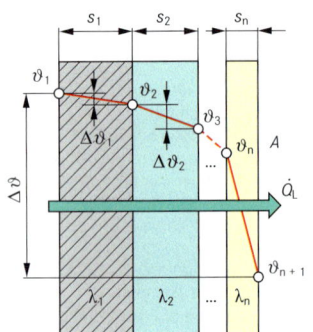

$$\dot{Q}_L = \frac{A \cdot \Delta\vartheta}{\frac{s_1}{\lambda_1} + \frac{s_2}{\lambda_2} + \dots + \frac{s_n}{\lambda_n}}$$

$$\Delta\vartheta = \vartheta_1 - \vartheta_{n+1}$$

Der flächenbezogene Wärmestrom ist in jeder Schicht gleich groß.

Temperaturverlauf:

$$\frac{Q_L}{A} = \frac{\Delta\vartheta_1}{\frac{s_1}{\lambda_1}} = \frac{\Delta\vartheta_2}{\frac{s_2}{\lambda_2}} = \frac{\Delta\vartheta_n}{\frac{s_n}{\lambda_n}} = \dot{q}$$

$$\Delta\vartheta_1 = \frac{s_1}{\lambda_1} \cdot \dot{q}$$

$$\Delta\vartheta_2 = \frac{s_2}{\lambda_2} \cdot \dot{q}$$

$$\vdots$$

$\dot{Q}_L$: Wärmestrom durch Wärmeleitung   in W
A : Wärmeübertragungsfläche in m²
$\Delta\vartheta$: Temperaturdifferenz   in K
$\vartheta_1; \vartheta_2; \vartheta_3; \vartheta_{n+1}$: Temperatur   in °C
$s_1; s_2; s_n$: Schichtdicke   in m
$\lambda_1; \lambda_2; \lambda_n$: Wärmeleitfähigkeit   in W/(m · K)
   ($\rightarrow$ Tab. 44.1, 49.1–2, 383.1 und Tab. 500.1)
$\dot{q}$: spezifischer Wärmestrom   in W/m²

$$\Delta\vartheta = \Delta\vartheta_1 + \Delta\vartheta_2 + \dots + \Delta\vartheta_n$$
$$\Delta\vartheta_1 = \vartheta_1 - \vartheta_2$$
$$\Delta\vartheta_2 = \vartheta_2 - \vartheta_3$$
$$\Delta\vartheta_n = \vartheta_n - \vartheta_{n+1}$$

Tab. 500.1: Wärmeleitfähigkeit λ

Werkstoff	λ in W/(m · K)
Asche	0,71
Email	0,9 … 1,2
Kesselstein	0,08 … 2,3
Ruß	0,07 … 1,2
Schamottestein	0,5 … 1,3
Stahl (unlegiert)	50
X 12 CrNi 18-8	15

einschichtige Rohrwand

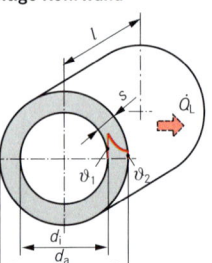

$$\dot{Q}_L = \frac{2 \cdot \pi \cdot l \cdot \lambda \cdot \Delta\vartheta}{\ln\left(\frac{d_a}{d_i}\right)}$$

Näherungsformel:

$$\dot{Q}_L = \frac{\lambda}{s} \cdot \pi \cdot d_m \cdot l \cdot (\vartheta_1 - \vartheta_2)$$

$$d_m = \frac{d_a + d_i}{2}$$

$\dot{Q}_L$: Wärmestrom durch Wärmeleitung   in W
l : Rohrlänge   in m
λ : Wärmeleitfähigkeit   in W/(m · K)
   ($\rightarrow$ Tab. 44.1, 49.1–2, 383.1 und Tab. 500.1)
$\Delta\vartheta$: Temperaturdifferenz   in K
   $\Delta\vartheta = \vartheta_1 - \vartheta_2$
d_a : äußerer Durchmesser   in m
d_i : innerer Durchmesser   in m
d_m : mittlerer Durchmesser   in m
s : Wanddicke   in m

Wärmeübergang (Konvektion)

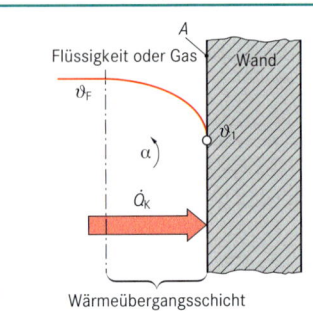

$$\dot{Q}_K = \alpha \cdot A \cdot \Delta\vartheta$$

$$\Delta\vartheta = \vartheta_F - \vartheta_1$$

$\dot{Q}_K$: Wärmestrom durch Konvektion   in W
α : Wärmeübergangszahl   in W/(m² · K)
   ($\rightarrow$ Tab. 500.2)
A : Wärmeübertragungsfläche   in m²
$\Delta\vartheta$: Temperaturdifferenz   in K
v : Strömungsgeschwindigkeit   in m/s
ϑ : Mittlere Temperatur des strömenden Mediums   in °C

Tab. 500.2: Näherungswerte für Wärmeübergangszahl α in W/(m² · K)

- Wasser im Kessel oder Behälter
  ruhend, nicht siedend: $\alpha \approx 600 \dots 2500$
  gerührt, nicht siedend: $\alpha \approx 1200 \dots 4000$
  siedend und wallend: $\alpha \approx 2000 \dots 8000$

- kondensierender Wasserdampf
  an einer Wand: $\alpha \approx 7000 \dots 15\,000$

- Längs angeströmte Platten und Rohre:
  Luft: für $v \leq 5$ m/s

$$\alpha \approx 6{,}2 + 4{,}2 \cdot v$$

für $v > 5$ m/s

$$\alpha \approx 7{,}15 \cdot v^{0{,}78}$$

($\rightarrow$ Tab. 51.3)

- Strömung im geraden Rohr:
  Luft und Rauchgas:

$$\alpha \approx 4{,}4 \cdot \frac{v^{0{,}75}}{d_i^{0{,}25}}$$

Wasser: für $d_i = 0{,}015 \dots 0{,}1$ m

$$\alpha \approx 3370\,(1 + 0{,}014\,\vartheta)\,v^{0{,}85}$$

Apparatetechnik

ein- und mehrschichtige ebene Wand

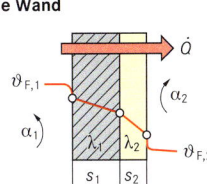

$$\dot{Q} = U \cdot A \cdot \Delta\vartheta \qquad U = k$$

$$\Delta\vartheta = \vartheta_{F,1} - \vartheta_{F,2}$$

$$\frac{1}{U} = \frac{1}{\alpha_1} + \Sigma \frac{s_j}{\lambda_j} + \frac{1}{\alpha_2}$$

ein- und mehrschichtiger Hohlzylinder

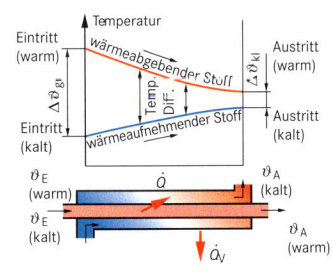

$$\dot{Q} = \dot{q} \cdot l \qquad \dot{q} = U_u \cdot \Delta\vartheta \qquad \Delta\vartheta = \vartheta_{F,1} - \vartheta_{F,2}$$

einschichtig:

$$U_u = \frac{\pi}{\dfrac{1}{\alpha_i \cdot d_i} + \dfrac{1}{2 \cdot \lambda}\left[\ln\left(\dfrac{d_a}{d_i}\right)\right] + \dfrac{1}{\alpha_a \cdot d_a}}$$

mehrschichtig:

$$U_u = \frac{\pi}{\dfrac{1}{\alpha_i \cdot d_i} + \Sigma\dfrac{1}{2 \cdot \lambda_j}\left[\ln\left(\dfrac{d_{a,j}}{d_{i,j}}\right)\right] + \dfrac{1}{\alpha_a \cdot d_a}}$$

$\dot{Q}$: Wärmestrom — in W
U : Wärmedurchgangszahl — in W/(m² · K) (→ Tab. 501.1)
A : Wärmeübertragungsfläche — in m²
$\Delta\vartheta$: Temperaturdifferenz — in K
s : Wanddicke — in m
α : Wärmeübergangszahl — in W/(m² · K) (→ Tab. 500.2)
λ : Wärmeleitfähigkeit — in W/(m · K)
$\dot{q}$: Wärmestrom durch einen Hohlzylinder von 1 m Länge — in W/m
l : Länge des Hohlzylinders — in m
U_u : mit dem Umfang multiplizierte Wärmedurchgangszahl — in W/(m · K)
d_i : Innendurchmesser — in m
d_a : Außendurchmesser — in m

Tab. 501.1: Wärmedurchgangszahlen U für die überschlägige Berechnung

Fluid und Wärmetauscherfläche	U in W/(m² · K)	Beispiel für einen Apparat
Gas (Luft) durch Stahl an Gas (Luft)	4 ... 200	Rohrbündelwärmeaustauscher
Gas (Luft) durch Stahl an Flüssigkeit	6,4 ... 400	
Wasser durch Stahl an Wasser	250 ... 1400	
Dampf durch Kupfer an Wasser	800 ... 1200	Rührbehälter
Dampf durch Stahl an Öl	200 ... 300	Rohrbündelverdampfer

Wärmeaustauscher (WT)

Parallelstrom (Gleichstrom)

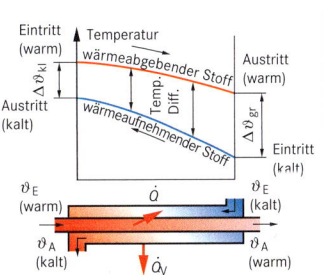

Über die Wärmeübertragungsfläche transportierte Leistung

$$\dot{Q} = U \cdot A \cdot \Delta\vartheta_m \qquad \dot{Q} = U_u \cdot l \cdot n \cdot \Delta\vartheta_m$$

für $\Delta\vartheta_{gr} > \Delta\vartheta_{kl}$:

$$\Delta\vartheta_m = \frac{\Delta\vartheta_{gr} - \Delta\vartheta_{kl}}{\ln\left(\dfrac{\Delta\vartheta_{gr}}{\Delta\vartheta_{kl}}\right)}$$

für $\Delta\vartheta_{gr} = \Delta\vartheta_{kl}$:

$$\Delta\vartheta_m = \Delta\vartheta_{gr} = \Delta\vartheta_{kl}$$

Gegenstrom

Abgegebene bzw. aufgenommene Wärmeleistung (wenn Wärmeverlust $\dot{Q}_V = 0$):
a) ohne Kondensation oder Verdampfung

$$\dot{Q} = \dot{m} \cdot c \cdot \Delta\vartheta$$

b) mit Kondensation oder Verdampfung

$$\dot{Q} = \dot{m} \cdot \Delta h$$

Maximal austauschbare Wärmeleistung ergibt sich aus der Rückwärmezahl (→ S. 487)

$\dot{Q}$: Wärmeleistung — in W
U : Wärmedurchgangszahl — in W/(m² · K)
A : Wärmeübertragungsfläche — in m²
$\Delta\vartheta_m$: logarithmische mittlere Temperaturdifferenz — in K
U_u : mit dem Umfang multiplizierte Wärmedurchgangszahl — in W/(m · K)
l : Länge der WT-Rohre — in m
n : Anzahl der parallel liegenden WT-Rohre
$\Delta\vartheta_{gr}$; $\Delta\vartheta_{kl}$: große bzw. kleine Temperaturdifferenz — in K

Jeweils für die durchströmenden Medien:

$\dot{m}$: Massenstrom — in kg/h
c : spezifische Wärmekapazität — in Wh/(kg · K)
$\Delta\vartheta$: Änderung der Temperatur — in K
Δh : Änderung der spezifischen Enthalpie — in Wh/kg

Apparatetechnik

Zuschnittsermittlung für 90°-Biegungen

DIN 6935: 1975-10

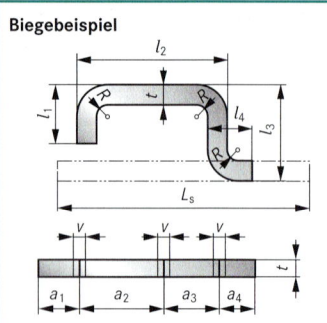

Biegebeispiel

$$L_s = l_1 + l_2 + l_3 + \ldots - n \cdot v$$

$$a_1 = l_1 - v/2$$

$$a_2 = l_2 - v$$

$$a_3 = l_3 - v$$

$$a_4 = l_4 - v/2$$

L_s	: gestreckte Länge	in mm
l_1, l_2, l_{13}	: Länge der Schenkel (Außenmaße)	in mm
R	: Biegeradius	in mm
t	: Blechdicke	in mm
n	: Anzahl der Biegestellen	
v	: Ausgleichswert (Verkürzung je Biegestelle)	in mm
a_1, a_2, a_3	: Abstand der Anreißlinien	in mm

Tab. 502.1: Ausgleichswerte v in mm für Biegewinkel $\alpha = 90°$

AWF 5975, Beiblatt zu DIN 6935: 1983-02

Biegeradius R in mm	Ausgleichswert v in mm je Biegestelle für Blechdicke t in mm																
	0,3	0,4	0,6	0,8	1,0	1,5	2,0	2,5	3,0	3,5	4,0	5,0	6,0	8,0	10,0	12,0	15,0
1,0	0,9	1,0	1,3	1,7	1,9												
1,6	1,0	1,3	1,6	1,8	2,1	2,9											
2,5	1,4	1,6	2,0	2,2	2,4	3,2	4,0	4,8									
4,0	2,0	2,2	2,5	2,8	3,0	3,7	4,5	5,2	6,0	6,9	7,7						
6,0	2,9	3,0	3,3	3,4	3,8	4,5	5,2	5,9	6,7	7,5	8,3	9,9	11,6				
10	4,6	4,7	5,0	5,1	5,5	6,1	6,7	7,4	8,1	8,9	9,6	11,2	12,7	15,9	19,3		
16	7,1	7,2	7,5	7,7	8,1	8,7	9,3	9,9	10,5	11,2	11,9	13,3	14,8	17,8	21,0	24,2	29,1
20	8,8	8,9	9,2	9,3	9,8	10,4	11,0	11,6	12,2	12,8	13,4	14,9	16,3	19,3	22,3	25,4	30,2
25	11,0	11,1	11,3	11,5	11,9	12,6	13,2	13,8	14,4	15,0	15,6	16,8	18,2	21,1	24,1	27,0	31,8
32					15,0	15,6	16,2	16,8	17,4	18,0	18,6	19,8	21,0	23,8	26,7	29,6	35,2
40					18,4	19,0	19,6	20,2	20,8	21,4	22,0	23,2	24,5	26,9	29,7	32,6	37,0
50					22,7	23,3	23,9	24,5	25,1	25,7	26,3	27,5	28,8	31,2	33,6	36,4	40,7

Zuschnittsermittlung für Teile mit beliebigem Biegewinkel

DIN 6935: 1975-10

Gestreckte Länge

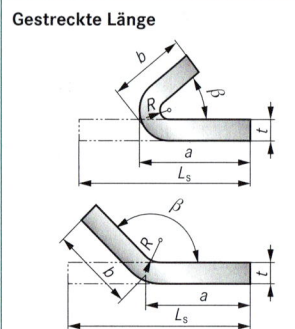

$$L_s = a + b - v$$

L_s	: gestreckte Länge	in mm
a, b	: Länge der Schenkel	in mm
v	: Ausgleichswert (Verkürzung je Biegestelle)	in mm
t	: Blechdicke	in mm
R	: Biegeradius	in mm
β	: Biegewinkel	in °
z	: Korrekturfaktor ($\rightarrow$ Diagr. 502.1 oder Tab. 503.1)	

Diagr. 502.1: Korrekturfaktor z

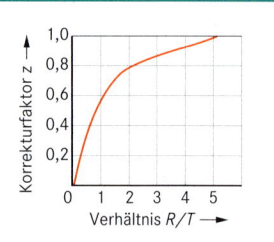

Ausgleichswert für $0° < \beta \leq 90°$:

$$v = 2\,(R + t) - \pi \cdot \left(\frac{180° - \beta}{180°} \right) \cdot \left(R + \frac{t}{2} \cdot z \right)$$

Ausgleichswert für $90° < \beta \leq 165°$:

$$v = 2\,(R + t) \cdot \tan \frac{180° - \beta}{2} - \pi \cdot \left(\frac{180° - \beta}{180°} \right) \cdot \left(R + \frac{t}{2} \cdot z \right)$$

Ausgleichswert für $165° < \beta \leq 180°$

$$v = 0 \qquad \text{(vernachlässigbar klein)}$$

Tab. 503.1: Korrekturfaktor z[1]

R/t	0,25	0,5	0,75	1,0	1,5	2,0	2,5	3,0	3,5	4,0	4,5	5,0	5,5	6,0
z	0,35	0,5	0,59	0,65	0,74	0,8	0,85	0,91	0,93	0,95	0,98	1,0	1,02	1,04

[1] Der Korrekturfaktor kann mit der Formel $z = 0,65 + 0,5 \cdot \log R/t$ berechnet werden.

Beispiel:

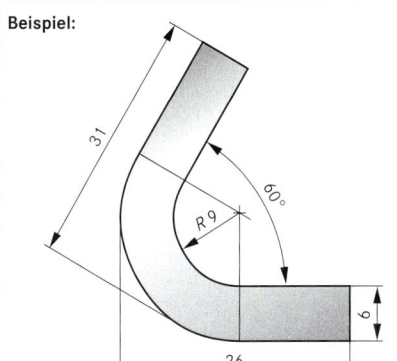

Geg.: Biegeteil mit Biegewinkel
$\beta = 60°$, $R = 9$ mm, $t = 6$ mm, $a = 26$ mm, $b = 31$ mm

Ges.: L_s in mm

Lös.: $R/t = 9/6 = 1,5 \rightarrow$ **z = 0,74** ($\rightarrow$ Tab. 503.1)

$$v = 2(R + t) - \pi \cdot \left(\frac{180° - \beta}{180°} \right) \cdot \left(R + \frac{t}{2} \cdot z \right)$$

$$v = 2(9 + 6) - \pi \cdot \left(\frac{180° - 60°}{180°} \right) \cdot \left(9 + \frac{6}{2} \cdot 0,74 \right) \text{ mm} = \textbf{6,5 mm}$$

$L_s = a + b - v = 26$ mm $+ 31$ mm $- 6,5$ mm $= 50,5$ mm,
$\boldsymbol{L_s \approx 51}$ **mm**

Tab. 503.2: Kleinste zulässige Biegeradien für das Kaltbiegen von Flachstahlerzeugnissen — DIN 6935: 1975-10

Mindestzug-festigkeit R_m in N/mm²	Kleinster Biegeradius[1] R in mm für Blechdickenbereich t in mm													
	0 ...1,0	1,1 ...1,5	1,6 ...2,5	2,6 ...3,0	3,1 ...4,0	4,1 ...5,0	5,1 ...6,0	6,1 ...7,0	7,1 ...8,0	8,1 ...10,0	10,1 ...12,0	12,1 ...14,0	14,1 ...16,0	16,1 ...18,0	18,1 ...20,0
bis 390	1	1,6	2,5	3	5	6	8	10	12	16	20	25	28	36	40
391 bis 490	1,2	2	3	4	5	8	10	12	16	20	25	28	32	40	45
491 bis 640	1,6	2,5	4	5	6	8	10	12	16	20	25	32	36	45	50

[1] Die Wert gelten für Biegearbeiten quer zur Walzrichtung und für Biegewinkel $\alpha \leq 120°$.
Beim Biegen längs zur Walzrichtung und Biegewinkel $\alpha > 120°$ ist der Wert der nächsthöheren Blechdicke zu wählen.

Rückfederung beim Biegen — VDI 3389: 1973-12

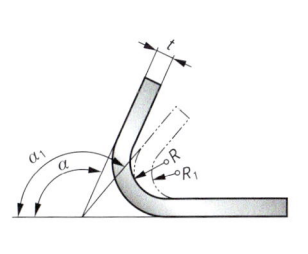

Winkel am Werkzeug

$$\boxed{\alpha_1 = \frac{\alpha}{k_R}}$$

Radius am Werkzeug

$$\boxed{R_1 = k_R \cdot (R + 0,5 \cdot t) - 0,5 \cdot t}$$

α_1: Winkel am Werkzeug — in °
(vor der Rückfederung)
α : Biegewinkel — in °
(Winkel am Werkstück)
k_R : Rückfederungsfaktor ($\rightarrow$ Tab. 503.3)
R_1 : Radius am Werkzeug — in mm
(vor der Rückfederung)
R : Biegeradius — in mm
(am Werkstück)
t : Blechdicke — in mm

Tab. 503.3: Rückfederungsfaktor k_R

Werkstoff der Biegeteile	Rückfederungsfaktor k_R für das Verhältnis R/t										
	1,0	1,6	2,5	4	6,3	10	16	25	40	63	100
S 235 JR	0,98	0,98	0,98	0,97	0,96	0,94	0,91	0,87	0,82	0,74	0,64
S 275 JR	0,98	0,98	0,98	0,98	0,98	0,97	0,96	0,94	0,92	0,87	0,84
C 15	0,98	0,98	0,98	0,96	0,94	0,91	0,86	0,78	0,67	0,51	0,25
X 10 CrNi 18-8	0,99	0,98	0,97	0,95	0,93	0,89	0,84	0,76	0,63	–	–
Cu Zn37 (CW508L)	0,97	0,97	0,96	0,95	0,94	0,93	0,89	0,06	0,03	0,77	0,73
Cu-DHP-R220	0,98	0,97	0,97	0,96	0,95	0,93	0,90	0,85	0,79	0,72	0,60
Al 99,5	0,99	0,99	0,99	0,99	0,98	0,98	0,97	0,97	0,96	0,95	0,93
Al Si 1 Mg Mn	0,98	0,98	0,97	0,96	0,95	0,93	0,90	0,86	0,82	0,76	0,72
Al Cu 4 Mg 1	0,98	0,98	0,98	0,98	0,97	0,97	0,96	0,95	0,93	0,91	0,87

Apparatetechnik

Tab. 504.1: Kaltband aus Stahl
DIN EN 10 140: 2006-09

Werkstoffe	alle Stähle, außer nichtrostende und hitzebeständige Stähle
maximale Walzbreite	600 mm
Kantenausführung	geschnittene Kanten (GK), Sonderkanten (SK) auf Bestellung möglich
Grenzabmaße	normal (Klasse A), eingeschränkte Grenzabmaße (Klasse B) oder Präzisionsabmaße (Klasse C) auf Bestellung möglich
Bestellbeispiel	Bestellung eines Kaltbandes von 2 mm Dicke, eingeschränkte Grenzabmaße der Dicke, Breite b = 200 mm, geschnittene Kanten aus DC03+A-MA nach EN 10 139 **Kaltband EN 10 140 – 2,00 x 200GK Stahl EN 10 139 – DC03+A-MA**

Tab. 504.2: Warmgewalztes Stahlblech, $s \geq 3$ mm
DIN EN 10 029: 1991-10

Werkstoffe	unlegierte und legierte Stähle (auch nichtrostende Stähle) mit $R_e < 700$ N/mm^2			
Walzbreite	≥ 600 mm			
Nenndicke	3 mm $\leq s \leq$ 250 mm			
Kantenausführung	geschnittene oder brenngeschnittene Kanten			
Grenzabmaße	Grenzabmaße der Dicke nach Klassen A, B, C und D eingeteilt, gewünschte Klasse bei Bestellung angeben			
	Klasse A	Klasse B	Klasse C	Klasse D
	Unteres Grenz-abmaß abhängig von der Nenndicke	Konstantes unteres Grenzabmaß von 0,3 mm	Unteres Grenz-abmaß Null, oberes abhängig von der Nenndicke	Symmetrisch zum Nennwert verteilte Grenzabmaße, abhängig von der Nenndicke
Bestellbeispiel	Bestellung eines Bleches mit Nenndicke s = 10 mm, Grenzabmaße der Dicke nach Klasse A, Nennbreite b = 2000 mm, geschnittene Kanten, Nennlänge l = 4500 mm, normale Ebenheitstoleranzen aus Stahl S 275JR nach DIN EN 10 025: **Blech EN 10 029 – 10A x 2000 x 4500 Stahl EN 10 025 – S 275JR**			

Tab. 504.3: Zulässige Werkstoffe zur Herstellung von Druckbehältern aus unlegierten und legierten Stählen
AD-Merkblatt W1: 1998-02

Stähle mit Anwendungsgrenzen in der Erzeugnisdicke						andere Stähle	
Kurzname	Werkstoff-nummer	Erzeugnis-dicke s in mm	Kurzname	Werkstoff-nummer	Erzeugnis-dicke s in mm	Kurzname	Werkstoff-nummer
S235JRG1	1.0036	$\leq$ 12	P275SL	1.1100	$\leq$ 60	P275N	1.0486
S235JRG2	1.0038		P235GH (HI)	1.0345		P275NH	1.0487
S235J2G3	1.0116		P265GH (HII)	1.0425		P355N	1.0562
S275JR	1.0044		P285GH	1.0481		P355NH	1.0565
S275J2G3	1.0144	$\leq$ 150	P355GH	1.0473	$\leq$ 150	P460N	1.8905
S355J2G3	1.0570		16Mo3	1.5415		P460NH	1.8935
S355K2G3	1.0595		13CrMo4-5	1.7335		11MnNi5-3[1]	1.6212
P235S	1.0112		10CrMo9-10	1.7380		12Ni19[1]	1.5680
P265S	1.0130	$\leq$ 60	11CrMo9-10	1.7383	$\leq$ 60	X8Ni9[1]	1.5662

[1] Dauereinsatztemperatur $\leq$ 50 °C

Tab. 504.4: Zulässige Werkstoffe zur Herstellung von Druckbehältern aus nichtrostenden Stählen[1] [2]
DIN EN 10 028-7: 2008-02

Kurzname	Werkstoff-nummer	Kurzname	Werkstoff-nummer	Kurzname	Werkstoff-nummer
X5CrNi18-10[1]	1.4301	X2CrNiMoN 17-13-3[1]	1.4429	X6CrNiMoTi17-12-2[1]	1.4571
X2CrNi19-11[1]	1.4306	X2CrNiMo 18-14-3[1]	1.4435	X6CrNiTiB18-10[2]	1.4941
X2CrNiN 18-10[1]	1.4311	X5CrNiMo 17-13-3[1]	1.4436	X6CrNi18-10[2]	1.4948
X2CrNiMo 17-12-2[1]	1.4404	X2CrNiMo 18-15-4[1]	1.4438	X8NiCrAlTi32-21[2]	1.4959
X2CrNiMoN 17-12-2[1]	1.4406	X6CrNiTi18-10[1]	1.4541	X8CrNiNb16-13[2]	1.4961

[1] Dauereinsatztemperatur bis 550 °C
[2] Einsatz > 550 °C, wenn Eignungsfeststellung für die vorgesehene Temperatur vorliegt

Bestellung eines Bleches aus X5CrNi18-10, Werkstoffnummer 1.4301 nach EN 10 028-7 mit Nenndicke s = 16 mm, Breite b = 2000 mm, Länge l = 5000 mm, Toleranzen für Maße, Form und Masse nach EN 10 029, Grenzabmaße der Dicke Klasse A, Ausführung 1D[3], Prüfbescheinigung 3.1[4]:

Blech EN 10 029-16A x 2000 x 5000, Stahl EN 10 028-7 – X5CrNi18-10 + 1D, Prüfbescheinigung 3.1 oder
Blech EN 10 029-16A x 2000 x 5000, Stahl EN 10 028-7 1.4301 + 1D, Prüfbescheinigung 3.1

[3] Warmgewalzt, wärmebehandelt, gebeizt, zunderfrei (→ DIN EN 10 028-7)
[4] nach DIN EN 10 204 (→ S. 149)

Sachwortverzeichnis
index

Sachwortverzeichnis
index

Englische Übersetzungen: Erika Prömel, Berlin

Bildquellenverzeichnis
list of picture references

Verlag und Autoren danken den Firmen und Institutionen für die freundliche und großzügige Unterstützung durch Hinweise, Anregungen und Durchsicht der Manuskripte sowie durch Bereitstellen von Fotos, Zeichnungsvorlagen und digitalisierten Medien.

Danfoss Wärme- und Kältetechnik GmbH, Heusenstamm	420
Ebro Armaturen Gebr. Bröer GmbH, Hagen	184
Georg Fischer GmbH, Singen	176, 188
KSB AG, Frankenthal	181 ff.
Kempchen und Co GmbH, Oberhausen	160
Mannesmann Pressfitting-GmbH, Langenfeld	154 ff.
Oventrop, F. W. Oventrop GmbH & Co KG, Olsberg	420
RAYCHEM, Ottobrunn	255
Roth Werke Buchenau, Dautphetal	408
Rockwool, Gladbeck	191 ff.
REHAU AG und Co, Rehau	408
Rheinzink GmbH, Datteln	490 ff.
Schiedel GmbH & Co, München	440
Seppelfricke Armaturen GmbH, Gelsenkirchen	185 ff.
Sikla GmbH, Spaichingen	200 ff.
Spanner-Pollux	221 ff.
SPIRAX SARCO GmbH, Konstanz	444
Staudenmayer GmbH, Salach	266
Tyco Electronics Raychem GmbH, Offenbach am Main	255
VAG-Armaturen GmbH, Mannheim	183
D. F. Liedelt Velta« Produktions- und Vertriebs-GmbH, Norderstedt	409, 412
Viega, Attendorn	162, 359
Viessmann, Allendorf	446
Wilo GmbH & Co KG, Dortmund	180, 421 f.
Wolf Stahlbau GmbH & Co KG, Geisenfeld	482, 486, 488
Zehnder Wärmekörper GmbH, Lahr	404 ff.

Hinweis: Für den Fall, dass berechtigte Ansprüche von Rechteinhabern unbeabsichtigt nicht berücksichtigt wurden, sichert der Verlag die Vergütung im Rahmen der üblichen Vereinbarungen zu.

Die Schülerbücher für das 1.–4. Ausbildungsjahr

**Lernfelder 1–4
Schülerbuch**

248 S., vierfarbig
978-3-14-**221299**-2

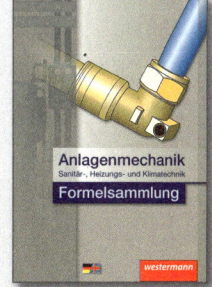

**Passend zu den Schülerbüchern: CD-ROM
Unterrichtsmaterial gestalten**

Lernfelder 1–4   **Lernfelder 5–14**
978-3-14-**364019**-7   978-3-14-**364021**-0

Alle Abbildungen des Fachbuches zum
Kopieren in Office-Programme

**Lernfelder 5–15
Schülerbuch**

552 S., vierfarbig
978-3-14-**221201**-2

Formelsammlung
96 S., zweifarbig
978-3-14-**221188**-6

100 kW : 0,299 =

Die Arbeitsaufträge für das 1.–4. Ausbildungsjahr

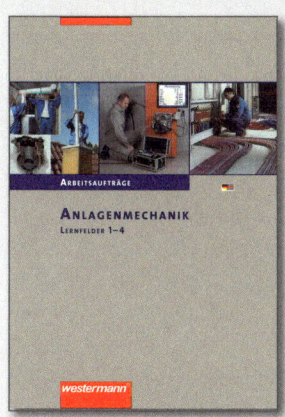

**Arbeitsaufträge
Lernfelder 1–4**
144 S., zweifarbig
978-3-14-**221284**-5

Lösungen
978-3-14-**221294**-4

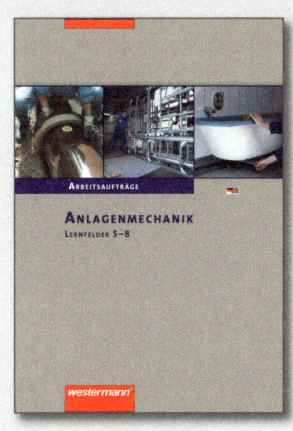

**Arbeitsaufträge
Lernfelder 5–8**
94 S., zweifarbig
978-3-14-**221285**-2

Lösungen
978-3-14-**221295**-1

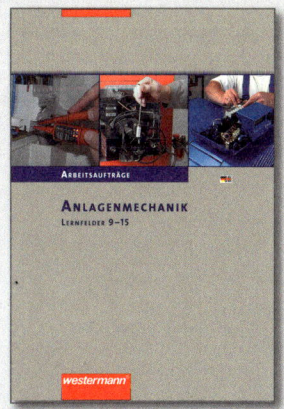

**Arbeitsaufträge
Lernfelder 9–15**
160 S., zweifarbig
978-3-14-**221286**-9

Lösungen
978-3-14-**221296**-8

Gefahrstoffverordnung: Kennzeichnung gefährlicher Stoffe

GefStoffV 2008

Gefahren-bezeichnung; Gefahrensymbol	Kennbuchstabe; Hinweise auf besondere Gefahren	Gefahren-bezeichnung; Gefahrensymbol	Kennbuchstabe; Hinweise auf besondere Gefahren	Gefahren-bezeichnung; Gefahrensymbol	Kennbuchstabe; Hinweise auf besondere Gefahren
Sehr giftig	**T +** (T: toxic) R26 R27 R28 R39	Reizend	**Xi** (X: für Andreaskreuz i: irritating) R26 R37 R38 R41 R43	Brandfördernd	**O** (O: oxidizing) R8 R9 R11
Giftig	**T** (T: toxic) R23 R24 R25 R39 R48	Hochentzündlich	**F +** (F: flammable) R12	Explosionsgefährlich	**E** (E: explosive) R2 R3
Gesundheits-schädlich	**Xn** (X: für Andreaskreuz n: noxious) R20 R21 R22 R40 R42 R48	Leichtentzündlich	**F** (F: flammable) R11 R12 R13 R15 R17	Krebserzeugend	**T** (T: toxic) R45
Ätzend	**C** (C: corrosive) R34 R35	Umweltgefährlich	**N** (N: nocious) R54 R55 R56	Fruchtschädigend	**T** (T: toxic) R47

Gefahrstoffverordnung: Hinweise auf besondere Gefahren (R-Sätze)

Hinweis	Bedeutung	Hinweis	Bedeutung
R1	In trockenem Zustand explosionsgefährlich	R23	Giftig beim Einatmen
R2	Durch Schlag, Reibung, Feuer oder andere Zündquellen explosionsgefährlich	R24	Giftig bei Berührung mit der Haut
		R25	Giftig beim Verschlucken
R3	Durch Schlag, Reibung, Feuer oder andere Zündquellen besonders explosionsgefährlich	R26	Sehr giftig beim Einatmen
		R27	Sehr giftig bei Berührung mit der Haut
R4	Bildet hochempfindliche explosionsgefährliche Metall-verbindungen	R28	Sehr giftig beim Verschlucken
		R29	Entwickelt bei Berührung mit Wasser giftige Gase
R5	Beim Erwärmen explosionsfähig	R30	Kann bei Gebrauch leicht entzündlich werden
R6	Mit und ohne Luft explosionsfähig	R31	Entwickelt bei Berührung mit Säure giftige Gase
R7	Kann Brand verursachen	R32	Entwickelt bei Berührung mit Säure sehr giftige Gase
R8	Feuergefahr bei Berührung mit brennbaren Stoffen	R33	Gefahr kumulativer Wirkungen
R9	Explosionsgefahr bei Mischung mit brennbaren Stoffen	R34	Verursacht Verätzungen
R10	Entzündlich	R35	Verursacht schwere Verätzungen
R11	Leichtentzündlich	R36	Reizt die Augen
R12	Hochentzündlich	R37	Reizt die Atmungsorgane
R13	Hochentzündliches Flüssiggas	R38	Reizt die Haut
R14	Reagiert heftig mit Wasser	R39	Ernste Gefahr irreversiblen Schadens
R15	Reagiert mit Wasser unter Bildung leichtentzündlicher Gase	R40	Irreversibler Schaden möglich
R16	Explosionsgefährlich in Mischung mit brandfördernden Stoffen	R41	Gefahr ernster Augenschäden
		R42	Sensibilisierung durch Einatmen möglich
R17	Selbstentzündlich an der Luft	R43	Sensibilisierung durch Hautkontakt möglich
R18	Bei Gebrauch Bildung explosionsfähiger/leichtentzünd-licher Dampf-Luftgemische möglich	R44	Explosionsgefahr bei Erhitzung unter Einschluss
		R45	Kann Krebs erzeugen
R19	Kann explosionsfähige Peroxide bilden	R46	Kann vererbbare Schäden verursachen
R20	Gesundheitsschädlich beim Einatmen	R47	Kann Missbildungen verursachen
R21	Gesundheitsschädlich bei Berührung mit der Haut	R48	Gefahr ernster Gesundheitsschäden bei längerer Exposition
R22	Gesundheitsschädlich beim Verschlucken		